科学出版社“十四五”普通高等教育本科规划教材
航空宇航科学与技术教材出版工程

航空航天复合材料

（上）

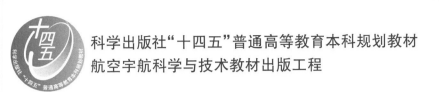

Aerospace Composite Materials

付绍云　米耀荣　等　编著

科学出版社
北　京

内 容 简 介

本书聚焦航空航天领域内应用的复合材料，系统全面地介绍了航空航天复合材料的基本概念和基础知识。内容包括：绪论，原材料，传统制备技术，3D/4D 打印技术，树脂基复合材料，层合板，夹层复合材料，金属基复合材料，陶瓷基复合材料，天然复合材料，多尺度复合材料，纺织复合材料，复合材料的强度、模量、蠕变、疲劳和断裂力学理论，屈曲分析，测试与表征，高低温力学性能和物理性能，制造缺陷和湿热环境对力学性能的影响，部件设计与试验，连接与失效分析，无损检测与健康监测，自愈合和修复等。为了加深对书中内容的理解，各章附有习题与思考题。

本书可作为航空航天工程、机械、力学、材料工程等专业的高年级本科生和研究生教材。由于本书内容涵盖面宽，相关章节相对独立，教师可根据学时和专业需要自由选择相关内容。此外，本书也可作为航空航天工程和相关专业师生和科技工作者的参考书。

图书在版编目(CIP)数据

航空航天复合材料／付绍云等编著．—北京：科学出版社，2024.3

科学出版社"十四五"普通高等教育本科规划教材

航空宇航科学与技术教材出版工程

ISBN 978-7-03-078252-6

Ⅰ．①航…　Ⅱ．①付…　Ⅲ．①航空材料—复合材料—高等学校—教材②航天材料—复合材料—高等学校—教材　Ⅳ．①V25

中国国家版本馆 CIP 数据核字(2024)第 058695 号

责任编辑：徐杨峰／责任校对：谭宏宇
责任印制：黄晓鸣／封面设计：殷　靓

科学出版社 出版
北京东黄城根北街 16 号
邮政编码：100717
http：//www.sciencep.com

南京展望文化发展有限公司排版
苏州市越洋印刷有限公司印刷
科学出版社发行　各地新华书店经销

*

2024 年 3 月第　一　版　开本：787×1092　1/16
2024 年 3 月第一次印刷　总印张：54 3/4
总字数：1 100 000

总定价：190.00 元(全二册)

(如有印装质量问题，我社负责调换)

航空宇航科学与技术教材出版工程
专家委员会

航空航天复合材料
编写委员会

丛书序

我在清华园中出生，旧航空馆对面北坡静置的一架旧飞机是我童年时流连忘返之处。1973 年，我作为一名陕北延安老区的北京知青，怀揣着一张印有西北工业大学航空类专业的入学通知书来到古城西安，开始了延绵 46 年矢志航宇的研修生涯。1984 年底，我在美国布朗大学工学部固体与结构力学学门通过 Ph. D 的论文答辩，旋即带着在 24 门力学、材料科学和应用数学方面的修课笔记回到清华大学，开始了一名力学学者的登攀之路。1994 年我担任该校工程力学系的系主任。随之不久，清华大学委托我组织一个航天研究中心，并在 2004 年成为该校航天航空学院的首任执行院长。2006 年，我受命到杭州担任浙江大学校长，第二年便在该校组建了航空航天学院。力学学科与航宇学科就像一个交互传递信息的双螺旋，记录下我的学业成长。

以我对这两个学科所用教科书的观察：力学教科书有一个推陈出新的问题，航宇教科书有一个宽窄适度的问题。20 世纪 80~90 年代是我国力学类教科书发展的鼎盛时期，之后便只有局部的推进，未出现整体的推陈出新。力学教科书的现状也确实令人扼腕叹息：近现代的力学新应用还未能有效地融入力学学科的基本教材；在物理、生物、化学中所形成的新认识还没能以学科交叉的形式折射到力学学科；以数据科学、人工智能、深度学习为代表的数据驱动研究方法还没有在力学的知识体系中引起足够的共鸣。

如果说力学学科面临着知识固结的危险，航宇学科却孕育着重新洗牌的机遇。在军民融合发展的教育背景下，随着知识体系的涌动向前，航宇学科出现了重塑架构的可能性。一是知识配置方式的融合。在传统的航宇强校（如哈尔滨工业大学、北京航空航天大学、西北工业大学、国防科技大学等），实行的是航宇学科的密集配置。每门课程专业性强，但知识覆盖面窄，于是必然缺少融会贯通的教科书之作。而 2000 年后在综合型大学（如清华大学、浙江大学、同济大学等）新成立的航空航天学院，其课程体系与教科书知识面较宽，但不够健全，即宽失于泛、窄不概全，缺乏军民融合、深入浅出的上乘之作。若能够将这两类大学的教育名家聚集于一堂，互相切磋，是有可能纲举目张，塑造出一套横跨航空和宇航领域，体系完备、粒度适中的经典教科书。于是在郑耀教授的热心倡导和推动下，我们聚得 22 所高校和 5 个工业部门（航天科技、航天科工、中航、商飞、中航发）的数十位航宇专家为一堂，开启"航空宇航科学与技术教材出版工程"。在科学出版社的大力促进下，为航空与宇航一级学科编纂这套教科书。

考虑到多所高校的航宇学科，或以力学作为理论基础，或由其原有的工程力学系改造而成，所以有必要在教学体系上实行航宇与力学这两个一级学科的共融。美国航宇学科之父冯·卡门先生曾经有一句名言：“科学家发现现存的世界，工程师创造未来的世界……而力学则处在最激动人心的地位，即我们可以两者并举！”因此，我们既希望能够表达航宇学科的无垠、神奇与壮美，也得以表达力学学科的严谨和博大。感谢包为民先生、杜善义先生两位学贯中西的航宇大家的加盟，我们这个由18位专家（多为两院院士）组成的教材建设专家委员会开始使出十八般武艺，推动这一出版工程。

因此，为满足航宇课程建设和不同类型高校之需，在科学出版社盛情邀请下，我们决心编好这套丛书。本套丛书力争实现三个目标：一是全景式地反映航宇学科在当代的知识全貌；二是为不同类型教研机构的航宇学科提供可剪裁组配的教科书体系；三是为若干传统的基础性课程提供其新貌。我们旨在为移动互联网时代，有志于航空和宇航的初学者提供一个全视野和启发性的学科知识平台。

这里要感谢科学出版社上海分社的潘志坚编审和徐杨峰编辑，他们的大胆提议、不断鼓励、精心编辑和精品意识使得本套丛书的出版成为可能。

是为总序。

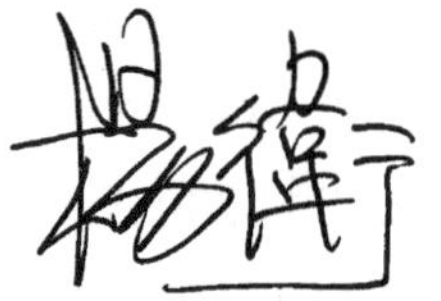

2019年于杭州西湖区求是村、北京海淀区紫竹公寓

本书序

复合材料之所以广泛应用于航空航天工业领域主要是由于其具有一系列吸引人的特性，如低密度、高比强度、高比刚度、优异的耐腐蚀性等。此外，先进的纤维/束放置、自动化胶带铺设、热压罐成型、液体成型、纤维缠绕、拉挤成型和 3D/4D 打印技术等制造方法的出现，使得生产复杂部件的成本与金属同类产品相比具有竞争力，甚至低于金属同类产品。先进复合材料在飞行器上的应用量已经成为衡量航空航天飞行器的先进性和市场竞争力的重要指标。学习和掌握复合材料的科学与工程知识对于复合材料在航空航天工业领域的成功而大量应用非常关键。

该书系统全面地介绍了航空航天复合材料的基本概念和基础知识。这本书作为"航空宇航科学与技术教材出版工程"之一，聚焦于航空航天领域，由长期活跃在复合材料教学和科研/工程第一线的学者们共同编纂完成。该书介绍了航空航天复合材料的定义和基本概念、原材料的性质、传统制备技术和 3D/4D 打印技术；讨论了主要类型的航空航天复合材料，如聚合物基复合材料、层合板、夹层复合材料、金属基复合材料、陶瓷基复合材料、天然复合材料、多尺度复合材料、纺织复合材料等；归纳总结了复合材料的强度、模量、蠕变、疲劳和断裂力学理论；对复合材料屈曲分析、测试与表征、高低温力学性能和物理性能、制造缺陷和湿热环境对力学性能的影响进行了详细的介绍；此外，该书也有重要章节对复合材料部件设计与试验、连接与失效分析、无损检测与健康监测、自愈合和修复等进行了详细讨论。

该书完全致力于在航空航天应用中使用的先进复合材料的基本概念与基础知识的介绍和讨论，主要优势在于它涵盖了航空航天复合材料的几乎所有方方面面，包括原材料的介绍、制备技术、各种类型的复合材料、力学理论、测试和表征、性能、部件设计与分析，检测和修复等。该书各章节附有习题与思考题，有助于读者对相关内容的深入思考和进一步理解。该书的出版为航空航天工程、机械、力学和材料等专业的高年级本科生和研究生提供了一本很好的教科书，亦为航空航天工业等相关领域的工程师和科学家提供了一个很好的参考书。该书还丰富了航空航天复合材料的教材体系，对于推动先进复合材料的发展及其在航空航天工业领域的大量应用也具有重要意义，特为之序。

杜善义

2023 年 9 月

前　言

将轻质高性能复合材料应用于航空航天工业领域，不仅可以降低能耗，还可以提高飞行器的安全性和性能。本书的主要目的是向读者介绍应用于航空航天领域的复合材料的科学与工程。航空航天复合材料科学与工程与其他关键学科（空气动力学、电子设备、控制系统、推进技术、飞行器结构等）对于航空航天工业的发展具有同等的重要作用。本书试图在航空航天复合材料的科学与工程之间提供平衡，以便读者可以理解决定复合材料行为的基础科学和相关工程问题，为学生的专业实践做好准备或为专业科技工作者提供参考。

本教材主要分为以下主题：航空航天复合材料绪论（付绍云、米耀荣），高性能复合材料树脂基体及增强材料（包建文），航空航天复合材料制备技术（张宝艳、霍红宇），复合材料层合板（仲政、周晔欣），夹层复合材料（刘文品、杨进军、李宏运），纤维金属层板（宁慧铭），高性能轻质金属基复合材料（耿林、王帅、张学习、王晓军），航空航天用非连续增强铝基复合材料（马宗义、肖伯律、马凯），航空发动机用长寿命连续纤维增强陶瓷基复合材料（成来飞、叶昉、宋超坤），植物纤维增强复合材料（李岩、李倩、于涛），复合材料的刚度和强度（郭方亮、周晔欣、李元庆、仲政、付绍云），纤维增强复合材料的蠕变性能（祝颖丹），纤维增强复合材料的疲劳性能（赵丽滨、张建宇），复合材料层合板的屈曲分析（杨庆生、刘夏、饶威），含冲击损伤复合材料的静强度及疲劳性能（郑锡涛、张迪、宋明宇），3D/4D 打印航空航天复合材料（宋波、章媛洁），多尺度聚合物基复合材料（曾尤、王函），复合材料力学性能的测试和表征（沈真、沈薇），复合材料的低温力学行为（李元庆、付绍云），复合材料高温力学行为（孙宝岗、史汉桥），复合材料的热学和电学性能（黄培、付绍云），复合材料湿热老化行为（王继辉、陈俊磊），纤维增强复合材料断裂力学（康国政、张娟），复合材料制造缺陷对力学性能的影响（姚学锋），航空航天工程用纺织复合材料（燕瑛、颜世博、洪阳），航空复合材料部件设计和试验（朱珊），复合材料连接设计与失效分析（杨振国、龚嶷），航空航天复合材料无损检测（胡宁、刘瑶璐），航空航天复合材料结构健康监测（卿新林，王奕首），自愈合聚合物复合材料（章明秋、容敏智）和复合材料的修复（关志东）。

本教材的定位是一本具有专著特色的教科书，既是一本基础性的教科书，又是一本聚焦在特定的航空航天领域内应用的复合材料科学与工程的专著。任何教科书所面临的挑战都要在学科的广度和深度之间取得适当的平衡，本书的各章节努力尝试这样做，并在每章的末尾添加了参考文献，以供进一步阅读和研究。每个章节还提供了习题与思考题，以加强读者对本书内容的理解和掌握。

本教材的核心目标是给读者介绍航空航天复合材料的基本概念和基础知识。我们致力于将本书打造成航空航天工程、机械、力学、材料工程等专业的高年级本科生和研究生以及从事相关技术的工程师和科学家的必读书。

最后，我们非常感谢所有作者的出色努力和宝贵贡献，也感谢科学出版社的大力帮助和合作。

付绍云　米耀荣

2023 年 9 月

目　录

第1章
绪 论

学习要点：

(1) 了解航空航天工业对复合材料的重要要求；

(2) 掌握航空航天材料的关键参数；

(3) 熟悉航空航天复合材料的主要种类；

(4) 理解如何制备好的航空航天复合材料。

1.1 引 言

复合材料是通过结合两个或多个不同组分，利用每个组分的有利特性而开发的混合材料。纤维增强聚合物(fiber reinforced polymer, FRP)基复合材料，在航空航天工业中，已用于主承力结构和次承力结构部件，包括发动机部件、天线罩、天线盘、发动机舱，飞机机翼、压力舱壁、起落架、地板梁、垂直和水平稳定器等。在航空航天工业中，复合材料的消费量逐年增长，图1.1显示了复合材料在飞机上使用量的增长情况[1]。波音777是一

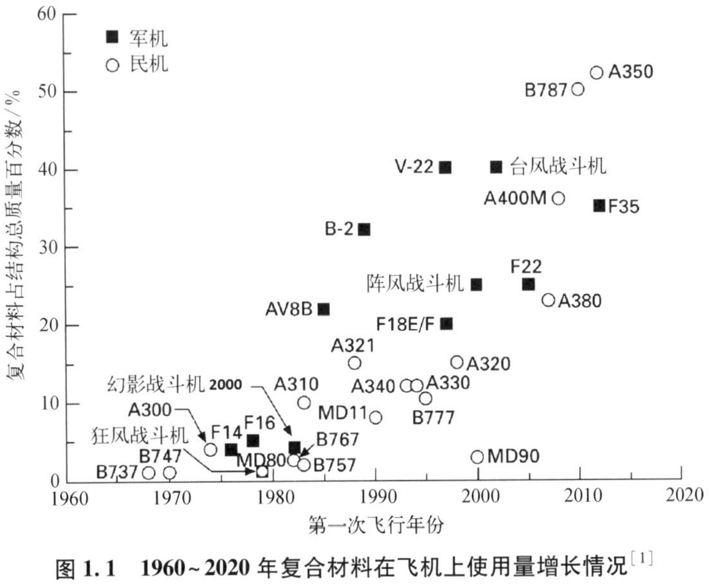

图1.1 1960~2020年复合材料在飞机上使用量增长情况[1]

架于 1995 年投入服役的远程双引擎客机，使用了 11%的复合材料（表 1.1）[1, 2]；2007 年推出的波音 787 梦幻客机使用了超过 50%的复合材料，图 1.2 显示了在波音 787 中复合材料的使用情况。直升机和小型飞机的复合材料用量达到 70%～80%，甚至出现全复合材料飞机[3]。“科曼奇”直升机的机身有 70%是由复合材料制成的，但仍计划通过减轻机身前下部质量及将复合材料扩大到配件和轴承中，以使飞机再减重 15%。近年来，国内飞机上也较多地使用了复合材料。例如由国内 3 家科研单位合作开发研制的某歼击机复合材料垂尾壁板，比原铝合金结构轻 21 kg，减重 30%[3]。2014 年，约 1 680 t 复合材料被用于飞机发动机部件，价值超过 11 亿美元。2023 年，估计使用 2 665 t 复合材料，价值 17 亿美元。从高温要求来看，陶瓷基复合材料在飞机发动机部件方面具有巨大的前景[4]。

表 1.1　纤维增强复合材料在波音 777 上结构件的应用情况[2]

波音 777	复合材料	铝	钛	钢	其他
质量分数/%	11	70	7	11	1

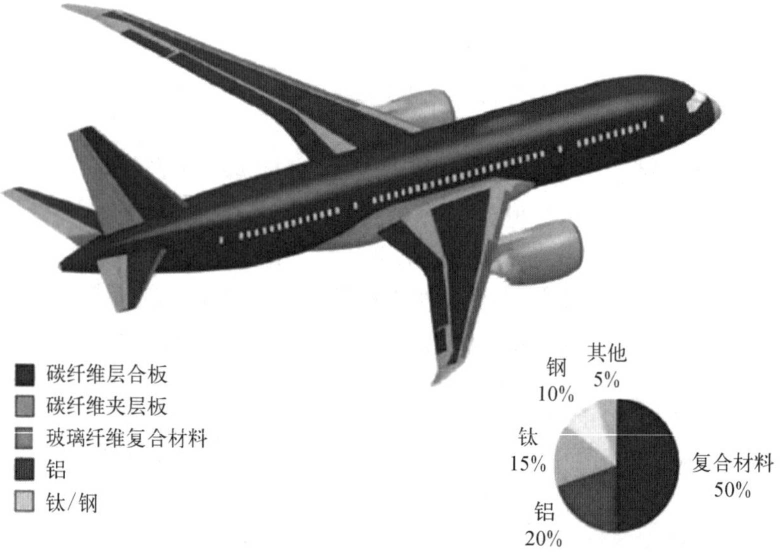

图 1.2　波音 787 飞机上复合材料使用量[2]

航空航天复合材料在本书中被定义为：在飞行器工作期间，能够携带施加在飞行器上的载荷的结构材料。对飞行器有重要影响的航空航天复合材料性能主要包括物理性能（如密度）、力学性能（如刚度、强度和韧性）、化学性能（如耐腐蚀和抗氧化）、热性能（如热容、导热性）和电学性能（如电导性）等，了解航空航天复合材料的这些特性及对于飞行器技术的进步至关重要。航空航天复合材料在飞行器的整个生命周期都有影响，从最初的设计阶段到飞行器的制造、认证、操作和维护，最后到生命结束时的处置。

1.2 航空航天工业的应用要求

纤维增强聚合物基复合材料之所以能在航空航天上有大量的使用,主要是由于其可满足航空航天工业对材料的大多数重要要求[1, 5-8]。

(1) 重量轻:与金属相比,FRP 的重量要轻得多。在解决燃料价格上涨的问题方面,有强烈的需求来减少航空航天结构的重量,以实现可观的燃料节约。此外,降低燃料消耗将有助于减少温室气体的排放。

(2) 强度高:在航空航天结构中使用的复合材料具有较高的静态强度。例如飞机机翼,应用复合材料能够抵抗由风的剪切力和其他高的瞬态力的作用。

(3) 良好的疲劳性能:航空航天工程对复合材料的另一个重要要求是需要具有良好的疲劳性能。航空航天结构的使用寿命在很大程度上取决于其疲劳性能。良好的疲劳性能增加了航空航天结构的使用寿命,降低了维修频率和成本,提高了安全性。

(4) 高的断裂韧性和耐损伤性能:航空航天工程用复合材料还应具有较高的断裂韧性和耐损伤性能,因此结构中存在的裂纹和缺陷不会迅速增长,从而避免结构的突然失效。

(5) 高抗冲击能力:高冲击能量是航空航天复合材料抵抗各种类型(如鸟击、外来物体等)突然冲击的另一个基本要求。

(6) 多功能特性:多功能是航空航天复合材料的一个重要要求。航空航天复合材料应能屏蔽电磁波,并在宽温(从冰冻到高温)下提供良好的尺寸稳定性,抗雷击、冰雹、腐蚀性环境(如燃料、润滑剂和脱漆剂),在对抗火灾、烟雾和毒性方面也表现较佳。

(7) 结构健康监测:这也是航空航天复合材料的一个基本需求,对于在线监测航空航天结构的损坏情况是必要的,以便及时进行维护活动,有助于降低维护成本,提高航空航天结构的安全性。

(8) 价格竞争性:为了与航空航天工程中使用的其他材料相比具有竞争性,提供负担得起的设计和制造技术及可靠的分析和预测工具也是非常必要的。

然而,在现代飞机和航天飞行器中使用的复合材料也存在着一些挑战。与金属设计相比,复合材料机身结构设计的经验相对较少,关于复合材料机身结构力学行为的信息有限,工程师们主要依靠预测工具来了解复合材料机身结构的行为。航空航天复合材料结构复杂,这导致难以检测各种损伤,特别是不可见的冲击损伤。与金属结构相比,由于技术人员对复合材料的经验相对较少,复合材料结构的修复也需要更多的时间。此外,航空航天结构的复合材料技术标准化相对不成熟。因此,未来应该努力应对这些挑战,以保持复合材料在航空航天工业中使用的稳定增长。

1.3 航空航天复合材料的原材料与制备

航空航天复合材料的性能,依赖于原材料性能和制备工艺及方法。表 1.2 给出了构成复合材料的部分纤维和基体的特性。对于单向连续纤维增强复合材料,沿纤维方向加

载时复合材料的拉伸强度和弹性模量可以使用混合法则(rule of mixtures, RoMs)进行估算,即

$$P_c = v_f \times P_f + (1 - v_f) \times P_m$$

其中,P 代表强度或模量;v 表示体积分数;下标 c、f 和 m 分别代表复合材料、纤维和基体。关于航空航天复合材料的原材料,在本书第 2 章有详细介绍。

表 1.2 航空航天复合材料部分原材料性能[1, 9]

材　料	密度/(g/cm^3)	直径/μm	弹性模量/GPa	拉伸强度/GPa
高模量碳纤维	1.80	7~10	400	2.0~2.8
高强度碳纤维	1.7	7~10	200	3.0~3.5
硼纤维	2.6	130	400	3.4
E-玻璃纤维	2.50~2.54	10~14	70~72.4	1.5~3.5
S-玻璃纤维	2.48~2.60	10~14	85.5~90	4.6
聚醚醚酮	1.32	—	3.1~4.5	90×10^{-3}~103×10^{-3}
聚醚砜	1.37	—	2.4~2.6	80×10^{-3}~84×10^{-3}
双马来酰亚胺	1.2~1.4	—	3.3	50×10^{-3}
聚酰亚胺	1.2~1.4	—	4.0	65×10^{-3}
氰酸酯	1.2~1.4	—	3.0	80×10^{-3}
环氧树脂	1.2~1.4	—	4.5	85×10^{-3}

热压罐技术经常用于制造航空航天复合材料部件。一旦部件放置在模具中,它会被装在一个定制的所需形状的柔性袋子里,并且部件通常封闭在热压罐中。热压罐是一种压力容器,许可压力通常设计高达 1.5 MPa,并配有将内部温度提高到所需温度的装置固化树脂。首先将柔性袋抽真空,从而去除滞留的空气和来自复合材料的有机小分子,之后对腔室加压使树脂在固化过程中变得坚固。这个工艺制备的部件孔隙率较低(<1%)和机械性能较高,大型热压罐能够容纳完整的机翼。

低成本非热压罐工艺方法也被用来制造飞行器复合材料部件,如真空成型(vacuum molding, VM)、树脂传递模塑(resin transfer molding, RTM)、真空辅助 RTM(vacuum-assisted RTM, VARTM)、真空辅助树脂注射(vacuum assisted resin injection, VARI)和树脂模渗透工艺(resin film infusion, RFI)等。真空成型工艺利用大气压在树脂固化时使纤维和树脂材料合为一体,从而无须热压罐或液压机加压。在模具表面上放置预浸渍纤维或织物形式的层压板并由柔性膜覆盖,在周围通过合适的夹紧装置,固定模具的边缘并密封。然后,在模具和柔性膜之间的空间被抽成真空,真空保持到树脂完全固化。这种方法可以低成本制作相当大的、薄壳模制品。大多数适用于真空固化的树脂体系通常在 60~120℃下固化,然后在 180℃下进行后固化。在传统的预浸料技术中,树脂事先已经渗入纤维中,工艺过程主要是去除空气和挥发物,然后固化并合为一体。最简单形式的 RTM 包括将织物预制件放置在封闭的空腔中,树脂被迫进入模具并在压力下填充间隙且固化。RFI 方法使用薄的预制树脂模,可以减少使用的耗材,但对过程非常敏感。RFI 工艺需要

结合传统热压罐工艺,依靠具有足够低的渗透性树脂在固化前完全浸渍织物。VARTM 是一个很受青睐的低成本制造工艺,被认为是一个无热压罐的可降低部件加工成本的工艺,部件的尺寸公差和质量与 RFI 热压罐缝合面板相当。此外,复合材料缠绕成型(filament winding, FW)和拉挤成型(pultrusion)等工艺也用于航空航天复合材料的制备。对于航空航天复合材料各种制造技术,本书第 3 章有详细介绍。

主承力结构上使用的碳纤维复合材料比例最大,按照设计者的设计要求通过单向(uni-directional, UD)材料铺层而制造。在次承力结构上,机织织物经常代替单向形式。目前已开发了许多技术来准确铺放材料,从劳动密集型的手糊技术到需要进行大量资本投资的自动铺层(automated tape laying, ATL)技术。纤维铺放和纤维缠绕技术也被用于制造复合材料部件。近些年 3D 和 4D 打印技术(增材制造技术)也被用于航空航天复合材料的制备,通过逐层叠加制备复合材料零部件,在制备过程中无需模具和刀具,可实现任意复杂结构零件的快速制备,很适合航空航天领域小批量新产品的研制及生产,将在本书相关章节里有详细介绍。

表 1.3 给出了常见的几种航空航天材料的一些关键参数特点。材料的性能特性和成本之间有很大的差异。例如:玻璃钢和铝是最便宜的;碳纤维复合材料是最轻的;高强钢具有最高的刚度和强度,但是也是最重的。很少有单一材料能够提供航空航天结构所需的所有特性,相反,使用材料的组合可实现成本、性能和安全性之间的最佳平衡。因此,飞行器使用最适合特定用途的各种材料来建造。

表 1.3 航空航天材料的一些关键参数[1]

性 能	铝	钛	高强钢	碳纤复合材料	玻璃钢
价格	便宜	贵	中等	贵	便宜
重量(密度)	轻	中等	重	非常轻	很轻
刚度(弹性模量)	中等	中等	很高	高	偏低
强度	中等	中等偏高	很高	高	中等偏高
断裂韧性	中等	高	中等偏低	低	中等偏低
疲劳性能	中等偏低	高	中等偏高	高	中等
抗腐蚀性能	中等	高	中等偏低	很高	很高
高温蠕变强度	低	中等	高	低	低
可循环性	高	中等	高	很低	很低

1.4 航空航天复合材料的主要类别

1.4.1 复合材料层合板

复合材料层合板是由复合材料单层板层压而成。层压复合材料是各种工业应用中最常见的复合材料,该类复合材料是通过将纤维层与基体材料结合而成的,图 1.3 显示了层压复合材料的结构。

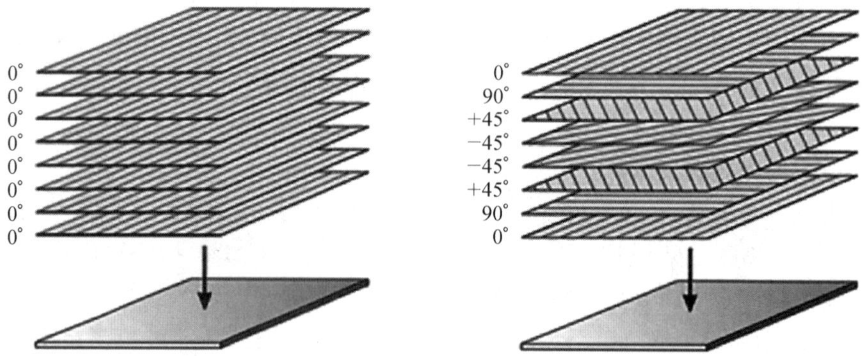

图 1.3 层压复合材料的结构示意图[10]

纤维单层相对于复合材料的轴线可以以不同的方向排列,如图 1.3 所示[10]。层压复合材料具有较高的平面内强度和刚度。然而,层压复合材料的主要缺点是在厚度方向上性能差。加载条件下不同层的分层是层压复合材料的主要破坏形式之一。使用不同的层拼接方法可以用来减少分层问题,但代价是降低了层压板的面内性能。最近,不同类型的三维纤维结构被用于生产具有增强 z 方向性能的复合层压板[11]。采用不同的三维纤维结构制备的复合材料具有优异的断裂韧性、抗损伤容限和冲击性能,可以产生复杂且近网状的复合材料预制件。

1.4.2 夹层复合材料

夹层复合材料是由两种分别为薄而强的面板与厚而轻的芯材结合而成,图 1.4 为夹层复合材料的示意图。通常,面板是高强度复合材料,使用黏合剂与不同类型的芯材(蜂巢、混合木材、泡沫等)结合。与复合层压板相比,夹层复合材料具有几个优点:重量轻、弯曲刚度高、成本低、保温、隔音和减震等[12]。与层压复合材料类似,夹层复合材料的一个主要问题是芯和蒙皮之间的脱黏。为了解决这个脱黏问题,人们开发了夹层纤维结构(如编织等)。这些纤维结构被用作夹层复合材料的预制件,从而避免了芯材与面板之间的脱黏问题。

1.4.3 纤维金属层合板

纤维/树脂/金属层压板(fiber metal laminate, FML) 是轻质结构材料,由金属和纤维-聚合物复合材料的黏合而成的复合薄板。这种组合产生的材料比金属更轻、强度更高、更耐疲劳,比单独的复合材料更耐冲击和更耐损伤。最常见的 FML 是 GLARE®[源自玻璃纤维增强铝(glass reinforced aluminium)的名称],由薄铝合金层与玻璃纤维复合材料薄层黏合而得。FML 没有在飞机结构上得到广泛使用,GLARE®仅有的使用是空客 A380(机身)和 C17“环球霸王Ⅲ”(Globemaster Ⅲ)(货舱门)。图 1.5 显示 A380 机身顶部采用的铝/玻璃增强塑料系统(GLARE®),可以减轻重量,增加损伤容限,提高疲劳寿命。

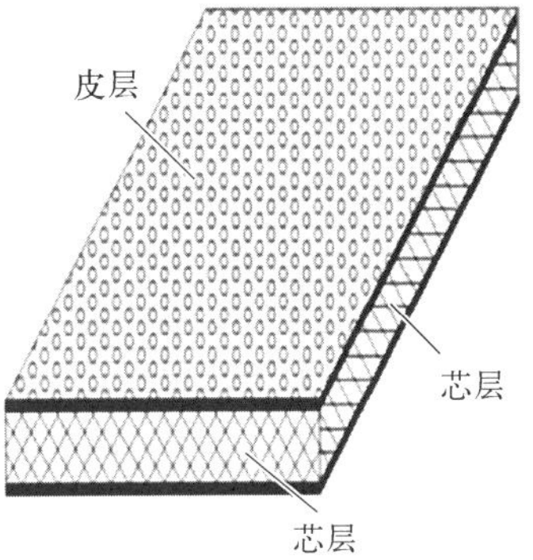

图 1.4 夹层复合材料示意图[12]

图 1.5 A380 GLARE 机身顶部[13]

1.4.4 铝基复合材料和陶瓷基复合材料

自从铝取代木材成为常用的飞行器(如飞机机身)材料以来,铝就成为大多数飞行器结构的首选材料。高强度铝合金是最常用的机身、机翼材料,特别是2000年以前许多商业客机和军用飞机的支撑结构也都用高强铝合金材料,当时铝占大多数客机结构重量的70%~80%,许多军用飞机和直升机超过50%。随着后来越来越多地使用纤维-聚合物复合材料,铝的用量呈下降趋势。铝被广泛使用有几个原因,包括成本低、比重低,还有良好的刚度、强度及韧性。但是铝合金也有几个问题,包括易受腐蚀和疲劳损坏。为了拓宽其在飞行器上的应用,人们开发了铝基复合材料,本书在相应章节介绍了相关内容。

陶瓷基复合材料是通过使用连续纤维、颗粒或晶须来增强陶瓷而开发的。陶瓷基复合材料的一些常见增强材料类型包括碳化硅、碳化钛、碳化硼、氮化硅、氮化硼、氧化铝、氧化锆、碳和硼。陶瓷基复合材料具有以下优点:相对高的断裂韧性和抗灾难性破坏能力、高强、轻质、低热膨胀、耐高温和高抗氧化性。

1.4.5 植物纤维/聚合物基复合材料

天然植物纤维(如剑麻、黄麻、亚麻、大麻、椰壳等)及其复合材料在多个领域具有广泛应用,包括在建筑、汽车、体育、玩具、航空航天和岩土工程等领域。全球天然纤维复合材料市场巨大,复合年增长率达到15%[10]。天然纤维是一种成本低、重量轻、无害、环保、可再生、具有高比力学性能、在生长和应用过程中需要较低能量的材料[14]。然而,尽管有这些吸引人的特性,由于一些固有的缺点,天然纤维往往不能满足许多应用的要求。天然纤维的一个主要问题是它们的高吸湿率,这将导致膨胀和随后的退化和强度损失。耐化学物质、高温和火灾能力差也是其主要缺点。此外,天然纤维在与不同的基体结合时,表现出较差的界面性能。因此,天然纤维复合材料结构的耐久性是有问题的,从而限制了天然纤维复合材料在各个领域的充分利用。

1.4.6 多尺度超混杂复合材料

多尺度复合材料是一种新型的混合复合材料，由不同尺度（如宏观、微观或纳米）的增强剂/填料与基体组合而成[15, 16]。纳米材料要么作为添加剂加入传统纤维增强复合材料的基体中，要么在将其引入基体之前加入纤维中。通过各种机械技术，使用分散工艺将纳米填料引入到基体中，例如：超声波处理、机械搅拌处理和球磨处理等，有时在机械处理过程中使用化学分散剂，如表面活性剂、聚合物等来改善纳米填料的分散情况。或者纳米材料通过直接生长、涂覆、上浆、喷涂、电泳沉积或化学接枝过程等被加入纤维中。各种类型的纳米材料通常用于制造多尺度复合材料，如碳纳米材料（碳纳米管、碳纳米纤维、石墨烯和氧化石墨烯等）、纳米黏土、金属氧化物纳米颗粒（如纳米 Al_2O_3）等，以产生不同的效果，包括：增强面内力学性能，提高断裂韧性，提高热稳定性，或改善导热性、电磁屏蔽效果、耐冲击性、自传感特性、气体屏障性能和耐火性等。

1.4.7 编织复合材料

编织复合材料是通过编织技术开发的纤维编织结构复合材料[11]。编织结构是由两个或两个以上的纱线缠绕产生的。图 1.6 为编织结构，给出了编织角度和其他结构参数，针迹距指两个相邻针迹之间的距离。编织结构可以是二维、三维或多维的，在产生不同形状方面具有巨大的灵活性，如空心管、实心管、方形和不规则形状等。此外，还可以产生许多复杂的轮廓，如 I 梁、H 梁、三角梁、角梁、肋柱和实心柱、管、板等，可用于制造编织复合材料。编织复合材料具有许多优点，例如：高剪切和扭转强度及刚度，高横向强度和模量，高损伤容限和疲劳寿命，缺口不敏感，高断裂韧性，以及开发复杂和近网状复合材料的可能性。

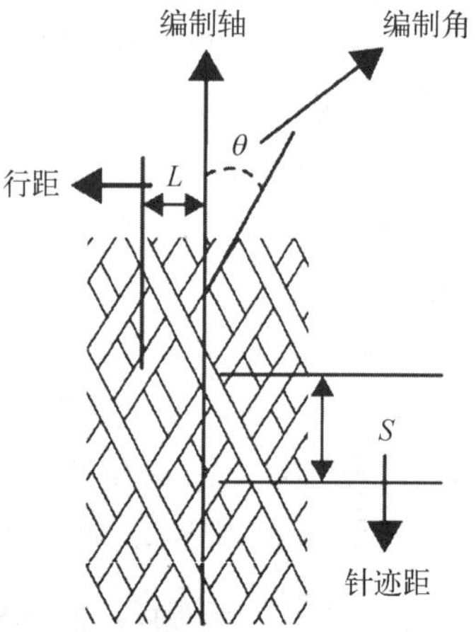

图 1.6 编织结构示意图[11]

1.4.8 自愈合复合材料

自愈合复合材料是指那些能够自动修复其结构内部损伤的材料[17]。损伤的自愈合可以是外部的（例如，复合材料中含有用于损伤修复的外部愈合剂）。愈合剂包含在微胶囊、中空纤维或血管网络中。由于裂纹的产生，这些包含愈合剂的系统会破裂，释放愈合剂并修复裂纹。自我愈合也可以通过内在机制发生。在内在自愈合的情况下，复合材料包含一些聚合物，这些聚合物可以通过热、光、辐射等外部刺激的作用表现出可逆行为。因此，在损伤开始时，外部刺激可以诱导不同类型的可逆行为（例如，热塑性塑料的可逆相位变化，可逆的化学键，离子聚合物中可逆的物理相互作用，可逆的超分子相互作用，形状记忆类型相互作用等），并修复裂纹。复合材料的愈合效率 δ 的计算公式如下：

$$\delta = \frac{f_{\text{愈合}} - f_{\text{损伤}}}{f_{\text{原始}} - f_{\text{损伤}}} \tag{1.1}$$

其中,f 为感兴趣的性能;$f_{原始}$ 为初始性能;$f_{损伤}$ 为损伤后的性能;$f_{愈合}$ 为修复后的性能。自修复复合材料可以修复以下性能:断裂性能、疲劳性能、冲击性能、阻隔性能和耐腐蚀性能等。

以上各类航空航天复合材料,在有关章节里都有详细介绍。

1.5 选择好的航空航天复合材料

材料科学的目的是解释材料物理、机械和其他特性在不同尺度上(微观和宏观)的表现,通过成分和结构的调控达到改善材料性能的目的。材料技术(也称为材料工程)是通过材料特性的合理应用,达到实现部件需要的服务性能的目的。材料所需的属性包括:在承载范围内不会过度变形或断裂的能力、抗腐蚀或抗氧化的能力;在高温下工作而不软化,所制部件重量轻或成本低但结构性能高,等等。材料技术涉及选择的材料具有的性能最符合服务的要求,以及在部件的使用寿命内抗腐蚀、抗疲劳和耐温等。

为航空航天结构部件选择最佳复合材料是航空航天工程师的一项重要任务。任何新部件取决于是否使用了最合适的材料,飞行器的成本、飞行性能、安全性、运行寿命和对环境的影响取决于航空航天工程师选择在飞行器中使用的材料。航空航天工程师必须了解材料的科学和技术知识,以选择最好的材料。飞行器使用的材料的选择,不是靠猜测而是靠一种系统和定量的方法,考虑诸多不同的(在某些情况下是相互冲突的)需求。在本书各章节里,对于航空航天复合材料的科学和技术进行了详细的论述,可为航空航天工程师们提供宝贵的航空航天复合材料的有关知识。

航空航天工业对复合材料的要求包括重量轻、结构高效、耐损坏且耐用,同时具有成本效益且易于制造航空航天领域的绝大多数部件;其他要求主要包括环保、可再生,在飞行器寿命结束时可完全回收。降低能耗(通过减轻质量)的同时,对环境产生很小或不产生影响,这对于未来非常重要。航空航天工程师在选择材料时,必须考虑的关键要求和因素如下。

成本: 航空航天复合材料的全寿命成本必须是可以接受的,对飞行器运营商来说显然应该保持尽可能低。全寿命成本包括:原材料成本、加工成本和部件组装成本、在役维护和修理费用、飞行器服役结束时处置和回收成本。

供应链: 必须有充足、可靠和一致的原材料来源,避免飞行器(如飞机等)生产延误和采购成本大幅波动。

制造: 必须能够使用具有成本效益和时间效率的制备方法,制造、成型、加工和连接将材料制成飞行器部件。

重量: 材料密度必须低,飞行器才能具有良好的机动性,良好的飞行范围、速度以及低油耗。

力学性能: 航空航天材料必须具有高刚度、高强度和高的断裂韧性,确保结构能够承受飞行器载荷不会过度变形(改变形状)或断裂。

疲劳耐久性: 航空航天材料在航天器飞行过程中承受波动(疲劳)载荷时,必须能够抵抗开裂、损坏和失效。

损伤容限：航空航天材料必须能够支持最大设计载荷，在受鸟击、雷击、冰雹撞击、工具掉落和日常操作中发生的事件等引起破坏时而不断裂。

热学性能：高温（例如喷气发动机和隔热罩）应用时航空航天材料必须具有热、尺寸和机械稳定性，材料还必须在事故中具有低可燃性，避免飞行器起火。

电学性能：航空航天材料必须是导电的，用于在雷击时消散电荷。

电磁特性：航空航天材料必须具有低电磁特性，避免干扰用于控制并导航飞行器的电子设备。

雷达吸收特性：隐形军用飞机的蒙皮材料必须具有吸收雷达波的能力以避免被发现。

耐用性：航空航天材料必须在航空航天环境下经久耐用，避免性能退化。主要包括抵抗腐蚀、氧化、耐磨、吸湿和其他环境引起的损伤，这些会降低材料的性能、功能和安全性。

1.6 总结与展望

早期的复合材料设计是学习并采用金属材料的设计方法，因此高昂的材料成本和耗时的层压板生产，影响了生产商的接受度。由于成本与装配中的零件数量成正比，导致装配成本很高，后来要求设计和制造技术必须改进以集成部件，从而减少相关紧固件的数量，并最大限度地降低装配成本。有多种途径可以减少零件数量，其中包括使用整体加钢结构、共固化或将子结构共同黏合到一起（例如机翼和稳定器）以及蜂窝夹芯板。手糊技术和传统组装导致制造成本较高，在逐步引入自动铺层和先进的组装技术后复合材料的制造成本得到明显降低。此外，仿真技术和虚拟制造技术的引入发挥了巨大作用，整体制造成本得到进一步降低。

飞行器上使用的复合材料对结构件的设计、制造、服役性和可维护性都有重要的影响。选择的材料几乎影响飞行器的各个方面，包括成本、设计选项、重量、飞行性能、发动机功效和燃油效率、服役维护和修理以及报废时的回收和处置。对飞行器使用的材料的了解依赖于对材料科学与技术的了解。材料科学研究结构和成分对性能的影响，材料技术研究如何利用材料特性来实现满足结构件的服役性能要求的目的。

选择最好的材料来满足飞行器部件的性能要求，在航空航天工程中至关重要。许多因素是材料选择需要考虑的，包括服役成本、是否易于制造、重量、结构效率、疲劳和损伤容限，热、电、电磁和雷达吸收特性，以及耐腐蚀、抗氧化特性等。对航空航天复合材料科学和技术的理解，对于飞机、直升机和航天器的成功至关重要。本书提供了有关航空航天工业使用的航空航天复合材料的关键知识，适合材料、航空工程及其他有关专业本科生、研究生学习航空航天复合材料知识的专业教材，也是从事飞机、航天器设计、制造和运营工作的工程师所需要的很好的参考书籍。其中部分知识涉及复合材料力学，建议尚不具有复合材料力学初步知识的同学能够了解基本概念便可（可以跳过有关复合材料力学的繁杂公式），学习过复合材料力学知识的同学，可以深入学习。另外，部分章节是关于复合材料设计和应用的内容，比较适合从事航空航天设计的工程师们作为重要的参考资料，本科生或研究生可以选择性学习。总之,由于本教材内容涵盖面较宽,内容丰富,各章节相对独立,教师教学时可以根据学时和专业需要自由选择内容。

习题与思考题

1. 简述复合材料的定义。
2. 航空航天复合材料的主要类别有哪些?
3. 航空航天工业对纤维增强聚合物基复合材料的要求主要包括哪些方面?
4. 写出并解释单向连续纤维增强复合材料的拉伸强度和弹性模量的混合法则(RoMs)。

参考文献

[1] Mouritz A. Introduction to aerospace materials[M]. Cambridge: Woodhead Publishing, 2012.

[2] Brown G. The use of composites in aircraft construction[OL]. (2014-04-14)[2015-05-15]. http://vandaair.com/2014/04/14/the-use-of-composites-in-aircraft-construction.

[3] 智能机器人 ABC. 复合材料在航空航天领域的应用(上)[OL]. (2021-06-23)[2021-09-18]. https://www.sohu.com/a/473555417_121124360.

[4] Red C. Composites in commercial aircraft engines[OL]. (2015-06-01)[2020-11-15]. http://www.compositesworld.com/articles/composites-in-commercial-aircraft-engines-2014-2023.

[5] Koski K, Siljander A, Backstronm M, et al. Fatigue, residual strength and nondestructive tests of an aging aircraft's wing detail[J]. International Journal of Fatigue, 2009, 31(6): 1089-1094.

[6] Nurhaniza M, Ariffin M K A, Ali A, et al. Finite element analysis of composites materials for aerospace applications[C]. Putrajaya: 9th National Symposium on Polymeric Materials (NSPM 2009), 2010.

[7] Alderliesten R C. Design for damage tolerance in aerospace: A hybrid material technology[J]. Materials and Design, 2015, 66(B): 421-428.

[8] Huda Z, Edi P. Materials selection in design of structures and engines of supersonic aircrafts: A review[J]. Materials and Design, 2013, 46: 552-560.

[9] Fu S Y, Lauke B, Mai Y W. Science and engineering of short fibre-reinforced polymer composites[M]. Cambridge: Woodhead Publishing, 2019.

[10] Rana S, Fangueiro R. Advanced composites in aerospace engineering[M]//Rana S, Fangueiro R. Advanced composite materials for aerospace engineering: Processing, properties and applications. Cambridge: Woodhead Publishing, 2016.

[11] Rana S, Fangueiro R. Braided structures and composites: Production, properties, mechanics and technical applications[M]. Boca Raton: CRC Press, 2015.

[12] Velosa J C, Rana S, Fangueiro R, et al. Mechanical behavior of novel sandwich composite panels based on 3D-knitted spacer fabrics[J]. Journal of Reinforced Plastics and Composites, 2012, 31(2): 95-105.

[13] Irving P E, Soutis C. Polymer composites in the aerospace industry[M]. Cambridge: Woodhead Publishing, 2015.

[14] Balakrishnan P, John M J, Pothen L, et al. 12-Natural fibre and polymer matrix composites and their applications in aerospace engineering[M]. Cambridge: Woodhead Publishing, 2016.
[15] Sun Z, Guo F L, Li Y Q, et al. Effects of carbon nanotube-polydopamine hybridization on the mechanical properties of short carbon fiber/polyetherimide composites[J]. Composites Part B: Engineering, 2022, 236 (5): 109848.
[16] Shen X J, Meng L X, Yan Z Y, et al. Improved cryogenic interlaminar shear strength of glass fabric/epoxy composites by graphene oxide[J]. Composites Part B: Engineering, 2015, 73: 126-131.
[17] Blaiszik B J, Kramer S L B, Olugebefola S C, et al. Self-healing polymers and composites[J]. Annual Review of Materials Research, 2010, 40(1): 179-211.

第 2 章
高性能复合材料树脂基体及增强材料

学习要点：

(1) 掌握主要树脂基体材料的类型及其特点；

(2) 掌握主要增强纤维的类型及其特点；

(3) 掌握织物增强材料的类型、基本概念与特点；

(4) 熟悉环氧树脂的主要分类和双马来酰亚胺树脂的主要改性方法；

(5) 熟悉主要树脂基体的总体耐热温度范围；

(6) 熟悉碳纤维的主要生产工艺过程；

(7) 熟悉芳纶纤维的分类与性能特点；

(8) 了解各类树脂的合成方法和高性能纤维的简要制备过程。

2.1 引　　言

高性能树脂基复合材料是以有机高分子材料为基体和高性能连续纤维为增强材料，并通过复合工艺制备而成的具有两相或两相以上结构、其性能具有明显优于原组分性能的一类新型高性能材料。以航空航天为应用背景的先进树脂基复合材料通常是指比模量和比强度相当于或超过铝合金的高性能纤维增强的树脂基复合材料。因此，航空航天树脂基复合材料的原材料主要包括增强纤维和树脂基体，树脂基体中也常常会添加一些提高复合材料综合力学性能或赋予复合材料特殊功能的添加剂材料，如增韧剂、阻燃剂、电磁波吸收剂和导热导电填料等。但由于篇幅所限，本章重点介绍高性能复合材料树脂基体和增强材料。

2.2 高性能复合材料树脂基体材料

先进航空航天树脂基复合材料树脂基体基本可以分为两大类：热固性树脂基体和热塑性树脂基体。热固性树脂基体是指由反应性低分子量树脂单体或预聚物或带有反应性基团的聚合物在成型过程中发生交联反应形成的体型聚合物，固化后的热固性树脂不溶不熔。目前广泛应用的高性能复合材料热固性树脂基体主要包括环氧树脂、氰酸酯树脂、酚醛树脂、双马树脂和聚酰亚胺树脂等。各类树脂基复合材料由于其基体材料的化学结构不同,其耐热能力各不相同[1]。通常,作为航空航天结构复合材料,环氧树脂基复合材料在湿热环境下的最高长期使用温度为 130~150℃,双马来酰亚胺树脂基复合材料在湿热环境下的最高长期使用温度为 150~180℃(干态最高使用温度可达 250℃),氰酸酯树脂基复合材料的在湿热环境下的最高长期使用温度为 130~170℃,聚酰亚胺、氰基树脂复合材料长期使用温度大于 250℃,甚至达到 500℃以上。热塑性树脂基体则由线性聚合物组成,可以反复熔融和溶解。典型的先进航空航天复合材料热塑性树脂基体包括聚醚醚酮、热塑性聚酰亚胺、聚苯硫醚、聚醚砜和聚醚酰亚胺等[2]。

2.2.1 环氧树脂基体

1. 环氧树脂类型

环氧树脂是指含有两个或两个以上环氧基团的树脂单体或预聚物。环氧树脂的品种繁多,而且不断有新型环氧树脂出现。环氧树脂的分类方法主要有两种：一种以化学结构来分;另一种以形态来分。按化学结构分类,环氧树脂主要分为缩水甘油醚型、缩水甘油胺型、缩水甘油酯型、脂肪族、脂环族环氧树脂五类[3,4]。按照树脂的形态可以分为液体环氧树脂和固体环氧树脂。

1）缩水甘油醚型环氧树脂

缩水甘油醚型环氧树脂是最通用的环氧树脂,作为高性能复合材料树脂基体的缩水甘油醚型环氧树脂最典型代表是双酚 A 二缩水甘油醚环氧树脂、线性酚醛多缩水甘油醚环氧树脂和双酚 F 二缩水甘油醚环氧树脂等(图 2.1)。

双酚 A 二缩水甘油醚环氧树脂化学结构如图 2.1(a)所示,具有粘接强度高、力学性能好、固化收缩率低、储存稳定好、耐酸碱等化学品和绝缘性好等优点,但其耐候性稍差、冲击韧性不足、耐温不高。双酚 A 二缩水甘油醚环氧树脂占了环氧树脂总量 75%以上,广泛应用于各行各业。由双酚 A 的衍生物如四溴双酚 A 和氢化双酚 A 合成的缩水甘油醚型环氧树脂分别弥补了双酚 A 环氧树脂的阻燃性能和耐候性能的不足。双酚 F 缩水甘油醚环氧具有与双酚 A 环氧相似的性能,但黏度更低、流动性更好。其黏度为分子量相当的双酚 A 环氧树脂约一半,其韧性也优于双酚 A 型环氧。线性酚醛多缩水甘油醚环氧树脂是由线性酚醛树脂与环氧氯丙烷合成的多官能缩水甘油醚环氧树脂,其交联密度大,刚性好,耐热性、耐碱性、阻燃性等优于双酚 A 型环氧树脂。

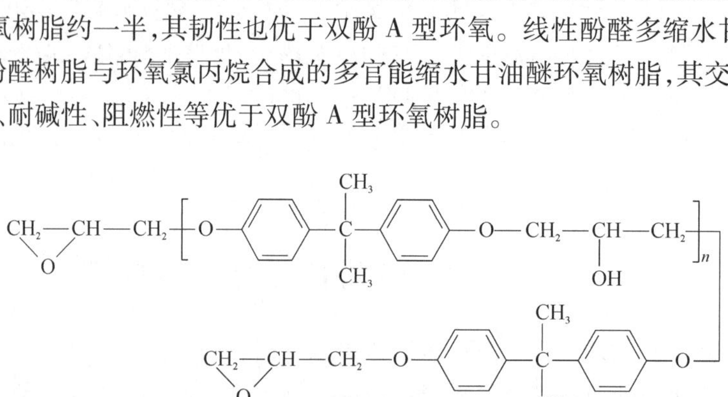

(a) 双酚A二缩水甘油醚(DGEBPA)环氧树脂

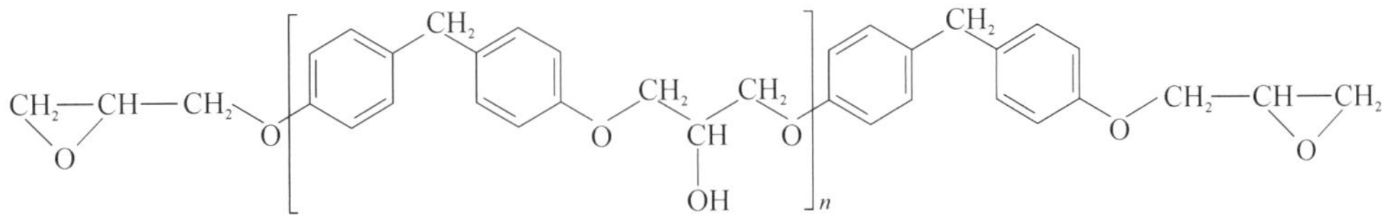

(b) 双酚F二缩水甘油醚环氧树脂

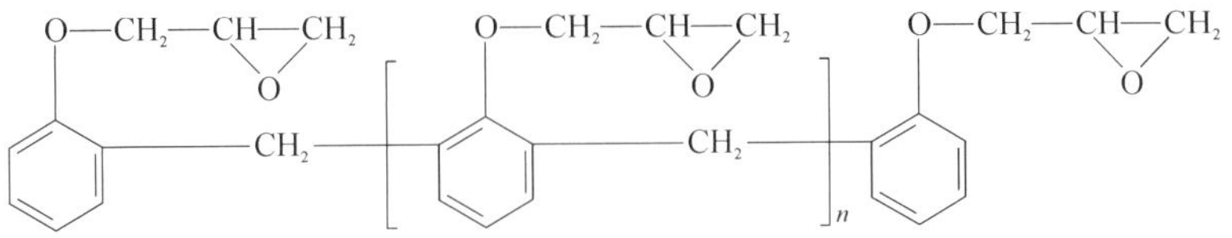

(c) 线性酚醛多缩水甘油醚环氧树脂

图 2.1　典型缩水甘油醚环氧树脂

2）缩水甘油胺型环氧树脂

缩水甘油胺型环氧树脂是由多元胺和环氧氯丙烷反应合成的环氧树脂，多元胺通常为芳香胺。缩水甘油胺型环氧树脂官能度高、黏度相对低、环氧值高、反应活性高、交联密度大、耐高温，而且与增强碳纤维之间良好的界面性能好，其典型代表是 4，4 -二氨基二苯甲烷缩水甘油胺环氧树脂(图 2.2)。4，4 -二氨基二苯甲烷缩水甘油胺系列环氧树脂由于其优异的耐热性能和良好的力学性能，广泛应用于航空航天高性能复合材料树脂基体。

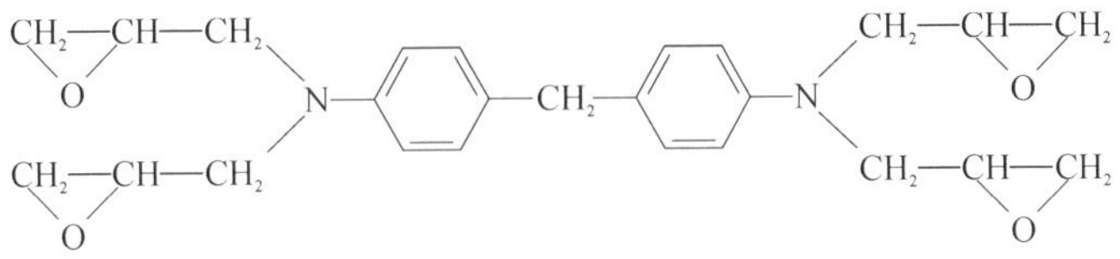

图 2.2　4，4 -二氨基二苯甲烷缩水甘油胺环氧树脂

3）缩水甘油酯型环氧树脂

缩水甘油酯型环氧树脂是由羧酸、酸酐、酰氯或羧酸盐与环氧氯丙烷反应合成的环氧树脂。缩水甘油酯型树脂型环氧树脂具有黏度小、耐候性好等优点，其典型代表是苯二甲酸二缩水甘油酯环氧树脂，它有三种异构体结构(图 2.3)，其他缩水甘油酯型环氧树脂还

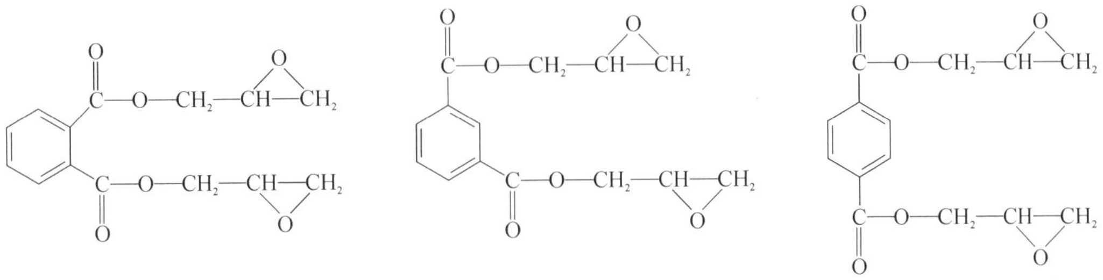

邻苯二甲酸二缩水甘油酯　　间苯二甲酸二缩水甘油酯　　对苯二甲酸二缩水甘油酯

图 2.3　苯二甲酸二缩水甘油酯环氧树脂的三种异构体

有四氢邻苯二甲酸二缩水甘油酯环氧树脂和六氢邻苯二甲酸二缩水甘油酯环氧树脂，它们黏度低、反应活性高、耐候性好、耐低温，以缩水甘油酯环氧树脂为基础配方的胶黏剂的低温剪切强度明显优于双酚 A 型环氧树脂（表 2.1），但其耐酸碱性和耐水性不如双酚 A 型环氧树脂。

表 2.1　缩水甘油酯环氧胶黏剂的低温剪切强度比较[5]

环氧树脂品种	4，4－二氨基二苯甲烷*/mol	剪切强度（Al－Al）/MPa			
		－270℃	－196℃	23℃	121℃
邻苯二甲酸二缩水甘油酯	0.360	—	34.8	27.9	8.2
间苯二甲酸二缩水甘油酯	0.357	—	29.0	26.1	18.3
对苯二甲酸二缩水甘油酯	0.238	15.6	23.1	19.1	15.3
均苯三甲酸三缩水甘油酯	0.200	20.1	18.6	18.6	16.6
双酚 A 二缩水甘油醚	0.280	—	14.7	11.7	8.5

* 1 mol 环氧树脂的 4，4－二氨基二苯甲烷用量（mol）。

4）脂环族环氧树脂

脂环族环氧树脂是指含有两个脂环环氧基团的环氧树脂，它们通常通过脂环族二烯烃被过氧化物（如过氧化乙酸）氧化合成，其黏度极低，固化后得到的产物具有较高的耐热性、电绝缘性和耐候性。但是它们通常较为昂贵，大部分产品有味，固化物性脆，耐冲击性能差。脂环族环氧树脂也是品种甚多，其最具代表性的是 3，4－环氧基环己甲酸－3′，4′－环氧基环己甲酯（4221）、二氧化乙烯基环己烯（206）、二甲基代二氧化乙烯基环己烯（269）和二氧化双环戊烯基醚等（图 2.4）。

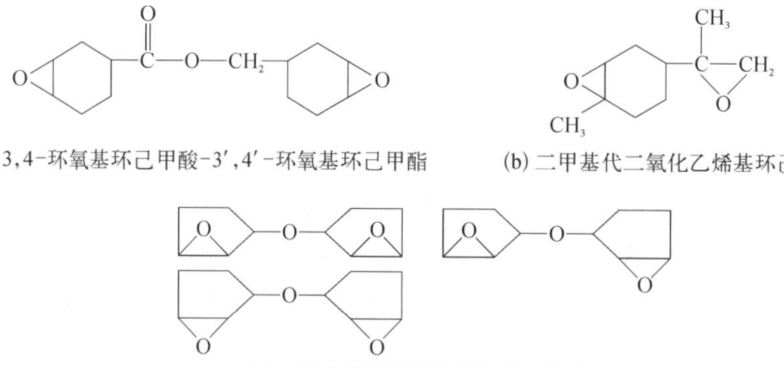

(a) 3,4－环氧基环己甲酸－3′,4′－环氧基环己甲酯　(b) 二甲基代二氧化乙烯基环己烯

(c) 二氧化双环戊烯基醚(三种异构体)

图 2.4　几种典型的脂环族环氧树脂

脂环族环氧树脂的反应活性比双酚 A 型环氧树脂小，尤其是与胺类固化剂反应时脂环族环氧树脂的反应速度很慢，但与酸酐反应时与双酚 A 环氧树脂的差别不大。胺类固化剂难以固化脂环族环氧树脂的主要原因是脂环环氧基团中没有缺电子效应，不易受到胺类亲核试剂的进攻而发生固化反应。但是，二氧化双环戊烯基醚环氧树脂由于受醚键的诱导作用导致环氧基团处于缺电子状态，使之也可以被胺类固化剂固化。

5）线性脂肪族环氧树脂

脂肪族环氧树脂是脂肪族烯烃的双键经过过氧化物氧化合成的环氧树脂，在其主链结构中没有苯环、脂环或杂环，仅有脂肪链。脂肪族环氧树脂和大部分脂环族环氧树脂相似，与亲核性的胺类固化剂反应性低，常以酸酐固化体系固化。环氧化聚丁二烯树脂是典型的脂肪族环氧树脂（图2.5），它是由液态聚丁二烯树脂分子中的双键氧化制备。环氧化聚丁二烯树脂为琥珀色黏稠液体，其与马来酸酐/丙三醇固化后热变形温度可到250℃，具有良好的韧性和粘接性能。

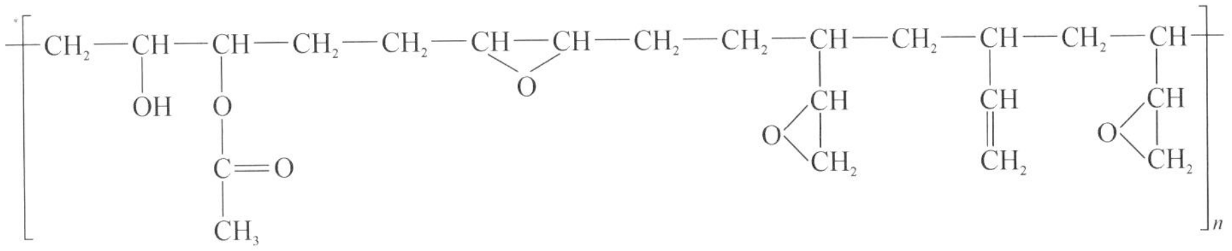

图2.5　环氧化聚丁二烯树脂

6）混合型环氧树脂

还有一些环氧树脂，它们同时含有两种甚至两种以上的环氧官能团，也使这类环氧树脂具有两类以上环氧树脂的特性。由于两类环氧基团的反应活性不同，可实现树脂的分段固化或低温固化高温使用。如4，5-环氧化环己烷-1，2-二甲酸二缩水甘油酯（TDE-85环氧树脂）同时含有两个缩水甘油酯和一个脂环环氧基团（图2.6），其室温黏度仅1.6~2.0 Pa·s，环氧值≥0.85 mol/100 g。TDE-85环氧树脂固化交联密度大，浇注体模量高和良好的耐热性、力学性能、耐候性和耐低温性能，广泛应用于纤维增强缠绕复合材料结构。

另一种常见的混合型环氧树脂是对氨基苯酚三缩水甘油基环氧树脂（AFG-90环氧树脂）（图2.6），它含有一个缩水甘油醚和两个缩水甘油胺环氧基团。其特点是黏度小、工艺性好，反应活性是双酚A环氧的10倍左右，浇注体交联密度大，耐热性好。

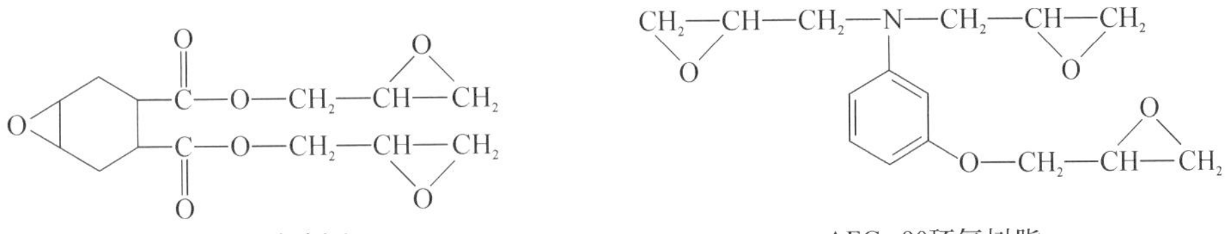

TDE-85环氧树脂　　AFG-90环氧树脂

图2.6　典型混合型环氧树脂

2. 环氧树脂固化剂

环氧树脂只有经过与固化剂发生固化交联反应形成体型聚合物才能成为具有使用功能的复合材料树脂基体。环氧树脂固化剂种类繁多，凡是能与环氧树脂发生化学反应形成体型聚合物的化合物都可以作为环氧树脂固化剂。根据固化反应机理可以分为加成反应型固化剂和催化反应型固化剂。加成反应型固化剂根据化学结构又可以分为多元胺、酸酐、高分子预聚物等，环氧树脂固化剂分类如表2.2所示[6]。

表 2.2　环氧树脂固化剂分类

固化反应机理	化学结构	典型高性能复合材料环氧树脂基体固化剂
加成反应型	多元胺	DDS、DDM、DICY
	有机酸酐	邻苯二甲酸酐、偏苯三甲酸酐、均苯四甲酸酐 甲基四氢邻苯二甲酸酐、六氢邻苯二甲酸酐
	高分子预聚物	酚醛树脂、苯并嗯嗪树脂、氰酸酯树脂、异氰酸酯
催化反应型	阳离子聚合型	BF_3 · MEA
	阴离子聚合型	DMP－30，2－乙基－4－甲基咪唑

多元胺固化剂包括脂肪族多元胺、脂环族多元胺、聚酰胺多元胺和芳香族多元胺等(图 2.7)。通常情况下，多元胺固化剂的耐热性：芳香胺>脂环胺>脂肪胺>聚酰胺，多元胺固化剂的固化反应活性：脂环胺>脂肪胺>聚酰胺>芳香胺。在多元胺固化剂中，航空航天复合材料环氧树脂基体的固化剂主要是芳香胺，如二氨基二苯砜、二氨基二苯甲烷、间苯二胺、双氰胺等。

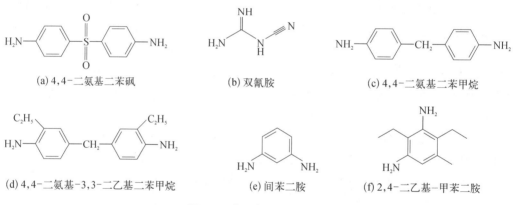

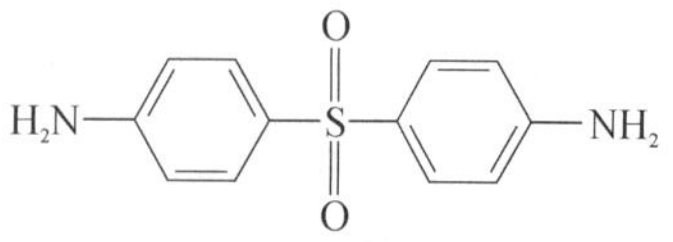

(a) 4,4-二氨基二苯砜

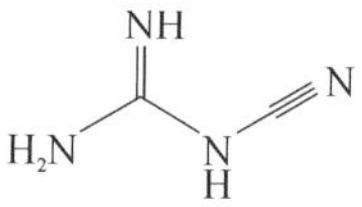

(b) 双氰胺

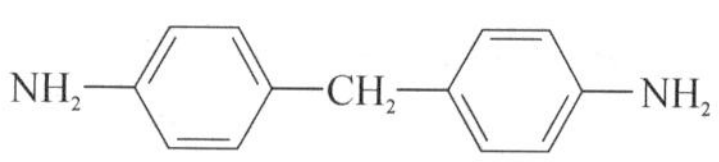

(c) 4,4-二氨基二苯甲烷

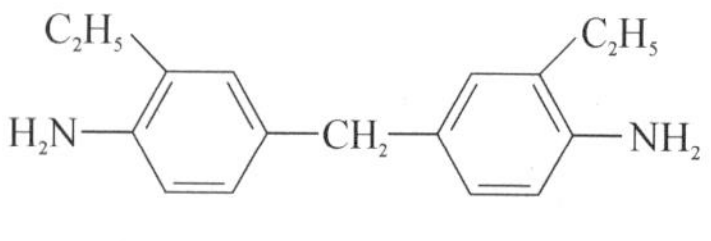

(d) 4,4-二氨基-3,3-二乙基二苯甲烷

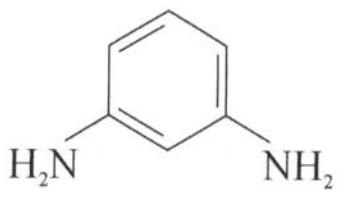

(e) 间苯二胺

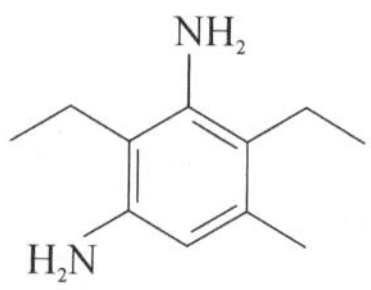

(f) 2,4-二乙基-甲苯二胺

图 2.7　常见多元胺固化剂

二氨基二苯砜(DDS)是航空航天复合材料高温固化(180℃)环氧树脂基体的主要固化剂，DDS 包括 4，4－二氨基二苯砜和 3，3－二氨基二苯砜两种异构体，两种异构体固化剂的物理性能和其固化环氧树脂的性能都基本相当，但由于 3，3－二氨基二苯砜可能由于其非对称的异构化结构，其固化树脂的韧性稍好。DDS 固化环氧树脂体系的工艺适用期长，固化树脂耐热性好、吸湿率低。

双氰胺(DICY)属于多元胺固化剂，也属于潜伏固化剂。DICY 为白色晶体粉末，在乙醇、丙酮、苯和醚等有机溶剂中溶解性差，熔点高(209℃)。因此，双氰胺在环氧树脂中基本以纳米级粉末形式分散在树脂体系中，因此双氰胺固化缩水甘油醚环氧树脂体系的化学稳定性好，室温贮存期长达一年以上，固化温度高(160~180℃)。为了降低双氰胺固化环氧树脂的固化温度，通常以脲、咪唑、叔胺等碱性化合物作为固化促进剂，可以将其固化温度降低到 120℃以下，甚至降低到 80℃以下，仍保持较好的室温贮存稳定性，但固化树脂的耐热性有不同程度的下降。绝大部分中温固化环氧树脂基体和中温胶黏剂均采用以双氰胺为固化环氧树脂体系为基础配方，在航空航天中温固化高性能环氧树脂基复合材料和民用复合材料领域广泛应用。

间苯二胺、4，4-二氨基二苯甲烷等固化剂由于反应活性比 DDS、DICY 高，室温贮存期短，不适合于作为高性能预浸料环氧树脂体系的固化剂。但是在间苯二胺、4，4-二氨基二苯甲烷等固化剂的氨基的邻位引入烷基，通过烷基的空间位阻降低氨基的反应活性（如4，4-二氨基-3，3-二乙基二苯甲烷、2，4-二乙基-甲苯二胺），以提高树脂体系的工艺适用期，而且通过烷基化改性这些芳香族二胺呈液体状态，有利于提高其固化复合材料的工艺性。

酸酐是高性能复合材料环氧树脂的另一类重要的固化剂。邻苯二甲酸酐、偏苯三甲酸酐、均苯四甲酸酐、酮酐等芳香族酸酐基本呈固态，而且熔点高，树脂配置工艺复杂，通常需要酮酐改性降低酸酐熔点，但芳香族酸酐固化环氧树脂的耐热性高。

脂环族酸酐分子结构中不含苯环，其固化环氧树脂的耐候性比芳香族酸酐固化环氧树脂好。脂环族酸酐的熔点通常显著低于芳香族酸酐，而且不少脂环族酸酐在室温下呈液态，有利于改善酸酐固化环氧树脂复合材料的工艺性。主要的脂环族酸酐包括顺丁烯二酸酐、四氢邻苯二甲酸酐、甲基四氢邻苯二甲酸酐、六氢邻苯二甲酸酐、甲基六氢邻苯二甲酸酐等，四氢邻苯二甲酸酐和甲基四氢邻苯二甲酸酐通过异构化处理可以实现液体化，尤其是甲基六氢邻苯二甲酸酐室温下为低黏度液体，因此液态脂环族酸酐固化剂常作为缠绕复合材料环氧树脂的固化剂，环氧树脂酸酐固化剂的大部分是脂环族酸酐。

酚醛树脂、苯并噁嗪树脂、氰酸酯树脂、双马来酰亚胺树脂等树脂也可以作为环氧树脂的固化剂[7]，相关内容在后续章节中将有涉及。

2.2.2　双马来酰亚胺树脂基体

双马来酰亚胺树脂是含两个马来酰亚胺（maleimide, MI）活性端基的热固性树脂，其通式如图 2.8 所示。根据其化学结构，双马来酰亚胺树脂是聚酰亚胺树脂的一种，但经过长期的系统发展与广泛应用和自身的独特特性，逐步发展成为自成体系的双马来酰亚胺树脂。双马来酰亚胺树脂具有良好的耐高温、耐湿热性能和与环氧树脂相近的加工工艺性，因此双马来酰亚胺树脂基复合材料在航空航天领域得到了广泛应用[8]。

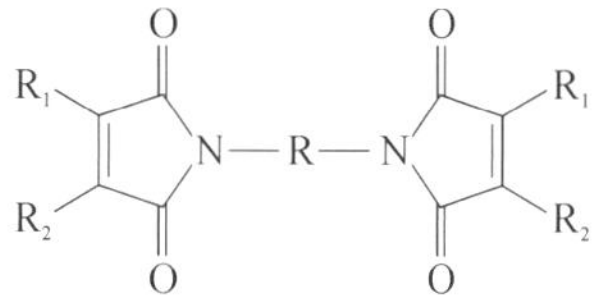

图 2.8　双马来酰亚胺树脂的结构通式

1. 双马来酰亚胺树脂合成

任何二元胺都可以与马来酸酐反应合成双马来酰亚胺树脂。双马来酰亚胺树脂的基本合成路线为：将 2 mol 马来酸酐与 1 mol 二元胺反应生成双马来酰胺酸，然后双马来酰胺酸在一定条件下环化脱水生成双马来酰亚胺树脂（图 2.9）。

根据树脂合成过程中的双马来酰胺酸的亚胺化脱水工艺不同，双马来酰亚胺树脂的合成方法可以分为三种[9]。

（1）乙酸酐脱水亚胺化法。这种方法需要采用大量的乙酸酐作为脱水剂、乙酸盐作为催化剂和 DMF、丙酮、氯仿等作为溶剂，生产成本较高、环境污染较大。

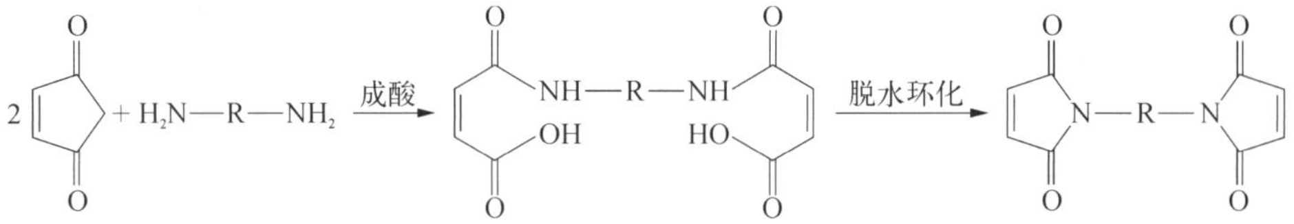

图 2.9　双马来酰亚胺树脂合成反应原理

（2）催化热亚胺化法。采用甲苯磺酸钠等催化剂，以甲苯、二氯乙烷或 DMF 为溶剂，在 100～110℃下脱水反应 5～8 小时。催化热亚胺化法产率高、污染小、成本低。

（3）共沸蒸馏热亚胺化法。与催化热亚胺化法不同的是，该方法不需要加入脱水催化剂，而是加入能与水形成共沸物的溶剂，将亚胺化脱水生产的水通过溶剂蒸馏带出反应体系而完成双马来酰胺酸的亚胺化反应。其特点是生产效率高、三废（废水、废气、废渣）少、成本低和产品纯度高。

这些合成方法既适合于芳香族双马来酰亚胺树脂，也适合于脂肪族双马树脂的合成，但相对而言芳香族双马树脂的合成效率更高、工艺更简单。同时，芳香族双马树脂的耐热性更好，更适合于作为先进复合材料树脂基体，表 2.3 是不同芳香族二胺合成的双马树脂单体的熔点和热分解温度。虽然任何芳香族二胺都可以合成耐热性不错的双马来酰亚胺树脂，但是 4, 4′-二双马来酰亚氨基二苯甲烷（BDM）可能是目前唯一大规模商业化的双来酰亚胺树脂单体，目前大部分的双马来酰亚胺树脂基体的改性及其复合材料应用基本以 BDM 为基础。

表 2.3　常见芳香族双马树脂单体（ 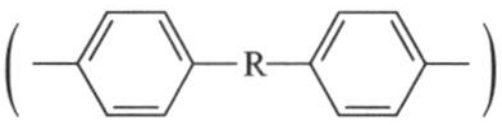 **）的熔点和固化物热稳定性**

R	熔点/℃	T_d/℃	失重率/%	固化工艺/(℃×h)
$(CH_2)_2$	155～157	435	—	195×1+240×3
$(CH_2)_5$	—	420	3.20	170×1+240×3
$(CH_2)_8$	137～138	408	3.30	170×1+240×3
$(CH_2)_{10}$	113～118	400	3.10	170×1+240×3
$(CH_2)_{12}$	111～113	380	3.20	170×1+240×3
—O—	180～181	438	1.10	170×1+240×3
—CH_2—	154～156	452	1.40	185×1+(240～260)×3
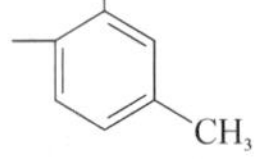	—	462	0.1	(175～181)×1+240×3

2. 双马来酰亚胺树脂改性

双马来酰亚胺树脂单体溶解性差，室温下为粉末固体，熔点高达 150℃以上，而且其（如 BDM）在熔融前（如 130～155℃）已能发生明显的化学交联反应，导致单纯的双马来酰亚胺树脂难以制备预浸料以满足复合材料成型工艺要求。BDM 树脂单体固化物韧性差，也严重限制了 BMI 树脂作为先进复合材料基体树脂的应用。因此，BMI 树脂单体通常需要进行改性处理,才能满足复合材料成型工艺要求和服役性能要求。BMI 改性的主要目的是改善工艺性和提高韧性,BMI 树脂改性包括二元胺和环氧树脂改性、烯丙基化合物改性、链延长(或称内扩链)改性、热塑性树脂改性、氰酸酯树脂改性、新型 BMI 树脂的合成、橡胶改性、纳米材料改性、液晶改性等多种方法。

1）烯丙基化合物改性双马来酰亚胺树脂

烯丙基化合物改性的反应机理是马来酰亚胺环上的碳碳双键与烯丙基首先进行双烯加成反应生成 1∶1 的中间体,而后在较高温度下马来酰亚胺环上的双键与中间体进行第尔斯−阿尔德(Diels－Alder)反应和阴离子酰亚胺齐聚反应生成具有梯形结构的高交联密度的韧性树脂,反应式如图 2. 10 所示。烯丙基化合物改性 BMI 是目前 BMI 改性途径中最成熟、最成功的一种,也是 BMI 增韧改性的最主要方法之一。烯丙基化合物改性 BMI 预聚物稳定、易溶、黏附性好,固化物坚韧、耐热、耐湿热,并具有良好的电性能和力学性能。

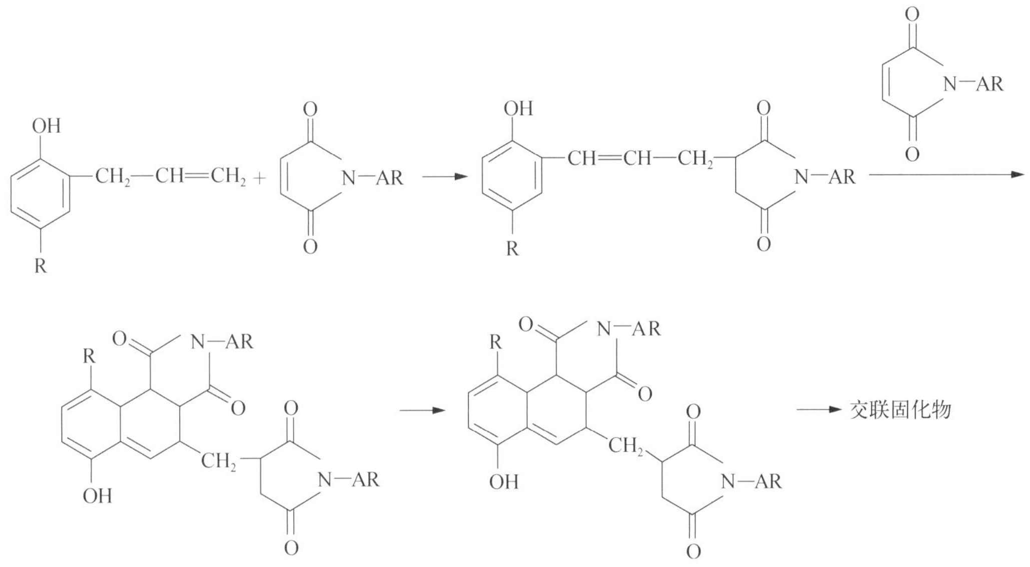

图 2. 10　烯丙基化合物改性 BMI 的反应机理

应用与 BMI 树脂改性的烯丙基化合物包括烯丙基双酚 A、烯丙基苯酚、烯丙基双酚 S、烯丙基芳烷基酚树脂、烯丙基醚酮树脂、烯丙基双酚 A 环氧树脂、N－烯丙基芳香胺、烯丙基酚氧树脂和烯丙基酚醛树脂等。烯丙基化合物大多数为低黏度液体、黏稠液体或低软化点树脂状化合物,因此烯丙基化合物能显著改善 BMI 的工艺性能和韧性。其中,二烯丙基双酚 A 是改性 BMI 树脂最常用的烯丙基化合物,其室温下为琥珀色液体,黏度为 12~20 Pa · s。二烯丙基双酚 A 改性 BMI 树脂最具代表性的是原 Ciba－Geigy 公司的 XU292 和 Cytec 公司的 5250－4 双马来酰亚胺树脂,5250－4 双马来酰亚胺树脂大量应用于 F－22 和 F－35 战斗机。

2）二元胺改性双马来酰亚胺树脂

二元胺改性 BMI 技术几乎是与 BMI 的工业生产相伴出现的,是一种比较简便的 BMI

树脂改性方法。该方法主要是利用 BMI 的高反应性，与氨基发生加成反应，反应式如图 2.11 所示。二元胺改性 BMI 树脂体系虽然具有良好的耐热性、力学性能和韧性，但工艺性很差，制备的预浸料几乎没有黏性，而且树脂的热氧化稳定性下降。因此，可在体系中引入环氧树脂，环氧树脂的引入不仅可以提高 BMI 体系的黏性，同时环氧基团可以和结构中的仲胺—NH—基团发生反应，形成固化交联网络，但环氧的加入将降低树脂的玻璃化温度。采用该方法改性的代表性材料包括早期的法国 Rhone－Pulence 公司的 Kerimid 601 和我国的 QY8911、5405 树脂等。

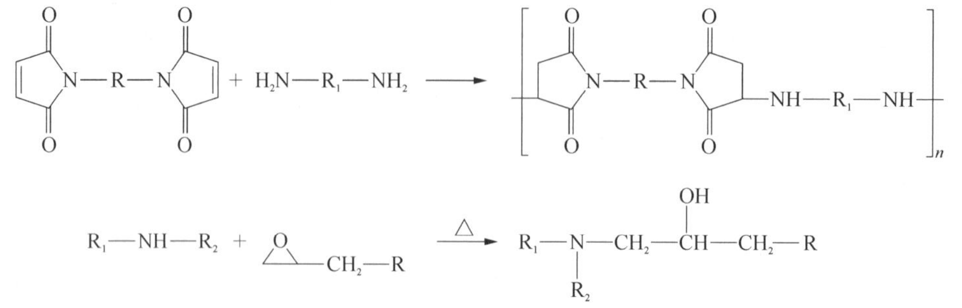

图 2.11　二元胺改性 BMI 的反应原理

3）热塑性树脂改性双马来酰亚胺树脂

热塑性树脂改性热固性树脂的机理是热塑性树脂的加入改变了热固性树脂的聚集态结构，在宏观上还是均相体系，而微观上形成两相结构。这种结构可有效地引发银纹及剪切带，使材料在受载破坏前消耗更多的能量，起到增韧的作用。另外，热塑性树脂本身的模量和耐热性较高，在对 BMI 树脂进行增韧的同时，对其模量和耐热性的影响较小。常用来增韧 BMI 树脂的热塑性树脂包括聚醚砜（PES）、聚醚酮（PEK）、聚海茵（PH）、聚醚酰亚胺（PEI）、聚酰亚胺（PI）、酚酞改性聚醚酮（PEK－C）和聚酰胺酰亚胺（PAI）等。例如，采用 PEK－C 增韧烯丙基双酚 A 改性的双马来酰亚胺树脂，其无缺口冲击强度从 7.1 kJ/m^2 显著提高到了 18.9 kJ/m^2[10]。

热塑性树脂改性双马来酰亚胺树脂，不仅提高树脂基体的冲击韧性，而且热塑性树脂的加入也能提高树脂体系在其热熔预浸料制备过程中制备树脂膜的成膜性，并可以实现对树脂体系在复合材料热压罐成型过程中的流动控制，防止由于树脂体系黏度太低导致的树脂过度流失造成复合材料树脂含量过低。

2.2.3　聚酰亚胺树脂基体

聚酰亚胺树脂就是含有酰亚胺重复单元的聚合物，若聚酰亚胺齐聚物的端基为反应性基团，经过化学交联则形成热固性聚酰亚胺，热固性聚酰亚胺是高性能复合材料树脂基体的主要类别。热固性聚酰亚胺树脂基复合材料以其优异的耐热氧化性能、力学性能、介电性能、良好的耐溶剂性能等特性，在航空、航天等领域得到了广泛的应用。

1. 聚酰亚胺树脂单体

热固性聚酰亚胺树脂的主要单体包括封端剂、二酸酐和二胺。热固性聚酰亚胺活性端基包括降冰片烯、乙炔基、苯乙炔基、氰基、马来酰胺、苯并环丁烯、双苯撑、异氰酸酯、苯基三氮烯等。其中双马来酰亚胺由于其独特的性能，已经自成体系。目前，最重要和使用最广泛的热固性聚酰亚胺是降冰片烯封端聚酰亚胺和苯乙炔封端聚酰亚胺[11]。

由于酐基单元占据苯（杂/脂）环结构上连续二个碳位置，所以商业化二元酐的品种较少。常用二元酸酐主要有均苯二酐 PMDA、联苯二酐 BPDA（含异构体）、二苯醚二酐 ODPA、双醚酐 HQDPA、酮酐 BTDA、双酚 A 二酐 BPADA、六氟二酐 6FDA、环丁烷二酐 CBDA、环已烷二酐 CHDA 和双环戊二烯二酐 TCAAH，其中使用数量最大的是 PMDA、BPDA 和 BTDA 三种二元酐。

在聚酰亚胺树脂单体中，二元胺相比于二元酐来说，结构设计相对容易、制备难度相对较小、品种数量相对较多。常用二元胺包括：苯二胺类的对苯二胺 PDA、间苯二胺 MDA、均三甲基间苯二胺 DAM 和 3，5-二氨基苯甲酸 DABA，联苯胺类的 2，2′-二甲基联苯胺 m-TB 和 2，2′-双三氟甲基联苯胺 TFDB，二苯甲烷类的二氨基二苯甲烷 4，4′-DDM，二苯甲酮类的 3，3′-二氨基二苯甲酮 m-DABP，二苯砜类的 4，4′-DDS、3，3′-DDS，二苯醚类的二氨基二苯醚 4，4′-ODA 和 3，4′-二氨基二苯醚 3，4′-ODA，双酚 AF 类的 6FAP，二醚二胺类的三苯二醚二胺 TPE-Q、TPE-R、TPE-M 和 6F-APB，联苯类的 m-BAPB，双酚 A 二胺 4，4′-BAPP，双酚 AF 二胺 4，4′-HFBAPP，双酚 S 二胺 m-BAPS，脂二胺类的 4，4′-APAB，酰胺二胺类的 4，4′-DABA，脂环二胺 DCHM 和 PIDA，杂环二胺 BIA、BOA，芴二胺 BAFL 和 BAOFL。

2. 聚酰亚胺树脂合成方法

聚酰亚胺树脂的合成方法，按照溶剂性质不同可分为两类。第一类是以非质子极性溶剂为介质的合成方法，这类非质子溶剂主要包括 N，N-二甲基甲酰胺（DMF）、N，N-二甲基乙酰胺（DMAc）、N-甲基吡咯烷酮（NMP）、二甲基亚砜（DMSO）和四氢呋喃（THF）等。第二类是质子极性溶剂为介质的合成方法，质子型极性溶剂主要包括甲醇、乙醇、丙醇、丁醇等醇类有机溶剂。

非质子极性溶剂为介质的合成方法：在非质子极性溶剂合成聚酰亚胺树脂的过程中，非质子溶剂不直接参与化学反应，但是二羧酸酐单体、封端剂和二胺单体在非质子溶剂中的反应活性很高，在反应体系中，酸酐官能团和氨基官能团很快反应生成了酰胺酸齐聚物，然后经过加热或化学缩合反应脱水生成聚酰亚胺齐聚物，继续升温则聚酰亚胺齐聚物进一步发生交联反应（图 2.12）。

质子极性溶剂为介质的合成方法：这种合成方法的溶剂主要为醇类有机溶剂，合成过程中，先将二酸酐单体和降冰片烯酸酐（或苯乙炔基苯酐）溶解在醇类溶剂（主要是甲醇和乙醇）中，并与醇反应生成羧酸二酯，然后将二胺加入溶液中，形成聚酰亚胺单体溶液。用单体溶液浸渍增强材料，然后在加热条件下反应生成聚酰胺酸齐聚物，进一步升温亚胺化和交联固化（图 2.13）。

如果按照聚酰亚胺树脂在复合材料制备过程中树脂的状态或形式，热固性聚酰亚胺树脂可分为 PMR 聚酰亚胺树脂和 PIO 聚酰亚胺树脂。

PMR（polymerization of monomer reactants）聚酰亚胺就是单体聚合反应型聚酰亚胺，即聚酰亚胺树脂的二胺、二酐和封端剂单体在质子型极性溶剂中形成 PMR 溶液，然后在复

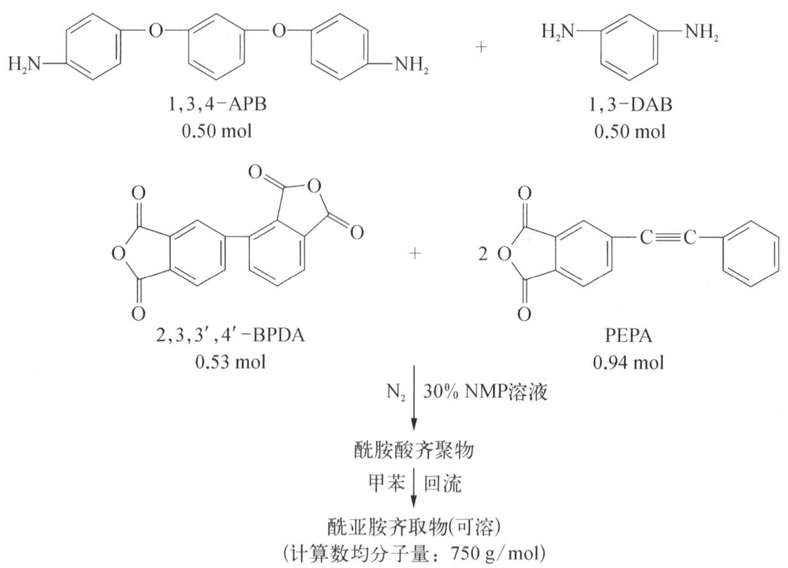

图 2.12　非质子极性溶剂反应方程式

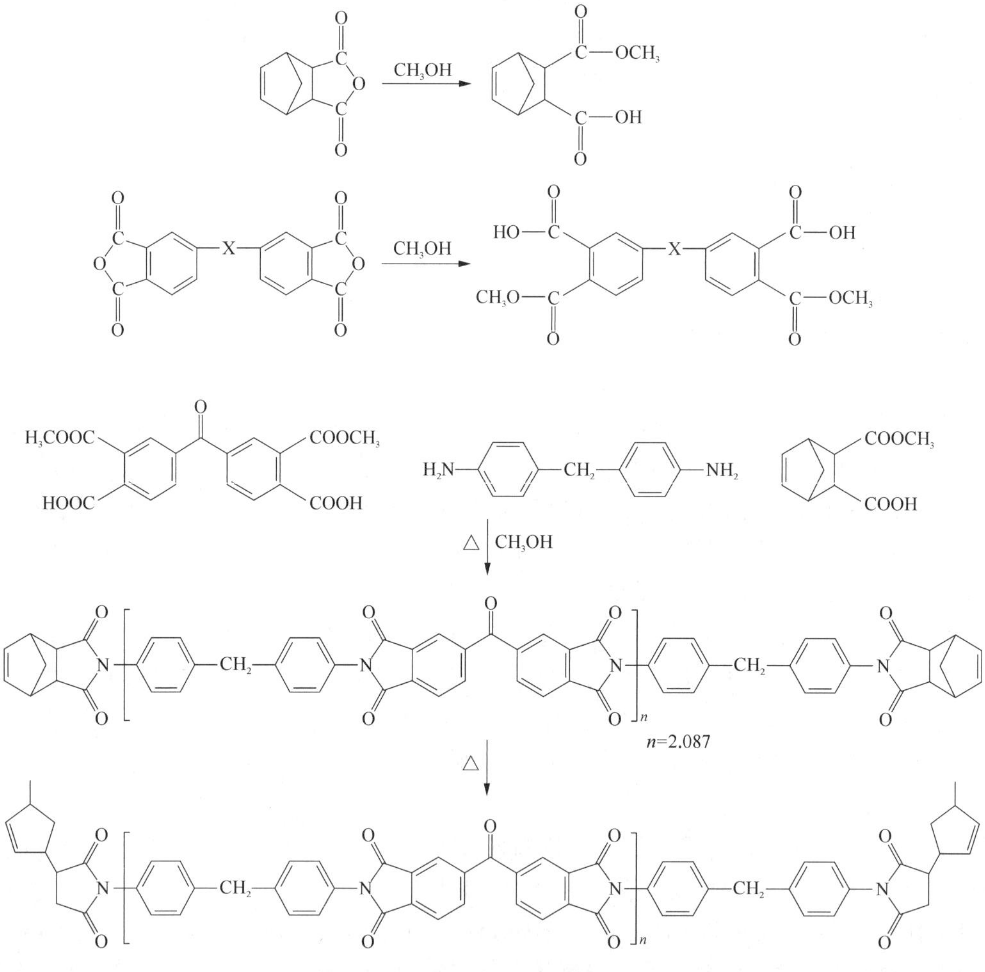

图 2.13　质子极性溶剂反应方程式

合材料制备和成型过程中完成酰胺化、亚胺化和交联固化反应。通常，PMR 聚酰亚胺树脂采用质子溶剂合成方法合成。在 PMR 聚酰亚胺树脂制备过程中，二酯化的芳香四酸和芳香二胺以及封端剂溶解在低沸点的醇类溶剂中，制成单体混合物的高浓度、低黏度溶液，然后用它制备复合材料预浸料，再经过预浸料裁切、铺层、单体酰胺化、亚胺化环化生成含聚酰亚胺齐聚体的复合材料坯件，进一步高温度固化交联反应，获得聚酰亚胺复合材料。PMR 聚酰亚胺复合材料制备过程中经历了羧酸酐酯化、酰胺化、亚胺化和封端剂交联这四类化学反应，这四类化学反应的温度范围互有不同程度的交叉重叠、相互影响，导致 PMR 聚酰亚胺复合材料的成型工艺难度大大增加。因此，PMR 聚酰亚胺复合材料主要采用热压成型工艺制备。PMR－15 是最典型、最经典的降冰片烯封端的 PMR 型热固性聚酰亚胺树脂。

PIO（polymerization of imide oligomer）聚酰亚胺就是酰亚胺齐聚物聚合反应型聚酰亚胺，在树脂合成过程中完成酰胺化和酰亚胺化反应制备酰亚胺齐聚物树脂（即 PIO 聚酰亚胺树脂），再利用 PIO 树脂或其溶液制备复合材料。通常，PIO 聚酰亚胺树脂采用非质子型溶剂合成方法合成，也可采用质子型溶剂合成。PIO 聚酰亚胺树脂成型复合材料与 PMR 成型复合材料最大的区别在于：PIO 的酰胺酸反应和亚胺化反应均已在树脂合成过程中完成，而 PMR 工艺的酰胺酸反应和亚胺化反应在复合材料成型过程完成。PIO 聚酰亚胺树脂主要通过两种工艺制备复合材料，一是把已经完成亚胺化的 PIO 树脂溶解在 DMAC、NMP 等溶剂中制备预浸料，并在热压成型工艺过程中除去溶剂并完成交联固化，二是对于黏度较低的 PIO 树脂采用无溶剂的液体成型工艺制备复合材料。PIO 聚酰亚胺树脂复合材料热压成型工艺（或称可溶性聚酰亚胺成型）的优点是成型过程中不再反应释放小分子，缺点是在成型过程中 DMAC（沸点 166℃）或 NMP（沸点 203℃）等高沸点溶剂相对于 PMR 树脂中的低沸点低级醇或水更难以除尽，而且树脂合成流程长、效率低；液体成型 PIO 聚酰亚胺树脂复合材料则直接加热熔融注射成型，效率高、成本较低。因此，PIO 聚酰亚胺复合材料主要采用液体成型工艺制备。NASA 研发的 PETI－330 是典型的苯乙炔苯酐封端的液态成型聚酰亚胺树脂[12]。

经过近四十年的发展，耐高温树脂基复合材料已经发展到了耐温 450℃的第四代聚酰亚胺复合材料（表 2.4），形成了耐温从 280℃到 450℃的涵盖四代的耐高温树脂基复合材料体系。

表 2.4　不同代次的典型聚酰亚胺树脂基体

聚酰亚胺代次	第一代	第二代	第三代	第四代
国外聚酰亚胺牌号	PMR－15	PMR－Ⅱ－50、AFR－700A、AFR－700B、PETI330	AFRPE－4、RP－46、DMBZ－15	$P^2SI900HT$
国内聚酰亚胺牌号	BMP316、LP15	AC721、BMP350、AC729RTM	AC732、BMP420	AC741
耐温等级	280～315℃	315～370℃	370～426℃	426～500℃

2.2.4 氰酸酯树脂基体

氰酸酯树脂通常指含有两个以上氰酸酯官能团的化合物。虽然氰酸酯树脂出现相对较晚，但是因其具有低介电常数和极小的介电损耗正切值、高玻璃化温度、低收缩率和吸湿率、低放气性、优良的力学性能和黏结性能等优点，广泛应用于航空航天高性能透波复合材料和高性能结构复合材料树脂基体。

1. 氰酸酯树脂合成

制备氯酸酯的尝试可追溯到19世纪下半叶，有人尝试通过次氯酸的酯与氯化物反应或者通过酚盐化合物与卤化氰反应获得氰酸酯，但都未获得成功，得到的只是异氯酸酯或其他化合物，直到1960年，Stroh和Gerber第一次合成了真正的氰酸酯树脂。合成氰酸酯的方法多种多样，归纳起来主要有以下几种。

(1) 在路易斯碱作为催化剂的条件下，溴化氰、氯化氰、碘化氰等卤化氰与酚类化合物的反应，酚类化合物包括单酚、二酚和多酚等，反应如下：

$$\mathrm{ArOH + HalCN \longrightarrow ArOCN}$$

(2) 将单质溴加入氰化钠或氰化钾的水溶液中，在叔胺(TA)存在的条件下，将它分散在酚类化合物的四氯化碳溶液中反应，反应如下：

$$\mathrm{Br_2 + NaCN + ArOH + TA \longrightarrow ArOCN + NaBr + TA \cdot HBr}$$

(3) 噻三唑的热分解制备氰酸酯，但是这种方法得到的产物容易发生异构反应生成异氰酸酯，产率较低，工艺路线复杂，反应如下：

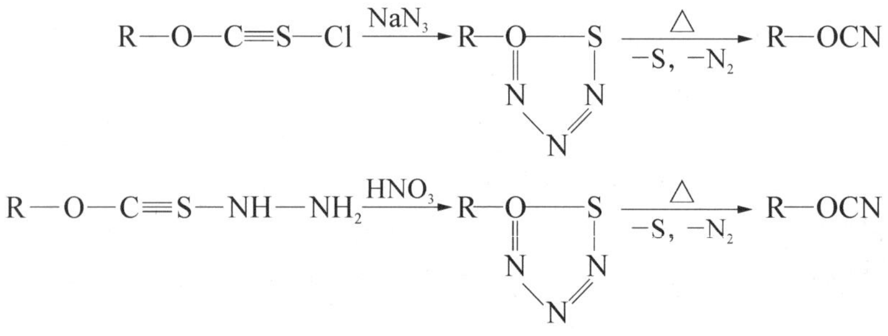

(4) 酚盐类化合物与卤化氰反应，这种方法合成的氰酸酯树脂纯度较高，反应如下：

$$\mathrm{ArONa + XCN \longrightarrow ArOCN + NaX}$$

(5) 硫代氨基甲酸酯在重金属氧化物的催化下，消去 H_2S，获得氰酸酯树脂，反应如下：

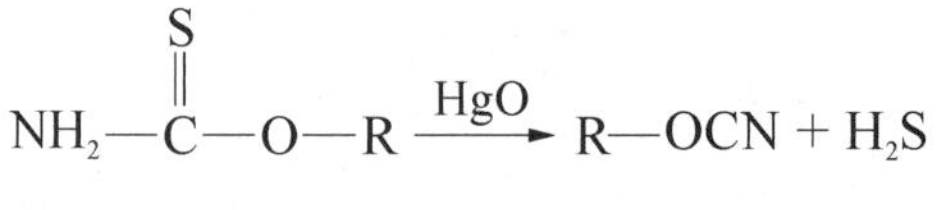

这些方法中，第一种方法合成路线简单、生产效率高、产品纯度高，非常适合工业化生产。

2. 氰酸酯树脂性能

由于各种氰酸酯树脂单体的结构不同,这些单体的物理状态及工艺特性也有很大的差异[13]。表 2.5 是一些商品化的氰酸酯树脂单体及其固化均聚物的物理性能。由表 2.5 可知,有些单体是晶体状,而且不同结构的氰酸酯晶体的熔点也有差异。例如:Arocy L－10 和 XU－366 室温下以低黏度液体的形式存在,Arocy L－10 可以作 RTM 工艺用树脂,XU－366 在存放过程中则由一种浅黄色液体结晶成 68℃熔点的晶体。XU－71787 是含有少量齐聚物的半固体状物质。为了改善结晶性氰酸酯单体的工艺性,可将氰酸酯单体部分均聚成无定形态的预聚物(转化率 30%～50%)。表 2.5 表明,氰酸酯树脂固化均聚物具有比较高的玻璃化温度,吸湿率低,介电性能优异。

表 2.5　商品化的典型氰酸酯树脂单体及其固化均聚物的物理性能

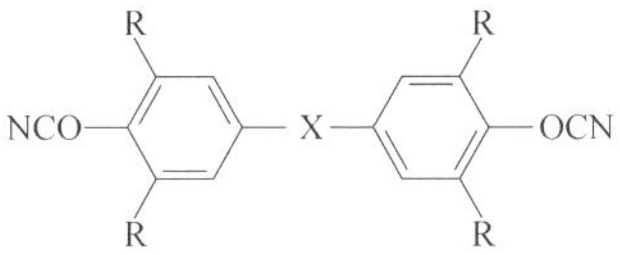

X= R=	$C(CH_3)_2$ H	CH2 CH3	S H	$C(CF_3)_2$ H	$CH(CH_3)$ H	a H	b H
供应商			Ciba－Geigy				Dow
产品名	B－10	M－10	T－10	F－10	L－10	RTX－366	XU71787
状态	晶体	晶体	晶体	晶体	液体	浅黄液体	非晶体
熔点/℃	79	106	94	87	低黏度液体	68①	半固体
黏度/(mPa·s)(℃)	15(90)	20(110)	—	20(90)	140(25)	8 000(25)	700(85)
氰酸酯当量(EW)②	139	153	134	193	132	198	—
反应热/(cal③/g)	175	142	—	100	181.8	121.5	—
T_g/℃	289	252	—	270	258	192	244
H_2O/%	2.5	1.4	—	1.8	2.4	0.7	1.4
介电常数(1 MHz)	2.91	2.75	—	2.66	2.98	2.64	2.8
G_{IC}/(J/m^2)	140	175	—	140	190	120	125

注:① RTX－366 在贮存过程中会发生结晶;
② 指含 1 mol 氰酸酯官能团的树脂的重量;
③ 1 cal＝4.184 J;

a. X＝
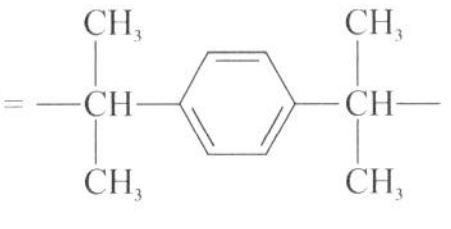

;b. X＝
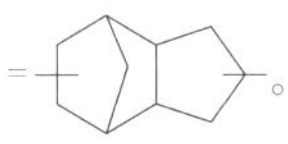
。

3. 氰酸酯树脂固化反应

文献表明,绝对纯净的氰酸酯树脂单体即便在高温加热下也不会发生聚合反应。通过不同方法合成的氰酸酯,有的不含有残余酚,有的含有微量的残留酚,但即使含有残留酚的氰酸酯的固化反应也非常缓慢。要使高纯度的氰酸酯单体聚合反应,必须加入两种催化剂：一是带有活泼氢的化合物，如单酚、水等（2%～6%）；二是金属催化剂，如路易斯酸、有机金属盐等。氰酸酯官能团含有孤对电子和给电子 π 键，易于与金属化合物形成络合物。因此，金属羰酸盐、$ZnCl_2$、$AlCl_3$ 等化合物可以作为催化剂催化氰酸酯官能团的三聚反应，但这些金属盐作为催化剂时，其在氰酸酯树脂中的溶解性很差，因而它们的催化效率很低。为了提高催化剂的催化效率，加入能溶于氰酸酯树脂中的有机金属化合物才能有效地催化氰酸酯固化。图 2.14 是氰酸酯在金属盐和酚催化下的聚合反应机理。

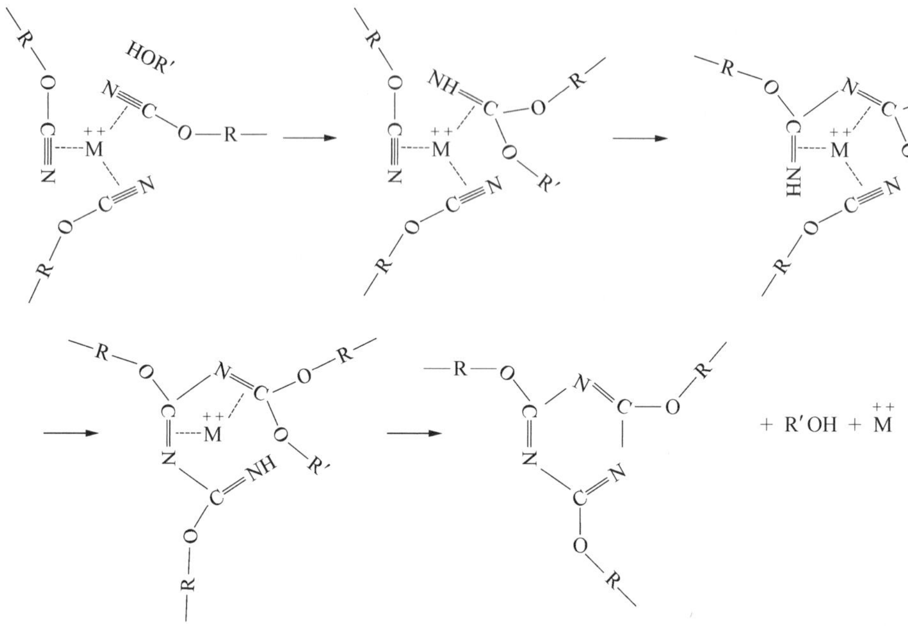

图 2.14　氰酸酯在金属盐和酚催化下的聚合反应机理

4. 氰酸酯树脂改性

为了使树脂间性能相互取长补短，常常采用氰酸酯树脂改性环氧树脂（或环氧树脂改性氰酸酯树脂）和氰酸酯改性双马树脂（或双马树脂改性氰酸酯树脂），使树脂获得更好的电性能、耐湿热性能和工艺性能[14]。

利用氰酸酯树脂改性环氧树脂，实际上就是利用氰酸酯树脂作为环氧树脂的固化剂，氰酸酯树脂固化环氧树脂过程中，不会反应生成羟基等亲水基团，因此氰酸酯树脂改性环氧树脂的吸湿率低、耐湿热性能改善。研究表明，30%（质量百分比）左右氰酸酯即可在180℃下充分固化双酚 A 环氧树脂。氰酸酯改性环氧树脂的固化过程中，氰酸酯先自聚生成氰酸酯三聚体，并同时与环氧基团反应生成噁唑啉，随着反应的进行，如果氰酸酯基团与环氧基团的摩尔比小于 1，则前期生成的三嗪环结构则解聚与环氧基团反应生成噁唑啉，而且在噁唑啉的催化下剩余的环氧基团进一步聚醚化反应生成聚醚结构。因此，氰酸酯基团与环氧基团的摩尔比小于 1，固化物主要是噁唑啉和聚醚结构；如果氰酸酯基团与环氧基团的摩尔比大于 1，固化物主要是三嗪环和噁唑啉结构。氰酸酯改性环氧树脂的固化过程中的主要反应如图 2.15 所示。

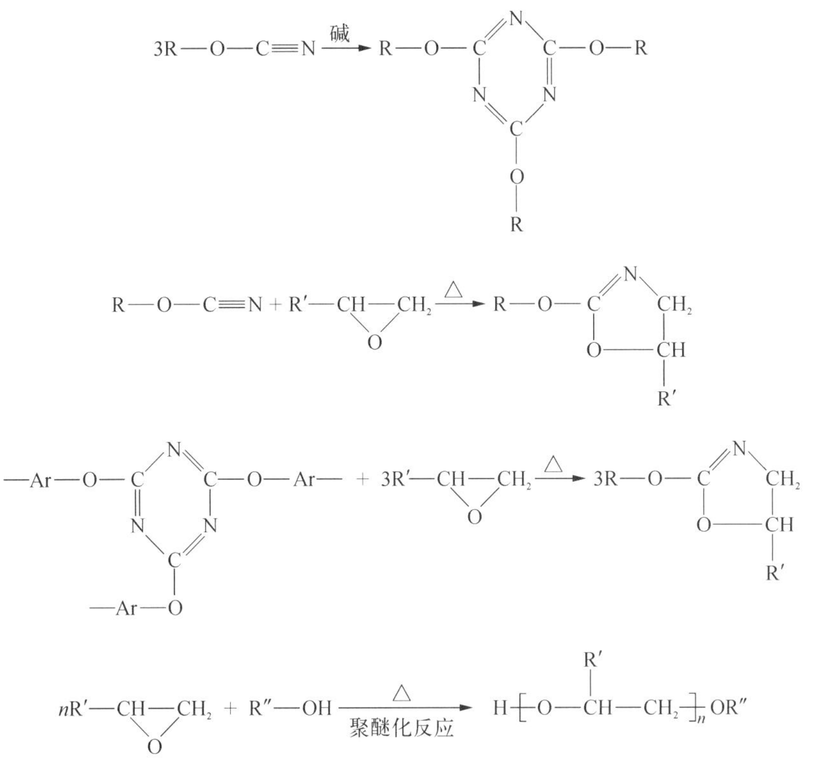

图 2.15　氰酸酯改性环氧树脂固化的主要化学反应

氰酸酯树脂改性双马来酰亚胺树脂可以显著改善双马来酰亚胺树脂的电性能工艺性能和抗冲击性能,双马树脂也可改善氰酸酯树脂的耐水解性能。但是,氰酸酯的加入使双马树脂的耐热性下降。图 2.16 是氰酸酯树脂改性双马来酰亚胺树脂的反应机理。氰酸酯树脂改性双马来酰亚胺树脂最典型的是三菱公司的 BT 树脂。

2.2.5　酚醛树脂基体

酚醛树脂统指酚类化合物与醛类化合物缩聚合成树脂的统称。酚醛树脂是最早发明的人工合成聚合物,酚醛树脂阻燃性能好、烧蚀残碳率高、成本低(表 2.6),但其固化反应释放小分子、收缩率高、脆性大。酚醛树脂基复合材料在航空航天中主要应用于飞机内饰和航天烧蚀结构。酚醛树脂原材料的酚类化合物主要包括苯酚、甲酚、混甲酚、壬基酚、二甲酚、双酚 A、腰果酚或几种酚的混合物等,醛类化合物包括甲醛、多聚甲醛、乙醛和糠醛或几种醛的混合物。其中以苯酚和甲醛缩聚获得的酚醛树脂最为重要。苯酚为三官能度单体,甲醛为二官能度。表 2.7 是不同酚类化合物的官能度。在酚醛树脂合成中,单体的官能度、酚和醛的摩尔比、催化剂类型等对合成的酚醛树脂性能都有很大的影响。酚醛树脂不仅可以自己固化成型,也可以作为环氧树脂固化剂,与双马树脂等树脂共聚改性。酚醛树脂结构中反应活性点多,可与多种化学结构进行化学反应,因此酚醛树脂的改性方法繁多,可以形成丰富多彩的酚醛产品[15]。

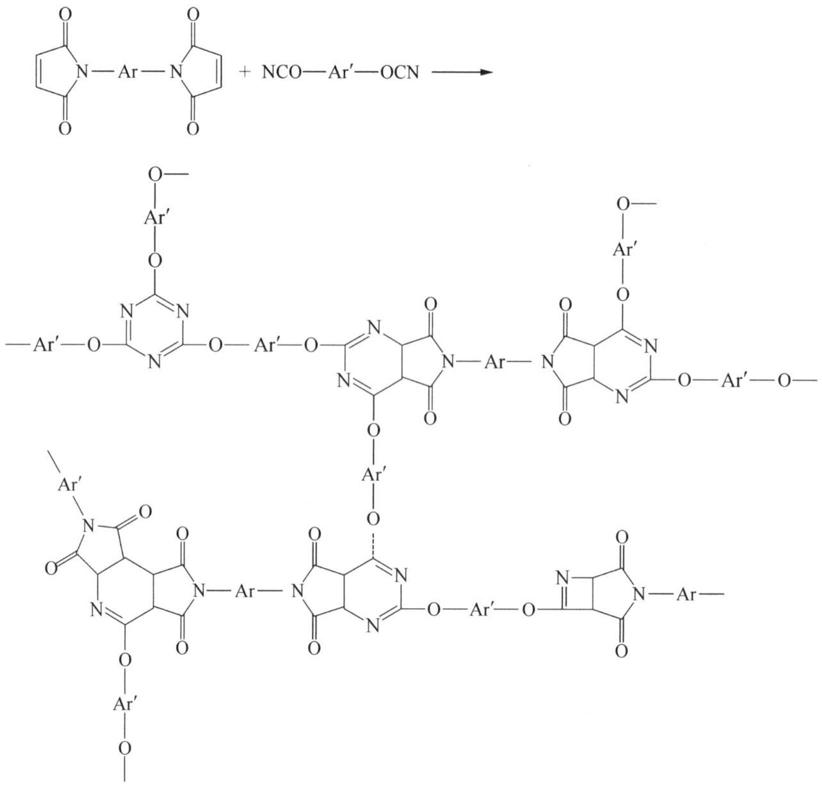

图 2.16　氰酸酯树脂改性双马来酰亚胺树脂反应机理

表 2.6　酚醛树脂的基本性能

性能类别	性　　能	性　能　值
物理性能	密度/(g/cm³)	1.32~1.33
	热膨胀系数/(10^{-6})	60~80
	玻璃化转变温度/℃	150~300
	介电常数(60 Hz)	6.5~7.5
	介电损耗(60 Hz)	0.10~0.15
力学性能	拉伸强度/MPa	42~64
	拉伸模量/GPa	约 3.2
	压缩强度/MPa	80~110
	弯曲强度/MPa	78~120
燃烧性能	极限氧指数/%	34~75
	阻燃级别	94V－1~94V－0
	烟密度等级	<5
烧蚀性能	残碳率/%	50~70

表 2.7　典型酚类化合物与甲醛的反应官能度

官能度	酚类化合物
1	1, 2, 6-二甲酚、1, 2, 4-二甲酚
2	邻甲酚、对甲酚、对叔丁基苯酚、1, 2, 5-二甲酚、1, 3, 4-二甲酚、对壬基酚
3	苯酚、间甲酚、1, 3, 5-二甲酚、间苯二酚

1. 热固性酚醛树脂

热固性酚醛树脂(俗称为 Resol 树脂)的合成反应一般是在碱性催化剂存在下进行的,常用的催化剂包括氢氧化钠(1%~5%)、氨水、氢氧化钡(3%~6%)、氢氧化钙、氢氧化镁、碳酸钙和六次甲基四胺(6%~12%)等。苯酚和甲醛的摩尔比通常为 1∶(1~1.5),甚至高达 1∶(1~3)。酚醛树脂的聚合过程可以分为两步,即甲醛与苯酚的加成反应和羟甲基化合物的缩聚反应。

(1) 加成反应:在氢氧化钠的催化下,苯酚与甲醛发生加成反应,生成多羟甲基苯酚(单羟甲基苯酚、双羟甲基苯酚和三羟甲基苯酚混合物)(图 2.17)。

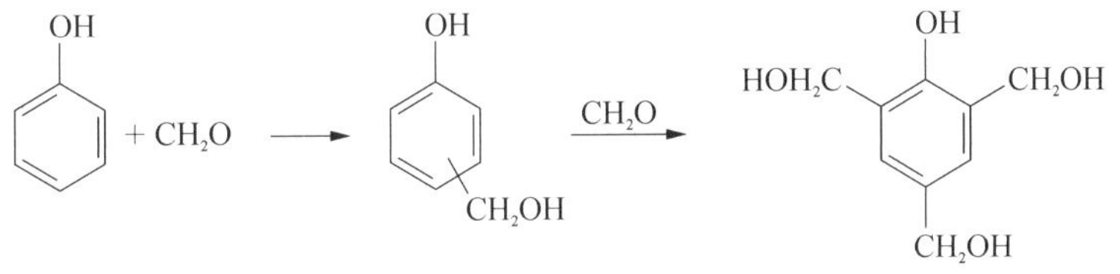

图 2.17　酚和醛的加成反应

(2) 缩聚反应:单羟甲基苯酚、双羟甲基苯酚和三羟甲基苯酚发生缩聚反应(图 2.18),反应生成的多聚体也不断进行缩聚反应,分子量不断增大,若不降温处理控制则会继续聚合交联固化。在碱性催化下的缩聚反应中虽然图中的两种反应都可能发生,但是醚键结构不稳定,羟甲基主要与对位、邻位上的活泼氢反应生成亚甲基桥结构,而少有两个羟甲基之间的脱水反应。在酚醛树脂缩聚过程中,随时可以通过冷却降温的方法控制反应程度而得到不同用途的酚醛树脂,再加热又能使反应继续进行。

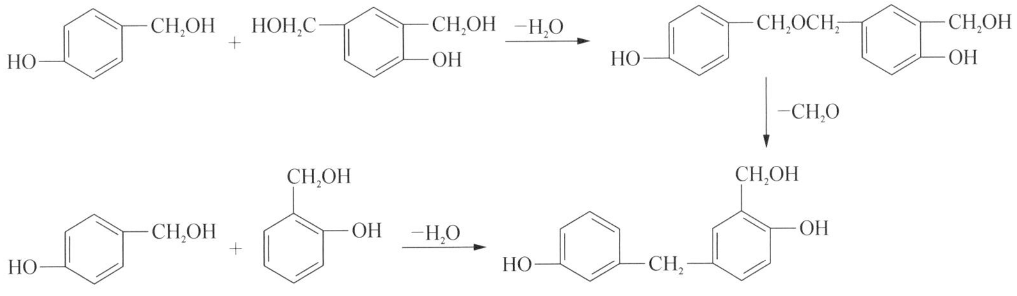

图 2.18　在碱性条件下的酚醛树脂缩聚反应

2. 热塑性酚醛树脂

热塑性酚醛树脂，又称为 Novolak 树脂，是在强酸性（pH<3）催化剂催化下、当酚过量的条件下（通常甲醛和苯酚的摩尔比为 0.75~0.85），酚类化合物与醛类化合物反应生成线性或少量支化的可溶可熔的酚醛树脂，其数均分子量可高达 2 000，但通常为 500 左右。

一般认为在强酸性环境下酚羟基的对位比邻位活泼，所以缩聚反应主要发生在酚羟基的对位，因此热塑性酚醛树脂的分子结构中以酚环的对位链接为主，但也有少量的邻位连接。但是，在 pH4~7 环境下，在某些二价金属化合物（如锰、镉、锌、钴、镁等）的催化下，可合成主要通过邻位连接的高邻位热塑性酚醛树脂（邻位率高达 97%）。热塑性酚醛树脂的酚环上尚有未反应的活性点，加入六次甲基四胺或甲醛可继续反应生成热固性酚醛树脂。如图 2.19 是线性酚醛树脂在酸性条件下的分子结构。

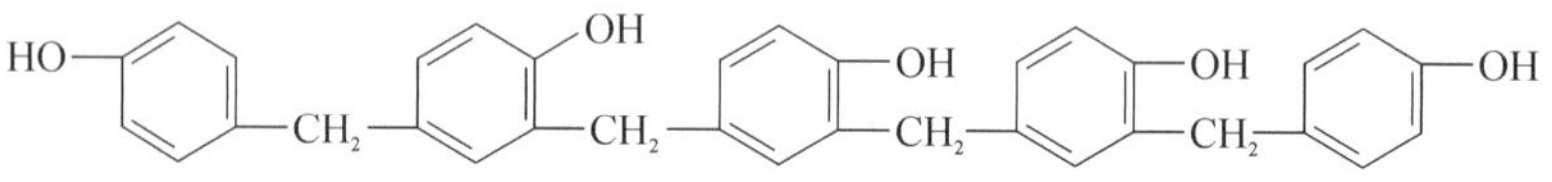

强酸催化下的理想化结构的线性酚醛树脂

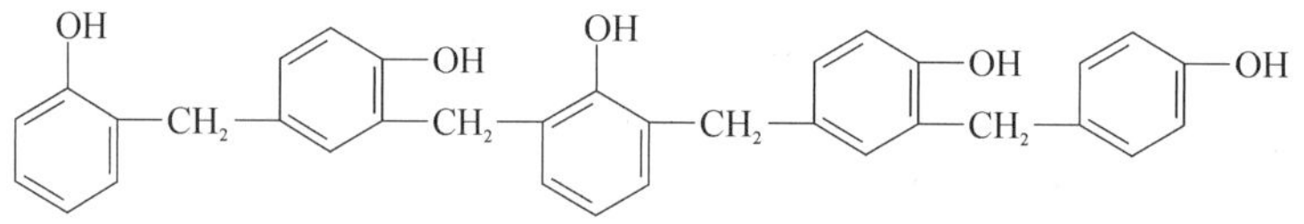

强酸催化下的少量邻位结构的线性酚醛树脂

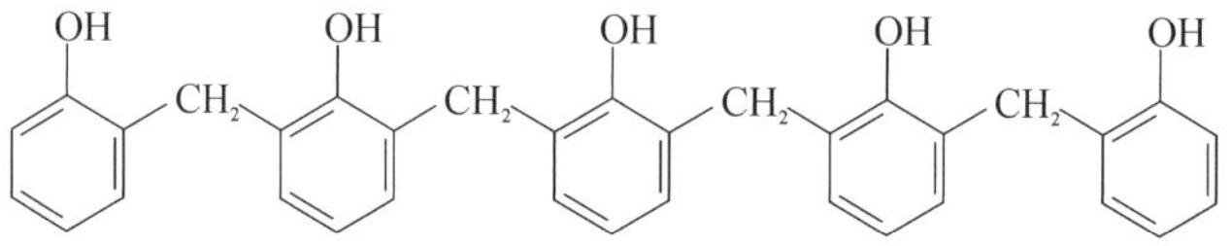

高邻位结构的线性酚醛树脂

图 2.19　酸性环境下线性酚醛树脂的结构

3. 苯并噁嗪树脂

为了解决酚醛树脂固化缩聚反应释放水分子这一影响其工艺性的缺点，研究开发了苯并噁嗪树脂，它是由酚类化合物、甲醛和伯胺类化合物经缩合反应得到的化合物，并在加热和（或）催化剂作用下开环聚合形成类似酚醛树脂的热固性聚合物，因此也被称为开环聚合酚醛树脂[16]。苯并噁嗪树脂的合成与聚合反应原理如图 2.20 所示。

苯并噁嗪可以分为：

（1）以一元酚、一元胺和甲醛合成的单环苯并噁嗪；

（2）以二元酚、一元胺和甲醛（或一元酚、二元胺和甲醛）合成的双环苯并噁嗪；

（3）以多元酚、一元胺和甲醛（或一元酚、多元胺和甲醛）合成的多环苯并噁嗪，如图 2.21 所示。

苯并噁嗪树脂与其他树脂的主要不同之处：

（1）耐热性能较高：苯并噁嗪树脂虽然交联密度相对环氧树脂较低，但在固化苯并

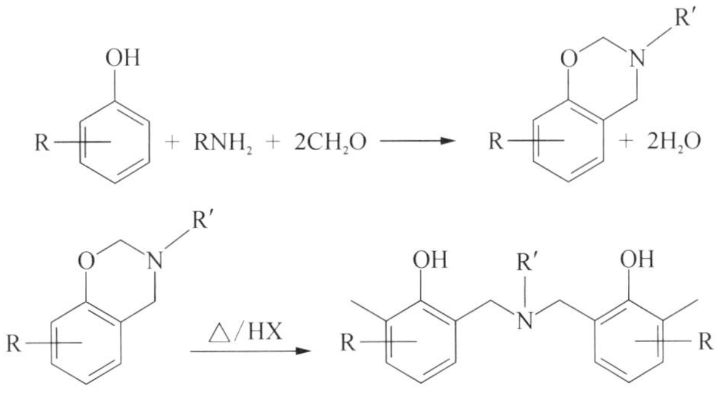

图 2.20　苯并噁嗪树脂合成和开环聚合反应原理

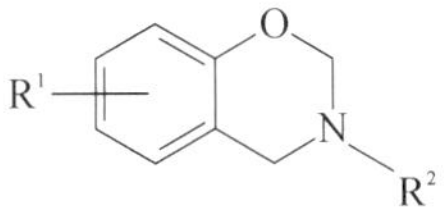

单环苯并噁嗪

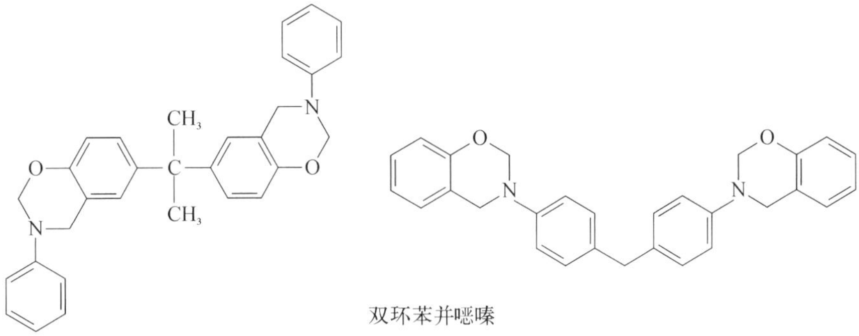

双环苯并噁嗪

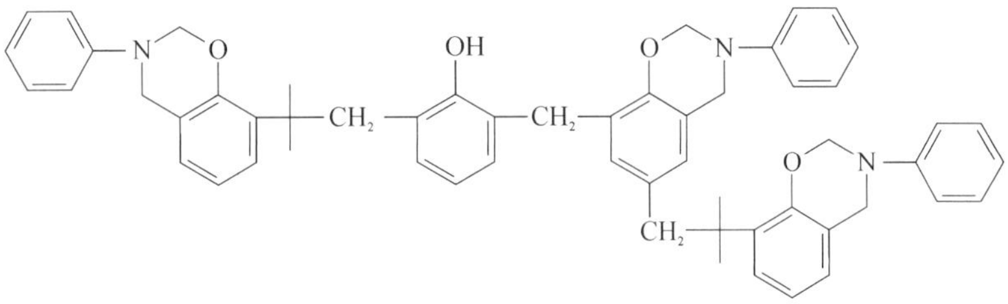

多环苯并噁嗪

图 2.21　苯并噁嗪树脂的主要类型

噁嗪树脂基结构中存在较强的分子内和分子间氢键作用，导致其固化树脂的玻璃化转变温度较高、耐热性较好，根据苯并噁嗪树脂的化学结构的不同，其玻璃化转变温度最高可达到 300℃以上；

（2）固化收缩率低、固化放热小：由于苯并噁嗪的固化反应为六元环开环聚合反应，其固化反应热较低，固化收缩率低，甚至为微膨胀（固化后树脂的密度小于固化前）；

（3）阻燃性能好：由于苯并噁嗪树脂中含有酚苯环和 N 原子结构，其先天具有较好的阻燃性能，按照 UL94 标准，其阻燃性能在 V－1～V－0 级之间。

2.2.6 其他树脂基体

1. 热塑性树脂

与热固性树脂基复合材料相比,热塑性树脂基复合材料具有抗冲击性能好、可循环使用、成型周期短、制造效率高、可修补、可焊接、预浸料可无限期室温储存等特点[2]。可作为先进复合材料树脂基体的热塑性聚合物包括聚醚醚酮(PEEK)、聚苯硫醚(PPS)、聚醚酰亚胺(PEI)、聚醚砜(PES)、聚酰亚胺(PI)等。F-22 飞机中使用了结构重量的 0.4%的热塑性复合材料(主要是维修口盖、设备舱口盖等),A330、A340、A380 飞机的机翼前缘使用了 PPS 玻璃纤维复合材料。热塑性复合材料在商用飞机其他应用见图 2.22[17]。因此,到目前为止,明确已在航空结构应用的热塑性复合材料主要是 PEEK 和 PPS 复合材料(表 2.8)。

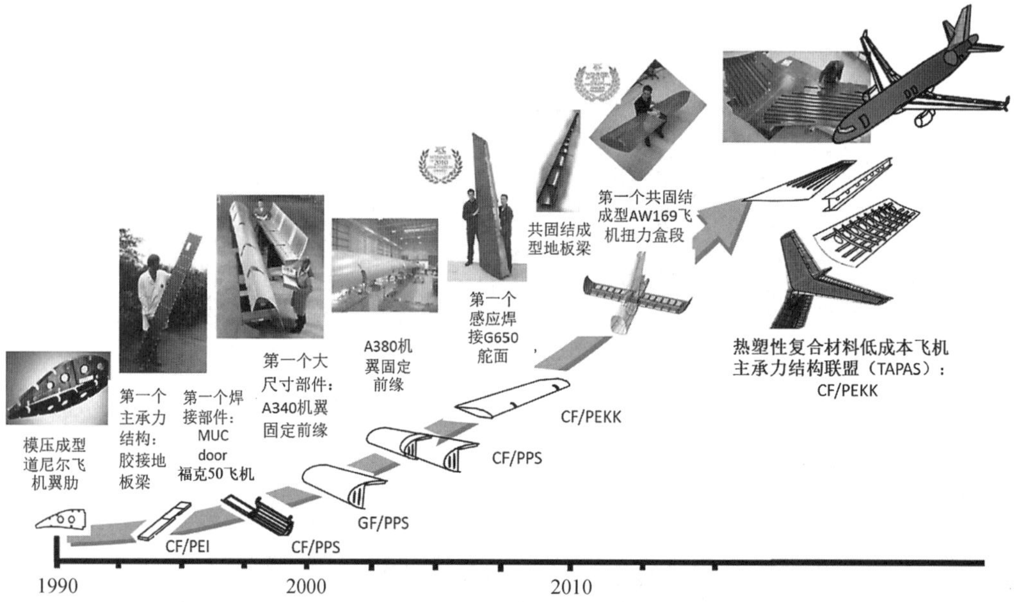

图 2.22 热塑性复合材料在商用飞机上的应用

表 2.8 高性能热塑性树脂及其复合材料

材　料	增强纤维	T_g/℃	成型工艺	典型应用
PEEK	AS-4、IM7、T300	149	热压罐/模压	F-22
PPS	AS-4、IM7、T300	83	模压	A380、G650
PEKK	AS-4、IM7、T300	155	模压	—
PEI	IM7	220	模压	—
PI	IM7、T300	230~300	模压	—

2. 氰基树脂

含有单氰基或者邻苯二甲腈基团的树脂称为氰基树脂,也把含有邻苯二甲腈基团的树脂称作邻苯二甲腈树脂。氰基树脂也分为热塑性和热固性氰基树脂，表 2.9 是典型的氰基树脂的基本性能。热塑性型氰基树脂最典型的是聚芳醚腈树脂，侧链氰基的存在使得聚芳醚腈相比于其他聚芳醚类聚合物在耐热性和力学性能方面更好。聚芳醚腈经过催化交联后，由于三嗪环交联网络的形成，其耐热性和机械强度得到增加，玻璃化温度、初始分解温度、残重率、拉伸强度都得到一定提高。同时，聚芳醚腈树脂具有优异的阻燃性能，不加阻燃剂即可达到 UL94 V－0 级，极限氧指数可达 42%[11]。

表 2.9　典型的氰基树脂及其基本性能

类　型	典　型　结　构	玻璃化温度/℃	交联温度/℃
热塑性氰基树脂	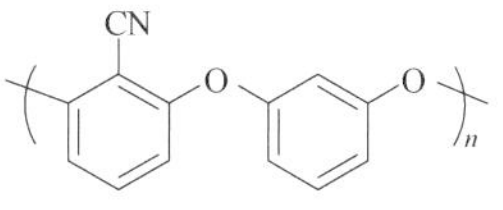	148	300～350
单氰基树脂	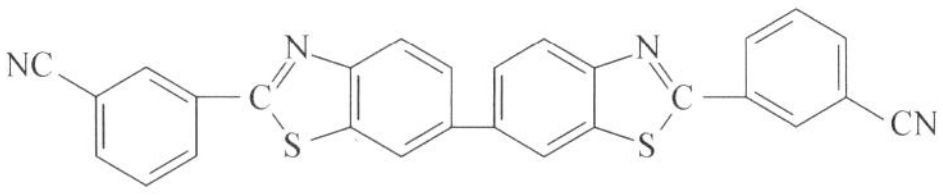	—	300～350
邻苯二甲腈树脂	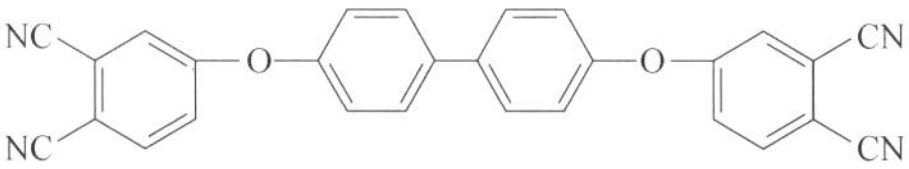	450	170～270

早期采用含有单氰基的单体化合物在路易斯酸类化合物（如 $ZnCl_2$ 等）的催化下，三聚成三嗪环，从而形成体型交联结构，固化物具有优异的热氧稳定性。其中，比较典型的单体为含有噻唑结构的氰基化合物。单氰基之间交联形成了三嗪环结构，又由于分子链中的噻唑结构很稳定，所以整个固化物具有优异的热氧化稳定性。但是，含有单氰基的芳杂环聚合物合成困难，其中要用到毒性较大的氰化亚铜（CuCN）或者氰化钾（KCN），大量制备存在很大安全风险。此外，芳杂环单氰基化合物都具有较高的熔点（通常大于 250℃），并需要在 300℃以上的高温反应十多个小时，成型工艺困难。

邻苯二甲腈单体在加热条件下通过腈基的加成聚合交联反应制备得到邻苯二甲腈树脂。热固性氰基树脂的主要特点是氰基交联后具有良好的热氧化稳定性及力学性能，固化完全的氰基树脂在 375℃的高温下力学性能长期保持稳定，在温度高达 450℃时仍未出现玻璃化转变或软化现象，可以与某些类型的热固性聚酰亚胺树脂相媲美。邻苯二甲腈氰基树脂固化反应过程中没有小分子副产物放出，并且单体的聚合反应过程可以通过温度、固化剂种类、含量等多种实验条件加以有效控制，聚合物初始熔融黏度低，具有良好的工艺性能。当氢醌、联苯二酚和四氢吡啶等活性氢源作为邻苯二甲腈树脂的交联剂，邻苯二甲腈树脂固化形成酞菁环交联结构（图 2.23）[18]。

但是，目前邻苯二甲腈树脂体系也存在一些不足，邻苯二甲腈单体的熔点较高（大于 200℃），树脂体系的熔融温度较高，进而成型温度较高，且加工窗口变窄，邻苯二甲腈树脂的抗冲击韧性也需要进一步改善以满足航空航天主结构的力学要求。

3. 聚芳基乙炔树脂

聚芳基乙炔（polyarylacetylene，PAA）树脂是指一类由乙炔基芳烃单体预聚合而成的

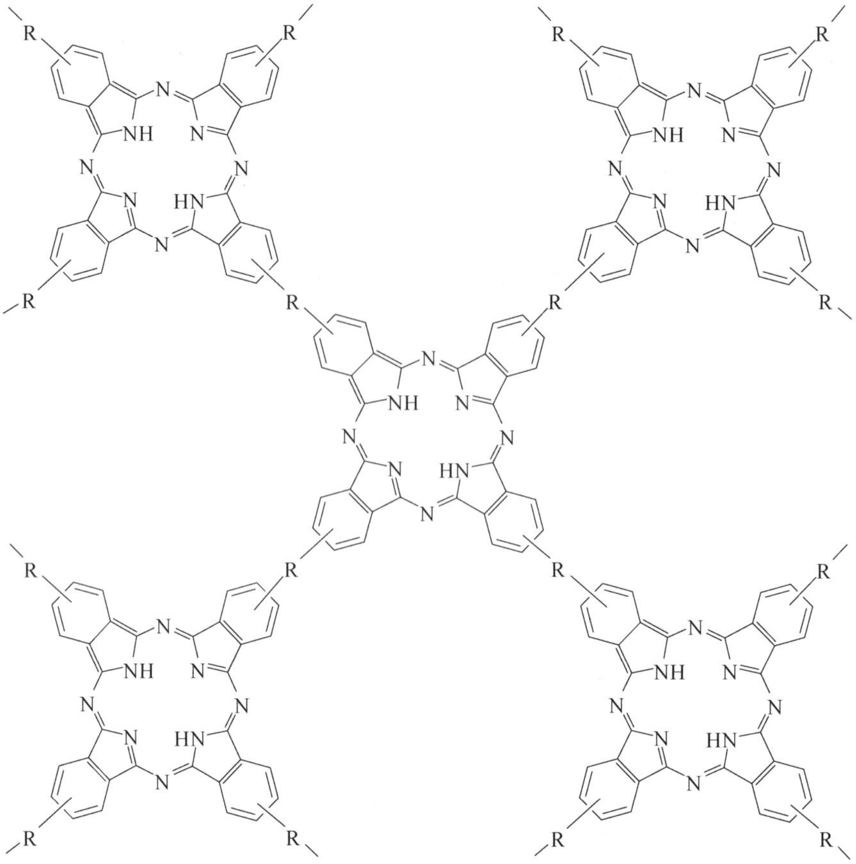

图 2.23　邻苯二甲腈树脂固化形成酞菁环结构

低聚物,聚芳基乙炔具有极高的成碳率,耐热性能优异,可用作耐高温复合材料树脂基体。芳基乙炔树脂具有以下主要优点:

(1) 固化过程无挥发物和低分子量副产物放出;

(2) 固化树脂交联密度高,耐高温性能优异;

(3) 热解成碳率极高,且固化收缩率较低;

(4) 预聚物呈液态或低熔点固态,适合于 RTM 复合材料成型加工[19]。

芳基乙炔单体包括单炔基芳烃、二炔基芳烃、多炔基芳烃、含杂原子炔基芳烃和内炔基芳烃等,如表 2.10 所示。

表 2.10　芳基乙炔单体分类及特点

单体类型	典型结构	主要特点
单炔基芳烃	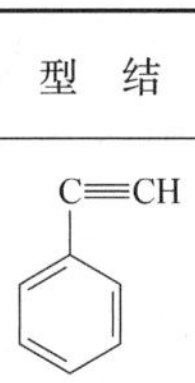	分子量小,与其他单体改善工艺性能

续　表

单体类型	典型结构	主要特点
二炔基芳烃	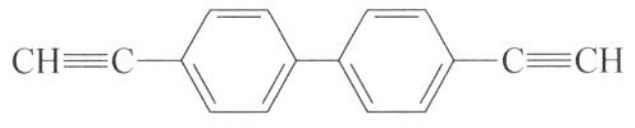	芳基乙炔树脂的主要单体，常和其他单体共聚
多炔基芳烃	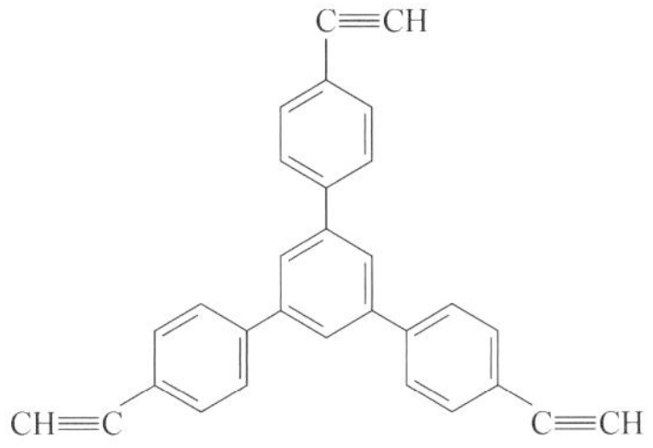	固化物交联密度大，热稳定性好，但韧性差
含杂原子炔基芳烃	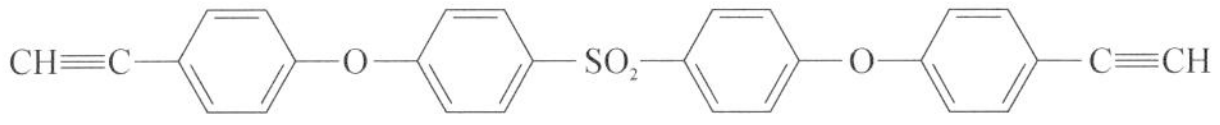	固化物耐热性和韧性好
内炔基芳烃	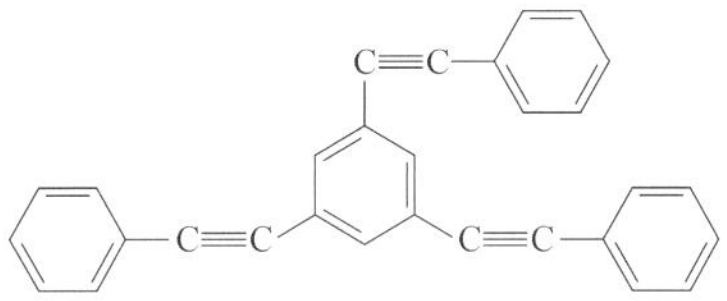	反应活性低，固化温度高

芳基乙炔树脂单体与催化剂、改性剂预聚后，形成工艺可控的芳基乙炔树脂预聚物，用以复合材料的制造与成型。芳基乙炔树脂在室温下通常为固体，加热到几十度后，呈低黏度液体状态。如美国宇航公司开发的 PAA 树脂在室温下为固体，加热到 50℃ 后开始软化，75℃ 达到最低黏度，100℃ 开始固化反应。

PAA 树脂主要为碳、氢两种元素，其理论碳含量基本在 90% 以上，树脂固化烧蚀残碳率也大于 80%（表 2.11）。但是不同化学结构的 PAA 树脂的残碳率略有差异，尤其是单炔基单体聚合只形成线性聚合物，其烧蚀残碳率很低。

表 2.11　几种芳基乙炔树脂常压 800℃的残碳率

单体名称	理论含碳量/%	实验残碳率/%
间二乙炔基苯	95.2	90~96
对二乙炔基苯	95.2	81
二乙炔基联苯	95	88~90
二乙炔基二苯基甲烷	94.4	91
单炔基芳烃	94.1~95.66	5~55

为了提高芳炔树脂的耐热性，在芳炔树脂的基础上，在分子结构中引入 Si—C 杂化结构，形成含—Si—C≡C—Ar—结构的一类含硅芳炔树脂，含硅芳炔树脂根据含硅结构的位置可以分为主链型结构、侧链型结构和超支化结构等。将无机硅元素引入芳炔树脂后形成的含硅芳炔树脂，可能赋予树脂陶瓷化能力，使复合材料的耐烧蚀性能进一步提高。

含硅芳炔树脂属于杂化树脂体系，具有优异的耐热性能、介电性能和良好的工艺性能。含硅芳炔树脂虽具有优异的耐高温性能，但树脂基体比较脆，力学性能较差。在原来非极性或弱极性芳基芳炔树脂的基础上，引入其他极性基团或添加其他极性热固性树脂改性，提高树脂的极性，有利于改善树脂与纤维之间的亲和性，改善复合材料树脂与纤维之间的界面，提高复合材料的力学性能。

2.3 高性能树脂基复合材料增强材料

树脂基体材料和增强材料是树脂基复合材料的两大基本组分。作为高性能树脂基复合材料，其增强材料主要是高性能纤维及其纺织增强体。其中，碳纤维、玻璃纤维、芳纶纤维、超高分子量聚乙烯纤维和聚对苯撑苯并二噁唑纤维等是高性能树脂基复合材料最重要的增强纤维，这些增强纤维均可通过纺织工艺织造为各种类型的织物作为复合材料增强体，如二维机织物、二维编织物、三维编织物、三维机织物、缝合织物、铺缝预成型体、经编织物和针刺织物等。本节主要介绍增强纤维，纺织增强体将在其他章节中详细介绍。

2.3.1 碳纤维

1. 概述

碳纤维的发现最早可以追溯到 19 世纪 80 年代，但真正得到重视是在 20 世纪 50 年代。碳纤维制备技术发源于美、日、英三国，经过漫长的技术改进和市场培育，英国退出碳纤维制造业，日、美实现了对碳纤维技术与产业的垄断，尤其是日本占据着世界领先地位，是最大碳纤维生产国，左右着国际纤维市场供求关系。美国军用碳纤维从技术到产能完全依靠自主保障，而民用碳纤维则依靠全球市场。俄罗斯碳纤维工业主要面向国防，其军用碳纤维也完全依靠自主保障。目前，碳纤维按照原丝类型主要分为三类，即聚丙烯腈（PAN）基碳纤维、沥青基碳纤维和黏胶基碳纤维[20]。黏胶基碳纤维基本停产，有可能完全退出碳纤维市场；沥青基碳纤维仅约 1 000 t 年产量，日、美企业平分秋色；聚丙烯腈基碳纤维一枝独秀，全球 2021 年产能约 200 000 t，其技术被日、美控制，产业被日本控制（约占 70%），市场被日、美、欧盟控制（达 80%）。由于成本很高、复合材料界面相关性能较差等原因，沥青基碳纤维基本没有应用于承载能力较高的结构，主要利用其导热性能优异的特点应用于轻质导热机构。因此，目前高性能复合材料应用的碳纤维绝大部分是聚丙烯腈基碳纤维。

在碳纤维的发展过程中，各国已经开发出若干类用于结构材料的聚丙烯腈（PAN）碳纤维，以东丽碳纤维为例，其产品主要分为四个系列[21]：高强系列碳纤维（拉伸模量 207~276 GPa，即 30~40 msi，如 T300、T400、T700 等）、高强中模系列碳纤维（拉伸模量 276~344 GPa，即 40~50 msi，如 T800、T1000、T1100 等）、高模系列碳纤维（以高强型碳纤维为基础发展的拉伸模量≥50 msi 的碳纤维，如 M40、M46、M50、M55、M60 等）和高强高模系列碳纤维（以高强中模型碳纤维为基础发展的拉伸模量≥50 msi 的碳纤维，如 M40J、M46J、M50J、M55J、M60J、M70J 等）[22]。

经过几十年的技术发展，以日本东丽和美国赫氏为代表的碳纤维制造企业已经建立了完善的高性能碳纤维技术体系。表 2. 12 是日本东丽和美国赫氏主要碳纤维性能。

表 2. 12　日本东丽和美国赫氏主要碳纤维性能

牌　号	碳纤维丝束数	拉伸强度/MPa	拉伸模量/GPa	断裂延伸率/%
T300	1 000、3 000、6 000、12 000	3 530	230	1.5
T700S	12 000、24 000	4 900	230	2.1
T800H	6 000、12 000	5 490	294	1.9
T800S	12 000、24 000	5 880	294	2.0
T1000G	12 000	6 370	294	2.2
T1100G	12 000、24 000	7 000	324	2.0
M40J	6 000、12 000	4 400	377	1.2
M55J	6 000	4 020	540	0.8
M60J	6 000	3 820	588	0.7
M40X	12 000	5 700	377	1.5
AS4	3 000、6 000、12 000	4 330~4 500	231	1.8
AS7	12 000	4 830	241	1.8
IM6	12 000	5 740	279	1.9
IM7	6 000、12 000	5 310~5 670	276	1.8
IM8	12 000	6 102	303	1.8
IM9	12 000	6 140	304	1.9
IM10	12 000	6 964	310	2.1
HM50	12 000	5 723	345	1.65
HM63	12 000	4 826	435	1.0

以聚丙烯腈基碳纤维为例，其制备工艺主要分为三大部分：一是原丝制备；二是原丝碳化工艺；三是完成碳化石墨化后的表面处理。原丝制备就是从原材料获得 PAN 纤维原丝的过程，原丝碳化工艺则是从 PAN 原丝获得碳纤维的过程，表面处理使纤维形成一定的表面粗糙度和化学官能团，使纤维与基体之间形成良好的界面[23]。

2. 聚丙烯腈原丝制备

为了获得高性能碳纤维，碳纤维聚丙烯腈原丝与普通聚丙烯腈纤维虽有差异，但它们的制备工艺技术总体上相同。

1）聚丙烯腈合成

聚丙烯腈均聚物可纺性差，一般很难直接应用于聚丙烯腈纤维的制备。为了改善聚丙烯腈的可纺性、初生丝的牵伸性和后续碳纤维制备过程的预氧化工艺性，通常需要在 AN 中加入第二、第三等多种共聚单体，常见的共聚单体包括丙烯酸、甲基丙烯酸、衣康酸、丙烯酸甲酯和丙烯酰胺等，但是丙烯腈的含量通常在 85%以上（图 2. 24 是碳纤维原丝聚丙烯腈的合成原理）。丙烯腈共聚体系通常以偶氮二异丁腈（AIBN）为引发剂，聚合方法为均相溶液聚合法。

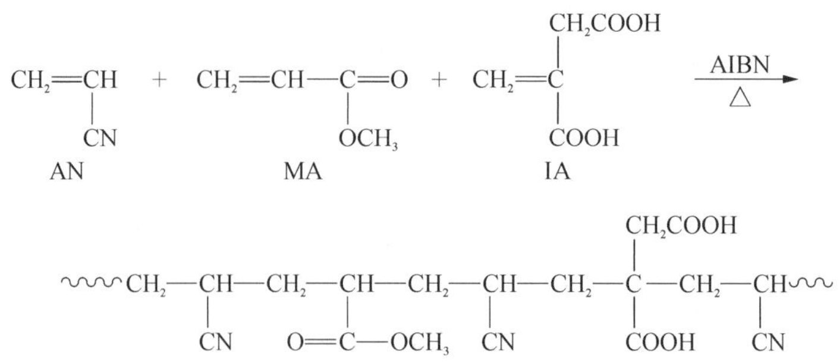

图 2.24 聚丙烯腈聚合反应原理

丙烯腈共聚体系可以采用溶液聚合、悬浮聚合和乳液聚合等聚合方法合成聚丙烯腈，但绝大部分碳纤维聚丙烯腈聚合物采用溶液聚合方法。溶液法又分为均相溶液聚合和非均相溶液聚合，均相溶液聚合物中单体和聚合物均溶解在溶剂中，然后直接用于纺丝，非均相溶液聚合的单体溶于溶剂中而聚合产物从溶液中沉淀出来，需要经过分离、干燥处理后再溶于溶剂中用于纺丝。均相溶液聚合法效率高、流程短，是大部分碳纤维企业的聚合方法。均相溶液聚合的主要溶剂包括二甲基乙酰胺（DMAc）、二甲基亚砜（DMSO）、二甲基甲酰胺（DMF）、$ZnCl_2$ 水溶液、NaSCN 水溶液、硝酸等，日本东丽、美国 Solvay 和我国大部分企业均采用 DMSO，日本三菱和台塑等采用 DMAc 或 DMF，美国 Hexcel 采用 NaSCN。聚合物溶液经过脱单、脱泡，并调节聚合物溶液浓度至纺丝工艺要求的浓度，并经过滤出溶液中的凝胶粒子、固体杂质等不溶物之后输送至纺丝单元。

2）纺丝工艺

由于聚丙烯腈分子间作用力大，聚合物难以熔融流动，因此不能采用熔融纺丝，只能采用溶液纺丝制备聚丙烯腈纤维（腈纶）。聚丙烯腈纤维溶液纺丝包括干法溶液纺丝、湿法溶液纺丝和干湿法溶液纺丝。干法溶液纺丝是将聚丙烯腈溶液加热到 130~140℃ 后通过计量泵输送到喷丝板后，形成纺丝溶液细流进入 350~400℃ 的纺丝甬道，溶剂挥发使纺丝细流凝固形成聚丙烯腈纤维。干法腈纶纺丝溶液浓度高（25%~35%）、纺丝速度高、纤维致密性均匀性好，但存在纤维之间容易并丝、污染大、DMF 溶剂易燃易爆、生产过程不稳定等问题，因此也基本不应用于碳纤维原丝生产。湿法溶液纺丝是计量泵将聚丙烯腈溶液输送到喷丝板形成纺丝溶液细流直接进入纺丝凝固浴中，经凝固、洗涤、牵伸、定型和上油等工序形成聚丙烯腈纤维，湿法溶液纺丝工艺稳定，但纺丝溶液浓度低（10%~15%）、纤维致密性均匀性较干法纺丝差、纺速慢。干喷湿纺溶液纺丝吸收了干法和湿法工艺的优点，纺丝溶液挤出喷丝板后先通过 10~30 mm 的空气层，在空气层实现了高倍喷丝头牵伸，然后再进入凝固浴，大大提高了纺丝速度，原丝致密性、均匀性高，生产过程稳定。目前，湿法溶液纺丝和干喷湿纺溶液纺丝工艺是碳纤维聚丙烯腈原丝制备的主要方法。另外，凝胶纺丝也是干喷湿纺工艺的衍生工艺，采用超高分子量（100 万~600 万）的聚丙烯腈聚合物制备低浓度纺丝原液（5%），纺丝原液从喷丝头挤出后，先经过一段空气层后进入温度较低的凝固浴使其急剧冷却凝固为初生纤维，然后再经过脱溶剂、高倍牵伸、干燥定型，使超高分子量的 PAN 分子高度取向，获得高性能的 PAN 原丝。

3. 聚丙烯腈原丝碳化工艺

聚丙烯腈原丝经过一系列的热处理工艺获得高性能碳纤维，这些热处理过程主要包括预氧化、碳化、石墨化，并经过表面电化学处理、上浆和收卷等工艺，实现碳纤维的制造，如图 2.25。PAN 原丝首先在 200～400℃ 温度的氧化性气氛下、在一定的张力下进行温和缓慢的氧化处理，PAN 分子从线性结构转变为体型结构，获得预氧化纤维，为后续工序耐受更高的工艺温度做好准备。预氧化纤维进入碳化炉后，在氮气气氛下，在 300～400℃ 下完成交联反应，进一步提高耐热性，并逐步在 400～900℃ 下进行 PAN 的热分解、释放小分子，并逐步形成石墨结构。在 900～2 000℃ 下，纤维中的氮元素逐步脱出，碳含量提高，石墨结构逐步完善，形成力学性能良好的碳纤维。为了进一步提高碳纤维的模量，需要进一步提高碳纤维的热处理温度到 2 000℃ 以上，这就是所说的“石墨化”工序。在石墨化工序阶段，通常采用惰性更强的氩气作为保护气体。PAN 原丝制备碳纤维的主要工序如表 2.13 所示。

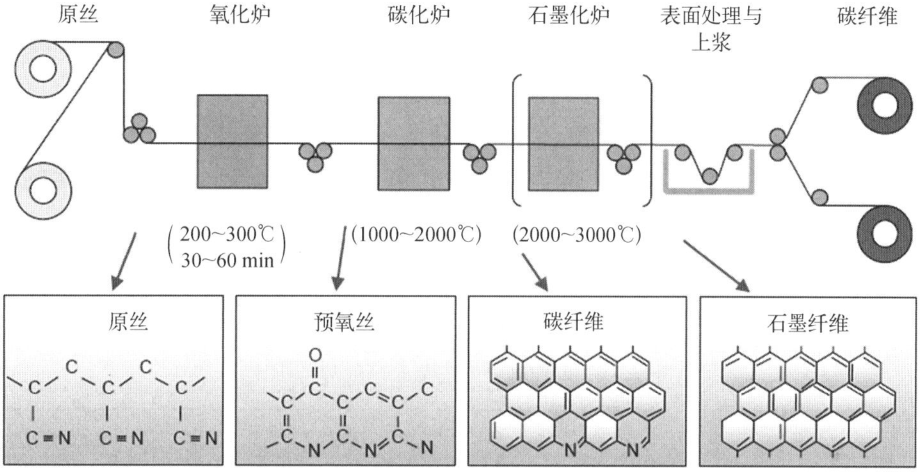

图 2.25　碳纤维碳化工艺制备流程示意图

表 2.13　从 PAN 原丝制备碳纤维的主要工序

工　序	工艺温度/℃	气　氛	主　要　反　应	得到的产品
预氧化	200～300	空气	氰基环化，脂肪族碳原子氧化	预氧化纤维
碳化	300～400	氮气	PAN 分子链断裂、交联反应开始	碳纤维
	400～900		热分解开始，开始形成石墨结构，释放大量气体小分子	
	900～2 000		脱出氮元素，石墨结构中的缩合环迅速增大	
石墨化	>2 000	氩气	形成完善的石墨网面结构	石墨纤维（高模量碳纤维）

4. 表面氧化处理与上浆

经过碳化或石墨化高温处理后的碳纤维表面基本由石墨结构的碳原子组成，纤维表面化学惰性很强，对复合材料树脂基体和碳纤维之间的界面影响很大。因此，碳纤维常常需要经过氧化处理以在纤维表面获得含氧有机官能团，提高纤维表面化学活性，改善复合材料界面。碳纤维表面氧化处理方法很多，但阳极氧化法是最主要的方法。经过纤维表面处理后，为了在后续复合材料制备过程中提高碳纤维的工艺操作性、保护纤维、减少损伤并改善复合材料界面，通常需要对碳纤维进行上浆处理，上浆剂的含量通常在 0.5%~1.5%。

2.3.2 玻璃纤维

玻璃纤维是一类纤维状的无机非金属材料，具有绝缘性好、耐热性强、抗腐蚀性好、强度高、价格低等优点，但性脆、耐磨性较差。玻璃纤维种类繁多，广泛应用于国民经济各个领域。但是在航空航天领域应用的玻璃纤维主要包括高强玻璃纤维、无碱玻璃纤维、石英玻璃纤维（含高硅氧）等[24]。

1. 无碱玻璃纤维

无碱玻璃纤维（E 玻璃纤维）的碱性氧化物含量很低（0~2%）。E 玻璃纤维分为含硼 E 玻璃纤维和无硼 E 玻璃纤维。含硼 E 玻璃纤维的主要成分为二氧化硅、氧化铝、氧化钙、氧化镁和氧化硼等。无硼 E 玻璃纤维则不含氧化硼，主要成分为二氧化硅、氧化铝、氧化钙、氧化镁等，无硼 E 玻璃纤维对环境友好，减少了硼对环境的污染。表 2.14 是 E 玻璃纤维的主要成分及比例，表 2.15 是 E 玻璃纤维的主要物理力学性能。无硼玻璃纤维比含硼玻璃纤维的软化点高 60~90℃，其在相同工艺黏度（如 100 Pa·s）下的温度也高大约 100℃。同时，无硼玻璃纤维比含硼玻璃纤维的模量高约 5%，无硼玻璃纤维的耐无机酸腐蚀性是含硼玻璃纤维的 7 倍。

表 2.14 E 玻璃纤维主要化学成分与配比

纤维	组成（质量百分比）									
	SiO_2	B_2O_3	Al_2O_3	CaO	MgO	TiO_2	Na_2O	K_2O	Fe_2O_3	F_2
含硼 E 玻璃纤维	52%~56%	4%~6%	12%~15%	21%~23%	0.4%~4%	0.2%~0.5%	0~1%	微量	0.2%~0.4%	0.2%~0.7%
无硼 E 玻璃纤维	59%~60.1%	0	12.1%~13.1%	22.1%~22.6%	3.1%~3.4%	0.5%~1.5%	0.6%~0.9%	0.2%	0.2%	0.1%

表 2.15 无碱玻璃纤维主要物理力学性能

纤维	热膨胀系数/(10^{-6}/℃)	介电常数（室温，1 MHz）	介电损耗（室温，1 MHz）	介电强度/(kV/cm)	失重率/%（10%H_2SO_4，24 h）	拉伸强度/MPa	拉伸模量/GPa	断裂延伸率/%
含硼 E 玻璃纤维	4.9~6.0	5.86~6.6	0.001 7，0.006 3（2.45 GHz）	103	约 41	3 100~3 800	76~78	4.5~4.9
无硼 E 玻璃纤维	6.0	7.0	0.001 7	102	约 6	3 100~3 800	80~81	4.6

无碱玻璃纤维具有化学稳定性、电绝缘性能、强度好、耐水性好和成本低等优点。无碱玻璃纤维的缺点是易被无机酸侵蚀,不适于用在酸性环境,耐碱性也欠佳。无碱玻璃纤维是航空航天用量最大的玻璃纤维,广泛应用于有透波要求的飞机雷达罩、天线罩复合材料和通用飞机结构复合材料的增强材料。

2. 高强玻璃纤维

高强玻璃纤维包括 S 级高强玻璃纤维和 R 级高强玻璃纤维。高强玻璃纤维具有高强度、高模量、高耐温和耐腐蚀等特点。S 级高强玻璃纤维的主要成分是 SiO_2、Al_2O_3、MgO, R 级高强玻璃纤维的主要成分是 SiO_2、Al_2O_3、CaO、MgO,表 2.16 是几种高强玻璃纤维的主要化学成分组成,表 2.17 是它们的主要力学性能[25]。与 E 玻璃纤维比较,高强玻璃纤维拉伸强度提高 30%~40%,拉伸模量提高 10%~20%,模量和耐热性均明显高于无碱玻璃纤维(图 2.26)。

表 2.16　高强玻璃纤维的主要化学成分组成(质量百分比)

高强玻璃纤维牌号	SiO_2	Al_2O_3	MgO	CaO	其他
S-2	65%	25%	10%	—	杂质<1%
R	58%~60%	23.5%~25.5%	5%~7%	9%~10%	杂质<1%
T	65%	23%	11%	<0.01%	助剂<1%
HS	55%~65%	23%~25%	7%~16%	—	助剂<9.4%

表 2.17　高强玻璃纤维主要力学性能

性　能	HS6	S-2	R	T
新生态单丝强度/MPa	4 600~4 800	4 500~4 800	4 400	4 650
弹性模量/GPa	86~88	84.6~86.9	83.9	84.3
断裂延伸率/%	5.3	5.4	4.8	6.1
密度/(g/cm^3)	2.50	2.49	2.54	2.50
浸胶束纱拉伸强度/MPa	≥3 700	≥3 700	≥3 400	≥3 400
浸胶束纱拉伸模量/GPa	92.4	92	93	92

注:浸胶束丝拉伸强度和模量测试标准是 GB/T 20310-2006。

3. 石英玻璃纤维

石英玻璃纤维是以高纯度(≥99.9%)二氧化硅或天然的石英晶体为原料制备的纤维。石英纤维具有良好的耐高温、低介电、抗烧蚀性强和低导热等特点,且其具有良好的力学性能和化学稳定性。石英玻璃纤维具有良好的综合性能,广泛用作具有电性能要求较高的树脂基复合材料增强材料。高纯二氧化硅熔点很高(可达 1 700℃),石英纤维制备方法包括直接熔融拉丝法和棒拉丝法两种方法。表 2.18 是石英玻璃纤维的典型性能[27]。

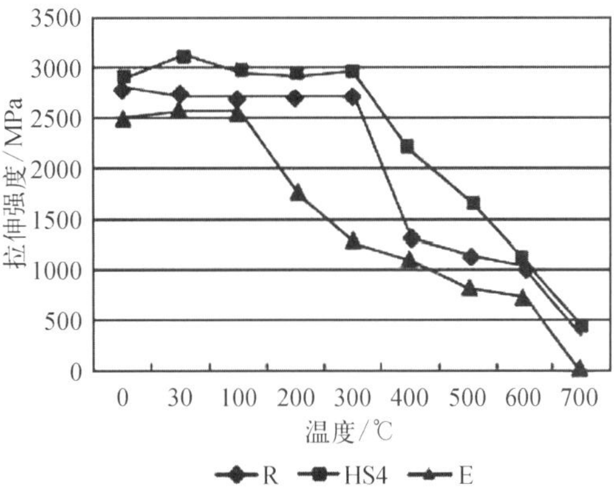

图 2.26　高性能玻璃纤维耐热性能对比[26]

表 2.18　石英玻璃纤维的典型性能

项　目	性 能 值
纯度/%	≥99.9
密度/(g/cm^3)	2.20
拉伸强度/MPa	3 400
模量/GPa	78
断裂延伸率/%	7.70
介电常数(10 GHz)	3.74
介电损耗正切值(10 GHz)	0.000 2
导热系数/($W \cdot m^{-1} \cdot K^{-1}$)	1.38
热膨胀系数/(10^{-6}/℃)	0.54(20℃)

2.3.3　芳纶纤维

1. 芳纶纤维类别

芳纶纤维全称为芳香族聚酰胺纤维，是由酰胺键互相连接芳香环形成的合成纤维。芳纶纤维主要分为间位芳纶、对位芳纶和杂环芳纶。间位芳纶就是由聚间苯二甲酰间苯二胺制备的纤维，国内也称芳纶纤维 1313，最具有代表性的间位芳纶是美国杜邦诺梅克斯(Nomex)。对位芳纶即聚对苯二甲酰对苯二胺纤维，国内也称芳纶纤维 1414 或芳纶纤维Ⅱ，具有代表性的对位芳纶是美国杜邦凯芙拉(Kevlar)[28]，也有将聚对苯甲酰胺纤维归为对位芳纶，国内称为芳纶纤维 14(早期称之为芳纶Ⅰ)。Kevlar 纤维的品种也根据需求和制造工艺的不同分为 Kevlar29、Kevlar49、Kevlar129 和 Kevlar149 等，例如：Kevlar29 的模量为 83 GPa，Kevlar49 的模量为 130 GPa，Kevlar149 的模量可达 185 GPa。其他芳纶主要包括二元或三元杂环芳纶和多元共聚芳纶(三元以上)，杂化芳纶典型牌号包括俄罗斯的 SVM、Armos 和 Rusar 等[29]，国内目前主要是三元杂环芳纶，也称芳纶纤维Ⅲ，其化学结构与 Armos 相似。三元芳纶Ⅲ(Armos)，拉伸强度和模量分别为 4.5~5.5 GPa 和 120~140 GPa。20 世纪 90 年代又开发出新型芳纶Ⅲ(Rusar)，其高强高模型 Rusar－S 强度 5.5~6.5 GPa，模量 140~160 GPa。近几年，俄罗斯多家研究单位联合体开发出一种四元共聚型的 Rusar－NT 纤维，这种纤维是在 Armos 的三元结构中引入了新型第四单体，其强度预计可达到 7 GPa，弹性模量可达 180~200 GPa[30]。如图 2.27 是目前典型芳纶纤维的化学结构，表 2.19 是典型芳纶的物理力学性能。

表 2.19　芳纶的基本性能

芳 纶 纤 维	间位芳纶	对位芳纶	杂 环 芳 纶	
	Nomex	Kevlar	SVM	Armos
密度/(g/cm^3)	1.37~1.38	1.44~1.45	1.43~1.46	1.43~1.46
弹性模量/GPa	10~15	60~185	130~160	140~160
断裂强度/GPa	0.38~0.75	2.7~3.5	4.0~4.5	4.5~5.5

续　表

芳纶纤维	间位芳纶	对位芳纶	杂环芳纶	
	Nomex	Kevlar	SVM	Armos
断裂伸长率/%	22～40	2.5～4.5	3.0～3.5	3.4～4.0
玻璃化转变温度/℃	270～280	345～360	270～280	
热分解温度/℃	400～430	430～550	550～600	
极限氧指数/%	28～31	27～30	37～43	

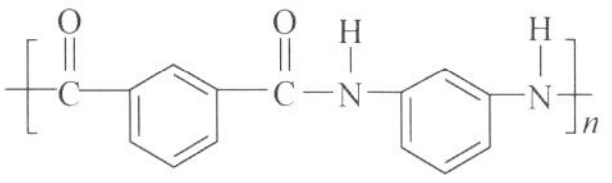

芳纶1313（Nomex, Conex）

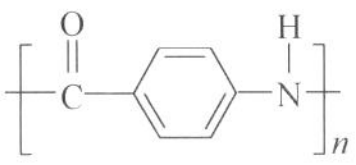

芳纶14

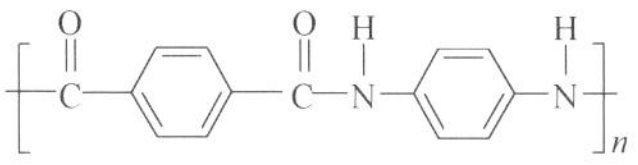

芳纶1414（Kevlar, Twaron）

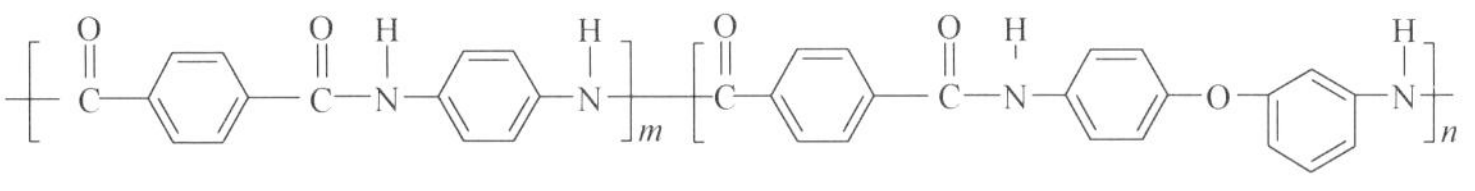

Technora

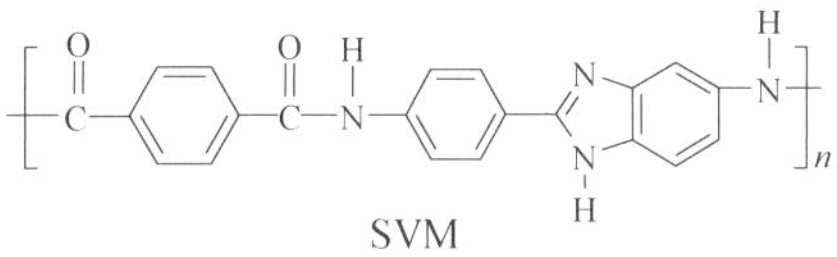

SVM

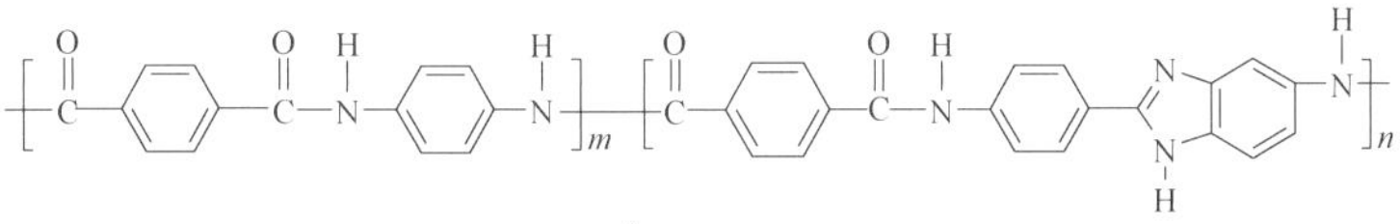

Armos

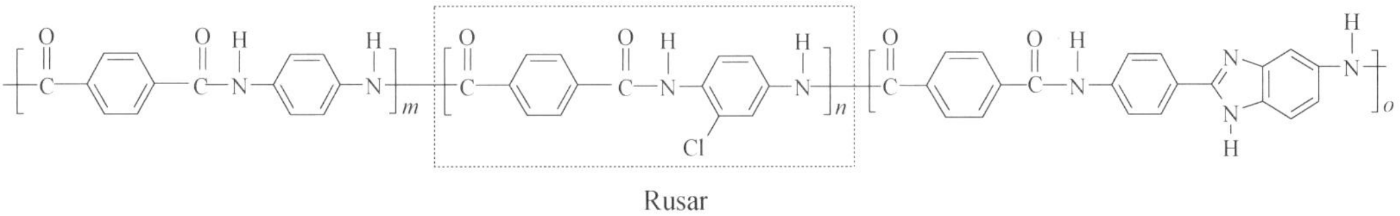

Rusar

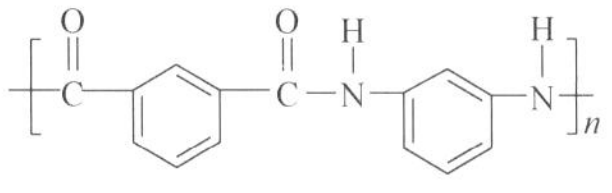

芳纶1313（Nomex, Conex）

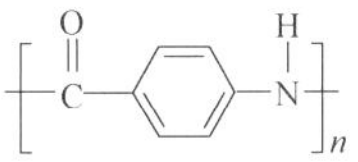

芳纶14

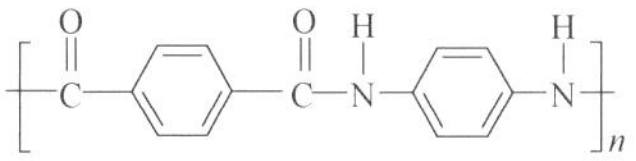

芳纶1414（Kevlar, Twaron）

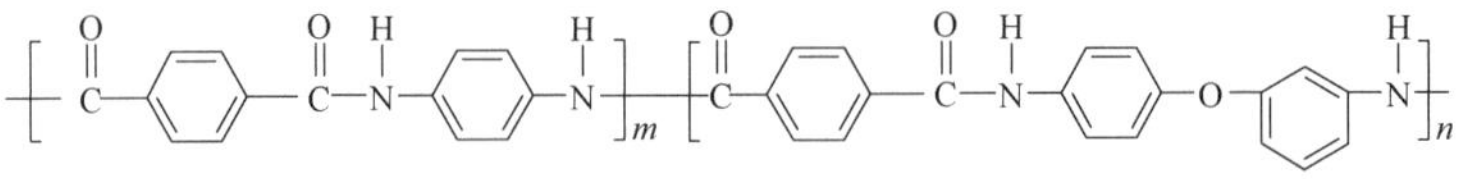

Technora

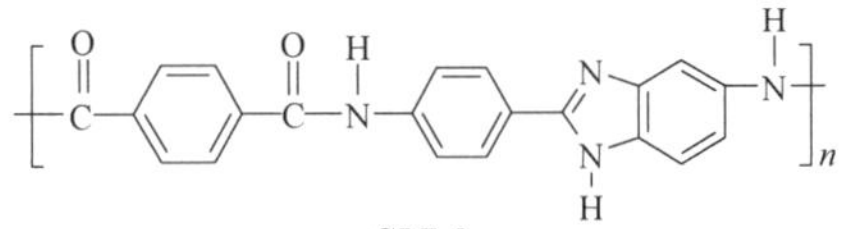

SVM

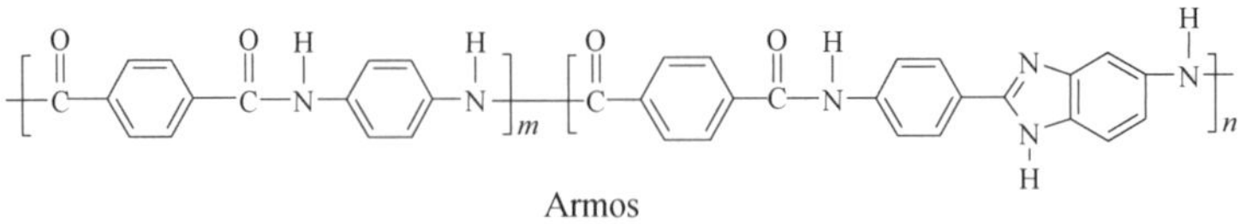

Armos

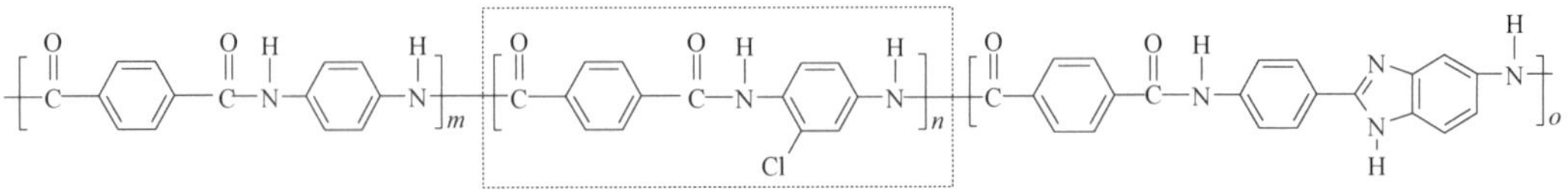

Rusar

图 2.27　典型芳纶纤维的化学结构式

2. 芳纶纤维制备工艺

间位芳纶主要工序包括聚合和纺丝。聚合工艺主要包括低温聚合和界面聚合两种，低温聚合法是在低温条件下将间苯二胺和间苯二甲酰氯加入 DMAc 溶剂体系中聚合反应，并逐步升温至 60～70℃完成聚合反应，形成聚合物均相体系，经碱中和、过滤、脱泡后直接输送至纺丝，其优点是聚合形成的聚合物均相体系可以直接纺丝。界面聚合法是将间苯二甲酰氯溶于四氢呋喃（THF）中形成有机相，同时将间苯二胺溶于碳酸钠水溶液中形成水相，然后在搅拌下将有机相加入水相中，在二者界面处快速发生聚合反应，生成的聚合物析出，再经过滤、洗涤、干燥后得到提纯聚合物，界面聚合法的优点是反应速度快、聚合物分子量高、可以配置高质量的纺丝原液，但工艺复杂、设备要求高、投资大。纺丝主要包括干法纺丝和湿法纺丝两种。干法纺丝速度快、纤维结构更加致密、空洞较小而且孔径均匀、产品质量高，湿法纺丝速度慢、工艺流程长、溶剂量大。目前，聚合和纺丝工艺有三种组合：一是低温聚合干法纺丝（如美国杜邦）；二是界面聚合湿法纺丝（如日本帝人）；三是低温聚合湿法纺丝（如中国烟台泰和）。

对位芳纶主要采用对苯二胺和对苯二甲酰氯的连续聚合及干湿法纺丝技术[31]。先将对苯二胺溶于 NMP/$CaCl_2$ 中，然后加入对苯二甲酰氯进行预聚和聚合，聚合反应在螺杆中进行，然后聚合物析出，经中和、过滤、洗涤等操作获得提纯聚合物，再将聚合物溶于浓硫酸形成纺丝溶液，经干湿法纺丝得到纤维。但在对苯二甲酰氯进料和浓硫酸配浆方面，各主要生产商略有不同，杜邦采用的是对苯二甲酰氯熔融进料和液体浓硫酸配浆技术，而帝人采用的是 TPC 溶液进料和独特的固体冰硫酸配浆技术，采用冰硫酸的目的是降低配浆时的聚合物降解。

杂环芳纶主要采用间歇低温溶液共缩聚和湿法纺丝工艺（俄罗斯的部分产品采用干湿法纺丝工艺）。杜邦借鉴对位芳纶工艺，正在研究新型高效纺丝工艺，采用 NMP/

$CaCl_2$ 进行非均相聚合,聚合物经提纯干燥后,用浓硫酸配制纺丝原液进行干湿法纺丝,纺速达到 100 m/min 以上,纤维强度可达到 37 g/d(4 699 MPa)以上,相较于低固含量的 DMAc/LiCl 均相体系湿法纺丝(纺速 10~30 m/min),生产效率大幅度提高。

国内外芳纶工艺技术列于表 2.20 中。

表 2.20　国内外芳纶制备的典型工艺技术

纤　维	厂　家	工 艺 技 术
间位芳纶	杜邦	低温聚合+干法纺丝
	帝人	界面聚合+湿法纺丝
	烟台泰和	低温聚合+湿法纺丝
对位芳纶	杜邦	熔融进料+硫酸配浆
	帝人	溶液进料+冰硫酸配浆
	烟台泰和	熔融进料+硫酸配浆
	蓝星成都新材料	熔融进料+硫酸配浆
杂环芳纶	俄罗斯卡明斯克	间歇聚合+间歇热处理
	中蓝晨光	间歇聚合+连续热处理

2.3.4　其他有机纤维

1. 聚对苯撑苯并二噁唑纤维

聚对苯撑苯并二噁唑(poly-p-phenylene benzobisoxazole)纤维简称 PBO 纤维,PBO 聚合反应方程式及化学结构如图 2.28 所示。PBO 特有的由苯环和芳杂环组成的刚性梯形分子结构和高度取向的分子链结构使纤维具有优异的力学性能,并具有很好的耐热性能和阻燃性能,被认为是目前强度最高、综合性能最好的高性能有机纤维[32](表 2.21)。PBO 纤维发源于美国空军材料实验室,日本东洋纺(Toyobo)于 1998 年实现工业化,商品名为 Zylon,有 AS 和 HM 两种类型[33]。

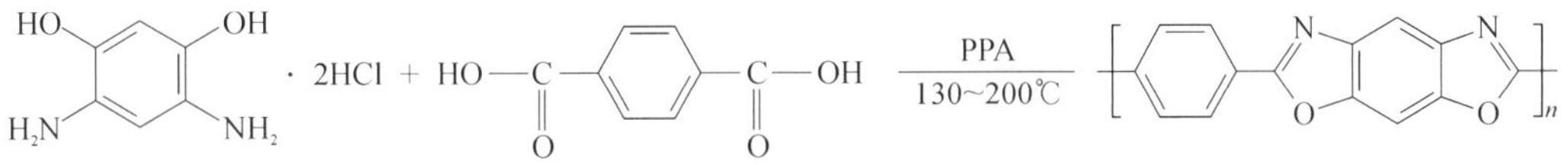

图 2.28　PBO 聚合物合成反应式

表 2.21　东洋纺 PBO 纤维基本性能

性　能	拉伸强度 /MPa	拉伸模量 /GPa	断裂伸长率 /%	密度 /(g/cm³)	极限氧指数 /%	裂解温度 /℃
Zylon HM	5 800	280	2.5	1.56	68	650
Zylon AS	5 800	180	3.5	1.54	68	650

PBO 聚合物由 4，6 -二氨基-1，3 -间苯二酚盐酸盐和对苯二甲酸或对苯二甲酰氯在多聚磷酸（PPA）或甲磺酸（MSA）中缩聚反应合成。PBO 纤维采用液晶相纺丝原液干喷湿纺工艺纺丝。纺丝原液的配制可直接用单体在溶剂中缩聚得到的聚合物溶液或是将 PBO 聚合物溶于 PPA 中制成浓度在 15%～20%（质量百分比）之间的纺丝原液，然后在 90～200℃下进行干喷湿纺，经过在 5～250 mm 空气层中的高倍牵伸后，进入低温凝固浴，再经过水洗、干燥以及 300～650℃热牵伸与定型处理，获得高强高模的 PBO 纤维。

PBO 纤维被广泛用于航空航天、国防、空间探索等领域以及各种工业用途，如固体火箭发动机壳体、抗弹装甲、耐热毡、橡胶增强、水泥增强、消防服、防火服、帆船帆布、高强绳索等。

2. 超高分子量聚乙烯纤维

超高分子量聚乙烯（ultra-high molecular weight polyethylene，UHMWPE）纤维是以分子量 150 万以上的无支链线性聚乙烯制备的高性能有机纤维，其在所有高强高模纤维中密度最小，超高分子量聚乙烯纤维具有更高的强度、模量、比强度、比模量及声波传递速度，其耐紫外、不吸水、不吸潮，对环境的适应性好，其主要的缺点是纤维的耐热性低和阻燃性较差，纤维的最高应用温度不超过 120℃，极限氧指数（limiting oxygen index，LOI）只有 17[34]。

在超高分子量聚乙烯纤维发展过程中，尝试了高压固态挤出法、增塑熔融纺丝法和凝胶纺丝-超拉伸法等工艺，但仅有凝胶纺丝-超拉伸工艺实现了工业化[35]。在凝胶纺丝法中，根据溶剂脱除方式不同，又可分为湿法纺丝和干法纺丝。湿法纺丝工艺先将 UHMWPE 粉体在溶解罐中在一定温度下溶解，UHMWPE 凝胶纺丝溶液经计量泵和喷丝板进入冷却-萃取池，形成凝胶原丝，经萃取剂萃取去除凝胶丝中的溶剂，再在拉伸热箱中去除萃取剂，同时完成超拉伸获得 UHMWPE 纤维。随着技术发展，凝胶湿法纺丝工艺采用双螺杆挤出机输送 UHMWPE 悬浮溶胀液，在双螺杆挤出机实现 UHMWPE 的溶解，随后完成凝胶纺丝、凝胶纤维冷却、溶剂脱除、萃取剂脱除和超拉伸等工序。湿法纺丝溶剂主要有四氢萘、十氢萘、萘、矿物油、石蜡油、植物油等，萃取剂则有二甲苯、二氯甲烷、己烷、氟碳化合物和异丙醇等。

干法纺丝工艺过程中，干法纺丝以十氢萘为溶剂制备纺丝溶液，纺丝溶液经螺杆挤出机进入纺丝组件，过滤后从喷丝板喷出，经过热箱进入纺丝甬道，与其中 80℃的热空气接触，初生凝胶纤维中大部分溶剂在热空气作用下脱除，之后纤维在密闭环境下，以 110℃热空气为介质，纤维经过多级拉伸取向，并进一步脱除残余溶剂，后在 115℃热空气中完成最后一道拉伸。图 2.29 是 UHMWPE 纤维工业化干法纺丝的工艺流程示意图[36]。与湿法工艺相比，干法纺丝具有十氢萘溶解效果好、工艺流程短、纺丝速度快、产品质量好、溶剂可直接回收、纺丝与溶剂回收系统密闭一体化和经济环保等优点。但是，干法纺丝中十氢萘存在刺激性气味强烈、价格昂贵、纺丝设备要求高等不足，特别是溶剂回收与纺丝系统密闭难度大。

目前国外工业化生产的超高分子量聚乙烯纤维主要有荷兰 DSM 公司的“Dyneema”纤维和美国霍尼韦尔（Honeywell）公司的 Spectra 纤维等，它们的主要性能如表 2.22 所示[34]。

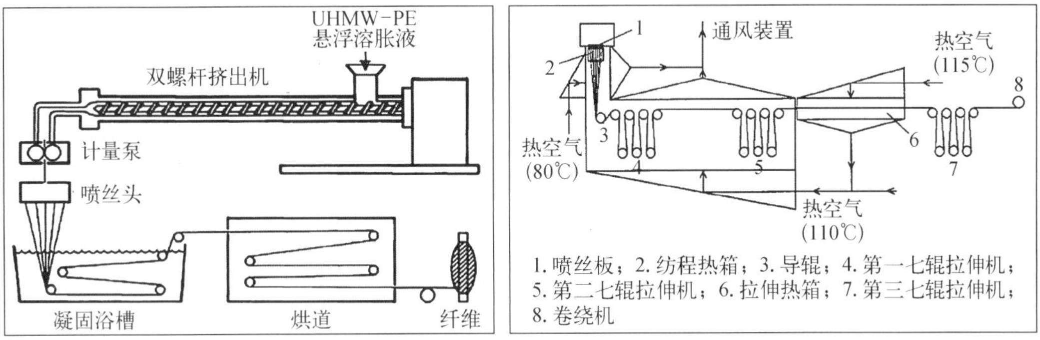

(a) 典型UHMWPE凝胶纺丝流程示意图　　(b) 凝胶干法纺丝示意图

图 2.29　超高分子量聚乙烯纤维制备工艺流程示意图

表 2.22　国外超高分子量聚乙烯纤维性能

纤 维 牌 号		拉伸强度/MPa	拉伸模量/GPa	断裂延伸率/%
DSM	Dyneema SK60	2 730	88	3.5
	Dyneema SK65	3 022	94	3.6
	Dyneema SK66	3 217	98	3.7
	Dyneema SK75	3 412	107	3.8
	Dyneema SK76	3 607	116	3.8
	Dyneema SK77	3 900	136	3.8
Honeywell	Spectra 900	2 632	73~79	3.6~3.9
	Spectra 1000	3 120	97~113	2.9~3.5
	Spectra 2000	3 315	116	2.8~2.9

3. 聚酰亚胺纤维

PI 纤维的研究始于 20 世纪 60 年代,美国、俄罗斯、日本等发达国家都对其开展了研究工作。PI 单体结构众多,可设计性强,根据多年的研究和产业化及应用领域分类,PI 纤维已经形成两大系列产品：耐热型 PI 纤维和高强高模型 PI 纤维。其中耐热型 PI 纤维是在 20 世纪 80 年代末由奥地利兰精公司产业化的,初期是年产 1 000 t 的生产规模,现在已经扩大到 2 000 t,主要用于窑炉的高温过滤除尘、阻燃防护服等领域。高强高模型 PI 纤维是指拉伸强度大于 3.0 GPa、拉伸模量大于 100 GPa 的 PI 纤维,既具备耐热型 PI 纤维的耐热性,又兼具高强高模特性,可以用于航空、航天等领域[37]。

美国杜邦公司最先开始高强高模型 PI 纤维的相关研究但受限于当时的纤维制备技术和 PI 合成技术,难以实现 PI 纤维产业化,仅限于实验室研究。20 世纪 70 年代,苏联报道了关于军用 PI 纤维的相关研究,生产规模较小,限于军工应用。很长一段时期内,由于 PI 的高成本以及其聚合、纺丝工艺落后,高强高模 PI 纤维的发展较慢。随着 PI 合成技术、纺丝工艺的发展，PI 纤维的生产成本下降，PI 纤维又逐渐成为研究热点。20 世纪 90 年代，俄罗斯科学家在聚合物中引入含氮杂环单元，开发的 PI 纤维断裂强度达到 5.8 GPa，初始模量为 285 GPa，这对实现航空航天飞行器轻质高强具有重大意义，但未见有产品上市。俄罗斯高强高模 PI 纤维的分子结构式如图 2.30。

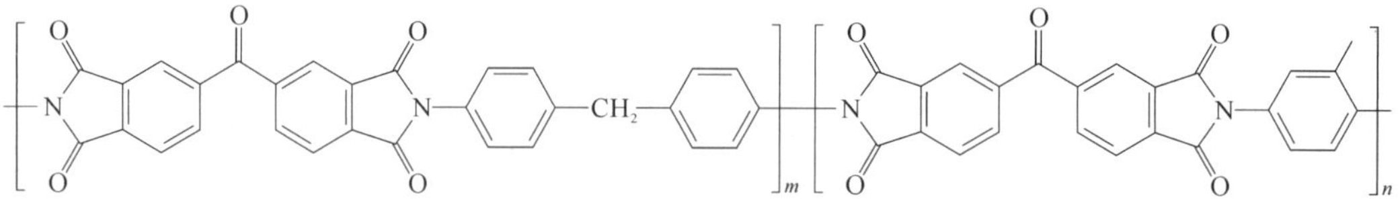

图 2.30　俄罗斯高强高模 PI 纤维的分子结构

2.4　总结与展望

高性能树脂基体的发展趋势主要体现在以下几个方面，一是化学手段引入刚性分子结构或物理共混等手段提高树脂基体的强度、模量和韧性，以提高碳纤维复合材料压缩和抗冲击等力学性能短板；二是通过融合有机及无机化学结构的工艺及性能特点，研究开发耐 500℃甚至 600℃高温的树脂基体，以实现树脂基复合材料的耐热性能达到或超过钛合金材料；三是通过化学合成和物理自组装等方法发展新型高效的结构功能一体化树脂基体，如结构微烧蚀树脂基体、结构低介电高透波树脂基体、结构吸波树脂基体和结构导电导热树脂基体等。

高性能增强纤维的发展主要围绕更高强度更高模量方向发展，一是具有良好复合材料界面的更高强度和模量的高性能碳纤维和具有良好抗压缩性能的高性能碳纤维；二是具有良好界面的高强高模芳纶纤维、聚酰亚胺纤维和聚对苯撑苯并噁唑纤维等有机纤维；三是玻璃纤维等无机纤维的强度模量也通过组分优化和工艺改进不断提高。同时，低成本化也是高性能树脂基复合材料增强纤维的重要发展方向，如大丝束低成本碳纤维。

习题与思考题

1. 先进复合材料树脂基体主要有哪几类？并分别简述它们的特点和主要应用场景。
2. 简述碳纤维、芳纶纤维和玻璃纤维的主要特点，并比较它们的优缺点。
3. 简要描述聚丙烯腈基碳纤维的制备工艺过程。

参 考 文 献

[1] 陈祥宝. 高性能树脂基体[M]. 北京：化学工业出版社，1999.

[2] 肇研，刘寒松. 连续纤维增强高性能热塑性树脂基复合材料的制备与应用[J]. 材料工程，2020，48(8)：13.

[3] 王德中. 环氧树脂生产与应用[M]. 第 2 版. 北京：化学工业出版社，2001.

[4] Maychahal C, Verschuren C A, Tanaka G Y. Epoxy resins: Chemistry and technology[M]. New York: Marcel Dekker Press, 1988.

[5] 李桂林. 环氧树脂与环氧涂料[M]. 北京: 化学工业出版社,2003.

[6] 胡玉明,吴良义. 固化剂[M]. 北京: 化学工业出版社,2004.

[7] 包建文,唐邦铭,陈祥宝. 环氧树脂与氰酸酯共聚反应研究[J]. 高分子学报,1999, 1(2): 151-155.

[8] 梁国正,顾媛娟. 双马来酰亚胺树脂[M]. 北京: 化学工业出版社,2001.

[9] 马晓燕,吕玲,颜红侠. 双马来酰亚胺树脂的合成与改性[J]. 化工新型材料,2000,28(6): 18-21.

[10] 张宝艳,李萍,陈祥宝. 新型改性双马来酰亚胺树脂体系[J]. 高分子材料科学与工程,2000, 16(2): 67-69.

[11] 包建文. 耐高温树脂基复合材料及其应用[M]. 北京: 化学工业出版社,2018.

[12] 张朋,周立正,包建文,等. 耐 350℃ RTM 聚酰亚胺树脂及其复合材料性能[J]. 复合材料学报, 2014, 31(2): 345-352.

[13] 陈平,廖明义. 高分子合成材料学[M]. 第 3 版. 北京: 化学工业出版社,2010.

[14] 包建文. 氰酸酯改性环氧及双马来酰亚胺树脂的进展[J]. 航空制造工程,1997(8): 3-5.

[15] 黄发荣,焦杨声. 酚醛树脂及其应用[M]. 北京: 化学工业出版社,2003.

[16] 顾宜. 苯并噁嗪树脂: 一类新型热固性工程塑料[J]. 热固性树脂,2002(2): 31-34.

[17] 刘卫平,宋清华,陈萍,等. 先进复合材料结构制造工艺与装备技术[M]. 北京: 中国铁道出版社,2021.

[18] 李正,张宗波,林先凯,等. 邻苯二甲腈树脂的固化机理与改性研究进展[J]. 材料导报,2013, 27(15): 82-87.

[19] 黄发荣,齐会民,袁荞龙,等. 耐高温芳炔树脂及其复合材料[M]. 北京: 科学出版社,2020.

[20] 贺福,赵建国,王润娥. 粘胶基碳纤维[J]. 化工新型材料,1999(1): 3-10.

[21] Newcomb B A. Processing, structure, and properties of carbon fibers[J]. Composites Part A: Applied Science and Manufacturing, 2016, 91(1): 262-282.

[22] 包建文,钟翔屿,张代军,等. 国产高强中模碳纤维及其增强高韧性树脂基复合材料研究进展[J]. 材料工程,2020,48(8): 33-48.

[23] 贺福. 碳纤维及石墨纤维[M]. 北京: 化学工业出版社,2010.

[24] 祖群,赵谦. 高性能玻璃纤[M]. 北京: 国防工业出版社,2017.

[25] Miracle D B, Donaldson S L. ASM handbook, Vol. 21: Composites[M]. Geauga: ASM International, 2001.

[26] 祖群. 高性能玻璃纤维研究[J]. 玻璃纤维,2012(5): 16-23.

[27] 陈祥宝. 聚合物基复合材料手册[M]. 北京: 化学工业出版社,2004.

[28] DuPont. Kevlar™ aramid fiber technical guide[OL]. (2017-03-19)[2018-08-08]. https://www.dupont.com/content/dam/dupont/amer/us/en/safety/public/documents/en/Kevlar_Technical_Guide_0319.pdf.

[29] 孙友德,刘庆备. 俄罗斯杂环芳纶-概况与发展(一)[J]. 高科技纤维与应用,2004,29(1): 3.

[30] 彭涛,刘克杰,陈超峰,等. 芳纶Ⅲ低成本化制备及应用工程化进展[J]. 高科技纤维与应用,2015, 40(5): 21-26,37.

[31] 孔海娟,张蕊,周建军,等. 芳纶纤维的研究现状与进展[J]. 中国材料进展,2013(11): 676-684.

[32] Hao W, Zhang X, Tian Y. Thermal, mechanical, and microstructural study of PBO fiber during

carbonization[J]. Materials, 2019, 12(4): 608.

[33] 黄玉东,胡桢,李俊,等.聚对苯撑苯并二噁唑纤维[M].北京:国防工业出版社,2017.

[34] 魏化震,钟蔚华,于广.高分子复合材料在装甲防护领域的研究与应用进展[J].材料工程,2020(8): 25-32.

[35] An M F, You L, Xu H J, et al. Structure and properties of gel-spun ultra-high molecular weight polyethylene fibers with high gel solution concentration[J]. Chinese Journal of Polymer Science, 2017(35): 524-533.

[36] 赵国樑.超高分子量聚乙烯纤维制备与应用技术进展[J].北京服装学院学报(自然科学版),2019(2): 95-102.

[37] 武德珍,齐胜利.高性能聚酰亚胺纤维及应用[M].北京:科学出版社,2021.

第3章
航空航天复合材料制备技术

学习要点：

(1) 航空航天树脂基复合材料制备的主要方法；

(2) 航空航天树脂基复合材料制备原理、所用主要材料与装备；

(3) 航空航天树脂基复合材料质量控制方法；

(4) 航空航天树脂基复合材料制备技术的发展趋势。

3.1 引　言

复合材料制备技术简介：纤维增强树脂基复合材料制备主要指在固化过程中通过热(包括辐射)和压力，促进树脂浸润纤维，排除气体并形成良好界面黏结，赋予制品最终形状和大小及性能。复合材料一般由树脂基体和纤维增强体组成。树脂是复合材料中十分重要的组分，它把纤维增强材料有机地黏合在一起，起着传递载荷和均衡载荷的作用，并赋予制件优良的耐热、韧性、功能性和工艺性等性能。复合材料制备技术的选择主要依赖于树脂的特性。一般将树脂基体分为热固性和热塑性树脂两大类，对于传统热固性树脂基复合材料来说，成型制备过程中树脂由齐聚物或单体反应形成线性高分子，同时交联形成难溶难熔的三维网络结构，制件制备过程中物理和化学变化同时发生。热塑性树脂基复合材料在成型过程中热塑性树脂加热熔化浸润纤维，冷却后硬化成型，复合材料制备过程中理论上只发生物理变化。目前在航空航天领域应用的复合材料以热固性树脂基复合材料为主。如果没有特别说明，本章中的树脂基复合材料主要是指连续纤维增强热固性树脂基复合材料。

本章重点介绍了热压罐成型、液体成型、模压成型、缠绕成型、拉挤成型、手糊成型等树脂基复合材料制备工艺的基础知识，总结分析了树脂基复合材料成型工艺的主要特点、所用材料和装备与模具情况，讨论了树脂复合材料制备技术方面的主要方法和存在的主要问题，并简要描述了航空航天用高性能树脂基复合材料制备技术的最新研究进展。

3.2 复合材料热压罐成型

3.2.1 概述

热压罐成型工艺一般是指利用密封罐体内部高温压缩气体对真空密封的预浸料坯料进行加热、加压以实现树脂浸润纤维并完成固化成型的一种制备复合材料工艺方法。热压罐内使用的压缩空气一般为空气和氮气,高温条件下(200℃以上)一般要求使用氮气。复合材料热压罐成型工艺主要优缺点如下[1-3]。

优点:

(1) 罐内压力均匀,使制件在均匀压力下成型固化;

(2) 相对模压成型工艺,模具比较简单,可以适应多种及复杂结构,适用范围较广;

(3) 制件性能高,成型工艺稳定可靠。

缺点:

(1) 与其他复合材料制备工艺装备相比,热压罐系统结构复杂,属于压力容器,建设费用高;

(2) 需使用价格较贵的辅助材料,同时成型过程中能耗较大;

(3) 产品大小受热压罐尺寸严格限制;

(4) 产品制备效率低。

3.2.2 热压罐用主要材料——预浸料

热压罐成型用主要材料为预浸料和辅助材料等[1, 2],由于热压罐使用的关键原材料是预浸料,本节重点对预浸料进行简要介绍。

预浸料是指树脂在固化前预先浸润纤维增强材料的树脂与纤维混合体,增强材料以单向连续纤维和树脂复合制备的预浸料称作连续纤维单向预浸料,简称 UD 预浸料;增强体以织物形式和树脂复合制备的预浸料称作织物预浸料,有时简称预浸料布。相对于织物预浸料,单向预浸料具有性能高、可设计性强等特点,而织物预浸料则具有易操作、效率高等特点[1, 2]。根据制备预浸料用树脂的状态一般将预浸料的制备方法分为溶液法(也称湿法)和热熔法(也简称为干法或胶膜法)两大类[4, 5]。将树脂溶解于溶剂中制备预浸料的,通常称之为溶液法;反之不使用溶剂而直接采用配方树脂浸润纤维制备预浸料的方法通常称之为热熔法。溶液法可以分为缠绕法(又可称为间歇法或滚筒缠绕排铺法)和连续法,热熔法又可以分为一步法和两步法。

目前应用于航空航天结构用的高性能热固性树脂预浸料主要包括环氧预浸料、双马预浸料、聚酰亚胺预浸料以及氰酸酯预浸料等,总的来说,复合材料的研发方向主要包括提高耐热性、提高韧性、改善工艺性能以及实现功能特性等。目前作为结构材料,环氧预浸料/复合材料的最高长期使用温度一般为 70~130℃,双马预浸料/复合材料的最高长期使用温度一般为 130~260℃,聚酰亚胺预浸料/复合材料的最高长期使用温度一般为 280~450℃,氰酸酯预浸料/复合材料的最高长期使用温度一般为 200℃以下。结构用预浸料/复合材料的韧性一般以冲击后压缩强度(compression after impact, CAI)来表征,一般分为低韧性(CAI≤175 MPa)、中等韧性(175 MPa<CAI≤255 MPa)、高韧性(255 MPa<CAI≤350 MPa)和超高韧性(CAI>350 MPa)。

预浸料的基本性能主要包括理化性能以及固化后层合板的力学性能和物理性能,预浸料的理化性能主要是指预浸料固化前的物理化学性能,主要包括树脂含量、单位面积纤维重量、预浸料单位面积重量、凝胶时间、树脂流动度等;预浸料的力学性能主要是指复合材料层合板的力学性能,主要包括拉伸强度/模量、压缩强度/模量、弯曲强度/模量、短梁强度、孔板压缩强度/模量、孔板强度/模量、挤压强度、Ⅰ型应变能释放率、Ⅱ型应变能释放率、混合型应变能释放率、冲击后压缩强度等。预浸料固化后层合板的物理性能主要包括玻璃化转变温度、饱和或平衡吸湿率、热膨胀系数、单层压厚等,功能性复合材料根据应用领域要求不同有所差异,主要包括导热系数、导电系数、介电常数、介电损耗以及吸波、阻燃性能等。对于航空航天结构用复合材料,其主要评价性能包括基本性能、工艺性能、质量性能、环境性能、使用性能以及考核性能六大方面,根据应用环境的不同,不同树脂基复合材料的具体评价项目会有所差异,甚至较大差异。

3.2.3　热压罐成型主要装备与模具

热压罐制备复合材料的装备主要包括热压罐系统、工装模具和检查设备等。所有装备都需要定期检验和维修维护,检验不合格则禁止使用。热压罐系统是制备复合材料的核心装备,其组成主要包括罐体、加热系统、加压系统、控制系统、冷却系统、真空系统和鼓风循环系统等几个主要部分[3, 4],基本结构见图 3.1。热压罐罐体通常由特殊耐高温金属制备,一般由内外筒组成,加热、冷却装置在内外筒之间,尺寸大小一般满足用户最大制件需要,工作时罐外表温度不大于 60℃。罐体内温度均匀性是热压罐的一个重要指标,一般要求空载时罐内各点温差达到≤5℃,升温速率 1~10℃/min 可调;实际使用时,罐内温度分布与模具大小、制件尺寸以及材料的实际固化制度密切相关,制备大型制件时,一般要求制件滞后位置的温度与领先温度之间的差异低于 10℃[4]。罐体承受压力也是一个重要指标,用于一般双马和环氧树脂基复合材料的罐内设计压力要求达 1.0 MPa,航空航

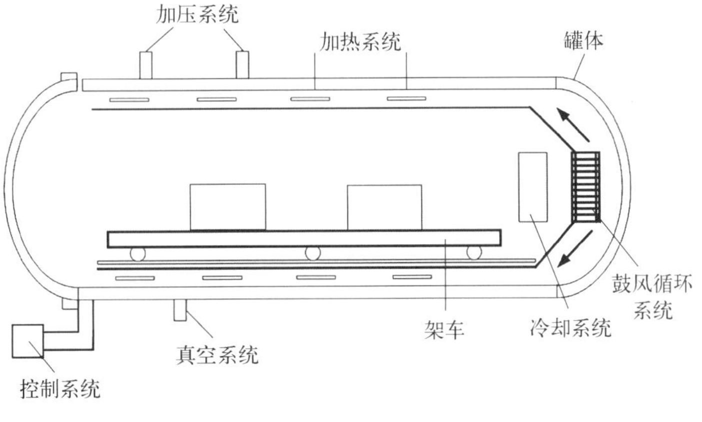

图 3.1　热压罐系统结构示意图

天结构复合材料成型压力一般要求为0.3~0.7 MPa，但制备聚酰亚胺等耐高温复合材料和高性能热塑性复合材料时，罐内设计压力一般要达到2.0 MPa或更高。

对于航空用环氧、双马等结构树脂基复合材料，对热压罐的温度场及均匀性有严格的要求，一般要求热压罐温度均匀性好，空载时罐内任两点温度差不高于10℃，温度控制精度不低于±3℃，升温速率一般要求在0.5~5.0℃/min可控。

热压罐成型工艺用模具一般为框架结构，主要材料为金属，近期也有较多采用复合材料模具，主要应用于固化温度较低的场合。热压罐成型工艺用模具主要要求满足温度均匀性、变形、耐热及耐压性等要求。文献[3]和[4]对热压罐成型工艺用模具进行了较详细介绍，由于篇幅限制，在此不再赘述。

3.2.4 热压罐固化工艺

在模具准备完成后，热压罐工艺制备复合材料制件主要工艺过程如下：预浸料裁剪铺叠、组合封装、热压固化、出罐脱模等[2]。热压罐固化成型工艺过程中，首先需要对预浸料进行裁剪铺叠。预浸料铺叠完成后，需要进行进一步的热压固化成型。复合材料制件数字化制备技术主要体现在预浸料自动下料、激光定位铺叠和自动铺放等方面。

1. 预浸料裁剪铺叠

1）裁剪

早期预浸料裁剪主要采用手工下料，随着自动化装备的发展，航空航天领域复合材料制备过程中的预浸料裁剪主要采用自动下料技术[3-5]。

a）手工下料

手工下料就是完全靠人工进行预浸料的裁剪加工。需要操作工人用刀子按样板形状进行手工切割，然后将裁剪好的预浸料去掉保护膜，按设计规定的顺序和方向进行铺叠。手工下料效率低、精度差，浪费严重。

b）自动下料

采用专门的自动剪裁机对预浸料进行平面切割，一般称为预浸料的自动下料。制件的三维实体模型展开为铺层数据后，经铺层切割数据转换接口生成预浸料排样数据，直接输入自动裁剪机控制软件进行自动切割。自动裁剪预浸料形状准确，每一层都印有铺层编号，下料过程更准确、快捷，相比手工下料减少了错误，自动裁剪下料速度比手工操作可提高3倍以上，优化后节约材料可达20%左右，甚至更高。

2）铺叠

铺叠一般分为手工铺叠和自动铺叠，其中自动铺叠一般包括激光定位和自动铺放两个环节。激光定位后也可以应用手工铺叠。

a）手工铺叠

手工铺叠是指将裁剪好的预浸料手工揭去表面覆盖膜或离型纸等辅助材料，按设计规定的顺序和方向进行铺叠，每铺一层需要用橡胶辊等工具将预浸料压实，赶出空气。有时需要辅助电熨斗等加热工具进行铺叠，主要目的是加热预浸料并使预浸料压实。手工铺叠预浸料制备较大尺寸复合材料制件时，根据要求往往在连续铺放一定数量层数预浸料后（一般为4~8层），需要进行预压实工序。预压实工序就是将铺叠一定层数预浸料进行封装，室温下抽真空一段时间后（一般不低于 20 min）继续铺叠预浸料，尤其是制备较大厚度的制件时，一般都需要进行预压实工序，尽可能除去铺叠过程中裹进去的空气，降低缺陷，提高制件质量。

b）激光定位铺叠

复合材料制件生产制备过程中铺层工作量非常大，其中的问题之一就是铺层准确定位困难。手工铺放过程中往往误差较大，且越往后铺层误差往往越大。采用激光投影系统在模具上显示铺层轮廓来实现铺层的准确定位可以解决这一难题，这种定位技术称之为激光投影定位或简称激光定位。激光投影系统由一台控制计算机、若干激光头和一系列工装定位头（光敏元件）组成。使用时，首先将铺放工装定位在激光头下面，将工装定位头固定在工装的定位点上作为建立工装三维空间准确位置的参考点，投影系统通过光线扫描工装表面的定位点进行自校准。控制计算机一般根据基于制件的 CAD 三维设计数据生成的激光投影文件，通过特殊反光镜，控制激光束将制件铺层形状轮廓线上的点依次投影到模具表面，由于点投影的更迭移动速度极快（300 m/s 以上），操作者眼中，模具或零件表面会生成相应的边界轮廓线，操作者可以根据轮廓线进行定位铺叠操作，准确快速。

c）自动铺放[3, 5-9]

自动铺放技术是复合材料自动化技术的典型代表。一般认为：自动铺放技术是自动铺丝技术和自动铺带技术的统称，适合机身等大型、复杂型面结构的自动化制备。计算机基于制件的三维 CAD 模型将生成包含零件表面、铺层、铺层方向、数量等信息的纤维铺放数据文件，作为纤维铺放设备控制软件的输入数据，纤维铺放设备控制软件再生成设备执行文件，设备按照执行程序控制铺放头进行预浸料的铺放。和手工铺层相比，纤维自动铺放技术提高了制备效率，降低了成本，并提高了产品稳定性。纤维自动铺放技术融合了纤维缠绕、复杂型面铺放和计算机控制等优点，对大型飞机空客 A380、波音 787 以及空客 A350 的成功起到了决定性的支撑作用。图 3.2 给出了典型自动铺放原理示意图。

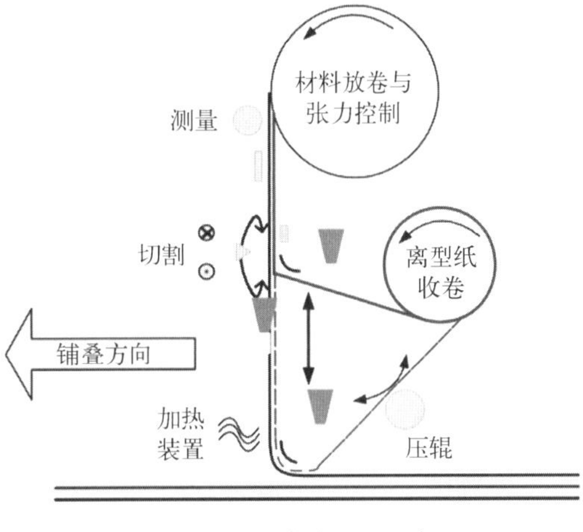

图 3.2　自动铺放原理示意图

① 自动铺带（automated tape laying, ATL）

自动铺带技术的基本工作原理是采用自动铺带机将一定宽度的预浸料通过铺带头铺叠在对应的模具上，实现自动化铺叠。自动铺带包括平面铺带和曲面铺带，平面铺带顾名思义就是采用铺带机先铺叠成平面结构毛坯，然后进行超声自动切割，得到相应展平形状，再将平板毛坯转移到热成型装备上，使其整体贴合模具，最后实现封装固化；曲面铺带一般采用多坐标曲面铺带机，采用多个坐标轴，实现铺带轨迹的空间定位后直接在成型模具上进行铺叠工作。自动铺带技术详细描述见参考文献[3]——谢富原编著的《先进复合材料制造技术》一书。自动铺带技术在国外应用已经十分普及,美国在20世纪60年代就已经开始研发自动铺带设备与技术,20世纪80年代后自动铺带设备、软件开发、工艺优化控制等方面已经得到快速发展应用,已经广泛应用于飞机尤其是大型飞机复合材料结构领域。

自动铺带设备:通常称为自动铺带机,一般由铺带头和机床主体结构两大部分构成,铺带头是自动铺带设备的核心机构,一般包括A和C两个摆角结构。A摆角依靠在整体金属导轨上移动的滚珠滑块导向,由预加载齿轮、弧形齿条驱动滚珠滑块沿整体金属导轨移动实现摆角的旋转;C摆角由高精度组合滚珠实现摆角的旋转,由齿轮传动、双电机驱动。铺带头上集成了多个单元,包括材料的收卷和放卷单元、超声切割单元、加热单元、辊压单元等。需要特别说明的是,铺带机的配套编程系统或者说软件系统也十分关键,是连接机床和数模的桥梁,其将制件的铺层信息转化为铺带信息,这些软件系统或嵌入大型CAD/CAM软件之中或者独立运行。美国辛辛那提公司不仅具备自动铺带铺丝硬件研发生产能力,而且其开发自动铺带专业ACES软件,可以实现离线的CATIA模型导入、轨迹生成、后处理、仿真和代码生成等工作。西班牙、法国等欧洲公司在软硬件开发方面也处于世界领先地位。

自动铺带材料特性与要求:自动铺带主要采用单向带预浸料,宽度一般包括75 mm、150 mm和300 mm三种规格,宽度尺寸精度较高,为-0.5~0 mm,这种负公差要求主要考虑自动铺带过程中,不允许带与带之间的搭接。自动铺带技术对预浸带的工艺性有比较严格的要求,为确保预浸带铺叠到模具表面定位准确,要求预浸带与离型纸之间有一定的结合力,但铺叠到模具表面后又容易分离;对于无隔离膜预浸带,同时要防止卷绕过程中的反向黏附。

② 自动铺丝(automated fiber placement, AFP)

自动铺丝(AFP)技术的基本原理是由铺丝头将数根预浸丝束在柔性铺放压辊下集束成一条预浸窄带后铺叠到模具表面并压实(图3.3),其综合了自动铺带及纤维缠绕技术的优点,自动化程度高,生产效率快,能够实现先进复合材料制件的连续稳定制备。V-22后机身、空客A350 XWB中机身、机翼大梁、机翼蒙皮,以及波音787机身整体筒段、机翼大梁等都是采用自动铺丝工艺完成。

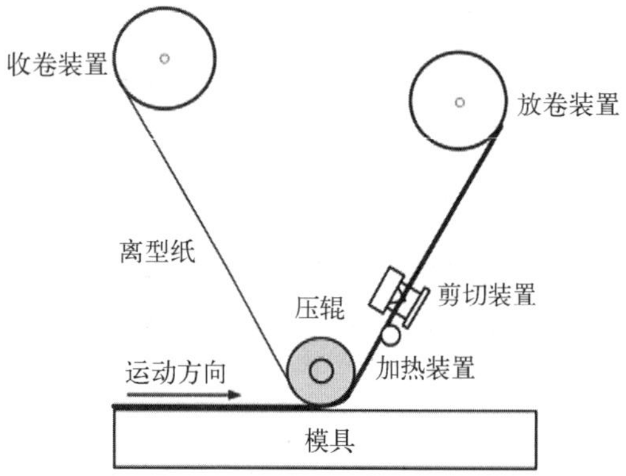

图3.3　自动铺丝基本原理图

自动铺丝设备:复合材料自动铺丝设备一般包括主体结构、自动铺丝头、电气控制以及气动与液压等配套系统组成。主体结构通常采用卧式或立式结构框架,如卧式结构框架通常由底座、立柱、滑板、滑枕、工装旋转装置等组成。自动铺丝头系统主要由旋转轴机械机构、丝束铺放头终端、纱架及丝束引导系统等组成,为自动铺丝机构中的核心模块。电气控制系统,通常简称控制系统,为整个设备的基本坐标运动(一般为X、Y、Z)、铺放头的摆角坐标运动以及工装旋转装置的旋转运动等提供全闭环精确定位控制，为工装长度调整直线运动坐标提供位置控制，并为铺丝头的铺放丝束动作提供硬件控制基础。气动、液压等配套系统为气动、液压等功能提供支持。气动系统为丝束气动压紧/传动、气动裁切、滚压铺放等功能提供动力。液压系统提供了铺丝头的平衡功能，以保证铺丝头运动的精度和平稳性。另外，配套系统也包括润滑系统等，这里不做详细介绍，关于自动铺丝设备的详细介绍可参见国内外的相关专业书籍和文献。

同自动铺带类似，除设备硬件外，铺丝机的软件系统十分关键，自动铺丝工艺 CAD/CAM 软件技术包括轨迹规划、覆盖性分析、边界处理以及后处理等关键技术点，主要是指与自动铺放轨迹相关算法和配套软件[9]。

自动铺丝材料特性与要求：自动铺丝是采用铺丝头替代手工完成预浸丝束的切割、定向铺叠与压实，使新铺层与已铺预浸丝束形成良好结合。因此，自动铺丝对材料有自己特殊的要求，材料与设备之间存在互相匹配适应的问题。除了对预浸丝束的树脂含量、单位面积纤维重量、挥发分含量等基本要求外，预浸丝束之间黏结性能非常重要，需要表征预浸料黏结性能、探求黏结性能与加工环境的关联规律，并同时需要根据设备特点与要求建立相应的黏性表征方法，解决材料适应设备的基础技术问题。预浸丝束材料本身的宽度、厚度等尺寸精度要求有严格控制，以保证设备自动化连续运行，如目前自动铺丝用丝束宽度精度要求一般为(6.35±0.13) mm，同时对预浸丝束材料的硬挺度、与离型纸的可剥离性、纤维起毛特性等也有严格控制，主要是保障设备连续运行。必须注意的是，不同设备对预浸丝束要求可能会有所差异。

2. 组合封装

组合封装前，首先准备好模具。一般来说，模具需要软质材料擦洗干净，并检查是否漏气，并对模具进行涂脱模剂处理或铺贴脱模布等，然后将所铺叠好的预浸料坯料和各种辅助材料组合并封装，并检查真空袋和周边密封情况，确保密封良好。典型热压罐成型组装系统示意图如图 3.4 所示。

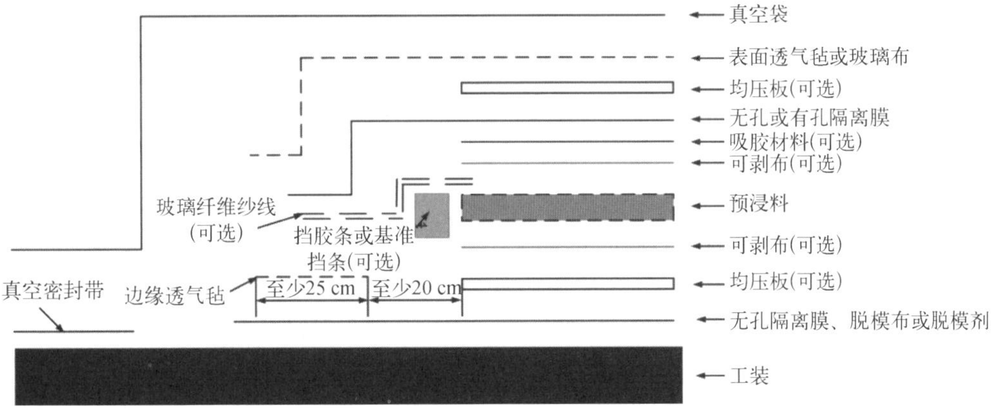

图 3.4　真空袋组合封装系统示意图

3. 热压固化

将上述真空袋组合封装好后的模具放置在热压罐中，接好真空管路和热电偶，关闭热

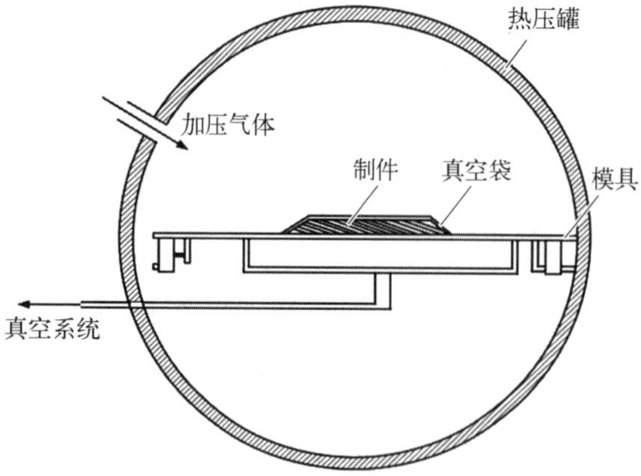

图 3.5　热压罐和真空袋组装系统示意图

压罐门,然后按照事先确定的工艺条件进行抽真空并加热加压固化。典型热压罐内组装系统见图 3.5,典型工艺参数曲线示意图见图 3.6,其中包括施加一定的压力,对于航空航天用热固性环氧和双马树脂基复合材料,施加的压力一般为 0.3~0.7 MPa;对于聚酰亚胺和热塑性树脂基复合材料,施加压力更高,一般超过 1.5 MPa。

4. 出罐脱模

固化完成后,待冷却到一定温度后(一般为 60℃ 以下),将模具移出热压罐,去除各种辅助材料,取出制件进行进一步的检测或后加工等工序。

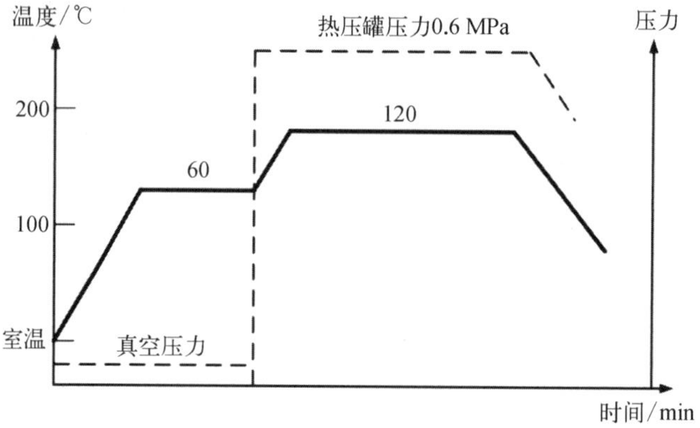

图 3.6　典型热压罐工艺参数曲线示意图

3.2.5　热压罐成型工艺过程控制

复合材料制备过程的控制主要是对复合材料制件缺陷的控制。热压罐成型复合材料制件的缺陷可以简单地分为内部缺陷和外部缺陷。内部缺陷包括分层、孔隙、贫胶、富树脂、夹杂等;外部缺陷主要包括变形、尺寸超差、贫胶、划伤等。制备过程中的人、机、料、法、环等相关环节都可能对复合材料内部缺陷或外部缺陷造成影响。概括地说:对于热压罐成型预浸料/复合材料制件,除操作人员一定要经过培训持证上岗外,重点需要在预浸料质量、装备工具、工艺过程以及相关环境等进行全链条管理控制[10],概述如下。

1. 预浸料控制

严格按材料规范控制预浸料的外观、基本物理化学性能和力学性能。预浸料制备应该按照过程控制文件(process control document, PCD)要求进行生产和检验。预浸料的外观缺陷,如夹杂、纤维毛团、缝隙、断丝、纤维重叠等缺陷等需要严格控制并按要求进行标识,确保下料时绕开缺陷;预浸料的关键物理化学性能,如单位面积纤维重量、树脂含量、挥发分、凝胶时间、树脂流动度、单层压厚、树脂组成、黏性等，一般是预浸料标准中要求必须检验的项目；预浸料的力学性能包括拉伸性能、弯曲性能、压缩性能、剪切性能，也是预浸料出厂一般需要检验的基本性能。要强调的是，预浸料使用、存储和运输也是影响复合材料制件质量的重要环节。必须在要求的有效期内使用，预浸料通常要求在-18℃环境下进行密封存放，取出后一般要求室温存放 6~8 h 且包装袋擦干后无水气产生才能打开使用。典型预浸料的储存和使用期限示意图见图 3.7。

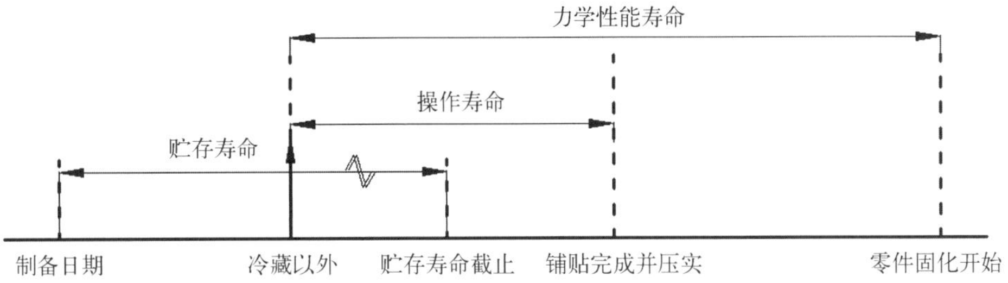

图 3.7　典型的预浸料储存和使用期限示意图

2. 工艺过程

必须编制各个工序环节相应的工艺文件，明确相应方法，并严格将操作方法落到实处。关键工序需要进行监控或检验，如铺叠时必须保证预浸料方向、铺层顺序、定位准确性，需要实施监控。特殊过程，如固化过程，应编制特殊过程识别及准则，相关参数严格按工艺要求进行。热压罐固化工艺参数主要包括：压力大小及施加时机、固化温度和保温时间、真空度以及升降温速率等。

3. 环境要求

航空航天用预浸料的裁剪下料与铺叠的环境要求一般按照 HB 5342 进行，温度一般控制在 22±4℃，湿度不大于 65%（个别材料可能有更严格要求），并且有洁净度要求，甚至有一定的正压要求。

3.3　复合材料液体成型

3.3.1　概述

液体成型（liquid composite molding）是在一定温度及压力下把低黏度的树脂注入预先置有增强纤维的模具中，然后树脂交联固化制备复合材料的一种成型方法。由于具体工艺方法和技术的差异，液体成型方法进一步分为树脂传递模塑（resin transfer molding, RTM）、树脂膜渗透工艺（resin film infusion, RFI）、真空辅助树脂灌注（vacuum assisted resin injection, VARI）、真空辅助 RTM（vacuum assisted resin transfer molding, VARTM）、反应注射模塑（reaction injection molding, RIM）、西曼树脂浸渍模塑工艺（Seeman's composites resin infusion molding process, SCRIMP）、树脂液体浸渍工艺（resin liquid infusion, RLI）、高压 RTM（HP-RTM）等多种衍生工艺[1-3]。在航空航天领域，液体成型技术已经不仅应用

于环氧、双马等常用高性能树脂基复合材料制件制备，并且已经应用于耐高温聚酰亚胺树脂基复合材料结构的制备。近期发展的干纤维铺放结合液体成型的方法也得到了快速发展。限于篇幅，本节主要对 RTM、RFI 以及 VARI 三种典型液体成型工艺进行介绍。复合材料液体成型工艺特点如下[1-3, 11]。

优点：

（1）一种非热压罐技术，不使用预浸料，可以使用无须冷藏储存的双组分树脂体系；

（2）相对于热压罐技术，设备成本和能耗较低；

（3）可以实现闭模成型，改善尺寸控制精度和表面粗糙度，减少有害成分对人体危害和环境污染；

（4）使用纤维预成型体与制品形状相近，属于净尺寸零件成型，适于制备外形尺寸要求高的复杂结构；

（5）可以实现整体成型。

缺点：

（1）模具较复杂，成本较高，制备效率较低，适于中小批量复合材料制件生产；

（2）液体成型如 RTM、VARI 等制备复合材料制件中纤维含量较低，一般不高于 57%；

（3）受工艺限制，树脂的韧性等综合性能较低，需要进一步提高。

3.3.2 纤维预制体

纤维预制体是各类液体成型工艺方法都可以使用的通用关键材料，这里做简要专门介绍。液体成型技术主要采用干态纤维或织物制备预制体，可以采用铺叠、编织、缝合等方法，形成的纤维预制体与制件形状相同或相似，并具备一定的变形能力。根据结构形式的不同，主要分为铺叠预制体、编织预制体和缝合预制体[3, 11]。

1. 铺叠预制体

铺叠预制体是根据制件具体的结构形式与要求，将增强纤维织物进行裁剪、铺叠和组装，最终形成具有制件的近净尺寸和形状的预制体。叠层复合材料的设计技术较为成熟，铺叠预制体是目前液体成型技术中应用最广泛的预制体类型。此过程比较简单明确，一般包括增强纤维织物的裁剪、铺叠和组装三大步骤。有时为了便于制备和操作，会预先在增强纤维织物上涂覆定型剂。由于增强纤维织物及预制体在铺放过程中通常呈现蓬松状态，存在在压力下非线性变形的能力，所以需要研究这种变形能力与近净成型性的关系，并借助特殊定型材料将某种预制体状态固定，这种技术称为预定型技术，而应用于预定型的材料称为定型剂或预定型剂。定型剂的状态一般包括粉体和溶液两种，通常分为包含固化剂和不包含固化剂两类。定性剂的基本要求如下：与基体树脂相容性好；可以实现铺叠织物的预定型；适当的玻璃化转变温度，便于对预制体进行组装等工艺操作。一般情况下，一种定性剂只能针对一种或典型几种要求相近的基体树脂使用，预制体中定性剂的含量一般为基体树脂用量的 5%～15%。

2. 编织预制体

编织预制体是通过编织技术将连续增强纤维互相交织形成整体结构的预制体。与铺叠预制体相比，编织预制体具有完全整体不分层的结构特点，克服了传统叠层复合材料层间较弱的问题，可应用于制备整体制件。根据编织形式的不同，编织预制体主要包括三维机织预制体和三维编织预制体。

1）三维机织预制体

三维机织预制体是把经向、纬向及法向的纱线整合为一个整体，由两个及以上方向并两两垂直，每组包含一种或多种纱线相互交织而成的三维结构（图 3.8），这种结构形成的复合材料具有较高的抗冲击损伤能力。三维机织物存在多种结构形式，其中角锁结构和正交结构比较常见。角锁结构是指经纱在水平和厚度方向都分别与纬纱对角交织，从而将多层经纬纱连接而成的整体结构；正交结构是指经纱呈正交或准正交方向将多层纬纱连接而成的整体结构。2.5 维机织预制体是一个重要分支，是指纱线沿与织物厚度方向成一定角度的方向形成的交织结构。

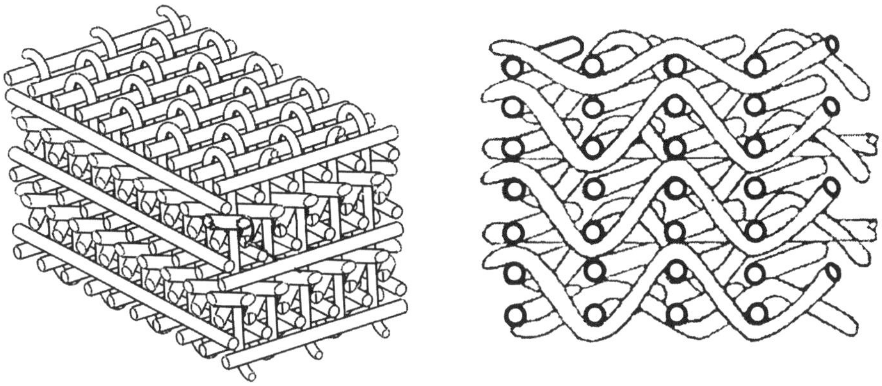

(a) 三维机织物结构示意图　　(b) 2.5维机织物结构示意图

图 3.8　机织物结构示意图

三维机织预制体在航空航天领域应用较广泛，包括发动机转子、叶片以及飞机机身壁板 T 型件、缝翼、扰流片等。

2）三维编织预制体

三维编织预制体是两纱线在空间互相交织，形成不分层的整体网络结构，具体结构形式见图 3.9。三维编织预制体具有优良的结构适应性、成形性和整体性，能满足多种复杂几何形状的需求，同时具有较高抵抗分层的能力，并将随编织技术的不断发展逐渐实现扩大应用。三维编织预制体可以制成 C 型、J 型和 T 型等多种截面形式，应用于飞机的 T 型梁、加强板、进气道以及火箭发动机的喷嘴、筒体等结构等。F－35 进气道采用这种结构，加强筋与进气道壳体为整体成型，减少了 95% 的紧固件，提高了气动性能和隐身性能；A320 垂尾盒段也采用了编织成形预制体。

3. 缝合预制体

缝合预制体的基本原理就是将多层织物沿其厚度方向用缝线缝合成预制体的方法，可以说是一种复合材料 Z 向增强技术。缝合技术发展很快，国内外已经开发出用于提高缝合预制体产量且自动化程度较高的缝合工艺和缝合设备，可以进行多种缝合方式实现

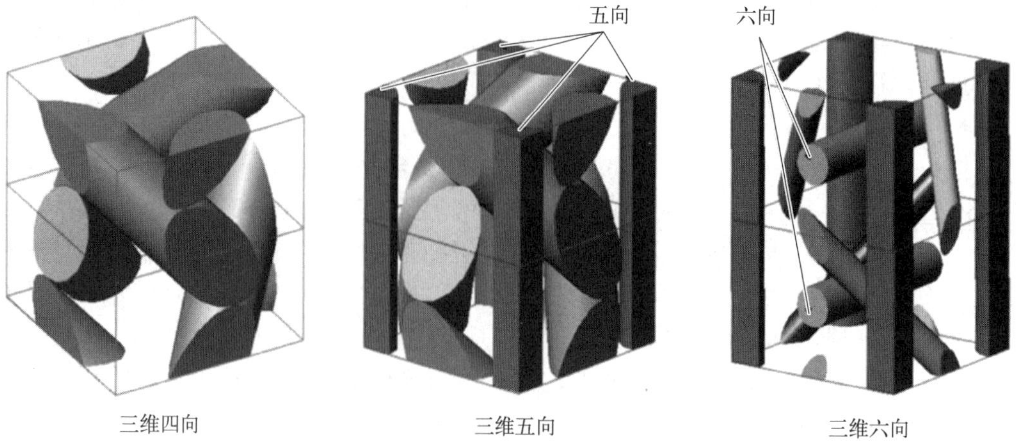

图 3.9　三维编织预制体结构示意图[12]

增强。作为一种层间增强技术,缝合技术主要优点如下:

(1) 缝合工艺具有多样性,可设计性强;

(2) 缝合使材料甚至结构整体性加强,也是一种连接技术,且不容易产生应力集中;

(3) 缝合密度、缝合方式和跨距等缝合参数可调,且对原纤维分布影响较小;

(4) 便于实现局部增强,减少自由边脱层;

(5) 显著提高层间强度。

缝合过程中对材料性能影响比较大的工艺参数包括缝线类型、缝线直径、缝合密度、缝合方向等,缝合方式包括双面缝合和单面缝合,缝合工艺对复合材料性能的影响也有不少研究报告,可以参见文献[3]和[11]。

3.3.3　液体成型典型工艺方法

1. 树脂传递模塑(RTM)工艺

1) 基本原理和特点

RTM 工艺是在一定温度及压力下或者通过抽真空把低黏度的树脂注入闭合模具腔内并浸润预先置有的增强纤维预制体,然后固化成型的一种复合材料成型方法[1-3, 11]。典型 RTM 工艺过程基本原理见图 3.10。

RTM 工艺于 1940 年由欧洲 Marco 公司开发出来,20 世纪 60~70 年代 RTM 发展比较缓慢,进入 20 世纪 80 年代,随着原材料工业的发展,尤其是纺织复合材料技术的进步,RTM 工艺技术不断成熟和完善,RTM 工艺得以推广应用。RTM 工艺技术主要特点:

(1) 采用闭合模具,产品尺寸精度高,可重复性好;

(2) 相对预浸料热压罐工艺,装备等成本较低;

(3) 操作在密封状态下进行,对人体和环境友好;

(4) 适于制备复杂结构,制件整体性好。

2) RTM 工艺用树脂

除满足设计要求的力学性能和耐热性能外,RTM 工艺用树脂体系应具备以下要求:

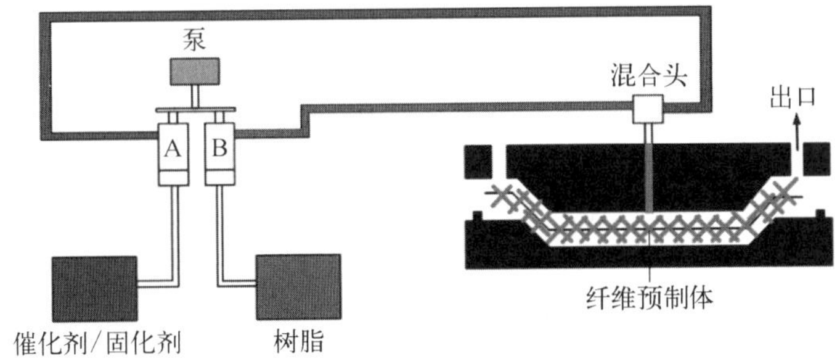

(a) 典型RTM工艺原理示意图

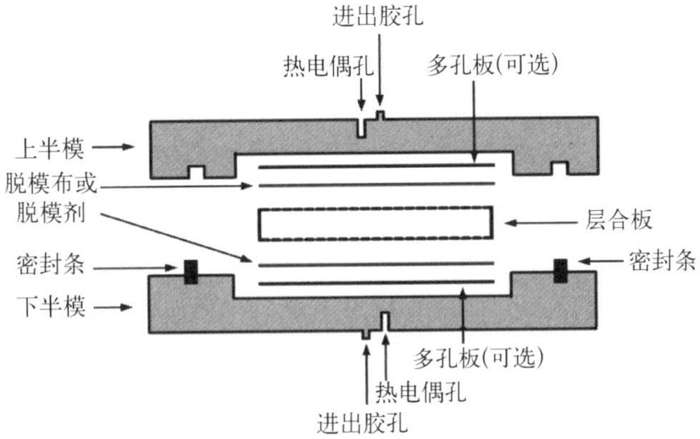

(b) 典型RTM工艺合模示意图

图 3.10　典型 RTM 工艺原理示意图

(1) 合适的黏度,确保合理的注射压力和温度下能够实现长程流动充模,完全浸润纤维;

(2) 较长的工艺窗口,一般要求注射温度条件下的工作时间为数小时或更长,以保证树脂对复杂或大尺寸预制体充分浸润;

(3) 低挥发分含量,以减少孔隙等缺陷;

(4) 合理的固化时间和温度,便于实现完全固化;其他要求,如容易存储,易于熔化等。

理想的 RTM 工艺用树脂注射时黏度范围为 100~300 mPa・s,最高一般不超过 800 mPa・s,也有人认为上限可以达到 1 000 mPa・s。树脂黏度越高需要的注射压力越大、温度越高,对模具的要求越高。但是,也有某些特殊的树脂如氰特(CYTEC)的 PR520 和赫氏(HEXCEL)的 RTM230ST 高韧性树脂其操作期为 30~45 min,工艺控制十分严格,其复合材料冲击后压缩强度达到 250 MPa 以上。对于采用复合材料模具和胶衣技术的 RTM 工艺,还应注意树脂应有较低的反应放热和反应放热峰值温度,以满足胶衣和模具的耐热性限制。适于 RTM 工艺的树脂类别包括饱和聚酯、乙烯基酯树脂、环氧树脂、双马树脂、酚醛树脂、丙烯酸酯树脂、聚酰亚胺、氰酸酯等。目前,制备性能较高的制件常使用环氧、双马树脂做基体;而一般的 RTM 复合材料制件采用乙烯基树脂。RTM 用酚醛树脂和聚酰亚胺树脂的研究也在进行。航空航天结构 RTM 用树脂一般以双马和环氧树脂为主。

3）RTM 工艺用装备和模具

相对其他热压罐工艺，RTM 工艺所用的装备比较简单。RTM 工艺对所使用的主要固化装备为烘箱或烘房，对注射机和储液罐等主要设备具有一定要求，主要要求满足航空航天用材料工艺的温度、压力、密封或真空等使用要求。一般来说，RTM 工艺过程热电偶的温度测量精度不低于±1℃，储液罐等设备要求承受较大压力不变形等。

RTM 工艺采用闭合模具，对模具一般要求如下：

（1）变形小，合模并压缩预成型体时模具不能变形，树脂注射充模时模具不能变形，模具的夹持力必须满足合模、树脂注射的要求；

（2）对于真空辅助成型，模具必须具有很好密封性，否则容易吸入大量气体，导致孔隙缺陷；

（3）模具可以放入烘箱、压机中对模具进行加热，也可以采用模具自身加热方式；

（4）具备注射、排气系统，具体的注射口、排气口位置和数量可依据经验和数值模拟优化确定。

RTM 模具主要包括三大类：钢模、铝模、树脂基复合材料模具，其中铝、钢模的制备成本较高，技术较成熟，航空航天领域制件制备主要以钢模为主。钢模主要特点：使用时间长，不易损伤，适于大批量生产；其缺点是成本高，加热和冷却速度慢，影响生产效率。对于碳纤维复合材料，为配合其膨胀系数，常用殷瓦钢（如 Invar 42）；铝模具与钢模相对比，具有易于加工、相对便宜和质轻等优点；但其具有热膨胀系数大，易于磨蚀和损坏等缺点；复合材料模具制备技术较复杂，主要适用于样件生产阶段。

需要注意的是闭合模具内表面对制件表面质量影响很大，RTM 成型工艺过程中树脂流动、加热固化及压力变化的特征，决定了 RTM 模具设计及制备的复杂性。

2. 树脂膜渗透（RFI）工艺

1）基本原理和特点

RFI 工艺的基本原理是将树脂膜置于预制体下方，在真空和热压作用下使熔融树脂渗透到纤维预制体中，并排除气体、浸透纤维后，通过热、压完成固化。

实际上，RFI 工艺一般还是要通过热压罐工艺进行加压固化的，有人也将它视为液体成型和热压罐成型工艺的结合。但是人们倾向把 RFI 工艺归为液体成型工艺，主要是由于 RFI 工艺传承了 RTM 工艺的一些主要特点：成型之前增强纤维都是干态，树脂对纤维的浸渍都发生在成型过程中。但 RFI 技术不同于 RTM 技术的一个主要差异在于：RFI 工艺树脂不是以低黏度形式从模具外引入模腔内，而是将固态或半固态的树脂膜直接放在干态增强纤维的下方，在加热、加压及真空条件下树脂黏度降低，从纤维结构底部向上进入纤维完成树脂对纤维的浸润、浸渗及排气，然后在浸透状态进行固化，制备出复合材料制件。RFI 工艺将复杂的三维树脂流动转化为主要一维（厚度）方向的流动，树脂在成型过程中流动距离短，树脂可以具备一定黏度。RFI 工艺原理示意图见图 3.11。

RFI 工艺应用范围越来越广，目前飞机机身、翼面、舱门类制件适合于采用 RFI 工艺整体成型。但是，如常规预浸料/热压罐工艺一样，多个型面精度都具有较高要求的接头、梁等结构采用 RFI 工艺制备困难。RFI 工艺的主要特点如下。

（1）适应范围宽。RFI 工艺采用的增强体是干态纤维制备的预制体，干态纤维是可

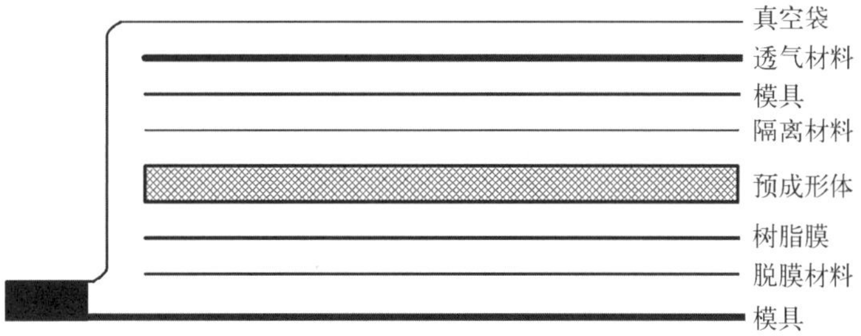

图 3.11　RFI 组装工艺原理示意图

以多样化的,包括连续纤维、纤维织物、短切纤维毡等,干态纤维预制体在制备过程中也可以结合缝合、Z－PIN、三维编织等方式实现三维增强,运输和使用方便。

(2) 树脂可选范围广。由于树脂渗透路线短,可以施加压力温度熔化,黏度要求宽松,树脂可选择范围广。

(3) 适于制备较大尺寸制件。RFI 工艺采用单面模具,相对 RTM 对合模具,对制件尺寸限制较小,可整体成型较大尺寸复合材料制件,但受热压罐尺寸限制。

(4) 纤维体积含量高。由于可采用热压罐工艺实施加温加压,并且铺放的树脂膜可以精确计量,因此 RFI 工艺可以保持制件较高纤维体积含量(60%以上),且稳定性好。

2) RFI 工艺用原材料

RFI 工艺用原材料主要为树脂、增强材料和工艺辅助材料。工艺辅助材料与热压罐等工艺所用材料类似,所用织物预制体与 RTM 成型工艺用预制体基本相同,不再赘述。

RFI 技术是 20 世纪 90 年代为解决航空大型复合材料制件的低成本制备问题发展起来的,因此目前的 RFI 工艺树脂体系主要源于预浸料用树脂基体,RFI 专用树脂牌号并不多。目前应用于 RFI 工艺的树脂主要以环氧和双马树脂为主。此工艺对树脂基本要求如下:

(1) 树脂在室温条件下可以成膜,且树脂膜韧性好,易变形且不易破碎不粘手;

(2) 在较低温度、较长时间范围内具有较低的黏度以确保树脂浸透纤维;

(3) 树脂与纤维预制体匹配性好,避免低黏度树脂流失过多而造成贫胶。

3) RFI 工艺用装备和模具

RFI 工艺用装备和热压罐成型用工艺装备基本相似,RFI 工艺成型的模具也适于热压罐工艺,可以适于制备蒙皮、梁、肋制件,也适于制备整体制件。

3. 真空辅助树脂渗透(VARI)工艺

1) 基本原理和特点

真空辅助树脂渗透(VARI)工艺是指在真空状态下通过树脂的流动、渗透,实现对纤维及其织物的浸渍,并固化成型复合材料制件的工艺方法,又称真空灌注工艺(VRIP)、真空树脂导入工艺(VRIM)、真空辅助注射工艺(vacuum assisted resin injection molding, VARIM)。VARI 工艺过程基本原理示意图见图 3.12,VARI 工艺的主要特点如下。

(1) 优点:工序简单,可以实现大尺寸复合材料制件制备;采用单面模具,也可以在

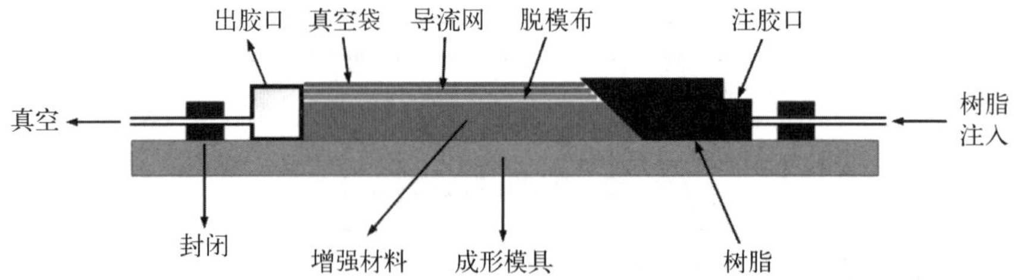

图 3.12 VARI 成型工艺基本原理示意图

烘箱、烘房或模具自加热完成固化,成本较低;可设计性好,可以结合多种手段实现增强增韧,包括缝合、Z - pin、编织以及织物层间增韧等方法,可以实现多种复合材料结构制备。

(2) 缺点:纤维体积含量较低(一般小于 55%),孔隙率相对较高,韧性和力学性能相对较低,目前难以应用于航空航天主承力结构中。但国内外复合材料研究者一直在改进相关材料和工艺,力争使这种适于制备大尺寸复合材料制件的低成本工艺应用范围更广。

2) VARI 工艺用原材料

VARI 工艺所用织物预制体与 RTM、RFI 等其他液体成型用预制体基本相同,这里不再赘述。重点讲述一下 VARI 工艺所用的树脂材料。一般来说,VARI 工艺所用的树脂与 RTM 工艺所用的树脂要求基本相同,但从工艺角度讲,一般希望 VARI 工艺用树脂黏度要低于 RTM 工艺,通常低于 300 mPa · s 或更低,并且操作期或者低黏度时间较长,一般希望大于 6 h。适于 VARI 工艺用树脂类型较多,包括不饱和聚酯、乙烯基树脂、环氧树脂、双马来酰亚胺树脂、氰酸酯树脂等。不饱和聚酯和乙烯类树脂黏度较低、成本低,主要适合汽车、风电等民用复合材料结构。航空航天结构用树脂主要为环氧树脂和双马树脂。主要受工艺和成本的限制,其他材料体系应用于 VARI 工艺的并不多,但在积极开发改进。

3) VARI 工艺装备与模具

相对其他热压罐、RTM 等工艺,VARI 工艺所用的装备比较简单。VARI 工艺对所使用的装备如烘箱、储液罐等主要设备具有一定要求,主要要求满足航空航天用材料工艺的温度、压力或真空等使用要求。一般来说, VARI 工艺过程真空度要求不低于 -0.097 MPa,热电偶的温度测量精度不低于±1℃,储液罐等设备要求至少承受一个真空压力不变形等。

VARI 工艺开始于 20 世纪 80 年代末,是一种大型复合材料制件的新型低成本成型技术,该工艺一般是采用单面模具,树脂注射和固化过程只采用真空压力,模具轻、费用低,在预成型体上方真空袋一侧,铺放“高渗透介质”层,促进树脂流动,将面内长程流动变为厚度方向流动,铺放的“高渗透介质”层多为尼龙、PP 等网格布,可明显解决“边缘流动”效应。

模具是 VARI 成型复合材料的一个重要环节。根据复合材料制件及原材料差异,VARI 用模具材料的选择范围较广,主要包括钢、铝、复合材料、硅橡胶(主要应用于内型模具)等。需要特别考虑的是由于该工艺适于制备大型复合材料制件,在大型复合材料模具选材中,必须考虑模具与制件热膨胀匹配性的问题,有时航空复合材料大型模具经常选用热膨胀系数低的殷瓦钢材料。另外,由于 VARI 工艺过程是低压状态,相比热压罐模具和 RTM 对合模具,其模具结构形式可以相对简单。适于航空航天复合材料 VARI 技术的模具主要以框架结构为主,模具材料一般为钢材或复合材料。

3.3.4　液体成型工艺过程控制

1. RTM 工艺过程控制

RTM 工艺的典型工艺流程见图 3.13。同其他工艺过程一样,RTM 工艺过程的控制应当包括人、机、料、法、环全方位全过程的控制。从制备工艺角度,RTM 制备复合材料的过程主要包括树脂注射充模、热传递和固化反应三个子过程。其中热传递和固化反应为树脂基复合材料成形工艺所共有,研究较多也比较成熟;树脂注射充模过程则是液体成型过程特有,应进行充分研究。

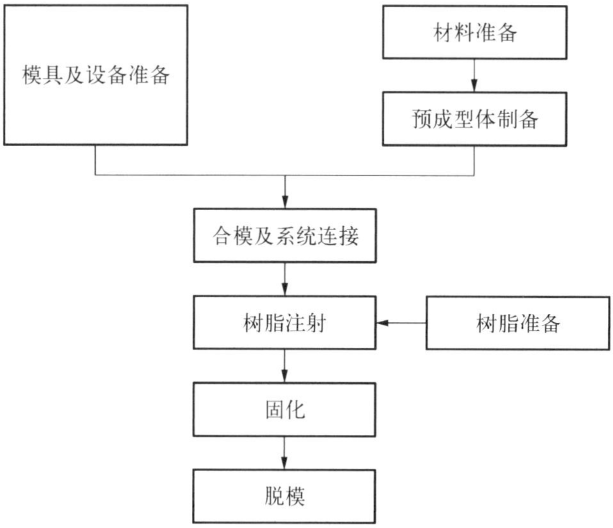

图 3.13　典型 RTM 工艺过程示意图

影响 RTM 制件质量的工艺参数很多,并且参数之间存在相互关联和相互影响。主要工艺参数包括注射温度、注射压力、树脂黏度、真空状态、充模时间等,必须在工艺过程中进行严格控制,否则将影响树脂对纤维的良好浸润,甚至形成缺陷。

RTM 工艺中最常见的缺陷是孔隙和干斑。

(1) 孔隙。纤维束内的孔隙是微米级,纤维束间的间隙为毫米级。树脂在纤维预制体内的流动分为宏观流动和微观流动。宏观流动主要是纤维束之间的流动,是树脂在整个模腔内传递和分布的全过程,其主要驱动力是树脂在流动路径上的压力梯度,主要影响因素包括注射压力和树脂黏度;微观流动主要是纤维束内的流动,是树脂浸润每束纤维内部行为的微观过程,其驱动力主要为毛细压力,主要影响因素为树脂的表面张力和树脂与纤维间的润湿特性。高黏度树脂倾向于纤维束之间的宏观流动而不是纤维束内的微观流动,孔隙的形成主要由于树脂宏观流动和微观流动不一致以及裹入的空气太多或挥发分太高造成。因此,孔隙可以通过如下手段进行改进和控制:保证模具密封性良好,注射前将树脂中的气体和挥发分脱出;提高注射系统的真空度,增大树脂注射压力等;增强预制体使用前进行除湿处理等。

(2)干斑。干斑是制件上未被树脂填充或只是部分填充的区域。出现干斑的直接表现为浸润不充分,产生干斑的主要原因是进料口和溢料口设置不合理、边缘流道效应,或预制体中渗透率不均匀等。可以通过设置合理的进料口和溢料口、增加模具边缘或拐角的密封、增加真空辅助注射以及优化树脂的流动路径等进行改进和消除干斑。对于复杂复合材料制件,可以考虑通过适当开启和关闭多个注胶口和溢料口来实现树脂充分浸润填充以解决干斑问题。

2. RFI 工艺过程控制

从 RFI 工艺角度,除原材料外,树脂膜预置量控制、封装、树脂膜渗透过程等是 RFI 工艺过程的关键要素。成型制件要求不同,工艺流程会有一定差异。RFI 工艺兼具预浸料/热压罐和 RTM 成型工艺的特点,采用真空袋封装(图 3.11),可以通过气体对制件进行均匀加压,过程中也无小分子放出,制件孔隙率低,纤维体积含量高。但是 RFI 工艺需要注意干斑缺陷,干斑是液体成型比较普遍的一种缺陷,是纤维预制体局部区域未被树脂浸润而导致固化后制件表面出现干态纤维斑痕。干斑缺陷的诱发因素较多,如树脂熔融渗透期间黏度太大、操作时间不够、局部树脂与纤维质量不匹配、预制体渗透率不均匀等。相比其他液体成型工艺,RFI 工艺极大限度地缩短了树脂流动路径,降低了成型工艺对预制体渗透率的敏感性,对树脂黏度和浸透时间要求更宽,减小了形成干斑的风险。但是,由于 RFI 工艺树脂放置定量,树脂预置量不足或封装不当造成树脂过多流失也是导致干斑的重要因素。为避免干斑出现,从 RFI 工艺控制角度需要注意如下几点:严格控制渗透期间的温度、时间等工艺参数;精确计算所需树脂量并合理铺放;合理设计树脂流道并保持流道畅通,封装时注意封好边缘避免树脂流失;通过树脂熔渗工艺参数的严格控制、流道的合理设计以及树脂用量的合理计算可以有效避免干斑的产生。

3. VARI 工艺过程控制

VARI 成型航空航天复合材料结构工艺流程主要分为四大步骤:预制体制备组合、树脂注胶、固化和脱模检测加工。

采用 VARI 工艺制备复合材料常见的缺陷类型主要是内部质量缺陷,如气孔、分层、夹杂、富树脂等,其中夹杂和富树脂主要与增强体铺叠过程有关,气孔、分层等主要与工艺过程参数控制有关。外部质量缺陷主要包括厚度均匀性超差、外表划痕、纤维皱褶等。厚度均匀性超差比较复杂,与施加在预制体上的压力不均匀、真空袋架桥、树脂渗透不均匀、纤维变形回弹、工艺参数控制等有关;表面划伤主要是人为因素;纤维皱褶与预制体状态、施加压力均匀性、工艺操作问题(如层间夹杂、贴膜面存在异物)等有关。

VARI 工艺制备复合材料缺陷主要控制措施与方法如下。

(1)树脂脱泡。树脂中气泡的存在会对复合材料内部质量产生较明显影响,主要会引起孔隙密集缺陷。同 RTM 等其他液体成型工艺一样,对树脂进行脱泡处理是必要的工艺步骤,主要方法是在树脂较低黏度下进行抽真空,真空度一般不低于-0.095 MPa,时间一般不少于 30 min;制备较大尺寸复合材料制件时,可以采用搅拌脱泡抽真空等方法进行脱泡处理,脱泡方法手段可多样,目的就是保证树脂的充分脱除气泡。

(2) 严控真空渗漏。真空系统容易渗漏,这是 VARI 工艺过程经常出现的问题,包括树脂进胶管路、真空袋泄漏、出胶管道泄漏以及模具漏气等,需要严格检验并控制。

(3) 纤维体积含量控制。在航空航天结构上复合材料中纤维体积含量一般要求达到55%及以上,并且具有良好的厚度均匀性,这是 VARI 工艺在航空航天复合材料制件制备中需要解决的问题。除了与所用材料自身物理化学性能和工艺性能密切关联外,从制备工艺角度分析影响纤维体积含量及厚度均匀性的主要工艺因素包括树脂流动控制方式、纤维预制体状态、织物状态和树脂状态。

3.4 复合材料模压成型

3.4.1 概述

模压成型是复合材料最早的成型工艺方法之一。连续纤维增强树脂基复合材料的模压成型工艺主要是指将已经铺叠好的预浸料坯料放入对合金属模具中,通过压机施加一定的温度和压力完成复合材料制件制备的一种工艺方法[2, 3]。根据需要,工艺过程中有时引入真空系统。广义上,可以用于模压工艺的模压料包括短纤维模压材料、长纤维模压材料、连续纤维模压材料以及片状模压材料(sheet molding compound, SMC)等多种形式,也包括热固性和热塑性两大类材料体系。由于长、短纤维复合材料在航空航天飞行器的承力结构中应用很少,本节主要介绍连续纤维增强树脂基复合材料的模压工艺,且主要是针对热固性树脂基复合材料。复合材料模压工艺的主要特点如下[2, 3, 13-15]。

优点:

(1) 制件生产效率高;

(2) 制件尺寸精度高;

(3) 表面光洁度好;

(4) 工艺成本低;

(5) 可以制备复杂结构复合材料制件;

(6) 易于实现自动化生产。

缺点:

(1) 模具设计和制备较复杂;

(2) 制件尺寸受设备尺寸严格限制,一般只适合中小型制件的制备生产。

3.4.2 模压工艺用主要原材料

早在20世纪初就出现了酚醛塑料模压成型,当时主要用于生产以木粉、石棉及石英粉为填料的酚醛复合材料制品。随后又出现了以三聚氰胺-甲醛树脂和脲醛树脂为基体的模塑料。但上述模塑料受树脂基体固有特性的影响,无论在加工、成型,还是最终制品性能方面都存在一定的困难和不足,限制了模压工艺的发展。随着复合材料相关材料、工艺、装备以及设计技术的发展,模压工艺技术也不断发展提升。

针对连续纤维增强树脂基复合材料,模压工艺主要用原材料为预浸料,与热压罐用预浸料稍微不同的是,模压工艺用预浸料树脂含量较高,主要通过多余树脂流出排除气泡降低缺陷是提高模压工艺复合材料质量的重要途径之一。另外,模压工艺有时没有真空条件,此时要求预浸料中的树脂能够很好浸润纤维。一般来说,通过调整优化模压工艺参数,多数热压罐成型用预浸料适于模压工艺。

模压工艺主要工艺辅助材料是脱模剂,这里不做详细介绍。

3.4.3 模压工艺用主要装备与模具

1. 模压设备

模压成型所需的主要设备为热压机,热压机的性能和控制水平直接影响复合材料制件的质量。

1）热压机分类[3, 13-16]

热压机的种类较多,目前主要使用的热压机分为两种：开式热压机和封闭真空热压机。其中开式热压机是最常用的一种热压设备,模压过程易操作;而真空热压机可避免制件内部和边角产生气泡,制备的制件质量较高。

目前热压机的压力大都采用液压方式实现,液压机按液压缸部位和压力方向可分为上压式和下压式。其中上压式为液压缸在液压机上部,动横梁受液压缸活塞推动从上往下加压,下横梁作为工作台固定不动;下压式为液压缸在液压机下部,上横梁固定不动,下横梁受液压缸活塞推动从下往上加压,此类压机具有上、下两根横梁,整机重心低,稳定性较好。液压机按作用力的方向可分为立式和卧式两种,按机身结构可分为框架式和柱式,按操作方式可分为手动、自动和半自动液压机。

2）热压机组成[3, 13-16]

典型热压机的基本组成包括机架、动力系统、加热系统、导向系统、控制系统以及其他辅助元件。

（1）机架：包含上横梁、下横梁、支柱等,对压机起到支撑杆作用。

（2）动力系统：主要为液压泵,其作用是传递动力给系统提供液压油,将电机产生的机械能转变为液压能,是决定液压系统压力大小的关键。

（3）加热系统：主要为加热板,对整机实现温度控制,为固化工艺提供温度保障。

（4）导向系统：在液压缸内液压油的推动下,将液压能转化为机械能驱动液压机械进行运动,实现加压功能。

（5）控制系统：控制和调节液体介质的压力、流量和动力方向,以满足液压系统的动作和性能要求,包括各种液压阀。需要注意的是近期发展的压机四角调平系统可以保证加压过程中压力的均衡施加,对保证模压制件的质量十分有利。

考虑热压机加热系统的重要性,补充说明如下：加热板的结构和所使用的热介质直接影响加热板温度场的均匀性、板面温度的均匀性、树脂熔化的均匀性,以及固化后产生的气体和预浸料层间空气的排出。为实现高效模压成型,加热板升温速度要快且均匀,板面温度差一般应小于3℃。加热板的通道一般分为单进单出和双进双出两种。双进双出的制备工艺复杂,配管也复杂,且成本高,一般较少采用。单进单出采用蒸汽加热时,板面温度差较大(约为5℃);当采用热水或导热油时,板面温度差小于3℃;采用导热油效果更好,因为导热油的压力低、温度高。热压机加热板开口数量根据要求设置不同,加热板从下而上呈现温度梯度。蒸汽加热多为单元总控,梯度约为5℃。热水或导热油一般采用分区控制,温度梯度的控制误差低于3℃,这样有利于在同一压力下,上、中、下的固化速度相同,有利于提高制件质量。对于某些制件,模具自身设计有加热系统,这种情况下有时不需要使用压机的加热系统而是单独使用模具加热系统;有时根据需要二者可以配合使用。

2. 模压模具

模压成型是借助模具完成的,各种不同成型制件对模具都有不同的要求。模具给出了制件的几何边界,模具的选择和结构设计不同程度地影响复合材料制件的内部质量和表面状态。

1）模具材料

模具材料基本特点与要求:

(1) 模具材料一般要求导热好和尺寸稳定,因此通常采用金属材料,以钢材为主,其具有良好的热传导性和热稳定性,易于焊接和机械加工;

(2) 热膨胀性系数应与成型的复合材料制件相匹配;

(3) 耐温高于固化温度;成本低、易成型且加工性好;

(4) 材料致密不渗漏,能保持光滑的脱模表面;

(5) 可以反复使用,使用寿命长。

2）模具的结构形式

模压工艺中模具通常包括对模(如阴阳模或上下模)以及组合模具等结构形式。

(1) 对模:对模是阴、阳模具或简称上下模具的结合应用,模腔的尺寸就是最终的产品尺寸。成型的制品内、外表面光洁,制品尺寸稳定,是复合材料模压成型工艺中最常使用的模具种类,和组合模具相比,对模模具成本相对较低。

(2) 组合模具:对复杂制件,常规闭合模具难以满足制件成型形状及质量等要求,需要使用可拆卸组合模具,这主要根据复合材料制件的形状、复杂程度和尺寸等进行确定。

3）模具的设计要求

设计模具时一般要同时考虑选材、结构、实用性、成本等,具体包括如下几个主要方面。

(1) 耐用性:保持模具的刚度、强度、耐疲劳性和耐磨性,保证模具在反复使用过程中可承受复合材料制件成型时的温度和压力而不损坏。

(2) 低变形:考虑模具在成型过程中的收缩变形等因素,以保证满足制件的尺寸与形状要求。

(3) 实用性:便于脱模,如一般将型面较复杂的模具分为两块以上拼组而成,在块与块之间需设计定位装置;考虑到树脂的流动方向及多余树脂的流出,因而需设计成有多处出胶口;重量尽量小,操作简便,翻转和运输方便等。前面提到,根据模具具体设计和需求,有时模具自身带有加热系统,可以实现快速加热加压及冷却。

3.4.4 模压工艺

模压工艺是将模压料加入模具的腔体内或在阴、阳模上铺叠完成后将阴阳模合模,借

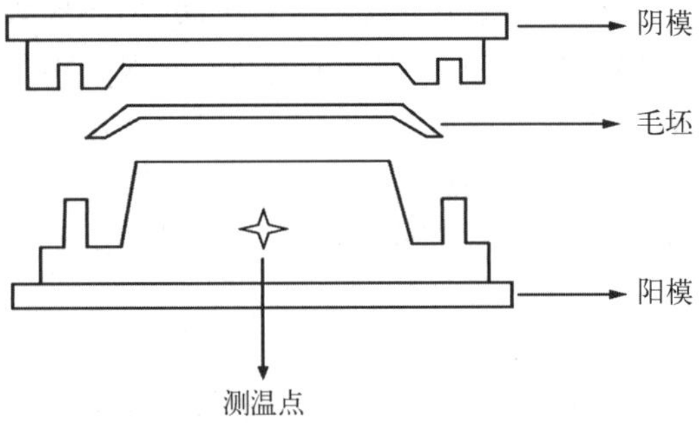

图 3.14　典型复合材料模压成型工艺示意图

助压力和热量作用,使树脂发生流动及化学反应,固化冷却后脱模,最终形成与型腔相同的制件[3, 14, 15]。典型模压工艺示意图见图 3.14。典型热固性树脂基复合材料的模压工艺基本工序如图 3.15 所示[13-15]。

(1) 模具准备:主要指对模具的表面处理,如涂覆脱模剂等,对于有划痕的地方需进行抛光。针对不同工艺要求的预浸料有时考虑可对模具预加热处理。

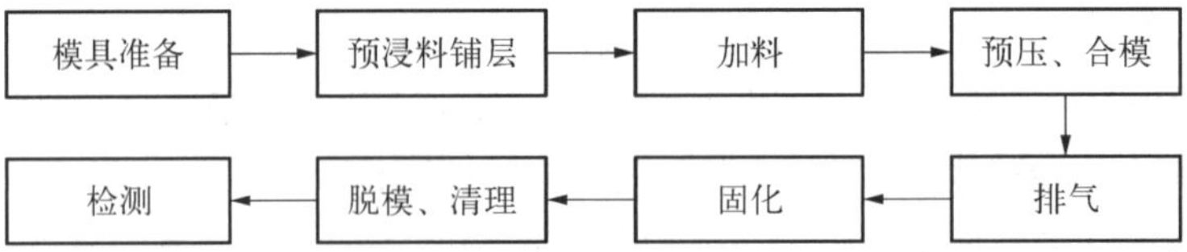

图 3.15　典型预浸料/复合材料模压成型工艺流程图

(2) 预浸料裁剪铺叠(预浸料铺层):按下料样板手工裁剪或使用自动下料机进行自动裁剪,并按照铺层要求对预浸料进行铺叠后转移到模具中,也可以根据材料实际状况、工艺要求等直接在模具上进行铺叠。

(3) 加料:将铺叠好的预浸料转移到模具上或直接使用模具上铺叠好的预浸料,注意加料量应与模具尺寸厚度相匹配;加料过多时制件毛边厚,溢出量大,难以脱模,并可能损坏模具;加料过少时制件可能偏薄、存在疏松缺陷。一般根据模具尺寸和制件要求提前计量用料量。

(4) 预压、合模:一般先用冷压法将预浸料压实,压成坯件形状,防止加料量不均匀和避免溢料产生。同时有效降低模压料内部的空气含量,提高制件质量。预压后将阴、阳模或上下模合模。

(5) 排气:为排出固化时伴有的低分子物、挥发物及模内空气等,当反应至适当时间后,可根据材料实际要求考虑是否进行卸压或松模排气,以提高制件的质量与力学性能,避免制件内部出现分层和气泡。排气时机须掌握得当,过早达不到排气目的,过迟会因物料表面已固化气体排不出造成缺陷。对于挥发分含量较低且反应过程中没有小分子物质放出的环氧和双马复合材料一般可以不采用排气工序,但对于酚醛和聚酰亚胺等固化过程中有反应小分子放出的材料体系一般要求进行放气,但也可以考虑通过控制加压时机等来避免放气操作。

(6) 固化:按照材料固化工艺要求设定温度压力和时间等工艺参数,使树脂的固化反应达到要求的交联或固化程度,使制件达到目标力学性能和质量性能。

(7) 脱模、清理:根据具体材料体系要求,将模具冷却到一定温度后,进行脱模清理。脱模是将阴阳模或上下模分开,将制件取出(通常在模具上设置顶出杆方便脱模);及时清理工装模具,以便下次使用。

(8) 检测：按照测试标准或相关技术要求对复合材料制件进行各项性能测试和检验。

3.4.5 模压工艺过程控制

模压成型的主要缺陷包括表面树脂聚集、板材分层、孔隙、翘曲变形等，需通过合适的工艺条件来控制模压料的固化过程，需要控制的工艺参数主要包括温度、压力和时间等[2, 3, 5, 13-16]。

1. 温度

温度在模压成型过程中起着主要作用，它影响树脂基体交联程度，也影响复合材料制件的最终性能。一般模压工艺的温度历程可分为五个部分。

1) 装模温度

指物料放入模腔时模具的温度，有时需要使物料预热预压，并需要在这个温度下保温一段时间。

2) 升温速率

主要指由装模温度到固化温度或最高温度的温度升高速率。在模压成型工艺过程中，需选择合适的升温速率，特别是当制件较厚时由于物料本身导热性差，升温过快易造成内外固化不均而产生内应力，甚至导致制件作废；速度过慢又会降低生产效率。试验研究阶段，传统的经验一般是注意观察模具边缘流出的树脂是否能够拉丝，如能够拉丝，表明此时的温度达到了树脂的凝胶温度，并可能相对应某些特殊树脂体系伴随有大量的低分子物放出。

3) 最高模压温度

最高模压温度一般结合树脂固化反应特性和工艺研究以及复合材料性能等综合考虑确定。一般可通过差热扫描分析(differential scanning calorimetry, DSC)、流变特性及动态机械分析(dynamic mechanical analysis, DMA)等来确定材料的最高模压温度。

4) 保温阶段

保温过程始终保持压力，这时树脂熔化并渗透纤维，保证树脂完全浸润纤维，并使制件完全固化，减少或消除内应力。

5) 冷却阶段

保温固化结束后在保持全压的条件下可停止加热，然后缓慢冷却。冷却速度对制品表面的平整度有影响，应控制冷却速度，开始冷却时不宜过快。一般航空航天复合材料制件需要温度降至60℃以下时才可脱模，主要目的是降低在降温过程中制件的翘曲变形，保证制件质量。

2. 压力

在模压成型过程中，压力的作用是克服挥发物的蒸气压，使树脂流动并浸润纤维，使树脂纤维之间以及预浸料层与层之间密切接触，并防止或减少冷却时制件变形。主要工艺参数一般包括成型压力大小和加压点。

1) 成型压力

模压工艺成型压力的大小根据树脂的固化和流变特性确定。成型压力可以加速预浸料在模腔内流动以及溢出,增加材料密实性,避免出现孔隙、分层等缺陷;同时成型压力可使模具闭合,使制件具有固定尺寸形状并防止冷却时发生变形等。

在模压成型过程中,压力和温度往往相互关联。固化时若有小分子物溢出,压力一般应大一些;树脂固化温度高时,成型压力也要相应增大。一般情况下成型压力高有利于制件质量提高,但压力过高会引起纤维变形、损伤以及树脂流动溢出过多等问题。成型压力大小的设定还需考虑制品的厚度、预浸料的含胶量和升温速率等因素。

2) 加压点

加压点是模压工艺保证复合材料制件质量的关键因素之一。加压过早,树脂反应程度低,黏度低,易发生树脂流失,形成树脂聚集或局部纤维外露的情况。若加压过晚,树脂反应程度过高,黏度过高,难以保证纤维被树脂浸渍完全,易形成缺陷甚至废品。模压工艺加压点判断的经验方法一般为:在树脂拉丝时开始,即当接近树脂凝胶温度时进行加压;有小分子放出的材料体系一般要考虑树脂固化反应时气体释放量确定加压点。航空航天结构用环氧、双马等树脂基复合材料在成型过程中没有明显的小分子放出,实际加压点的选择主要取决于树脂的黏度或者说流变和凝胶特性,黏度不能太低也不能太高,保证排除孔隙的同时要保证体系合适的树脂含量。

3. 模压时间

模压时间是固化过程所需要的时间,指预浸料放入模具中开始升温并加压至固化完全,直至冷却降温取出制件的时间。模压时间包括加热保温时间和冷却时间。

加热时间与预浸料的类型、挥发物含量、制件形状及厚度、模压温度、压力等因素有关。加热时间的长短对制件性能影响较大:加热保温时间太短,固化不完全,制件物理和力学性能低,表面粗糙,易出现变形。增加保温时间可降低制品收缩率和变形。冷却时间也会影响制件质量,冷却时间过短容易使产品产生翘曲、开裂等现象,保温和冷却时间过长则都会降低生产效率。

随着装备的不断发展以及材料的不断进步,模压工艺自动化水平不断提高,尤其是自动化连续模压装备的产生使传统模压工艺产生变革性变化,如美国 ATC 公司凭借其快速成型复合材料制件方面的丰富经验,开发了长尺寸热塑性复合材料连续热压成型设备,有望解决大尺寸复合材料制件制备效率低和质量控制困难等问题。以热塑性、热固性树脂为基体材料的各类复合材料模压制品工艺发展迅速,产品性价比高,环境污染小,生产率高。模压制品成本不断降低,主要用作结构件、连接件、防护件和电气绝缘件等,已逐渐应用于航空航天、轨道交通、电气、化工、桥梁等领域。

3.5 复合材料缠绕成型

3.5.1 概述

复合材料缠绕成型(filament winding)一般是指采用预先浸渍或者缠绕过程中浸渍基体树脂的连续纤维增强体(包括纤维束、线、粗纱、带或其他形式),按照一定规律缠置到可拆卸或可转动的芯模上然后固化制备复合材料制件的一种复合材料成型工艺方法。一般来说，缠绕制件是回转体，可以包含或不包含两端的封盖。根据材料和使用环境的要求，固化过程中可以在常温下进行也可以通过加热或辐射固化进行[2, 16–18]。复合材料缠绕成型工艺的特点如下[16–18]。

优点：

(1) 按照产品受力情况将纤维按某种规律缠绕铺放，可以充分发挥纤维性能，产品性能高；

(2) 缠绕速度可以达到 100～200 m/min，可以实现自动化批量生产，生产效率较高；

(3) 成本较低，不受热压罐等尺寸限制，可以制备大尺寸结构。

缺点：

(1) 制品层间性能一般较低，各向异性明显；

(2) 主要只适于制备圆柱体、球体及某些正曲率回转体制品；

(3) 需要配套辅助设备，设备总投资相对较大。

3.5.2　缠绕成型用主要材料

缠绕用原材料主要是树脂和纤维增强材料，这里进行简要介绍[2, 16, 17]。

1. 缠绕用树脂

树脂基体的作用是将纤维黏结在一起，在纤维之间起着传递力的作用，并将其固有的特性如耐候性、耐腐蚀性、阻燃性、耐热性、电性能等赋予复合材料。能用于缠绕成型工艺的热固性树脂包括环氧树脂、聚酯树脂、乙烯基树脂、酚醛树脂、双马树脂及其他改性树脂。树脂选用一般要求如下：根据设计性能要求确定树脂品种与类型；工艺性好，黏度和适用期是重要的工艺特性，湿法缠绕工艺用树脂的黏度通常控制在 0.35～1 Pa・s，适用期一般须在 4 h 以上；树脂基体的力学性能和界面性能与增强材料相匹配；固化收缩率低和毒性刺激性小；价格低。

2. 缠纤维增强材料

复合材料缠绕工艺常用的增强材料主要有玻璃纤维、芳纶纤维和碳纤维等，一般要求如下：根据制品的性能要求选用纤维类型；芳纶纤维和碳纤维多用于航空航天产品，玻璃纤维则军民品皆有选用，民品居多；纤维与树脂浸润性要好；缠绕过程不起毛或起毛少，不断头。

3.5.3　缠绕成型用主要装备与模具

1. 设备

缠绕成型设备需要有缠绕系统、固化加热炉、脱模机等，其中缠绕系统除了主体设备缠绕机外，其辅助设备包括浸胶装置、张力控制装置等[2, 16]。复合材料缠绕用设备基本上都是普通的工艺设备，每台设备可以加入用户自己的设计思想，并非完全标准化的设备，这里不做详细介绍。

2. 芯模

芯模是缠绕工艺制备复合材料的关键，芯模设计十分关键。芯模设计内容需要根据制品批量、尺寸、固化温度、生产周期、工作载荷、树脂固化收缩等因素进行，重点需要考虑如下基本内容[2, 16-18]：芯模结构形式及材料的选定，包括具有一定耐热性，如能够经受固化温度的作用，能够承受缠绕过程的工作载荷、自重及加工时的机械载荷，在使用期间保持变形满足要求；脱模方法及程序（大型组装式芯模），易于脱模操作；总体结构与芯模零部件设计，包括刚度、强度计算；芯模制备经济性。

芯模材料选用范围较宽，缠绕成型工艺常用芯模材料包括石膏、钢、铝、低熔点金属、低熔点盐类、木材、水泥、石蜡、聚乙烯醇砂、塑料、泡沫等。不同的芯模材料对制件的影响也不相同，简要描述如下：芯模材料的膨胀系数将影响制件固化后的尺寸精度；芯模材料的弹性模量不同，将影响制件的力学性能及尺寸精度；芯模中的水分影响树脂基体的固化，甚至引起制件分层开裂。选定芯模材料应该根据制件的生产批量、尺寸形状及性能要求来确定；芯模材料既不能被树脂腐蚀，更重要的是不能影响树脂基体固化；多孔性材料有吸湿性（石膏属此类），无论初次使用或是存放一定时间，使用前必须烘干；为保证缠绕制件尺寸均匀，芯模材料的成分应该均匀。

芯模结构形式有多种[16-18]，如下。

（1）不可拆卸式金属芯模：这类模具通常由钢、铝、铸铁等浇注而成，也可以焊接而成。

（2）可拆卸芯模：若缠绕带封头而又不需要将其切掉的筒形容器时或者是带有端框的制件，可使用可拆卸式芯模。考虑多次使用，此类芯模材料多数为金属。

（3）一次性可敲碎式芯模：这种芯模是用石膏、石膏-砂、石蜡、工艺陶土等制成的。这种芯模待制品硬化后拆模时，可打碎或用水冲刷，一次性使用。

（4）橡皮袋或充胀芯模：对于直径不大的筒形制件，可以用压缩空气吹胀的橡皮袋做芯模，球形壳体也可以用这种芯模。

（5）组合芯模：包括金属-橡胶、金属-石膏等至少两种及以上不同材料组合而成的芯模。

3.5.4 缠绕工艺

典型缠绕工艺过程示意图见图 3.16。基本工艺过程是一般是指将浸渍树脂后的连续纤维增强体，按照设定好的缠绕路径或规律缠绕到芯模上，然后固化制备复合材料制件[2, 16, 17]。

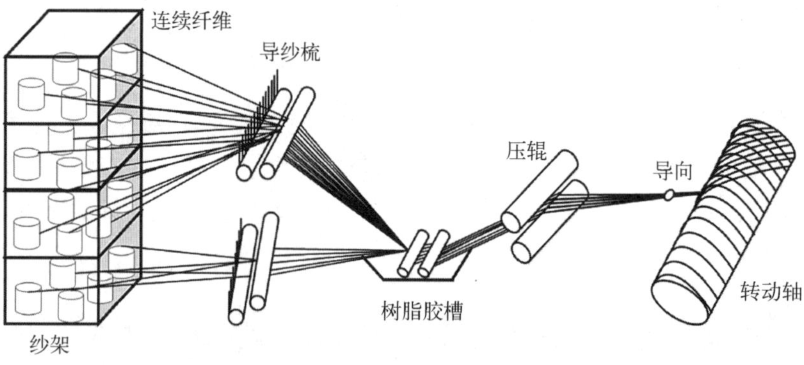

图 3.16 典型缠绕工艺过程示意图

缠绕制件的固化也分为室温固化和加热固化(部分采用辐射固化),这由树脂基体决定。加热固化可以使固化反应比较完全,加热固化比常温固化的制品强度至少提高20%~25%。保温一段时间可以使树脂充分固化,产品内部收缩均衡。根据树脂的特点与要求,缠绕复合材料制件的成型工艺与升温速率、保温时间、冷却速率等工艺参数有关。

根据缠绕过程中树脂基体的理化状态,有时将缠绕分为干法缠绕和湿法缠绕。干法缠绕是经过预浸胶处理的预浸纱或带,在缠绕机上经加热软化至黏流态后缠绕到芯模上。湿法缠绕是将纤维纱束或带进行浸胶后,在张力控制下直接缠绕到芯模上。湿法缠绕一般具有纤维浸润性好、产品致密性好以及成本低等特点。干湿法缠绕的主要特点见表3.1[16-18]。

表3.1 干法缠绕和湿法缠绕的比较

项　目	干　法	湿　法
缠绕场所清洁状态	好	差
增强材料规格	部分规格能用	适于任何规格
使用碳纤维可能引发的问题	无	碳纤维飞丝可能导致机器故障
树脂含量控制	好	困难
材料贮存条件	必须冷藏	无须冷藏
纤维损伤	损伤可能性大	损伤小
产品质量保证	在某些方面有优势	需要严格质量控制(quality control, QC)程序
制备成本	高	低
室温固化可能性	可能性小	可能
应用领域	航空、航天等工业领域	广泛应用于工业领域

3.5.5 缠绕成型工艺过程控制

缠绕制件的主要缺陷是由于气泡导致形成的孔隙、分层、树脂不均匀等,需要通过对原材料及工艺过程等进行控制[2, 16, 17]。

1. 原材料控制

针对缠绕工艺,首先要对工艺所用的原材料树脂和纤维进行控制,树脂和纤维性能必须满足设计要求。在缠绕过程中,特别是湿法缠绕过程中,易形成气泡,会造成制品内部空隙过多,从而降低层间强度,并降低压缩强度和抗失稳能力。因此,生产过程中要求控制树脂或者胶液黏度,改善纤维的浸润性及采用适当增大纤维张力等措施,以便减少气泡和孔隙率;至于纤维,首先保证纤维不能起毛严重,适于缠绕工艺,并具有良好的展开性,便于树脂浸润纤维和保持均匀性。

2. 工艺控制

制件缠绕过程中,需要控制的工艺参数较多,如缠绕规律与形式、浸胶方法与含胶量、张力、丝束宽度、缠绕速度、固化历程等。

1) 缠绕规律与形式

a) 缠绕规律

缠绕规律是描述丝束(有时也称纱片或束纱等)均匀稳定连续排布在芯模表面以及

芯模与导丝头之间运动关系的规律,简单地讲就是将纤维均匀分布在整个芯模表面上的规律。虽然缠绕制件形状规格多,缠绕形式多样。但是,任何形式的缠绕都是导丝头(亦称绕丝嘴)和芯模的相对运动实现的。如果纤维无规则地缠绕,就会造成纤维在芯模表面离缝重叠,或者滑线不稳定。因此,缠绕线型必须满足如下两点要求:① 纤维均匀连续布满芯模表面,既不能重叠又不离缝;② 纤维在芯模表面位置稳定,不滑线。缠绕规律为结构设计提供依据,是保证缠绕过程中纤维位置的稳定、不打滑以及制品均匀性的重要条件,也是缠绕机设计的重要考虑因素。

b) 缠绕线型

缠绕线型可以分为环向缠绕、纵向缠绕和螺旋缠绕。

(1) 环向缠绕:芯模绕自轴匀速转动,导丝头在筒身区间做平行于轴线方向运动。芯模每旋转一周,导丝头移动一个丝束的距离。如此循环往复,直至丝束均匀布满芯模圆筒段表面位置,如图 3.17 所示;环向缠绕的特点是缠绕只能在筒身段进行,不能缠到封头上去,丝束之间相接但是不重叠,缠绕角通常是 90°,或者接近 90°。

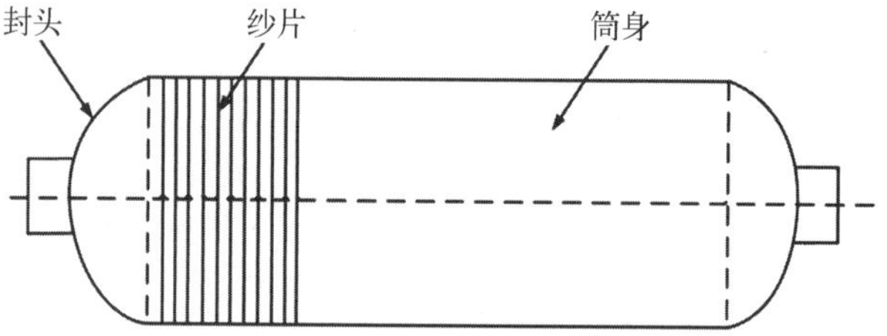

图 3.17 环向缠绕示意图

(2) 纵向缠绕:也称平面缠绕,或"0"字形缠绕,其主要特点是缠绕角较小。在进行纵向缠绕时,导丝嘴在固定平面内做匀速圆周运动,芯模绕自身轴线慢速旋转。导丝嘴每旋转一周,芯模转过一个微小的角度,反映到芯模表面是一个丝束的宽度。丝束与芯模纵轴之间的交角一般为 0°~25°,并与两端的极孔相切。纵向缠绕的丝束排布是彼此不发生纤维交叉,纤维缠绕的轨迹是一条单圆平面封闭曲线,如图 3.18 所示。纵向缠绕规律主要用于球形、椭球形及长径比小于 1 的短粗筒形容器的缠绕。但应注意纵向缠绕时容器头部纤维可能出现严重的架空现象,端部极孔直径较小时更严重。

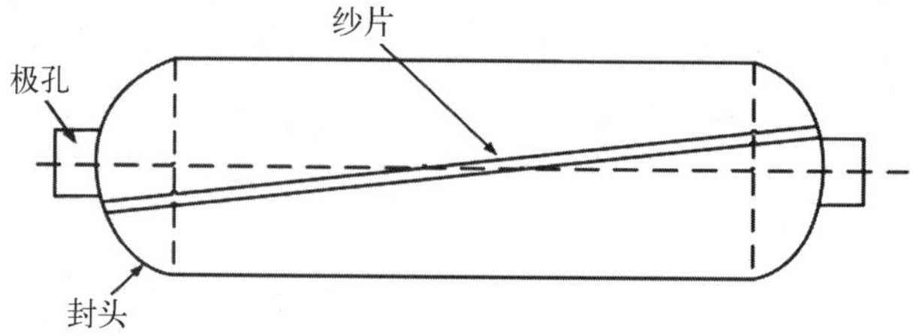

图 3.18 纵向缠绕示意图

(3) 螺旋缠绕:在缠绕时芯模绕自身轴线做匀速运动,导丝嘴按特定速度沿芯模轴线方向做往复运动,从而实现在芯模筒身和封头上的螺旋缠绕。螺旋缠绕角一般介于纵向缠绕和环向缠绕的缠绕角之间，通常为12°~70°，如图3.19所示。相对于其他两种缠绕方式，螺旋缠绕的规律更为复杂，也是缠绕成型工艺研究的重点内容。目前，螺旋缠绕规律分析有两种方法：标准线法和切点法。标准线法直观性强，易学易懂，但是分析演算过程较为复杂，精确性也不太高。切点法理论性较强，数学推导比较严密。这两种分析方法出发点虽然不相同，但并无本质区别。

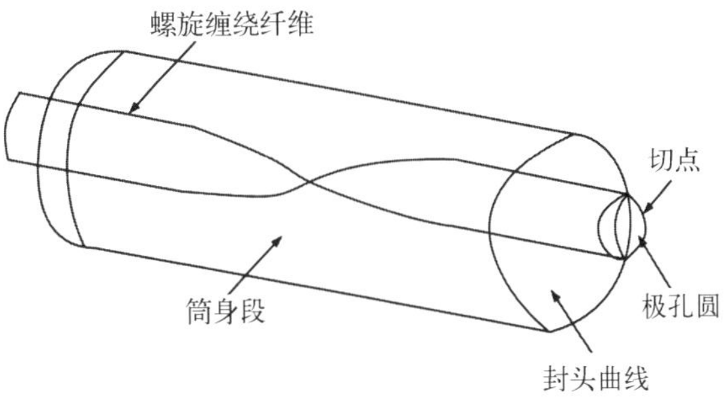

图3.19　螺旋缠绕示意图

实际应用时，基本线型主要有两种：一种是单一螺旋线型；另一种是纵向缠绕或螺旋缠绕加环向缠绕，可以称为组合缠绕。

2）浸胶方法及浸胶量控制

湿法缠绕工艺的浸胶通常采用直浸法和胶辊接触法，如图3.20所示。两种浸胶技术虽然操作简便、工装简单，但是对复合材料制件含胶量控制不准确，还要通过调节浸渍时间和温度、改变纱束疏密和出纱速度以及控制缠绕张力等多种手段进行含胶量的准确控制。

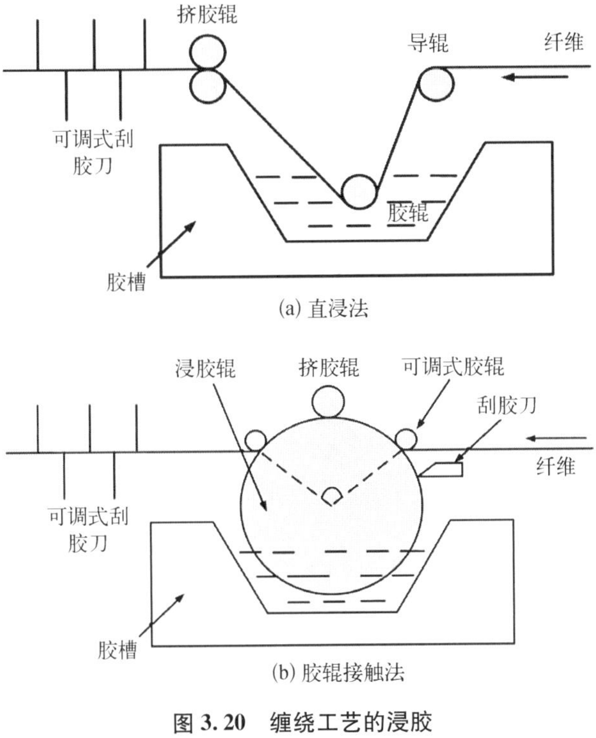

图3.20　缠绕工艺的浸胶

3）张力控制

缠绕过程需要保持一个适当的张力，张力过大易损伤纤维，使树脂浸润纤维困难，但却能提高纤维体积含量，降低孔隙率。因此，需要综合平衡以上各个因素，选择适当的张力值，既能保证纤维良好的浸润性，又不会对纤维造成大的损伤，同时还能满足制件低孔隙率和高纤维体积含量的要求。

各束纤维之间张力的均匀性对制件性能影响也很大。假如纤维张紧程度不同，当承受载荷时，纤维就不能同时承受载荷，导致各个击破，使纤维强度的发挥明显受影响。因此，应尽量采用无或低捻度、张力均匀的纤维，并尽量保证丝束内各束纤维的平行。此外，为了保证制件各缠绕层不会由于缠绕张力作用导致内松外紧的现象，应有规律地使张力逐层递减，使内外层纤维的初始应力都相同，容器充压后内外层纤维能同时承受载荷。

需要注意的是，采用热塑性树脂缠绕时，缠绕工艺必须改进，简单地讲，需要在作用点加热并使用压辊加压，并且加热和加压必须同步。

4）束纱宽度及缠绕速度

纤维丝束间隙会成为富树脂区，是结构上的薄弱环节。由于受缠绕张力变化、导丝头结构形式以及纤维本身展纱性的影响，丝束宽度很难精确控制。

缠绕过程进行需要两个基本运动：芯模旋转切线运动和导丝头往复直线运动。纤维丝束相对于导丝头缠绕到芯模上的速度称为纱束速度。芯模旋转速度、导丝头直线运动速度和纱束速度构成速度矢量图。缠绕速度通常是指纱束速度，应控制在一定范围。纱束速度过小，生产效率低，而速度提高又受其他因素限制，如湿法缠绕过程中的纱束速度要保证芯模上的胶液不外迁不溅洒，干法缠绕过程中的纱束速度要保证预浸丝束能加热至黏流态缠绕到模具上。

5）固化历程

a）加热与保温

缠绕制件的固化也分为室温固化和加热固化，这由树脂基体决定。加热固化可以使固化反应比较完全，保温一段时间可以使树脂充分固化，产品内部收缩均衡。保温时间长短不仅与树脂基体的性质有关，而且还与制品形状、尺寸及构造有关。一般制品热容量越大，保温时间越长。

b）升温速度

升温要平稳均衡，升温速度太快会导致化学反应激烈，并使溶剂等低分子物质急剧溢出而形成大量气泡。通常，当低分子变成高分子或者液态变成固态时体积往往要收缩。如果升温过快，各部位之间的温差必然很大，因而各部位的固化速度和程度也必然不一样，收缩不均衡，致使制品由于内应力作用变形或者开裂，形状复杂的厚壁制品更是如此。

c）降温冷却

降温冷却要缓慢均匀，由于纤维增强树脂基复合材料沿着纤维方向和垂直纤维方向的线膨胀系数不同，因此制品若不缓慢冷却，各部位各方向收缩就不一致，导致形成残余应力，甚至可能引起制品开裂破坏。

d）分层固化

对于较厚复合材料缠绕制件，有时可以采用分层固化技术，其工艺流程如下：先在芯模上缠绕一定厚度的材料，使其固化，冷却至室温后，再对表面打磨喷胶，缠绕第二次，依此类推，直至缠绕到要求的层数。有时可以通过选用合适放热量的树脂体系来实现较大厚度制件的一次性固化。

3.6　复合材料拉挤成型

3.6.1　概述

拉挤成型是将连续纤维束、带或织物浸润树脂后（或者预浸带）在牵引机构作用下通过一定截面形状的模具并在模腔内凝胶固化连续制备复合材料型材制品的一种工艺方法。典型复合材料型材主要包括棒、管、实体型材（工字形、C形、方形、圆形等）和空腔型材产品等[2, 16, 18]。复合材料拉挤成型工艺主要特点如下[16, 18, 19]。

优点：

（1）工艺简单、高效，自动化程度高，适合高性能纤维复合材料的大规模生产；

（2）设备造价低，生产成本低；生产过程连续，可以生产任意长度各种异型定截面产品，产品性能稳定、尺寸稳定、质量波动小；

（3）制品纵、横向强度可调整，可以满足不同力学性能制品的使用要求；

（4）制品中纤维体积含量较高，甚至可高达80%；

（5）制品有良好的整体性，材料利用率高（可达95%以上）。

缺点：

（1）难以直接使用非连续增强材料，但是通过非连续纤维制备的短切纤维毡等可以连续输送的增强材料可以使用；

（2）限于生产恒定横截面的制品，产品具有明显的各向异性；

（3）大厚度复合材料制件的拉挤生产对材料体系具有更高的要求，包括导热性好、放热量较低以及放热速度不能太快等。

3.6.2　拉挤成型用主要材料

适用于拉挤工艺的原材料很多，主要包括纤维增强材料和树脂基体，同时也包括起各种作用的填料和添加剂，如氢氧化铝、氢氧化镁、碳酸钙、炭黑等降低成本提高力学性能的填料以及阻燃剂、抗紫外剂等功能性添加剂；拉挤材料中还经常使用脱模剂，拉挤工艺脱模剂主要以内脱模剂为主，主要包括长碳链脂类、有机磷类、有机聚合物类等。近期采用预浸料进行直接拉挤制备高性能复合材料制件技术也见到多处公开报道，即通过预浸料铺层的设计，采用预浸料模压拉挤一次成型，提高了制品横向强度，实现了拉挤型材力学性能的可设计性。目前已经可以实现高性能环氧和双马等热固性树脂基复合材料的拉挤成型，同时也可以实现热塑性预浸料的拉挤成型[2, 3, 18]。日本JAMCO公司采用拉挤工艺制备了A380飞机地板梁。限于篇幅，这里重点介绍常规拉挤工艺用的纤维增强材料和基体树脂。

1. 纤维增强材料

增强材料是复合材料制品的支撑骨架，决定了拉挤制品的主要力学性能，而且对减少高聚物收缩、提高热变形温度和抵御冲击也有一定的作用。拉挤成型所用的增强材料主要有玻璃纤维、碳纤维、玄武岩纤维、芳纶纤维等，为了提高制品的横向强度，可采用缝编毡、连续纤维毡、纤维织物等增强材料[3, 18]。

2. 基体树脂

拉挤成型复合材料常用的树脂有不饱和聚酯、乙烯基酯、环氧、酚醛、聚氨酯等。拉挤成型工艺所用树脂基本要求如下：树脂对纤维增强材料要有良好的浸渍性能，增强材料和树脂之间具有良好的界面黏结强度；初始黏度要低，有良好的流动性；较长的工艺操作时间，如在室温有较长的适用期，而在成型高温的条件下能快速固化，固化收缩率越低越好[3, 18]。

3.6.3 拉挤成型工艺

复合材料拉挤工艺于1948年起源于美国，20世纪60年代后发展应用迅速。20世纪80年代初期陆续有国内一些厂家从国外引进拉挤设备，直到20世纪90年代随着拉挤用树脂技术的引进生产才进入快速发展时期。我国拉挤技术与欧美形式相似：初期开发形状简单的棒材，然后随着化工防腐、电力、采矿、建材等行业的不断需求，开发了系列型材制品，目前这些技术已经比较成熟，且拉挤设备主要以国产为主[3, 16, 18]。

复合材料典型拉挤成型工艺过程示意图见图3.21。

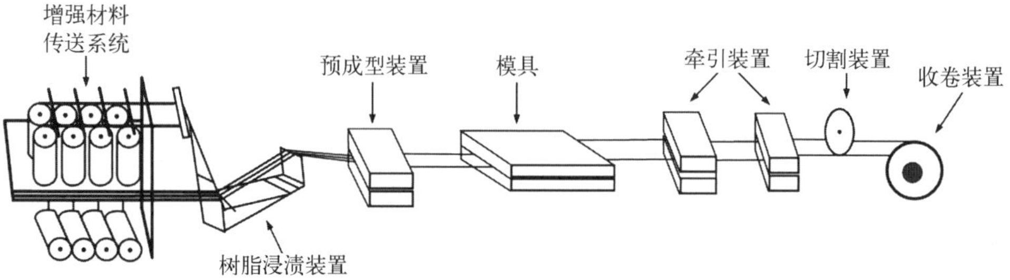

图3.21 复合材料典型拉挤工艺过程示意图

典型拉挤工艺流程如图3.22所示。拉挤成型工艺的主要工序包括增强材料排布、浸胶、预成型、固化成型、牵引、切割、制品获取[3, 18]。

增强材料排布 → 浸胶 → 预成型 → 固化成型 → 牵引 → 切割 → 制品获取

图3.22 典型拉挤工艺流程图

根据设备、流程等不同，拉挤成型工艺分不同类型和方法，主要包括：

（1）热固性与热塑性复合材料拉挤成型工艺；

（2）立式和卧式（间歇式和连续式）拉挤成型工艺；

（3）湿法和干法拉挤成型工艺；

（4）拉绕、编织、注射等拉挤成型工艺；

（5）履带式牵引和往复式牵引拉挤成型工艺；

（6）模内固化和模外固化拉挤成型工艺。

3.6.4　拉挤成型用主要装备与模具

尽管具体拉挤方法类型有所差异，但不同方法间拉挤设备的组成的差异并不十分明显，概括起来，拉挤设备主要包括如下几个部分（图3.21）[3, 16, 18]。

1. 增强材料传送系统

传送系统包括纱架、毡架、纤维带架等，同常规纤维传送系统可以没有明显区别。

2. 树脂浸渍装置

胶槽浸渍法最常用，一般包括导向辊、树脂槽（含加热系统）、压辊导纱梳、挤胶辊等。在整个浸渍过程中，纤维和毡或织物按序排列。

3. 预成型装置

根据制品的截面形状、尺寸等设计预成型装置，保证纤维、毡、织物在生产过程中进入模具前和在模具中的分布均匀一致，并挤出多余的树脂，然后再进入模具，进行成型固化。

4. 模具

模具配合加热装置，将浸胶增强材料在其内固化成型，模具是各种工艺参数作用的交汇点，是拉挤成型工艺的核心模块之一。拉挤模具的设计和制备关系着拉挤成型工艺的成败，决定着拉挤制品的质量和产量，同时也影响拉挤模具的使用寿命。模具按结构形式可分为整体式、组合式和悬垂式（含芯模）。模具材料选材有较高要求，主要包括较高的强度、耐疲劳性和耐磨性；较高的耐热性和较低的热膨胀系数；良好的耐腐蚀性；良好的切削性和表面抛光性能；变形小，尺寸稳定性好。目前主要以不锈钢为主，根据要求不同，可以选用不同型号的钢材。

5. 牵引装置

牵引机构是拉挤成型工艺的主机，具有牵引、夹持两大功能，牵引力、夹持力、牵引速度一般需可调；牵引机构通常分为往复式和履带式两种方式。

6. 切割装置

一般由一个自动同步移动的切割锯按需要的长度进行型材切割。

7. 收卷装置

保证制品连续不断的卷绕在收卷盘上，尤其对于电缆芯、抽油杆等需要连续或较长长度的制品，需要建立收卷装置。

3.6.5　拉挤成型工艺过程控制

1. 拉挤制品主要缺陷

工程中拉挤制品的主要缺陷是外观缺陷，主要包括如下几个方面[16, 19]。

1）表面缺陷

复合材料拉挤制品的表面缺陷主要表现为掉粉和粗糙，其主要原因为固化度不足、纤维含量低、模腔表面粗糙或不平整以及树脂体系不适合拉挤成型工艺等。

2）直线度差

起拱和侧弯是复合材料拉挤制品直线度差的直接表现，主要原因为制品固化残余应力、模具与牵引方向不在同一直线、纤维张力不均匀等。

3）同心度差

复合材料拉挤制品同心度差的直接表现是厚度不均匀，主要是因为芯模偏离模腔中心、模具与牵引方向不在同一直线、轴向纱沿着芯模排布不均匀以及制品固化程度不够，经夹持挤压引起变形。

2. 拉挤成型过程监控

除原材料控制外，拉挤成型产品质量控制系统主要监控各个加工工艺参数，包括拉伸力、树脂温度、树脂压力、温度和线速度等[3, 18]。模具内各点温度和压力可以通过安装传感器进行监控。下面简单介绍复合材料拉挤工艺过程的主要工艺控制参数，即模具温度和拉挤速率。

1）模具温度

通常可以将模具分为三个区域，即预热区、凝胶区和固化区。模具最高温度在模具中段，模具温度甚至可以高于树脂的放热峰温度，但一定要低于树脂的热分解温度；预热区的温度比凝胶区要低，固化区温度与凝胶区温度相当；固化温度分布使制品固化反应放热峰出现在模具中部靠后，固化反应放热峰发生要控制在模具内部。

2）拉挤速率

拉挤速率是拉挤工艺的一个重要参数，其大小直接影响生产效率的高低。从技术角度讲，拉挤速率太高，意味着复合材料在模具内停留时间短，容易导致固化不完全和不均匀，甚至导致制品的外观缺陷，出现掉渣或裂纹。可以通过提高预热温度等改进浸润效果，适度提高拉挤速率。

每种材料和工艺都有自己的一套工艺参数控制范围和类型，除不同材料的差异外，影响工艺参数的因素也较多，针对同一材料体系，如纤维体积含量、预热条件、制件厚度等也将对拉挤工艺参数产生一定影响。

3.7 手糊成型工艺

3.7.1 概述

手糊成型是复合材料制备最早采用的一种工艺方法，是指将增强材料（一般为织物）铺放在模具上然后涂刷树脂胶液，待树脂均匀浸渍纤维后再铺贴第二层增强材料，如此反复操作直至达到所需的厚度后，可以在室温（或加热）、真空（或无真空）、无压或低压条件下固化制备复合材料[16, 18]。手糊成型工艺的主要特点如下[16, 18, 19]。

优点：

（1）不受形状和尺寸严格限制；

（2）适于尺寸大批量小的复合材料制件生产制备；

（3）工艺简单，设备简单，投资少，工艺成本低。

缺点：

（1）生产效率低，劳动强度大，环境卫生条件差；

（2）产品质量稳定性差，难以控制；

(3) 产品性能低且稳定性差,一般无法应用于航空航天先进装备承力、主承力结构。

3.7.2　手糊成型用主要材料

手糊成型的主要原材料就是树脂和增强材料,下面将进行简要介绍。手糊用材料的基本要求是价格便宜,满足设计和工艺要求。

1. 增强材料

增强材料一般为主要以纤维织物为主,包括碳纤维、玻璃纤维、芳纶纤维和其他纤维织物(包括纤维毡等)[16, 19],与其他复合材料成型工艺所用的增强织物没有实质性差异。

2. 树脂[16, 19]

手糊成型用的树脂室温下一般为液体,所以有时称手糊工艺用树脂为树脂胶液。手糊用树脂胶液一般为不饱和聚酯、环氧以及乙烯基环氧等。以不饱和聚酯占大多数,约80%,其次是环氧。其基本要求是:可以室温固化,固化时无低分子物质放出,适于手糊成型的树脂胶液黏度一般为0.2~0.8 Pa·s,并且要求毒性低,价格低廉。为了调节树脂黏度以及降低成本等考虑,常常加入一定量的稀释剂以及填料等。稀释剂分为活性稀释剂和非活性稀释剂两类。非活性稀释剂不参与固化反应,主要起调整黏度作用,加入量一般为5%~15%,并且在树脂固化过程中溢出,会增大树脂固化收缩率,影响力学性能和耐热性。活性稀释剂则参与树脂固化反应,对树脂力学性能和耐热性等影响相对较小。但活性稀释剂多数具有一定毒性,使用时需要谨慎处理并加以防护。为了改善树脂基体性能,如降低收缩、提高阻燃、改善耐磨以及降低成本等,在树脂中需要加入一些填料,主要包括黏土、碳酸钙、滑石粉、石英砂、云母、石墨等。手糊树脂中常常会加入少量的白炭黑(SiO_2),这是一种触变剂,白炭黑比表面积大,受到外力时才流动,在涂刷垂直或倾斜面层时改善胶液流淌严重问题,这样在涂刷施工时既可以避免树脂流失浪费,又可以保证制品质量,白炭黑的添加量一般在0.1%~2.0%。有时为了某些目的加入一些特殊的填料,如颜料或抗紫外或耐腐蚀填料等。

手糊成型还需要使用许多其他辅助材料,如脱模剂、工艺辅料等,与一般复合材料成型用工艺辅助材料差别不大,这里不再赘述。

3.7.3　手糊成型工艺

手糊成型的典型工艺流程见图3.23。

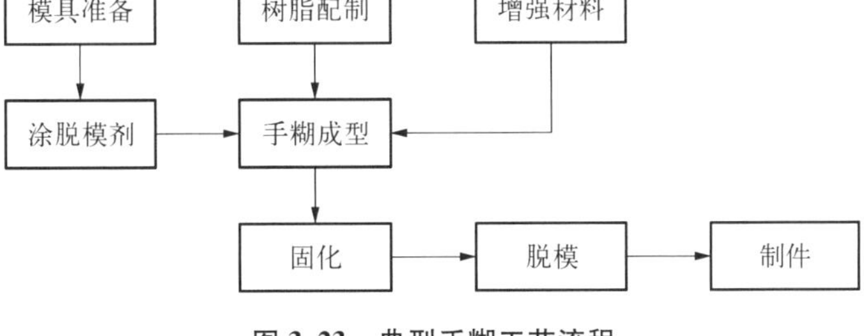

图3.23　典型手糊工艺流程

主要工序描述如下[16, 18, 19]。

1. 原材料准备

1）增强材料

手糊成型主要增强材料是纤维织物，有时也用纤维毡等。根据增强材料品种以及状态或者要求的不同，增强材料使用前有时需要进行处理，通常情况下对玻璃纤维、芳纶纤维等增强材料需要进行烘干处理，有时根据特殊要求进行专门的表面处理。然后根据要求对增强材料进行裁剪铺叠，一般使用样板手工进行裁剪。对于结构复杂的制品，需要将制品型面合理分割多个部分，分别制作样板，再根据样板进行裁剪下料。

2）树脂

根据要求确定树脂种类，并配制树脂胶液。树脂胶液的黏度、凝胶特性等是影响手糊复合材料制品质量的重要因素之一，需要严格控制。

2. 糊制

1）胶衣层、表面层

胶衣层主要是采用配制的胶衣糊制备，胶衣树脂种类较多，应根据具体条件和要求进行选择。胶衣层不宜太厚或太薄，太薄不宜起到保护制品作用，太厚容易引起表面胶衣层龟裂，厚度一般控制在 0.25~0.5 mm。通常采用喷涂和涂刷两种工艺制备胶衣层，一般涂刷两遍，且等待第一遍胶衣基本固化后再涂刷第二遍，且一般两遍涂刷方向垂直。待胶衣层开始凝胶时立即铺放第一层增强材料。

胶衣层有时就是表面层。表面层一般与其他层不同，甚至是特制的，有时采用带颜料的胶衣层，也有采用加入粉末填料的普通树脂代替，或直接使用玻璃纤维表面毡。一般树脂含量较高，可以美化制品外观，并且可以保护制品不受周围介质侵蚀，提高耐候、耐水、耐腐等性能，延长制品使用寿命。

2）铺叠控制

一般按照设计要求进行铺叠或者说铺层，并尽可能保持纤维的连续性，很多情况下无法保持纤维的连续性时就需要进行拼接。铺层拼接的设计基本原则是：制品强度损失小，不影响外观和尺寸精度；施工方便。拼接的方式主要有搭接和对接两种，一般对接为宜。对接方式可以保持纤维平直，一般不会引起外形畸变，且重复性好，一般要求上下层拼缝要错开，并考虑在拼接区域加一层附加层。有时由于制品太厚、尺寸太大等原因，不能一次完成铺层固化。一方面可能树脂的凝胶时间太短导致，另一个主要的原因是制品太厚时反应热焓太高，放热量大，会导致制品内应力大而引起分层和变形，因此往往需要进行二次叠加铺层或二次铺层拼接形式。

3. 固化

手糊铺叠复合材料一般可以在室温下固化，也可以加热到一定温度固化，除了与树脂体系密切相关外，还与所使用的模具以及辅助材料的耐温性等有关。有时可以封装在袋内进行真空压力下固化，有时直接放在室温下无压力状态下固化，主要根据制品最终要求的不同进行选择。对于不饱和聚酯树脂，一般需要在外表面覆盖一层玻璃纸或聚氯乙烯膜，使制品表面隔绝空气，避免空气中的氧对树脂的阻聚作用，有时固化不完全制件表面会发黏。有时由于树脂的固化反应较慢，室温下需要很长的固化时间。为了提高效率，考虑在室温下固化到一定程度后升高到一定温度进行较快速充分固化。加热处理的方式也可自行选择，可以在烘箱中进行，也可以采用模具自加热或红外、紫外辐射加热等多种方式。固化程度一般可以用固化度来表示。工程上有时为了简便而采用测试硬度等方法进行工程或经验判定。

4. 脱模后处理及后加工检测

手糊复合材料制品固化完成后进行脱模，然后进行简单机加工如修边或表面处理或机加打孔，有时采用快速低成本的检测技术对制品的质量进行检测，如敲击法或称啄木鸟法，很少采用超声等先进无损检测技术，主要是由于先进无损检测成本较高，检测效率也比较低，且手糊工艺制备的复合材料制件质量要求也不如热压罐等工艺制备的制件质量要求高。在航空航天领域，手糊工艺制备的复合材料制件也很难应用于先进飞机等装备承力结构上，一般应用于非承力结构，但是对于某些小型飞机、无人机等航空航天器，也有采用手糊技术制备机身或机翼等承力结构。

3.7.4 手糊成型工艺用主要装备与模具

复合材料手糊成型工艺设备和模具相对其他复合材料成型工艺较为简单，主要由于该工艺的主要目的是低成本，对性能不能要求太高。手糊铺层时使用刷子、刮胶板、胶液桶就可以进行。手糊铺叠复合材料一般可以在室温下固化，也可以加热到一定温度固化。在较高温度下固化时使用烘箱或烘房等加热设备即可，此时对模具材料和工艺辅助材料有一定耐温要求。有时手糊复合材料成型固化时需要辅助真空系统，一般根据树脂和工艺具体要求确定。

3.7.5 手糊成型工艺过程控制

1. 手糊制品主要缺陷

手糊复合材料制品的主要缺陷是外观缺陷和分层缺陷，简要归纳如下几个方面：

1）外观缺陷

复合材料手糊制品的外观缺陷主要表现为表面发黏、外观变形、树脂分布不均匀等。除了表面胶衣层引起的直接原因外，主要是由于树脂固化不完全、固化残余应力大、树脂黏度过高或过低以及操作不当等原因造成。

2）分层缺陷

分层是手糊复合材料制品的一类严重缺陷形式。主要是由于树脂的流变特性和固化反应不匹配造成，或者说由于手糊树脂胶液的工艺性差引起。

2. 手糊成型过程监控

除原材料控制外，手糊成型复合材料制件质量控制系统主要监控树脂胶液工艺性和操作规范性。

胶液工艺性主要包括胶液黏度、凝胶时间。树脂的黏度和凝胶特性对手糊工艺十分关键。胶液黏度主要影响树脂的流动性和对增强材料的浸润性，黏度过高不易涂刷和浸透增强材料，黏度过低在树脂凝胶前发生胶液流失使制品出现缺陷。黏度高时可以通过加入稀释剂进行调节。凝胶时间是另外一个重要指标，一般是指手糊树脂从黏流态到失去流动性变成软胶状态所需的时间，凝胶时间过短，胶液黏度迅速增大，增强材料不能被浸透甚至造成局部固化，使手糊工艺无法进行；反之，如果凝胶时间过长，不仅延长了生产周期，而且容易导致树脂流失，甚至引起固化剂比例失调，造成制品局部贫胶或固化不完全。应注意的是，胶液的凝胶时间不等同于制品的凝胶时间。制品的凝胶时间除了与引发剂、促进剂或固化剂有关外，还与胶液体积含量、环境温度和湿度、制品厚度、表面积大小、材料挥发性以及填料等因素有关。为了在使用时尽可能避免凝胶，一般将树脂与固化剂以外的组分事先调好搅拌均匀，在施工前加入固化剂，搅拌均匀后立即使用。

对于复合材料手糊工艺来说，操作的规范性和经验性十分重要，且针对每种材料体系都有自己独特的要求，包括表面胶衣层选择控制、铺层控制以及工艺温度时间的控制等。如在外观控制方面，涂刷胶衣层时一般要求两遍，且一般两遍涂刷方向垂直以保证胶衣层表面均匀；对于不饱和聚酯树脂一般需要在外表面覆盖一层玻璃纸或聚氯乙烯膜，使制品表面隔绝空气，避免空气中的氧对树脂的阻聚作用造成固化不完全而使制件表面发黏；铺层过程中的拼接方法的选择与控制等。有时为了提高手糊工艺方法的制备效率，会在室温下固化到一定程度后升高到一定温度进行较快速充分固化，对于大部分不饱和聚酯和环氧树脂都可以如此处理，但由于具体配方不同，不同树脂之间有一定差异，需视树脂固化反应与流变特性、制件厚度大小、制件形状等严格控制。树脂不同，高温固化处理温度一般也不同，对于不饱和聚酯高温处理温度一般为 50~80℃，对于环氧树脂体系一般不高于 150℃。手糊工艺过程中树脂的涂刷方式、涂刷量、涂刷时间、树脂黏度范围以及环境要求等都需要进行控制，由于手糊工艺的主观性相对较强，并且树脂体系不同可能要求也不同，操作人员经验有时就显得非常重要。

3.8 复合材料制备技术的新进展

先进树脂基复合材料制备技术发展很快，主要发展方向包括提高自动化程度、提高生产效率、降低制备成本等方面，尤其是随着新材料的不断发展应用，复合材料制备工艺方法在不断发展与突破。考虑到当前复合材料的材料-工艺发展的实际状况以及未来航空航天用连续纤维增强树脂基复合材料的发展趋势，本节重点介绍高性能热塑性复合材料先进制备技术、复合材料的干丝铺放技术以及复合材料新型拉挤成型技术等。限于篇幅，对复合材料的其他先进制备技术不在本节中进行介绍。

3.8.1 高性能热塑性复合材料先进制备技术

热塑性复合材料的基体树脂通常为线性大分子聚合物，其在高温下软化和流动，在玻璃化温度（T_g）以下则呈刚性固态。与热固性树脂不同，热塑性树脂在制备复合材料过程中理论上不发生化学变化，具备成型速度快、可多次加工、易回收再利用等优点，其成型工艺与传统热固性树脂基复合材料区别明显。热塑性复合材料能否在航空领域实现广泛应用，发展能够体现其优势的制备技术至关重要。除前面介绍的热压罐和模压等传统热压成型外，针对热塑性复合材料特点，在此主要介绍自动铺放原位固结成型、3D 打印、焊接等热塑性复合材料制备工艺技术[20-27]。

1. 自动铺放原位固结成型技术

随着热塑性复合材料在飞机上应用比例的逐步增大，复合材料制件的尺寸也随之增加，传统手工铺叠热压成型的方法已经不能满足大尺寸制件快速生产的需要。当复合材料制件尺寸较大时，人工铺叠难度明显增大，成型效率低，并且制件尺寸大小严重受热压罐、压机等设备尺寸限制，产品质量也难以保障。因此，热塑性复合材料的自动铺放原位固结成型技术应运而生。自动铺放原位固结成型技术可将热塑性预浸带或预浸丝根据设定程序直接在模具表面加热、连续铺放和冷却成型，实现原位固结成型，从而大幅提高制备效率，显著降低成本[20, 23, 24]。在自动铺放原位固结工艺过程中，热塑性预浸料会在很短时间内经历加热、铺放、冷却固结等过程。该过程升降温速率很高，成型时的温度控制对于热塑性复合材料树脂基体的结构和性能存在重大影响。应用于航空航天结构的热塑性树脂基体材料中许多属于半结晶聚合物，该类材料的结晶方式、结晶度和晶区尺寸等微观性质与自动铺放工艺条件密不可分。必须合理设定和调控自动铺放过程的温度参数与铺放速率等条件，严格控制热塑性树脂基体的结晶行为及内应力分布，才能保证热塑性复合材料制件具有优异的最终性能。自动铺放原位固结成型的复合材料相比于模压成型，往往具有较高的孔隙率和相对较弱的层间结合性能。针对此问题，许多研究者使用激光加热与自动铺放系统结合，利用激光束作为热源加热预浸料。该方法具有更大的热流率和更精准的温度控制能力，进一步减少能耗、降低污染、提升铺叠速率、提高制件性能。Ray 等以 IM7/PEEK 为原料，采用激光辅助加热自动铺放原位固结和传统热压工艺分别制备复合材料样件，并进行了比较。结果表明，经激光自动铺放工艺制得的复合材料虽然在弹性模量上逊色于热压制件，但复合材料的基体树脂具有明显更低的结晶度和 60% 以上的断裂韧性提升。从事热塑性复合材料自动铺放原位固结技术相关设备开发的企业主要有法国 Coriolis 公司、法国 M. Torres 公司、美国 Automated Dynamics 公司等。

2. 3D 打印技术

尽管 3D 打印也可以应用于热固性树脂基复合材料，但针对热塑性复合材料的研究也很多。3D 打印技术与自动铺放原位固结技术都隶属增材制造，均为热塑性复合材料成型方法中自动化、智能化程度较高的工艺技术。3D 打印是以数字建模为参照，将可黏合的材料通过逐层增材的方式实现三维实体的快速成型制备。3D 打印技术可根据计算机模型对制件进行精确制备，一方面无需模具和预成型体，突破了制品形状受限于特定模具的弊端；另一方面也有效节约了材料，节省了能耗和成本。连续纤维 3D 打印技术综合利用工业机器人、3D 打印末端执行器、原位检测、智能监测与机器学习技术，快速输送沉积连续纤维增强体，以及基体树脂并原位浸渍、固化，与传统的自动铺放以及熔融沉积成型等工艺相比，自动化程度和柔性更高。对于典型的碳纤维/聚醚醚酮制件，生产速度和传统手工相比甚至可提高 100 倍。连续纤维 3D 打印机可以在多机器人组成柔性单元机器人基础上，添加多个 3D 打印末端执行器，同时打印头可支持碳纤维、凯芙拉、玻璃纤维等增强材料，使该技术既可以用于大批量生产复合材料制件，也可以一次性打印高度复杂几何形状的制件。近年来 3D 打印技术在热塑性复合材料领域凭借独特的优势吸引了越来越多研究者的关注。热塑性复合材料的 3D 打印根据设备具体打印方式可分为两步法和一步法打印工艺。两步法打印工艺在实施复合材料成型之前预先完成打印用预浸料丝束制备，预浸料及打印丝束制备过程与打印过程相对独立，更容易控制，打印过程中树脂还可进一步熔融浸渍纤维，有助于获得质量优异的复合材料制件。Markforged 公司采用两步法开发了适用于制备热塑性复合材料的 3D 打印机，该设备不仅具有预浸丝束的打印头，同时还有配套的纯树脂打印头，可在有需要的部位填充热塑性树脂，通过二者相互配合几乎可实现任何空间结构成型制备，并可根据需要调整纤维含量。一步法打印工艺是将纤维增强材料与热塑性树脂在线复合浸渍，可明显提升成型速度，具有更高的成型效率，且相对容易实时调整纤维和树脂的出料速度，从而调控复合材料中纤维含量[19, 23, 24]。当前，连续纤维增强热塑性复合材料 3D 打印技术存在两个主要问题：① 复合材料孔隙率高，力学性能偏低；② 缺乏航空级 3D 打印设备及配套标准化的打印路径生成商业软件[23, 24]。但未来随着这些问题的逐步解决以及材料技术成熟度的不断提升，3D 打印技术依托灵活开放、高速高效、低成本且生产完全自动化等优势，必将会与传统复合材料制备技术形成竞争，促进航空航天制造业以 3D 打印方式生产连续纤维增强热塑性树脂基复合材料制件。

3. 焊接技术

在航空航天复合材料制件的制备过程中，一些难以整体成型的大型或复杂结构制件通常需要将多个零部件二次加工，连接整合成一个结构整体。传统的零部件连接方式主要包括机械连接和胶接两类。但对连续纤维增强热塑性复合材料而言，机械连接需要对材料打孔加工，使连续纤维中断，造成应力集中，严重影响复合材料制件承载能力；胶接使用的胶膜往往难以与化学惰性的热塑性基体树脂发生反应而造成胶接不良等问题。为了解决上述问题，人们充分发挥热塑性复合材料受热后可再次软化能实现多次成型的特点，发展了让热塑性复合材料零部件在压力作用下受热软化融合连接成整体的焊接技术。热塑性复合材料焊接技术种类多，根据热源不同可分为电阻焊接、感应焊接、超声焊接和激光焊接等[19, 25, 26]。其中电阻焊接工艺简单，在压力作用下通过电流加热焊点附近的热塑性树脂实现熔融焊接，该方法成本低廉，应用较广泛。但该方法使用额外的电阻丝用于加热，焊接完毕后易残留在制件中，影响制件性能。为解决此问题，人们发展了碳纤维织物增强与热塑性复合材料基体相同材质的热塑性树脂膜作为电阻材料，利用碳纤维通电后的热效应实现焊接，避免了因异物引入而导致的性能损失。感应焊接也是避免焊点缺陷的有效手段，其利用感应线圈中的高频电磁场，在热塑性复合材料的导电碳纤维中产生涡流，从而发热熔融树脂，实现无接触式加热焊接。法国焊接研究所（Institut de Soudure Group）和阿科玛（Arkema）联合开发了一种新型专利技术，主要针对 CF/PEKK 复合材料等航空航天复合材料制件的焊接，也可用于焊接玻璃纤维、芳纶纤维增强热塑性复合材料。该种焊接技术依赖于新型动态感应焊头，可实现动态全自动监控，保证焊接工艺稳定与焊接位置精准控制，适用于热塑性复合材料成型加工，且仅需局部加热，能耗低。超声焊接和激光焊接等也有不少研究，基本原理都是利用快速升温热塑性树脂熔融实现复合材料间的连接[25, 26]。国外在热塑性复合材料焊接工艺方面积累了丰富的经验，在多种飞机的热塑性复合材料制件制备过程中获得成功应用。

3.8.2 复合材料的干丝铺放技术

俄罗斯 MC－21 单通道客机应用复合材料最大的部件是机翼，机翼展弦比达到了

11.5,巡航状态升阻比提高了 5%~6%,燃油消耗可降低 6%~8%。翼盒集成了带加强筋的蒙皮、复杂弯曲轮廓以及 4 个不同的长桁形状,零件最大尺寸可达 20 m×4 m。MC-21 机翼采用的是液体成型工艺,更确切地说其采用的是干态铺放工艺制备预成型体,进一步采用 VARI 工艺制备大型复合材料制件,具备了热压罐固化成型复合材料的高质量水平[28, 29]。

国外关于干态纤维铺放制备预成型体及其液态成型高韧性复合材料技术是从缠绕和铺丝铺带工艺基础上发展而来,由于自动化程度高,能够适应大曲率、复杂型面的大型复合材料制件制备,制件成型表面质量好,精度和力学性能高,能够实现净尺寸成型而无须二次机械加工,有效地降低了生产成本。从 21 世纪初提出该概念以来,随着铺放设备及铺放技术的进步,干态纤维铺放材料及工艺的相关基础研究不断加强。法国矿院联合大学、杜艾理工大学和 Matrasur 复合材料公司共同开发了一种自动化干态纤维铺放(AFP)系统,可直接用干态纤维束进行碳纤维预制体的铺放。EADS 开发了相关基础研究的实验室级干态纤维束铺放平台,该平台使用法国矿院联合大学和 Matrasur 复合材料公司开发的一种自动铺放头,用于铺放复杂形状的零件,如双曲率或有难加工区域的零件。纤维卷轴安装在铺放头上,并随其沿着复杂的铺放路径移动铺放。注胶前的预粘接依靠向铺放区喷胶(定型剂)来保证。定型剂通常为与注射树脂基体相容的树脂材料,一般根据复合材料成品件的树脂含量来选用定性剂,定性剂用量一般很少,基本不超过复合材料树脂质量分数的 10%,否则会对 VARI 成型工艺过程产生影响,进而影响最终复合材料的理化性能。铺放过程的质量通过置于铺放头和机械手之间的测力计来控制,通过测力计对铺放过程中力的变化进行检测[28, 29]。西班牙 Mtorres 公司推出了铺丝头和纱箱一体化的新型干纱自动铺放头。

由于自动干丝铺放技术省去了预浸料制备、存储及昂贵的热压罐固化工艺环节,大大降低了原材料存储和制备成本,解决了预浸料储存周期短、储存条件要求高等缺点,可预见该技术具有较大成本下降的收益,尤其在制备相对复杂结构的大型整体成型壁板类主承力复合材料制件时,可得到与热压罐成型性能相当的高韧性复合材料,同时可降低成本 30%以上。在此目标效益驱动下,国外知名的先进树脂基复合材料供应商 Hexcel、Cytec 公司都向市场推出了适用于干态纤维铺放制备预成型体的干态纤维铺放材料,分别为 HiTape® 和 DryTape®,其技术内涵类似,既可采用自动铺放技术实现预成型体的自动化稳定制备,又可利用低成本的液态成型工艺实现复合材料高韧化,获得同时具备低工艺成本和稳定高性能的主承力复合材料。

由于无须预先浸渍含固化剂的树脂,干态纤维可在常温下长期贮存,几乎没有贮存期问题,同时无须隔离膜或隔离纸用于带/丝束的隔离,可降低辅料成本并节省材料的贮存成本,而其制备的复合材料韧性接近 Hexcel 最新一代的自动铺放/热压罐成型高韧复合材料。Cytec 公司的 PEISM TX1100 Dry Tape® 干态纤维与 EP2400 环氧树脂复合材料的 CAI 值为 247 MPa,基本达到第二代韧性复合材料水平。HiTape/RTM6 复合材料的 CAI 值达到 300 MPa 以上,与目前高韧性热固性环氧预浸料/复合材料的韧性相当。当前国外对材料-工艺一体化的干丝铺放/液体成型技术非常重视,甚至将其作为未来先进复合材料发展的核心技术之一。

3.8.3 复合材料新型拉挤成型技术

1. 拉挤-缠绕复合成型工艺

在传统拉挤工艺过程的固化成型之前的适当环节引入缠绕工艺，构成一个以拉挤工艺为主，配合缠绕工艺的复合材料成型系统，即拉挤-缠绕复合成型工艺。国内主要是单层缠绕制作方法，一般分为两种：拉-缠-拉，易成型，但制品径向强度低；拉-缠，拉挤成型困难，缠绕层厚时易堵模，外表面不理想[2, 3, 16, 19]。

2. 在线编织拉挤成型工艺

在线编织拉挤成型工艺过程示意图见图3.24。这种方法将拉挤工艺和编织工艺融合在一起，一次完成复合材料制备。通过选择合理的纤维角度可调节产品径向和轴向强度的比例；通过选择适宜的纤维排布密度可满足强度及外观要求。目前，在线编织拉挤成型工艺存在的主要问题包括：编织问题暂未解决，影响拉挤效率，工艺难度大；管壁越薄，夹持难度越大；牵引阻力大（后面越编越紧，前面越拉越紧）[16, 19]。

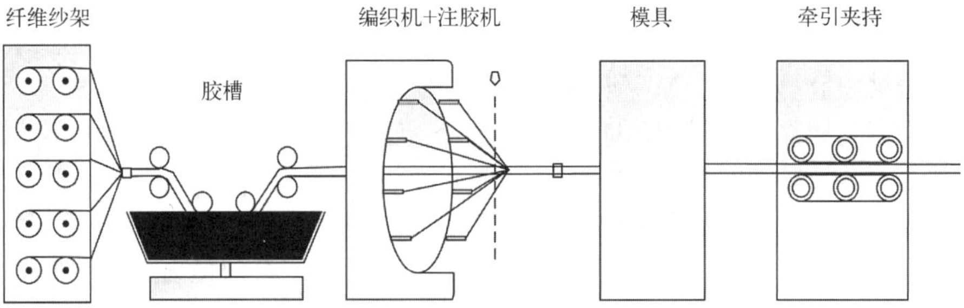

图3.24 在线编织拉挤成型工艺过程示意图

3. 反应注射拉挤成型工艺

反应注射拉挤工艺的特点在于：拉挤过程中是将树脂组分直接注入树脂浸渍腔或拉挤模具入口处浸渍增强材料，然后通过加热的模具固化反应成型[16, 19]。它实际上是将拉挤工艺与注塑反应模塑工艺（reaction injection moulding, RIM）结合起来而形成的一种具有特色的工艺，反应注射拉挤成型工艺示意图见图3.25。

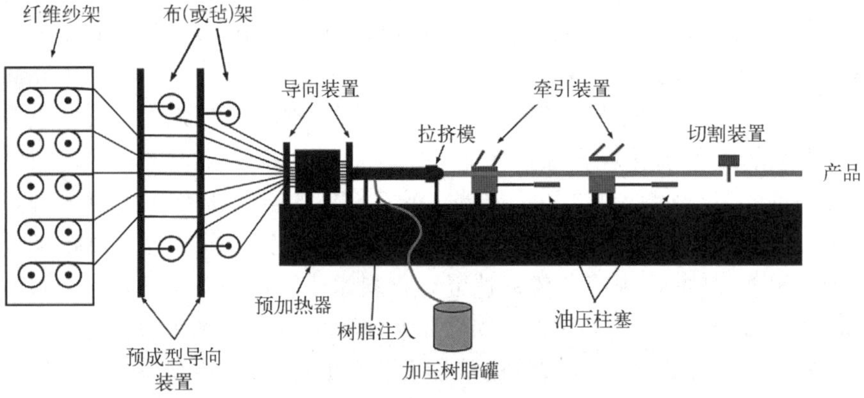

图3.25 反应注射拉挤成型工艺示意图

反应注射拉挤工艺的主要优点[16, 19]：

(1) 纤维充分浸透，复合材料制品中气泡少，性能优良；

(2) 注射的树脂一直保持有相同的固化特性(一直是“新胶”)；对环境和操作人员的影响小。

该工艺技术存在的主要缺点：

(1) 设备造价较高，包括注胶机以及树脂浸渍腔设计制造；

(2) 注胶系统设计比较复杂，如果不合理，还有可能存在干纱现象，也可能存在胶液积累问题；

(3) 堵模时清洁工作困难，尤其是有模芯的中空产品。

3.9　总结与展望

预浸料/热压罐成型是航空航天复合材料制备的主要方法，主要基于热压罐制备的复合材料产品性能高，质量稳定可靠。随着自动化铺丝铺带等自动化技术的快速发展应用以及热压罐尺寸的不断增大，热压罐制备技术也将是未来较长一段时间内航空航天高性能复合材料的主流制备方法。

复合材料液体成型技术近几年发展很快，方法多样，技术不断改进，在航空航天领域应用范围不断扩大，尤其是随着航空航天装备减重要求的不断提高，许多不适合热压罐成型的整体复杂复合材料结构越来越多地采用液体成型技术制备。进一步降低制造成本提高制备效率是该技术在航空航天领域未来的主要发展方向。

复合材料模压技术在前期的一段时间内在航空航天领域的应用呈减弱趋势，但近几年随着航空航天装备的不断提升改进，对高温和高性能热塑性复合材料的需求快速增长，而热压罐等传统技术由于受到热压罐所能承受的温度、压力、尺寸以及配套辅助材料的限制，不适于制备较大尺寸耐高温聚酰亚胺和高性能热塑性等复合材料构件，明显存在成本高、效率低等问题。随着模压装备、所用原材料的不断发展，本身具有低成本优势特点的模压技术近几年在航空航天领域发展应用较多，自动化程度不断提高，但仍需进一步提升产品质量稳定性。

缠绕成型早期主要应用于制备航空航天装备壳体、管状或罐状等类似结构中，随着复合材料应用范围的不断扩大，缠绕成型依然会在某些领域发挥重要作用，如航空航天用低温、超低温液氢液氧储罐等领域，但同时需要对缠绕用材料以及缠绕方法等进行改进，主要发展方向是改进缠绕用材料耐超低温性能、提高与燃料相容性、提高结构耐压性以及提高结构容量与制造效率等。

随着新树脂、新装备的采用，拉挤成型技术近几年取得了很大进展，自动化程度不断提升，产品可靠性不断增加，拉挤复合材料制品的质量与性能不断提高，也将不断扩大其航空航天适用领域。

手糊成型复合材料技术由于其可靠性能差等特点已经不适于制备航空航天复合材料承力结构，可以应用于制备部分成本要求敏感的非承力复合材料结构。

近年来，航空航天用连续纤维增强树脂基复合材料制备技术得到了快速发展与应用，主要发展方向是提高自动化程度、提升制备效率并提高复合材料制品质量，并呈现材料-工艺装备一体化发展趋势，同时依然需要重点开发复合材料复杂结构、大尺寸结构的高效可靠制备方法。

习题与思考题

1. 热固性树脂基复合材料制备主要有哪几种典型工艺方法？请列举不少于五种。
2. 请简述热压罐工艺的基本原理及主要工序环节。
3. 请简述使用热熔两步法制备连续纤维预浸料的基本过程。
4. 请简述自动铺丝技术的基本原理及主要优势，并回答目前自动铺丝的典型丝束宽度要求。
5. 请列举三种液体成型工艺方法并分别简述其基本原理。
6. 请简述模压成型的基本原理及典型工序环节。
7. 请简述复合材料缠绕成型中的三种典型缠绕线型方式。
8. 复合材料拉挤成型工艺设备主要包括哪几个部分？
9. 请简述复合材料手糊成型的原理及其优缺点。
10. 请简要描述热塑性复合材料的自动铺放原位成型技术。
11. 根据热源不同，热塑性树脂基复合材料焊接方法主要包括哪几种？

参 考 文 献

[1] 陈祥宝. 先进树脂基复合材料制备模拟与优化技术[M]. 北京：化学工业出版社，2006.

[2] Gutowski T G. Advanced composite manufacturing[M]. New York: John Wiley & Sons, 1997.

[3] 谢复原. 先进复合材料制备技术[M]. 北京：航空工业出版社，2017.

[4] 张凤翻，于华，张雯婷. 热固性树脂基复合材料预浸料使用手册[M]. 北京：中国建材工业出版社，2019.

[5] Lengsfeld H, Wolff-Fabris F, Kramer J, et al. Composite technology: Prereg and monolithic part fabrication technology[M]. Munich: Hanser Publishers, 2016.

[6] 陈祥宝，张宝艳，邢丽英. 先进树脂基复合材料技术发展及应用现状[J]. 中国材料进展，2009，28(6)：7－17.

[7] 陈祥宝. 高性能树脂基体[M]. 北京：化学工业出版社，2010.

[8] 刘亚威. 连续纤维增材制备技术或将颠覆航空复合材料结构生产模式[J]. 航空科学技术，2019，30(8)：77－78.

[9] 黄威，姚锋，郑广强. 自动铺丝软件技术及国内应用情况概述[J]. 玻璃钢/复合材料，2018，12：102－106.

[10] 潘利剑. 先进复合材料成型工艺图解[M]. 北京：化学工业出版社，2015.

[11] 益小苏. 先进复合材料技术研究与发展[M]. 北京：国防工业出版社，2006.

[12] 徐德昇. 三维六向编织复合材料力学性能及其参数反演分析[D]. 哈尔滨：哈尔滨工业大学，2015.

[13] 梁国正. 模压成型技术[M]. 北京：化学工业出版社，1999.

[14] 马淑雅. 复合材料模压制品工艺及其新进展[J]. 宇航材料工艺,1998,4: 24 - 27.

[15] 沃西源,薛芳,李静. 复合材料模压成型的工艺特性和影响因素分析[J]. 高科技纤维与应用,2009,34(6): 41 - 44.

[16] 陈宇飞,郭艳宏,戴亚杰. 聚合物基复合材料[M]. 北京: 化学工业出版社,2010.

[17] 许家忠,乔明,尤波. 纤维缠绕复合材料成型工艺原理及工艺[M]. 北京: 科学出版社,2013.

[18] 中国航空工业集团公司复合材料技术中心. 航空复合材料技术[M]. 北京: 航空工业出版社,2013.

[19] 陈祥宝,包建文,娄葵阳. 树脂基复合材料制造技术[M]. 北京: 化学工业出版社,2000.

[20] 张宝艳,高亮,周典瑞,等. 绿色航空复合材料技术[M]. 北京: 航空工业出版社,2021.

[21] 宋清华,肖军,文立伟,等. 自动铺放成型热塑性复合材料的非等温结晶动力学研究[J]. 材料工程,2018,46(4): 120 - 126.

[22] Ray D, Comer A J, Lyons J, et al. Fracture toughness of carbon fiber/polyether ether ketone composites manufactured by autoclave and laser-assisted automated tape placement[J]. Journal of Applied Polymer Science, 2014, 132(11): 41643.

[23] 崔永辉,贾明印,刘腾飞,等. FDM 技术制备连续纤维增强热塑性复合材料研究进展[J]. 塑料工业,2019,47(9): 5 - 9.

[24] Chacon J M, Caminero M A, Nunez P J, et al. Additive manufacturing of continuous fibre reinforced thermoplastic composites using fused deposition modelling: Effect of process parameters on mechanical properties[J]. Composites Science and Technology, 2019, 181: 107688.

[25] 路鹏程,陈栋,王志平. 碳纤维/聚苯硫醚热塑性复合材料电阻焊接工艺[J]. 复合材料学报,2020,37(5): 1041 - 1048.

[26] 张晓明,刘雄亚. 纤维增强热塑性复合材料及应用[M]. 北京: 化学工业出版社,2007.

[27] 毕向军,田小永,张帅,等. 连续纤维增强热塑性复合材料 3D 打印的研究进展[J]. 塑料工程应用,2019,47(2): 138 - 142.

[28] Francesco M, Veldenz L, Dell'Anno G, et al. Heater power control for multi-material, variable speed automated fiber placement[J]. Composites Part A: Applied Science and Manufacturing, 2017, 101: 408 - 421.

[29] Lukaszewicz D, Potter K, Eales J. A concept for the in situ consolidation of thermoset matrix prepreg during automated lay-up[J]. Composites Part B: Engineering, 2013, 45(1): 538 - 543.

第4章 复合材料层合板

学习要点：

(1) 了解复合材料层合板的组成方式及铺层命名方式；

(2) 了解复合材料层合板相比于传统金属材料不同的刚度、强度及其他典型特征；

(3) 基于层合板的结构特征，了解复合材料层合板的设计原则和设计方法。

4.1 引　言

传统复合材料的组成形式如图4.1所示，通常由增强体(纤维)、基体所组成。常见的基体材料包括聚合物、金属、陶瓷等，所对应的复合材料也常被命名为聚合物基复合材料、金属基复合材料和陶瓷基复合材料；常见的代表性增强体主要有三类，分别是长纤维或连续纤维、短纤维、颗粒或者粉末材料。20世纪80年代中期以来，中模量高强度的碳纤维材料(IM6、IM7、T800)等批量化生产，耐湿热的双马酰亚胺树脂和环氧树脂等聚合物以及由其构成的复合材料得到大量应用，成为飞机中复合材料主承力构件的主要材料体系[1]。因此，本章将以纤维增强聚合物基复合材料为主要对象进行讨论。纤维增强复合材料的最大优点是具有很高的比刚度和比强度，其刚度和强度与重量的比值往往数倍于钢、铝等常用金属。在各式各样的纤维增强复合材料中，单向纤维增强复合材料板(以下简称为单向板)是最为简单的形式(图4.2)。在单向板中，纤维的排列方向都是沿同一方向的，因此，单向板的显著特性之一是各向异性，其强度和刚度沿纤维轴向(通常简称为纵向)与垂直于纤维轴向(通常简称为横向)显然是不同的。表4.1给出了常用的玻璃纤维增强复合材料和碳纤维增强复合材料单向板的纵向和横向力学性能，从表中可以看到，单向板沿纵向具有很高的弹性模量和拉伸强度，而横向的性能则远弱于纵向性能，玻璃纤维增强复合材料单向板的横向模量不足纵向模量的1/8，横向拉伸强度仅有纵向强度的1/14，对于碳纤维增强复合材料单向板，其横向模量和横向拉伸强度更是仅为纵向性能的1/14和1/20。因此，横向承载能力不足是单向板应用中需考虑的主要限制因素，而单向板在实际工程中的直接应用并不常见。

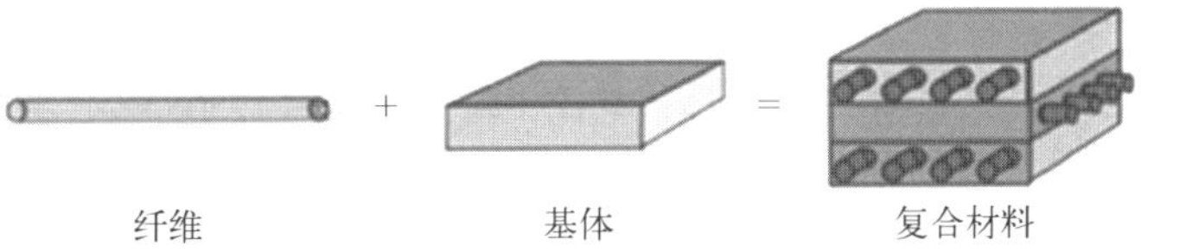

图 4.1　复合材料组成示意图[2]

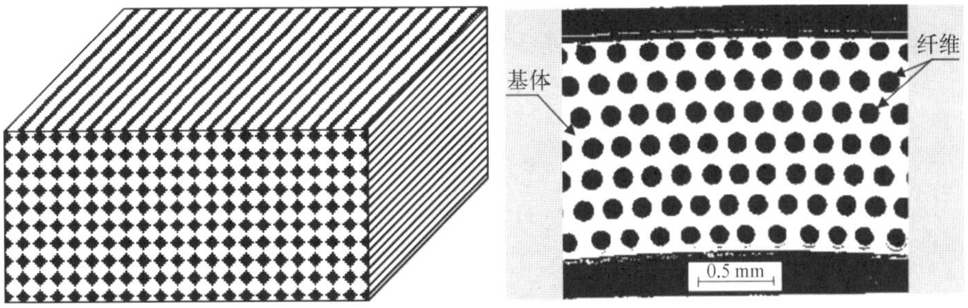

(a) 复合材料单向板示意图　　(b) 硼纤维增强铝金属基复合材料单向板横截面[3]

图 4.2　单向纤维增强复合材料板

表 4.1　单层纤维增强复合材料力学性能[4]

材　　料		重度*/(kN/m^3)	弹性模量/GPa	拉伸强度/MPa
玻璃纤维增强复合材料	纵向	20	42	1 400
	横向		5	100
碳纤维增强复合材料	纵向	16	140	1 600
	横向		10	80

* 重度：指单位容积内物体的重量，常用于工程上指 1 m^3 物体的重量。

在工程实践中，复合材料常以层合板的结构形式出现，如图 4.3 所示，层合板就是多个单向板按不同铺设方式叠合在一起构成的一个多层板结构。显然地，层合板的性能取决于各单层的力学性能、各单层的纤维取向以及铺设顺序。如将各单向板按不同纤维方向和不同顺序铺设，就可以得到各种不同性能的层合板，也就是说工程师可以在不改变单向板材料组成的情况下，设计出具有满足不同工程应用需求力学性能的复合材料层合板。材料性能的可设计性是层合板所具有的重要特点之一，是单向板或传统金属材料所没有的特点。

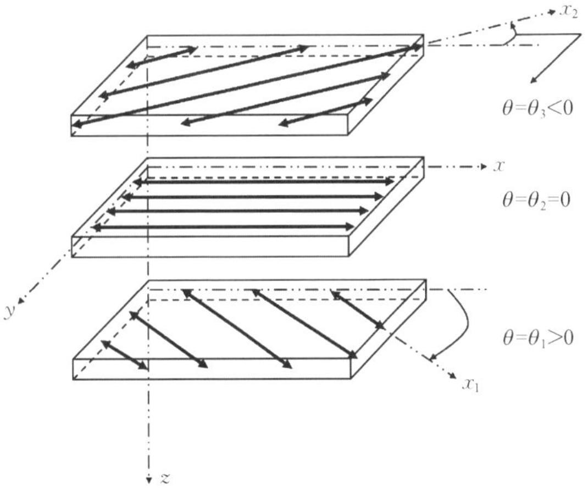

图 4.3　层合板结构示意图

由于复合材料层合板的可设计性，在实际工程中，复合材料结构和复合材料层合板的材料设计可同步进行。在复合材料结构分析与设计中，复合材料常被分为三个结构层次，如图 4.4 所示：图 4.4(a)所示的复合材料产品或构件被称为三次结构；图 4.4(b)所示的从构件上切取的局部结构，即层合板，是二次结构；图 4.4(c)所示的组成层合板的单向板为一次结构。由此可见，层合板是复合材料结构件的基本单元，而单向板又是层合板的基本单元。

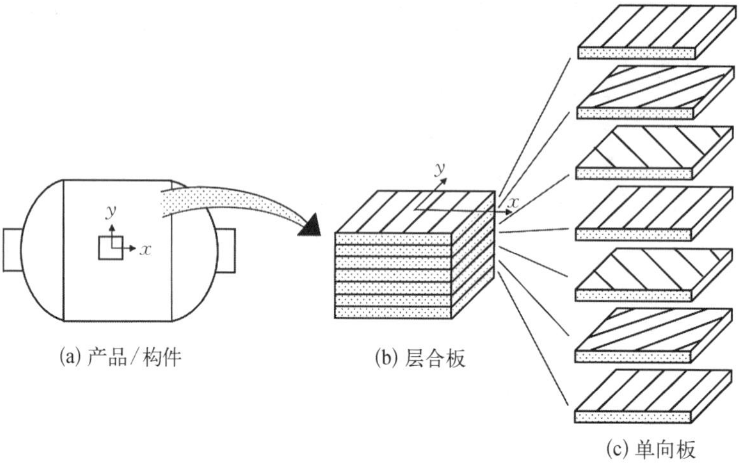

图 4.4　复合材料的三个结构层次

需要指出的是，尽管由纤维增强复合材料单向板通过铺层叠合形式组成的层合板在工程应用中最为常见，但从广义上来说，层合板的范畴并不止于此，任意两层或多层不同材料复合而成的板均可称为层合板。如图 4.5 所示，由铝合金、纤维增强聚合物复合而成的板亦可认为是一种形式的层合板。在本章中，将主要针对在航空领域中广泛应用的纤维增强聚合物基复合材料层合板的性质、设计方法等进行介绍。

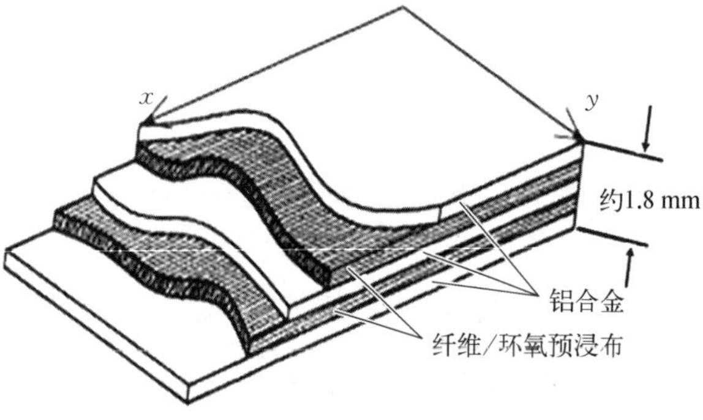

图 4.5　纤维增强聚合物-铝合金复合材料层合板[5]

4.2　层合板的定义、标记与性质

4.2.1　层合板的定义与特征

如前所述，层合板是指由两层或两层以上单层材料叠合在一起的层合形式结构，其中各单层可以是材料组成相同但纤维方向不同，也可以是不同的材料。在航空器结构中，由材料组成相同但纤维方向不同的单层叠合而成的层合板(又常称为多向层合板)应用最为广泛。

基于层合板特别是多向层合板的组成特点,其结构一般具有以下特性。

(1) 复合材料单向板通常可以沿纤维方向和垂直于纤维方向为材料主方向,而层合板中各层材料的纤维方向一般不完全相同,因此层合板不一定有确定的材料主方向。通常可如图 4.3 所示,选取整体坐标系来作为描述层合板材料性质。

(2) 层合板的结构刚度由各单层性能与铺排方式所决定,可基于各单层性能与铺排方式进行计算;层合板刚度可具有耦合效应,即在面内载荷(拉、压、剪切)作用下可引起弯、扭变形,反之在弯、扭载荷作用下也可能产生面内变形。

(3) 在破坏分析时,对于单向板结构而言,单向板破坏即意味着结构的整体破坏;对于层合板结构而言,由于各单层通常并不会同时发生破坏,一层或某几层发生破坏时,其余单层可能继续承担载荷,结构不一定完全失效破坏。

(4) 由于层合板各单层纤维方向不同,在整体坐标系下的热膨胀系数也不同,各单层黏结在一起后,当温度发生变化时,各单层中可产生热应力,例如加热固化后的热残余应力等需在层合板结构分析和设计时予以考虑;此外,层合板不同单层黏结在一起,在变形时需满足变形协调条件,因此在各层间可能存在层间应力,特别需要留意的是由于层合板结构在沿厚度方向缺少增强相,层间性能薄弱是层合板结构应用中需关注的一个重点问题。

4.2.2 层合板的标记

层合板的性能由各单层性能与铺层方式所决定,当所采用的单层确定后,铺层方式决定了层合板的最终性能。层合板的标记通常就是指采用适当的符号来表示层合板的铺层参数,如层数、各层纤维方向、铺层次序等。

如图 4.3 所示,通常选取垂直于厚度方向、平分板厚的平面作为层合板的中面,并将中面设置为 $x-y$ 平面,z 轴垂直于中面。沿 z 轴正方向可将各铺层编号为 1, 2, …, N,对于第 k 层铺层,其厚度可表示为 t_k,而其铺层角可表示为 θ_k。铺层角 θ_k 定义为纤维与 x 轴的夹角,其正方向通常由 $x-y-z$ 坐标系的右手法则确定。如层合板各铺层的材料和厚度均相同,则沿 z 轴正方向依次标出各层的铺设角即可表示整个层合板,例如:

$$[0°/90°/45°/-45°]$$

表示沿着 z 轴正方向的各铺层纤维方向分别为 0°、90°、45° 和 −45°,特别地,当 45° 和 −45° 层相邻时,也可用 [±45°] 来简单表示。当连续多层采用相同铺层角的单层时,可用下标表示连续重复的层数,例如:

$$[0°_3/90°_2/45°_2/-45°_2]$$

即表示第一个单层组为 3 层纤维方向为 0°的单层,接着是 2 层纤维方向为 90°的单层、2 层纤维方向为 45°的单层,最后是 2 层纤维方向为−45°的单层。当层合板各层厚度不同时,也应采用下标标注出各层的厚度,例如:

$$[0°_{t_1}/90°_{t_2}/45°_{t_3}/-45°_{t_4}]$$

即表示该层合板中第 1 层到第 4 层的厚度分别为 t_1、t_2、t_3 和 t_4。

在实际工程应用中，对称层合板是常用的一类复合材料层合板结构，即各单层性能及铺层均关于中面对称，则只需列出一半的单层铺层角，并在方括弧外加下标 s 即可，例如层合板 [0°/45°/-45°/90°/90°/-45°/45°/0°] 可写成 $[0°/45°/-45°/90°]_s$。

此外，对于多层采用不同纤维增强体的层合板（尽管在航空器中应用并不常见），各单层的材料性质也可用英文字母简称下标进行表示，例如：

$$[0°_C/90°_C/45°_G/-45°_G]$$

即表示 0°和 90°层采用的是碳纤维增强复合材料，而 45°和-45°层则采用的是玻璃纤维增强复合材料。常用的英文字母包括 C 表示碳纤维、G 表示玻璃纤维、K 表示芳纶纤维、B 表示硼纤维。

在实际工程应用中，除了对称层合板以外，还有两类铺层形式应用最为广泛，一类称为准各向同性层合板（quasi-isotropic laminates），一类称为均衡层合板（balanced laminates）：

（1）由于层合板材料性质具有可设计性，通过设计各层的铺层角，可使得层合板在面内呈现各向同性的材料特征，与各向同性材料类似，其面内刚度可只用两个独立的系数来表示，这类层合板被称为准各向同性层合板，例如 [30°/60°/-30°/-60°]、[0°/45°/-45°/90°] 等均为准各向同性层合板；

（2）在层合板铺层中，当采用铺层角为 θ 的单层（其中 θ 不为 0°或 90°）时，常会同时对应地采用铺层角为 $-\theta$ 的单层，当铺层角为 θ 和 $-\theta$ 的单层铺层数相同时则称这类层合板为均衡层合板，均衡层合板对 0°和 90°层的铺层数没有限制，例如 [45°/-45°]、[0°/45°/-45°/90°] 等均为均衡层合板，均衡层合板的主要特点是其在受到面内载荷时，无拉-剪耦合现象。

4.2.3 层合板性质

在航空器结构设计中，最为关注的是材料的刚度特性、静强度特性以及疲劳特性，本节将对层合板的上述特性进行介绍。

1. 刚度特性

层合板是由单向板按设计要求叠合而成的，而纤维增强聚合物基单向板通常面内刚度大而结构很薄，叠合而成的层合板结构也通常较薄，因此常可采用板壳模型进行分析。对于较薄的层合板而言，沿厚度方向的剪切变形通常不计，基于薄板假设的经典层合板理论[6, 7]可较为方便地得到层合板的面内拉压及面外弯曲特性，详见第 11 章相关推导；对于叠层数较多的层合板，采用直法线假设的中厚板理论也通常能较好地描述其力学响应。

2. 强度特性

强度是飞行器设计中要考虑的关键问题。强度通常用于描述材料的最大承载能力，是衡量材料失效或破坏的关键指标。与金属相比，复合材料的失效更为复杂，根据层合板的结构特征，层合板的失效破坏通常可分为单向板失效和层合板失效两个层次。

1）复合材料单向板强度

复合材料单向板的失效一般可分为以下五种破坏形式：

（1）轴向拉伸破坏[图 4.6(a)]：其主要破坏形式是纤维、纤维束的断裂；

（2）轴向压缩破坏[图 4.6(b)]：轴向压缩的破坏过程较为复杂，破坏过程通常包括局部纤维的偏转、基体剪切变形、周围纤维即纤维束的偏转，直至最终失效，最终失效常呈现扭折带形态；

（3）面内横向拉伸破坏[图 4.6(c)]：在早期的研究中往往认为单向板的面内横向拉伸起源于纤维-基体间的界面脱层，并随之发展为连续的裂纹，随着现代复合材料制备技术的发展，纤维与基体间的界面强度甚至于已可高于基体的破坏强度，在基体内部产生

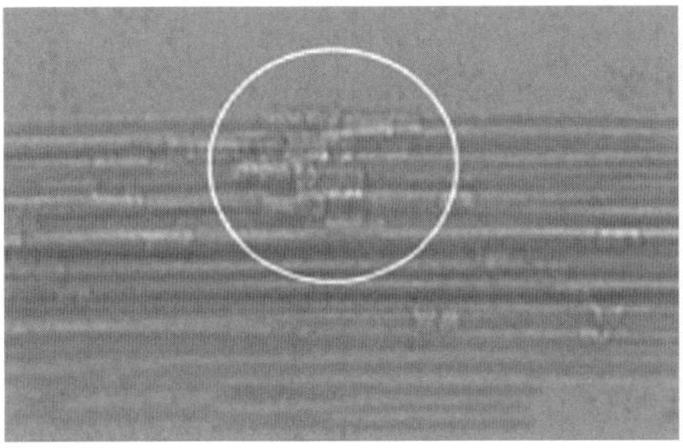

(a) 单向板轴向拉伸失效形态：纤维束断裂[8]

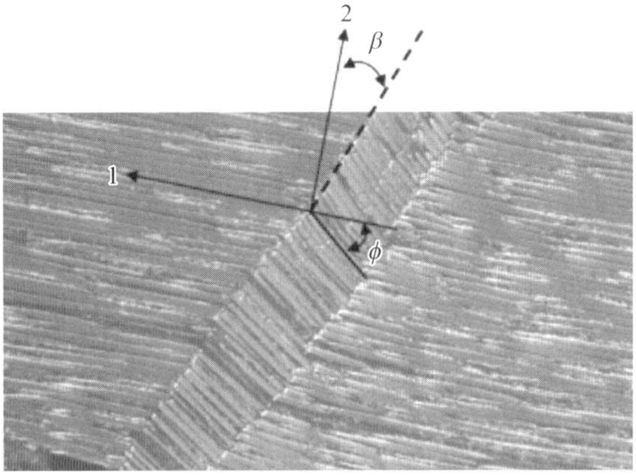

(b) 单向板轴向压缩失效形态：扭折带形态破坏[9]

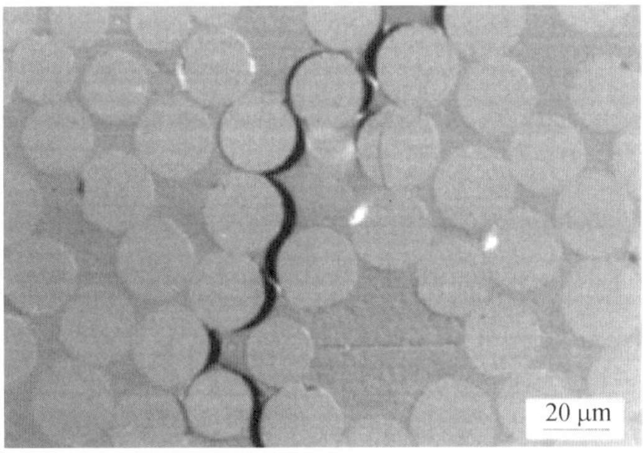

(c) 面内横向拉伸失效形态：横向拉伸裂纹[10]

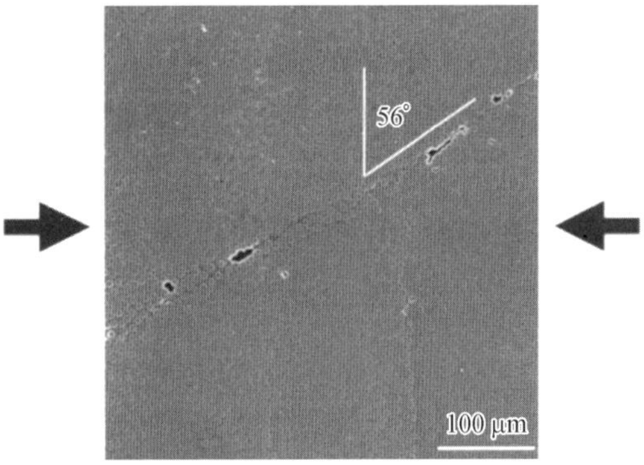

(d) 横向压缩失效形态：斜裂纹破坏[11]

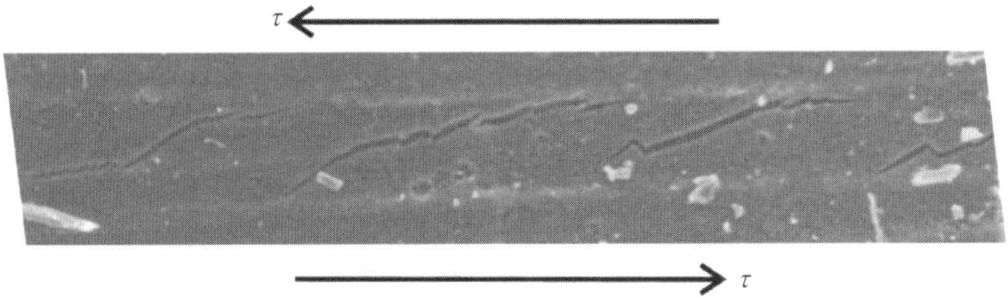

(e) 面内剪切失效形态：斜裂纹萌生、扩展、转向[12]

图 4.6　复合材料单向板的失效

空穴，随之受到基体中应力集中的影响下而产生曲折破坏路径被认为是较为合理的破坏过程；

(4) 横向压缩破坏：在图 4.6(d) 中可见横向压缩破坏的裂纹与加载方向既不平行也不垂直，而呈明显的斜裂纹破坏，由此可见基体中的局部剪切在横向压缩破坏中有重要作用；

(5) 面内剪切破坏：在典型的面内剪切破坏图[图 4.6(e)]中可见，面内剪切产生的初始裂纹为斜裂纹形态，在扩展过程中，逐渐向纤维方向转向。

对于实际工程应用中的复合材料单向板而言，其工作载荷通常并不是如前所讨论的单向载荷，经常需要考虑受到两种或多种载荷形式同时作用时的失效，失效机理和失效模式更为复杂。为此，早期的研究往往采用基于唯象学的失效准则，即在失效判断中不区分复合材料的失效模式和失效机理，建立用多项式等数学表达式表示的材料状态函数，当表达式函数达到临界条件时，材料发生破坏/失效，建立的唯象理论可通过实验比较进行进一步的改进与完善。尽管唯象强度理论提出时缺乏直接的物理机理支持，但由于其形式简单、应用方便，在很多应用场景中分析精度能达到工程应用的需求(尽管在很多应用中，其对强度的预报与实验的偏差依然远远大于传统金属材料[13])。在唯象理论中应用最为广泛的是蔡-吴(Tsai - Wu)理论[14]，有文献统计了各类复合材料单向板强度理论自提出以来至 2017 年的被引用次数[15]，Tsai - Wu 理论以 2 670 次的被引次数远远领先于其他任何一种强度理论。近年来，随着对复合材料破坏机理认识的进一步深入，基于物理失效机理的强度理论、基于纤维和基体组分材料的细观力学强度理论等快速发展，复合材料强度理论和模型，特别在多轴载荷下的复合材料失效行为，至今依然是复合材料研究中的重点和难点。

2) 复合材料层合板强度

对于复合材料层合板而言，传统分析往往采用基于单层失效的分析方法[3, 4]，即在某一载荷下，逐层计算各单层的应力状态，采用单向板的强度理论和实验数据对单层的失效进行判断，如失效则对单层刚度进行折减；继续对层合板进行加载，直至层合板所有单层达到破坏或达到预设的层合板失效标准。有研究也指出[16]，当在层合板中考虑单层失效时，并不能简单地将其作为独立的单向板进行分析，单层的破坏模式、破坏机理都将由于受到层合板中其他层的影响而可能发生改变，例如图 4.6(b) 所示的轴向压缩时的扭折带形式破坏将受到层间分层的影响、图 4.6(c) 所示的面内横向拉伸裂纹将受到层间界面的影响等，然而这些影响机制往往过于复杂，在工程应用中还未能充分考虑。

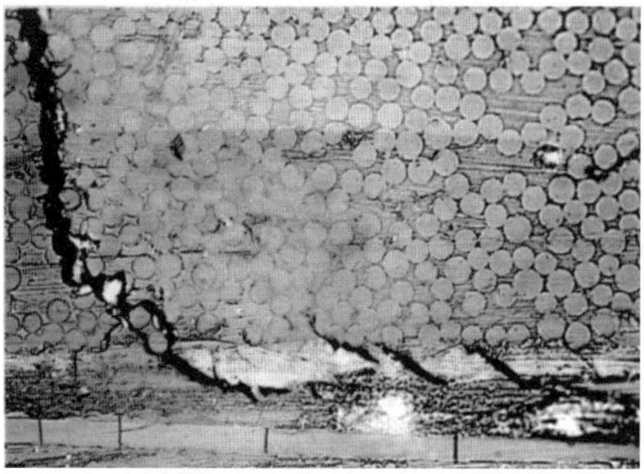

图 4.7　典型层合板分层失效图：90°层内部裂纹扩展至 0°/90°层间界面并形成分层

此外，相比于单向板分析，在层合板失效分析中，还需注意到一种层合板特有的破坏形式：分层。分层产生的原因多种多样，例如由薄弱层的层内裂纹扩展到层间界面形成的分层(图 4.7)，也可能由裂纹尖端或自由边处的应力集中现象引起分层等。分层的产生将对层合板的整体性产生影响,并降低层合板的最终失效强度,例如有学者曾对由 0°、90°、45°和-45°四种铺层角的单层组成的准各向同性层合板进行了研究[17],发现在拉伸载荷作用下,由于自由边处分层的影响,[45°/90°/-45°/0°/45°/90°/-45°/0°]铺层的层合板最终失效强度比由传统基于单层破坏的层合板分析所得的理论预测值低 10%以上,而当采用[$45°_2/90°_2/-45°_2/0°_2$]铺层时,尽管采用的各铺层角单层数没有发生变化,但该铺层层合板的最终失效强度值相比前一种铺层又下降 20%以上。尽管层合板分层被发现并关注已有相当长的时间,然而对分层的精确预测和分析依然存在着较大的挑战[18],一是由于层间界面层很薄,且层间行为具有非线性特性,在计算时需进行迭代,因此要精确建模分析计算量极大、在实际工程应用中使用不便;二是目前很多层间界面简化模型中所需的参数较难获得或尚没有实验标准可依。

3. 疲劳性能

材料在动态载荷反复作用下发生破坏时的强度可低于其静态强度,且破坏时的强度与动载荷的作用次数有关,这一现象称为材料的疲劳破坏。材料的疲劳性能常采用动载荷所加应力幅值(或最大应力)S 与循环次数 N 的关系曲线(通常称为 $S-N$ 曲线)来描述。与刚度特性以及静态强度特性类似,层合板的 $S-N$ 曲线特性同样与单向板的 $S-N$ 曲线特性、铺层形式、界面性质等相关,也与载荷形式、平均载荷、载荷频率、环境条件等外部条件相关。

对纤维增强聚合物基复合材料层合板而言,疲劳损伤通常首先发生在与载荷方向垂直或成较大角度的铺层中,损伤通常起源于纤维与基体的脱黏,并且沿着纤维与基体的界面扩展。对单向板或层合板中铺层角接近 0°的铺层,疲劳裂纹也通常发生在纤维与基体的界面,并沿着纤维与基体的界面,也可穿过纤维向相邻基体方向扩展或导致纤维断裂[19]。疲劳损伤将使得复合材料的模量和强度下降,而当损伤累积到一定程度时,复合材料将发生最终破坏。在工程应用中,通常把在交变载荷作用下材料的完全破坏作为评估复合材料的准则,但为安全考虑,也可将疲劳损伤导致的刚度或强度下降到某一阈值作为复合材料的疲劳失效准则。通常而言,在相同条件下,聚合物基复合材料的疲劳性能优于传统金属材料。在航空领域中常用的复合材料层合板,在拉-拉疲劳载荷下,其在最大应力为 80%静强度的载荷下依然可以经受 10^6 次循环,即使是在拉-压、压-压等复杂疲劳载荷下,10^6 次循环对应的疲劳强度依然达到静强度的 50%~60%[1]。在目前的飞机复合材料结构设计中,采用的是损伤容限许用值,该值通常较保守,在该应力水平下,如不计其他因素引起的损伤,复合材料结构通常可认为具有无限寿命[1]。

4.2.4　层合板应用中需考虑的载荷与环境因素

由于复合材料层合板的结构特点,除了其本身的材料性质在应用与设计中至关重要外,某些特殊的载荷与环境因素如冲击、开孔、湿热等也将对层合板的服役性能、力学响应等产生重要的影响,以下将对这些因素的影响进行简要讨论。

1. 冲击

复合材料层合板结构对冲击作用较为敏感,冲击载荷易引起层合板的损伤[20]

（图 4.8），并进而导致结构刚度、强度和稳定性的下降[21]。例如，航空飞行器与飞行鸟类相撞而引起的飞行事故是威胁航空安全的一大隐患，航空复合材料的抗鸟撞问题研究已受到了世界多国和组织的关注，此外，如小石子打击、工具跌落等也可能对飞行器的复合材料层合板造成冲击损伤。按冲击能量由小到大，冲击对层合板的影响大致可分为以下四种状态[4]：

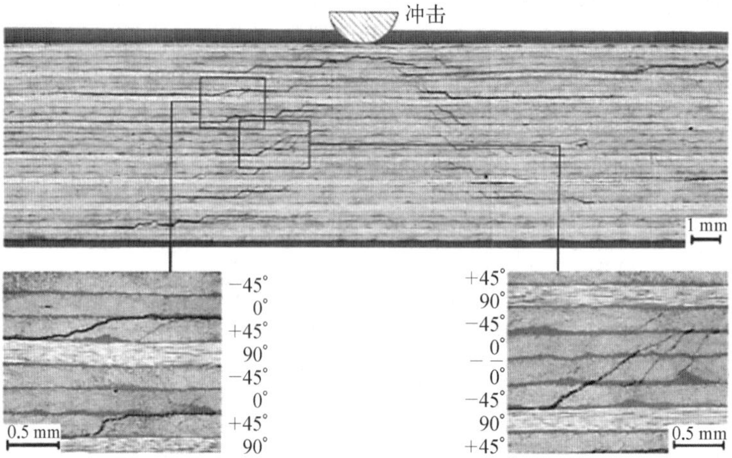

图 4.8　层合板受冲击后损伤图[20]

（1）无损伤状态：当冲击能量小于阈值时，冲击不会对层合板造成任何损伤；

（2）表面目视不可检损伤状态：当能量超过上述阈值后，虽表面观察不到损伤，但 X 射线检查表明层合板内部已产生了分层；

（3）表面目视可检损伤状态：能量进一步增加后，在层合板表面可发现目视可检损伤；

（4）穿透破坏状态：当冲击能量进一步增加时，层合板发生穿透破坏。

对于（3）、（4）这两种状态，由于存在肉眼可视的损伤，通常易于被发现或检测出来并进行及时修复；对于中低速冲击造成的损伤状态（2），由于表面几乎看不出损伤，而内部的分层等损伤破坏将使得层合板结构的力学性能严重退化，强度可削弱 35%～40%，对结构形成潜在的威胁。因此，针对复合材料层合板中低速冲击损伤及剩余强度的研究已成为近年来复合材料层合板研究的重点之一。

2. 湿热环境

复合材料层合板结构经常要在较高温度下使用，例如高速飞行的复合材料机翼翼面，在气动加热效应下表面温度可达 100℃以上，此外，复合材料结构还有可能暴露于湿度较高的环境。对于聚合物基复合材料而言，温度的升高和水分的吸入都会导致基体膨胀和性能下降，在湿热环境下，聚合物基复合材料吸收的水分可达复合材料总重的 1.4%～2.0%[22]。水进入到复合材料内部的途径主要有三种[23]：扩散作用、纤维-基体界面的毛细作用、水分在基体微裂纹内的贮存和溢流。因此，复合材料的吸水性将受到纤维体积分数、铺层方向、基体种类、环境温度/湿度甚至机械载荷的共同影响。湿热环境的影响主要体现在两个方面，一是吸水将直接对材料结构产生影响，吸水使得结构内部裂纹扩散，对材料造成破坏；二是由湿/热膨胀系数的不匹配引起的湿热变形、湿热应力。对单向板而言，纤维与基体湿/热膨胀性能存在差异，使得在纤维–基体界面上产生湿、热应力，达到一定程度可能引起纤维–基体界面的脱黏、开裂，导致结构性能的退化；对层合板，由于各单层沿纤维轴向与垂直于纤维方向的湿/热膨胀系数不同，在湿热环境下沿纤维轴向与垂直于纤维方向产生的湿热变形不同，当各单层黏结在一起后，各单层的变形相互受到约束，在各单层内会产生湿热应力，对于非对称层合板或沿厚度方向温度/湿度不均匀的对称层合板甚至会产生层合板的湿热翘曲。在层合板湿热效应的分析中，传统分析方法将湿、热自由应变作为附加应变项，各层的总应变等于附加湿热应变与该层机械载荷引起的应变之和，再结合平衡方程、物理方程、板壳理论等对湿热应力和应变进行分析，这种分析方法简单方便，能满足大部分工程应用的需要，得到了广泛的应用。需要注意到的是，这样的分析方法实质是一种单向耦合的分析方法，即仅考虑了由温度/吸水引起的变形，进而由变形产生的应力，但是却未反过来考虑应力对吸水的影响，然而，在实际情况中，复合材料的吸水性将受到应力（机械载荷）的影响，也就是说实际上力与吸水是一种双向耦合的作用。近年来，随着力–热–扩散等多场耦合理论及算法的不断发展[24]，基于双向耦合的多场耦合模拟为精确考虑复合材料服役中的湿热效应提供了有力的工具。

3. 结构孔、连接孔与切口

由于应力集中现象，结构孔、连接孔、切口等位置往往是结构的薄弱位置，对于金属材料结构而言，在弹性阶段，可以通过应力集中因子、弹性力学解等方式对应力集中情况进行分析，当应力过大时材料屈服可有效减缓应力集中现象。对于复合材料层合板而言，首先应注意到的是在这类薄弱位置处的应力分布及破坏过程的复杂性，以一种 $[45°_2/90°_2/-45°_2/0°_2]_s$ 碳纤维增强树脂复合材料开孔板为例，在沿 0°方向加载时的应力–位移曲线如图 4.9 所示，而整体及各层的破坏损伤图如图 4.10 所示[25]，从破坏损伤模式图可见，存在着如 45°、90°、−45°层中的基体破坏，0°层的纤维破坏、层间分层等破坏损伤形式，且随着多种破坏形式的发生，应力–位移曲线呈现出了多段的载荷下降、上升的过程。对于

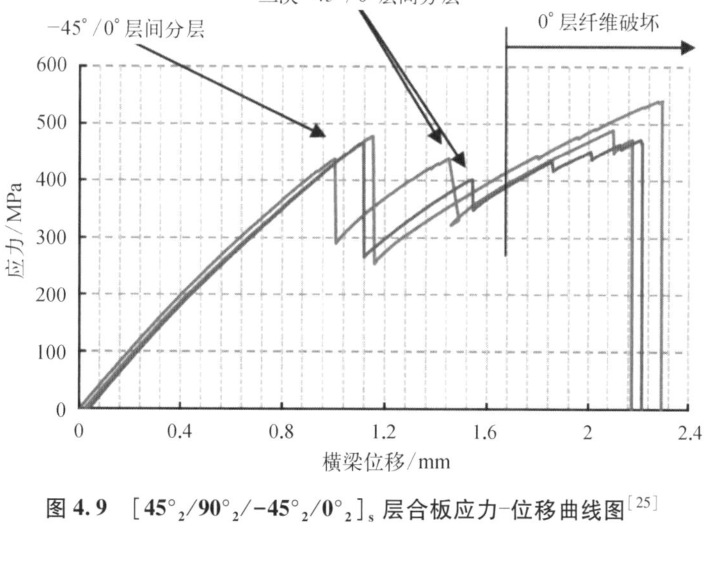

图 4.9　$[45°_2/90°_2/-45°_2/0°_2]_s$ 层合板应力–位移曲线图[25]

连接孔，如图 4.11 所示，同样存在着多种不同的破坏形式[22]。因此，对于层合板结构孔、连接孔、切口等的分析，不能简单地将其视为是材料的应力和强度分析，需要针对不同的结构和铺层开展个案的具体分析，从损伤的出现、累积等方式来进行研究，为此已有大量研究工作对不同类型的层合板、不同类型的载荷开展了研究，在此不一一赘述。尽管如此，在工程应用中也逐渐形成了一系列针对结构孔、连接孔、切口处复合材料层合板结构设计的建议和参考，例如采用±45°的铺层可以减缓开孔层合板周围的应力集中现象[22]，对于开孔层合板在设计中可将其许用应力乘以 0.4~0.5 的折减系数[26, 27]，对于连接孔的设计可采用应变控制方法[28]等。

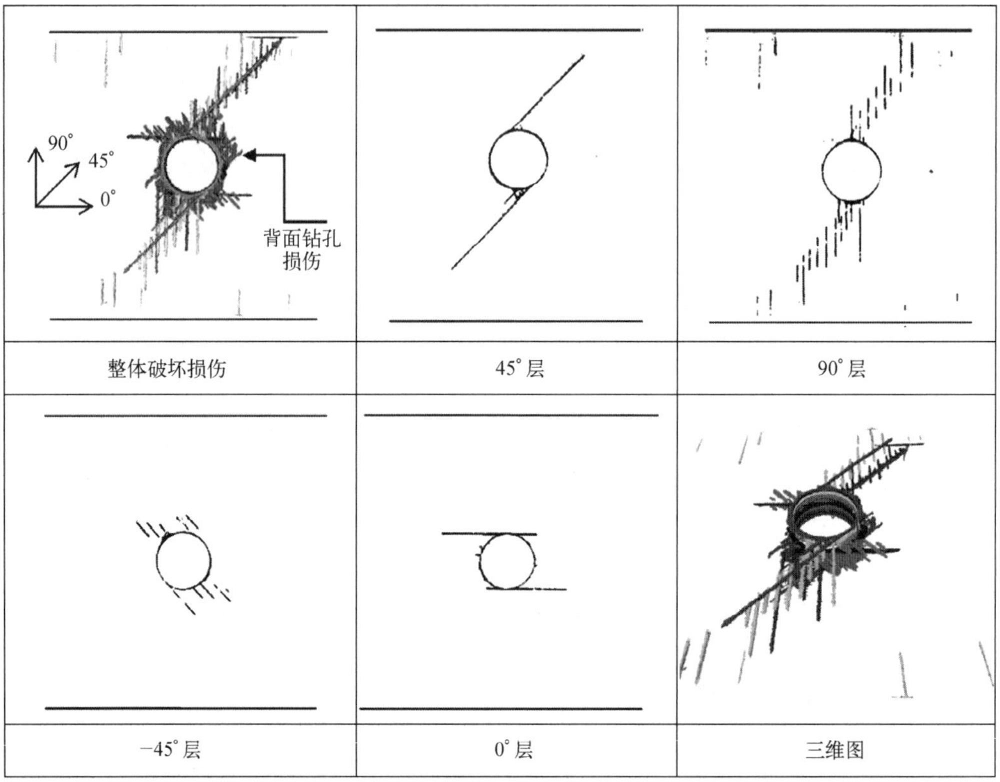

图 4.10　在 80%破坏载荷下的整体破坏损伤图，45°、90°、−45°、0°层及三维损伤图[25]

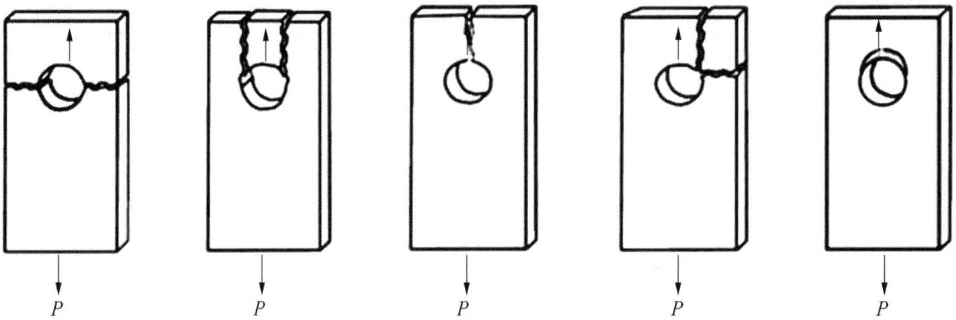

(a) 拉伸破坏　(b) 剪切破坏　(c) 横向断裂　(d) 劈裂破坏　(e) 承压破坏

图 4.11　连接孔破坏模式[22]

4.3　复合材料层合板设计

4.3.1　复合材料层合板设计原则

针对复合材料层合板的性能特征，在工程实践中，逐渐形成了一系列复合材料层合板的设计思想和设计原则[29-31]，主要包括但不限于以下几个方面。

1. 铺层角度原则

铺层的纤维 0°方向应尽可能与结构主要受力方向一致，以最大限度利用纤维的增强性能；为简化设计和制备，铺层方向数应尽量少，通常可选择 0°、±45°和 90°铺层作为标准铺层；相邻层间的角度应尽量小于 60°以减小层间应力。

2. 铺层顺序及比例

常采用均衡对称的层合板铺层形式，以避免翘曲变形和装配应力；对于 0°、±45°和 90°铺层组成的层合板，任一方向的铺层最小比例数不小于 10%，最大不超过 60%；同方向铺层连续不超过 4 层，以避免微裂纹的产生；±45°层应尽量远离层合板中面铺设，以提高层合板的抗屈曲能力；最表面±45°铺层方向应能承受由剪切载荷引起的压力（图 4.12）。

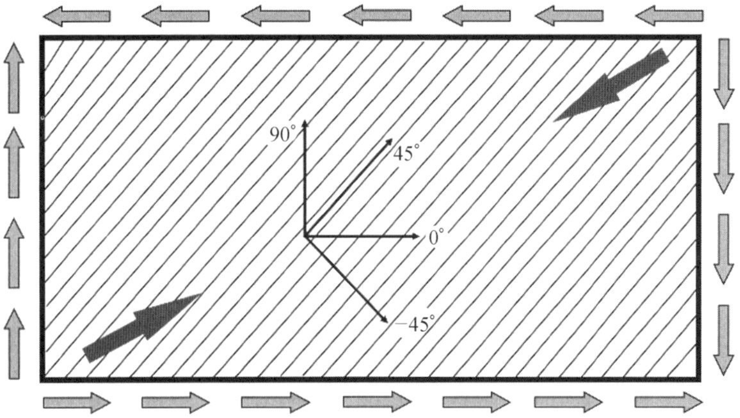

图 4.12　表面 45°铺层能承受由剪切载荷引起压力示意图

3. 抗冲击载荷设计

针对复合材料层合板在冲击载荷作用下易产生损伤的特点，应对承受冲击的部位进行局部加强。对于承受面内载荷的层合板，应有足够多的纤维铺设在层合板受冲击载荷的方向，同时还应铺设与载荷方向成±45°方向的铺层以将可能的集中冲击载荷分散；对于易受面外冲击的层合板，其表面几层铺层的纤维应均布于各个方向，且相邻层的夹角应尽可能小，以减少受面外冲击时的层间分层，如有必要也可选择有沿厚度方向增强项的其他类型复合材料结构。

4. 变厚度设计

当层合板结构厚度需要发生变化时，应避免铺层数的突变，应形成台阶形逐渐变化，以避免应力集中。要求每个台阶宽度相近，且每个台阶的高度不超过宽度的 1/10，在主承力方向不超过 1/20,在变厚度区域的表面应铺设连续覆盖层,以防台阶处发生剥离,如厚度变化幅度较大时,应至少每 3 层铺设一层连续层,不应连续减少或增加铺层。

5. 圆角、开孔、连接区等细节设计

在层合板结构的圆角区域,如圆角半径过小,则圆角区域易发生纤维拉断、纤维架桥、树脂堆积等缺陷,因此,需对圆角的最小半径有所规定,且最小半径的规定还与制备工艺等有关,例如: 对于一般情况要求最小圆角半径应大于 5 mm,对于在阳模上铺设成型的,当层合板厚度 $t<2.5$ mm 时,圆角半径应大于 max(2t, 3.0 mm),当厚度 $t\geqslant 2.5$ mm 时,圆角半径应大于 max(t, 5.0 mm),对于在阴模上铺设成型的,则不区分层合板的厚度,最小圆角半径均取 $2t+1.5$ mm。对开孔区,相邻铺层的夹角应不超过 60°以减小层间应力,工艺孔/减轻孔以圆形为最好、长圆孔次之,尽量不采用菱形、矩形孔,如必须采用矩形孔,在拐角处应采用半径较大的圆角;在开口处,切断的纤维应尽可能少。对连接区,常用的层合板应与钉(如螺栓、铆钉等)载方向成±45°的铺层比例不少于 40%,与钉载方向同向的 0°铺层比例不少于 25%,以保证连接区有足够的剪切强度和抗挤压强度,同时也有利于分散载荷和减少应力集中;同时,在结构上可考虑进行连接区域的局部加厚,以避免出现对过于薄(如螺钉/铆钉的直径与厚度比值大于 4)的层合板区域进行连接。

这些设计的基本原则对于复合材料层合板的应用,特别是在航空等领域的工业应用具有重要的价值,然而,需要注意到的是,设计原则也是随着材料、结构分析等技术水平的发展而不断发展变化的,例如: 在早期的层合板中往往仅采用 0°、±45°和 90°这四种铺层形式,且尽可能采用均衡、对称等铺层形式,如 Hart-Smith[27] 曾指出采用上述四种角度铺层的层合板中其中任意一种方向层数所占的比例都不能少于 12.5%,其给出的各层层数占比设计范围需在如图 4.13 实线范围之内。随着技术的发展,在 2013 年 Mangalgiri[22] 在

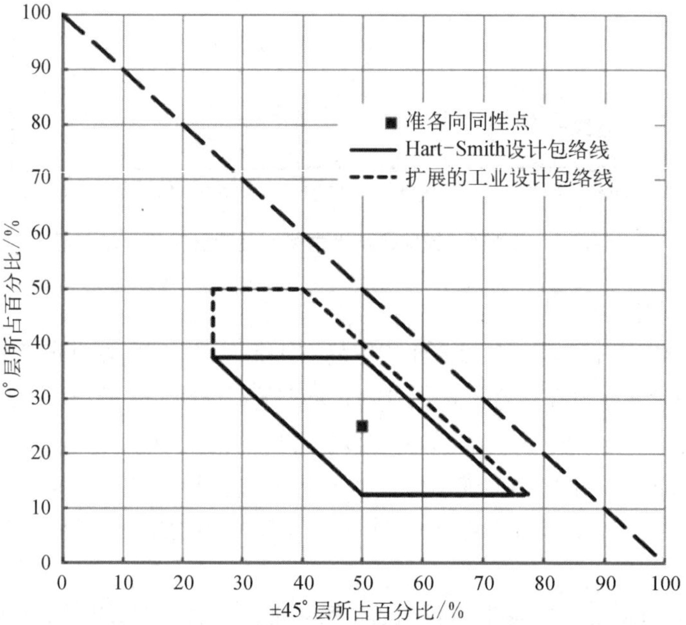

图 4.13 设计中采用 0°、±45°和 90°四种角度铺层的层数占比建议包络线图[22]

综述中给出的工业设计范围已大大拓展(图 4.13 中虚线所示)。此外,通过较为精确的结构分析,包含 30°、60°层甚至采用不对称铺层的层合板也越来越多见于实际结构之中。

4.3.2 复合材料层合板设计方法

在对复合材料设计要求、复合材料性能、载荷情况、所处环境(如湿热条件)、结构形状等因素综合考虑的情况下,根据一定的设计方法即可实现对复合材料层合板的设计,常用的经典层合板设计方法包括等代设计法、准网络设计法、毯式曲线设计法、主应力设计法、多约束优化设计等[29-31],以下以最为简单的复合材料层合板受机械载荷为例对等代设计法和准网络设计法进行简单介绍。

1. 层合板等代设计法

在工程领域,复合材料层合板常被用以替换传统金属板零件,因此,在早期的复合材料层合板应用中,常采用对称均衡的准各向同性层合板,按刚度或强度等效的原则,直接替换铝等金属板,这样的设计方法称为等代设计法。其设计初衷是将复合材料层合板看成是一种轻质的准各向同性新材料,仅仅依靠复合材料密度低、比刚度高的特点来实现减重,因此,也有人将这个时期的复合材料称为“黑色铝”。等代设计法的基本设计步骤包括:

(1) 计算原结构的刚度和强度;

(2) 拟定替代方案,确定各组成元件的截面形状;

(3) 对各组成原件进行铺层设计;

(4) 计算复合材料层合板的总体拉伸刚度、弯曲刚度和扭转刚度;

(5) 将复合材料层合板的刚度与原结构的刚度进行比较,如满足刚度要求,则进一步进行强度校核,若不满足刚度要求,则应重新进行刚度设计。一般情况下,在满足刚度条件时,结构的强度也能满足设计要求。

等代设计法应用较为方便,但其一方面不能充分发挥复合材料的各向异性和可设计的特性,材料性能未能得到充分利用;另一方面则未能对损伤、层间破坏、开孔/连接等特性进行考虑,因此在应用中对于受大载荷的主承力结构并不适用,通常仅应用于不受力或受较小力的非主承力结构。

2. 层合板准网络设计法

在复合材料中,作为增强相的纤维,其刚度、强度都远大于基体的刚度和强度,基于此特点,准网络设计法就是指不考虑基体的刚度和强度,仅考虑复合材料中纤维承载能力的层合板铺层设计方法。准网络设计法根据层合板所受面内载荷的方向和大小确定各方向铺层的层数比和总层数,是适用于面内变形的设计方法,其主要设计步骤包括:

(1) 确定载荷比,假设层合板为准各向同性,其所受到面内载荷的载荷比为

$$N_x : N_y : N_{xy} = 1 : K_y : K_{xy}$$

(2) 确定各方向铺层层数比,当仅考虑纤维承载时,N_x 对应 0°方向单层,N_y 对应 90°方向单层,N_{xy} 对应±45°方向单层,因此,当采用 0°、90°、±45°铺层时,三种铺层的层数比应为 $1 : K_y : 2K_{xy}$。

（3）采用所确定的各方向铺层层数比，计算层合板的刚度，根据刚度或强度条件，确定层合板总层数与各铺层的层数。

需要注意的是，如果层合板受到的载荷直接由 N_x、N_y、N_{xy} 的形式给出，则上述(1)～(3)的设计步骤可直接得到层合板各层的铺层数，但对实际应用中的层合板而言，很少能有确定不变的以力为形式给出的载荷，往往是由边界条件与加载载荷共同构成了复合材料的工作环境。在此情况下，层合板各方向铺层层数比的改变将改变层合板的整体刚度，由弹性力学分析可知，层合板所受的载荷 N_x、N_y、N_{xy} 也将发生变化。因此，上述(1)～(3)的设计步骤与结构的应力计算需要进行反复的迭代，直至达到一个收敛结果。这一"设计-结构分析计算"反复迭代的过程也体现了前文所述的复合材料"结构-材料一体化设计"的特点。

这些传统的层合板设计方法在复合材料的发展过程中曾发挥了重要的作用，有些方法现在还被较为广泛地使用，然而随着计算机技术特别是有限元方法的发展，各类板壳有限元、实体有限元计算方法的发展，包括层间界面特征、损伤本构等层合板的重要特征都能在有限元建模中得以考虑，建立的数值模型已能对层合板的刚度、强度等进行较为精确的分析，也出现了一系列复合材料层合板的专用分析软件/工具[32]。另一方面，在优化方面，各种优化算法甚至包括人工智能的方法纷纷出现并被应用于复合材料层合板的设计[33, 34]。基于此，计算机模拟仿真及优化的复合材料层合板设计已成为复合材料结构设计的主旋律。因此，有兴趣的读者在对本节复合材料层合板基本设计原则和设计方法学习的基础上，也可以关注相关数值建模与优化的方法和研究进展。

4.4　总结与展望

复合材料层合板是航空领域复合材料承力构件的一种主要结构形式，本章对层合板的定义、铺层标记表示方法以及刚度、强度、疲劳等主要性质特征进行了介绍，探讨了冲击、湿热、开孔等特殊的载荷与环境因素对层合板的影响。相比于单向板，层合板结构更为复杂，其受载时的力学响应与材料行为也更为复杂，例如：由于各单向板在整体坐标系中刚度不一致，为满足层间变形协调条件，存在层间应力可能发生层间分层破坏，又如在层合板受载破坏时，其破坏过程是一个渐进破坏的过程，存在着多种不同的破坏和失效模式。对层合板这些特征的学习对于层合板结构的设计至关重要。

在航空航天领域的应用中，复合材料层合板最主要的特点之一是其有很高的可设计性，采用不同的单向板，布置不同的铺层角度和铺层顺序，就可使层合板表现出不同的力学特性，通过理论和数值分析以及试验验证，可以设计出高效的层合板结构单元，并进而实现整体结构的优化。经过几十年的应用实践，业界已逐渐形成了一系列复合材料层合板的设计思想、设计原则和设计方法，同时，随着新技术的涌现，考虑如多物理场耦合等更多更复杂的影响因素，在满足可靠性要求的基础上，更充分地发挥层合板结构的潜力是当前复合材料层合板设计的重要趋势之一。

习题与思考题

1. 名词解释：① 等代设计法；② 准网络设计法。
2. 浅析湿热环境对复合材料层合板的影响。
3. 在复合材料结构分析与设计中通常提到的三次结构分别指哪些结构？
4. 铺层为$[45^\circ{}_2/0^\circ{}_2/-45^\circ{}_2/90^\circ{}_2]_s$的开孔复合材料层合板，其可能的破坏模式有哪些？

参 考 文 献

[1] 沈真，张晓晶. 复合材料飞机结构强度设计与验证概论[M]. 上海：上海交通大学出版社，2011.

[2] Mrazova M. Advanced composite materials of the future in aerospace industry[J]. INCAS Bulletin, 2013, 5(3): 139 - 150.

[3] 黄争鸣. 复合材料强度与破坏[M]. 北京：科学出版社，2018.

[4] 陈建桥. 复合材料力学[M]. 第 2 版. 武汉：华中科技大学出版社，2020.

[5] Botelho E C, Silva R A, Pardini L C, et al. A review on the development and properties of continuous fiber/epoxy/aluminum hybrid composites for aircraft structures[J]. Materials Research, 2006, 9(3): 247 - 256.

[6] Reddy J N. Mechanics of laminated composite plates and shells: Theory and Analysis[M]. 2nd edition. Boca Raton: CRC Press, 1997.

[7] Khandan R, Noroozi S, Sewell P, et al. The development of laminated composite plate theories — A review[J]. Journal of Material Science, 2012, 47(16): 5901 - 5910.

[8] Aroush D R B, Maire E, Gauthier C, et al. A study of fracture of unidirectional composites using in situ high-resolution synchrotron X-ray microtomography[J]. Composites Science and Technology, 2006, 66(10): 1348 - 1353.

[9] Davidson P, Waas A M. Mechanics of kinking in fiber reinforced composites under compressive loading [J]. Mathematics and Mechanics of Solids, 2016, 21(6): 667 - 684.

[10] Gamstedt E K, Sjogren B A. Micromechanisms in tension-compression fatigue of composite laminates containing transverse plies[J]. Composites Science and Technology, 1999, 59(2): 167 - 178.

[11] Gonzalez C, LLorca J. Mechanical behavior of unidirectional fiber-reinforced polymers under transverse compression[J]. Composites Science and Technology, 2007, 67(13): 2795 - 2806.

[12] Redon O. Fatigue damage development and failure in unidirectional and angle ply glass fibre/carbon fibre hybrid laminates[R]. Roskide: Risø National Laboratory, 2000.

[13] Hinton M J, Kaddour A S, Soden P D. Failure criteria in fibre reinforced polymer composites: The world-wide failure exercise[M]. Amsterdam: Elsevier, 2004.

[14] Tsai S W, Wu E M. A general theory of strength for anisotropic materials[J]. Journal of Composite Material, 1971, 5(1): 58 - 80.

[15] 蔡登安. 纤维增强复合材料的力学行为与多轴疲劳性能研究[D]. 南京：南京航空航天大学，2017.

[16] Talreja R, Waas A M. Concepts and definitions related to mechanical behavior of fiber reinforced composite materials[J]. Composites Science and Technology, 2022, 217: 109081.

[17] Wisnom M R. The role of delamination in failure of fibre-reinforced composites[J]. Philosophical Transactions, 2012, 370(1965): 1850-1870.

[18] Huang Z M. Constitutive relation, deformation, failure and strength of composites reinforced with continuous/short fibers or particles[J]. Composite Structures, 2021, 262: 113279.

[19] 尹洪风,魏剑. 复合材料[M]. 北京: 冶金工业出版社,2010.

[20] Heida J H. In-service detection of impact damage of composite materials[R]. Amsterdam: NLR Report, 1989.

[21] Richardson M O W, Wisheart M J. Review of low-velocity impact properties of composite materials [J]. Composite Part A, 1996, 27(12): 1123-1131.

[22] Mangalgiri P D. Design allowable considerations for use of laminated composites in aircraft structures [J]. Journal of the Indian Indian Institute of Science, 2013, 93(4): 571-592.

[23] 朱洪艳,李地红,张东兴,等. 孔隙率对碳纤维/环氧树脂复合材料层合板湿热性能的影响[J]. 复合材料学报,2010, 27(2): 24-30.

[24] Chester S A, Di Leo C V, Anand L. A finite element implementation of a coupled diffusion-deformation theory for elastomeric gels[J]. International Journal of Solids and Structures, 2015, 52: 1-18.

[25] Nixon-Pearson O J, Hallett S R, Withers P J, et al. Damage development in open hole composite specimens in fatigue. Part 1: Experimental investigation[J]. Composite Structures, 2013, 106: 882-889.

[26] Ekvall J C, Griffin C F. Design allowable for T300/5208 graphite epoxy composite materials[J]. Journal of Aircraft, 1982, 19(8): 661-667.

[27] Hart-Smith L J. Mechanically-fastened joints for advanced composites — Phenomenological considerations and simple analyses[M]//Lenoe E M, Oplinger D W, Burke J J. Fibrous Composites in Structural Design. Boston: Springer, 1980.

[28] Ahmad H, Johnson W S, Count W A. Evaluation of bolt bearing behaviour of highly loaded composite joints at elevated temperature[J]. Journal of Composite Materials, 2003, 37(6): 559-571.

[29] 中国航空研究院. 复合材料结构设计手册[M]. 北京: 航空工业出版社,2001.

[30] 中国复合材料学会. 复合材料结构设计[M]. 北京: 中国铁道出版社,2021.

[31] 王耀先. 复合材料结构设计[M]. 北京: 化学工业出版社,2001.

[32] 周晔欣,戴如玥,黄争鸣. 复合材料结构力学分析 CAE 软件现状[J]. 应用力学学报,2020, 37(1): 114-122.

[33] Kim J S, Kim N P, Han S H. Optimal stiffness design of composite laminates for a train carbody by an expert[J]. Composite Structures, 2005, 68(2): 147-156.

[34] Zehnder N, Ermanni P. A methodology for the global optimization of laminated composite structures [J]. Composite Structures, 2006, 72(3): 311-320.

第 5 章 夹层复合材料

学习要点：

(1) 掌握夹层复合材料的概念与内涵；

(2) 了解夹层复合材料的应用领域；

(3) 理解夹芯材料的特点及制造过程；

(4) 理解夹层复合材料的制造工艺。

5.1 引　　言

夹层复合材料是由上下面板和轻质夹芯材料胶接在一起形成的一种高效结构形式，具有质轻、高强和可设计性好等优点。夹层复合材料的开发最先针对的是飞机结构的需求，主要用于飞机的次承力构件，如雷达罩、机翼和尾翼、舱门、口盖和机身整流罩等，随着复合材料应用领域的扩大，夹层复合材料的应用领域已发展到汽车、建筑、船舶、轨道交通及风力发电等。

随着夹层复合材料的广泛应用，对夹层结构选材、结构设计、强度分析、制造工艺及质量控制的要求越来越高。夹层结构主要包括夹芯材料、面板材料和胶黏剂。夹层结构的面板主要承受面内载荷和弯矩，是夹层结构弯曲刚度的重要来源；芯材主要承受由垂直于面板的载荷所引起的剪力，是夹层结构剪切刚度的重要来源。面板和芯材的选择主要取决于夹层结构的具体应用及其设计准则，夹层结构的设计是一个几何设计与材料选择相结合的过程。为了保证夹层结构符合工程设计要求，通常需对原材料如芯材、面板和胶黏剂等进行测试来进行质量控制，确保其满足性能要求；夹层结构也应通过无损检测（目测、超声和 X 射线）确认其是否存在面板损伤、芯材塌陷、脱黏和分层等缺陷。

通过对夹层复合材料知识的学习，掌握夹层复合材料制造工艺、影响质量的因素及设计优化的方法，将对复合夹层材料的选材、结构设计以及成型制造具有一定的指导意义。

5.2 夹层复合材料概述

夹层复合材料一般由面板(蒙皮)、芯材和胶黏剂复合而成,夹层复合材料将高强度和高模量的面板材料与低密度的夹芯材料有机地结合起来,形成了高比强度、比刚度的结构复合材料,如图5.1所示[1,2]。

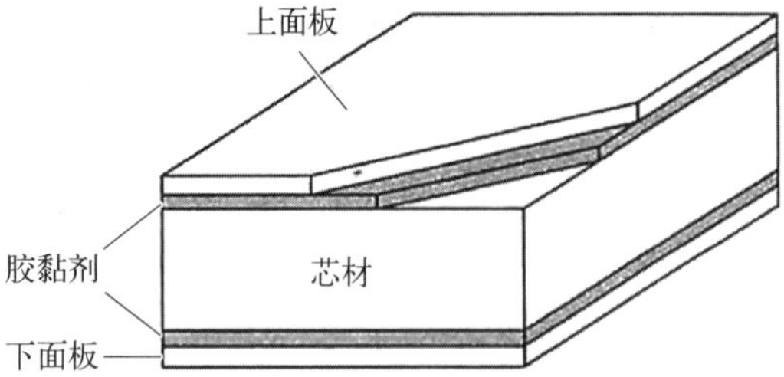

图5.1 夹层结构示意图

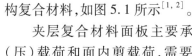

夹层复合材料面板主要承受面内拉(压)载荷和面内剪载荷,需要选择强度和模量高的材料,常用的面板材料有铝合金板、不锈钢板、复合材料层压板等;芯材主要用于增大截面矩并承受压缩和面外剪切载荷,需要具有高比压缩和剪切强度及刚度,常用的芯材有蜂窝、泡沫、波纹板和三维点阵结构等[3,4]。图5.2展示了泡沫夹芯结构[图5.2(a)~(e)]、波纹夹芯结构[图5.2(f)]和蜂窝夹芯结构[图5.2(g)、(h)][5],图5.3展示了三维点阵夹层结构[6]。胶黏剂用于将面板和芯材连接起来,需要具有良好的剪切、剥离强度和耐久性,常用胶黏剂一般为热塑性树脂或弹性体增韧的热固性胶黏剂,视固化温度差异胶黏剂可分为中温和高温固化体系。

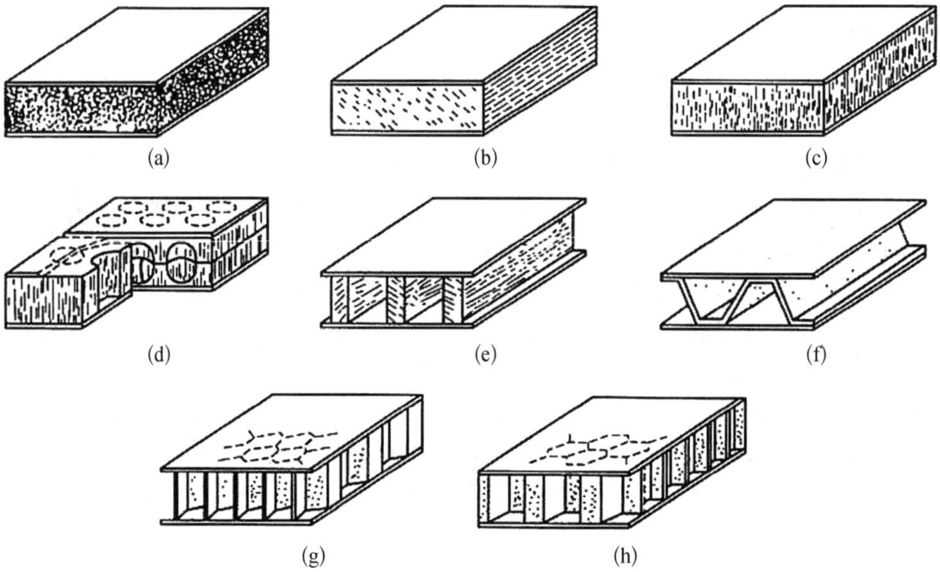

图5.2 不同芯材结构示意图

相比层压板复合材料,夹层复合材料还具有减震、吸声、隔热和可附加特殊功能的特点,且可设计性强。

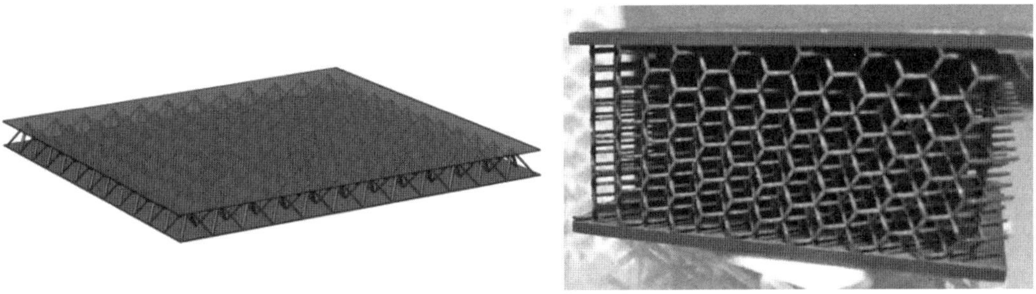

图 5.3　三维点阵夹层结构材料

5.2.1　夹芯材料类型与特点

夹芯材料主要用于填充、支撑和稳定面板，以获得所期望的力学性能，航空航天常用的芯材有蜂窝和泡沫，如表 5.1 所示。

表 5.1　常用芯材类型和特点

类　型	主要品种	特　点
蜂窝	常见的蜂窝芯材有芳纶纸蜂窝、铝蜂窝、玻璃布蜂窝等	蜂窝芯材具有较好的比强度和比刚度，但在夹层结构中与面板的胶接接触面积较小，面板与芯材的连接效果不如泡沫芯材
泡沫	聚氨酯(PU) 聚甲基丙烯酰亚胺(PMI)	泡沫具有良好的二次加工性能，可通过机械加工和热成型获得曲面形状的制品，并可采用液体成型方法（如 SCRIMP、RTM 等）制造夹层结构。但是相同承剪能力时，泡沫的重量要比蜂窝稍重一些

5.2.2　蜂窝芯材

1. 蜂窝芯材分类

蜂窝芯材是仿照自然蜂巢结构制造的，具有规则孔格形状的人工材料，蜂窝芯材的种类繁多，其基本分类见表 5.2。

表 5.2　蜂窝芯材的分类

分类方法	蜂窝种类
按蜂窝基材种类	非金属蜂窝：芳纶纸蜂窝、玻璃布蜂窝、碳纤维蜂窝； 金属蜂窝：铝蜂窝、钛合金蜂窝等
按蜂窝孔格形状	正六边形蜂窝和特殊种类蜂窝（柔性蜂窝、过拉伸），蜂窝芯材孔格形状的主要形式如图 5.4 所示

2. 蜂窝芯材主要几何参数

蜂窝芯材属各向异性材料，图 5.5 为正六边形蜂窝芯材示意图，其中 L 向（纵向）为垂直于蜂窝孔格展开的方向；W 向（横向）为蜂窝孔格展开的方向；T 表示为蜂窝芯材上、下

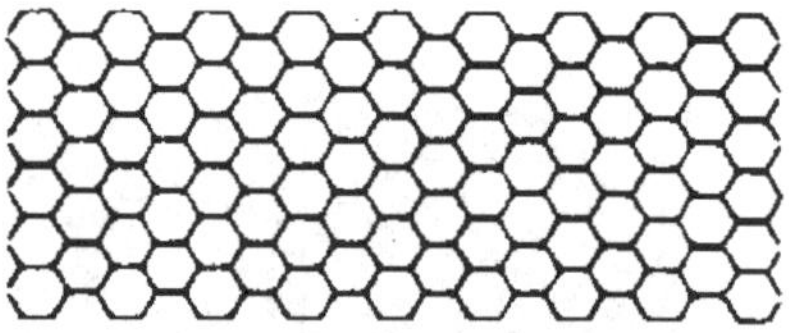

(a) 正六边形蜂窝

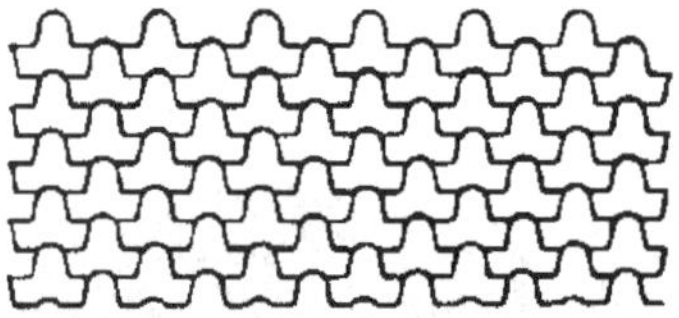

(b) 柔性蜂窝

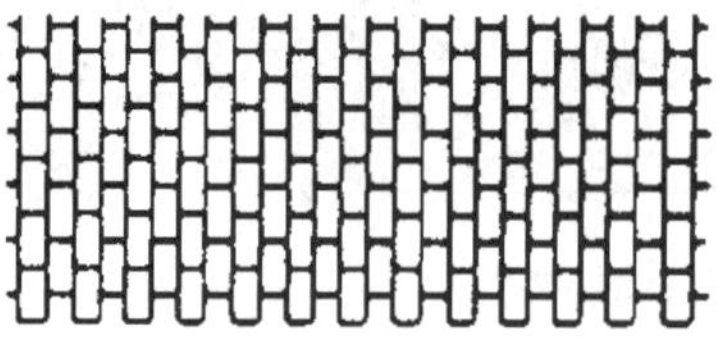

(c) 过拉伸蜂窝

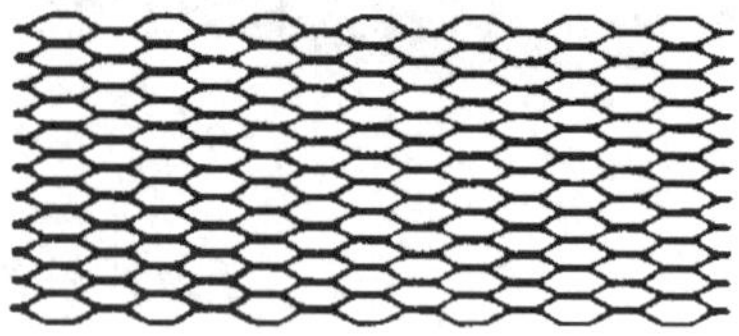

(d) 欠拉伸蜂窝

图 5.4 蜂窝芯材分类

两个断面间的距离，也指蜂窝的高度；节点表示蜂窝孔格间的胶接面；孔格边长表示蜂窝孔格的单边长度。

由蜂窝芯材的几何尺寸可推得如下关系式：

$$L = 0.75L_0 + \Delta L \tag{5.1}$$

$$W = (0.86a + \delta_c)N + \Delta W \tag{5.2}$$

式中，L 为蜂窝芯材纵向尺寸；L_0 为拉伸前蜂窝叠合长度；ΔL 为蜂窝芯材定型前后在纵向的变形量；W 为蜂窝芯材横向尺寸；a 为蜂窝边长；N 为叠合层数；ΔW 为蜂窝芯材定型前后在横向的变形量；δ_c 为蜂窝芯基材（芳纶纸）厚度。

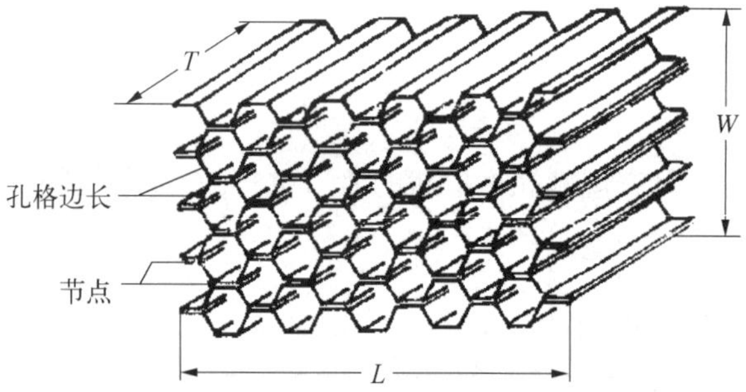

图 5.5 正六边形蜂窝芯材示意图

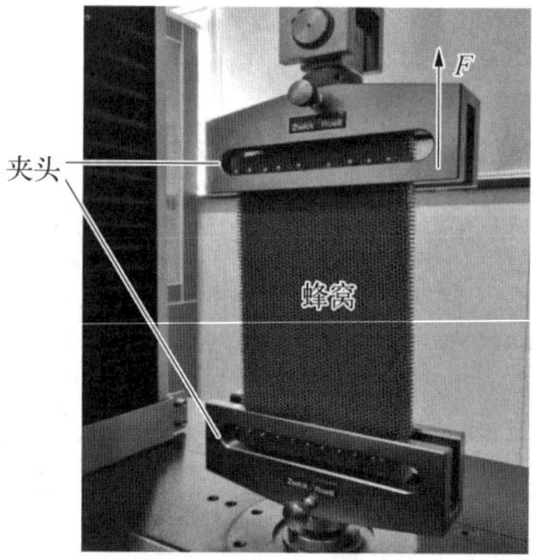

图 5.6 蜂窝芯材多节点强度测试示意图

3. 蜂窝芯材力学性能

1）蜂窝芯材多节点强度

蜂窝芯材多节点强度是蜂窝节点之间的胶接强度，详细测试方法可参考 ASTM C363 试验标准，试验示意图如图 5.6 所示。

2）蜂窝芯材平面压缩性能

蜂窝芯材的平面压缩强度及模量是设计夹层结构时所用的基本力学性能，是 T 方向上承压性能的物理量。蜂窝芯材平面压缩强度可分为稳态(含有面板)与非稳态(不含面板,裸芯)。详细测试方法可参考标准 ASTM C365,试验示意图如图 5.7 所示。

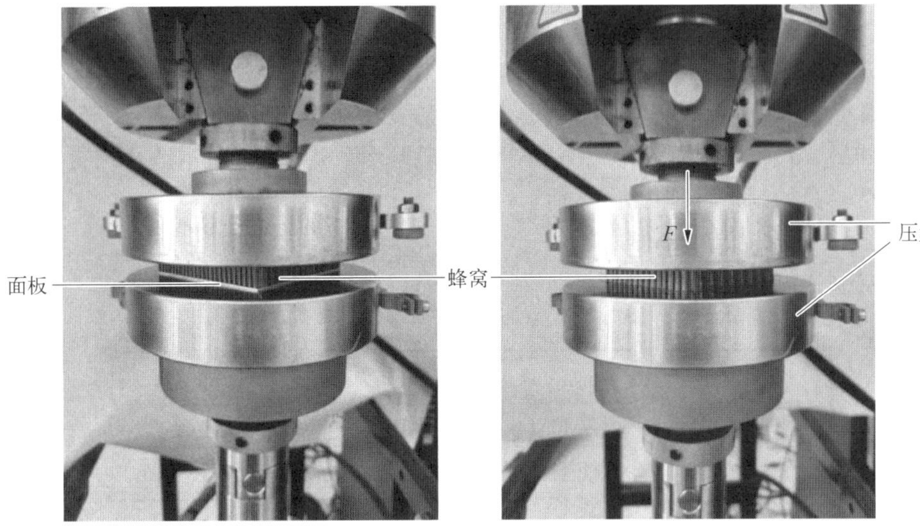

稳态平压　　　　非稳态平压

图 5.7　蜂窝芯材平面压缩性能测试示意图

3) 蜂窝芯材平面拉伸强度

蜂窝芯材平面拉伸强度表征蜂窝芯材在 T 方向上承拉性能的物理量。通常情况失效模式为夹层结构内部芯材失效。详细测试方法可参考标准 ASTM C297,试验示意如图 5.8 所示。

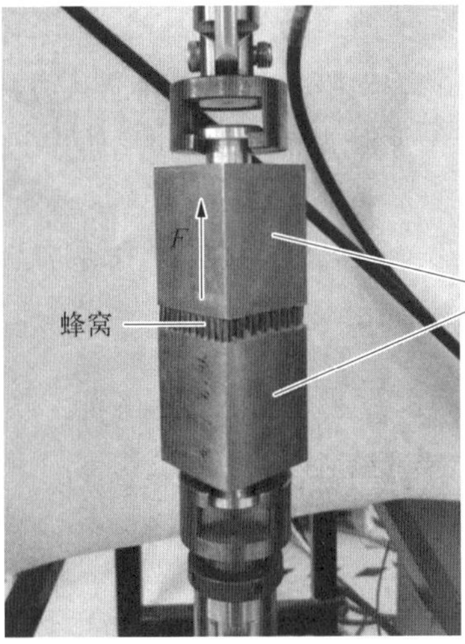

图 5.8　蜂窝芯材平面拉伸性能测试示意图

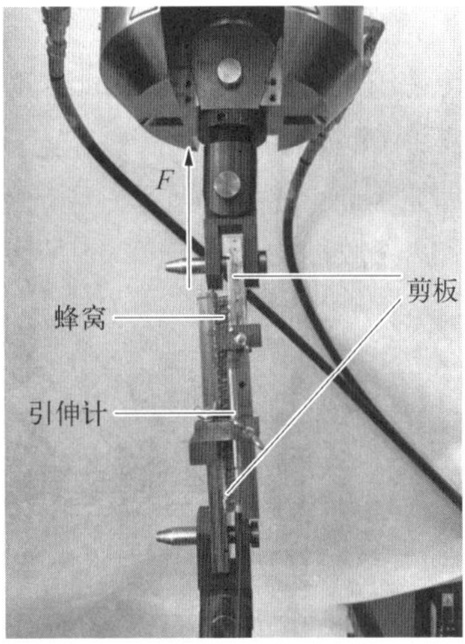

图 5.9　蜂窝芯材剪切性能测试示意图

4) 蜂窝芯材剪切性能

蜂窝芯材剪切强度和模量分为 L 向(纵向)和 W 向(横向)的剪切强度及模量,是表征

蜂窝芯材在 L 向(纵向)和 W 向(横向)方向上承剪性能的物理量。通常采用拉伸剪切的方式测试蜂窝芯材的剪切强度及模量。详细测试方法可参考标准 ASTM C293,试验示意如图 5.9 所示。

4. 蜂窝芯材的制造

蜂窝芯材的成型方法主要是拉伸法,拉伸法是在基材表面涂敷等宽和等间距节点胶,随后将其裁断,再将带胶的基材有规律地叠合在一块,通过热压的方式形成蜂窝叠层板,再采用拉伸的方式将叠层板在厚度方向上拉开最终形成蜂窝芯材,本节介绍常用的铝蜂窝和芳纶纸蜂窝的制造过程[7]。

1) 铝蜂窝芯材制造

铝蜂窝制造流程如图 5.10 所示。

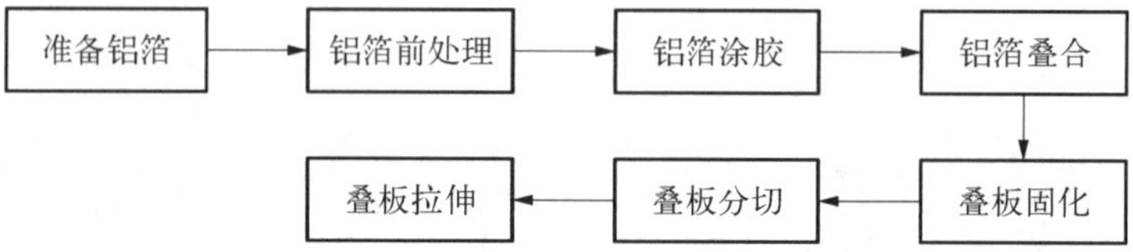

图 5.10　铝蜂窝制备流程图

a. 铝箔材料

通常采用的铝合金箔材应符合 GB/T 3614 的要求,常用牌号包括 LF21、LF2 及 LY12 等。

b. 铝箔表面处理

铝箔涂胶前表面处理包括溶剂除油、碱洗处理、酸洗性处理、磷酸阳极化(phosphoric acid anodized, PAA)处理和底胶涂覆。

c. 铝箔涂胶

一般采用涂胶辊连续转印的涂胶方法,按设定的等间距条状方式将芯条胶涂覆在铝箔基材表面,涂敷的胶条应等厚等宽且边界清晰,铝箔涂胶为铝蜂窝制造中的关键工序。

d. 带芯条胶的铝箔叠合

将带芯条胶的铝箔按图 5.11 所示方式上下交错叠合至预定的层数,形成叠层板。

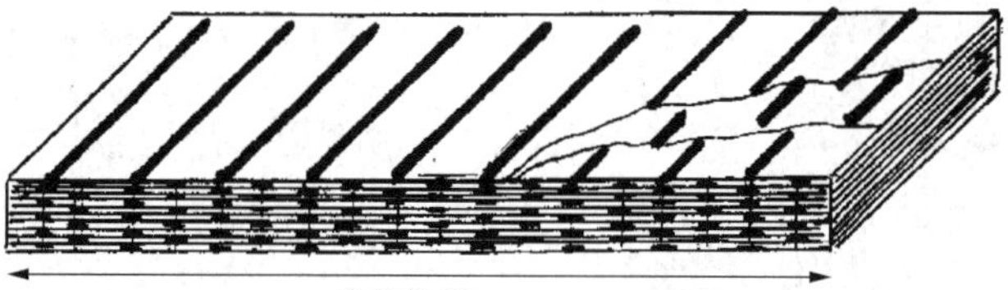

图 5.11　带胶铝箔叠合示意图

图 5.12　软铝箔制拉伸带示意图

再将叠层板放在热压机上进行初压实,然后将厚度约 0.1 mm 的软铝箔制成拉伸带形状(图 5.12)。

e. 叠层板固化

通过加热、加压的方式使铝箔层与层之间的芯条胶固化，形成有效的胶接连接。

f. 叠板分切

首先通过机械加工去除蜂窝叠板不整齐的边缘，然后按要求的高度分切出铝蜂窝叠层条，称为蜂窝条。

g. 铝蜂窝拉伸成形

挑开蜂窝条两侧拉伸带，用拉伸棒插入，并固定在专用拉伸机拉头上，然后以一定拉伸速率将蜂窝拉伸至要求的孔格形状和尺寸。

2）芳纶纸蜂窝芯材制造

芳纶纸蜂窝制造流程如图 5.13 所示，芳纶纸蜂窝芯材的制造工艺过程与铝蜂窝芯材有许多相似点，如芳纶纸的涂胶和叠合方式、叠层板固化等。

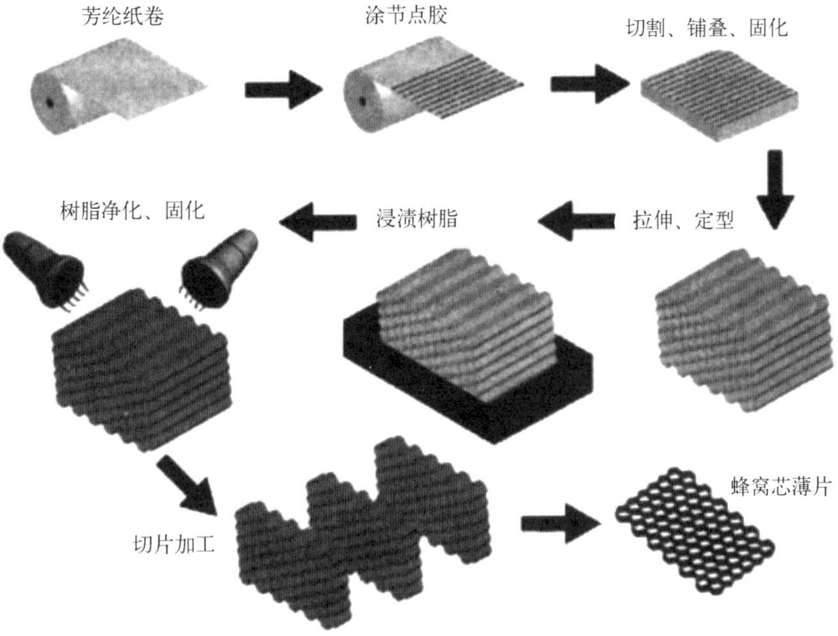

图 5.13 芳纶纸蜂窝工艺流程图

a. 涂胶、叠合、压制（固化）

芳纶纸蜂窝的涂胶、叠合和压制（芯条胶固化）与铝蜂窝基本相似，对于芳纶纸蜂窝，通常采用横向凹印的方式进行涂胶。

b. 拉伸、定型

芳纶纸蜂窝拉伸方式和过程与铝蜂窝基本相同，但芳纶纸蜂窝从拉伸机上取下时必须有支撑机构保证其形状和尺寸，然后还须放入烘箱中进行热处理定型，定型后才能形成形状和尺寸稳定的芳纶蜂窝块，又称白蜂窝。

c. 浸渍

蜂窝浸渍树脂是将白蜂窝放在树脂槽中浸渍，按照工艺参数进行浸渍达到预设密度的过程，常用的浸渍树脂是酚醛树脂。

d. 固化

将浸渍树脂后的蜂窝块放进固化烘箱中，在规定的温度和时间下，完成浸渍树脂的固化，并保证固化后蜂窝外观颜色一致。

e. 片切

固化后的芳纶纸蜂窝芯材通常为毛坯料，需要根据具体应用将其片切成一定厚度（*T* 方向）的蜂窝片，片切时将毛坯蜂窝固持在片切机台面上，按照厚度尺寸要求对蜂窝毛坯料在 *T* 方向上进行锯切加工。

5. 蜂窝芯材的性能

铝蜂窝芯材、芳纶纸蜂窝芯材和玻璃布蜂窝芯材是航空航天领域常用的芯材，目前均已形成相应的企业标准、行业标准或国家军用标准。三种蜂窝芯材相关标准中规定的主要力学性能指标如下。

1）铝蜂窝芯材

航标 HB 5443－90 规定的铝蜂窝芯材主要力学性能见表 5.3。

表 5.3　铝蜂窝芯材平面压缩与平面剪切强度性能

公称密度/(kg/m^3)	铝箔厚度/孔格边长/mm	平面压缩强度/MPa			纵向剪切强度/MPa			横向剪切强度/MPa		
		23±5℃	150±5℃	175±5℃	23±5℃	150±5℃	175±5℃	23±5℃	150±5℃	175±5℃
27	0.03/5	0.53	0.35	0.33	0.44	0.32	0.31	0.24	0.17	0.16
31	0.04/5	0.66	0.43	0.41	0.53	0.39	0.37	0.30	0.21	0.20
33	0.03/4	0.73	0.49	0.46	0.58	0.43	0.44	0.33	0.23	0.22
39	0.04/4	0.98	0.66	0.63	0.75	0.54	0.52	0.43	0.29	0.28
41	0.05/5	1.07	0.74	0.70	0.80	0.59	0.57	0.47	0.33	0.31
44	0.03/3	1.18	0.83	0.79	0.89	0.65	0.62	0.52	0.36	0.34
49	0.06/5	1.43	0.99	0.94	1.03	0.76	0.73	0.60	0.42	0.40
52	0.04/3	1.60	1.10	1.05	1.15	0.84	0.80	0.67	0.46	0.44
53	0.05/4	1.65	1.14	1.08	1.18	0.87	0.83	0.69	0.47	0.45
61	0.06/4	2.07	1.22	1.13	1.48	1.08	1.04	0.86	0.59	0.56
66	0.03/2	2.39	1.65	1.57	1.70	1.24	1.19	1.00	0.68	0.65
67	0.08/5	2.45	1.69	1.61	1.74	1.27	1.22	1.02	0.70	0.67
68	0.05/3	2.50	1.73	1.64	1.78	1.30	1.25	1.04	0.72	0.68
77	0.04/2	3.10	2.13	2.02	2.18	1.59	1.53	1.25	0.85	0.81
81	0.06/3	3.35	2.32	2.20	2.37	1.73	1.66	1.33	0.91	0.86
84	0.08/4	3.57	2.44	2.32	2.50	1.83	1.75	1.42	0.97	0.92
85	0.10/5	3.67	2.48	2.35	2.54	1.86	1.78	1.49	1.01	0.96
95	0.05/2	4.44	3.04	—	3.00	2.19	—	1.89	1.22	—
106	0.10/4	5.29	3.65	3.47	3.51	2.56	2.46	2.12	1.45	1.38
110	0.08/3	5.47	3.78	3.59	3.68	2.69	2.58	2.23	1.53	1.45
140	0.10/3	8.53	5.88	5.59	4.99	3.65	3.50	2.98	2.04	1.94

2）芳纶纸蜂窝芯材

国军标 GJB 1874－94 规定的飞机结构用芳纶纸蜂窝芯材主要力学性能见表 5.4。

表 5.4　芳纶纸蜂窝芯材平面压缩与平面剪切强度性能

孔格边长/mm	密度/(kg/m³)	平面压缩强度/MPa			纵向剪切强度/MPa			横向剪切强度/MPa		
		强度		模量	强度		模量	强度		模量
		平均	最小	平均	平均	最小	平均	平均	最小	平均
2.0(1.8)	29	0.58	0.43	—	0.48	0.38	20.6	0.25	0.20	8.9
2.0(1.8)	48	1.63	1.48	107.0	1.16	0.89	37.8	0.67	0.53	22.8
2.0(1.8)	56	2.17	1.85	133.0	1.55	1.28	42.9	0.90	0.89	28.2
2.0(1.8)	80	4.77	3.75	241.3	2.55	1.74	68.2	1.44	0.97	35.7
2.0(1.8)	96	6.05	5.12	297.1	2.80	2.38	71.9	1.59	1.36	42.0
2.0(1.8)	144	11.06	9.57	460.2	3.20	2.95	101.0	2.03	1.70	66.6
2.5(2.7)	32	0.85	0.71	65.8	0.61	0.45	21.8	0.42	0.23	15.5
2.5(2.7)	48	1.80	1.10	107.6	1.15	0.96	36.9	0.70	0.47	23.2
2.5(2.7)	64	3.35	2.43	183.4	1.91	1.46	52.1	1.08	0.75	28.0
2.5(2.7)	72	4.26	3.47	222.8	2.39	1.65	65.8	1.38	0.82	29.8
2.5(2.7)	128	8.71	8.11	441.0	3.85	2.84	106.7	2.25	1.48	47.9
3.0	48	1.81	1.11	107.6	1.15	0.96	36.9	0.70	0.47	23.8
3.0	64	3.35	2.43	183.4	1.91	1.46	52.1	1.08	0.75	28.0
3.0	80	4.71	3.71	219.0	2.51	1.73	63.1	1.58	0.95	41.0
4.0(3.5)	32	0.85	0.72	65.8	0.61	0.45	21.8	0.42	0.23	15.5
4.0(3.5)	48	1.71	1.39	117.7	1.53	0.97	44.5	0.74	0.49	21.8
4.0(3.5)	64	3.01	2.43	137.0	1.91	1.45	45.1	1.11	0.78	29.1
5.0(4.5)	24	0.49	0.38	42.7	0.43	0.31	17.9	0.24	0.18	9.28
5.0(4.5)	56	2.09	1.71	128.6	1.60	1.04	45.4	0.95	0.61	27.3

3）玻璃布蜂窝芯材

航标 HB 5436－89 GH－1 规定的平纹玻璃布蜂窝芯材主要力学性能见表 5.5。

表 5.5　玻璃布蜂窝芯材平面压缩与平面剪切强度

孔格边长/mm	公称密度/(kg/m³)	平面压缩性能/MPa			平面剪切性能/MPa			
		强　度		模　量	强　度		模　量	
		H/C	SW	SW	纵向	横向	纵向	横向
2.5	64	1.56	1.67	163.0	1.03	0.48	65.0	24.9
	96	1.85	3.56	395.0	1.20	0.75	87.0	34.4
	128	3.28	3.92	415.0	1.41	0.80	120.1	49.1

续　表

孔格边长/mm	公称密度/(kg/m^3)	平面压缩性能/MPa			平面剪切性能/MPa			
		强　度		模　量	强　度		模　量	
		H/C	SW	SW	纵向	横向	纵向	横向
3.5	56	1.20	1.37	103.0	0.52	0.45	50.1	23.0
	72	1.81	2.01	220.1	1.10	0.70	66.2	31.1
	104	2.51	2.77	255.6	1.38	0.74	92.4	47.0
4.5	51	0.98	1.18	101.0	0.45	0.44	41.2	22.1
	64	1.15	1.61	111.0	1.02	0.46	48.4	28.4
	98	1.71	2.54	249.1	1.18	0.68	70.1	30.7
6.0	35	0.42	0.58	17.7	0.40	0.20	16.0	10.0
	51	0.78	0.98	39.0	0.45	0.34	31.0	12.0
	72	1.06	1.60	67.7	1.08	0.39	42.5	29.1

注：表中所列数据均为最小值；H/C 是纯蜂窝芯数据；SW 是蜂窝夹层结构数据。

5.2.3　PMI 泡沫

聚甲基丙烯酰亚胺(PMI)是一种交联型硬质闭孔泡沫材料，具有良好的力学性能、耐热性能、耐疲劳性能、粘接性能、隔音隔热性能和防潮性能[8]，同时具有良好的机械加工和热成型特性。

1. PMI 泡沫的制造

PMI 泡沫制备常用自由基预聚法，此方法简单易行，成本低。PMI 泡沫的主要原料是甲基丙烯腈和甲基丙烯酸，除此之外还包括聚合引发剂、发泡剂、交联剂、阻火剂、成核剂等。引发剂一般使用偶氮化合物和过氧化物，偶氮化合物一般为偶氮二异丁腈，过氧化物一般为过氧化二苯甲酰或过氧化月桂酰等。发泡剂一般在 150~250℃下通过分解或蒸发形成气相的物质，使预聚体在转化成含酰亚胺基的泡沫期间发泡。常用发泡剂有两类，一类是包含酰胺结构的发泡剂，如脲、一甲基脲、N, N′-二甲基脲和甲酰胺等，此类发泡剂可释放出能与羧基形成酰亚胺基团的氨或胺，对人体有一定毒性；另一类为无氮发泡剂，如甲酸、水和含有 3~8 个碳原子的脂肪醇，包括 1-丙醇、2-丙醇、1-丁醇、异丁醇、叔丁醇、戊醇和己醇。

PMI 泡沫生产流程如图 5.14 所示。

1) 共聚

将两种主要单体甲基丙烯酸、甲基丙烯腈与引发剂、发泡剂和其他添加剂充分混合搅拌均匀，倒入密封的模具中，放在水浴箱中进行聚合反应，形成均匀的共聚物基体树脂，聚合温度为 30~60℃，聚合时间为 48~96 h。

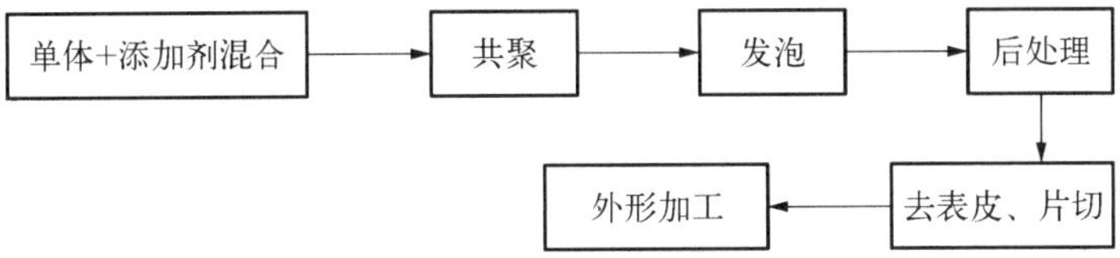

图 5.14　PMI 泡沫生产流程

甲基丙烯腈和甲基丙烯酸在引发剂存在下低温预聚，然后高温环化异构化生成 PMI 泡沫，反应方程式见图 5.15。

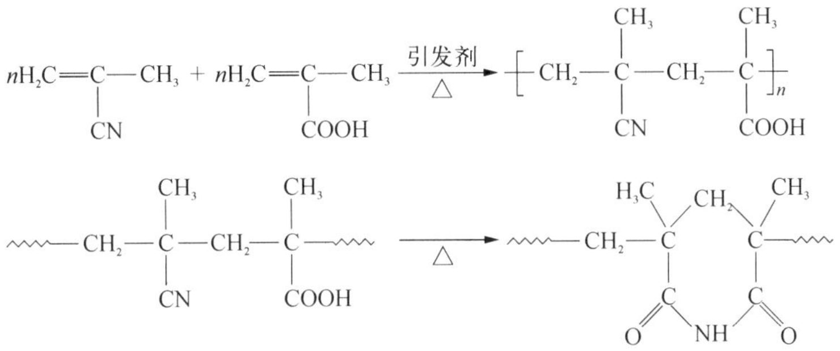

图 5.15　PMI 泡沫反应方程式

2）发泡

发泡过程是将共聚板转化成泡沫成品的过程，首先将共聚物树脂板脱模，放入烘箱中预热，然后进行自由发泡，形成泡沫。可根据需要对泡沫进行后热处理和干燥处理，以提高泡沫的交联程度和性能。预热温度为 90～180℃，时间为 1～3 h，发泡温度为 180～230℃，发泡时间为 15 min～2 h。

发泡过程中的温度场对发泡质量影响较大，为了保证阶梯加热过程中不会产生超温或温度场不均匀的情况，常采用隧道式烘箱分段连续升温发泡方式，每段烘箱均可独立控温，共聚板通过链条传动，从进料端进入烘箱，依次通过各段烘箱再从出料端出料，通过优化工艺参数，可得到颜色均匀、外观平整和泡孔均匀的泡沫。

3）外形加工

在航空结构件中，PMI 泡沫一般作为夹芯材料使用，需要通过数控机床，按照图纸要求将 PMI 泡沫加工成制件所需要的外形。

2. PMI 泡沫的性能

PMI 泡沫的外观、尺寸、密度、力学性能、热变形温度以及闭孔率等技术要求如下。

(1) 外观：PMI 泡沫表面平整，泡孔均匀，无大气泡，无肉眼可见杂质、破孔、开裂等缺陷。

(2) 尺寸：PMI 泡沫板材沿长度、宽度方向的尺寸误差≤1%；厚度允许误差为 0～3.0 mm；翘曲度为长度尺寸的 0%～0.5%。

（3）密度：PMI 泡沫芯材的密度偏差应在公称值的±10%范围内。

（4）力学性能：几种典型的 PMI 泡沫的基本力学性能见表 5.6 规定。

表 5.6　PMI 泡沫力学性能　　（单位：MPa）

牌　号	密度/(kg/m^3)	拉伸性能		压缩性能		剪切性能	
		强　度	模　量	强　度	模　量	强　度	模　量
ACCPMI－51	52±5	1.6	60	0.7	40	0.7	20
ACCPMI－71	75±7	2.2	90	1.3	50	1.0	30
ACCPMI－110	110±11	3.5	150	3.0	100	2.2	50

（5）热变形温度：PMI 泡沫的热变形温度≥180℃。

（6）闭孔率：PMI 泡沫的闭孔率≥95%。

5.2.4　面板

航空夹层复合材料常用的面板材料有铝合金板、不锈钢板、复合材料层合板等，其中复合材料层合板是由纤维及其织物预浸料铺叠并固化而成的[9]。

常用面板性能如表 5.7 所示。

表 5.7　常用面板材料的力学性能

材　料	P /(g/cm^3)	E /GPa	G /GPa	ν	X_T/ MPa	X_C/ MPa
铝(2024－T3)	2.80	73	27.4	0.33	414	414
钢(AISI 1025)	7.80	207	80.0	0.30	394	394
钛	4.40	108	42.4	0.30	550	475
S－玻璃/环氧	1.73	20.6	3.10	0.12	261	177
E－玻璃/环氧	2.00	26.6	4.63	0.144	422	410
AS4－碳/环氧	1.63	59.5	4.96	0.047	584	491

表中复合材料由 0°和 90°纤维织物和环氧树脂基体构成；P 为密度；E 为弹性模量；G 为剪切模量；ν 为泊松比；X 为强度；T 表示拉伸；C 表示压缩。

5.2.5　胶黏剂

夹层复合材料常用的胶黏剂包括胶膜和发泡胶（表 5.8）。选择胶黏剂时主要考虑因素包括强度要求、服役温度范围、在芯格壁-面板界面形成适当带状连接的能力（对于蜂窝芯子）以及面板和胶黏剂固化参数的相容性（对共固化或共胶接面板）等。

表 5.9～表 5.11 列举了典型胶黏剂的性能数据，包括中温胶膜、高温胶膜及发泡胶。

表 5.8　胶黏剂的种类

胶黏剂的种类	特　　点
胶膜	主要用于面板和芯材黏结。胶膜是指以半固态提供的一种胶黏剂,并通常带有最小重量的纤维载体(常常是针织纤维或无纺毡纤维)。这种形式在铺贴过程中易于操作和控制,同时在铺贴过程提供了可控的胶黏剂厚度或总量。对于具有碳纤维面板和金属芯子的夹芯板,胶膜载体可以在碳和金属组分之间提供某种程度的隔离,避免金属化学电腐蚀。就结构性能而言,在夹层结构中,带针织纤维载体的胶膜提供了较高的剥离强度,而带有无纺毡纤维载体的胶膜则限制了预浸料树脂与胶膜的混合,从而导致较低的剥离强度
发泡胶	一般用于芯材拼接和局部填充。在夹层结构的修理过程中,发泡胶黏剂可用于粘接受损芯子。发泡胶黏剂中包含了起泡剂,起泡剂在加热过程中产生气体(如氮气),以产生为充填芯子各部分之间缝隙及其他空缺区域所需要的膨胀体,并在相邻芯子部分的侧壁之间形成粘接

表 5.9　典型 LWF 中温胶膜性能数据

序　号	项　目	指标(平均值)
1	外观	蓝色、绿色或粉红色
2	厚度/mm	0.15~0.40
3	挥发分/%	≤1.0
4	剪切强度/MPa	
	23℃±2℃	≥25.0
	70℃±2℃	≥20.0
	100℃±2℃	≥16.0
	120℃±2℃	≥10.0
5	剥离强度/(N/cm)	
	90°板-板,23℃±2℃	≥30.0
	90°板-芯,23℃±2℃	≥35.0
6	固化温度/℃	125±5

表 5.10　典型 J-116 高温胶膜性能数据

序　号	项　目	指标(平均值)
1	外观	黄色、灰色
2	厚度/mm	0.10~0.40
3	挥发分/%	≤1.0
4	Al-Al 剪切强度/MPa	
	-55℃±2℃	≥24.5
	23℃±2℃	≥24.5
	135℃±2℃	≥14.7
	150℃±2℃	≥13.3
5	剥离强度/(N/cm)	
	90°板-板	
	-55℃±2℃	≥35.0
	23℃±2℃	≥75.0
	135℃±2℃	≥45.0
	150℃±2℃	≥40

续 表

序　号	项　目	指标(平均值)
	90°板-芯	
	-55℃±2℃	≥30.0
	23℃±2℃	≥58.0
	135℃±2℃	≥35.0
	150℃±2℃	≥30.0
6	固化温度/℃	175±5

表 5.11　典型 J－118 带状发泡结构胶黏剂性能

序　号	项　目	指　标
1	外观	灰蓝色带状
2	厚度/mm	1.00~1.15;1.50~1.75;2.30~2.70
3	剪切强度/MPa	
	-55℃	≥5.0
	室温	≥6.0
	135℃	≥3.0
	175℃	≥2.0
4	流淌距离/mm	4~8
5	挥发物质量分数/%	≤1.0
6	膨胀比	1∶(2.5±0.3)
7	抗压强度,室温/MPa	≥10
8	固化温度/℃	175±5

5.3　夹层复合材料的制造

5.3.1　蜂窝夹层复合材料的制造工艺

蜂窝夹层复合材料的制造工艺一般可分为共固化和二次胶接,这一节介绍主要用于航空、航天工程上高性能蜂窝夹层结构的共固化制造工艺。

共固化制造工艺是指复合材料面板固化成形和面板与蜂窝的胶接同时进行的制造工艺。共固化制造工艺的特点是成本低、适合制造型面复杂的夹层结构。但由于面板预浸料在外压作用下容易凹陷,导致其力学性能降低,一般面板的力学性能比单独固化的面板性能下降 10%~20%(与蜂窝孔格大小、面板厚度及外压大小有关),因此多用于隔板、口盖、地板及其他受力较小的场合。

共固化成形工艺的流程图如图 5.16 所示。

(1) 蜂窝芯加工成型:如果蜂窝芯是等厚的或是简单的楔形,可以采用带锯片切机加工;如果蜂窝芯是不等厚、曲面或是其他复杂型面时,则应采用带高速铣头的数控铣床加工。如蜂窝两面均有复杂型面,还应使用铣切工装,铣切工装的型面可以是蜂窝的任意

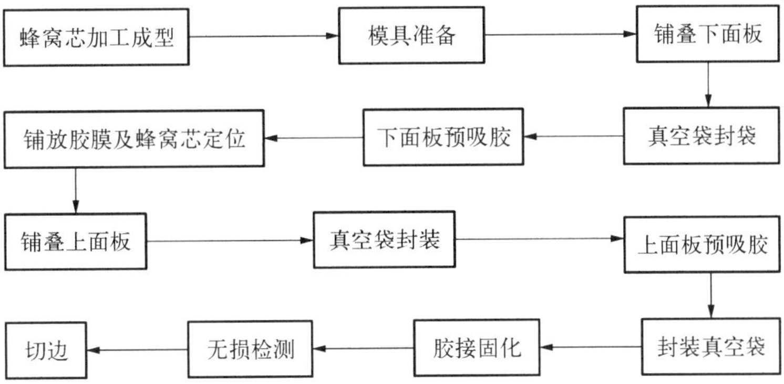

图 5.16　共固化成形工艺流程图

一个型面，铣切时可采用双面胶带或尼龙搭扣将芳纶纸蜂窝固定在工装上。对蜂窝厚度不大的曲面，可采用热弯成形（图 5.17），热弯成形温度在 180～200℃。蜂窝芯边缘一般应加工倒角，以避免成型时侧压变形。蜂窝芯清洗可采用丙酮、甲乙酮、三氯甲烷等溶剂，清洗后烘干或晾干。

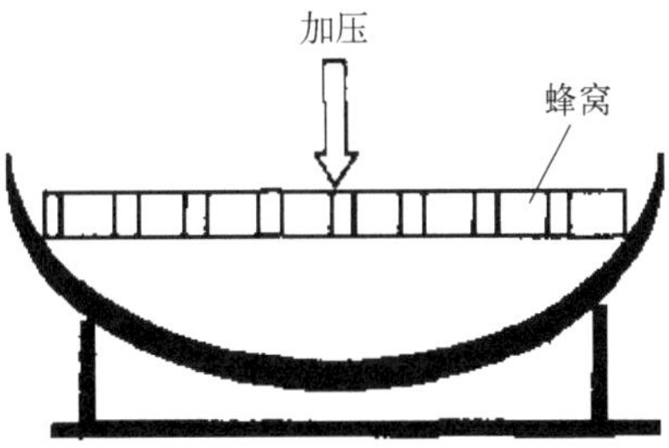

图 5.17　蜂窝芯热弯成形

（2）模具准备：钢质模具热膨胀系数适中、成本低，是制造复合材料芳纶纸蜂窝夹层结构中最常用的模具材料。铝质模具成本较高，但容易加工、重量轻，适合制造型面复杂的整体小型模具；由于铝的膨胀系数是钢的两倍多，远大于碳纤维和芳纶纤维复合材料，所以不适合制造大尺寸复合材料蜂窝夹层结构。复合材料模具成本较高，寿命较短，但其热膨胀系数与复合材料构件相近，在制造尺寸及配合关系要求较高的大型构件时可以避免型面、尺寸及配合方面的误差。模具使用前必须进行除油，除油后用丙酮、三氯甲烷或甲乙酮等进行清洗，清洗后的模具表面应采取脱模措施，一般采用喷涂或刷涂脱模剂，也可以在表面粘贴涂覆聚四氟乙烯的玻璃布。

（3）铺叠面板：将预浸料逐层铺叠在模具表面或蜂窝芯上的胶膜表面，边缘至少留 10 mm 加工余量，铺叠时应尽量排除气泡。

（4）预吸胶：对于要求高的夹层结构需进行预吸胶，预吸胶的第一个作用是将预浸料中多余的树脂吸附到吸胶材料中，以使面板的纤维体积含量控制在要求的范围内（一般为 62%±2%），预吸胶的第二个作用是排除预浸料中夹杂的气体。预吸胶一般在热压罐中进行，也可以在带真空源的烘箱中进行，加热过程应用热电偶对模具和空气温度进行监测。对流动性不好的树脂体系，预吸胶过程中除保持真空外，可以适当施加压力。对于零吸胶预浸料来讲，一般不需要预吸胶，但仍需要预压实。

（5）真空袋封装：封装方法按图 5.18 所示进行。

（6）固化：袋封好的共固化组件一般放入热压罐或带真空源的烘箱中进行固化，真空、压力和温度等工艺参数应满足相应规范要求。

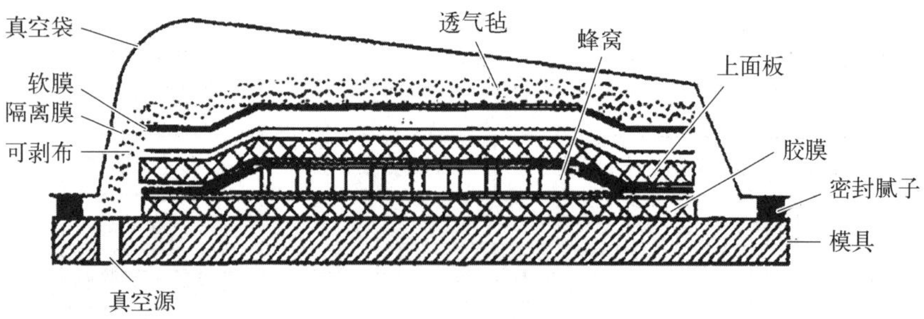

图 5.18　真空袋封装

（7）检测：固化后的夹层结构检测项目一般包括外观、尺寸、重量、内部质量（无损检测）和随炉件性能等，检测结果应满足相应规范要求。

5.3.2　PMI 泡沫夹层复合材料的制造工艺

图 5.19 为 PMI 泡沫夹层复合材料共固化示意图[10]。

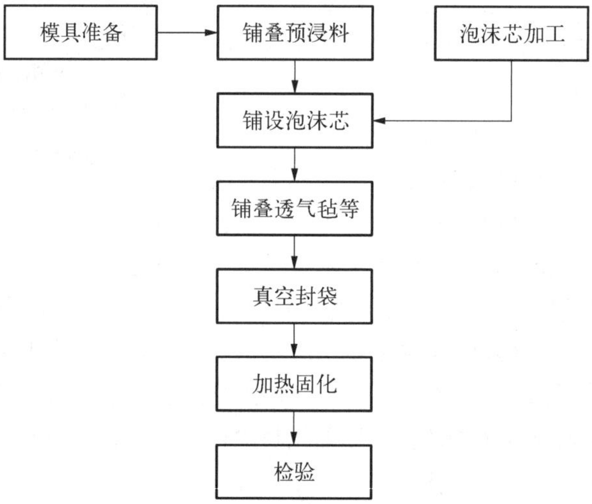

图 5.19　泡沫夹层结构成形工艺示意图

（1）模具准备：清理模具表面，铺放脱模布或涂覆脱模剂。

（2）泡沫芯加工：根据不同制件要求选取相对应厚度尺寸的 PMI 泡沫并按尺寸和公差要求进行加工。

（3）铺叠预浸料：根据成型模具整体尺寸，裁切预浸料，将预浸料铺放至成型模具上。

（4）铺设泡沫芯：铺设胶膜，再将泡沫铺设到对应的成型区。

（5）真空袋封装：进一步铺设带孔隔离膜、透气毡、真空袋膜，封装抽真空。

（6）加热固化：按照树脂固化工艺对成型模具进行加热。

（7）检验：冷却脱模后，按照要求，对泡沫夹层结构成型件外部和内部进行质量检验。

5.4　夹层复合材料的无损检测

夹层复合材料的无损检测是通过各种物理方法和检测技术、手段发现和检测出夹层复合材料中不允许存在的超标缺陷，建立缺陷与材料、结构、性能、使用寿命之间的相关规律，提高夹层复合材料的产品质量。因此，了解夹层复合材料中产生的缺陷，对选择合理有效的无损检测方法、检测技术和检测仪器设备等十分重要。

夹层复合材料常用的无损检测技术包括超声检测技术、X射线检测技术和目视检测技术，这些无损检测技术已广泛应用。其他无损检测技术，如敲击检测技术、红外检测技术和激光电子剪切检测技术等检测技术也在不断发展和进步，并逐渐进入工程应用。超声检测技术可有效检出面板-芯材脱黏、面板分层、夹杂、孔隙等内部缺陷和损伤。X射线检测技术对芯材的缺陷和损伤具有很好的检测效果。目视检测技术可快速检出夹层复合材料中的压坑、裂口等表面缺陷。

5.4.1　蜂窝夹层复合材料的无损检测

蜂窝夹层结构在制造和使用过程中常见的缺陷[9]包括如下几种。

(1) 面板-芯材脱黏：这类缺陷常在夹层复合材料中面板-芯材间产生，如图5.20所示。对于面板不厚的夹层复合材料，用敲击检测技术、声振检测技术能对这类缺陷和损伤的大小进行粗略的评估。超声检测技术可对这类缺陷的尺寸进行精确的检测与评估。红外检测技术和激光电子剪切检测技术也可以用于这类缺陷的无损检测。

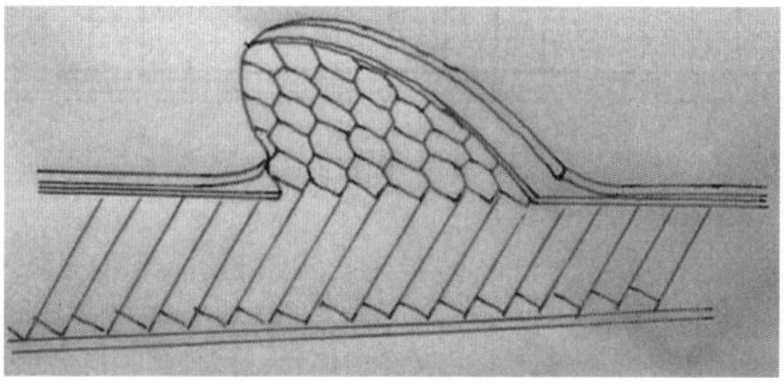

图5.20　面板-芯材脱黏

(2) 压坑：这类缺陷是夹层复合材料在装配和服役中产生的一类损伤，如图5.21所示。通常芯材被压皱或断裂，可分为两种类型：一种是不脱黏压坑，在结构表面虽然出现压坑，但面板-芯材间并未脱黏；另一类是脱黏压坑，面板-芯材间产生了脱黏。区分这两种损伤具有一定的难度，需要借助超声检测技术、X射线检测技术等多种无损检测技术综合评估后才能确定。

(3) 裂口：这类缺陷是夹层复合材料在服役过程中因冲击等在面板-芯材一侧产生的一种缺陷形式，如图5.22所示。用目视检测技术就能很容易确定其损伤区域。

(4) 面板-芯材损伤：这类缺陷是夹层复合材料在服役过程中产生的一种缺陷形式，产生的面板-芯材损伤有两种形式，一种是在一侧面板和芯材区都产生了损伤，如图5.23所示；另一种是在两侧面板和芯材区都产生了损伤，如图5.24所示。这两种损伤都有可能伴随产生脱黏和芯损伤，需要借助目视检测技术、敲击检测和X射线检测技术等无损检测技术进行综合评估。

在蜂窝夹层复合材料研究、制造和使用过程中还可能产生其他缺陷形式，而且产生的缺陷类型与研究深入的程度、制造工艺水平、制造条件的改进和使用环境有密切的关系。

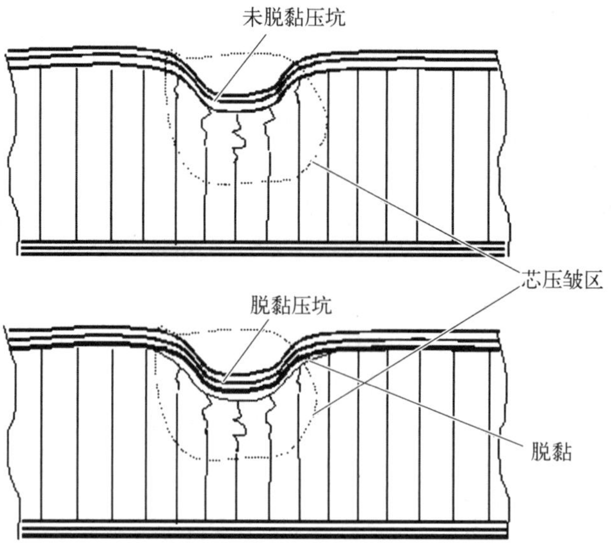

图 5.21　面板压坑

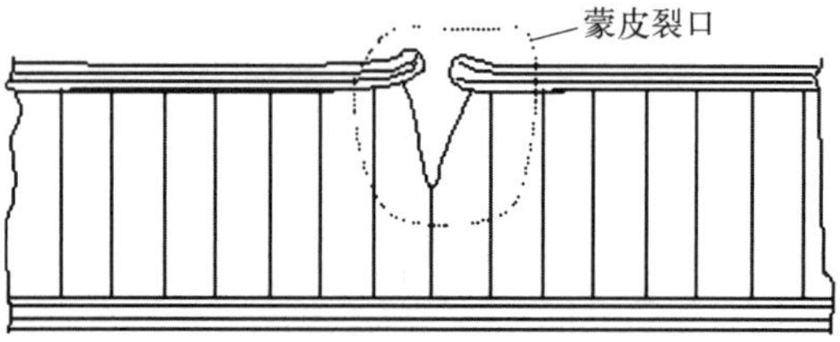

图 5.22　面板裂口

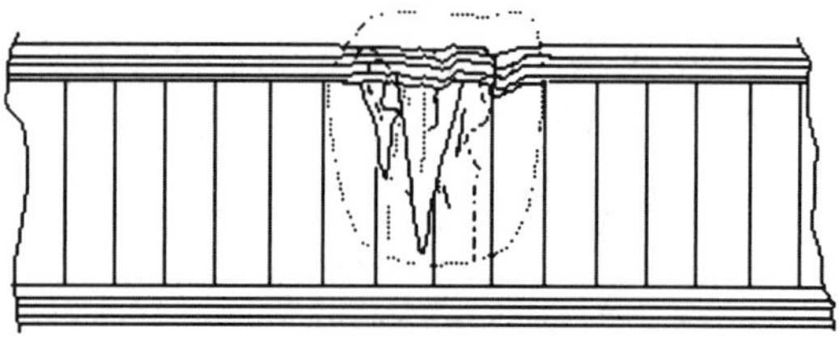

图 5.23　面板-芯损伤

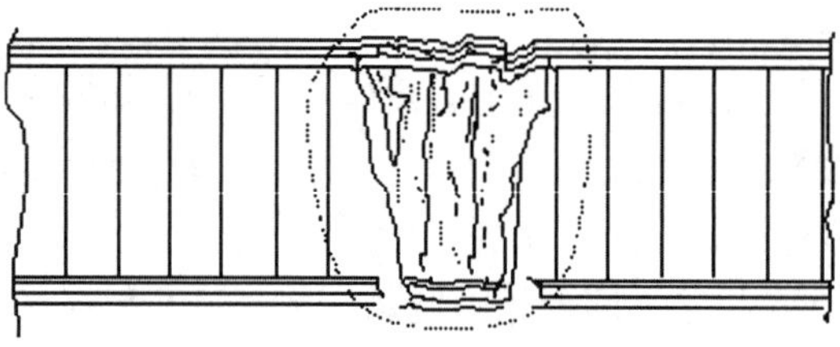

图 5.24　面板-芯-面板损伤

5.4.2　泡沫夹层结构无损检测

泡沫夹层复合材料在制造和服役过程中容易形成缺陷,为使面板与泡沫芯材间有足够的胶接强度以承受剪切与拉伸应力,因此对泡沫夹层复合材料进行无损检测是十分重要的,泡沫夹层结构件在制造和使用过程中常见的缺陷包括:

(1) 复合材料面板的缺陷:如划伤、分层、夹杂、气孔等;

(2) 复合材料面板和泡沫夹芯材的粘接缺陷:如脱黏;

(3) 泡沫芯的损坏。

针对这些缺陷，相应地发展起了多种无损检测方法，但泡沫夹层复合材料一般面板的检测面积大、厚度薄，而且呈现低的导热性和导电性、泡沫材料的声衰减较大，故泡沫夹层复合材料与一般复合材料的无损检测具有明显差别。

目前适用于泡沫夹层复合材料的无损检测方法主要有超声无损检测和激光错位散斑干涉无损检测[10, 11]。超声无损检测可分为空气耦合超声无损检测和脉冲回波无损检测，其中空气耦合超声无损检测可以用来检测泡沫夹层结构中面板的缺陷，面板和芯材之间的脱黏以及芯材的缺陷；脉冲回波超声无损检测可用来检测泡沫夹层复合材料面板的孔隙率、面板和泡沫芯材之间的脱黏。激光错位散斑干涉无损检测可以检测泡沫夹层结构的表面缺陷；电子剪切成像是一种检测面积较大泡沫夹层复合材料的有效方法。

5.5　夹层复合材料的应用

夹层复合材料已广泛应用于航空、航天、船舶、轨道交通、医疗器械等领域，表 5.12 列出了夹层结构的一些典型应用。

表 5.12　夹层结构的典型应用

序号	应用领域	典型应用
1	航空领域	方向舵、升降舵、水平尾翼、旋翼、天线罩、整流罩、内饰、地板等
2	航天领域	火箭级间段、箱体构件、仪器舱、卫星电池帆板等
3	船舶领域	船舶舷侧、船体外板、船舱内饰、游艇内饰
4	轨道交通领域	高铁外饰板，内饰中顶板、侧顶板、侧墙地板等
5	医疗器械领域	CT 床板、医疗床板等
6	体育用品	帆船、雪橇、滑雪板等

飞行器设计对结构重量是非常敏感的，根据当代推进技术计算，飞机的结构重量减轻 1 kg，可提高飞机的升限近 40 m；卫星和洲际导弹的弹头重量减轻 1 kg，可使运载火箭的重量减轻 1 t，因此，飞机、导弹和卫星的设计师们是以克来计算结构重量的。在飞机发展的近 100 多年、空间工程发展的 50 多年间，夹层复合材料一直就是一种理想的结构材料，表 5.13 列出了国外主要飞机夹层结构的使用情况[12]。

表 5.13　国外主要机型夹层结构使用情况

机　型	应用部位	夹芯材料
F-15	机翼前缘、襟、副翼、垂尾、平尾	铝蜂窝
F-16	平尾	铝蜂窝
F/A-18E/F	方向舵、平尾	铝蜂窝
F-35	襟、副翼、平尾前缘、垂尾前缘、方向舵	芳纶纸蜂窝

续 表

机 型	应 用 部 位	夹芯材料
A－320	行李舱盖	芳纶纸蜂窝
A－340	方向舵、襟翼导轨整流罩、腹部整流罩等	芳纶纸蜂窝
A380	襟、副翼、机翼滑轨整流罩、地板、行李舱	芳纶纸蜂窝
B767	升降舵、方向舵、发动机整流罩	芳纶纸蜂窝
B787	升降舵、方向舵、发动机整流罩、机翼翼尖等	芳纶纸蜂窝
Starship	机翼、机身	芳纶纸蜂窝
Hawker4000	机身	芳纶纸蜂窝
Learjet85	机身	芳纶纸蜂窝
RQ－4	鼻锥整流罩、机翼前后缘	芳纶纸蜂窝
EH101	直升机主桨叶、尾桨叶	PMI 泡沫
“虎”式直升机	发动机短舱	PMI 泡沫
A340－500	气密机舱的球面框	PMI 泡沫
A380	气密机舱的球面框	PMI 泡沫

图 5.25 为典型的复合材料蜂窝夹层结构飞机方向舵示意图，它由复合材料上面板、下面板、蜂窝芯材及其他组件构成[13]，蜂窝芯材需进行数控加工后，再与其他组件预装配后用热压罐整体热压成型。

图 5.26 是典型飞机主起落架整流罩结构，它由面板、蜂窝和隔框加桁条组成，一般用胶接共固化整体成型[14]。

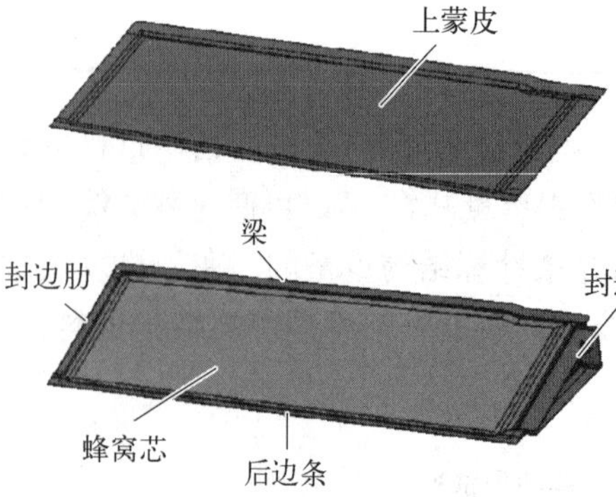

图 5.25　蜂窝夹层结构方向舵示意图

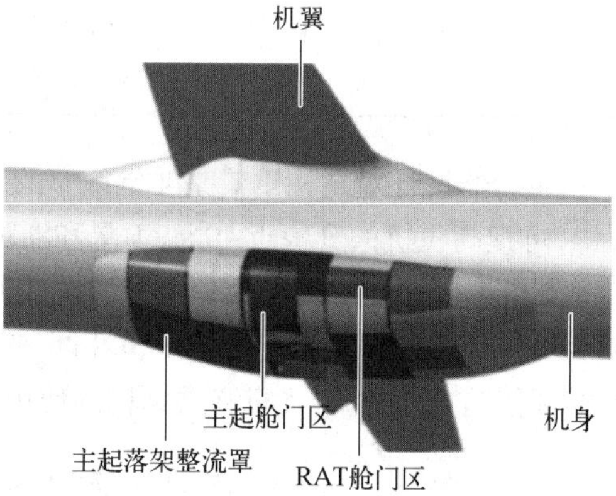

图 5.26　夹层结构主起落架整流罩示意图

PMI 泡沫夹层复合材料在飞机上的应用也较多，典型应用有 A340－500/600 和 A380 飞机后压力框、EC NH90 直升机雷达罩、FD728 飞机起落架舱门和 EMBRAER 145 飞机平尾后缘等[15]，图 5.27 为 A340 飞机后压力框。

图 5.27　A340 的后压力框

5.6　总结与展望

从20世纪20年代至今100余年，夹层复合材料由于其优异的性能获得了广泛的应用，特别是在商用飞机、公务机、直升机等航空领域的应用从内饰件、次承力结构扩展到主承力结构。同时也应注意到这些应用是以谨慎、渐进的方式进行的。这主要是由于夹层复合材料在设计、制造等方面的复杂性造成的，如夹层复合材料的非线性行为、夹层结构的连接设计及制造、吸湿控制及夹层结构固化热力学等还需进一步研究。

未来夹层复合材料研究将主要集中在结构设计、材料开发、制造技术改进及开发多功能夹层复合材料等方向。深入研究夹层复合材料的非线性行为、发展设计理论及模型；开发具有更优异性能的新型夹芯材料，开发可解决通气、排水的问题的夹芯材料；开发整体化夹芯复合材料制造技术，减少零件数量、装配及连接，提高结构性能，缩短制造周期，降低成本；开发结构+隔热、结构+隐身、结构+防水分入侵、结构+声学吸收、结构+振动阻尼、结构+导电等多功能材料。

习题与思考题

1. 简述夹层复合材料的应用。
2. 简述芳纶纸蜂窝材料特点、生产工艺。
3. 简述PMI泡沫材料的特点。
4. 概述夹层复合材料的制造工艺及注意事项。

参考文献

[1] 张广平，戴干策. 复合材料蜂窝夹芯板及其应用[J]. 纤维复合材料，2000(2)：25－27.

[2] 美国 CMH－17 协调委员会. 复合材料手册（第 6 卷）[M]. 汪海，沈真，等译. 上海：上海交通大学出版社，2016.
[3] 陈龙辉，付杰斌，王强，等. 复合材料夹层结构在航空领域的应用[J]. 教练机，2014(2)：44－48.
[4] 杨扬. 复合材料蜂窝夹芯管结构设计、制备工艺及性能表征[D]. 长沙：国防科学技术大学，2012.
[5] 王兴业，杨孚标，曾竞成. 复合材料夹层结构原理与工程应用[M]. 北京：化学工业出版社，2007.
[6] 陈东，吴永鹏，李忠盛，等. 轻质高强多功能点阵夹层结构研究进展[J]. 装备环境工程，2020，17(4)：77－84.
[7] Bitzer T. Honeycomb technology[M]. Dublin：Chapman & Hali，1997.
[8] 胡培. ROHACELL 技术手册[G]. 上海：赢创德固赛特种化学（上海）有限公司，2005.
[9] 赵渠森. 先进复合材料手册[M]. 北京：机械工业出版社，2003.
[10] 胡培，陈志东，薛元德，等. 泡沫夹层结构的模压共固化成型工艺及参数选定[J]. 工程塑料应用，2007(8)：25－28.
[11] 胡培. PMI 泡沫复合材料夹层结构的无损检测方法[J]. 材料工程，2009(S2)：354－358.
[12] 程文礼，袁超，邱启艳，等. 航空用蜂窝夹层结构及制造工艺[J]. 航空制造技术，2015(7)：94－98.
[13] 袁超，张明. 复合材料蜂窝夹层结构方向舵二次胶接成型技术研究[J]. 科技与创新，2019(7)：92－93.
[14] 郑建强，向锦武，罗漳平，等. 民机机身下部结构耐撞性优化设计[J]. 航空学报，2012，33(4)：640－649.
[15] 胡培. 飞机夹层结构的设计和泡沫芯材的选择[J]. 航空制造技术，2010(17)：94－96.

第6章
纤维金属层板

学习要点：

(1) 理解纤维金属层板的定义；
(2) 熟悉纤维金属层板的发展历程；
(3) 理解纤维金属层板的结构和分类；
(4) 了解纤维金属层板的成形技术和应用；
(5) 了解纤维金属层板的特性、典型失效模式和影响因素；
(6) 了解纤维金属层板的计算分析方法。

6.1 引　　言

现代科技的发展对材料性能包括刚度、强度、韧性及疲劳特性等提出了更高、更苛刻的要求。寻找具有更优综合性能和特殊结构的新型材料以满足航空航天等高科技领域日益严苛的要求成为当前的发展趋势，由纤维增强复合材料和金属复合而成的纤维金属层板(fiber metal laminates，FMLs)应运而生。本章主要从纤维金属层板发展历程、分类、成型技术、基本力学性能及应用等方面进行详细描述。

6.2 纤维金属层板简介

6.2.1 纤维金属层板的发展历程

纤维金属层板是一种由金属薄板与纤维增强复合材料交替铺叠复合而成的层间混杂复合材料，也称超混杂复合材料或超混杂层板[1]。典型的FMLs结构如图6.1所示。它综合了金属和纤维增强复合材料的优势，并且弥补了它们的一些不足之处，不但具有类似纤维增强复合材料的高比强度和比刚度，还具有金属材料的韧性和可加工性，并且还具有优异的疲劳、损伤容限和抗冲击性等[2]。因此纤维金属层板在航空航天、汽车、军事等高新技术领域作为主承力结构和防护结构材料具有广阔的应用前景。

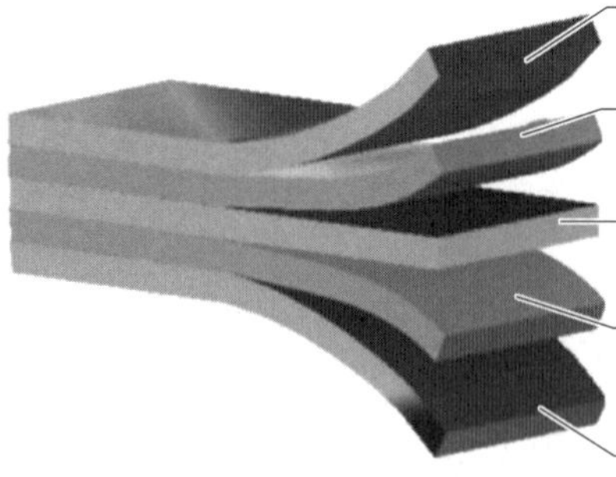

图 6.1　纤维金属层板结构示意图

第一代纤维金属层板为芳纶纤维增强铝合金层板(aramid reinforced aluminum laminates, ARALL),于 1981 年率先由代尔夫特工业大学申请专利,之后美国铝业 ALCOA 和 3M 公司又成功将其商业化[3]。然而,芳纶纤维表面呈现出较强的化学惰性,使得它与树脂基体的界面结合强度较低,对缺口的敏感程度较高。再者,芳纶纤维、铝合金两种材料的膨胀系数相差悬殊,层板固化后容易产生较高的残余应力,因而 ARALL 的应用范围受到了一定限制。后来,为进一步改善纤维金属层板综合力学性能,研究人员着手使用玻璃纤维和碳纤维替代芳纶纤维,并相继开发出第二代(glass reinforced aluminum laminates, GLARE)、第三代超混杂复合材料(carbon reinforced aluminum laminates, CARALL)。其中,GLARE 是由玻璃纤维增强复合材料和铝合金复合而成的目前综合性能最佳、应用范围最广、使用量最大的 FMLs 材料。表 6.1 列出了主要商用生产的 GLARE 材料结构及其主要优势[4]。CARALL 则是由碳纤维增强复合材料与铝合金复合得到,其相比于 GLARE 模量和强度更高,但目前的工艺无法彻底解决该材料服役过程中潜在的碳纤维与铝合金之间的电化学腐蚀问题,这也是迄今为止 CARALL 材料未被广泛商用化的重要原因。另外,随着航空航天领域尤其是高超飞行器对复合材料提出了更高的要求,传统的纤维金属层板并不具备应对高温环境和在高温环境中长期服役的能力,因此很难应用在下一代高超声速飞行器中。在高温环境下(如超过 180℃),铝合金抗蠕变性有所降低,高温衍生的时效性会使得纤维金属层板的断裂韧性和疲劳性能出现严重下滑,从而失去承载能力。目前正在研发的第四代纤维金属层板——石墨纤维增强钛合金层板(titanium/graphite hybrid laminates, TiGr),具有更为优异的耐高温特性,且相对于 GLARE 具有更高的刚度和屈服强度,耐疲劳和抗冲击性能,诸多优势令 TiGr 成为新一代纤维金属层板材料发展的趋势。

表 6.1　GLARE 材料及主要性能特点[4]

牌　号	子牌号	金属厚度/mm	纤维方向/(°)	主要性能优势
GLARE1		7075 - T6 0.2~0.5	0/0	疲劳,强度,屈服强度
GLARE2	GLARE2A	2024 - T3 0.2~0.5	0/0	疲劳,强度
	GLARE2B	2024 - T3 0.2~0.5	90/90	疲劳,强度

续 表

牌 号	子牌号	金属厚度/mm	纤维方向/(°)	主要性能优势
GLARE 3		2024-T3 0.2~0.5	0/90	疲劳,强度
GLARE4	GLARE 4A	2024-T3 0.2~0.5	0/90/0	疲劳,强度,0°方向
	GLARE 4B	2024-T3 0.2~0.5	90/0/90	疲劳,强度,90°方向
GLARE 5		2024-T3 0.2~0.5	0/90/90/0	冲击,剪切,偏轴性能
GLARE6	GLARE 6A	2024-T3 0.2~0.5	+45/-45	剪切,偏轴性能
	GLARE 6B	2024-T3 0.2~0.5	-45/+45	剪切,偏轴性能

6.2.2 纤维金属层板的结构与分类

如上所述,纤维金属层板由金属与纤维增强复合材料构成,因此可以通过调整各材料组分,如纤维类型、铺层方向、厚度和结构、树脂基体类型及金属基板的种类等[5],对纤维金属层板进行合理优化,以期获得所需的力学性能。纤维金属层板主要以纤维、金属、树脂基体的种类进行分类(图6.2)。

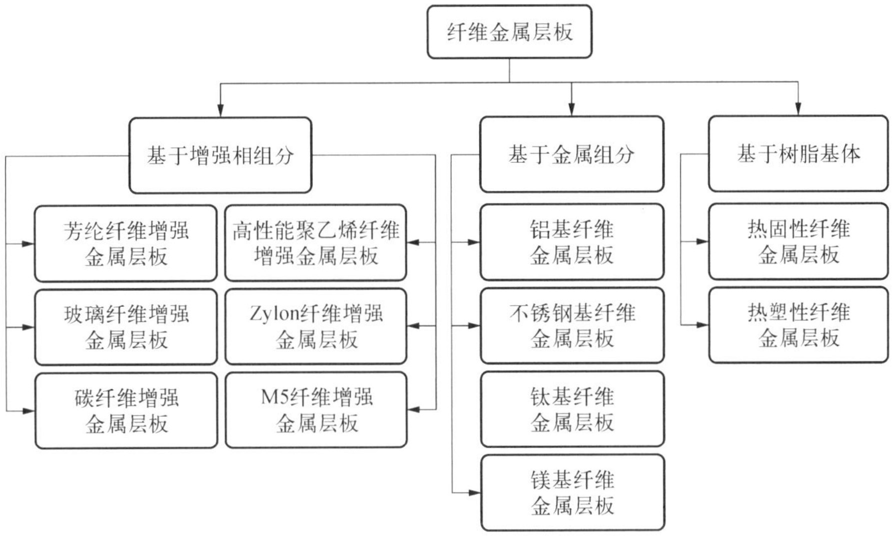

图6.2 纤维金属层板分类示意图

1. 基于纤维分类的FMLs

超混杂复合材料其增强纤维的选择,取决于纤维金属层板应用所需的性能。最初对芳纶纤维、E-玻璃纤维和T300碳纤维进行了试验对比。疲劳试验结果表明,使用芳纶纤维制造的FMLs性能最好,因此在初期的纤维金属层板中就选用了芳纶纤维[6]。

随着玻璃纤维性能的改进,后续又选用玻璃纤维代替芳纶纤维,成功开发了GLARE。相比于ARALL, GLARE材料的耐疲劳特性更好,尤其在承受循环压缩载荷情况下性能表现更优异。此外,玻璃纤维还具有优异的应变率效应,它可以显著增强FMLs的抗冲击性能,这为纤维金属层板的发展及可设计性奠定了重要基础,因此取得了广泛应用。

对于碳纤维,它的种类趋于多样化,从高强度到高模量,这为扩大 FMLs 用增强纤维提供了更多的选择。此外,碳纤维增强金属层板具有更高的强度、模量和更低的裂纹扩展速率。然而碳纤维与金属之间容易产生电化学腐蚀作用,如开发的 CARALL 材料,尽管可以采取一些措施隔离铝合金和碳纤维,如在铝合金表面涂附热塑性聚酰胺醚或在界面插层玻璃纤维预浸料,但是在开孔连接等位置以及疲劳引发的损伤或偶然损伤均有可能使这两种材料产生电化学腐蚀效应,从而增加 CARALL 材料在服役过程中的不确定因素。

除了上面提到的三类增强纤维,也有一些关于其他类型纤维增强金属层板的报道,如高性能聚乙烯纤维(HP - PE)、Zylon 纤维和 M5 纤维。在早些年代,Meyers 和 Roebroeks[7]研究了高性能聚乙烯纤维在 FMLs 中的应用,然而拉伸试验结果并没有显示出高性能聚乙烯纤维增强铝合金层板的优势,其刚度与 ARALL 接近,且由于纤维与树脂基体之间结合强度较弱,易发生压缩失效,因而这项研究便没有再继续进行下去。另一种聚合物纤维——Zylon 纤维,它是一种合成聚苯并恶唑(PBO)纤维,其模量和强度为凯芙拉®(对位芳纶纤维)的两倍,密度与芳纶纤维相当。研究人员把 Zylon 纤维引入到纤维金属层板中,用以改善 FMLs 的力学性能。但是由于 Zylon 纤维预浸料与铝合金热膨胀系数相差悬殊,层板固化后产生的残余应力过高,造成 Zylon 纤维增强金属层板理论上的性能不能得到发挥,其刚度仅与 GLARE 相当。此外,Zylon 纤维的高韧性对复合层板的加工也带来了极大挑战,容易造成加工刀具的磨损,也限制了 Zylon 纤维在 FMLs 中的进一步应用。M5 纤维[8]是一种超高性能刚性棒状聚合物纤维,具有很高的抗压强度和抗压模量,用它来制造 FMLs(简称 M5 - FMLs),预期应具有较好的性能。但是最终的试验结果却显示,与 GLARE 相比,M5 - FMLs 除了抗疲劳特性特别好之外,其他方面的力学性能,如拉伸强度、刚度、缺口强度和剩余强度等并没有显著的提升,甚至有些方面还不如 GLARE,如其拉伸强度比 GLARE 材料要低 30%左右。

2. 基于金属分类的 FMLs

初期阶段,超混杂复合材料主要用于航空航天领域,采用的金属基板多为 2024 - T3 铝合金,后来又引入 7075 - T6 铝合金。相比于前者,7075 - T6 铝合金屈服强度更高,尽管材料本身耐疲劳性能较差,但是制成纤维金属层板后的疲劳寿命显著提升,因而这并没有妨碍基于 7075 - T6 铝合金的纤维金属层板在航空领域的广泛应用[6]。

选择钛合金作为超混杂复合材料的金属基板的原因有多种,包括钛合金密度小、比强度和比刚度更高、耐腐蚀以及耐候性更强等。尤其在高温环境下,结合耐高温聚酰亚胺树脂,新一代 TiGr 层板在 300℃下具有大约 40%的性能保持率。在经受室温至 300℃循环热冲击后仍能保持良好的热稳定性,在发生脱层损伤前可以承受至少上千次热冲击,直至 1 500 次热循环,该 TiGr 层板才开始产生局部分层失效现象。图 6.3 为经受不同次数热冲击后的 TiGr 层板显微形貌[9]。

镁合金是金属结构材料中最轻的金属,属于超轻金属范畴,它的密度只有铝合金的 2/3。另外,镁合金还具有减振降噪和抗电磁干扰特性,这些特质使得镁合金替代铝合金作为超混杂复合材料金属基板成为可能。如采用镁合金代替铝合金与玻璃纤维增强复合材料进行复合,密度相较于 GLARE 材料下降约 25%。但是,除了具备密度低的特质外,纤维增强镁合金层板的比强度和比模量却明显低于纤维增强铝合金层合板,静强度和抗疲

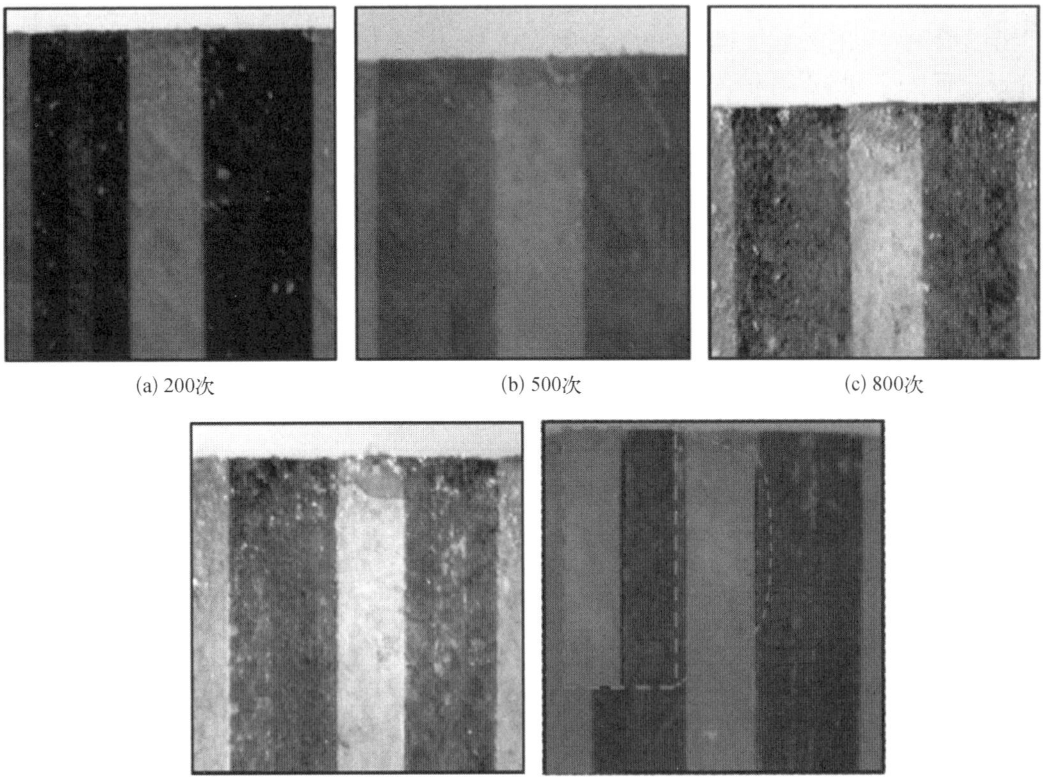

(a) 200次　(b) 500次　(c) 800次

(d) 1 000次　(e) 1 500次

图 6.3　经受不同次数热冲击后的 TiGr 层板显微形貌[9]

劳特性也远远弱于铝合金层合板[10]，因此超轻金属镁合金在 FMLs 方面的应用及实现镁合金层合板商业化仍需大量的探索。

不锈钢/碳纤维增强复合材料层板有望成为 TiGr 的候补材料[5]。从成本方面考虑，不锈钢材料的成本远低于其他轻金属合金如铝合金、镁合金和钛合金等，这为先进复合材料在汽车等民用领域的应用预留了发展空间；除此之外，不锈钢与碳纤维增强复合材料界面的电化学腐蚀问题没有 CARALL 材料突出。与 CARALL 相比，不锈钢/碳纤维增强复合材料层板的力学性能更好，其刚度甚至要优于 TiGr 层板。但是不锈钢密度较大，这一弊端又制约了它作为超混杂复合材料金属基板的使用厚度。如不锈钢基板过厚，这会增加结构件的密度和重量，难以满足材料实现轻量化的目标；不锈钢基板过薄，易发生失稳和屈曲，影响纤维金属层板的承载性能。因此需要采用其他方法解决上述矛盾和问题，如基于优化方法对不锈钢进行截面设计、采用性能更好的高强钢及热成型钢来替换不锈钢基板等。

3. 基于树脂基体分类的 FMLs

树脂基体在超混杂复合材料体系中有粘接金属、传递应力和固定纤维的作用，纤维金属层板的力学性能往往也受到树脂基体种类的影响。传统 FMLs 材料所使用的树脂基体为热固性树脂，它依靠化学交联作用将纤维粘接在一起。常用的热固性树脂有酚醛、环氧及氰酸酯树脂等,粘接力强、强度较高且固化时无挥发物。以热固性树脂为基体制备的超混杂复合材料也称热固性超混杂复合材料。但是,热固性树脂在固化过程中往往需要对制品进行长时间的保温和保压,这严重影响了纤维金属层板的制备效率。相比之下,热塑性超混杂复合材料可以在较短时间内完成固化并成形,材料的生产效率可以显著提升。同时,热塑性树脂的应用使得超混杂层板向可循环利用更迈进一步,这无疑提高了材料的利用效率,是低成本航空航天材料的理想之选。目前用于制造纤维金属层板常用的热塑性树脂有聚醚醚酮、聚醚酰亚胺、聚苯硫醚等,其主要性能如表 6.2 所示。一般而言,热塑性树脂为线型高分子,其断裂韧性和抗冲击性能要明显强于未改性的热固性环氧树脂,由此推知,以热塑性树脂为基体制造的超混杂复合材料理论上将具有更优异的力学性能。

表 6.2 热塑性树脂和热固性树脂力学性能对比[11]

热塑性树脂	拉伸强度 /MPa	杨氏模量 /GPa	断裂伸长率 /%	弯曲性能 /MPa	弯曲模量 /GPa	断裂韧性 /($kJ \cdot m^{-2}$)
聚醚醚酮	103	3.8	40	110	3.8	2.0
聚醚酰亚胺	104	3.0	30~60	145	3.0~3.3	2.5
聚苯硫醚	82	4.3	3.5	96	3.8	0.2
热固性树脂	拉伸强度 /MPa	杨氏模量 /GPa	断裂伸长率 /%	弯曲性能 /MPa	弯曲模量 /GPa	断裂韧性 /($kJ \cdot m^{-2}$)
氰酸酯	88.2	3.17	3.2	173.6	3.1	0.14
双马树脂	83	3.3	2.9	145	3.4	0.2
环氧树脂	59	3.7	1.8	90	3.5	—

6.2.3 纤维金属层板的成形技术

纤维金属层板构件的成形思路一般有两种[12-14]:一类是在固化前或固化时,成形出所需构件;另一类是固化后采取后续成形,成形出所需构件。下面对常用成形技术进行简要介绍。

1. 自成形技术

自成形技术是利用材料自重,将金属与纤维预浸料按照既定次序依次铺放到有曲率的模具中,加热加压固化成形。优点是构件制备与成形实现一体化,缺点是成本高、耗时长。此外,该技术是制备曲率较小的单曲率或双曲率构件较为理想的方法。

2. 滚弯成形技术

滚弯成形是纤维金属层板构件最常用的单曲率成形技术。该技术主要用于锥形和圆形板壳类的成形构件中,其回弹大小主要取决于纤维取向,如滚弯方向与纤维平行,则成形构件回弹较大,与纤维方向垂直,则回弹较小。优点是成本低、生产效率高,缺点是仅适合制备曲率较小的单曲率构件,局限性较大。

3. 拉深成形技术

拉深成形技术是采用拉形机和工作台顶升模具使板料产生不均匀应变或贴合至模具

表面，得到所需构件。该技术一般应用于双曲率成形，但是需要对双曲率构件进行各个方向的拉伸，纤维的变形和断裂极易发生，故应用受限。

4. 喷丸成形技术

喷丸成形是利用高速弹丸撞击 FMLs 构件表面，使构件产生变形的一种无模成形工艺。该技术可以提高构件的抗疲劳和抗应力腐蚀特性，且加工成本低、耗时短、再现性优良，现已被波音、空客公司广泛采用，为飞机整体壁板首选成形方法。

5. 激光弯曲成形技术

激光弯曲成形技术以激光作为热源，应用激光束对金属表面进行扫描加热，所产生的不均匀热应力使得层板发生塑性变形，最终得到所需构件的形状。该技术可以应用于小曲率构件的成形，但是若处理不当易引发较大问题，如金属熔化、复合材料层燃烧等[14]。

6. 冲压成形技术

冲压成形是指依靠压力机和模具对工件施加外力，使之产生塑性变形或分离，从而获得所需形状和尺寸的一种成形工艺。

7. 先进液压成形技术

液压成形是指利用流体介质代替模具传递力实现材料塑性加工成形的方法，分为内高压成形和板料液压成形两种。由于该技术可以实现复杂零件成形，也成为纤维金属层板未来成形工艺的一种发展趋势[9]。

6.3　纤维金属层板的性能

6.3.1　准静态力学性能

1. 拉伸性能

纤维金属层板由纤维增强复合材料与金属交替铺叠而成，其综合了复合材料与金属的力学性能。以典型的 GLARE 层板单轴拉伸为例，如图 6.4 所示，曲线既呈现出与金属类似的屈服现象，又表现出复合材料各向异性的特点[15]。表 6.3 列出了一些 GLARE 材料单轴拉伸测试结果。可以看出，受纤维方向影响，纤维金属层板的拉伸性能具有方向性。GLARE 层板的纵向（沿纤维方向）拉伸极限强度均明显高于 2024 和 7075 铝合金。由于单向纤维复合材料纵向拉伸强度优于金属铝合金，因此沿纤维方向（即纵向）的 GLARE 层板的强度也随之增高。因为 GLARE1 和 GLARE2 中的复合材料均为单向铺层，其横向拉伸强度又弱于铝合金，所以层板横向拉伸性能不但没有铝合金高，反而有所降低。对于 GLARE4，其铺层方式为正交铺层，层板纵向和横向拉伸极限强度相比于铝合金均有所提升。但因为两个方向纤维含量不等，为 2∶1，所以依然是纵向强度比横向高。对于 GLARE3 和 GLARE5，铺层方式为交叉铺层，且两个方向纤维等量，因此层板纵向、横向拉伸强度相等，且均比铝合金高。对于弹性模量的比较，由于玻璃纤维弹性模量较铝合金低，因此 GLARE 层板的拉伸模量比铝板的弹性模量低，其 0.2%拉伸屈服强度也普遍偏低，只有 GLARE1 层板在纵向上的拉伸屈服强度要比铝合金好，但在横向上的 0.2%拉伸屈服强度与铝板相差不大。

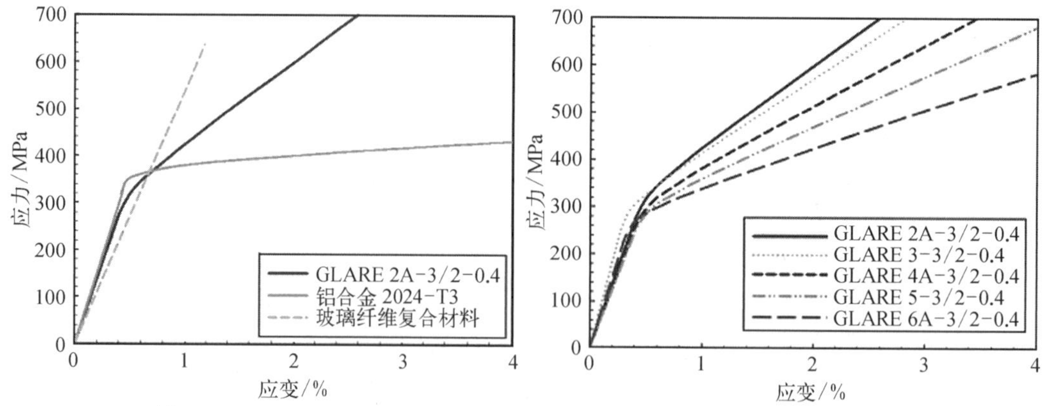

(a) GLARE与组分材料性能对比　　(b) 不同牌号的GLARE性能对比[16]

图 6.4　GLARE 层板单轴拉伸应力应变曲线

表 6.3　GLARE 层板拉伸性能[17]

层板类型	拉伸极限强度/MPa		0.2%拉伸屈服强度/MPa		拉伸弹性模量/GPa	
	0°	90°	0°	90°	0°	90°
GLARE1 3/2	1 282	352	545	333	65	50
GLARE1 2/1	1 077	436	525	342	66	54
GLARE2 3/2	1 214	317	360	228	66	50
GLARE2 2/1	992	331	347	244	67	55
GLARE3 3/2	717	716	305	283	58	58
GLARE3 2/1	662	653	315	287	60	60
GLARE4 3/2	1 027	607	352	255	57	50
GLARE4 2/1	843	554	321	250	60	54
GLARE5 2/1	683	681	397	275	59	59
2024 - T3	455	448	359	324	72	72
7075 - T3	545	545	476	476	69	69

注：GLARE 物理结构命名规则，GLAREX - X/X - X。其中，第 1 个参数 X 代表层板型号；第 2、第 3 个参数 X 代表铝合金薄板和预浸料层数；第 4 个参数 X 代表铝合金薄板厚度。

2. 弯曲性能

与金属材料与纤维增强复合材料不同，在弯曲过程中，纤维金属层板内正应力和剪应力共存，失效模式较传统材料更复杂。在弯曲应力作用下，FMLs 材料的失效模式主要表现为：

（1）由正应力引起的纤维层、金属层破坏；

（2）由剪应力引起的分层失效；

（3）由正应力和剪切应力引起的混合失效[18]，如图 6.5 所示。

界面性能是影响 FMLs 弯曲性能最重要的因素之一，弯曲过程产生的失效也随界面性能的改变而改变。相关学者[19]研究了界面对 GLARE 材料弯曲力学性能的影响，界面性能越强，层板弯曲强度越大，当界面胶层面密度较小时，层板会发生分层现象，当胶层面密度较大时，无明显分层现象。

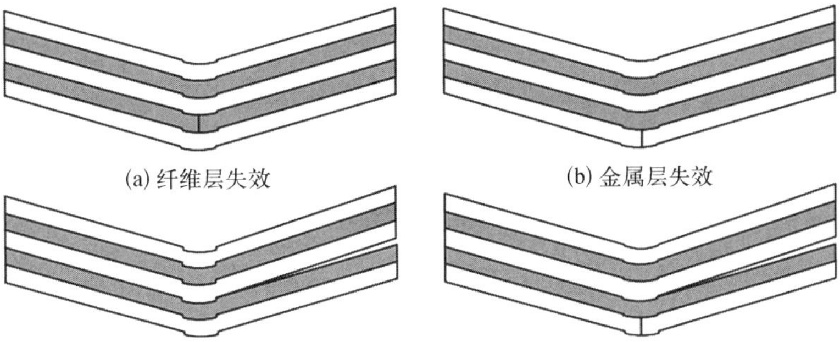

(a) 纤维层失效　(b) 金属层失效

(c) 分层失效　(d) 混合失效

图 6.5　FMLs 弯曲作用失效模式[17]

6.3.2　疲劳性能

疲劳性能是 FMLs 层板最突出的优点之一。与单一金属材料相比，纤维金属层板的疲劳性能及疲劳机理与之有很大的差别。总的来说，纤维金属层板的抗疲劳性能要远优于金属材料，其疲劳裂纹扩展寿命约为金属板的 10 倍以上。以典型的 GLARE 材料为例，其损伤的模式主要表现为金属层的疲劳裂纹扩展及界面分层扩展。图 6.6 中，铝合金的裂纹扩展速率随裂纹长度的增加而快速增长，而 GLARE 复合材料的裂纹扩展速率较为稳定[20]。对于纤维金属层板，其疲劳寿命主要取决于裂纹扩展阶段的寿命，而单一金属材料裂纹扩展阶段的寿命只占总寿命的百分之几[17]，且破坏一般具有突发性[21]。究其原因，由于纤维的强度和模量较大，疲劳裂纹在金属面内进行扩展时，纤维并不会发生整体断裂，此时的纤维增强复合材料层会通过纤维的桥接应力作用，将金属的部分承载力过渡

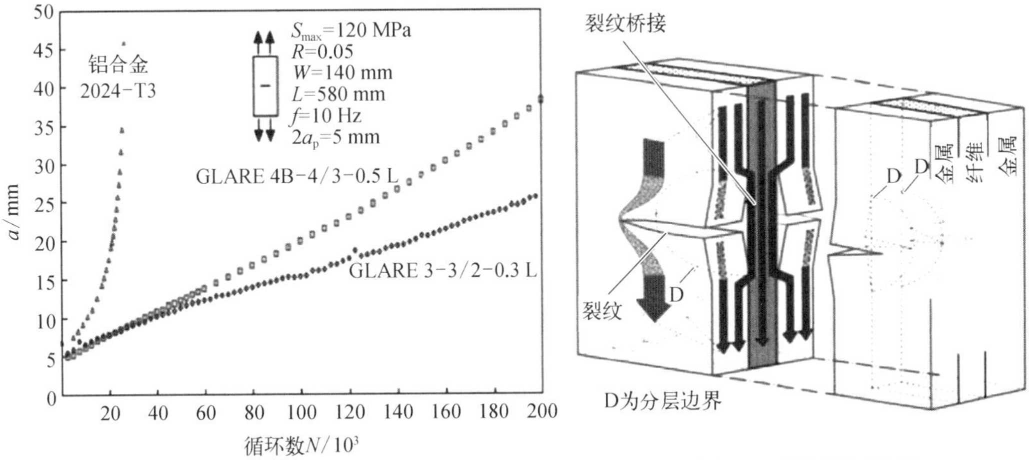

(a) 铝合金与GLARE材料疲劳性能对比　(b) FMLs裂纹扩展示意图

图 6.6　FMLs 层板的疲劳性能[22, 23]

到纤维增强复合材料层，从而有效地减小了裂纹前沿张开的位移和载荷，降低了裂纹尖端的应力强度因子，抑制了裂纹的快速扩展，提高了纤维金属层板的寿命。

6.3.3 冲击性能

纤维金属层板综合了金属与纤维增强复合材料的优势，具有非常优异的抗冲击性能。以 GLARE 为例，图 6.7 可看出纤维金属层板的抗冲击性能最好，尤其在高速冲击过程中。其机制为：一方面 GLARE 层板在损伤发生的过程中，铝合金层产生塑性变形吸收冲击能量[24]；另一方面，玻璃纤维层具有较高的断裂应变，它的高应变率效应进一步提高了 GLARE 材料的应变硬化，尤其是在高速冲击情况下，因而 GLARE 抗冲击性能要远优于铝合金。此外，对于纤维金属层板，由冲击损伤产生的塑性变形凹坑具有可视化的优点，有利于损伤检测，而对于复合材料，其冲击损伤具有隐蔽性，不易察觉[25]。

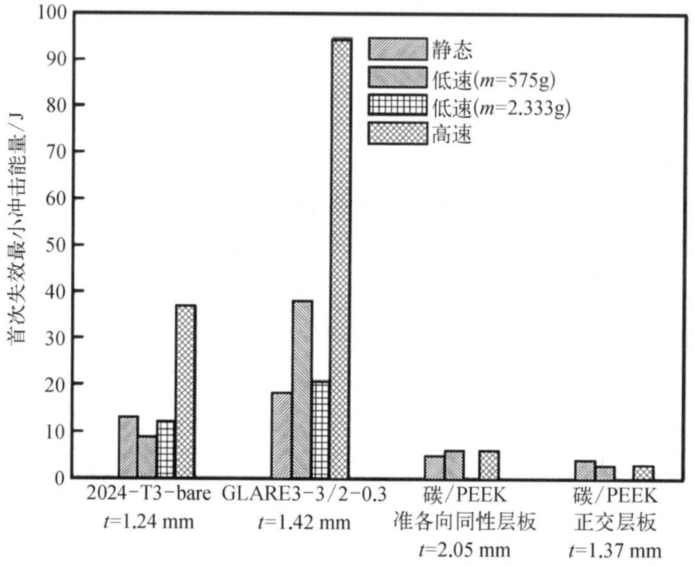

图 6.7 GLARE 的冲击性能[24]

6.3.4 层间力学性能

由于纤维复合材料和金属热膨胀系数不同，FMLs 中容易产生热失配问题，异质界面力学性能被削弱。在承受面外载荷时，FMLs 层板极易发生分层损伤扩展现象，这几乎是所有 FMLs 材料面临的共性问题。对于纤维金属层板，层间力学性能的评价方法有多种，主要包括Ⅰ型层间断裂韧性、Ⅱ型层间断裂韧性、层间剪切强度和单搭接强度等。在试验测试方面，到目前为止尚未有统一标准，但一些研究主要参照纤维增强复合材料的测试标准进行测试，如双悬臂梁、端部缺口弯曲试验、短梁剪切和单搭接试验等。

为了改善纤维金属层板异质界面力学性能，可以从金属表面改性和界面插层技术两个方面着手考虑。对于前者，方法主要包括：

（1）机械表面处理；

（2）化学刻蚀；

（3）电化学表面处理；

（4）硅烷化处理；

（5）其他先进表面处理技术等[5, 26, 27]。

如 Yu 等[28]发现喷砂与阳极氧化协同处理可以显著改善钛合金与碳纤维复合材料（Ti/CFRP）界面的力学性能。在此基础上继续对复合材料进行改性，性能进一步提升（图6.8）。对于后者，界面插层通常指在层压复合材料相邻界面插入一个中间层。这个特殊的中间层可以促进裂纹偏转、纤维桥接及裂纹尖端塑性区的形成，进而改善层压复合材料的层间力学性能[29]。如 Ning 等[30]结合酸刻蚀表面处理与界面插层碳纳米纤维 VGCF（vap grown carbon fiber，气相生长碳纤维）对 GLARE 层间力学性能进行改进，Ⅱ型层间断裂韧性提升了 385%。如图 6.9 为层间增韧机制，包括裂纹偏转、VGCF 拔出和断裂，这些机制均有利于能量的耗散。Zarei[31]通过界面插层尼龙纳米纤维膜使 GLARE 的冲击损伤面积减少 62%（图 6.10），层板抗冲击性能的提升主要归因于界面插层对层间力学性能的改善作用。

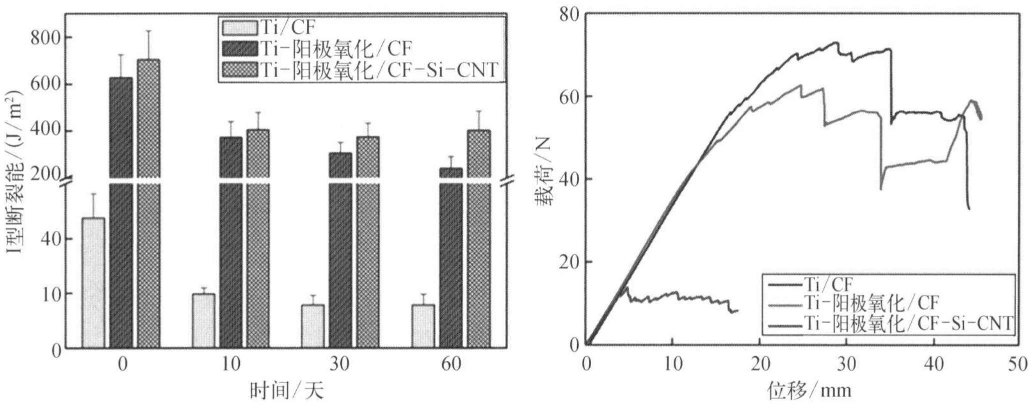

(a) Ⅰ型断裂韧性 (b) Ⅰ型载荷位移曲线

图 6.8 Ti/CFRP 界面力学性能[5]

(a) 裂纹偏转 (b) VGCF拔出与断裂

图 6.9 GLARE 层间增韧机制[30]

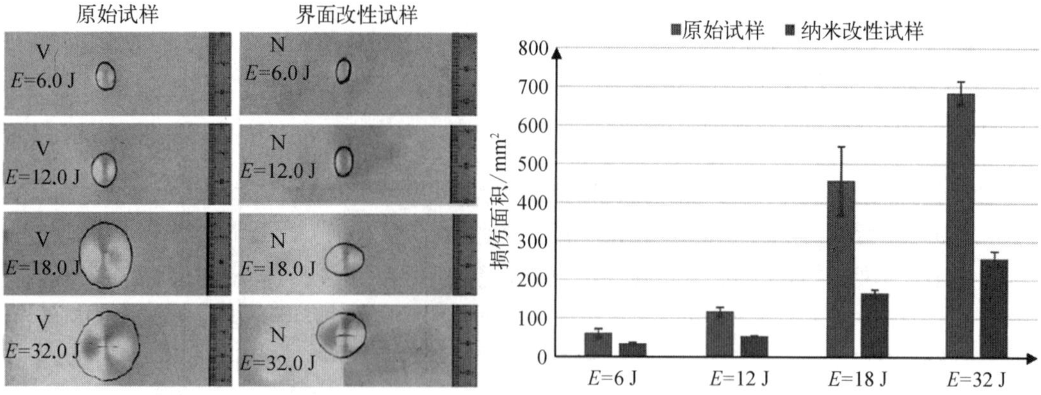

(a) GLARE受冲击后损伤区域　　(b) 损伤面积对比

图 6.10　GLARE 冲击后损伤图及损伤面积[31]

6.3.5　其他性能

FMLs 层板其他特性如环境耐久性，包括抗腐蚀性能和阻燃性能等，同样表现优异。

研究表明 FMLs 层板的耐腐蚀性是单一金属的 5 倍[32]。FMLs 层板中的树脂组分稳定性较好且可以有效地抵抗酸碱的刻蚀，而作为连续增强相的纤维通常为耐酸碱特性和疏水特性的高强纤维，两种组分的存在可以有效抑制腐蚀成分的聚集和扩散，削弱酸碱成分对金属的腐蚀。同时 FMLs 独特的混杂结构，对金属的叠层封装有效地隔离和减少了腐蚀位点，显著地提升了 FMLs 层板的耐腐蚀性。

FMLs 层板阻燃性能也较为优异，主要归因于优异的材料组分性能和其独特的铺层设计。层板中树脂组分通常具有较高的热稳定和阻燃性，热分解温度高达 450℃，外加阻燃剂的情况下，极限氧指数提高，使得易燃的固化物变换为不易燃的固化物。层板中纤维组分耐温性和阻燃性更为突出，如玻纤和碳纤的熔点均超过了 1 000℃。层板中的金属部分，通常为铝合金、钛合金等，熔点相对较高，这也从材料本身确保了 FMLs 突出的阻燃性[32]。另一方面，从铺层设计方面考虑，当层板遇到火焰，外层金属熔化，第二层纤维碳化阻止了火焰进一步穿透层板，同时由于热膨胀系数不同引起分层，形成空气层隔离热量。这也能提高层板的阻燃性能[33]。

6.4　纤维金属层板的计算分析方法

金属材料和纤维增强树脂基复合材料的应力应变响应及失效机理研究都比较多且相对较为成熟，而 FMLs 的力学性能和失效行为研究还处于起步阶段。目前对于 FMLs 层板的性能预测方法主要有解析法与数值计算方法如有限元法等。

6.4.1　解析计算方法

1. *经典层合板理论*(classical laminate theory, CLT)

通过经典层板理论可以推知纤维金属层板的应力-应变关系，即层板的刚度。对于

一般正交各向异性层板，当面内载荷作用在材料主方向时，层板的广义力和广义应变关系为

$$\begin{bmatrix} N \\ M \end{bmatrix} = \begin{bmatrix} A & B \\ B & D \end{bmatrix} \begin{bmatrix} \varepsilon^0 \\ k \end{bmatrix} \tag{6.1}$$

式中，N 和 M 分别为层板单位长度的内力和内力矩；ε^0 和 k 为中面应变和中面扭曲率；A、B、D 分别称为面内刚度矩阵、耦合刚度矩阵和弯曲刚度矩阵。当考虑有金属层的存在，展开形式增加了金属层的刚度矩阵，即

$$\left.\begin{aligned} A_{ij} &= \sum_{k=1}^{n} \bar{Q}_{ij}^{k}(h_k - h_{k-1}) + \sum_{k=1}^{n_{\mathrm{m}}} \bar{Q}_{ij,\,\mathrm{m}}^{k}(h_k - h_{k-1}) \\ B_{ij} &= \frac{1}{2}\left[\sum_{k=1}^{n} \bar{Q}_{ij}^{k}(h_k^2 - h_{k-1}^2) + \sum_{k=1}^{n_{\mathrm{m}}} \bar{Q}_{ij,\,\mathrm{m}}^{k}(h_k^2 - h_{k-1}^2) \right] \\ D_{ij} &= \frac{1}{2}\left[\sum_{k=1}^{n} \bar{Q}_{ij}^{k}(h_k^3 - h_{k-1}^3) + \sum_{k=1}^{n_{\mathrm{m}}} \bar{Q}_{ij,\,\mathrm{m}}^{k}(h_k^3 - h_{k-1}^3) \right] \end{aligned}\right\} \quad (i, j = 1, 2, 6) \tag{6.2}$$

式中，h_k 和 h_{k-1} 为第 k 层上下表面的坐标值，见图 6.11；$Q_{ij,\,\mathrm{m}}$ 为金属层的刚度矩阵。

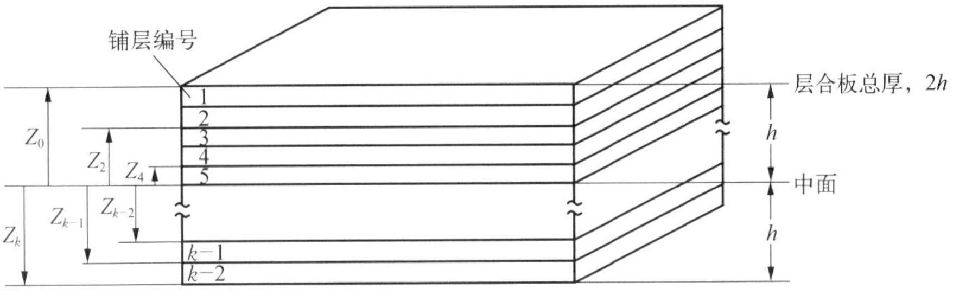

图 6.11　层合板示意图

2. *层合板理论解的扩展*

由于 FMLs 层板中金属的弹塑性应力应变关系与纤维复合材料的本构关系的差异，传统的基于线弹性理论的层合板理论已经不能分析纤维金属层板的非线性材料力学响应，因此需要对经典层板理论进行扩展以适用于 FMLs 混杂层板。通过引入金属塑性流动法则和复合材料失效可以得到改进的层合板理论。但目前只能得到简单情形下的解析解，且一般以增量的形式表示，可以通过迭代方法进行求解[34]。对于更复杂的情况，可以采用数值模拟的方法进行分析。研究者基于修正的经典层板理论建立了考虑金属层塑性和预浸料层损伤的理论本构模型，模拟预测了 GLARE 层板的轴向弹性模量、断裂强度和

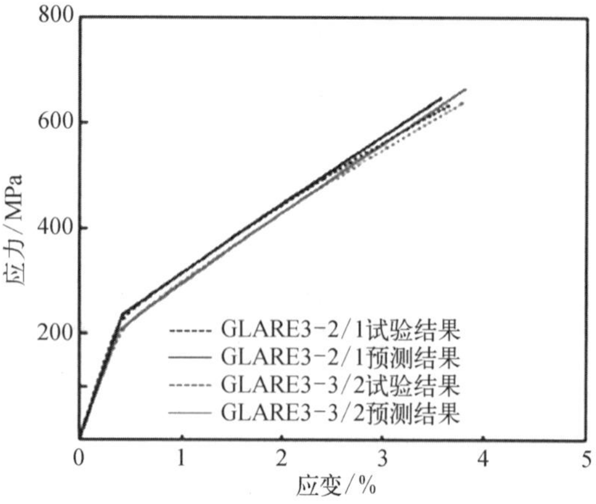

图 6.12 GLARE 层板在单轴拉伸载荷下的应力-应变曲线[35]

应力-应变曲线，并与测试结果进行了对比分析[35]。图 6.12 给出了拉伸载荷下 GLARE 板的应力-应变曲线，可以看出理论预测与试验数据较为吻合。

6.4.2 数值计算方法

纤维金属层板由异质材料构成，在外载荷作用下，FMLs 层板的失效往往从细观层面上材料组分的初始损伤开始，逐步扩展到结构的宏观破坏。与复合材料相似，其破坏过程是一个从细观到宏观的多尺度渐进破坏的过程，失效特征复杂且多变。另外，随着复合材料技术的进步，传统的基于层合板理论的解析法已经无法准确计算复杂 FMLs 层板的力学响应和失效问题。而有限元模拟可对损伤破坏过程进行实时存档记录和查看应力应变分布状况等，是现有预测纤维金属层板力学性能的主要手段。针对 FMLs 层板力学响应，主流的数值分析方法为渐进损伤分析方法。

1. 渐进损伤分析分析方法

渐进损伤方法，可以追踪材料结构的损伤起始直到极限失效，预测结构的初始破坏强度和极限失效强度，其对于复合材料结构设计技术的提升具有重要意义。如图 6.13 为渐进损伤分析法的流程图。其中，选择合理的失效准则和损伤演化模型在整个分析流程中极为重要，它决定了渐进失效分析的准确性[36]。FMLs 失效特征较为复杂，主要包括复合材料的损伤与断裂、金属的损伤与断裂、复合材料-复合材料界面分层、复合材料-金属界面分层 4 种失效模式。除了上述单一的失效模式外，FMLs 层板还可能发生混合型失效模式破坏。而且，不同的失效模式存在一定的次序和作用关系。下面对纤维金属层板各组分包括界面的失效准则和损伤演化模型进行简要介绍。

2. 复合材料的失效准则和损伤演化规律

复合材料的失效准则可以选用最大应力/应变准则、Tsai-Hill 准则、Hoffman 准则、2D/3D Hashin 和 Puck 准则以及与细观模型结合的失效准则等。其中前几种失效准则是基于唯象学模型构建，虽然可以较为准确地预测复合材料的强度破坏值，但是不能解释破坏机理。而 2D/3D Hashin 准则和 Puck 准则可以判别损伤失效模式，尤其 2D Hashin 准则应用较为广泛，已被通用有限元软件集成。最后一类失效准则则是从细观角度考虑了材料结构的失效。但是目前复合材料失效理论中没有哪一种失效准则可以对所有情形的损伤和破坏进行完美的预测，因此需要对失效准则进行适用性验证。

当应力满足失效准则，复合材料的损伤开始发生。损伤起始之后，材料进入损伤演化阶段，刚度减小，目前研究通常用退化因子 d 描述材料的损伤程度：$C_{ij}^{d} = d \cdot C_{ij}$。根据失效后材料性能退化方式不同，可以采用突然退化模型和连续退化模型进行表征。

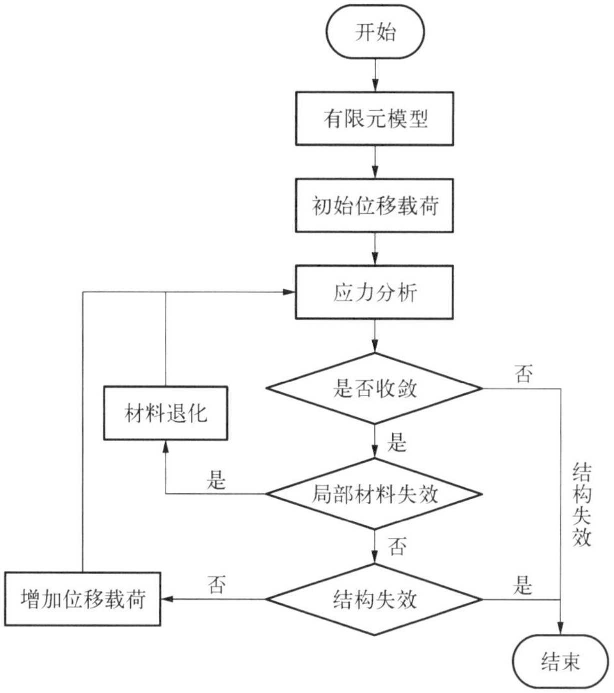

图 6.13　渐进损伤方法流程图[36]

突然退化模型是一种瞬间卸载的模型，损伤区内弹性参数退化为零或者以常值折减，实现起来较为容易。因此该类模型被广泛使用。连续退化模型反映材料损伤后刚度是逐渐下降的，理论复杂，较为困难，但是与实际情况更为接近。目前的研究更多地关注连续退化模型[36]。

3. 金属的失效准则和损伤演化规律

纤维金属层板中的金属材料通常为延性金属，所对应的失效模型为渐进损伤失效模型。当然涉及动态、瞬态加载情况时，即高应变率变形，则需要联合动态失效模型和渐进失效模型进行研究。如图 6.14 为金属典型的应力应变响应曲线，表现出屈服应力的软化和弹性降阶两种损伤形式（实线代表损伤应力-应变响应，虚线代表没有损伤的应力-应变响应）。金属的损伤起始准则包括延性失效准则、剪切失效准则等[37]。

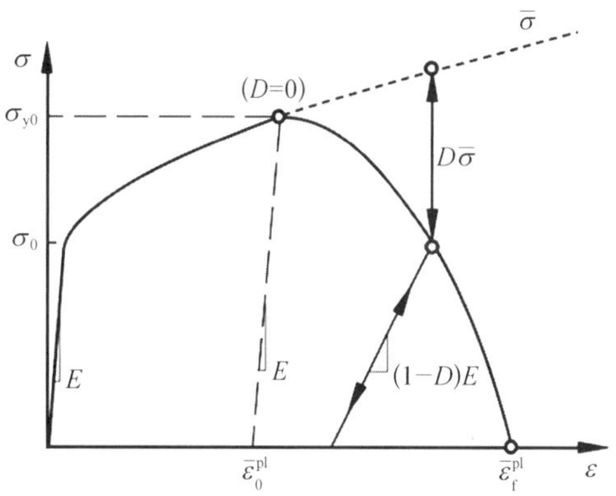

图 6.14　金属渐进损伤条件下的单轴拉伸应力-应变关系[37]

当金属材料满足损伤失效准则后进入损伤演化阶段。损伤演化规律可以采用基于等效塑性位移形式或断裂能耗散 G_f 进行定义。这两种形式都考虑了单元的特征长度，以降低模拟过程中网格的相关性[37]。

4. 界面的失效准则和损伤演化规律

分层是 FMLs 重要的损伤形式之一。而分层界面的张力-位移关系可以通过内聚力模型进行描述。目前内聚力本构主要有双线性本构、梯形本构、多项式本构以及指数型本构。其综合了损伤力学和断裂力学的思想,既可以有效描述分层起始又可描述裂纹分层扩展过程。对于界面内聚区损伤起始准则,目前常用的有最大应力准则、最大应变准则、二次应力失效准则、二次应变失效准则等。对于裂纹扩展的预测通常采用断裂力学的方法实现。在纯Ⅰ型、Ⅱ型和Ⅲ型加载模式下,可通过能量释放率与对应模式下的断裂韧度之间的大小来判断,当能量释放率 G_i 大于对应模式下断裂韧度 G_{iC} 时发生分层扩展,反之无扩展。然而混合模式加载下,单一模式的分层扩展准则不再适用,混合模式下的裂纹扩展准则常用的有 B - K 准则和 Power 准则等[36]。

6.5 纤维金属层板的应用

20 世纪 70~80 年代,由于航空航天领域的需要,在设计和制造高性能复合材料方面提出了更高的要求,除了满足轻质高强的基本条件外,还需特别关注其疲劳性能和损伤容限。传统的金属材料如铝合金、钛合金等,抗冲击性和延展性良好、易于加工成形,但其耐疲劳和抗腐蚀性较弱;纤维增强复合材料比强度、比刚度、耐疲劳和耐腐蚀性能均比较突出,但是在冲击性能和损伤容限方面的表现却不尽如人意,同时受湿热环境影响也较大。显然,对于一些特定结构采用单一材料进行结构设计已经不能满足航空领域的发展需求。为此,新型复合材料——纤维金属层板应运而生,并在航空航天、汽车等领域得到了广泛应用。下面列举了纤维金属层板在不同领域应用的例子。

1. 航空航天领域

纤维金属层板在航空航天领域得到了广泛的应用,但主要集中在 ARALL、GLARE、TiGr 的应用。对于 ARALL 来说,荷兰福克(Fokker)飞机公司从 1985 年开始尝试在 F-27 机翼壁板上使用 ARALL。试验结果表明,相比于原来的铝合金结构件,采用 ARALL 层板后,重量减轻 33%,疲劳寿命提高了 3 倍。美国道格拉斯(Douglus)公司采用 ARALL 层板制造了 C-17 大型军用运输直升机的货仓舱门,达到了减重 26%的显著成效。对于 GLARE 层板,其应用范围则更广。空客(Airbus)公司首先将其用在 A330/A340 机身舱段,完成 10 万次飞行疲劳测试之后,又人为制造了冲击损伤,其剩余强度试验结果仍能满足设计要求。空客 A380 的上机身共使用了 27 块 GLARE 层板,面积多达 470 多平方米,使 A380 减重约 800 kg。美国波音(Boeing)公司将 GLARE 层板用于 757 和 777 机舱地板,使结构重量减轻了 30%,并实现了更好的经济效益。新一代的 TiGr 层板凭借其优异的力学性能以及疲劳性能现已成功在波音 787 的机翼上得到了应用,同时,TiGr 层板以其优异的耐高温性能,成为下一代超声速飞机以及战斗机的重要选材对象。表 6.3 中简单列举了纤维金属层板在航空航天领域应用的部分例子。

表 6.3　纤维金属层板在航空航天领域的应用[14]

序　号	材　料	应 用 场 合	应　用　效　果
1	ARALL	F－27 机翼蒙皮	相比铝合金重量减轻 33%,疲劳寿命提高 3 倍
		C－17 的后货舱门蒙皮	减重 26%
		C－130 襟翼下蒙皮	2 000 以上的飞行小时未发生任何碰撞破坏或声疲劳裂纹
2	GLARE	A330/A340 机身舱段	进行 10 万次飞行试验,未发现损伤;人为制造冲击损伤后剩余强度仍可以满足设计要求
		A380 机身上壁板、垂尾前缘和平尾前缘、整流板、整流罩等	减重达 800 kg
		波音 757 和波音 777 机舱地板	减重约 30%,实现了更好的经济效益
3	TiGr	V－22 发动机舱门、波音 787 机翼蒙皮的 J－Nose	获得了更优异的强度、刚度与耐高温性能

2. 汽车领域

鉴于汽车领域节能减排以及电动化的发展,对轻量化提出了更高的要求,汽车领域也逐步考虑采用一些低成本的复合材料来进一步提升产品轻量化水平。FMLs 以及由复合材料和金属构成的超混杂结构兼顾成本的同时又具有高的比强度和比刚度以及优良的疲劳性能和高损伤容限,同时还具有相比单种材料更好的吸能特性。通过适当的材料与结构设计,既能用作板类覆盖零件又能用于梁等主承力零件,此外还具有载荷适应设计、便于与金属零件连接以及可采用现有冲压设备进行高效成型制造等优势在汽车工业具有非常良好的应用前景。如德国 ThyssenKrupp 公司成功开发了一种钢材与高分子混杂的复合材料,并应用到了大众汽车的引擎盖上,该材料可以在保持同等性能和更低成本的前提下减重 20%~40%。宝马公司新推出的宝马 7 系汽车 B 柱巧妙地采用了碳纤维复合材料/钢一体化设计,实现减重 2.8 kg 且保持了优异的力学和碰撞性能。国内方面,北汽新能源纯电动汽车 ARCFOX－1 采用的是碳纤维+铝合金混合结构设计,奇瑞新能源纯电动车“小蚂蚁”整车结构基于“全铝空间架构+全复合材料外覆盖件”设计。此外,热塑性超混杂复合材料由于其可回收利用及高效热模压成型也受到了广泛的关注。以色列 Manna Laminates 公司推出了适合电动汽车应用的热塑性纤维金属层板。该系列产品采用先进的编织织物增强热塑性片材或铺放的单向带与金属复合制成,可根据部件或行业要求而定制,从而可以用于电池壳以及典型的车身部件,如横梁、纵梁、车轮支架及其他部件。

6.6　总结与展望

FMLs 因其具有高比强度和比刚度、优良的疲劳性能以及高损伤容限,在航空航天领域获得了极大关注。随着先进复合材料在航空航天上的应用研究进一步深化,新一代纤维金属层板将在大型飞机及其他先进航空航天器中得到更多的应用。随着各领域对 FMLs 相关研究的不断深入,FMLs 的综合性能评价技术将进一步完善,其具有的相关重要特性会得到进一步的揭示和阐述,进而促进新型纤维金属层板的升级与改进。新一代纤维金属层板的成熟与完善将使 FMLs 在航空航天、轻量化汽车及其他高科技领域获得更多的应用空间。

习题与思考题

1. 什么是纤维金属层板？有哪些种类？
2. 尝试对比 ARALL、GLARE、CARALL 和 TiGr 层板的优缺点。
3. 纤维金属层板在各种工程结构中有哪些应用？能否举一些例子？
4. 简要阐述纤维金属层板的成形技术。
5. 简要说明纤维金属层板的基本特性，以及其相比于纤维复合材料和金属有哪些优点。
6. 简要阐述纤维金属层板渐进失效分析方法的步骤。

参考文献

[1] 吴志恩. 纤维金属层板在飞机制造中的应用及工艺性分析[J]. 航空制造技术，2013, 421(z1): 137－139.

[2] 王永贵，梁宪珠. 纤维金属层板技术与大型飞机[C]. 北京: 第十八届玻璃钢/复合材料学术年会，2010.

[3] 曹增强. 纤维金属层板及其在飞机结构中的应用[J]. 航空制造技术，2006, 6: 60－62.

[4] 韩奇钢，孙延标，杨文珂，等. 纤维/金属层状复合材料的研究及应用进展[J]. 精密成形工程，2019, 11(1): 17－24.

[5] Kazemi M E, Shanmugam L, Yang L, et al. A Review on the hybrid titanium composite laminates (HTCLs) with focuses on surface treatments, fabrications, and mechanical properties[J]. Composites Part A: Applied Science and Manufacturing, 2020, 128: 105679.

[6] 赵祖虎. 航天用纤维增强金属层合板[J]. 航天返回与遥感，1996, 17(1): 42－50.

[7] Meyers L, Roebroeks G. De HP-PE vezel, enkele experimenten[G]. Technische Hogeschool Delft, Luchtvaart en Ruimtevaarttechniek, 1986.

[8] Van der Jagt O, Beukers A. The potential of a new rigid-rod polymer fiber (M5′) in advanced composite structures[J]. Polymer, 1999, 40(4): 1035－1044.

[9] 陶杰，李华冠，潘蕾，等. 纤维金属层板的研究与发展趋势[J]. 南京航空航天大学学报，2015, 47(5): 626－636.

[10] Alderliesten R, Rans C, Benedictus R. The applicability of magnesium based fiber metal laminates in aerospace structures[J]. Composites Science and Technology, 2008, 68(14): 2983－2993.

[11] 王兴刚，于洋，李树茂，等. 先进热塑性树脂基复合材料在航天航空上的应用[J]. 纤维复合材料，2011, 2: 44－47.

[12] 郑兴伟，卢佳，庄欣，等. 航空用玻璃纤维铝合金层板成形技术研究进展[J]. 材料导报，2018, 32(S2): 413－418.

[13] 李华冠. 玻璃纤维-铝锂合金超混杂复合层板的制备及性能研究[D]. 南京: 南京航空航天大学，2016.

[14] 王一凡. Al/SRPP 和 Al/UHMWPE 纤维金属层板冲压成形性能研究[D]. 南京: 南京航空航天大学，2018.

[15] 吴素君,解晓伟,晋会锦,等.纤维金属层板力学性能的研究现状[J].复合材料学报,2018, 35(4): 733-747.

[16] Soltani P, Keikhosravy M, Oskouei R, et al. Studying the tensile behaviour of GLARE laminates: A finite element modelling approach[J]. Applied Composite Materials, 2011, 18(4): 271-282.

[17] Vlot A, Gunnink J W. Fiber metal laminates: An introduction[M]. Dordrecht: Springer, 2001.

[18] Chen Y, Wang Y, Wang H. Research progress on interlaminar failure behavior of fiber metal laminates [J]. Advances in Polymer Technology, 2020(4/5): 1-20.

[19] Li H, Hu Y, Fu X, et al. Effect of adhesive quantity on failure behavior and mechanical properties of fiber metal laminates based on the aluminum-lithium alloy[J]. Composite Structures, 2016, 152: 687-692.

[20] 吴学仁,郭亚军.纤维金属层极疲劳寿命预测的研究进展[J].力学进展,1999, 29(3): 304-316.

[21] 沈观林,胡更开.复合材料力学[M].北京:清华大学出版社,2006.

[22] Alderliesten R, Homan J. Fatigue and damage tolerance issues of GLARE in aircraft structures[J]. International Journal of Fatigue, 2006, 28(10): 1116-1123.

[23] Khan S, Alderliesten R, Benedictus R. Delamination growth in fiber metal laminates under variable amplitude loading[J]. Composites Science and Technology, 2009, 69(15-16): 2604-2615.

[24] Wu G, Yang J M. The mechanical behavior of GLARE laminates for aircraft structures[J]. The Journal of The Minerals, Metals and Materials Society (TMS), 2005, 57(1): 72-79.

[25] Sinke J. Development of fiber metal laminates: Concurrent multi-scale modeling and testing[J]. Journal of Materials Science, 2006, 41(20): 6777-6788.

[26] Molitor P, Young T. Adhesives bonding of a titanium alloy to a glass fiber reinforced composite material [J]. International Journal of Adhesion and Adhesives, 2002, 22(2): 101-107.

[27] Nguyen A T, Brandt M, Feih S, et al. Pin pull-out behaviour for hybrid metal-composite joints with integrated reinforcements[J]. Composite Structures, 2016, 155: 160-172.

[28] Kazemi M E, Shanmugam L, Yang L, et al. A review on the hybrid titanium composite laminates (HTCLs) with focuses on surface treatments, fabrications, and mechanical properties[J]. Composites Part A: Applied Science and Manufacturing, 2020, 128: 105679.

[29] 郑楠.纳米相层间增韧碳纤维/环氧复合材料研究[D].哈尔滨:哈尔滨工业大学,2017.

[30] Ning H, Weng S, Hu N, et al. Mode-Ⅱ interlaminar fracture toughness of GFRP/Al laminates improved by surface modified VGCF interleaves[J]. Composites Part B: Engineering, 2017, 114: 365-372.

[31] Zarei H, Brugo T, Belcari J, et al. Low velocity impact damage assessment of GLARE fiber-metal laminates interleaved by Nylon 6, 6 nanofiber mats[J]. Composite Structures, 2017, 167: 123-131.

[32] 武肖鹏. GFRP/铝合金超混杂复合材料层间力学性能改进研究[D].重庆:重庆大学,2020.

[33] 陈琪,关志东,黎增山. GLARE层板性能研究进展[J].科技导报,2013, 31(7): 50-56.

[34] Iaccarino P, Langella A, Caprino G. A simplified model to predict the tensile and shear stress-strain behaviour of fibreglass/aluminium laminates [J]. Composites Science and Technology, 2007, 67(9): 1784-1793.

[35] 佟安时,谢里阳,白恩军,等.纤维金属层板的静力学性能测试与预测模型[J].航空学报,2017, 38(11): 202-210.

[36] 赵丽滨.先进复合材料连接结构分析方法[M].北京:北京航空航天大学出版社,2015.

[37] ABAQUS. ABAQUS 6.14 Documentation[Z]. Dassault Syst Provid Google Scholar, 2014.

第 7 章 高性能轻质金属基复合材料

学习要点：

(1) 理解金属基复合材料的定义、组成与分类；
(2) 理解金属基复合材料中界面的分类与特性；
(3) 理解金属基复合材料中纤维增强体临界长径比的概念与推导方法；
(4) 理解金属基复合材料各强化机制的内涵，了解各强化机制的计算方法；
(5) 了解不同金属基复合材料制备方法的制备流程及其适用范围；
(6) 了解金属基复合材料的力学性能和热物理性能特点；
(7) 了解轻金属基复合材料的应用场景及性能优势。

7.1 引　　言

金属基复合材料(metal matrix composites, MMCs)是在金属或合金基体中加入可控含量的纤维、晶须或颗粒，经人工复合而成的复合材料。金属基复合材料集高比模量、高比强度、良好的导热导电性、可控的热膨胀系数以及良好的耐磨性能和高温性能于一体，同时还具有可设计性和一定的二次加工性，是一种先进的高性能材料[1]。轻质金属基复合材料一般是指以镁合金、铝合金和钛合金为基体的金属基复合材料，在航空航天领域有重要的应用需求[2]。

在 20 世纪 60 年代，为了探索提高金属材料使用性能的新途径，也为了提高金属材料的比强度、比刚度，适应航空航天技术发展的需要，开始了金属基复合材料研究，而且主要力量集中在钨和硼纤维等增强铝基复合材料[3]。而在 20 世纪 70 年代，由于许多复合体系的界面处理问题难以解决，且增强体品种规格较少、复合工艺难度大、成本高，限制了金属基复合材料的发展。但是，在 20 世纪 80 年代，科学技术的发展，特别是航空航天和核能利用等高新技术的发展，要求材料具有高比强度和刚度、耐磨损、耐腐蚀、并能耐一定高温，在温度较剧烈变化时有较高的化学和尺寸稳定性，促进了对金属基复合材料的研究和应用，镁基、铝基、钛基、铜基、铁基复合材料先后进入实用化研制阶段。此外，耐高温的金属间化合物基复合材料也得到迅速的发展。

7.2　原材料

金属基复合材料主要由三部分组成：金属基体、增强体和基体/增强体界面。基体材料是金属基复合材料的重要组成部分，是增强体的载体，在复合材料中占有很大的体积分数。金属基体的力学性能和物理性能将直接影响复合材料的力学性能和物理性能。在选择基体材料时，应根据合金的特点和复合材料的用途确定基体合金种类，例如，航天航空领域的飞机、卫星、火箭等壳体和内部结构要求材料的重量轻、比强度和比模量高，可以选择镁合金、铝合金等轻合金作为基体；航空航天发动机和高速飞行器中某些构件要求材料的重量轻、比强度和比模量高，耐高温性能好，可以选择钛合金等轻合金作为基体。高性能增强体是金属基复合材料的关键组成部分，复合材料的特殊性能和功能主要来源于高性能增强体。在选择增强体时应主要考虑其强度、刚度、制造成本、与基体的相容性、高温性能、导热和导电性等。金属基复合材料的界面是指金属基体和增强体之间的结合区域。在金属基复合材料的制造和使用过程中，基体和增强体可能发生化学反应生成化合物或者基体与增强体互扩散形成扩散层等。界面对复合材料的性能影响很大，因此要控制界面反应使复合材料具有合适的界面。

金属基复合材料按增强体的特点，可分为使用连续长纤维增强的连续增强金属基复合材料和使用颗粒、晶须、短纤维增强的非连续增强金属基复合材料两大类。连续增强金属基复合材料由于纤维是主要承力组元，因此具有很高的比强度与比模量，在单向增强的情况下具有强烈的各向异性。连续增强体主要有碳及石墨纤维、碳化硅纤维（包括钨芯及碳芯化学气相沉积丝）和先驱体热解纤维、硼纤维（钨芯）、氧化铝纤维、不锈钢丝和钨丝等。由于纤维价格昂贵，制造工艺复杂，在一定程度上限制了连续增强金属基复合材料的实际应用。非连续增强金属基复合材料的金属基体仍起着主导作用，增强体的加入对复合材料的强度提高不大，但其刚度、耐磨性、高温性能等有很大提高[4]。非连续增强体的价格较低，并且非连续增强金属基复合材料的制造工艺相对来说较简单，可以在现有的冶金加工设备基础上进行工业化生产，因此复合材料的成本较低，有利于大规模应用。非连续增强体中常用的短纤维有氧化铝（含莫来石和硅酸铝）纤维；常用的颗粒有碳化硅、氧化铝、氧化锆、硼化钛、碳化钛和碳化硼等；常用的晶须有碳化硅、氧化铝以及硼酸铝和钛酸钾等。

根据基体合金的物理、化学性质和增强体的形状、物理和化学性质不同，金属基复合材料应选用不同的制备方法。这些方法归纳起来有三类：固态法、液态法和其他制造方法。固态法是指金属基体处于固态的制造金属基复合材料方法，包括粉末冶金法（其中包含热压法、热等静压法、挤压法等）、轧制法、爆炸焊接法等[5, 6]。液相法是指基体金属处于熔融状态下与固态的增强材料复合在一起的方法，包括真空压力浸渗法、挤压铸造法、搅拌铸造法、液态金属浸渍法、共喷沉积法、热喷涂法等[5, 6]。为了改善液态合金基体对固态增强体之间的润湿性，以及控制高温下增强材料与基体之间的界面反应，可以采用加压浸渗、增强材料的表面处理、基体中添加合金元素等措施。其他制造方法包括原位自生成法、物理气相沉积法、化学气相沉积法、化学镀和电镀、复合镀法等[6]。

金属基复合材料具有高强度、高模量、高耐磨、耐高温、导热导电性好、抗辐射等优点，是航空航天领域迫切需要的一类新型材料。铝基复合材料和钛基复合材料是目前发展最为完善的金属基复合材料。铝基复合材料的比重与铝合金相近，只有钢的1/3，但它的刚度与钛合金相当，热膨胀系数与钢相当，耐磨性也比铝合金大幅提升；钛基复合材料的比重与钛合金相当，但它的耐热性比钛合金大幅度提升，使用温度可达800℃。同时，钛基复合材料的刚度、强度和耐磨性比钛合金都有不同程度的提升[7]。金属基复合材料作为一种高性能多功能复合材料，可以在很多应用场合代替传统金属材料，发挥出传统金属材料不可能有的高性能和特殊功能，尤其是在航天航空、高端装备、汽车制造等领域具有巨大的应用潜力，是世界各国新材料领域研究与开发的重点。

7.3 金属基复合材料的制备方法

7.3.1 连续纤维增强金属基复合材料的制备方法

连续纤维增强金属基复合材料的制备工艺相对复杂、制备成本相对较高，因此优化制备工艺和降低制备成本是连续纤维增强金属基复合材料的研究重点。连续纤维增强金属基复合材料的制造工艺有很多种，其中以真空热压法和液态金属浸渍法应用最广。

1. *真空热压法*

真空热压法亦称扩散粘接法，是目前制造直径较粗的硼纤维和碳化硅纤维增强铝基、钛基复合材料的主要方法。该方法的主要工艺过程是：制备纤维预制带、纤维预制带与金属薄片交替叠层，在真空中加热和加压得到全致密的复合材料[8]。

为得到界面结合良好并且致密度较高的金属基复合材料，热压温度一般要比扩散焊接温度高，但热压温度过高可能导致纤维与基体之间发生界面化学反应，影响复合材料性能，一般热压温度可以控制在稍低于基体合金的固相线温度。在某些复合体系中，也可将热压温度控制在基体合金的固相线和液相线之间，使材料中出现少量液相，有利于复合材料的致密化。压力的选择与温度有关，温度较高时、压力可适当降低。时间的选择也与热压温度和压力密切相关。总之，在真空热压法中，温度、压力和时间是重要的三个制备工艺参数，对复合材料的质量影响很大，一般需要经过大量的工艺试验进行优化。

真空热压法的优点主要是增强纤维和基体合金的选择范围广泛和纤维取向和相对含量易于控制；其缺点是制备周期较长、制备费用较高、复合材料制品尺寸受限。

2. *液态金属浸渍法*

液态金属浸渍法是将液态金属浸渍到长纤维编织体[9]或束丝纤维[10]之间的空隙而得到复合材料制品或预制丝（带）的一种方法。熔融金属对纤维的润湿问题是这种制备方法的关键问题[11]。可以通过在纤维表面进行表面涂覆处理的方法改善润湿性[12]，也可用基体合金化以及采用超声波方法来改善润湿性。

利用液态金属浸渍法制备连续纤维增强铝基复合材料的主要工艺流程为：连续纤维（束）经过表面处理后，采用液态金属浸渍、等离子喷涂和物理气相沉积等方法制备粘有金属的丝、带或板材预制体，然后经热扩散黏结或液相黏结得到块状复合材料。也可以直接将液态金属在一定压力下浸渗到经过表面处理的连续纤维(束)预制体,冷却后得到块体复合材料。采用液态金属浸渍法制备 C_f/SiC－Al 复合材料的过程见图 7.1[9]。

液态金属浸渍法的主要优点是制备周期短和可制备形状较为复杂的复合材料构件;主要缺点是复合材料界面润湿性要求高,因此增强体和基体的选择范围受限。

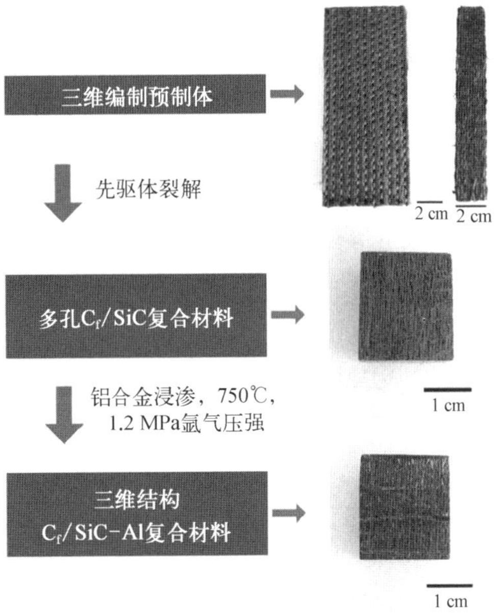

图 7.1　液态金属浸渍法制备 C_f/SiC－Al 复合材料示意图及组织[9]

7.3.2　非连续增强金属基复合材料的制备方法

非连续增强金属基复合材料的制备方法分为固相法和液相法。固相法的典型代表是粉末冶金法;液相法的典型代表是搅拌铸造法和压力铸造法。每种方法都有各自的特点,适合于制备不同特点的非连续增强金属基复合材料。

1. *粉末冶金法*

粉末冶金法是一种各组元均在固态状态下制备金属基复合材料的方法。这种方法主要用来制造颗粒、短纤维或晶须作为增强相的非连续增强金属基复合材料。粉末冶金法制备金属基复合材料的主要工艺步骤包括:

(1) 粉末筛分;

(2) 增强体与基体粉末的混合;

(3) 混合粉末的冷压成型;

(4) 真空热压烧结得到烧结态复合材料坯料;

(5) 一般要对坯料进行后续的挤压、锻造、轧制或其他热加工变形,使复合材料的致密性和均匀性进一步改善[13]。

粉末冶金法需要基体金属以粉末的形式进行复合,金属粉末的尺寸对复合工艺的确定和复合材料的组织与性能有很大的影响,因此在复合材料制备时,首先要设计基体金属粉末的尺寸。另外增强体粉末可以是颗粒、短纤维或晶须,其中颗粒增强体最适合于粉末冶金法。

增强体与基体粉末的混合可以采用普通混粉和球磨混粉。普通混粉主要靠粉体自身之间的交互作用实现增强体与基体粉末的混合,由于粉体之间的作用力一般较小,各种粉体很少发生变形和破碎。球磨混粉是在球磨罐中加入刚性球(一般为不锈钢和陶瓷球),利用刚性球与混合粉体之间的交互作用,使混合更加充分,同时各粉体(尤其是基体金属粉体)也将产生不同程度的变形、破碎和焊合。

真空热压烧结是得到高质量复合材料的最为关键的工序。为实现金属基体粉末之间以及金属基体粉末与增强体粉末之间形成良好的结合,需要确定最佳的热压温度、热压压力和加压时间。为防止在高温下金属基体表面的氧化，根据金属种类不同，需要保证一定的真空度。在某些复合材料体系，可以适当提高热压烧结温度，使基体金属进入液固两相区，产生一定的液相，有利于烧结致密度的提高。

经过合适的真空热压烧结，得到的金属基复合材料坯料的致密度一般都能达到95%以上，但很难达到理想的完全致密，因此通常要对烧结态复合材料坯料进行后续的挤压、轧制、锻造等热加工变形，以进一步提高复合材料的致密度，同时也改善复合材料的组织均匀性。图7.2为采用真空热压烧结制备的TiB/Ti复合材料的过程及相应组织[14]。

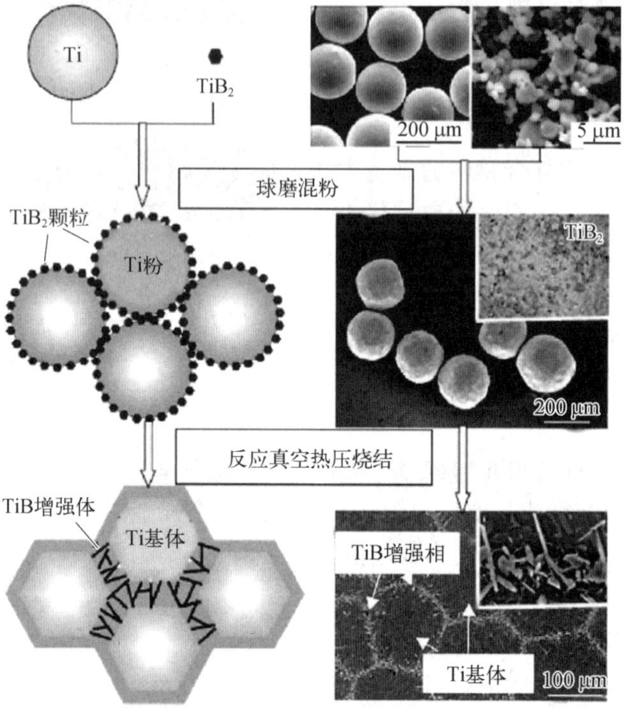

图7.2 粉末冶金法制备TiB/Ti复合材料示意图及组织[14]

与其他制备方法相比，粉末冶金方法具有一些独特的优点：

(1) 制备温度较低，减少了基体与增强体之间的界面反应；

(2) 增强体的体积分数不受限制；

(3) 能够制备增强体与基体润湿性不好的复合材料。

粉末冶金法的主要缺点就是制备成本较高，包括采用金属粉末基体带来的原材料成本提高和由于工艺比较复杂和设备要求较高带来的工艺成本提高。

2. 搅拌铸造法

搅拌铸造法是将预热的增强体加入熔融状态的金属基体中，采用搅拌方法使增强体均匀分散到熔融基体合金中，然后在一定条件下进行冷却，得到非连续增强金属基复合材料铸锭。这种方法制备成本非常低，特别适应于大规模工业生产，但也存在增强体与液态金属易发生界面反应以及难以保证增强体分布均匀等缺点[15]。

搅拌铸造法制备金属基复合材料要求增强体与液态基体金属有较好的润湿性。为提高增强体与基体之间的润湿性，一方面可以通过对增强体进行预热处理，提高增强体的表面能；另一方面可以对增强体进行表面改性处理，例如，将 SiC 颗粒表面进行预氧化处理，使 SiC 颗粒表面形成一层 SiO_2 氧化膜，可以明显改善增强体与液态铝合金的润湿性；另外还可以通过基体合金化提高增强体与基体的润湿性，例如在铝合金中加入一定量的 Mg 元素，可以提高液态铝合金对 SiC 表面的润湿性[16]。

增强体在基体中的分布均匀性取决于增强体的尺寸和形状因素、基体金属液体的黏度和增强体的加入和搅拌方式等。增大增强体颗粒的尺寸和降低增强体的含量可以提高增强体在基体中分布的均匀性，并降低增强体团聚的程度；降低液态金属基体的搅拌温度，甚至在基体金属的半固态状态进行搅拌，可以提高液态金属的黏度，提高搅拌力对增强体分散的作用力，从而提高增强体在基体中分布的均匀性。

有效的机械搅拌是使增强体与金属液均匀混合和复合的关键措施之一。强烈的搅动使液态金属以高的剪切速度流过增强体的表面，能有效改善金属液体与增强体之间的润湿性，促进增强体在液态金属中的均匀分布。采取高速旋转的机械搅拌、超声波搅拌以及电磁搅拌均可以强化搅拌过程。

在搅拌铸造过程中金属熔体的氧化和吸气问题也需要很好地解决。一般采用真空或惰性气体保护来防止金属熔体在复合过程的氧化和吸气。

3. *压力铸造法*

压力铸造法主要用于制备晶须、短纤维、颗粒增强铝、镁基复合材料。压力铸造法主要包括预制体的制备和液态金属压力浸渗两个工艺环节[17]。

增强体预制体的制备流程为：增强体首先在合适的液体介质中进行清洗、经机械搅拌、超声波分散后再加入黏结剂进一步机械搅拌均匀，然后将它们倒入模具中加压得到预定增强相含量的预制体，最后还要进行烘干和烧结。在预制体制备过程中，黏结剂是决定预制块质量的关键因素，常用的黏结剂为硅胶粘接剂和磷酸铝粘接剂。预制体的压缩强度通常随加入的黏结剂的增多而提高。黏结剂过少不能有效地提高预制块的强度，过多则会使黏结剂与基体金属之间反应的产物太多，降低复合材料的性能。

高质量的预制体要求预制体的形状和尺寸、预制体中空隙含量和均匀度，以及预制体的抗压强度均达到设计要求。预制体中的增强体含量和分布均匀性完全决定了所制备复合材料中增强体含量和分布均匀性。

液态金属在压力下浸渗预制体的主要过程包括：预制体放入压铸模具并随模具一起预热到一定温度，同时将基体金属加热至熔化到一定温度并浇入模具中，在一定压力下将液态基体金属渗入到预制体的空隙中，随后在压力下使液态金属凝固，得到金属基复合材料铸坯。

压力铸造法的优点是制备工艺简单、设备简便、浸渗和凝固速度快、复合材料中增强体分布均匀、复合材料致密性好；主要缺点是增强体的相对含量受限、难以制备尺寸较大的金属基复合材料。

除了上述介绍的粉末冶金法、搅拌铸造法和压力铸造法外，喷射共沉积法和无压浸渗法[18]也是制备非连续增强金属基复合材料的主要方法。喷射共沉积法是用惰性气体将液态金属雾化成微小的液滴，并使之向一定方向喷射，在喷射途中与另一路由惰性气体送出的增强相颗粒会合，共同沉积在有水冷衬底的平台上，凝固成复合材料。无压浸渗法是通过提高液态基体金属与增强体之间的润湿性，使液态金属在无外力情况下自发渗入预制体中得到复合材料，这种方法的浸渗温度较高和浸渗时间较长。

原位自生技术是非连续增强金属基复合材料制备过程中经常被采用的技术[1, 19]。原位自生法是通过设计原材料组成和复合工艺参数，在复合材料制备过程中，通过原材料组元之间的化学反应原位生成增强相的一种方法。

7.4 金属基复合材料的性能

与传统金属材料相比，金属基复合材料的比强度和比刚度高、硬度和耐磨损性能好、热膨胀系数小、耐高温性能好，同时还兼具导电、导热、可焊接、可加工的特点，但塑性比金属材料有不同程度的降低[20, 21]。

7.4.1 连续增强金属基复合材料的性能

连续纤维增强金属基复合材料在纤维取向方向上具有优异的力学性能，但在横向方向的拉伸强度则明显降低，因此连续纤维增强金属基复合材料具有明显的各向异性特点。

1. 连续纤维增强金属基复合材料的力学性能

对于单向增强的连续纤维增强金属基复合材料，其纤维方向的弹性模量和拉伸强度可以用混合法则进行计算。表 7.1[22]为碳纤维增强铝基复合材料的室温拉伸性能。该复合材料的力学性能除了与碳纤维和基体铝合金的种类有关外，还强烈依赖于碳纤维的含量。随碳纤维含量提高，复合材料的密度降低，强度和弹性模量提高，但塑性下降。从表 7.1 的数据可以看出，碳纤维增强铝基复合材料的纵向拉伸强度和弹性模量分别是基体铝合金的 2~4 倍和 2~3 倍。

表 7.1 碳纤维增强铝基复合材料的室温拉伸性能[22]

纤　维	基　体	纤维体积含量/%	密度/(g/cm^3)	拉伸强度/MPa	模量/GPa
碳纤维 T50	201 铝合金	30	2.38	633	169
碳纤维 T50	201 铝合金	40	2.30	715	192
碳纤维 T50	2024 铝合金	40	2.31	750	210
碳纤维 T50	6061 铝合金	40	2.32	702	195

连续纤维增强金属基复合材料具有明显的各向异性[23]：在横向方向上，复合材料的强度低于基体合金的拉伸强度，而纵向方向复合材料的拉伸强度则要远远高于基体合金。表 7.2[24]示出了碳化硅纤维增强钛基复合材料的室温拉伸性能。可以看出，复合材料纵向弹性模量比基体合金弹性模量提高了一倍以上，同时复合材料的纵向拉伸强度也比基体合金提高了将近一倍，但复合材料的横向拉伸强度仅为基体合金拉伸强度的一半左右。

可见连续纤维增强钛基复合材料各向异性的严重性，而这一特点在一定程度上限制了这种复合材料的应用范围。

表 7.2　碳化硅纤维增强钛基复合材料的室温拉伸性能[24]

材　　料	纵向拉伸强度/MPa	横向拉伸强度/MPa	纵向弹性模量/GPa
Ti－6－4 钛合金	900	900	110
SiC/Ti－6－4 复合材料	1 455	340	240
Ti－15－3 钛合金	882	845	83
SiC/Ti－15－3 复合材料	1 572	450	198

与金属材料相比，增强纤维具有非常优异的耐高温性能，因此连续纤维增强金属基复合材料具有很突出的高温性能优势[25]。图 7.3 是碳纤维增强铝基复合材料与铝合金的高温拉伸强度[26]。可以看出，碳纤维增强铝基复合材料的拉伸强度随温度的升高下降比较缓慢，在达到 500℃时仍保持很高的强度，这对航天航空构件和发动机零件等十分有利。

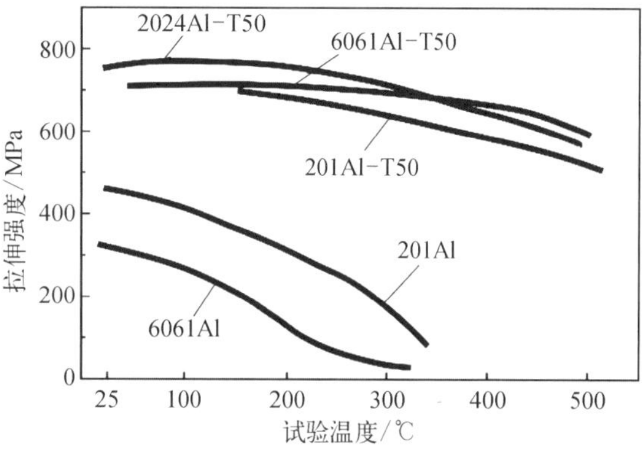

图 7.3　铝合金与碳纤维增强铝基复合材料的高温拉伸强度[26]

2. 连续纤维增强金属基复合材料的热物理性能

金属材料具有很好的导热性，但热膨胀系数通常较大。与金属材料相比，增强纤维具有非常低的热膨胀系数。因此，通过控制纤维的加入量和分布方式，可以在很大程度上调整连续纤维增强金属基复合材料的导热性和热膨胀系数。

碳纤维增强铜基复合材料既有铜的优良导电和导热性能，又有碳纤维的自润滑、抗磨、热膨胀系数低等特点[12]，因此可应用于滑动电触头材料、电刷、电力半导体支撑电极、集成电路散热板等。例如集成电路装置的绝热板（Al_2O_3）里面固定着散热板，一般用高传导材料制造（银、铜），但其与绝热板的热膨胀系数差别大，易弯曲，使绝热板断裂。碳纤维增强铜基复合材料热膨胀系数与碳纤维含量和分布方式有关[27, 28]。可通过调节碳纤维含量和分布方式，使碳纤维增强铜基复合材料的热膨胀系数接近 Al_2O_3，制成绝热板不易断裂。

7.4.2　非连续增强金属基复合材料的性能

非连续增强体加入金属基体中后，不仅增强体本身可以改变复合材料的性能，还引起基体合金微观结构的变化，导致复合材料的性能发生改变。非连续增强金属基复合材料的性能视复合材料的制备工艺、增强体种类、尺寸和体积分数、基体合金及热处理工艺的不同而存在很大的差异[19, 29]。非连续增强体主要包括各种颗粒、晶须和短纤维；金属基体主要有铝合金、镁合金、铜合金和钛合金。非连续增强金属基复合材料除具有优异的力学性和物理性能之外，还具有各向同性和可加工等特性。

1. 非连续纤维增强金属基复合材料的力学性能

1）弹性模量

非连续增强金属基复合材料的弹性模量是提高最为显著的力学性能。影响非连续增强金属基复合材料弹性模量的因素主要有增强体种类、含量、长径比、定向排布程度[30]，而基体合金元素种类以及热处理状态对复合材料弹性模量也有一定的影响。非连续增强金属基复合材料的弹性模量可以用混合法则进行计算。

表 7.3[31, 32]列出了几种不同体系非连续增强金属基复合材料的弹性模量与增强体体积含量的关系。可以看出，随着增强体颗粒体积分数增大，所有复合材料的弹性模量均相应提高。

表 7.3　几种不同体系非连续增强金属基复合材料的弹性模量与增强体体积含量的关系[31, 32]

复合材料	增强体体积分数	弹性模量/GPa	复合材料	增强体体积分数	弹性模量/GPa
Al_2O_{3p}/6061Al	10%	81	SiC_w/2124Al	0	69
	15%	87		8%	95
	20%	98		20%	128
SiC_p/6061Al	15%	98	SiC_p/AZ91	15%	54
	20%	105		20%	57
	25%	115		25%	65
Al_2O_{3p}/2024Al	10%	84	TiB_w/TC4	2%	116
	15%	92		5%	122
	20%	101		8%	131

2）强度

非连续增强金属基复合材料的强化机理除了增强体本身承载的复合强化之外，还有增强体的存在所导致的基体合金位错密度提高和晶粒细化引起的强化效果。当增强体尺寸非常细小时，基体合金中的 Orowan 强化机制对复合材料强度的贡献逐渐明显[33]。另外热挤压和热轧制等热加工变形可以进一步提高复合材料的致密度，并且提高了复合材料中基体合金的位错密度，从而可以大幅度提高复合材料的强度[34]。

影响非连续增强金属基复合材料强度的主要因素包括增强体的种类和含量以及基体合金的种类和热处理状态。从表 7.4[14, 35]可以看出，在一定的增强体含量范围内，所列出的所有金属基复合材料的屈服强度和拉伸强度均随增强体含量的增加而提高。当增强体体积含量高于一定值以后，随增强体含量的继续增加，虽然复合材料的硬度会继续增加，但拉伸强度开始呈下降趋势。例如：当 SiC_p/2024Al 复合材料的增强体体积分数从 20%提高到 25%时，复合材料的屈服强度和拉伸强度均下降；当 TiB_w/TC4 复合材料的增强体体积分数从 5%提高到 8%时，复合材料的拉伸强度下降。

表 7.4　增强体体积分数对非连续增强金属基复合材料强度的影响[14, 35]

复合材料	增强体体积分数	热处理状态	屈服强度/MPa	拉伸强度/MPa
	10%		296	338
Al_2O_{3p}/6061Al	15%	T6	319	359
	20%		359	379
	15%		405	460
SiC_p/6061Al	20%	T4	420	500
	25%		430	515
	10%		483	517
Al_2O_{3p}/2024Al	15%	T6	476	503
	20%		483	503
	7.8%		400	610
SiC_p/2024Al	20%	T4	490	630
	25%		405	560
	0		428	587
SiC_w/2124Al	8%	T8	511	662
	20%		718	897
	15%		208	236
SiC_p/AZ91	20%	铸态	212	240
	25%		232	245
	2%		950	1 021
TiB_w/TC4	5%	烧结态	1 010	1 090
	8%		—	997

热处理状态对非连续增强金属基复合材料的强度也有重要的影响[36, 37]。表 7.5 给出了不同热处理状态 2124 铝合金和 SiC_w/2124 复合材料的屈服强度和拉伸强度，可以看出，SiC_w/2124 复合材料经退火、T4(室温时效)、T8(145℃时效 10 h)及 T6(160℃时效 10 h 或 190℃时效 16 h)四种热处理后，其屈服强度和拉伸强度以 T8 处理最高，其次依次为 T4、T6 及退火处理的材料。对于晶须体积含量为 20%的 SiC_w/2124 复合材料，T8 处理后的复合材料屈服强度比经退火处理的复合材料屈服强度提高近 500 MPa。这一方面说明了复合材料中基体的热处理状态对其低应变区的强度(比例极限，屈服强度)的影响更为突出；另一方面说明除了沉淀强化以外，还存在其他强化因素(如松弛位错带来的强化，位错林硬化等)。

表 7.5　不同热处理状态 2124 铝合金和 SiC_w/2124 复合材料的强度

材　料	增强体体积分数	热处理状态	屈服强度/MPa	拉伸强度/MPa
		T4	414	587
		T6	400	566
2124 铝合金	0	T8	428	587
		退火态	110	214

续 表

材　料	增强体体积分数	热处理状态	屈服强度/MPa	拉伸强度/MPa
SiC_w/2124 复合材料	20%	T4	497	890
		T6	497	880
		T8	718	897
		退火态	221	504

增强体的加入还可以使非连续增强金属基复合材料的高温强度得到提高,从而提高复合材料的使用温度。表7.6[38]给出了 SiC_p/A356 复合材料在不同温度测试得到的拉伸强度。从表7.6中可见,随SiC颗粒体积分数的增加,复合材料的高温性能提高,当体积百分数为20%时,复合材料在200℃左右的强度与基体合金室温强度相当。

表7.6　SiC_p/A356 复合材料高温拉伸强度(单位: MPa)[38]

温度/℃	SiC 颗粒体积分数			
	0%	10%	15%	20%
22	262	303	331	352
149	165	255	283	296
204	103	221	248	248
260	76	131	145	152
316	28	69	76	76

表7.7[39]列出了三维网状结构TiB晶须增强钛合金复合材料的高温拉伸强度。可以看出,复合材料的高温拉伸强度受基体合金种类、增强体含量和网状尺寸影响,比基体合金有明显提高。如果以强度水平相当作为评价标准,三维网状结构TiB晶须增强钛合金复合材料的使用温度比相应基体钛合金提高100~200℃[40]。也就是说,如果Ti60合金可以使用到600℃,那么,三维网状结构TiB晶须增强Ti60合金复合材料就可以使用到700~800℃。

表7.7　三维网状结构TiB晶须增强钛合金复合材料的高温拉伸强度(单位: MPa)[39]

材　料	室　温	500℃	600℃	700℃	800℃
TC4 钛合金	885	475	352	235	—
V_5D_{200} TC4 基复合材料	1 090	665	531	364	—
V_5D_{110} TC4 基复合材料	1 060	690	542	385	—
$V_{12}D_{65}$ TC4 基复合材料	1 108	723	550	392	—
Ti60 钛合金	1 210	—	525	434	296
V_5D_{110} Ti60 基复合材料	1 377	—	795	531	398

V_xD_y 表示复合材料的TiB晶须含量为 x%,网状尺寸为 yμm。

3）室温塑性

增强体的加入导致非连续增强金属基复合材料的弹性模量和强度提高的同时，还使复合材料的塑性大幅度下降[41]。非连续增强金属基复合材料的室温塑性主要取决于基体合金的塑性和增强体的含量。一方面，选择塑性较高的基体合金将得到塑性较好的复合材料；另一方面，随增强体含量的增加，复合材料的塑性一般呈下降趋势。

表 7.8[31, 42]为几种不同体系非连续增强金属基复合材料室温拉伸延伸率与增强体体积含量的关系。可以看出：增强体种类和基体合金种类对复合材料的室温拉伸延伸率有一定的影响，而增强体含量对复合材料延伸率的影响最为显著。

表 7.8　不同体系非连续增强金属基复合材料室温拉伸延伸率与增强体体积含量的关系[31, 42]

复合材料	增强体体积分数	拉伸延伸率/%	复合材料	增强体体积分数	拉伸延伸率/%
	10%	7.5		0	17.0
Al_2O_{3p}/6061Al	15%	5.4	SiC_w/2124Al	8%	8.0
	20%	2.1		20%	2.0
	15%	7.0		15%	1.1
SiC_p/6061Al	20%	5.0	SiC_p/AZ91	20%	0.7
	25%	4.0		25%	0.7
	10%	3.3		2%	9.2
Al_2O_{3p}/2024Al	15%	2.3	TiB_w/TC4	5%	3.6
	20%	1.0		8%	1.0

4）硬度与耐磨性

与金属基体合金相比，非连续增强金属基复合材料的硬度和耐磨性大幅度提高，这是非连续增强金属基复合材料非常重要的性能特点之一[43]。非连续增强金属基复合材料的硬度和耐磨性除了与基体合金以及增强体的种类有关外，还与增强体的含量密切相关。随增强体含量的提高，复合材料的硬度和耐磨性都显著增加[29]。

图 7.4 是 AZ91 镁合金和 SiC_w/AZ91 镁基复合材料在 175℃ 的时效硬化曲线[44]。从图 7.4 可以看出，在相同的时效条件下，由于碳化硅晶须的加入，复合材料的硬度（HV）大大高于基体 AZ91 镁合金。基体合金和复合材料一样都存在峰时效，峰时效硬度达到后，发生过时效软化。从图 7.4 还可以发现，复合材料的峰时效比基体合金提前达到，基体合金在 175℃ 时效 75 h 达到时效峰值，而复合材料在 175℃ 时效 40 h 就达到峰时效，这与碳化硅晶须和镁合金的热膨胀系数不同，导致固溶处理后的淬火过程中在基体合金中引入一定的热残余应力和大量的位错有关。

图 7.5 为挤压态 TiC 颗粒和 TiB 晶须混杂增强纯钛基复合材料及纯钛分别在载荷为 20 N、40 N、60 N 和 100 N 条件下经过滑动距离为 212 m 后的磨损失重情况[45]。从图 7.5 中可以看出，随着载荷的增大，各种材料的磨损量都在明显地增加。在不同的载荷下，三种复合材料的磨损失重量均远低于未增强的基体材料。还可以看到，在各种载荷下，复合材料中 W_4P_1 复合材料的失重量都是最低的，而且随着 TiB 晶须含量的减少，复合

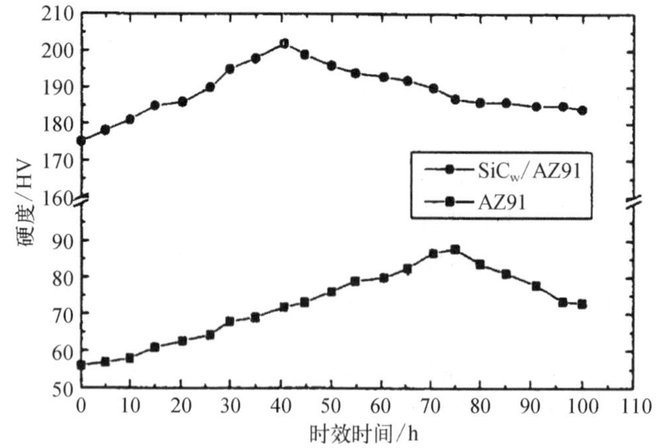

图 7.4　AZ91 镁合金及 SiC_w/AZ91 镁基复合材料在 175℃下的时效硬化曲线[44]

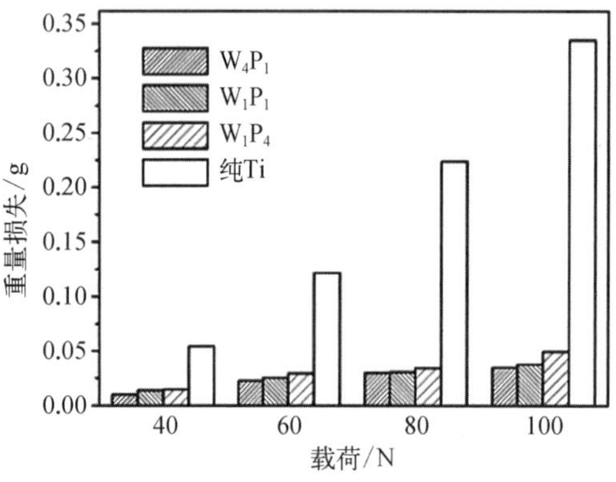

图 7.5　TiC 颗粒和 TiB 晶须混杂增强纯钛基复合材料及 Ti 在不同载荷下的磨损失重量[45]

W_xP_y 表示 TiB 晶须和 TiC 颗粒的比例为 $x:y$

材料的抗磨损性能呈现出下降的趋势。可以看到在 40 N、60 N、80 N 和 100 N 的载荷下，W_4P_1 失重量分别仅为未增强基体材料的 18.7%、18.8%、13.4%和 10.4%；分别为 W_1P_4 复合材料的 68.9%、77.2%、87.2%和 70.3%。由于 W_4P_1 的失重量最低，这说明与 TiC 颗粒相比，定向排布的 TiB 晶须可以更为有效地提高钛基复合材料的抗磨损性。

非连续增强金属基复合材料具有优异耐磨损性能的原因首先是由于陶瓷增强体的引入提高了复合材料的强度与硬度，降低了磨损区的塑性变形程度，减少了磨损接触面积，从而使复合材料的抗摩擦磨损性能大幅度提高；其次，陶瓷增强体具有良好的抗摩擦磨损性能，在磨损过程中不易脱落，当复合材料中软的基体材料被磨掉后，这些陶瓷增强体会露出来形成支架和对磨件接触，这样就保护了相对较软的基体从而提高了复合材料的耐磨性。

2. 非连续纤维增强金属基复合材料的热物理性能

良好的导热性和较低的热膨胀系数和密度是电子封装材料最重要的要求。陶瓷材料具有较低的热膨胀系数，但热导率较低；金属材料具有较大的热导率，但热膨胀系数偏高。将陶瓷颗粒与金属基体复合得到的颗粒增强金属基复合材料可以同时发挥陶瓷颗粒低热膨胀系数和金属基体高热导率的优点[46]，是电子封装领域极具潜力的一种新材料。对于 SiC_p/Al 复合材料，随 SiC 含量的增加，复合材料的导热率和热膨胀系数均呈下降趋势，如图 7.6 所示[47, 48]。可见通过调整 SiC 含量可以获得不同的导热性与热膨胀系数匹配的 SiC_p/Al 复合材料，以满足不同的电子元器件的要求。AlN 颗粒导热性较好、热膨胀系数较低、无毒、价格低，因此，AlN_p/Al 复合材料很可能成为较为有前途的电子封装器件的候选材料。

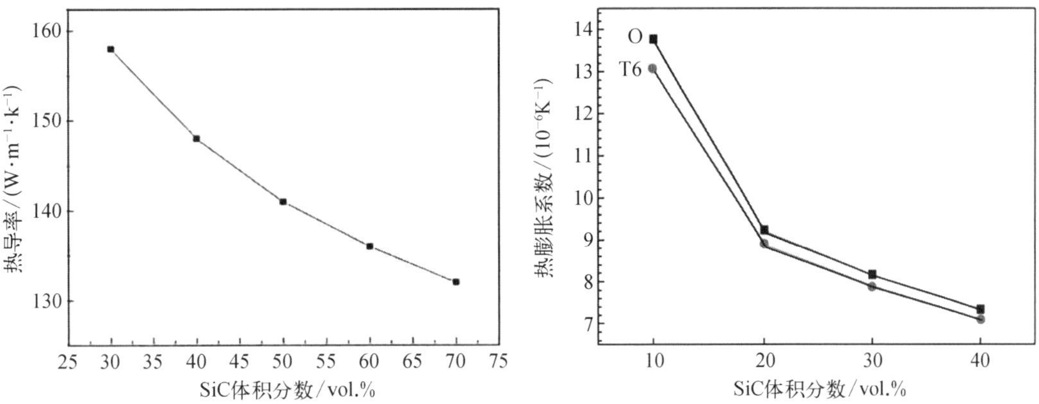

(a) 热导率　　　(b) 热膨胀系数

图 7.6　SiC_p/Al 复合材料热导率和热膨胀系数随SiC 含量的变化[47, 48]

7.5　金属基复合材料的基础理论

7.5.1　金属基复合材料分类

金属基复合材料的强韧化性能主要取决于增强体的含量、形态与分布方式，由此可将金属基复合材料分为连续纤维增强金属基复合材料(continuous fiber reinforced metal matrix composites)、短纤维/晶须增强金属基复合材料(short fiber/whisker reinforced metal matrix composites)和颗粒增强金属基复合材料(particle reinforced metal matrix composites)三类，其中短纤维/晶须增强金属基复合材料与颗粒增强金属基复合材料又可被统称为非连续增强金属基复合材料(discontinuously reinforced metal matrix composites)[49]。

连续纤维增强金属基复合材料由于在服役时主要由增强体纤维承载，在平行于纤维的方向上具有最好的增强效果，但由于纤维的定向分布而使其在性能上体现出强烈的各向异性。在非连续的短纤维/晶须增强以及颗粒增强金属基复合材料中，增强体可以均匀弥散地分布在基体中，增强体和基体均可以起到承载的作用，从而对金属基体起到提高刚度、强度以及高温性能的作用，并且可以实现各向同性。

不同类型的金属基复合材料各有优缺点，连续纤维增强金属基复合材料在平行于纤维的方向上具有最好的增强效果，且易于生产较大尺寸的构件，但具有严重的性能各向异性、界面反应和残余应力不易控制、二次加工难、塑性较差以及制备成本较高等缺点。相较而言，短纤维/晶须增强以及颗粒增强金属基复合材料具有较低的制备成本、可以通过传统的方法制备与加工以及各向同性等优点。

金属基复合材料还可以根据金属基体的种类分为镁基复合材料、铝基复合材料、钛基复合材料、铜基复合材料、铁基复合材料等；根据复合材料的性能特点还可分为结构复合材料、功能复合材料和智能(机敏)复合材料三大类。

7.5.2 金属基复合材料界面

1. 界面的结合机制

为了使复合材料具有良好的性能，需要在增强体与基体界面上建立一定的结合力。界面结合力是使基体与增强体从界面结合态脱开所需的作用于界面上的应力，它与界面的结合形式有关，并影响复合材料的性能。如碳纤维增强铝基复合材料中，如果界面结合太弱，在受载时纤维就大量拨出，强度低；界面结合太强，复合材料易发生脆断，既降低强度，又降低塑性；只有界面结合强度适中的复合材料才呈现高强度和高塑性。

界面的结合力有三类：机械结合力、物理结合力和化学结合力。机械结合力就是摩擦力，它取决于增强体的比表面、粗糙度以及基体的收缩。比表面和粗糙度越大，基体收缩越大，摩擦力也越大。物理结合力包括范德瓦尔斯力和氢键。化学结合力就是化学键，它在金属基复合材料中有重要作用。

根据上面的三种结合力，金属基复合材料中的界面结合基本可分为四类，即机械结合、共格和半共格原子结合、扩散结合、化学结合。

1）机械结合

基体与增强体之间纯粹靠机械结合力连接的结合形式称为机械结合。它主要依靠增强材料粗糙表面的机械“锚固”力和基体的收缩应力来包紧增强材料产生摩擦力而结合。这种结合只有当载荷应力平行于界面时才能显示较强的作用，而当应力垂直于界面时承载能力很小。因此，具有这类界面结合的复合材料的力学性能差，除了不大的纵向载荷外，不能承受其他类型的载荷，不宜作结构材料用。

2）共格和半共格原子结合

共格和半共格原子结合是指增强体与基体以共格和半共格方式直接原子结合，界面结合强度高，无界面反应产物和析出物存在。金属基复合材料中以这种方式结合的界面较少。利用液态法制备的金属基复合材料界面中可能出现共格和半共格原子结合，如挤压铸造 SiC 晶须增强铝基复合材料就出现了共格和半共格原子结合界面，如图 7.7 所示[50]。另外，在原位自生金属基复合材料中经常出现共格和半共格原子结合界面，如原位自生 TiB 晶须增强钛基复合材料。

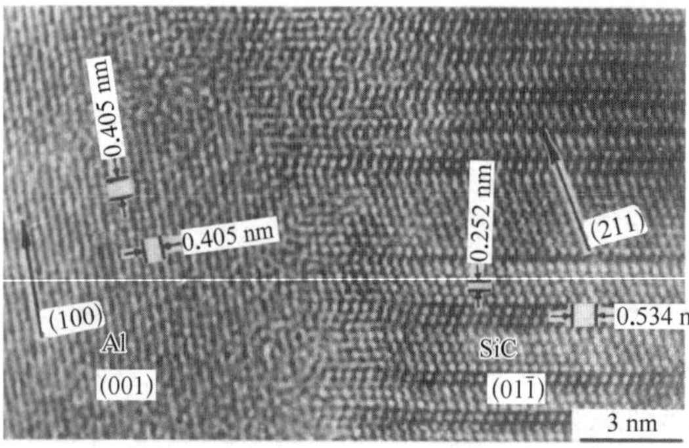

图 7.7　挤压铸造 SiC_w/Al 复合材料界面的高分辨透射电镜照片[50]

3）扩散结合

某些复合体系的基体与增强体虽无界面反应但可发生原子的相互扩散，也能提供一定的结合力。扩散结合是基体与增强体之间发生润湿，并伴随一定程度的相互溶解（也可能基体和增强物之一溶解于另一种中）而产生的一种结合。一般增强体与基体具有一定润湿性，在浸润后产生局部的互溶才有一定结合力。如果互相溶解严重，以至于损伤了增强体,则会改变增强体的结构,削弱增强体的性能,从而降低复合材料的性能。

4）化学结合

化学结合是基体与增强体之间发生化学反应,在界面上形成化合物而产生的一种结合形式,由反应产生的化学键合提供结合力,它在金属基复合材料中占有重要地位。界面反应通常是在局部区域中发生的,形成粒状、棒状、片状的反应产物,而不是同时在增强体和基体相接触的界面上发生层状物,只有严重界面反应才可能形成界面反应层。根据界面反应程度对形成合适界面结构和性能的影响可将界面反应分成三类[51]。第一类:有轻微的界面反应,有利于基体与增强体浸润、复合和形成最佳界面结合;第二类:有明显的界面反应,增强体虽有损伤但性能不下降,形成强界面结合;第三类:有严重的界面反应,有大量反应产物,形成聚集的脆性相和脆性层,造成增强体严重损伤和基体成分改变,复合材料强度下降。

2. 金属基复合材料界面性能测试

界面性能主要包括力学性能(界面结合强度、区域界面硬度)和物理性能(导电、导热等)。界面结合强度是指使基体与增强体从界面结合态脱开所需要作用在界面上的应力,它是复合材料力学性能的重要指标,是连接复合材料界面的微观性质与复合材料的宏观性质的纽带,对复合材料的性能具有重要的影响,一直是复合材料研究领域中十分活跃的课题。

1）界面强度的测试方法

复合材料界面强度细观试验方法的研究是界面细观力学的一个重要方面。它一方面有助于揭示界面的物理本质,验证理论模型的可靠性,另一方面可以确定界面参数,为复合材料的设计提供依据。界面强度的研究必须以有效的测试、表征手段为前提。

对连续纤维增强金属基复合材料,可采用较易测量的界面剪切强度来表征界面结合强度[52]。而对非连续增强金属基复合材料,界面变得更加复杂,影响因素也增加了很多,这给界面强度的测量带来了更大的困难,这种剪切强度已无法测量。

连续增强金属基复合材料界面强度的测试方法包括以下几种。

宏观测试方法:利用复合材料宏观性能来评价纤维与基体之间界面应力状态的试验方法。

单纤维拔出方法:将增强纤维单丝垂直埋入基体之中,然后将单丝从基体中拔出,测定纤维拔出应力,从而求出纤维与基体间的界面剪切强度。

原位测试法:在光学显微镜下借助精密定位装置,利用金刚石探针对复合材料试样中选定的单纤维施加轴向载荷,使得这根受压纤维端部与周围基体发生界面微脱黏,记录脱黏时的轴向压力,通过有限元分析计算出界面剪切强度。

单纤维顶出法:将复合材料沿垂直于纤维的排列方向切成薄片,固定于仪器的特制样品台上,加载顶出单根纤维,通过记录载荷变化,计算出界面剪切强度。

临界纤维长度法:将单纤维埋在基体内,沿纤维方向施加拉伸载荷,随应变的逐渐增加,纤维将发生多次断裂,当剩余纤维长度小于临界纤维长度 L_c 时,通过测量出临界纤维长度 L_c,可以计算出界面剪切强度。

非连续增强金属基复合材料界面强度目前还没有很好的试验方法。一些学者从原子角度或力学角度对非连续增强金属基复合材料界面强度进行估计计算和模拟,但这些方法还不完全成熟,没有统一的结论,需要进一步地探索和研究。

2）增强相的临界长径比

金属基复合材料中的增强相材料一般具有较高的强度,在复合材料承受外载荷时,增强相通过界面应力传递而承担大部分的外载荷,从而使复合材料表现出较高的变形抗力和断裂强度[53]。增强相是否能充分发挥其本身高强度的优势来最大限度地承担外载荷,决定了复合材料整体强度的高低。在复合材料发生断裂破坏时,如果增强相也能随之发生断裂,则说明增强相本身的增强效果得到了充分发挥,这时复合材料的整体强度才能达到或接近理论强度。

在复合材料发生断裂时,增强相是否发生断裂取决于如下三个因素:

（1）增强相的断裂强度;

（2）增强相的形状和尺寸;

（3）增强相和基体界面单位面积能够传递的最大载荷。

对于长纤维增强金属基复合材料而言,由于每一根纤维与基体之间的接触界面很大,足够传递导致纤维破断的应力,所以在长纤维增强金属基复合材料断裂时,纤维都要发生断裂,甚至每根纤维不止断裂一次,因此长纤维增强金属基复合材料的断裂强度一般都能达到或接近复合材料理论强度值。对于颗粒增强金属基复合材料而言,由于每一个颗粒与基体之间的接触界面很小,所传递的应力一般不能使颗粒发生破断,所以在颗粒增强金属基复合材料断裂时,颗粒一般不发生断裂,因此颗粒增强金属基复合材料的断裂强度一般都低于复合材料理论强度值。对于短纤维和晶须增强的金属基复合材料而言,复合材料断裂时短纤维是否发生断裂完全取决于短纤维的长度和直径之比,以下简称长径比。增强相长径比越大,则在复合材料断裂时短纤维发生断裂的可能性越高;反之则越小。

短纤维增强金属基复合材料断裂时,只有当纤维长径比大于某一个临界值时,纤维才能发生破断,该临界值为短纤维增强金属复合材料增强相的临界长径比,一般用 λ 表示。

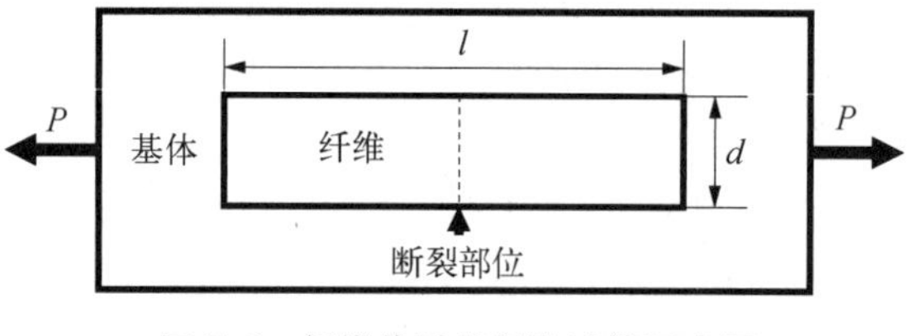

图 7.8　纤维临界长径比计算示意图

假设在短纤维增强金属复合材料中有一根长度为 l,直径为 d 的圆柱状短纤维,如图 7.8 所示。在平行于纤维轴向的外载荷 P 的作用下,该短纤维通过界面载荷传递最有可能断裂的部位是其轴向的中间部位。假设该复合材料纤维与基体界面结合强度足够高,那么单位界面面积能够传递给纤维的最大载荷就取决于基体的剪切屈服强度。如果用 τ_s 表示基体的剪切屈服强度,则两端能传递给纤维中部的最大载荷 P_{max} 应该是从纤维中部到一端的侧表面积与 τ_s 的乘积,因此有

$$P_{max} = (1/2) l\pi d\tau_s \tag{7.1}$$

这时纤维承受的最大应力 σ_{max} 为

$$\sigma_{max} = P_{max}/S_f = (1/2) l\pi d\tau_s / [\pi(d/2)^2] = 2l\tau_s/d \tag{7.2}$$

其中，S_f 为纤维的横截面积。

只有当最大应力 σ_{max} 达到纤维的断裂强度 σ_f 时，纤维才有可能发生断裂。因此纤维发生断裂的临界状态是 $\sigma_{max}=\sigma_f$，这时纤维的长度达到临界长度 l_c，因此有

$$\sigma_f = 2l_c\tau_s/d \tag{7.3}$$

所以纤维临界长径比 λ 为

$$\lambda = l_c/d = \sigma_f/2\tau_s \tag{7.4}$$

从短纤维增强金属复合材料增强相的临界长径比的计算公式可以看出，纤维的临界长径比与纤维的断裂强度成正比，与基体的屈服强度成反比。对于给定的基体合金和纤维材料，可以通过公式(7.4)计算该体系的纤维临界长径比，这样可以为纤维尺寸和形状的选择提供理论依据，具有重要的实际使用价值。

7.5.3　金属基复合材料的残余应力

复合材料从制造高温冷却至室温的过程中，由于基体热膨胀系数高于增强体，基体内产生残余拉应力，增强体中产生残余压应力。当残余应力超过基体屈服强度后，可引起基体塑性应变即发生应力松弛。复合材料中这种界面热错配导致的残余应力又称为热残余应力或热错配应力。热残余应力的产生需具备如下三个方面的条件：

(1) 增强相与基体之间的界面结合良好；

(2) 温度变化；

(3) 增强相与基体间热膨胀系数的差异。

1. 界面热错配应力的计算

图 7.9(a)为在 T_1 温度下复合材料处于原始状态(热错配应力为零)的示意图。当该复合材料被加热到 T_2 温度时，如果纤维与基体间无相互约束，则纤维与基体将发生自由膨胀，结果如图 7.9(b)所示。但实际上复合材料中纤维与基体之间是相互约束的，纤维受基体的拉伸作用而比自由膨胀时的膨胀量有所增加，而基体受纤维的压缩应力作用而比自由膨胀时的膨胀量有所减小，结果如图 7.9(c)所示。

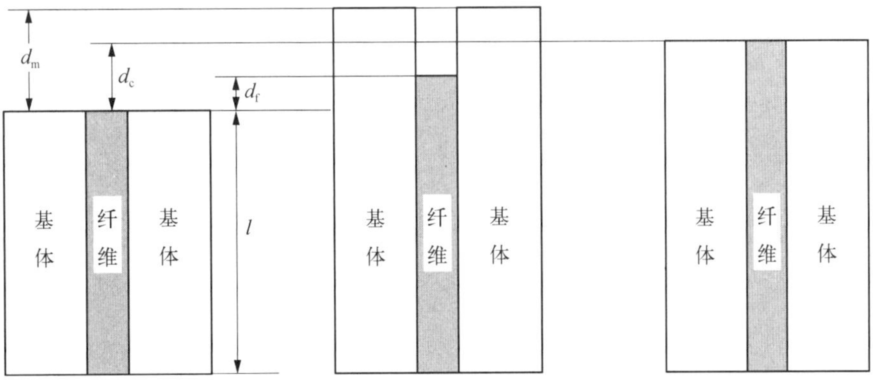

图 7.9　金属基复合材料界面热错配应力计算示意图

由图 7.9 可以很显然得到以下计算公式：

$$d_m = (T_2 - T_1)\alpha_m l \tag{7.5}$$

$$d_f = (T_2 - T_1)\alpha_f l \tag{7.6}$$

$$d_c = (T_2 - T_1)\alpha_c l \tag{7.7}$$

式中，α_m、α_f 和 α_c 分别为基体、纤维和复合材料的热膨胀系数。从上面 3 个公式可以得到基体、纤维和复合材料的自由膨胀应变 ε_m、ε_f 和 ε_c 分别为

$$\varepsilon_m = (T_2 - T_1)\alpha_m \tag{7.8}$$

$$\varepsilon_f = (T_2 - T_1)\alpha_f \tag{7.9}$$

$$\varepsilon_c = (T_2 - T_1)\alpha_c \tag{7.10}$$

对比图 7.9(b)和(c) 可以得到，复合材料中界面热错配应力的产生是由于在界面约束条件下基体少膨胀和纤维多膨胀引发的弹性应变对应的应力，其值应该为

$$\sigma_i = (\varepsilon_c - \varepsilon_f) E_f = (\varepsilon_m - \varepsilon_c) E_m \tag{7.11}$$

式中，σ_i 为界面热错配应力；E_f 和 E_m 分别为纤维和基体的弹性模量。将式(7.8)～式(7.10)代入式(7.11)，则得到复合材料热膨胀系数 α_c 的计算公式：

$$\alpha_c = (\alpha_m E_m + \alpha_f E_f)/(E_m + E_f) \tag{7.12}$$

而将式(7.12)代入式(7.11)，便可得到金属基复合材料中的界面热错配应力为

$$\sigma_i = (T_2 - T_1)(\alpha_m - \alpha_f) E_m E_f/(E_m + E_f) \tag{7.13}$$

从式(7.13)可以看出，金属基复合材料中的界面热错配应力随基体与增强体热膨胀系数差和温差的增加而提高。式(7.13)对于金属基复合材料体系设计和实际应用具有重要的理论意义与实际价值。

2. 热残余应力的影响因素

复合材料热残余应力除受两相热膨胀系数差、温度差影响外，基体屈服强度、增强体形状及分布、增强体体积分数等因素对热应力也有较大的影响。

复合材料基体应力超过其屈服强度后，即发生塑性应变及松弛现象，因此热残余应力直接与基体屈服强度有关，基体屈服强度越高则复合材料热残余应力越大。增强体尺寸及长径比对复合材料热残余应力的影响主要与基体中应力的松弛程度有关，当位错运动阻力较大时，基体中应力的松弛程度减小，导致复合材料中热残余应力增大。复合材料中增强体定向规则排列和呈混乱分布状态时，复合材料中的热残余应力也存在较大差别。增强体体积分数对复合材料热残余应力也有较大影响，增强体体积分数越高则复合材料热残余应力越大。

3. 热残余应力的分析与测量

热残余应力的分析方法包括同心球体模型、同心圆柱体模型、Eshelby 模型及有限元计算等。同心球体模型适于颗粒增强复合材料，假定增强体为球形，复合材料单元体外包

围一球壳状基体,该体系具有空间球对称性。同心圆柱体模型适用于长纤维增强复合材料,假定增强纤维为圆柱体状,复合材料单元体外包围一圆筒状基体,该体系具有空间轴对称性。Eshelby 模型(等效夹杂物模型)经过改进和发展后,不但可计算复合材料中的热残余应力,也是分析复合材料力学问题的有效手段,尤其适用于非连续增强金属基复合材料体系。利用有限元方法,不但能计算复合材料热残余应力随温度的变化过程,还可计算热残余应力的微区分布状况,具有不可取代的优势。

利用衍射法测量复合材料中热残余应力,包括X射线衍射法和中子衍射法,两种方法都是通过测量复合材料基体或增强体晶面间距及衍射角的变化,即可确定热残余应变,进而确定热残余应力的大小及方向。X射线衍射应力测量法原理简单,射源的来源方便经济,但其穿透能力较弱,仅能测量复合材料表层区域的热残余应力。正是由于穿透力较弱的特点,利用X射线衍射方法并结合剥层技术,可以测量复合材料中热残余应力的宏观分布情况。中子衍射测量法试验成本较高,但由于中子射线的穿透能力较强,可以测量复合材料较大厚度范围的平均应力。

7.5.4 金属基复合材料强化机制

金属基复合材料的主要强化机制包括霍尔-佩奇(Hall - Petch)强化机制、奥罗万(Orowan)强化机制、泰勒(Taylor)强化机制和载荷传递效应[54-56]。

1. Hall - Petch 强化机制

Hall - Petch 强化机制是金属材料各类强化机制中极为重要的一种,其主要用于描述晶粒细化对材料力学性能的影响。通常晶粒越细,材料的屈服强度越高。可通过 Hall - Petch 公式来描述该强化机制:

$$\sigma_y = \sigma_0 + k_y d^{-1/2} \tag{7.14}$$

式中,σ_0 为材料的初始强度,单位是 MPa;k_y 为材料常数,取决于材料的晶体结构,单位是 $MPa \cdot m^{-1/2}$;d 为材料的晶粒尺寸,单位是 m。

2. Orowan 强化机制

金属基复合材料中的热错配应力往往会导致增强体附近存在几何必须位错。在微米颗粒增强的金属基复合材料中,由于增强体颗粒尺寸较大,颗粒间距较大,并且微米颗粒易于分布在复合材料基体晶粒的晶界处,因此一般认为 Orowan 强化机制在微米颗粒增强金属基复合材料(通常颗粒尺寸大于 5 μm)中并不显著。在纳米颗粒增强金属基复合材料中,由于纳米颗粒尺寸小,纳米颗粒间距较小,将阻碍位错的运动,位错需要以 Orowan 弓出方式绕过纳米颗粒,因此 Orowan 强化机制是金属基纳米复合材料中一种重要的强化机制。Orowan 强化机制可表示为

$$\Delta\sigma_{\mathrm{Orowan}} = \frac{0.13 G_{\mathrm{m}} b}{d_{\mathrm{p}}[(1/2v_{\mathrm{p}})^{1/3} - 1]} \ln\left(\frac{d_{\mathrm{p}}}{2b}\right) \tag{7.15}$$

式中,d_{p} 为增强体颗粒直径,单位是 m;G_{m} 为基体合金的剪切模量,单位是 MPa;b 为基体合金的柏氏矢量,单位是 m;v_{p} 为纳米颗粒的体积分数。

3. 热错配强化机制

金属基复合材料中的热错配应力大于基体的屈服强度时,复合材料基体将发生塑性变形,从而提高基体的位错密度。位错密度对材料强度的影响通常用 Taylor 强化机制来反映。热错配对复合材料的增强效应可表示为

$$\sigma_d = M\beta G_m b\sqrt{\rho^{CTE}} \tag{7.16}$$

式中,M 为 Taylor 因子;β 为常数;ρ^{CTE} 为复合材料基体与增强体热膨胀系数差导致的几何位错密度。

热错配导致的几何位错密度 ρ^{CTE} 可表示为

$$\rho^{CTE} = \frac{A\Delta\alpha\Delta T v_p}{b d_p} \tag{7.17}$$

式中,A 为几何常数,大小介于 10~12,主要与颗粒的几何特性有关,对于等轴颗粒,A 的大小为 12;$\Delta\alpha$ 为复合材料基体与增强体热膨胀系数差值;ΔT 为材料制备温度与力学性能测试温度差值;d_p 为颗粒的直径。

金属基复合材料由热膨胀系数不匹配导致屈服强度的增加值可表示为

$$\Delta\sigma_{CTE} = \sqrt{3}\beta G_m b\sqrt{\frac{12(T_{process} - T_{test})(\alpha_m - \alpha_p)v_p}{b d_p}} \tag{7.18}$$

式中,β 为常数;$T_{process}$ 和 T_{test} 分别为复合材料制备温度和力学性能测试温度;α_m 和 α_p 分别为复合材料基体和增强体的热膨胀系数。

4. 载荷传递效应

增强体与基体间界面结合良好时将有助于施加到材料上的载荷传递到增强体。连续纤维增强金属基复合材料的载荷传递效应通常可以用混合法则进行计算。颗粒增强的金属基复合材料中增强体的载荷传递效应通常可表示为

$$\Delta\sigma_l = v_p\sigma_m\left[\frac{(1+t)A}{4l}\right] \tag{7.19}$$

式中,σ_m 为复合材料基体的屈服强度;l 为平行于加载方向的增强体颗粒尺寸;t 为颗粒的厚度;$A = l/t$。如果颗粒为等轴的,则金属基复合材料中由增强体颗粒载荷传递效应导致屈服强度的增加值可表示为

$$\Delta\sigma_l = 0.5 v_p\sigma_m \tag{7.20}$$

7.6 金属基复合材料的航空航天应用

7.6.1 铝基复合材料的应用

硼纤维增强铝基(B_f/Al)复合材料以其优异的综合性能在航天飞机、飞船、发动机机

舱以及支承桁架方面得到了成功应用[57]。用 B_f/Al 复合材料制造的航天飞机 20 m 长的货舱桁架，由直径 50.8~101.6 mm、壁厚 1.27 mm、长度 1.8 m 的复合材料管材组合而成，显著减轻了结构的质量。

宇航望远镜大型波导管在太空使用过程中温度变化大，要求极高的尺寸精度和尺寸稳定性。利用碳纤维增强铝基(C_f/Al)复合材料密度低、轴向刚度高、轴向热膨胀系数小和导电性好等特点，制作的波导管比原来使用铝和树脂基复合材料的重量减少了 30%。另外，用 C_f/Al 复合材料制成的导航系统和航天天线，可有效地提高其精度；用 C_f/Al 复合材料制成的卫星抛物面天线骨架，热膨胀系数低、导热性好，可在较大温度范围内保持其尺寸稳定，使卫星抛物面天线的增益效率提高。

采用 SiC_p/Al 复合材料替代铍材，制作航空航天惯性器件，成本比铍材低三分之二，已用于惯性环形激光陀螺制导系统[58]。在遥感系统中使用 SiC_p/Al 复合材料替代殷瓦钢和钛合金作为仪器支架，使部件减重 40%，其尺寸稳定性、低热膨胀和高热导性能使部件成像精度显著提高。用粉末冶金法制备的 SiC_p/6092Al 用于 F－16 战斗机的腹鳍，代替 2214 铝合金，刚度提高 50%，寿命由原来的数百小时提高到设计全寿命 8 000 h。F－16 飞机上燃油检查盖采用 SiC_p/Al 复合材料后，刚度提高 40%，承载能力提高 28%，服役寿命从 2 000 h 提高到 8 000 h，检修周期从 4~6 个月延长为 2~3 年。SiC_p/Al 复合材料在 F－18“大黄蜂”战斗机上作为液压阀体和制动器缸体材料，替代了铝青铜，疲劳极限提高一倍以上。采用高刚度、耐疲劳的 SiC_p/2009Al 复合材料制造直升机旋翼系统连接用模锻件，与铝合金相比，构件的刚度提高约 30%，寿命提高约 5%；与钛合金相比，构件重量下降约 25%。采用 SiC_p/Al 复合材料制备的航天用大型支撑架具有与铝合金相当的密度，但刚度、强度和热膨胀系数等性能具有更大的优势，是制备大型支撑架的理想材料。利用 SiC_p/Al 复合材料低密度、高刚度、高耐磨等优点，将 SiC_p/Al 复合材料成功地应用于月球车和火星车车轮、嫦娥五号钻杆等。SiC_p/Al 复合材料精铸件(镜身、镜盒、支撑轮)成功用于卫星遥感器定位装置。

碳化硅晶须增强铝基复合材料管件具有密度低、刚度高、耐磨性好和热膨胀系数低的优点[59]。在铝基复合材料中，碳化硅晶须比碳化硅颗粒具有更好的载荷传递效果，因此同等体积分数的碳化硅晶须增强铝基复合材料比碳化硅颗粒复合材料的弹性模量高 15% 左右。另外，由于碳化硅晶须的直径一般在 1 μm 之内，与通常采用的碳化硅颗粒直径相比小很多，在切削过程中更容易被切断，因此碳化硅晶须增强铝基复合材料具有更优良的机械加工性能[60]。铝基复合材料已成功用于卫星天线展开丝杠和嫦娥五号表采机械臂杆。SiC 和 B_4C 颗粒混杂增强铝基复合材料的强度超过 700 MPa，成功用于空间飞行器和运载火箭的燃料输送及液压系统元件和管路制造。

典型应用如图 7.10~图 7.12 所示[58, 61]。

7.6.2　镁基复合材料的应用

镁的密度为 1.74 g/cm^3，仅为铝的 2/3，是当前所用最轻的金属结构材料之一。虽然其强度比铝合金低，但具有更高的比强度和比刚度，同时兼具良好的抗震和抗冲击性能。因此，镁基复合材料是继铝基复合材料之后的又一具有竞争力的轻金属基复合材料，在航空航天、国防等领域有着广泛的应用前景。

(a) SiC_w/Al卫星展开丝杠

(b) SiC/Al平台惯导姿态角传感器

(c) 高体分SiC/Al光电稳定平台框架

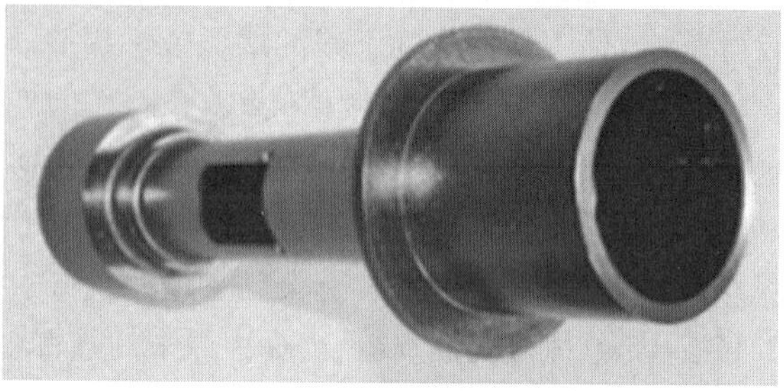

(d) C_f/Al卫星红外相机镜筒

图 7.10　铝基复合材料制造的航空航天惯性器件[58]

图 7.11　SiC_p/Al 复合材料制造的棘爪用于嫦娥三号月球车车轮[61]

图 7.12　SiC_w/Al 复合材料制造的嫦娥五号月球表面采样机械臂臂杆组件

Martin Marietta 航空公司与 Dupont Lanxide 公司及 FMI 航空系统合作研究石墨长纤维增强镁复合材料的应用，充分发挥其密度低、高比强度和高比刚度的性能特点。图 7.13 为石墨长纤维增强镁复合材料制备的管材及其装配成的桁架结构[62]。石墨纤维增强镁基复合材料的弹性模量高达 345 GPa，密度小于 2.1 g/cm^3，热膨胀系数可以从负到零、到正，适于制造航空航天工业所需的小型零件，NASA 已采用 Gr/Mg 制作空间动力回收系统构件，空间站的撑杆、航天飞机转子发动机壳体和空间反射镜架等；瑞士联邦材料测试与开发研究所（Eidgenössische Materialprüfungs und Forschungsanstalt, EMPA）报道哈勃太空望远镜部分构件采用 T300 碳纤维增强镁基复合材料。

美国麻省沃莎姆的 MMCC 公司（Metal Matrix Cast Composites LLC）开展连续和非连续

图 7.13　石墨长纤维增强镁复合材料的管材和桁架结构[62]

石墨纤维增强镁基复合材料产品,应用于大气层外杀伤飞行器(exoatmospheric kill vehicle, EKV)反射镜镜架(mirror bench)和测量用构件(metering structures),如图 7.14 所示[63]。陶氏(Dow)化学公司用氧化铝颗粒增强镁基复合材料已制成皮带轮、链轮、油泵盖等耐磨件,其中汽车油泵盖已经累计行车 16 万公里。美国先进复合材料公司和海军地面战争中心合作研究采用粉末冶金法制备 SiC 晶须或 B_4C 颗粒增强 ZK60 镁基复合材料,目标用于海军卫星上的结构零件如轴套、支柱和横梁。美国海军研究所和斯坦福大学发挥 Mg - Li 合金超轻的特点,利用 B_4C 颗粒增强 Mg - Li 合金复合材料制造卫星天线构件[64]。美国 Textron 公司和 Dow 化学公司等利用 SiC 颗粒增强镁基复合材料制造螺旋桨、导弹尾翼和内部加强的汽缸等。英国镁电子公司已开发了一系列成本低、可回收、可满足应用要求而特殊设计的非连续增强镁基复合材料。在 1994 年英国范堡罗航展上,该公司展出了生产的 Melram 镁基复合材料。

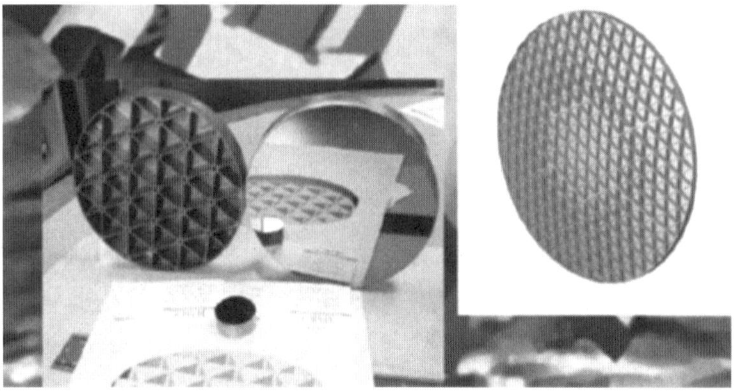

图 7.14　石墨增强镁基复合材料飞行器反射镜镜架[63]

7.6.3　钛基复合材料的应用

钛基复合材料因具有高的比强度和比刚度、优良的高温性能、较低的热膨胀系数,在许多领域都具有非常大的应用潜力,用来替代传统材料以提高使用性能或提高使用温度。如替代传统高温合金,可以减重约40%;替代钛合金可以将使用温度提高100~200℃;替代耐热钢既可以减重又可以提高使用温度。因此,在航空航天、武器装备、汽车及民用等行业中,钛基复合材料是提高力学性能、降低重量、提高效能的最佳候选材料之一而备受青睐。

作为最先研究的连续纤维增强钛基复合材料于20世纪80年代就成功应用到航空发动机轴上。由美国ARC公司制造的SiC纤维增强钛基复合材料矢量喷管驱动器活塞,成功应用在F-22战斗机的F-119发动机上,该活塞大约长305 mm,杆部直径为50 mm,头部直径为100 mm。美国国防部和NASP资助建立了SiC纤维增强钛基复合材料生产线,已为直接进入轨道的航天飞机提供机翼、机身蒙皮、支撑梁和加强筋等构件。2007年,罗·罗公司成功设计并制备了装有SiC纤维增强钛基复合材料叶环的发动机,在F-35上得到验证,该叶环减重可达60%。由美国GKN宇航工业公司和FMW复合材料系统公司开发的SiC纤维增强钛基复合材料,在波音787飞机发动机机架连杆上得到成功应用。2014年,罗·罗公司公布了其下一代的发动机的设计细节,将在"Advance"和"UltraFan"发动机上采用碳纤维增强钛基复合材料风扇叶片,以碳纤维增强钛基复合材料风机叶片和复合材料套管为特点的C-Ti风扇系统,可以使每架飞机减重680 kg,如图7.15(a)所示[19]。

短纤维或者颗粒增强钛基复合材料已在航空航天和民用领域得到了应用。美国Dynamet技术公司开发的系列TiC颗粒增强TC4钛合金复合材料,用作半球形火箭壳、导弹尾翼和飞机发动机零件[65]。荷兰飞机起落架开发公司SP航宇开发的钛基复合材料起落架下部后撑杆已经安装到F-16战斗机上,与300M钢相比,采用钛基复合材料达到了减重40%的目的[19],如图7.15(b)所示。上海交通大学经过熔铸法及塑性加工技术成功制备出固体火箭发动机喷管用支耳、支撑块和固定支臂等构件。西北有色金属研究院采用熔铸法及二次加工变形,成功制备出TP-650钛基复合材料飞机发动机叶片。哈尔滨工业大学采用粉末冶金法结合挤压与旋锻技术成功制备可用于火箭发动机的TiB_w/TC4复合材料喷油管,与传统不锈钢喷油管相比减重40%以上,并且大幅提高了使用温度与抗腐蚀能力;以TiB_w/TC4复合材料挤压棒材为基础,通过镦制及辊丝工艺成功制备出系列航空航天用TiB_w/TC4复合材料高端紧固件,如图7.16所示[14]。与进口TC4钛合金紧固件相比,疲劳寿命不降低的同时,剪切强度、拉伸强度和耐热性等得到大幅提升。

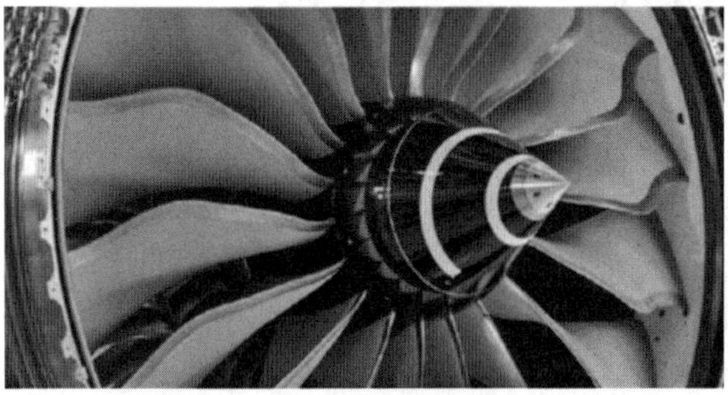
(a) 新型碳/钛复合材料发动机叶片

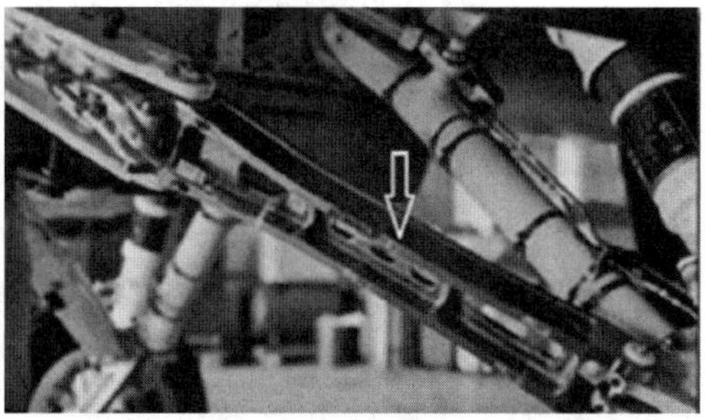
(b) F-16战斗机中的钛基复合材料起落架

图7.15 钛基复合材料的应用[19]

图 7.16　热静液挤压与旋锻技术制备的钛基复合材料薄壁管材[14]

7.7　总结与展望

在航空航天、高端装备、汽车制造等领域对材料性能要求愈发严格的情况下，轻质金属基复合材料作为一种高比刚度、高比强度、轻质耐热、结构功能一体化、可设计性强的材料，体现出巨大的应用潜力，其制备和加工方法也趋于多样化并趋于成熟，铝基、镁基、钛基复合材料均获得了越来越广泛的应用。金属基复合材料具有体系复杂和影响因素多的特点。因此，发展适用于金属基复合材料的力学和物理性能模型和基本理论，进而更好地指导金属基复合材料的设计、优化复合材料的性能、实现金属基复合材料复杂构件的加工成形，是未来金属基复合材料发展的重中之重。

习题与思考题

1. 简述金属基复合材料的概念与内涵。
2. 金属基复合材料中的界面结合有哪些机制？各有什么特点？
3. 简述金属基复合材料中增强相的临界长径比的概念与计算方法。
4. 金属基复合材料界面热错配应力的产生原因和影响因素有哪些？
5. 分析金属基复合材料有哪些主要的强化机制。
6. 金属基复合材料有哪些主要的制备方法？
7. 金属基复合材料有哪些性能特点？
8. 举例说明金属基复合材料作为电子封装材料的优势。

参考文献

[1] Tjong S C, Ma Z Y. Microstructural and mechanical characteristics of in situ metal matrix composites [J]. Materials Science and Engineering: Reports, 2000, 29(3-4): 49-113.

[2] 李建辉，李春峰，雷廷权. 金属基复合材料成形加工研究进展[J]. 材料科学与工艺，2002, 10(2): 207-212.

[3] Weisinger M D. Boron aluminum tube struts for the NASA space shuttle[J]. Journal of Composites

Technology and Research, 1979, 1(2): CTR10660J.

[4] Srivatsan T S, Sudarshant T S, Laverniaj E J. Processing of discontinuously-reinforced metal matrix composites by rapid solification[J]. Progress in Materials Science, 1995, 39(4-5): 317-409.

[5] 薛云飞. 先进金属基复合材料[M]. 北京: 北京理工大学出版社, 2019.

[6] 赵玉涛, 陈刚. 金属基复合材料[M]. 北京: 机械工业出版社, 2019.

[7] Huang L J, An Q, Geng L, et al. Multiscale architecture and superior high-temperature performances of discontinuously reinforced titanium matrix composites [J]. Advanced Materials, 2021, 33 (6): 2000688.

[8] 刘文祎, 金旗, 侯红亮, 等. 热压工艺对 SiC 纤维增强 TB8 复合材料组织影响研究[J]. 钛工艺进展, 2020, 37(2): 26-30.

[9] Liao J H, Chen Z F, Li B B, et al. Microstructure and mechanical properties of C_f/SiC-Al composites fabricated by PIP and vacuum pressure infiltration processes[J]. Journal of Alloys and Compounds, 2019, 803: 934-941.

[10] Sun Z M, Hu X S, Wang X J, et al. Microstructure and mechanical properties of M40/AZ91 composites fabricated by pressure infiltration method[J]. Composites Communications, 2021, 24: 100640.

[11] 胡银生, 余欢, 徐志锋, 等. 增强纤维对连续纤维增强铝基复合材料界面和力学性能的影响[J]. 中国有色金属学报, 2019, 29(10): 2245-2254.

[12] 刘建秀, 宋阳, 樊江磊, 等. 碳纤维增强铜基复合材料研究进展[J]. 材料科学与工程学报, 2018, 36(2): 342-346.

[13] 刘彦强, 樊建中, 桑吉梅, 等. 粉末冶金法制备金属基复合材料的研究及应用[J]. 材料导报, 2010, 24(12): 18-23.

[14] 黄陆军, 耿林. 网状结构钛基复合材料研究进展[J]. 中国材料进展, 2016, 35(9): 674-685.

[15] Tjong S C. Recent progress in the development and properties of novel metal matrix nanocomposites reinforced with carbon nanotubes and graphene nanosheets[J]. Materials Science and Engineering: Reports, 2013, 74(10): 281-350.

[16] 赵大为, 米国发. 铸造法制备颗粒增强铝基复合材料的研究进展[J]. 航天制造技术, 2008(5): 26-30.

[17] Yang W, Chen G, Qiao J, et al. Graphene nanoflakes reinforced Al-20Si matrix composites prepared by pressure infiltration method[J]. Materials Science and Engineering: A, 2017, 700: 351-357.

[18] Cui Y, Jin T Z, Cao L G, et al. Aging behavior of high volume fraction SiC_p/Al composites fabricated by pressureless infiltration[J]. Journal of Alloys and Compounds, 2016, 681: 233-239.

[19] Hayat M D, Singh H, He Z, et al. Titanium metal matrix composites: An overview[J]. Composites Part A: Applied Science and Manufacturing, 2019, 121: 418-438.

[20] Llorca J. Fatigure of particle-and whisker reinforced metal-matrix composites[J]. Progress in Materials Science, 2002, 47(3): 283-353.

[21] Zhou M Y, Ren L B, Fan L L, et al. Progress in research on hybrid metal matrix composites[J]. Journal of Alloys and Compounds, 2020, 838: 155274.

[22] 高波, 徐自立. 碳纤维及其复合材料的发展和应用[J]. 机电产品开发与创新, 2010, 23(4): 37-39.

[23] 王玉敏, 张国兴, 张旭, 等. 连续 SiC 纤维增强钛基复合材料研究进展[J]. 金属学报, 2016, 52(10): 1153-1170.

[24] 曹秀中,韩秀全,赵冰,等. SiC 纤维增强钛基复合材料研究现状与展望[J]. 航空制造技术,2014(22):109-112, 115.

[25] 王涛,赵宇新,付书红,等. 连续纤维增强金属基复合材料的研制进展及关键问题[J]. 航空材料学报,2013, 33(2):87-96.

[26] 费良军,朱秀荣,童文俊,等. 纤维增强铝基复合材料及其应用[J]. 特种铸造及有色合金,2001(S1):150-152.

[27] 凤仪,应美芳,魏光霞,等. 碳纤维不同分布的 CF/Cu 复合材料的热膨胀系数[J]. 金属学报,1994, 30(9):432-434.

[28] 崔春翔,赵晓宏,徐华,等. 碳纤维-铜复合材料研究[J]. 河北工业大学学报,2002, 31(6):43-48.

[29] Samal P, Vundavilli P R, Meher A, et al. Recent progress in aluminum metal matrix composites: A review on processing, mechanical and wear properties[J]. Journal of Manufacturing Processes, 2020, 59: 131-152.

[30] Amirkhanlou S, Ji S. A review on high stiffness aluminum-based composites and bimetallics[J]. Critical Reviews in Solid State and Materials Sciences, 2019, 45(1): 1-21.

[31] 向兆兵,聂俊辉,魏少华,等. 热处理及 SiC 颗粒尺寸对 15% SiC_p/6061Al 复合材料性能的影响[J]. 稀有金属,2015,39(11):998-1003.

[32] Huang L J, Geng L, Peng H X, et al. Room temperature tensile fracture characteristics of in situ TiB_w/Ti_6Al_4V composites with a quasi-continuous network architecture[J]. Scripta Materialia, 2011, 64(9): 844-847.

[33] Zhang Z, Chen D L. Consideration of Orowan strengthening effect in particulate-reinforced metal matrix nanocomposites: A model for predicting their yield strength[J]. Scripta Materialia, 2006, 54(7): 1321-1326.

[34] Morsi K. Review: Titanium-titanium boride composites[J]. Journal of Materials Science, 2019, 54(9): 6753-6771.

[35] 陈剑锋,于志强,武高辉,等. 金属基复合材料强度的影响因素[J]. 金属热处理,2003, 28(2):1-9.

[36] Li J C, Zhang X X, Geng L. Effect of heat treatment on interfacial bonding and strengthening efficiency of graphene in GNP/Al composites[J]. Composites Part A: Applied Science and Manufacturing, 2019, 121: 487-498.

[37] Li H L, Jia D H, Yang Z H, et al. Effect of heat treatment on microstructure evolution and mechanical properties of selective laser melted Ti-6Al-4V and TiB/Ti-6Al-4V composite: A comparative study[J]. Materials Science and Engineering A: Structural Materials Properties Microstructure and Processing. 2021, 801: 140415.

[38] 王行,谢敬佩,郝世明,等. 碳化硅颗粒增强铝基复合材料研究现状与展望[J]. 稀有金属与硬质合金,2013, 41(3):50-53, 64.

[39] 黄陆军,耿林. 网状结构钛基复合材料[M]. 北京:国防工业出版社,2015.

[40] Huang L J, Geng L, Peng H X. Microstructurally inhomogeneous composites: Is a homogeneous reinforcement distribution optimal? [J]. Progress in Materials Science, 2015, 71: 93-168.

[41] Lloyd D J. Particle reinforced aluminum and magnesium matrix composites[J]. International Materials Reviews, 1994, 39: 1-23.

[42] 黄陆军,耿林,彭华新. 钛合金与钛基复合材料的第二相强韧化[J]. 中国材料进展,2019, 38(3): 214-222.

[43] Jiao Y, Huang L J, Geng L. Progress on discontinuously reinforced titanium matrix composites[J]. Journal of Alloys and Compounds, 2018, 767: 1196-1215.

[44] Zheng M Y, Wu K, Kamado S, et al. Aging behavior of squeeze cast SiC_w/AZ91 magnesium matrix composite[J]. Materials Science and Engineering: A, 2003, 348(1-2): 67-75.

[45] 梁策. 原位自生(TiB_w+TiC_p)/Ti 制备及 TiC_p 尺寸对复合材料性能影响[D]. 哈尔滨: 哈尔滨工业大学,2009.

[46] 崔岩,王一鸣,曹雷刚,等. 金刚石/铝基复合材料的性能影响因素研究[J]. 热加工工艺,2021, 50(14): 68-74.

[47] 王涛. SiC/Al 复合材料的热导率研究[J]. 人工晶体学报,2017, 46(10): 2062-2066.

[48] 康靖,阎峰云,陈体军,等. SiC 体积分数和热处理对 SiC/2024Al 复合材料性能的影响[J]. 热加工工艺,2020, 49(12): 74-77,81.

[49] 武高辉. 金属基复合材料设计引论[M]. 北京: 科学出版社,2016.

[50] 姚忠凯,耿林. 压铸 SiC_w/Al 复合材料中 SiC-Al 界面一种新的晶体位向关系[J]. 自然科学进展——国家重点实验室通讯,1993, 3(3): 233-236.

[51] 张国定. 金属基复合材料界面问题[J]. 材料研究学报,1997, 11(6): 649-657.

[52] Yue C Y. Interfacial properties of fibre-reinforced composites[J]. Journal of Materials Science, 1992, 27: 3843-3855.

[53] Boehlert C J, Tamirisakandala S, Curtin W A, et al. Assessment of in situ TiB whisker tensile strength and optimization of TiB-reinforced titanium alloy design[J]. Scripta Materialia, 2009, 61: 245-248.

[54] 陈剑锋,武高辉,孙东立,等. 金属基复合材料的强化机制[J]. 航空材料学报,2002, 22(2): 49-53.

[55] Goh C, Wei J, Lee L, et al. Properties and deformation behaviour of Mg-Y_2O_3 nanocomposites[J]. Acta Materialia, 2007, 55(15): 5115-5121.

[56] Wei S L, Huang L J, Li X T, et al. Network-strengthened Ti-6Al-4 V/(TiC+TiB) composites: Powder metallurgy processing and enhanced tensile properties at elevated temperatures[J]. Metallurgical and Materials Transactions A, 2019, 50(8): 3629-3645.

[57] 于现,孙长义. 金属基复合材料在美国航天飞机上的应用(下)——为什么美国航天飞机选用硼铝复合材料[J]. 航空材料,1987, 6: 37-40.

[58] 武高辉,匡泽洋. 装备升级换代背景下金属基复合材料的发展机遇和挑战[J]. 中国工程科学,2020, 22(2): 79-90.

[59] 耿林. 晶须增强铝基复合材料的制备、性能与加工[C]. 霍林郭勒: 2016 中国铝加工产业技术创新交流大会,2016.

[60] 耿林,董申,袁哲俊,等. 碳化硅晶须增强铝复合材料的精密切削研究[J]. 金属科学与工艺,1992(Z1): 47-51.

[61] 徐瑞哲. 嫦娥落月"背"感骄傲,沪上高校一起出力让"嫦四玉兔"强筋健骨、耳聪目明[EB/OL]. (2019-1-6). https://news.sjtu.edu.cn/mtjj/20190106/94337.html.

[62] Rawal S. Metal-matrix composites for space applications[J]. JOM, 2001, 53: 14-17.

[63] Cornie J A, Ballard L, Chen E, et al. Development of graphite fiber reinforced magnesium alloys for

lightweight mirror substrates and zero CTE metering structures[C]. Seattle: National Space and Missile Materials Symposium, 2004.
[64] 田君,李文芳,韩利发,等. 镁基复合材料的研究现状及发展[J]. 材料导报,2009, 23(9): 71－74.
[65] Stanley A, Susan M A, Harvey F, et al. CermeTi® discontinuously reinforced Ti-matrix composites: Manufacturing, properties, and applications[J]. JOM, 2004, 56(5): 37－41.

第8章 航空航天用非连续增强铝基复合材料

学习要点：

(1) 掌握非连续增强铝基复合材料性能特点与应用优势；

(2) 掌握颗粒增强铝基复合材料的主要制备方法；

(3) 了解非连续增强铝基复合材料变形加工特点；

(4) 掌握纳米碳增强铝基复合材料的强化机理；

(5) 了解构型化金属基复合材料的强韧化机理；

(6) 了解构型化金属基复合材料现存问题以及未来发展方向；

(7) 了解非连续增强铝基复合材料的典型应用案例。

8.1 引言

随着航空航天、武器装备、电力电子等高新技术领域的不断发展，人们对材料的性能追求也在不断提高，传统的金属材料已难以满足高新技术领域对材料的更高综合性能要求。金属基复合材料因兼具金属与增强体两者的性能优势，更因其极强的可设计性，正越来越受到工业界的青睐[1, 2]，现已成为航空航天、汽车、电子、能源和军工等诸多行业所需的重要甚至关键材料[3]。依据增强体在基体中的分布形态的不同，金属基复合材料可分为连续纤维增强金属基复合材料和短纤维、晶须、颗粒等非连续增强金属基复合材料[4]。

对于连续增强金属基复合材料，由于其原料成本高、难以进行塑性加工和制备复杂形状部件等特性，在一定程度上限制了其广泛应用。相对于连续增强金属基复合材料，非连续增强金属基复合材料具有成本较低、制备工艺简单灵活等优点，而且所添加的颗粒或晶须等增强体可以协同基体合金流动使其具有塑性成形能力。由于上述优点，非连续增强金属基复合材料已经成为金属基复合材料研究和发展的主流。特别是非连续增强铝基(discontinuously reinforced aluminum, DRA)复合材料，综合了增强体高强度、高刚度、良好尺寸稳定性、耐磨损等特性和铝基体良好的塑韧性、导热、导电等性能，还兼具抗疲劳、抗蠕变等优良性能，已成为目前应用最广泛且需求量最大的金属基复合材料。

8.2　典型颗粒增强铝基复合材料

颗粒增强铝基复合材料是由硬质颗粒或其他颗粒增强体与铝合金基体复合而成的一类 DRA 复合材料，通常使用的颗粒增强体主要有[5]：SiC、TiC 和 B_4C 等碳化物，Al_2O_3、SiO_2 和 ZrO_2 等氧化物，TiB_2 和 ZrB_2 等硼化物，BN、AlN 和 Si_3N_4 等氮化物，以及 Al_3Ti 和 Al_3Ni 等金属间化合物。在众多 DRA 复合材料类型中，颗粒增强铝基复合材料发展最为成熟，工程用量也最大。

8.2.1　颗粒增强铝基复合材料的制备方法

在制备工艺方面，确保材料的致密性和良好的界面结合是制备高性能颗粒增强铝基复合材料的关键。目前，已发展出了多种颗粒增强铝基复合材料的成熟制备工艺。而根据制备过程中基体合金状态，其制备方法可分为“液相法”和“固相法”两种。

1. *液相法*

制备颗粒增强铝基复合材料的液相法包括：搅拌铸造、高压铸造、离心铸造、无压浸渗等。其主要优点表现为：制备速度快，可以近净成型制备复杂形状零件，生产成本低等。但熔融的铝基体与大多数增强颗粒不仅存在较大的密度差别，而且界面润湿性通常较差。而在热力学上必须满足铝与增强体间界面接触角小于 90°，才能使增强体颗粒与基体之间形成良好的界面结合。若增强体颗粒不能被液态铝完全润湿，则增强体颗粒之间易相互聚集，形成更大尺寸的团聚体，不利于增强体与基体的均匀混合。

增强体与基体熔体间的润湿性可以通过物理或化学方法进行改善。物理方法以机械力来克服能量障碍，并不改变复合材料的化学成分[4]，主要包括在增强体与熔融金属混合过程中增加搅拌强度，或在浸渗过程中施加外部压力。此外，辅以超声振动处理对改善界面润湿性和提高增强体的分散性有一定效果[6]。化学改性的方法包括在增强体表面涂敷金属、氧化物或矿物盐等涂层，如 Ni、SiO_2、Ti－B 混合物或助熔剂 K_2ZrF_6 等[7-9]，或在基体中添加特殊的合金元素，调整增强体与熔融基体的润湿性。有研究发现，将 SiC 颗粒进行高温焙烧预氧化处理，使其表面形成 SiO_2 薄膜，有助于提升 SiC 与铝合金溶液的润湿性[10, 11]。为了改善润湿性还可升高熔融基体的温度。但是，化学改性和升高温度的方法往往会导致基体中发生不期望的界面反应，从而恶化复合材料的性能，因此，需要谨慎选择。下面针对几种常用的液相法进行介绍。

(1) 搅拌铸造法[12]。搅拌铸造法是通过机械搅拌将增强体分散到铝熔体中，可用来制备增强体含量在 10 vol.%～30 vol.%的较低体积分数的 DRA 复合材料，如图 8.1 所示。其制备过程中的关键工艺控制因素包括：

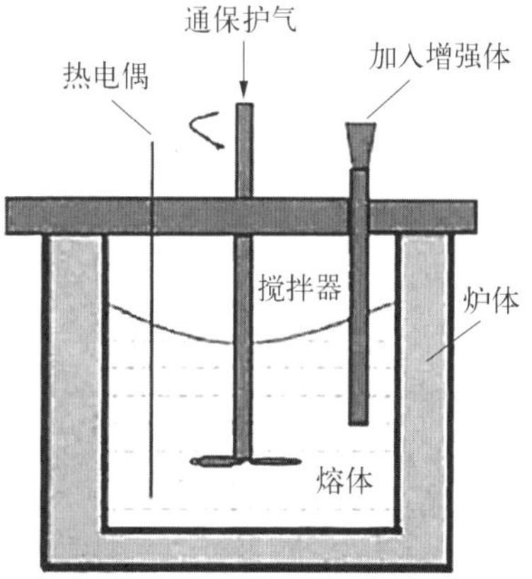

图 8.1　搅拌铸造法示意图

(a) 严格控制铝合金熔体的温度，避免造成铝液与

增强体剧烈的化学反应;

(b) 在混合、保温阶段及浇铸之前,必须对熔体进行搅拌,以保证高密度增强体均匀分散而不沉入底部;

(c) 尽量减少铸造过程中的湍流,以避免夹带气体产生浮渣。

制备好的含有增强体颗粒的铝熔体可以浇铸到模具中制造近净成型的部件;也可以浇铸成铸锭,再进行二次塑性加工成形(如挤压或轧制)。

(2) 压力铸造法[13]。压力铸造法是将铝熔体倒入压室内,通过外加压力使铝液高速充满模具型腔,并使金属液在压力下凝固从而形成 DRA 复合材料块体。在压铸过程中,快速凝固导致形成细小的枝晶结构,并且高压状态也有助于减少孔隙和缩松等缺陷,从而获得优异的力学性能。通常,DRA 复合材料的尺寸收缩系数在 0.6%以内,与未增强的铝合金相近。通用的铝合金压铸设备在压机、模具、浇铸和排气系统上均无须进行改造,可直接适用于 DRA 复合材料的制备,其加工过程在真空或非真空条件下均可。

(3) 离心铸造法[14]。离心铸造法是指在铸造过程中通过离心力使增强体含量在复合材料铸件内部呈梯度分布的制备方法,如图 8.2 所示。当含有增强体的金属溶液受到离心力时,将会形成增强体的富集区和贫化区,其分布状态取决于增强体与金属溶液的比重。当以铝合金为基体时,较重的 SiC、Al_2O_3 颗粒等增强体会富集在样品边缘处,而石墨或碳微粒则会富集在心部区域。根据不同的实际需求,通过适当调整材料成分与制备工艺可以制备出具有不同结构特征的功能梯度复合材料。

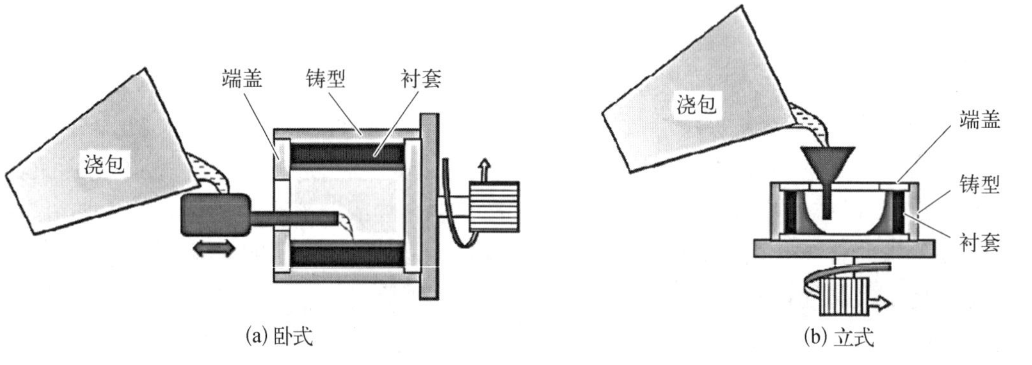

图 8.2　离心铸造法示意图

(4) 浸渗法[15, 16]。浸渗法是制造 DRA 复合材料的一种独特方法。其主要工艺过程为:首先将增强体制成具有多孔结构的预制体;然后将预制体浸于金属溶液中,利用毛细作用或外加压力使金属液浸入预制体间隙,制得铝基复合材料。由于预制体必须含有足够的增强体来保持稳定的几何形状,因此浸渗法制备的复合材料增强体体积分数通常较普通铸造法高。浸渗法的优点有:比较易于实现近净成型,可以相应减少难机加工复合材料的加工量。

2. 固相法

固相法主要指粉末冶金法,是制造 DRA 复合材料的一种传统且适用范围较广的方法，几乎所有种类的颗粒、纤维、晶须增强铝基复合材料都可以采用粉末冶金法制备[17]。由于粉末冶金法是在固态下完成制备，可规避增强体在液态金属中不易分散与界面反应问题，因此在制备高性能 DRA 复合材料时更具优势，目前采用粉末冶金法制备的颗粒增强铝基复合材料的最高增强体含量已达 70 vol. %[18]。

粉末冶金法制备 DRA 复合材料工艺流程如下：首先，通过机械混料将铝基体粉末与增强体粉末均匀混合，然后将均匀混合后的粉末在室温下冷压，进一步通过烧结、真空热压或热等静压等工艺进行致密化，从而制备出颗粒增强铝基复合材料坯体，如图 8.3 所示。粉末冶金法使用的烧结温度通常在基体合金液相线以下，避免了液相凝固带来的缩孔、缩松等组织缺陷，且组织更为细小均匀。此外，粉末冶金法制备的复合材料界面反应程度明显低于液相法，界面结合可控性更强，较低的成形温度还可以减少低熔点合金元素的损耗，化学成分的控制更精确。但是粉末冶金法的制备工艺流程长，并且对设备质量要求较高，因此，其生产成本较高。

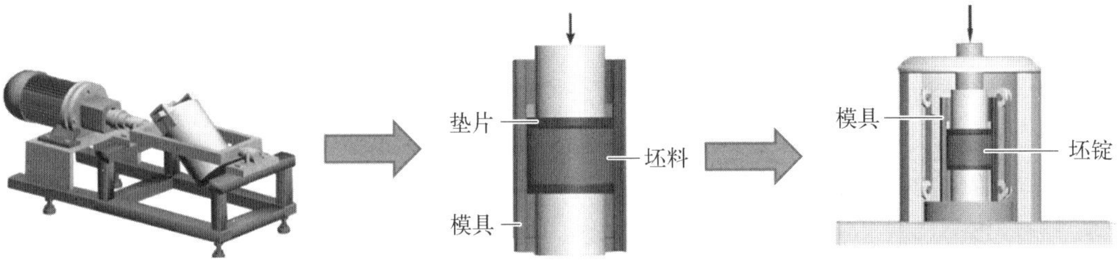

图 8.3　粉末冶金法示意图

8.2.2　颗粒增强铝基复合材料的变形加工技术

经液相或固相法制备的颗粒增强铝基复合材料坯锭通常需要进行后续的二次加工，以获得最终形状并改善性能。材料的二次加工通常涉及锻造、挤压和轧制等变形过程。可加工性一般由变形抗力和发生断裂前的塑性变形量来确定，对一种材料可加工性的完整描述，需要明晰变形过程中加工参数（如温度、应变速率和应变量）对流变应力的影响、材料的失效行为以及组织演化机制的转变等。

1. 颗粒增强铝基复合材料的变形加工特性

颗粒增强铝基复合材料的流变应力比未增强的基体合金要高，源于增强体对周围基体的几何约束作用[19]。在颗粒增强铝基复合材料的变形过程中，硬质颗粒与基体间会存在局部的应变不协调，需要生成大量几何必须位错来协调变形[20]。而大量几何必须位错和低角晶界通常也将伴随着较高的变形存储能，从而有助于引发颗粒诱导再结晶形核[21]。

颗粒增强铝基复合材料的变形特性受增强体的含量与尺寸影响较大。Humphreys 等[22]发现当 SiC 颗粒含量较低时（5 vol. %），复合材料与未增强基体合金的微观组织相近；而 SiC 颗粒含量较高时（10 vol. %）有利于获得细小的再结晶组织。当颗粒尺寸大于 1 μm 时，颗粒诱导再结晶形核机制易于发挥作用，但需满足 2 个条件：第一，颗粒附近必须形成变形区;第二,基体中必须有足够高的存储能来提供再结晶形核。对于颗粒增强铝基复合材料,变形区的形成是决定因素。颗粒含量不高时,动态再结晶形核机制会与其他的再结晶机制相互竞争。在高温条件下,颗粒周围的位错可以通过攀移而显著地降低变形能累积程度,因而颗粒诱导形核很难成为主导的再结晶机制。对颗粒体积分数较高的复合材料,应考虑两种作用对颗粒诱导再结晶形核机制的影响[23]:一是由于滑移变形集中在颗粒之间的基体,使局部应变速率高于宏观应变速率;二是间距较近的 2 个颗粒附近的变形区有可能发生重叠,同样会引起应变和应变速率的不均匀。这两种情况都会促进颗粒诱导再结晶形核。

2. 不同加工参数下的热变形行为响应

除了材料本征组织参数的影响外,不同的变形加工参数也会对复合材料的组织演化造成较大的影响。选用合适的热加工参数对复合材料进行变形加工处理不仅可以避免变形损伤的形成,还可以修复坯锭原有的孔洞,从而提高复合材料的力学性能[24]。但是,若加工参数选择不当,复合材料产品中很容易产生缺陷,如轧制板材的边缘开裂、锻件内部和表面损伤、挤压后的颗粒带偏聚等。

为了系统地反映变形参数对流变行为与组织演化的影响,从而为加工工艺的制定奠定基础,不少学者通过构建变形加工图,来研究加工参数对变形行为的影响。加工图理论可从能量转化的角度阐述热变形参数与组织演化之间的对应关系,在指导金属基复合材料加工参数的选取上起到了重要作用。按照加工图理论,在热加工过程中工件被认为是一个非线性的功率耗散体,把外界输入变形体的总功率用 P 表示,其在塑性加工过程中的能量转化体现在以下两个方面:

(1) 材料发生塑性变形所耗散的能量,用 G 表示,被称为功率耗散量,其中绝大部分转化为热能,小部分以晶体缺陷能的形式储存;

(2) 材料变形过程中组织演化所耗散的能量,用 J 表示,被称为功率耗散协量,功率耗散协量 J 与理论最大功率耗散协量 $J_{\max}$ 之间的比值为功率耗散系数,用 η 表示。根据 Murty 模型[25],η 与上述参数之间满足如下关系:

$$\eta = \frac{J}{J_{\max}} = 2\left(1 - \frac{G}{P}\right) \tag{8.1}$$

材料在热变形过程中的各种变形机制(如动态回复、动态再结晶、晶界滑移等)或损伤(如孔洞、楔形裂纹、界面脱黏等)通常会有相对应的特征功率耗散系数与之对应。由此可根据加工图方便地预测不同加工参数下的变形机制与缺陷。比如,印度科学研究院的 Bhat 等[26]采用加工图理论研究了粉末冶金法制备的 10 vol. % SiC/1100Al 复合材料的热变形特点,发现制备态的复合材料动态再结晶发生在 500℃/0. 01 s^{-1} 参数附近,对应 $\eta=30\%$,而经挤压加工后产生的细晶结构使得晶界迁移能力增强,导致发生动态再结晶的温度降低、应变速率升高,动态再结晶发生在 425℃/1 s^{-1} 参数附近。Cavaliere 和 Evangelista[27]基于扭转实验,通过加工图理论对搅拌铸造制备的 20 vol. % Al_2O_3/2618Al 复合材料的热变形行为进行了研究。通过相应参数下的微观组织观察,确定在 450~500℃/0. 01~10 s^{-1} 变形参数范围内发生了动态再结晶,对应于加工图中 η 值(约

36%）较高的峰值区，并观察到在350℃/0.01 s^{-1} 和400℃/0.01 s^{-1} 参数下，材料内部出现了孔洞及界面脱黏等损伤。西南大学 Tang 等[28]通过加工图理论对喷射沉积制备的17 vol.% SiC/7055Al 复合材料的热变形行为进行了研究。通过相应参数下的微观组织观察，确定在430~450℃/0.001~0.03 s^{-1} 变形参数范围内发生了动态再结晶，对应于加工图中 η 值（约40%）较高的峰值区；而低温高应变速率加工参数下，材料发生变形失稳，与加工图失稳准则绘制的失稳区存在很好的对应关系。

3. 典型加工方法介绍

加工图理论为颗粒增强铝基复合材料变形工艺的制定奠定了良好基础。而在工程构件的生产过程中，材料的组织与性能演化特征还会受到具体加工方法的影响。目前颗粒增强铝基复合材料的典型塑性加工方法有锻造、挤压与轧制等。

锻造是铝基复合材料二次变形加工的常用技术。锻造过程中，依据模具形状与锻造方式的不同，样品的应力状态和塑性变形区也将不同。例如，在圆柱体坯料的单向锻造过程中，直径与高度的比值不断变化，塑性变形区的形状和分布也随之变化，当直径与高度的比值增加时，中心塑性变形区也不断扩大。与之相对应，基体的合金组织结构和颗粒的分布状态都会发生变化。Xu 和 Palmiere[29]研究了锻造加工对14 vol.% SiC/2618Al 复合材料中增强体颗粒细化和分布的影响，发现高温变形时颗粒的破碎程度与室温变形相比有所减小，塑性变形导致增强体颗粒细化到极限尺寸约为5 μm，进一步增大变形量主要引起颗粒分布的变化，更高的应变量将有助于增强体颗粒均匀分布。

挤压是铝基复合材料另一种常用的二次加工方法。通过选择合适的模具和适当的加工参数，可以获得颗粒分布均匀的复合材料产品。挤压加工主要的工艺控制参数为挤压温度、挤压比和挤压速度。根据相关文献报道，颗粒增强铝基复合材料的热挤压温度大多选定在430~500℃，挤压比一般在4~20，并且需要考虑到增强体颗粒尺寸、含量、基体合金成分和初期制备工艺因素的影响。随着增强体颗粒体积分数的增大，需相应地升高挤压温度、降低挤压速度等。

为了制备出相应的板材构件，往往需要采用轧制的方法对颗粒增强铝基复合材料进行二次加工。但由于颗粒增强铝基复合材料的延展性较差，在轧制时不受约束的板材侧向边缘处很容易出现开裂，而且冷轧辊与热板接触时还会引入温度梯度。这些因素导致颗粒增强铝基复合材料的轧制加工难度较大，相比锻造和挤压，轧制工艺更难控制。El-Sabbagh 等[30]对搅拌铸造制备的 SiC/6061Al 复合材料板坯进行轧制工艺研究，通过热机模拟法确定了优化的热轧温度为450℃、轧制速率为1 s^{-1}，并发现轧制板材的质量会随着铸坯品质的改善而提高，多道次热轧减少了颗粒团簇和孔洞等缺陷，T6处理可以提高板材的强度和模量。

4. 基于模拟仿真的塑性加工行为研究

对于金属基复合材料，其安全加工窗口较窄，成形质量对变形加工工艺与参数的敏感性较高。为了提高金属基复合材料的成形质量，需要对加工工艺进行优化。相比于实验试错法，模拟仿真技术可以节省实验成本，缩短工艺开发与试验周期，模拟仿真在塑性加工行为研究方面具有巨大优势。

与金属基体不同，复合材料的微观组织存在增强体与金属基体两相组织。增强体的分布特征会在塑性加工过程中发生改变。为了精准模拟复合材料在塑性加工过程中的组织演化规律,需要构建出精确的增强体分布结构模型。目前复合材料的结构模型主要有单胞模型、小尺寸逼真数字材料模型以及大尺寸逼真数字材料模型等。采用理想化单胞模型进行复合材料建模时会严重低估等效热膨胀系数和泊松比,高估等效弹性模量和弹塑性应力应变曲线。采用小尺寸逼真数字材料模型预测也会存在较大误差(但小于单胞结构模型的误差),精确计算复合材料宏观性能需采用大尺寸逼真数字材料模型。Zhang等[31]采用随机切割和吸收算法,构建了具有不同尺寸因子的颗粒增强铝基复合材料三维逼真数字化模型(图 8.4),由此获得的材料组织结构性能与真实材料高度吻合。基于复合材料数字模型,该学者进一步研究了锻造变形对增强体分布的影响,发现在不同锻造方向上,颗粒分布的密度不同,沿锻造方向,颗粒间距被压缩,密度增大;垂直于锻造方向,颗粒间距被拉长,密度减小,因此,初始组织均匀的复合材料在锻造后会产生一定的各向异性。

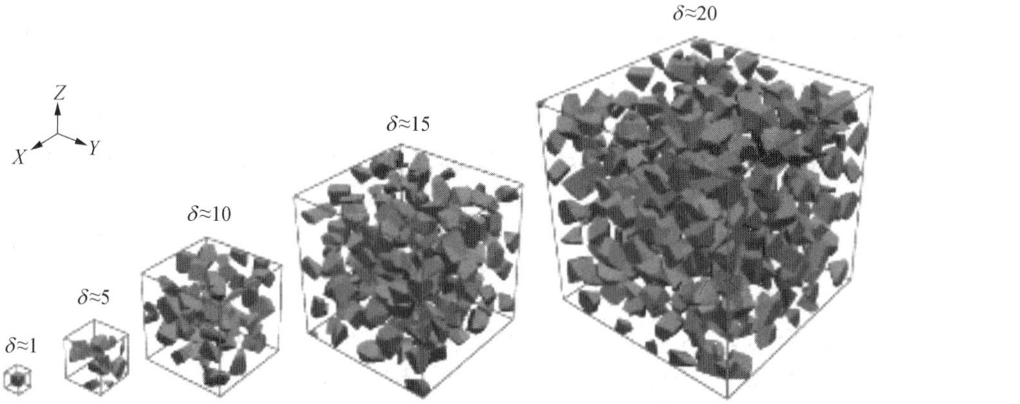

图 8.4 不同的微观结构模型[31]

单胞模型与尺寸因子分别为 5、10、15 和 20 的 3D 逼真数字材料模型(尺寸因子 δ 定义为模型边长与颗粒平均半径的比值)

模拟仿真除了可以用来研究复合材料在变形过程中的组织演化之外,还可以通过界定极限损伤边界条件,对成形工艺进行评价。Zhou 等[32]基于 ABAQUS 非线性有限元软件建立了 SiC/2009Al 复合材料轧制变形有限元模型,并研究了不同轧制工艺下的板材成形情况。研究发现,复合材料在轧制过程中沿展宽方向的变形量要远小于沿轧制方向的变形量;轧板在行进过程中,其边部由于承受较大的拉应力会优先发生局部开裂等变形损伤。对轧件温度为 460℃,轧辊转速为 30 m/min,不同压下量(轧制后轧件高度的减少量)的轧板损伤情况进行模拟,图 8.5 为压下量为 25%时,复合材料轧板的模拟结果与实验验证结果对照图,可以发现轧板变形损伤位置的模拟结果与实验结果高度吻合。综合对比不同压下量板材成形质量,发现当压下量达到 25%时,轧板边缘处开始形成裂纹,并且裂纹宽度会随着压下量的增大而连续增大。因此,为了减少轧板变形损伤,提高板材利用率,该复合材料的单道次压下量应控制在 25%以下。

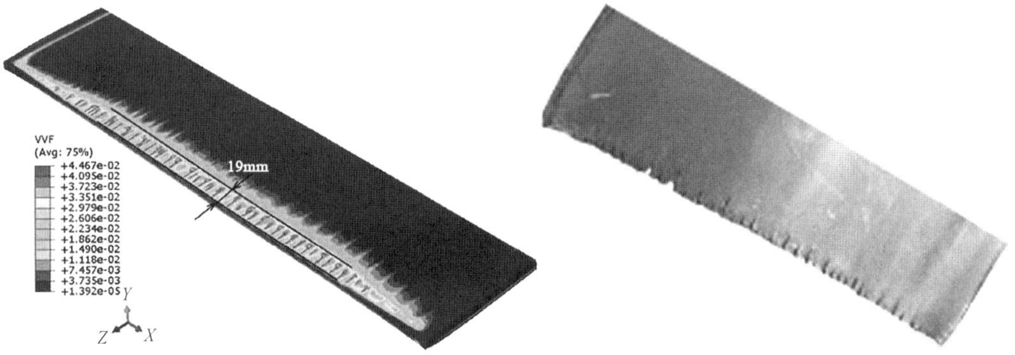

(a) 模拟结果　　　　(b) 实验结果

图 8.5　压下量为 25%时 17 vol. %SiC/2009Al 复合材料轧板形貌[32]

8.2.3　颗粒增强铝基复合材料力学性能影响因素

相比于基体合金,颗粒增强铝基复合材料通常具有较高的屈服强度、拉伸强度和弹性模量,但塑性普遍较低。影响颗粒增强铝基复合材料力学性能的因素较多,包括增强体的含量、尺寸、形状和分布,以及基体合金的晶粒尺寸和化学成分等。通过合理的组织调控,使颗粒增强铝基复合材料满足实际工件对材料不同性能的需求,是颗粒增强铝基复合材料设计与制备工作的重心。

增强体参数对颗粒增强铝基复合材料的力学性能影响规律已有大量研究报道。通常情况下,颗粒的含量越高、尺寸越小,复合材料的强度越高,但延伸率也越低[33-35]。除此之外,复合材料的力学性能还与增强体的长径比与分布特点有关。Zhang 等[36]基于有限元模拟方法研究了颗粒长径比对材料强度的影响,发现随着颗粒长径比的增大,增强体的应力分量增加,基体部分的应力分量减小,材料的整体强度增加。Murphy 等[37]通过控制复合材料的凝固速率,获得了具有不同团聚状态的 20 vol. % SiC/Al－Si 复合材料。通过拉伸试验,发现颗粒团聚越严重,复合材料的加工硬化率越高,而其塑性变形能力越差。然而,近年来有研究报道指出,适度非均匀分布的增强体,或更有利于复合材料性能的发挥。Ayyar 等[38]使用有限元模拟研究了不同颗粒团聚状态对复合材料拉伸性能的影响。结果表明,团聚严重时,会使基体承载更多的应力,更容易引起基体的损伤;而弱团聚或没有团聚,不利于材料的承载作用完全发挥,存在一个合理的团聚状态能使材料的强化效率最高。Kaveendran 等[39]通过低能球磨法和反应热压法结合,使用 Al 和 ZrO_2 制备了具有空间网状结构的($Al_3Zr+Al_2O_3$)/2024Al 复合材料。研究发现,具有网状结构的复合材料比增强体均匀分布的复合材料,强度提高了 12.5%,延伸率提高了 76.9%,弹性模量提高了 5.0%。

除了增强颗粒的特性以外,基体的合金成分对复合材料力学性能的影响也十分重要。铝合金基体不仅为颗粒增强铝基复合材料提供变形能力,使其具有良好的塑性和韧性,同时复合材料的强度也与基体的强度密切相关。普遍认为,基体强度越高,相应复合材料的强度也越高。表 8.1 列举了不同合金成分复合材料及其基体合金的静态力学性能。可以发现,随着基体合金强度的提升,复合材料的强度也随之提升。其中,SiC/7 系 Al 复合材料的强度要比其他体系的复合材料高,但同时也发现 SiC/7 系 Al 复合材料的强度常常要稍低于基体合金,这主要是 7 系铝合金中高含量的合金元素极易在增强体界面处发生偏聚或发生界面反应,从而降低基体内部的析出相含量[40]。

为了协调增强体与基体之间的力学关系,一些经特定成分设计的基体合金也被予以开发用来制备新型铝基复合材料。比如,Ma 等[40]通过向 7 系铝合金中额外补充镁元素,可以弥补合金元素在增强体界面偏聚造成的基体析出相贫化现象,最终制备的 SiC/Al－Zn－Mg－Cu 复合材料的强度水平明显高于 SiC/7085Al 复合材料。SiC/2 系 Al 复合材料凭借其优异的综合力学性能,已在航空航天等工业领域有所应用。但由于 2 系铝合金存在着明显的自然时效现象,SiC/2 系 Al 复合材料的冷塑性加工能力不足。Zhu 等[41]在 2009Al 的成分基础上引入微量 Si 元素同时降低 Cu 含量,开发出了新型 SiC/AlCuMgSi 复合材料。相比于 SiC/2009Al 复合材料,新型复合材料经自然时效后强度较低而延伸率较高,便于其在自然时效状态下进行冷加工,同时该新型复合材料经人工时效后强度水平又高于 SiC/2009Al 复合材料,使铝基复合材料的性能潜力得到了进一步发挥。

表 8.1　SiC/Al 复合材料及铝合金静态力学性能[42-46]

基体合金	SiC 含量/vol. %	状　态	屈服强度/MPa	拉伸强度/MPa	延伸率/%	弹性模量/GPa	文　献
6061	0	T6	240	264	12.3	69	[42]
	15		321	343	6	92	
6092	0	T6	363	436	16.7	71	[43, 44]
	17		432	524	5.2	108	
2024	0	T6	320	480	16.8	70	[45]
	20		440	560	3.8	106	
2009	17	T4	352	510	7	96	[46]
	25		448	593	3.4	116	
7075	0	T6	617	659	11.3	71	[42]
	10		597	646	2.6	92	

除静态力学性能以外,颗粒增强铝基复合材料的疲劳性能也明显优于基体合金。如图 8.6 所示,美国 DWA 公司生产的 15 vol. % SiC/2009Al 复合材料表现出比 2 系和 7 系铝合金更高的疲劳强度[44]。Sharma 等[47]研究了应力比为-1 条件下,采用喷射沉积法制备的 SiC 颗粒增强 7 系铝合金的疲劳性能,发现 SiC 增强 Al－13Zn－1.1Cu－2.6Mn－2.0Cr－2Sc 和 Al－8Zn－1.6Cu－4Mn－0.4Ag 复合材料(SiC 含量为 13 vol.%～15 vol.%)在疲劳寿命循环周次为 10^6 时所对应的最大循环应力相对于商业 7075－T6 态合金(166 MPa)提高约 50%。Geng 等[48]研究了 TiB_2/Al 复合材料的疲劳行为,发现位错移动会受到 TiB_2 的阻碍,位错重排受阻,难以形成滑移带等宏观缺陷,另外由于增强体尺寸极小,疲劳加载过程中在增强体附近的应力集中效应大幅度降低,最终测得的 TiB_2/Al 复合材料的疲劳强度远高于基体合金。造成复合材料高疲劳性能的主要原因

是大量高模量增强体的引入,在疲劳加载过程中可以承担大量的载荷,降低基体整体应力水平。

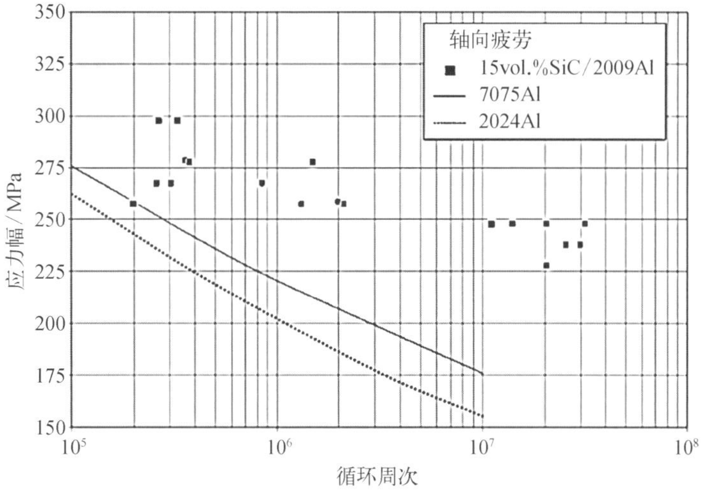

图 8.6 颗粒增强铝基复合材料及传统航空铝合金的疲劳性能[44]

8.3 新型纳米碳增强铝基复合材料

纳米碳主要包括碳纳米管(carbon nanotube, CNT)和石墨烯(graphene, Gr)等具有碳-碳 sp^2 杂化结构的纳米碳材料,其结构示意如图 8.7 所示。纳米碳因其独特的化学键以及空间结构表现出优异的物理和力学性能,其性能特点如表 8.2 所示,可以发现相比于传统陶瓷颗粒,纳米碳的强度、模量、导热系数更高,热膨胀系数更小,密度更轻。因此,纳米碳被认为是 DRA 复合材料的理想强化相,近年来逐渐成为科研人员关注的热点。

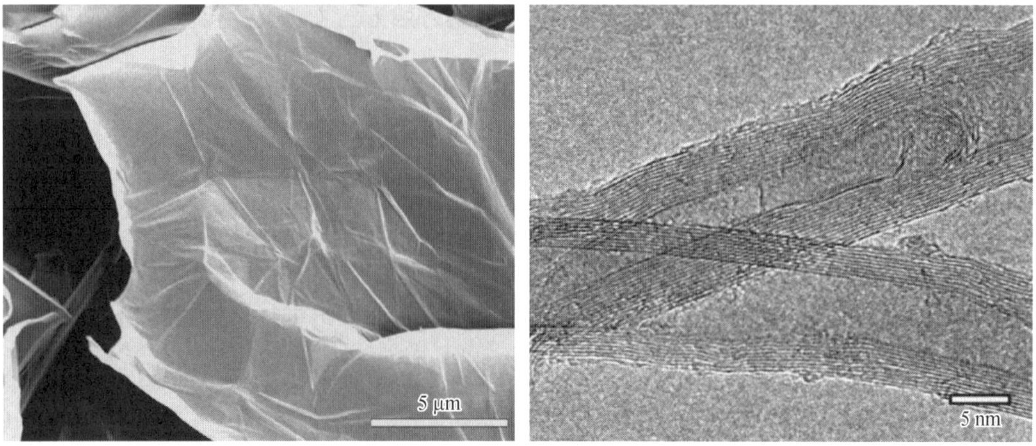

(a) 碳纳米管[49]　　(b) 石墨烯[50]

图 8.7 典型纳米碳结构电镜照片

表 8.2 金属基复合材料典型增强体性能对比[51, 52]

材 料		弹性模量/GPa	强度/GPa	密度/(g/cm³)	热膨胀系数/(10⁻⁶/K)	热导率/[W/(m·K)]
陶瓷颗粒	B_4C	445	—	2.5	4.8	—
	SiC	450	—	3.2	4.0	>16
	Al_2O_3	430	—	3.8	7	—
纳米碳	CNT	约 1 000	>30	1.8	约 0	650~3 000
	Gr	约 1 000	约 130	0.77	约 0	4 840~5 300

8.3.1 纳米碳增强铝基复合材料的制备方法

目前纳米碳增强铝基复合材料的制备技术,主要可分为液相法和固相法两种[51]。常见的纳米碳增强铝基复合材料的液相制备方法包括搅拌铸造法、挤压铸造法、气压浸渗法、无压浸渗法及喷射沉积法等几种[53-56]。然而,液态法制备纳米碳增强铝基复合材料存在以下几个问题:由于纳米碳与铝的浸润性较差,纳米碳难以在金属熔液中均匀分散,制备的复合材料中往往存在团聚;液态铝活性高,纳米碳与铝的界面反应剧烈,生成大量的 Al_4C_3 相。近几年研究者已较少采用液相法制备纳米碳增强铝基复合材料。

与液相法不同,固相法是使金属粉末与纳米碳粉末在固态形式下进行复合的制备方式,该方法大大降低了铝基体与纳米碳的界面反应程度[57, 58],因而固相法被认为是一种可靠的纳米碳增强铝基复合材料制备方式。在采用固相法制备复合材料块体之前,首先要解决纳米碳在金属粉末中的均匀分散问题。

由于 Gr 或 CNT 之间存在的范德瓦尔斯力使得纳米碳之间相互吸引,所以纳米碳粉末极易团聚。团聚态的纳米碳在基体中不仅不会起到强化作用,还会引起应力集中而使基体强度弱化。因此,纳米碳是否在基体中均匀分散是决定纳米碳能否起到有效增强作用的关键。目前能够使纳米碳在基体中均匀分散的有效方法主要有原位生长、液态辅助、搅拌摩擦加工、高能球磨等。

原位生长法是通过催化剂作用,在金属表面直接原位生长出纳米碳得到复合材料粉末。Liu 等[59]利用铜催化-气态碳源法在铝基体上原位合成了类网络状的石墨烯纳米片,然后通过真空热压烧结的方法制备了块体复合材料。结果表明复合材料的拉伸强度达到 318 MPa,延伸率保持在 18.0%,较好地实现了材料强韧性匹配的问题。该方法的特点是先利用铜盐和铝粉在有机溶剂中的充分混合,实现铜盐在铝粉中的均匀分散,然后通过还原出的铜催化诱导分解的气体碳源在较低温度下合成石墨烯纳米片。铜的均匀分散直接决定了石墨烯纳米片在铝基体中的均匀分散。此外,该团队还通过化学气相沉积法率先在铝基体粉末表面中实现了 CNT 的原位生长,CNT 的含量达到 5 wt. %[60]。

液态辅助法是使纳米碳与基体在液态辅助下均匀混合。首先将 Gr 或 CNT 官能团化,然后加入表面活性剂使其能够在液态中彼此分离而不团聚,向 Gr 或 CNT 悬浊液中加入金属粉末,依靠纳米碳的官能团与金属粉末的异性电荷吸引作用,使纳米碳均匀吸附在金属粉末的表面,从而实现纳米碳在金属基体中的均匀分散。Wang 等[61]将经过聚乙烯醇处理的片状铝粉和经官能团处理过的氧化 Gr 水溶液共混,片状铝粉表面吸附的聚乙烯醇的大量羟基与氧化 Gr 的含氧官能团形成氢键,从而使氧化 Gr 吸附于铝粉表面形成氧化 Gr/Al 粉末,在后续的高温过程中氧化 Gr 被还原从而得到 Gr/Al。Liu 等[62]用液态辅助法制备了 CNT 体积分数高达 7.5%的 CNT/Al 复合粉末。液态辅助法能够克服纳米碳之间的范德瓦尔斯力,因此纳米碳的均匀分散程度较高,但是在分散过程中液体会使铝粉末氧化加剧,对最终的材料力学性能产生不利影响。

搅拌摩擦加工(friction stir processing, FSP)制备纳米碳/Al 复合材料主要有两种模式。一种是将基板预先开槽埋放纳米碳,随后在搅拌工具旋转的带动下,将纳米碳分散到基体中,其工作原理如图 8.8 所示[51]。然而,此种模式分散的纳米碳在加工行进方向是不均匀的,这主要是纳米碳预先放置位置的不连续造成的,并且纳米碳在加工过程中会损耗散失,故无法精确控制纳米碳的含量。另一种模式是先通过粉末冶金法制备纳米碳/Al 复合材料坯料,然后再进行搅拌摩擦加工。由于预制坯料中的纳米碳在基体中分散在宏观上是连续的,且纳米碳的含量已知,因此规避了第一种模式下的弊端。Liu 等[63]研究了 FSP 法不同道次下 CNT 在 2009Al 合金基体中的分散行为,发现随着加工道次的增加,CNT 在基体中的均匀分散程度不断提高,但同时 CNT 的损伤程度也不断增加。综合对比不同道次下 CNT 的分散程度与损伤行为发现,在 4 道次下,能够获得 CNT 均匀化程度较高而损伤不是很严重的 CNT/Al 复合材料。

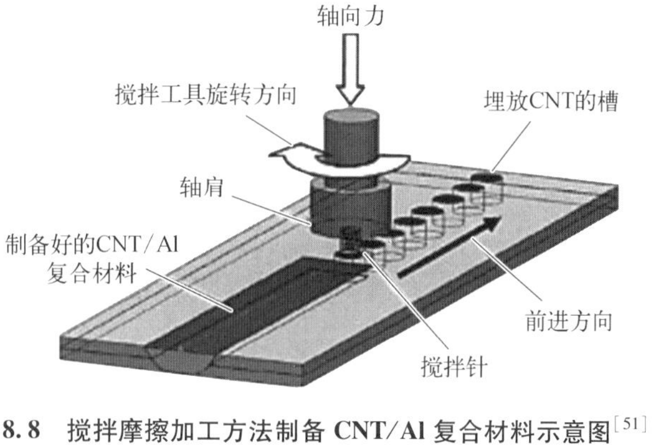

图 8.8　搅拌摩擦加工方法制备 CNT/Al 复合材料示意图[51]

高能球磨法是将纳米碳与金属基体粉末放在装有一定量硬质球的球磨筒中,球磨筒中的硬质球在机械力作用下不断地冲撞、摩擦混合粉末,靠硬质球与混合粉末的碾压作用,将原本团聚的纳米碳沿着剪切分力作用方向相互分离并均匀分散到基体中,其工作原理如图 8.9 所示[64]。Liu 等[65]研究了不同球磨时间下,0.5 wt.% CNT 在铝基体中的分散行为,发现随着球磨时间的增加,颗粒状铝粉逐步演变为薄片状,比表面积不断加大,为 CNT 的黏附提供了更多的表面位置,CNT 在基体中趋于均匀分散。但当球磨时间过长,CNT 损伤加剧,薄片状铝粉破裂,不利于制备综合性能好的复合材料。通过合理控制球磨工艺,可以保证 CNT 损伤不大的前提下,完成 CNT 在金属粉末中的均匀分散。由于该方法分散效率较高,因此高能球磨法被广泛应用于纳米碳/Al 复合材料的制备,高能球磨法也是目前最适合宏量制备纳米碳/Al复合材料的方法。

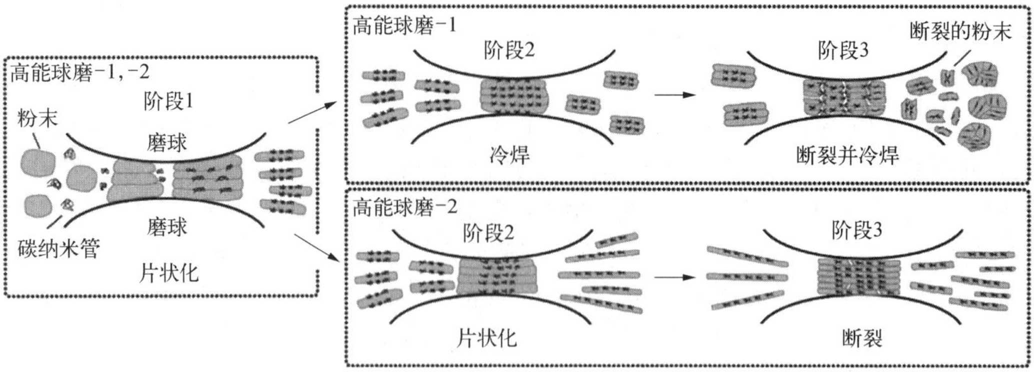

图 8.9　高能球磨法制备 CNT/Al 复合材料示意图[64]

8.3.2　纳米碳增强铝基复合材料的变形加工

纳米碳增强铝基复合材料可沿用典型 DRA 复合材料的塑性加工工艺,比如锻造、挤压或轧制等,以改善 CNT 或 Gr 在基体中的分散性,并增强界面结合强度。然而,由于纳米碳的尺寸极为细小,以及其独特的物理或化学特性,导致其热变形行为不同于典型颗粒增强铝基复合材料。

Mokdad 等[66]对 CNT/2024Al 复合材料的热变形行为进行了研究。通过构建加工图,对比了 2024Al 基体和 CNT/2024Al 复合材料的热变形能量耗散情况,发现两种材料的能量耗散系数均随着温度的升高以及应变速率的降低而升高。基体合金与复合材料均主要表现为 Cu 织构{112}<111>和 Goss 织构{110}<001>,通过对变形后织构类型与强度分析,确立了高能耗系数的产生是材料内部发生了较为充分的动态再结晶,而 CNT/2024Al 复合材料的能耗系数要比同等变形参数下的 2024Al 基体低,这是由于 CNT 对晶界的强钉扎作用,抑制了动态再结晶行为。

纳米碳对晶界的强钉扎作用会降低材料的可变形能力,为了探究纳米碳/Al 复合材料的可成型潜力,一些学者研究了不同变形参数下纳米碳/Al 复合材料的极限延伸率。比如,Huang 等[67]研究了 CNT/6061Al 复合材料的超塑性行为,发现该复合材料在 400℃、$4.17\times10^{-1}\ s^{-1}$ 的应变速率下表现出 89%的延伸率。Bi 等[68]研究了 T6 态的 2 vol.%、3 vol.% CNT/7055Al 复合材料的超塑性行为,发现两种材料可分别在 400℃/3 s^{-1} 和 400℃/5 s^{-1} 条件下获得 118%和 108%的最大的超塑性延伸率。由此可见,通过合理的设定加工参数,也可使纳米碳/Al 复合材料获得较高的可变形能力。

在 8.2.2 节中已经介绍了塑性加工可以改善颗粒增强铝基复合材料的力学性能,这对于纳米碳增强铝基复合材料同样适用。Li 等[69]研究了热挤压工艺对 CNT/Al-Cu 复合材料的组织演化与力学性能的影响,发现复合材料经热挤压后其致密度提升,CNT 与基体的界面结合改善,并且 CNT 沿挤压方向有良好的取向性等。Ma 等[70]研究了不同热挤压温度对 CNT/Al-Zn-Mg-Cu 复合材料组织演化与力学性能的影响,发现在 370℃下 CNT 有良好的沿挤压方向的取向性，最终复合材料的力学性能超过了 800 MPa。Liu 等[71]研究了热轧对 CNT/2009Al 复合材料中 CNT 取向的作用，发现轧制后基体中的 CNT 多数沿轧制方向排列，相比于未经轧制的 CNT 呈随机分布的复合材料，其拉伸强度、延伸率、弹性模量均显著升高。其性能提高主要归因于高长径比的 CNT 沿轧制方向排列，使载荷传递效率大幅提升。

8.3.3　纳米碳增强铝基复合材料的力学性能

高强度是纳米碳增强铝基复合材料的一个重要优势。目前，纳米碳/Al 复合材料的强化机制主要有：载荷传递强化、细晶强化、热错配强化、Orowan 强化等。与颗粒增强铝基复合材料强化规律相同，纳米碳增强铝基复合材料的强度会随着纳米碳含量的增多以及基体合金强度的提升而增强。表 8.3 统计了不同方法制备的 CNT/Al 复合材料性能，可以发现随着 CNT 含量的增加，材料的强度得到了有效提升，强度最高的 CNT/7055Al 复合材料的拉伸强度超过了 800 MPa。

表 8.3　不同方法制备的 CNT/Al 复合材料的力学性能[63, 72-76]

基　体	CNT 含量	制备方法	屈服强度/MPa	拉伸强度/MPa	延伸率/%	文　献
Al	0	原位法	—	123	24.0	[72]
	2.5 wt.%		—	334	17.9	
	4.5 wt.%		—	420	5.3	
Al	0.5 vol.%	液态辅助法	—	312	—	[73]
	2 vol.%		—	435	—	
Al	0	高能球磨	262	290	13	[74]
	1.5 wt.%		386	390	6	
	3 wt.%		483	490	3	
	4.5 wt.%		610	620	2	
2009Al	0	搅拌摩擦加工	305	417	15	[63]
	1 wt.%		385	477	8	
	3 wt.%		435	466	4	
6061Al	0	高能球磨	347	381	7.7	[75]
	0.5 wt.%		351	391	6.6	
	1.5 wt.%		387	469	6.1	
7055Al	0	高能球磨	657	700	2.8	[76]
	1 vol.%		692	760	1.8	
	3 vol.%		730	816	0.5	

纳米碳/Al 复合材料除了具有超强的静态力学性能之外，其疲劳性能也非常优异。已有研究表明，纳米级增强体对晶界与位错有较强的钉扎作用，从而会稳定疲劳组织。比如，Syed 和 Jiang[77]在 304 不锈钢中加入少量 CNT 并进行高周疲劳测试，发现其裂纹长度总是小于未增强 304 不锈钢中的裂纹长度。经过组织表征与理论分析推断，这是由于 CNT 对疲劳裂纹有一定的桥接作用，从而会推迟疲劳裂纹形核及扩展进程。Shin 和

Bae[78]在研究 CNT/2024Al 复合材料的疲劳行为时,在疲劳断口处直接观察到了 CNT 对疲劳裂纹的桥接作用(图 8.10),从而进一步证实了 CNT 阻碍疲劳裂纹扩展的内在机理。对 2024Al 基体及 CNT/2024Al 复合材料高周疲劳性能的对比发现,复合材料的疲劳极限要高于基体合金,且 CNT 体积分数越高,疲劳极限也越高,4 vol. % CNT/2024Al 复合材料的疲劳极限甚至超过了 500 MPa。纳米碳增强铝基复合材料的研发为 DRA 复合材料的发展注入了新的活力。

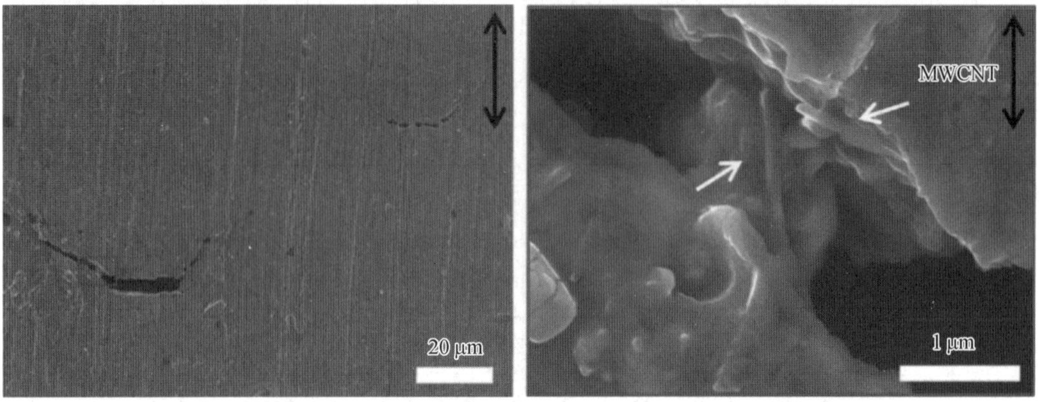

(a) 宏观照片　　(b) 微观照片

图 8.10　疲劳循环载荷作用下的 CNT 桥接图片

8.4　高强韧构型化金属基复合材料发展

随着复合材料制备技术的完善和创新,增强体均匀分散的复合材料越来越容易获得。然而,均匀结构复合材料的强韧性研究遇到了难以突破的瓶颈。众所周知,根据 Hashin 和 Shtrikman 提出的著名的 H－S 理论[79],随增强体含量的变化,复合材料性能的变化规律得到了较好的理论预测,其性能变化的上限和下限如图 8.11 所示。增强体均匀分布的复合材料性能往往处于 H－S 理论的下限,这引起了众多学者对复合材料均匀分布结构进行重新的思考和认识。

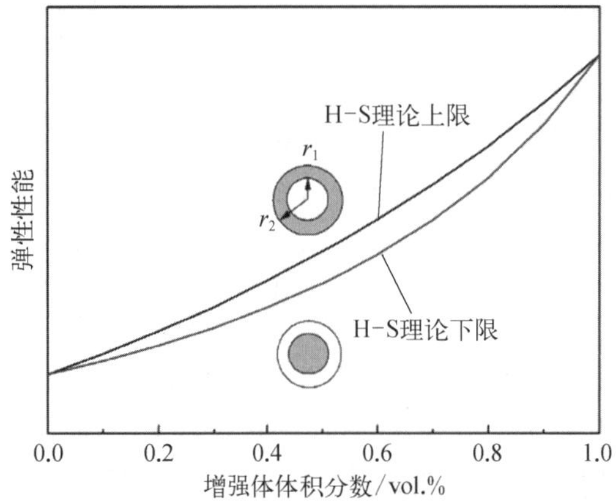

图 8.11　H－S 边界(黑色区域和白色区域分别代表增强体和基体)[80]

通过使增强体非均匀而有序的分布,即设计软相区与硬相区交替排布的构型化金属基复合材料,可以提高材料的损伤容限,从而提高金属基复合材料的力学性能。经过多年的努力,材料研究者已经成功设计并制备了多种非均匀结构 DRA 复合材料,发现其弹性模量、强韧性较均匀结构复合材料明显改善。

8.4.1 构型化复合材料的设计原理

1. 构型化复合材料分类

根据增强体在三维空间的排布方式，构型化复合材料可分为孤岛型、棒或层状型、单连通三维网状型、双连通三维网状型等，如图 8.12 所示。

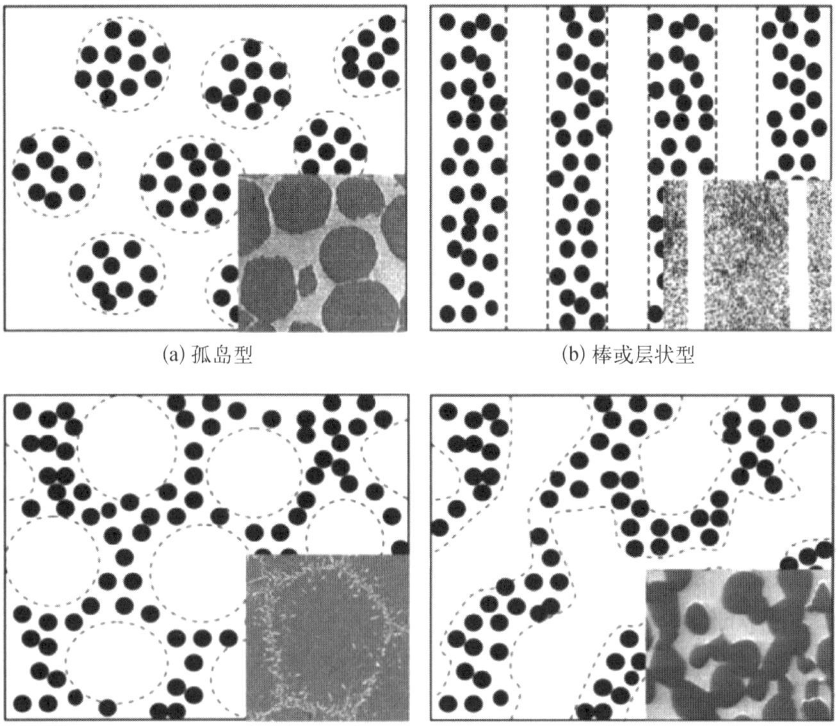

(a) 孤岛型　(b) 棒或层状型

(c) 单连通三维网状型　(d) 双连通三维网状型

图 8.12 不同增强体分布形式的非均匀复合材料[80]

孤岛型非均匀结构常见于搅拌铸造法制备的颗粒增强金属基复合材料中。早期研究者认为这种增强体孤岛是一种团聚现象，会对力学性能产生不利影响，因此也较少涉及这类复合材料的结构设计和力学行为研究。直至 2001 年，加拿大麦克马斯特大学的 Conlon 和 Wilkinson[81] 发现增强体非均匀分布下的 Al－$CuAl_2$ 复合材料相对于增强体均匀分布的复合材料，拥有更高的强度和裂纹钝化能力，孤岛型复合材料的研究才被得到重视。仿照此类材料的增强体分布方式，Deng 等[82] 设计并制造了由孤立的富 WC 硬相区和连续的贫 WC 软相区组成的 WC/Co 复合材料，发现与均匀复合材料相比，具有孤岛型非均匀 WC 的复合材料的韧性、硬度和耐磨性均得到了改善。

棒或层状型复合材料为增强体在特定的区域内有取向地发生聚集，该类复合材料的韧性相比于均匀复合材料得到提升已被广泛证实。Nardone 等[83] 设计和开发了微结构增韧的颗粒增强铝基复合材料，它由 6061Al 基体软相区与棒状 SiC/6061 复合组织硬相区混合组成。与常规均质 SiC/6061 复合材料相比，在垂直于棒材方向的平面中，夏比缺口冲击吸收能提高了一个数量级。Liu 等[84]成功设计和制造了具有叠层微结构的 TiB_w/Ti 复合材料,发现该复合材料不仅具有比纯 Ti 材料更高的强度,而且还具有更高的塑性。

单连通三维网状型复合材料为只有增强体富集的硬相区相互连续而形成的晶界状网络结构。早在 20 世纪 60 年代,Hansen[85]就证实了网状分布的硬质 Al_2O_3 颗粒可以有效地强化金属基体。最近,随着粉末冶金技术的发展,具有不同基体和增强体类型的单连通三维网状复合材料得以成功制备,研究发现该类结构的复合材料均具有优异的拉伸强度和延展性[86]。其优异的强化效果主要是由于网络边界上的增强体连续性得到加强,而优异的韧化效果主要是由于增强体贫瘠的软相区可以使裂纹变钝并偏折,减缓裂纹扩展并承受更高的应变。

双连通三维网状型复合材料是硬相区与软相区在三维空间上相互渗透的网络结构。该类复合材料可在单连通三维网状型复合材料的基础上通过后续变形等方式,使硬相区与软相区相互渗入而制成。相比于单连通三维网状型复合材料,保持了硬相区在空间上的连续性,从而表现出较高强度;同时软相区又彼此贯通,能够更加充分地发生塑性变形,从而进一步提升材料的韧性[86, 87]。

2. 构型化复合材料的强韧化机理

相比于均质材料,构型化材料有其独特的强韧性机制。Wu 等[88]针对构型化材料提出了异质变形诱导强化理论:在弹塑性变形阶段,软相区优先屈服,由于硬相区还处于弹性变形状态,在两区过渡界面处的软相区一侧会塞积几何必需位错以形成应变梯度,从而保持应变的连续性;当两相区都进入塑性变形后,由于软相区承受了比硬相区更大的塑性变形,在界面附近必须存在应变梯度以适应应变分区,而应变梯度就需要几何必需位错来调节,从而诱导额外的硬化效果,有助于保持其塑性。几何必需位错塞积形成应变梯度的同时会带来另一个效应:在软相区内产生长程的背应力,提升软相区塑性变形时位错运动的阻力,从而造成额外的强化效果等[89]。

构型化复合材料强韧性遵循构型化材料的普适性强韧性机制。比如,Liu 等[90]设计并制备了具有 CNT 富集的硬相区与 CNT 贫瘠的软相区交替排布的棒状构型 CNT/2009Al 复合材料,通过精细数字图像相关技术对均匀 CNT/2009Al 和构型化 CNT/2009Al 复合材料的原位应变演化进行了分析(图 8.13),发现在均匀复合材料中极易出现局域应变集中且难以扩展出去,而构型化复合材料的局域应变集中大大缓解。由于构型化复合材料的微观应变分布更加均匀,因而表现出更高的延伸率。另外,对拉伸变形后的显微组织进行表征,在硬相区与软相区的界面处发现了大量的几何必须位错,并推论由几何必须位错带来的额外的背应力强化,会使构型化复合材料展现出较高的强度。Jiang 等[91]制备了具有 B_4C 富集的硬相区与 B_4C 贫瘠的软相区交替排布的孤岛型构型化复合材料,发现了其相比于均匀化 B_4C/5083Al 复合材料拥有更高的强度与延伸率,除了典型构型化材料的强韧性机制之外,还发现了弥散的软相区可增加裂纹扩展路径,从而提高材料的韧性。

8.4.2 构型化复合材料的变形加工

众所周知,对材料进行变形加工一方面可以满足工程构件对零件的形状要求,另一方面还可以改善材料的性能。但是对于构型化材料,不同微区之间的巨大流变性能差异会

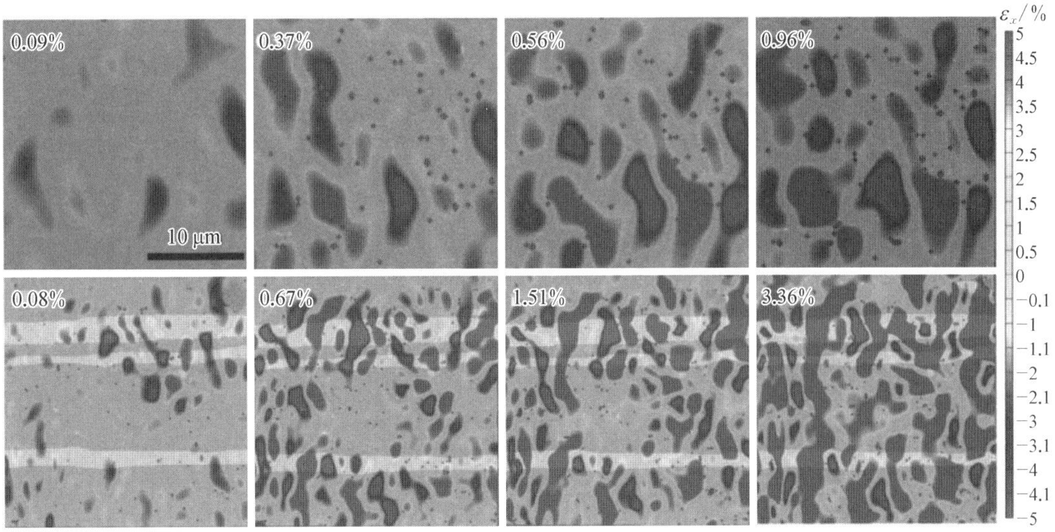

图 8.13 不同应变下的纵向(平行于拉伸方向)微观应变分布

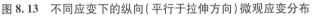

上图为均匀 CNT/2009Al 复合材料;下图为构型化 CNT/2009Al 复合材料[90]

加剧其变形失稳,从而降低其可成形性。例如,Raja 等[92]研究了具有混合晶粒尺寸的 AZ91 镁合金的超塑性行为,发现该材料在高温下的延伸率比均匀细晶材料低得多,这归因于双模结构加大了材料内部组织在热变形过程中的应力集中程度。尽管如此,这种现象可以通过优化变形参数得到改善。例如,Pradeep 和 Pancholi[93]通过优化变形温度和应变速率,有效改善了双模层状结构 5086Al 合金的内部组织协调性,并最终实现了超塑性变形的效果。

此外,塑性加工还会对构型化材料的组织参数产生重大影响,在某些极限条件下,热变形后异质结构甚至会消失。例如,Liu 等[94]发现在热变形过程中 Udimet 720Li 合金的软相区粗晶由于动态再结晶而被不断细化,而硬相区细晶不断长大,随着变形程度的加大,异质结构最终会被破坏。与基体合金不同,构型化复合材料中增强体的存在,能够稳定晶粒结构,从而会影响构型组织演化。

Ma 等[95]探究了构型化 CNT/2009Al 复合材料热变形组织演化机理,发现热变形主要影响 CNT 贫瘠的软相区,而 CNT 富集的硬相区的晶粒尺寸与形貌几乎不受变形参数的影响。在热压缩作用下,初始等轴状软相区变成扁平状,其长轴方向与热压缩方向垂直,并且低温高应变速率与高温低应变速率均会促使延性区形状的长宽比增加。此外,高温低应变速率变形还会导致异常晶粒长大,致使软相区含量增加。并且,低温高应变速率与高温低应变速率均会促使该材料发生失稳变形。其中低温高应变速率变形失稳是由于晶内剧烈塑性变形而致使局域化剪切开裂;高温低应变速率变形失稳是由于软相区与硬相区之间的变形不协调,以及 CNT 在两区边界处团聚,加大了两区边界处的应力集中程度,而诱发该区域微孔形核。

基于热变形理论研究基础,Ma 等[96]进一步制定了适于构型化 CNT/Al 复合材料的热挤压工艺,并考察了热挤压温度对构型化 CNT/Al 复合材料组织性能的影响。研究发现,热挤压后 CNT 贫瘠的软相区呈拉长纤维状，并沿挤压方向排列，随着热挤压温度的提高，软相区的宽度和晶粒尺寸不断增大，富 CNT 的硬相区的晶粒尺寸和 CNT 分布均匀性无明显变化。相比于低挤压温度，高挤压温度的复合材料的软相区晶粒尺寸较大，且初始位错密度较低，增大了对应力集中的松弛能力，因此高挤压温度复合材料的塑韧性更佳。

8.4.3 构型化复合材料的力学性能

构型化复合材料的力学性能受软相区与硬相区的相对含量、空间分布等多种结构参数的影响，为了充分挖掘构型化复合材料的力学性能潜力，大量的研究致力于构型参数的优化工作。以孤岛型复合材料为例，Deng 等[97]以增强 WC/Co 复合材料的断裂韧性与耐磨性为主要目的，将 WC/Co 复合颗粒嵌入到连续分布的 Co 基体中制备了孤岛型构型化 WC/Co 复合材料，其中 WC/Co 复合颗粒尺寸可以进行调配。研究发现，随着 WC/Co 的复合颗粒尺寸的增加，材料的韧性增加，同时大尺寸硬质复合颗粒从磨损表面中突出又会使耐磨性得到提升。

对于棒或层状构型化材料，其空间结构更为规则，许多科研工作者致力于优化棒或层状结构的厚度。比如，Inoue 等[98]通过热轧的方法制备了不同层厚的马氏体/奥氏体钢和层状马氏体/低碳钢复合板，发现这两种复合钢板的断裂延伸率均随着层厚的减小而增大。层状马氏体/奥氏体钢复合板的拉伸强度随着层厚的降低先增大后减小，层状马氏体/低碳钢复合板的拉伸强度随着层厚的降低连续升高。Ma 等[99]综合考虑了棒状构型 CNT/2009Al 复合材料的微元尺寸及不同微区之间强度的耦合作用效果，设计并制备出了具有中等软相区宽度尺寸，同时软相区内晶粒适度细化的优化构型。由于其具有更佳的加工硬化能力，相比于均质材料，其拉伸强度更高，达到了 720 MPa 的超高强度，延伸率也较均质材料提升了 80%。

对于三维网状型复合材料，根据软相区与硬相区之间的连通性不同，软相区或硬相区尺寸变化会造成不同的强韧性变化趋势。Kaveendram 等[100]用原位自生法制备了 10 vol. %($A1_3Zr+Al_2 0_3$)/2024A1 网状复合材料，反应生成的强化颗粒分布在 Al 球周围，形成了单连通网状结构。相比于均匀结构复合材料，网状复合材料具有更高的硬度、弹性模量、拉伸强度和延伸率(表 8.4)。Prasad 等[101]通过粉末冶金法制备了具有单连通三维网状结构的 SiC/2124Al 复合材料，探究了软相区与硬相区的相对尺寸变化对力学性能的影响。研究发现，随着软相区的相对尺寸增加，材料的强韧性不断下降。造成这一现象的主要原因是相互连通的硬相区作为受力构架，在变形过程中会因塑性不足而极易开裂失效，而随着软相区相对尺寸的增加，增强体在硬相区的体积分数进一步增加，从而进一步降低硬相区的塑韧性，材料失效风险加大。而 Prielipp 等[102]在研究双连通三维网状型 Al_2O_3/Al 复合材料时发现，随着软相区的尺寸增加，材料的强韧性提升。造成这一现象的主要原因是软相区在空间上是连通的，适当增加软相区尺寸可以促进两相区之间的变形协调。

通过对材料进行构型化设计可以在一定程度上解决脆性材料塑韧性过低的问题，这在金属基复合材料中已经得到了较多的报道。但是根据经典疲劳损伤理论，微观组织的不均匀有可能会诱发疲劳裂纹在较弱的区域形核并恶化疲劳性能，因此，以提高塑韧性为初始目的的构型化材料也面临着疲劳性能差的质疑。

表 8.4　两种结构复合材料及其基体合金的力学性能[100]

材　料	硬度/HRB	弹性模量/GPa	屈服强度/MPa	拉伸强度/MPa	延伸率/%
基体合金	42	74.3	105	220	12
增强体均匀分布	53	82.3	168	232	1.3
增强体三维网状分布	57	86.4	175	261	2.3

Nelson 等[103]对非均匀双模结构 5083 铝合金及超细晶 5083 铝合金的疲劳性能进行了对比研究，发现在同等应变幅下，双模结构材料的疲劳寿命要低于均匀材料。作者采用有限元模拟的方法，对这两种材料的静、动态加载过程中的缺陷演变进行了研究。发现在静态拉伸变形下，双模结构材料中的软相区可以抑制裂纹传播从而表现出更高的延展性。但在循环动态变形作用下，由于软相区与硬相区之间的变形不协调，在两区边界处形成应力集中，软相区部分因强度较低会优先形成滑移带并进一步加剧局部变形行为，因应变集中造成疲劳裂纹过早形核并快速扩展，从而导致双模结构材料的疲劳寿命要低于均匀材料。

Qian 等[104]对具有不同晶粒尺寸组合的双模结构和均匀结构镍的疲劳性能进行测试，发现当双模结构的软相区晶粒尺寸大于 1 μm 时，双模结构材料的疲劳极限要低于均匀材料，但当软相区晶粒尺寸小于 1 μm 时，双模结构材料的疲劳极限要高于均匀材料。由此可见，通过适当的晶粒尺寸优化，有望改善非均匀结构材料的疲劳性能。Ma 等[105]分别对均匀 CNT/2009Al 复合材料以及软相区晶粒分别为微米级和亚微米级的构型化 CNT/2009Al 复合材料的拉-拉高周疲劳性能进行测试。研究发现，由于 CNT 对晶界的钉扎作用，均匀复合材料的晶粒尺寸在疲劳加载期间保持稳定，但位错在超细晶界处发生堆积。对于软相区晶粒尺寸较大的构型化复合材料，在软相区与硬相区边界处形成严重应力集中，促进了微裂纹过早形核并降低了其疲劳寿命。对于软相区晶粒尺寸为亚微米级的非均匀复合材料，软相区与硬相区边界处的应力集中得到有效缓解，并且由于软相区晶粒的优先变形，硬相区中晶界的位错堆积效应也得到缓解，最终其疲劳强度甚至高于均匀材料。以上结果表明，通过合适的构型优化设计，有望提升构型化复合材料的疲劳性能。制备兼具高强韧、高疲劳性能的构型化复合材料，对于推动金属基复合材料产业发展意义重大。

8.5　非连续增强铝基复合材料在航空航天领域的应用

航空航天领域对选材的要求十分苛刻，要求材料兼具轻量化、高强度、高模量、耐疲劳等特点。DRA 复合材料，因兼具铝合金基体的低密度、高塑韧性与增强体的高强、高模量等特点，满足航空航天领域对材料性能指标的各项要求，从而深受该领域的青睐[106]。在 DRA 复合材料的众多应用领域中，航空航天用 DRA 复合材料发展历史最为悠久，应用也最为成熟[107]。

8.5.1 承载结构应用

早在 20 世纪 80 年代,低体分 DRA 复合材料就被应用于航空航天领域中的机载电子设备支架和一些非承载的工件中[108]。随后 DRA 复合材料的应用范围不断扩大,逐渐由非承载构件向承载结构构件、小尺寸构件向大尺寸构件延伸。比如,美国 DWA 复合材料公司与洛克·希德马丁公司及美国空军合作研发了 SiC/6092Al 复合材料成功应用于 F-16 战斗机的腹鳍[图 8.14(a)],替代了 2214Al 合金,刚度提升 50%,使用寿命由原来的数百小时提高到设计的全寿命约 8 000 h[109]。具有良好尺寸稳定性的 SiC/6061Al 复合材料被应用于飞机精密设备的支架上,不仅重量减轻,疲劳寿命也明显提高。SiC/6061Al 复合材料也被大量应用于航空结构的导槽和角材中,相比于 7075Al 合金,其强度水平相当,密度降低 17%,模量提高 65%[110]。英国航天金属基复合材料公司采用高能球磨粉末冶金法制备出高刚度、耐疲劳的 SiC/2009Al 复合材料,应用于欧洲直升机公司(Eurocopter)生产的 N4 和 EC-120 新型直升机旋翼连接件[图 8.14(b)],与铝合金相比,构件刚度提高约 30%,寿命提高约 5 倍[107]。加拿大 Cercast 公司研发的 SiC/A357 复合材料,可替代钛合金,用于飞机摄像机方向架。此外,航天飞机载人舱、U2 飞机的航电系统安装架和 AC-130 武装直升机的弹架等结构件,也都有 DRA 复合材料的身影[3]。

(a) F-16战斗机腹鳍　　(b) EC-120直升机旋翼连接件

图 8.14　国外 DRA 复合材料应用案例

相比于欧美等发达国家,我国在 DRA 复合材料研发方面起步较晚。但近年来,随着我国综合实力的提升,尤其是在国家 863 计划、973 计划等重大科研项目的支撑下,我国 DRA 复合材料的研发取得了显著进展。近十年来,我国自主研发的 DRA 复合材料构件大量应用于航天工程,极大地推动了我国近地卫星、空间站和探月工程的发展。2013 年,“嫦娥三号”月球车轮采用 DRA 复合材料制作了棘爪,增强了探测器越野避障的能力,确保了月球车在复杂地形中高难度空间活动的顺利进行。2016 年,我国发射的世界首颗量子通信卫星,成为我国保密通信领域的“杀手锏”,其中 DRA 复合材料为量子纠缠发射机和密钥机的轻量化提供了重要材料支撑。2020 年 7 月发射的“天问一号”火星探测器进行火星勘探任务,其“祝融号”火星车中应用的 DRA 复合材料构件多达几十种,尤其是以

SiC/Al 复合材料制备的火星车车轮[图 8.15(a)],保障了火星探测任务的顺利进行。2020 年 11 月,肩负着钻取月壤重任的“嫦娥五号”飞行器成功发射,其中 2.5 m 长深孔钻取式挖土钻杆不仅需要材料具有轻质高强的特点,还需要有耐磨、耐月壤侵蚀和受剧烈温度变化时保持性能稳定的特点,DRA 复合材料全面满足上述性能要求,保障了月壤采样任务的顺利完成[图 8.15(b)]。

(a) “祝融号”火星车车轮

(b) “嫦娥五号”月壤采样钻杆

图 8.15　国内 DRA 复合材料应用案例

8.5.2　光机结构应用

DRA 复合材料除了在承载结构中应用外,利用其功能特性,在航空航天用光机构件中也有大量应用。DRA 复合材料具有与铍材接近的低热膨胀系数和尺寸稳定性,但原料成本却远低于铍材,尤其是避免了铍材的毒性,因此 DRA 复合材料可替代铍材用作惯性器件,被誉为“第三代航空航天惯性器件材料”。它已被正式用于美国某型号惯性环形激光陀螺制导系统,并已形成美国的国军标(MIL－M－46196)。近年来,我国在惯性器件的研制方面也取得了突飞猛进的发展。由我国自主研发制备的仪表级 SiC/2024Al 复合材料应用于某高精度液浮陀螺仪,经样机测试发现其最高精度已经优于国外铍陀螺的精度水平[111]。

除此之外,光学/仪表级 DRA 复合材料还可替代铍、微晶玻璃、石英玻璃等用作反射镜镜坯,凭借 DRA 复合材料低热膨胀系数的优势,可以减少卫星在成像过程中因热环境影响造成的成像质量下降的问题。美国 ACMC 公司制造的光学级 SiC/Al 复合材料用于制造超轻空间望远镜的主反射镜和次反射镜。铝基复合材料主镜和次镜的反射面带有经抛光的化学镀镍层,镍反射层与铝基复合材料基材结合良好、膨胀系数匹配度高。在 230~340 K 温度范围内进行 320 次热循环后,镍发射层仍能保持 1/10 可见光波长的平面度。由于结构的改进,铝基复合材料反射镜比传统玻璃类反射镜轻 50%以上。

综上可知,DRA 复合材料凭借其高比强度、高比模量等性能优势,已在航空航天领域的多个关键部件得到了成功应用,从而为相关产业的蓬勃发展奠定了良好基础。“一代材料,一代装备”,发展高性能新型 DRA 复合材料势必会推进新一代航空航天装备产业的升级革新。

8.6 总结与展望

以陶瓷颗粒作增强体的非连续增强铝基复合材料凭借其高比强度、高比模量等综合性能优势,已在航空航天领域得到广泛应用。然而,由于陶瓷颗粒与增强体之间的协调性较差,造成其成形困难,塑韧性降低明显。石墨烯、碳纳米管等新型柔韧性增强体的出现为非连续增强铝基复合材料的发展注入了新的活力,相比于传统颗粒增强铝基复合材料,其疲劳性能与机加工性均可得到显著改善。但是,由于纳米相对可动位错与晶界滑移的限制作用,复合材料的低塑韧性瓶颈依然无法解决。如何有效提升非连续增强铝基复合材料的塑韧性,是当今相关研究方向亟待解决的重要关键问题。

与增强相均匀分布思想不同,通过对增强相或晶粒尺寸进行非均匀有序排布,制备软硬区交替的构型化复合材料,即以软区来缓解硬区处的局域化应力、应变集中,可有效提升复合材料的塑韧性。构型设计,是目前提升非连续增强铝基复合材料最为有效的途径之一。经过数十年的发展,已开发出诸如孤岛形、层状、棒状等多种构型化复合材料,其强韧化效率受构型参数的影响,不尽相同。截至目前,采用何种构型参数才能使复合材料的强韧化潜能得到最大幅度的开发尚无定论,以及如何结合调控后塑性加工工艺实现目标构型组织的精准化主动获取还需进行系统化研究。而随着非连续增强铝基复合材料强韧化水平的提升,其在空天领域的应用占比势必将进一步扩大。

习题与思考题

1. 非连续增强金属基复合材料相比于连续增强金属基复合材料有何应用优势?
2. 颗粒增强铝基复合材料的制备方法有哪些?各有什么特点?
3. 简述颗粒增强铝基复合材料的变形特性。
4. 简述液态法制备纳米碳增强铝基复合材料存在的主要问题。采用固相法制备纳米碳增强铝基复合材料需要解决什么问题?列举几种纳米碳在铝合金中的分散方法。
5. 请说明构型化材料强韧化机理。
6. 请列举几例非连续铝基复合材料在国内外航空航天领域的应用。

参考文献

[1] Wolff E G. An introduction to metal matrix composites[M]. Cambridge: Cambridge University Press, 1995.

[2] Kaczmar J, Pietrzak K, Włosiński W. The production and application of metal matrix composite materials[J]. Journal of Materials Processing Technology, 2000, 106(1-3): 58-67.

[3] Miracle D B. Metal matrix composites — From science to technological significance[J]. Composites Science and Technology, 2005, 65(15-16): 2526-2540.

[4] Evans A, Sanmarchi C, Mortensen A. Metal matrix composites in industry: An introduction and a survey [M]. New York: Springer New York, 2003.
[5] 曹国豪. 非均匀 Al_2O_3 颗粒增强铝基复合材料的制备工艺及力学性能研究[D]. 重庆: 西南交通大学,2020.
[6] Yang Y, Lan J, Li X. Study on bulk aluminum matrix nano-composite fabricated by ultrasonic dispersion of nano-sized SiC particles in molten aluminum alloy[J]. Materials Science and Engineering A, 2004, 380(1-2): 378-383.
[7] Schamm S, Fedou R, Rocher J P, et al. The K_2ZrF_6 wetting process: Effect of surface chemistry on the ability of a SiC-fiber preform to be impregnated by aluminum[J]. Metallurgical Transactions A, 1991, 22: 2133-2139.
[8] Howe J M. Bonding, structure, and properties of metal/ceramic interfaces: Part 1 Chemical bonding, chemical reaction, and interfacial structure[J]. Metallurgical Reviews, 1993, 38(5): 233-256.
[9] Trespaillé-Barrau P, Suéry M. Microstructural and mechanical characterisation of aluminium matrix composites reinforced with Ni and NiP coated SiC particles via liquid processing[J]. Metal Science Journal, 2013, 10: 497-504.
[10] Shi Z L, Ochiai S, Hojo M. et al. The oxidation of SiC particles and its interfacial characteristics in Al-matrix composite[J]. Journal of Materials Science, 2001, 36: 2441-2449.
[11] Zhang H, Geng L, Guan L, et al. Effects of SiC particle pretreatment and stirring parameters on the microstructure and mechanical properties of SiC_p/Al-6. 8Mg composites fabricated by semi-solid stirring technique[J]. Materials Science and Engineering A, 2010, 528(1): 513-518.
[12] Surappa M K, Rohatgi P K. Preparation and properties of cast aluminium-ceramic particle composites [J]. Journal of Materials Science, 1981, 16: 983-993.
[13] Rohatgi P. Cast aluminum-matrix composites for automotive applications[J]. JOM, 1991, 43(4): 10-15.
[14] Duque N B, Melgarejo Z H, Suárez O. Functionally graded aluminum matrix composites produced by centrifugal casting[J]. Materials Characterization, 2005, 55(2): 167-171.
[15] White D R, Urquhart A W, Aghajanian M K, et al. Metal matrix composites[Z]. 1989.
[16] Chawla K K. Composite materials: Science and engineering[J]. New York: Springer New York, 1989.
[17] Srivatsan T S, Ibrahim I A, Mohamed F A, et al. Processing techniques for particulate-reinforced metal aluminium matrix composites[J]. Journal of Materials Science, 1991, 26: 5965-5978.
[18] 刘孝飞,刘彦强,樊建中,等. 粉末冶金法制备高硅含量硅铝复合材料的组织与性能研究[C]. 西安: 第 5 届海内外中华青年材料科学技术研讨会暨第 13 届全国青年材料科学技术研讨会,2011.
[19] Xia X, Sakaris P, McQueen H J. Hot deformation, dynamic recovery, and recrystallisation behaviour of aluminium 6061-SiC_p composite[J]. Materials Science and Technology, 1994, 10(6): 487-496.
[20] Ashby M F. The deformation of plastically non-homogeneous materials[J]. The Philosophical Magazine: A Journal of Theoretical Experimental and Applied Physics, 1970, 21(170): 399-424.
[21] Humphreys F J. The nucleation of recrystallization at second phase particles in deformed aluminium [J]. Acta Metallurgica, 1977, 25(11): 1323-1344.
[22] Humphreys F J, Miller W S, Djazeb M R. Microstructural development during thermomechanical processing of particulate metal matrix composites[J]. Materials Science and Technology, 1990, 6(11): 1157-1166.

[23] Humphreys F J. The thermomechanical processing of Al/SiC particulate composites[J]. Materials Science and Engineering: A, 1991, 135: 267 - 273.

[24] Ceschini L, Minak G, Morri A. Forging of the AA2618/20vol.% Al_2O_{3p} composite: Effects on microstructure and tensile properties[J]. Composites Science and Technology, 2009, 69(11 - 12): 1783 - 1789.

[25] Narayana Murty S V S, Nageswara Rao B, Kashyap B P. On the hot working characteristics of 6061Al-SiC and 6061-Al_2O_3 particulate reinforced metal matrix composites[J]. Composites Science and Technology, 2003, 63(1): 119 - 135.

[26] Bhat B V R, Mahajan Y R, Roshan H M, et al. Processing maps for hot-working of powder metallurgy 1100 Al-10 vol% SiC-particulate metal-matrix composite[J]. Journal of Materials Science, 1993, 28: 2141 - 2147.

[27] Cavaliere P, Evangelista E. Isothermal forging of metal matrix composites: Recrystallization behaviour by means of deformation efficiency[J]. Composites Science and Technology, 2006, 66(2): 357 - 362.

[28] Tang B, Wang H, Jin P, et al. Constitutive flow behavior and microstructural evolution of 17vol% SiC_p/7055Al composite during compression at elevated temperature[J]. Journal of Materials Research and Technology, 2020, 9(3): 6386 - 6396.

[29] Xu H. Palmiere E J. Particulate refinement and redistribution during the axisymmetric compression of an Al/SiC_p metal matrix composite[J]. Composites, Part A: Applied science and manufacturing, 1999, 30(3): 203 - 211.

[30] El-Sabbagh A, Soliman M, Taha M, et al. Hot rolling behaviour of stir-cast Al 6061 and Al 6082 alloys — SiC fine particulates reinforced composites[J]. Journal of Materials Processing Tech, 2012, 212(2): 497 - 508.

[31] Zhang X X, Xiao B L, Andrae H, et al. Homogenization of the average thermo-elastoplastic properties of particle reinforced metal matrix composites: The minimum representative volume element size[J]. Composite Structures, 2014, 113: 459 - 468.

[32] Zhou L, Huang Z Y, Wang C Z, et al. Constitutive flow behaviour and finite element simulation of hot rolling of SiC_p/2009Al composite[J]. Mechanics of Materials, 2016, 93: 32 - 42.

[33] 毕敬,马宗义. SiC 颗粒尺寸及含量对 SiC_p/2024Al 复合材料性能的影响[J]. 材料工程,1992(2): 3.

[34] Sun C, Song M, Wang Z, et al. Effect of particle size on the microstructures and mechanical properties of SiC-reinforced pure aluminum composites[J]. Journal of Materials Engineering and Performance, 2011, 20: 1606 - 1612.

[35] Xiang Z, Nie J, Wei S, et al. Mechanical properties of 15%SiC_p/6061Al composites with heat treatment and different SiC_p sizes[J]. Chinese Journal of Rare Metals, 2015, 39: 998 - 1003.

[36] Zhang J F, Zhang X X, Wang Q Z, et al. Simulation of anisotropic load transfer and stress distribution in SiC_p/Al composites subjected to tensile loading[J]. Mechanics of Materials, 2018, 122: 96 - 103.

[37] Murphy A M, Howard S J, Clyne T W. Characterisation of severity of particle clustering and its effect on fracture of particulate MMCs[J]. Materials Science and Technology, 1998, 14(9 - 10): 959 - 968.

[38] Ayyar A, Crawford G A, Williams J J, et al. Numerical simulation of the effect of particle spatial distribution and strength on tensile behavior of particle reinforced composites[J]. Computational Materials Science, 2009, 44(2): 496 - 506.

[39] Kaveendran B, Wang G S, Huang L J, et al. In situ (Al_3Zr_p+Al_2O_{3np})/2024Al metal matrix composite with controlled reinforcement architecture fabricated by reaction hot pressing[J]. Materials Science and Engineering A, 2013, 583: 89 - 95.

[40] Ma G N, Wang D, Liu Z Y, et al. An investigation on particle weakening in T6-treated SiC/Al-Zn-Mg-Cu composites[J]. Materials Characterization, 2019, 158: 109966.

[41] Zhu S Z, Wang D, Zan Y N, et al. High strength SiC_p/Al-2Cu-1. 2Mg-0. 6Si composite with weak natural aging hardening[J]. Composites Communications, 2021, 25: 100742.

[42] Torralba J M, Costa C, Velasco F. P/M aluminum matrix composites: An overview[J]. Journal of Materials Processing Technology, 2003, 133(1 - 2): 203 - 206.

[43] Zhu S Z, Ma G N, Wang D, et al. Suppressed negative influence of natural aging in SiC_p/6092Al composites[J]. Materials Science and Engineering: A, 2019, 767: 138422.

[44] DWA Aluminum Composites. Al metal matrix composites[OL]. [2020 - 10 - 07]. https://wwwdwa-usacom/aluminum-mmcshtml.

[45] Zu L J, Luo S J. Study on the powder mixing and semi-solid extrusion forming process of SiC_p/2024Al composites[J]. Journal of Materials Processing Technology, 2001, 114(3): 189 - 193.

[46] 黄治冶. SiC 颗粒增强铝基复合材料的热变形行为研究[D]. 合肥: 中国科学技术大学,2018.

[47] Sharma M M, Ziemian C W, Eden T J. Fatigue behavior of SiC particulate reinforced spray-formed 7XXX series Al-alloys[J]. Materials and Design, 2011, 32(8 - 9): 4304 - 4309.

[48] Geng J, Liu G, Wang F, et al. Microstructural correlated damage mechanisms of the high-cycle fatigued in-situ TiB_2/Al-Cu-Mg composite[J]. Materials and Design, 2017, 135: 423 - 438.

[49] Van Trinh P, Van Luan N, Minh P N, et al. Effect of sintering temperature on properties of CNT/Al composite prepared by capsule-free hot isostatic pressing technique[J]. Transactions of the Indian Institute of Metals, 2017, 70: 947 - 955.

[50] Wang M, Zhao Y, Wang L-D, et al. Achieving high strength and ductility in graphene/magnesium composite via an in-situ reaction wetting process[J]. Carbon, 2018, 139: 954 - 963.

[51] Tjong S C. Recent progress in the development and properties of novel metal matrix nanocomposites reinforced with carbon nanotubes and graphene nanosheets[J]. Materials Science and Engineering: R: Reports, 2013, 74(10): 281 - 350.

[52] 赵柯. CNT/Al 复合材料的高能球磨制备及搅拌摩擦焊接[D]. 沈阳: 中国科学院金属研究所,2017.

[53] Goh C S, Wei J, Lee L C, et al. Development of novel carbon nanotube reinforced magnesium nanocomposites using the powder metallurgy technique[J]. Nanotechnology, 2006, 17: 7 - 12.

[54] Zhou S M, Zhang X B, Ding Z P, et al. Fabrication and tribological properties of carbon nanotubes reinforced Al composites prepared by pressureless infiltration technique[J]. Composites Part A: Applied Science and Manufacturing, 2007, 38(2): 301 - 306.

[55] Bakshi S R, Singh V, Balani K, et al. Carbon nanotube reinforced aluminum composite coating via cold spraying[J]. Surface and Coatings Technology, 2008, 202(21): 5162 - 5169.

[56] Laha T, Agarwal A. Effect of sintering on thermally sprayed carbon nanotube reinforced aluminum nanocomposite[J]. Materials Science and Engineering A, 2008, 480(1 - 2): 323 - 332.

[57] Housaer F, Beclin F, Touzin M, et al. Interfacial characterization in carbon nanotube reinforced aluminum matrix composites[J]. Materials Characterization, 2015, 110: 94 - 101.

[58] Chen B, Shen J, Ye X, et al. Solid-state interfacial reaction and load transfer efficiency in carbon nanotubes (CNTs)-reinforced aluminum matrix composites[J]. Carbon, 2017, 114: 198-208.

[59] Liu X, Li J, Sha J, et al. In-situ synthesis of graphene nanosheets coated copper for preparing reinforced aluminum matrix composites[J]. Materials Science and Engineering: A, 2018, 709: 65-71.

[60] He C, Zhao N, Shi C, et al. An approach to obtaining homogeneously dispersed carbon nanotubes in Al powders for preparing reinforced Al-matrix composites [J]. Advanced Materials, 2007, 19 (8): 1128-1132.

[61] Wang J, Li Z, Fan G, et al. Reinforcement with graphene nanosheets in aluminum matrix composites [J]. Scripta Materialia, 2012, 66(8): 594-597.

[62] Liu Z Y, Zhao K, Xiao B L, et al. Fabrication of CNT/Al composites with low damage to CNTs by a novel solution-assisted wet mixing combined with powder metallurgy processing [J]. Materials and Design, 2016, 97: 424-430.

[63] Liu Z Y, Xiao B L, Wang W G, et al. Singly dispersed carbon nanotube/aluminum composites fabricated by powder metallurgy combined with friction stir processing[J]. Carbon, 2012, 50(5): 1843-1852.

[64] Bi S, Xiao B L, Ji Z H, et al. Dispersion and damage of carbon nanotubes in carbon nanotube/7055Al composites during high-energy ball milling process [J]. Acta Metallurgica Sinica (English Letters), 2021, 34: 196-204.

[65] Liu Z Y, Xu S J, Xiao B L, et al. Effect of ball-milling time on mechanical properties of carbon nanotubes reinforced aluminum matrix composites [J]. Composites Part A: Applied Science and Manufacturing, 2012, 43(12): 2161-2168.

[66] Mokdad F, Chen D L, Liu Z Y, et al. Three-dimensional processing maps and microstructural evolution of a CNT-reinforced Al-Cu-Mg nanocomposite[J]. Materials Science and Engineering A, 2017, 702: 425-437.

[67] Huang H, Fan G, Tan Z, et al. Superplastic behavior of carbon nanotube reinforced aluminum composites fabricated by flake powder metallurgy[J]. Materials Science and Engineering A, 2017, 699: 55-61.

[68] Bi S, Liu Z Y, Yu B H, et al. Superplastic deformation behavior of carbon nanotube reinforced 7055 Al alloy composites[J]. Materials Science and Engineering: A, 2020, 797: 140263.

[69] Li C, Qiu R, Luan B, et al. Effect of carbon nanotubes and high temperature extrusion on the microstructure evolution of Al-Cu alloy [J]. Materials Science and Engineering: A, 2017, 704: 38-44.

[70] Ma K, Liu Z, Zhang X, et al. Fabrication of high strength carbon nanotube/7055Al composite by powder metallurgy combined with subsequent hot extrusion[J]. Science China Technological Sciences, 2021, 64: 1081-1091.

[71] Liu Z Y, Xiao B L, Wang W G, et al. Effect of carbon nanotube orientation on mechanical properties and thermal expansion coefficient of carbon nanotube-reinforced aluminum matrix composites[J]. Acta Metallurgica Sinica-English Letters, 2014, 27(5): 901-908.

[72] Yang X, Zou T, Shi C, et al. Effect of carbon nanotube (CNT) content on the properties of in-situ synthesis CNT reinforced Al composites [J]. Materials Science and Engineering A, 2016, 660: 11-18.

[73] Jiang L, Li Z, Fan G, et al. The use of flake powder metallurgy to produce carbon nanotube (CNT)/

aluminum composites with a homogenous CNT distribution[J]. Carbon, 2012, 50(5): 1993 - 1998.
[74] Esawi A M K, Morsi K, Sayed A, et al. The influence of carbon nanotube (CNT) morphology and diameter on the processing and properties of CNT-reinforced aluminium composites[J]. Composites Part A: Applied Science and Manufacturing, 2011, 42(3): 234 - 243.
[75] Chen M, Fan G, Tan Z, et al. Heat treatment behavior and strengthening mechanisms of CNT/6061Al composites fabricated by flake powder metallurgy [J]. Materials Characterization, 2019, 153: 261 - 270.
[76] 毕胜,李泽琛,孙海霞,等. 高能球磨结合粉末冶金法制备碳纳米管增强 7055Al 复合材料的微观组织和力学性能[J]. 金属学报,2020,57(1): 71 - 81.
[77] Syed R, Jiang W. Fatigue crack behavior of stainless steel 304 by the addition of carbon nanotubes [J]. Journal of Nanomaterials, 2014(2): 1 - 6.
[78] Shin S E, Bae D H. Fatigue behavior of Al2024 alloy-matrix nanocomposites reinforced with multi-walled carbon nanotubes[J]. Composites Part B: Engineering, 2018, 134: 61 - 68.
[79] Hashin Z, Shtrikman S. A variational approach to the theory of the elastic behaviour of multiphase materials[J]. Journal of the Mechanics and Physics of Solids, 1963, 11(2): 127 - 140.
[80] Huang L J, Geng L, Peng H X. Microstructurally inhomogeneous composites: Is a homogeneous reinforcement distribution optimal? [J]. Progress in Materials Science, 2015, 71: 93 - 168.
[81] Conlon K, Wilkinson D. Effect of particle distribution on deformation and damage of two-phase alloys [J]. Materials Science and Engineering: A, 2001, 317(1 - 2): 108 - 114.
[82] Deng X, Patterson B R, Chawla K K, et al. Mechanical properties of a hybrid cemented carbide composite[J]. International Journal of Refractory Metals and Hard Materials, 2001, 19(4 - 6): 547 - 552.
[83] Nardone V C, Strife J R, Prewo K M. Processing of particulate reinforced metals and intermetallics for improved damage tolerance[J]. Materials Science and Engineering: A, 1991, 144(1 - 2): 267 - 275.
[84] Liu B, Huang L, Geng L, et al. Microstructure and tensile behavior of novel laminated Ti-TiB_w/Ti composites by reaction hot pressing[J]. Materials Science and Engineering: A, 2013, 583: 182 - 187.
[85] Hansen N. Strengthening of aluminium by a three-dimensional network of aluminium-oxide particles [J]. Acta Metallurgica, 1969, 17(5): 637 - 642.
[86] Huang L, Wang S, Dong Y, et al. Tailoring a novel network reinforcement architecture exploiting superior tensile properties of in situ TiB_w/Ti composites[J]. Materials Science and Engineering: A, 2012, 545: 187 - 193.
[87] Xing H, Cao X, Hu W, et al. Interfacial reactions in 3D - SiC network reinforced Cu-matrix composites prepared by squeeze casting[J]. Materials Letters, 2005, 59(12): 1563 - 1566.
[88] Wu X L, Yang M X, Yuan F P, et al. Heterogeneous lamella structure unites ultrafine-grain strength with coarse-grain ductility[J]. Proceedings of the National Academy of Sciences of the United States of America, 2015, 112(47): 14501 - 14505.
[89] 聂金凤,范勇,赵磊,等. 颗粒增强铝基复合材料强韧化机制的研究新进展[J]. 材料导报,2021, 35(9): 9009 - 9015.
[90] Liu Z Y, Ma K, Fan G H, et al. Enhancement of the strength-ductility relationship for carbon nanotube/Al-Cu-Mg nanocomposites by material parameter optimisation[J]. Carbon, 2020, 157: 602 - 613.
[91] Jiang L, Yang H, Yee J K, et al. Toughening of aluminum matrix nanocomposites via spatial arrays of

boron carbide spherical nanoparticles[J]. Acta Materialia, 2016, 103: 128 - 140.

[92] Raja A, Biswas P, Pancholi V. Effect of layered microstructure on the superplasticity of friction stir processed AZ91 magnesium alloy[J]. Materials Science and Engineering: A, 2018, 725: 492 - 502.

[93] Pradeep S, Pancholi V. Effect of microstructural inhomogeneity on superplastic behaviour of multipass friction stir processed aluminium alloy [J]. Materials Science and Engineering: A, 2013, 561: 78 - 87.

[94] Liu F, Chen J, Dong J, et al. The hot deformation behaviors of coarse, fine and mixed grain for Udimet 720Li superalloy[J]. Materials Science and Engineering A, 2016, 651: 102 - 115.

[95] Ma K, Liu Z Y, Bi S, et al. Microstructure evolution and hot deformation behavior of carbon nanotube reinforced 2009Al composite with bimodal grain structure [J]. Journal of Materials Science and Technology, 2021, 70: 73 - 82.

[96] Ma K, Liu Z Y, Liu B S, et al. Improving ductility of bimodal carbon nanotube/2009Al composites by optimizing coarse grain microstructure via hot extrusion[J]. Composites Part A: Applied Science and Manufacturing, 2021, 140: 106198.

[97] Deng X, Patterson B, Chawla K, et al. Mechanical properties of a hybrid cemented carbide composite [J]. International Journal of Refractory Metals and Hard Materials, 2001, 19(4 - 6): 547 - 552.

[98] Inoue J, Nambu S, Ishimoto Y, et al. Fracture elongation of brittle/ductile multilayered steel composites with a strong interface[J]. Scripta Materialia, 2008, 59(10): 1055 - 1058.

[99] Ma K, Liu Z Y, Liu K, et al. Structure optimization for improving the strength and ductility of heterogeneous carbon nanotube/Al-Cu-Mg composites[J]. Carbon, 2021, 178: 190 - 201.

[100] Kaveendran B, Wang G S, Huang L J, et al. In situ (Al_3Zr+Al_2O_{3np})/2024Al metal matrix composite with novel reinforcement distributions fabricated by reaction hot pressing[J]. Journal of Alloys and Compounds, 2013, 581: 16 - 22.

[101] Prasad V V B, Bhat B V R, Mahajan Y R, et al. Structure-property correlation in discontinuously reinforced aluminium matrix composites as a function of relative particle size ratio[J]. Materials Science and Engineering: A, 2002, 337(1 - 2): 179 - 186.

[102] Prielipp H, Knechtel M, Claussen N, et al. Strength and fracture toughness of aluminum/alumina composites with interpenetrating networks[J]. Materials Science and Engineering: A, 1995, 197(1): 19 - 30.

[103] Nelson S, Ladani L, Topping T, et al. Fatigue and monotonic loading crack nucleation and propagation in bimodal grain size aluminum alloy[J]. Acta Materialia, 2011, 59(9): 3550 - 3570.

[104] Qian T, Karaman I, Marx M. Mechanical properties of nanocrystalline and ultrafine-grained nickel with bimodal microstructure[J]. Advanced Engineering Materials, 2014, 16(11): 1323 - 1339.

[105] Ma K, Li X N, Liu K, et al. Improving the high-cycle fatigue strength of heterogeneous carbon nanotube/Al-Cu-Mg composites through grain size design in ductile-zones [J]. Composites Part B: Engineering, 2021, 222: 109094.

[106] Ramnath B V, Elanchezhian C, Annamalai R M, et al. Aluminium metal matrix composites — A review [J]. Reviews on Advanced Materials Science, 2014, 38(1): 55 - 60.

[107] 崔岩. 碳化硅颗粒增强铝基复合材料的航空航天应用[J]. 材料工程,2002(6): 4.

[108] 张文毓. 铝基复合材料国内外技术水平及应用状况[J]. 航空制造技术,2015(3): 82 - 85.

[109] 张荻,张国定,李志强. 金属基复合材料的现状与发展趋势[J]. 中国材料进展,2010(4): 1 - 7.

[110] 王文明,潘复生,曾苏民. 碳化硅颗粒增强铝基复合材料开发与应用的研究现状[J]. 兵器材料科学与工程,2004,27(3):7.
[111] 武高辉,乔菁,姜龙涛. Al 及其复合材料尺寸稳定性原理与稳定化设计研究进展[J]. 金属学报,2019,55(1):33-44.

第 9 章 航空发动机用长寿命连续纤维增强陶瓷基复合材料

学习要点：

(1) 掌握陶瓷基复合材料的概念与内涵；

(2) 理解陶瓷基复合材料的常规制备工艺及特点；

(3) 了解陶瓷基复合材料的应用领域；

(4) 理解针对不同场景的航空发动机用陶瓷基复合材料三种延长寿命的策略；

(5) 理解高基体开裂应力陶瓷基复合材料微结构设计方法及内涵；

(6) 理解自愈合中的关键问题及自愈合机理；

(7) 理解自愈合组元的有效自愈合温度区间，以及针对特定温度区间的自愈合组元的选择和组合原则。

9.1 引　　言

在漫长的历史长河中，陶器是人类最重要的生活资料。中国早在封建社会就创造了光辉灿烂的陶瓷文化。到第二次工业革命后期，由于其优异的耐磨、耐腐蚀等特性，陶瓷开始在机械、冶金、石油、化工、电力和电子等领域逐步获得应用。

陶瓷特有的共价键和离子键结构赋予了其耐高温、高比模、高硬度、耐腐蚀、耐磨损等优异性能；同时，高键能使陶瓷材料具有很强的缺陷敏感性，使其具有脆性大和可靠性差的致命弱点，严重制约其作为高温结构材料的应用。研究表明，陶瓷材料可以通过抑制体积效应来提高强度和均匀性，但不能通过提高表面能来提高韧性。因此，发展陶瓷基复合材料(ceramic matrix composite, CMC)是改善陶瓷材料强韧性的有效途径。

本章主要介绍 CMC 的基本知识、航空发动机用 CMC 所需具备的基本特征及设计原则。

9.2　陶瓷基复合材料概述

根据增强体长径比可以将 CMC 分为颗粒增韧 CMC、晶须增韧 CMC 和连续纤维增韧 CMC。其中颗粒的长径比一般在 5 以下，晶须的长径比为 5~100，连续纤维的长径比远大于 100。增强体的直径都在微米量级，但由于长径比不同，增强体的强韧化效果有显著差别。颗粒增韧是提高陶瓷材料强韧性最简单、最廉价的途径，但增韧效果不明显，颗粒增韧陶瓷的韧性一般不超过 6 MPa · $m^{1/2}$。晶须的直径相对较小，强度很高，有一定的增韧补强作用，晶须增韧陶瓷的韧性一般不超过 10 MPa · $m^{1/2}$。颗粒和晶须增韧均不能有效解决陶瓷作为热结构件的强韧性和可靠性问题。连续纤维增韧补强陶瓷基复合材料（continuous fiber-reinforced ceramic matrix composite，CFCC）能够最大限度抑制陶瓷缺陷的体积效应，有效偏折裂纹并保证纤维拔出来消耗断裂能，从而发挥纤维的增韧和补强作用。同时可通过纤维预制体设计，实现强韧性能的控制。CFCC 可以从根本上克服陶瓷脆性大和可靠性差的弱点，具有类似金属的断裂行为，对裂纹不敏感，不发生灾难性损毁的特征。CFCC 优异的强韧性使其成为新型耐高温、低密度热结构材料发展的主流。

9.2.1　CMC－SiC 的制备方法

连续纤维增韧 SiC 陶瓷基复合材料（continuous fiber-reinforced silicon carbide ceramic matrix composite，CMC－SiC）主要包括碳纤维和碳化硅纤维增韧碳化硅复合材料，是目前研究最多、应用最成功的连续纤维增韧陶瓷基复合材料。

CMC－SiC 的制备方法主要有化学气相渗透（chemical vapor infiltration，CVI）、聚合物浸渍裂解（precursor infiltration pyrolysis，PIP）、反应熔体渗透（reactive melt infiltration，RMI）和浆料浸渍结合热压法（slurry impregnation and hot pressing，SIHP）四种。下面将详细讨论几种工艺的特点。

1. CVI 法

CVI 法是 20 世纪 70 年代由法国波尔多大学的 Naslain 教授等发明。基本工艺流程是：将纤维预制体放入温度均一且无明显强制气体流动的反应室内，气态先驱体按一定比例进入反应室并主要通过扩散作用渗入多孔纤维预制体内，在纤维表面发生化学反应并原位沉积；在生成 SiC 固体产物的同时放出气体副产物，副产物从反应壁面上解附并借助于扩散传质进入主气流，随后排出沉积炉，完成 CVI 过程。

由于气态先驱体在预制体中的传质主要靠扩散作用，预制体表面的输运状态远优于内部，使得预制体中沿气体扩散方向存在一定的浓度梯度，导致在预制体入口处的先驱体气体浓度高于预制体内部，沉积速率也高于预制体内部。随着 CVI 过程进行，预制体表面的孔洞过早封闭而切断气体向预制体内部扩散的传输通道，从而使复合材料产生密度梯度（即瓶颈效应），影响沉积质量。为了防止表面的过度沉积通常采用较低的制备温度和压力（即等温化学气相渗透，isothermal chemical vapor infiltration，ICVI），但致密化速度低，周期长。ICVI 虽然致密化速度低，但只要构件壁不太厚，适用于任意复杂构件的致密化，并且一炉可以同时制备多个构件，不失经济性。因此，目前商品用 CFCC－SiC 构件大多采用 ICVI 工艺制备。

CH_3SiCl_3(MTS)是化学气相沉积 SiC 最常用的反应气体，其分子中 Si 和 C 的原子数相等，易于获得化学计量的 SiC，具有很宽的沉积温度范围。用 CVI 法制备 CFCC－SiC 时，由于整个过程都有气体参与，并且反应生成的中间产物繁多，沉积条件的细小变化往往会导致沉积产物组成和形态的显著差异，同时也直接影响复合材料的致密化过程。因此，与其他方法相比，CVI 法对工艺过程的控制要求更高。

2. PIP 法

PIP 法的基本工艺流程是：在一定压力下，将有机先驱体溶液浸渍进入纤维预制件的孔隙中，惰性气氛中交联固化后，将其加热至一定温度使先驱体发生极为复杂的化学和物理反应，包括分子键断裂、自由基碎片生成、小分子挥发物的溢出、陶瓷基体的形成以及结构与密度变化导致的体积收缩等，最终有机先驱体经裂解转变成无机陶瓷[1]。由于 PIP 法所得产物的产率很低，为了得到致密化程度高的复合材料，必须经过多次浸渍裂解处理。

PIP 法的主要特点是：

(1) 先驱体具有可设计性，通过对先驱体的组成、结构进行设计与优化，从而实现对陶瓷及陶瓷基复合材料的设计。

(2) 可对复合材料的增强体与基体实现理想的复合：在有机聚合物转化成陶瓷的过程中，其结构经历了从有机线型结构到三维有机网络结构再到三维无机网络结构的转变，进而到陶瓷纳米微晶结构的转变，因而通过改变工艺裂解条件对不同的转化阶段实施检测与控制，有可能获得陶瓷基体与增强体间的理想复合。

(3) 良好的工艺性：有机聚合物具有树脂材料的一般共性，如可溶、可熔、可交联、固化等，利用这些特性，可以在陶瓷及陶瓷基复合材料制备的初始工序中借鉴与引用某些塑料和树脂基复合材料的成型工艺技术，再通过烧结制成陶瓷和陶瓷基复合材料的各种构件。它便于制备单向、二维或三维纤维预制体增强的复合材料，浸渍有机聚合物的增强体预制件，在未烧结之前具有可加工性，通过车、削、磨、钻孔等机械加工技术能够方便地修整其形状和尺寸。

(4) 烧结温度低：有机聚合物转化为陶瓷的裂解温度远远低于相同成分的陶瓷粉体烧结的温度，对纤维的热损伤程度较小。

先驱体转化法也存在一些缺点：先驱体在干燥(或交联固化)和裂解过程中，由于溶剂和低分子组分的挥发、密度的增大，基体的收缩率很大，导致基体中存在很多孔洞并伴有裂纹出现；受先驱体转化率的限制，为了获得密度较高的陶瓷基复合材料，必须经过反复浸渍裂解，工艺成本较高；很难获得高纯度和化学计量的陶瓷基体。

3. RMI 法

RMI 是 20 世纪 80 年代德国科学家 Ernst Fitzer 所发明，也称为熔融硅渗透法或液硅浸渗法(molten silicon infiltration/liquid silicon infiltration, MSI/LSI)。

RMI 法的基本工艺流程是：首先使用 CVI 法或 PIP 法在纤维预制体中制备碳基体；使用特定粒径的硅粉包埋预制体，并放入 RMI 炉中；在渗硅温度下，硅粉融化后在毛细管力的作用下渗入到多孔预制体中，并与碳基体发生化学反应生成 SiC 陶瓷基体[2-4]。

RMI 工艺具有制备周期短、成本低、残余孔隙率低的特点，可制备形状复杂构件，通过一次浸渗处理即获得基本致密的复合材料；制备全过程尺寸变化极小，能基本保持纤维骨架形状和纤维强度，是一种极具市场竞争力的工业化生产技术。但是，在复合材料制备过程中，熔融 Si 在与 C 基体发生反应的同时，不可避免地与碳纤维反应，导致纤维受损而性能下降；同时复合材料中还会存在一定量的残余 Si，导致复合材料的高温力学性能特别是抗蠕变性能下降。

4. SIHP 法

SIHP 法是一种传统的 CMC 制备方法[5]。该方法的工艺流程为：先将纤维束进行高温除胶处理，然后使其通过装有陶瓷料浆的料浆槽，使陶瓷料浆均匀涂挂在每根单丝纤维的表面，再将浸过料浆的纤维缠绕在轮毂上制成无纬布，无纬布经过干燥后切割成预制片，最后将预制片放在石墨模具中叠层至所需的厚度后进行热压烧结，制成 CMC。在 SIHP 法中，料浆的组成和性能将直接影响复合材料的性能。料浆通常由溶剂（水和乙醇等作为载体）、陶瓷粉末和有机结合剂三部分组成。为了改善溶剂与陶瓷粉末及纤维之间的润湿性能，料浆往往需要加入表面活性剂。陶瓷粉末的形状最好为球形并且尺寸应尽可能细小。

SIHP 法具有下述突出优点：

（1）烧结时间短，制造成本低：采用热压方法进行烧结，复合材料的致密化时间非常短，仅需约 1 h；

（2）复合材料的致密化程度高：在高温烧结过程中通常都存在一定数量的液相，能实现复合材料的充分烧结，显著降低复合材料内部的残留孔隙，提高复合材料的致密化程度；

（3）适合纤维增强的玻璃和玻璃陶瓷基复合材料：如 C/SiO_2、SiC/LAS、SiC/BAS 和 SiC/BAS 等，同时也适于制造烧结过程中存在足够多液相的陶瓷基复合材料，如 C/Si_3N_4，复合材料加入足够的液相烧结助剂时，可采用 SIHP 法。

SIHP 法也具有自身的不足：

（1）复合材料的结构和形状受限：由于纤维预制体是通过铺层的方法获得的，因而只能制造形状简单的复合材料，并且具有明显的各向异性；

（2）复合材料的高度和尺寸受限：为了保证烧结过程的顺利进行，必须对预制体施加 20~30 MPa 的机械载荷，这时石墨模具的强度限制了构件的尺寸大小；同时在对预制体施加压力的过程中，由于摩擦力的作用会沿高度方向造成压力梯度，为了保证复合材料内部密度的均匀性，构件的高径比要小于 0.45；

（3）不适合固相烧结的材料体系：在热压烧结过程中作用在固体粒子的机械载荷作用会对纤维造成严重损伤，限制了该制备方法在陶瓷基复合材料领域的应用。

9.2.2　CMC－SiC 的应用

陶瓷基复合材料具有低密度、耐高温、高比强、高比模、抗氧化、抗蠕变、对裂纹不敏感、不发生灾难性损坏等特点，是一种新型热结构材料，其应用覆盖了尖端军用和新兴民用等多个领域，成为 1 650℃以下长寿命（数百至上千小时）、2 000℃以下有限寿命（数十分钟至数小时)和 2 800℃以下瞬时寿命(数秒至数分钟)的热结构/功能材料,如图 9.1 所示。目前,CMC - SiC 技术最成熟、应用最广,可应用于高推重比航空发动机、高性能航天发动机、空天飞行器热防护系统、飞机/高速列车等刹车制动系统、核能电站、燃气电站和深空探测器等领域。

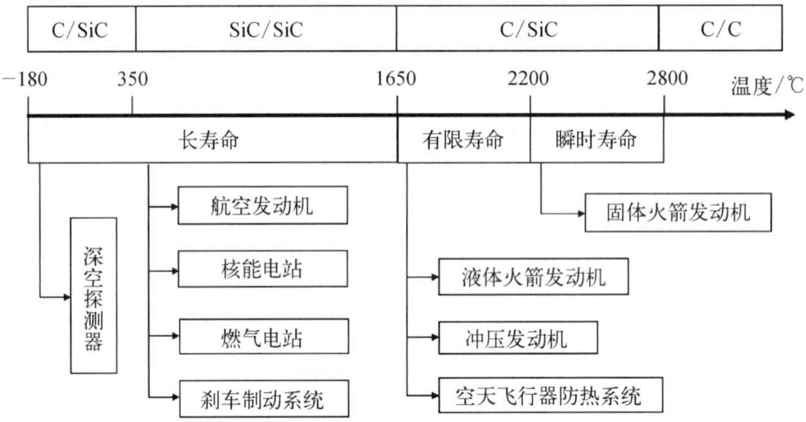

图 9.1　CFCC 的应用领域与温度范围

1. 航天热防护/热结构领域

在航天发动机领域,高比冲液体火箭发动机主要使用 C/SiC 作为推力室和喷管,可显著减重,提高推力室压力和寿命,同时减少再生冷却剂量,实现轨道动能拦截系统的小型化和轻量化。固体火箭发动机主要使用 C/SiC 作为气体流通的喉栓和喉阀,解决可控固体轨控发动机吼道零烧蚀的难题,提高动能拦截系统的变轨能力和机动性。在冲压发动机方面,C/SiC 可用于亚燃冲压发动机的燃烧室和喷管喉衬,提高抗氧化烧蚀性能和发动机工作寿命,保证飞行器长航程,并已进入应用阶段。对于超燃冲压发动机,C/SiC 可用于支板和镶嵌面板。

在航天领域,当飞行器进入大气层后,由于摩擦产生的大量热量,导致飞行器受到严重的烧蚀。为了减小飞行器的这种烧蚀,需要一个有效的防热体系。热防护系统包括航天飞机和导弹的鼻锥、导翼、机翼和盖板等。在高超声速飞行器热防护系统方面,随着高超声速飞行器的快速发展,热防护系统从“防热-结构”分离向“防热/结构一体化”的方向发展,由单一陶瓷防热向陶瓷复合材料结构或金属盖板式结构发展。陶瓷基复合材料是制作抗烧蚀表面隔热板的较佳候选材料之一。使用 C/SiC 作为大面积热防护系统,比金属热防护系统(thermal protection system, TPS)减重 50%,并可通过高温延寿设计提高安全性,减少发射准备程序,减少维护,提高使用寿命和降低成本。目前,欧洲正集中研究载人飞船及可重复使用的飞行器的可简单装配的热结构及热保护材料,C/SiC 复合材料是其研究的一个重要材料体系,并已达到很高的生产水平。波音公司通过测试热保护系统大平板隔热装置,也证实了 C/SiC 复合材料具有优异的热机械疲劳特性。

2. 核反应堆领域

在核电领域,SiC/SiC 复合材料具有伪塑性断裂行为、低氚渗透率和好的辐照稳定性,被认为是很有前景的聚变堆候选材料，如包层的第一壁、流道插件以及偏滤器等部件。包层是聚变堆中最重要的部件，主要起能量转换、增殖中子以及屏蔽的作用。第一壁（first wall）是包容等离子体区和真空区的部件，直接面向等离子体。SiC/SiC 复合材料作为第一壁/包层结构材料，必须有良好的室温和高温力学性能，良好的抗辐照损伤性能，能承受高表面热负荷。选用 SiC/SiC 复合材料作为结构材料的包层概念设计有自冷锂铅（self-cooled lithium-lead, SCLL）包层和氦冷陶瓷（helium-cooled ceramic breeder, HCCB）包层。用 SiC/SiC 复合材料制造 FCI 的包层概念设计主要有双冷锂铅（dual-coolant lithium-lead, DCLL）包层。偏滤器是聚变堆中的一个高热流部件，其主要作用是使等离子体与产生杂质的源分开及排除聚变反应产生的氦灰。

3. 刹车系统

在刹车制动系统方面，C/SiC 刹车盘（俗称碳/陶刹车盘）作为一种新型的刹车材料，与 C/C 相比，具有制备周期短、成本低、强度高、静摩擦因数高、湿态/盐雾下动静摩擦因数基本不衰减等显著优点，是继 C/C 之后的新一代刹车材料。可用在先进战斗机、高速列车、赛车和跑车等的刹车系统上。C/SiC 刹车材料显著提高了使用温度，缩小了刹车系统的体积，大大提高了刹车的安全性。美、德、日等工业发达国家正逐步展开其理论和应用研究，如德国斯图加特大学和德国航天研究所等单位的研究人员已经研制出应用于保时捷轿车的 C/C－SiC 刹车盘。在这种刹车盘中，刹车片表面之间具有冷却通道，这种结构可以改善刹车盘的散热性，大幅度提高刹车系统的使用寿命。

国内对作为制动材料的 C/C－SiC 的研究起步较晚，直到 21 世纪初期中南大学和西北工业大学才开始进行 C/C－SiC 摩擦材料的制备和摩擦磨损机理的研究。近年来，中南大学研制的 C/C－SiC 复合材料在制动领域的应用取得了长足进步，正准备应用于某型号直升机旋翼用刹车片、某型号坦克用刹车盘和闸片，以及高速列车刹车闸片等。西北工业大学研制的 C/SiC 刹车盘已在多种机型上应用，同时已建成 C/SiC 刹车盘生产线，具有批量生产的能力。

4. 轻质结构

未来空间光学系统要求在较宽的电磁波段范围内有很好的成像质量，其电磁波段范围包括紫外、可见光、红外，甚至延伸到 X 射线、γ 射线。要在如此宽广的电磁波范围内工作，只有采用全反射光学系统才能满足应用要求。在反射式光学系统中反射镜是关键部件，除了满足光学应用要求外，还要求其质量轻。在空间领域，C/SiC 用于超轻结构反射镜框架和镜面衬底，具有质量轻、强度高、膨胀系数小和抗环境辐射等优点，可有效解决大型太空反射镜结构轻量化和尺寸稳定性的难题。与前两代反射镜材料（微晶玻璃和铍合金）相比，具有以下优点：① 可降低发射成本，提高飞行器的飞行性能；② 热稳定性好，能在很宽的温度范围（−269～427℃）内工作，具有高的热导率和低的膨胀系数，且具有各向同性；③ 由于用 C/SiC 制造的反射镜面有很高的理论密度和低的表面粗糙度，因而镜面具有电磁波的衍射极限分辨率和较低的散射率；④ 制备工艺相对简单，成本低。

5. 航空发动机领域

高温合金的极限使用温度为 1 000℃，不能满足高推重比航空发动机的使用需求，迫切需要发展新型耐高温结构材料。以 SiC/SiC 为主的 CMC－SiC 材料由于一系列优异特性，在航空发动机领域具有广阔应用前景[6,7]，例如涡轮外环、尾喷管、燃烧室、涡轮盘以及涡轮叶片等，可提高工作温度 350~500℃，结构减重达 30%~70%，成为高推重比航空发动机用关键热结构材料之一。航空发动机的技术需求对 CMC 的发展起着决定性作用。欧洲动力协会(Society of Petroleum Engineers, SPE)、法国波尔多(Bordeaux)大学、德国卡尔斯鲁厄(Karslure)大学、美国橡树岭国家实验室早在 20 世纪 70 年代便率先开展了 C/SiC 复合材料的研究工作。20 世纪 90 年代法国斯奈克玛(Snecma)公司研发出 CERASEP 系列的 SiC/SiC 复合材料，并将该材料成功应用于 M-88 型发动机的喷管调节片上，这标志着 SiC/SiC 复合材料在航空方面的应用已经开始，升级版的燃烧室衬套等发动机组件的制备和应用已经完成。

我国对 CMC 也提出了明确的需求，20 余年来取得了快速发展，其中西北工业大学、国防科技大学、中国科学院沈阳金属研究所和航天科技集团公司第四研究院第四十三所等单位都开展了相关研究。其中，西北工业大学超高温结构复合材料重点实验室经过近 20 年的努力，在研究与应用方面已跻身于国际先进行列，部分产品已定型使用，包括密封片调节片组件、内锥体、火焰筒、涡轮外环、导向叶片和涡轮转子等。

CMC-SiC 在热-力-氧严苛服役环境中面临严重的腐蚀问题(包括水氧腐蚀和热腐蚀，如图 9.2 所示)和氧化问题(图 9.3)，显著缩短其服役寿命。通过在 CMC-SiC 表面制备环境屏障涂层可有效解决腐蚀问题。目前已经有很多研究涉及 CMC-SiC 的腐蚀问题，这部分内容不在本章讨论范围之内。服役过程中，氧气沿孔洞或基体裂纹快速向材料内部扩散，造成界面和纤维快速氧化，使材料力学性能迅速下降并早期失效，限制了 CMC-SiC 的广泛应用。提高 CMC-SiC 抗氧化性、延长服役寿命势在必行。

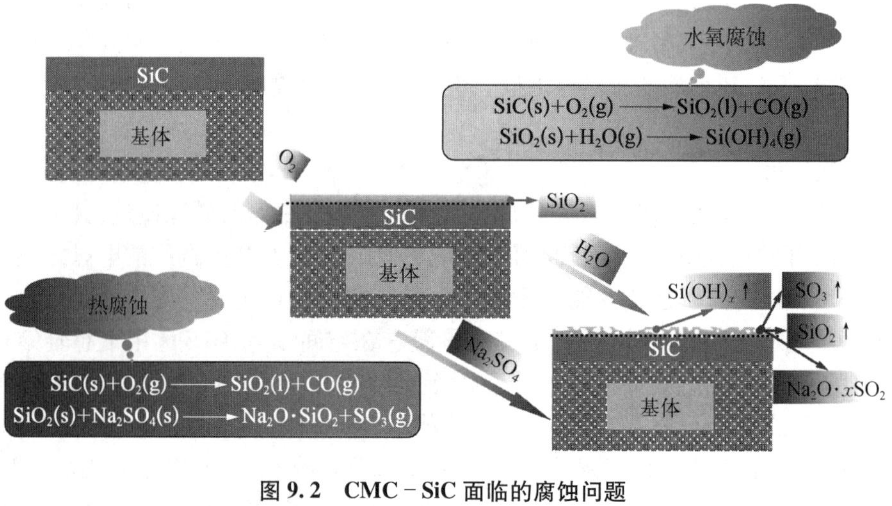

图 9.2　CMC-SiC 面临的腐蚀问题

针对不同服役条件下工作的构件，本章提出采取高致密、高基体开裂应力和引入自愈合组元三种不同的方法以有效延长 CMC-SiC 服役寿命。列举了制备高致密 CMC-SiC 的工艺方法及工艺特点；概述了具有高基体开裂应力的 CMC-SiC 预制体结构、界面结合强度、纤维和基体热膨胀系数(coefficient of thermal expansion, CTE)匹配和基体强化设计原则；总结了自愈合组元种类、自愈合效果影响因素和有效自愈合温度区间，阐述了自愈合机理。

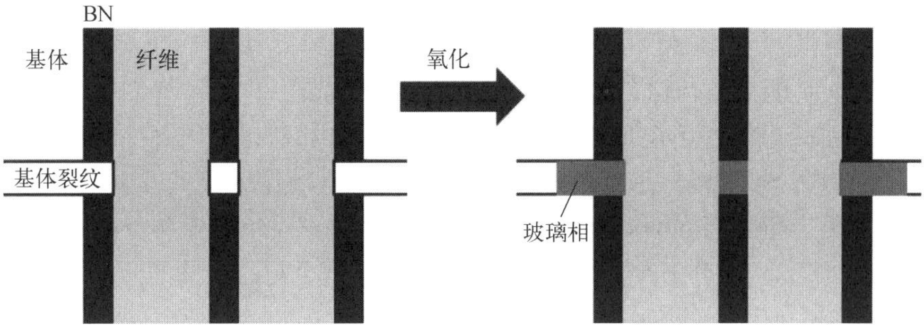

图 9.3　CMC－SiC 面临的氧化问题[8]

9.3　高致密 SiC/SiC

对于低应力条件下工作的部件,服役应力远低于其基体开裂应力(σ_{mc}),承载时不会产生基体微裂纹等应力损伤,材料在无应力损伤状态下服役。但制备过程所带来的孔洞(例如: CVI 工艺存在瓶颈效应,这种方法制备的 CMC－SiC 中存在约 10 vol. %~15 vol. %的开气孔)或裂纹(由于碳纤维与 SiC 基体热膨胀系数不匹配,从制备温度下降至室温时基体中的残余拉应力导致基体开裂)等缺陷仍然会为氧气向内扩散提供通道,导致长时服役过程中界面和纤维被氧化,材料性能迅速衰减并快速失效。这种情况下,提高致密化程度可有效提升复合材料环境性能。高致密 SiC/SiC 服役时,仅材料表面发生氧化,氧化生成的致密氧化层能够有效阻挡氧气的扩散,延长服役寿命。

通过阿基米德排水法可以获得材料的开气孔率和体积密度,如式(9.1)及式(9.2)所示,以此来判断材料的致密化程度。高致密 SiC/SiC 的开气孔率应小于等于 2%。

$$P_C = \frac{m_1 - m_0}{m_1 - m_2} \times 100\% \tag{9.1}$$

$$\rho_C = \frac{m_0}{m_1 - m_2} \times \rho_{H_2O} \tag{9.2}$$

其中,m_0、m_1 和 m_2 分别为试样的干重、浮重和湿重;ρ_{H_2O} 为水的密度,P_C 和 ρ_C 分别为试样的开气孔率和密度。

9.3.1　熔体渗透法

熔体渗透法(melt infiltration, MI)是一种制备高致密 SiC/SiC 的工艺方法。工艺步骤如下: 首先,通过 CVI 工艺将界面相和一定体积分数的 SiC 基体依次引入 SiC 纤维预制体,获得半致密 SiC/SiC;然后,利用浆料浸渗(slurry impregnation, SI)工艺在上述半致密 SiC/SiC 中引入一定体积分数的 SiC 颗粒,此时半致密 SiC/SiC 中的束间大孔被 SiC 颗粒分割成小孔;最终,利用毛细管力将液硅引入复合材料,使其填充剩余孔隙,获得高致密 SiC/SiC。与 RMI 工艺相比,MI 工艺中不存在碳硅反应,只是一个物理过程,因此,在较高毛细管力的作用下,理论上液硅能够到达并填充所有开气孔,使复合材料达到较高的致密化程度。

针对 MI SiC/SiC, NASA 已经做了大量研究[9-11]。他们将 SiBN 界面相和 SiC 过渡层依次引入五枚缎纹编织的 Sylramic-iBN SiC 纤维预制体中,获得开气孔率约为 20 vol. %~30 vol. %的半致密 SiC/SiC。在半致密 SiC/SiC 中引入 SiC 颗粒后将其在 1 400℃渗硅,获得 MI SiC/SiC。其中,SiC 纤维体积分数约 36%,SiBN 界面相、CVI SiC 基体、SiC 颗粒和硅的体积分数分别为 8%、23%~35%、6%~18%和 13%~18%。复合材料最终的开气孔率和密度分别可达 2%和 2.85 g/cm^3,纤维束内区域被 CVI SiC 基体填充,束间区域被 SiC 颗粒和硅填充[9]。目前,NASA 已经研制出适用于 1 200~1 315℃的一系列牌号的 MI SiC/SiC,例如 N22、N24A、N24B、N24C 等。SiC/SiC 的各项性能数据如表 9.1 所示,其室温拉伸强度可达 400~450 MPa,室温下基体开裂应力约为 160~180 MPa。值得注意的是,空气气氛中,N24C 在温度为 1 315℃、载荷为 103 MPa 条件下的服役寿命超过 1 000 h,表现出优异的环境性能[12]。

表 9.1 NASA 采用 MI 工艺发展的不同体系 CMC 的力学性能(2D 0°/90°编织,纤维总体积分数为 36 vol. %)[12]

性能*/CMC 体系	N22	N24-A	N24-B	N24-C
最高使用温度	1 204℃		1 315℃	
	温度: 20℃			
原始弹性模量/GPa	250	250	210	220
比例极限应力/MPa	180	180	170	160
极限拉伸强度/MPa	400	450	450	310
极限拉伸应变/%	约 0.35	约 0.55	约 0.50	约 0.30
界面剪切强度/MPa	约 70	约 70	约 7	<7
	温度: 800℃			
100 h 燃烧器钻机试验后极限拉伸强度保持率	60%	100%	100%	
测试温度	1 204℃		1 315℃	
比例极限应力/MPa	170	170	160	150
极限拉伸强度/MPa	320	380	380	260
蠕变应变/%, 103 MPa, 500 h,空气气氛	约 0.4	约 0.4	约 0.4	0.2
蠕变应变/%, 69 MPa, 500 h,空气气氛		0.15	0.15	0.12
寿命/h, 103 MPa,空气气氛	约 500	约 500	约 500	>1 000

* 为 0°、纤维体积分数为 18 vol. %方向的力学性能。

由于残余硅的体积分数较高,MI SiC/SiC 的使用温度受到限制。一方面,当旋转部件的工作温度超过 1 400℃时,Si 的发汗对周围金属部件有害;另一方面,1 250℃以上时,Si 的扩散会造成 SiC 纤维和界面相性能衰减,材料力学性能迅速下降。正确预测 MI SiC/SiC 的使用寿命对于避免构件使用过程中的灾难性断裂具有重要意义。

9.3.2　纳米熔渗瞬时共晶法

纳米熔渗瞬时共晶(nano-infiltration and transient eutectic-phase, NITE)法是纳米 SiC 颗粒浆料浸渍结合热压烧结的复合工艺,是另一种制备高致密 SiC/SiC 的方法。日本京都大学 Akira Kohyama 等针对该方法进行了广泛研究。该方法通常选用 Tyranno™ - SA SiC 纤维作为增强体,PyC 或多元多层$(PyC/SiC)_n$ 作为界面相,利用纳米级 β - SiC 颗粒和烧结助剂(Al_2O_3、Y_2O_3 和 SiO_2)在高温下通过瞬态液相烧结获得高致密 SiC/SiC。Al_2O_3 和 Y_2O_3 与 SiO_2 在较低温度下能够形成瞬态低共熔相,一定程度上降低 SiC 的烧结温度。热压烧结的温度为 1 720 ~ 1 780℃,压力为 15 ~ 20 MPa。最终获得的高致密 SiC/SiC 密度可达 2.96 g/cm^3,开气孔率降至 3.7%[13-15]。由于该方法所需的烧结温度超过大部分纤维的耐受温度,可能会对纤维性能造成损伤,因此目前只能选用热稳定性较好的 Tyranno™ - SA SiC 纤维作为增强体。

9.4　高基体开裂应力 SiC/SiC

针对中低等载荷、高温条件下工作的构件,通过将 σ_{mc} 提升至工作应力以上,保证复合材料在无应力损伤状态下服役,延缓氧气扩散通道的萌生,以有效延长热力氧化寿命。基体开裂应力是材料中基体裂纹萌生所对应的外加应力。它可以通过拉伸应力-应变曲线或利用声发射技术获得。根据拉伸应力-应变曲线,通常有三种方法获得基体开裂应力数据,如图 9.4(a)所示[16]。第一种是直接将线性段与非线性段的拐点所对应的应力作为基体开裂应力[17];第二种是残余应变为 0.005%所对应的应力[18];第三种是 0.05%应变所对应的应力[19]。基体开裂应力决定了 CMC 中产生损伤的时机,是一个非常重要的参数。声发射技术可以对复合材料损伤过程进行原位监测,材料力学性能测试时将两个传感器安装在试样表面,即可实时监测复合材料内部裂纹形成和扩展引起的应变能快速释放的声发射活动。利用声发射能量-应力曲线可以获得两个参数[图 9.4(b)]: σ_{min} 和

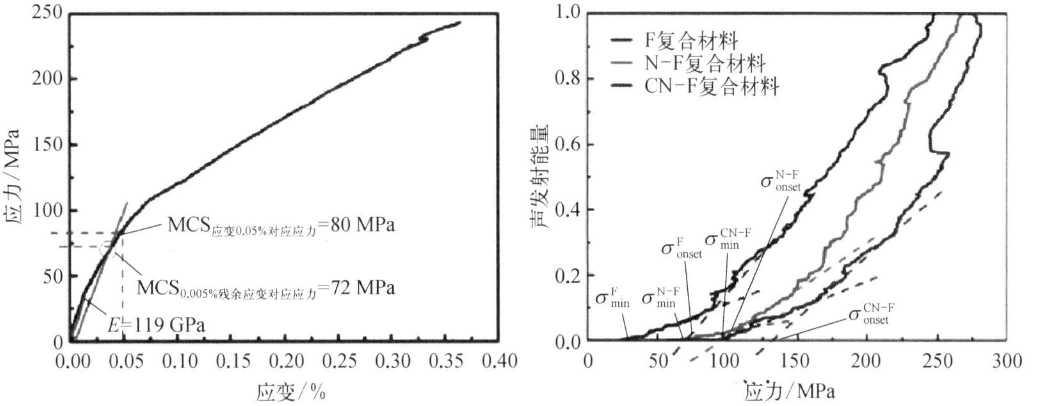

(a) SiC/SiC拉伸应力–应变曲线[16]　　(b) SiC/SiC声发射能量–应力曲线[20]

图 9.4　SiC_f/SiC 复合材料(F 复合材料)、原位生成 BNNTs 的 SiC_f/SiC 复合材料(N - F 复合材料)、带有 BN 涂层的 BNNTs 的 SiC_f/SiC 复合材料(CN - F 复合材料)的损伤监测

σ_{onset}。σ_{min} 为声发射能量由 0 开始增加所对应的应力，即监测到的第一个声发射事件，代表使基体裂纹萌生对应的应力；σ_{onset} 为声发射能量突然快速增长所对应的应力，代表贯穿性裂纹开始扩展对应的应力。当工作应力超过基体开裂应力时，基体中会产生微裂纹，氧气沿着裂纹快速向内扩散并氧化界面和纤维，显著缩短 CMC 服役寿命。提高基体开裂应力从而保证 CMC 在无损状态下服役是延长其服役寿命的有效措施。

Sigl 和 Evans 研究了 CMC 中裂纹扩展阻力和基体开裂应力[21]，其中，基体开裂应力可以表示为

$$\frac{\sigma_{mc}}{E}+\frac{\sigma_r^m}{E_m}=\left(\frac{6\mu V_f^2E_fG_{mc}}{(1-V_f)E_mEa}\right)^{1/3}\left(\frac{q}{E_m}\right)^{1/3} \tag{9.3}$$

其中，σ_r^m 为轴向残余应力；G_{mc} 表示基体韧性；E、E_m 和 E_f 分别为复合材料、基体和纤维的杨氏模量；μ 是摩擦系数；v_f 是纤维体积分数；a 是纤维直径；q 代表界面法向压应力。从公式(9.3)可以看出，σ_{mc} 与 v_f 和 q 成正比，这也意味着基体开裂应力随纤维体积分数的增多和界面法向压应力的增加而增大。当 σ_r^m 为负值时，也就是基体中存在残余压应力时，σ_{mc} 上升。因此，复合材料中纤维与基体热膨胀系数匹配至关重要。纤维轴向热膨胀系数应大于基体，保证基体中存在轴向残余压应力；纤维径向热膨胀系数应小于基体，使得界面处存在法向残余压应力，增大界面剪切强度，提升载荷传递能力，提高基体开裂应力。

Morscher 等的研究表明，对于具有 0°/90°特征的 2D 和 3D 复合材料，基体裂纹起源于 90°mini 复材，也就是由与 0°纤维垂直的纤维束、界面相和基体所组成的小尺寸复合材料。基体开裂行为取决于 90°mini 复材中基体部分的应力分布，可以用简单的混合法则计算：

$$\sigma_{mini-matrix}=\frac{(\sigma_T+\sigma_{th})}{E}\left(\frac{E-V_{f,\,mini}E_{mini}}{1-V_{f,\,mini}}\right) \tag{9.4}$$

其中，σ_T 为外加拉应力；σ_{th} 为基体中残余压应力；$V_{f,\,mini}$ 代表 0°mini 复材的体积分数；E_{mini} 表示 0°mini 复材的弹性模量，它可以通过 0°mini 复材中各组元的弹性模量和体积分数利用混合法则计算得出。由公式(9.4)可以看出，基体开裂应力与基体中的残余应力、承载方向纤维体积分数和 0°mini 复材的弹性模量密切相关。综上所述，复合材料的基体开裂应力与以下四个因素有密切关联：纤维预制体结构（承载方向纤维体积分数）、残余应力（轴向与径向）、界面剪切强度和 0°mini 复材的弹性模量（基体强化）。

9.4.1 预制体结构

CMC – SiC 中纤维体积分数不低于 20 vol.%，因此，纤维预制体结构对 CMC 力学行为及基体开裂应力有显著影响。随承载方向纤维体积分数增加和垂直承载方向纤维体积分数的降低，复合材料应力-应变曲线中非线性转折点向更高应力处移动，这也意味着复合材料比例极限提升，基体开裂应力提高。线性变形阶段，复合材料的拉伸强度可以用以下公式计算：

$$\sigma_c=\sigma_f v_f+\sigma_m v_m \tag{9.5}$$

其中，σ_c、σ_f 和 σ_m 分别为复合材料、纤维和基体的强度；v_f 和 v_m 分别为纤维和基体的体积分数。由公式(9.5)可以看出，提高纤维体积分数，复合材料线性段强度提高，基体开

裂应力也会相应提升。但是当垂直承载方向的纤维体积分数越高时，厚度方向的贯穿性基体裂纹更容易在较低应力下形成。

9.4.2　界面剪切强度

界面相在 CMC 中所占的体积分数并不高，但它却对复合材料性能有着深刻影响。界面相起着载荷传递、力学熔断、保护纤维免受化学损伤和缓解残余应力的重要作用[22-24]，界面剪切强度作为界面的关键参数对基体开裂应力有着重要影响。

CMC 的界面剪切强度可以通过纤维拔出（push-out）或纤维压入（push-in）两种测试方法来获得[25]。如图 9.5(a)所示，纤维拔出测试是将载荷施加在 CMC 薄片试样中的单丝

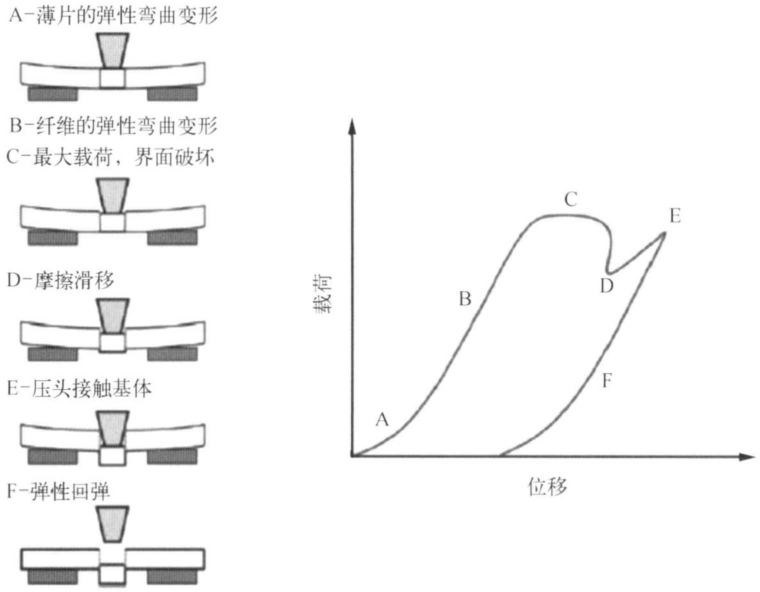

(a) 纤维拔出测试示意图及载荷-位移曲线

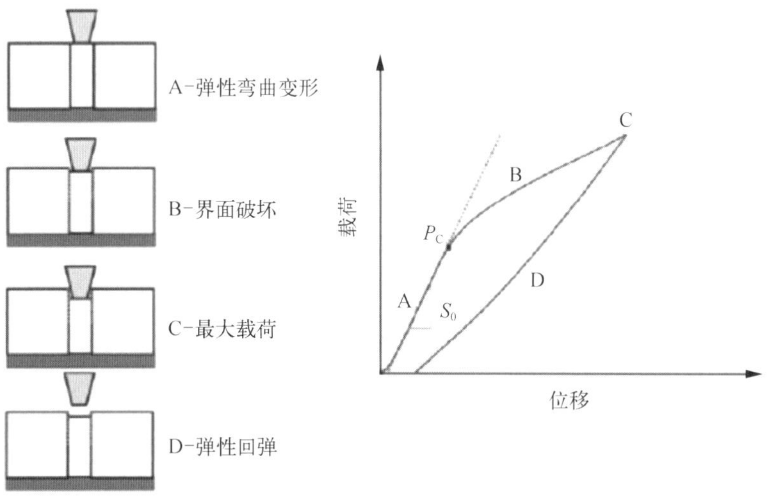

(b) 纤维压入测试示意图及载荷-位移曲线

图 9.5　测试示意图及载荷-位移曲线[25]

纤维上,使界面完全断裂,并将纤维推出薄片试样。纤维拔出试验获得的力-位移曲线分为三个阶段,初始阶段为CMC薄片试样的弹性弯曲过程,接下来是纤维的弹性变形阶段,直至界面突然断裂,纤维发生滑移,此时载荷达到最大值。界面剪切强度可以用如下公式计算:

$$\tau = \frac{P}{2\pi re} \tag{9.6}$$

其中,p为最大载荷;r为纤维半径;e为CMC薄片试样的厚度。纤维压入测试是将载荷施加在单丝纤维上直至界面发生断裂。如图9.5(b)所示,纤维压入试验获得的载荷-位移曲线呈S形,第一阶段为纤维和基体的弹性变形阶段,此时载荷-位移曲线的斜率为S_0;随载荷增大,界面发生断裂,载荷-位移曲线进入非线性段。界面剪切强度可以由以下公式求得:

$$\tau = \frac{nP_c}{2\pi r^2} \tag{9.7}$$

$$n = \frac{S_0}{\pi rE_f} \tag{9.8}$$

其中,n为与纤维和基体的弹性性能、周围纤维的束缚有关的参数,可以由公式(9.8)计算;P_c为能够使界面断裂的临界载荷。

界面剪切强度的提高可以使应力更快地从基体传递至纤维,有效延缓基体的开裂,同时,界面脱黏功能仍然能够实现,保证了复合材料良好的力学性能。如图9.6所示,在外加拉伸应力σ_T的作用下,载荷通过界面相由基体传递至纤维,使复合材料中应力重新分布,此时,基体中的应力σ_m等于外加拉应力σ_T减去纤维所受应力σ。界面剪切强度较高时,$\sigma'_m=\sigma_T-\sigma'$;界面剪切强度较低时,$\sigma''_m=\sigma_T-\sigma''$。界面剪切强度较强时,载荷能够更快地由基体传递至纤维,导致$\sigma'>\sigma''$,从而使$\sigma'_m<\sigma''_m$,基体裂纹将在更高外加载荷下萌生。

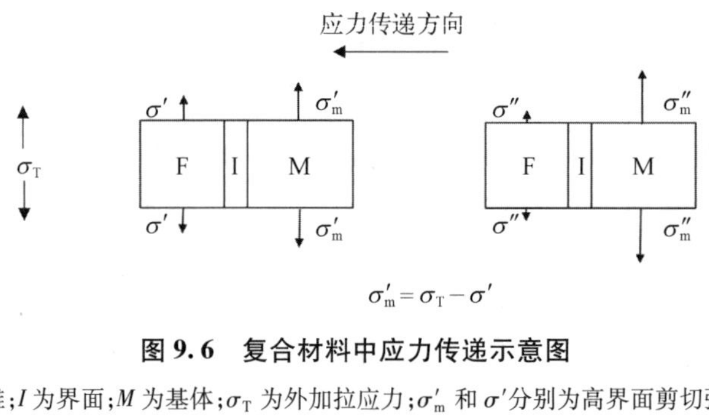

图9.6 复合材料中应力传递示意图

F为纤维;I为界面;M为基体;σ_T为外加拉应力;σ'_m和σ'分别为高界面剪切强度时基体和纤维中的应力;σ''_m和σ''分别为低界面剪切强度时基体和纤维中的应力

9.4.3 热膨胀系数匹配

在制备温度下,复合材料纤维与基体间总是热膨胀匹配的,在高于或低于制备温度时，纤维和基体总是热膨胀失配的。温度变化时由于纤维和基体间热膨胀系数不同导致 CMC 产生热应力，热应力过高时将会得到部分释放，未得到释放的界面热应力称为残余热应力。CMC 中的残余热应力可以由以下公式计算[26, 27]：

$$\sigma_{th} = \frac{1}{(1+\nu_m)/E_m^*} \times (\alpha_f^r - \alpha_m)(T_o - T_p) \tag{9.9}$$

$$E_m^* = E_m \frac{1-\theta}{1+2.5\theta} \tag{9.10}$$

$$\theta = \frac{P}{1-\lambda V_f - P} \tag{9.11}$$

$$\sigma_r^m = E_m^* \frac{\lambda E_f V_f}{\lambda E_f V_f + E_m^* V_m} (\alpha_f - \alpha_m)(T_o - T_p) \tag{9.12}$$

其中，σ_{th} 和 σ_r^m 分别为界面处径向残余应力和基体中轴向残余应力；ν_m 和 ν_f 分别为基体和纤维的泊松比；α_f^r、α_f 和 α_m 分别为纤维径向、轴向和基体轴向热膨胀系数；T_o 和 T_p 分别为室温和制备温度；E_m^* 为基体的有效杨氏模量；P 和 θ 分别为气孔率和相对气孔率；λ 为承载方向纤维体积分数有效系数，对于二维纤维预制体，λ 取 0.5。

纤维与基体间热膨胀系数匹配设计可有效提高基体开裂应力。纤维轴向热膨胀系数应大于基体热膨胀系数，使复合材料基体承受残余压应力 σ_R，受载时基体所受拉应力为 $\sigma_m = \sigma_T - \sigma_R$，部分外加拉应力被抵消，从而延缓基体中裂纹的萌生。纤维径向热膨胀系数应小于基体，使径向残余应力为压应力，提高界面剪切强度，一定程度上提高基体开裂应力。

9.4.4　基体强化

一维纳米材料（SiC 纳米线、C 纳米管、BN 纳米管等）具有很高的模量和强度，是一种与纤维相似的重要增强体。目前，一些研究将一维纳米材料引入传统纤维增强的陶瓷基复合材料基体中强化基体，保证承载过程中载荷能快速从基体传递至一维纳米增强相，显著提高复合材料的模量和基体开裂应力。

Pavia 等将传统的 Aveston - Cooper - Kelly 剪滞模型扩展到含微米尺度纤维和纳米尺度增强相的混合脆性基复合材料[28]，以传统 Nicalon SiC 纤维增强 CVI SiC 复合材料和碳纳米管的性能为参考，预测含混合增强体的复合材料的基体开裂应力，结果表明，随纳米增强相体积分数、模量、纳米增强相与基体间界面摩擦力的增大以及纳米增强相半径的减小，复合材料基体开裂应力显著提高。

9.5　自愈合基体改性 CMC - SiC

当 CMC 在中等载荷下长时间工作时，基体裂纹萌生与材料损伤必然发生，氧气沿着微裂纹迅速向材料内部扩散，造成界面和纤维氧化，使材料迅速失效。目前，裂纹自愈合是阻止氧气继续扩散的有效途径。

从能量的观点看,裂纹愈合的条件是: $G<\Delta G_{heal}$,其中 G 和 ΔG_{heal} 分别代表裂纹扩展单位面积所释放的弹性应变能(裂纹扩展驱动力)和与裂纹愈合相关的吉布斯自由能(裂纹愈合驱动力)。ΔG_{heal} 由三部分构成[29]:

$$\Delta G_{heal} = \Delta G_{surf} + \Delta G_{el} + \Delta G_{chem} \tag{9.13}$$

其中,ΔG_{surf} 为表面转化为晶界过程中释放的能量;ΔG_{el} 表示外加压应力作用下材料产生的弹性应变能;ΔG_{chem} 表示化学反应产生的化学能。因此,陶瓷材料的愈合机制也有三种,分别为: ① 对应 ΔG_{surf} 的扩散机制,即陶瓷的烧结;② 对应 ΔG_{el} 的热膨胀机制,即选择轴向热膨胀系数高于基体的纤维,使基体承受压应力;③ 对应 ΔG_{chem} 的氧化机制,即自愈合组元在较低活化能下发生氧化反应,依靠生成的玻璃相愈合裂纹。相较于需要高温的扩散机制和选择受限的热膨胀机制,氧化机制的愈合效率更高。通过将含 B 自愈合组元(B_xC、SiBC、SiBCN 等)引入复合材料,自愈合组元氧化过程中的体积膨胀以及氧化生成的 B_2O_3 或硼硅玻璃的黏滞流动能够快速封填裂纹,实现自愈合,从而有效阻止氧气向材料内部扩散,延长服役寿命。

自愈合组元的自愈合效果取决于裂纹愈合速率和玻璃相的稳定性。当基体裂纹产生时,自愈合组元需要能够快速氧化且生成足量的、具有合适黏度的玻璃相来封填裂纹,同时玻璃相能够稳定存在,防止裂纹再次张开。自愈合陶瓷基复合材料(self-healing ceramic matrix composite, SHCMC)在热-力-氧耦合条件下服役,影响自愈合效果的因素如图 9.7 所示。温度和氧化性气氛显著影响自愈合组元的氧化速率(即自愈合相的生成速率)、自愈合相的挥发速率和黏度。自愈合相的生成速率和黏度决定了裂纹愈合速率,挥发速率和黏度决定了玻璃相的稳定性。温度越高,自愈合组元的氧化速率越快,玻璃相的生成速率相应地提高,越有利于裂纹愈合。同时,温度升高会导致玻璃相挥发速率加快、黏度下降,稳定性降低[30],导致裂纹再次张开,界面和纤维再次暴露在氧化性气氛中,不利于延长 CMC 服役寿命。相反地,如果温度过低,自愈合组元氧化速率较慢,难以在短时间内生成大量玻璃相来封填裂纹。同时,温度过低会导致玻璃相黏度较大,难以流动来有效填充裂纹,尽管此时玻璃相的挥发速率很低,但自愈合效果并不理想。长寿命 CMC 要求自愈合组元具有快的氧化速率,同时玻璃相具有优异的稳定性。应力对 SHCMC 的影响表现为它对裂纹宽度的影响。应力水平越高,材料中裂纹宽度越宽,也

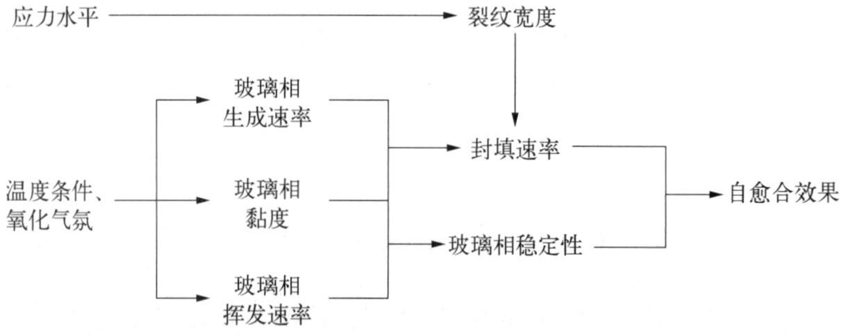

图 9.7 自愈合效果的影响因素

就需要更多的玻璃相来封填裂纹,不利于自愈合。总而言之,要想获得良好的自愈合效果,玻璃相必须具有快的生成速率、合适的黏度以及良好的稳定性;同时,应有效控制基体裂纹宽度和密度。

由于玻璃相的稳定性对自愈合效果有重要影响,不同玻璃相又有着不同的熔点,这就意味着相同温度下,不同玻璃相具有不同的黏度和挥发速率,因此,不同玻璃相具有不同的作用温度区间,如图 9.8 所示。B_2O_3 的熔点约为 450℃,当温度超过 900℃时,它的挥发速率过快,产生的气泡会破坏氧化层的完整性,使其对内部材料的保护能力下降[31]。因此,B_2O_3 的有效作用温度区间为 450~900℃[32, 33]。在 1 000~1 200℃时,硼硅玻璃具有适当的黏度,表现出优异的封填裂纹的能力[34]。在 1 200℃以上,则需要依靠 SiO_2 来发挥自愈合作用。SiO_2 的熔点约为 1 723℃,当温度超过 1 400℃时,SiO_2 的挥发速率过快,氧气在 SiO_2 氧化层中的扩散速率也会加快,封填裂纹的效果下降。因此,SiO_2 的有效作用温度区间约为 1 200~1 400℃。温度超过 1 400℃时,需要引入 Al_2O_3 来提高 SiO_2 的稳定性,从而达到良好的自愈合效果。但当温度超过 1 700℃时,SiO_2 氧化层会与 SiC 基体间发生剧烈的化学反应,氧化生成的气相 SiO 不仅破坏了氧化层的完整性,同时消耗了 SiC 基体,对 SHCMC 产生不利影响。

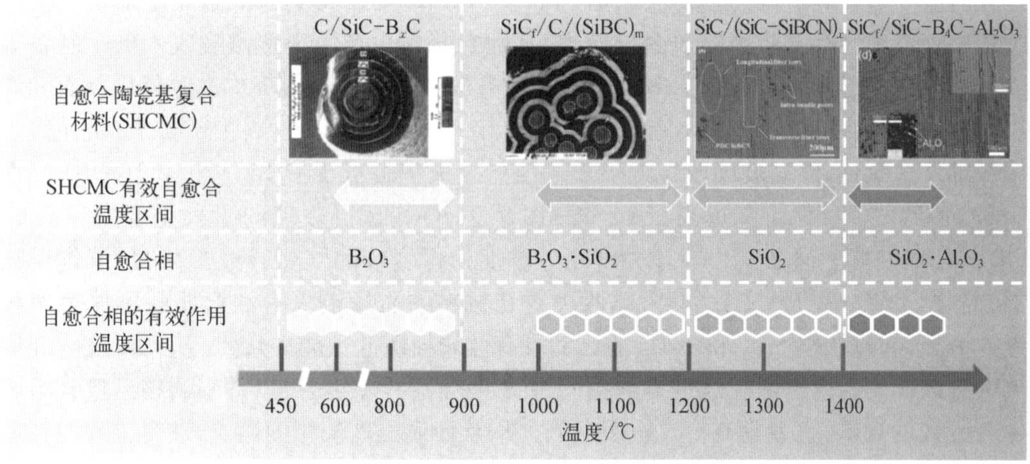

图 9.8 不同自愈合组元的有效自愈合温度区间[35-38]

自愈合组元通常含有硼元素,一方面含硼化合物能够在低温下快速氧化生成大量 B_2O_3 玻璃,另一方面 B_2O_3 能够促进 SiC 氧化,SiC 氧化生成的 SiO_2 能够溶解在 B_2O_3 中形成硼硅玻璃。不同自愈合组元的起始氧化温度不同,考虑到不同玻璃相的作用温度区间,不同自愈合组元的有效自愈合温度区间也不相同。如图 9.8 所示,B_4C 的起始氧化温度约为 600℃,结合 B_2O_3 玻璃的有效作用温度区间,B_4C 的有效自愈合温度区间为 600~900℃。SiBC 通常包含 SiC 晶粒和 B_4C 相,它的起始氧化温度约为 800℃。但其氧化生成的硼硅玻璃在 800~1 000℃黏度较高,难以有效封填裂纹,1 000~1 200℃硼硅玻璃黏度适中,SiBC 能够有效发挥自愈合作用。SiBCN 在 900℃下发生轻微氧化,但温度低于 1 100℃时氧化速度缓慢,难以快速生成足够的玻璃相来封填裂纹,1 200~1 400℃有很大潜力发挥自愈合作用。SiC 在 800℃ 氧化时生成 SiO_2,但是温度较低时 SiC 氧化速率很慢,且 SiO_2 的熔点较高、黏度较大,SiC 能够发挥自愈合作用的起始温度约为 1 360℃。温度超过 1 500℃,SiC 的主动氧化趋势增大,生成的 SiO 气体不利于裂纹愈合。结合 SiO_2 的有效作用温度区间,SiC 的有效自愈合温度区间较窄,为 1 360~1 400℃。温度超过 1 400℃时,提高玻璃相的稳定性成为关键问题,可以考虑在玻璃相中添加 Al_2O_3 来提高其稳定性。

9.5.1 硼硅玻璃改性复合材料

自愈合过程相当复杂,伴随着自愈合组元的氧化、裂纹愈合以及玻璃相的挥发。将硼硅玻璃直接引入 CMC－SiC,可以单独研究裂纹愈合现象和玻璃相稳定性,掌握不同组分的玻璃相的作用温度区间,这对自愈合组元的自愈合行为研究至关重要。

Cheng 等通过在 C/SiC 表面制备硼硅玻璃涂层(将复合材料命名为 C/SiC+硅硼玻璃涂层)来提升复合材料环境性能[39]。通过溶胶-凝胶法结合真空烧结(1 000℃、1 h)工艺成功在 C/SiC 表面制备了具有目标 SiO_2 : B_2O_3 比例的硼硅玻璃涂层,然后将材料在 400~1 500℃空气气氛中氧化 5 h,获得质量损失率曲线和弯曲强度随氧化温度变化曲线。由于碳纤维的热膨胀系数远低于 SiC 基体,因此从制备温度冷却至室温的过程中基体中会存在较高的残余拉应力,从而在基体中产生很多微裂纹。低于制备温度时,裂纹一直处于张开状态,氧气会沿着微裂纹快速向材料内部扩散并氧化界面和纤维。在 400~1 200℃硼硅玻璃能够封填裂纹,有效阻止氧气向材料内部扩散,从而防止碳纤维发生氧化,硼硅玻璃改性 C/SiC 的质量损失率远低于 C/SiC[图 9.9(a)],改性 C/SiC 的弯曲强度保持率远高于 C/SiC[图 9.9(b)],硼硅玻璃的引入显著提升了 C/SiC 的环境性能。但在 1 200℃以上,硼硅玻璃的挥发较为剧烈,对裂纹的封填作用减弱,同时 C/SiC 中的裂纹闭合,因此两种复合材料的质量损失率和弯曲强度保持率相近。另外,通过调整 SiO_2 和 B_2O_3 的比例可有效调控硼硅玻璃的熔点,从而调整硼硅玻璃的有效作用温度区间。这也提示我们,针对特定服役温度,可以适当调整自愈合组元中 B 元素的含量,也就是 B_2O_3 玻璃相的含量,从而调控玻璃相的熔点,获得良好的自愈合效果。

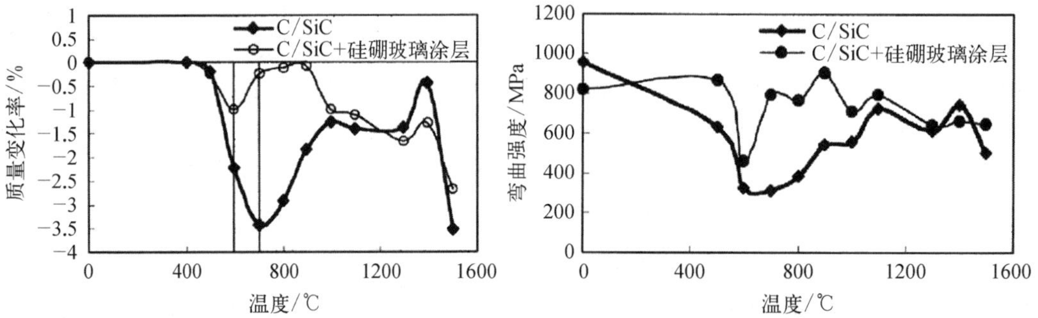

(a) 质量变化　　(b) 弯曲强度变化

图 9.9 不同温度氧化后复合材料的质量变化和弯曲强度变化[39]

9.5.2　自愈合组元改性 CMC－SiC

SHCMC 按照自愈合组元在基体中的分布形式可以分为多元弥散 SHCMC 和多元多层 SHCMC。多元弥散 SHCMC 结构中，自愈合组元均匀分布在连续基质相中。由于玻璃相相对分散，因而有效自愈合温度较高；但是玻璃相生成速度慢且对环境介质阻力小，因而自愈合效果差。多元多层 SHCMC 结构中，自愈合组元与基质组元呈交替分布。由于玻璃相生成速率快且能对环境介质层层阻拦消耗，因而自愈合效果好；但由于玻璃相相对集中，高温下容易挥发，因而有效自愈合温度低。

目前，针对多元多层 SHCMC 的研究较多，其微结构如图 9.10 所示[33]。多元多层基体包含交替分布的陶瓷层（通常为 SiC）、自愈合组元层和它们之间的薄层材料。SiC 基体主要起承载和载荷传递的作用，薄层材料通常是 BC_x（掺硼热解碳）或 BN 相，它可以起到力学熔断的作用，使裂纹扩展至薄层材料时发生偏转，缓解裂纹尖端的应力集中，有效延长裂纹扩展路径，并且消耗裂纹扩展能。与单层基体相比，多元多层基体对裂纹张开的敏感性降低。同时，随裂纹扩展路径的延长，氧气扩散路径相应增长，基体开裂导致自愈合组元暴露在服役环境中，自愈合组元快速氧化生成的玻璃相作为密封剂能够快速封填裂纹，阻止氧气继续向内扩散，一定程度上延缓界面和纤维的氧化。多元多层基体间的有效脱黏、裂纹偏转和较窄的基体裂纹宽度赋予了 SHCMC 优异的自愈合功能。

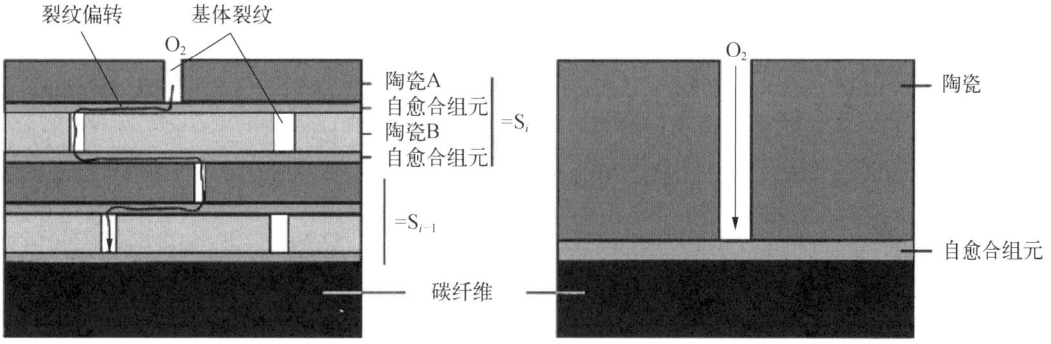

图 9.10　多元多层 CMC 和单层 CMC 中组分、损伤扩展和氧气扩散路径示意图[33]

1. BC_x 改性 CMC－SiC

Liu 等采用 CVI 工艺成功制备了（SiC－BC_x）多元多层基体改性 C/SiC 复合材料[40]。其中，纤维束内孔基本被 SiC 基体填充，（SiC－BC_x）多元多层基体主要位于束间区域。多元多层基体改性复合材料的室温力学性能与 C/SiC 接近。静态空气中 700℃ 氧化 10 h 后，改性复合材料的残余强度与氧化前接近；1 000℃ 和 1 300℃ 氧化 10 h 后，改性复合材料的残余强度相比于原始强度甚至有小幅度提升，材料表面的微裂纹和孔洞均被多元多层基体氧化生成的玻璃相封填。将复合材料在 12% O_2/8% H_2O/80% Ar 气氛中、100 MPa 载荷下、700℃ 分别氧化 10 h、25 h 和 60 h 后，改性复合材料的残余强度保持率分别为 95.44%、93.55% 和 83.25%，同时，基体裂纹被多元多层基体氧化生成的玻璃相封填

(图 9.11)。(SiC－BC_x)多元多层基体改性 C/SiC 的强度衰减速率仅为 0.95 MPa/h，而 C/SiC 的强度衰减速率可达 27.7 MPa/h，引入(SiC－BC_x)多元多层基体后，复合材料的强度衰减速率降低了 96.57%，显著延长服役寿命[41]。

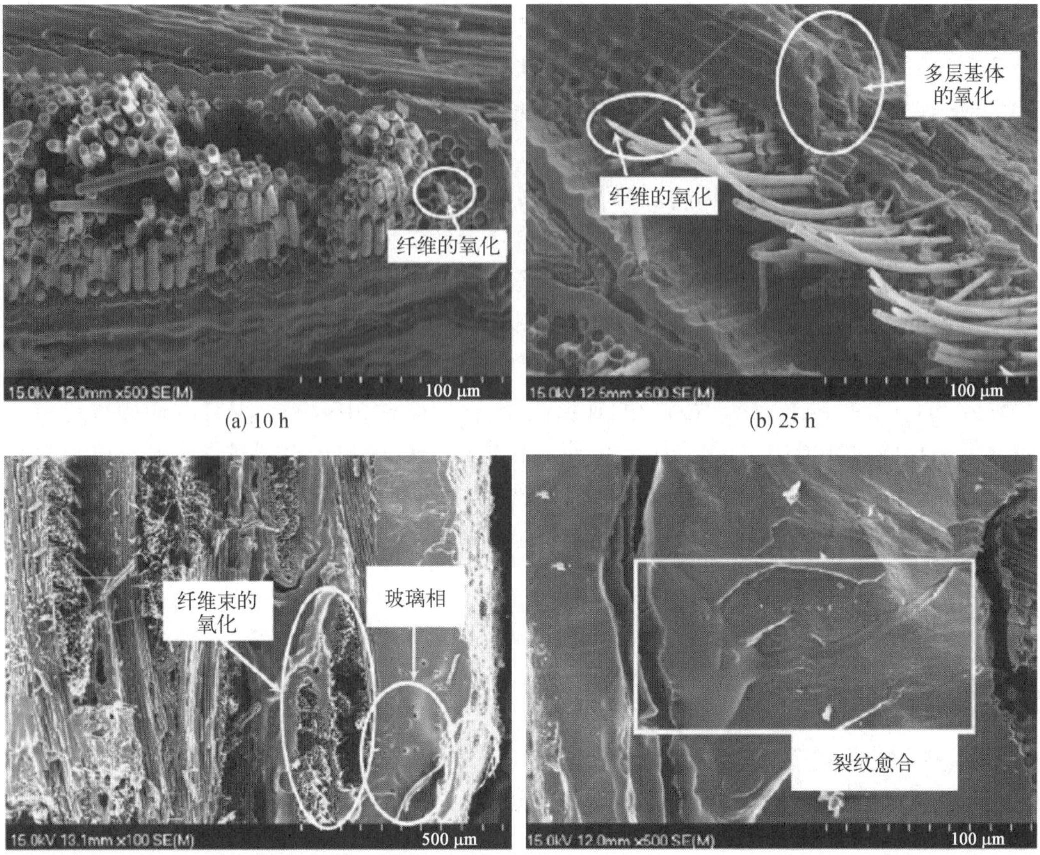

(a) 10 h　　(b) 25 h

(c) 60 h

图 9.11　C/(SiC－BC_x)$_m$ 多元多层复合材料在 700℃、燃气环境中氧化不同时间后拉伸断口形貌[40]

2. SiBC 改性 CMC－SiC

当温度超过 900℃时，B_2O_3 的自愈合效果衰减，需要熔点更高的玻璃相来愈合裂纹。SiBC 氧化后能够生成硼硅玻璃，是一种优异的候选材料。目前有两种工艺制备 SiBC，第一种为 CVI，通过交替沉积 SiBC 和 SiC 可以获得(SiBC－SiC)$_m$ 多元多层基体；第二种为 RMI 工艺。两种工艺制备的 SiBC 的微结构与物相各不相同，将在下面分别讨论。

Zuo 等利用 CVI 工艺在 C/SiC 表面分别制备了 SiC/SiBC/SiBC(记为 A)，SiC/SiBC/SiC(记为 B)和 SiC/SiC/SiC(记为 C)三种涂层，并在不同温度下(700℃、1 000℃、1 200℃、1 300℃)、静态空气气氛中考核复合材料的抗氧化性能[42]。对于试样 A，随氧化温度升高，硼硅玻璃的挥发变得剧烈，对复合材料的保护作用减弱，内部碳纤维发生一定程度的氧化，因此质量损失越来越大，弯曲强度也逐渐下降；对于试样 B，700℃氧化时生成的硼硅玻璃不足，同时硼硅玻璃的黏度也较大，难以有效封填裂纹，碳纤维氧化较为严重，因此表现出较大的质量损失；1 000~1 300℃氧化时能够生成充足的硼硅玻璃，并快速封填裂纹，同时，外部 SiC 层能够有效阻止玻璃相挥发（图 9.12），自愈合效果较好，表现出优异的质量稳定性。同时，试样 B 在 1 000~1 200℃具有较好的强度保持率，1 200℃氧化后具有最高的弯曲强度；对于试样 C，由于 SiC 的氧化速率较慢，不能生成充足的玻璃相提供保护作用，因此抗氧化性能最差，弯曲强度保持率最低。Liu 等将包含 SiC/SiBC/SiC 涂层的 C/SiC 复合材料放置在湿氧环境中进一步考察其抗氧化性能[43]，氧化温度设定为 700℃、1 000℃、1 200℃、1 300℃和 1 400℃，湿氧环境分别设置为 14 vol.% H_2O/8 vol.% O_2/78 vol.% Ar 和 21 vol.% H_2O/8 vol.% O_2/78 vol.% Ar，氧化时间为 50 h，氧化过程中可能发生以下化学反应：

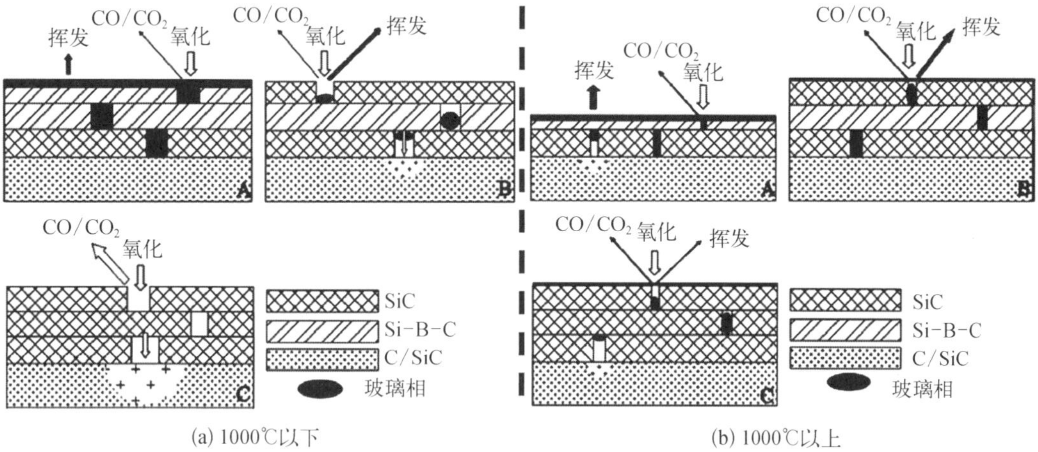

图 9.12　1 000℃以下和 1 000℃以上含不同涂层的 C/SiC 空气气氛中的氧化模型[42]

$$C(s) + O_2(g) \longrightarrow CO_2(g) \tag{9.14}$$

$$B_4C(s) + 4O_2(g) \xrightarrow{600℃} 2B_2O_3(g) + CO_2(g) \tag{9.15}$$

$$B_4C(s) + 8H_2O \longrightarrow B_2O_3(l) + CO_2(g) + 8H_2(g) \tag{9.16}$$

$$B_2O_3(l) \xrightarrow{600 \sim 1\,000℃} B_2O_3(g) \tag{9.17}$$

$$B_2O_3(l) + H_2O(g) \longrightarrow 2HBO_3(g) \tag{9.18}$$

$$B_2O_3(l) + 3H_2O(g) \longrightarrow 2H_3BO_3(g) \tag{9.19}$$

$$2SiC(s) + 3O_2(g) \longrightarrow 2SiO_2(l) + 2CO(g) \tag{9.20}$$

$$SiC(s) + 3H_2O(g) \longrightarrow SiO_2(s) + CO(g) + 3H_2(g) \tag{9.21}$$

$$SiO_2(s) + 2H_2O(g) \xrightarrow{\geqslant 1\,000℃} Si(OH)_4(g) \tag{9.22}$$

$$B_2O_3(l) + nSiO_2(l) \xrightarrow{1\,000℃} B_2O_3 \cdot nSiO_2(g) \tag{9.23}$$

$$B_2O_3 \cdot nSiO_2(g) \xrightarrow{\geq 1\,000℃} B_2O_3(g) + nSiO_2(s) \tag{9.24}$$

700℃氧化时,反应(9.15)~反应(9.17)能够发生并生成 B_2O_3 玻璃,部分基体裂纹被封填,一定程度上保持材料的弯曲强度;当氧化温度提升至 1 000℃时,以上反应均能发生,氧化生成的 B_2O_3 和硼硅玻璃能够有效封填裂纹,防止界面和纤维发生氧化,从而使复合材料具有最高的强度保持率,可达 106.7%;1 200℃以上,氧化反应速度更快,同时玻璃相的挥发也会加剧,自愈合效果减弱。增加水分压,反应(9.18)、反应(9.19)和反应(9.22)的速率加快,同时玻璃相的挥发更加剧烈,裂纹更难被愈合,氧化后复合材料强度下降。

Viricelle 等研究了含多层陶瓷基体的 $SiC_f/C/SiBC_m$ 复合材料的氧化行为[35],多层 $SiBC_m$ 基体由 SiC 相(称为基体 3)、B_4C 相(称为基体 2)和 SiBC 三相(称为基体 1)交替循环构成,微结构如图 9.13(a)所示,其中 B_4C 相较于 SiBC 相距离纤维更近,SiBC 相由 SiC 晶粒和环绕在它周围的非晶相组成,B 元素以非晶态碳化硼或在 SiC 晶格中存在。600℃时 B_4C 的氧化速率很慢,不足以生成足够的玻璃相,导致 PyC 界面相被消耗,质量变化曲线近似线性,呈现出连续失重特征[图 9.13(b)]。当氧化温度提升至 650℃和 700℃时,B_4C 的氧化速率提升,生成的 B_2O_3 玻璃能够起到一定的保护作用,一定程度上阻止 PyC 界面相的氧化,质量损失下降。800℃时,B_4C 的氧化速率进一步提升并生成充足的玻璃相,使 PyC 界面相保持完整,该温度下获得最大增重。900℃和 1 000℃氧化时,B_2O_3 玻璃的黏度降低,并且部分 B_2O_3 挥发,保护效果减弱,导致 PyC 界面相被氧化,增重减小。另外,可以观察到 SiBC 在 1 000℃时发生了轻微氧化,硼硅玻璃的生成也为质量增加和气孔率下降做出了一定贡献。当氧化温度提升至 1 200℃时,由于 B_2O_3 玻璃的剧烈挥发,导致氧化前 50 min 出现了约 0.07%的失重,之后随硼硅玻璃的生成开始增重,氧化 7 h 后增重可达 0.2%。复合材料在各温度的氧化行为如表 9.2 所示,800℃时,PyC 界面相主要依靠 B_2O_3 玻璃来保护,1 000~1 200℃时,硼硅玻璃发挥主要作用。结果表明,通过不同自愈合组元的组合设计,能够在较宽温域内获得良好的自愈合效果。

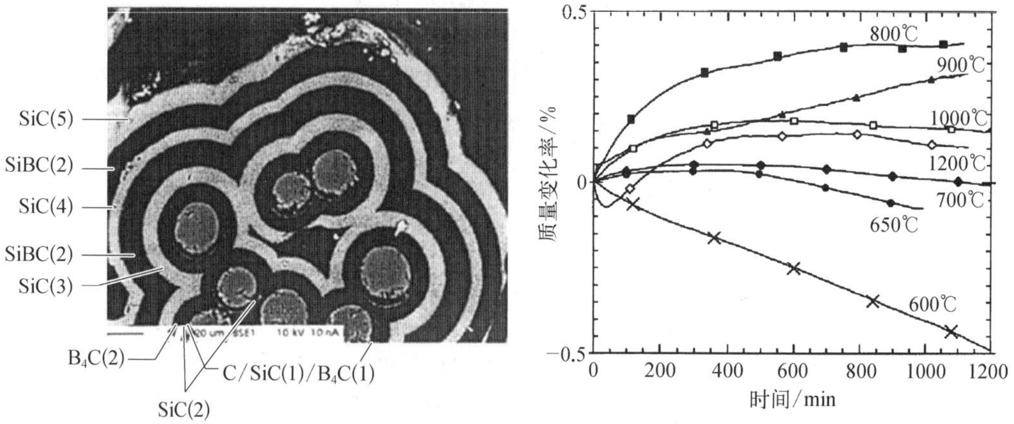

(a) $SiC_f/C/(SiBC)_m$多元多层复合材料截面形貌　　(b) 不同温度下氧化过程中的质量变化率

图 9.13　含多层陶瓷基体的 $SiC_f/C/SiBC_m$ 复合材料的氧化行为[35]

表 9.2　$(SiC)_f/C/(SiBC)_m$ 复合材料在 $He-O_2(20\%)-CO_2(5\%)-H_2O(2.3\%)$ 湿氧环境中的氧化行为[35]

温度/℃	PyC 界面相	B_4C	SiBC 和 SiC	整体质量变化	备　注
600	$\Delta m<0$	$\Delta m\approx0$	$\Delta m\approx0$	$\Delta m<0$	不能形成有效保护，PyC 界面被持续氧化消耗
650~700	$\Delta m<0$	$\Delta m\geqslant0$	$\Delta m\approx0$	$\Delta m\approx0$	质量损失和质量增加相平衡
800	$\Delta m\approx0$	$\Delta m\geqslant0$	$\Delta m\geqslant0$	$\Delta m\geqslant0$	B_2O_3 玻璃对 PyC 界面相形成有效保护
900	$\Delta m<0$	$\Delta m\leqslant0$	$\Delta m\geqslant0$	$\Delta m\geqslant0$	B_2O_3 不能形成有效保护，部分 PyC 界面相被氧化
1 000~1 200	$\Delta m\approx0$	$\Delta m<0$	$\Delta m\geqslant0$	$\Delta m\geqslant0$	PyC 界面相被 SiO_2 和硼硅玻璃保护

法国 SNECMA 针对多元多层自愈合复合材料进行了广泛研究，并制备了一系列牌号的复合材料，如 A400、A410、A500 等[44-47]。120 MPa 应力水平下，拉伸疲劳和蠕变测试结果如图 9.14 所示，温度从室温提高至 800℃时，A373(SiC/SiC)的寿命从十几小时迅速降低至几个小时；而 A400(增强体为 Nicalon SiC 纤维)和 A500(增强体为 T300 碳纤维)在 1 200℃的服役寿命超过 100 h；A410(增强体为 Hi－Nicalon SiC 纤维)在 850℃下的服役时间超过 1 000 h，1 200℃下的寿命达 500 h。其中，A262(C/SiC)已经被用作 M88－2 发动机的外调节片，A410 已被成功用于火焰稳定器[44, 45, 48-50]。

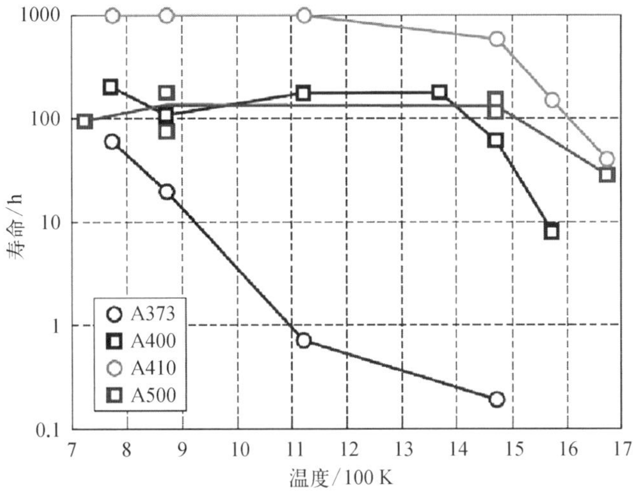

图 9.14　Snecma 发展的不同牌号 CMC 在空气气氛中、120 MPa 拉伸疲劳测试中的服役寿命[26, 45]

目前，采用 RMI 工艺制备的 SiBC 陶瓷也受到了广泛关注[51-55]。通常采用 B_4C 作为 B 源和 C 源，利用 RMI 过程中液硅与 B_4C 反应生成 SiBC 相。一些研究人员将 RMI SiBC 引入 C/SiC 复合材料，研究其力学性能和氧化行为。如图 9.15(a)所示，碳纤维束内孔基本被 CVI SiC 基体填充，束间孔主要被 RMI SiBC 基体填充。RMI SiBC 陶瓷基体的微结构如图 9.15(a)右上角插图所示,结合 XRD 结果[图 9.15(b)],RMI SiBC 由 SiC(灰色相)、残余 Si(白色相)和 $B_{12}(C, Si, B)_3$(黑色相)三相构成[26]。Cao 等研究了 C/SiC－SiBC 复合材料在 800~1 200℃、静态空气中的氧化行为[52]。由于 SiC 和 SiBC 基体的热膨胀系数均高于碳纤维,因此从制备温度降低至室温时基体中存在残余拉应力,导致基体开裂。800℃时,SiBC 的氧化速率很慢,复合材料的氧化行为主要受控于氧气在基体裂纹和涂层缺陷中的扩散速率,同时,此温度下生成的玻璃相较少且黏度较大,裂纹很难被封填,因此 PyC 界面相和碳纤维均发生氧化[图 9.16(a)],800℃氧化 10 h 后,复合材料强度降低。SiBC 在 1 000℃下氧化速率增大,生成的硼硅玻璃黏度下降,能够封填部分基体裂纹,一定程度上防止纤维和界面被氧化[图 9.16(b)],从而使残余强度相对于 800℃有显著提升。当氧化温度提升至 1 200℃时,基体裂纹基本被硼硅玻璃封填[图 9.16(c)],复合材料的氧化速率主要取决于氧气在玻璃中的扩散速率,此时界面和纤维得以被有效保护,复合材料的弯曲强度保持率可达 110%。由以上研究结果可知,通过 CVI 或 RMI 工艺制备的 SiBC 改性 CMC－SiC 均在 1 000~1 200℃表现出优异的自愈合功能,与图 9.8 所总结的结果一致。

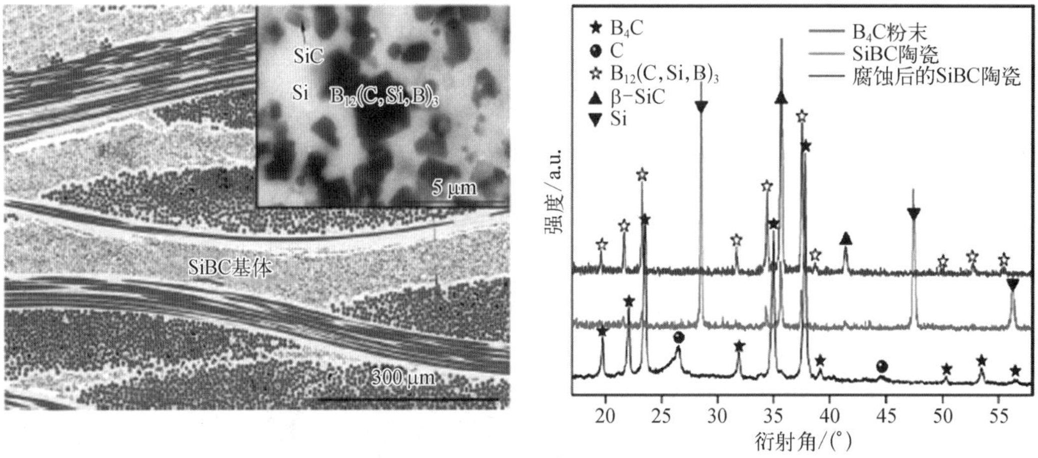

(a) RMI工艺制备的C/SiC-SiBC复合材料界面背散射电子图片

(b) B_4C粉末、SiBC陶瓷酸洗前后的XRD曲线

图 9.15　RMI 工艺制备的 C/SiC 复合材料的力学性能和氧化行为[26]

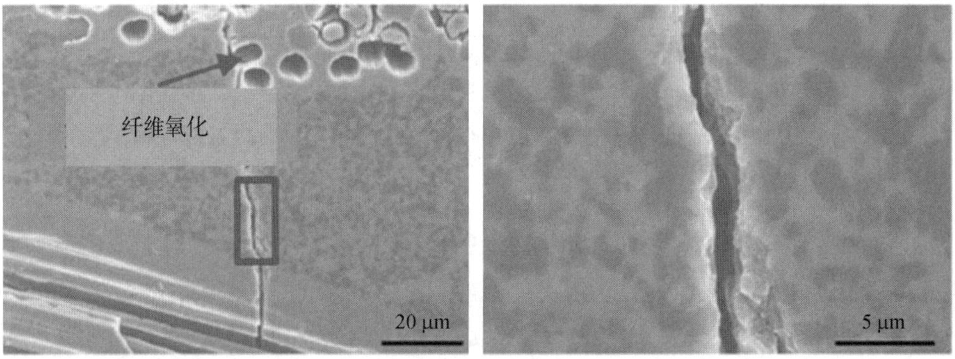

(a) 800℃

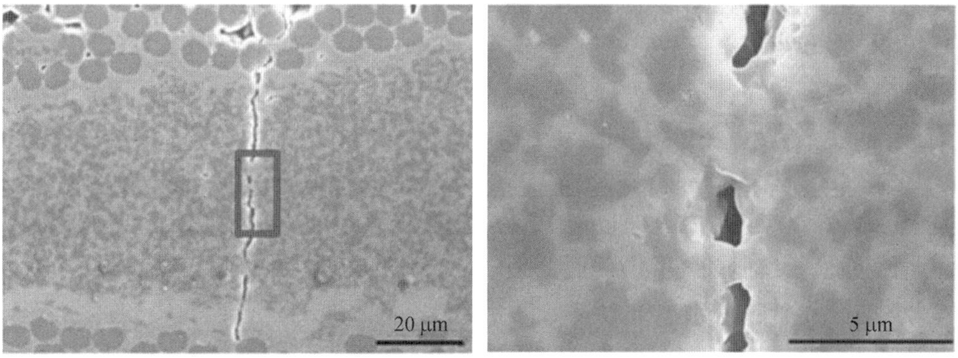

(b) 1000℃

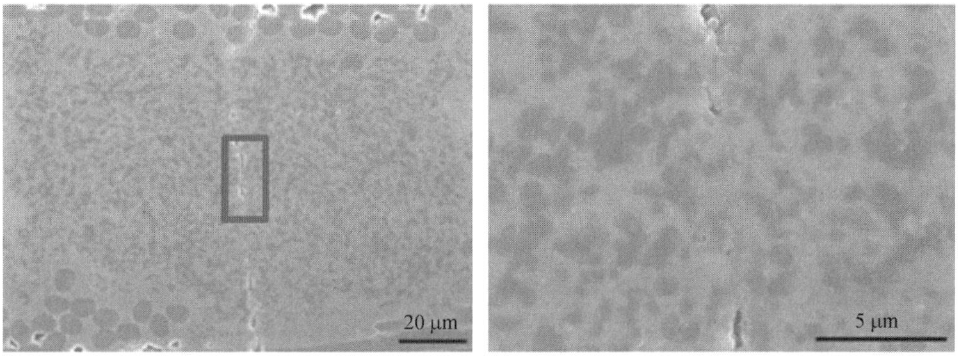

(c) 1200℃

图 9.16　C/SiC - SiBC 复合材料不同温度下氧化 10 h 后的截面形貌[52]

3. SiBCN 改性 CMC - SiC

SiBCN 陶瓷具有密度低、热膨胀系数低以及热稳定性好等一系列优异特性被广泛用于制备陶瓷纤维、涂层以及结构陶瓷部件。另外，SiBCN 陶瓷的抗氧化和自愈合性能也获得了广泛关注，并被认为是一种极具潜力的、能够在 1 200～1 400℃ 发挥良好自愈合作用的材料。

目前，SiBCN 的制备方法主要有化学气相沉积(chemical vapor deposition, CVD)法、聚合物转化(precursor derived ceramic, PDC)法、反应性磁控溅射(reactive magnetron sputtered, RMS)法和机械合金化(mechanical alloying, MA)结合热压烧结(Hot pressing sintering, HPS)法。针对化学气相沉积法制备 SiBCN 的研究主要集中于沉积工艺和组分的调控、介电性能、电磁波吸收和屏蔽性能[56-59]。反应性磁控溅射法仅适合于制备涂层或薄膜[60]，不适于制备块体陶瓷或纤维增强复合材料。抗氧化性能的研究主要集中于聚合物转化法和机械合金化结合热压烧结法制备的 SiBCN，但由于后者不适于制备陶瓷基复合材料，因此下面的研究都是关于采用聚合物转化法制备的 SiBCN 改性 CMC - SiC。

Luan 等研究了采用化学气相渗透结合有机物浸渗在线裂解(chemical vapor infiltration combined with polymer infiltration online pyrolysis, CVI + PIOP)工艺制备的 SiC/(SiC - SiBCN)$_x$ 复合材料在湿氧环境中的氧化行为[38]。他们分别选用了二维平纹编织和二维缎纹编织的两种纤维预制体，通过将 SiBCN 引入半致密 SiC/SiC 中获得 SiC/(SiC -

$SiBCN)_x$ 复合材料。如图 9.17 所示，SiBCN 主要位于在束间区域，并且均匀分布在 CVI SiC 基体中。采用密度较高的二维平纹编织的半致密 SiC/SiC 制备的 $SiC/(SiC-SiBCN)_x$ 记为 DP，采用密度较低的二维平纹编织的半致密 SiC/SiC 制备的 $SiC/(SiC-SiBCN)_x$ 记为 P，缎纹编织的 $SiC/(SiC-SiBCN)_x$ 记为 S。将三种复合材料在 1 300℃、1 400℃ 和 1 500℃ 氧化 100 h，氧化气氛分别为 14 kPa H_2O/8 kPa O_2/78 kPa Ar，14 kPa H_2O/20 kPa O_2/66 kPa Ar 和 30 kPa H_2O/20 kPa O_2/50 kPa Ar。氧化后，几种复合材料的弯曲载荷-位移曲线的线性段（即弯曲模量）以及断裂载荷（即弯曲强度）均下降，断裂位移（即断裂应变）上升，所有试样呈现假塑性行为。高温下纤维和界面性能的下降一定程度上造成了复合材料性能衰减。氧化由 1 300℃ 提升至 1 500℃，S 和 P 试样的弯曲强度保持率由 82% 和 69% 降低至 58% 和 48%，DP 试样具有最高的强度保持率。在 1 300℃、14 kPa H_2O/8 kPa O_2/78 kPa Ar 气氛中氧化 100 h 后，DP 试样的强度保持率几乎为 100%。随 O_2 分压增大，S 和 P 试样的弯曲强度基本不变，弯曲模量略有下降。随 H_2O 分压增加，S 和 P 试样的弯曲强度略有上升。随 O_2 分压和 H_2O 分压增加，DP 试样的弯曲强度逐渐下降，但其弯曲强度保持率仍然最高，可达 85%。SiBCN 基体氧化生成的玻璃相能够保护界面和纤维不被氧化，使复合材料保持较好的力学性能。氧化过程中可能发生反应(9.14)、反应(9.17)、反应(9.22)和如下反应：

$$2C + O_2 \longrightarrow 2CO(g) \tag{9.25}$$

$$4BN + 3O_2 \longrightarrow 2B_2O_3(l) + N_2(g) \tag{9.26}$$

$$2B_2O_3 + O_2 \longrightarrow 4BO_2(g) \tag{9.27}$$

$$Si_3N_4 + 3O_2 \longrightarrow 3SiO_2(s) + 2N_2(g) \tag{9.28}$$

$$2SiC + 3O_2 \longrightarrow 2SiO_2(s) + 2CO(g) \tag{9.29}$$

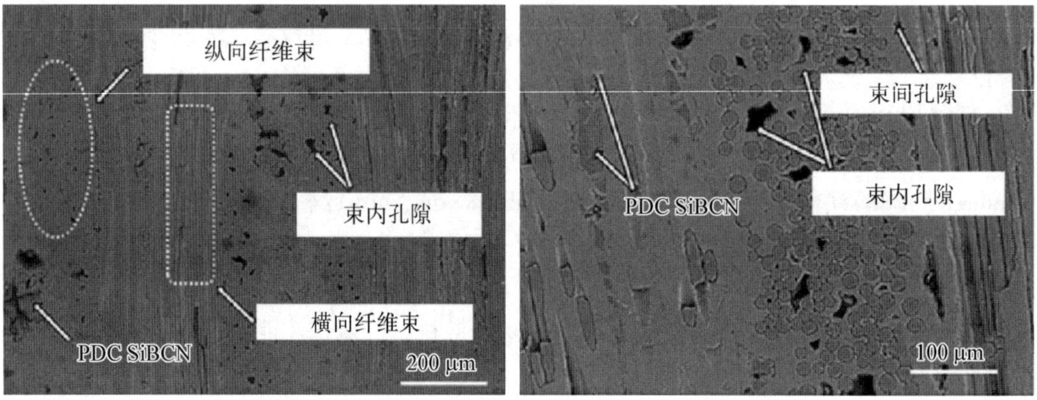

(a) DP试样　　(b) S试样

图 9.17　DP 试样和 S 试样的截面形貌[38]

通过 PIP 法引入复合材料中的 SiBCN 通常为非晶态，当其处于高温氧化环境中时，SiBCN 一方面发生氧化反应，当服役温度超过制备温度时，SiBCN 中未接触到氧气的部位由于热的影响将发生原子重排和相分离[61]，在陶瓷基复合材料中发生复杂变化并形成应力场。为了在目标温度区间获得良好的自愈合效果(图 9.8)，需要对 SiBCN 的氧化和析晶过程的相互作用关系进行系统的研究，为 SiBCN 在 SHCMC 中的广泛应用提供指导。

9.5.3　高温稳定的玻璃相

玻璃相的剧烈挥发会严重破坏氧化层的完整性，促使氧气进一步向材料内部扩散并氧化界面与纤维；同时，高温下玻璃相黏度降低，氧气在氧化层中的扩散速率加快，不利于材料的抗氧化性。通过引入 Al_2O_3，可以显著提高玻璃相的稳定性，同时降低氧气在玻璃相中的扩散速率，从而提高材料的抗氧化性。

研究人员将 Al 引入 SiBCN 并研究了其氧化行为[62, 63]。他们分别制备了两种形状的 SiBCN 和 SiBCNAl，其中一种是将先驱体直接裂解获得的泡沫状陶瓷颗粒，并将这种方法获得的 SiBCN 和 SiBCNAl 分别记为 T2(1)c 和 Al3c；另一种是通过热压法获得的圆盘状样品，将这种方法获得的 SiBCN 和 SiBCNAl 分别记为 T2(1)c_{WP} 和 Al3c_{WP}。将这四种材料在空气气氛中氧化，观察其氧化行为。如图 9.18(a)所示，1 500℃ 氧化 100 h 后，

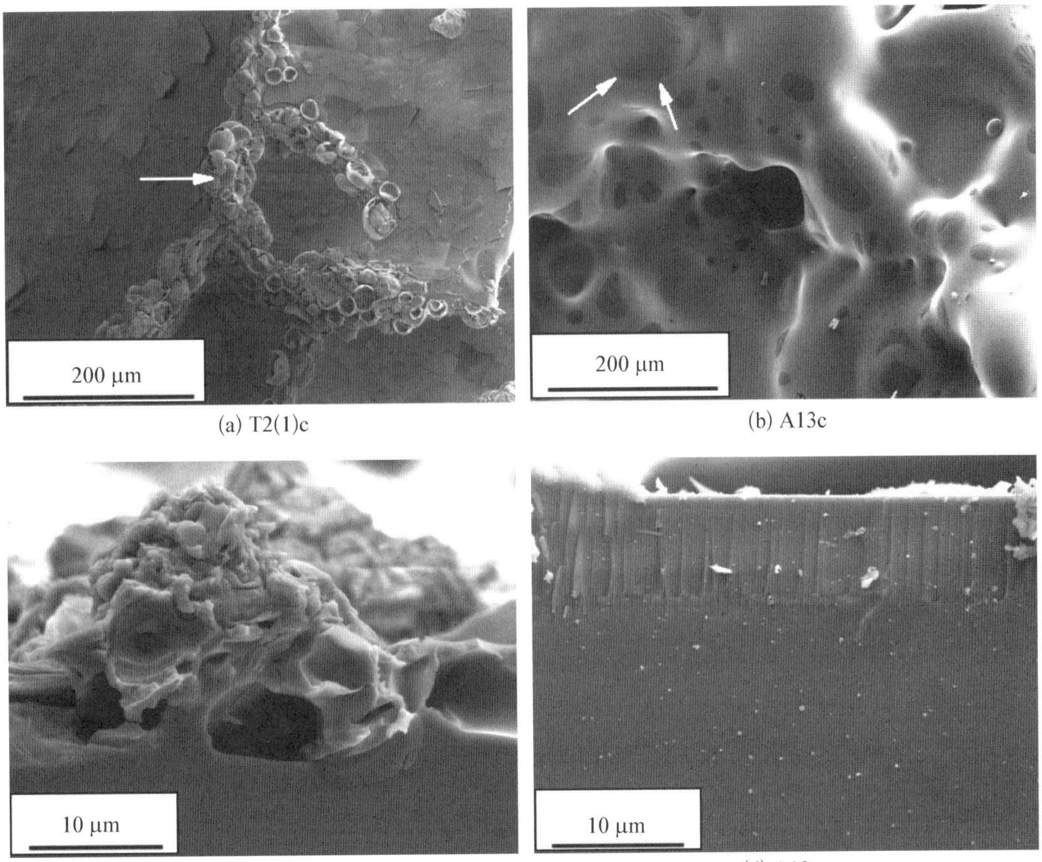

(a) T2(1)c　(b) A13c
(c) T2(1)c_{WP}　(d) A13c_{WP}

图 9.18　T2(1)c、Al3c、T2(1)c_{WP} 和 Al3c_{WP} 在 1 500℃氧化 100 h 后氧化层形貌[62]

T2(1)c 试样的边缘部位产生大量气泡,其余部位的氧化层依然致密,并表现为非晶态,但布满裂纹;相反,Al3c 的氧化层较为均匀、平滑且没有裂纹,部分泡沫状孔隙被玻璃相覆盖[图 9.18(b)]。T2(1)c_{WP} 的氧化层中布满气泡和裂纹,并且部分脱落[图 9.18(c)],而 Al3c_{WP} 的氧化层依然致密[图 9.18(d)],并且没有产生气泡和裂纹。结果表明,随莫来石、硼铝酸盐和 $Al_2O_3/B_2O_3/SiO_2$ 玻璃的形成,玻璃相的稳定性显著提升,同时仍能保持玻璃相的流动性,有利于提升自愈合效果。Shan 等研究了 Al_2O_3 对 Si-B-C 陶瓷氧化行为的影响。他们将陶瓷在 1 200℃、不同气氛(干氧和湿氧)中氧化 98 h,结果表明引入 Al_2O_3 能够阻止非晶态 SiO_2 玻璃向晶态方石英转变,非晶态 SiO_2 玻璃与晶态方石英间热膨胀系数差异巨大,抑制这种转变可以有效防止氧化层开裂[64]。同时,添加 Al_2O_3 可以抑制桥接氧原子(Si—O—Si, Si—O—Al)转变为非桥接氧原子(Si—O—H),质子化的桥接氧[Al—O(H)—Si]可以在玻璃网络中起连接作用,一定程度上提高铝硅酸盐熔体的黏度并降低玻璃相与水蒸气的反应活性,提高 Si-B-C 陶瓷的抗氧化性能。

9.6 总结与展望

长寿命 CMC 能够在热力氧严苛服役环境中工作数百甚至数千小时,这种材料通常具有高致密、高基体开裂应力、包含自愈合组元等一种或两种特征。复合材料中的孔洞可以作为裂纹源,促使基体裂纹在较低载荷下萌生。另外,孔洞为氧气的快速扩散提供了通道,不利于材料的自愈合效果。因此,高致密是 CMC 获得高基体开裂应力和优异自愈合性能所需的必要特性。

长寿命 CMC 需进行合适的结构设计、组分选择和工艺调控。通过选择承载方向纤维体积分数较高、垂直承载方向纤维体积分数较低的预制体使复合材料具有优异的力学性能。在保证界面脱黏的基础上提高界面剪切强度,可以加快载荷从基体至纤维的传递速率,有利于复合材料承载。通过选择轴向热膨胀系数高于 SiC 基体的纤维,从而在基体中引入残余压应力,承载时能够抵消部分外加拉伸应力。将纳米增强相引入基体能够一定程度上强化基体,提升 CMC 机械性能。通过预制体结构设计、提高界面剪切强度、纤维与基体间热膨胀系数匹配和基体强化措施一方面可以显著提高基体开裂应力,另一方面,通过上述结构设计可以一定程度上降低基体裂纹密度和裂纹宽度,这意味着氧气扩散路径减少,愈合裂纹所需的时间也显著降低,有利于提升 SHCMC 的自愈合效果。

由于不同自愈合组元具有不同的有效自愈合温度区间,面向不同服役环境,基体组分具有高度可设计性。面向特定服役环境,所选择的自愈合组元应具有合适的起始氧化温度、快的氧化速率并能生成合适黏度的玻璃相。另外,通过对基体中的自愈合组元进行多重组合设计可以满足宽温域的需求。距离纤维由远到近,自愈合组元的起始氧化温度应越来越低,氧化速率应越来越快。CMC 承载时,微裂纹将在基体中萌生和扩展,氧气会沿着基体裂纹快速向内部扩展。此时,部分氧气可以被外部自愈合组元消耗,基体中的部分微裂纹可以被生成的玻璃相快速封填。随基体微裂纹逐渐向内部扩展,内部自愈合组元开始氧化,由于其氧化速率较快,可以在短时间内快速生成大量玻璃相来封填裂纹。当基体裂纹由远到近向界面和纤维扩展时,沿着裂纹扩散进来的氧气逐渐被多重自愈合组元消耗,有效防止界面和纤维被氧化。内部具有低起始氧化温度的自愈合组元氧化生成的低熔点玻璃相距离复合材料外部较远,外部高熔点玻璃相能够进一步阻止低熔点玻璃相的挥发,从而获得优异的自愈合效果,显著延长 CMC 服役寿命。

不管是结构设计还是组分选择,最终都要通过合适的工艺方法来实现并获得目标产物。尽管目前有多种 CMC 制备方法,但是有些工艺方法可能会对 CMC 组元造成伤害,这些损伤包括温度对 SiC 纤维造成的性能衰减、液硅或活性自由基对界面和纤维的侵蚀等,应尽量避免。

随着航空航天领域的发展,SHCMC 已经成为高推重比航空发动机用关键热结构材料,这种 SHCMC 可能同时具备高致密或高基体开裂应力的特征。目前,急需建立 CMC 性能数据库来为结构和部件设计提供基础数据。另外,开发模型工具来监测材料老化并预测服役寿命也具有重要意义。

习题与思考题

1. 简述陶瓷基复合材料几种常规制备方法、工艺流程及特点。
2. 航空发动机用陶瓷基复合材料面临的两个问题是什么? 如何解决?
3. 简述基体开裂应力的获取方法和提高途径。
4. 简述界面相在陶瓷基复合材料中的作用及设计原则。
5. 影响自愈合效果的因素有哪些?
6. 从本征力学性能和自愈合效果协同提升的角度出发,复合材料各结构单元设计时应注意哪些问题?

参 考 文 献

[1] Naslain R. Design, preparation and properties of non-oxide CMCs for application in engines and nuclear reactors: An overview[J]. Composites Science and Technology, 2004, 64(2): 155-170.

[2] Hillig W B. Making ceramic composites by melt infiltration[J]. American Ceramic Society Bulletin, 1994, 73(4): 56-62.

[3] Corman G S, Brun M K, Luthra K L. SiC fiber reinforced SiC-Si matrix composites prepared by melt infiltration (MI) for gas turbine engine applications[C]. Indianapolis: ASME 1999 International Gas Turbine and Aeroengine Congress and Exhibition, 1999.

[4] Fabig J, Krenkel W. Principles and new aspects in LSI-processing[C]. Florence: 9th CIMTEC-Wolrd Ceramics Congress & Forum on New Materials, 1998.

[5] Nakano K, Hiroyuki A, Ogawa K. Carbon fiber reinforced silicon carbide composites[M]. Amsterdam: Springer Netherlands, 1990.

[6] Naslain R R, Pailler J F, Lamon J L. Single- and multilayered interphases in SiC/SiC composites exposed to severe environmental conditions: An overview[J]. International Journal of Applied Ceramic Technology, 2010, 7(3): 263-275.

[7] Naslain R R. SiC-matrix composites: Nonbrittle ceramics for thermo-structural application[J].

International Journal of Applied Ceramic Technology, 2005, 2(2): 75－84.
[8] Morscher G N, Yun H M, Dicarlo J A, et al. Effect of a boron nitride interphase that debonds between the interphase and the matrix in SiC/SiC composites[J]. Journal of the American Ceramic Society, 2004, 87(1): 104－112.
[9] Bhatt R T, Choi S R, Cosgriff L M, et al. Impact resistance of uncoated SiC/SiC composites[J]. Materials Science and Engineering A, 2008, 476(1－2): 20－28.
[10] Brewer D. HSR/EPM combustor materials development program[J]. Materials Science and Engineering A, 1999, 261(1－2): 284－291.
[11] Dicarlo J A, Yun H M, Morscher G N, et al. Progress in SiC/SiC composites for engine applications [M]//Krenkel W, Naslain R, Schneider H. High temperature ceramic matrix composites. Weinheim: Wiley-VCH Verlag GmbH, 2001.
[12] Dicarlo J A, Yun H M, Morscher G N, et al. SiC/SiC composites for 1200℃ and above[M]//Bansal N P. Handbook of ceramic composites. New York: Springer US, 2005.
[13] Shimoda K, Hinoki T, Katoh Y, et al. Development of the tailored SiC/SiC composites by the combined fabrication process of ICVI and NITE methods[J]. Journal of Nuclear Materials, 2009, 384(2): 103－108.
[14] Dong S, Katoh Y, Kohyama A. Processing optimization and mechanical evaluation of hot pressed 2D Tyranno-SA/SiC composites[J]. Journal of the European Ceramic Society, 2003, 23(8): 1223－1231.
[15] Katoh Y, Dong S M, Kohyama A. Thermo-mechanical properties and microstructure of silicon carbide composites fabricated by nano-infiltrated transient eutectoid process[J]. Fusion Engineering and Design, 2002, 61: 723－731.
[16] Qiu H P, Liu S H, Wang L, et al. The matrix cracking stress and residual thermal stress of 2D SiC/SiC composite fabricated by PIP process[J]. Solid State Phenomena, 2018, 281: 375－381.
[17] Liu S, Zhang L, Yin X, et al. Proportional limit stress and residual thermal stress of 3D SiC/SiC composite[J]. 材料科学技术：英文版,2014(10): 6.
[18] Kalluri S, Calomino A M, Brewer D N. An assessment of variability in the average tensile properties of a melt-infiltrated SiC/SiC composite[C]//28th International Conference on Advanced Ceramics and Composites B: Ceramic Engineering and Science Proceedings, 2004.
[19] Steen M, Vallés J. Determination of in-situ fibre, matrix and interface properties in a composite using tensile tests and an extended shear-lag model[J]. Materials Science and Engineering A, 1998, 250(2): 217－221.
[20] Zhu G, Xue Y, Hu J, et al. Influence of boron nitride nanotubes on the damage evolution of SiC_f/SiC composites[J]. Journal of the European Ceramic Society, 2018, 38(14): 4614－4622.
[21] Sigl L S, Evans A G. Effects of residual stress and frictional sliding on cracking and pull-out in brittle matrix composites[J]. Mechanics of Materials, 1989, 8(1): 1－12.
[22] Ma X, Yin X, Cao X, et al. Effect of heat treatment on the mechanical properties of SiC_f/BN/SiC fabricated by CVI[J]. Ceramics International, 2016, 42(2): 3652－3658.
[23] Lowden R A, More K L. The effect of fiber coatings on interfacial shear strength and the mechanical behavior of ceramic composites[J]. MRS Online Proceedings Library, 1989, 170: 205－214.
[24] Naslain R R. The design of the fibre-matrix interfacial zone in ceramic matrix composites[J]. Composites

Part A: Applied Science and Manufacturing, 1998, 29(9-10): 1145-1155.

[25] Medina M C, Molina-Aldareguia J M, Gonzalez C, et al. Comparison of push-in and push-out tests for measuring interfacial shear strength in nano-reinforced composite materials[J]. Journal of Composite Materials, 2016, 50(12): 1651-1659.

[26] Ma X, Yin X, Fan X, et al. Improved tensile strength and toughness of dense C/SiC-SiBC with tailored PyC interphase[J]. Journal of the European Ceramic Society, 2019, 39(5), 1766-1774.

[27] Hui M. Measurement and calculation of thermal residual stress in fiber reinforced ceramic matrix composites[J]. Composites Science and Technology, 2008, 68(15-16): 3285-3292.

[28] Pavia F, Letertre A, Curtin W A. Prediction of first matrix cracking in micro/nanohybrid brittle matrix composites[J]. Composites Science and Technology, 2010, 70(6): 916-921.

[29] Greil P. Generic principles of crack-healing ceramics[J]. Journal of Advanced Ceramics, 2012, 1(4): 249-267.

[30] Li Y, Zhang Y, Wang Y. Structure and oxidation behavior of high temperature ZrB_2-SiBCN ceramics with polyborosilazane as a sintering additive[J]. Journal of the Ceramic Society Japan, 2013, 121(1414): 520-523.

[31] Guo Q, Song J, Lang L, et al. Relationship between oxidation resistance and structure of B_4C-SiC/C composites with self-healing properties[J]. Carbon, 1999, 37(1): 33-40.

[32] Goujard S, Vandenbulcke L, Tawil H. Oxidation behavior of 2D and 3D carbon/carbon thermostructural materials protected by CVD polylayer coatings[J]. Thin Solid Films, 1994, 252(2): 120-130.

[33] Lamouroux F, Bertrand S, Pailler R, et al. Oxidation-resistant carbon-fiber-reinforced ceramic-matrix composites[J]. Composites Science and Technology, 1999, 59(7): 1073-1085.

[34] Tang B, Feng Z, Hu S, et al. Preparation and anti-oxidation characteristics of $ZrSiO_4$-SiBCN(O) amorphous coating[J]. Applied Surface Science, 2015, 331: 490-496.

[35] Viricelle J P, Goursat P, Bahloul-hourlier D, Oxidation behaviour of a multi-layered ceramic-matrix composite $(SiC)_f/C/(SiBC)_m$[J]. Composites Science and Technology, 2001, 61: 607-614.

[36] Lamouroux F, Bertrand S, Pailler R, et al. Oxidation-resistant carbon-fiber-reinforced ceramic-matrix composites[J]. Composites Science and Technology, 1999, 59(7): 1073-1085.

[37] Luan X, Xu X, Zou Y, et al. Wet oxidation behavior of SiC/$(SiC\text{-}SiBCN)_x$ composites prepared by CVI combined with PIOP process[J]. Journal of the American Ceramic Society, 2019, 102(10): 6239-6255.

[38] Shan Q L, Wang Q L, Xue Y D, et al. The surface cracking resistance of Al_2O_3-modified SiC_f/SiC-B_4C composites after cyclic oxidation in wet environment[J]. Advanced Engineering Materials 2019, 21(9): 1900458.

[39] Cheng L, Xu Y, Zhang L, et al. Effect of glass sealing on the oxidation behavior of three dimensional C/SiC composites in air[J]. Carbon, 2001, 39(8): 1127-1133.

[40] Liu Y, Zhang L, Cheng L, et al. Preparation and oxidation resistance of 2D C/SiC composites modified by partial boron carbide self-sealing matrix[J]. Materials Science and Engineering A, 2008, 498(1-2): 430-436.

[41] Liu Y S, Men J, Zhang L T, et al. Microstructural evolution and self-healing mechanism of a 2D C/SiC-BC_x composite under constant load in static wet oxygen and dynamic combustion atmosphere[J]. Materials and Corrosion, 2015, 66(2): 128-136.

[42] Zuo X, Zhang L, Liu Y, et al. Oxidation behaviour of two-dimensional C/SiC modified with self-healing Si-B-C coating in static air[J]. Corrosion Science, 2012, 65: 87 – 93.

[43] Liu Y, Wan J, Zuo X, et al. Oxidation behavior of 2D C/SiC composites coated with multi-layer SiC/Si-B-C/SiC coatings under wet oxygen atmosphere[J]. Applied Surface Science, 2015, 353: 214 – 223.

[44] Bouillon E P, Spriet P C, Habarou G, et al. Engine test and post engine test characterization of self-sealing ceramic matrix composites for nozzle applications in gas turbine engines[C]. Vienna: ASME Turbo Expo 2004: Power for Land, Sea, and Air, 2004.

[45] Christin F A. A global approach to fiber *n*D architectures and self-sealing matrices: From research to production[J]. International Journal of Applied Ceramic Technology, 2010, 2(2): 97 – 104.

[46] Lamouroux F, Bouillon E, Cavalier J C, et al. An improved long life duration CMC for jet aircraft engine applications [M]//Krenkel W, Naslain R, Schneider H. High temperature ceramic matrix composites. Weinheim: Wiley-VCH Verlag GmbH, 2006.

[47] Bouillon E, Lamouroux F, Baroumes L, et al. An improved long life duration CMC for jet aircraft engine applications[C]. Amsterdam: ASME Turbo Expo 2002: Power for Land, Sea, and Air, 2002.

[48] Christin F. Design, fabrication, and application of thermostructural composites (TSC) like C/C, C/SiC, and SiC/SiC composites[J]. Advanced Engineering Materials, 2002, 4(12): 903 – 912.

[49] Cavalier J C, Berdoyes I, Bouillon E. Composites in aerospace industry[J]. Advances in Science and Technology, 2006, 50: 153 – 162.

[50] Lacombe A, Spriet P, Habarou G, et al. Ceramic matrix composites to make breakthroughs in aircraft engine performance [C]. Palm Springs: AIAA/ASME/ASCE/AHS/ASC Structures, Structural Dynamics, and Materials Conference, 2009.

[51] Cao X, Yin X, Fan X, et al. High-temperature flexural properties of SiBC modified C/SiC composites [J]. Ceramics International, 2014, 40(4): 6185 – 6190.

[52] Cao X, Yin X, Ma X, et al. Oxidation behavior of SiBC matrix modified C/SiC composites with different PyC interphase thicknesses[J]. Ceramics International, 2015, 41(1): 1695 – 1700.

[53] Cao X, Yin X, Fan X, et al. Effect of PyC interphase thickness on mechanical behaviors of SiBC matrix modified C/SiC composites fabricated by reactive melt infiltration[J]. Carbon, 2014, 77: 886 – 895.

[54] Zhao D, Fan X, Yin X, et al. Oxidation behavior of tyranno ZMI – SiC Fiber/SiC-SiBC matrix composite from 800 to 1200℃[J]. Materials, 2018, 11(8): 1367.

[55] Sun X, Yin X, Fan X, et al. Oxidation resistance of SiC/SiC composites containing SiBC matrix fabricated by liquid silicon infiltration[J]. Journal of the European Ceramic Society, 2018, 38(2): 479 – 485.

[56] Liu Y, Chai N, Liu X, et al. The microstructure and dielectric properties of SiBCN ceramics fabricated via LPCVD/CVI[J]. Journal of the American Ceramic Society, 2015, 98(9): 2703 – 2706.

[57] Zhao M, Liu Y, Chai N, et al. Effect of SiBCN content on the dielectric and EMW absorbing properties of SiBCN-Si_3N_4 composite ceramics[J]. Journal of the European Ceramic Society, 2017, 38(4): 1334 – 1340.

[58] Qin H, Liu Y, Cheng Z, et al. Accepted manuscript dielectric and microwave absorption properties of SiC_{nw}-SiBCN composite ceramics deposited via chemical vapor infiltration[J]. Journal of Alloys and Compounds, 2019, 771: 747 – 754.

[59] Wang C, Liu Y, Zhao M, et al. Three-dimensional Graphene/SiBCN composites for high-performance

electromagnetic interference shielding[J]. Ceramics International, 2018, 44(18): 22830-22839.

[60] Vishnyakov V M, Ehiasarian A P, Vishnyakov V V, et al. Amorphous boron containing silicon carbonitrides created by ion sputtering[J]. Surface and Coatings Technology, 2011, 206(1): 149-154.

[61] Ding Q, Ni D, Wang Z, et al. Mechanical properties and microstructure evolution of 3D C_f/SiBCN composites at elevated temperatures[J]. Journal of the American Ceramic Society, 2018, 101(10): 4699-4707.

[62] Butchereit E, Nickel K G. Beneficial effect of aluminium on the oxidation behvior of precursor-derived ceramics[C]. Pennington: High Temperature Corrosion and Materials Chemistry: Proceedings of the International Symposium, 2003.

[63] Müller A, Gerstel P, Butchereit E, et al. Si/B/C/N/Al precursor-derived ceramics: Synthesis, high temperature behaviour and oxidation resistance[J]. Journal of the European Ceramic Society, 2004, 24(12): 3409-3417.

[64] Feng Q, Hu J, Zhang X, et al. Oxidation behavior in wet oxygen environment of Al_2O_3 added reaction-sintered Si-B-C ceramics[J]. Ceramics International, 2018, 44(4), 4009-4015.

第 10 章 植物纤维增强复合材料

学习要点：

（1）掌握植物纤维的化学组成和微观结构；

（2）掌握植物纤维的表面处理方法和植物纤维增强复合材料的成型工艺；

（3）了解影响植物纤维增强复合材料高质量成型的因素；

（4）熟悉植物纤维增强复合材料多层级界面特点；

（5）掌握植物纤维增强复合材料力学性能的影响因素；

（6）熟悉植物纤维增强复合材料的基本物理性能；

（7）了解植物纤维增强复合材料应用和未来发展方向。

10.1 引　　言

在航空航天领域，碳纤维增强复合材料主要应用于主承力和次承力结构，而玻璃纤维增强复合材料则主要应用于次承力及功能性结构等[1]。然而，这些人造纤维增强复合材料在其制造过程中要耗费大量能源，且复合材料在服役后难以降解回收[2]。随着能源危机和环境污染等问题的凸显，世界各国开始将目光投向了生态环保材料的开发和利用。

与人造纤维相比，天然纤维来自大自然，具有可回收、可生物降解、密度低、来源丰富等特点。天然纤维根据其生物属性分为植物纤维、动物纤维和矿物纤维。其中植物纤维是目前应用最为广泛的天然纤维，它们可通过打捻工艺制成连续纱线，再通过编织工艺制成织物，还可短切成短纤维，具备复合材料增强体的各种形式，已成为纤维增强复合材料结构用的又一主要增强纤维[3-5]。与人造纤维相比，植物纤维具有可媲美的比力学性能，可以部分替代人造纤维增强复合材料。在航空航天领域，植物纤维增强复合材料已经用于飞机内饰板、风力涡轮叶片和整流罩中[6]。世界各国在积极探索其在航空领域的应用，为实现低碳减排的绿色航空寻找解决方案。波音公司评价植物纤维具有在航空领域应用的潜力。随着中国自主研发的 C919 飞机的顺利研制，中国商飞正在着力打造国产绿色民用飞机，植物纤维增强复合材料的应用非常契合这一需求。本章以植物纤维及其增强复合材料为主要内容。

由于植物纤维独特的微观结构和化学组成，使得其增强复合材料的力学和物理性能与人造纤维增强复合材料有所不同。因此，了解植物纤维的微观结构、化学组成以及物理、力学性能，掌握基于植物纤维特点的复合材料改性和制造工艺、力学和物理性能等，对于更好地利用植物纤维开展复合材料结构的设计和制造，进一步推动这种环境友好材料的应用具有重要意义。

10.2　植物纤维概述

10.2.1　化学组成

植物纤维主要由纤维素、木质素、半纤维素、果胶、蜡质等成分组成[7]。植物纤维本身就是一种以纤维素微纤丝为增强体，以木质素、半纤维素等为基体的复合材料。其中纤维素是植物纤维中最重要的组成成分，含量可高达 70%以上，它是 D-葡萄糖以 β-1, 4 糖苷键组成的大分子多糖，聚合度在 10 000 左右[8]。每个重复单元含有 3 个羟基基团，这使得植物纤维具有较强的亲水性[9]。表 10.1 给出了不同种类植物纤维的化学组成，可以看出不同种类的植物纤维，其化学组成差异较大。此外，对于同一种纤维，由于纤维来源、生长条件、生长时间以及加工方法等因素的影响，其化学组成具有一定的分散性[7, 9-11]。

表 10.1　不同种类植物纤维的化学组成[7, 9-11]

植物纤维	纤维素/wt.%	半纤维素/wt.%	木质素/wt.%	果胶/wt.%	蜡质/wt.%
亚麻	71~75	18.6~20.6	2~5	2.3	1.5~1.7
大麻	66~90	6~22.4	2~10	0.9	0.8
剑麻	55.2~78	10.0~19.3	8~13.5	10	2.0
蕉麻	59~68	22~27	9~11	0.8	3.0
苎麻	67~76.2	5.3~18.7	0.6~12.1	1.9	0.3
黄麻	66~71.5	13.6~20.4	12~13	0.4	0.5
红麻	44~72	15~29.7	9~21.5	3~5	—
菠萝纤维	70~73	16.5	8.3~12	4	—
棉纤维	85~90	4.0~5.7	0.7	4.0~6.0	0.6~3

10.2.2　微观结构

相比于人造纤维，植物纤维除具有复杂的化学组成外，还具有复杂的多层级多尺度的微观结构。以剑麻纤维为例(图 10.1)，它在自然状态下是以纤维束的形式存在于植株叶片中；通过栉梳(hackling)等工艺可以从纤维束中分离出剑麻单纤维(也称为技术纤维)，直径在 300 μm 左右；每根单纤维又是由几十到几百根由果胶、半纤维素黏结在一起的直

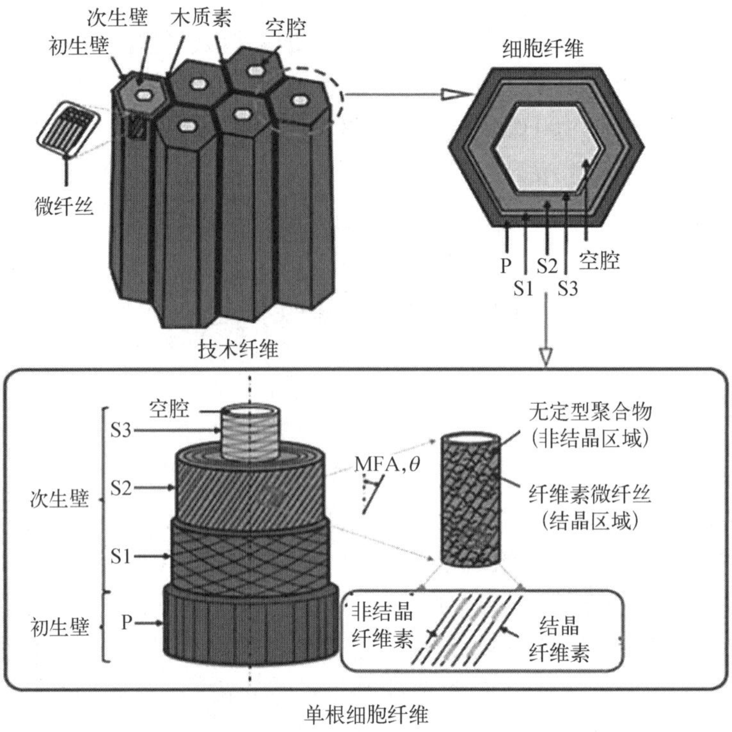

图 10.1　剑麻单纤维和细胞纤维壁层结构示意图[15]

径为 10~20 μm 的细胞纤维构成。细胞纤维是厚壁中空结构，由初生壁(P)、次生壁(S)以及空腔组成[12]。其中，初生壁是由原生质体在细胞纤维生长过程中分泌形成，厚度约为 0.2 μm，主要成分为果胶、低结晶度的纤维素和半纤维素木葡聚糖[13]；而次生壁则是在细胞纤维停止生长后，由原生质体代谢生成的细胞纤维壁层物质沉积在细胞纤维壁层的内层形成的，占据细胞纤维壁层厚度的绝大部分，主要是由螺旋排列的纤维素微纤丝增强木质素和半纤维素构成[12]，通常由外至内分为三层，分别称为 S1 层、S2 层和 S3 层，每一层的相对厚度、微纤丝螺旋角(microfibril angle, MFA)均不相同[14]，其中 S2 层相对厚度最大，约占 70%，MFA 一般在 20°以内[10]。构成每层细胞纤维壁层的最小结构单元是微纤丝，微纤丝相互交织成网状，构成了细胞纤维壁层的基本构架，其直径为 10~50 nm。在微纤丝的某些区域，纤维素分子排列得非常有序，从而使纤维素具有晶体性质。绝大多数植物纤维的微观结构与剑麻相似，为多细胞纤维组成，而少数纤维，如苎麻纤维和亚麻纤维，其单根纤维则由一根细胞纤维组成，为单细胞纤维组成。图 10.2 为苎麻纤维、黄麻纤维、大麻纤维和剑麻纤维单纤维横截面的扫描电子显微镜(scanning electron microscope, SEM)照片，可以看出，不同种类的植物纤维含有的细胞纤维个数、形状、横截面面积、横截面周长及空腔大小差异很大，这主要由与在植物中承担的功能相关，也受植株所种植的地域、提取方式、生长的阶段以及收获的季节等因素的影响。植物纤维(如剑麻纤维)的长度在 1.0~1.5 m，直径为 100~300 μm，呈现不均匀分布特征。

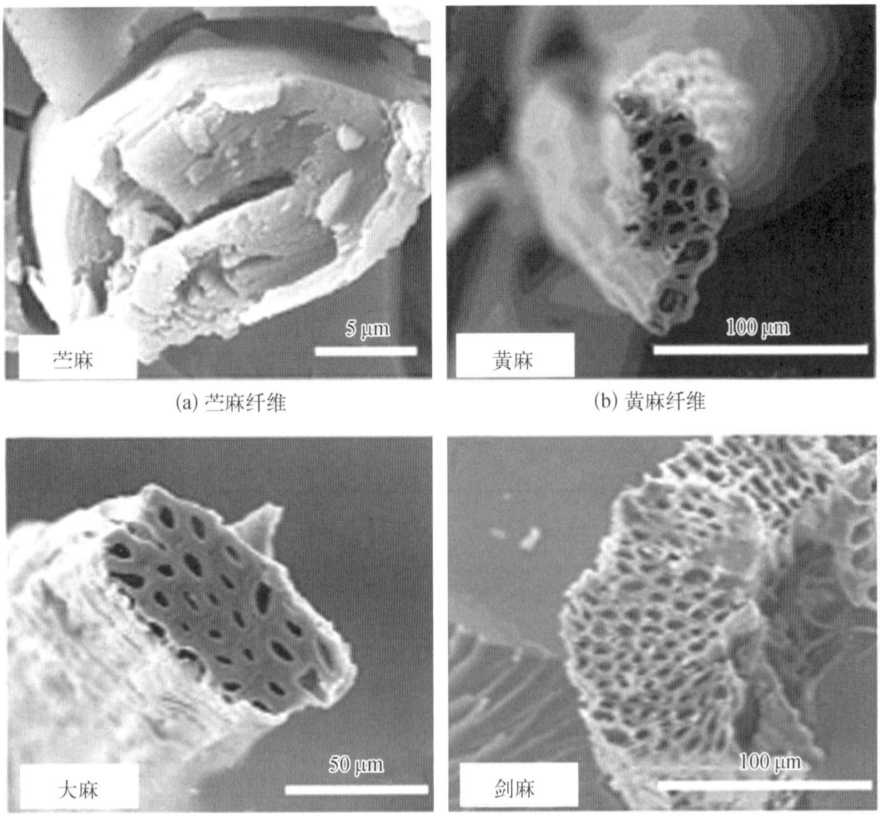

(a) 苎麻纤维　(b) 黄麻纤维　(c) 大麻纤维　(d) 剑麻纤维

图 10.2　不同种类植物纤维单纤维横截面 SEM 照片[14, 16]

10.2.3　力学性能

植物纤维的力学性能很大程度上取决于植物纤维的微观结构、提取部位、化学组成、微纤角和细胞纤维尺寸缺陷等[17, 18]。通常来讲，微纤丝的排列方向与纤维轴向之间夹角越大，则植物纤维的韧性越好，反之则刚性更好；植物纤维的力学性能很大程度上取决于其中纤维素的含量，纤维素含量越高则植物纤维的力学性能越好[10]。实际上，这些变量通常又会受到植物纤维植株所种植的地域、提取方式、生长的阶段以及收获的季节等因素影响[19, 20]。因此，植物纤维的力学性能具有较大的分散性。不同种类的植物纤维之间力学性能差异较大（表 10.2），而即使对于同种植物纤维，其性能也存在较大的分散性。其中，亚麻、大麻、苎麻与剑麻这四种纤维的力学性能相对较高，其弹性模量与 E－玻璃纤维（70 GPa）相近，有些甚至高于玻璃纤维。考虑到植物纤维的密度明显低于玻璃纤维（$2.5\ g/cm^3$），因此其比模量相比后者更具优势，而比强度（可达 1 000 $MPa\cdot g^{-1}\cdot cm^{-3}$）则可与后者（玻璃纤维拉伸强度 2 000～3 500 MPa，比强度 800～1 400 $MPa\cdot g^{-1}\cdot cm^{-3}$）相媲美。

表 10.2 植物纤维的力学性能[19, 21, 22]

纤维	密度/(g·cm^{-3})	拉伸强度/MPa	弹性模量/GPa	断裂延伸率/%
亚麻	1.5	345~1 500	10~80	1.4~1.5
大麻	1.48	270~900	20~70	1.6
苎麻	1.5	400~938	44~128	3.6~3.8
黄麻	1.3~1.45	270~900	10~30	1.5~1.8
剑麻	1.45	511~700	3.0~98	2.0~2.5
蕉麻	1.5	400~980	6.2~20	1.0~10
棉纤维	1.5~1.6	287~597	2.5~12.6	7.0~8.0
椰纤维	1.15~1.46	95~230	2.8~6.0	15~51.4
竹纤维	0.6~1.1	350	22	5.8
硬木	0.3~0.88	51~120.7	5.2~15.6	—

10.3 植物纤维表面处理方法

植物纤维由于含有大量的羟基而呈现亲水性,而高分子树脂基体通常是疏水的,因此,植物纤维与树脂基体间的界面相容性较差,易带来植物纤维增强复合材料弱的界面性能,而界面对于复合材料的力学性能影响较大,通常弱的界面结合会导致复合材料强度等力学性能的降低。因此,在制备植物纤维增强复合材料之前,通常需要对纤维进行改性处理,来提高植物纤维与树脂基体间的界面结合。目前,植物纤维改性方法主要分为物理改性方法和化学改性方法两种。图 10.3 为不同改性方法对植物纤维表面形貌的影响,可以看出不同的处理方法会带来植物纤维不同的表面形貌。通常来讲,物理改性会使纤维表面更加粗糙,而化学改性对纤维表面形貌影响不大。

1. 物理改性

物理改性方法不改变纤维的化学成分,而是通过改变纤维的结构和表面特性,使纤维的表面变粗糙增大接触面积和机械咬合力,提高纤维与基体之间的机械连接,或改变纤维的表面能等,来提升纤维和树脂间黏结性能。植物纤维物理改性方法主要包括碱处理、电晕、紫外辐射和等离子处理等。

碱处理是最常见的物理改性方法。碱处理能够溶解植物纤维中的果胶和部分木质素、半纤维素等低分子物质,增加纤维的表面粗糙度,从而提高纤维与树脂基体间的机械咬合力。碱溶液的浓度、处理温度和处理时间等是决定碱处理效果的重要参数(图 10.4)。电晕处理通过表面氧化作用改变纤维的表面能,从而有效改善纤维与基体间的界面相容性[24],从而提高植物纤维增强复合材料界面性能和力学性能。例如,经过电晕处理可以使得大麻纤维增强聚丙烯复合材料的拉伸模量提高 30%[25]。电晕处理的时间对于性能的改善很关键。长时间处理可能会使纤维发生降解,并不利于性能的进一步提升。而过短的处理时间则不能达到界面黏附性能改善的最佳效果。与电晕方法相比,通过更高能量的紫外辐射方法处理能够更加有效地增加植物纤维的表面自由能,从而有效增加

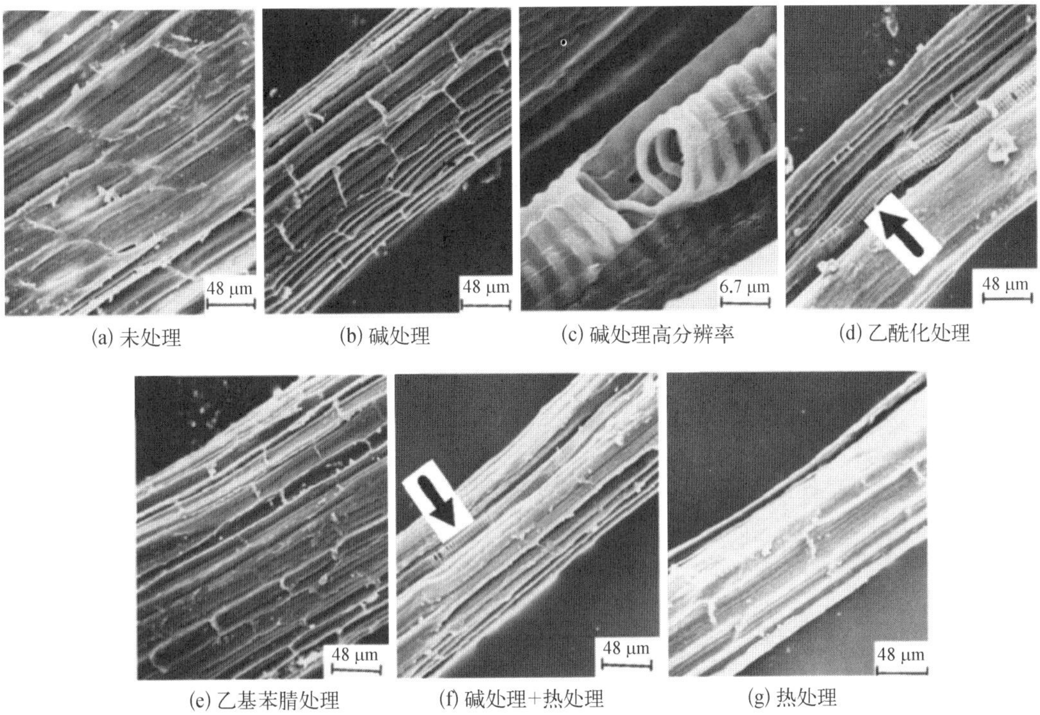

图 10.3　剑麻纤维形貌的 SEM 照片[23]

箭头所指为暴露的螺旋状微纤丝

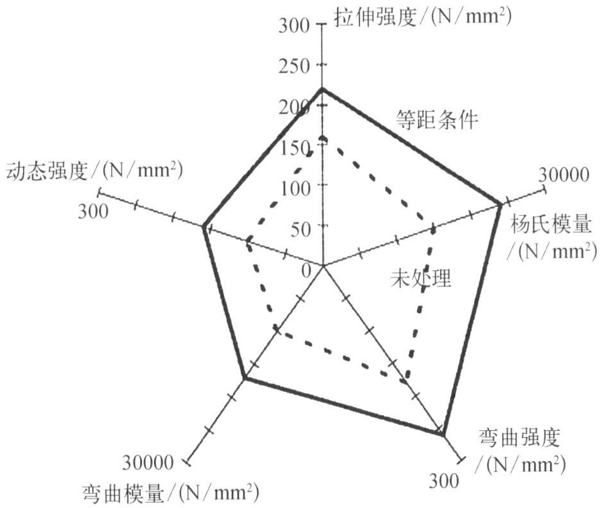

图 10.4　物理改性案例——碱处理(26 wt. % NaOH,处理时间 20 min,处理温度 20℃)对黄麻纤维增强复合材料(纤维含量 40 vol. %)力学性能的影响[28]

极性[24]。但是，在高能量和长时间处理下，两种处理方法都会降低纤维的柔韧性。等离子处理是与电晕处理相似的另一种物理改性方法，通过溅射效应增加纤维表面粗糙度，从而增大其与树脂基体的接触面积。等离子处理的优点是可靠及可重复性高；缺点是大气压力等离子流只能应用于面向离子流的那一面，且处理厚度只有几纳米[26]。使用氩气和大气压等离子系统处理亚麻纤维之后，纤维表面具有更高的氧含量和氧/碳比，界面剪切强度最大增幅可达 47%[27]。但是，同样地，较大能量的处理会降低纤维的强度。

2. 化学改性

化学改性方法主要通过改变纤维表面的化学组成和结构，在植物纤维和基体间形成化学键合作用来改善纤维和树脂之间的界面性能，进而提高复合材料的力学性能。植物纤维化学改性方法主要包括偶联剂、乙酰化、高锰酸盐、苯甲酰化、过氧化物、异氰酸盐、硬脂酸和酶处理等。

偶联剂通常含有两个可反应的官能团，可分别与植物纤维和树脂基体发生反应[图 10.5(a)]，从而在它们之间建立起化学键连接，达到改善复合材料界面性能的目的。此外，偶联剂还可通过以下几种机制发挥作用[12]：

(1) 消除弱界面层；

(2) 形成柔性界面；

(3) 产生高交联界面；

(4) 改善树脂浸润能力；

(5) 在两相之间形成互穿网络结构；

(6) 改变纤维表面的酸性。

有机硅烷是处理植物纤维常用的一种偶联剂，被广泛采用[29]。乙酰化处理使木质素、半纤维素和非晶纤维素的羟基与乙酰基反应，乙酰基取代细胞纤维壁层的羟基，使得纤维的疏水性增强，纤维与基体界面得到改善。高锰酸盐是含有高锰酸盐基团的化合物。用高锰酸钾处理植物纤维会形成纤维素自由基。此外，高锰酸钾处理后的植物纤维表面也会受到刻蚀，变得较为粗糙，如图 10.5(b)～(d)所示。

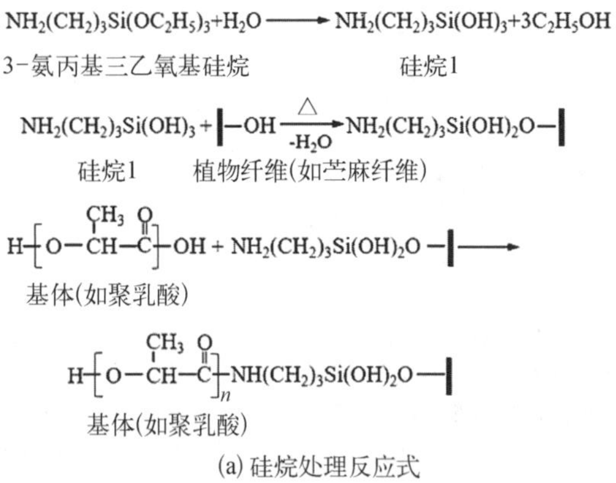

(a) 硅烷处理反应式

(b) 未处理

(c) 硅烷处理

(d) 高锰酸钾处理

图 10.5　化学改性案例——化学处理对纤维表面形貌的影响[30]

3. 纳米改性

纳米改性也是改善植物纤维和基体界面结合的一种有效处理方法。例如，通过喷射沉积工艺在亚麻纱线表面涂覆羧基化碳纳米管，可以提高亚麻纤维增强环氧树脂基复合材料的界面剪切强度、层间断裂韧性及层间剪切强度。羧基化的碳纳米管通过氢键作用结合在亚麻纤维表面，减少了纤维表面的自由羟基。此外，部分碳纳米管还会进入细胞纤维的初生壁层中，在纤维和树脂的界面处起到钉锚的作用，如图 10.6 所示，通过机械咬合力进一步提高界面性能。

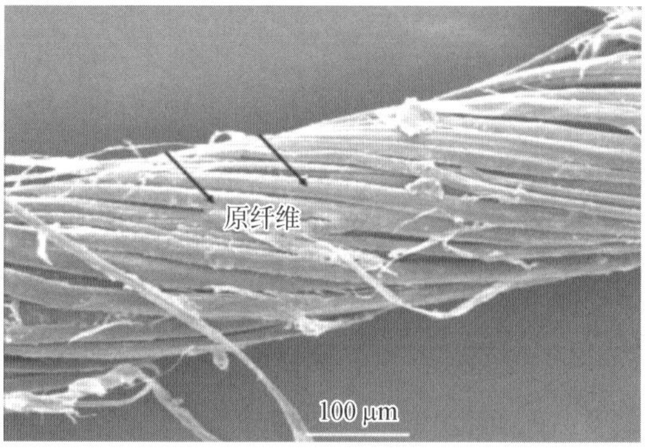

(a) 未处理(×200)

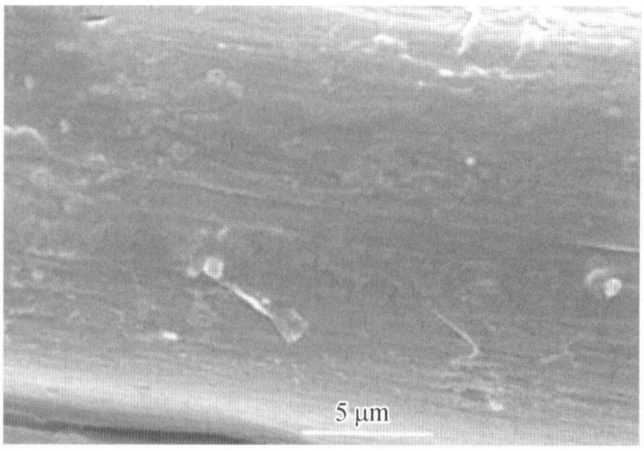

(b) 未处理(×5000)

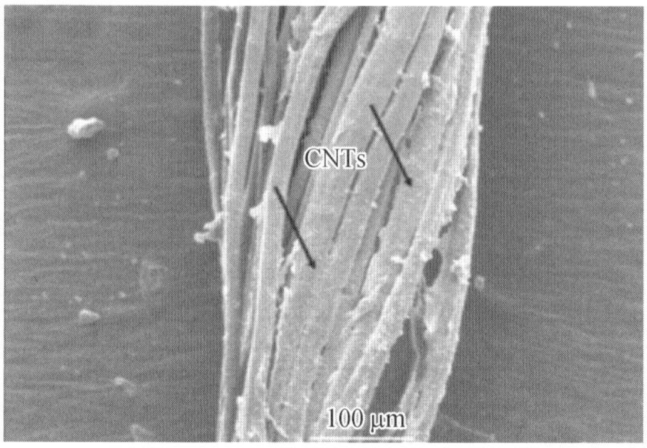

(c) 1.0 wt.%碳纳米管(×200)

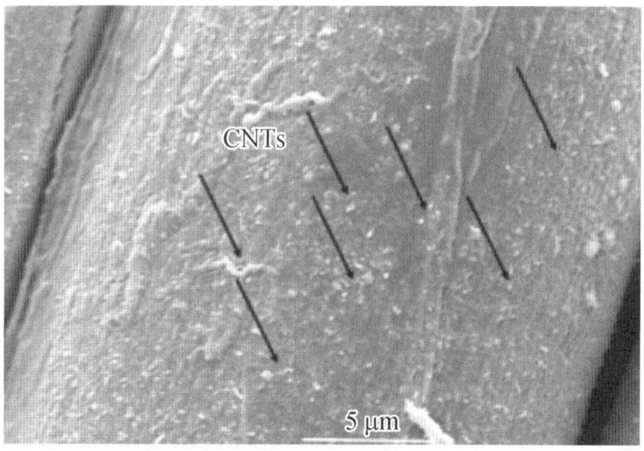

(d) 1.0 wt.%碳纳米管(×5000)

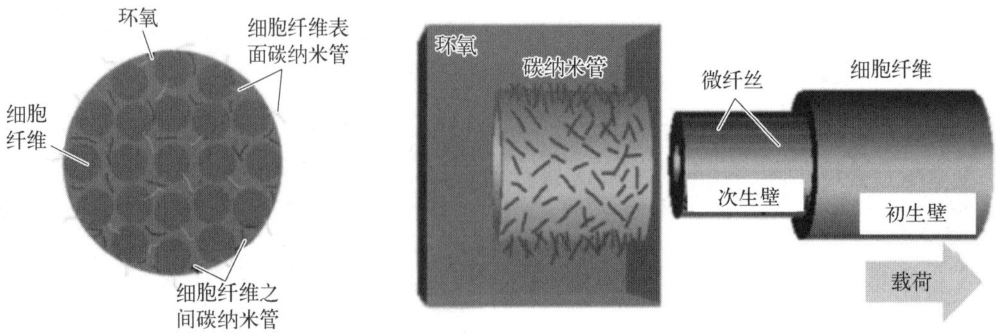

(e) 碳纳米管在亚麻纱线增强复合材料中的存在形式和机械咬合机制

图 10.6　纳米改性案例——碳纳米管对亚麻纱线表面形貌的影响[31]

10.4　植物纤维增强复合材料成型工艺

先进复合材料的成型方法均可用于成型植物纤维增强复合材料。本节结合植物纤维自身的特点,对当前常用的植物纤维增强复合材料的成型工艺进行介绍。

1. 热压成型工艺

热压成型工艺,也叫模压成型工艺,是将预浸料放入模具中,在一定的温度和压力作用下固化成型复合材料制品的一种方法。利用模压成型工艺制备植物纤维增强复合材料时,首先将植物纤维进行预处理(如表面改性处理、烘干等)并与树脂复合形成模压料或预浸料,再将它们放置于预先做好脱模处理的模具模腔内,合模后放入热压机中,按照预先制定好的成型工艺参数进行固化成型。如图 10.7 所示,加热到加压温度 T_p 时施加预压力 p_0,恒温恒压 t_p 时间后,继续升温至固化温度 T_c,施加固化压力 p,保温保压至树脂完全固化,开始降温,冷却到室温后,释放压力,开模得到复合材料层合板。采用热压工艺制备植物纤维增强复合材料时,因植物纤维不同于人造纤维的特点,需注意以下几点:

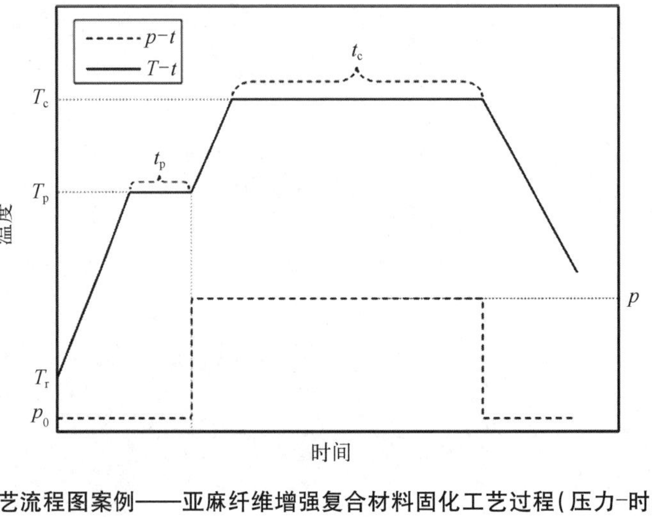

图 10.7　工艺流程图案例——亚麻纤维增强复合材料固化工艺过程(压力-时间-温度关系)

(1) 由于植物纤维具有皮绒多、软、细、长,易结团而阻塞气孔等特点,制品的表面质量低,因此,在用模压工艺成型时一般需控制皮绒多的植物纤维的长度;

(2) 植物纤维组织疏松、体积大,在压制同样厚度的复合材料层合板时,毛坯的厚度应高于一般模塑材料;

(3) 植物纤维改性处理后,化学成分中抽出物和杂质多,在高温和高压下易出现黏模现象,且植物纤维在温度较高、压制时间长时易出现变黄发脆,甚至焦化等现象,因此需要精确控制植物纤维成型的时间和温度。

此外,植物纤维表面不光滑、直径分布不均匀、具有多层级多空腔等结构特点,与具有规整实心圆截面的人造纤维有着明显的区别。因此,复合材料成型过程中孔隙等缺陷的形成机制与制备人造纤维增强复合材料时有所不同,需要特别考虑成型过程中压力、温度和加压时间等工艺参数对制品质量的影响。以热压工艺制备单向亚麻纤维增强环氧树脂复合材料为例,不同的固化压力、加压时间、固化温度会带来复合材料中不同的孔隙分布、孔隙形状及孔隙含量。通常来讲,随着固化压力的增加,孔隙含量显著下降;在其他工艺参数(固化温度、压力等)相同的情况下,选择合适的加压时间,会使复合材料内部的孔隙率和孔隙尺寸最小,加压时间过早或过晚都会造成孔隙率的增加。

2. 热压罐成型工艺

热压罐成型的复合材料制品因具有超低的孔隙率而性能最为优异,主要用于制造航空航天领域的高性能复合材料,其主要的工艺步骤如图 10.8 所示。首先,将脱模布铺覆在涂有脱模剂的模具表面,将单层的预浸料按设计好的方向逐层铺放其上,再依次铺放脱模布、吸胶毡、脱模布、匀压板、透气毡,再将其密封于真空袋内[图 10.8(a)];然后,将整个包封装置推入热压罐内,连接真空管,将袋内抽真空并按规定的固化工艺制度进行升温和加压固化[图 10.8(b)];固化结束后,将复合材料脱模取出,可获得高性能的植物纤维增强复合材料制品[图 10.8(c)]。其中,制定压力-温度随时间变化的工艺曲线是热压罐工艺最为关键的内容。在固化过程中,加热主要是保证树脂基体的固化成型,然而植物纤维耐热性较差,如亚麻纤维在 180℃以上会发生化学结构的改变,使得纤维及其增强复合材料的力学性能下降。成型过程中加压是为了排除空气或小分子挥发物,获得低孔隙率的高质量复合材料,但对植物纤维来讲,由于纤维中空腔的存在,较高的固化压力会破坏植物纤维的空腔结构,导致力学性能发生改变。而固化时间和加压时机的选择则由树脂的固化反应过程所决定。

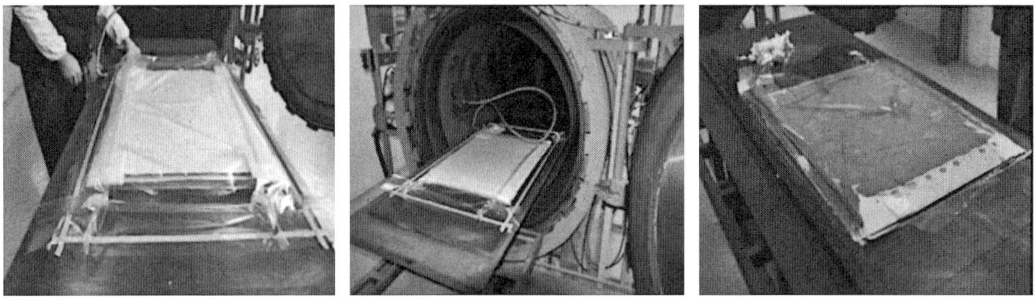

(a) 装袋形成真空系统　　(b) 进罐　　(c) 固化脱模

图 10.8　热压罐成型植物纤维增强复合材料流程

3. 树脂传递模塑成型工艺

树脂传递模塑成型(resin transfer molding, RTM)工艺相比热压成型工艺,具有质量稳定、成本较低、效率较高等特点,逐渐成为先进复合材料低成本制造的重要发展方向。树脂传递模塑成型主要工艺原理为在闭合模腔中预先铺放好按性能和结构要求设计好的纤维增强材料,即预成型体,然后利用注射装置提供的压力将所用树脂注射到闭合的模腔内,浸润其中的纤维增强材料,直至整个型腔内的纤维增强材料完全被浸润,最后树脂在室温或升温条件下固化成型,脱模后获得复合材料制件,必要时再对脱模后的制品进行表面抛光、打磨等后处理,得到两面光滑制品,原理如图 10.9 所示。植物纤维具有空腔结构,在利用 RTM 工艺成型植物纤维增强复合材料过程中,低黏度的树脂会渗入并填充到植物纤维的空腔结构中。因此,成型过程中注射压力对于控制空腔中树脂含量尤其重要。由于空腔的尺寸小,所以树脂在空腔中的流动基本为毛细流动,流速很慢。压力高时,树脂在织物中流速快,则树脂很难进入到纤维空腔中;而压力低时,树脂在预成型体中流速慢,树脂则比较容易进入到纤维的空腔中。另外,空腔中树脂的含量对于复合材料的力学性能、声学性能等均有影响,可通过控制成型工艺参数来调整空腔中树脂含量。

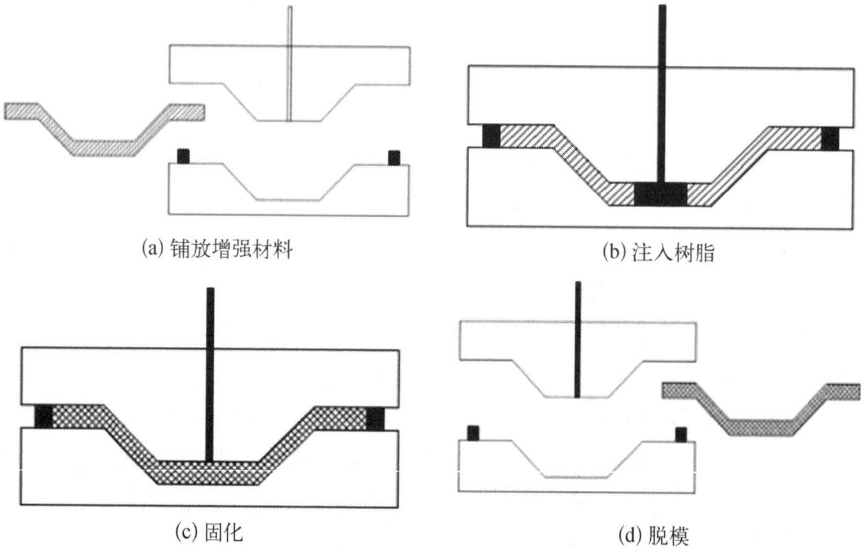

图 10.9　树脂传递模塑成型工艺原理示意图

在 RTM 工艺基础上发展的真空辅助树脂灌注成型工艺(vacuum assisted resin infusion, VARI)(图 10.10),即利用真空膜将增强材料密封于单边模具上来制备复合材料的方法也同样适用于植物纤维增强复合材料的成型。无论对于 RTM 工艺还是 VARI 工艺成型植物纤维增强复合材料,由于植物纤维独特的多层级结构和空腔的存在,均需考虑树脂在多尺度流道内的流动及其对复合材料缺陷形成机制的影响。以剑麻纤维为例,树脂在增强相中的流道包括微观流道,即剑麻纤维内部的空腔组成的流道;细观流道,即剑麻纤维束内部纤维之间的流道;宏观流道,即剑麻纤维束之间的流道。而树脂在不同流道内流动的不匹配,就会造成孔隙等缺陷的形成。而对于植物纤维增强复合材料 RTM 等液态成型工艺过程的缺陷控制，必须从多尺度流动的角度出发，建立不同尺度下树脂流动的模型，从而获得考虑由植物纤维特点所带来的树脂在空腔中流动以及纤维打捻对树脂流动的影响，揭示缺陷形成机制，进而实现缺陷控制，获得高质量植物纤维增强复合材料。

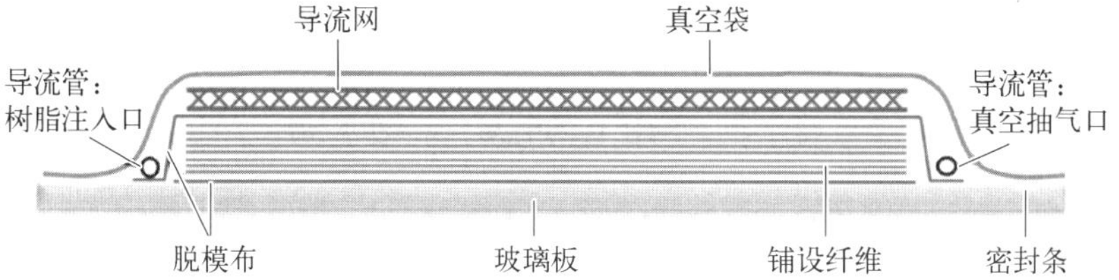

图 10.10　VARI 成型工艺制备植物纤维增强复合材料层合板工装示意图

4. 缠绕成型和拉挤成型工艺

此外，适合于工业化大规模生产的缠绕成型和拉挤成型工艺也可用来制备植物纤维增强复合材料。图 10.11 为缠绕成型工艺过程的示意图，主要通过将浸渍过树脂胶液的连续纤维或布带，按照一定规律缠绕到芯模上，层叠成所需厚度，然后固化脱模得到复合材料制品。按纤维空间排布可进行极向缠绕、环向缠绕和螺旋缠绕。而拉挤成型工艺是一种连续生产复合材料型材的方法。图 10.12 为拉挤成型工艺过程的示意图，主要通过在牵引设备的作用下，将纱架上的连续纤维或其织物进行树脂浸渍，然后通过保持一定截面形状的成型模具，并使其在模内加热固化成型后牵引出模，最终按需切割获得制品。拉挤成型工艺形式主要包括间歇式和连续式，立式和卧式，湿法和干法，履带式牵引和夹持式牵引，模内固化和模内凝胶模外固化等，加热方式主要有电加热、红外加热、高频加热、微波加热和组合式加热等。

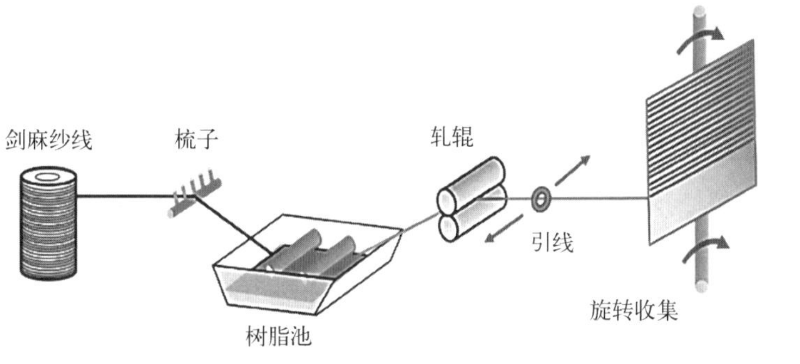

图 10.11　缠绕成型制备植物纤维增强复合材料过程示意图

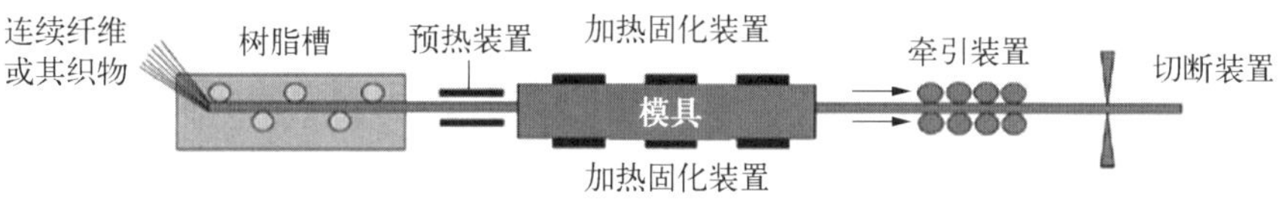

图 10.12　拉挤成型制备植物纤维增强复合材料过程示意图

对于短植物纤维增强热塑性复合材料，可以采用挤出或注塑成型工艺制备。挤出成型是指物料通过挤出机料筒和螺杆间的作用，受热塑化的同时被螺杆向前推送，连续通过机头而制成各种截面制品或半制品的一种加工方法。挤出成型具有生产连续化、效率高、应用范围广、设备简单、费用较低等优点。注塑成型是指物料在一定温度下,通过螺杆搅拌完全熔融,并用高压射入模具的模腔中,经冷却固化后,得到制品的方法。注塑成型具有应用范围广泛、制件成型周期短、自动化程度高等优点。

10.5 植物纤维增强复合材料的界面

纤维增强复合材料的力学性能在很大程度上取决于界面黏结性能。而植物纤维独特的多层级结构,必然会带来与人造纤维增强复合材料不同的多层级界面,从而产生多层级的力学失效行为和损伤机制。以剑麻纤维为例,其增强复合材料除了具有与人造纤维增强复合材料相同的纤维与基体间的界面(interfaces between the fiber and matrix, IF - FM)外,还包括植物纤维内部的多个层级的界面,即细胞纤维之间的界面(interfaces between the elementary fibers, IF - ELE)以及细胞纤维内部各壁层微纤丝之间的界面(interfaces between the microfibrils of cell-wall layers of elementary fibers, IF - CW)(图 10.13)。

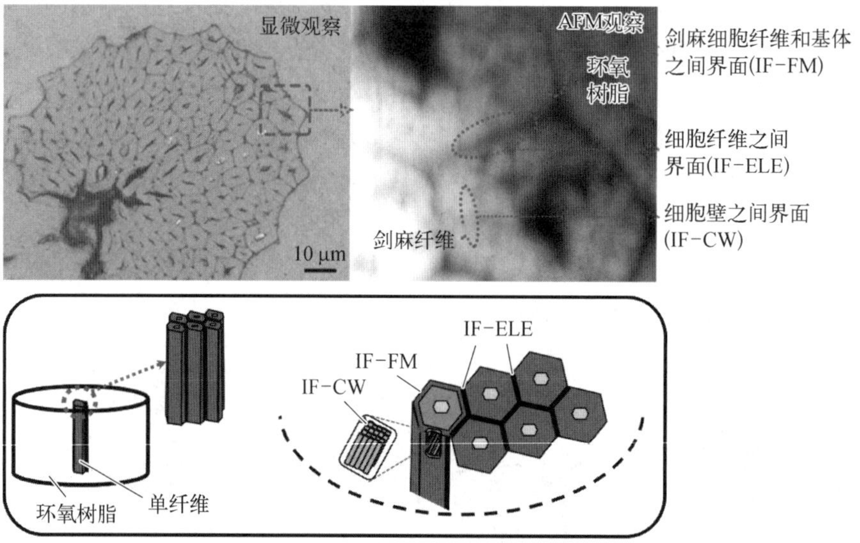

图 10.13 剑麻纤维增强复合材料三类界面微观形态[15]

植物纤维具有独特的多层级、多尺度结构,最小结构尺度为纳米尺度。因此,采用纳米尺度的材料来改性植物纤维增强复合材料可以使得二者之间产生协同作用。例如,采用碳纳米管分别改性亚麻纤维增强复合材料中的基体、纤维和层间界面,可以构建细观、微观乃至纳观的多层级、多尺度的复合材料力学损伤破坏模式,从而提升植物纤维增强复合材料的力学性能[32]。图 10.14(a)为碳纳米管改性树脂基体的制备流程示意图,主要通过微射流设备以高速剪切的方式使得碳纳米管分散到树脂基体中,之后采用 VARI 工艺成型制备复合材料。通过这种方式改性树脂基体可以明显提升复合材料的层间剪切强度。但是该方法的弊端是即使添加含量较低的碳纳米管都能使得树脂黏度急剧增加,影响成型工艺和材料性能的稳定。图 10.14(b)为碳纳米管改性亚麻纤维的流程示意图，即通过同样的微射流高速剪切的方式将羧基化的碳纳米管均匀分散在挥发性溶剂中并喷射在亚麻纤维表面。羧基化后的碳纳米管能够与亚麻纤维表面的羟基发生作用而被接枝到纤维表面。具有相同纳米尺度的碳纳米管与植物纤维的微纤丝之间会出现交联缠绕，并且可进入到细胞纤维壁层，实现对多层级次界面性能的改善，从而有效提升了复合材料的层间断裂韧性、层间剪切强度和冲击韧性。但该方法仍然局限于碳纳米管含量提升与分散性间的矛盾，而将碳纳米管纸插层到复合材料的层间则是较好的解决办法。图 10.14(c)为将碳纳米管制成微米级厚度的巴基纸后插层在层间制备复合材料的流程示意图，可进一步提升复合材料制品的层间和冲击韧性。

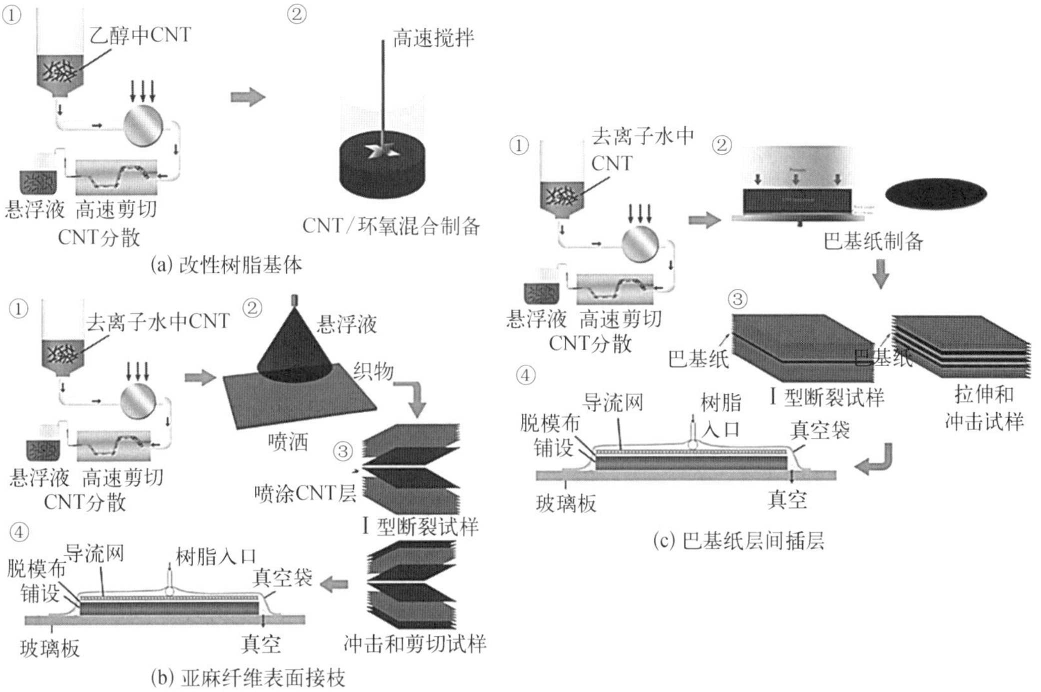

图 10.14　碳纳米管改性亚麻纤维增强复合材料的制备过程示意图[32]

采用同样来自大自然的短植物纤维或纳米纤维素来改性植物纤维增强复合材料的层间性能也是比较有效的方法，此外其生物质属性使得这些方法更具优势。将具有一定长度的短亚麻纱线随机地加到单向亚麻织物增强复合材料层合板的层间，如图 10.15 所示。加入短纤维使得层间裂纹扩展的路径更为曲折，部分裂纹甚至穿过层间发生跨层扩展，短纤维与纤维织物之间发生纤维桥联作用，在一定程度上阻碍了裂纹扩展，因此，发生分层破坏需要耗散更多的能量，植物纤维增强复合材料的Ⅰ型层间断裂韧性明显提升[33]。此外，纳米纤维素也是一种可以有效改善植物纤维增强复合材料多层级界面性能的纳米材料。主要通过一定的化学或机械处理方法从纤维素材料中提取高度结晶的纳米颗粒。作为植物纤维的主要成分，纳米纤维素与植物纤维之间有着天然良好的相容性，还具有力学性能优异、比表面积大等优点。利用纳米纤维素改性植物纤维增强复合材料的界面，同样

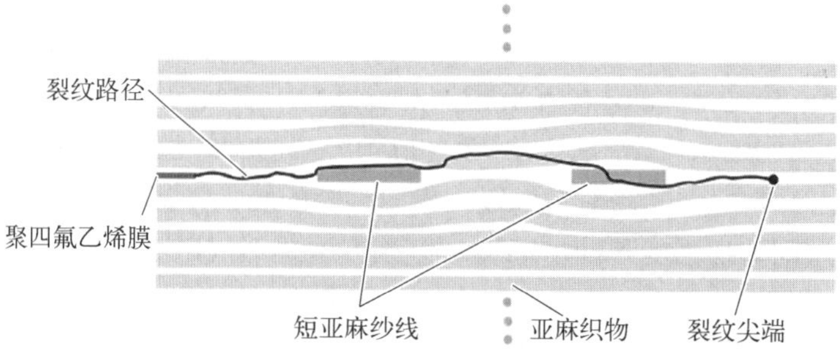

图 10.15　短纤维改性后对裂纹扩展路径影响示意图

可以有效提高植物纤维与基体之间的界面结合力。

在宏观尺度上，借助人造纤维强度高的优势，将植物纤维与人造纤维混杂后制成复合材料，也可以明显提升复合材料的层间性能。以亚麻纤维混杂玻璃纤维和碳纤维为例，如图 10.16 所示，亚麻纤维的结构特性使得它与玻璃纤维、碳纤维等人造纤维混杂后会发生明显的纤维桥联现象，混杂复合材料的层间断裂韧性和层间剪切强度甚至优于未混杂的人造纤维增强复合材料。因此，合理设计混杂复合材料可以在兼顾各组成纤维性能优点的同时，通过取长补短来获得较为优异的整体性能，或在满足材料面内力学性能的基础上实现提高层间断裂韧性的目的。

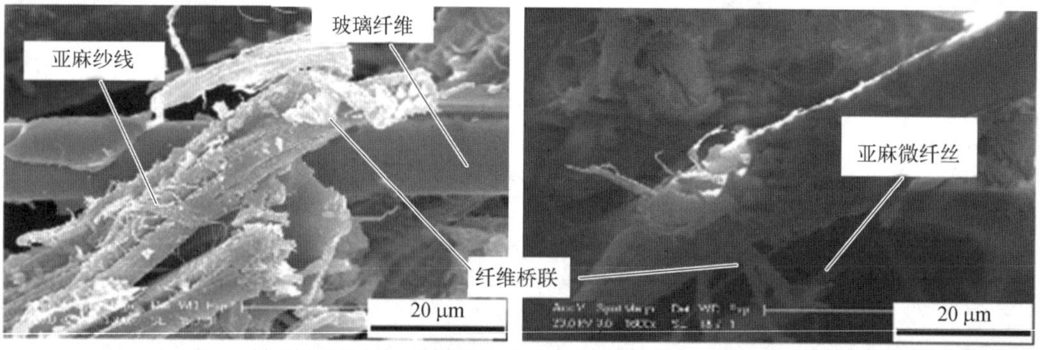

(a) 玻璃纤维/亚麻纤维混杂复合材料的纤维桥联SEM照片[34]

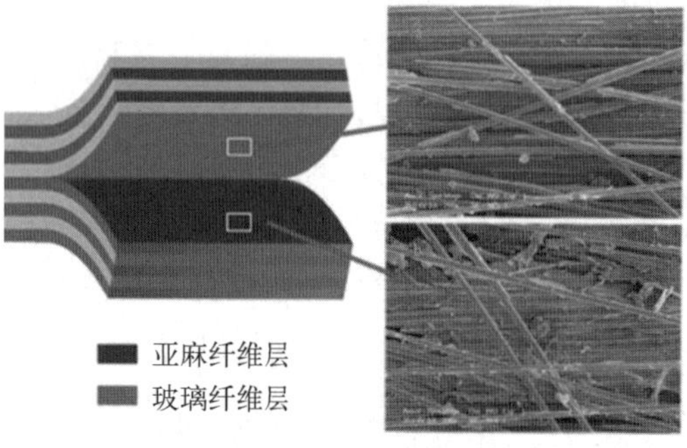

(b) 玻璃纤维/亚麻纤维混杂复合材料I型层间断裂韧性破坏试样局部结构示意图

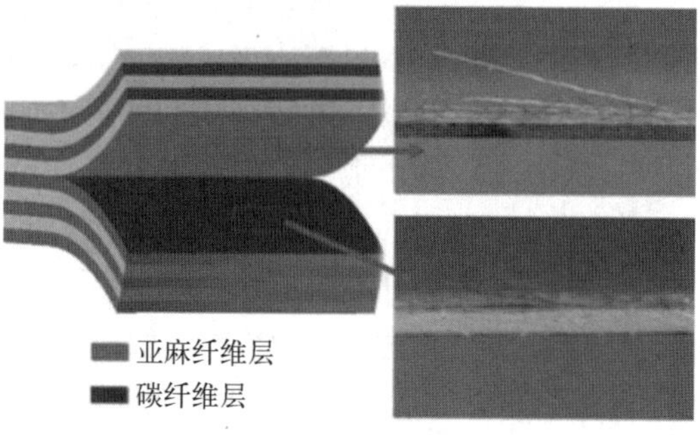

(c) 碳纤维/亚麻纤维混杂复合材料 I 型层间断裂韧性破坏试样局部结构示意图

图 10.16　不同种类纤维混杂对亚麻纤维增强复合材料断面形貌的影响

10.6　植物纤维增强复合材料的力学性能

空腔在植物纤维结构中占据的比例很高，尤其是对于提取自植株叶子的纤维，如剑麻纤维，空腔占纤维截面积的比例（空腔率）可超过 20%。在植物纤维增强复合材料的制备过程中，低黏度的树脂有可能渗入并填充植物纤维的空腔。当树脂填充植物纤维的空腔后，会改变纤维的承载能力和复合材料的损伤破坏过程，从而影响植物纤维增强复合材料的力学性能。以剑麻纤维为例，剑麻纤维空腔直径为 10 μm 左右，空腔率为 30.16%±5.73%，其增强复合材料力学性能随空腔中树脂填充率的变化由表 10.3 给出。可以看出，随着空腔中树脂填充比例的增加，剑麻纤维增强复合材料的拉伸、弯曲和冲击强度显著提升。空腔中树脂的存在，在一定程度上阻止了裂纹在纤维中的扩展，起到了保护纤维的作用，因此，力学性能比空腔中没有树脂填充的复合材料有所提升。在植物纤维增强复合材料成型过程中，通过工艺设计可以使树脂进入到植物纤维内部空腔，从而提升植物纤维增强复合材料的力学性能[16]。

表 10.3　不同复合材料的基本参数和力学性能[16]

基本参数和性能	VIFC0.3	AIFC0.3	AIFC0.1
复合材料重量增加分数/%	0	2.52	10.26
树脂重量含量/%	48.45	49.72	53.25
纤维重量含量/%	51.55	50.28	46.75
树脂增加体积含量/%	0	2.35	9.58
空腔被树脂填充比例/%	0	15.84	64.50
拉伸强度/MPa	157.89	162.09	180.45
拉伸模量/GPa	13.75	14.43	14.80
弯曲强度/MPa	169.35	179.99	191.37
弯曲模量/GPa	10.69	11.14	11.86
夏比(Charpy)冲击强度/(kJ·m^{-2})	40.07	43.02	46.75

注：VIFC0.3（vertical injection fabricated composites）：树脂垂直于纤维方向注射成型复合材料（注射压力为 0.3 MPa）；AIFC0.3（axial injection fabricated composites）：树脂沿纤维方向注射成型复合材料（注射压力为 0.3 MPa）；AIFC0.1（axial injection fabricated composites）：树脂沿纤维方向注射成型复合材料（注射压力为 0.1 MPa）。

植物纤维提取于自然界中生长的植株，受植株生长长度的限制而具有有限的长度。如果需要获得连续的植物纤维增强体形式，通常采用纺纱工艺将其制成连续纱线，其中纱线的捻度是纱线结构中主要的基本参数。纱线捻度是利用纱线横截面间产生相对角位移，使原来伸直平行的纤维与纱轴发生倾斜以改变纱线结构。如表 10.4 所示，打捻工艺会影响植物纤维的自身结构和力学性能。在打捻工艺过程中由于外力的作用，纤维截面发生变形，且有部分细胞纤维发生破坏（图 10.17），从而导致纤维的拉伸强度降低。而在纤维打捻的过程中，由牵引和梳理等工序引入沿纤维方向的机械作用力会使细胞纤维壁层中纤维素微纤丝的角度减小，从而使打捻后剑麻纤维的拉伸模量提升。

表 10.4　剑麻纤维打捻前后拉伸强度、模量及纤维直径的 Weibull 统计结果[35]

韦伯参数	纤维直径			拉伸强度			拉伸模量		
	m	d/μm	R^2	m	σ/MPa	R^2	m	E/GPa	R^2
未打捻纤维	6.69	239.73	0.96	5.17	447.53	0.90	2.54	33.65	0.96
打捻纤维	7.70	188.09	0.92	4.35	422.33	0.98	2.99	38.46	0.97

注：m 为 Weibull 形状参数；R^2 为回归拟合效果，取值范围 0~1。

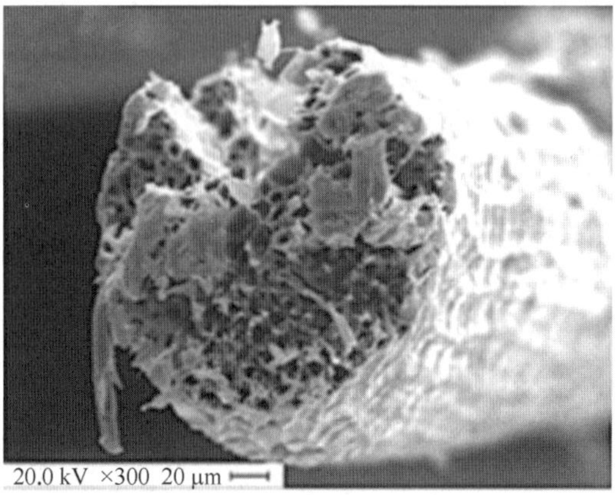

(a) 未打捻剑麻纤维单纤维截面微观形貌

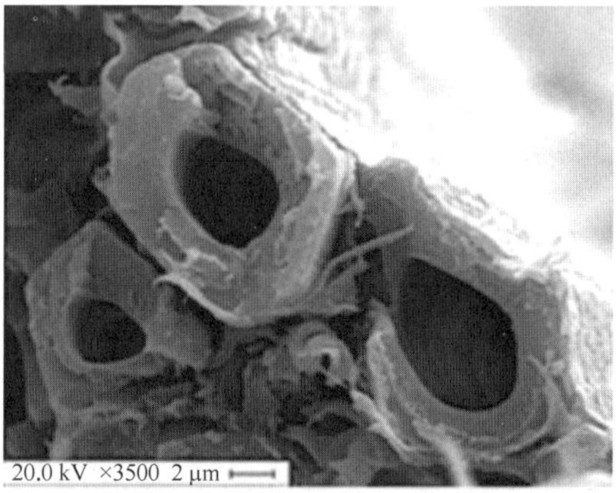

(b) 未打捻剑麻纤维细胞纤维结构

(c) 打捻后剑麻纤维单纤维截面微观形貌

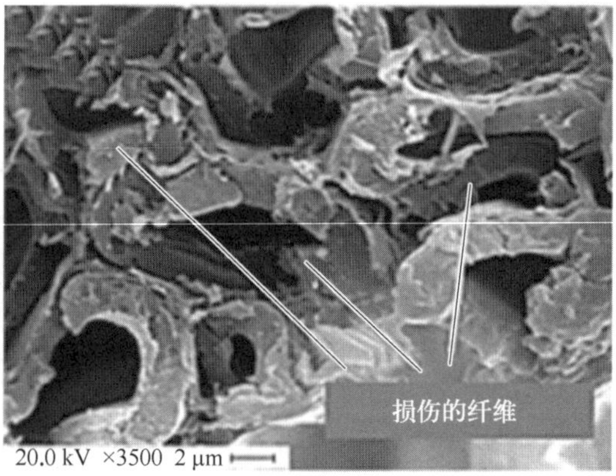

(d) 打捻后剑麻纤维细胞纤维结构

图 10.17　打捻工艺对剑麻纤维微观形貌的影响[35]

累计概率：

$$P_f = 1 - \exp\left[-\left(\frac{D}{d}\right)^m\right] = (n_f - 0.5)/n \tag{10.1}$$

其中，n_f 为按照纤维直径/强度/模量值升序排列的序号；n 为所测试纤维的总数；D 为直径/强度/模量；m 为 Weibull 形状参数；d 为位置参数，在这里等于纤维的平均直径/强度/模量。通过对 $\ln[-\ln(1-P_f)]$ 与 $\ln D$ 的散点图进行直线拟合，可求得需要的 Weibull 形状参数（m）和 Weibull 直径/强度/模量（$d/\sigma/E$）。

此外，在植物纤维增强复合材料成型过程中，随着捻度的增加，树脂对植物纤维纱线的浸润性变差，导致复合材料中成型工艺缺陷增加，也会使得复合材料的力学性能下降。以剑麻纤维增强复合材料为例，如图 10.18 所示，随着纱线捻度的增加，比拉伸强度和比拉伸模量均呈下降趋势。相比无捻纱线增强复合材料，当纱线捻度达到 150 tpm* 时，复合材料的比拉伸强度下降幅度超过 70%，比拉伸模量下降近 60%。

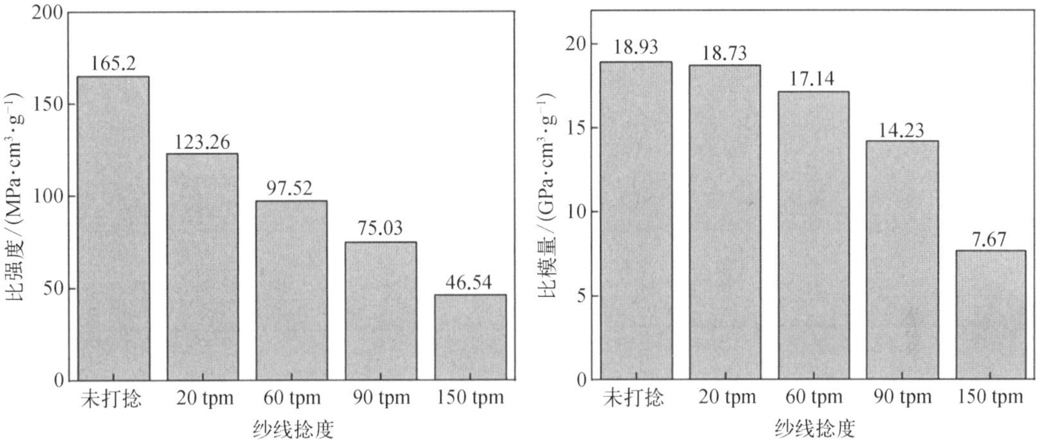

(a) 比强度　　(b) 比模量

图 10.18　不同捻度剑麻纱线增强复合材料拉伸性能[35]

通常来讲，湿热对碳纤维和玻璃纤维等人造纤维的性能影响不大。而植物纤维由于其纤维素的化学组成和带有空腔的微观结构，使得其吸水性较高，而吸水后对其本身及其增强的复合材料的力学性能均会产生影响。以单向亚麻纤维增强环氧复合材料在湿热条件下拉伸强度变化为例，如图 10.19(a)所示，复合材料拉伸强度随着老化时间先上升，再下降，持平之后再下降[36]。老化前，如图 10.20(a)所示，亚麻纤维结构完整，表面粗糙。当亚麻/环氧复合材料开始吸水后，由于亚麻纤维内部细胞纤维不同壁层含有不同的组成成分，不同组分对水分具有不同的溶胀行为，在膨胀应力的作用下亚麻纤维发生塑化强化，同时微纤角也发生改变，从而使得其增强复合材料的拉伸强度有所提高。而随着吸水量的进一步增加，亚麻细胞纤维各壁层间的果胶、半纤维素等会发生溶解，亚麻纤维变细，微纤化，纤维壁层剥离[图 10.20(b)～(d)]，这从亚麻/环氧复合材料的拉伸断面形貌中也可看出[图 10.20(e)和(f)]，因此，亚麻纤维结构的破坏导致复合材料强度下降。随着老化时间的增加，当复合材料达到吸湿平衡后，强度逐渐趋于稳定，基本不再变化。在老化后期，亚麻纤维中未结晶化的纤维素发生降解，复合材料的强度会再次下降。而湿热对亚麻纤维/环氧复合材料拉伸模量的影响则是随着老化时间的延长先下降再持平再下降，

* tpm 在纱线中表示每米捻度，即捻系数或捻度，它表示每米纱线的折曲角度转变，用每米的折弯角度表示。

而对于断裂延伸率则为先上升再持平再下降，如图 10.19(b)和(c)所示。老化前期，浸入亚麻纤维内部的水分会打破无定形区中纤维素、半纤维素和果胶等分子间的作用力，网络结构被破坏，分子链舒展，分子间距离增大，材料发生塑化，从而复合材料拉伸模量下降，断裂伸长率上升。随着老化时间的延长，当材料达到吸湿平衡后，水分子的塑化作用不再增加，拉伸模量和断裂伸长率基本稳定。老化后期，当亚麻纤维内部的果胶、半纤维素和非晶纤维素降解后，模量下降。同时胶黏物质的减少使得材料脆化，断裂伸长率下降。

湿热环境对植物纤维增强复合材料的界面性能也具有显著的影响。如图 10.19(d)所示，亚麻/环氧复合材料层间剪切强度在三种湿热条件下随老化时间的增加表现为上升-下降-持平-再下降的趋势，与拉伸强度的变化相似。老化初期，水分子进入到亚麻纤维中会导致其溶胀，从而会产生作用于基体的径向膨胀应力。这一应力足以增大纤维与基体之间的正压力，使得界面间的摩擦作用和机械咬合作用增强，层间剪切强度上升。随着吸水量增多，在细胞纤维壁层之间起到连接作用的果胶等物质被溶解，植物纤维内部的层间性能下降，从而导致复合材料发生多层级界面破坏，复合材料整体层间剪切强度下降。老化后期，亚麻纤维的降解使得复合材料界面加速脱黏，从而层间剪切强度进一步降低。

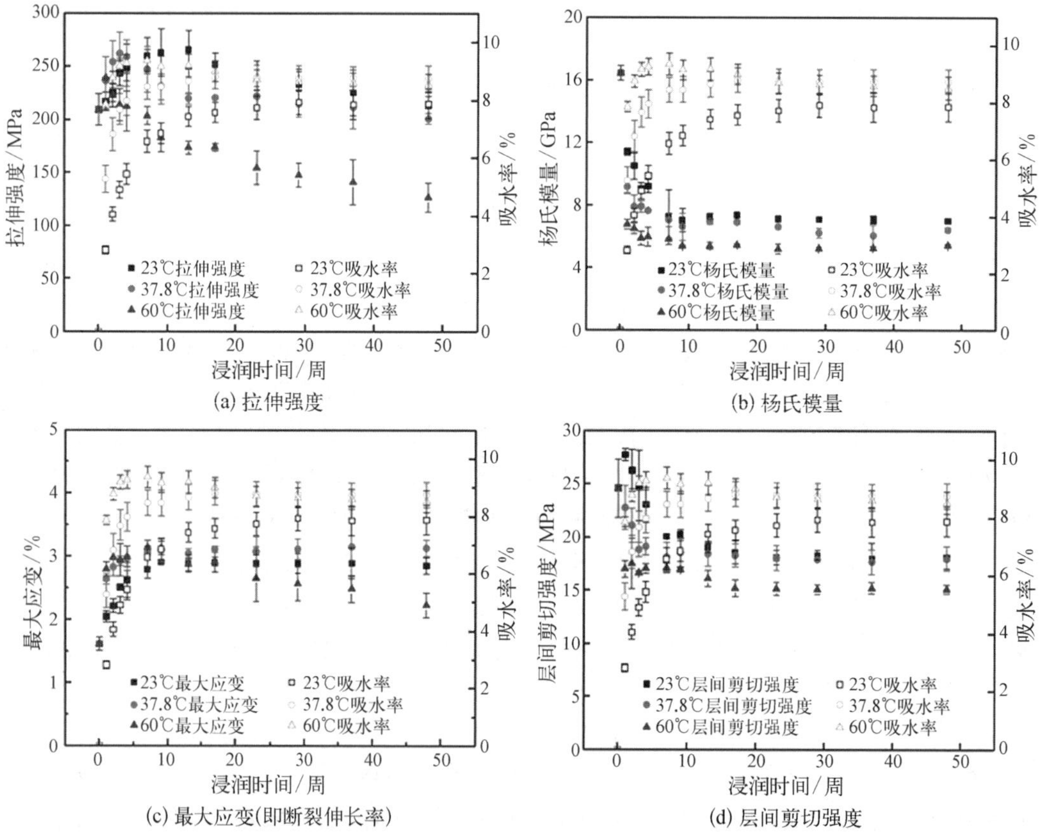

图 10.19　不同湿热条件下，单向亚麻纤维增强环氧复合材料的力学性能随浸润时间的变化[36]

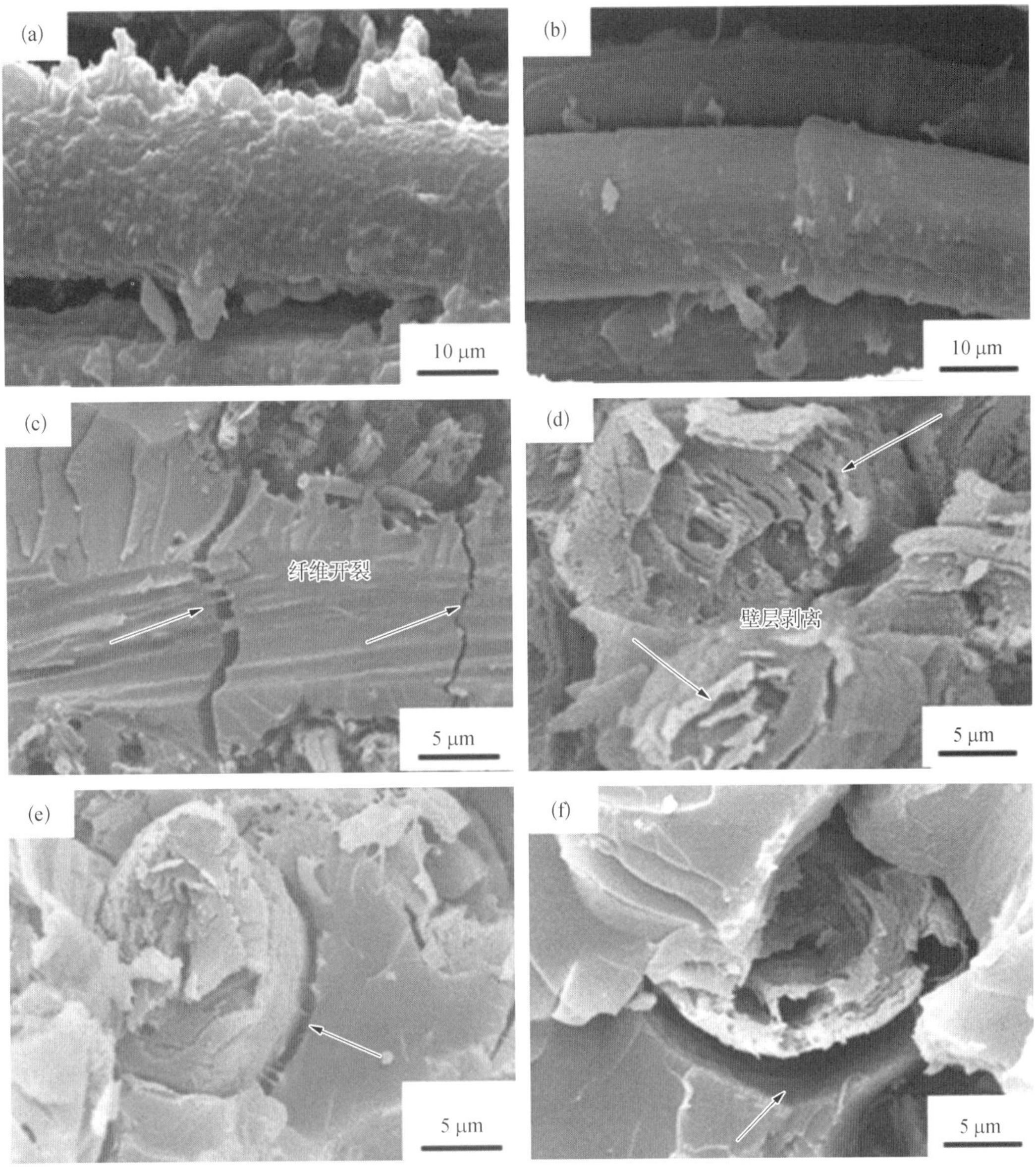

图 10.20　不同老化时间与老化温度下亚麻纤维与亚麻/环氧复合材料微观形貌

(a) 未老化；(b)~(d) 60℃老化 7 周亚麻纤维微观结构形貌；(e) 37.8℃老化 7 周；(f) 60℃老化 3 周亚麻/环氧复合材料拉伸断面形貌[36]

10.7　植物纤维增强复合材料的物理性能

10.7.1　声学性能

相比玻璃纤维和碳纤维等人造纤维，植物纤维因其独特的天然空腔结构和多层级结构而具有更优异的声学性能。如图 10.21(a) 所示，植物纤维在 50~6 000 Hz 频段的吸声系数均普遍高于玻璃纤维和碳纤维[37]。当频率达到 500 Hz 后,植物纤维的吸声系数可超过 0.5,而当频率超过 1 000 Hz 时,不同植物纤维的吸声系数差异明显,其中黄麻纤维垂直入射吸声系数最高,接近于 1.0,且明显高于碳纤维和玻璃纤维(分别高出 50%和 125%),其次是亚麻纤维和苎麻纤维。这主要是由不同植物纤维所具有的不同微观结构所造成的。通过计算每种纤维在 250 Hz、500 Hz、1 000 Hz 和 2 000 Hz 频率下吸声系数的加权平均值,可以得到不同纤维的降噪系数(noise reduction coefficient, NRC)[图 10.21(b)]。黄麻和亚麻纤维的 NRC 最高,为 0.65,而玻璃纤维与碳纤维的 NRC 仅为 0.35 和 0.45。因此,相比于人造纤维,植物纤维具有吸声降噪的突出优势。

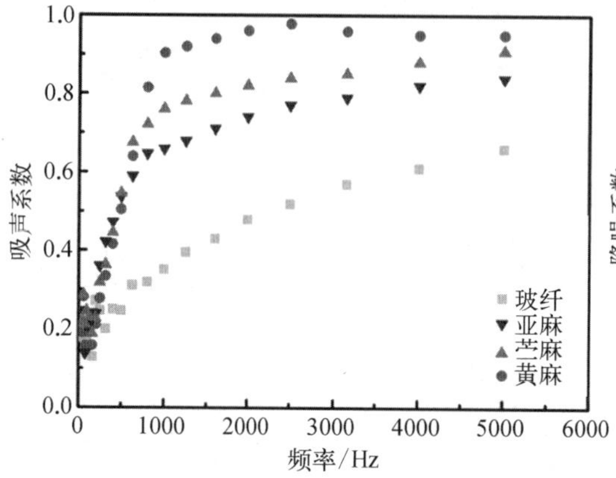

(a) 吸声系数

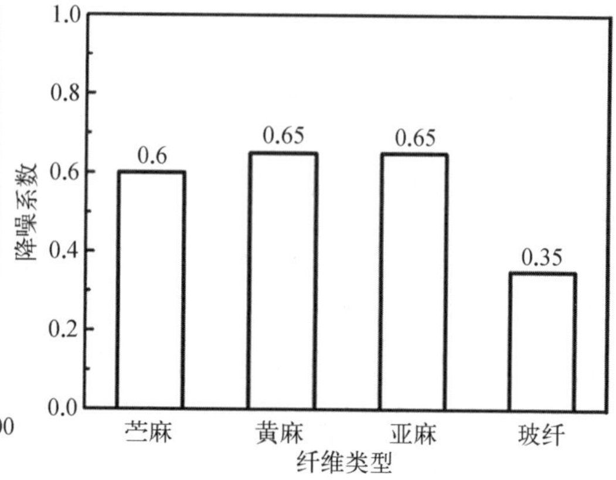

(b) 降噪系数

图 10.21　苎麻纤维、黄麻纤维、亚麻纤维和玻璃纤维的吸声系数和降噪系数[37]

临界吸声频率是指当材料的吸声系数达到某个声波频率后,其吸声系数达到峰值并趋于平稳,此时的入射声波频率即为临界吸声频率。当声波频率超过临界吸声频率后,材料的吸声性能不会发生明显变化。确定材料的临界吸声频率和最大吸声系数,即可根据实际生产中的技术要求,有效地选取吸声材料。表 10.5 给出了几种典型材料的临界吸声频率和最大吸声系数。可以看出,黄麻纤维的临界吸声频率为 1 250 Hz,而其他几种植物纤维的临界吸声频率也相对较低,因此,植物纤维不但具有较高的吸声系数,而且其有效吸声频率范围更广,可作为一种优异的吸声材料所使用。

表 10.5　不同材料的临界吸声频率及最大吸声系数[37]

纤 维 类 别	临界吸声频率/Hz	最大吸声系数
苎麻	3 150	0.85
亚麻	4 000	0.82
黄麻	1 250	0.92
玻璃纤维	>5 000	0.62
鹅绒	3 000	0.97
羊绒	4 500	0.77
腈纶短纤	4 000	0.55

植物纤维的吸声性能优于碳纤维、玻璃纤维等人造纤维，其主要原因一方面是植物纤维具有中空的空腔结构，这使得纤维材料内部的空隙更多。如图 10.22 所示，声波会引起空腔内空气的振动，空气与纤维壁产生摩擦，形成的黏滞阻力作用使声能转化成热能，从而衰减声波。另一方面，植物纤维具有多层级的结构特点，细胞纤维是由多个壁层构成，且壁层是由纳米尺度的纤维素微纤丝组成，即纤维内部具有微米甚至纳米级的结构，而人造纤维是实心的微米级纤维。当声波进入纤维材料内部时，不仅单根植物纤维之间可以通过热传导作用损耗声能，同时也会引起纤维本身各层次结构（如微纤丝等）的振动，产生声能损耗。而影响植物纤维吸声性能的主要因素则包括纤维直径、纤维密度、织物密度和植物纤维的空腔结构等。

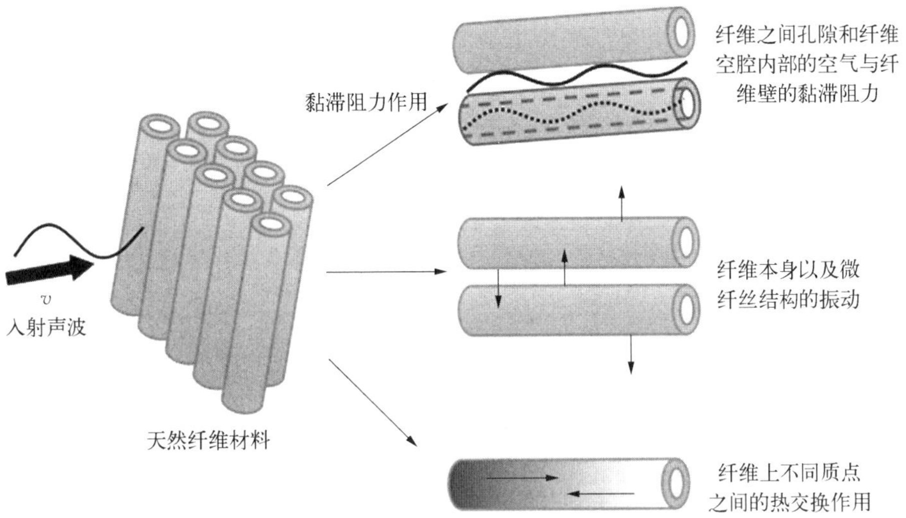

图 10.22　植物纤维吸声机理示意图

植物纤维增强复合材料的吸声系数高于人造纤维增强复合材料，尤其是在高频段表现更为突出。如图 10.23 所示，黄麻纤维增强复合材料的吸声性能最为优异。因此，在航

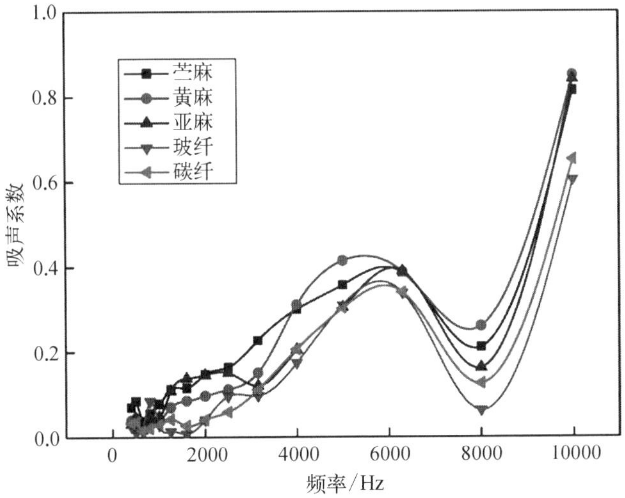

图 10.23　不同纤维增强复合材料的吸声系数[37]

空等领域的应用会更具潜力。然而,由于复合材料在成型过程中,会由于压力的作用使空腔在一定程度上被压塌闭合,并且由于树脂的约束,多层级结构振动引起的声能耗散机制也受到影响,因此,同纤维相比,植物纤维增强复合材料吸声性能并不如纤维本身的优势那么明显。

10.7.2 热学性能

在纤维材料中,热传导主要是依靠晶格振动的格波(声子)来实现的,直接决定材料热导率的大小。材料的隔热效果主要反映热能的耗散效果。如图 10.24 所示,植物纤维增强复合材料的热导率明显低于玻璃纤维和碳纤维增强复合材料,具有更优异的隔热性能。植物纤维径向分布着大量的纤维素微晶和微纤丝,这些结构会使热流在传播过程中发生损耗;此外,植物纤维具有独特的空腔结构,由于空气的热导率较低,空腔中的空气对热流的传播起阻断作用。植物纤维的空腔含量越高,其增强复合材料的热导率越低。在三种植物纤维中,黄麻纤维的空腔含量最高,因此其增强复合材料的热导率最低。

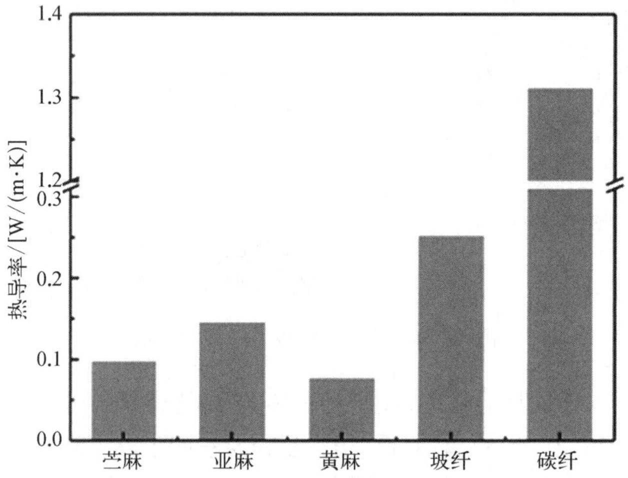

图 10.24 单向植物纤维与人造纤维增强复合材料热导率对比(纤维体积分数为 60%)[38]

复合材料中纤维体积含量对单向植物纤维增强复合材料的热导率影响较大,热导率随着纤维体积含量的增加而显著下降,如图 10.25(a)所示。这是由于纤维体积含量越高,隔热性能好的植物纤维的贡献就越大。纤维取向也会影响植物纤维增强复合材料的热导率,但影响不如纤维体积含量大。如图 10.25(b)所示,随着纤维铺设方向的增多,纤维取向分布在复合材料中更趋均匀,使得热流在传播过程中与纤维的空腔、多层级的细胞纤维壁层和纤维素微晶能够充分接触,耗散热能更多,从而热导率略低。因此,植物纤维增强复合材料可被作为环保隔热材料所应用。

另一个关键的热学性能是热膨胀系数,热膨胀系数是表征材料暴露于温度变化时尺寸变化的能力。表 10.6 给出了几种典型纤维材料的热膨胀系数。可以看出,相比人造纤维,植物纤维的纵向热膨胀系数不仅比其横向热膨胀系数小一个数量级,表现出高度各向异性,而且均为负值,表明植物纤维在加热时会沿长度方向收缩。植物纤维的横向热膨胀

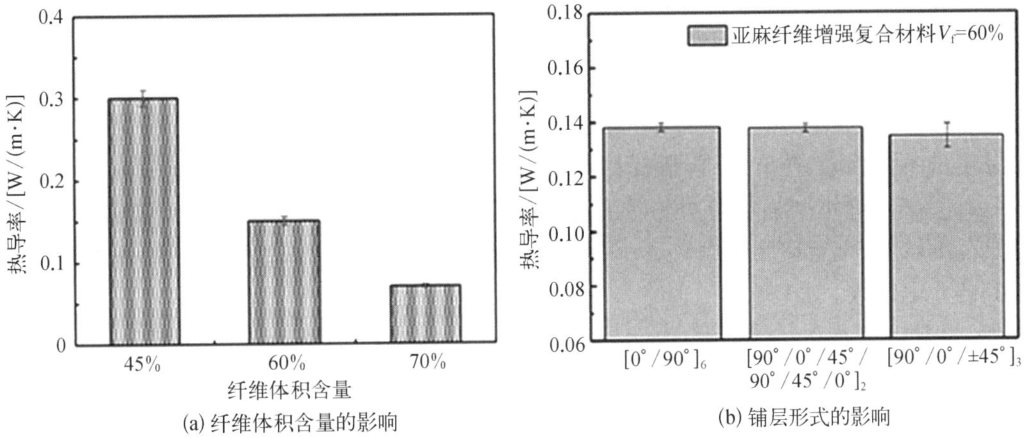

(a) 纤维体积含量的影响　　(b) 铺层形式的影响

图 10.25　不同纤维体积含量和不同铺层形式对亚麻纤维增强复合材料热导率的影响[38]

系数与聚合物基体(64~68 μm · m^{-1} · $℃^{-1}$)非常接近,这可能导致因径向压缩应力较低而影响植物纤维增强复合材料的界面传递能力。植物纤维界面应力传递性能较弱的根本原因可能在于其热弹性各向异性,而不是主要在于植物纤维与聚合物基体界面的化学相互作用。

表 10.6　不同纤维的热膨胀系数[39-41]

纤 维 类 别	纵向热膨胀系数α_{f1}/(μm · m^{-1} · $℃^{-1}$)	横向热膨胀系数α_{f2}/(μm · m^{-1} · $℃^{-1}$)
亚麻	-8.0	83
剑麻	-3.9	80
黄麻	-0.6	77.2
E-玻璃纤维	5	5
碳纤维	-0.4	18
芳纶纤维	3.6	77

10.7.3　介电性能

介电性能是指在电场作用下,材料表现出的对静电能的储蓄和损耗的性质,通常用介电常数和介质损耗来表示。介电常数反映材料的极化能力和能量储存能力,损耗角正切值反映材料与微波的耦合能力。介电常数越大,电磁波在空气与介质分界上的反射则越大;介电损耗越大,电磁波更多地转化成热能,电磁波的传输效率降低。图 10.26 比较了植物纤维增强复合材料、玻璃纤维增强复合材料和碳纤维增强复合材料的介电常数和介电损耗。可以看出,植物纤维增强复合材料的介电常数和介电损耗均低于碳纤维增强复合材料,介电常数与玻璃纤维增强复合材料相近,但介电损耗则低于玻璃纤维增强复合材料,展现出极佳的透波性能。在植物纤维中,羟基是体现其极性的主要贡献者。在结晶区中,羟基之间的范德瓦尔斯力使其有序排列,羟基极性基团的转向受到限制,当材料置于交变电场中,极性基团无法跟上电场的变化,因此产生更多的介电损耗;在无定形区中,纤维素分子的羟基主要通过氢键连接形成无序结构,极性基团在电场中更易于被极化,介电常数也会越高。因此,结晶区更多地影响介电损耗,而非结晶区主要影响材料的介电常数。材料的介电性能是两部分共同作用的结果。而植物纤维中的纤维素含量是影响材料结晶度的直接因素,苎麻纤维晶态纤维素含量较高,纤维结晶度较高,而无定形区含量较少,因此,苎麻纤维增强复合材料具有较高的介电损耗和较低的介电常数。同理,黄麻纤维结晶度较低,无定型区含量较高,因此,黄麻纤维增强复合材料呈现较低的介电损耗和较高的介电常数。

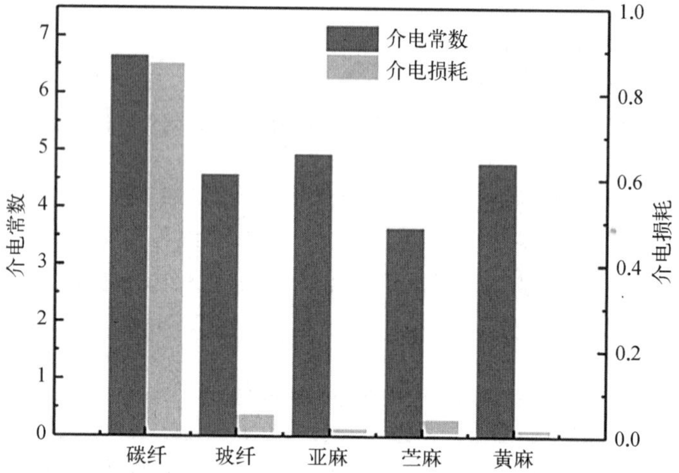

图 10.26　不同纤维增强复合材料的介电常数和介电损耗(60 vol. %,9.375 GHz)[38]

图 10.27 给出了亚麻纤维增强复合材料和玻璃纤维增强复合材料在 2~18 GHz 频段的吸波率,可以看出亚麻纤维增强复合材料的吸波率在该频段内均低于玻璃纤维增强复

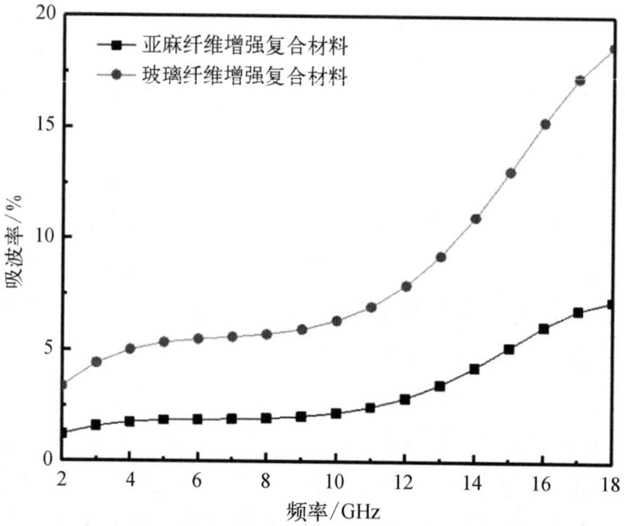

图 10.27　亚麻纤维与玻璃纤维增强复合材料在 2~18 GHz 频段的吸波率[38]

合材料。而后者因具有优异的透波性能,目前为雷达罩的主要用材,植物纤维增强复合材料所拥有的更高的透波性能,使其在雷达罩应用领域具有潜在的应用前景。

10.7.4　阻尼性能

阻尼是使自由振动产生衰减的摩擦等各种阻碍作用。阻尼比是一个无量纲参量,等于实际的黏性阻尼系数与临界阻尼系数之比,表示结构在受激振后振动的衰减能力。复合材料的阻尼机理主要体现在利用基体内耗、增强体内耗以及界面内耗三种微观机制,把振动能吸收并转化为其他形式的能量而消耗,从而降低机械振动和噪声等。相比玻璃纤维和碳纤维等人造纤维增强复合材料,植物纤维增强复合材料除了同人造纤维增强复合材料一样,通过黏弹性的树脂基体、纤维与树脂基体间的界面和复合材料层间耗散能量外,植物纤维因其独特的多层级结构所带来的更多能量耗散使得其增强复合材料具有更优异的阻尼性能。

图 10.28(a)为通过对数衰减法测得的单向亚麻纤维和碳纤维增强复合材料在一阶共振频率附近的阻尼比,可以看出,不同驻留频率下单向亚麻纤维增强复合材料的阻尼比均在 1.7%~2.0%,比碳纤维增强复合材料高出 50%以上。而复合材料的铺层顺序对阻尼比有着较大的影响,图 10.28(b)给出了按照半功率带宽法计算的不同铺层顺序下单向碳纤维/亚麻纤维混杂复合材料的阻尼比,可以看出阻尼比随振幅的变化呈现线性增长。亚麻纤维增强复合材料的阻尼比最高,比碳纤维增强复合材料高出 0.3%左右;亚麻纤维放在最外层位置的混杂复合材料阻尼比次之,比碳纤维增强复合材料高出 0.12%左右;亚麻纤维放在中间层位置以及次外层位置的混杂复合材料阻尼比与碳纤维增强复合材料基本处于同一水平;碳纤维增强复合材料的阻尼比最低。

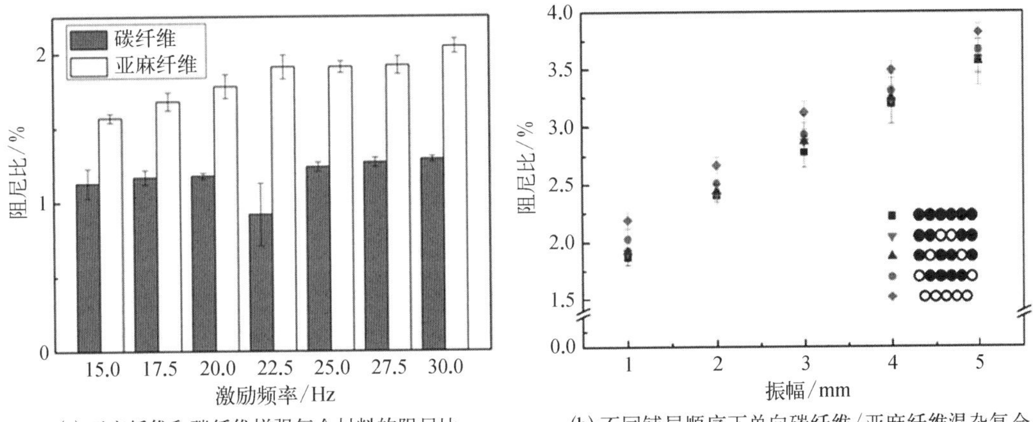

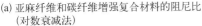

(a) 亚麻纤维和碳纤维增强复合材料的阻尼比(对数衰减法)

(b) 不同铺层顺序下单向碳纤维/亚麻纤维混杂复合材料的阻尼比(半功率带宽法)(黑色圆圈代表碳纤维,灰色圆圈代表亚麻纤维)

图 10.28　纤维种类和铺层方式对复合材料阻尼比的影响[42]

此外,还可以通过动态热机械分析(dynamic mechanical analysis, DMA)方法测试复合材料的损耗因子来表征其阻尼性能。DMA 测试方法是在受迫振动条件下测试材料的阻尼性能。通过测量材料的正弦应变(或应力)及两个正弦波相位的偏移,计算材料的储能模量和损耗模量。损耗因子是表征材料阻尼性能的常用参数指标,是损耗模量与储能模量之比。DMA 测试时,施加的正弦振动是一种受迫振动,当振幅增大时,材料内部变形导致的摩擦随之增多,耗散的能量增大。如图 10.29 所示,单向亚麻纤维和碳纤维增强复合材料的损耗因子均随着振幅的增加呈现上升的趋势,亚麻纤维增强复合材料的损耗因子是碳纤维增强复合材料的 2 倍。

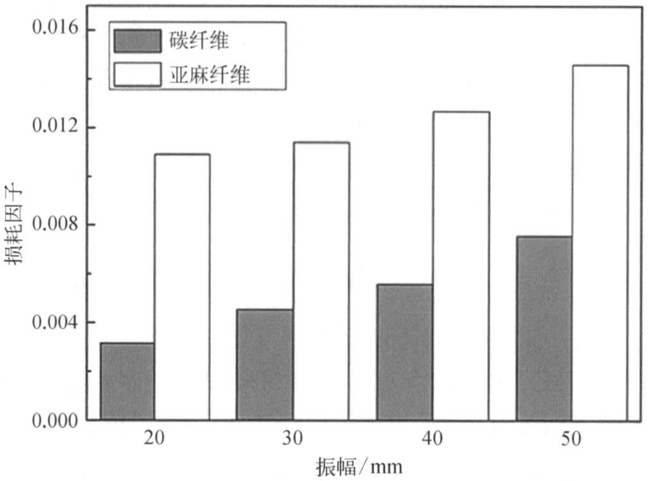

图 10.29　亚麻纤维和碳纤维增强复合材料损耗因子(DMA 测试)[42]

10.8　植物纤维增强复合材料的应用

植物纤维增强复合材料因其生态环保的优势以及独特的力学和物理性能,已在汽车、建筑、运动器材、乐器等领域得到应用。世界各国也在积极探索其在航空领域的应用,为实现低碳减排的绿色航空寻找解决方案。图 10.30 为植物纤维增强复合材料在航空领域的示范应用案例。图 10.30(a)为采用植物纤维(苎麻)增强复合材料制备的世界上最大的水陆两用运输机“蛟龙 600”原型机的前机舱内壁板,是绿色复合材料首次在飞机结构内饰上的亮相,该新产品和新技术向国内外传递出一种非传统、选择性的材料与结构的替代方案,同时取得了内饰结构美观、减重和隔声的效果,为推动低碳、减排的“绿色航空”发挥了非常积极的作用。如图 10.30(b)为采用平纹苎麻纤维织物、酚醛树脂和芳纶蜂窝,与玻璃纤维混杂,采用植物纤维界面改性和阻燃处理技术,通过热压罐工艺制备获得的飞机内饰板和防冰板结构,具有力学性能优异、隔声量高、重量轻、阻燃性好等优点。图 10.30(c)为采用植物纤维、植物纤维蜂窝夹芯结构、生物质树脂设计制造的大型客机舱内典型结构,通过该示范应用,波音公司评价植物纤维为具有在航空这一挑战领域应用的潜力。

除在航空领域应用外,植物纤维增强复合材料也已在汽车、建筑、轨道交通、船舶、体育休闲用品等领域得到一定的应用(图 10.31)。近年来,由于全球对环境和资源问题的日益关注,越来越多的汽车制造商(梅赛德斯-奔驰、宝马、奥迪和大众等)更大规模地在

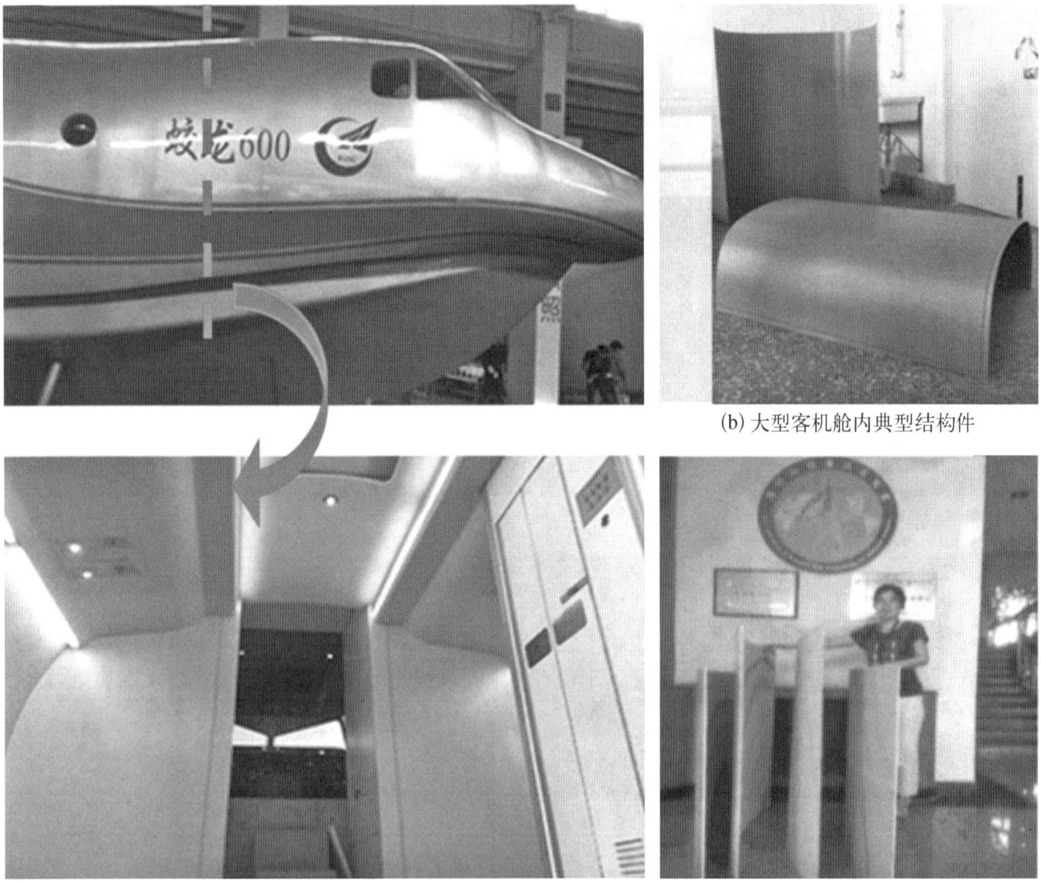

(a)"蛟龙600"大型灭火/水上救援水陆两栖飞机内壁板结构　(b)大型客机舱内典型结构件　(c)飞机内饰结构"声学板""防冰板"示范件

图 10.30　植物纤维增强复合材料航空应用案例(在科技部 973 项目的资助下,北京航空材料研究院、同济大学、中国科学院宁波材料技术与工程研究所等合作完成)[43]

汽车内部(内饰、仪表板等)和外部部件(车顶、尾盖、车门等)使用植物纤维增强复合材料[图 10.31(a)]。采用亚麻/黄麻混杂纤维增强复合材料制备的新能源汽车车顶棚外覆盖件不仅与钢顶具有同样的力学性能,同时兼具了吸声和隔热性能,并实现减重达 37.9%。英国利用木结构、麻及羊毛等天然材料作为建筑物结构外墙材料建造的位于英国建筑研究院创新园的可再生屋如图 10.31(b)所示,在实现环保低碳排放的同时,还能起到隔热保温的作用。采用植物纤维界面处理技术和植物纤维增强复合材料的叠层混杂技术制备的植物纤维增强复合材料应用在地铁内饰结构中[图 10.31(c)],经过几年的路试运行,效果良好,实现了植物纤维增强复合材料在我国轨道交通工具内饰领域的首次验证及应用。其次,采用真空辅助树脂传递模塑成型工艺制造的亚麻纤维增强环氧树脂复合材料双体船船体部分如图 10.31(d)所示。同时,基于植物纤维增强复合材料的高比力学性能和优异的阻尼性能及其连带的时尚性,以及资源友好、绿色环保等特点,利用植物纤维增强复合材料制造的自行车车架、冲浪板、滑雪板、吉他、头盔、婴儿提篮等体育娱乐休闲防护用品应运而生[图 10.31(e)]。

(a) 汽车　(b) 建筑　(c) 轨道交通　(d) 船舶　(e) 体育娱乐休闲用品

图 10.31　植物纤维增强复合材料其他领域应用案例

10.9　总结与展望

本章针对植物纤维独特的微观结构特点,系统地介绍了植物纤维增强复合材料的制备工艺、多层级界面结构和性能特点、力学性能、物理特性及工程示范应用案例,同时论述了植物纤维增强复合材料在不同服役环境条件下的耐久性。采用来源于大自然,且具有高的比强度和比模量以及良好吸声隔热性能的植物纤维来设计和制造结构功能一体化的先进复合材料结构,部分替代人造纤维增强复合材料,并实现其在航空、轨道交通和汽车等高端装备以及在风电、体育休闲等领域的大规模应用是未来的发展方向。特别在航空领域,碳纤维和玻璃纤维增强复合材料主要应用于飞机的主承力和次承力结构。然而,在国际可持续发展和减排限制要求下,将植物纤维增强复合材料逐步应用到飞机制造中去,不仅可以减少飞机所使用材料对石油等资源的依赖，还有望研制开发出新型的轻质多功能复合材料结构件，作为替代玻璃纤维增强复合材料的一个生态经济型新选项。然而，相对于碳纤维、玻璃纤维等人造纤维，植物纤维相对较弱的力学性能以及易燃、强吸湿等特性，限制了其增强复合材料的大规模工业应用。此外，植物纤维增强复合材料的上下游产业，包括适合于复合材料增强材料的植物纤维原材料的提取制备和加工、植物纤维预浸料的研制、植物纤维增强复合材料的结构设计方法及结构件的开发等都还不够成熟，这也进一步制约了与植物纤维增强复合材料相关产业的发展。因此，未来进一步从复合材料设计和制造的角度，基于植物纤维多层次多尺度的结构特点，探究植物纤维增强复合材料力学高性能化和满足阻燃、降噪、阻尼等需求的多功能化的研究方法；带动多层次多尺度的复合材料力学理论的发展；发挥我国在植物资源和纺织工业的优势，开发适合于复合材料的植物纤维增强体，是未来亟待开展的工作。

习题与思考题

1. 简述植物纤维的化学组成和微观结构。
2. 相比人造纤维，植物纤维的力学性能有哪些优势？
3. 改善植物纤维表面特性的方法主要有哪些？并分析改善机制。
4. 列举制备植物纤维增强复合材料常用的成型工艺，各自的技术特点是什么？
5. 概括植物纤维增强复合材料不同于人造纤维增强复合材料的界面特点。
6. 列举高质量提升植物纤维增强复合材料力学性能的方法，并分析影响因素和机理。
7. 分析植物纤维增强复合材料与人造纤维增强复合材料在物理性能上的异同，并阐述产生差异的原因。

参考文献

[1] Sudhin A, Remanan M, Ajeesh G, et al. Comparison of properties of carbon fiber reinforced thermoplastic and thermosetting composites for aerospace applications[J]. Materials Today: Proceedings, 2020, 24: 453-462.

[2] Wambua P, Ivens J, Verpoest I. Natural fibres: Can they replace glass in fibre reinforced plastics? [J]. Composites Science and Technology, 2003, 63(9): 1259-1264.

[3] Kandasamy J, Soundhar A, Rajesh M, et al. Natural fiber composite for structural applications. [M]// Jawaid M, Hamdan A, Hameed Sultan M T. Structural health monitoring system for synthetic, hybrid and natural fiber composites. Singapore: Springer Nature Singapore, 2021.

[4] Mansor M, Nurfaizey A, Tamaldin N, et al. Natural fiber polymer composites: Utilization in aerospace engineering[M]//Verma D, Fortunati E, Jain S, et al. Biomass, biopolymer-based materials, and bioenergy. Amsterdam: Elsevier, 2019.

[5] Balakrishnan P, John M, Pothen L, et al. Natural fibre and polymeric matrix composites and their applications in aerospace engineering[M]//Rana S, Fangueiro R. Advanced composite materials for aerospace engineering. Amsterdam: Elsevier, 2016.

[6] Silva G, Kim S, Aguilar R, et al. Natural fibers as reinforcement additives for geopolymers — A review of potential eco-friendly applications to the construction industry [J]. Sustainable Materials and Technologies, 2020, 23: e00132.

[7] Bogoeva-Gaceva G, Avella M, Malinconico M, et al. Natural fiber eco-composites [J]. Polymer Composites, 2007, 28(1): 98 - 107.

[8] John M, Thomas S. Biofibres and biocomposites [J]. Carbohydrate Polymers, 2008, 71 (3): 343 - 364.

[9] Faruk O, Bledzki A, Fink H, et al. Biocomposites reinforced with natural fibers: 2000 - 2010[J]. Progress in Polymer Science, 2012, 37(11): 1552 - 1596.

[10] Alain B, Johnny B, Darshil U, et al. Towards the design of high-performance plant fibre composites [J]. Progress in Materials Science, 2018, 97: 347 - 408.

[11] 李岩,罗业. 天然纤维增强复合材料力学性能及其应用[J]. 固体力学学报,2010(6): 613 - 630.

[12] Li Y, Mai Y, Ye L. Sisal fibre and its composites: A review of recent developments[J]. Composites Science and Technology, 2000, 60(11): 2037 - 2055.

[13] Chanliaud E, Burrows K, Jeronimidis G, et al. Mechanical properties of primary plant cell wall analogues [J]. Planta, 2002, 215(6): 989 - 996.

[14] Li Y, Hu Y, Hu C, et al. Microstructures and mechanical properties of natural fibers[J]. Advances in Fracture and Materials Behavior, 2008, 33 - 37: 553 - 558.

[15] Li Q, Li Y, Zhou L. Nanoscale evaluation of multi-layer interfacial mechanical properties of sisal fiber reinforced composites by nanoindentation technique [J]. Composites Science and Technology, 2017, 152: 211 - 221.

[16] Li Y, Ma H, Shen Y, et al. Effects of resin inside fiber lumen on the mechanical properties of sisal fiber reinforced composites[J]. Composites Science and Technology, 2015, 108: 32 - 40.

[17] Fidelis M, Pereira T, Gomes O, et al. The effect of fiber morphology on the tensile strength of natural fibers[J]. Journal of Materials Research and Technology, 2013, 2(2): 149 - 157.

[18] Charlet K, Jernot J, Gomina M, et al. Influence of an Agatha flax fibre location in a stem on its mechanical, chemical and morphological properties [J]. Composites Science and Technology, 2009, 69(9): 1399 - 1403.

[19] Amaducci S, Amaducci M, Benati R, et al. Crop yield and quality parameters of four annual fibre crops (hemp, kenaf, maize and sorghum) in the north of Italy [J]. Industrial Crops and Products, 2000, 11(2 - 3): 179 - 186.

[20] Zeng X, Mooney S, Sturrock C. Assessing the effect of fibre extraction processes on the strength of flax fibre reinforcement[J]. Composites Part A: Applied Science and Manufacturing, 2015, 70: 1 - 7.

[21] Munawar S, Umemura K, Kawai S. Characterization of the morphological, physical, and mechanical properties of seven nonwood plant fiber bundles [J]. Journal of Wood Science, 2006, 53 (2): 108 - 113.

[22] Malkapuram R, Kumar V, Negi Y. Recent development in natural fiber reinforced polypropylene composites[J]. Journal of Reinforced Plastics and Composites, 2009, 28(10): 1169 - 1189.

[23] Rong M, Zhang M, Liu Y, et al. The effect of fiber treatment on the mechanical properties of unidirectional sisal-reinforced epoxy composites [J]. Composites Science and Technology, 2001, 61 (10): 1437 - 1447.

[24] Gassan J, Gutowski V. Effects of corona discharge and UV treatment on the properties of jute-fibre epoxy composites[J]. Composites Science and Technology, 2000, 60(15): 2857 - 2863.

[25] Ragoubi M, Bienaimé D, Molina S, et al. Impact of corona treated hemp fibres onto mechanical properties of polypropylene composites made thereof[J]. Industrial Crops and Products, 2010, 31(2): 344 - 349.

[26] Mukhopadhyay S, Fangueiro R. Physical modification of natural fibers and thermoplastic films for composites — A review[J]. Journal of Thermoplastic Composite Materials, 2009, 22(2): 135 - 162.

[27] Bozaci E, Sever K, Sarikanat M, et al. Effects of the atmospheric plasma treatments on surface and mechanical properties of flax fiber and adhesion between fiber-matrix for composite materials[J]. Composites Part B-Engineering, 2013, 45(1): 565 - 572.

[28] Gassan J, Bledzki A. Possibilities for improving the mechanical properties of jute/epoxy composites by alkali treatment of fibres[J]. Composites Science and Technology, 1999, 59(9): 1303 - 1309.

[29] Brodowsky H, Mäder E. Jute fibre/epoxy composites: Surface properties and interfacial adhesion [J]. Composites Science and Technology, 2012, 72(10): 1160 - 1166.

[30] Tao Y, Jie R, Li S, et al. Effect of fiber surface-treatments on the properties of poly(lactic acid)/ramie composites[J]. Composites Part A: Applied Science and Manufacturing, 2010, 41(4): 499 - 505.

[31] Li Y, Chen C, Xu J, et al. Improved mechanical properties of carbon nanotubes coated flax fiber reinforced composites[J]. Journal of Materials Science, 2015, 50(3): 1117 - 1128.

[32] Chen C, Li Y, Yu T. Interlaminar toughening in flax fiber-reinforced composites interleaved with carbon nanotube buckypaper[J]. Journal of Reinforced Plastics and Composites, 2014, 33(20): 1859 - 1868.

[33] Li Y, Wang D, Ma H. Improving interlaminar fracture toughness of flax fiber/epoxy composites with chopped flax yarn interleaving[J]. Science China Technological Sciences, 2015, 58(10): 1745 - 1752.

[34] Zhang Y, Li Y, Ma H, et al. Tensile and interfacial properties of unidirectional flax/glass fiber reinforced hybrid composites[J]. Composites Science and Technology, 2013, 88: 172 - 177.

[35] Ma H, Li Y, Wang D. Investigations of fiber twist on the mechanical properties of sisal fiber yarns and their composites[J]. Journal of Reinforced Plastics and Composites, 2014, 33(7): 687 - 696.

[36] Li Y, Xue B. Hydrothermal ageing mechanisms of unidirectional flax fabric reinforced epoxy composites [J]. Polymer Degradation and Stability, 2016, 126: 144 - 158.

[37] Yang W, Li Y. Sound absorption performance of natural fibers and their composites[J]. Science China Technological Sciences, 2012, 55(8): 2278 - 2283.

[38] Zhang S, Li Y, Zheng Z. Effect of physiochemical structure on energy absorption properties of plant fibers reinforced composites: Dielectric, thermal insulation, and sound absorption properties[J]. Composites Communications, 2018, 10: 163 - 167.

[39] Kawabata S. Measurement of the transverse mechanical properties of high-performance fibres[J]. Journal of the Textile Institute, 1990, 81: 432 - 447.

[40] Cichocki F, Thomason J. Thermoelastic anisotropy of a natural fiber[J]. Composites Science and Technology, 2002, 62(5): 669 - 678.

[41] Thomason J, Liu Y, Gentles F. Characterisation of the anisotropic thermoelastic properties of natural fibres for composite reinforcement[J]. Composites Science and Technology, 2017, 5(4): 36.

[42] Li Y, Cai S, Huang X. Multi-scaled enhancement of damping property for carbon fiber reinforced composites[J]. Composites Science and Technology, 2017, 143: 89-97.
[43] Li Y, Yi X, Yu T, et al. An overview of structural-functional-integrated composites based on the hierarchical microstructures of plant fibers[J]. Advanced Composites and Hybrid Materials, 2018, 1(2): 231-246.

第 11 章
复合材料的刚度和强度

学习要点:

(1) 掌握线弹性材料和单层板的应力-应变关系;
(2) 理解单层板强度理论;
(3) 理解单向纤维增强复合材料细观力学分析方法;
(4) 理解经典层合板理论;
(5) 熟悉层合板强度分析方法;
(6) 了解层合板层间应力分布规律;
(7) 了解层间破坏形式与改善层间应力的方法。

11.1 引 言

由于比强度和比刚度高的优点(图 11.1),纤维增强复合材料在航空航天系统设计中得到了广泛的关注,如飞机中的翼盒、飞机机翼、压力舱壁、起落架舱门、发动机整流罩、横梁以及平尾和垂尾等[1-3]。本章研究对象主要是结构中应用最为广泛的连续纤维增强复合材料(以树脂为基体,以纤维为增强相),以下从三个方面对本章学习内容进行概括。

结构方面包括单层板和层合板。本章学习的单向纤维增强复合材料是指单一方向的连续纤维增强复合材料,而单层板是指单向纤维增强复合材料以扁平形式存在的层片,不同取向的单层板堆叠后便形成层合板结构。

力学概念方面包括刚度和强度。刚度特性的学习需要学生掌握复合材料的应力-应变关系,而其强度特性学习则需要学生知道如何判断复合材料的损伤状态和承载能力。

力学尺度方面包括细观和宏观。细观力学层面将复合材料中不同组分的力学性能进行整合,宏观力学则是将复合材料看作均质材料,从平均表观性能上进行分析。本章中,单向纤维增强复合材料的细观力学分析是对单层板力学性能的细化与深入,而单层板的宏观力学分析是层合板结构宏观力学分析的基础。

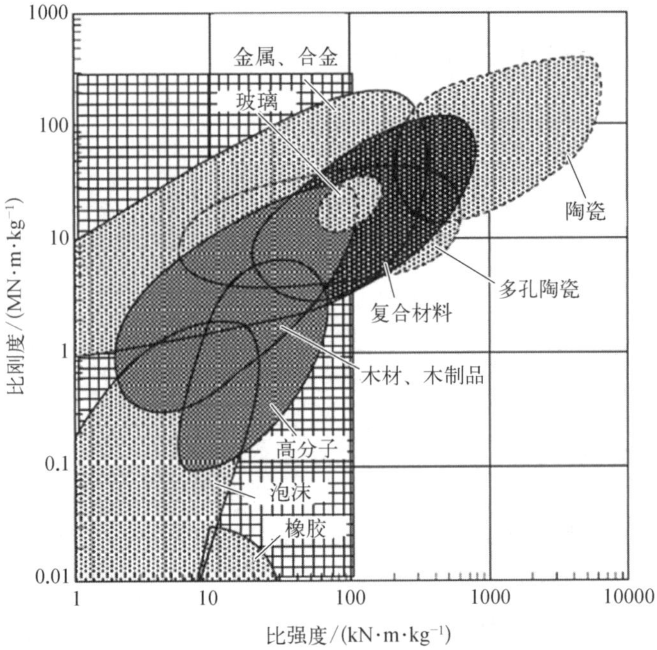

图 11.1　各种材料比强度与比刚度范围图[3]

11.2　单向连续纤维增强复合材料的刚度与强度分析

11.2.1　线弹性材料应力-应变关系

在本章分析中采用 1、2、3 轴代替弹性力学分析中的 x、y、z 轴，故存在如下替换关系：

应力	应变
$\sigma_x \rightarrow \sigma_1$	$\varepsilon_x \rightarrow \varepsilon_1$
$\sigma_y \rightarrow \sigma_2$	$\varepsilon_y \rightarrow \varepsilon_2$
$\sigma_z \rightarrow \sigma_3$	$\varepsilon_z \rightarrow \varepsilon_3$
$\tau_{yz} \rightarrow \sigma_4$	$\gamma_{yz} = 2\varepsilon_x \rightarrow \varepsilon_4$
$\tau_{zx} \rightarrow \sigma_5$	$\gamma_{zx} = 2\varepsilon_{zx} \rightarrow \varepsilon_5$
$\tau_{xy} \rightarrow \sigma_6$	$\gamma_{xy} = 2\varepsilon_{xy} \rightarrow \varepsilon_6$

小变形时，各向异性材料的应力-应变关系为

$$\begin{bmatrix}\sigma_1\\ \sigma_2\\ \sigma_3\\ \sigma_4\\ \sigma_5\\ \sigma_6\end{bmatrix}=\begin{bmatrix}C_{11}&C_{12}&C_{13}&C_{14}&C_{15}&C_{16}\\ C_{21}&C_{22}&C_{23}&C_{24}&C_{25}&C_{26}\\ C_{31}&C_{32}&C_{33}&C_{34}&C_{35}&C_{36}\\ C_{41}&C_{42}&C_{43}&C_{44}&C_{45}&C_{46}\\ C_{51}&C_{52}&C_{53}&C_{54}&C_{55}&C_{56}\\ C_{61}&C_{62}&C_{63}&C_{64}&C_{65}&C_{66}\end{bmatrix}\begin{bmatrix}\varepsilon_1\\ \varepsilon_2\\ \varepsilon_3\\ \varepsilon_4\\ \varepsilon_5\\ \varepsilon_6\end{bmatrix}\Rightarrow\sigma_i=C_{ij}\varepsilon_j(i,\ j=1,\ 2,\ \cdots,\ 6) \tag{11.1}$$

其中，C_{ij} 由 36 个刚度系数组成，将应变能密度泰勒展开，利用广义格林公式可以证明[4]：

$$C_{ij}=C_{ji} \tag{11.2}$$

意味着各向异性材料中只有 21 个刚度系数（左上至右下的主对角线 6 个和上三角区域或者下三角区域的 15 个）是独立的。若利用应力分量来表示应变分量，则有

$$\varepsilon_i=S_{ij}\sigma_j\ \ (i,\ j=1,\ 2,\ \cdots,\ 6) \tag{11.3}$$

其中，S_{ij} 为柔度系数，柔度矩阵是刚度矩阵的逆矩阵，同样具有对称性。利用坐标转化后应变能密度不变的思想，可以证明对于具有弹性对称面的材料，其独立的刚度系数数目能够缩减。

单对称材料：即只具有一个弹性对称面的材料，其刚度系数可以减少 8 个，剩下 13 个：

$$\boldsymbol{C}=\begin{bmatrix}C_{11}&C_{12}&C_{13}&0&0&C_{16}\\ C_{12}&C_{22}&C_{23}&0&0&C_{26}\\ C_{13}&C_{23}&C_{33}&0&0&C_{36}\\ 0&0&0&C_{44}&C_{45}&0\\ 0&0&0&C_{54}&C_{55}&0\\ C_{16}&C_{26}&C_{36}&0&0&C_{66}\end{bmatrix} \tag{11.4}$$

正交各向异性材料：材料有两个正交对称平面（此时与该两个平面垂直的第三个平面也会自然地存在对称性）。其刚度系数进一步减少 4 个，即剩下 9 个：

$$\boldsymbol{C}=\begin{bmatrix}C_{11}&C_{12}&C_{13}&0&0&0\\ C_{12}&C_{22}&C_{23}&0&0&0\\ C_{13}&C_{23}&C_{33}&0&0&0\\ 0&0&0&C_{44}&0&0\\ 0&0&0&0&C_{55}&0\\ 0&0&0&0&0&C_{66}\end{bmatrix} \tag{11.5}$$

横观各向同性材料：材料具有横观各向同性平面，表示在该平面内任意改变坐标轴，

应变能密度表达不变。则其刚度矩阵只有 5 个独立的刚度系数：

$$
\boldsymbol{C}=\begin{bmatrix}
C_{11} & C_{12} & C_{13} & 0 & 0 & 0 \\
C_{12} & C_{11} & C_{13} & 0 & 0 & 0 \\
C_{13} & C_{13} & C_{33} & 0 & 0 & 0 \\
0 & 0 & 0 & C_{44} & 0 & 0 \\
0 & 0 & 0 & 0 & C_{44} & 0 \\
0 & 0 & 0 & 0 & 0 & \frac{1}{2}(C_{11}-C_{12})
\end{bmatrix} \tag{11.6}
$$

各向同性材料：有无穷多个弹性对称面，各个方向上弹性特性都相同，那么其刚度矩阵只有 2 个独立的刚度系数：

$$
\boldsymbol{C}=\begin{bmatrix}
C_{11} & C_{12} & C_{12} & 0 & 0 & 0 \\
C_{12} & C_{11} & C_{12} & 0 & 0 & 0 \\
C_{12} & C_{12} & C_{11} & 0 & 0 & 0 \\
0 & 0 & 0 & \frac{1}{2}(C_{11}-C_{12}) & 0 & 0 \\
0 & 0 & 0 & 0 & \frac{1}{2}(C_{11}-C_{12}) & 0 \\
0 & 0 & 0 & 0 & 0 & \frac{1}{2}(C_{11}-C_{12})
\end{bmatrix} \tag{11.7}
$$

通常实验测量得到的是工程弹性常数（弹性模量、泊松比及剪切模量），对于正交各向异性材料，为适应设计人员的需要，可以用工程弹性常数来表示柔度矩阵，如下：

$$
\boldsymbol{S}=\begin{bmatrix}
\frac{1}{E_1} & -\frac{\nu_{21}}{E_2} & -\frac{\nu_{31}}{E_3} & 0 & 0 & 0 \\
-\frac{\nu_{12}}{E_1} & \frac{1}{E_2} & -\frac{\nu_{32}}{E_3} & 0 & 0 & 0 \\
-\frac{\nu_{13}}{E_1} & -\frac{\nu_{23}}{E_2} & \frac{1}{E_3} & 0 & 0 & 0 \\
0 & 0 & 0 & \frac{1}{G_{23}} & 0 & 0 \\
0 & 0 & 0 & 0 & \frac{1}{G_{31}} & 0 \\
0 & 0 & 0 & 0 & 0 & \frac{1}{G_{12}}
\end{bmatrix} \tag{11.8}
$$

其中，E_i（$i=1, 2, 3$）表示材料主向 i 的杨氏弹性模量；ν_{ij} 为泊松比 $\left(\text{材料 } j \text{ 方向受到单独应力 } \sigma_j \text{ 作用,产生应变 } \varepsilon_i \text{ 与 } \varepsilon_j\text{,此时泊松比等于 } -\frac{\varepsilon_i}{\varepsilon_j}\right)$；$G_{ij}$ 表示 $i-j$ 平面内的剪切模量。此时由于柔度矩阵的对称性,可得

$$\frac{\nu_{ij}}{E_i}=\frac{\nu_{ji}}{E_j} \tag{11.9}$$

式(11.9)表达的关系称为麦克斯韦定理[5, 6],可用于验证实验结果的可靠性。由于刚度矩阵是柔度矩阵的逆矩阵,我们可以得到对应刚度系数的表达式:

$$\begin{cases}\Delta=\dfrac{1-\nu_{12}\nu_{21}-\nu_{23}\nu_{32}-\nu_{13}\nu_{31}-2\nu_{21}\nu_{32}\nu_{13}}{E_1E_2E_3}\\ C_{11}=\dfrac{1-\nu_{23}\nu_{32}}{E_2E_3\Delta},\ C_{12}=\dfrac{\nu_{21}+\nu_{31}\nu_{23}}{E_2E_3\Delta}=\dfrac{\nu_{12}+\nu_{32}\nu_{13}}{E_1E_3\Delta}\\ C_{13}=\dfrac{\nu_{31}+\nu_{21}\nu_{32}}{E_2E_3\Delta}=\dfrac{\nu_{13}+\nu_{12}\nu_{23}}{E_1E_2\Delta},\ C_{22}=\dfrac{1-\nu_{13}\nu_{31}}{E_1E_3\Delta}\\ C_{23}=\dfrac{\nu_{32}+\nu_{12}\nu_{31}}{E_1E_3\Delta}=\dfrac{\nu_{23}+\nu_{21}\nu_{13}}{E_1E_2\Delta},\ C_{33}=\dfrac{1-\nu_{12}\nu_{21}}{E_1E_2\Delta}\\ C_{44}=G_{23},\ C_{55}=G_{31},\ C_{66}=G_{12}\end{cases} \tag{11.10}$$

对于各向同性材料,限制条件有[5, 6]

$$G=\frac{E}{2(1+\nu)}\quad E>0,\ G>0,\ -1<\nu<\frac{1}{2} \tag{11.11}$$

对于正交各向异性材料,限制条件有[5, 6]

$$\begin{cases}|\nu_{ij}|<\left(\dfrac{E_i}{E_j}\right)^{\frac{1}{2}}\\ \nu_{21}\nu_{32}\nu_{13}<\dfrac{1}{2}\left(1-\nu_{21}^2\dfrac{E_1}{E_2}-\nu_{32}^2\dfrac{E_2}{E_3}-\nu_{13}^2\dfrac{E_3}{E_1}\right)<\dfrac{1}{2}\end{cases} \tag{11.12}$$

工程弹性常数限制条件可以用于对实验结果进行评测,被测材料只有满足对应限制条件才能进行后续研究分析。

11.2.2　单层板的应力-应变关系

1. 单层板的应力-应变关系

作为层合板的基本单元,单层板属于正交各向异性材料的范畴,为便于分析在本小节中视为宏观均质材料。通常单层板厚度方向尺寸(3 方向)远小于板平面内尺寸(1-2 平面,1 方向为连续纤维轴向),如图 11.2。故假设其不承担任何面外载荷,即 $\sigma_3=0$, $\sigma_4=\tau_{23}=\sigma_5=\tau_{31}=0$ 的平面应力状态,则其应变-应力关系为

$$\begin{cases}\begin{bmatrix}\varepsilon_1\\\varepsilon_2\\\gamma_{12}\end{bmatrix}=\begin{bmatrix}S_{11}&S_{12}&0\\S_{12}&S_{22}&0\\0&0&S_{66}\end{bmatrix}\begin{bmatrix}\sigma_1\\\sigma_2\\\tau_{12}\end{bmatrix}\\\varepsilon_3=S_{13}\sigma_1+S_{23}\sigma_2\\\gamma_{23}=\gamma_{31}=0\end{cases}\tag{11.13}$$

对应的应力-应变关系为

$$\begin{bmatrix}\sigma_1\\\sigma_2\\\tau_{12}\end{bmatrix}=\begin{bmatrix}Q_{11}&Q_{12}&0\\Q_{12}&Q_{22}&0\\0&0&Q_{66}\end{bmatrix}\begin{bmatrix}\varepsilon_1\\\varepsilon_2\\\gamma_{12}\end{bmatrix}\tag{11.14}$$

其中，$[Q]$ 为折减刚度矩阵，此时独立弹性常数为 4 个：

$$\begin{cases}Q_{11}=\dfrac{E_1}{1-\nu_{12}\nu_{21}}\\Q_{12}=\dfrac{\nu_{12}E_2}{1-\nu_{12}\nu_{21}}=\dfrac{\nu_{21}E_1}{1-\nu_{12}\nu_{21}}\\Q_{22}=\dfrac{E_2}{1-\nu_{12}\nu_{21}}\\Q_{66}=G_{12}\end{cases}\tag{11.15}$$

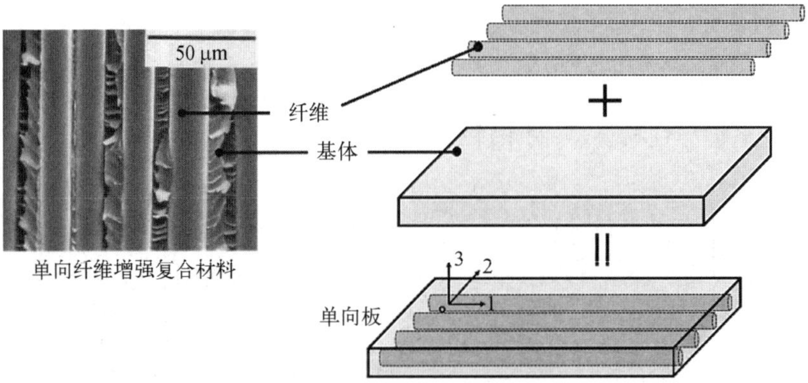

图 11.2　单层板示意图

2. 单层板任意方向下的应力-应变关系

单层板的主方向（1 方向为连续纤维轴向，2、3 方向为垂直于纤维的方向）在实际应用中，往往与层合板的整体 $x-y$ 方向并不重合。假设平面应力状态下的整体 $x-o-y$ 坐标系逆时针旋转 θ 至单层板 $1-o-2$ 坐标系，如图 11.3。

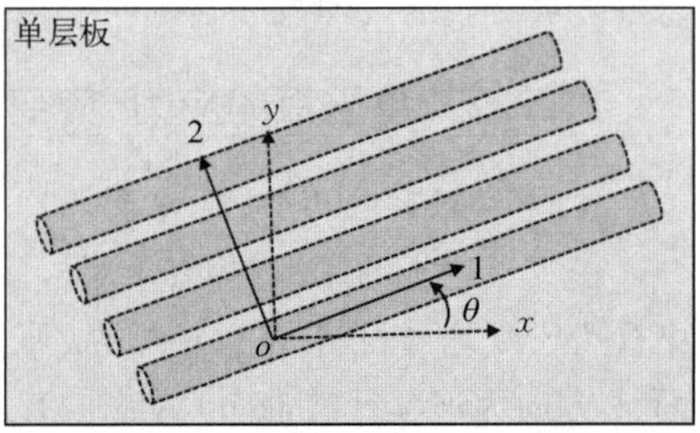

图 11.3　$1-o-2$ 坐标系和 $x-o-y$ 坐标系

两种坐标系下的应力、应变转换关系为

$$\begin{cases}\begin{bmatrix}\sigma_x\\ \sigma_y\\ \tau_{xy}\end{bmatrix}=\begin{bmatrix}\cos^2\theta & \sin^2\theta & -2\sin\theta\cos\theta\\ \sin^2\theta & \cos^2\theta & 2\sin\theta\cos\theta\\ \sin\theta\cos\theta & -\sin\theta\cos\theta & \cos^2\theta-\sin^2\theta\end{bmatrix}\begin{bmatrix}\sigma_1\\ \sigma_2\\ \tau_{12}\end{bmatrix}\\ \begin{bmatrix}\varepsilon_x\\ \varepsilon_y\\ \gamma_{xy}\end{bmatrix}=\begin{bmatrix}\cos^2\theta & \sin^2\theta & -\sin\theta\cos\theta\\ \sin^2\theta & \cos^2\theta & \sin\theta\cos\theta\\ 2\sin\theta\cos\theta & -2\sin\theta\cos\theta & \cos^2\theta-\sin^2\theta\end{bmatrix}\begin{bmatrix}\varepsilon_1\\ \varepsilon_2\\ \gamma_{12}\end{bmatrix}\end{cases} \tag{11.16}$$

设 $\boldsymbol{T}$ 为坐标转换矩阵

$$\begin{cases}\boldsymbol{T}=\begin{bmatrix}\cos^2\theta & \sin^2\theta & 2\sin\theta\cos\theta\\ \sin^2\theta & \cos^2\theta & -2\sin\theta\cos\theta\\ -\sin\theta\cos\theta & \sin\theta\cos\theta & \cos^2\theta-\sin^2\theta\end{bmatrix}\\ \boldsymbol{T}^{-1}=\begin{bmatrix}\cos^2\theta & \sin^2\theta & -2\sin\theta\cos\theta\\ \sin^2\theta & \cos^2\theta & 2\sin\theta\cos\theta\\ \sin\theta\cos\theta & -\sin\theta\cos\theta & \cos^2\theta-\sin^2\theta\end{bmatrix}\end{cases} \tag{11.17}$$

并由主方向下的应力-应变关系式(11.14),可得偏轴下应力-应变关系:

$$\begin{bmatrix}\sigma_x\\ \sigma_y\\ \tau_{xy}\end{bmatrix}=\boldsymbol{T}^{-1}\begin{bmatrix}\sigma_1\\ \sigma_2\\ \tau_{12}\end{bmatrix}=\boldsymbol{T}^{-1}\boldsymbol{Q}\begin{bmatrix}\varepsilon_1\\ \varepsilon_2\\ \gamma_{12}\end{bmatrix}=\boldsymbol{T}^{-1}\boldsymbol{Q}(\boldsymbol{T}^{-1})^T\begin{bmatrix}\varepsilon_x\\ \varepsilon_y\\ \gamma_{xy}\end{bmatrix}=\begin{bmatrix}\bar{Q}_{11} & \bar{Q}_{12} & \bar{Q}_{16}\\ \bar{Q}_{12} & \bar{Q}_{22} & \bar{Q}_{26}\\ \bar{Q}_{16} & \bar{Q}_{26} & \bar{Q}_{66}\end{bmatrix}\begin{bmatrix}\varepsilon_x\\ \varepsilon_y\\ \gamma_{xy}\end{bmatrix}=\bar{\boldsymbol{Q}}\begin{bmatrix}\varepsilon_x\\ \varepsilon_y\\ \gamma_{xy}\end{bmatrix} \tag{11.18}$$

其中,偏轴刚度折减矩阵 $\bar{\boldsymbol{Q}}$ 的元素为

$$\begin{cases}\bar{Q}_{11}=Q_{11}\cos^4\theta+2(Q_{12}+2Q_{66})\sin^2\theta\cos^2\theta+Q_{22}\sin^4\theta\\ \bar{Q}_{12}=(Q_{11}+Q_{22}-4Q_{66})\sin^2\theta\cos^2\theta+Q_{12}(\sin^4\theta+\cos^4\theta)\\ \bar{Q}_{22}=Q_{11}\sin^4\theta+2(Q_{12}+2Q_{66})\sin^2\theta\cos^2\theta+Q_{22}\cos^4\theta\\ \bar{Q}_{16}=(Q_{11}-Q_{12}-2Q_{66})\sin\theta\cos^3\theta+(Q_{12}-Q_{22}+2Q_{66})\sin^3\theta\cos\theta\\ \bar{Q}_{26}=(Q_{11}-Q_{12}-2Q_{66})\sin^3\theta\cos\theta+(Q_{12}-Q_{22}+2Q_{66})\sin\theta\cos^3\theta\\ \bar{Q}_{66}=(Q_{11}+Q_{22}-2Q_{12}-2Q_{66})\sin^2\theta\cos^2\theta+Q_{66}(\sin^4\theta+\cos^4\theta)\end{cases} \tag{11.19}$$

一般而言,$\bar{\boldsymbol{Q}}$ 会填满 9 个矩阵位置,由于关于对角线对称,所以每个矩阵都只有 6 个不同的元素,而坐标轴转换不会影响其正交各向异性的特征,这六个元素由 4 个独立弹性常数组成,称之为广义正交各向异性。坐标轴转换后,在 $x-o-y$ 坐标系下剪应变-正应力及剪应力-线应变之间存在耦合关系,即偏轴向拉伸会同时引起轴向伸长和剪切变形。Wang 等[7]研究了单向碳纤维/聚酰胺(HTS40/PA6)复合材料的偏轴拉伸/压缩非线性力学响应行为。通过图 11.4,可以看出在正轴加载下,拉伸压缩曲线呈近似线性变化,而在

偏轴拉伸下呈现出非线性力学响应。

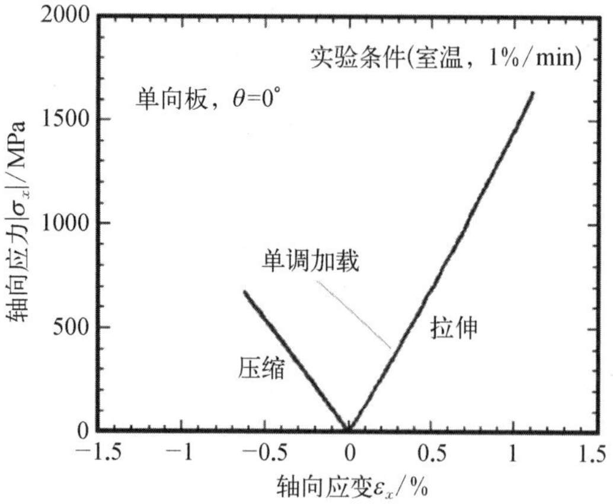

(a) 偏轴角0°

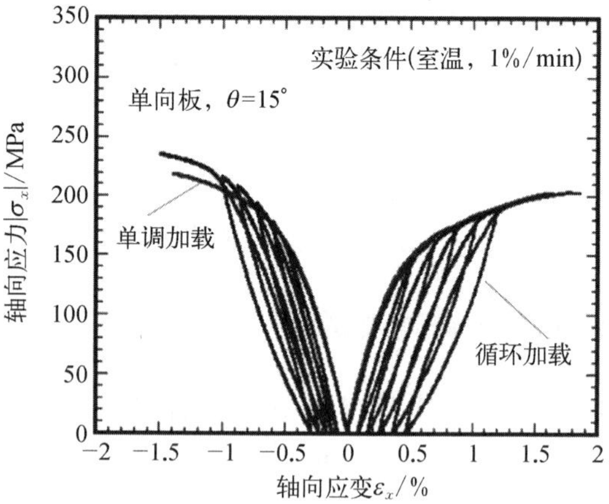

(b) 偏轴角15°

图 11.4　单调拉压和循环加载拉压的应力-应变曲线[7]

11.2.3　单层板的强度理论

1. 正交各向异性单层板强度特点

与各向同性材料相比，正交各向异性材料有如下强度特点。

（1）对于各向同性材料，强度理论中的应力、线应变极限值均是针对材料的主应力和主应变；对于各向异性材料而言，代表最大作用应力的主应力与危险状态并无关联，主应力、主应变定义已无重要意义，取而代之的是关注材料主方向的应力。对于连续纤维增强材料的单层板而言，纤维轴向便是材料主方向 1，垂直于纤维的方向便是材料主方向 2、3。

（2）如果材料拉伸和压缩性能不相同，那么正交各向异性单层材料的基本强度有 5 个：X_t、X_c 为纵向拉伸、压缩强度，沿材料主方向 1；Y_t、Y_c 为横向拉伸、压缩强度，沿材料主方向 2；S 为剪切强度，沿 1－2 平面。

（3）正交各向异性材料在材料主方向上的拉伸强度和压缩强度一般不相同，但是材料主方向上的剪切强度，无论正的剪应力还是负的剪应力，都具有相同最大值。由于材料纤维轴向和横向力学性能不一样，故在对于非材料主向的正负剪应力，其剪切强度不相同。

2. 正交各向异性单层板强度理论

1）最大应力准则

材料主向上的应力必须小于各自方向上的强度，否则即发生破坏。

拉伸状态下：

$$\begin{cases}\sigma_1 < X_t \\ \sigma_2 < Y_t \\ |\tau_{12}| < S\end{cases} \tag{11.20}$$

压缩状态下：

$$\begin{cases} |\sigma_1| < X_c \\ |\sigma_2| < Y_c \end{cases} \tag{11.21}$$

注意，上述式子为 5 个无关联的不等式，其中下标 1、2 代表材料 1、2 主方向，不是指各向同性材料的主应力。应用该理论时，需将材料当前应力转换至材料主方向应力，以下准则同理。

2）最大应变准则

最大应变准则与最大应力准则相似，极限应变是与单轴应力或者纯剪应力对应，式（11.22）中任意一个不成立，即发生破坏。

$$\begin{cases} -\varepsilon_{X_c} < \varepsilon_1 < \varepsilon_{X_t} \\ -\varepsilon_{Y_c} < \varepsilon_2 < \varepsilon_{Y_t} \\ |\gamma_{12}| < \gamma_S \end{cases} \tag{11.22}$$

3）蔡-希尔（Tsai－Hill）理论[8, 9]

最大应力和最大应变破坏准则分别考虑每个应力、应变分量，这是一种简化处理并不适用于耦合加载情况（例如：单层板既受剪切作用又受拉压作用时）。Tsai 基于 Hill 提出的各向异性材料屈服准则，引入了单层板的破坏强度 X、Y、S，提出如下基本强度准则：

$$\frac{\sigma_1^2}{X^2} - \frac{\sigma_1\sigma_2}{X^2} + \frac{\sigma_2^2}{Y^2} + \frac{\tau_{12}^2}{S^2} = 1 \tag{11.23}$$

Tsai－Hill 理论不同于最大应力、最大应变理论，是一个统一的判别式。

4）霍夫曼（Hoffman）理论[10]

Tsai－Hill 理论没有考虑拉压强度不同的材料，Hoffman 针对这一点，提出了如下屈服准则：

$$\frac{\sigma_1^2}{X_tX_c} - \frac{\sigma_1\sigma_2}{X_tX_c} + \frac{\sigma_2^2}{Y_tY_c} + \frac{X_c - X_t}{X_tX_c}\sigma_1 + \frac{Y_c - Y_t}{Y_tY_c}\sigma_2 + \frac{\tau_{12}^2}{S^2} = 1 \tag{11.24}$$

5）蔡-吴理论[11]

提高强度理论与实验结果的一致性可以通过提高理论方程的项数来实现，即充分描述各方向应力之间的耦合作用，如 Tsai－Hill 理论和 Hoffman 理论中缺少 $\sigma_1\sigma_2$ 与横向强度相对应的项。蔡、吴两人假设在应力空间中的破坏表面有如下二阶张量多项式：

$$F_i\sigma_i + F_{ij}\sigma_i\sigma_j = 1 \quad (i, j = 1, 2, \cdots, 6) \tag{11.25}$$

其中，F_i 有 6 项系数；F_{ij} 有 21 项系数，对于平面应力状态的正交各向异性单层板而言，可以简化为

$$F_1\sigma_1 + F_2\sigma_2 + F_6\sigma_6 + F_{11}\sigma_1^2 + F_{22}\sigma_2^2 + F_{66}\sigma_6^2 + 2F_{16}\sigma_1\sigma_6 + 2F_{26}\sigma_2\sigma_6 + 2F_{12}\sigma_1\sigma_2 = 1 \tag{11.26}$$

其中，

$$
\begin{cases}
F_1 = \dfrac{1}{X_t} - \dfrac{1}{X_c} \\
F_{11} = \dfrac{1}{X_t X_c} \\
F_2 = \dfrac{1}{Y_t} - \dfrac{1}{Y_c} \\
F_{22} = \dfrac{1}{Y_t Y_c} \\
F_6 = F_{16} = F_{26} = 0 \\
F_{66} = \dfrac{1}{S^2} \\
F_{12} = \dfrac{1}{2\sigma_m^2}\left[1 - \left(\dfrac{1}{X_t} - \dfrac{1}{X_c} + \dfrac{1}{Y_t} - \dfrac{1}{Y_c}\right)\sigma_m - \left(\dfrac{1}{X_t X_c} + \dfrac{1}{Y_t Y_c}\right)\sigma_m^2\right]
\end{cases}
\tag{11.27}
$$

其中，σ_m 是单层板 1, 2 方向双轴拉伸破坏应力。

6）三阶张量多项式破坏准则[12]

Tennyson 等提出了三阶张量多项式破坏准则，该准则增加了更多的项数，在准确度上有一定优越性，但是确定各项系数需要复杂的力学测试，成本较高，其具体表达式为

$$
F_i\sigma_i + F_{ij}\sigma_i\sigma_j + F_{ijk}\sigma_i\sigma_j\sigma_k = 1 \quad (i,\ j,\ k = 1,\ 2,\ \cdots,\ 6) \tag{11.28}
$$

其在平面应力问题中，可以简化为

$$
\begin{aligned}
&F_1\sigma_1 + F_2\sigma_2 + F_{11}\sigma_1^2 + F_{22}\sigma_2^2 + F_{66}\sigma_6^2 + 2F_{12}\sigma_1\sigma_2 + F_{111}\sigma_1^3 + F_{222}\sigma_2^3 + \\
&\quad 3F_{112}\sigma_1^2\sigma_2 + 3F_{122}\sigma_1\sigma_2^2 + 3F_{166}\sigma_1\sigma_6^2 + 3F_{266}\sigma_2\sigma_6^2 = 1
\end{aligned}
\tag{11.29}
$$

针对多阶张量多项式的破坏准则，如何解决工程系数测量问题，是一个发展方向。同时以上讨论的强度理论均为唯象理论，不涉及复合材料的破坏形式、过程和机理。而可靠的失效理论应该包含各组分各自的失效形式，并且能够刻画从一种失效过渡到另一种失效时的演变过程。

7）Hashin 失效准则[13, 14]

针对材料方向和应力状态，考虑了不同的失效模式。在材料的主向拉伸和压缩失效模式分别为

纤维拉伸模式，$\sigma_1 > 0$：

$$
f_{ft} = \left(\frac{\sigma_1}{X_t}\right)^2 + \left(\frac{\tau_{12}}{S_{12}}\right)^2 + \left(\frac{\tau_{13}}{S_{13}}\right)^2 = 1 \tag{11.30}
$$

纤维压缩模式，$\sigma_1 < 0$：

$$
f_{fc} = \left(\frac{\sigma_1}{X_c}\right)^2 + \left(\frac{\tau_{12}}{S_{12}}\right)^2 + \left(\frac{\tau_{13}}{S_{13}}\right)^2 = 1 \tag{11.31}
$$

基体拉伸模式，$\sigma_2 + \sigma_3 > 0$：

$$f_{\mathrm{mt}} = \left(\frac{\sigma_2 + \sigma_3}{Y_{\mathrm{t}}}\right)^2 - \frac{\sigma_2\sigma_3}{S_{23}^2} + \left(\frac{\tau_{12}}{S_{12}}\right)^2 + \left(\frac{\tau_{23}}{S_{23}}\right)^2 + \left(\frac{\tau_{13}}{S_{13}}\right)^2 = 1 \tag{11.32}$$

基体压缩模式，$\sigma_2 + \sigma_3 < 0$：

$$f_{\mathrm{mc}} = \left[\left(\frac{Y_{\mathrm{c}}}{2S_{23}}\right)^2 - 1\right]\frac{(\sigma_2 + \sigma_3)}{Y_{\mathrm{c}}} + \left(\frac{\sigma_2 + \sigma_3}{2S_{23}}\right)^2 - \frac{\sigma_2\sigma_3}{S_{23}^2} + \left(\frac{\tau_{12}}{S_{12}}\right)^2 + \left(\frac{\tau_{23}}{S_{23}}\right)^2 + \left(\frac{\tau_{13}}{S_{13}}\right)^2 = 1 \tag{11.33}$$

8）Linde 失效准则[15]

和 Hashin 失效准则相似，该准则将单向复合材料失效分为纤维失效和基体失效，其表达形式更为简单，具体表述为

纤维失效：

$$f_{\mathrm{f}} = \sqrt{\frac{\varepsilon_{11}^{\mathrm{t}}}{\varepsilon_{11}^{\mathrm{c}}}(\varepsilon_{11})^2 + \left[\varepsilon_{11}^{\mathrm{t}} - \frac{(\varepsilon_{11}^{\mathrm{t}})^2}{\varepsilon_{11}^{\mathrm{c}}}\right]\varepsilon_{11}} \tag{11.34}$$

式中，$\varepsilon_{11}^{\mathrm{t}}$ 和 $\varepsilon_{11}^{\mathrm{c}}$ 分别为纵向拉伸和压缩的失效应变。

基体失效：

$$f_{\mathrm{m}} = \sqrt{\frac{\varepsilon_{22}^{\mathrm{t}}}{\varepsilon_{22}^{\mathrm{c}}}(\varepsilon_{22})^2 + \left[\varepsilon_{22}^{\mathrm{t}} - \frac{(\varepsilon_{22}^{\mathrm{t}})^2}{\varepsilon_{22}^{\mathrm{c}}}\right]\varepsilon_{22} + \left(\frac{\varepsilon_{22}^{\mathrm{t}}}{\varepsilon_{12}^{\mathrm{s}}}\right)^2(\varepsilon_{12})^2} \tag{11.35}$$

式中，$\varepsilon_{22}^{\mathrm{t}}$、$\varepsilon_{22}^{\mathrm{c}}$ 和 $\varepsilon_{12}^{\mathrm{s}}$ 分别为横向拉伸、压缩及面内剪切的失效应变。

数值模型中，根据上述强度理论可以初步判断材料中某点发生某种形式的失效。失效以后，则需要对该点的材料性能进行相应的退化，以反映材料损伤的影响，通常有两种刚度降级的方式："直接降级模型"和"逐渐降级模型"。前者形式简单，就是材料发生失效后直接将材料刚度降到 0 或者在原来刚度的基础上乘以一个较小的系数，但通常结果与实际情况偏差较大。而后者用以表征渐进失效过程，其数学表达一般采用包含材料断裂能的指数形式[16]：

$$d_{\mathrm{M}} = 1 - \frac{1}{f_{\mathrm{M}}}\mathrm{e}^{-S_{\mathrm{M}}\varepsilon_{\mathrm{M}}^{\mathrm{f}}L^{\mathrm{c}}(f_{\mathrm{M}}-1)/G_{\mathrm{M}}} \tag{11.36}$$

其中，L^{c} 是单元的特征长度；S_{M}、$\varepsilon_{\mathrm{M}}^{\mathrm{f}}$ 和 G_{M} 分别是对应于不同失效形式的材料强度、失效应变和断裂能。f_{M} 则是表征当前失效程度（由前面介绍的失效准则计算得到）。研究者常常将失效准则配合渐进损伤模型以表征复合材料力学试验中的损伤过程。其核心思想是在加载中，不断迭代计算损伤因子，直至完全失效。研究对象可以是试验件级尺度，也可以是结构级尺度，以下是几个研究复合材料渐进损伤的例子。

洪阳等以某航天器着陆器支架强度分析需求为背景，通过基于蔡-吴理论的渐进损伤

数值模型模拟了三维编织接头的压缩破坏过程，接头的纤维和基体材料分别为 T700 碳纤维和 TDE86 环氧树脂基体，纤维体积含量为 58%，编织角为 35°。在加载过程中中央支管的管口首先出现了裂纹，随着载荷增大，裂纹逐渐扩展，直至整个支管口被完全压溃，此外，侧支管的管口也观察到不少裂纹，说明损伤已经开始逐渐累积，如图 11.5[17]。李杰等基于 Linde 失效准则结合指数形式损伤演化模型，研究了单向经编复合材料（增强纤维采用碳纤维 T700，基体和编织纱分别采用环氧树脂 6808 和聚酯纤维，纤维体积分数为 60%）的拉伸过程[18]：五个试验件所测得的平均拉伸强度为 1 981.8 MPa，而有限元模型的仿真结果为 2 011.8 MPa，误差为 3%；五个试验件的拉伸弹性模量平均值为 129.9 GPa，数值仿真所得的拉伸弹性模量为 132.0 GPa，误差为 1.7%。

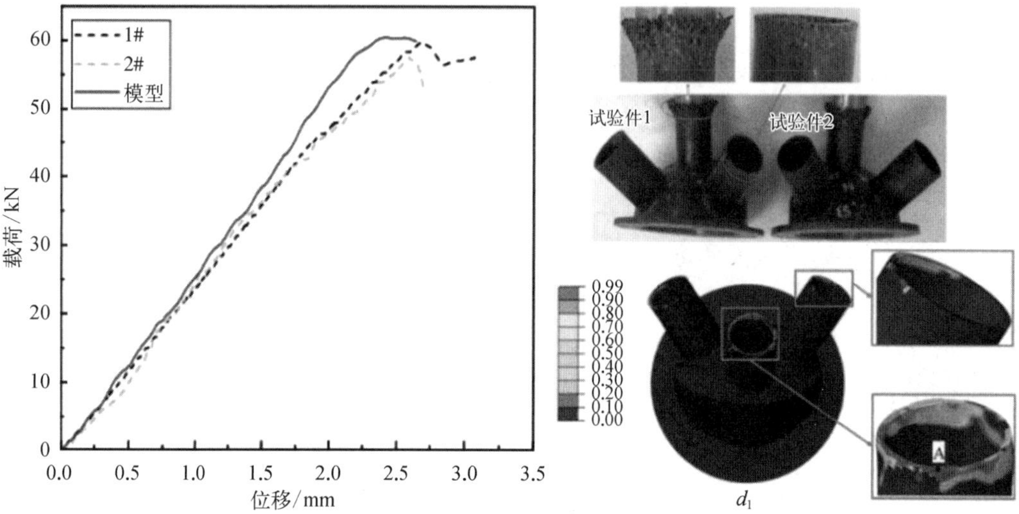

图 11.5　接头静力试验载荷位移曲线与破坏形式[17]

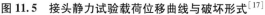

杨雷等人通过基于应变的三维 Hashin 失效准则配合指数形式损伤演化模型，对国产芳纶纤维/TDE－85 复合材料（纤维体积含量为 60%，铺层顺序为 $[45°/0°/-45°/90°]_{2s}$）在不同能量下的冲击过程进行了模拟，并与试验结果吻合良好[19]。由图 11.6 可见，总损伤面积呈现为椭圆形，其长轴方向与下表面的纤维方向一致，随着冲击能量的增加，损伤面积逐渐增大。

11.2.4　单向纤维增强复合材料细观分析

复合材料的力学研究方法分为宏观力学和细观力学，前者假定材料是均匀的，不考虑组分材料之间的作用和分散性，而后者则考虑各组分的互相作用，利用组分材料的性能、结构来预报材料宏观的力学性能。本节内容有如下基本假设：

单层板：线弹性、宏观均匀性、宏观正交各向异性、无初应力；

纤维：线弹性、均匀性、各向同性（或者横观各向同性）、规则排列，完全成直线；

基体：线弹性、均匀性及各向同性；

界面：无空隙、理想黏结，纤维和基体在纤维轴向应变是相同的。

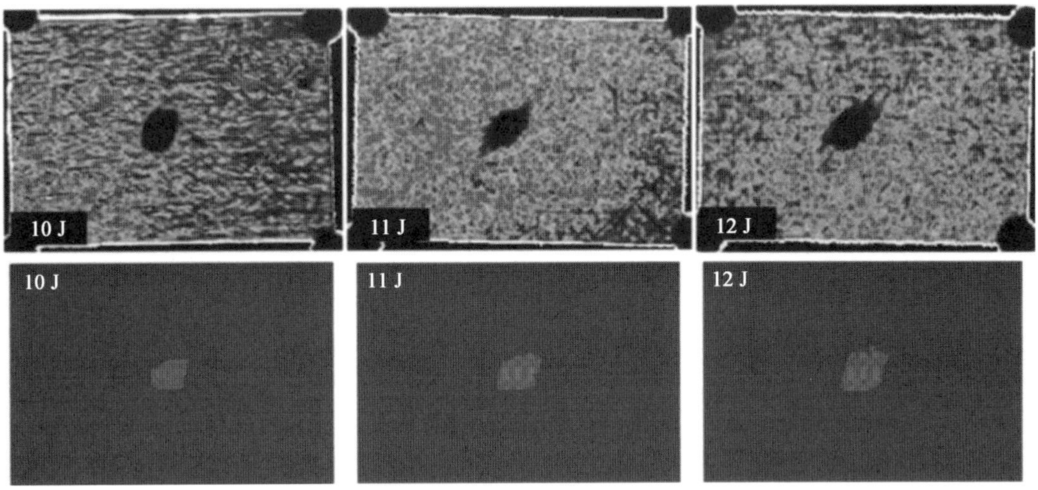

图 11.6　2 mm 层合板的冲击损伤面积模拟与试验结果对比[19]

1. 单层板刚度材料力学预报

1) E_1 的预报

假设材料原长为 l, 1 方向单轴拉伸伸长量为 Δl, 故应变为

$$\varepsilon_1 = \frac{\Delta l}{l} \tag{11.37}$$

由纤维、基体在纤维轴向等应变的假设,则整体材料的应力 σ_1、纤维的应力 σ_f 和基体的应力 σ_m 为

$$\sigma_1 = E_1\varepsilon_1,\ \sigma_f = E_f\varepsilon_1,\ \sigma_m = E_m\varepsilon_1 \tag{11.38}$$

平均应力 σ_1 作用于整体横截面 A, 纤维应力作用于纤维截面 A_f, 基体应力作用于基体截面 A_m, 故而由受力平衡可得

$$E_1\varepsilon_1 A = E_f\varepsilon_1 A_f + E_m\varepsilon_1 A_m \tag{11.39}$$

可推导得到复合材料 1 方向的弹性模量为

$$E_1 = E_f V_f + E_m V_m \Rightarrow \frac{E_1}{E_m} = \frac{E_f V_f}{E_m} + V_m(\text{无量纲化}) \tag{11.40}$$

其中, E_f 和 E_m 分别为纤维和基体的模量; V_f 和 V_m 分别为纤维和基体的体积分数 $\left(\frac{A_f}{A}\text{和}\frac{A_m}{A}\right)$, 且有 $V_f + V_m = 1$。由此可得复合材料 1 方向模量根据 V_f (从 0 到 1)的变化,从 E_m 线性变化到 E_f, 称为并联模型,如图 11.7。

2) E_2 的预报

如图 11.8(a)所示,纤维、基体的应变为

$$\varepsilon_f = \frac{\sigma_2}{E_f},\ \varepsilon_m = \frac{\sigma_2}{E_m} \tag{11.41}$$

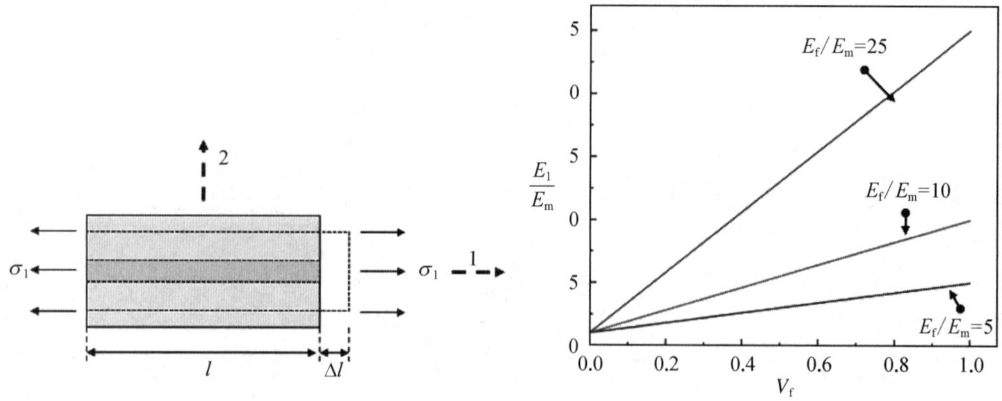

(a) 受力分析　　(b) 模量随纤维体积分数变化

图 11.7　E_1 的预报

近似将 ε_f 作用的尺寸认为是 V_fB，ε_m 作用的尺寸认为是 V_mB，则有

$$\Delta B = \frac{\sigma_2}{E_2}B = V_f\frac{\sigma_2}{E_f}B + V_m\frac{\sigma_2}{E_m}B \tag{11.42}$$

可推导得到复合材料 2 方向(垂直于纤维方向)的弹性模量为

$$\frac{1}{E_2} = \frac{V_f}{E_f} + \frac{V_m}{E_m} \Rightarrow E_2 = \frac{E_fE_m}{E_fV_m + E_mV_f} \Rightarrow \frac{E_2}{E_m} = \frac{1}{V_m + \dfrac{E_m}{E_f}V_f}\text{(无量纲化)} \tag{11.43}$$

式(11.43)为串联模型,可见在纤维体积分数较小时,提高纤维含量对 E_2 的提升效果不明显。同时式(11.43)中对于纤维基体边界处的位移假设不完全合理,故其预报结果准确度有限。

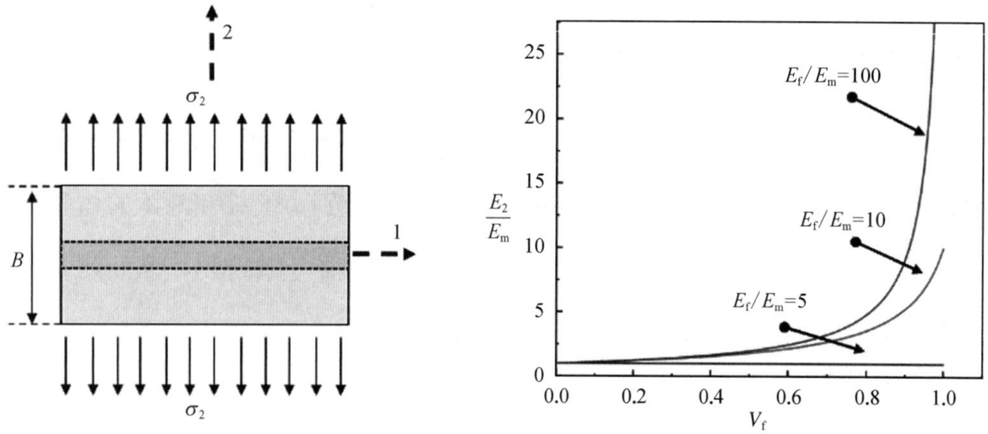

(a) 受力分析　　(b) 模量随纤维体积分数变化

图 11.8　E_2 的预报

3）ν_{12} 的预报

ν_{12} 为轴向泊松比，为

$$\nu_{12} = \frac{-\varepsilon_2}{\varepsilon_1} \tag{11.44}$$

由图 11.9(a)可近似得到：

$$\Delta B = -B\varepsilon_2 = B\nu_{12}\varepsilon_1 = \Delta B_f + \Delta B_m = BV_f\nu_f\varepsilon_1 + BV_m\nu_m\varepsilon_1 \tag{11.45}$$

化简可得

$$\nu_{12} = \nu_f V_f + \nu_m V_m \Rightarrow \frac{\nu_{12}}{\nu_m} = \frac{\nu_f V_f}{\nu_m} + V_m (\text{无量纲化}) \tag{11.46}$$

一般而言，纤维泊松比小于基体泊松比，故材料泊松比于两者之间。而 ν_{21} 可通过 ν_{12} 根据麦克斯韦定理求得。

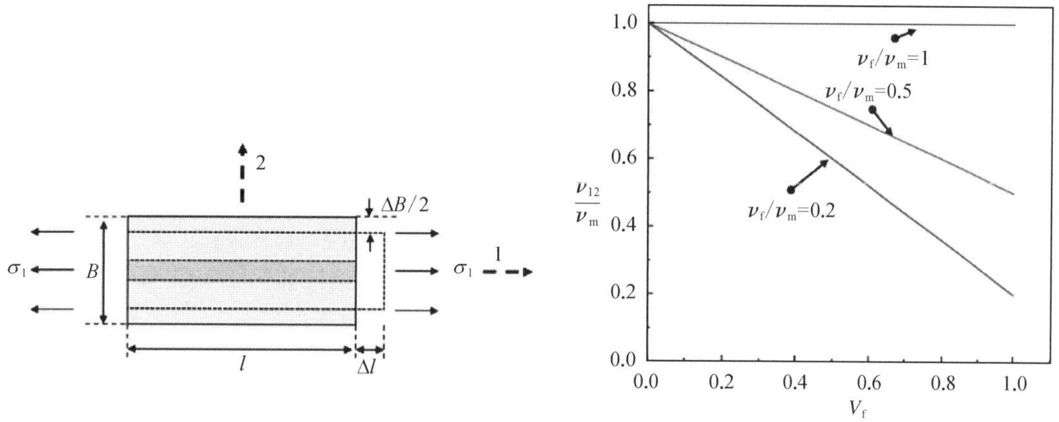

(a) 受力分析　　(b) 泊松比随纤维体积分数变化

图 11.9　ν_{12} 的预报

4）G_{12} 的预报

剪切应变总变形为

$$\Delta_{12} = \gamma_{12}B = \frac{\tau_{12}}{G_{12}}B \tag{11.47}$$

近似认为

$$\Delta_{12} = \Delta_f + \Delta_m = BV_f\frac{\tau_{12}}{G_f} + BV_mV_f\frac{\tau_{12}}{G_m} \tag{11.48}$$

化简可得

$$\frac{1}{G_{12}} = \frac{V_f}{G_f} + \frac{V_m}{G_m} \Rightarrow G_{12} = \frac{G_fG_m}{G_fV_m + G_mV_f} \Rightarrow \frac{G_{12}}{G_m} = \frac{1}{V_m + \frac{G_m}{G_f}V_f} (\text{无量纲化}) \tag{11.49}$$

不同的 $\frac{G_m}{G_f}$ 取值，其图像如图 11.10(b)所示。

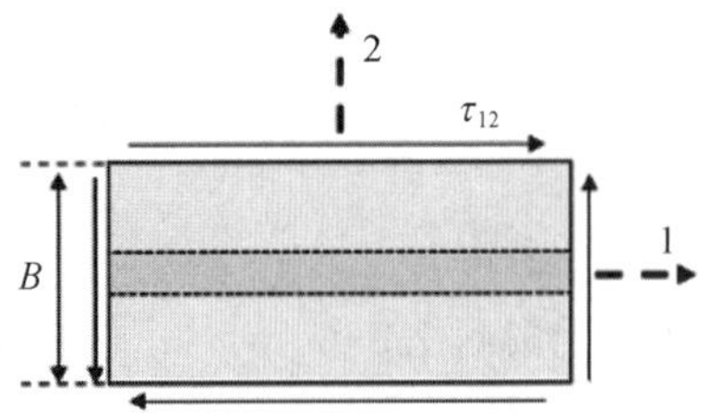

(a) 受力分析

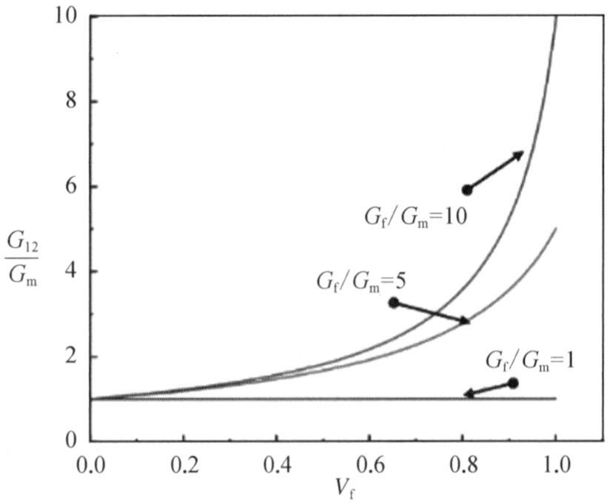

(b) 剪切模量随纤维体积分数变化

图 11.10　G_{12} 的预报

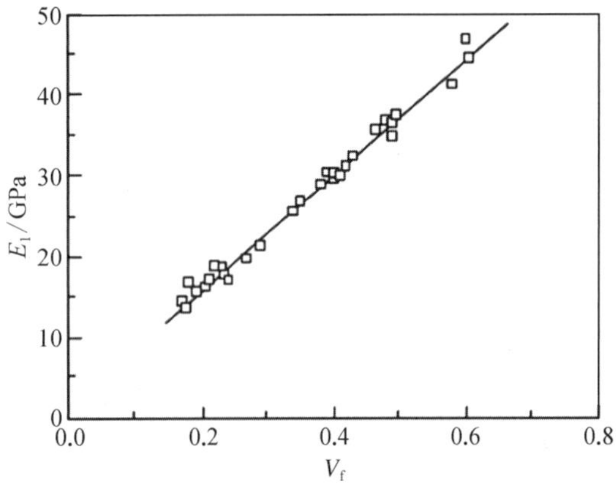

图 11.11　E_1 的预估值与实验值比较[6]

E_1 的预估值通常能够和实验测试值吻合良好(图 11.11)，而 E_2 的预估值偏差较大。Hashin 测试了硼/环氧单层板的 E_2(E_f = 414 GPa，ν_f = 0.2，E_m = 4.14 GPa，ν_m = 0.35)，结果如图 11.12 所示，预估值普遍小于实验值[20]。

人们针对 E_2 预估不够精确的情况提出了改进方法，如图 11.12 中的虚线，是参照 E_1 预估公式，以体积分数乘以组分值的形式估算 E_2。可以发现实验值分布于两条预估线之间，因此一部分学者将两种形式的预估公式进行线性组合，协同预报弹性常数[5]。

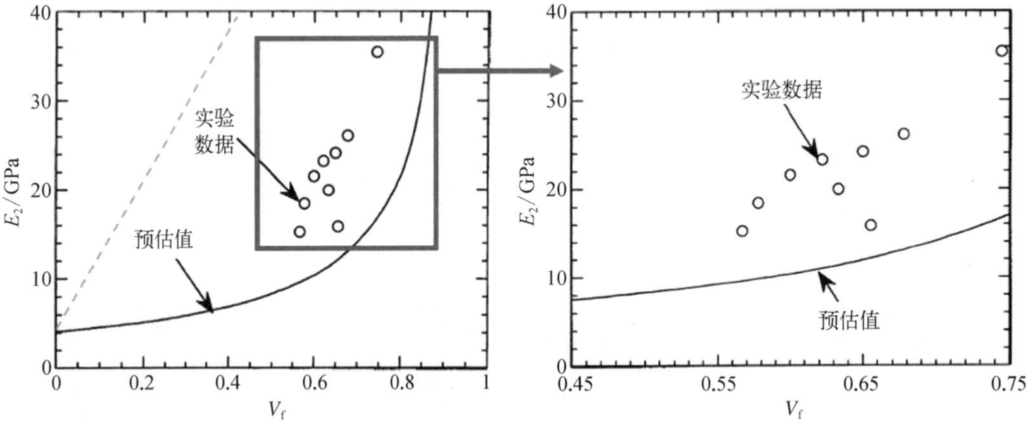

图 11.12　E_2 的预估值与实验值比较[20]

2. 单层板刚度桥联模型预报

桥联模型由黄争鸣[21]提出，当单向复合材料受到外作用时，纤维与基体将分别产生内应力，在理想粘接的情况下，纤维应力和基体应力可以通过一个桥联矩阵 $[A]$ 关联：

$$\boldsymbol{\sigma}^{\mathrm{m}} = [A]\boldsymbol{\sigma}^{\mathrm{f}} \tag{11.50}$$

这里，$\boldsymbol{\sigma}^{\mathrm{m}}$ 和 $\boldsymbol{\sigma}^{\mathrm{f}}$ 分别表示基体和纤维的应力。桥联矩阵 $[A]$ 可由下式计算：

$$[A] = \begin{bmatrix} a_{11} & a_{12} & a_{13} & 0 & 0 & 0 \\ 0 & a_{22} & 0 & 0 & 0 & 0 \\ 0 & 0 & a_{33} & 0 & 0 & 0 \\ 0 & 0 & 0 & a_{44} & 0 & 0 \\ 0 & 0 & 0 & 0 & a_{55} & 0 \\ 0 & 0 & 0 & 0 & 0 & a_{66} \end{bmatrix} \tag{11.51}$$

其中，$a_{11} = \dfrac{E^{\mathrm{m}}}{E_{11}^{\mathrm{f}}}$；$a_{22} = a_{33} = \beta + \dfrac{(1-\beta)E^{\mathrm{m}}}{E_{22}^{\mathrm{f}}}$；$a_{12} = a_{13} = \dfrac{(S_{12}^{\mathrm{f}} - S_{12}^{\mathrm{m}})(a_{11} - a_{22})}{(S_{11}^{\mathrm{f}} - S_{11}^{\mathrm{m}})}$；$a_{44} = \beta + \dfrac{(1-\beta)G^{\mathrm{m}}}{G_{23}^{\mathrm{f}}}$；$a_{55} = a_{66} = \alpha + \dfrac{(1-\alpha)G^{\mathrm{m}}}{G_{12}^{\mathrm{f}}}$。$S_{11}^{\mathrm{f}}$、$S_{12}^{\mathrm{f}}$、$S_{11}^{\mathrm{m}}$ 和 S_{12}^{m} 为分别为纤维、基体的柔度系数。β 和 α 为桥联参数，其取值与纤维的排布方式、截面形状和界面性能等都有关系。

单向复合材料的柔度矩阵可以通过下式得到：

$$[S] = (V_{\mathrm{f}}[S]^{\mathrm{f}} + V_{\mathrm{m}}[S]^{\mathrm{m}}[A])(V_{\mathrm{f}}[I] + V_{\mathrm{m}}[A])^{-1} \tag{11.52}$$

其中，$[S]^{\mathrm{f}}$ 和 $[S]^{\mathrm{m}}$ 分别为基体和纤维的柔度矩阵；$[I]$ 为单位矩阵。针对玻璃纤维/环氧复合材料体系（$E_{\mathrm{f}} = 73.1$ GPa，$\nu_{\mathrm{f}} = 0.22$，$E_{\mathrm{m}} = 3.45$ GPa，$\nu_{\mathrm{m}} = 0.35$），黄争鸣比较了多种理论模型与试验结果如图 11.13，认为在适当的桥联参数下，桥联模型可以获取较好的预测结果。

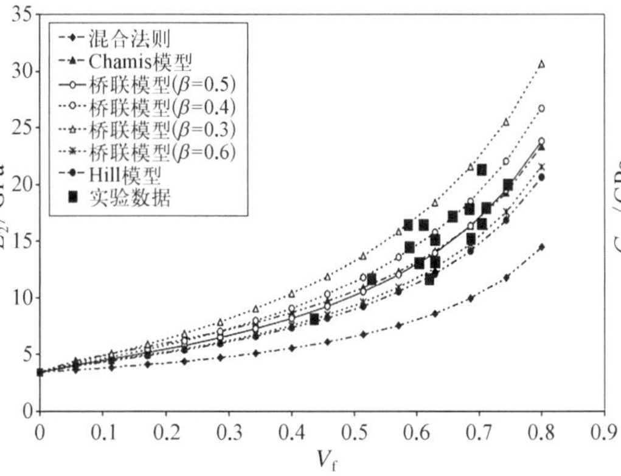

(a) E_2

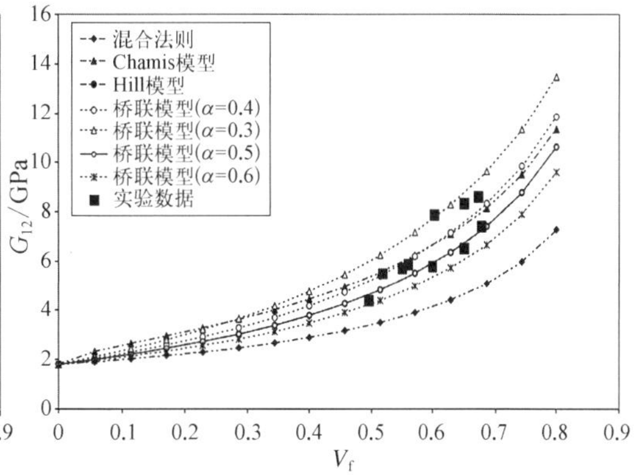

(b) G_{12}

图 11.13　理论估算与试验结果对比[21]

3. 纤维分布情况对刚度的影响

横向弹性常数预报的准确性较低,很大程度上是由于纤维的空间分布差异造成的。因此很多理论模型中,如桥联模型[21]、Chamberlain 模型[22]等引入了纤维排布系数,这类方法大多默认了纤维排布具有周期性。而纤维在基体中的真实排布情况是具有一定的随机性,故而构建具有宏观等效性的随机纤维分布模型结合有限元方法求解是目前计算单向连续纤维增强复合材料横向弹性常数的有效方法。

纤维随机分布算法一般将连续纤维增强复合材料的横截面作为研究对象,主要有如下几类:

(1)“硬核”模型[23]:将纤维群当作一组不能重叠的圆盘,每次在设定区域内随机填入纤维,若有相交情况则重新填入,直到达到目标纤维体积含量;

(2)“初始周期性振荡模型”[24]:首先构造出具有目标体积含量的纤维周期性分布,然后对其中的所有纤维进行小范围内的随机移动,从而形成随机分布的纤维阵列;

(3)“硬核振荡模型”:前两种方法的结合;

(4)基于图像的方法:首先通过高分辨率拍摄材料横截面并进行数字图像处理,直接构造随机分布。

硬核模型的算法原理简单,但它却具有所谓的“阻塞限制”;初始周期性振荡模型不能保证初始的周期性结构在随后的“振荡”过程中被完全扰乱;基于图像的方法相对依赖于繁复的试验操作。于此,燕瑛课题组提出了一种基于随机扰动和完全弹性碰撞理论的纤维随机分布生成算法[25],流程如图 11.14 所示。

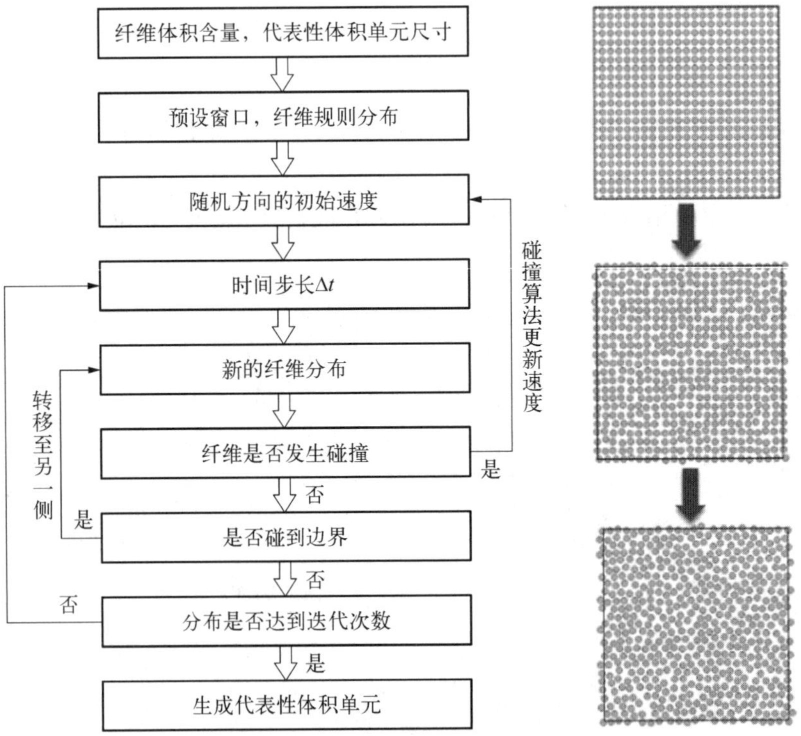

图 11.14 纤维随机分布算法流程

上述模型针对的是连续纤维单层板在横截面内的随机分布情况，而针对短纤维增强复合材料（纤维具有长度和取向的随机性），付绍云等提出一种等效简化的思想，即将短纤维增强复合材料看成是一系列不同长度、不同取向角的单层板集合（每一层单层板内纤维具有相同长度与角度），如图 11.15(a)～(d)所示[26]，$L(l_i)$表示该层内只含有长度为 l_i 的短纤维，其他类推。然后利用 Cox 剪滞理论得到同向非连续纤维单层板模量公式，并通过式(11.19)进行偏轴处理，最后按照真实短纤维增强复合材料中的长度、角度概率密度函数进行积分，得到模量解析公式，图 11.15(e)展示了不同的方向角与体积分数下模量变化情况。关于短纤维增强复合材料的详细力学推导，可参考相关教材[27]。

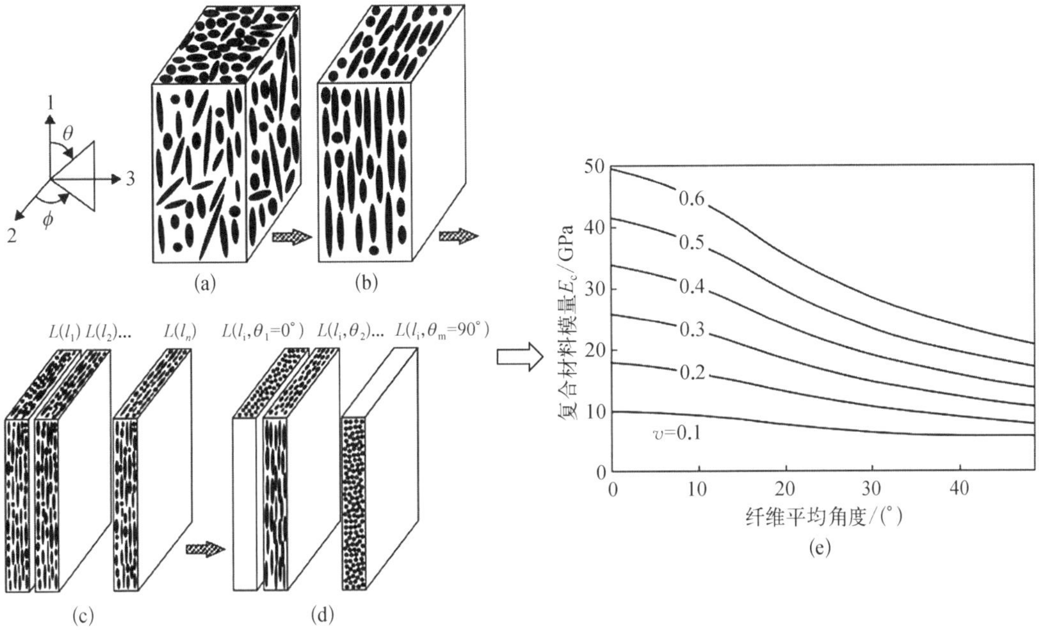

图 11.15　短纤维增强复合材料简化模型与模量预报[26]

本小节最后将一些常见的纤维、基体材料参数进行归纳（表 11.1），供读者参考。

表 11.1　纤维与基体弹性性能[16, 18, 21, 28-30]

纤　维	E_1^f/GPa	E_2^f/GPa	G_{12}^f/GPa	ν_{12}^f	基　体	E^m/GPa	ν^m
碳纤维(AS4)	225	15	15	0.2	3501-6 环氧	4.2	0.34
碳纤维(HTA)	238	28	24	0.23	BSL914C 环氧	4.0	0.35
碳纤维(T700)	230	13.5	5	0.2	LY556/HT907/DY063 环氧	3.35	0.35
碳纤维(T300)	230	15	15	0.2	5228 环氧	3.5	0.35
碳纤维(HMS)	379.23	6.21	7.58	0.2	6808 环氧	3.3	0.38
碳纤维(P75)	550.22	9.51	6.9	0.2	CE339 环氧	4.34	0.37
碳纤维(P100)	796.37	7.24	6.9	0.2	PMR 15 聚酰亚胺	3.45	0.35

续 表

纤 维	E_1^f/GPa	E_2^f/GPa	G_{12}^f/GPa	ν_{12}^f	基 体	E^m/GPa	ν^m
玻璃纤维(E - glass 21 × K43 Gevetex)	80	—	33.33	0.2	硼硅酸盐玻璃	62.74	0.2
玻璃纤维(Silenka E - Glass 1200tex)	74	—	30.8	0.2	热解炭	9.5	0.23

4. 单层板强度预报

复合材料的强度相较于刚度而言,影响因素较多,很难做到精确预报真实强度(真实强度利用实验测量更加可靠),故而理论分析的意义更体现在分析不同因素对于强度的影响。

1) X_t 的预报

a. 等强度分析

该分析方法假设纤维都具有同样的强度且脆于基体。若纤维体积含量超过某一最小值,则当纤维应变达到极限应变值 $\varepsilon_{f,\max}$(与纤维能承受的最大应力 X_f 相对应)时,复合材料也达到了极限承载值和极限应变 $\varepsilon_{c,\max}$,即 $\varepsilon_{c,\max}=\varepsilon_{f,\max}$。此时复合材料的强度为

$$X_t = X_f V_f + \sigma_{\varepsilon_{f,\max}}(1 - V_f) \tag{11.53}$$

其中,$\sigma^m_{\varepsilon_{f,\max}}$ 是基体在纤维极限应变下的应力。若纤维要起到增强作用,即复合材料的强度 X_t 大于基体的强度 X_m,则存在一个纤维体积含量的临界值 V_{cr}:

$$V_{cr} = \frac{X_m - \sigma^m_{\varepsilon_{f,\max}}}{X_f - \sigma^m_{\varepsilon_{f,\max}}} \tag{11.54}$$

因此 $V_f > V_{cr}$ 时,纤维起到增强作用。而 $V_f < V_{cr}$ 时,此时纤维起不到增强作用。当所有纤维同时断裂时,如果基体此刻还能受载,即

$$X_f V_f + \sigma^m_{\varepsilon_{f,\max}}(1 - V_f) < X_m(1 - V_f) \tag{11.55}$$

若不能满足上式,我们可以得到:

$$X_f V_f + \sigma^m_{\varepsilon_{f,\max}}(1 - V_f) \geqslant X_m(1 - V_f) \tag{11.56}$$

此时纤维断裂后复合材料破坏,那么可以得到纤维体积含量的一个实用最小值

$$V_{\min} = \frac{X_m - \sigma^m_{\varepsilon_{f,\max}}}{X_f + X_m - \sigma^m_{\varepsilon_{f,\max}}} \tag{11.57}$$

显然,$V_{\min} < V_{cr}$。复合材料强度与纤维体积分数的曲线如图 11.16 所示。

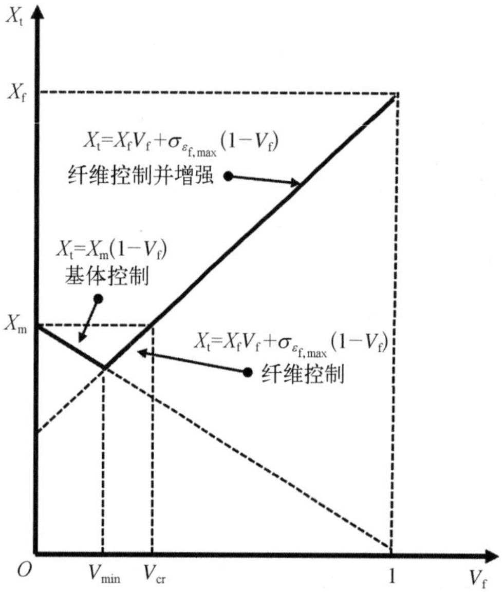

图 11.16 复合材料强度与纤维体积分数的曲线

针对非连续纤维增强复合材料,付绍云等对式(11.53)进行了修正:

$$X_t = \chi X_f V_f + \sigma_{\varepsilon_{f,\max}}(1 - V_f) \tag{11.58}$$

其中,χ 代表短纤维增强复合材料的增强因子,与纤维长度分布概率密度、取向角概率分布密度、纤维基体摩擦系数以及纤维弯曲效应有关,详情可参见教材[27]。

b. 统计强度分析

上述分析中认为,所有纤维连续且具有同样的强度并在同一处断裂,这种看法并不符合实际情况。因此需要用到统计学的思想,纤维的强度按照韦伯函数分布[Weibull distribution function: $G_l(\sigma) = 1 - \exp(-l\alpha\sigma^{\beta})$][31],其中,$G_l(\sigma)$ 表示长度为 l 的纤维,其应力值不超过 σ 值的断裂概率;α 和 β 都是韦伯参数,均为正值。σ、l 趋近于无穷时,$G_l(\sigma)$ 等于1,代表纤维必然断裂,反之 σ、l 趋近于0时,$G_l(\sigma)$ 等于0,代表纤维不会断裂。

Rosen 应用统计理论分析,构造了一个断裂纤维和若干根完整纤维的模型,其应力传递机理是,在纤维断裂处的小范围内产生高水平的剪应力对断裂纤维进行加载,使之正应力从零开始增加,直到等于附近纤维的应力水平,得到下式:

$$X_t = \sigma_{ref}\left[\frac{1 - V_f^{\frac{1}{2}}}{V_f^{\frac{1}{2}}}\right]^{-\frac{1}{2\beta}} \tag{11.59}$$

式中,σ_{ref} 为参考应力,可理解为具有统计意义的纤维强度。

2) X_c 的预报

单向纤维增强复合材料受到纵向压缩时破坏形式较为复杂,可以是纤维或者基体的屈曲失稳破坏,也可以是纤维或者基体的断裂和剪切破坏。以下简要介绍理论分析结果。

a. 纤维屈曲理论

纤维屈曲有两种可能形式,其一是纤维彼此反向屈曲形成"拉伸屈曲",基体交替产生拉压变形,其二是纤维同向屈曲形成"剪切屈曲",基体产生剪切变形,如图11.17所示。

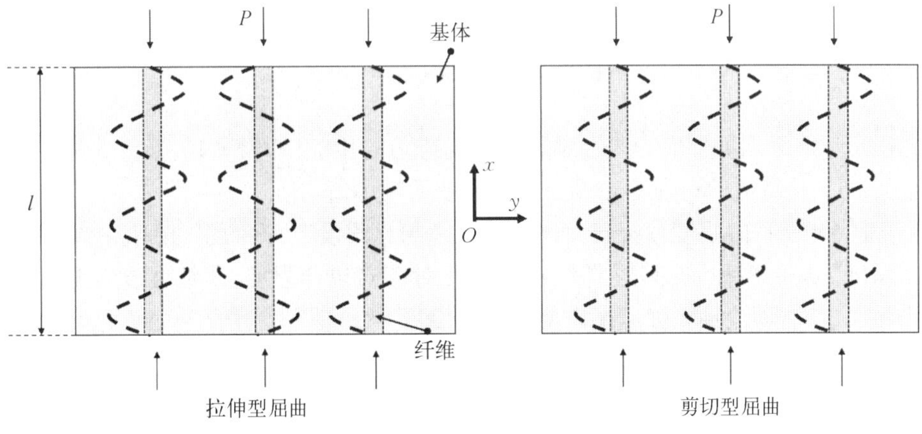

图 11.17　拉伸型屈曲和剪切型屈曲

对于拉伸型屈曲，复合材料临界应力为

$$X_c = 2\left[V_f + (1 - V_f)\frac{E_m}{E_f}\right]\sqrt{\frac{V_f E_m E_f}{3(1 - V_f)}} \approx 2V_f\sqrt{\frac{V_f E_m E_f}{3(1 - V_f)}} \tag{11.60}$$

对于剪切型屈曲，复合材料临界应力为

$$X_c \approx \frac{G_m}{(1 - V_f)} \tag{11.61}$$

b. 横向拉裂理论

如果复合材料在受到纵向压缩时出现沿纤维方向的脱黏和开裂，最后形成横向拉裂破坏，结合经验公式，有如下临界应力（ε_{mu} 代表基体破坏应变）[5]

$$X_c = \frac{E_f V_f + E_m(1 - V_f)}{\nu_f V_f + \nu_m(1 - V_f)}(1 - V_f^{\frac{1}{3}})\,\varepsilon_{mu} \tag{11.62}$$

3）Y_t 的预报

横向拉伸的破坏形式主要是基体界面拉脱或者纤维横向拉裂。蔡-韩（S. W. Tsai 和 H. T. Hahn）理论提出对应的经验方法[5]：

$$Y_t = \frac{1 + V_f\left(\frac{1}{\eta_y} - 1\right)}{K_{my}} X_{mi} \tag{11.63}$$

其中，η_y 为基体平均应力与纤维平均应力的比值（通常≤1）；K_{my} 是应力集中系数；X_{mi} 是基体拉伸强度和界面强度的较小值。

4）Y_c 的预报

横向压缩的破坏形式主要是基体剪切，有如下经验方法[5]：

$$Y_c \approx (4 \sim 7)Y_t \tag{11.64}$$

5）S 的预报

剪切破坏形式主要是基体-纤维间的界面剪切破坏，可用下式表示[5]：

$$S = \frac{1 + V_f\left(\frac{1}{\eta_s} - 1\right)}{K_{ms}} S_{mi} \tag{11.65}$$

其中，η_s 为基体平均剪切应力与纤维平均剪切应力的比值（通常≤1）；K_{ms} 是基体剪应力集中系数；S_{mi} 是基体剪切强度和界面剪切强度的较小值。

由上述分析可知，强度预报建立在一系列理想化假设上，比如屈曲理论中纤维的屈曲形式实际情况有更多种（空间屈曲等），同时针对横向拉伸强度、压缩强度以及剪切强度的理论并不成熟，理论预报强度还需要进一步发展。

5. 纤维分布情况对破坏形貌的影响

不同的应力状态下，单向纤维增强复合材料在细观破坏形貌上的表现不同，如图 11.18。对于轴向受拉压破坏的情况，在纤维发生断裂的同时单层板失去承载能力，对于横向拉压或者剪切破坏的情况，破坏基本发生在基体部分，材料的承载能力并不会立刻完全丧失[3, 32]。原因是宏观裂纹产生后，会自发地贯穿厚度扩展，但有可能会遭到相邻的纤维阻挠。整个过程伴随着材料刚度的降阶与应力的重新分布，纤维的排布情况会影响破坏面的取向与位置，如图 11.19~图 11.21[33, 34]。

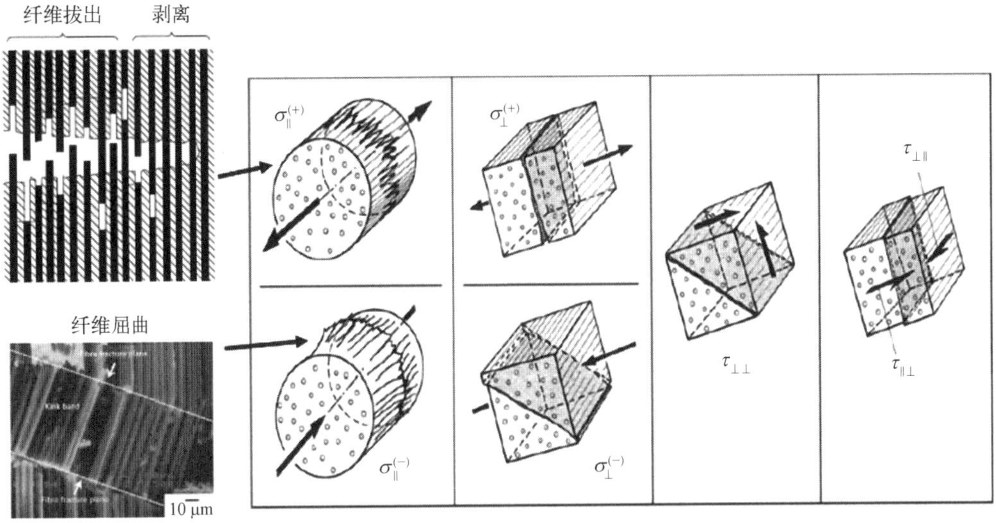

图 11.18　单向复合材料在不同应力状态下的典型破坏形貌[3, 32]

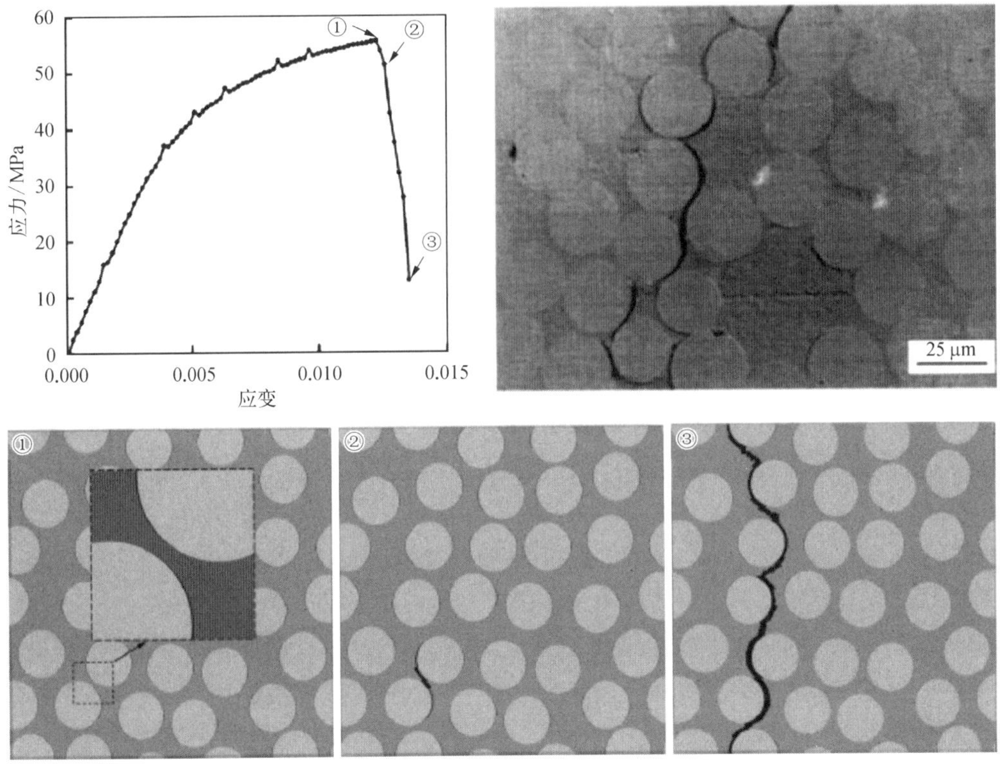

图 11.19　单向纤维增强复合材料横向拉伸下破坏形貌[33]

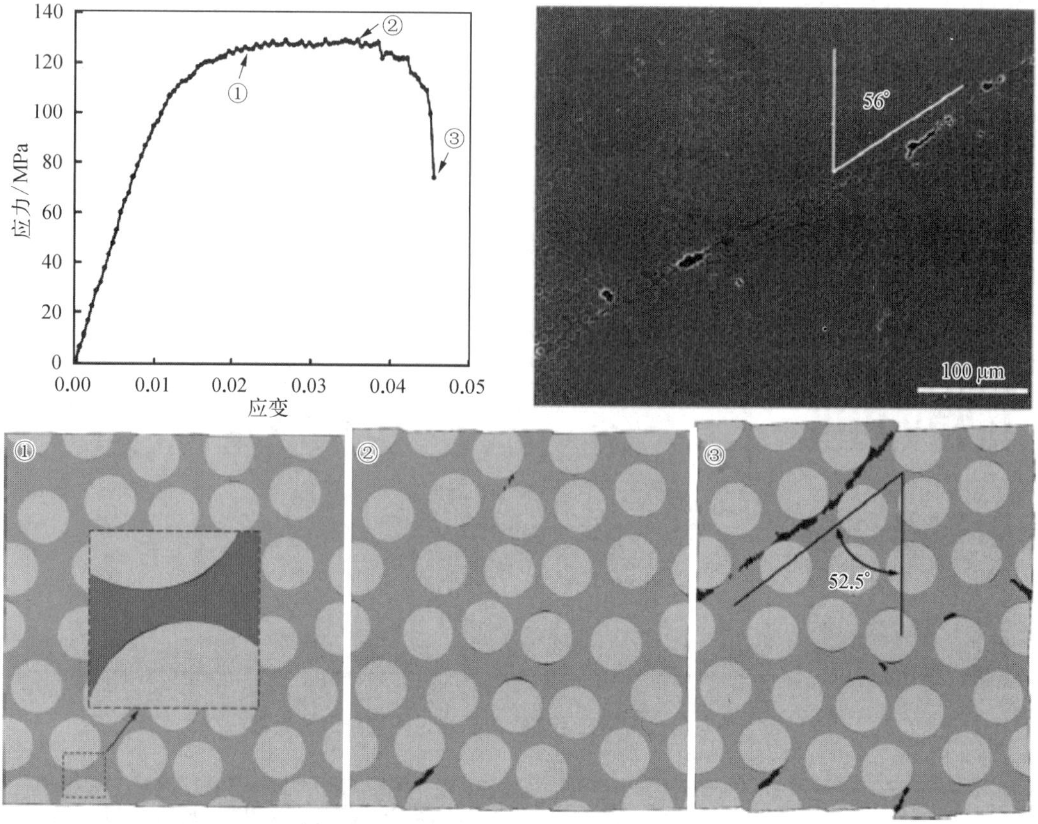

图 11.20 单向纤维增强复合材料横向压缩下破坏形貌[33]

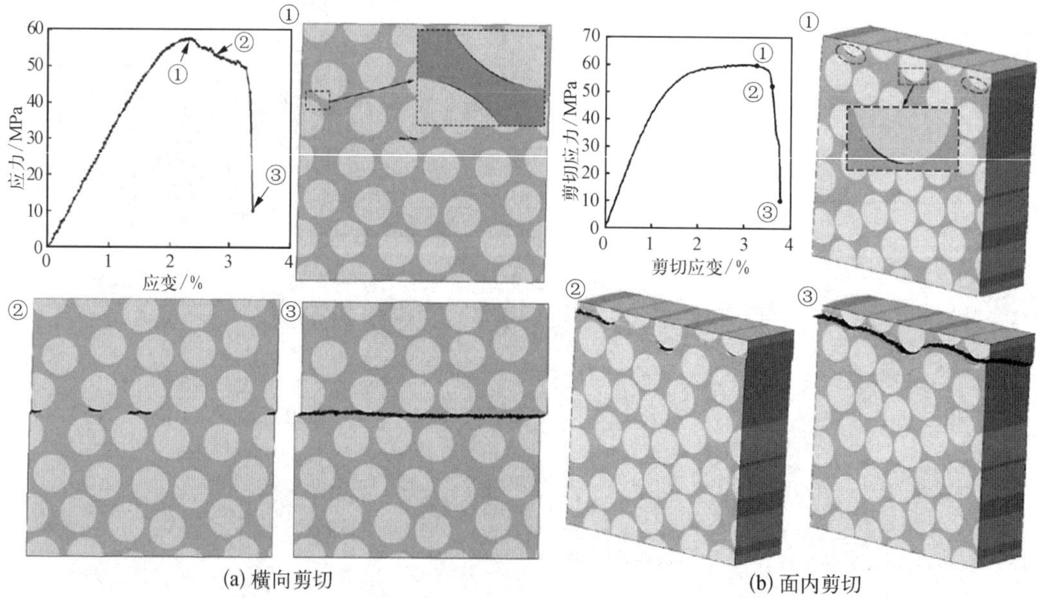

图 11.21 单向纤维增强复合材料剪切下破坏形貌[34]

11.3　层合板的刚度与强度分析

层合板特性：

（1）层合板中各单层板的材料主方向不一定相同，故层合板不一定有确定的主方向；

（2）层合板厚度方向上有非均质性，可以引起耦合效应，如面内内力会引起弯曲变形，而弯曲内力也会引起面内变形；

（3）层合板的性能取决于各单层板性能和铺设方式，如层合板中各单层板性能和铺设顺序已确定，可推算整体结构刚度；

（4）除了各单层板的破坏之外，还存在着层间破坏，且各层、各种破坏并不是同时发生的，不同类型破坏对整体结构的影响也是不同的；

（5）层合板固化中，由于各层冷热膨胀不一致，会导致热应力；同时在受载时由于变形协调关系，会导致层间应力。

综上所述，层合板的刚度与强度分析比单层板更加复杂，一般采用宏观力学分析方法。

层合板命名中会介绍各层的铺设角度，不同厚度的层合板还会标注出各层厚度，如

$$[0°t/90°2t/45°3t/-45°4t]$$

上述表达中，角度代表各层主方向与层合板整体自然坐标系的夹角，逆时针方向为正，顺时针方向为负，而厚度代表第一层到第四层的厚度依次为 t、$2t$、$3t$ 和 $4t$，若每一层厚度均相同时，厚度注释可以省略，例如：

$$[0°/90°/45°/-45°]$$

在实际工程应用中，对称层合板是常用的一类复合材料层合板结构，即各单层性能及铺层均关于中面对称，则只需列出一半的单层铺层角，在括号外下标 s（symmetric，对称）即可，例如：对称层合板 $[0°/45°/-45°/90°/90°/-45°/45°/0°]$ 可写成 $[0°/45°/-45°/90°]_s$。

11.3.1　基于经典层合板的刚度表达

本节分析的层合板需满足“薄”的前提，即层合板的厚度尺寸小于其他尺寸。层合板是等厚度的，即各单层的厚度可以不相同，但确定某一层厚度后，该层厚度不再变化。建立如图 11.22 的坐标系，将平分板厚度的平面 $x-o-y$ 称为中面，层合板厚度为 t。板厚度范围内任一点 x、y、z 方向的位移为 u、v、w，中面上的点位移为 u_0、v_0、w_0。

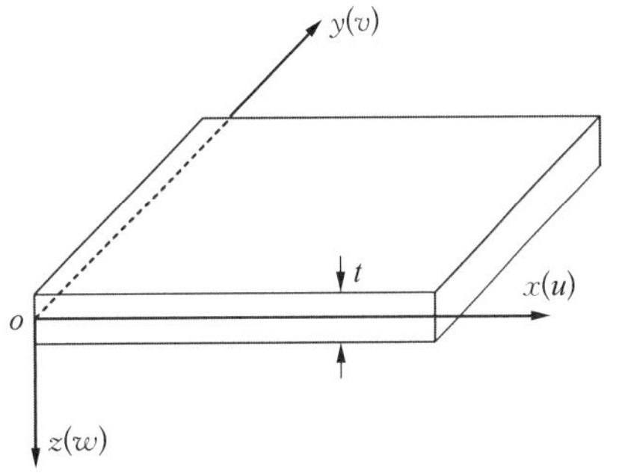

图 11.22　层合板坐标系

还需满足以下假设：

（1）直法线假设，变形前垂直于中面的直线，变形后依然保持直线并垂直于中面；

（2）等法线假设（无挤压假设），该线段长度不变化，$\varepsilon_z=0$；

（3）层合板各单层之间粘接良好且粘接层很薄，即各单层板之间变形连续。受载后原垂直于层合板中面的法线仍保持直线并垂直于变形后的中面，即层间没滑移，$\gamma_{yz}=\gamma_{xz}=0$；

（4）各单层板处于平面应力状态。

1. 层合板应力应变关系

若层合板受到拉伸和弯曲，在直法线假设下第 k 层的应力可以表示为

$$\begin{bmatrix}\sigma_x\\ \sigma_y\\ \tau_{xy}\end{bmatrix}_k=\begin{bmatrix}\bar{Q}_{11} & \bar{Q}_{12} & \bar{Q}_{16}\\ \bar{Q}_{12} & \bar{Q}_{22} & \bar{Q}_{26}\\ \bar{Q}_{16} & \bar{Q}_{26} & \bar{Q}_{66}\end{bmatrix}_k\left[\begin{bmatrix}\varepsilon_x^0\\ \varepsilon_y^0\\ \gamma_{xy}^0\end{bmatrix}+z\begin{bmatrix}K_x\\ K_y\\ K_{xy}\end{bmatrix}\right] \tag{11.66}$$

其中，ε_x^0、ε_y^0、γ_{xy}^0 为中面应变；K_x 和 K_y 为中面弯曲挠曲率；K_{xy} 为中面扭曲率。

$$K_x=-\frac{\partial^2 w}{\partial x^2},\ K_y=-\frac{\partial^2 w}{\partial y^2},\ K_{xy}=-2\frac{\partial^2 w}{\partial x\partial y} \tag{11.67}$$

可以看出，每一层的折减刚度矩阵不相同，而每一层应变项中 z 值不相同。图 11.23 说明了各层间沿厚度应力应变变化，应变沿厚度线性分布，而若每一层刚度特性变化，那么各层的应力分布不再连续。

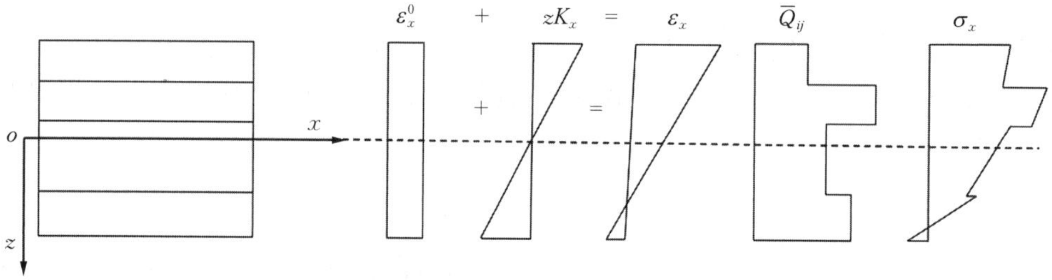

图 11.23　层合板沿厚度应力应变变化示意图

2. 层合板刚度

假设 N_x、N_y、N_{xy} 为层合板横截面上单位宽度的内力，M_x、M_y、M_{xy} 为层合板横截面上单位宽度的内力矩，如图 11.24 所示。

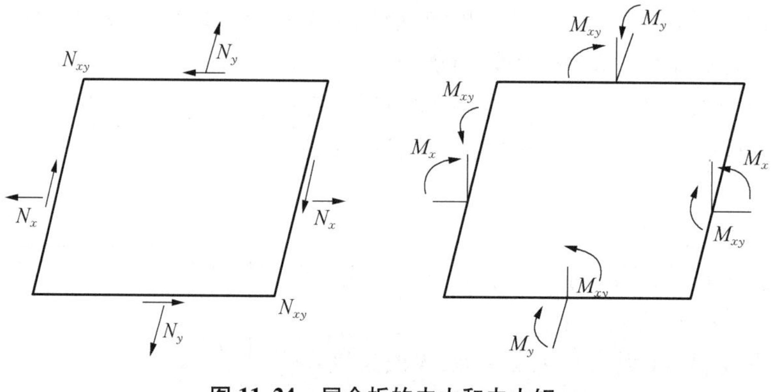

图 11.24　层合板的内力和内力矩

上述内力和内力矩可由应力沿层合板积分可得(几何关系如图 11.25 所示)。

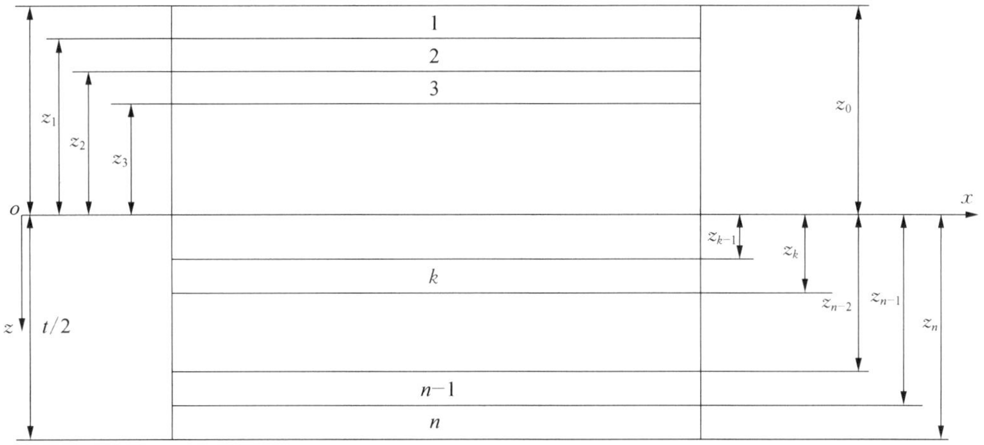

图 11.25　层合板几何关系

$$\left.\begin{aligned}\begin{bmatrix}N_x\\N_y\\N_{xy}\end{bmatrix}&=\begin{bmatrix}A_{11}&A_{12}&A_{16}\\A_{12}&A_{22}&A_{26}\\A_{16}&A_{26}&A_{66}\end{bmatrix}\begin{bmatrix}\varepsilon_x^0\\\varepsilon_y^0\\\gamma_{xy}^0\end{bmatrix}+\begin{bmatrix}B_{11}&B_{12}&B_{16}\\B_{12}&B_{22}&B_{26}\\B_{16}&B_{26}&B_{66}\end{bmatrix}\begin{bmatrix}K_x\\K_y\\K_{xy}\end{bmatrix}\\\begin{bmatrix}M_x\\M_y\\M_{xy}\end{bmatrix}&=\begin{bmatrix}B_{11}&B_{12}&B_{16}\\B_{12}&B_{22}&B_{26}\\B_{16}&B_{26}&B_{66}\end{bmatrix}\begin{bmatrix}\varepsilon_x^0\\\varepsilon_y^0\\\gamma_{xy}^0\end{bmatrix}+\begin{bmatrix}D_{11}&D_{12}&D_{16}\\D_{12}&D_{22}&D_{26}\\D_{16}&D_{26}&D_{66}\end{bmatrix}\begin{bmatrix}K_x\\K_y\\K_{xy}\end{bmatrix}\end{aligned}\right\}\Rightarrow\begin{bmatrix}\boldsymbol{N}\\\boldsymbol{M}\end{bmatrix}=\begin{bmatrix}\boldsymbol{A}&\boldsymbol{B}\\\boldsymbol{B}&\boldsymbol{D}\end{bmatrix}\begin{bmatrix}\boldsymbol{\varepsilon}^0\\\boldsymbol{K}\end{bmatrix}\tag{11.68}$$

式中,

$$\left.\begin{aligned}A_{ij}&=\sum_{k=1}^{n}(\bar{Q}_{ij})_k(z_k-z_{k-1})\\B_{ij}&=\frac{1}{2}\sum_{k=1}^{n}(\bar{Q}_{ij})_k(z_k^2-z_{k-1}^2)\\D_{ij}&=\frac{1}{3}\sum_{k=1}^{n}(\bar{Q}_{ij})_k(z_k^3-z_{k-1}^3)\end{aligned}\right\}\tag{11.69}$$

经典层合板理论中将 A_{ij} 称为拉伸刚度;B_{ij} 称为耦合刚度;D_{ij} 称为弯曲刚度。由于耦合刚度的存在,面内应力不仅会引起中面应变,也会引起弯曲和扭转变形,同样,内力矩也会引起弯扭变形和中面应变。具体而言:A_{11}、A_{12}、A_{22} 是拉压力与中面拉伸压缩应变之间的刚度系数;A_{66} 是剪切力与中面剪应变之间的刚度系数;A_{16}、A_{26} 是剪切与拉伸之间的耦合刚度系数;B_{11}、B_{12}、B_{22} 是拉伸与弯曲之间的耦合刚度系数;B_{66} 是剪切与扭转之间的耦合刚度系数;B_{16}、B_{26} 是扭转与拉伸或剪切与弯曲之间的耦合刚度系数;D_{11}、D_{12}、D_{22} 是弯矩与曲率之间的刚度系数;D_{66} 是扭转与扭曲率之间的刚度系数;D_{16}、D_{26} 是扭转与弯曲之间的耦合刚度系数。

而层合板的柔度矩阵可以表示为

$$\begin{bmatrix}\boldsymbol{\varepsilon}^0\\ \boldsymbol{K}\end{bmatrix}=\begin{bmatrix}\boldsymbol{A}' & \boldsymbol{B}'\\ \boldsymbol{B}' & \boldsymbol{D}'\end{bmatrix}\begin{bmatrix}\boldsymbol{N}\\ \boldsymbol{M}\end{bmatrix} \tag{11.70}$$

其中，

$$\left.\begin{aligned}\boldsymbol{A}' &= \boldsymbol{A}^{-1}+\boldsymbol{A}^{-1}\boldsymbol{B}(\boldsymbol{D}-\boldsymbol{B}\boldsymbol{A}^{-1}\boldsymbol{B})^{-1}\boldsymbol{B}\boldsymbol{A}^{-1}\\ \boldsymbol{B}' &= -(\boldsymbol{A}^{-1}\boldsymbol{B})(\boldsymbol{D}-\boldsymbol{B}\boldsymbol{A}^{-1}\boldsymbol{B})^{-1}\\ \boldsymbol{D}' &= (\boldsymbol{D}-\boldsymbol{B}\boldsymbol{A}^{-1}\boldsymbol{B})^{-1}\end{aligned}\right\} \tag{11.71}$$

对称层合板是指几何和材料性能上都关于中面对称的层合板，如 $\alpha t/-\alpha 2t/\alpha t/-\alpha 2t/\alpha t$

$$\left.\begin{aligned}(\bar{Q}_{ij})_1 &= (\bar{Q}_{ij})_n\\ (z_1^2-z_0^2) &= -(z_n^2-z_{n-1}^2)\end{aligned}\right\} \tag{11.72}$$

而由于 $B_{ij}=\frac{1}{2}\sum_{k=1}^{n}(\bar{Q}_{ij})_k(z_k^2-z_{k-1}^2)$，则对称的两项可以相消，即 $B_{ij}=0$，对称层合板拉伸弯曲间不存在耦合效应。

反对称层合板由与中面对称的单层板组成，对称的单层板其材料主方向与坐标轴的夹角大小相等正负号相反，可表示为 $\alpha t_1/-\beta t_2/\gamma t_3/-\gamma t_3/\beta t_2/-\alpha t_1$。层数必须是偶数层，根据式(11.18)且 $(z_1-z_0)=(z_n-z_{n-1})$ 在此铺层特征下：

$$A_{16}=A_{26}=D_{16}=D_{26}=0 \tag{11.73}$$

例 11.1 复合材料对称层合板 $[0°/45°/-45°/90°]_s$ 由相同的单层板组成，单层板沿纤维轴向的弹性模量为 $E_1=140$ GPa，沿纤维横向的弹性模量为 $E_2=10$ GPa，泊松比为 $\nu_{12}=0.28$，剪切模量为 $G_{12}=8$ GPa，单层厚度为 $t=1$ mm。试采用经典层合板理论计算该层合板的拉伸、弯曲及耦合刚度。

解：(1) 求单层板刚度矩阵

单层板在材料主方向坐标系下的柔度矩阵为

$$[\boldsymbol{S}]=\begin{bmatrix}\frac{1}{E_1} & -\frac{\nu_{12}}{E_1} & 0\\ -\frac{\nu_{12}}{E_1} & \frac{1}{E_2} & 0\\ 0 & 0 & \frac{1}{G_{12}}\end{bmatrix}=\begin{bmatrix}7.14\times10^{-3} & -2\times10^{-3} & 0\\ -2\times10^{-3} & 0.1 & 0\\ 0 & 0 & 0.125\end{bmatrix}\text{GPa}^{-1}$$

单层板在材料主方向坐标系下的刚度矩阵为

$$[\boldsymbol{C}]=[\boldsymbol{S}]^{-1}=\begin{bmatrix}140.79 & 2.82 & 0\\ 2.82 & 10.06 & 0\\ 0 & 0 & 8\end{bmatrix}\text{GPa}$$

第 k 层单层板在整体坐标系下的刚度可由坐标变换得到：

$$[\boldsymbol{Q}]_k = [\boldsymbol{T}]_k[\boldsymbol{C}][\boldsymbol{T}]_k^{\mathrm{T}}$$

其中，

$$[\boldsymbol{T}]_k = \begin{bmatrix} \cos^2\theta & \sin^2\theta & -2\sin\theta\cos\theta \\ \sin^2\theta & \cos^2\theta & 2\sin\theta\cos\theta \\ \sin\theta\cos\theta & -\sin\theta\cos\theta & \cos^2\theta-\sin^2\theta \end{bmatrix}_k$$

于是，

$$[\bar{\boldsymbol{Q}}]_{0^\circ} = \begin{bmatrix} 140.79 & 2.82 & 0 \\ 2.82 & 10.06 & 0 \\ 0 & 0 & 8 \end{bmatrix}\mathrm{GPa},\quad [\bar{\boldsymbol{Q}}]_{90^\circ} = \begin{bmatrix} 10.06 & 2.82 & 0 \\ 2.82 & 140.79 & 0 \\ 0 & 0 & 8 \end{bmatrix}\mathrm{GPa}$$

$$[\bar{\boldsymbol{Q}}]_{45^\circ} = \begin{bmatrix} 47.12 & 31.12 & 32.68 \\ 31.12 & 47.12 & 32.68 \\ 32.68 & 32.68 & 36.30 \end{bmatrix}\mathrm{GPa},\quad [\bar{\boldsymbol{Q}}]_{-45^\circ} = \begin{bmatrix} 47.12 & 31.12 & -32.68 \\ 31.12 & 47.12 & -32.68 \\ -32.68 & -32.68 & 36.30 \end{bmatrix}\mathrm{GPa}$$

（2）求层合板的刚度

拉伸刚度：$[\boldsymbol{A}] = \sum_{k=1}^{8}[\bar{\boldsymbol{Q}}]_k(z_k - z_{k-1}) = \begin{bmatrix} 490.17 & 135.74 & 0 \\ 135.74 & 490.17 & 0 \\ 0 & 0 & 177.21 \end{bmatrix}\mathrm{GPa}\cdot\mathrm{mm}$

耦合刚度：$[\boldsymbol{B}] = \dfrac{1}{2}\sum_{k=1}^{8}[\bar{\boldsymbol{Q}}]_k(z_k^2 - z_{k-1}^2) = \boldsymbol{0}$

弯曲刚度：$[\boldsymbol{D}] = \dfrac{1}{3}\sum_{k=1}^{8}[\bar{\boldsymbol{Q}}]_k(z_k^3 - z_{k-1}^3) = \begin{bmatrix} 4\,296.22 & 610.73 & 261.46 \\ 610.73 & 1\,158.65 & 261.46 \\ 261.46 & 261.46 & 831.92 \end{bmatrix}\times 10^3\ \mathrm{N}\cdot\mathrm{mm}$

11.3.2　层合板的强度理论

1. 层合板强度分析思路

层合板的强度分析是以单层板的强度作为已知量和分析基础，来确定层合板整体受载的极限载荷或者设计承受给定载荷所必需的层合板特性。而层合板的破坏特征是，某一单层板失效后会造成层合板整体刚度的降低，即位移载荷曲线斜率下降的拐点，也称之为层合板降级。但此时其余层板可能依然可以继续承载，直至所有层板全部破坏，整个过程会有多个拐点，其数量与层合板层数相关联，如图 11.26。并且在不考虑渐进损伤的理论计算下，每两个拐点之间均为

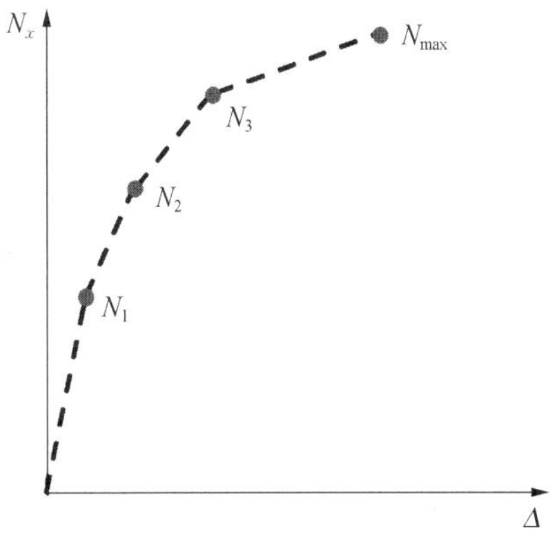

图 11.26　层合板位移载荷示意图

折线连接,越靠后的拐点之间折线斜率越小。

具体分析步骤如下:

(1) 设定各外载荷之间的比例;

(2) 计算层合板刚度;

(3) 求各单层在材料主方向上的应力与外载荷之间的关系;

(4) 代入强度准则,判断哪一单层先破坏;

(5) 计算剩余层的整体刚度;

(6) 重复(1)~(5),直至算出极限载荷。

2. *层合板强度分析算例*

如图 11.27,现有一块三层对称正交铺设层合板,只受载荷 N_x,外层厚度为 t_1,内层厚度为 $10t_1$[3, 4]。各单层材料是玻璃/环氧,性能为 $E_1 = 5.2 \times 10^4$ MPa, $E_2 = 2.0 \times 10^4$ MPa, $\nu_{12} = 0.25$, $G_{12} = 1.0 \times 10^4$ MPa, $X_t = X_c = 1.04 \times 10^3$ MPa, $Y_t = 28$ MPa, $Y_c = 140$ MPa, $S = 43$ MPa。计算该板极限载荷。

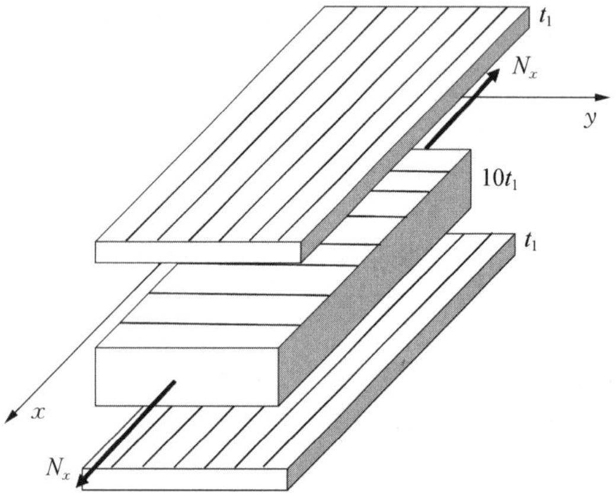

图 11.27　三层对称正交铺设层合板

1) 第一次破坏

(1) 计算 Q_{ij} 和 A_{ij}

外层刚度折减矩阵:

$$\boldsymbol{Q}_{1,3} = \begin{bmatrix} 5.328 & 0.5115 & 0 \\ 0.5115 & 2.049 & 0 \\ 0 & 0 & 1 \end{bmatrix} \times 10^4 \text{ MPa}$$

内层刚度折减矩阵:

$$\boldsymbol{Q}_2 = \begin{bmatrix} 2.049 & 0.5115 & 0 \\ 0.5115 & 5.328 & 0 \\ 0 & 0 & 1 \end{bmatrix} \times 10^4 \text{ MPa}$$

层合板刚度矩阵:

$$A_{ij} = (Q_{ij})_{1,3} 2t_1 + (Q_{ij})_2 10t_1,\ t = 12t_1$$

$$A = \begin{bmatrix} 2.596 & 0.5115 & 0 \\ 0.5115 & 4.782 & 0 \\ 0 & 0 & 1 \end{bmatrix} \times 10^4 t \text{ MPa}$$

$$A' = A^{-1} = \begin{bmatrix} 3.935 & -0.4210 & 0 \\ -0.4210 & 2.136 & 0 \\ 0 & 0 & 10 \end{bmatrix} \times 10^{-5} t^{-1} \text{ MPa}^{-1}$$

(2) 计算 ε_x^0、ε_y^0 和 γ_{xy}^0：

$$\begin{bmatrix}\varepsilon_x^0\\\varepsilon_y^0\\\gamma_{xy}^0\end{bmatrix}=\begin{bmatrix}A'_{11}&A'_{12}&0\\A'_{12}&A'_{22}&0\\0&0&A'_{66}\end{bmatrix}\begin{bmatrix}N_x\\0\\0\end{bmatrix}=\begin{bmatrix}3.935\\-0.4210\\0\end{bmatrix}\frac{N_x}{t}\times10^{-5}$$

(3) 计算各层应力

外层应力：

$$\begin{bmatrix}\sigma_x\\\sigma_y\\\tau_{xy}\end{bmatrix}_{1,3}=\begin{bmatrix}\sigma_1\\\sigma_2\\\tau_{12}\end{bmatrix}_{1,3}=\boldsymbol{Q}_{1,3}\begin{bmatrix}\varepsilon_x^0\\\varepsilon_y^0\\\gamma_{xy}^0\end{bmatrix}=\begin{bmatrix}2.075\\0.1150\\0\end{bmatrix}\frac{N_x}{t}\text{MPa}$$

内层应力：

$$\begin{bmatrix}\sigma_x\\\sigma_y\\\tau_{xy}\end{bmatrix}_{2}=\begin{bmatrix}\sigma_2\\\sigma_1\\\tau_{12}\end{bmatrix}_{2}=\boldsymbol{Q}_{2}\begin{bmatrix}\varepsilon_x^0\\\varepsilon_y^0\\\gamma_{xy}^0\end{bmatrix}=\begin{bmatrix}0.7847\\-0.02303\\0\end{bmatrix}\frac{N_x}{t}\text{MPa}$$

(4)采用 Tsai－Hill 求解屈服载荷

$$\frac{\sigma_1^2}{X_t^2}-\frac{\sigma_1\sigma_2}{X_t^2}+\frac{\sigma_2^2}{Y_t^2}=1$$

解得

$$\left(\frac{N_x}{t}\right)_{1,3}=220.173\ \text{MPa}$$

$$\left(\frac{N_x}{t}\right)_{2}=35.682\ \text{MPa}$$

$\frac{N_x}{t}$ 取较小值,为 35.682 MPa。

外层应力：

$$\begin{bmatrix}\sigma_1\\\sigma_2\\\tau_{12}\end{bmatrix}_{1,3}=\begin{bmatrix}74.040\\4.103\\0\end{bmatrix}\text{MPa}$$

内层应力：

$$\begin{bmatrix}\sigma_2\\\sigma_1\\\tau_{12}\end{bmatrix}_{2}=\begin{bmatrix}28.00\\-0.8218\\0\end{bmatrix}\text{MPa}$$

此时内层的 σ_2 达到破坏强度，即 x 方向破坏，y 方向未破坏。此时应变为

$$\varepsilon_x = A'_{11}N_x = 1.404 \times 10^{-3}$$

2）第二次破坏

（1）计算 Q_{ij} 和 A_{ij}

外层刚度折减矩阵：

$$\boldsymbol{Q}_{1,3} = \begin{bmatrix} 5.328 & 0.5115 & 0 \\ 0.5115 & 2.049 & 0 \\ 0 & 0 & 1 \end{bmatrix} \times 10^4 \text{ MPa}$$

内层刚度折减矩阵：

$$\boldsymbol{Q}_2 = \begin{bmatrix} 0 & 0 & 0 \\ 0 & 5.328 & 0 \\ 0 & 0 & 0 \end{bmatrix} \times 10^4 \text{ MPa}$$

此时内层的材料主方向 2 破坏，已经不能抗剪。

层合板刚度矩阵：

$$A_{ij} = (Q_{ij})_{1,3}2t_1 + (Q_{ij})_2 10t_1,\ t = 12t_1$$

$$A = \begin{bmatrix} 0.888 & 0.08525 & 0 \\ 0.08525 & 4.782 & 0 \\ 0 & 0 & 0.167 \end{bmatrix} \times 10^4 t \text{ MPa}$$

$$A' = A^{-1} = \begin{bmatrix} 1.1281 & -0.0201 & 0 \\ -0.0201 & 0.2095 & 0 \\ 0 & 0 & 5.9880 \end{bmatrix} \times 10^{-4} t^{-1} \text{MPa}^{-1}$$

（2）计算 ε_x^0，ε_y^0 和 γ_{xy}^0 增量

$$\begin{bmatrix} \Delta\varepsilon_x^0 \\ \Delta\varepsilon_y^0 \\ \Delta\gamma_{xy}^0 \end{bmatrix} = \begin{bmatrix} A'_{11} & A'_{12} & 0 \\ A'_{12} & A'_{22} & 0 \\ 0 & 0 & A'_{66} \end{bmatrix} \begin{bmatrix} \Delta N_x \\ 0 \\ 0 \end{bmatrix} = \begin{bmatrix} 1.1281 \\ -0.0201 \\ 0 \end{bmatrix} \frac{\Delta N_x}{t} \times 10^{-4}$$

（3）计算各层应力增量

外层应力增量：

$$\begin{bmatrix} \Delta\sigma_x \\ \Delta\sigma_y \\ \Delta\tau_{xy} \end{bmatrix}_{1,3} = \begin{bmatrix} \Delta\sigma_1 \\ \Delta\sigma_2 \\ \Delta\tau_{12} \end{bmatrix}_{1,3} = \boldsymbol{Q}_{1,3} \begin{bmatrix} \Delta\varepsilon_x^0 \\ \Delta\varepsilon_y^0 \\ \Delta\gamma_{xy}^0 \end{bmatrix} = \begin{bmatrix} 6.000 \\ 0.5358 \\ 0 \end{bmatrix} \frac{\Delta N_x}{t} \text{ MPa}$$

内层应力增量：

$$\begin{bmatrix}\Delta\sigma_x\\ \Delta\sigma_y\\ \Delta\tau_{xy}\end{bmatrix}_2=\begin{bmatrix}\Delta\sigma_1\\ \Delta\sigma_2\\ \Delta\tau_{12}\end{bmatrix}_2=\boldsymbol{Q}_2\begin{bmatrix}\Delta\varepsilon_x^0\\ \Delta\varepsilon_y^0\\ \Delta\gamma_{xy}^0\end{bmatrix}=\begin{bmatrix}0\\ -0.107\\ 0\end{bmatrix}\frac{\Delta N_x}{t}\ \text{MPa}$$

（4）采用蔡-希尔求解屈服载荷

$$\frac{\sigma_1^2}{X_t^2}-\frac{\sigma_1\sigma_2}{X_t^2}+\frac{\sigma_2^2}{Y_t^2}=1$$

解得

$$\left(\frac{\Delta N_x}{t}\right)_{1,3}=42.1709\ \text{MPa}$$

$$\left(\frac{\Delta N_x}{t}\right)_{2}=254.0019\ \text{MPa}$$

$\Delta\dfrac{N_x}{t}$ 取较小值，为 42.170 9 MPa。

外层应力：

$$\begin{bmatrix}\sigma_1\\ \sigma_2\\ \tau_{12}\end{bmatrix}_{1,3}=\begin{bmatrix}327.0654\\ 26.698\\ 0\end{bmatrix}\text{MPa}$$

内层应力：

$$\begin{bmatrix}\sigma_2\\ \sigma_1\\ \tau_{12}\end{bmatrix}_{2}=\begin{bmatrix}0\\ -5.334\\ 0\end{bmatrix}\text{MPa}$$

即外层 2 方向接近强度极限，可看作外层的 2 方向破坏。此时外层均只剩材料主方向 1 方向仍可承载，并且可以判断内层材料主方向 1 方向不会承载。

3）第三次破坏

（1）计算 Q_{ij} 和 A_{ij}

外层刚度折减矩阵：

$$\boldsymbol{Q}_{1,3}=\begin{bmatrix}5.328 & 0 & 0\\ 0 & 0 & 0\\ 0 & 0 & 0\end{bmatrix}\times10^4\ \text{MPa}$$

内层刚度折减矩阵：

$$
\boldsymbol{Q}_2 = \begin{bmatrix} 0 & 0 & 0 \\ 0 & 5.328 & 0 \\ 0 & 0 & 0 \end{bmatrix} \times 10^4 \text{ MPa}
$$

层合板刚度矩阵：

$$
A_{ij} = (Q_{ij})_{1,3} 2t_1 + (Q_{ij})_2 10t_1, \ t = 12t_1
$$

$$
A = \begin{bmatrix} 0.888 & 0 & 0 \\ 0 & 4.44 & 0 \\ 0 & 0 & 0 \end{bmatrix} \times 10^4 t \text{ MPa}
$$

$$
A' = \begin{bmatrix} 1.1261 & 0 & 0 \\ 0 & 0.2252 & 0 \\ 0 & 0 & 0 \end{bmatrix} \times 10^{-4} t^{-1} \text{MPa}^{-1}
$$

（2）计算 ε_x^0、ε_y^0 和 γ_{xy}^0 增量

$$
\begin{bmatrix} \Delta\varepsilon_x^0 \\ \Delta\varepsilon_y^0 \\ \Delta\gamma_{xy}^0 \end{bmatrix} = A' \begin{bmatrix} \Delta N_x \\ 0 \\ 0 \end{bmatrix} = \begin{bmatrix} 1.1261 \\ 0 \\ 0 \end{bmatrix} \frac{\Delta N_x}{t} \times 10^{-4}
$$

（3）计算各层应力增量

外层应力增量：

$$
\begin{bmatrix} \Delta\sigma_x \\ \Delta\sigma_y \\ \Delta\tau_{xy} \end{bmatrix}_{1,3} = \begin{bmatrix} \Delta\sigma_1 \\ \Delta\sigma_2 \\ \Delta\tau_{12} \end{bmatrix}_{1,3} = \boldsymbol{Q}_{1,3} \begin{bmatrix} \Delta\varepsilon_x^0 \\ \Delta\varepsilon_y^0 \\ \Delta\gamma_{xy}^0 \end{bmatrix} = \begin{bmatrix} 6 \\ 0 \\ 0 \end{bmatrix} \frac{\Delta N_x}{t} \text{ MPa}
$$

内层应力增量：

$$
\begin{bmatrix} \Delta\sigma_x \\ \Delta\sigma_y \\ \Delta\tau_{xy} \end{bmatrix}_{2} = \begin{bmatrix} \Delta\sigma_1 \\ \Delta\sigma_2 \\ \Delta\tau_{12} \end{bmatrix}_{2} = \boldsymbol{Q}_{2} \begin{bmatrix} \Delta\varepsilon_x^0 \\ \Delta\varepsilon_y^0 \\ \Delta\gamma_{xy}^0 \end{bmatrix} = \begin{bmatrix} 0 \\ 0 \\ 0 \end{bmatrix} \frac{\Delta N_x}{t} \text{ MPa}
$$

（4）采用蔡-希尔求解屈服载荷

$$
\frac{\sigma_1^2}{X_t^2} - \frac{\sigma_1\sigma_2}{X_t^2} + \frac{\sigma_2^2}{Y_t^2} = 1
$$

解得

$$\left(\frac{\Delta N_x}{t}\right)_{1,3} = 118.8224\ \text{MPa}$$

外层应力：

$$\begin{bmatrix}\sigma_1\\ \sigma_2\\ \tau_{12}\end{bmatrix}_{1,3} = \begin{bmatrix}1040\\ 0\\ 0\end{bmatrix}\text{MPa}$$

内层应力：

$$\begin{bmatrix}\sigma_2\\ \sigma_1\\ \tau_{12}\end{bmatrix}_{2} = \begin{bmatrix}0\\ -5.334\\ 0\end{bmatrix}\text{MPa}$$

此时外层彻底失效，层合板不能再承受 x 方向载荷。故极限载荷为 35.682 + 42.170 9 + 118.822 4 = 196.675 3 MPa。上述层合板结构较为简单，实际上由于一层的损坏可能会与其他层的损坏相互作用，会根据铺层顺序不同而演变得更加复杂，基体裂纹可能演变成分层或分叉到相邻层，如图 11.28 所示[35]。因此，往往很多失效准则都是将目标瞄准于层合板的第一层破坏预报。也有学者指出[36]：单层破坏之后由于相邻层的约束其材料结构并非立即发生变化，其原本承担的载荷也并非立即卸载，故只需在后续的增量步中进行折减而无需对已施加的载荷进行重分配计算，相关计算也与实验曲线吻合较好。对于结构复杂的层合板强度分析，建议通过计算机编程求解或者利用 11.2.3 节中的有限元方法求解。

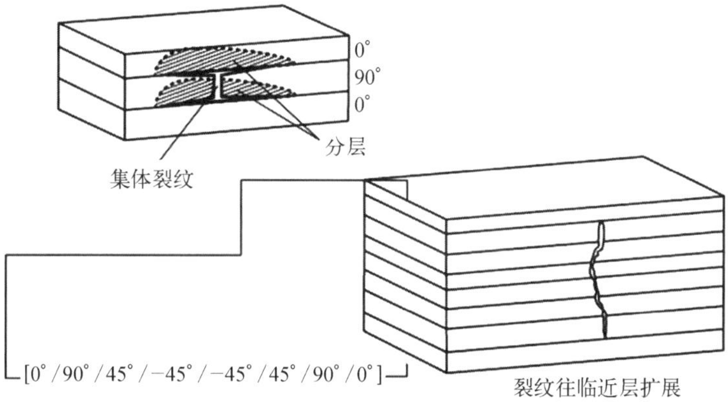

图 11.28 基体裂纹触发分层且基体裂纹在相邻层中分支成其他基体裂纹[35]

特别是当载荷情况更加复杂后，更难以有一个单一的标准能够准确地捕捉到复合材料层合板的全部失效情况。但在实践中，可以去探索某一标准在某种应用环境下的适应性，如文献[37]中比较了 ±55° E-玻纤/MY750 层合板在双轴载荷作用下的理论预报和试验测量的最终破坏应力（图 11.29），选用的五种理论都对实验结果进行了合理的预测。

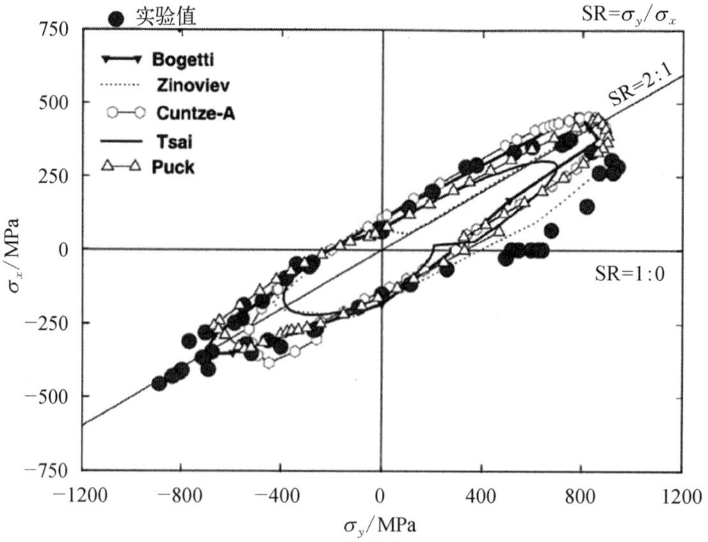

图 11.29　层合板在双轴载荷作用下的理论预报和试验测量破坏应力[37]

此处我们给出常见复合材料单层板的基本力学性能(表 11.2),以便校核强度时参考。

表 11.2　常见复合材料力学性能[38]

复合材料	V_f	E_1/GPa	E_2/GPa	ν_{12}	G_{12}/GPa	X_t/MPa	X_c/MPa	Y_t/MPa	Y_c/MPa	S/MPa
T300/4211	0.62	126	8.0	0.33	3.7	1 415	1 232	35.0	157	63.9
T300/5222	0.65	135	9.4	0.28	5.0	1 490	1 210	40.7	197	92.3
T300/3231	0.65	134	8.9	0.29	4.7	1 750	1 030	49.3	138	106
T300/QY8911	0.60	135	8.8	0.33	4.47	1 548	1 226	55.5	218	89.9
T300/5208	0.7	181	10.3	0.28	7.17	1 500	1 500	40	246	68
AS/3501	0.66	138	8.96	0.3	7.1	1 447	1 447	52	206	93
IM6/环氧	0.66	203	11.2	0.32	8.4	3 500	1 540	56	150	98
B(4)/5505	0.5	204	18.5	0.23	5.59	1 260	2 500	61	202	67
凯芙拉 49/环氧	0.60	76.0	5.50	0.34	2.30	1 400	235	12	53	34
SiC/5506	0.60	230	20.6	0.23	5.1	1 578	2 246	66.9	237	59.7
AS4/PEEK	0.66	134	8.9	0.28	5.1	2 130	1 100	80	200	160
E-玻纤/环氧	0.45	38.6	8.27	0.26	4.14	1 062	610	31	118	72

层合板中的某单层发生破坏后,通常认为该单层依然占据原来的几何位置,而仅需对式(11.66)中该单层的刚度矩阵进行折减。刚度折减的方式并没有统一的标准,最简单的一种折减方式称为完全刚度折减,即认为该层所有的刚度全部消失,偏于保守但符合工程设计的思想;另一类刚度折减方式称为部分刚度折减,根据不同的破坏类型,分别在不同的刚度项乘以不同的折减系数[39-42],将单层破坏区分为纤维拉伸、纤维压缩、基体拉

伸/剪切、基体压缩/剪切四种模式，分别采用不同的折减系数(表 11.3)。当使用部分刚度折减方案时通常需要与单层板的破坏判据相结合使用。

表 11.3　典型部分刚度折减方案

	折减项	折减系数
单层纤维拉伸	$E_1^d = D_1^T E_1$	$D_1^T = 0.07$
单层纤维压缩	$E_1^d = D_1^C E_1$	$D_1^C = 0.14$
单层基体拉伸/剪切	$E_2^d = D_2^T E_2$, $G_{12}^d = D_4^T G_{12}$	$D_2^T = 0.2$, $D_4^T = 0.2$
单层基体压缩/剪切	$E_2^d = D_2^C E_2$, $G_{12}^d = D_4^C G_{12}$	$D_2^C = 0.4$, $D_4^C = 0.4$

11.3.3　层间应力分析

经典层合板理论对于层合板面内应力 σ_x、σ_y 和 τ_{xy} 进行了分析，仅局限于二维情况，如果讨论到实际应用中的三维情况，就必须考虑 σ_z、τ_{xz} 和 τ_{yz} 的作用。

1. *层间应力的产生*

层合板由不同的单层板组成，若单独将每一层拿出来分析，可以看到在同样的载荷下其变形情况是不一样的。多个单层板黏合成一个整体后，层间必然会产生相互作用，使得层合板整体变形协调，协调平面剪切变形一致时就会出现层间剪应力，协调法向变形一致时就会出现层间正应力。除了局部压痕和碰撞问题中层间正应力的明显情况，层间应力还通常出现在层合板的自由边附近、压片的邻近区域以及基体裂纹或分层附近。

然而，由于层间问题的内在复杂性，弹性力学较难得到精确解。因此，学者们发展了一系列分析层间应力的解析或者数值方法。基于 Robbins 和 Reddy 的层化(Layerwise)离散层理论[43]，Tahani 和 Nosier[44]利用该理论分析了一般交叉铺层复合材料层合板自由边附近的层间应力。在层化离散层理论的假设中，层合板每一个实际物理层被处理为由许多和它纤维方向相同的子层组成，子层的数目假设为 P。显然，随着 P 的增加，层合板子层越来越薄，更加符合经典层合板假设，准确性也会增加。其单向拉伸下层间应力趋势结果，如图 11.30 所示。左侧部分显示了 $y=b$ 时的层间正应力，0°/90° 界面间的正应力(实线)随着 P 增加而单调上升，说明可能有应力奇点出现；而 $z=0$ 时代表层合板中面，由结果显示 0°/0° 或者 90°/90° 界面间没有正应力奇点。右侧部分展示了层间切应力，其朝着自由边缘上升，但是在边缘处骤降为 0，并且 P 越大峰值越大。这一点与很多其他数值模型吻合，从数学上讲，基于近似的解析和数值研究，在不同方向铺层之间的界面自由边处存在应力奇点。应力奇点问题也引发很多争论，一些研究人员认为应力奇点可能根本不存在，因为材料非线性和真实层合板之间没有宏观分析中那么明显的界面特征。

2. *层间破坏*

在层合板自由边界层间剪应力和层间正应力较高，可能会造成脱胶现象等分层破坏。在使用过程中，上述的复合材料边缘效应可能会导致在加载远低于经典层合板理论所预测的破坏强度时，层合板便发生分层或者横向开裂。事实上由层间面外应力而引起的层和层之间的脱离损伤是层合板最有特色且最为普遍的损伤形式之一，曾有文献报道了在

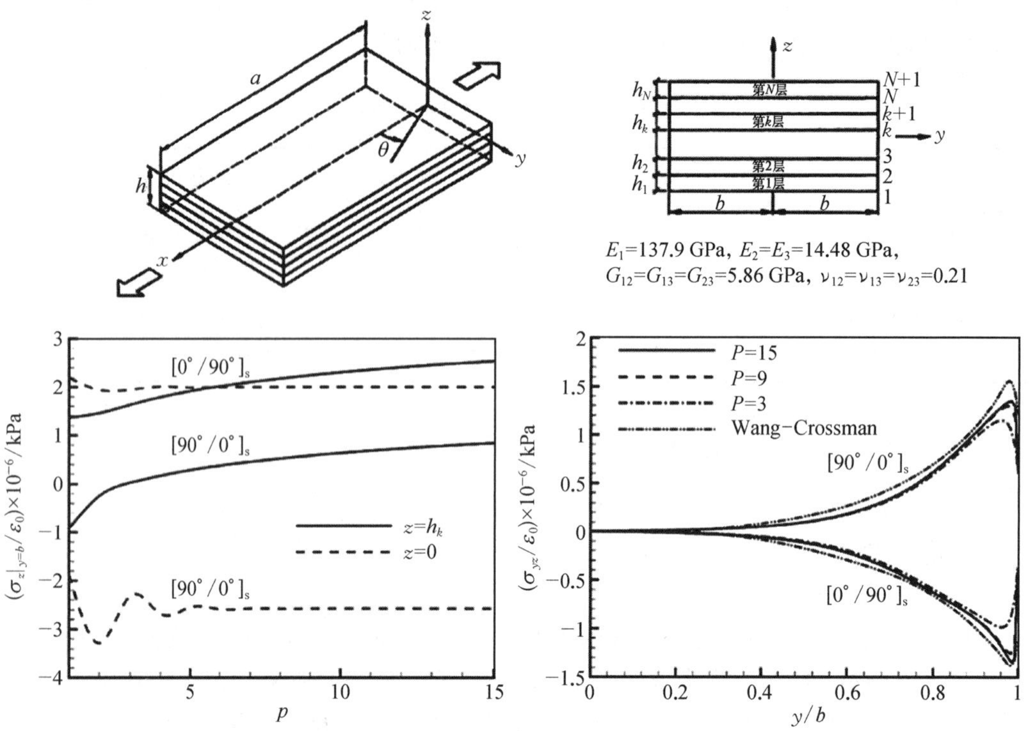

图 11.30　单向拉伸下层间应力趋势[43]

左为层间正应力;右为层间切应力

某型飞机的复合材料构件无损检测中发现的 101 处损伤中有 98 处为分层损伤[45]。分层将会改变复合材料层合板结构的完整性、降低其刚度和强度,并进而影响层合板的使用寿命,目前层合板的分层依然是国内外复合材料研究中的热点问题之一[46],主要的研究内容包括分层萌生、裂纹扩展、剩余刚度和强度、疲劳分析、实验检测及分层抑制设计等。基于平均应力可建立分层破坏的判据,例如在 Tsai - Wu 准则的基础上修正的基于层间平均应力的分层萌生判据[47]:

$$\left(\frac{\bar{\sigma}_{xz}}{S_{xz}}\right)^2+\left(\frac{\bar{\sigma}_{yz}}{S_{yz}}\right)^2+\frac{(\bar{\sigma}_{zz})^2}{Z^{\mathrm{t}}Z^{\mathrm{c}}}+\bar{\sigma}_{zz}\left(\frac{1}{Z^{\mathrm{t}}}-\frac{1}{Z^{\mathrm{c}}}\right)=1 \tag{11.74}$$

又如采用完全二次式的分层判据[48]:

$$\begin{cases}\left(\dfrac{\bar{\sigma}_{xz}}{S_{xz}}\right)^2+\left(\dfrac{\bar{\sigma}_{yz}}{S_{yz}}\right)^2+\left(\dfrac{\bar{\sigma}_{zz}}{Z^{t}}\right)^2=1,\text{厚度方向受拉}\\ \left(\dfrac{\bar{\sigma}_{xz}}{S_{xz}}\right)^2+\left(\dfrac{\bar{\sigma}_{yz}}{S_{yz}}\right)^2+\left(\dfrac{\bar{\sigma}_{zz}}{Z^{\mathrm{c}}}\right)^2=1,\text{厚度方向受压}\end{cases} \tag{11.75}$$

式中,Z^{t}、Z^{c}、S_{xz}、S_{yz} 分别为沿厚度方向受拉、沿厚度方向受压、xz 方向剪切和 yz 方向剪切层间破坏强度。除了采用平均应力的分析方法以外,断裂力学方法也被较为广泛地应用于层间破坏特别是裂纹萌生之后的扩展分析,有兴趣的读者可阅读复合材料层间断裂力学研究的相关文献[49]。除了理论研究之外，数值模拟方法也是研究层间应力及层间破坏的常用方法，典型的如虚拟裂纹扩展技术(virtual crack closure technique, VCCT)[50]、扩展有限元法(extended finite element method, XFEM)[51]、内聚力模型(cohesive zone model, CZM)[52]等。CZM 能同时对分层萌生及裂纹扩展两个阶段的层间破坏进行分析，且物理背景清晰，简单便于理解，在本节中将对 CZM 模型的原理进行介绍。在 CZM 模型中，通常以 CZM 单元的形式来实现建模，如图 11.31(a)所示的三维有限元分析中，CZM 单元可通过三个方向的变形来表示三种不同的变形形式，也可通过三者的组合得到混合型的变形。在分层萌生之前中间层的行为为线弹性[图 11.31(b)]，为考虑组合变形形式，图中的位移可取为等效位移形式[53]：

$$\delta_m = \sqrt{\langle \delta_{\mathrm{I}} \rangle^2 + \delta_{\mathrm{II}}^2 + \delta_{\mathrm{III}}^2} \tag{11.76}$$

式中，⟨　⟩为麦考莱(Macaulay)括号，定义为

$$\langle x \rangle = \begin{cases} x, & x \geq 0 \\ 0, & x < 0 \end{cases} \tag{11.77}$$

分层萌生点由层间初始破坏判据确定，简单的分层萌生判据包括如最大应力判据

$$\max\left\{\frac{\langle \sigma_{zz} \rangle}{N}, \frac{\tau_{yz}}{S}, \frac{\tau_{xz}}{T}\right\} = 1, \tag{11.78}$$

最大位移判据：

$$\max\left\{\frac{\langle \delta_1 \rangle}{\delta_1^0}, \frac{\delta_2}{\delta_2^0}, \frac{\delta_3}{\delta_3^0}\right\} = 1 \tag{11.79}$$

与复合材料单层破坏分析类似，考虑各种破坏模式之间相互影响的二次函数形式在实践中最为常用，如 Ye[54]所提出的分层萌生判据：

$$\left(\frac{\langle \sigma_{zz} \rangle}{N}\right)^2 + \left(\frac{\tau_{yz}}{S}\right)^2 + \left(\frac{\tau_{xz}}{T}\right)^2 = 1 \tag{11.80}$$

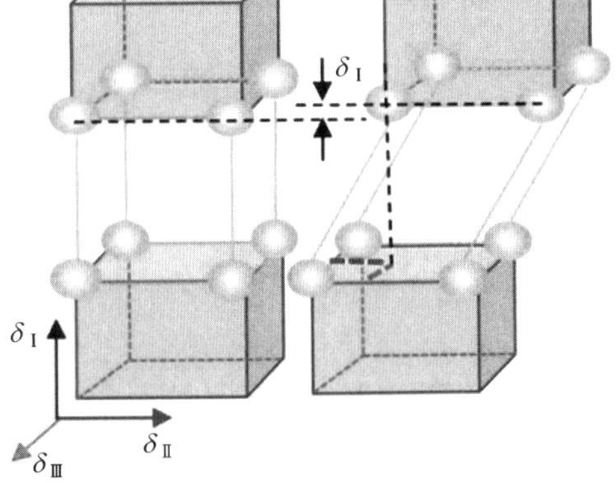

(a) 三维有限元分析中的CZM单元

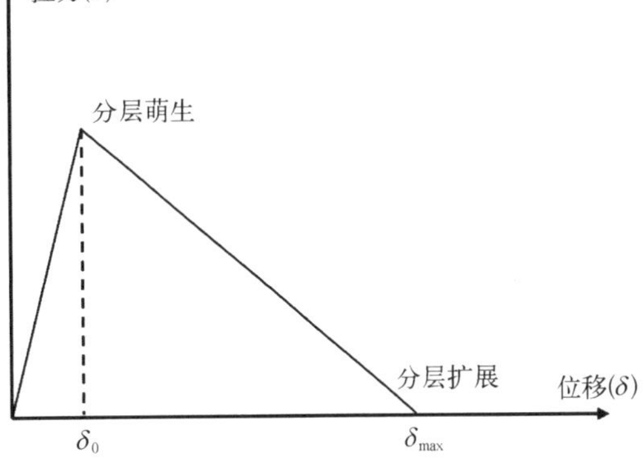

(b) CZM单元载荷位移演化曲线

图 11.31　CZM 单元的特性

只改变铺层顺序，便可以改变边界附近的层间正应力，从而使得层合板强度提高，这也是复合材料结构设计人员控制层合板强度的有效设计方法，比如尽量使方向角相同的层合板分散，避免形成厚的层板；为了避免弯曲和拉伸之间的耦合效应，通常选择对称铺设。同时亦可以在自由边界处，为边界带帽、缝补或者加厚胶层来主动加强抑制层间分层，或者对层间进行层片终止、切口及尖梢等操作，改变边界条件以避免脱胶。

11.4 总结与展望

本章主要介绍了单向连续纤维增强复合材料以及层合板的刚度与强度分析，其中涉及应力应变关系，强度理论，宏-细观分析方法等，是工程应用中复合材料结构设计的基础知识，读者可根据自身兴趣与专业方向，选择复合材料力学方面的教材展开进一步的深入学习。

习题与思考题

1. 已知应变能密度 W 张量计算表达式及按照爱因斯坦求和约定展开后的表达式：

$$W = \frac{1}{2}C_{ij}\varepsilon_i\varepsilon_j = \frac{1}{2}C_{11}\varepsilon_1^2 + C_{12}\varepsilon_1\varepsilon_2 + C_{13}\varepsilon_1\varepsilon_3 + C_{14}\varepsilon_1\varepsilon_4 + C_{15}\varepsilon_1\varepsilon_5 + C_{16}\varepsilon_1\varepsilon_6 + \frac{1}{2}C_{22}\varepsilon_2^2 + C_{23}\varepsilon_2\varepsilon_3 + C_{24}\varepsilon_2\varepsilon_4 + C_{25}\varepsilon_2\varepsilon_5 + C_{26}\varepsilon_2\varepsilon_6 + \frac{1}{2}C_{33}\varepsilon_3^2 + C_{34}\varepsilon_3\varepsilon_4 + C_{35}\varepsilon_3\varepsilon_5 + C_{36}\varepsilon_3\varepsilon_6 + \frac{1}{2}C_{44}\varepsilon_4^2 + C_{45}\varepsilon_4\varepsilon_5 + C_{46}\varepsilon_4\varepsilon_6 + \frac{1}{2}C_{55}\varepsilon_5^2 + C_{56}\varepsilon_5\varepsilon_6 + \frac{1}{2}C_{66}\varepsilon_6^2$$

以及小变形下的应变位移关系方程：

$$\left.\begin{aligned} \varepsilon_1 &= \frac{\partial u}{\partial x}, \ \varepsilon_4 = \gamma_{23} = \frac{\partial w}{\partial y} + \frac{\partial v}{\partial z} \\ \varepsilon_2 &= \frac{\partial v}{\partial y}, \ \varepsilon_5 = \gamma_{31} = \frac{\partial u}{\partial z} + \frac{\partial w}{\partial x} \\ \varepsilon_3 &= \frac{\partial w}{\partial z}, \ \varepsilon_6 = \gamma_{12} = \frac{\partial v}{\partial x} + \frac{\partial u}{\partial y} \end{aligned}\right\}$$

证明单对称材料的材料刚度系数缩减过程。

2. 已知 T300/5280 复合材料单层板受力状态为 $\sigma_x = 500$ MPa，$\sigma_y = 40$ MPa，$\tau_{xy} = 60$ MPa，偏轴 $\theta = 15°$，试分别用最大应力准则、最大应变准则以及蔡-希尔准则校核其强度。
3. 有一个用单层板制成的薄壁圆管，强度属性为 $X_t = 1.04$ GPa，$X_c = 0.689$ GPa，$Y_t = 0.028$ GPa，$Y_c = 0.118$ GPa，平均半径为 20 mm，壁厚 2 mm，铺层方向与轴线成 30°。请采用蔡-希尔破坏准则，计算薄壁管受扭和受拉时的最大容许载荷。
4. 推导出正规对称角铺设层合板 $[\cdots/\alpha t/-\alpha t/\alpha t/-\alpha t/\alpha t/\cdots]$ 的刚度矩阵形式。

5. 通过计算画出 11.3.2 算例中的层合板应变载荷曲线,标注出每次失效的特征点。

参考文献

[1] McAdam R, O'Hare T, Moffett S. Collaborative knowledge sharing in composite new products development: An aerospace study[J]. Technovationm, 2008, 28(5): 245-256.

[2] Linganiso L Z, Anandjiwala R D. Fibre-reinforced laminates in aerospace engineering[M]//Rana Sohel, Fangueiro R. Advanced Composite Materials for Aerospace Engineering. New York: Elsevier, 2016.

[3] Mouritz A P. Introduction to aerospace materials[M]. Cambridge: Woodhead Publishing, 2012.

[4] 陆明万,罗学富. 弹性理论基础(第二版)上册[M]. 北京: 清华大学出版社,2001.

[5] 沈观林,胡更开. 复合材料力学[M]. 北京: 清华大学出版社,2006.

[6] 蒋咏秋,陆逢升,顾志建. 复合材料力学[M]. 西安: 西安交通大学出版社,1990.

[7] Wang J, Xiao Y, Inoue K, et al. Modeling of nonlinear response in loading-unloading tests for fibrous composites under tension and compression[J]. Composite Structures, 2018, 207: 894-908.

[8] Hill R. Theory of mechanical properties of fiber-strengthened materials. III. Self-consistent model [J]. Journal of the Mechanics and Physics of Solids, 1965, 13(4): 189-198.

[9] Tsai S W. Strength theories of filamentary structures fundamental aspects of fibre reinforced plastic composites[J]. Hoboken: Wiley-Interscience, 1968.

[10] Hoffman O. The brittle strength of orthotropic materials[J]. Journal of Composite Materials, 1967, 1 (2): 200-206.

[11] Tsai S W, Wu E M. A general theory of strength for anisotropic materials[J]. Journal of Composite Materials, 1971, 5(1): 58-80.

[12] Tennyson R C, Elliott W G. Failure analysis of composite laminates including biaxial compression [R]. NASA-CR-172192, 1983.

[13] Hashin Z, Rotem A. A fatigue failure criterion for fiber reinforced materials[J]. Journal of Composite Materials, 1973, 7(4): 448-464.

[14] Hashin Z. Failure criteria for unidirectional fiber composites[J]. Journal of Applied Mechanics, 1980, 47(2): 329-334.

[15] Linde P, Pleitner J, Boer H D, et al. Modelling and simulation of fiber metal laminates[C]. Boston: Abaqus Users' Conference, 2004.

[16] Guo F L, Huang P, Li Y Q, et al. Multiscale modeling of mechanical behaviors of carbon fiber reinforced epoxy composites subjected to hygrothermal aging[J]. Composite Structures, 2021, 256: 113098.

[17] Hong Y, Yan Y, Tian Z Y, et al. Mechanical behavior analysis of 3D braided composite joint via experiment and multiscale finite element method[J]. Composite Structures, 2019, 208: 200-212.

[18] Li J, Yan Y, Tian Z Y, et al. Multiscale modeling and tensile behavior analysis of uniaxial reinforced warp-knitted composites[J]. Polymer Composites, 2019, 40(6): 2510-2522.

[19] Yang L, Yan Y, Kuang N. Experimental and numerical investigation of aramid fibre reinforced laminates subjected to low velocity impact[J]. Polymer Testing, 2013, 32(7): 1163-1173.

[20] Hashin Z. Theory of fiber reinforced materials[R]. NASA-CR-1974, 1972.

[21] Huang Z M. Simulation of the mechanical properties of fibrous composites by the bridging micromechanics model[J]. Composites Part A, 2001, 32(2): 143-172.

[22] Chamberlain N J. Derivation of expansion coefficients for a fibre reinforced composites[R]. London: British Aircraft Corporation, 1968.

[23] Wang Z Q, Wang X Q, Zhang J F, et al. Automatic generation of random distribution of fibers in long-fiber-reinforced composites and mesomechanical simulation[J]. Materials and Design, 2011, 32(2): 885-891.

[24] Melro A R, Camanho P P, Pinho S T. Generation of random distribution of fibres in long-fibre reinforced composites[J]. Composites Science and Technology, 2008, 68(9): 2092-2102.

[25] Zhang T T, Yan Y. A comparison between random model and periodic model for fiber-reinforced composites based on a new method for generating fiber distributions[J]. Polymer Composites, 2015, 38(1): 77-86.

[26] Fu S Y, Lauke B. The elastic modulus of misaligned short-fiberreinforced polymers[J]. Composites Science and Technology, 1998, 58(3-4): 389-400.

[27] Fu S Y, Lauke B, Mai Y W. Science and engineering of short fibre reinforced polymer composites [M]. Cambridge: Woodhead publishing, 2009.

[28] Guo F L, Yan Y, Hong Y, et al. Theoretical prediction for thermal expansion coefficients of unidirectional fiber-reinforced composites with variable elliptical cross-sections[J]. Polymer Composites, 2019, 40(1): 187-201.

[29] Li X, Yan Y, Tan Y Y, et al. Experimental and numerical investigations of interlaminar shear properties of carbon/carbon composites[J]. Journal of Applied Polymer Science, 2017, 134(23): 44783.

[30] Vaughan T J, Mccarthy C T. Micromechanical modelling of the transverse damage behaviour in fibre reinforced composites[J]. Composites Science and Technology, 2011, 71(3): 388-396.

[31] Weibull W, Sweden S. A statistical distribution function of wide applicability[J]. Journal of Applied Mechanics: Transactions of the ASME, 1951, 18(3): 293-297.

[32] Knops M, Bögle C. Gradual failure in fibre/polymer laminates[J]. Composites Science and Technology, 2006, 66(5): 616-625.

[33] Yang L, Yan Y, Liu Y J, et al. Microscopic failure mechanisms of fiber-reinforced polymer composites under transverse tension and compression[J]. Composites Science and Technology, 2012, 72(15): 1818-1825.

[34] Yang L, Wu Z J, Cao Y, et al. Micromechanical modelling and simulation of unidirectional fibre-reinforced composite under shear loading[J]. Journal of Reinforced Plastics and Composites, 2014, 34(1): 72-83.

[35] Kassapoglou C. Modeling the stiffness and strength of aerospace structural elements[M]//Irving P E, Soutis C. Polymer Composites in the Aerospace Industry. Amsterdam: Elsevier, 2015.

[36] 黄争鸣.复合材料细观力学引论[M].北京：科学出版社,2004.

[37] Hinton M J, Soden P D, Kaddour A S. Failure criteria in fiber-reinforced-polymer composites: The worldwide failure exercise[M]. Amsterdam: Elsevier, 2004.

[38] 王耀先.复合材料结构设计[M].北京：化学工业出版社,2001.

[39] Tan S C, Nuismer R J. A theory for progressive matrix cracking in composite laminates[J]. Journal of Composite Materials, 1989, 23(10): 1029-1047.

[40] Tan S C. A progressive failure model for composite laminates containing openings[J]. Journal of Composite Materials, 1991, 25(5): 556-577.

[41] Tan S C, Perez J. Progressive failure of laminated composites with a hole under compressive loading [J]. Journal of Reinforced Plastics and Composites, 1993, 12(10): 1043 - 1057.

[42] Davila C G, Camanho P P. Failure criteria for FRP laminates in plane stress [R]. NASA/TM-2003 - 212663, 2003.

[43] Robbins D H, Reddy J N. Modelling of thick composites using a layerwise laminate theory [J]. International Journal for Numerical Methods in Engineering, 1993, 36(4): 655 - 677.

[44] Tahani M, Nosier A. Free edge stress analysis of general cross-ply composite laminates under extension and thermal loading[J]. Composite Structures, 2003, 60(1): 91 - 103.

[45] 张波,李曙林. 基于无损检测的复合材料结构外场损伤特点分析[J]. 航空维修与工程,2010,253(1): 65 - 66.

[46] Ramtekkar G S, Desai Y M. On free-edge effect and onset of delamination in FRPC laminates using mixed finite element model [J]. Journal of Reinforced Plastics and Composites, 2008, 28(3): 317 - 341.

[47] Sun C T, Zhou S G. Failure of quasi-isotropic composite laminates with free edge [J]. Journal of Reinforced Plastics and Composites, 1988, 7(6): 515 - 557.

[48] Brewer J C, Legace P A. Quadratic stress criterion for initiation of delamination [J]. Journal of Composite Materials, 1988, 22(12): 1141 - 1155.

[49] Tay T E. Characterization and analysis of delamination fracture in composites: An overview of developments from 1990 to 2001[J]. Applied Mechanics Reviews, 2003, 56(1): 1 - 32.

[50] Krueger R. Virtual crack closure technique: History, approach and applications[J]. Applied Mechanics Reviews, 2004, 57(2): 109 - 143.

[51] Huynh D, Belytschko T. The extended finite element method for fracture in composite materials[J]. International Journal for Numerical Methods in Engineering, 2009, 77(2): 214 - 239.

[52] Borg R, Nilsson L, Simonsson K. Simulating DCB, ENF and MMB experiments using shell elements and a cohesive zone model[J]. Composite Science and Technology, 2004, 64(2): 269 - 278.

[53] Camanho P P, Davila C G. Mixed-mode decohesion finite elements for the simulation of delamination in composite materials[R]. NASA/TM - 2002 - 211737, 2002.

[54] Ye L. Role of matrix resin delamination onset and growth in composite laminates[J]. Composites Science and Technology, 1988, 33(4): 257 - 277.

第 12 章 航空航天用纤维增强复合材料的蠕变性能

学习要点：

(1) 掌握纤维增强复合材料蠕变行为、黏弹性力学基本概念及内涵；
(2) 熟悉纤维增强复合材料蠕变力学理论模型；
(3) 熟悉纤维增强复合材料蠕变力学计算公式；
(4) 掌握纤维增强复合材料蠕变性能的评价方法；
(5) 掌握纤维增强复合材料蠕变行为规律及影响因素；
(6) 掌握纤维增强复合材料抗蠕变性能的提升方法；
(7) 了解纤维增强复合材料蠕变性能认识的不足及未来研究发展方向。

12.1 引　言

纤维增强聚合物基复合材料由于其轻质高强、可设计性好、热膨胀系数小等一系列优良性能，被广泛应用在飞机、火箭以及导弹等航空航天军民领域。航空航天应用领域的特殊性要求结构具有较高的精密度，因而对纤维增强聚合物基复合材料部件的尺寸稳定性及耐久性要求也越来越高。由于复合材料的蠕变具有累积效应，微小的塑性变形逐步积累，会使得材料的蠕变慢慢加速，最终导致材料发生蠕变破坏。因此，复合材料抗蠕变性的好坏可直接影响服役工况下部件的尺寸稳定性以及使用寿命等[1-3]。对于航空航天用复合材料而言，材料的微小变形都会对飞机、火箭等产生致命的危害。抗蠕变性能是航空航天用复合材料的重要考察指标之一，该性能与飞行器的安全服役息息相关。

开展对纤维增强复合材料蠕变性能的学习，熟悉纤维增强复合材料蠕变性能的理论模型与计算公式，掌握纤维增强复合材料蠕变性能评价方法、蠕变性能影响因素及抗蠕变性能提升方法，将对航空航天低蠕变纤维增强复合材料的选材研究、结构设计以及成型制造具有积极的意义。

本章主要介绍纤维增强复合材料的蠕变性能。

12.2　复合材料蠕变行为的概念及内涵

蠕变(creep),其本意为缓慢地行进,从字面上很容易看出这是一个与时间维度有关的变化过程。在材料学科中,蠕变的定义为:在一定的温度和较小的恒定外力作用下,材料的形变随时间的增加而逐渐增大的现象[4]。对于纤维增强聚合物基复合材料,其聚合物基体的形变特性介于理想弹性体与理想黏性体之间,与时间具有相关性,因此聚合物基体为典型的黏弹性材料,蠕变现象是这类材料基本的力学特征之一。在航空航天领域,增强纤维应用较多的主要是碳纤维、玻璃纤维,芳纶纤维、石英纤维等其他纤维用量相对较少,这些增强纤维一般被认为是弹性材料,但是由于基体起到粘接增强纤维以及均衡、分散载荷、传递应力的作用,从而使纤维增强聚合物基复合材料具有黏弹性。由于这种黏弹性,使得复合材料的力学行为产生时间依赖性,这就是复合材料的蠕变特性,即在恒定应力条件下,复合材料的应变随时间延长而增大。

关于纯聚合物基体线性黏弹性的研究已经较为广泛,并发展了多种力学模型,其线性黏弹性的本构方程可用玻尔兹曼(Boltzmann)叠加原理描述。但是对于纤维增强聚合物基复合材料而言,其黏弹性变得更为复杂,其主要原因有以下几点:

(1) 由于纤维的存在使复合材料具有了各向异性,在不同的受力状态下,其各方向上表现出的蠕变性能也不尽相同;

(2) 增强纤维与聚合物基体的蠕变机制不同,难以采用相同的理论进行处理;

(3) 纤维与基体间的界面额外增加了复合材料力学性能的复杂性,不同的界面性能也会对复合材料的蠕变性能产生影响。

引起复合材料蠕变的因素主要有以下几个方面[5]:

(1) 基体引起的蠕变,这也是复合材料蠕变的主要来源;

(2) 纤维拉直引起的蠕变,复合材料中纤维并非为绷直状态,尤其是纤维织物中交叉处的纤维必然为弯曲状态,在外力作用下,伴随着基体的蠕变,弯曲的纤维也将逐渐被拉直;

(3) 增强纤维的蠕变,虽然增强纤维一般被认为是弹性材料,但是在高温下及高应力的情况下,纤维也表现出了一定的蠕变行为;

(4) 某些强度较低的纤维或应力较大处的纤维发生断裂,也会加大复合材料蠕变。

在航天航空领域的特殊服役环境下,纤维增强聚合物基复合材料表现出来的蠕变性能可能更加复杂。

12.3　黏弹性本构关系

黏弹性就是指在一定条件下,材料同时表现出黏性和弹性的特性。包括树脂在内的部分材料的应力(σ)-应变(ε)关系与作用时间(t)有着密切的关系,其力学特征呈衰减特性,变形特征介于弹性变形与黏性变形之间,被称为材料的黏弹性[4]。黏弹性材料的应力应变关系可以用下式表示:

$$\sigma = f(\varepsilon,\ t) \tag{12.1}$$

弹性材料与黏性材料在不同应变作用时间下的应力应变关系如图 12.1 所示[6]。对于弹性材料,其应力应变关系与应变作用时间无关,呈简单线性关系;对于线性黏弹性材料,其应力应变关系呈线性,且与应变作用时间相关,应变作用时间越短,材料弹性模量越高;对于非线性黏弹性材料,其应力应变关系为非线性,且与应变作用时间相关,应变作用时间越短,材料弹性模量越高。

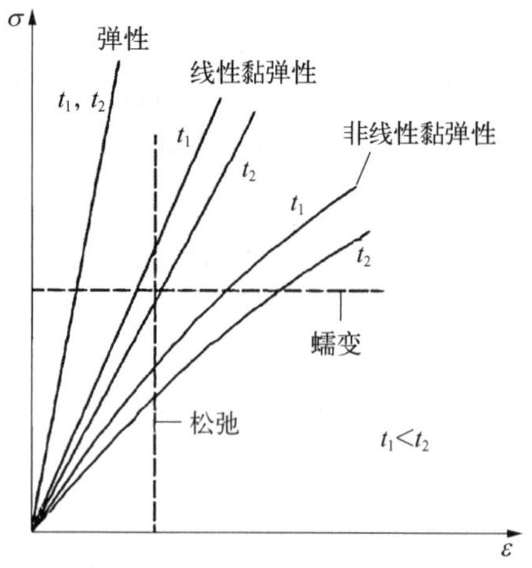

图 12.1　不同材料应力应变与时间关系曲线[6]

为了分析材料的黏弹性,引入如图 12.2 所示的弹性单元和黏性单元两个最基本的力学模型。

对于弹性元件,其应力与应变呈线性关系,即

$$\sigma = E\varepsilon \tag{12.2}$$

对于黏性元件,其应力与应变速率呈线性关系,即

$$\sigma = \eta \frac{\mathrm{d}\varepsilon}{\mathrm{d}t} \tag{12.3}$$

其中, E 为弹性元件刚度系数; η 为黏度; $\frac{\mathrm{d}\varepsilon}{\mathrm{d}t}$ 为应变速率。对简单的弹性元件及黏性元件按一定的方式组合,可获得典型的黏弹性模型。其中最为典型的是麦克斯韦(Maxwell)模型和开尔文(Kelvin)模型。Maxwell 模型由弹性元件和黏性元件通过串联的方式组成,如图 12.3 所示。

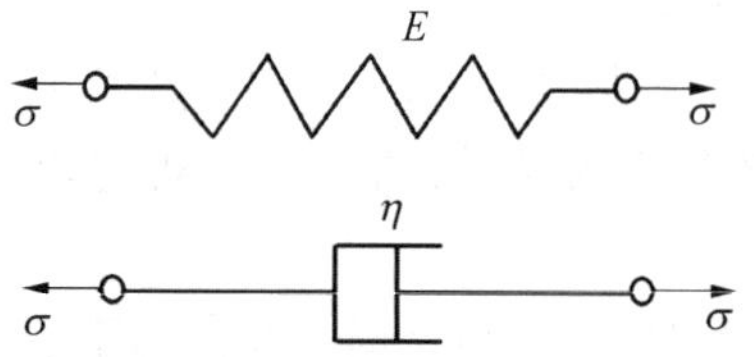

图 12.2　弹性元件和黏性元件

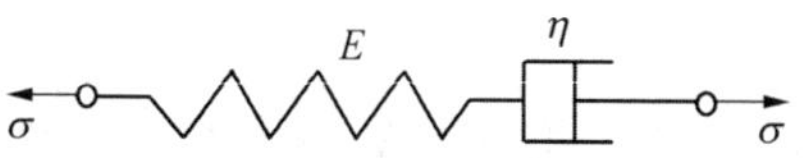

图 12.3　Maxwell 模型

设弹性元件应变量为 ε_1, 黏性元件应变量为 ε_2, 总应变量为 ε。由于模型为串联,由变形关系可知,总应变量应为两分量之和,即

$$\varepsilon_1 + \varepsilon_2 = \varepsilon \tag{12.4}$$

将式(12.2)及式(12.3)代入式(12.4),对式(12.4)时间求导,可得

$$\frac{\mathrm{d}\varepsilon}{\mathrm{d}t} = \frac{1}{E}\frac{\mathrm{d}\sigma}{\mathrm{d}t} + \frac{\sigma}{\eta} \tag{12.5}$$

对式(12.5)进行变形,得

$$\frac{\mathrm{d}\sigma}{\mathrm{d}t} + E\frac{\sigma}{\eta} = E\frac{\mathrm{d}\varepsilon}{\mathrm{d}t} \tag{12.6}$$

式(12.6)即为 Maxwell 模型的应力-应变-时间关系的本构方程。

当应变为恒定值 ε_0 时,式(12.6)可以改写成[7]:

$$\sigma(t)=\sigma_0 e^{-\frac{t}{\tau}} \tag{12.7}$$

式中,σ_0 为开始时间的初始应力;$\tau=\eta/E$ 为松弛时间。

Kelvin 模型则为弹性元件与黏性元件的并联结构,如图 12.4 所示。

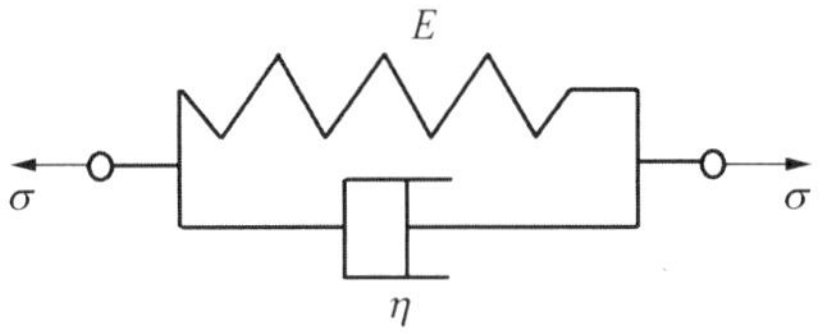

图 12.4　Kelvin 模型

针对 Kelvin 模型的分析与 Maxwell 模型相仿,设弹性元件应力为 σ_1,黏性元件应力为 σ_2,总应力为 σ。由于模型为并联模型,由应力平衡条件可知总应力为两个分力之和,即

$$\sigma=\sigma_1+\sigma_2 \tag{12.8}$$

将式(12.2)及式(12.3)代入式(12.8),可得

$$E\varepsilon+\eta\frac{d\varepsilon}{dt}=\sigma \tag{12.9}$$

当应力为恒定值 σ_0 时,式(12.9)可以改写为[7]

$$\varepsilon(t)=\frac{\sigma_0}{E}\left(1-e^{-\frac{t}{\tau}}\right) \tag{12.10}$$

以上即为黏弹性模型中最为基础的 Maxwell 模型和 Kelvin 模型。这两种模型在对复合材料的蠕变行为进行模拟时往往存在一些缺陷,难以准确地描述复合材料的蠕变与松弛现象。不少研究人员以上述模型为基础进行改进,提出了多种针对复合材料蠕变行为的力学模型。

12.4　复合材料蠕变力学理论模型

复合材料典型蠕变曲线(时间-应变关系)如图 12.5 所示。从图可以看出,蠕变变形主要分为三个阶段。第Ⅰ阶段:减速蠕变阶段,蠕变曲线的斜率随着时间逐渐减小,蠕变速率减小,在此阶段,蠕变变形量、持续时间受温度和应力的影响最为显著;第Ⅱ阶段:稳态蠕变阶段,蠕变速率可以看作一个相对稳定的常数,该阶段持续时间较长,材料的主要宏观变化是蠕变变形量持续增加,应变增大导致微观结构上逐渐出现裂纹和裂纹扩展;第Ⅲ阶段:加速蠕变阶段,蠕变速率快速增大,直至断裂[8]。蠕变是材料黏弹性行为最简单的一个特例,目前已发展出一些力学理论模型可以

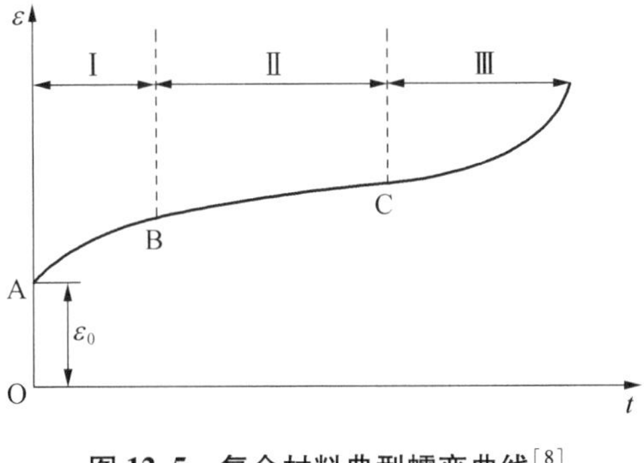

图 12.5　复合材料典型蠕变曲线[8]

较好地描述复合材料的蠕变。同时,为表征复合材料的抗蠕变性能,将材料蠕变过程中任意时刻的应变与应力比值定义为蠕变柔量。

12.4.1 广义麦克斯韦模型

最简单的广义 Maxwell 模型通常由多个 Maxwell 模型并联组成,如图 12.6 所示。

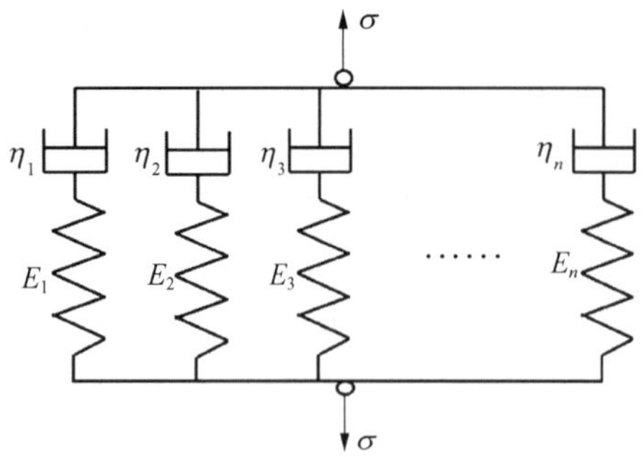

图 12.6 广义 Maxwell 模型

广义 Maxwell 模型中每个弹性单元有不同的模量 E_1、E_2、…、E_n,而每个黏性单元则有不同的黏度 η_1、η_2、…、η_n,各单元具有不同的松弛时间 τ_1、τ_2、…、τ_n。广义 Maxwell 模型应力为各单元应力之和,即

$$\sigma = \sigma_1 + \sigma_2 + \cdots + \sigma_n \tag{12.11}$$

采用广义 Maxwell 模型对材料应力松弛状态进行表征,即 ε_0 恒定时,由式(12.7)得[7]

$$\sigma(t) = \sum_{i=1}^{n} \sigma_i(0)\mathrm{e}^{-t/\tau_i} = \varepsilon_0 \sum_{i=1}^{n} E_i \mathrm{e}^{-t/\tau_i} \tag{12.12}$$

对应的应力松弛模量为

$$E(t) = \sum_{i=1}^{n} E_i(0)\mathrm{e}^{-t/\tau_i} \tag{12.13}$$

12.4.2 广义开尔文模型

广义 Kelvin 模型由多个 Kelvin 模型串联构成,如图 12.7 所示。

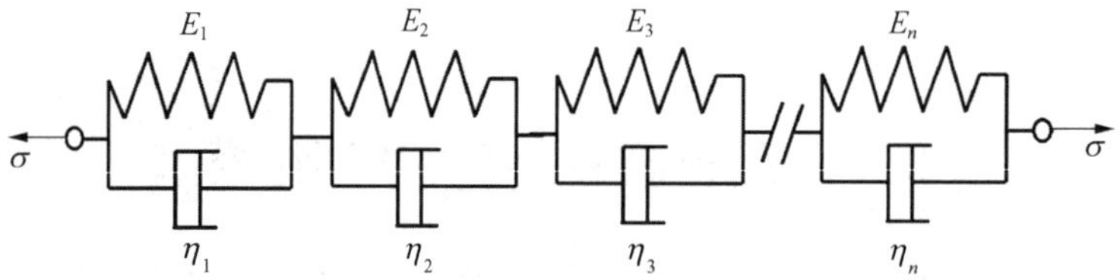

图 12.7 广义 Kelvin 模型

广义 Kelvin 模型中每个弹性单元有不同的模量 E_1、E_2、…、E_n,而每个黏性单元则有不同的黏度 η_1、η_2、…、η_n,各单元具有不同的松弛时间 τ_1、τ_2、…、τ_n。由于模型为串联模型,故体系应力等于各单元应力,即

$$\sigma_0 = \sigma_1 = \sigma_2 = \cdots = \sigma_n \tag{12.14}$$

体系总应变等于各单元应变之和:

$$\varepsilon = \varepsilon_1 + \varepsilon_2 + \cdots + \varepsilon_n \tag{12.15}$$

当材料发生蠕变时,由式(12.10)可得

$$\varepsilon(t)=\sum_{i=1}^{n}\varepsilon_i=\sum_{i=1}^{n}\varepsilon_i(\infty)(1-e^{-t/\tau_i}) \tag{12.16}$$

式中，$\varepsilon_i(\infty)$ 指无穷时间对应的应变。

此时,材料对应的蠕变柔量为

$$D(t)=\frac{\varepsilon(t)}{\sigma_0}=\sum_{i=1}^{n}D_i(1-e^{-t/\tau_i}) \tag{12.17}$$

12.4.3　Burgers 模型

Burgers 黏弹性模型由弹性元件、黏性元件及黏性-弹性元件并联结构三部分构成,可以较精准地模拟纤维增强聚合物基复合材料在单向载荷作用下的蠕变变形过程。如图 12.8 所示,模型可视为弹性模量为 E_1、阻尼为 η_1 的 Maxwell 模型与弹性模量为 E_2、阻尼为 η_2 的 Kevin 模型串联组成[9]。

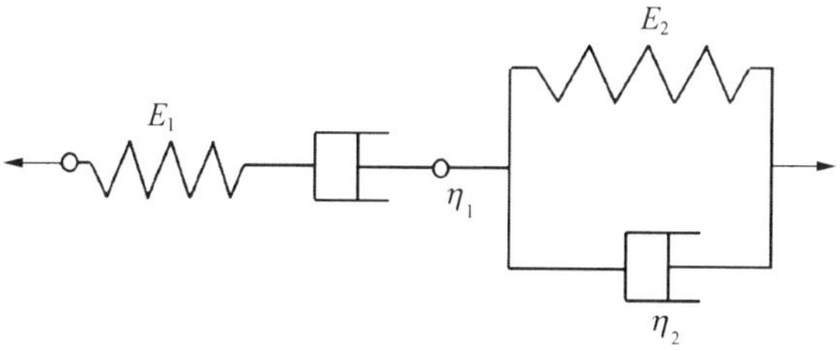

图 12.8　Burgers 模型[9]

由于模型由 Maxwell 模型和 Kevin 模型串联组成,可得

$$\sigma_1=\sigma_2=\sigma \tag{12.18}$$

$$\varepsilon=\varepsilon_1+\varepsilon_2 \tag{12.19}$$

由式(12.5)可得

$$\frac{d\varepsilon_1}{dt}=\frac{1}{E_1}\frac{d\sigma}{dt}+\frac{\sigma}{\eta_1} \tag{12.20}$$

对式(12.20)求导,可得

$$\frac{d^2\varepsilon_1}{dt^2}=\frac{1}{E_1}\frac{d^2\sigma}{dt^2}+\frac{1}{\eta_1}\frac{d\sigma}{dt} \tag{12.21}$$

由式(12.9)可得

$$E\varepsilon_2+\eta\frac{d\varepsilon_2}{dt}=\sigma \tag{12.22}$$

对式(12.22)求导,可得

$$E\frac{d\varepsilon_2}{dt}+\eta\frac{d^2\varepsilon_2}{dt^2}=\frac{d\sigma}{dt} \tag{12.23}$$

对式(12.19)求一阶、二阶导数,可得

$$\frac{d\varepsilon}{dt}=\frac{d\varepsilon_1}{dt}+\frac{d\varepsilon_2}{dt} \tag{12.24}$$

$$\frac{\mathrm{d}^2\varepsilon}{\mathrm{d}t^2}=\frac{\mathrm{d}^2\varepsilon_1}{\mathrm{d}t^2}+\frac{\mathrm{d}^2\varepsilon_2}{\mathrm{d}t^2} \tag{12.25}$$

将式(12.24)和式(12.25)分别代入式(12.23),可得

$$E_2\left(\frac{\mathrm{d}\varepsilon}{\mathrm{d}t}-\frac{\mathrm{d}\varepsilon_1}{\mathrm{d}t}\right)+\eta_2\left(\frac{\mathrm{d}^2\varepsilon}{\mathrm{d}t^2}-\frac{\mathrm{d}^2\varepsilon_1}{\mathrm{d}t^2}\right)=\frac{\mathrm{d}\sigma}{\mathrm{d}t} \tag{12.26}$$

将式(12.20)及式(12.21)代入式(12.26),可得 Burgers 模型一维本构方程为

$$E_2\frac{\mathrm{d}\varepsilon}{\mathrm{d}t}+\eta_2\frac{\mathrm{d}^2\varepsilon}{\mathrm{d}t^2}=\frac{E_2}{\eta_1}\sigma+\left(1+\frac{E_2}{E_1}+\frac{\eta_2}{\eta_1}\right)\frac{\mathrm{d}\sigma}{\mathrm{d}t}+\frac{\eta_2}{E_1}\frac{\mathrm{d}^2\sigma}{\mathrm{d}t^2} \tag{12.27}$$

由上式可得[9]

$$\varepsilon(t)=\sigma_0\left[\frac{1}{E_1}+\frac{1}{E_2}(1-\mathrm{e}^{-t/\tau})+\frac{t}{\eta_1}\right]=\sigma_0D(t) \tag{12.28}$$

式中,$\tau=\eta_2/E_2$ 为松弛时间;$D(t)$ 为蠕变柔量。当时间近似为 0 时,材料的弹性模量即为 E_1,得蠕变柔量与时间的关系式为

$$D(t)=\frac{1}{E_1}+\frac{1}{E_2}(1-\mathrm{e}^{-t/\tau})+\frac{t}{\eta_1} \tag{12.29}$$

蠕变模量的保留率 c 为任意 t 时刻的蠕变模量与初始蠕变模量的比值,可表征材料的力学性能随时间的变化规律。蠕变模量保留率可用式(12.30)表示:

$$c(t)=\frac{E(t)}{E(0)}=\frac{D(0)}{D(t)} \tag{12.30}$$

对于复合材料层合板而言,其 Burgers 黏弹性模型参数在不同应力水平下可以得到模型参数 E_1、E_2、η_1、η_2,这些模型参数具有明显的应力依赖性,表现为非线性黏弹性。依据试验数据可以对 Burgers 黏弹性模型参数进行数值拟合,进而预测不同条件下复合材料层合板的蠕变模型。

12.4.4 Schapery 模型

多数聚合物在较低应力和较低温度下呈现线性黏弹性行为,而在高应力/高温度下则呈现非线性黏弹性行为。Schapery[10] 从不可逆过程热力学熵增加原理和自由能概念出发,建立等温单向应力条件下非线性黏弹性本构方程。

对于由 $t=0$ 时刻开始加载的恒定应力,其应变是时间的函数:

$$\frac{\varepsilon}{\sigma}=D(t) \tag{12.31}$$

式中,$D(t)$ 为蠕变柔度。将 $D(t)$ 分解,可得

$$\varepsilon=D_0\sigma+\Delta D(t)\sigma \tag{12.32}$$

式中，D_0 为初始柔度值，$\Delta D(t)$ 为瞬态柔度增量。对于线性蠕变，上式可改写为[10]

$$\varepsilon = D_0\sigma + \int_{0^-}^{t} \Delta D(t-\tau)\,\frac{\mathrm{d}\sigma}{\mathrm{d}\tau}\mathrm{d}\tau \tag{12.33}$$

考虑到复合材料的非线性蠕变，Schapery 结合试验结果，对上式进行了修正[10]：

$$\varepsilon = g_0 D_0\sigma + g_1\int_{0^-}^{t} \Delta D(\psi-\psi')\,\frac{\mathrm{d}g_2\sigma}{\mathrm{d}\tau}\mathrm{d}\tau \tag{12.34}$$

式中，g_0、g_1、g_2 为反映材料非线性程度的参数，与材料属性有关。ψ 为衰减时间，由式(12.35)和式(12.36)定义[10]：

$$\psi \equiv \int_{o}^{t} \mathrm{d}t'/a_\sigma[\sigma(t')]\,(a_\sigma > 0) \tag{12.35}$$

$$\psi' \equiv \psi(\tau) \equiv \int_{0}^{\tau} \mathrm{d}t'/a_\sigma[\sigma(t')] \tag{12.36}$$

12.4.5　变参模型

在复合材料蠕变过程中，材料黏弹性系数随时间发生改变，因而简单的黏弹性模型忽视了黏度系数和弹性系数在加载过程中的变化，难以对复合材料蠕变行为进行精准的分析。本节以变参 Maxwell 模型为例，对变参蠕变模型进行介绍。对于 Maxwell 模型，将黏度系数与弹性系数设置为时间的函数，获得如图 12.9 所示的模型。

图 12.9　变参 Maxwell 模型

设弹性元件应力、应变为 $\sigma(t)$ 和 $\varepsilon_1(t)$，黏性元件应力、应变为 $\sigma(t)$ 和 $\varepsilon_2(t)$，则有

$$\frac{\sigma(t)}{E_k(t)} = \varepsilon_1(t) \tag{12.37}$$

$$\frac{\sigma(t)}{\eta(t)} = \frac{\mathrm{d}\varepsilon_2}{\mathrm{d}t} \tag{12.38}$$

由于串联模型中各元件应力相等，总应变为各元件应变之和，因此将式(12.37)两边对时间 t 求导，再与式(12.38)相加，可得 Maxwell 模型的应力应变本构方程：

$$\frac{\mathrm{d}\sigma(t)}{\mathrm{d}t} + \left[\frac{E_k(t)}{\eta(t)} - \frac{1}{E_k(t)}\frac{\mathrm{d}E_k(t)}{\mathrm{d}t}\right]\sigma(t) = E_k(t)\frac{\mathrm{d}\varepsilon(t)}{\mathrm{d}t} \tag{12.39}$$

对式(12.39)积分，可得松弛应力的表达式：

$$\sigma(t) = C\exp\left\{-\int_{0}^{t}\left[\frac{E_k(t)}{\eta(t)} - \frac{1}{E_k(t)}\frac{\mathrm{d}E_k(t)}{\mathrm{d}t}\right]\mathrm{d}t\right\} \tag{12.40}$$

设弹性元件的参数随时间变化关系为指数形式，即

$$E_k(t) = E_{k0}t^m,\ m > 0 \tag{12.41}$$

黏性元件的参数随时间变化关系满足：

$$\eta(t) = \eta_0 t^{1-n},\ 0 < n < 1 \tag{12.42}$$

式中，C、η_0、E_{k0}、m 及 n 均为常数，可通过试验方法测得。将式(12.41)及式(12.42)带入式(12.40)，可得

$$\sigma(t) = Ct^m \exp[-(t/\tau)^{m+n}] \tag{12.43}$$

式中，$\tau = [E_{k0}\eta_0^{-1}(m+n)^{-1}]^{\frac{-1}{m+n}}$，对式(12.43)的分母进行麦克劳林级数展开后取前两项，可得

$$\sigma(t) = \frac{Ct^m}{1+(t/\tau)^{m+n}} \tag{12.44}$$

式(12.44)对应的松弛模量表达式为

$$E(t) = \frac{C}{\varepsilon_0}\frac{t^m}{1+(t/\tau)^{m+n}} \tag{12.45}$$

12.4.6 Findley 幂次方程

理论模型由于其内在的复杂性，适用范围限制较多，通用性和易用性缺失，限制了其具体应用，一般多用于理论分析。因此，研究者们通过采用经验模型来模拟复合材料的蠕变变形情况，其中最常用的经验模型是 Findley 幂次方程，该模型可以有效地拟合复合材料的蠕变，且形式简单，可以在很长的时间范围内对复合材料蠕变行为进行高精度的预测：

$$\varepsilon_F = \varepsilon_{F0} + \varepsilon_{F1}t^n \tag{12.46}$$

式中，ε_{F0} 是不随时间变化的瞬时应变，反映了材料的弹性；ε_{F1} 为随时间变化的应变。ε_{F0} 与 ε_{F1} 均随应力和温度增加而增加。Findley 幂次方程可以用于蠕变测试数据的拟合及材料长效蠕变性能的预测。

综上所述，目前针对树脂基复合材料蠕变行为的力学模型多限于一维受力状态，鲜见能用于工程设计中多向受力复杂工况的蠕变模型，缺乏蠕变行为/渐进损伤之间的耦合分析。

12.5 复合材料蠕变性能评价方法

纤维增强复合材料尤其是应用在航天航空领域的单向连续纤维及其织物增强复合材料蠕变性能当前尚无专用测试标准，但是可以参照一些现有标准，并根据实际情况，选取合适的试验方法。部分材料蠕变测试标准如表 12.1 所示。

表 12.1　部分材料蠕变测试标准

标 准 号	标 准 名 称
GB/T 11546.1 - 2008	《塑料 蠕变性能的测定 第 1 部分：拉伸蠕变》
JC/T 778 - 2010	《玻璃纤维增强塑料板材和蜂窝夹层结构弯曲蠕变试验方法》
ASTM D2990 - 17	*Standard Test Methods for Tensile, Compressive, and Flexural Creep and Creep-Rupture of Plastics*
ISO 899 - 1：2017	*Plastics — Determination of Creep Behaviour — Part 1: Tensile creep*
ISO 899 - 2：2003/Amd 1：2015	*Plastics — Determination of Creep Behaviour — Part 2: Flexural Creep by Three-Point Loading — Amendment 1*

12.5.1　常规蠕变试验

1. 拉伸蠕变

由于温度、湿度等因素都会引起复合材料的蠕变，因此在蠕变测试前应按照相应的规定对试样进行状态调节，使试样达到平衡状态，以减小环境因素对试验的影响。安装试样时，应尽力确保试样只受单一应力，使加载轴线与试样纵轴方向保持一致。加载前，要选定与材料预期应用相匹配的应力大小，该应力值往往远低于材料的强度极限，防止加载时材料破坏。加载时可先进行预加载，但是在计算总载荷时，应将预加载载荷计算在内。加载完成后，按照相关要求，记录试样的应变与时间，并控制环境温度、湿度等。试验结束后，根据试验条件及结果，分析试样相关的拉伸蠕变性能。

2. 弯曲蠕变

对材料的弯曲蠕变性能进行分析，通过对试样施加恒定的弯曲应力，然后测量试样随时间变化的挠度即可。参照相关的测试标准以及实际使用情况制备试样，并选择合适的跨距，施加的载荷一般不超过试样弯曲强度的 60%。与拉伸蠕变测试相似，测试前也要对试样进行状态调节。加载后，记录初始挠度值，并按需或相关标准记录挠度。试验结束后，根据试验数据，对试样的弯曲蠕变性能进行分析。

3. 压缩蠕变

对于复合材料试样，用于压缩蠕变测试时，其相关报道较少，可参照 ASTM D2990 - 17 标准中压缩蠕变部分进行相应的测试。

12.5.2　时温等效法

对于聚合物这一类黏弹性材料来说，时间和温度对其黏弹会产生等效作用，即在升高温度下观察到的力学行为与延长时间观察到的力学行为是一致的，即在高温短时间内与低温长时间下观察到的聚合物的黏弹行为是等效的，这就是时温等效原理。根据这个原理，可以借助一个转换因子 a_T 实现将一定温度下测得的力学数据转换为另一温度下的力学数据。常规的蠕变试验周期较长，通常依据时温等效原理，进行加速蠕变试验来代替常规蠕变试验。

在一定的应力条件下，时温等效原理可以表达为[4]

$$E(T,\ t) = E\left(T_0,\ \frac{t}{a_T}\right) \tag{12.47}$$

式中，T_0 为参考温度；t 为时间；T 为高的观测温度；E 为该温度下的模量；a_T 为转换因子。a_T 遵循 WLF 方程：

$$\lg a_T = \frac{-C_1(T - T_0)}{C_2 + (T - T_0)} \tag{12.48}$$

式中，C_1 和 C_2 为经验参数。上式表明转换因子只与温度相关。WLF 反映的是高分子链段运动特有的温度依赖关系，具体表现在 WLF 方程的适用温度范围为 $T_g \sim T_g+100$℃，其中 T_g 为玻璃化转变温度。若温度低于 T_g，a_T 可以使用阿伦尼乌斯(Arrhenius)活化能方程计算：

$$\lg a_T = \frac{E_A}{2.303R}\left(\frac{1}{T} - \frac{1}{T_0}\right) \tag{12.49}$$

式中，R 为理想气体常数；E_A 为活化能。

相似地，在某一温度下蠕变柔量 D 可由时间-应力等效原理描述为

$$D(\sigma,\ t) = D\left(\sigma_0,\ \frac{t}{a_\sigma}\right) \tag{12.50}$$

式中，a_σ 为应力位移因子。

利用上述原理，可将不同温度下的蠕变曲线进行处理，得到时间跨度极大的蠕变曲线，大大地节省了测试时间与人力、物力。

12.5.3 分级等温法

分级等温法(stepped isothermal method, SIM)是一种基于时温叠加(time-temperature superposition, TTS)法的先进蠕变测试方法，其包含一系列分级升温的蠕变试验。该方法测试的基本原理为：使试样在一定的载荷下连续加载，然后分阶段逐步升高温度，在不同温度阶梯下做短期的蠕变试验，得到蠕变应变与时间的对数关系图。通过对各阶段曲线进行垂直移动，可去除热膨胀对蠕变曲线的影响；对各阶段曲线进行水平移动，可以得到蠕变主曲线。恰当地缩小时间比例，可以使得相邻阶段的蠕变曲线首尾斜率有较好的匹配性，使彼此相互光滑地连接，得到较为准确的蠕变主曲线。

12.5.4 纳米压痕测试技术

复合材料蠕变性能除了宏观的测试方法外，选择细观力学方法测试各相的蠕变性能对研究复合材料的蠕变性能也有重要的意义。纳米压痕测试是常见的细观力学测试方法之一，主要是通过计算机控制载荷并检测压入深度，其最小载荷分辨率可优于 10^{-9} N，其最小位移分辨率可小于 1 nm。压头前端的钝化半径往往在几十到几百纳米左右，因此可用纳米压痕技术测试纤维增强复合材料各相区的蠕变性能。典型的纳米压头在加载和卸

载过程的压痕剖面示意图如图 12.10 所示。

基本的测试流程为：首先将压头缓慢接触到待测试样的表面（纤维、基体、界面区），然后通过设定的加载方式进行加载，达到预先设定的加载值后，开始保载一段时间，使试样发生蠕变。保载结束后，将载荷卸载至零。最后通过计算机可得到压痕蠕变位移随时间变化的曲线，分析曲线变化规律，得出纤维增强复合材料纤维相、界面相以及基体相的蠕变参数。

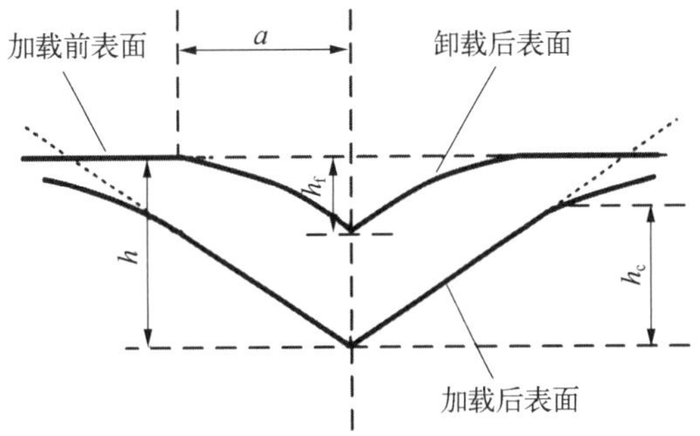

图 12.10　纳米压痕测试示意图[11]

12.6　复合材料典型蠕变性能及影响因素

复合材料的蠕变性能主要受组分材料的蠕变性能、组分比、应力状态和使用环境等因素的影响。复合材料主要由基体和纤维两部分组成，所以基体与纤维的蠕变性能都将对复合材料的蠕变性能产生影响。

12.6.1　树脂基体蠕变性能及影响因素

研究表明，聚合物基体具有较大的黏弹性，由于聚合物基体在复合材料中起着粘接纤维和传递应力的作用，基体的黏弹性导致复合材料也具有黏弹性。基体的蠕变对于复合材料持久性能的改变占主导地位[12]。基体的蠕变柔量对复合材料的蠕变影响最大，其次是基体泊松比与基体蠕变柔量的耦合项[13]。其中基体的蠕变性能又与应力状态、自身分子结构、温度等环境因素有关。

当基体所受的应力较小时，材料一般呈现线黏弹性，其蠕变柔量不随加载应力水平的变化而变化，蠕变应变与其相应的应力呈现线性关系。如图 12.11 所示[14]，在外加应力

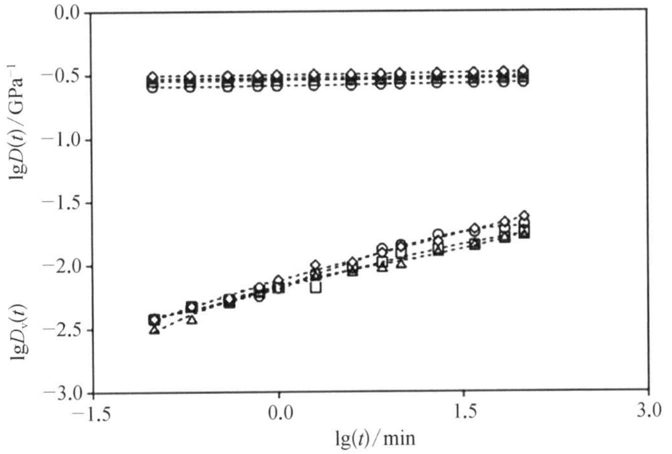

图 12.11　PET/蒙脱土复合材料蠕变柔量 $D(t)$ 及其黏弹性分量 $D_v(t)$ 随外加应力变化的关系[14]

(○) 6.28 MPa；(□) 12.56 MPa；(△) 18.84 MPa；(◇) 25.12 MPa

小于 26 MPa 时,聚对苯二甲酸乙二醇酯(PET)/蒙脱土复合材料的蠕变柔量基本不随加载应力改变。然而,当材料不满足线黏弹性的关系时,不同应力水平下的蠕变行为将会有所不同,表现为蠕变柔量与加载应力水平相关,试验所施加的载荷比例对试验结果有较大影响。如图 12.12[15] 所示,聚丙烯/黏土复合材料在 7 种外加应力作用的条件下材料的蠕变应变曲线,可以看出,在低应力作用时,材料的蠕变非常小且长时间保持稳定的状态,而在高应力的条件下,随着时间的延长材料的应变急剧增大,最终断裂。

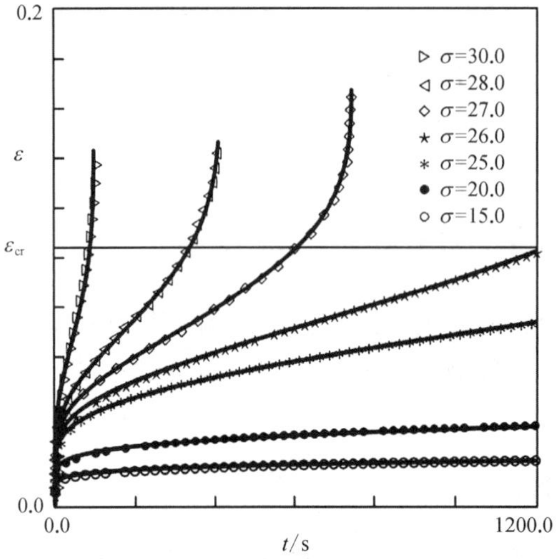

图 12.12　聚丙烯/黏土复合材料在不同应力下蠕变应变随时间变化曲线[15]

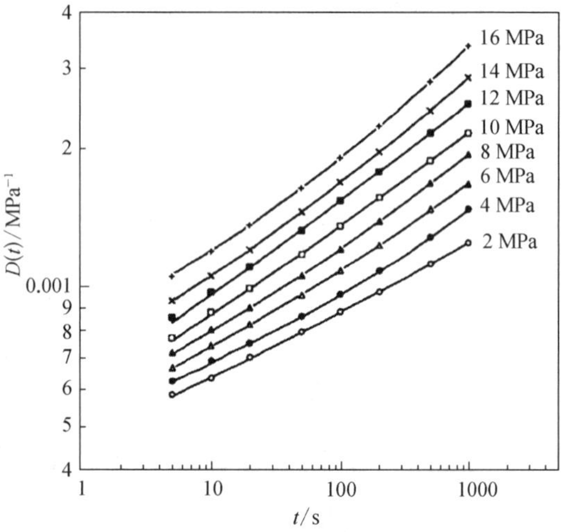

图 12.13　高密度聚乙烯在不同应力下的蠕变柔量随时间变化曲线[16]

如图 12.13 所示,在不同应力的作用下对高密度聚乙烯试件进行拉伸蠕变试验。可以发现,在高应力作用下的蠕变柔量要比低应力时的大,高密度聚乙烯蠕变柔量表现出了具有应力依赖性与时间依赖耦合的非线性特征[16]。

如图 12.14 所示环氧树脂在 4 种不同温度下的蠕变柔量曲线。树脂基体在常温下表现为黏弹性时就有蠕变现象,随着温度的升高,基体的分子热运动能量和自由体积都有所

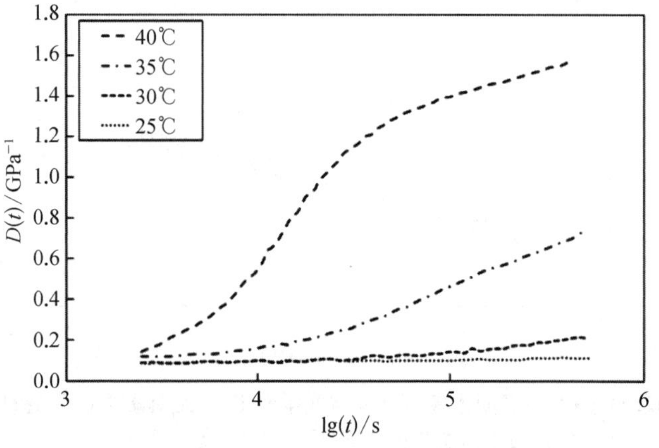

图 12.14　环氧树脂在不同温度下的蠕变柔量随时间变化曲线[17]

增加,从而导致各运动单元的松弛时间缩短,基体的蠕变也就随之增大[17]。研究表明,当温度较低、作用力较小时,树脂基体可以近似地认为呈现线性黏弹性,而当温度较高、作用力又较大时,一般认为基体呈现非线性黏弹性。

树脂基体的蠕变也与树脂的分子状态有关,在相同的应力状态与温度的条件下,不同性质树脂的蠕变性能也不相同。

12.6.2　纤维蠕变性能及影响因素

纤维是树脂基复合材料的重要组成部分,起着提高基体力学性能的作用,纤维含量不同,其对树脂基复合材料蠕变性能的影响也不相同。而纤维蠕变性能受纤维种类、使用环境、应力大小和纤维自身性质等因素影响。例如超高分子量聚乙烯纤维,随着环境温度的提高,纤维的恒蠕变速率变大,抗蠕变断裂时间变少,蠕变断裂伸长变大;随着施加应力的增大,纤维的恒蠕变速率变大,抗蠕变断裂时间变少,蠕变断裂伸长变小[18]。

12.6.3　层合板蠕变性能及影响因素

各向同性的树脂基体加入纤维则形成各向异性的复合材料。纤维的取向与荷载的类型对复合材料的蠕变性能均有重要影响。对于层合板来说,铺层结构是影响其蠕变性能的重要因素,0°铺层与 90°铺层能显著降低层合板的蠕变应变。当纤维取向和与荷载方向一致时,内力主要由纤维承担,树脂受力很小,所以复合材料的蠕变较小,而当方向不一致时,树脂受力较大,蠕变明显[19]。当受不同类型的荷载作用时,剪切蠕变最大,拉压蠕变最小。

12.7　复合材料抗蠕变性能提升的主要方法

聚合物的蠕变与其分子的各结构单元的运动密切相关,在微观上表现为分子、链段、次级结构单元等沿外力方向的运动。降低材料蠕变,本质上需要从材料的微观结构和蠕变的微观机制入手,根据材料服役的环境确定引起材料蠕变的运动单元,采取适当的技术手段,降低该运动单元的运动能力。选用分子链刚性高、交联网络结构密集的聚合物作为基体可以有效提高复合材料的抗蠕变性能[20]。但在实际应用中,在聚合物基复合材料的基体已经选定的情况下,改善其抗蠕变性能的方法大致可分为两类: 化学方法和物理方法,下面将详细介绍这两种方法。

12.7.1　化学方法

化学方法是指通过交联、接枝等化学反应改变复合材料基体的分子结构,提高分子链的刚性,使分子链更难运动,从而降低蠕变量。分子结构对聚合物蠕变行为影响较大,一般线型柔性分子链的聚合物的蠕变行为表现得相当显著,具有刚性分子链的热塑性聚合物如聚碳酸酯、聚苯醚和聚砜等的蠕变行为则相对较小[20, 21]。因此,通过交联或者接枝的方法,增加分子链上的支链或者交联键数量,可以有效阻碍分子链段的运动,降低其蠕变行为。

12.7.2 物理方法

物理方法主要是指在基体中添加高强度填料,使基体在微观结构上产生相应的响应,降低分子链的运动能力。聚合物中填料的选用经历了从宏观到微观的过程,早期用于提高复合材料抗蠕变性能的填料以价格低廉、方便制得的材料为主,包括毫米尺寸的木屑,微米尺寸的粉末、微球等。近几十年来,纳米材料的出现引起了科学家的广泛关注,由于纳米材料的尺寸与聚合物单链相当,纳米颗粒的边界相互作用能够显著影响聚合物的动力学行为,是当前复合材料抗蠕变填料的研究热点。零维的 TiO_2、SiO_2 和炭黑等纳米粒子被引入复合材料基体中,表现出不错的抗蠕变效果[22, 23]。一维的纳米填充物具有较大的长径比,能够发挥纤维的增强和增韧作用,通过界面分担聚合物基体载荷,并限制聚合物基体在应力作用下随时间的变形[24, 25]。石墨烯是一种轻质高强的二维纳米片状材料,拥有巨大的比表面积,能够与基体产生较强的相互作用,有利于增强基体的抗蠕变性能[26]。纤维作为一种高强高模的增强体,添加到树脂基体中可以提高复合材料的抗蠕变性能。一方面,纤维的高强度赋予复合材料一定的抗蠕变性能;另一方面,树脂基体与纤维界面分子链的结合力也对复合材料的蠕变行为起到关键作用。

12.8 总结与展望

1）复合材料蠕变力学理论模型的不足

目前针对复合材料蠕变的力学理论模型,大多数都将蠕变过程与材料破坏过程分别讨论。然而,复合材料蠕变至完全失效的过程中包含了蠕变和破坏失效的耦合作用:一方面,蠕变导致复合材料中的纤维、树脂及纤维-树脂界面发生损伤,复合材料逐渐失效;另一方面,复合材料的失效导致材料的力学性能发生改变,进而影响蠕变过程。建立考虑蠕变与失效过程耦合作用的力学理论模型,可以进一步提高理论模型的精度。

2）纤维增强复合材料蠕变性的测试技术与标准尚不完善

不同基体以及不同种类、形态的增强纤维引起的复合材料多样性,使得复合材料蠕变性能的极为复杂。目前,复合材料蠕变测试需要较长的时间,相关的测试标准不完善。尤其是针对航空航天领域用纤维增强复合材料蠕变性能的测试技术与测试标准,目前主要是参考部分其他材料测试标准进行,导致对复合材料蠕变性能的评价不准确,急需建立和完善相应的测试手段和标准。

3）复合材料蠕变性能影响因素认识的不足

复合材料由于其种类繁多,蠕变影响因素较多,对材料蠕变性能的系统性研究带来一些困难。材料的种类、应力、温度、湿度等多种因素对其蠕变性能都具有重要影响,在实际应用中,这些因素交互作用使得复合材料蠕变性能更为复杂,针对复杂应力、应力与环境耦合作用的蠕变试验研究尚不成熟。

4）提高复合材料抗蠕变性能主要方法的不足

引入纳米粒子可以显著提高复合材料的抗蠕变性能。然而,纳米粒子容易发生纠缠,成团的纳米粒子会降低复合材料力学性能，使得抗蠕变性能可能变差。进一步提高纳米粒子在复合材料基体中的均匀分散程度，可以充分发挥纳米粒子提高复合材料抗蠕变性能的能力。

5）未来发展展望

航空航天结构的应用对复合材料的耐久性有着较高的要求，对树脂基复合材料在长时间承载过程中的蠕变力学行为的深层次认识更加迫切。因此，考虑复合材料蠕变行为与渐进损伤的耦合作用，开发针对复杂铺层结构在多重工况下的蠕变力学理论模型，将对树脂基复合材料蠕变行为预测具有重要的指导意义；设计适用于复合材料蠕变力学性能的测试手段，完善纤维增强复合材料蠕变力学的测试标准，实现对复合材料蠕变力学性能的有效评价，可以为纤维增强树脂复合材料抗蠕变承载设计提供指导；深入开展树脂基复合材料蠕变破坏模式分析，建立广泛认同的树脂基复合材料蠕变损伤准则，可以显著提高树脂基复合材料抗蠕变失效预测能力，促进纤维增强复合材料在航空航天结构中的应用。

习题与思考题

1. 简述复合材料蠕变和聚合物蠕变的异同以及引起复合材料蠕变的因素。
2. 聚合物基单向复合材料制成的拉杆，承受轴向均匀拉伸，其横截面上的正应力为 100 MPa。在这一应力下记录拉伸过程中应变与时间的数据如表 1 所示。假定该聚合物的形态可以用开尔文模型描述，试根据试验数据确定其弹性模量和黏度。

表 1　当应力为 100 MPa 时拉杆应变与时间数据

t/s	3.6×10^{3}	7.2×10^{3}	3.6×10^{4}	7.2×10^{4}
ε	0.006	0.008 4	0.01	0.01

3. 聚合物基复合材料制成的薄壁管平均直径 $D=200$ mm，内压 $p=0.7$ MPa。复合材料的拉伸蠕变试验数据如表 2 所示，表中 $\dot{\varepsilon}$ 为第二阶段的蠕变率。假设管子两端不封闭，其环向拉应力不超过 175 MPa，试求管子所需壁厚，并计算 1 000 h 后管子的直径将增加多少。

表 2　材料拉伸蠕变数据

σ/MPa	69	138	207	276	345
$\dot{\varepsilon}$/min^{-1}	0.2×10^{-6}	0.48×10^{-6}	0.97×10^{-6}	1.72×10^{-6}	3.38×10^{-6}

4. 简述时温等效原理及其在复合材料蠕变性能测试中的应用。
5. 影响基体蠕变性能的因素有哪些？
6. 提升复合材料抗蠕变性能的方法主要有哪些？并举例说明。

参考文献

[1] 薛芳. 纤维增强树脂基复合材料的蠕变性能[J]. 航天返回与遥感,2009,30(1):65-70.

[2] Rafiee R, Mazhari B. Modeling creep in polymeric composites: Developing a general integrated procedure [J]. International Journal of Mechanical Sciences, 2015, 99: 112-120.

[3] 杨挺青. 粘弹性力学[M]. 武汉:华中理工大学出版社,1992.

[4] 金日光,华幼卿. 高分子物理[M]. 北京:化学工业出版社,2006.

[5] 沈观林,胡更开. 复合材料力学[M]. 北京:清华大学出版社,2013.

[6] 刘清. 树脂基复合材料的蠕变及其对材料阻尼性能的影响[D]. 武汉:武汉理工大学,2017.

[7] Ward I M, Sweeney J. Mechanical properties of solid polymers[M]. Hedgerley: Wiley, 2013.

[8] Shaw M T, Macknight W J. 聚合物黏弹性引论[M]. 李怡宁,译. 上海:华东理工大学出版社,2012.

[9] Fliegener S, Hoho J, Gumbsch P. The creep behavior of long fiber reinforced thermoplastics examined by microstructural simulations[J]. Composites Science and Technology, 2016, 131: 1-11.

[10] Schapery R A. On the characterization of nonlinear viscoelastic materials[J]. Polymer Engineering and Science, 1969, 9(4): 295-310.

[11] Oliver W C, Pharr G M. An improved technique for determining hardness and elastic modulus using load and displacement sensing indentation experiments[J]. Journal of Materials Research, 1992, 7(6): 1564-1583.

[12] Miyake T, Kokawa S, Ohno S, et al. Evaluation of time-dependent change in fiber stress profiles during long-term pull-out tests at constant loads using Raman spectroscopy[J]. Journal of Materials Science, 2001, 36: 5169-5175.

[13] 江冰,李兴丹,吴代华. 平面应力作用下复合材料的蠕变分析[J]. 复合材料学报,1993, 10(2): 7-12.

[14] Pegoretti A, Kolarik J, Peroni C, et al. Recycled poly(ethylene terephthalate)/layered silicate nanocomposites: Morphology and tensile mechanical properties[J]. Polymer, 2004, 45(8): 2751-2759.

[15] Drozdov A D, Lejre A L H, Christiansen J D. Viscoelasticity, viscoplasticity, and creep failure of polypropylene/clay nanocomposites[J]. Composites Science and Technology, 2009, 69(15-16): 2596-2603.

[16] Lai J, Bakker A. Analysis of the non-linear creep of high-density polyethylene[J]. Polymer, 1995, 36(1): 93-99.

[17] Perrella M, Berardi V P, Cricri G, et al. Experimental evaluation of the long-term creep deformations of epoxy resin[J]. Procedia Structural Integrity, 2019, 24: 601-611.

[18] 陈聚文,潘婉莲,于俊荣,等. UHMWPE 纤维蠕变性能及其数学模型拟合[J]. 合成纤维工业,2003, 26(6):21-23.

[19] Batra S. Creep rupture and life prediction of polymer composites[D]. Morgantown: West Virginia University, 2009.

[20] 邱佳,刘斐,陈景,等. 热塑性聚合物复合材料蠕变性能的综述(英文)[J]. 高分子通报,2017(3): 1-10.

[21] 胡国文,周志敏,张凯,等. 高分子化学与物理学教程[M]. 北京:科学出版社,2013.

[22] Shi X B, Wu C L, Rong M Z, et al. Improvement of creep resistance of polytetrafluoroethylene films by nano-inclusions[J]. Chinese Journal of Polymer Science, 2013, 31(3): 377-387.
[23] 尚新龙,蒋彩,张鉴炜,等. 纳米填充物对聚合物及其复合材料蠕变性能影响的研究进展[J]. 高分子材料科学与工程,2016,32(7): 184-190.
[24] 李朋辉,侯根良,毕松,等. 碳纳米管填充 PTFE 复合材料蠕变性能[J]. 塑料工业,2018,46(6): 73-76.
[25] Anand A, Banerjee P, Sahoo D, et al. Effects of temperature and load on the creep performance of CNT reinforced laminated glass fiber/epoxy composites[J]. International Journal of Mechanical Sciences, 2019, 150: 539-547.
[26] Bustillos J, Montero D, Nautiyal P, et al. Integration of graphene in poly(lactic) acid by 3D printing to develop creep and wear-resistant hierarchical nanocomposites[J]. Polymer Composites, 2017, 39(11): 3877-3888.

第 13 章
纤维增强复合材料的疲劳性能

学习要点：

(1) 掌握纤维增强复合材料疲劳的概念及内涵；
(2) 掌握纤维增强复合材料的疲劳损伤机理；
(3) 掌握纤维增强复合材料层压板疲劳性能的影响因素；
(4) 熟悉纤维增强复合材料疲劳性能的预测方法；
(5) 了解纤维增强复合材料的疲劳特性及疲劳设计。

13.1 引　　言

与金属材料在疲劳载荷下呈现明显的单一主裂纹有规律扩展不同，具有多相、各向异性等特点的航空航天用纤维增强复合材料在疲劳载荷下表现出非常复杂的破坏机理。由于对复合材料疲劳破坏机理认识不够充分，在实际工程应用中，通常采用远低于材料疲劳极限的复合材料设计许用应变/极限值来进行复合材料结构设计，从而使得现阶段复合材料结构件在飞机服役载荷作用下具有无限寿命，很少发生疲劳破坏。随着复合材料结构技术的快速发展，目前，纤维增强复合材料在航空航天飞行器上的应用部位已经从次承力结构过渡到主承力结构，纤维增强复合材料结构的疲劳问题逐渐暴露出来，传统的"静力覆盖疲劳"设计理念面临挑战。要保障结构的安全性和完整性，充分发挥复合材料的潜能，进一步降低飞机的结构重量，深入认识复合材料的疲劳失效行为，提高复合材料的设计许用应变/极限值已成为必然趋势。

开展对纤维增强复合材料疲劳性能的学习，熟悉纤维增强复合材料疲劳性能的预测模型与计算公式，掌握纤维增强复合材料疲劳性能评价方法、疲劳性能影响因素及抗疲劳性能提升方法，将对航空航天纤维增强复合材料的选材研究和结构设计具有积极的意义。

13.2 复合材料疲劳的概念及内涵

在材料学科中，疲劳的定义为：在某点或某些点承受扰动应力，且在足够多的循环扰动作用之后形成裂纹或完全断裂的材料中所发生的局部的、永久结构变化的发展过程[1]。飞机复合材料结构件在设计中通常要求有长时间的使用寿命,这就意味着复合材料结构件必须能承受一定的疲劳加载循环。与金属材料相比,复合材料具有更好的疲劳性能,但是复合材料结构存在的疲劳问题也不容忽视,其疲劳分析过程也更加复杂,主要原因有以下几点:

(1) 复合材料具有各向异性、非均质性和较低的层间强度;

(2) 复合材料的疲劳失效是由不同层中的许多裂纹共同决定的,疲劳裂纹通常萌生于基体中,并且会演变为纵向的裂纹、分层和纤维断裂等其他形式的失效;

(3) 由于复合材料是非均质(在大尺度上)和各向异性的,它的疲劳损伤是以整体的方式积累,且疲劳失效并不总是由一个宏观裂纹的扩展导致[2];

(4) 复合材料在制备、加工和运输过程中会不可避免地产生不同程度的缺陷,使得复合材料的疲劳性能具有较大的分散性;

(5) 不同的纤维类型、基体材料、铺层顺序、制造工艺使得复合材料的构成千变万化。

对复合材料层压板而言,其疲劳损伤模式包括基体开裂、界面脱胶、纤维断裂或拔出、分层等,这些损伤模式有时独立发生,有时以多种损伤相互作用的方式发生,往往使疲劳损伤扩展缺乏规律性。为了实现复合材料在主承力结构中的应用,必须对复合材料的可靠性和疲劳行为进行全面了解。对复合材料疲劳的研究涉及复合材料构件在交变载荷作用下的疲劳损伤机理、疲劳特性(强度、刚度随着时间的变化规律及复合材料构件的破坏规律)、疲劳设计及寿命预测。

13.3　复合材料疲劳损伤机理

复合材料在制备和使用过程中,通常存在诸如基体开裂、分层、界面脱胶和纤维断裂等多种损伤形式。同时,复合材料对应变,特别是压缩应变,尤为敏感。由于纤维与基体力学性能差异较大,在压缩应变作用下,纤维与基体变形不一致,引起基体开裂、界面脱胶甚至分层,易于形成疲劳源。压缩应变进一步促进复合材料出现纵向开裂或失稳,加速分层扩展。在疲劳载荷作用下,上述损伤形式相互耦合并择优渐进扩展,导致复合材料的疲劳失效机理十分复杂。如图 13.1 所示,疲劳载荷作用下复合材料的宏观损伤过程和损伤行为通常可以描述为:复合材料受疲劳载荷作用时,在寿命前期,因基体弹性模量小而导致基体内部产生大量小裂纹,但裂纹尖端的应力集中程度还不足以使纤维断裂,因此裂纹不能继续扩展;为消耗外载荷对材料所做的功,基体中不断产生新的裂纹,而大量小裂纹的累积使得复合材料刚度快速降低;当基体中裂纹密度达到饱和后,材料通过裂纹间相互耦合,界面脱胶,甚至局部纤维断裂等失效方式消耗外载荷所做的功,由于界面和纤维较基体具有更高的弹性模量,其发生失效也需要较基体失效更多的功,因此该过程较寿命前期长;到达寿命后期时,材料内部基体、界面相继失效,已有裂纹进一步扩展,其尖端应力集中程度超过纤维强度,纤维发生断裂,而纤维断裂后引起附近区域的应力重新分布进一步加剧了裂纹尖端的应力集中程度,引起更多纤维发生断裂,这一过程逐渐加速,直至材料破坏失效,复合材料快速断裂。

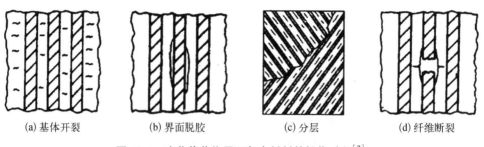

(a) 基体开裂　(b) 界面脱胶　(c) 分层　(d) 纤维断裂

图 13.1　疲劳载荷作用下复合材料的损伤过程[2]

复合材料层压板在疲劳载荷作用下,其刚度的变化过程大体可以分为三段,可用图 13.2 加以描述:在第Ⅰ阶段,由于复合材料微观结构的内在不均匀性,材料内部存在着各种各样的应力集中,从而导致了能量积累,因此该阶段材料刚度和能量扩散下降比较迅速;在该阶段,疲劳损伤主要表现为基体中产生大量微裂纹。在第Ⅱ阶段,损伤以纤维的稳定断裂为主,由于破坏纤维要比破坏基体困难得多,当基体裂纹遇到纤维时,会受到增强纤维的阻隔和控制;因此在这一阶段,材料刚度下降率减小。第Ⅲ阶段一般只占层压板寿命很少一部分,在这一阶段中,层压板出现了比较明显的层间分层,微观裂纹的聚合和相互作用以及某些主要裂纹穿透纤维,并迅速扩展,各种损伤形式之间加速耦合,导致层压板突然断裂,也就是所谓的"突然死亡"(sudden death)行为[2, 3]。

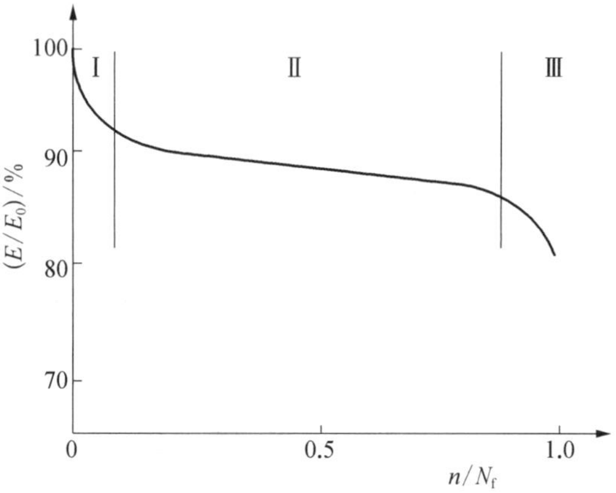

图 13.2　纤维增强复合材料典型的正则化刚度下降曲线[2]

13.4　复合材料疲劳的特性、设计特点和影响因素

纤维增强复合材料的疲劳性能与金属材料的疲劳性能有很大差别,这些差别一方面来自复合材料自身的各向异性、非均匀性和较低的层间强度,另一方面,复合材料在制备、加工和运输过程中,会不可避免地产生不同程度的缺陷,使得复合材料与各向同性材料相比,在疲劳性能方面具有较大的分散性。总的说来,复合材料的疲劳特性可以概括为以下几点:

(1) 复合材料直至破坏,其应力-应变曲线仍呈现线性,表现为材料的脆性;

(2) 复合材料承受交变载荷时,产生多种形式的损伤,这些损伤形式具有多样性和扩展的无规律性,这增加了处理复合材料疲劳问题的复杂度;

(3) 层间疲劳强度的计算要考虑层间应力,而层间应力分析属于三维问题,且存在自由边界效应,使层间疲劳强度分析更加复杂;

(4) 铺设角和铺叠次序影响层压板的层间应力分布,进而影响层压板的疲劳性能;

(5) 复合材料的疲劳性能依赖于环境,复合材料的基体不仅对温度敏感,而且极易吸收周围环境中的水分,因而,在湿热环境条件下,复合材料的疲劳性能与其在室温、干燥条件下的疲劳性能有较大差别。

对复合材料结构进行疲劳设计的过程中需要注意与金属结构的区别,表 13.1 对比了复合材料结构与金属结构疲劳设计的特点。

表 13.1　复合材料结构与金属结构疲劳设计的特点对比

对比内容	金属结构	复合材料结构
疲劳载荷类型	主要考虑拉-拉疲劳或以拉伸载荷为主的谱载荷疲劳	主要考虑压-压或拉-压疲劳和以压缩载荷为主的谱载荷疲劳
缺口敏感性	对疲劳载荷敏感,含缺口时的疲劳极限远低于缺口静强度	对疲劳载荷不敏感,含缺口时的疲劳极限(压-压和拉-压疲劳)大体上相当于缺口静强度的 50%或更高
疲劳载荷下的刚度下降	不明显	需要考虑,特别是承受高周疲劳的部件必须考虑
湿热影响	一般不考虑	必须考虑
疲劳性能分散性	比较小	很大
疲劳载荷下的裂纹(损伤)扩展	除受高周疲劳的部件外,一般要考虑裂纹扩展	采用“损伤无扩展”“扩展终止”和“缓慢扩展”的设计概念

复合材料层压板的疲劳性能受到众多因素的影响,总的来讲可以归纳为如下四类:

(1) 材料参数:纤维的类型、取向及形式(单向带、编织带)、树脂类型、纤维体积含量及铺层顺序;

(2) 几何形状参数:长度、宽度、厚度等;

(3) 使用因素:载荷方向、加载速率、服役环境等;

(4) 工艺因素:工艺形式、初始加工缺陷(分层缺陷)[4]等。

13.5　复合材料疲劳性能预测方法

飞行器结构复合材料化的发展趋势,使复合材料结构的疲劳寿命预测成为复合材料结构技术需要突破的关键问题之一。研究人员建立了大量的疲劳模型,以期有效预测复合材料的疲劳行为和疲劳性能。Degrieck 和 Van Paepegem[5]将疲劳模型分为三类:疲劳寿命模型、宏观性能退化模型和渐进疲劳损伤模型。疲劳寿命模型利用 $S-N$ 曲线或相似的方法预测整个疲劳寿命,与实际的退化机理无关;宏观性能退化模型描述宏观特性的逐渐退化,如(剩余)强度或刚度;渐进疲劳损伤模型预测实际损伤特性的演化,如基体裂纹或分层。下面将分别进行阐述。

13.5.1　疲劳寿命模型

疲劳寿命模型主要从 $S-N$ 曲线或古德曼(Goodman)图中提取信息,并提出疲劳失效准则。$S-N$ 曲线描述了材料在疲劳加载中的应力峰值 σ_{max} 与疲劳循环数的对数值 $\lg N$ 之间的关系；而 Goodman 图则表示材料受交变应力时，在等疲劳循环数的条件下，其平均应力与最大应力和最小应力的关系曲线。尽管疲劳寿命模型不考虑损伤累积，但它能够预测一定载荷状况下疲劳失效发生时的循环数，因而获得广泛应用。

Hashin 和 Rotem[6] 最早提出了疲劳失效准则，分别考虑纤维失效模式和基体失效模式。

对于纤维失效：

$$\sigma_A = \sigma_A^u \tag{13.1}$$

对于基体失效：

$$\left(\frac{\sigma_T}{\sigma_T^u}\right)^2 + \left(\frac{\tau}{\tau^u}\right)^2 = 1 \tag{13.2}$$

式中，σ_A 和 σ_T 分别为沿纤维方向和垂直于纤维方向的应力；τ 为剪切应力；σ_A^u、σ_T^u 和 τ^u 分别为极限拉伸应力、极限横向拉伸应力和极限剪切应力。由于极限强度为疲劳应力水平、应力比和循环数的函数，所以上述疲劳失效准则需要三条 $S-N$ 曲线表示，$S-N$ 曲线需通过单轴载荷下离轴单向试样的疲劳试验确定。实际上，上述疲劳失效准则仅仅适用于单向铺层的层压板，并且要求在疲劳失效过程中可以严格区分两种失效模式。

Reifsnider 和 Gao[7] 基于复合材料平均应力表达式建立了疲劳失效准则。该失效准则中对基体主导失效和纤维主导失效分别使用基体平均应力 $\langle \sigma_{ij}^m \rangle$ 和纤维平均应力 $\langle \sigma_{ij}^f \rangle$ 表示，并通过将界面模拟为具有类弹簧特性的薄层来考虑纤维和基体界面非完美结合的问题。两种失效机理下的失效函数分别为

纤维主导失效：

$$\langle \sigma_{11}^f \rangle = X^f \tag{13.3}$$

基体主导失效：

$$\left(\frac{\langle \sigma_{22}^m \rangle}{X^m}\right)^2 + \left(\frac{\langle \sigma_{12}^m \rangle}{S^m}\right)^2 = 1 \tag{13.4}$$

式中，X^f 和 X^m 分别为拉伸载荷下纤维和基体材料的疲劳失效函数；S^m 为剪切载荷下基体材料的疲劳失效函数。这些失效函数取决于应力比 R、循环数 N 和频率 f，实质上是取决于通过试验确定的 $S-N$ 曲线。这个细观力学模型可用于预测离轴疲劳载荷下的单向 E-玻璃/环氧层压板的疲劳性能。尽管这个理论是基于非完美结合界面，当模拟试验时还是假定界面完美胶接以简化数学表达式。

Fawaz 和 Ellyin[8] 提出了循环应力 S 与失效循环数 N 之间的半对数线性关系，其表达式为

$$S = m\lg N + b \tag{13.5}$$

式中，S 是循环应力；m 和 b 是取决于材料性能和载荷条件的参数；N 是失效循环数。

此外,他们还假定存在 $S_r - \lg N$ 曲线,为所提出的 $S - \lg N$ 线的参考线,由以下表达式给出:

$$S_r = m_r \lg N + b_r \tag{13.6}$$

式中,两套材料参数 (m, b) 和 (m_r, b_r) 之间的关系具体为

$$\begin{aligned} m &= f(a_1, a_2, \theta) \cdot g(R) \cdot m_r \\ b &= f(a_1, a_2, \theta) \cdot b_r \end{aligned} \tag{13.7}$$

式中,a_1 为第一双轴比($a_1 = \sigma_y / \sigma_x$);$a_2$ 为第二双轴比($a_2 = \tau_{xy} / \sigma_x$);$R$ 为应力比;θ 为铺层角。该模型一般化地表示为

$$S(a_1, a_2, \theta, R, N) = f(a_1, a_2, \theta) \cdot [g(R) m_r \lg N + b_r] \tag{13.8}$$

对于任意的 a、θ 和 R,采用上述模型可以预测 $S - \lg N$ 曲线的参数 m 和 b,进而得到循环应力 S 与失效循环数 N 之间的关系。但需要注意的是,该模型对参考线 S_r 的选择很敏感。

13.5.2　宏观性能退化模型

1. 剩余刚度模型

剩余刚度模型描述了疲劳载荷下材料弹性特性的退化状态。一般采用变量 D 来描述材料的刚度损失,如一维情况下,将其定义为 $D = 1 - E/E_0$,其中 E 为当前损伤状态的弹性模量,而 E_0 为未损伤时的弹性模量。尽管通常将 D 称为损伤变量,然而当损伤扩展速率 $\mathrm{d}D/\mathrm{d}N$ 表示为宏观可观察特性,而不是基于真实的损伤机理时,剩余刚度模型仍然归为唯象的宏观性能退化模型,而并不属于渐进损伤模型。

Hwang 和 Han[9-10] 首先引入了“疲劳模量”的概念。如图 13.3 所示,在疲劳载荷下,复合材料的应力-应变曲线会随着循环的进行而发生变化,在某一特定载荷循环 n 时,疲劳模量为图 13.3 中 On 线的斜率。

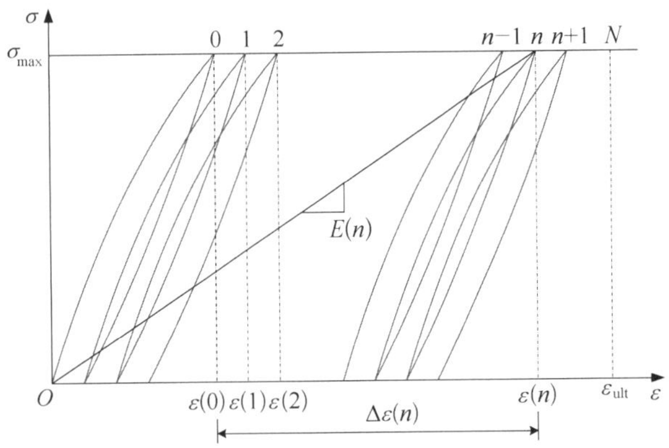

图 13.3　纤维增强复合材料典型的正则化刚度下降曲线[11]

疲劳模量的退化率假定为疲劳循环数的幂函数,其表达式为

$$\frac{\mathrm{d}E(n)}{\mathrm{d}n} = -Acn^{c-1} \tag{13.9}$$

式中,A 和 c 为材料常数。此外,他们假定任意载荷循环数时外加应力 σ_a 随相应应变线性变化,因此

$$\sigma_a = E(n_i) \cdot \varepsilon(n_i) \tag{13.10}$$

式中，$E(n_i)$ 和 $\varepsilon(n_i)$ 分别为第 n_i 个载荷循环时的疲劳模量和应变。

他们提出疲劳寿命 N 可以通过下式计算：

$$N = [B(1-r)]^{1/c} \tag{13.11}$$

式中，$r = \sigma_a/\sigma_u$ 为外加循环应力与极限静强度之比；B 和 c 为材料常数。

此外，Hwang 和 Han[9] 还提出了基于疲劳模量 $E(n)$ 和相应应变的累积损伤模型，与试验数据具有良好的一致性，其表达式为

$$D = \frac{r}{1-r} \cdot \left[\frac{E_0}{E(n)} - 1\right] \tag{13.12}$$

当 $D = \sum_{i=1}^{m} \Delta D_i = 1$ 时失效发生。式中，ΔD_i 为疲劳过程中应力水平 r_i 对应的损伤累积量；m 为最终失效时载荷序列的数量。

Whitworth[12] 建立了石墨/环氧复合材料的剩余刚度模型，其表达式如下：

$$\left[\frac{E(N^*)}{E(0)}\right]^a = 1 - H \cdot \left[1 - \frac{S}{R(0)}\right]^a N^* \tag{13.13}$$

式中，$N^* = n/N$ 为外加循环数 n 与疲劳寿命 N 之比；S 为外加应力水平；$R(0)$ 为静强度；$E(0)$ 为初始模量；a 和 H 为独立于外加应力水平的参数。

基于上述剩余刚度模型，Whitworth[13] 建立了累积损伤模型，其中损伤函数定义为

$$D = \left[\frac{H \cdot (1-\bar{S})^a}{1-\bar{S}^a}\right] \cdot \frac{n}{N} \tag{13.14}$$

式中，$\bar{S} = S/R(0)$ 为正则化的外加应力；a 和 H 为材料参数。当 $D=0$ 时，没有外加循环，此时 $E=E(0)$；当 $D=1$ 时，剩余模量等于失效刚度 E_f。该损伤累积模型已经被扩展到预测复合材料试样在变幅疲劳载荷下的剩余寿命。

在之后的研究中，Whitworth[14] 提出了新的剩余刚度模型，满足如下退化规律：

$$\frac{\mathrm{d}E^*(n)}{\mathrm{d}n} = \frac{-a}{(n+1)[E^*(n)]^{m-1}} \tag{13.15}$$

式中，$E^*(n) = E(n)/E(N)$ 为剩余刚度 $E(n)$ 与失效刚度 $E(N)$ 之比；n 为载荷循环数；a 和 m 为由外加应力和载荷频率等确定的参数。通过引入应变失效准则，剩余刚度$E(n)$ 可表示为静拉伸强度 S_u 的函数。当假定静拉伸强度由两参数威布尔分布表示时，则可以得到剩余刚度的统计分布。

2. 剩余强度模型

剩余强度模型可以分为突降模型和耗损模型两类。当复合材料试样承受高应力水平载荷（低周疲劳）时，随着循环数的增加，层压板的剩余强度作为循环数的函数，在开始时几乎保持为常数，当循环数几乎达到失效循环数时，剩余强度突然降低。这种现象很适合采用突降模型进行描述，尤其对于高强度的单向复合材料。当复合材料试样承受低应力水平载荷（高周疲劳）时，层压板的剩余强度则是逐渐降低的。这种现象通常采用耗损模

型进行描述。耗损模型一般包含“强度-寿命等效秩”假设,该假设认为强度最高的试样在经历疲劳循环后具有最高的剩余强度,且最终疲劳破坏时具有最长的寿命。在 Hahn 和 Kim[15] 的研究中,通过试验证明了该假设。但是如果在疲劳试验中出现竞争失效模式时,上述假设不一定会成立[16]。

在 Halpin 等[17] 最初提出的耗损模型中,假设剩余强度 $R(n)$ 为循环数 n 的单调减函数,将剩余强度随循环数的变化近似地表述为幂函数增长方程,即

$$\frac{\mathrm{d}R(n)}{\mathrm{d}n}=\frac{-A(\sigma)}{m[R(n)]^{m-1}} \tag{13.16}$$

式中,$A(\sigma)$ 为最大循环应力 σ 的函数;m 为常数。

Whitworth[18] 用他所提出的剩余刚度模型来估计剩余强度退化,将剩余刚度模型中的失效刚度 $E(N)$ 引入应变失效准则:

$$\frac{S}{S_{\mathrm{U}}}=c_1\left[\frac{E(N)}{E(0)}\right]^{c_2} \tag{13.17}$$

式中,S 为外加应力水平;S_{U} 为极限强度;$E(0)$ 为初始刚度;$E(N)$ 为失效刚度;c_1 和 c_2 为考虑非线性影响引入的参数。最终,剩余强度可以表示为

$$S_{\mathrm{R}}^{\gamma}=S_{\mathrm{U}}^{\gamma}-\frac{n}{N}(S_{\mathrm{U}}^{\gamma}-S^{\gamma}) \tag{13.18}$$

式中,S_{R} 为剩余强度;γ 为参数。基于剩余刚度退化的演化规律,上式中的疲劳寿命 N 可以表示为极限强度 S_{U} 和外加应力水平 S 的函数。

Yao 和 Himmel[19] 假定纤维增强复合材料拉伸疲劳时的剩余强度可以通过函数描述如下

$$R(i)=R(0)-[R(0)-S]\frac{\sin(\beta x)\cos(\beta-\alpha)}{\sin\beta\cos(\beta x-\alpha)} \tag{13.19}$$

式中,$R(i)$ 为第 i 个载荷循环时的剩余强度;$R(0)$ 为静强度;S 为应力水平;$x=i/N_{\mathrm{f}}$;α 和 β 为通过试验确定的参数。对于在压缩载荷下失效的试样,假定其剩余强度满足如下退化规律:

$$R(i)=R(0)-[R(0)-S]\left(\frac{i}{N_{\mathrm{f}}}\right)^{\nu} \tag{13.20}$$

式中,ν 为由应力比和峰值应力决定的强度退化参数。

13.5.3 渐进疲劳损伤模型

在各种复合材料疲劳性能预测方法中,渐进疲劳损伤方法获得了广泛关注。该方法认为在疲劳载荷作用下,复合材料的损伤逐渐累积,其材料性能表现为逐渐退化,直至不能承载,发生最终破坏。通过渐进疲劳损伤分析,不仅可以预测任意疲劳载荷水平和任意疲劳循环下复合材料的剩余刚度、剩余强度等疲劳性能,还可以模拟疲劳加载过程中的初

始损伤、损伤扩展以及极限失效的过程。得益于有限元技术的飞速发展和计算机性能的大幅度提高，该方法在复杂复合材料结构疲劳失效预测方面具有很大的发展潜力[20]。

基于三维有限元技术，Shokrieh 和 Lessard[21] 建立了渐进疲劳损伤模型。该模型通过对复合材料的剩余刚度和剩余强度进行退化来表征疲劳循环载荷下的材料逐渐损伤，以 Hashin 疲劳失效准则进行材料失效判定，可预测任意几何尺寸和铺层方案的复合材料层压板的剩余刚度、剩余强度和疲劳寿命。所采用的剩余强度模型和剩余刚度模型为

$$S(n)=\left[1-\left(\frac{\lg n-\lg 0.25}{\lg N_f-\lg 0.25}\right)^{\beta}\right]^{\frac{1}{\alpha}}(S_0-\sigma)+\sigma \tag{13.21}$$

$$E(n)=\left[1-\left(\frac{\lg n-\lg 0.25}{\lg N_f-\lg 0.25}\right)^{\lambda}\right]^{\frac{1}{\gamma}}\left(E_0-\frac{\sigma}{\varepsilon_f}\right)+\frac{\sigma}{\varepsilon_f} \tag{13.22}$$

式中，S_0 和 E_0 分别为单层板静强度和初始刚度；α、β、λ 和 γ 是剩余强度和剩余刚度模型的试验拟合参数；ε_f 是单层板失效时的平均应变；N_f 是单层板在最大循环应力 σ 和应力比 R 下的疲劳寿命。对于上述两个模型中的疲劳寿命 N_f，他们利用 Harris 等修正后的正则化疲劳寿命预测模型计算。可以看出，剩余强度和剩余刚度是疲劳载荷循环数 n、最大循环应力值 σ 和应力比 R 的函数。

在 Shokrieh 和 Lessard 渐进疲劳损伤模型的基础上，王丹勇[22] 从 Yang 剩余刚度退化模型出发，结合 Lee 提出的剩余刚度与剩余强度关系式，建立了一组新的剩余刚度和剩余强度退化模型[式(13.23)和式(13.24)]，预测了复合材料层压板的疲劳寿命。

$$\frac{E(n)}{E(0)}=1-\left[1-\left(\frac{\sigma}{c_1\sigma_U}\right)^{1/c_2}\right]\left(\frac{n}{N_f}\right)^{a_1+b_1\sigma} \tag{13.23}$$

$$\frac{S(n)}{\sigma_U}=1-\left(1-\frac{\sigma}{\sigma_U}\right)\left(\frac{n}{N_f}\right)^{a_2+b_2\sigma} \tag{13.24}$$

式中，n 为加载循环次数；$E(0)$ 为初始刚度；σ_U 是静强度；N_f 为疲劳寿命；a_1、b_1、a_2、b_2、c_1、c_2 均为试验参数。

当采用剩余刚度模型和剩余强度模型描述疲劳过程中复合材料性能退化规律时，通过试验获取剩余刚度模型参数较为方便，不需要开展额外的破坏性试验，而剩余强度模型参数则难以准确获得，这是由于强度试验是破坏性试验，试验成本高，且结果往往分散性较大。为了解决这个问题，Zhao 等[23] 提出了疲劳剩余应变的概念，并建立了归一化剩余应变模型，进而发展了基于剩余刚度和剩余应变的材料性能分段渐降模型，其中改进的剩余刚度模型可通过如下推导得出：

由图 13.3 可见，疲劳模量的计算式为

$$E(n)=\frac{\sigma_{max}}{\varepsilon(n)}=\frac{q\sigma_{ult}}{\varepsilon(n)} \tag{13.25}$$

式中，$E(n)$ 和 $\varepsilon(n)$ 分别为第 n 个循环的疲劳模量和累积应变；σ_{max} 是疲劳载荷谱中的最大应力水平；σ_{ult} 是极限强度；q 为载荷比，定义 $q=\sigma_{max}/\sigma_{ult}$。

疲劳模量满足如下边界条件：

$$\begin{cases} E(0) \approx E_0 \\ E(N) = \dfrac{q\sigma_{\text{ult}}}{\varepsilon(N)} = \dfrac{q\sigma_{\text{ult}}}{\varepsilon_{\text{ult}}} = qE_0 \end{cases} \tag{13.26}$$

式中，E_0 是初始刚度；ε_{ult} 是极限应变。假设当疲劳累积损伤导致的累积应变 $\varepsilon(n)$ 达到极限应变 ε_{ult} 时，复合材料发生疲劳失效。

对式(13.9)进行积分可得

$$E(n) - E(0) = -An^{\nu} \tag{13.27}$$

当疲劳循环数达到疲劳寿命 N 时，A 可以表示为

$$A = -\frac{E(N) - E(0)}{N^{\nu}} \tag{13.28}$$

将式(13.28)代入式(13.27)，可得归一化剩余刚度 $E(n)/E(0)$ 为

$$\frac{E(n)}{E(0)} = 1 - (1 - q)\left(\frac{n}{N}\right)^{\nu} \tag{13.29}$$

上式中的 N 为复合材料疲劳寿命，通常可由 $S-N$ 曲线(或 $q-N$ 曲线)获得。对于纤维增强复合材料而言，其对数疲劳寿命 $\lg N$ 与载荷比 q 通常存在线性关系，可根据基本的疲劳试验数据进行线性拟合，即 $\lg N = (A - q)/B$。图 13.4 给出了根据试验数据拟合得到的 T800 级单向碳纤维增强复合材料的纵向、横向以及剪切 $q-N$ 曲线。

因此，将式(13.29)中的参数 N 替换为 $10^{(A-q)/B}$，即

$$\frac{E(n)}{E(0)} = 1 - (1 - q)\left(\frac{n}{10^{(A-q)/B}}\right)^{\nu} \tag{13.30}$$

为了更加准确地评估剩余刚度的退化，采用分段函数对上述归一化剩余刚度模型进行修正，如下式所示：

$$\frac{E(n)}{E(0)} = \begin{cases} 1 & q = 0 \\ 1 - (1 - q)\left[\dfrac{n}{10^{(A-q)/B}}\right]^{\nu} & 0 < q \leqslant q_{E0} \\ 1 - (1 - q_{E0})\left[\dfrac{n}{10^{(A-q_{E0})/B}}\right]^{\nu} & q_{E0} < q \leqslant 1 \end{cases} \tag{13.31}$$

式中，$q_{E0} = \left\{q \,\middle|\, \dfrac{\partial[E(n)/E(0)]}{\partial q} = 0\right\}$。图 13.5 给出了根据试验数据拟合得到的 T800 级单向碳纤维增强复合材料的纵向、横向以及剪切刚度退化模型的中间段。

改进的剩余应变模型可通过以下推导得出。图 13.3 给出了复合材料在疲劳循环载荷作用下的累积应变 $\varepsilon(n)$ 与疲劳循环数 n 之间的关系。由图 13.3 可见，累积应变可分为两部分：静力载荷引起的初始应变 $\varepsilon(0)$；最大应力水平为 $\sigma_{\max}$ 的疲劳循环载荷引起的

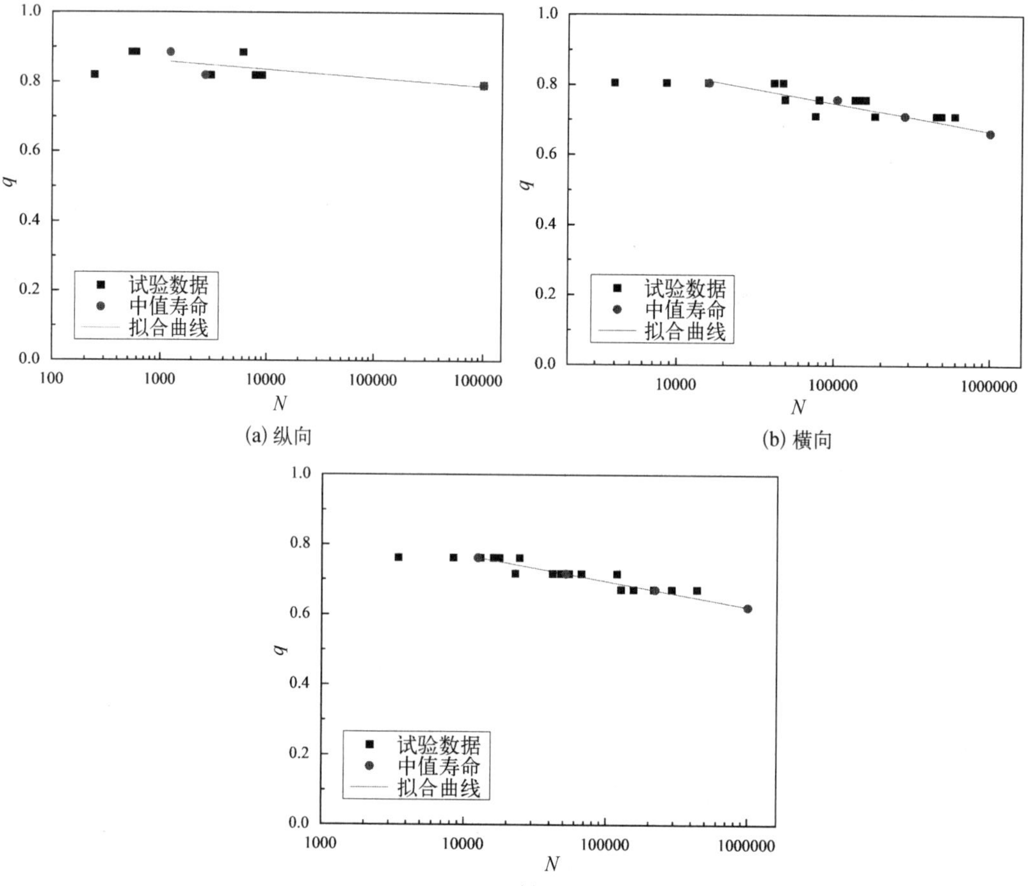

(c) 剪切

图 13.4 T800 级单向碳纤维增强复合材料 $q-N$ 曲线[11]

不可逆的疲劳累积应变 $\Delta\varepsilon(n)$。因此，第 n 个循环的累积应变 $\varepsilon(n)$ 可表示为

$$\varepsilon(n)=\varepsilon(0)+\Delta\varepsilon(n) \tag{13.32}$$

根据累积应变与疲劳模量之间的关系，即式(13.25)，以及归一化剩余刚度的计算式，即式(13.29)，可得出第 n 个循环的累积应变和初始应变(即 $n=0$)之间的关系，具体为

$$\frac{\varepsilon(n)}{\varepsilon(0)}=\frac{E(0)}{E(n)}=\frac{1}{1-(1-q)\left(\dfrac{n}{N}\right)^{\nu}} \tag{13.33}$$

由式(13.32)和式(13.33)得出，不可逆的疲劳累积应变为

$$\Delta\varepsilon(n)=q\varepsilon_{\text{ult}}\left[\frac{1}{1-(1-q)\left(\dfrac{n}{N}\right)^{\nu}}-1\right] \tag{13.34}$$

定义第 n 个循环的疲劳剩余应变 $\varepsilon^{\text{R}}(n)$ 为

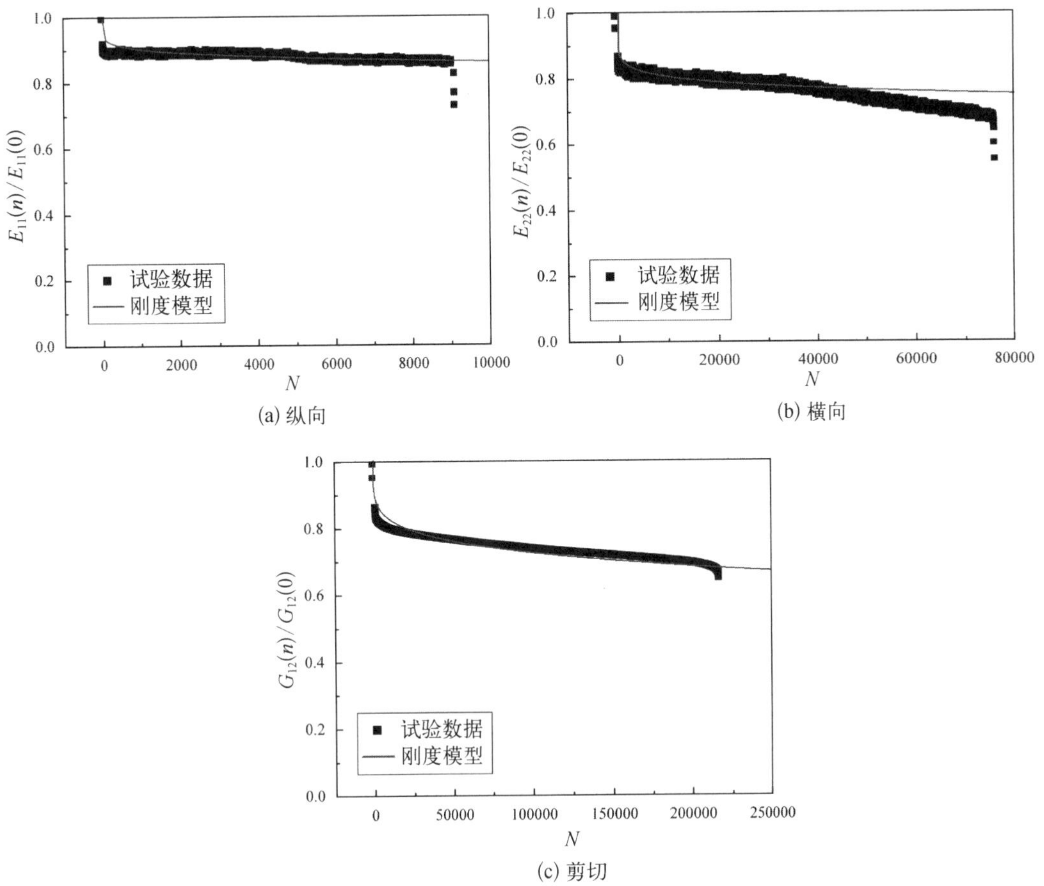

图 13.5　T800 级单向碳纤维增强复合材料在疲劳循环过程中的刚度退化曲线[11]

$$\varepsilon^{\mathrm{R}}(n) = \varepsilon_{\mathrm{ult}} - \Delta\varepsilon(n) \tag{13.35}$$

将式(13.34)代入式(13.35),得到的疲劳剩余应变为

$$\varepsilon^{\mathrm{R}}(n) = \varepsilon_{\mathrm{ult}}\left[1 + q - \frac{q}{1 - (1 - q)\left(\dfrac{n}{N}\right)^{\nu}}\right] \tag{13.36}$$

疲劳剩余应变满足如下的边界条件:

$$\begin{cases}\varepsilon^{\mathrm{R}}(0) = \varepsilon_{\mathrm{ult}} \\ \varepsilon^{\mathrm{R}}(N) = \varepsilon(0)\end{cases} \tag{13.37}$$

进一步,根据上式中的 $\varepsilon^{\mathrm{R}}(0) = \varepsilon_{\mathrm{ult}}$ 将疲劳剩余应变归一化,且将参数 N 替换为 $10^{(A-q)/B}$,得到归一化剩余应变 $\varepsilon^{\mathrm{R}}(n)/\varepsilon^{\mathrm{R}}(0)$ 为

$$\frac{\varepsilon^{\mathrm{R}}(n)}{\varepsilon^{\mathrm{R}}(0)} = 1 + q - \frac{q}{1 - (1 - q)\left[\dfrac{n}{10^{(A-q)/B}}\right]^{\nu}} \tag{13.38}$$

为了更加准确地评估剩余应变的退化，采用分段函数对上述归一化剩余应变模型进行修正，具体如下：

$$\frac{\varepsilon^{\mathrm{R}}(n)}{\varepsilon^{\mathrm{R}}(0)}=\begin{cases}1 & ,\ q=0\\ 1+q-\dfrac{q}{1-(1-q)\left[\dfrac{n}{10^{(A-q)/B}}\right]^{\nu}} & ,\ 0<q\leqslant q_{\varepsilon 0}\\ 1+q_{\varepsilon 0}-\dfrac{q_{\varepsilon 0}}{1-(1-q_{\varepsilon 0})\left[\dfrac{n}{10^{(A-q_{\varepsilon 0})/B}}\right]^{\nu}} & ,\ q_{\varepsilon 0}<q\leqslant 1\end{cases} \tag{13.39}$$

式中，$q_{\varepsilon 0}=\left\{q \,\middle|\, \dfrac{\partial[\varepsilon^{\mathrm{R}}(n)/\varepsilon^{\mathrm{R}}(0)]}{\partial q}=0\right\}$。

由式(13.31)和式(13.39)可知，归一化剩余刚度、归一化剩余应变和疲劳循环数 n 之间的关系可以由载荷比 q、材料参数 A、B 和 ν 描述。载荷比 q 与施加的疲劳载荷水平有关。材料参数 A、B 和 ν 可通过单向纤维增强复合材料疲劳试验数据拟合得到。因此，一旦确定了材料参数 A、B 和 ν，则归一化剩余刚度模型和归一化剩余应变模型便可以确定。与传统的剩余强度模型相比，剩余应变模型的参数与剩余刚度模型一致，不需要开展额外的大量破坏性试验，更便于应用。因此，剩余应变模型与剩余刚度模型结合可以高效地预测在疲劳循环中逐渐退化的复合材料的力学性能。

进一步，Zhao 等[23]基于最大应变准则，建立了基于应变的疲劳失效判据，与上述材料性能分段渐降模型及基于细观力学的材料性能突降模型结合，发展了一个新的渐进疲劳损伤模型。该模型被 Shan 等[24]应用于复合材料-金属混合结构的竞争疲劳失效预测中，准确预测了混合结构的竞争疲劳失效行为，并建立了竞争疲劳破坏模式分布图，如图 13.6 所示。

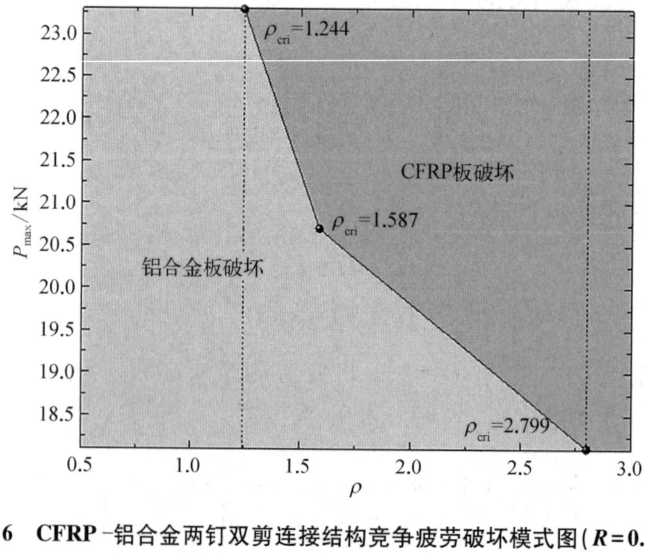

图 13.6　CFRP-铝合金两钉双剪连接结构竞争疲劳破坏模式图(R=0.1)[24]

考虑湿热环境对复合材料结构的影响,Shan 等[25]对上述渐进疲劳损伤模型进行修正,并建立了湿热环境下复合材料力学性能演变预测的理论模型,从而发展了考虑湿热效应的渐进疲劳损伤模型。他们利用该模型预测了在室温/干态和室温/湿态环境下典型 CFRP 开孔板的 $S-N$ 曲线,并与试验结果进行了对比,如图 13.7 所示。

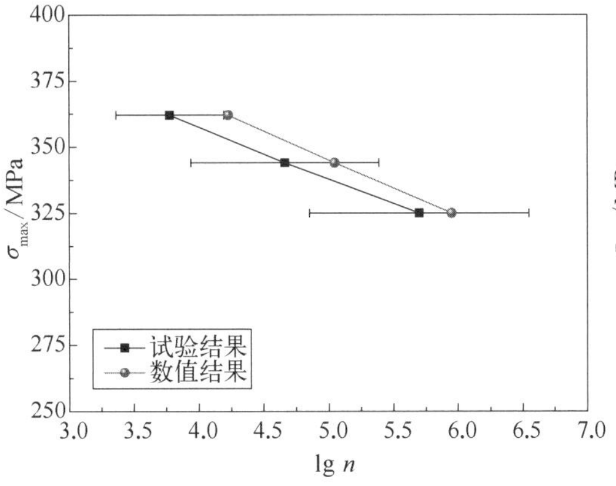

(a) 室温/干态　　(b) 室温/湿态

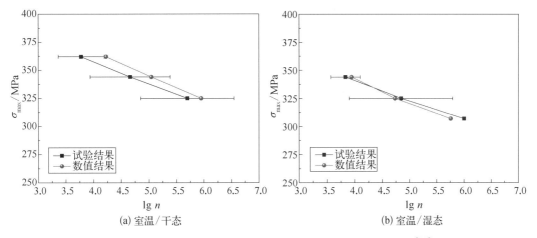

图 13.7　CFRP 开孔板的数值和试验 $S-N$ 曲线对比($R=10$)[25]

渐进疲劳损伤方法的核心是渐进疲劳损伤模型。渐进疲劳损伤模型主要由应力分析模型、材料性能渐降模型、材料性能突降模型及疲劳失效准则四个部分组成。通常,需要采用 ABAQUS 软件建立结构的三维有限元模型,通过编写用户定义子程序 UMAT 将两种材料性能退化模型和疲劳失效准则嵌入到有限元模型中。采用渐进疲劳损伤模型进行复合材料结构疲劳失效的流程如图 13.8 所示,具体步骤如下:

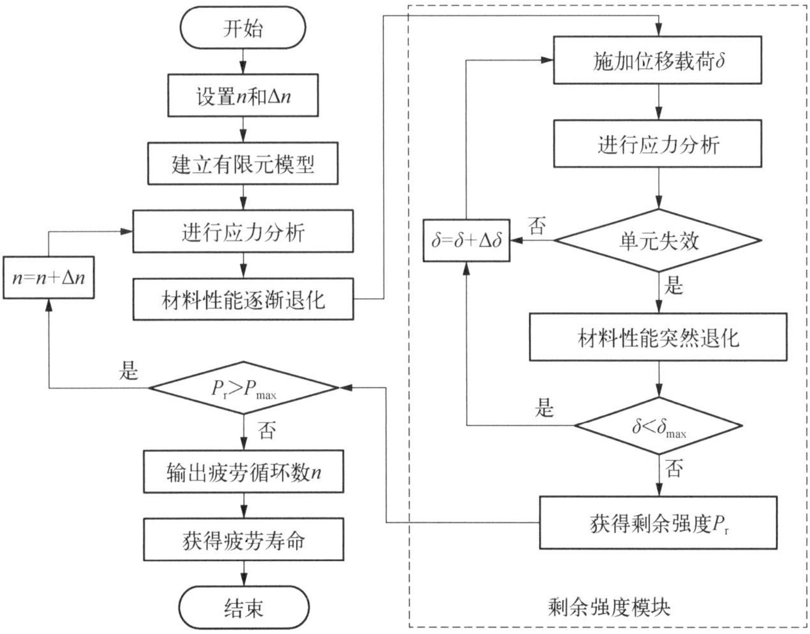

图 13.8　复合材料结构的疲劳失效的预测流程[23]

（1）根据预估的复合材料结构疲劳寿命设置最大循环数 n_{max} 和循环数增量 Δn；

（2）建立复合材料结构详细的三维有限元模型；

（3）在最大疲劳载荷水平下进行应力分析，获得结构的应力分布，以求解剩余刚度和剩余强度模型；

（4）采用材料性能渐降模型计算逐渐退化的材料力学性能，为接下来的应力分析提供基础；

（5）施加初始位移 δ_0，进行含损伤结构的应力分析；

（6）采用疲劳失效准则检查单元失效；

（7）如果发生单元失效，根据材料性能突降模型对损伤单元的刚度进行退化；否则，施加位移增量 $\Delta\delta$，增大位移载荷，跳到第(5)步；

（8）如果位移 δ 达到预先设定的最大位移 δ_{max}，则提取 $P-\delta$ 曲线，并根据 $P-\delta$ 曲线确定结构的剩余强度 P_r；否则，增加位移，跳到第(5)步；

（9）如果疲劳载荷谱中的最大载荷 P_{max} 小于剩余强度 P_r，则提高疲劳循环数，跳到第(3)步；否则，输出相应的疲劳循环数 n；

（10）根据不同疲劳循环数下的结构剩余强度，通过插值获得结构的疲劳寿命。

13.6 总结与展望

本章介绍了纤维增强复合材料疲劳的概念及内涵，详细阐述了纤维增强复合材料的疲劳损伤机理以及纤维增强复合材料层压板疲劳性能的影响因素，总结了纤维增强复合材料疲劳性能的预测方法。

习题与思考题

1. 简述复合材料疲劳损伤过程。
2. 阐述复合材料层压板的疲劳损伤模式。
3. 阐述复合材料层压板在疲劳载荷作用下的刚度变化规律。
4. 阐述复合材料层压板疲劳性能影响因素。
5. 简述复合材料渐进疲劳失效预测过程。

参考文献

[1] 陈传尧. 疲劳与断裂[M]. 武汉：华中科技大学出版社，2002.

[2] 吴富强. 纤维增强复合材料寿命预测与疲劳性能衰减研究[D]. 南京：南京航空航天大学，2008.

[3] Wicaksono S, Chai G B. A review of advances in fatigue and life prediction of fiber-reinforced composites [J]. Proceedings of the Institution of Mechanical Engineers Part L: Journal of Materials-Design and Applications, 2013, 227(3): 179－195.

[4] 李明. CFRP 层合板的低速冲击阻抗及损伤容限性能研究[D]. 北京：北京航空航天大学，2013.

[5] Degrieck J, Van Paepegem W. Fatigue damage modeling of fibre-reinforced composite materials: Review [J]. Applied Mechanics Reviews, 2001, 54(4): 279 - 300.

[6] Hashin Z, Rotem A. A fatigue failure criterion for fiber reinforced materials[J]. Journal of Composite Materials, 1973, 7(4): 448 - 464.

[7] Reifsnider K L, Gao Z. A micromechanics model for composites under fatigue loading[J]. International Journal of Fatigue, 1991, 13(2): 149 - 156.

[8] Fawaz Z, Ellyin F. Fatigue failure damage and life prediction theories: A survey of the state of the art for homogeneous materials[J]. Journal of Composite Materials, 1994, 20(1): 9 - 34.

[9] Hwang W, Han K S. Cumulative damage models and multi-stress fatigue life prediction[J]. Journal of Composite Materials, 1986, 20(2): 125 - 153.

[10] Hwang W, Han K S. Fatigue of composite — Fatigue modulus concept and life prediction[J]. Journal of Composite Materials, 1986, 20(2): 154 - 165.

[11] 山美娟. CFRP 螺栓连接结构渐进疲劳失效研究[D]. 北京: 北京航空航天大学,2019.

[12] Whitworth H A. Modeling stiffness reduction of graphite/epoxy composite laminates[J]. Journal of Composite Materials, 1987, 21(4): 362 - 372.

[13] Whitworth H A. Cumulative damage in composites[J]. Journal of Engineering Materials Technology, 1990, 112(3): 358 - 361.

[14] Whitworth H A. A stiffness degradation model for composite laminates under fatigue loading[J]. Composite Structures, 1998, 40(2): 95 - 101.

[15] Hahn H T, Kim R Y. Proof testing of composite materials[J]. Journal of Composite Materials, 1975, 9(3): 297 - 311.

[16] Sendeckyj G P. Fitting models to composite materials fatigue data[C]. West Conshohocken: Test Methods and Design Allowable for Fibrous Composites. ASTM STP29314S, 1981.

[17] Halpin J C, Jerina K L, Johnson T A. Characterization of composites for the purpose of reliability evaluation[M]. West Conshohocken: ASTM International, 1973.

[18] Whitworth H A. Evaluation of the residual strength degradation in composite laminates under fatigue loading[J]. Composite Structures, 2000, 48(4): 261 - 264.

[19] Yao W X, Himmel N. A new cumulative fatigue damage model for fibre-reinforced plastics[J]. Composites Science and Technology, 2000, 60(1): 59 - 64.

[20] Kaminski M, Laurin F, Maire J F, et al. Fatigue damage modeling of composite structures: The ONERA viewpoint[J]. Journal of Aerospace Laboratory, 2015, 9(6): 1 - 12.

[21] Shokrieh M M, Lessard L B. Progressive fatigue damage modeling of composite materials, Part I: Modeling[J]. Journal of Composite Materials, 2000, 34(13): 1056 - 1080.

[22] 王丹勇. 层压板接头损伤失效与疲劳寿命研究[D]. 南京: 南京航空航天大学,2006.

[23] Zhao L B, Shan M J, Hong H M, et al. A residual strain model for progressive fatigue damage analysis of composite structures[J]. Composite Structures, 2017, 169: 69 - 78.

[24] Shan M J, Zhao L B, Liu F R, et al. Revealing the competitive fatigue failure behaviour of CFRP-aluminum two-bolt, double-lap joints[J]. Composite Structures, 2020, 244: 112166.

[25] Shan M J, Zhao L B, Hong H M, et al. A progressive fatigue damage model for composite structures in hygrothermal environments[J]. International Journal of Fatigue, 2018, 111: 299 - 307.

第 14 章 层合板屈曲和压缩强度

学习要点：

(1) 掌握层合板稳定性和屈曲失效的基本概念；

(2) 掌握层合板屈曲微分方程；

(3) 理解层合板屈曲的近似解法和数值解法；

(4) 了解湿热环境下层合板的屈曲分析；

(5) 了解不同类型层合板的屈曲。

14.1 引　言

由于比强度和比模量高、耐疲劳性能好，复合材料层合板已经被广泛地应用于航空航天结构中。已有的研究表明，在结构服役过程中，层合板屈曲是最常见的失效形式之一。然而，在进行复合材料层合板的铺层厚度、铺设角度、铺层数量等参数设计的同时，非对称铺设复合材料层合板具有拉-弯刚度耦合特性，使得薄壁复合材料层合板结构的屈曲分析非常复杂。一般地，层合板结构屈曲后的承载能力有时会增加，有时则会减小，这与载荷种类、结构的几何特征等因素有关。此外，层合板结构对几何、材料等缺陷具有高敏感性，且层合板不同失效形式之间还会发生耦合作用，这导致层合板屈曲失效形式也是复杂多样。因此，为了保证复合材料层合板的服役安全性，需要对复合材料层合板屈曲问题这一复杂程度很高的力学问题进行深入研究。

鉴于层合板的各向异性和拉-弯耦合刚度的存在，其屈曲变形和屈曲失效的分析相对复杂，本章主要讨论层合板结构在压缩时的屈曲问题，也简单论述湿热环境、部分缺陷、变刚度影响等条件下的屈曲问题，以及加筋板的局部屈曲和整体屈曲问题。

14.2 稳定性与屈曲的概念

14.2.1 稳定性

在讨论结构屈曲时，通常先引述物体的失稳现象。物体的平衡分为稳定平衡态、不稳定平衡态和随遇平衡态三种。物体在其平衡位置附近作无限小偏离后,如果物体仍能回到原来的平衡位置,这种平衡状态称为稳定平衡;如果物体在微小偏离其平衡位置后,不能再回到原来的位置,反而继续偏离下去,这种状态称为不稳定平衡状态,简称失稳;在外界作用下,物体的平衡状态不随时间和位置的变化而改变,这种状态称为随遇平衡。

14.2.2 屈曲与后屈曲

屈曲是平衡失稳的一个具体模式,发生在受到整体和局部压力的弹性体上,或者说屈曲是结构的失稳形式[1]。当稳定的平衡状态受到任意小的外加干扰后失去平衡,结构处于不平衡状态,这种从稳定的平衡状态到不平衡状态的转移,就称结构发生屈曲。

根据结构发生屈曲时的位移-载荷平衡路径,可以将屈曲形式分为两种:分岔型屈曲和极值型屈曲。图 14.1 为上述两种类型屈曲曲线示意图,图中的横坐标为挠度,纵坐标为载荷。若发生屈曲时,同时存在主、副两条平衡路径,意味着当载荷达到临界平衡载荷时,结构的位移-载荷路径将脱离主平衡路径而向副平衡路径进行。与此同时,结构的平衡构型发生较大的改变,这种屈曲特征便称为分岔型屈曲。图中 OAE 或 OAB 路径为分支屈曲路径(副平衡路径),A 点为分支点,在此点之后,结构的平衡状态开始发生改变,分支点所对应的载荷为屈曲临界载荷 P_{cr}。当 P 小于 P_{cr} 时,结构处于平衡状态,即图中的 OA 段。图中 OABD 路径为二次分支屈曲路径,即结构在达到强度破坏之前,跳到另一个更高阶的平衡状态。图中 OCH 或 OCI 路径为极值点失稳路径(主平衡路径),在此过程中不出现分支点,即平衡状态的性质不发生变化。当载荷达到 C 点,即最大载荷 P_{max} 后,变形迅速增大,而载荷下降,如图中 OCH 路径所示,这种屈曲称为极值型屈曲。但对于受横向均布压力的球面扁壳或双铰拱的屈曲路径如图 OCI 所示,当外载荷增大到 C 点后,位移发生跳跃,这将导致结构因变形过大而破坏,这种现象称为跳跃失稳。

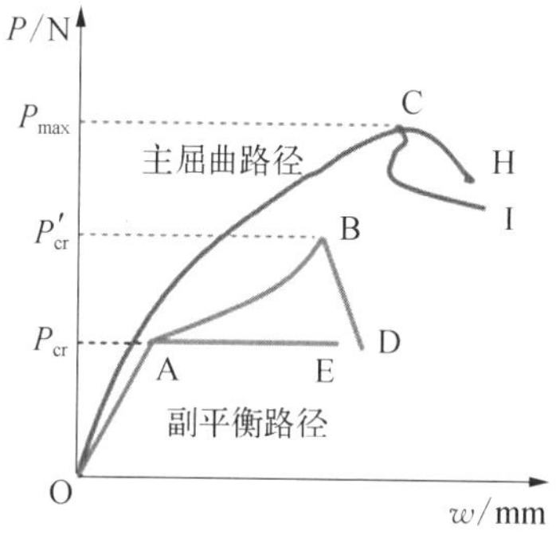

图 14.1 几种典型屈曲挠度-载荷曲线示意图

极值点和分支点是屈曲分析中重要的概念,极值点和分支点所对应的载荷值 P_{max} 和 P_{cr} 称为结构屈曲的临界载荷,相应的状态称为临界状态。到达临界状态之前的平衡状态称为前屈曲平衡状态,超过临界状态之后的平衡状态称为后屈曲平衡状态。一般地,对于弹性体系,其屈曲载荷可以作为体系承载能力的依据。对于许多结构来说,这一概念是准确的,但对于有些结构,如四边支承的受压薄板,其所承受的外载荷达到屈曲载荷后仍可以继续增加,结构的承载能力远大于屈曲载荷。因此,为了了解各种类型结构的临界载荷,需要对结构的后屈曲行为进行深入研究。

14.2.3 线性屈曲与非线性屈曲

屈曲分析包括线性屈曲和非线性屈曲分析。线性屈曲是以小变形的线弹性理论为基础,不考虑结构受载后的变形和几何初始缺陷对平衡的影响。对于板的线性屈曲问题,核心是在给定的边界条件下,通过求解高阶偏微分控制方程,得到对结构设计具有重要参考价值的屈曲载荷和相应的屈曲模态。而当加载偏心、不均匀温度场、制造缺陷、复合材料中出现的拉-弯耦合效应等因素出现时，线性屈曲理论不再适用，此时必须进行非线性屈曲分析。事实上，实际的受载结构总是在变形后的位置上处于平衡状态，因此自施加载荷后结构就始终呈几何非线性特征，这在线性屈曲理论中并没有被有效地考虑。相对而言，非线性屈曲理论则合理地考虑了结构受载后的变形和几何初始缺陷对平衡的影响，所以非线性屈曲理论更接近于实际情况。

非线性屈曲理论把结构的稳定性和强度问题联系在一起分析。按照几何非线性理论解释，如图 14.2 所示平板的非线性屈曲图，在初始阶段，给平板一个法向的微小扰动，即可得到一条线性平衡路径(如图中 OA 所示)。A 点为屈曲临界载荷点，在 A 点之后为后屈曲路径。其中 AC 阶段，随着载荷增大，板的挠度和弯曲刚度增加，表现为稳定平衡状态，此阶段由非线性弯曲方程控制。随着结构变形的增大或者材料内部出现破坏，即从图中 K 点开始，板的弯曲刚度增加速度减缓，直到达到刚度极值点 C 点而呈现极值屈曲，致使结构从稳定的平衡路径 AKC 变成非稳定的平衡路径 CH。

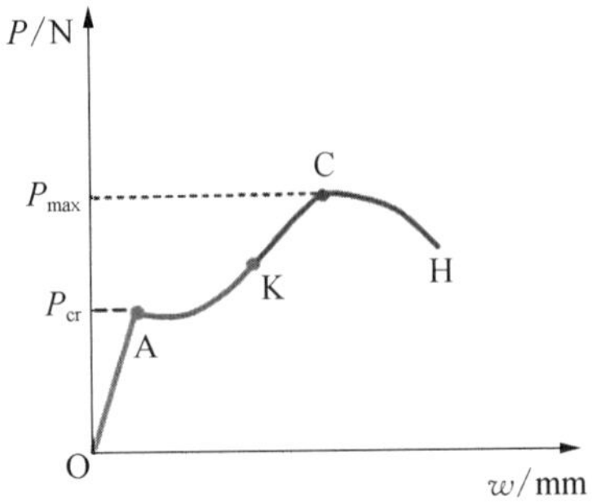

图 14.2　平板的非线性屈曲示意图

14.3　层合板屈曲微分方程

层合板的屈曲是指当平面内的压力载荷足够大的情况下，层合板受到一个微小的扰动后，初始的平直状态不再能够保持稳定，进而在厚度方向发生挠曲的现象。使得层合板偏离平面状态的载荷称作屈曲载荷。层合板在发生屈曲前，通常仅受平面内的拉力、压力和剪力的作用，在这几个力的作用下，层合板仅发生平面内的变形。因此，我们把层合板屈曲前的状态又称为屈曲前状态。

此节，我们将首先给出层合板屈曲过程中的平衡方程；随后针对两类最常见的边界支撑，给出了相应的约束方程。

14.3.1　平衡微分方程

在薄板中取出一个微小的长方形板单元，如图 14.3 所示。它在 x 和 y 方向的尺寸分别为 δx 和 δy。设作用在单元体左端截面的法向内力 δN_x(单位长度的内力)，并且假设该力场在层合板上是连续分布的，则作用于单元体右端截面的法向内力近似可以写为 $\delta N_x+\delta N_{x,x}\delta x$(忽略二阶及二阶以上的微量)。同样，设左端切向内力及上端的法向内力和切内力分别为 δN_{xy} 和 δN_y 及 δN_{xy}，则右端切向内力及下端法向内力和切向内力可以写为 $\delta N_{xy}+$

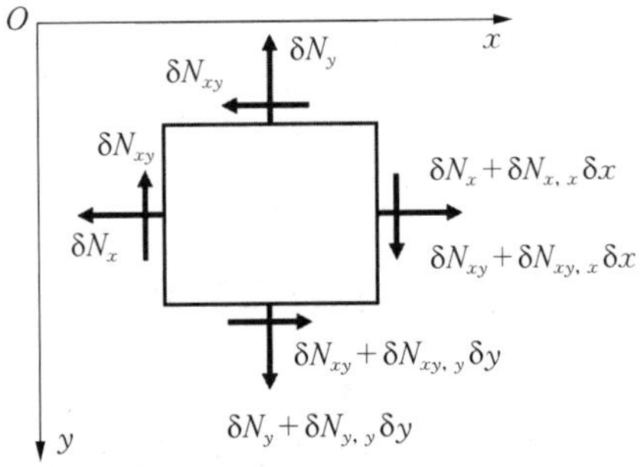

图 14.3　薄板单元体示意图

$\delta N_{xy,x}\delta x$ 和 $\delta N_y+\delta N_{y,y}\delta y$、$\delta N_{xy}+\delta N_{xy,y}\delta y$。则在忽略屈曲前层合板变形情况下,根据层合板的中面平衡条件,可以写出平行于层合板 xy 平面上的平衡方程为[2]

$$\delta N_{x,x}+\delta N_{xy,y}=0 \tag{14.1}$$

$$\delta N_{y,y}+\delta N_{xy,x}=0 \tag{14.2}$$

同理,假定单元体左端截面和上端截面法向和切向所受弯矩分别为 δM_x, δM_y 和 δM_{xy},并且假设该力场在层合板上是连续分布的,则作用于右端截面的法向弯矩、右端截面切向弯矩及下端截面法向弯矩和切向弯矩近似可以写为 $\delta M_x+\delta M_{x,x}\delta x$、$\delta M_{xy}+\delta M_{xy,x}\delta x$ 和 $\delta M_y+\delta M_{y,y}\delta y$、$\delta M_{xy}+\delta M_{xy,y}\delta y$(忽略二阶及二阶以上的微量)。假定薄板发生屈曲后,当其挠度达到 δw 时,薄板达到平衡状态,则根据 z 方向力矩平衡,采用薄膜比拟法可以将屈曲问题看作是在垂直于薄板的压力作用下的弯曲问题,进而可以得到薄板屈曲时的另一个平衡方程:

$$\delta M_{x,xx}+2\delta M_{xy,xy}+\delta M_{yy,yy}+\bar{N}_x\delta w_{,xx}+2\bar{N}_{xy}\delta w_{,xy}+\bar{N}_y\delta w_{,yy}=0 \tag{14.3}$$

值得注意的是,此处 $\bar{N}_x$、$\bar{N}_y$ 和 $\bar{N}_{xy}$ 均是作为层合板屈曲后的曲率的系数引入特征值问题的数学方程中的,而不是作为“载荷”出现在方程的右边。方程后三项可以看作是在薄板弯曲过程中,与垂直于薄板的压力相平衡的变形抗力。特征值问题的实质就是确定引起屈曲的最小外加载荷 $\bar{N}_x$、$\bar{N}_y$ 和 $\bar{N}_{xy}$。在这类问题中,如果不考虑大挠度,屈曲后变形的大小是无法确定的。

因此,用内力表达的层合板屈曲平衡微分方程可以写为

$$\begin{cases}\delta N_{x,x}+\delta N_{xy,y}=0\\ \delta N_{y,y}+\delta N_{xy,x}=0\\ \delta M_{x,xx}+2\delta M_{xy,xy}+\delta M_{yy,yy}+\bar{N}_x\delta w_{,xx}+2\bar{N}_{xy}\delta w_{,xy}+\bar{N}_y\delta w_{,yy}=0\end{cases} \tag{14.4}$$

利用层合板的各向异性本构关系,合力和合力矩的变分可以表述为

$$\begin{Bmatrix}\delta N_x\\ \delta N_y\\ \delta N_{xy}\end{Bmatrix}=\begin{bmatrix}A_{11}&A_{12}&A_{16}\\ A_{12}&A_{22}&A_{26}\\ A_{16}&A_{26}&A_{66}\end{bmatrix}\begin{Bmatrix}\delta\varepsilon_x^0\\ \delta\varepsilon_y^0\\ \delta\gamma_{xy}^0\end{Bmatrix}+\begin{bmatrix}B_{11}&B_{12}&B_{16}\\ B_{21}&B_{22}&B_{26}\\ B_{16}&B_{26}&B_{66}\end{bmatrix}\begin{Bmatrix}\delta\kappa_x\\ \delta\kappa_y\\ \delta\kappa_{xy}\end{Bmatrix} \tag{14.5}$$

$$\begin{Bmatrix}\delta M_x\\ \delta M_y\\ \delta M_{xy}\end{Bmatrix}=\begin{bmatrix}B_{11}&B_{12}&B_{16}\\ B_{21}&B_{22}&B_{26}\\ B_{16}&B_{26}&B_{66}\end{bmatrix}\begin{Bmatrix}\delta\varepsilon_x^0\\ \delta\varepsilon_y^0\\ \delta\gamma_{xy}^0\end{Bmatrix}+\begin{bmatrix}D_{11}&D_{12}&D_{16}\\ D_{21}&D_{22}&D_{26}\\ D_{16}&D_{26}&D_{66}\end{bmatrix}\begin{Bmatrix}\delta\kappa_x\\ \delta\kappa_y\\ \delta\kappa_{xy}\end{Bmatrix} \tag{14.6}$$

式中,$[\boldsymbol{A}]=[A_{ij}]$、$[\boldsymbol{B}]=[B_{ij}]$ 和 $[\boldsymbol{D}]=[D_{ij}]$ 分别为层合板拉伸刚度矩阵、耦合刚度矩阵和弯曲刚度矩阵;$\delta\varepsilon_x^0$、$\delta\varepsilon_y^0$ 和 $\delta\gamma_{xy}^0$ 为层合板中面的应变;$\delta\kappa_x$、$\delta\kappa_y$ 和 $\delta\kappa_{xy}$ 为层合板中面的曲率和扭率。

根据几何关系,可以给出应变变分、曲率变分与位移变分之间的关系,即

$$\delta\varepsilon_x^0=\delta u_{,x},\ \delta\varepsilon_y^0=\delta v_{,y},\ \delta\gamma_{xy}^0=\delta u_{,y}+\delta v_{,x} \tag{14.7}$$

$$\delta\kappa_x = -\delta w_{,xx},\ \delta\kappa_y = -\delta w_{,yy},\ \delta\kappa_{xy} = -2\delta w_{,xy} \tag{14.8}$$

式中，u、v 和 w 分别为层合板内任一点在 x 轴、y 轴和 z 轴上的位移。

联立式(14.4)～式(14.8)，则可得如下形式的位移变分表述的屈曲微分方程：

$$\begin{aligned} &A_{11}\delta u_{,xx} + 2A_{16}\delta u_{,xy} + A_{66}\delta u_{,yy} + A_{16}\delta v_{,xx} + (A_{12} + A_{66})\delta v_{,xy} + A_{26}\delta v_{,yy} \\ &\quad - B_{11}\delta w_{,xxx} - 3B_{16}\delta w_{,xxy} - (B_{12} + 2B_{66})\delta w_{,xyy} - B_{26}\delta w_{,yyy} = 0 \end{aligned} \tag{14.9}$$

$$\begin{aligned} &A_{16}\delta u_{,xx} + (A_{12} + A_{66})\delta u_{,xy} + A_{26}\delta u_{,yy} + A_{66}\delta v_{,xx} + 2A_{26}\delta v_{,xy} + A_{22}\delta v_{,yy} \\ &\quad - B_{16}\delta w_{,xxx} - (B_{12} + 2B_{66})\delta w_{,xxy} - 3B_{26}\delta w_{,xyy} - B_{22}\delta w_{,yyy} = 0 \end{aligned} \tag{14.10}$$

$$\begin{aligned} &D_{11}\delta w_{,xxxx} + 4D_{16}\delta w_{,xxxy} + 2(D_{12} + 2D_{66})\delta w_{,xxyy} + 4D_{26}\delta w_{,xyyy} + D_{22}\delta w_{,yyyy} \\ &\quad - B_{11}\delta u_{,xxx} - 3B_{16}\delta u_{,xxy} - (B_{12} + 2B_{66})\delta u_{,xyy} - B_{26}\delta u_{,yyy} \\ &\quad - B_{16}\delta v_{,xxx} - (B_{12} + 2B_{66})\delta v_{,xxy} - 3B_{26}\delta v_{,xyy} - B_{22}\delta v_{,yyy} \\ &\quad - \bar{N}_x\delta w_{,xx} - 2\bar{N}_{xy}\delta w_{,xy} - \bar{N}_y\delta w_{,yy} = 0 \end{aligned} \tag{14.11}$$

上面给出了内力和位移变分形式的屈曲微分方程。在大部分情况下，层合板的屈曲有拉-弯耦合，即方程中的耦合刚度系数 $[\boldsymbol{B}]$ 存在。此时要求解层合板的屈曲问题很麻烦。然而，某些特殊层合板没有耦合，即方程中的耦合刚度系数 $[\boldsymbol{B}] = \boldsymbol{0}$，此时只需要解方程(14.3)或方程(14.11)就可以得到屈曲载荷。不过要想最终确定所解得方程中的待定系数，进而解出最终的屈曲载荷，则需要根据具体边界约束来确定。下面将给出几种常见边界支撑的约束方程。

14.3.2 边界条件

由于假定层合板屈曲变形前处在薄膜状态(即拉-弯耦合存在)，屈曲问题的边界条件仅仅适用于屈曲变形。如前面所述，求解屈曲载荷是一个典型的特征值问题。而特征值问题的一个明显特点是所有的边界条件是齐次的，也就是为零。这样，在屈曲时，可以给出如下的简支边和固定边边界条件。

简支边界条件：

$$\begin{aligned} &\text{S1}: \delta w = 0,\ \delta M_n = 0,\ \delta u_n = 0,\ \delta u_t = 0 \\ &\text{S2}: \delta w = 0,\ \delta M_n = 0,\ \delta N_n = 0,\ \delta u_t = 0 \\ &\text{S3}: \delta w = 0,\ \delta M_n = 0,\ \delta u_n = 0,\ \delta N_{nt} = 0 \\ &\text{S4}: \delta w = 0,\ \delta M_n = 0,\ \delta N_n = 0,\ \delta N_{nt} = 0 \end{aligned} \tag{14.12}$$

固支边界条件：

$$\begin{aligned} &\text{C1}: \delta w = 0,\ \delta M_{,n} = 0,\ \delta u_n = 0,\ \delta u_t = 0 \\ &\text{C2}: \delta w = 0,\ \delta M_{,n} = 0,\ \delta N_n = 0,\ \delta u_t = 0 \\ &\text{C3}: \delta w = 0,\ \delta M_{,n} = 0,\ \delta u_n = 0,\ \delta N_{nt} = 0 \\ &\text{C4}: \delta w = 0,\ \delta M_{,n} = 0,\ \delta N_n = 0,\ \delta N_{nt} = 0 \end{aligned} \tag{14.13}$$

层合板每边的边界条件可以不同,于是像平衡问题一样,实际中可能的边界条件的组合形式有很多种。

14.4　层合板屈曲的近似解法

20 世纪 30 年代,Timosheko 系统地总结了欧拉屈曲理论建立之后近百年的线性稳定性研究成果[3]。随着研究的深入,发现采用线性屈曲理论对结构进行稳定性分析得到的结果与试验研究得到的结果有很大差异。钱学森和冯·卡门[4]从解非线性大挠度方程出发,提出了后屈曲分析的一般方法。Reissner 和 Stavsky[5]将 Kármán 方程推广应用于复合材料层合薄板。此后,许多学者利用该理论研究非对称层合薄板的大挠度弯曲和后屈曲行为。由于复合材料层合板结构及边界条件的复杂性,存在拉-弯、弯-扭等各种耦合效应,并且失效形式也有多种,采用非线性屈曲理论很难求解,给实际应用带来了困难。

在解决层合板屈曲工程问题的过程中,形成了许多求解非线性问题的方法,可以分为解析法和数值法两大类。解析法包括傅里叶(Fourier)级数方法、伽辽金法、瑞利-里兹法、摄动法等。数值法包括有限元法和有限条法等。解析法是在一定假设下的简化求解,属于近似解法,只能求解某些特殊问题,比较适合于对基本理论和方法的研究以掌握一些基本规律,而很难推广到其他一般性问题。数值解法对结构的形状、边界条件、载荷方式的适应性比较强,适合于工程结构分析。由于数值解法需要解析解的验证,因此,两种解法在发展过程中相辅相成。

14.4.1　傅里叶级数方法

傅里叶级数法属于一种典型的半逆解法。其具体思想是将位移函数展开成傅里叶级数形式(对于具有非齐次边界条件的情况,首先化为齐次),从而把偏微分方程化为多个常微分方程。随后将展开的级数形式位移函数代入到控制方程中,并结合特定边界条件,即可求出最终解析解。在傅里叶级数法中,位移函数的傅里叶级数展开是核心,其具体形式如下:

$$
\begin{aligned}
u(x,\ y,\ t) &= \sum_m \sum_n U_0(t)\cos\left(\frac{m\pi x}{a}\right)\sin\left(\frac{n\pi y}{b}\right) \\
v(x,\ y,\ t) &= \sum_m \sum_n V_0(t)\sin\left(\frac{m\pi x}{a}\right)\cos\left(\frac{n\pi y}{b}\right) \\
w(x,\ y,\ t) &= \sum_m \sum_n W_0(t)\sin\left(\frac{m\pi x}{a}\right)\sin\left(\frac{n\pi y}{b}\right)
\end{aligned}
\tag{14.14}
$$

式中, $U_0(t)$ 、$V_0(t)$ 和 $W_0(t)$ 均为时间的函数,在准静态问题中,均为待定常数; m 和 n 及 a 和 b 均为待定系数。

傅里叶级数方法在层合板屈曲问题中应用得较为广泛,如常见的纳维(Navier)方法和莱维(Levy)方法都是基于傅里叶级数形式的荷载和挠度函数展开[6,7]。基于经典层板理论、一阶剪切变形层合板理论和高阶剪切变形层合板理论的矩形板均可得到 Navier 和

Levy 型解析解,这些解是在指定边界条件下求解得到的。

Navier 解法是用双三角级数求解矩形复合材料层合板屈曲问题的一种近似解法。假定板的挠度在一个方向上为三角级数,而在另外一个方向上为待求函数。Navier 解法适用于求解面内压缩载荷作用下并且四边简支的正交各向异性、反对称正交铺设和反对称角铺设复合材料层合板的屈曲问题,也同样适用于求解面内压缩载荷作用下一组对边简支而另外一组对边可以为任意边界条件的正交各向异性、反对称正交铺设和反对称角铺设复合材料矩形层合板的屈曲问题。

当在经典层合板理论的框架考虑问题时,需要将位移变量 u、v 和 w 表示成双三角级数的形式,然后利用平衡方程即可得到屈曲问题的控制方程。对于特殊正交各向异性复合材料层合板只需考虑面外的位移变量 w 即可。当在一阶剪切变形板理论的框架下考虑问题时,还需要将转角变量 ϕ_x 和 ϕ_y 表示成双三角级数的形式。

Levy 解法同样假定板的挠度在一个方向上为三角级数,而在另一个方向上为待求函数,通过求解待求函数得到挠度。不同的是,此法适用于求解一组相对边为简支边,另一组相对边为任意边的矩形薄板。通常,也将两对边简支的层合板称为 Levy 型板。

例 14.1 如图 14.4 所示,现有一缓慢增大的均布单向平面压力下的四边简支矩形层合板,其长度为 a,宽度为 b,且长宽比满足 $a/b=2$。假定该层合板内不存在拉-弯耦合、拉-扭耦合以及弯-扭耦合,且满足长度方向刚度和宽度方向的弯曲刚度相同。试求使得层合板发生屈曲的面内压力。

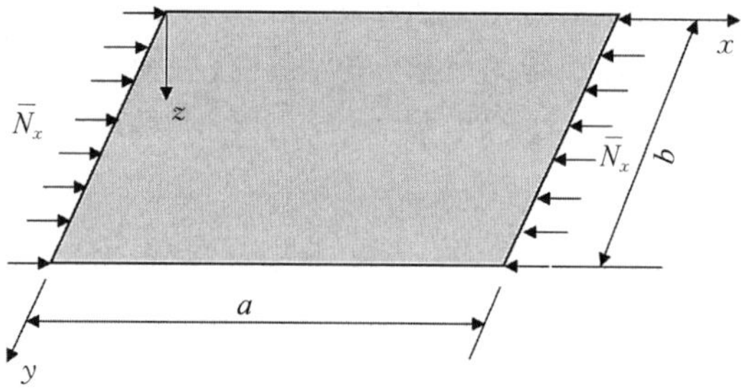

图 14.4 均布单向平面压力下简支矩形层合板

解: 由于该层合板不存在拉-弯、拉-扭与弯-扭耦合,因此可得 $B_{ij}=0$、$A_{16}=A_{26}=0$、$D_{16}=D_{26}=0$。此时,层合板的挠曲面近似偏微分方程可由方程(14.11)简化得出,即

$$D_{11}\delta w_{,xxxx}+2(D_{12}+2D_{66})\delta w_{,xxyy}+2D_{22}\delta w_{,yyyy}+\bar{N}_x\delta w_{,xx}=0$$

简支约束下,边界条件可以表述为

$$x=0,\ a:\ \delta w=0,\ \delta M_x=-D_{11}\delta w_{,xx}-D_{12}\delta w_{,yy}=0$$

$$y=0,\ b:\ \delta w=0,\ \delta M_y=-D_{12}\delta w_{,xx}-D_{22}\delta w_{,yy}=0$$

根据上述的偏微分方程形式及边界条件,可以参考细长杆失稳下的挠曲线微分方程的通解,层合板的挠曲面近似偏微分方程的通解可选取

$$\delta w=a_{mn}\sin\frac{m\pi x}{a}\sin\frac{n\pi y}{b}$$

式中,m 和 n 分别为 x 和 y 方向曲线半波数。将上述通解代入到层合板的挠曲面近似偏微分方程中,可得

$$\bar{N}_x = \pi^2\left[D_{11}\left(\frac{m}{a}\right)^2 + 2(D_{12} + 2D_{66})\left(\frac{n}{b}\right)^2 + D_{22}\left(\frac{n}{b}\right)^4\left(\frac{a}{m}\right)^2\right]$$

显然当 $n=1$ 时,有最小值,所以临界屈曲载荷 $\bar{N}_x$ 为

$$\bar{N}_x = \pi^2\left[D_{11}\left(\frac{m}{a}\right)^2 + 2(D_{12} + 2D_{66})\left(\frac{1}{b}\right)^2 + D_{22}\left(\frac{1}{b}\right)^4\left(\frac{a}{m}\right)^2\right]$$

上式可以看成一个关于 m 的函数。现在要求临界屈曲载荷 $\bar{N}_x$ 的临界值,即可以看成 m 在某个取值下的函数最小值的问题。因此根据不等式定理,可得

$$\begin{aligned}\bar{N}_x &\geqslant \pi^2\left[2\sqrt{D_{11}\left(\frac{m}{a}\right)^2 D_{22}\left(\frac{1}{b}\right)^4\left(\frac{a}{m}\right)^2} + 2(D_{12} + 2D_{66})\left(\frac{1}{b}\right)^2\right] \\ &= \pi^2\left[2\sqrt{D_{11}D_{22}}\left(\frac{1}{b}\right)^2 + 2(D_{12} + 2D_{66})\left(\frac{1}{b}\right)^2\right]\end{aligned}$$

由上式可得,当且仅当 $m = \sqrt[4]{\dfrac{D_{22}}{D_{11}}}\dfrac{a}{b}$ 时,等号成立。此时,$\bar{N}_x$ 有临界值,即

$$\bar{N}_x = 2\pi^2\left(\frac{1}{b}\right)^2(\sqrt{D_{11}D_{22}} + D_{12} + 2D_{66})$$

14.4.2　伽辽金法

伽辽金法是一种分析复合材料层合板屈曲和后屈曲问题的有效方法。这种方法的思路是用对给定函数族的正交化来使误差极小化[8]。假设位移函数的形式是

$$w_0(x, y) = \sum_m \sum_m C_{mn}\varphi_{mn}(x, y) \tag{14.15}$$

那么伽辽金系统方程可以给出如下:

$$\iint L(w, F)\varphi_{mn}(x, y) = 0 \tag{14.16}$$

其中,w 和 F 表示待求解的位移和力;$L(w, F)$ 是板的横向运动微分方程。显然,位移函数的选择对伽辽金法的精度是非常重要的。

14.4.3　瑞利-里兹法

瑞利-里兹法基于能量变分原理来求解复合材料层合板的屈曲和后屈曲问题,适用于求解多种边界条件。瑞利-里兹法中关键的一步是选择能够正确表达屈曲或者后屈曲模态的位移形函数,同时所选择的形函数还必须满足位移边界条件。在该方法中,通常选择级数展开式作为一个近似函数,这个近似函数满足几何边界条件,并包含了一些未知的系数,这些系数通过使能量泛函最小化求得[9]。

令 w_n 为近似函数,这个近似函数中包含一系列的未知的形函数 $\phi_j(j = 1, \cdots, n)$,在线性代数中,这些未知函数被称为基函数或者是坐标函数。这个级数展开式包含了一些

未知的系数 $a_j(j = 1, \cdots, n)$：

$$w_n = \sum_{j=1}^{n} a_j \phi_j \tag{14.17}$$

正如所提到的，形函数 $\phi_j(j = 1, \cdots, n)$ 必须满足几何边界条件。如果这个微分方程是 m 阶的，则几何边界条件能够表达为 $m-2$ 阶导数。在柱、板和壳体中，它们也是端部产生位移和扭转的条件。

采用如式(14.17)所示的近似函数后，能量函数可表示为由未知系数 a_j 组成的函数：

$$\Pi = \Pi(w) = U(w) + W(w) = K_1(a_1, a_2, a_3, \cdots, a_n) - PK_2(a_1, a_2, a_3, \cdots, a_n) \tag{14.18}$$

为了找到未知系数的最优组合，也就是最优的能量近似函数，必须写出确定的能量函数，因而获得了 n 个联立方程：

$$\frac{\partial \Pi}{\partial \alpha_i} = 0, \ i = 1, 2, \cdots, n \tag{14.19}$$

在线性稳定性问题中，能量函数是一个二次表达式，因此，上面的关系式是 n 个线性联立方程，非零解的条件（对应于一个平衡状态）是系数矩阵的行列式为零，即

$$\text{det.} = 0 \tag{14.20}$$

这个行列式包含代表外加荷载的自由参数，它能够扩展为载荷参数 P 的 n 阶代数方程，这个方程的根是该系统分叉载荷的近似解的上限，相应的解也就是结构屈曲模态下的近似解。这是个特征值问题，其中，屈曲载荷是特征值，而屈曲模态是特征方程（特征向量）。

在可选择的情况下，一般将能量函数定义为如下称作瑞利商的表达式：

$$P = \frac{K_1(a_1, a_2, \cdots, a_n)}{K_2(a_1, a_2, \cdots, a_n)} \tag{14.21}$$

式中，K_1 是应变能；K_2 是由这个力所做功的表达式中 P 的系数。由瑞利商取最小值，可得出如下线性联立方程组：

$$\frac{\partial P}{\partial a_i} = 0, \ i = 1, 2, \cdots, n \tag{14.22}$$

这些方程的解会给出系统屈曲载荷相同的上限值。

14.4.4 摄动法

当考虑平衡的稳定性准则或者结构中存在初始缺陷，此时大型的非线性方程就会无法求解，因此需采用摄动法将一部分非线性方程转换为一组线性方程进行处理。摄动法首先要得到无量纲化的平衡方程和定解条件，并选择一个无量纲小参数作摄动量，随后假定方程的解可以按此参数展开为幂级数，并将此表达式代回到平衡方程中可以得到方程

的各级渐进解,按照计算精度需求可以得到相应的解。下面将简要介绍层合板屈曲问题二次摄动法的具体求解思路。

在二次摄动分析中,首先对 von Karman 方程进行无量纲化,得到如下的主控方程[10, 11]:

$$L_{11}(W)-L_{12}(\Psi_x)-L_{13}(\Psi_y)+\gamma_{14}L_{14}(F)+K_1W-K_2\nabla^2W-K_3W^3$$
$$=\gamma_{14}\beta^2L(W+W^*,F) \tag{14.23}$$

$$L_{21}(F)+\gamma_{24}L_{22}(\Psi_x)+\gamma_{24}L_{23}(\Psi_y)-\gamma_{24}L_{24}(W)$$
$$=-\frac{1}{2}\gamma_{24}\beta^2L(W+2W^*,W) \tag{14.24}$$

$$L_{31}(W)+L_{32}(\Psi_x)-L_{33}(\Psi_y)+\gamma_{14}L_{34}(F)=0 \tag{14.25}$$

$$L_{41}(W)-L_{42}(\Psi_x)+L_{43}(\Psi_y)+\gamma_{14}L_{44}(F)=0 \tag{14.26}$$

其中,

$$L_{11}(\quad)=\gamma_{110}\frac{\partial^4}{\partial x^4}+2\gamma_{112}\beta^2\frac{\partial^4}{\partial x^2\partial y^2}+\gamma_{114}\frac{\partial^4}{\partial y^4}$$

$$L_{12}(\quad)=\gamma_{120}\frac{\partial^3}{\partial x^3}+\gamma_{122}\beta^2\frac{\partial^3}{\partial x\partial y^2}$$

$$L_{13}(\quad)=\gamma_{131}\beta\frac{\partial^3}{\partial x^2\partial y}+\gamma_{133}\beta^3\frac{\partial^3}{\partial y^3}$$

$$L_{14}(\quad)=\gamma_{141}\beta\frac{\partial^4}{\partial x^3\partial y}+\gamma_{143}\beta^3\frac{\partial^4}{\partial x\partial y^3}$$

$$L_{21}(\quad)=\frac{\partial^4}{\partial x^4}+2\gamma_{212}\beta^2\frac{\partial^4}{\partial x^2\partial y^2}+\gamma_{214}\beta^4\frac{\partial^4}{\partial y^4}$$

$$L_{22}(\quad)=L_{34}(\quad)=\gamma_{221}\beta\frac{\partial^3}{\partial x^2\partial y}+\gamma_{223}\beta^3\frac{\partial^3}{\partial y^3}$$

$$L_{23}(\quad)=L_{44}(\quad)=\gamma_{230}\frac{\partial^3}{\partial x^3}+\gamma_{232}\beta^2\frac{\partial^3}{\partial x\partial y^2}$$

$$L_{24}(\quad)=\gamma_{241}\beta\frac{\partial^4}{\partial x^3\partial y}+\gamma_{243}\beta^3\frac{\partial^4}{\partial x\partial y^3}$$

$$L_{31}(\quad)=\gamma_{31}\frac{\partial}{\partial x}+\gamma_{310}\frac{\partial^3}{\partial x^3}+\gamma_{312}\beta^2\frac{\partial^3}{\partial x\partial y^2}$$

$$L_{32}(\quad)=\gamma_{31}-\gamma_{320}\frac{\partial^2}{\partial x^2}+\gamma_{322}\beta^2\frac{\partial^2}{\partial y^2}$$

$$L_{33}(\quad)=L_{42}(\quad)=\gamma_{331}\beta\frac{\partial^2}{\partial x\partial y}$$

$$L_{41}(\quad)=\gamma_{41}\frac{\partial}{\partial x}+\gamma_{411}\beta\frac{\partial^3}{\partial x^2\partial y}+\gamma_{413}\beta^3\frac{\partial^3}{\partial y^3}$$

$$
\begin{aligned}
L_{43}(\quad) &= \gamma_{41} - \gamma_{430}\frac{\partial^2}{\partial x^2} + \gamma_{432}\beta^2\frac{\partial^2}{\partial y^2} \\
L(\quad) &= \frac{\partial^2}{\partial x^2}\frac{\partial^2}{\partial y^2} - 2\frac{\partial^2}{\partial x\partial y}\frac{\partial^2}{\partial x\partial y} + \frac{\partial^2}{\partial y^2}\frac{\partial^2}{\partial x^2} \\
\nabla^2(\quad) &= \frac{\partial^2}{\partial y^2} + \beta^2\frac{\partial^2}{\partial x^2}
\end{aligned}
\tag{14.27}
$$

然后,将横向挠度 W 和应力函数 F 展开为摄动参数 ε 的幂函数,即

$$
\begin{aligned}
&W(x, y, \varepsilon) = \sum_{j=1}\varepsilon^j w_j(x, y), \ F(x, y, \varepsilon) = \sum_{j=1}\varepsilon^j f_j(x, y) \\
&\Psi_x(x, y, \varepsilon) = \sum_{j=1}\varepsilon^j \psi_{xj}(x, y), \ \Psi_y(x, y, \varepsilon) = \sum_{j=1}\varepsilon^j \psi_{yj}(x, y)
\end{aligned}
\tag{14.28}
$$

式中,摄动参数 ε 暂不赋予含义,逐阶求解摄动方程,得到 W 和 F 的高阶渐进表达式。而后,通过摄动参数转换,得到后屈曲载荷-挠度曲线或载荷-端部位移曲线。

摄动法虽然可以解决一部分的屈曲失稳难点问题,但摄动法得到的渐进解往往是发散的,而且实际计算表明,随着摄动次数的增加,渐进解有时会在收敛和发散间反复摆动。另外,虽然可以得到较为精确的解,摄动法的计算量十分庞大,并不适用于复杂结构的稳定性计算。

14.5 层合板屈曲的数值求解

14.5.1 有限元法

复合材料层合板结构的有限元分析一般包括特征值屈曲分析和非线性屈曲分析,特征值屈曲分析不考虑材料和几何非线性,目的是提取屈曲模态作为缺陷加入非线性分析中,而在非线性分析时需要引入失效准则和刚度退化准则来进行渐进损伤分析。以非线性屈曲理论为基础的有限元方法在稳定性分析时被广泛使用。

1. 控制方程

由大位移引起的非线性问题称为几何非线性问题,这时必须考虑变形对平衡的影响,即平衡方程是建立在变形后的构型上。同时应变表达式也应包括位移的二次项,因此平衡方程和几何关系都是非线性的。在涉及几何非线性的增量分析中,基于不同的参考构型有两种不同的表达式,第一种格式中所有的变量总是参考初始构型,即在整个分析中参考构型保持不变,称为全拉格朗日格式(T. L);另外一种是格式中所有的变量都参考于变形后的构型,即分析过程中参考构型是不断被更新的,这种格式称为更新的拉格朗日式(U. L)。下面简要介绍一下非线性问题的全拉格朗日格式的基本原理和切线刚度矩阵的一般表达式。

当结构处于平衡时,单元也是平衡的,对于任意虚位移 $\{\delta \boldsymbol{u}^e\}$,单元的虚功方程为[12]

$$\delta \Pi^{e} = \iiint_{V_e} \{\delta \boldsymbol{\varepsilon}\}^{T}\{\boldsymbol{\sigma}\} dv - \{\delta \boldsymbol{u}^{e}\}^{T}\{\boldsymbol{f}^{e}\} = 0 \tag{14.29}$$

应变-位移关系的变分形式可表示为

$$\{\delta \boldsymbol{\varepsilon}\} = [\bar{\boldsymbol{B}}]\{\delta \boldsymbol{u}\} \tag{14.30}$$

$[\bar{\boldsymbol{B}}]$ 称为大位移情况的几何矩阵,它可以分为与节点位移无关的线性部分和与节点位移相关的非线性部分,即

$$[\bar{\boldsymbol{B}}] = [\boldsymbol{B}_{L}] + [\boldsymbol{B}_{NL}] \tag{14.31}$$

式中 $[\boldsymbol{B}_{L}]$ 是一般线性分析由小位移应变得到的单元几何矩阵,$[\boldsymbol{B}_{NL}]$ 是由大位移非线性应变引起的。

将式(14.31)代入式(14.29),并采用增量列式,得到单元的微分形式平衡方程为

$$\iiint_{V_e} \Delta([\bar{\boldsymbol{B}}]^{T}\{\boldsymbol{\sigma}\}) dv - \{\Delta \boldsymbol{f}^{e}\} = 0 \tag{14.32}$$

由于几何阵 $[\bar{\boldsymbol{B}}]$ 和应力 $\{\boldsymbol{\sigma}\}$ 都是单元节点位移的函数,因此式(14.32)可以化为

$$\iiint_{V_e} [\Delta \bar{\boldsymbol{B}}]^{T}\{\boldsymbol{\sigma}\} dv + \iiint_{V_e} [\bar{\boldsymbol{B}}]^{T}\{\Delta \boldsymbol{\sigma}\} dv - \{\Delta \boldsymbol{f}^{e}\} = \boldsymbol{0} \tag{14.33}$$

而对于线弹性材料,其应力增量与应变增量间的关系为

$$\{\Delta \boldsymbol{\sigma}\} = [\boldsymbol{D}]\{\Delta \boldsymbol{\varepsilon}\} = [\boldsymbol{D}][\bar{\boldsymbol{B}}]\{\Delta \boldsymbol{u}^{e}\} = [\boldsymbol{D}]([\boldsymbol{B}_{L}] + [\boldsymbol{B}_{NL}])\{\Delta \boldsymbol{u}^{e}\} \tag{14.34}$$

式中,$[\boldsymbol{D}]$ 为弹性矩阵。

由式(14.31)可得

$$[\Delta \bar{\boldsymbol{B}}] = [\Delta \boldsymbol{B}_{NL}] \tag{14.35}$$

于是式(14.33)中的第一、第二项可分别转化为

$$\iiint_{V_e} [\Delta \bar{\boldsymbol{B}}]^{T}\{\boldsymbol{\sigma}\} dv = \iiint_{V_e} [\Delta \boldsymbol{B}_{NL}]^{T}\{\boldsymbol{\sigma}\} dv = [\boldsymbol{k}_{\sigma}]\{\Delta \boldsymbol{u}^{e}\} \tag{14.36}$$

$$\iiint_{V_e} [\bar{\boldsymbol{B}}]^{T}\{\Delta \boldsymbol{\sigma}\} dv = ([\boldsymbol{k}_{L}] + [\boldsymbol{k}_{NL}])\{\Delta \boldsymbol{u}^{e}\} \tag{14.37}$$

式(14.38)和式(14.37)中:

$$[\boldsymbol{k}_{\sigma}] = \iiint_{V_e} \frac{d}{d\boldsymbol{u}^{e}}([\boldsymbol{B}_{NL}]^{T})\{\boldsymbol{\sigma}\} dv \tag{14.38}$$

$$[\boldsymbol{k}_{L}] = \iiint_{V_e} [\boldsymbol{B}_{L}]^{T}[\boldsymbol{D}][\boldsymbol{B}_{L}] dv \tag{14.39}$$

$$[\boldsymbol{k}_{NL}] = \iiint_{V_e} [\boldsymbol{B}_{L}]^{T}[\boldsymbol{D}][\boldsymbol{B}_{NL}] dv + \iiint_{V_e} [\boldsymbol{B}_{NL}]^{T}[\boldsymbol{D}][\boldsymbol{B}_{L}] dv + \iiint_{V_e} [\boldsymbol{B}_{NL}]^{T}[\boldsymbol{D}][\boldsymbol{B}_{NL}] dv \tag{14.40}$$

式(14.36)和式(14.37)中，$[\boldsymbol{k}_{\sigma}]$ 称为单元的初应力矩阵或几何刚度矩阵，它表示单元中存在的应力对单元刚度矩阵的影响；$[\boldsymbol{k}_{\mathrm{L}}]$ 为线性刚度矩阵，它与节点位移无关；$[\boldsymbol{k}_{\mathrm{NL}}]$ 称为初位移矩阵或者大位移矩阵，表示单元位置的变动对单元刚度矩阵的影响。

将式(14.36)~式(14.40)代入式(14.33)，即可得到增量形式的单元平衡方程为

$$[\boldsymbol{k}_{\mathrm{T}}]\{\Delta\boldsymbol{u}^{\mathrm{e}}\}-\{\Delta\boldsymbol{f}^{\mathrm{e}}\}=0 \tag{14.41}$$

式中，

$$[\boldsymbol{k}_{\mathrm{T}}]=[\boldsymbol{k}_{\mathrm{L}}]+[\boldsymbol{k}_{\sigma}]+[\boldsymbol{k}_{\mathrm{NL}}] \tag{14.42}$$

式中，$[\boldsymbol{k}_{\mathrm{T}}]$ 称为单元切线刚度矩阵，它表示单元处于某种变形位置时的瞬时刚度。由单元切线刚度矩阵即可组装结构的切线刚度矩阵，即

$$[\boldsymbol{K}_{\mathrm{T}}]=\sum[\boldsymbol{k}_{\mathrm{T}}] \tag{14.43}$$

于是，可以得到结构的增量刚度方程为

$$[\boldsymbol{K}_{\mathrm{T}}]\{\Delta\boldsymbol{a}\}=\{\Delta\boldsymbol{F}\} \tag{14.44}$$

其中，$\{\boldsymbol{a}\}$ 是结构整体节点位移；$\{\boldsymbol{F}\}$ 是结构整体节点力。这个方程是非线性屈曲有限元分析的理论基础。

1）线性屈曲问题分析

对于线性屈曲分析，忽略式(14.42)中的几何非线性项 $[\boldsymbol{k}_{\mathrm{NL}}]$，得到线性平衡方程：

$$([\boldsymbol{K}_{\mathrm{L}}]+[\boldsymbol{K}_{\sigma}])\{\boldsymbol{a}\}=\{\boldsymbol{F}\} \tag{14.45}$$

在实际应用中，对于给定的某个参考载荷 $\{\boldsymbol{F}\}$ 求出相应的初应力矩阵，并引入载荷因子 λ 来改变初应力大小，则初应力矩阵随之变为 $\lambda[\boldsymbol{K}_{\sigma}]$，于是有

$$([\boldsymbol{K}_{\mathrm{L}}]+\lambda[\boldsymbol{K}_{\sigma}])\{\boldsymbol{a}\}=\{\boldsymbol{F}\} \tag{14.46}$$

结构失稳的临界载荷对应于结构进入随遇平衡状态，此时在外载荷不变的情况下，结构可以由原来的平衡位置转入临近的平衡位置，若以 $\{\boldsymbol{a}+\delta\boldsymbol{a}\}$ 表示，则有

$$([\boldsymbol{K}_{\mathrm{L}}]+\lambda[\boldsymbol{K}_{\sigma}])\{\boldsymbol{a}+\delta\boldsymbol{a}\}=\{\boldsymbol{F}\} \tag{14.47}$$

两式相减，得到：

$$([\boldsymbol{K}_{\mathrm{L}}]+\lambda[\boldsymbol{K}_{\sigma}])\{\delta\boldsymbol{a}\}=\{\boldsymbol{0}\} \tag{14.48}$$

这是齐次线性方程组。于是，结构的线性稳定问题就变成了特征值问题。求得的特征值和特征向量分别表示临界载荷和相应的屈曲失稳模态。

2）非线性屈曲问题分析

非线性屈曲理论是在结构加载过程中，在不断变化的结构构型上建立平衡方程的。对于板壳结构，无论是在面内载荷还是横向载荷作用下，从加载一开始就有横向位移，属于非线性弯曲问题，其矩阵形式的控制方程为

$$([\boldsymbol{K}_{\mathrm{L}}]+[\boldsymbol{K}_{\sigma}]+[\boldsymbol{K}_{\mathrm{NL}}])\{\Delta\boldsymbol{a}\}=\{\Delta\boldsymbol{F}\} \tag{14.49}$$

2. 计算方法

有限元程序中求解结构屈曲一般采用增量法，基于不同算法，将外载荷分解成许多个增量步，每一次计算一个增量，其次再在前一段的基础上增加下一个增量段的计算，其应用的应力平衡方程为

$$[\boldsymbol{D}_\sigma]\{\boldsymbol{\sigma}_0+\Delta\boldsymbol{\sigma}\}+\{\boldsymbol{b}_0+\Delta\boldsymbol{b}\}=\boldsymbol{0} \tag{14.50}$$

式中，$\{\boldsymbol{\sigma}\}$ 为结构应力；$\{\boldsymbol{b}\}$ 是结构所受体力；$\{\boldsymbol{D}_\sigma\}$ 是针对应力的微分算子；分别为

$$\{\boldsymbol{\sigma}\}=[\sigma_x \quad \sigma_y \quad \sigma_z \quad \tau_{xy} \quad \tau_{yz} \quad \tau_{zx}]^{\mathrm{T}} \tag{14.51}$$

$$\{\boldsymbol{b}\}=[b_x,\ b_y,\ b_z]^{\mathrm{T}} \tag{14.52}$$

$$[\boldsymbol{D}_\sigma]=\begin{bmatrix} \frac{\partial}{\partial x} & 0 & 0 & \frac{\partial}{\partial y} & 0 & \frac{\partial}{\partial z} \\ 0 & \frac{\partial}{\partial y} & 0 & \frac{\partial}{\partial x} & \frac{\partial}{\partial z} & 0 \\ 0 & 0 & \frac{\partial}{\partial z} & 0 & \frac{\partial}{\partial y} & \frac{\partial}{\partial x} \end{bmatrix} \tag{14.53}$$

另外还需要满足应变-位移关系和应力-应变关系：

$$\{\Delta\boldsymbol{\varepsilon}\}=[\boldsymbol{D}_{\mathrm{u}}]\{\boldsymbol{u}_0+\Delta\boldsymbol{u}\}-\{\boldsymbol{\varepsilon}_0\} \tag{14.54}$$

$$\{\Delta\boldsymbol{\sigma}\}=[\boldsymbol{C}]\{\Delta\boldsymbol{\varepsilon}\} \tag{14.55}$$

$$\{\boldsymbol{\varepsilon}\}=[\varepsilon_x \quad \varepsilon_y \quad \varepsilon_z \quad \gamma_{xy} \quad \gamma_{yz} \quad \gamma_{zx}]^{\mathrm{T}} \tag{14.56}$$

式中，$[\boldsymbol{D}_{\mathrm{u}}]$ 是应变-位移矩阵的微分算子；$\{\boldsymbol{\varepsilon}\}$ 代表结构的应变；$\{\boldsymbol{u}\}$ 代表结构的位移；$[\boldsymbol{C}]$ 代表结构材料的弹塑性矩阵。

边界条件包含力和位移的边界条件，在迭代过程中，它们需要满足：

$$\{\boldsymbol{T}_0+\Delta\boldsymbol{T}\}=\{\boldsymbol{T}_t+\Delta\boldsymbol{T}_t\} \tag{14.57}$$

$$\{\boldsymbol{u}_0+\Delta\boldsymbol{u}\}=\{\boldsymbol{u}_t+\Delta\boldsymbol{u}_t\} \tag{14.58}$$

其中，下标 t 表示增量段的序号。若转化为虚功原理中的增量形式，则有

$$\sum_n\left[\iiint_{V_n}\{\boldsymbol{\sigma}_0+\Delta\boldsymbol{\sigma}\}\{\delta\Delta\varepsilon\}\mathrm{d}v-\iiint_{V_n}\{\boldsymbol{b}_0+\Delta\boldsymbol{b}\}\{\delta\Delta\boldsymbol{u}\}\mathrm{d}v-\iint_{S_n}(\boldsymbol{T}_0+\Delta\boldsymbol{T})\{\delta\Delta\boldsymbol{u}\}\mathrm{d}s\right]=0 \tag{14.59}$$

对应的几何方程与约束条件为

$$\{\delta\Delta\boldsymbol{\varepsilon}\}=[\boldsymbol{D}_{\mathrm{u}}]\{\delta\Delta\boldsymbol{u}\} \tag{14.60}$$

$$\{\delta\Delta\boldsymbol{u}\}=\boldsymbol{0} \tag{14.61}$$

有限元方法中解决静力屈曲问题都是基于以上几个方程进行的计算，从边界或受力点开始算起，网格节点向外延伸和扩展，逐步计算其他节点的应力、位移情况，直至整个结

构所有网格节点计算完成,至此是一个增量步的计算结果。在前一个增量步的基础上进行新的增量步的计算,直至所有载荷计算完成,得到最终结果。

14.5.2 有限条法

有限条法(finite strip method)是一种特殊的有限元法,对于矩形板和复杂棱柱板结构的数值分析是一种有效方法。有限条法可以分为半解析有限条法和样条有限条法,两种有限条法在横向都是由有限单元法离散,它们之间的区别在于:在半解析有限条法中纵向的位移使用傅里叶级数来近似;而在样条有限条法中纵向的位移使用B样条函数来近似。与半解析有限条法相比,样条有限条法适用于复杂的端部边界条件。

图14.5展示了矩形板和复杂棱柱板结构的例子,每一个模型都是由一些有限条组成的,这些有限条贯穿整个结构的长度。有限条在纵向基准线处刚性连接,在基准线处应满足必要的相容性条件。

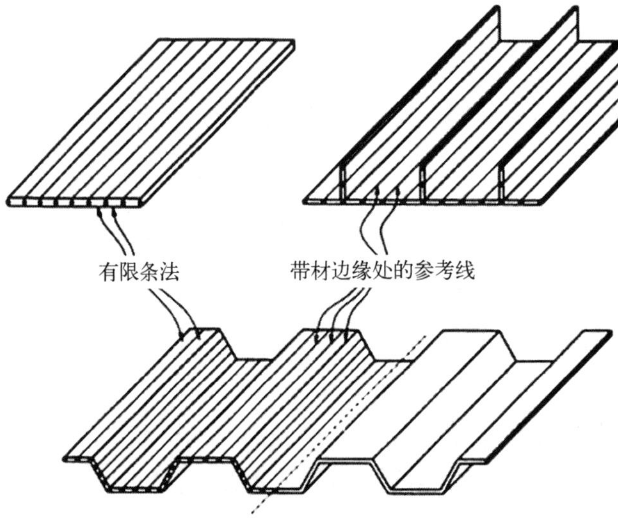

图14.5 有限长板的半解析法[13]

在有限条法中,板材以相同长度的多个有限条带建模。考虑典型的有限条单元,基于一阶剪切变形板理论,在剪切和压缩载荷的共同作用下层合板的中面位移 $u'(x, y)$、$v'(x, y)$ 和 $w'(x, y)$,面外转角 $\phi'_x(x, y)$ 和 $\phi'_y(x, y)$ 可以用下式表达[13]:

$$
\begin{aligned}
u'(x, y) &= u \\
v'(x, y) &= \varepsilon\left(\frac{a}{2} - y\right) + \gamma\left(x - \frac{b}{2}\right) + v \\
w'(x, y) &= w \\
\phi'_x(x, y) &= \phi_x \\
\phi'_y(x, y) &= \phi_y
\end{aligned}
\tag{14.62}
$$

在有限条分析中，位移 u、v、w 和转角 ϕ_x、ϕ_y 在 x 方向上通过多项式插值函数来表示，而在 y 方向上通过光滑的傅里叶级数来表示。

一般层合板是由若干层按任意方式排列而成，因此其层与层之间是非对称的。在这种情况下，层合板的拉伸、弯曲、剪切和扭转变形将发生耦合。因此，当受到面内载荷时，它们会发生面外变形(即翘曲、弯曲和/或扭曲)。

14.6　湿热环境下层合板的屈曲分析

本节分析在湿热条件下复合材料层合板的屈曲行为。取 8 层对称分布的复合材料层合板，处于湿度和温度变化的环境中，并承受面内压缩载荷作用，建立如图 14.6 所示的坐标系。

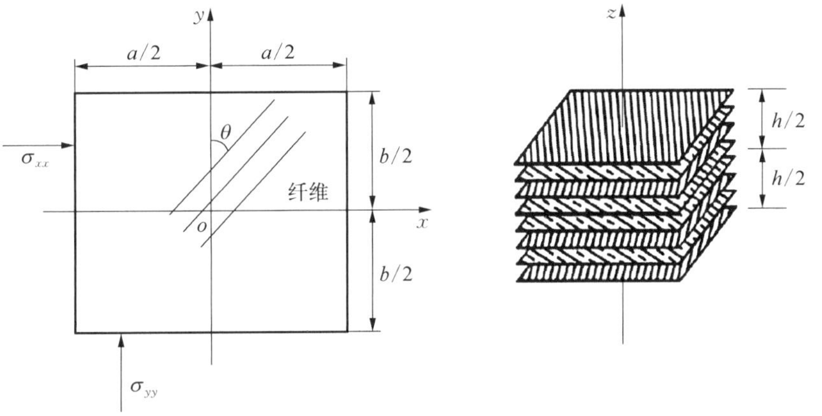

图 14.6　湿热力共同作用下的层合板结构图[14]

在层合板内温度和湿度发生变化的情况下，层合板内的内力和内力矩均会发生变化。经过受力分析，层合板单位长度上的内力 $\{\boldsymbol{N}\} = \{N_x \quad N_y \quad N_{xy}\}^{\mathrm{T}}$ 和内力矩 $\{\boldsymbol{M}\} = \{M_x \quad M_y \quad M_{xy}\}^{\mathrm{T}}$ 可以表示为[14]

$$\begin{Bmatrix} \boldsymbol{N} \\ \boldsymbol{M} \end{Bmatrix} = \begin{bmatrix} \boldsymbol{A} & \boldsymbol{B} \\ \boldsymbol{B} & \boldsymbol{D} \end{bmatrix} \begin{Bmatrix} \boldsymbol{\varepsilon}_{\mathrm{m}}^{T} \\ \boldsymbol{\kappa}^{T} \end{Bmatrix} - \begin{Bmatrix} \boldsymbol{N}^{T} \\ \boldsymbol{M}^{T} \end{Bmatrix} - \begin{Bmatrix} \boldsymbol{N}^{H} \\ \boldsymbol{M}^{H} \end{Bmatrix} \tag{14.63}$$

其中，$\{\boldsymbol{\varepsilon}_{\mathrm{m}}\}$ 和 $\{\boldsymbol{\kappa}\}$ 分别表示膜应变和变形后的曲率；$[\boldsymbol{A}]$、$[\boldsymbol{B}]$ 和$[\boldsymbol{D}]$ 分别为拉伸刚度矩阵、拉伸-弯曲耦合矩阵和弯曲刚度矩阵。

现在假定每一层层合板的温度改变已知，则温度载荷向量 $\{\boldsymbol{N}^T\} = \{N_x^T \quad N_y^T \quad N_{xy}^T\}^{\mathrm{T}}$，$\{\boldsymbol{M}^T\} = \{M_x^T \quad M_y^T,\ M_{xy}^T\}^{\mathrm{T}}$ 的表达式为

$$\begin{Bmatrix} N_x^T & M_x^T \\ N_y^T & M_y^T \\ N_{xy}^T & M_{xy}^T \end{Bmatrix} = \sum_{1}^{K} \int_{h_{k-1}}^{h_k} (1,\ z)[\bar{\boldsymbol{Q}}]^{(k)} \begin{Bmatrix} \alpha_x \\ \alpha_y \\ \alpha_{xy} \end{Bmatrix}^{(k)} \Delta T_k \mathrm{d}z \tag{14.64}$$

其中，括号外的上标 T 表示矩阵的转置；括号内的变量的上标 T 表示温度。$\begin{Bmatrix}\alpha_x\\ \alpha_y\\ \alpha_{xy}\end{Bmatrix}^{\{k\}}$ 为第 k 层板的热膨胀系数向量；$[\bar{\boldsymbol{Q}}]^{(k)}$ 为第 k 层板的刚度；ΔT_k 为湿度增量函数：

$$\Delta T_k = \Delta T \cdot g(x,\ y) \tag{14.65}$$

其中，ΔT 是温度增量函数的幅值；$g(x,\ y)$ 是温度分布函数。

同理，现在假定每一层层合板的温度改变已知，为 ΔT_k，则湿度载荷向量 $\{\boldsymbol{N}^H\} = \{N_x^{\mathrm{H}} \quad N_y^H \quad N_{xy}^H\}^{\mathrm{T}}$，$\{\boldsymbol{M}^H\} = \{M_x^H \quad M_y^H \quad M_{xy}^H\}^{\mathrm{T}}$ 的表达式为

$$\begin{Bmatrix} N_x^H & M_x^H \\ N_y^H & M_y^H \\ N_{xy}^H & M_{xy}^H \end{Bmatrix} = \sum_1^K \int_{h_{k-1}}^{h_k} (1,\ z)[\bar{\boldsymbol{Q}}]^{(k)} \begin{Bmatrix}\beta_x\\ \beta_y\\ \beta_{xy}\end{Bmatrix}^{(k)} \Delta C_k \mathrm{d}z \tag{14.66}$$

其中，$\begin{Bmatrix}\beta_x\\ \beta_y\\ \beta_{xy}\end{Bmatrix}^{\{k\}}$ 为第 k 层板的吸湿系数向量；ΔC_k 为湿度增量函数：

$$\Delta C_k = \Delta C f(x,\ y) \tag{14.67}$$

其中，ΔC 是湿度增量函数的幅值；$f(x,\ y)$ 是湿度分布函数。

面内力学载荷向量 $\{\boldsymbol{N}^F\} = \{N_x^F \quad N_y^F \quad N_{xy}^F\}^{\mathrm{T}}$，$\{\boldsymbol{M}^F\} = \{M_x^F \quad M_y^F \quad M_{xy}^F\}^{\mathrm{T}}$ 的表达式为

$$\begin{Bmatrix} N_x^F & M_x^F \\ N_y^F & M_y^F \\ N_{xy}^F & M_{xy}^F \end{Bmatrix} = \sum_1^K \int_{h_{k-1}}^{h_k} (1,\ z) \begin{Bmatrix}\sigma_{xx}\\ \sigma_{yy}\\ 0\end{Bmatrix}^{(k)} \mathrm{d}z \tag{14.68}$$

其中，$\{\sigma_{xx} \quad \sigma_{yy}\}$ 分别为面内力学载荷沿 x 轴和 y 轴方向引起的应力。

层合板的总应变能 U 和动能 T 分别为

$$\begin{aligned} U = \frac{1}{2}\int_V (&\{\boldsymbol{\varepsilon}_{\mathrm{m}}\}^{\mathrm{T}}[\boldsymbol{A}]\{\boldsymbol{\varepsilon}_{\mathrm{m}}\} + \{\boldsymbol{\varepsilon}_{\mathrm{m}}\}^{\mathrm{T}}[\boldsymbol{B}]\{\boldsymbol{\kappa}\} + \{\boldsymbol{\kappa}\}^{\mathrm{T}}[\boldsymbol{B}]\{\boldsymbol{\varepsilon}_{\mathrm{m}}\} + \{\boldsymbol{\kappa}\}^{\mathrm{T}}[\boldsymbol{D}]\{\boldsymbol{\kappa}\} \\ &- \{\boldsymbol{\varepsilon}_{\mathrm{m}}\}^{\mathrm{T}}\{\boldsymbol{N}^T\} - \{\boldsymbol{\varepsilon}_{\mathrm{m}}\}^{\mathrm{T}}\{\boldsymbol{N}^H\} - \{\boldsymbol{\kappa}\}^{\mathrm{T}}\{\boldsymbol{M}^T\} - \{\boldsymbol{\kappa}\}^{\mathrm{T}}\{\boldsymbol{M}^H\})\mathrm{d}V \end{aligned} \tag{14.69}$$

$$T = \frac{1}{2}\int_V \rho\left[\left(\frac{\partial w}{\partial t}\right)^2 + \left(\frac{\partial u}{\partial t}\right)^2 + \left(\frac{\partial v}{\partial t}\right)^2\right]\mathrm{d}V \tag{14.70}$$

注意，上式中的括号外的上标 T 表示矩阵转置；括号内的变量上标 T 表示温度。其中，V 和 ρ 分别表示层合板的体积和密度；位移向量 $u(x,\ y,\ t)$、$v(x,\ y,\ t)$ 和 $w(x,\ y,\ t)$ 是满足不同边界条件的多项式。

由 Hamilton 原理，可得层合板的动力学方程为

$$[\boldsymbol{M}]\{\ddot{\boldsymbol{X}}\} + ([\boldsymbol{K}_{\mathrm{L}}] - [\boldsymbol{K}_{\mathrm{T}}] - [\boldsymbol{K}_{\mathrm{H}}] - [\boldsymbol{K}_{\mathrm{F}}])\{\boldsymbol{X}\} = 0 \tag{14.71}$$

其中，$[\boldsymbol{M}]$、$[\boldsymbol{K}_{\mathrm{L}}]$、$[\boldsymbol{K}_{\mathrm{T}}]$、$[\boldsymbol{K}_{\mathrm{H}}]$、$[\boldsymbol{K}_{\mathrm{F}}]$ 分别表示质量矩阵、刚度矩阵、温度刚度矩阵、湿度刚度矩阵和面内力学载荷刚度矩阵。

对于给定的温度分布函数 ΔT_k 和湿度分布函数 ΔC_k，通过求解式可以得到湿热条件下的层合板临界屈曲载荷。结果表明，不同的湿度和温度分布形式会影响层合板的临界屈曲湿度。面内临界屈曲载荷逐渐增大，说明在总吸湿量和温度增量一定的情况下，不同的湿度和温度分布会影响层合板的临界屈曲载荷。

14.7　不同类型层合板的屈曲

14.7.1　含损伤层合板的屈曲问题

复合材料层合板的损伤模式多种多样，层间分层损伤是工程上经常遇到的损伤模式之一。在压缩载荷下，含分层损伤复合材料层合板的破坏过程可视为屈曲和分层扩展相互影响、同时发生的一个过程，它们影响着层合板的承载能力。大多数情况下分层扩展是由屈曲引发的，因此对含分层损伤复合材料层合板的屈曲特性进行研究是必要的。

实验表明，在纯剪切条件下，含分层损伤复合材料层合板的试件含分层损伤面积越大，其临界屈曲载荷越小，所以复合材料层合板分层损伤的程度会影响其抗屈曲能力。具体而言，分层损伤面积越大，其抗屈曲能力越低。其主要原因是层合板分层损伤的存在使得其分层区域弹性模量下降，从而导致层合板屈曲强度也降低。

复合材料结构对损伤非常敏感，在含损伤（分层、开孔等）状态下剩余强度会严重降低，特别是压缩屈曲、压缩剩余强度一直是研究重点。

14.7.2　变刚度层合板压缩屈曲问题

相对于一般角铺设层合板的单层面内纤维方向固定，变刚度层合板的纤维铺设角度具有一定规律。在变刚度层合板的每个单层中，厚度或纤维方向都有可能不同。在这些方面的差异，导致了变刚度复合材料层合板在结构响应上有着显著变化。变刚度的实现方式主要有四种：使用曲线铺丝，不同的体积分数，剪短或增加纤维铺设和使用长桁[15]。在实际工程中，大量复合材料层合板需要开孔以用于各种连接等要求。一方面，开孔层合板在孔周围的应力集中削弱了承载力；另一方面，因为开孔的存在破坏了长纤维的连续性，改变了结构的传力路线，还会导致结构因局部刚度的突变而在孔边区域产生应力集中。面内纤维曲线铺设是一种有效的解决开孔层合板性能降低的方式，而且不会引入很大的几何变化，设计上有更多的灵活性。纤维曲线铺设开孔构件的屈曲性能研究集中在优化铺设角度，提高屈曲性能。

14.7.3　加筋板的屈曲分析

加筋板的屈曲有其独特的特点。由于筋条与面板是紧密结合在一起的，加筋板的屈曲分为局部屈曲和整体屈曲。在一个加筋格内，面板因受到压缩载荷而发生局部屈曲。

在整体载荷作用下,筋条也有可能发生屈曲。由于筋条是主要的承载构件,一般认为筋条屈曲就是加筋板的整体屈曲。加筋板的局部屈曲和整体屈曲受到筋条和面板的几何与材料性能的显著影响[16]。在工程设计中,确定加筋板的屈曲载荷和压缩强度是一个重要的问题。

14.8 总结与展望

由于实验过程中很难施加所希望的面内加载条件(例如均匀应力)和边界条件(例如简支边界或自由边界),一般很难通过实验求各向同性均匀板的精确屈曲载荷解。而对于复合材料层合板而言,由于板边缘处的不连续和外漏的纤维使得希望施加的载荷和边界条件更难得到保证,并且内部的不连续性(例如脱层和脱黏)更是降低了结果的可靠性和可重复性,相关的实验研究更加困难。因此,目前关于复合材料层合板屈曲相关的实验研究数据还极度缺陷。在过去的几十年里,关于复合材料层合板屈曲问题的研究,多是以理论和数值研究为主。

目前关于屈曲问题的理论包括线性屈曲理论和非线性屈曲理论两种。线性屈曲理论是 1936 年铁木辛柯首次在《弹性稳定性理论》一书提出的。然而,在随后的几年里,不少学者发现基于线弹性、小变形假设建立的线性屈曲理论在分析结构的稳定性时,解析结果与实验结果偏差较大。随后,在 1941 年,钱学森和冯·卡门在轴向载荷下柱面壳和外压下球面壳的大挠度屈曲研究成果中,首次提出了能量跃变准则,标志着非线性屈曲理论的诞生。值得注意的是,与各向同性板材的屈曲问题不同,由于复合材料层合板的屈曲问题中存在拉弯、弯扭等多种耦合效应,并且失效模式也多种多样,非线性屈曲的理论求解极具挑战性。因此,在求解复合材料屈曲问题时,多采用数值求解的方法,主要包括有限差分法、有限条法和有限元法等,而解析理论一般都仅用于基础理论的研究或数值方法的验证上。目前,以非线性屈曲理论为基础的复合材料层合板屈曲分析中,主要包括特征值分析和非线性屈曲分析。特征值屈曲分析一般是为了提取屈曲模态,因此不用考虑材料和几何非线性。而在复合材料层合板的非线性屈曲问题分析时,通常要用几何失效准则和刚度退化准则进行渐进损伤分析。总体而言,由于复合材料层合板通常都是以对称铺层的构造形式制备的,因此正交各向异性板和更一般的各向异性板理论能够有效地应用于复合材料层合板板中。不过值得注意的是,在一些特殊应用中,可能需要不对称铺设的层合板,将各向异性板理论应用于该类层合板的屈曲分析时,还需要注意结果的可靠性和有效性。

尽管目前复合材料层合板的屈曲理论研究已经取得了一系列的成果,但是复合材料的复合可能性和铺层方向可能性多种多样,复合材料屈曲理论还需要更深入的研究。另外,越来越多的工程应用表明,在复合材料层合板的屈曲问题分析时,还需要考虑多物理场(如湿和热)耦合效应,并且在某些应用场合还需要讨论非均匀加载条件(如面内弯曲、孔洞效应)下的屈曲问题,因此在未来还需要对复合材料层合板的屈曲理论研究投入相当大的精力。

习题与思考题

1. 薄膜比拟法核心思想是什么？为什么可以采用薄膜比拟法将屈曲问题看作是在垂直于薄板的压力作用下的弯曲问题？
2. 14.3 节中的式(14.12)和式(14.13)所给出的几类边界条件中，哪类边界条件约束下，层合板(相同的材料)临界屈曲载荷更大？
3. 计算正交铺设$[0°/90°]_{2s}$层合板在简支边界条件 S2 下的临界屈曲载荷。假设每层厚度为 0.125 mm，玻璃/环氧树脂的材料参数为纵向杨氏模量 $E_1=54$ GPa，横向杨氏模量 $E_2=18$ GPa，面内泊松比 $\nu_{12}=0.25$，面内剪切模量 $G_{12}=9$ GPa。
4. 综合习题：利用有限元法，进行正交铺设和角铺设的圆柱壳的轴向屈曲分析。

参考文献

[1] 钱若军，袁行飞，谭元莉. 结构屈曲分析理论和方法[M]. 南京，东南大学出版社，2018.
[2] 杨庆生. 复合材料力学[M]. 北京，科学出版社，2020.
[3] Mcgraw T S P M. Theory of elastic stability[J]. The Aeronautical Journal, 1936, 40(312): 903-905.
[4] von Kármán T, Tsien H S. The buckling of thin cylindrical shells under axial compression[J]. Journal of the Aeronautical Sciences, 1941, 8(8): 303-312.
[5] Reissner E, Stavsky Y. Bending and stretching of certain types of heterogeneous aeolotropic[J]. Journal of Applied Mechanics, 1961, 28(3): 402-408.
[6] Ruocco E M V. Buckling analysis of Levy-type orthotropic stiffened plate and shell based on different strain-displacement models[J]. International Journal of Non-Linear Mechanics, 2013, 50: 40-47.
[7] Juhász Z S A. Progressive buckling of a simply supported delaminated orthotropic rectangular composite plate[J]. International Journal of Solids and Structures, 2015, 69-70: 217-229.
[8] Chen L, Chen L. Thermal buckling of laminated composite plates[J]. Journal of Thermal Stresses, 1987, 10(4): 345-356.
[9] Barton O. Eigensensitivity analysis of moisture-related buckling of marine composite panels[J]. Ocean Engineering, 2007, 34(11): 1543-1551.
[10] 沈惠申，朱湘赓. 中厚板热后屈曲分析[J]. 应用数学和力学，1995, 16(5): 443-450.
[11] 沈惠申. 高阶剪切变形板理论 Kannan 型方程及在热后屈曲分析中的应用[J]. 应用数学和力学，1997, 12(18): 1059-1073.
[12] 舒小平. 复合材料板壳理论及其应用[M]. 北京，中国矿业大学出版社，2014.
[13] Dawe D J. Finite strip buckling and postbuckling analysis[M]//Turvey G J, Marshall I H. Buckling and postbuckling of composite plates. Dordrecht: Springer Dordrecht, 1995.
[14] 田新鹏. 湿热条件下复合材料层合板的屈曲行为及其分散性研究[D]. 太原：太原理工大学，2016.
[15] 孔斌，顾杰斐，陈普会. 变刚度复合材料结构的设计、制造与分析[J]. 复合材料学报，2017, 34(10): 2121-2133.
[16] 刘从玉. 复合材料加筋板的屈曲后屈曲分析及承载能力研究[D]. 南京：南京航空航天大学，2009.

第 15 章 含冲击损伤复合材料的静强度及疲劳性能

学习要点：

(1) 理解航空复合材料结构损伤容限概念及设计要求；

(2) 了解航空结构中的结构损伤的来源及冲击损伤的危害；

(3) 熟悉冲击损伤试验和冲击后压缩试验；

(4) 掌握冲击损伤数值模拟方法；

(5) 了解含冲击损伤的复合材料疲劳损伤模式及研究方法。

15.1 引　　言

损伤容限是指结构承受给定水平的疲劳、腐蚀、意外或离散源损伤的情况后，仍能在一段使用周期内保持所需结构强度的结构属性。通过对损伤容限结构在服役期的评估获得的损伤威胁、损伤扩展速率以及剩余强度认识，通常是保证飞机持续适航的检测或更换计划的基础。

复合材料结构在制造和使用中不可避免地会带有缺陷，特别是带有肉眼不易察觉的低速冲击引起的内部损伤，而且大量试验数据证实，它将大大降低结构的剩余强度。因此，复合材料的损伤容限特性一直受到设计、制造和使用部门的特别重视。通常认为复合材料结构损伤容限特性的分析、验证及其改进是影响复合材料在飞机结构中的广泛使用的关键。

冲击损伤往往涉及复合材料最敏感的分层损伤问题，有些损伤即使肉眼观察不到，也可能使得结构的承载能力产生严重降低，从而威胁到复合材料构件在工程实际中的安全应用。复合材料在不同应力比下的疲劳性能受初始冲击损伤的影响程度不同。而由于复合材料的压缩破坏中对分层损伤更为敏感，因此，进行含冲击损伤复合材料的压缩疲劳试验更有工程意义。准确的冲击后疲劳寿命可以为提高复合材料设计水平提供了参考依据，在工程领域具有极高的应用价值。

15.2 航空复合材料结构损伤容限设计理念

飞机结构强度设计强度规范中包含损伤容限设计要求，损伤容限的基本要求是在规定的"设计使用寿命和设计使用方法下,机体结构应有足够的损伤容限能力,即在存在材料、制造及工艺缺陷以及在正常使用和维护中引起的损伤的情况下,直到损伤在定期的计划检查时被查出,机体的飞行安全结构和其他的选定结构应具有足够的剩余强度。"具体包括初始缺陷尺寸、剩余强度要求和损伤扩展限制三部分内容。金属结构损伤容限设计主要考虑可检初始疲劳裂纹的尺寸假设、疲劳裂纹扩展规律和对应于剩余强度要求的临界裂纹长度。复合材料结构在现有的设计水平下,制造缺陷(孔隙率、制造分层等)基本上不会在使用中扩展,也不会出现疲劳裂纹,因此考虑的主要损伤形式是制造和使用中遇到的冲击损伤。由于复合材料结构冲击损伤的特殊性,复合材料结构的损伤容限设计要求也不同于金属结构。虽然本章主要介绍飞机复合材料结构的损伤容限设计要求,但这些基本要求同样适用于有类似杆板壳结构组成的其他工业领域复合材料结构。

损伤容限是飞机结构完整性的重要组成部分,如图 15.1 所示,也是保证现代飞机结构安全性和经济性,防止灾难性破坏的重要设计原则和方法。从 20 世纪 70 年代中期到 80 年代初的研究和使用经验使设计人员逐步意识到,由于材料特性和破坏机理的不同,复合材料的损伤、断裂和疲劳性能与金属有很大区别,金属的设计验证方法往往不能直接用于复合材料结构,并发现冲击损伤和湿热效应等是影响复合材料结构性能的重要因素,必须在损伤容限设计中加以考虑。在 20 世纪 80 年代美国的一些公司均对有关问题进行了深入的研究,美国空军、海军相继在 1985 年、1987 年、1990 年制定或增补了有关复合材料的结构损伤容限的设计和验证的有关内容,并于 1998 年提出了统一的规范文本(JSSG－2006 美国国防部《联合使用规范——飞机机体》),明确了对复合材料结构损伤容限的要求。国内在 2008 年编制了 GJB 67.14A－2008《军用飞机结构强度规范 第 14 部分:复合材料结构》,规定了军用飞机复合材料结构的设计要求,并规定了为满足复合材料结构完整性所必需的验证要求。复合材料在民机上的应用比军机要迟,考虑到飞机的安全性和经济性,所以比较慎重。国外民机复合材料结构的损伤容限设计也大致经历了上述过程。经过 20 多年复合材料在民机结构上的应用,取得了更多的经验教训,为民机复合材料结构的设计和使用安全提供了更清晰和可操作的适航

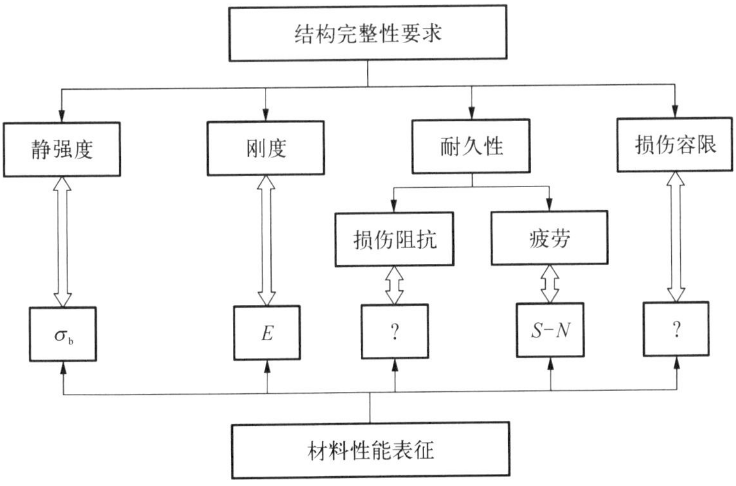

图 15.1　飞机结构完整性要求[1]

要求，美国联邦航空管理局(Federal Aeronautics Administration, FAA)于 2009 年 9 月 8 日颁布了最新的 AC20－107B，目前所有的民机复合材料结构的适航鉴定均按照该咨询通报执行。我国经过 30 余年的研究，对复合材料结构的损伤容限设计与验证技术逐渐形成了比较系统的认识，并积累了一定的数据和经验，1995 年出版的《复合材料飞机结构耐久性/损伤容限设计指南》[1]对此有很好的反映，还明确了冲击损伤的试验标准、湿热环境对冲击损伤的影响，以及新的材料体系引进后这些要求的适用性等[2]。

15.2.1 损伤容限设计概念要点

损伤容限的设计理念即是承认结构在使用前就带有初始缺陷，但必须把这些缺陷或损伤在规定的未修使用期内的增长控制在一定的范围内，在此期间，结构应满足规定的剩余强度要求，以保证飞机结构的安全性和可靠性。其设计目标是通过损伤容限设计和进行裂纹扩展与剩余强度分析，保证飞机在未修使用期内，其剩余强度(带损伤结构)仍能承受使用载荷作用，结构不出现破坏或过分变形，并提供足够的安全性所要求的检查水平。

复合材料层合结构对冲击作用比较敏感，在受到外来物冲击后很容易出现损伤，导致其剩余强度大幅下降，严重威胁结构的安全使用。因此，复合材料的低速冲击损伤及冲击后压缩强度的研究，多年来一直是许多研究者关注的重心。

15.2.2 损伤容限设计要求

损伤容限的定义是含有初始缺陷和使用损伤的飞机结构在规定使用期限内或规定检测周期内，具有足够的剩余强度、刚度，能够保证飞机结构的持续安全。

损伤容限设计评估的重点是保证在复合材料结构受到出现概率很小而又很严重和无法控制的损伤(包括可能出现的损伤)后，能够保证飞机的安全。

飞机结构损伤容限设计包括 3 个方面的内容：

(1) 与制造能力、出厂质量控制以及无损检测手段相关的初始缺陷尺寸假设；

(2) 缺陷/损伤在被检出以前的损伤扩展，从而确定检测间隔；

(3) 与损伤可检性相关的含损伤结构剩余强度要求。

军机和民机在含目视勉强可见冲击损伤(barely visible impact damage, BVID)时的剩余强度要求不同，民机复合材料结构损伤容限设计要求[3]见图 15.2。

1. 初始缺陷和使用损伤

缺陷包括初始缺陷和使用损伤。由于冲击损伤可能产生于制件从出厂至寿命终结期间的任一时刻，应将应用中外来物低速冲击源产生的损伤也归入初始缺陷，用于损伤容限分析和验证。

(1) 初始缺陷假设：初始缺陷通常包括冲击损伤、分层和划伤三种类型，其尺寸根据实际的检测能力、足够的统计数据和具体型号设计要求确定，表 15.1 中的初始缺陷设计可供参考。

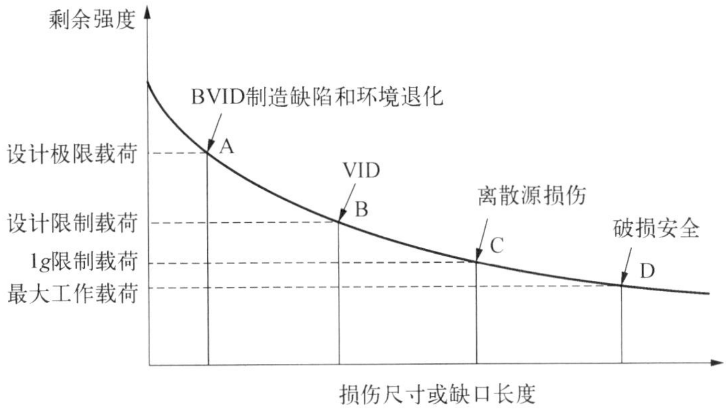

图 15.2　民机复合材料结构损伤容限设计要求[3]

目视可见冲击损伤(visible impact damage, VID)

表 15.1　初始缺陷假设

缺陷/损伤类型	缺陷/损伤尺寸
划伤	长 100 mm,深 0.50 mm 的表面划伤
分层	分层面积当量于直径为 50 mm 的圆,并具有相对所在位置最危险的形状
冲击损伤	由 25.4 mm 直径半球形端头的冲击物产生的冲击损伤,其冲击能量为 136 J 或产生表面目视勉强可见凹坑所需值中较小的能量(注:军机多采用 12.7 mm 直径冲击头)

(2) 使用损伤尺寸假设:使用损伤系指作战弹伤、鸟撞等高能量外来物冲击及雷击产生的目视易见损伤,这种损伤尺寸假设应由试验或试验支持的分析方法确定。

因为外场检测只能采用目视检测,最易观察到的就是结构表面的凹坑,但考虑到凹坑深度的测量值会随着冲击和测量的时间间隔增加而减小,用凹坑深度作为目视勉强可见的标准在执行时有一定难度;二是冲击表面产生的纤维断裂可以目视观察到,不会随着时间间隔的变化而变化,同时损伤面积与所观测到的纤维断裂程度无关,不同的检测人员和不同的检测时间均可得到同样的结论,因此也可以采用冲击部位表面出现纤维断裂作为目视勉强可见的冲击损伤类初始缺陷尺寸,通常纤维断裂时的凹坑深度只有 0.3~0.5 mm。当凹坑深度超过 BVID 后,大量试验结果表明,其剩余压缩强度基本上保持常数,不再降低。

对于在出厂检验后一般不会受到外来物冲击的内部结构,可以采用 27 J 能量冲击产生的损伤作为假设的初始冲击损伤。

2. 制造缺陷和冲击损伤

由于复合材料结构的特点,强度设计时必须考虑结构制造缺陷、目视勉强可见冲击损伤(BVID)、目视可见冲击损伤(VID)的影响,还要考虑使用过程中可能遇见的工具坠落和冰雹、跑道碎石等产生的低能量冲击损伤,要进行设计评定,必要时对结构进行修理。应该根据结构设计、实际制造和使用情况,定义制造缺陷。

参照国外民机复合材料结构的做法,初步设计时,定义 BVID 为冲击后立即测量凹坑深度为 1.0 mm(松弛后对应 0.3 mm)的冲击损伤;定义 VID 为冲击后立即测量凹坑深度为 2.5 mm(松弛后对应 1.3 mm)的冲击损伤。对应 BVID,民机结构应承受极限载荷的作用;对应 VID,结构应承受限制载荷的作用。而对军机的要求要低一些,为 20 倍寿命中出现一次的载荷。民机关于 BVID 和 VID 的最终定义,应与适航部门沟通后确定。制造缺陷(包括质量控制中漏检的制造缺陷)在被检出和修理前必须满足损伤容限的要求。

制造缺陷定义为:由于缺胶、富胶、分层、工具坠落、人工踩踏和吊装碰撞等造成的缺陷。

复合材料结构损伤容限设计必须同时考虑目视可见冲击损伤(VID)等可能的其他损伤的影响。对于复合材料结构,要求含制造缺陷和目视可见冲击损伤(VID)的结构在考虑环境影响的前提下,在飞机设计服役目标期内应有足够的剩余强度。

3. 损伤扩展的要求

为了满足含冲击损伤时的剩余强度要求,一般设计值取得比较低;而且复合材料有着优异的疲劳性能,疲劳极限一般不低于相应试样剩余静强度的 50%,对含冲击损伤的试样其疲劳极限约为相应试样剩余静强度的 60%;此外复合材料结构中的缺陷和损伤往往很难检测,并且在疲劳载荷下的扩展没有规律可循,呈现“突然死亡”的特征。鉴于上述原因,设计通常采用损伤无扩展概念,损伤无扩展应通过由试验支持的分析或由试样、元件或结构件的疲劳试验来验证。损伤无扩展循环数应反映复合材料的疲劳分散性,试验还应考虑环境的影响。若采用损伤无扩展设计概念的结构,在规定的检查间隔内出现明显的缺陷/损伤扩展时,必须重新设计。

15.3 航空结构损伤来源及冲击损伤的危害

15.3.1 飞机结构损伤来源

为了阐述与损伤相关的结构设计要求,将民用飞机结构的损伤源主要分为 5 类[4, 5]。

1. 第一类损伤

第一类损伤包括那些在定期检查或定向外场检查方法下可能漏检的损伤,也包括制造验收规范规定的拒收水平以下的制造异常。例如包括目视勉强可见冲击损伤(BVID)、轻微环境退化、划痕、沟槽,以及允许的脱黏和孔隙率。含有这些损伤或缺陷的结构必须在整个飞机寿命期间保持承受极限载荷的能力。因此,试验验证必须特别关注关键部位含有这类损伤和缺陷的结构。必须建立可检损伤门槛值,并证明结构在全寿命期内都具有可靠的使用寿命和承受极限载荷的能力。

2. 第二类损伤

第二类损伤包括那些由确定的检测计划(即检测方法和间隔)能可靠检出的损伤。当用预定的技术发现损伤时,检测计划要求的详细检测也被认为是检测计划的一部分。这一类中的典型损伤包括目视可见的冲击损伤(VID)、目视易见损伤(尺寸从小到大)、深沟槽或划痕、与制造工艺失误有关的最初未检出的异常、可检出的分层或脱黏和主要的局部过热或环境退化。含有这类损伤的结构必须要保持限制载荷能力直到损伤被发现和修理。必须确定和验证检出这类损伤的时间,还必须验证结构在此期间能保持限制载荷能力。

3. 第三类损伤

第三类损伤是那些在发生后的几次飞行期间能被无专业复合材料检测技能的操作或地面维护人员可靠检出的损伤。这类损伤最初可以在飞行前的巡回检测中通过目视来发现,或由于外形、配合或者功能的缺失来发现。对于以上情况的任意一种,都应当进行额外的检测,以确定零件及其周围结构损伤的全部范围。

例如大的目视可见冲击损伤和产生明显标志的损伤(例如燃油泄漏、系统失灵、增压失效或舱内噪声)。含有这些损伤的结构在损伤被发现和修理之前,必须具有承受规定载荷的能力。这个载荷水平依赖于可靠地检出损伤所需的时间,也就是说,取决于损伤的可检性和位置。这个规定载荷要求应与认证机构协商确定,通常小于等于限制载荷。必须验证这类损伤能被可靠且快速检出。

4. 第四类损伤

第四类损伤包括飞行机组人员知晓的偶发事件引起的,且在着陆前需要限制飞行机动动作的离散源损伤。这类损伤包括由叶片断裂、鸟撞、严重的雷击,起落架轮胎爆裂和严重空中冰雹引起的损伤。含有这种级别损伤的结构必须在该次飞行途中保持"回家"的能力。由于在后续飞行前会进行结构修理,重复载荷验证局限于完成该次飞行。必须验证的加载工况和载荷水平在规章和相关咨询通报中定义,通常低于限制载荷水平(如飞行机动载荷限制值的 70%)。

5. 第五类损伤

第五类损伤包括由无法预测的异常地面或飞行事件造成的严重损伤,这类损伤在飞机设计时不予考虑。含此类损伤的结构在对损伤进行评估和修理(需要时)前,不得飞行。例如严重的服务车辆碰撞、异常飞行过载情况、异常的硬着陆、飞行中飞机零件丢失,也包括可能后续与相邻结构的高能量钝头撞击。为了确保这类损伤也不会威胁到飞机安全,必须专门考虑并制订检测程序和培训计划,以确保任何异常事件都能被操作人员及时报告以便评估,而且还需要通过采用指定的检测手段来确定损伤程度。由于损伤可能是在远处(如载荷反应点)引起的,检测区域不应局限于紧邻实际事发位置(如撞击点)。因此,熟悉载荷路径和结构响应的工程人员必须参与评估。对于未修复的损伤或超出认证过程所覆盖的修理,可能需要进行结构承载能力验证。

15.3.2 冲击损伤及其危害

损伤容限问题主要研究孔、冲击损伤、分层三种有代表性、对结构承载能力影响严重的损伤,而冲击造成的损伤可以覆盖上述三种损伤形式。

在研究冲击损伤时,我们发现冲击损伤不可避免,且常用工具坠落冲击,冰雹冲击,跑道碎石或轮胎碎片冲击,鸟撞、维护和修理时工具设备碰撞都会发生冲击损伤。冲击损伤按照其形态主要分为两类:一类是高能量冲击,一般也是高速冲击,例如子弹和鸟撞等外来物冲击造成的损伤,这种损伤往往是穿透性的,并伴随一定范围的局部分层,这些损伤均属于目视易检,可以及时发现并很快采取修理措施或更换受损部件;另一类是低能量冲

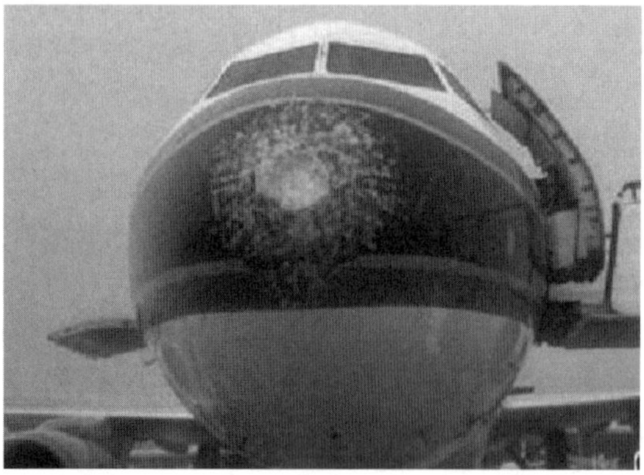

图 15.3　冰雹撞击后的飞机机头损伤[5]

击,多数情况下也是低速冲击。它包括生产或维修工具的掉落;叉车、卡车和工作平台这一类维护设备的撞击;维修或使用人员无意地粗暴脚踩;起飞、降落时从跑道上卷起的碎石或起落架碎片的撞击;以及在地面或空中飞行时冰雹的撞击(图 15.3)[6]。冲击损伤研究这类损伤往往从受冲击表面很难觉察,目视不可见,但内部可能已经产生了大范围的基体开裂和分层,因此会带来更大的威胁(图 15.4)[3]。

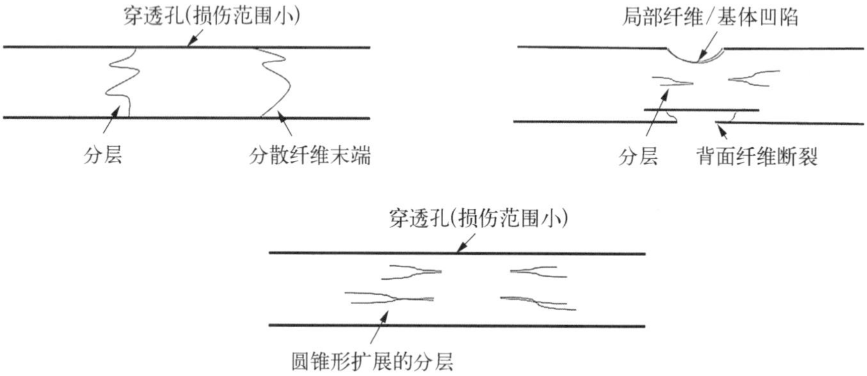

图 15.4　不同冲击能量下的冲击损伤模式[3]

目前在复合材料损伤容限研究领域中,最为关注的研究课题之一就是冲击损伤的剩余压缩强度问题。飞机复合材料结构在制造和使用过程中常常不可避免地会遇到各种损伤,主要的缺陷/损伤形式可以分为 3 种: 制造缺陷、钻孔和冲击损伤。图 15.5 是各种影响层压板静强度的因素的比较。从图 15.5 中可见,拉伸设计值主要取决于含 6.35 mm 直径孔试样的许用值;压缩设计值主要取决于冲击损伤容限许用值冲击[1]。低能量冲击条

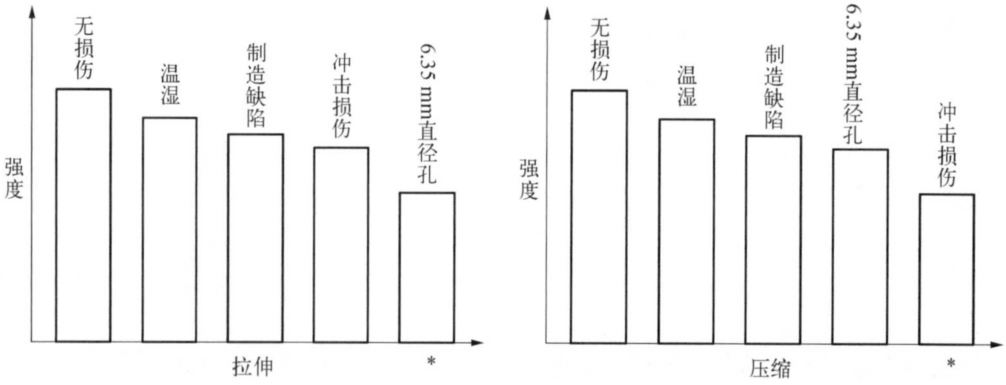

图 15.5　影响层压板强度的因素比较(* 用于确定设计值的条件)[1]

件下，层压板结构内部容易产生基体开裂和分层等损伤，表面却几乎看不出什么损伤缺陷(BVID)，然而这些内部损伤破坏却使层压板结构的力学性能严重退化，强度可削弱到只有无损强度的 35%～40%。

15.4　冲击损伤试验和冲击后压缩试验

15.4.1　冲击损伤试验

低速冲击试验参照 ASTM D7136 试验标准[7]进行，图 15.6 给出了冲击试验的冲击试样。试验机带有冲击试验装置系统。试验夹具为 125 mm×75 mm 的矩形开口简支支持夹具，采用直径为 16 mm 的钢质半球体作为落锤冲头引入面外集中冲击损伤(冲击方向垂直于试样平面)。试验系统如图 15.7 所示。冲击试验完成后立即进行凹坑深度的测量，随后对试样进行 C 扫描损伤检测，测算其损伤面积和损伤宽度。

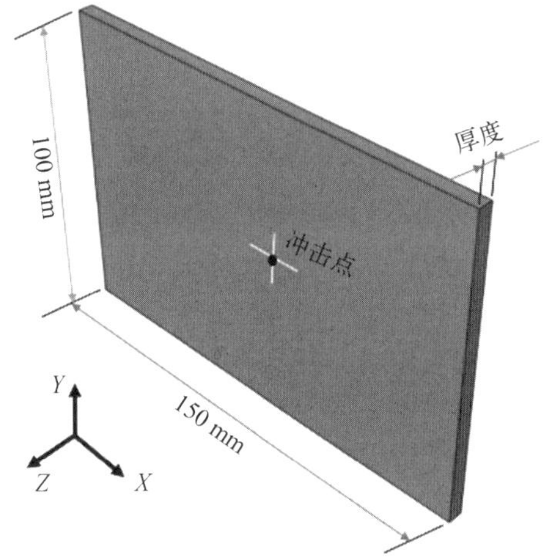

图 15.6　冲击试样示意

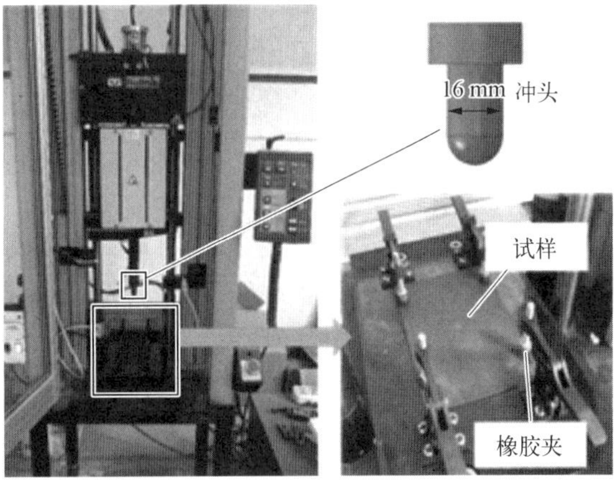

图 15.7　试验机与冲击试验装置

15.4.2　冲击后压缩试验

冲击后压缩试验如图 15.8 所示。冲击后压缩试验参考 ASTM D7137 试验标准[8]进行。冲击后压缩试验在电子万能机上完成，加载速率为 1 mm/min。

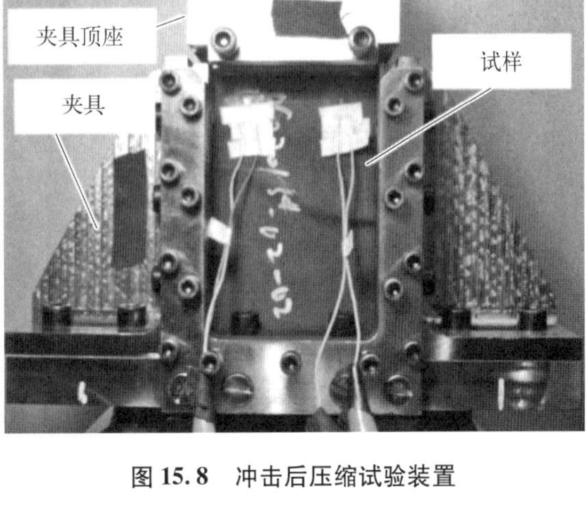

图 15.8　冲击后压缩试验装置

15.4.3　冲击试验及冲击后压缩实例

随着冲击的能量增加，层合结构复合材料的冲击损伤参量(如凹坑深度、损伤面积等)的变化有明显的拐点现象,沈真等[9]通过落锤低速冲击试验及冲击后压缩强度试验的损伤阻抗和损伤容限特性进行了研究,得出拐点后,损伤面积和冲击后压缩强度(compression after impact, CAI)不再降低的结论。

对冲击后的试样进行冲击后压缩试验,张迪[10]首先确定了拐点能量为30 J,然后对比了相同纤维的层合板和三维编织复合材料在30 J冲击能量下的冲击后压缩强度,如图15.9所示。可以发现,层合复合材料与内部编织角为40°的三维编织复合材料冲击后压缩强度差别不大,而内部编织角为20°的三维编织复合材料的冲击后压缩强度比层合复合材料要高出15%~50%。其中3D5d－20°的冲击后压缩强度最高,为276.62 MPa,其次是3D4d－20°、3D6d－20°和3D7d－20°,其冲击后压缩强度分别为270.05 MPa、234.33 MPa和217.16 MPa。这主要是因为内部编织角较小时,在纵向的增强作用越强,而3D5d编织试样由于纵向不动纱的加入,进一步提高了纵向力学性能。而对于3D6d和3D7d编织复合材料来说,一部分纱线被用在了横向和法向的增强上,因此在纵向的冲击后压缩强度较低。图15.10所示为三维编织复合材料冲击后压缩破坏图。从图中可以看出,压缩破坏发生在材料受冲击部位,并沿横向扩展到试样边界。在冲击后压缩的过程中,试样会产生明显的弯曲,并伴随有持续不断的纤维断裂声。

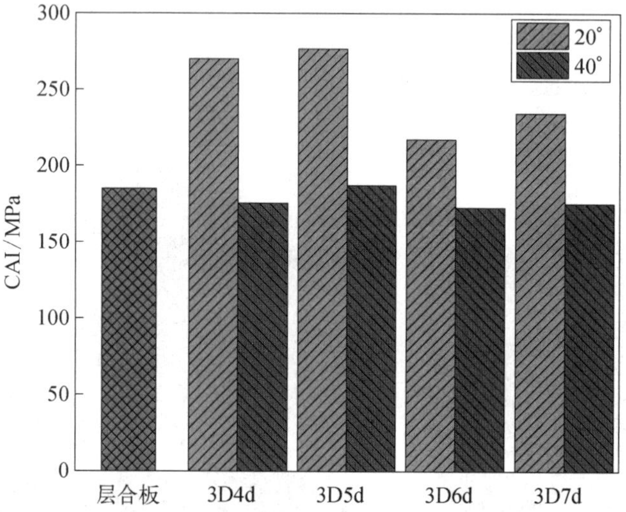

图15.9 30 J冲击能量下层合和三维编织复合材料冲击后压缩强度对比[10]

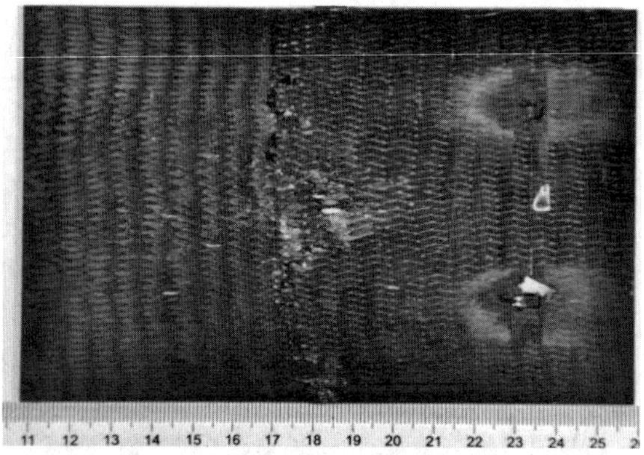

图15.10 三维编织复合材料冲击后压缩破坏模式[10]

15.5　冲击损伤数值模拟方法

近年来，对于低速冲击损伤失效的分析，基于对含冲击损伤层压板的压缩失效机理的理解，国内外研究人员多采用有限元模拟的手段进行工程估算和分析[11]，这些模拟预测方法可以为研究人员提供相应的理论指导，并且可以相应减少试验所需的经济和时间成本。

模拟复合材料面内损伤的失效准则较多，针对不同的预测对象，所采用的方法不同。Thorsson 等[12]建立了基于连续壳的有限元模型，预测各种传统和非传统铺设方向的纤维增强聚合物复合材料层压板在低速冲击作用下的面内损伤。Rozylo 等[13]提出了一种简化的低速冲击复合材料层压板损伤模型，采用改进的 Hashin 渐进损伤准则评估层压板面内的损伤过程。张迪[10]采用 ABAQUS 有限元分析软件，结合 VUMAT 用户子程序建立了三维编织复合材料低速冲击与冲击后压缩分析模型，区分了三维编织复合材料的内部单胞和表面单胞，并分别进行均匀化，该模型较为准确地预估三维编织复合材料的低速冲击响应和冲击后压缩强度。除了以上方法，较为常用的失效准则还包括最大应力失效准则、最大应变失效准则和 Chang - Chang 失效准则等。

针对复合材料层间损伤的研究，研究人员多采用内聚力模型来模拟。Saghafi 等[14]对复合材料层压板的层间冲击损伤进行了有限元模拟。采用 ABAQUS 软件隐式求解方法获得了内聚力模型的相关参数，进而使用 ABAQUS 软件显式求解方法通过内聚力模型模拟得到层间分层损伤，并估算了层间分层面积。杨雯充[15]选取 LaRC05 准则作为有限元低速冲击模型的层内失效准则；基于双线性内聚力单元模型，选取二次名义应力准则作为分层损伤的起始准则，$B-K$ 准则作为损伤演化判据，模拟复合材料的分层损伤。于飞等[16]提出了一种改进的内聚力损伤模型来用于模拟复合材料层压板层间的低速冲击损伤，该模型考虑了界面层相邻铺层内基体、纤维的损伤状态及应力分布对层间强度和分层扩展的影响，预测结果与试验结果相吻合，验证了修正模型的构建具有一定的合理性。

ABAQUS 有限元软件中包含两种分析途径：ABAQUS/Standard 隐式非线性分析和 ABAQUS/Explicit 显式非线性分析。两者均可模拟各种类型问题，但对于较为复杂的接触问题及材料损伤程度较高的非线性问题，后者优于前者，隐式求解过程中，刚度矩阵的求解会占用非常大的存储空间，使得计算代价非常高，并且不容易收敛。而显式求解过程中，每步均可保证收敛，且有稳定时间增量的限制，不需要计算线性方程。存储空间的占用程度受到单元数量的影响，占用的内存较少，计算速度取决于 CPU 浮点运算。适合模拟高速动力学问题、不连续非线性问题以及高度非线性动力响应问题等。

纤维增强复合材料的低速冲击损伤机理十分复杂，涉及复合材料宏细观方面的许多因素。本章主要对现有常用的失效准则做了归纳整理，针对层压板和平面机织复合材料的低速冲击问题，结合各种损伤模式和相应的损伤机理对常用的损伤失效准则和损伤演化判据进行对比分析研究。

15.5.1 复合材料分层损伤失效准则研究

由于复合材料失效准则已在11章加以介绍,因此,本章只对复合材料分层损伤失效准则进行探讨。

复合材料层合结构的层间分层损伤过程包括分层损伤的产生和损伤扩展这两个阶段。为了准确预测复合材料层间分层损伤过程,学者们基于不同的理论与假设提出了各种力学模型[17, 18],其中界面单元内聚力模型[19](cohesive zone model)被广泛用于预测复合材料分层损伤的起始与演化。

界面单元内聚力模型具有以下优点:

(1) 不需要复杂的裂尖网格重新划分技术;

(2) 一般情况下不存在收敛性问题;

(3) 在有限元模拟分析中加入 cohesive 单元,可准确地模拟复合材料分层损伤的产生和扩展。

内聚力模型是基于损伤力学和连续介质力学建立的,其本身具有损伤软化本构模型。众多的内聚力模型中,双线性内聚力单元模型(bilinear cohesive zone model)最经典且应用最为广泛。双线性内聚力模型采用二次名义应力失效判据作为材料分层起始准则,如下式所示:

$$\left(\frac{\langle t_N\rangle}{t_N^0}\right)^2+\left(\frac{t_S}{t_S^0}\right)^2+\left(\frac{t_T}{t_T^0}\right)^2=1 \tag{15.1}$$

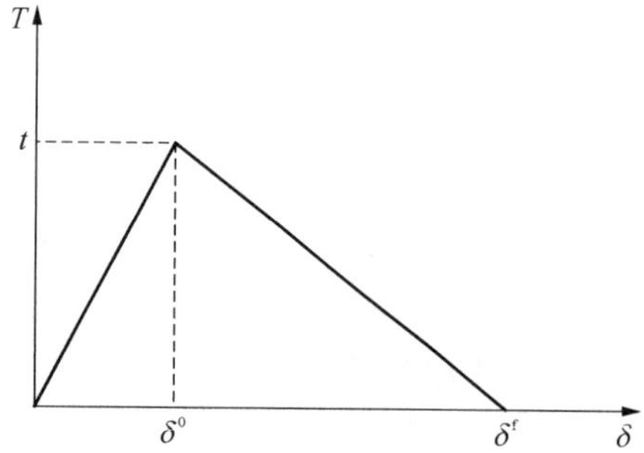

图 15.11 双线性内聚力单元模型

式中,t_N、t_S 和 t_T 为 cohesive 单元在三个方向的应力分量;t_N^0、t_S^0 和 t_T^0 为 cohesive 单元在三个方向的强度值;"〈 〉"为 Macaulay 括号,代表压缩变形或挤压应力状态下不会产生损伤。

图 15.11 为 cohesive 单元的牵引力—裂纹张开位移关系图,其中 T 为裂尖应力,为裂纹扩展长度。双线性内聚力模型的 cohesive 单元的本构行为分为两个阶段,即线弹性阶段 ($0<\delta<\delta^0$) 和损伤软化阶段 ($\delta^0<\delta<\delta^f$)。其中损伤软化阶段的本构方程如式(15.2):

$$t=\begin{bmatrix}t_N\\ t_S\\ t_T\end{bmatrix}=\begin{bmatrix}(1-D)K_{NN} & 0 & 0\\ 0 & (1-D)K_{SS} & 0\\ 0 & 0 & (1-D)K_{TT}\end{bmatrix}\begin{bmatrix}\varepsilon_N\\ \varepsilon_S\\ \varepsilon_T\end{bmatrix} \tag{15.2}$$

其中,D 为损伤系数,且 $D=0$ 时裂纹刚刚产生,材料处于线弹性阶段,没有损伤;$D=1$ 时,发生断裂,材料完全损伤;$0<D<1$ 时,材料处于属于损伤演化阶段。

15.5.2 损伤演化判据

根据渐进损伤理论,为准确地表征复合材料的损伤演化过程,当材料中的某些点和区域满足初始失效准则后，即产生损伤失效时，必须基于一定的方式，对材料属性进行适当的退化。采用基于损伤状态变量的刚度折减法对满足失效准则的材料进行材料性能退化。该方法可以很好地避免由于复合材料的损伤演化累积过程引起的材料非线性问题和由于刚度矩阵退化引起的矩阵奇异性问题，提高了有限元分析算法的收敛性，较好地预测层压板的破坏模式。同时本章建立了一种基于断裂力学的双线性退化模型，如图 15.12 所示。

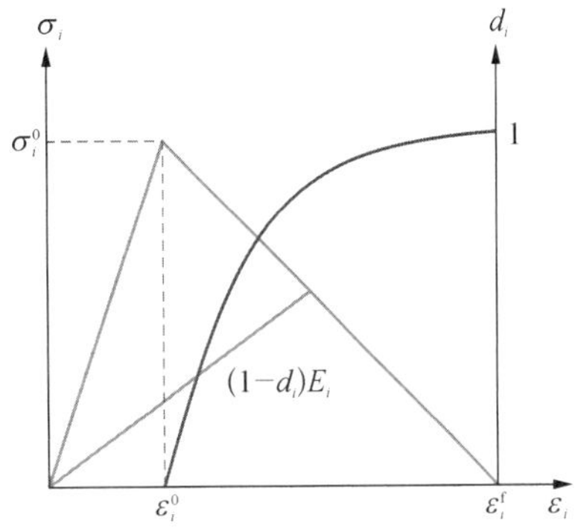

图 15.12　双线性退化模型

当材料内部应力水平达到损伤准则的标准时，可应用以下公式对材料的内部损伤演化进行表征：

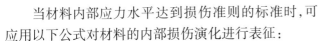

$$\begin{cases} d_i = \dfrac{\varepsilon_i^{f}(\varepsilon_i^{eq} - \varepsilon_i^{0})}{\varepsilon_i^{eq}(\varepsilon_i^{f} - \varepsilon_i^{0})} \ (i = F_{ft},\ F_{fc},\ F_{mt},\ F_{mc}) \\ 1 \geqslant d_i(t + \Delta t) \geqslant d_i(t) \geqslant 0 \end{cases} \tag{15.3}$$

式中，d_i 为损伤变量；ε_i^{eq} 为等效应变；ε_i^{f} 为材料完全失效时的等效应变；ε_i^{0} 为材料中损伤起始时的等效应变。

同时，由断裂力学可知，$\varepsilon_i^{f} = 2G_i^{f}/(l_c\sigma_i^{0})$，其中 G_i^{f} 是不同失效模式下材料完全失效时的断裂能；l_c 是有限元分析中单元的特征长度，可以减少单元的网格独立性；σ_i^{0} 是损伤起始时的等效应力。

15.5.3　基于有限元分析法的求解算法的建立

基于有限元分析方法的渐进积累损伤分析法常被用来模拟复合材料低速冲击过程中层内和层间的损伤起始和扩展演化，得到较为精确的强度值。大型商业有限元软件 ABAQUS 为这种分析方法提供了实现途径。

复合材料低速冲击过程是三维应力状态下的，故 ABAQUS 中内置的基于平面应力状态假设的失效准则不能满足研究需求，需通过编写 VUMAT 子程序自定义材料的属性、损伤起始准则和演化模型，完成有限元分析。

VUMAT 用户材料子程序和接口的功能很强大，使用 VUMAT 子程序，可以定义材料的本构关系、失效判据、材料退化方式与材料属性，几乎可以把用户材料属性赋予模型中的任何单元，扩充主程序的功能。由于 ABAQUS 主程序与 VUMAT 之间存在数据传递且共用一些变量，因此 VUMAT 子程序的编写，必须遵守相关的书写格式。

以 ABAQUS 为开发平台，通过编写用户材料子程序 VUMAT，在数值模型中嵌入材料的本构方程及失效准则，并通过应力场变量分析来控制材料的刚度退化，完成复合材料在低速冲击作用下的三维渐进积累损伤分析过程。复合材料低速冲击过程的有限元分析流程如图 15.13 所示。由图 15.13 可知，ABAQUS 在进行损伤起始和演化分析过程中，首先会读取分析结果文件中所有单元的应力应变值，然后调用 VUMAT 子程序，利用子程序中定义的损伤起始准则，对每个单元进行应力分析。若发生损伤，则根据一定的刚度退化方

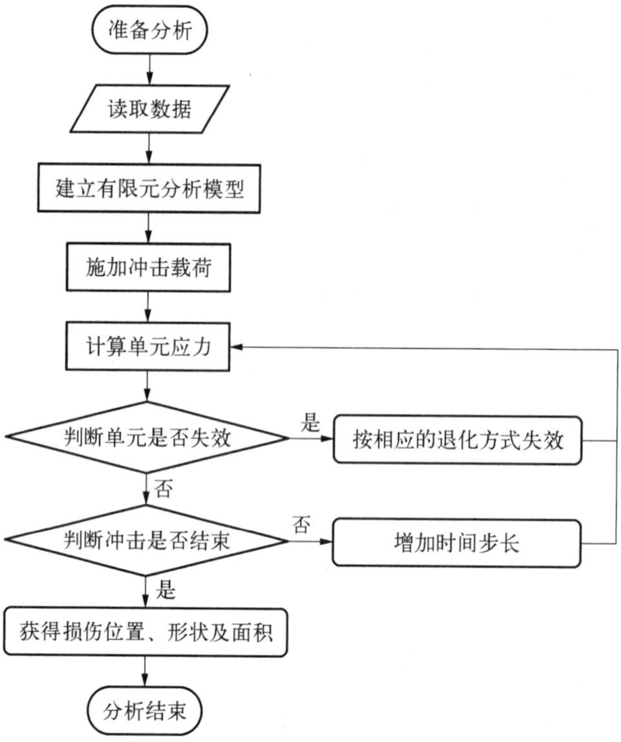

图 15.13　复合材料低速冲击有限元分析流程图

法对材料性能进行退化处理后,在当前应力水平进行应力分析;若未发生损伤,则根据一定的规则调整单元应力,再进行上一步的应力分析。每进行一次应力分析,便要判断其结果值是否满足损伤终止条件。如此循环,直到计算结果达到终止条件,分析结束。终止条件应包括结构的破坏形式、时间步长等其他分析要求。

15.6　含冲击损伤的复合材料疲劳问题

15.6.1　研究意义

提高复合材料许用应变值,充分实现减重目标是其未来应用的发展趋势,随着材料许用应变值的进一步提高,由冲击损伤造成的材料损伤扩展问题,会在压缩疲劳载荷作用下逐渐表现出来,严重限制了材料许用应变值的提高,因此本节针对复合材料冲击后的疲劳问题开展讨论。

15.6.2　含冲击损伤复合材料疲劳损伤

1. 冲击后疲劳损伤机理

在复合材料遭受冲击损伤后,一般来讲会出现穿透、侵入、基体开裂、基体挤压、纤维断裂、分层等复杂损伤模式。由于复合材料连续纤维结构起到自然止裂的作用,而冲击引入的损伤不仅引入了较为明显的初始损伤,还破坏了原有的天然止裂结构,因此会严重影响复合材料的抗疲劳性能。

目前已有研究表明:当含 BVID 损伤的层压板受到拉-压疲劳载荷时,损伤并不是从冲击损伤处开始扩展,而是从两侧边开始的,侧边分层损伤的扩展寿命占了疲劳寿命的主要部分。而压-压疲劳载荷作用下,当应力水平分别为剩余压缩强度的 70%和 80%时,损伤从初始冲击分层损伤处开始扩展,并在加载过程中大幅度扩展,导致疲劳寿命显著缩短。与无损复合材料相同,损伤扩展方向均为沿着层压板冲击损伤区域的宽度方向扩展;同时,学者还发现,在疲劳破坏之前,冲击引起的分层一般不发生扩展。但是,需要注意的是,复合材料受制造工艺影响,疲劳分散性较大,而引入初始损伤后,分散性会进一步增加,因此试验工作量需要酌情增加,以增加试验的可靠度。

2. 冲击后疲劳影响因素

复合材料冲击试验主要变量有冲击能量、冲头大小及形状、复合材料铺层形式等;疲劳试验主要变量有应力水平、应力比、复合材料铺层形式等。普遍认为,冲击后疲劳问题是两种工况的叠加,与两种工况分别相关。在实际试验过程中,可以发现影响因素之间存在着一定相互影响:例如,在 75%以上的应力水平作用下,冲击能量大小对层压板疲劳寿命影响不大,而在 65%以下的应力水平作用下,高能量冲击与低能量冲击后疲劳寿命会有数量级的差距。这是由于复合材料疲劳存在一个损伤扩展阈值:应力在损伤扩展阈值以上会呈现出损伤区域持续扩展的形式,当损伤区域扩展到结构无法继续承载时,发生失效;而应力在阈值以下,由于无法提供足够断裂能,损伤扩展极其缓慢,甚至出现不扩展的情况,表现为寿命无限长。冲击损伤导致损伤区域周围应力增加,而应力增加导致损伤扩展由缓慢扩展转变为稳定扩展,导致寿命下降明显,在 75%以上的应力条件下,不发生模式转换,且无损伤时的疲劳寿命较短,冲击能量对寿命的影响不明显。此外,由于高应力水平的疲劳破坏由纤维损伤控制,因此低速冲击对其影响较小[20]。

应力比是另一个值得关注的问题:大量研究表明,在拉-压疲劳载荷作用下,BVID 损伤对于应力-寿命曲线和损伤扩展模式的影响可以忽略,而在压-压疲劳载荷作用下,该冲击损伤的影响不可忽略,这是由于拉-压疲劳载荷作用下,边缘分层的影响大于冲击导致的分层,而压-压疲劳载荷使纤维局部屈曲,分层损伤持续扩展,使其更容易发生疲劳失效[21, 22]。

15.6.3　含冲击损伤复合材料层压板的疲劳性能试验

1. 含冲击损伤复合材料层压板的疲劳性能试验方法

目前国内外学者已经针对含冲击损伤复合材料层压板的疲劳性能开展了一系列试验,但是截至目前尚未有统一的含冲击损伤复合材料层压板的疲劳试验标准。目前大多数学者均是根据 CAI 试验标准(如 ASTM D7137)以及复合材料疲劳试验标准(如 GB/T 35465.4)相结合开展相关试验研究,一般来讲,含冲击损伤复合材料层压板的疲劳试验主要分为三大块研究内容:复合材料低速冲击试验、复合材料冲击后压缩试验以及含冲击损伤的复合材料疲劳试验,前两种试验方法已经在 15.4 节进行了介绍,本节将对含冲击损伤的复合材料疲劳试验进行概述。

试验采用电液伺服疲劳试验机在常温下进行，试验所用的夹具和试件夹持方式与静压缩试验一致。根据实际工况需求，疲劳载荷应力水平一般分别取含冲击损伤层板静强度的55%~90%，每组选取4~6个试件用于试验，一般来讲推荐的疲劳载荷水平与加载频率对应关系如表15.2所示，选择加载频率的依据为：在保证试件不会因交变载荷作用而产生明显升温现象的同时尽量缩短试验周期。疲劳加载采用力控制方式，载荷波形为等幅正弦波，应力比固定取10，加载频率2~5 Hz。

表15.2 疲劳载荷水平与加载频率对应关系

载荷水平	加载频率
55%	5 Hz
60%	4 Hz
65%	4 Hz
70%	4 Hz
75%	3 Hz
80%	3 Hz
85%	3 Hz
90%	2 Hz

2. 含冲击损伤复合材料层压板的疲劳性能试验实例

针对含冲击损伤复合材料层压板的疲劳性能，朱炜垚[23]开展了细致的研究工作。试件首先切割成200 mm×80 mm大小并采用MTS810电液伺服疲劳试验机在常温下进行疲劳试验。疲劳试验装置如图15.14所示：

图15.14 含冲击损伤复合材料层压板的疲劳试验装置[23]

通过选取16件试验件参照15.4节所述试验方法进行冲击预制损伤，冲击能量为13.25 J。将16件冲击后的试验件分成5组分别取不同的载荷水平(55%~80%)进行压-压疲劳试验研究。得到的含冲击损伤复合材料层合板压-压疲劳 $S-N$ 曲线如图15.15所

示，图中的 lg N 为平均对数寿命值，计算方法为

$$\lg N = \frac{1}{n}\sum_{i=1}^{n}\lg N_i \tag{15.4}$$

其中，N_1、N_2 等为在该级应力水平作用下，各试件的疲劳寿命。通过 $S-N$ 曲线可以看出损伤不发生扩展的疲劳极限强度低于含冲击损伤层合板静压缩强度的 55%。

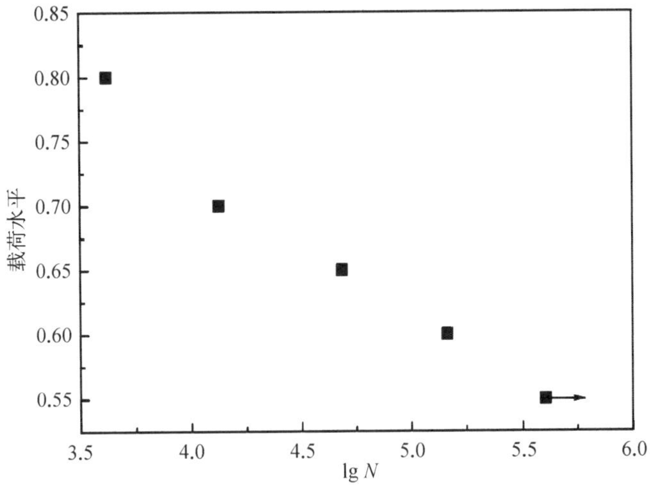

图 15.15　含冲击损伤复合材料层合板压-压疲劳 $S-N$ 曲线[23]

图 15.16 展示了压-压疲劳载荷作用下含初始冲击损伤层合板的损伤扩展情况，图片均为超声 C 扫描无损检测获得。可以看出，在层板若干不同厚度的子层上，损伤均有所扩展，扩展的方向为沿着垂直于载荷的方向。结合试验过程中试件外观损伤特征，可以判断出 C 扫描图上靠近冲击正面的损伤区域的主要损伤形式为纤维压缩屈曲，接近冲击背部的区域的主要损伤形式应是层间分层。并且，越靠近冲击背部，损伤面积越大，随着损伤的扩展，整板的损伤投影大致呈椭圆形，其短轴沿着载荷方向且扩展很少，长轴则沿着试件宽度方向且扩展较多。

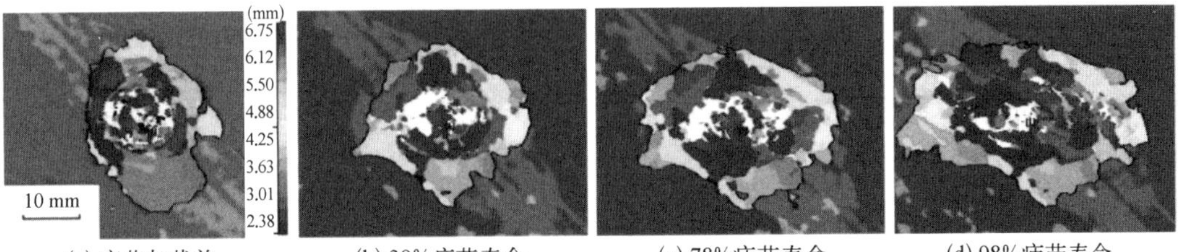

(a) 疲劳加载前　(b) 39%疲劳寿命　(c) 78%疲劳寿命　(d) 98%疲劳寿命

图 15.16　压-压疲劳载荷下损伤扩展

图 15.17 展示了压-压疲劳试件破坏后试验件外观，可以看出，压-压疲劳的最终破坏形式与静压缩破坏形式类似，破坏件背部出现了一个屈曲鼓起，从试件侧面看，绝大部分

子层均发生断裂，且损伤程度比静压缩损伤程度更为严重。试件的最终破坏类型为压缩强度破坏造成的截断式。

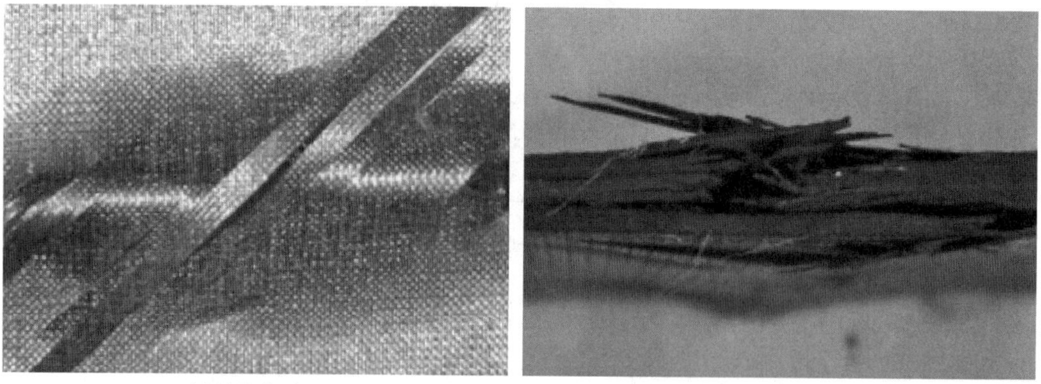

(a) 试件背面　　(b) 试件侧面

图 15.17　压-压疲劳试件破坏后试验件外观[23]

15.6.4　复合材料层压板冲击后渐进疲劳寿命预测

复合材料的早期研究中，一些学者将描述金属疲劳强度特性时用到的应力-寿命曲线和应变-寿命曲线等方法略微调整，提出了一些用于研究复合材料疲劳强度的方法，但是未能准确预测复合材料层压板的不同失效模式，而且模型参数需要大量的试验才能获取。

因此，逐步发展了更加适用于复合材料的疲劳渐进损伤理论。这种理论的基本思路是根据复合材料单向层压板的疲劳强度特性，建立材料参数模型，通过数值模拟的方法估计多向铺层的复合材料层压板结构的疲劳寿命。而研究复合材料的冲击后疲劳问题同样需要围绕渐进损伤疲劳理论开展研究。

冲击后的复合材料渐进疲劳损伤理论的假设除了上述章节所提出关于冲击问题的假设，还包含以下假设[24]：

(1) 客观损伤假设：复合材料层压板的刚度和强度等性能会随着疲劳载荷作用次数的增加而逐步减小；

(2) 临界强度假设：当层压板结构的强度小于承载应力时，结构发生静力破坏。

根据以上假设可知，当采用渐进疲劳损伤理论对复合材料结构进行寿命预测时主要包括：结构应力分析、结构失效情况以及材料性能退化方式。而在对复合材料层压板结构进行寿命预测与损伤分析时，应采用局部应力作为每次材料性能退化的判断依据进行计算，并且需要确定以下四个部分[25]：

(1) 失效判据；

(2) 复合材料单向层压板疲劳寿命预测模型；

(3) 材料性能退化方法；

(4) 结构破坏准则。

1. 材料损伤失效判据

复合材料损伤的萌生与演化除了由结构承载方式、铺层形式以及几何尺寸等多种因素决定，与损伤失效判据的选取也密切相关。而针对冲击后疲劳寿命问题研究中要求在冲击与疲劳过程中的失效判据保持一致。

2. 复合材料单向带疲劳寿命预测模型

材料本身在结构未失效的情况下，对复合材料的冲击与材料本身的退化原理无关，因此需要开展复合材料单向带的疲劳寿命预测模型研究，目的是研究复合材料本身的退化机理。根据客观损伤假设，结构未失效时，材料性能参数随加载次数逐渐降低，即决定了疲劳寿命预测模型中的参数。基本思路是先通过疲劳性能参数试验，即复合材料单向层压板疲劳试验，确定材料参数变化，计算得到材料无损疲劳寿命 N_f，则可获得在加载任意 n 次下的材料性能。假设材料某些性能参数的损伤情况可通过 (n/N_f) 用函数表示，根据研究对象的不同，可将其划分为剩余刚度和剩余强度等模型。

袁林[26]将含初始损伤冲击的复合材料的将客观损伤定义为

$$D_i = 1 - [1 - (n/N_f)^{\xi}]^{\zeta} \tag{15.5}$$

此外，客观损伤还是关于 n/N_f 的函数，因此有

$$D_i = f\left(\frac{n}{N_f}\right) \tag{15.6}$$

$$D_E = \frac{E(0) - E(n)}{E(0) - E(N_f)} = \frac{E(0) - E(n)}{E(0) - \sigma_{max}/\varepsilon_f} \tag{15.7}$$

$$D_R = \frac{R(0) - R(n)}{R(0) - R(N_f)} = \frac{R(0) - R(n)}{R(0) - \sigma_{max}} \tag{15.8}$$

需要注意的是，通常情况下，复合材料结构并不是由单一层合板组成，而是由紧固件、固定胶等多材料组成的复杂系统。张峻瑞等[27]考虑了混合多钉连接件各部件的损伤权重，并提出的一种疲劳损伤模型。其对客观损伤进行了重新定义，可为含冲击损伤的复合材料结构的疲劳问题提供参考。为在保证试验结果精确度的情况下降低成本，可利用少量试验获得试验件的剩余刚度，应将强度和刚度联合退化。因此，含初始损伤冲击的复合材料的剩余强度-剩余刚度联合退化模型为

$$E(n) = E(0) - [E(0) - \sigma_{max}/\varepsilon_f]\{1 - [1 - (n/N_f)^{\xi}]^{\zeta}\} \tag{15.9}$$

$$R(n) = R(0) - [R(0) - \sigma_{max}]\{1 - [1 - (n/N_f)^{\xi}]^{\zeta}\}^{\omega} \tag{15.10}$$

以上方法需要大量试验数据对 ξ、ζ、ω 进行拟合，在无试验数据支持时，Yao 和 Himmel[28]通过对大量的纤维增强复合材料剩余强度试验结果进行分析发现：在拉伸疲劳载荷作用下，结构损伤满足式(15.11)：

$$f\left(\frac{n}{N_f}\right) = \frac{\sin(\phi n/N_f)\cos(\phi - \varphi)}{\sin\beta\cos(\phi n/N_f - \varphi)} \tag{15.11}$$

其中，$\phi = 2\pi/3$、$\varphi = 0.5\phi$；η 为强度退化参数，由应力比、峰值应力决定。

通过上述两种模型可以得出复合材料的损伤退化规律，进而将此规律应用于冲击后

压-压疲劳的寿命预测中。其中，$E(n)$ 表示 n 次循环加载后材料的剩余刚度；$R(n)$ 表示 n 次循环加载后材料的剩余强度，N_f 为无损疲劳寿命。著名物理工程学家 Shokrich 和 Lessard[29-32] 应用了 Harris 等[33] 研究人员提出的正则化疲劳寿命预测模型，建立了一种基于三维有限元模型的疲劳累积损伤分析方法，提出了一种无损疲劳寿命计算方法，其计算公式为

$$\begin{cases} u = \dfrac{\ln(a/f)}{\ln[(1-q)(c+q)]} = A + B\lg N_f, & \text{受拉伸/压缩载荷时} \\ u = \lg\left\{\dfrac{\ln(a/f)}{\ln[(1-q)(c+q)]}\right\} = A + B\lg N_f, & \text{受剪切载荷时} \end{cases} \tag{15.12}$$

其中，$a = (1-R)\sigma_{max}/(2\sigma_t)$；$q = (1+R)\sigma_{max}/(2\sigma_t)$；$c = \sigma_c/\sigma_t$；$R$ 为应力比；σ_t 为冲击后拉伸强度；σ_c 为冲击后压缩强度；σ_{max} 为疲劳最大应力。

3. 损伤区域材料参数退化方法

在外载荷作用下，当复合材料发生局部静力失效后，由于基体、纤维等仍有一部分连接，并不是单纯地将损伤区域完全移除，而是依据一定比例降低损伤处的强度和刚度，这个过程便称为材料退化[34, 35]。而冲击后疲劳寿命问题中由于初始损伤的存在，因此针对材料参数的退化更为重要。常用的材料退化方法主要分为两类：连续退化法和直接退化法[36]。

直接退化法是指在材料发生失效后，材料退化到最终临界破坏刚度之后，材料直接从最后状态的剩余刚度到刚度变为完全失效状态即原刚度的 M 倍；直接退化法的优点是，模型简单计算量小，缺点也较为明显，就是刚度值不连续，容易在计算中导致不收敛的现象。

而连续退化方法是指当材料发生失效后，其刚度按函数关系，在后续的数次加载后逐渐降低，连续退化法的优点在于退化曲线连续，计算过程中不易导致不收敛的现象，而且连续退化法更符合对现实情况的描述，但是这种方法也存在一定的缺陷，首先是退化曲线的确定，退化曲线通常是由试验来确定的，其次由于单元破坏的时间不同，其退化进行过程复杂混乱，大幅降低计算效率。

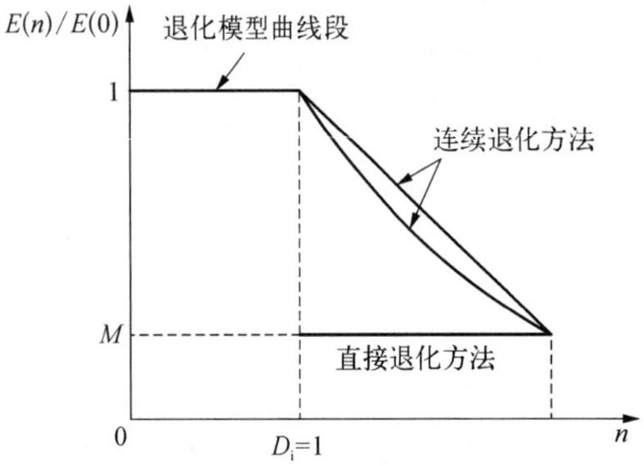

图 15.18 退化方法示意图

最终，材料刚度减小到初始刚度的 M 倍，如图 15.18 所示。

上述方法按照公式可以描述为式(15.13)和式(15.14)。

直接退化法：

$$\begin{cases} E(n) = E(0) - [E(0) - \sigma_{max}/\varepsilon_f]D_i, & U(n) \leqslant U_f \\ E(n) = M \cdot [E(0) - \sigma_{max}/\varepsilon_f], & U(n) > U_f \end{cases} \tag{15.13}$$

连续退化法：

$$\begin{cases} E(n) = E(0) - [E(0) - \sigma_{\max}/\varepsilon_{\mathrm{f}}]D_{\mathrm{i}}, & U(n) \leqslant U_{\mathrm{f}} \\ E(n) = [f(n) + M] \cdot [E(0) - \sigma_{\max}/\varepsilon_{\mathrm{f}}], & U(n) > U_{\mathrm{f}} \end{cases} \tag{15.14}$$

其中，M 为退化后的刚度与临界破坏刚度的比值。$f(n)$ 在 $U(n) = U_f$ 时其值为 $1-M$，当在经过 n_0 次加载后，其值为 0。

余明[37]和苏睿[38]基于 Camanho 和 Matthews[39]提出的 T300/914 碳纤维增强复合材料层压板性能退化比值 M 的选取方式，对 M 的取值进行了研究，并加以改进：

(1) 纤维拉伸失效，M 取值为 0.14，纤维压缩失效，M 取值为 0.07，将 E_{11} 按式(15.13)进行退化；

(2) 基体拉伸失效，M 取值为 0.4，基体压缩失效，M 取值为 0.2，将 E_{22}、G_{12} 和 G_{23} 按式(15.13)退化；

(3) 纤维-基体剪切失效，M 取值为 0，将 G_{12} 和 v_{12} 按式(15.13)进行退化；

(4) 分层失效，M 取值为 0，将 E_{33}、G_{23}、G_{13}、v_{23}、v_{13} 按式(15.13)进行退化。

4. 结构破坏准则

一般而言，含冲击损伤的复合材料疲劳裂纹会沿着结构件的宽度方向扩展，因此，当损伤扩展到结构件边缘时，力学性能会大打折扣。又由于复合材料的主要承力结构为纤维与基体，因此，当纤维或基体损伤扩展至结构件边缘时，即可判断其发生压缩破坏。对于其他载荷工况下的含冲击损伤的复合材料结构破坏判定准则与无损复合材料疲劳问题相同，这里将不做过多讨论。

15.6.5　复合材料冲击后疲劳寿命预测有限元模拟方法

有限元模拟流程其实与整个疲劳试验过程相似，都是进行循环加载，再判断结构是否破坏，具体模拟流程如图 15.19 所示。

其过程可以描述为：首先对结构进行建模，并将冲击损伤模拟结果导入模型，再对结构进行有限元的应力分析、初始损伤分析等单元状态表征量，再进行单元静力失效分析，若单元未失效，那么继续进行加载，同时完成上次循环的损伤累积并按照损伤进行单元材料性能退化，退化后应力重新分布，重复此过程直到单元出现静力失效，那么此时开始根据结构失效准则判断结构是否失效，若结构未失效，那么进行材料退化应力重新分布，再次进行上述步骤，若结构发生失效，则输出最终的疲劳寿命，此寿命便为疲劳寿命预测值。

其中的静力失效部分需要结合有限元软件的二次开发，通过对时间的设定可以控制循环加载，进而控制整个疲劳加载的进行。其子程序流程如图 15.20。

而子程序可分为应力分析、静力失效判断、材料性能退化等模块。其中应力分析采用 ABAQUS 自带应力分析方法进行，而静力失效判断以及材料性能退化，均采用能量法进行。而能量法中的具体参数来源于 15.6.4 节的优化得到的模型参数。

通过上述流程便可以得到冲击后的复合材料层压板的压缩疲劳预测寿命。

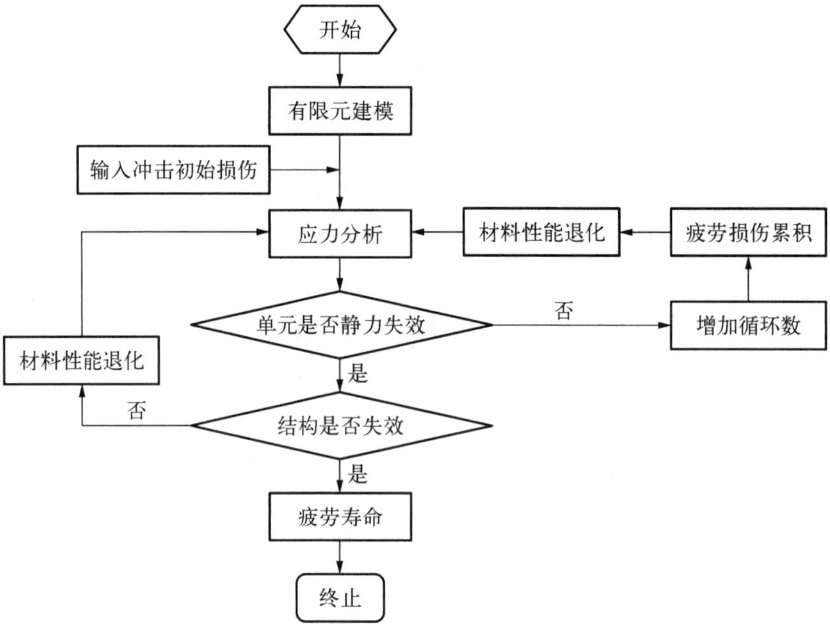

图 15.19　有限元方法的流程图

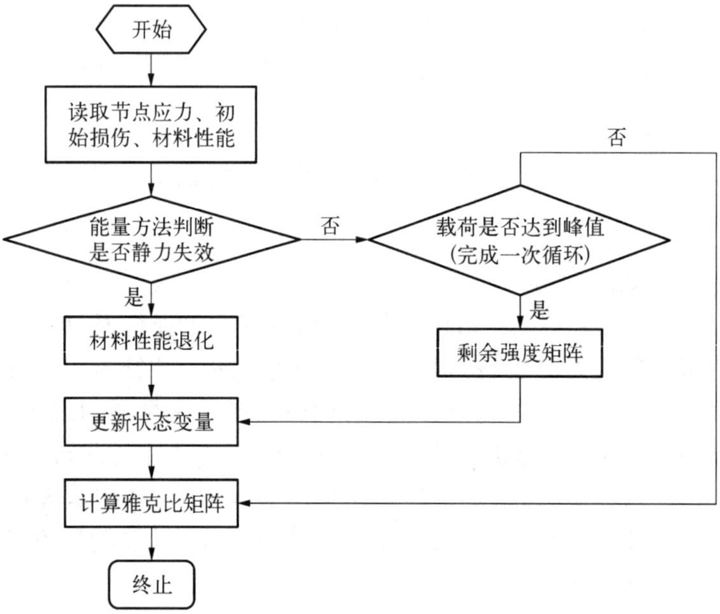

图 15.20　子程序流程图

15.7　总结与展望

本章主要对含冲击损伤复合材料的静强度及疲劳问题进行了讨论。针对含损伤复合材料，首先引入了航空复合材料损伤容限设计理念，从初始缺陷和使用损伤、制造缺陷和冲击损伤、损伤拓展要求介绍了航空复合材料设计中常见缺陷及损伤及其容许条件。

本章的重点研究对象为含冲击损伤复合材料，通过介绍航空结构中结构的五类损伤，并针对冲击损伤进行了重点介绍，告诫读者：在低能量冲击条件下，层压板结构内部容易产生基体开裂和分层等损伤，表面却几乎看不出什么损伤缺陷，然而这些内部损伤破坏却使层压板结构的力学性能严重退化，强度可削弱到只有无损强度的 35%～40%，因此含冲击损伤复合材料的力学性能必须着重加以考虑。

接下来介绍了复合材料的冲击损伤试验及冲击后压缩试验方法，分析了复合材料低速冲击后压缩的损伤情况及力学性能，并介绍了含冲击损伤复合材料的有限元模拟方法。

本章最后针对含冲击损伤的复合材料疲劳问题展开了探讨：首先介绍了含冲击损伤复合材料的损伤机理及影响因素。接着介绍了含冲击损伤的复合材料疲劳试验方法，并介绍了含冲击损伤复合材料压-压疲劳损伤扩展情况以及疲劳寿命问题。最后介绍了含冲击损伤的复合材料疲劳问题的有限元分析方法，通过引入材料失效判据、寿命预测模型，并根据一定方式对材料性能进行退化实现损伤分析及寿命预测。

习题与思考题

1. 简述损伤容限的设计理念。
2. 简述复合材料冲击损伤的形式及其危害。
3. 简述复合材料的失效准则及复合材料低速冲击有限元分析过程。

参考文献

[1] 沈真. 复合材料飞机结构耐久性/损伤容限设计指南[M]. 北京：航空工业出版社，1995.
[2] 陶梅贞. 现代飞机结构综合设计[M]. 西安：西北工业大学出版社，2001.
[3] 程普强. 先进复合材料飞机结构设计与应用[M]. 北京：航空工业出版社，2019.
[4] FAA. Composite aircraft structure：AC20－107B[S]. Washington, D. C.：FAA, 2009.
[5] CMH－17 协调委员会. 复合材料手册. 第 3 卷. 聚合物基复合材料：材料应用、设计和分析[M]. 汪海，沈真，译. 上海交通大学出版社，2015.
[6] 周逃林. 层合复合材料冰雹和硬物冲击损伤研究[D]. 南京：南京航空航天大学，2019.
[7] ASTM. Standard test method for measuring the damage resistance of a fiber-reinforced polymer matrix composite to a drop-weight impact event：ASTM D7136/D7136M－05[S]. West Conshohocken：ASTM, 2005.
[8] ASTM. Standard test method for compressive residual strength properties of damaged polymer matrix composite：ASTM D7137/D7137M－05[S]. West Conshohocken：ASTM, 2005.
[9] 沈真，杨胜春，陈普会. 复合材料层压板抗冲击行为及表征方法的实验研究[J]. 复合材料学报，2008，25(5)：125－133.
[10] 张迪. 三维编织复合材料低速冲击及损伤机理分析[D]. 西安：西北工业大学，2020.
[11] Bogenfeld R, Kreikemeier J, Wille T. Review and benchmark study on the analysis of low-velocity impact

on composite laminates[J]. Engineering Failure Analysis, 2018, 86: 72-99.

[12] Thorsson S I, Waas A M, Rassaian M. Low-velocity impact predictions of composite laminates using a continuum shell based modeling approach Part b: BVID impact and compression after impact[J]. International Journal of Solids and Structures, 2018, 155: 201-212.

[13] Rozylo P, Debski H, Kubiak T. A model of low-velocity impact damage of composite plates subjected to Compression-After-Impact (CAI) testing[J]. Composite Structures, 2017, 181: 158-170.

[14] Saghafi H, Ghaffarian S R, Salimi-Majd D, et al. Investigation of interleaf sequence effects on impact delamination of nano-modified woven composite laminates using cohesive zone model[J]. Composite Structures, 2017, 166: 49-56.

[15] 杨雯充. 复合材料低速冲击拐点现象及损伤机理研究[D]. 西安: 西北工业大学,2018.

[16] 于飞,陈向明,张阿盈,等. 一种改进的内聚力损伤模型在复合材料层合板低速冲击损伤模拟中的应用[J]. 复合材料学报,2015,32(6): 1745-1753.

[17] Sun C T, Quinn B J, Tao J, et al. Comparative evaluation of failure analysis methods for composite laminates[R]. DOT/FAA/AR-95/109, 1996.

[18] Hou J P, Petrinic N, Ruiz C, et al. Prediction of impact damage in composite plates[J]. Composites Science and Technology, 2000, 60(2): 273-281.

[19] Tvergaard V, Hutchinson J W. The influence of plasticity on mixed mode interface toughness[J]. Journal of the Mechanics and Physics of Solids, 1993(6): 1119-1135.

[20] 梁小林,许希武,林智育. 复合材料层板低速冲击后疲劳性能实验研究[J]. 材料工程,2016,44(12): 100-106.

[21] 任鹏. 复合材料层合板冲击损伤及冲击后疲劳寿命研究[D]. 哈尔滨: 哈尔滨工业大学,2014.

[22] Mitrovic M, Hahn H T, Carman G P, et al. Effect of loading parameters on the fatigue behavior of impact damaged composite laminates[J]. Composites Science and Technology, 1999, 59(14): 2059-2078.

[23] 朱炜垚. 含低速冲击损伤复合材料层板剩余强度及疲劳性能研究[D]. 南京: 南京航空航天大学,2012.

[24] Tserpes K I, Papanikos P, Labeas G, et. Fatigue damage accumulation and residual strength assessment of CFRP laminates[J]. Composite Structures, 2004, 63(2): 219-230.

[25] 侯赤. 空天飞机机体复合材料机械连接结构损伤与强度分析[D]. 西安: 西北工业大学,2010.

[26] 袁林. 复合材料多钉连接疲劳载荷谱处理技术[D]. 西安: 西北工业大学,2020.

[27] 张峻瑞,郑锡涛,袁林,等. 基于损伤权重的混合多钉连接件疲劳寿命预测方法[J]. 航空学报,2021,42(5): 263-271.

[28] Yao W X, Himmel N. A new cumulative fatigue damage model for fibre-reinforced plastics[J]. Composites Science and Technology, 2000, 60(1): 59-64.

[29] Shokrieh M M, Lessard L B. Progressive fatigue damage modeling of composite materials, Part I: Modeling[J]. Journal of Composite Materials, 2000, 34(13): 1056-1080.

[30] Shokrieh M M, Lessard L B. Progressive fatigue damage modeling of composite materials, Part II: Material characterization and model verification[J]. Journal of Composite Materials, 2000, 34(13): 1081-1116.

[31] Shokrieh M M, Lessard L B. Multiaxial fatigue behaviour of unidirectional plies based on uniaxial fatigue experiments-I. Modelling[J]. International journal of fatigue, 1997, 19(3): 201-207.

[32] Shokrieh M M, Lessard L B. Multiaxial fatigue behaviour of unidirectional plies based on uniaxial fatigue

experiments-II. Experimental evaluation[J]. International journal of fatigue, 1997, 19(3): 209 - 217.
[33] Harris B, Gathercole N, Lee J A, et. Life-prediction for constant-stress fatigue in carbon-fibre composites [J]. Philosophical Transactions of the Royal Society of London. Series A: Mathematical, Physical and Engineering Sciences, 1997, 355(1727): 1259 - 1294.
[34] Gathercole N, Reiter H, Adam T, et al. Life prediction for fatigue of T800/5245 carbon-fibre composites: I. Constant-amplitude loading [J]. International Journal of Fatigue, 1994, 16 (8): 523 - 532.
[35] 廉伟,姚卫星.复合材料层压板剩余刚度-剩余强度关联模型[J].复合材料学报,2008, 25(5): 151 - 156.
[36] 张林.复合材料层合板的逐渐失效分析[D].哈尔滨:哈尔滨工业大学,2009.
[37] 余明.复合材料结构疲劳损伤扩展数值仿真与寿命分析[D].西安:西北工业大学,2011.
[38] 苏睿.复合材料-钛合金机械连接结构疲劳寿命预测研究[D].上海:上海交通大学,2013.
[39] Camanho P P, Matthews F L. A progressive damage model for mechanically fastened joints in composite laminates[J]. Journal of Composite Materials, 1999, 33(24): 2248 - 2280.

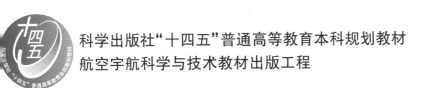

科学出版社“十四五”普通高等教育本科规划教材
航空宇航科学与技术教材出版工程

航空航天复合材料

（下）

Aerospace Composite Materials

付绍云　米耀荣　等　编著

科学出版社
北　京

内 容 简 介

本书聚焦航空航天领域内应用的复合材料，系统全面地介绍了航空航天复合材料的基本概念和基础知识。内容包括：绪论，原材料，传统制备技术，3D/4D 打印技术，树脂基复合材料，层合板，夹层复合材料，金属基复合材料，陶瓷基复合材料，天然复合材料，多尺度复合材料，纺织复合材料，复合材料的强度、模量、蠕变、疲劳和断裂力学理论，屈曲分析，测试与表征，高低温力学性能和物理性能，制造缺陷和湿热环境对力学性能的影响，部件设计与试验，连接与失效分析，无损检测与健康监测，自愈合和修复等。为了加深对书中内容的理解，各章附有习题与思考题。

本书可作为航空航天工程、机械、力学、材料工程等专业的高年级本科生和研究生教材。由于本书内容涵盖面宽，相关章节相对独立，教师可根据学时和专业需要自由选择相关内容。此外，本书也可作为航空航天工程和相关专业师生和科技工作者的参考书。

图书在版编目(CIP)数据

航空航天复合材料／付绍云等编著. —北京：科学出版社，2024. 3

科学出版社"十四五"普通高等教育本科规划教材

航空宇航科学与技术教材出版工程

ISBN 978-7-03-078252-6

Ⅰ. ①航… Ⅱ. ①付… Ⅲ. ①航空材料—复合材料—高等学校—教材②航天材料—复合材料—高等学校—教材 Ⅳ. ①V25

中国国家版本馆 CIP 数据核字(2024)第 058695 号

责任编辑：徐杨峰／责任校对：谭宏宇

责任印制：黄晓鸣／封面设计：殷 靓

科 学 出 版 社 出版

北京东黄城根北街 16 号

邮政编码：100717

http://www.sciencep.com

南京展望文化发展有限公司排版

苏州市越洋印刷有限公司印刷

科学出版社发行 各地新华书店经销

*

2024 年 3 月第 一 版 开本：787×1092 1/16

2024 年 3 月第一次印刷 总印张：54 3/4

总字数：1 100 000

总定价：190.00 元(全二册)

(如有印装质量问题，我社负责调换)

航空宇航科学与技术教材出版工程
专家委员会

航空宇航科学与技术教材出版工程
编写委员会

航空航天复合材料
编写委员会

丛书序

我在清华园中出生，旧航空馆对面北坡静置的一架旧飞机是我童年时流连忘返之处。1973 年，我作为一名陕北延安老区的北京知青，怀揣着一张印有西北工业大学航空类专业的入学通知书来到古城西安，开始了延绵 46 年矢志航宇的研修生涯。1984 年底，我在美国布朗大学工学部固体与结构力学学门通过 Ph. D 的论文答辩，旋即带着在 24 门力学、材料科学和应用数学方面的修课笔记回到清华大学，开始了一名力学学者的登攀之路。1994 年我担任该校工程力学系的系主任。随之不久，清华大学委托我组织一个航天研究中心，并在 2004 年成为该校航天航空学院的首任执行院长。2006 年，我受命到杭州担任浙江大学校长，第二年便在该校组建了航空航天学院。力学学科与航宇学科就像一个交互传递信息的双螺旋，记录下我的学业成长。

以我对这两个学科所用教科书的观察：力学教科书有一个推陈出新的问题，航宇教科书有一个宽窄适度的问题。20 世纪 80~90 年代是我国力学类教科书发展的鼎盛时期，之后便只有局部的推进，未出现整体的推陈出新。力学教科书的现状也确实令人扼腕叹息：近现代的力学新应用还未能有效地融入力学学科的基本教材；在物理、生物、化学中所形成的新认识还没能以学科交叉的形式折射到力学学科；以数据科学、人工智能、深度学习为代表的数据驱动研究方法还没有在力学的知识体系中引起足够的共鸣。

如果说力学学科面临着知识固结的危险，航宇学科却孕育着重新洗牌的机遇。在军民融合发展的教育背景下，随着知识体系的涌动向前，航宇学科出现了重塑架构的可能性。一是知识配置方式的融合。在传统的航宇强校（如哈尔滨工业大学、北京航空航天大学、西北工业大学、国防科技大学等），实行的是航宇学科的密集配置。每门课程专业性强，但知识覆盖面窄，于是必然缺少融会贯通的教科书之作。而 2000 年后在综合型大学（如清华大学、浙江大学、同济大学等）新成立的航空航天学院，其课程体系与教科书知识面较宽，但不够健全，即宽失于泛、窄不概全，缺乏军民融合、深入浅出的上乘之作。若能够将这两类大学的教育名家聚集于一堂，互相切磋，是有可能纲举目张，塑造出一套横跨航空和宇航领域，体系完备、粒度适中的经典教科书。于是在郑耀教授的热心倡导和推动下，我们聚得 22 所高校和 5 个工业部门（航天科技、航天科工、中航、商飞、中航发）的数十位航宇专家为一堂，开启“航空宇航科学与技术教材出版工程”。在科学出版社的大力促进下，为航空与宇航一级学科编纂这套教科书。

考虑到多所高校的航宇学科，或以力学作为理论基础，或由其原有的工程力学系改造而成，所以有必要在教学体系上实行航宇与力学这两个一级学科的共融。美国航宇学科之父冯·卡门先生曾经有一句名言：“科学家发现现存的世界，工程师创造未来的世界……而力学则处在最激动人心的地位，即我们可以两者并举！”因此，我们既希望能够表达航宇学科的无垠、神奇与壮美，也得以表达力学学科的严谨和博大。感谢包为民先生、杜善义先生两位学贯中西的航宇大家的加盟，我们这个由18位专家（多为两院院士）组成的教材建设专家委员会开始使出十八般武艺，推动这一出版工程。

因此，为满足航宇课程建设和不同类型高校之需，在科学出版社盛情邀请下，我们决心编好这套丛书。本套丛书力争实现三个目标：一是全景式地反映航宇学科在当代的知识全貌；二是为不同类型教研机构的航宇学科提供可剪裁组配的教科书体系；三是为若干传统的基础性课程提供其新貌。我们旨在为移动互联网时代，有志于航空和宇航的初学者提供一个全视野和启发性的学科知识平台。

这里要感谢科学出版社上海分社的潘志坚编审和徐杨峰编辑，他们的大胆提议、不断鼓励、精心编辑和精品意识使得本套丛书的出版成为可能。

是为总序。

2019年于杭州西湖区求是村、北京海淀区紫竹公寓

本书序

复合材料之所以广泛应用于航空航天工业领域主要是由于其具有一系列吸引人的特性,如低密度、高比强度、高比刚度、优异的耐腐蚀性等。此外,先进的纤维/束放置、自动化胶带铺设、热压罐成型、液体成型、纤维缠绕、拉挤成型和 3D/4D 打印技术等制造方法的出现,使得生产复杂部件的成本与金属同类产品相比具有竞争力,甚至低于金属同类产品。先进复合材料在飞行器上的应用量已经成为衡量航空航天飞行器的先进性和市场竞争力的重要指标。学习和掌握复合材料的科学与工程知识对于复合材料在航空航天工业领域的成功而大量应用非常关键。

该书系统全面地介绍了航空航天复合材料的基本概念和基础知识。这本书作为“航空宇航科学与技术教材出版工程”之一,聚焦于航空航天领域,由长期活跃在复合材料教学和科研/工程第一线的学者们共同编纂完成。该书介绍了航空航天复合材料的定义和基本概念、原材料的性质、传统制备技术和 3D/4D 打印技术;讨论了主要类型的航空航天复合材料,如聚合物基复合材料、层合板、夹层复合材料、金属基复合材料、陶瓷基复合材料、天然复合材料、多尺度复合材料、纺织复合材料等;归纳总结了复合材料的强度、模量、蠕变、疲劳和断裂力学理论;对复合材料屈曲分析、测试与表征、高低温力学性能和物理性能、制造缺陷和湿热环境对力学性能的影响进行了详细的介绍;此外,该书也有重要章节对复合材料部件设计与试验、连接与失效分析、无损检测与健康监测、自愈合和修复等进行了详细讨论。

该书完全致力于在航空航天应用中使用的先进复合材料的基本概念与基础知识的介绍和讨论,主要优势在于它涵盖了航空航天复合材料的几乎所有方方面面,包括原材料的介绍、制备技术、各种类型的复合材料、力学理论、测试和表征、性能、部件设计与分析,检测和修复等。该书各章节附有习题与思考题,有助于读者对相关内容的深入思考和进一步理解。该书的出版为航空航天工程、机械、力学和材料等专业的高年级本科生和研究生提供了一本很好的教科书,亦为航空航天工业等相关领域的工程师和科学家提供了一个很好的参考书。该书还丰富了航空航天复合材料的教材体系，对于推动先进复合材料的发展及其在航空航天工业领域的大量应用也具有重要意义，特为之序。

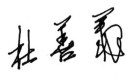

杜善义

2023 年 9 月

前　言

将轻质高性能复合材料应用于航空航天工业领域，不仅可以降低能耗，还可以提高飞行器的安全性和性能。本书的主要目的是向读者介绍应用于航空航天领域的复合材料的科学与工程。航空航天复合材料科学与工程与其他关键学科（空气动力学、电子设备、控制系统、推进技术、飞行器结构等）对于航空航天工业的发展具有同等的重要作用。本书试图在航空航天复合材料的科学与工程之间提供平衡，以便读者可以理解决定复合材料行为的基础科学和相关工程问题，为学生的专业实践做好准备或为专业科技工作者提供参考。

本教材主要分为以下主题：航空航天复合材料绪论（付绍云、米耀荣），高性能复合材料树脂基体及增强材料（包建文），航空航天复合材料制备技术（张宝艳、霍红宇），复合材料层合板（仲政、周晔欣），夹层复合材料（刘文品、杨进军、李宏运），纤维金属层板（宁慧铭），高性能轻质金属基复合材料（耿林、王帅、张学习、王晓军），航空航天用非连续增强铝基复合材料（马宗义、肖伯律、马凯），航空发动机用长寿命连续纤维增强陶瓷基复合材料（成来飞、叶昉、宋超坤），植物纤维增强复合材料（李岩、李倩、于涛），复合材料的刚度和强度（郭方亮、周晔欣、李元庆、仲政、付绍云），纤维增强复合材料的蠕变性能（祝颖丹），纤维增强复合材料的疲劳性能（赵丽滨、张建宇），复合材料层合板的屈曲分析（杨庆生、刘夏、饶威），含冲击损伤复合材料的静强度及疲劳性能（郑锡涛、张迪、宋明宇），3D/4D 打印航空航天复合材料（宋波、章媛洁），多尺度聚合物基复合材料（曾尤、王函），复合材料力学性能的测试和表征（沈真、沈薇），复合材料的低温力学行为（李元庆、付绍云），复合材料高温力学行为（孙宝岗、史汉桥），复合材料的热学和电学性能（黄培、付绍云），复合材料湿热老化行为（王继辉、陈俊磊），纤维增强复合材料断裂力学（康国政、张娟），复合材料制造缺陷对力学性能的影响（姚学锋），航空航天工程用纺织复合材料（燕瑛、颜世博、洪阳），航空复合材料部件设计和试验（朱珊），复合材料连接设计与失效分析（杨振国、龚嶷），航空航天复合材料无损检测（胡宁、刘瑶璐），航空航天复合材料结构健康监测（卿新林，王奕首），自愈合聚合物复合材料（章明秋、容敏智）和复合材料的修复（关志东）。

本教材的定位是一本具有专著特色的教科书，既是一本基础性的教科书，又是一本聚焦在特定的航空航天领域内应用的复合材料科学与工程的专著。任何教科书所面临的挑战都要在学科的广度和深度之间取得适当的平衡，本书的各章节努力尝试这样做，并在每章的末尾添加了参考文献，以供进一步阅读和研究。每个章节还提供了习题与思考题，以加强读者对本书内容的理解和掌握。

本教材的核心目标是给读者介绍航空航天复合材料的基本概念和基础知识。我们致力于将本书打造成航空航天工程、机械、力学、材料工程等专业的高年级本科生和研究生以及从事相关技术的工程师和科学家的必读书。

最后，我们非常感谢所有作者的出色努力和宝贵贡献，也感谢科学出版社的大力帮助和合作。

付绍云　米耀荣

2023 年 9 月

目 录

第 16 章 3D/4D 打印航空航天复合材料

学习要点：

(1) 掌握增材制造的定义、特点及分类；

(2) 了解增材制造的发展史；

(3) 熟悉 3D/4D 打印复合材料的特点；

(4) 掌握复合材料 3D/4D 打印的优劣势；

(5) 熟悉激光选区烧结和激光选区熔化工艺流程及成形特点；

(6) 理解激光选区烧结和激光选区熔化的成形原理；

(7) 了解激光选区烧结和激光选区熔化的发展史及现有设备；

(8) 了解激光选区烧结和激光选区熔化的冶金特点、缺陷产生及解决方法。

16.1 引　　言

航空航天领域所需复合材料零件(如涡轮盘、叶轮、高压涡轮喷嘴)的结构通常较为复杂,采用传统加工方法制备面临制造工序多、周期长、部分复杂结构难以成形等问题。冗长的工序延长了新产品的研制时间,难成形结构增大了轻量化的难度,焊接铆接的组装降低了零件整体的性能。因此,如何减少制备工序、成形多孔材料以及一体化成形复杂结构成为航空航天领域亟须解决的问题。

3D 打印(增材制造)技术作为一种逐层叠加制备零件的技术,在成形过程中不需要模具和刀具,具有实现任意复杂结构零件的快速制造的特点,特别适合航空航天领域单件和小批量新产品的研制及生产。而增材制造技术中的激光选区烧结(selective laser sintering, SLS)和激光选区熔化(selective laser melting, SLM)技术由于易于制造致密和力学性能较好的金属零部件,并且相对其他增材制造技术成形方式较为成熟、应用较为广泛,故而其在航空航天领域的应用受到了大量关注。目前,SLS 成形的塑料零件、SLM 成形的金属零件已获局部装机应用。

本章将首先简要介绍 3D 打印技术的原理,然后详细介绍 SLS、SLM 两类技术,接着针对 4D 打印技术进行介绍,最后从高分子复合材料和金属基复合材料两方面分别阐述 3D/4D 打印技术的典型应用。

16.2 3D/4D 打印简介

16.2.1 3D 打印技术原理

机械制造技术可以分为以下三种：减材制造、等材制造与增材制造。减材制造是指采用车、铣、刨、磨等设备对材料进行加工，通过刀具减少或去除材料的方式达到设计的形状，成形所需部件的方法。采用该方法进行材料加工，原材料的利用率非常低。等材制造是指通过铸造、锻造、焊接等制备零件的方法，等材制备过程中材料的质量基本不变。增材制造技术即 3D 打印技术，是指采用材料叠加的方式制备零件的方法，采用这一方式制备零件过程如图 16.1 所示[1]：首先通过 CAD 等计算机建模软件建立三维模型，然后将建成的三维模型进行分层切片处理，将三维物体转换为二维切片，之后采用电子束扫描、粘接剂黏结等方式通过逐点逐线逐层堆积材料，成形出所需形状的零件。通过上述方式可以实现无模具、无夹具加工[2]，为制备复杂结构和难加工零件提供了新的制造方式。

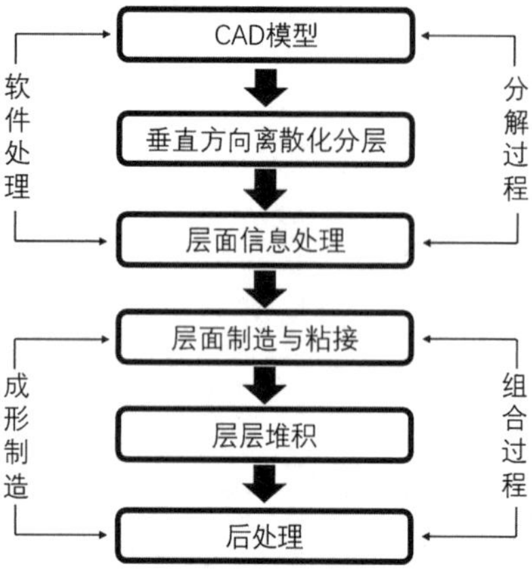

图 16.1　3D 打印过程原理图[3]

3D 打印的核心制造思想起源于 19 世纪的美国，但是直到 20 世纪 80 年代后期才发展成熟并被广泛应用。1979 年，日本东京大学生产技术研究所的中川威雄教授发明了叠层模型造型法；1988 年，美国人斯科特・克朗普发明了一种新的 3D 打印技术——熔融沉积成型，该工艺适合于产品的概念建模及形状和功能测试，不适合制造大型零件；1983 年，美国科学家查尔斯・胡尔(Charles Hull)发明光固化成形(stereo lithograhy appearance, SLA)技术并制造出全球首个 3D 打印部件。1986 年，查尔斯・胡尔获得了全球第一项 3D 打印专利，同年成立 3D Systems 公司。1987 年，3D Systems 发布第一台商业化 3D 打印设备——快速成型机立体光刻机 SLA-1，全球进入 3D 打印时代。1986 年，美国的 Michael Feygin，首次提出了叠层实体制造(laminated object manufacturing, LOM)技术。1988 年，美国 Stratasys 公司首次提出熔融沉积成型(fused deposition modeling, FDM)技术。1989 年，美国得克萨斯大学奥斯汀分校的 Deckard 提出 SLS 技术。1995 年，德国 Frauhofer 应用研究促进协会 ILT 激光技术研究所的研究人员在金属粉末选择性烧结基础上提出 SLM 技术。1998 年，美国桑迪亚国家实验室将 SLS 工艺和激光熔覆(laser cladding)工艺相结合提出激光工程化净成型(laser engineered net shaping, LENS)技术。1990 年至现在，3D 打印技术实现了金属材料的成型，相继出现了电子束选区熔化(electron beam selective melting, EBSM)、电弧增材制造(wire arc additive manufacture, WAAM)等一系列制造工艺[4]。

16.2.2　3D 打印技术分类

3D 打印的种类繁多，根据其制备的方式和相应材料，可以将其分为以下几类[5]。

1. 熔融沉积成型

FDM 技术以树脂丝材为原材料，通过喷头喷出熔融的材料，在基板上沉积时材料快速冷却，一层层地连接在一起[6]，其原理如图 16.2 所示。FDM 技术的最大特点是速度快、无污染，原材料利用率高。同时因为不需要激光器，该技术成本低、便于维护。但采用该技术生产的成形件精度较低，其表面有明显的条纹。

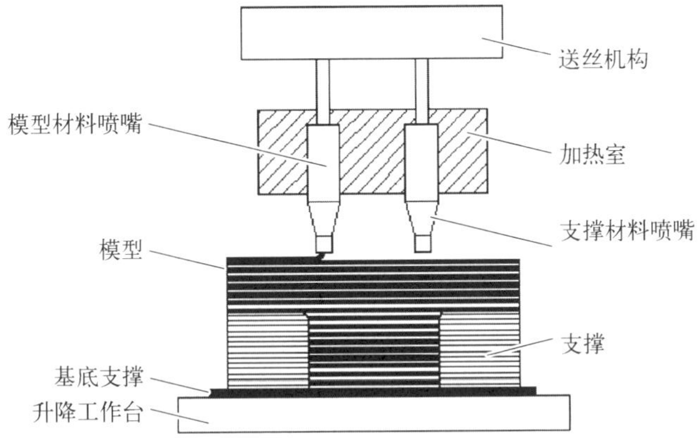

图 16.2　熔融沉积成型原理图[7]

2. 叠层实体制造

LOM 技术采用纸、塑料膜为原料，通过一层层横截面黏结形成初步模型，之后利用二氧化碳激光器发射的激光束对其表面进行切割，得到最终的工件[8]，其原理如图 16.3 所示。该工艺成形速度快，原材料便宜，但成形后对废料剥离费时，适合于体积较大工件的制造。

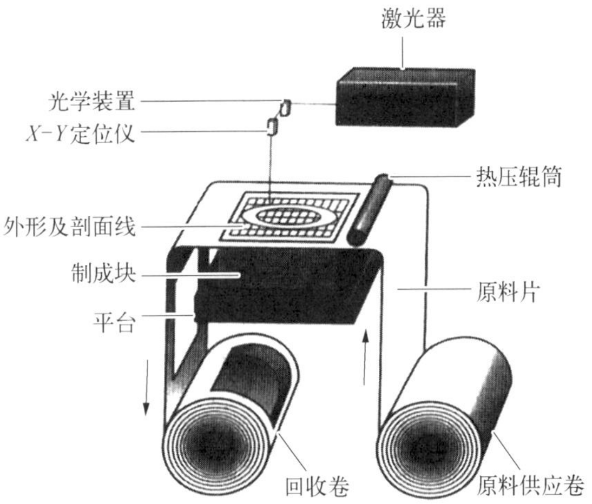

图 16.3　叠层实体制造成形原理图[9]

3. 三维喷印

20 世纪 90 年代美国麻省理工学院 Emanual Sachs 等[10]基于微滴喷射原理提出了三维喷印（3D printing，3DP）技术，该技术是惠普喷墨打印技术与 3D 打印技术的结合，其原理如图 16.4 所示，打印喷头在计算机的控制下按照指定的路径在铺好的粉末上喷印出一个截面，喷射出来的黏结剂会与粉末发生反应使粉末粘接在一起，然后将工作缸下降一个指定的高度，通过铺粉辊铺上一层粉末，接着采用喷头打印第二层，使前后两层紧紧地粘接在一起，如此往复直至完成整个成形过程。

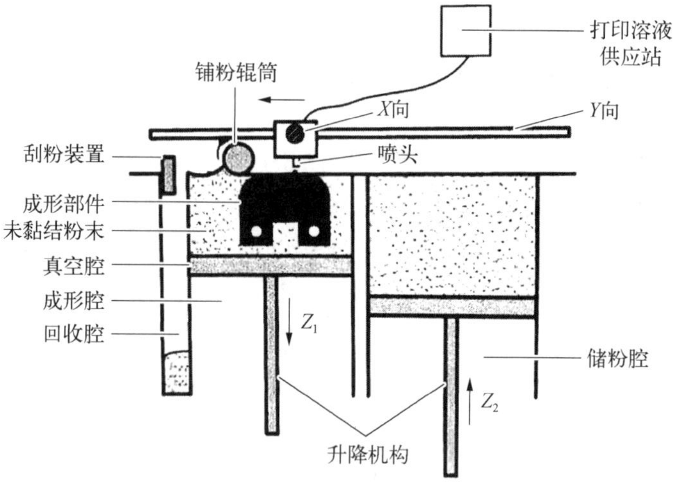

图 16.4　三维喷印工作原理图[11]

4. 光固化成形

SLA 工艺也被称为立体印刷工艺,属于 3D 打印技术的一种。这一技术的成形过程是以液体树脂为原料,采用特定强度的激光照射液体材料表面,使其由点到面一层层固化为三维实体构件,其原理如图 16.5 所示。与其他 3D 打印技术相比,这种方法加工速度快,生产周期短,能简捷、全自动地制造出表面质量和尺寸精度较高、几何形状复杂的原型,但也存在使用和维护成本高,软件系统操作复杂等问题。同时,由于扫描速度较慢,若局部材料没有完全固化,易产生缺陷。

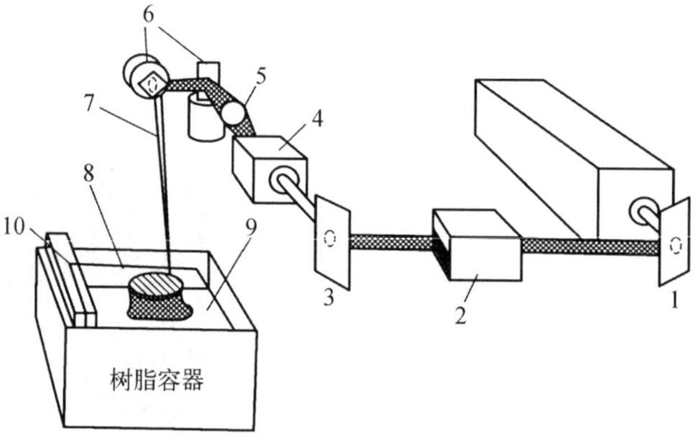

图 16.5　光固化成形原理图[11]

1. 反光镜;2. 光阑;3. 反光镜;4. 动态聚焦镜;5. 聚焦镜;6. 振镜;
7. 激光束;8. 光固化树脂;9. 工作台;10. 涂敷板

5. 激光选区烧结

SLS 技术使用激光作为能量源,粉末作为材料,以烧结的方式将材料黏合在一起,形成坚固的结构[12],其原理如图 16.6 所示。SLS 技术具有成本低、材料利用率高、成形速度快等优点,同时由于粉末可以作为支撑,SLS 技术允许在嵌套的过程中在其他区域内构建具有高度复杂的几何形状的零件,而这些几何形状无法采用传统方法制备。此外,SLS 成形的部件具有多孔表面,需要通过涂覆诸如氰基丙烯酸酯的涂层来密封。

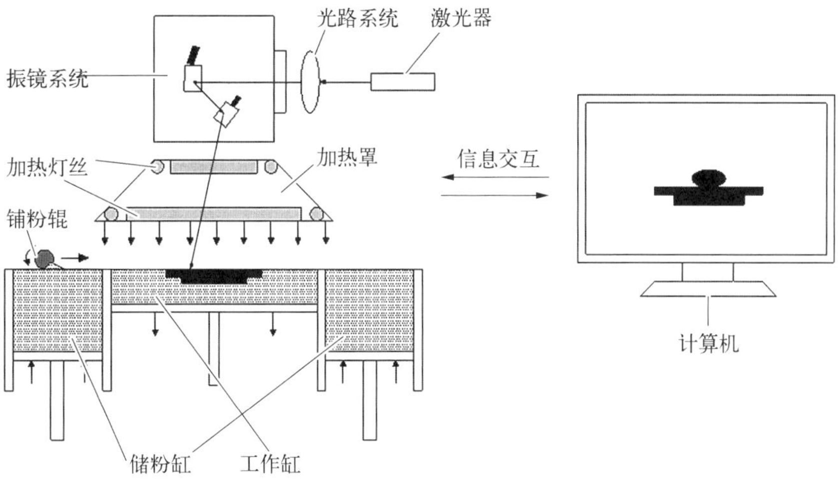

图 16.6　激光选区烧结成形原理图[11]

6. 激光选区熔化

SLM 技术是在 SLS 基础之上发展起来的一种快速成形技术。SLM 的基本原理[13, 14]是利用计算机三维建模软件(UG、Pro/E 等)设计出零件实体模型,然后用切片软件将三维模型切片分层,通过合适的工艺参数和扫描路径,采用激光束逐层熔化金属粉末,层层堆积最终形成实体金属零件。SLM 成形过程如图 16.7 所示,激光束扫描开始前,利用铺粉辊均匀地在成形缸的基板上铺一层金属粉末,计算机控制激光束对当前层进行选择性地熔化,熔化的金属粉末冷却凝固后,成形缸降低一个单位高度,粉料缸上升一个单位高度,铺粉辊在已经凝固的表面重新铺好金属粉末,激光束开始扫描下一层,依照上述过程层层叠加,直至整个零件成形[15]。

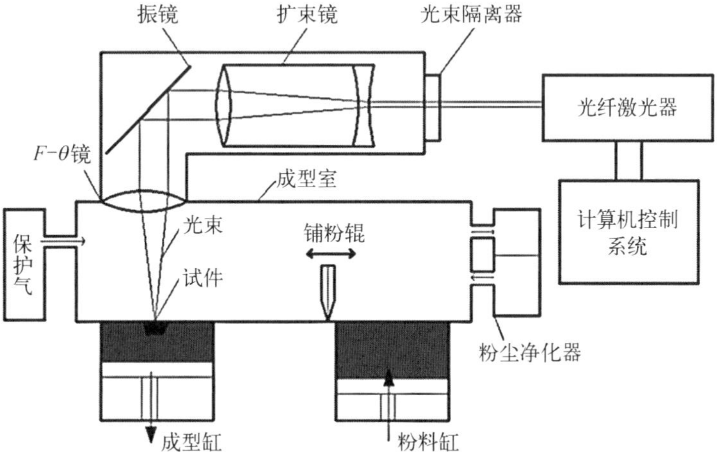

图 16.7　激光选区熔化成形原理图[16]

7. 激光工程净成形

LENS 是在激光熔覆技术的基础上发展起来的一种金属 3D 打印技术[17]。LENS 技术的工作原理是采用大功率激光束，按照预设的路径在金属基体上形成熔池，同时金属粉末从喷嘴喷射到相应熔池中快速凝固沉积，如此逐层堆叠制备完整零件。如图 16.8 所示，LENS 系统主要由激光系统、粉末输送系统和惰性气体保护系统组成。首先通过三维造型软件设计出零件的三维实体模型，然后将三维实体模型转化成 STL 格式的文件，再利用切片软件将实体模型的 STL 文件切分成一定厚度的薄层，并得到每一层扫描轨迹，最后把生成的数据传送到 LENS 系统中，系统根据给定的数据，层层沉积形成致密的金属零件[18]。

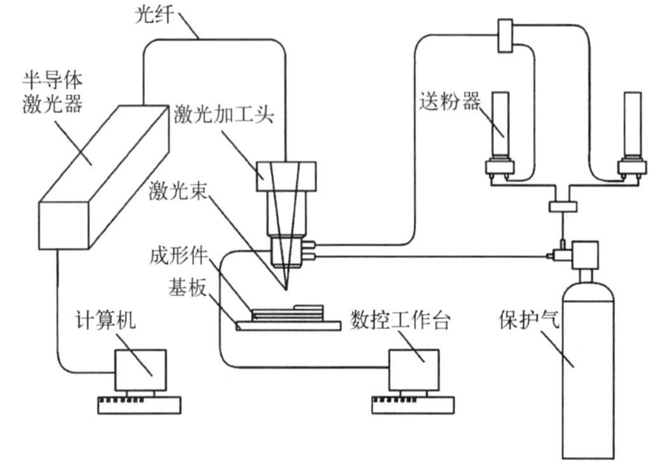

图 16.8　激光工程净成形原理图[19]

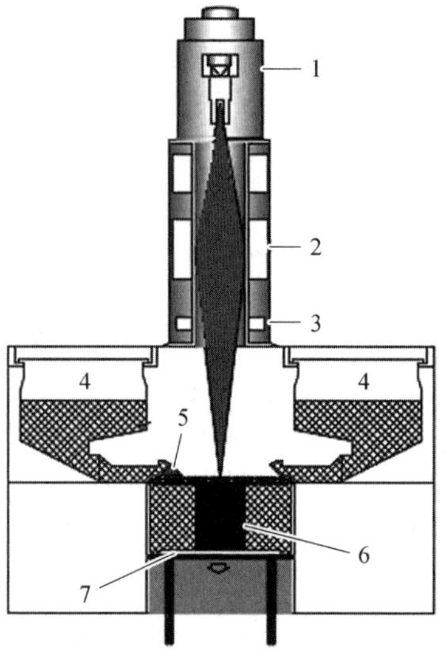

图 16.9　电子束选区熔化原理图[11]

1. 电子枪；2. 聚焦透镜；3. 反射板；4. 供粉缸；5. 铺粉耙；6. 制件实体；7. 成形基板

8. 电子束熔化成形

EBM 工艺类似 SLM，不同之处是 EBM 熔化粉末层的能量源采用的是电子束[20]，其原理如图 16.9 所示。EBM 技术具有成形速度快、无反射、能量利用率高、在真空中加工无污染和能够加工传统工艺不能加工的难熔、难加工材料等优点[21]。但是 EBM 技术需要专用的设备和真空系统，成本昂贵，同时其打印零件的尺寸有限。此外，EBM 成形过程中会产生很强的 X 射线，需要采取有效的保护措施，防止因其泄露对实验人员和环境造成伤害。

综上所述，增材制造技术大量应用于生物医疗、航空航天等精密制造领域，激光选区熔化和激光选区烧结技术则是目前制造金属及致密的高分子零件精度较高的增材制造技术方案，故而本书主要围绕激光选区烧结和激光选区熔化技术进行展开。

16.2.3　3D 打印技术特点

相比传统制备方法，3D 打印技术作为一种逐层叠加的制备技术，具有以下显著优势[1,5]。

制造周期短,不需要模具,小批量零件生产成本低。采用 3D 打印技术进行生产只需要加工原料和 3D 打印设备,不需要额外的机械加工和工装模具[6]。同时 3D 打印可以一次成形整体零件,节约了不同工序加工和组装零件消耗的时间。此外,3D 打印非常适合进行单件小批量生产,其制备小批量产品的成本较传统制造更低。与 3D 打印相比,传统加工制造需要原料采购、准备,加工过程中需要不同工序的轮换加工,加工完成后还需进行零件的组装等,这些步骤无形中延长了产品的生产周期,增加了制件的成本。

零件近净成形,机加工余量小,材料利用率高。3D 打印技术是一次性自下而上通过"分层制造、逐层叠加"成形的,因此其中的大部分材料用于零件的成形,少量的材料损耗是由于零件在成形过程中需要支撑。因此,3D 打印技术相比传统的减材和等材制造更加节省原料,材料利用率高。

激光束能量密度高,可成形传统难加工材料。目前 3D 打印制备金属零件可采用激光束熔化粉末进行成形。激光具有相干性好、单色性好、方向性好和亮度高的特点,尤其是其高能量束能够在很短的时间将温度升高到数千度,在此温度下绝大部分的金属都能够被熔化加工成形。因此,传统的难加工材料如 38CrMnSiA、TC4 等,都可采用 3D 打印加工制造[22]。

3D 打印技术采用一体化制造成形,相比由零部件组装成的整体构件具有更强的刚度和稳定性。另外,3D 打印采用的分层制造、逐层叠加的成形技术,在制备每一层的过程中已经将成形应力释放,因此制造的零件没有应力集中或者应力集中现象很少。

目前 3D 打印技术也存在一些缺点,具体表现在:采用其制备已经应用成熟的零件成本较高,同时大批量生产的成形效率相比于传统的制备方法更低;可以用于制造的材料受限,3D 打印要求材料是粉末、片状或丝状,因此只能成形已制备成微米级粉末或者丝状的材料;作为一种新兴技术,3D 打印制备的零件在航空航天领域的应用标准还需要重新制定,其安全性能还需要经过时间的考验。

16.2.4 3D 打印发展趋势

1. 解决形性可控的智能化技术与装备

增材制造过程是涉及材料、结构、多种物理场和化学场的多因素、多层次以及跨尺度耦合的极端复杂系统,结合大数据和人工智能技术来研究这一极端复杂系统,在增材制造的多功能集成优化设计原理和方法上实现突破,发展形性主动可控的智能化增材制造技术。在此基础上,发展具有自采集、自建模、自诊断、自学习、自决策的智能化增材制造装备也是未来增材制造技术实现大规模应用的重要基础。同时,重视与材料、软件、人工智能、生命与医学的学科交叉研究,开展重大技术原始创新研究,在航空航天航海、核电等新能源、医疗、建筑、文化创意等领域拓展增材制造技术的应用,是我国增材制造技术可望引领世界的关键所在。

2. 突破制造过程跨尺度建模仿真及材料物性变化的时空调控技术

以功能需求为导向,主要研究针对高分子、陶瓷等有机/无机非金属材料,甚至细胞、因子、蛋白等生物活性材料的增材制造工艺,进行兼具成形性能和功能要求的制造过程纳观-微观-宏观跨尺度建模仿真,以及微米-微秒介观时空尺度上的原位和透视观测技术与装置的研究与开发，建立相应的多尺度、多场计算模拟模型，在高时空分辨率下，研究和揭示非金属、生物材料、细胞等在挤出、喷射、光固化等典型增材制造过程中的物性变化、形态演化、组织转化甚至细胞的基因转入等细节过程及其影响因素，掌握工艺现象的本质原理和成形缺陷的形成机制，为改进和提高现有工艺水平、提升制件质量、突破技术瓶颈奠定理论基础。在此基础之上，与人工智能、大数据和深度学习等技术结合，突破先进智能材料、柔性材料、响应性材料、生物活性墨水的增材制造关键技术工艺，研究打印过程中以及打印后材料物性变化规律和调控规律。

3. 注重发展未来颠覆性技术

太空打印、生物打印（生物增材制造）是增材制造两个具有颠覆性引领性质的重大研究方向，它们既关系到我们的空天科技及生命科学前沿，又直接关系到我们的国防安全及健康生活。太空打印可以以小设备制造大装置，可以在太空制造巨型太阳能电站，建立月基发射基地，乃至发展成太空装备新材料。生物打印已经在人工心肺制造方面显示了良好的开端，大力发展生物打印技术，占领基础研究和产业应用的制高点，为实现我国新型生物医疗器械领域的自主创新及转型升级打下良好基础[23]。

16.2.5 4D 打印技术

4D 打印的概念最初是由美国麻省理工学院（Massachusetts Institute of Technology，MIT）的 Tibbits[24] 在 2013 年的 TED（Technology，Entertainment，Design）大会上提出，他将一个软质长圆柱体放入水中，该物体自动折成“MIT”的形状，这一形状改变的演示即是 4D 打印技术的开端，随后掀起了研究 4D 打印的热潮。

随着研究的深入，4D 打印的概念和内涵也在不断演变和深化。2016 年，华中科技大学史玉升教授组织国内的有关专家，在中国武汉召开了第一届 4D 打印技术学术研讨会，提出 4D 打印的内涵，即增材制造构件的形状、性能和功能能够在外界预定的刺激（热能、水、光、pH 等）下，随时间发生变化。推动了 4D 打印技术由概念向内涵方向发展，相比于最初的 4D 打印概念，新提出的内涵表明 4D 打印构件随外界刺激的变化不仅仅是形状，还包括构件的性能和功能，这使得 4D 的内涵更丰富，有利于 4D 打印技术从现象演示逐渐走向实际应用，只有性能和功能发生了变化才满足功能化、智能化的定义，才具备应用价值。

随后，华中科技大学史玉升教授每年组织一次 4D 打印技术大会进行讨论和交流，通过持续交流讨论，他们认为，4D 打印不仅是应用智能材料，还可以是非智能材料；也应当包括智能结构，即在构件的特定位置预置应力或者其他信号；4D 打印构件的形状、性能和功能不仅是随着时间维度发生变化，应当还能随空间维度发生变化，并且这些变化是可控的。因此，进一步深化的 4D 打印内涵注重在光、电、磁和热等外部因素的激励诱导下，4D 打印构件的形状、性能和功能能够随时空变化而自主调控，从而满足“变形”“变性”和“变功能”的应用需求。今后，随着 4D 打印研究的持续深入，其内涵也必将进一步得到升华[25]。

4D 打印技术继承了 3D 打印的复杂结构制造方面的独特优势，又创新地融入了时间维度，使得很多不可调和的功能可以通过时间维度来化解矛盾，实现在时间维度的统一下的协调与融合。4D 打印技术是在材料、机械、力学、信息等学科的高度交叉融合基础上产生的颠覆性制造技术,是制造复杂智能构件的有效手段[25]。因此,4D 打印技术具备广阔的应用前景,必将推动高端制造领域的发展[26-28]。

目前,4D 打印材料可分为高分子及其复合材料、金属及其复合材料、陶瓷及其复合材料,下面针对这三种类型各挑选一种材料进行介绍。

1. 高分子及其复合材料

液晶弹性体(liquid crystal elastomers, LCEs)因其大且可逆的变形、快响应速率、优异的力学性能、各向异性以及简单灵活的驱动条件等特点被人们认为具有广泛的应用潜力,迅速吸引了人们的研究兴趣。图 16.10 为采用墨水直写打印(direct ink writing, DIW)成形的双层液晶弹性体弯曲变形示意图及实际变形效果图[29]。其原理是通过打印速率的空间变化来设计液晶弹性体材料复杂的变形模式。实际操作中通过对 DIW 工艺编程,实现不同区域不同变形率的液晶弹性体器件制备,并测试其实际变形性能和效果,从而验证工艺参数编程设计液晶弹性体的变形模式的可行性。在设计中采用高打印速率在外侧,低打印速率在内侧的方法,通过其变形的差异,可以打印一个英文字母"L"并使其经热激励变形得到阿拉伯数字"3"。图 16.10 是数字"3"在加热前后的实际变形结果,实际打印出来的是一个"L"形英文字母,其中内侧是低速率打印出的具有一定宽度的"L",外侧是高速率打印出的同宽度的"L",由于是同一种材料,两种工艺打印出来的材料也没有多材料打印时存在的界面结合问题。加热以后,在变形程度差异导致的应力驱动下材料发生弯曲变形,最后呈阿拉伯数字"3"状。

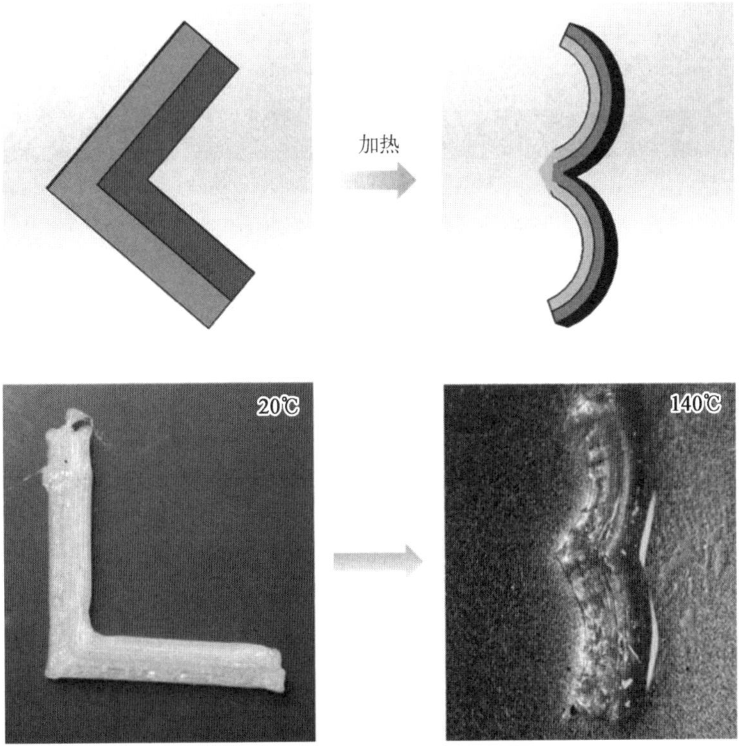

图 16.10　数字"3"变形原理示意图及实际变形效果[29]

2. 金属及其复合材料

铜基形状记忆合金(shape memory alloys, SMAs)因其良好的形状记忆性能、超弹性能、广泛的原料来源、低廉的成本而成为智能构件的理想材料,图 16.11 为 Cu-Al-Mn 合金的双 Ω 形蜂窝结构。图 16.11a 是依据调控后的 Cu-Al-Mn 合金的成分及工艺参数制备的双 Ω 形蜂窝结构,采用 Instron 3369 电子万能力学试验机对其进行拉伸[图 16.11(b)],然后取下零件,加热回复[图 16.11(c)]使其收缩。双 Ω 形蜂窝结构拉伸样在形状记忆回复后长度为 18.85 cm,最终相应的可调变形量 $\delta = 12.61\%$。

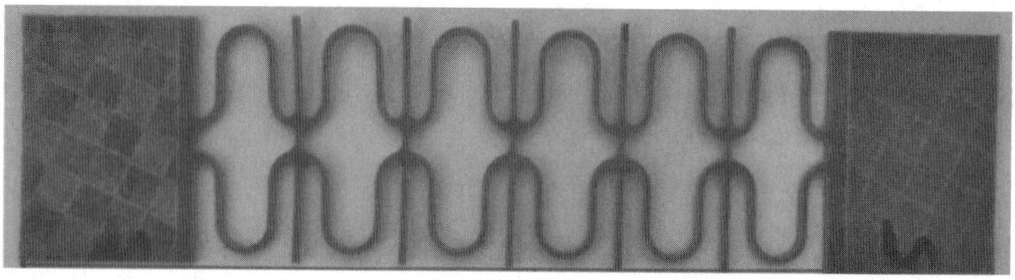

(a) 初始形状

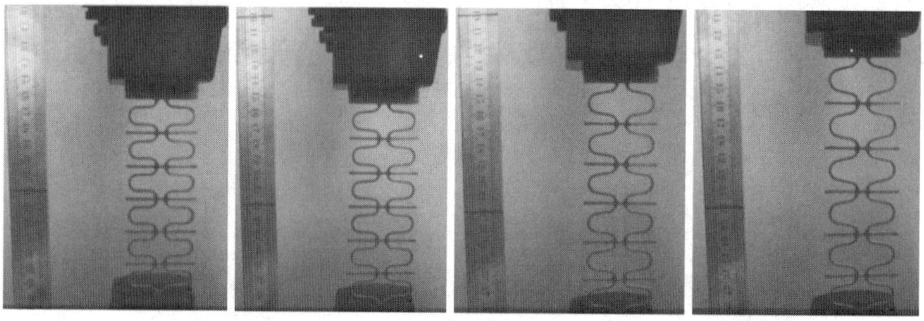

(b) 拉伸过程

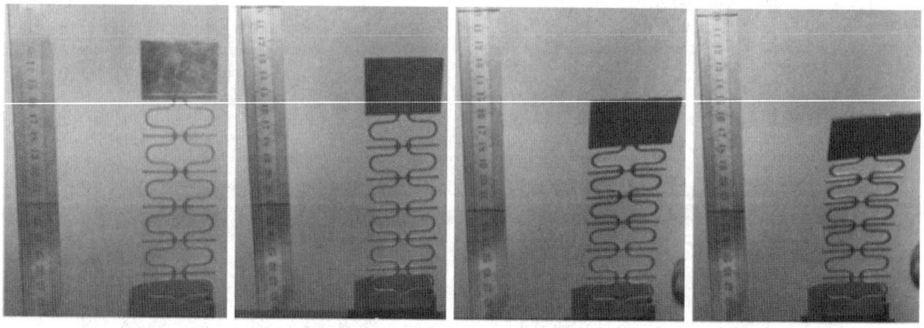

(c) 加热回复过程

图 16.11 双 Ω 形蜂窝结构

3. 陶瓷及其复合材料

陶瓷材料具有稳定的物理化学性质、优良的耐磨、耐蚀性和电绝缘性能,因而在航空航天、生物医疗、环保节能、电子通信等诸多领域有着广阔的应用前景[25]。为了克服传统陶瓷材料变形困难的限制,香港城市大学的吕坚教授团队开发了一种二氧化锆纳米颗粒掺杂的聚二甲基硅氧烷基复合弹性体材料[30]。这种材料柔软且具有弹性,可通过简单的 DIW 构建出陶瓷的前驱体,编程变形后经热处理可转变为陶瓷。利用该复合弹性体材料他们首次实现了陶瓷构件的 4D 打印：通过特制的自动拉伸装置将弹性体基体拉伸,从而产生预应力;在预拉伸的弹性体基体上打印主结构;当预应力释放后,主结构发生变形,形成所需的 4D 打印构件;变形后的主结构经热处理后转化为陶瓷(图 16.12)。

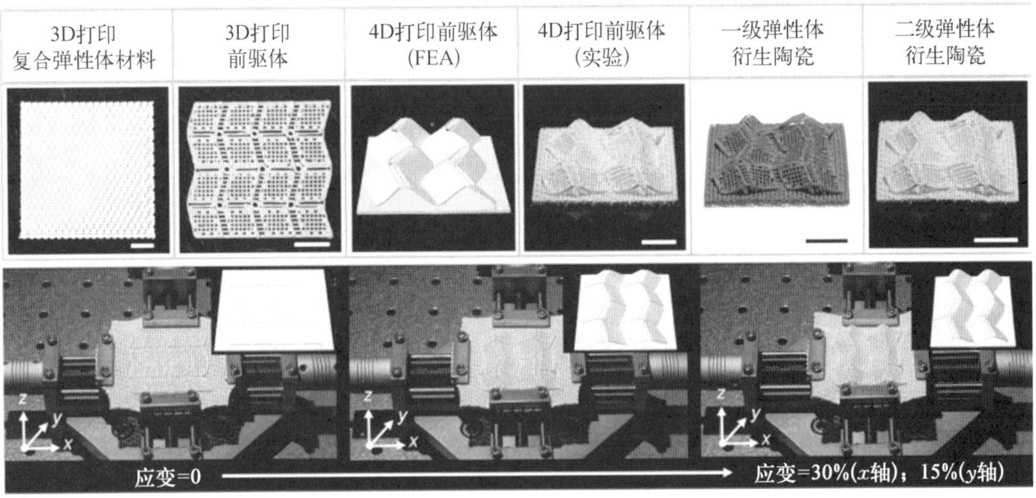

图 16.12　利用复合弹性体材料实现陶瓷构件 4D 打印的原理图[30]

16.3　激光选区烧结 3D 打印技术

16.3.1　激光选区烧结技术原理

1. 激光选区烧结技术原理

SLS 技术基于“分层-叠加”原理[31],在计算机的控制下,利用激光能量将粉末材料烧结、层层堆积成形,其原理如图 16.6 所示[32]。首先,绘制所需样品的三维 CAD 实体模型,并生成 SLT 格式文件。粉料预热到设定温度后一侧送粉缸上升,铺粉辊带动原料粉末平铺在工作台上,在计算机控制下的激光束以设定的速度及功率对分层截面轮廓进行扫描。激光扫过的粉末烧结形成实体轮廓,未被扫描的粉末作为成形件和下一个粉末层的支撑。第一层烧结结束,工作台下降一个分层厚度,重新铺粉,进行下一个分层的烧结,前后烧结成的实体片层自然黏结为一体。循环往复,直至加工结束,然后去除多余粉末,即可获得原型件。与传统工艺相比,SLS 技术不需要刀具、夹具、模具等,直接实现复杂结构零件的制造,制作周期缩短。与其他快速成形工艺相比,SLS 技术最大的优势是成形材料广泛,一般来讲,任何加热时材料熔化而黏结在一起的粉末材料都可以用于该技术。此外,SLS 工艺简单、材料利用率高,加工过程中未扫描的粉末材料填充在零件空腔,可自动作为支撑系统,成形件适合多种用途[33-35]。

2. 激光选区烧结技术机理

一般地讲，金属粉末烧结过程可分为两大类[36]：不施加外力的烧结和施加外力的烧结，如图 16.13 所示。不施加外力的烧结又可分为两类：固相烧结（solid phase sintering, SPS）和液相烧结（liquid phase sintering, LPS）。固相烧结就是一种热处理过程，发生在粉末材料的熔点温度以下。在固相烧结时，粉末颗粒之间的连接驱动力由扩散驱动力提供。一般情况下，扩散速率非常低，所以固相烧结是一个相当漫长的过程。液相烧结一般为二元系或多元系粉末烧结过程，烧结温度超过某一组元的熔点，因而形成液相。液相可能在烧结的一个较长时间内存在，称为长存液相烧结；也可能在一个较短的时间内存在，称为瞬时液相烧结[37]。

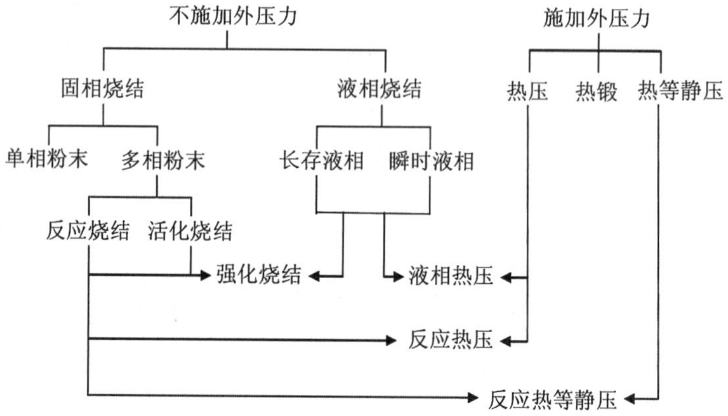

图 16.13　典型粉末烧结过程分类示意图[37]

液相烧结可以在不施加外力的情况下使粉末材料达到高度的致密烧结。尽管在某些情况下，液相烧结会使试样发生较大的畸变，但液相烧结仍然被广泛应用于制备航天、航空材料（粉末 Ti 合金、高温粉末合金），硬质合金（WC－Co），电接触元件（W－Cu、CdO－Ag）材料等。一般认为，粉末材料液相烧结主要分为三个阶段：Ⅰ. 重排阶段；Ⅱ. 溶解-析出阶段；Ⅲ. 固相烧结阶段[38, 39]。粉末颗粒重排阶段是指，在足够高的温度下，低熔点粉末材料熔化，形成液相，填充孔洞，随着液相流动，颗粒发生滑动、旋转、重排，烧结体迅速致密化。可以说，粉末颗粒重排是液相烧结作用最显著、最关键的体现。不加外压液相烧结可以使粉末材料达到高度致密化，主要是颗粒在液相环境中可以重新密排。液相烧结的第二阶段是溶解-析出阶段，这是扩散过程被强化的阶段。大颗粒的棱角、微凸及微细的颗粒溶解于液相，当固相在液相中的浓度超饱和之后，在大颗粒表面重新析出。在这个阶段中，颗粒形状改变，发生所谓适应性形状改变，对致密度有所贡献。在该阶段后期，会有一些固相颗粒形成烧结颈。液相烧结的第三阶段是固相烧结阶段，烧结颈进一步长大，晶粒生长同时出现孔洞的粗化，这一过程需要较长的时间[37]。

SLS 烧结机理（图 16.14）为粉末烧结理论中的不施加外力的瞬时液相烧结类型。同时，由于该工艺的特点，烧结过程只出现传统液相烧结的第一阶段（即颗粒重排阶段），传统粉末烧结的溶解-析出阶段和固相烧结阶段受到抑制。当“原生态烧结件”（即刚烧结成形,尚未进行后处理的原形零件。)制造完成,为进一步提高制件的机械性能,可以对其进行后处理,将“原生态烧结件”重新加热,并进行保温处理,从而完成传统意义上液相烧结的第Ⅱ、第Ⅲ阶段[37]。

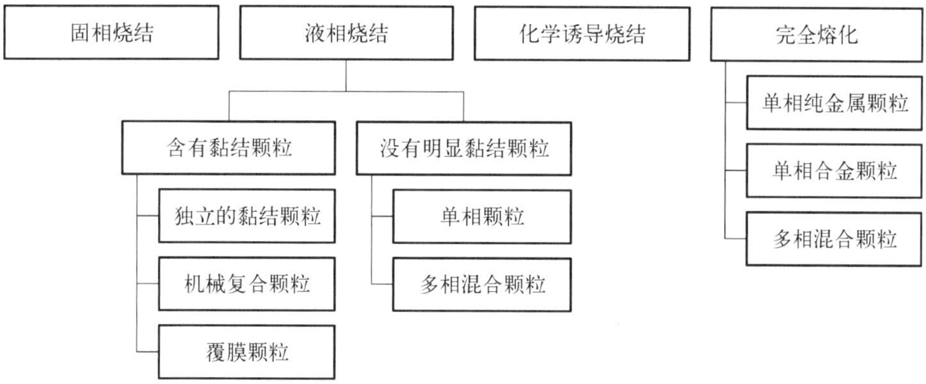

图 16.14 基于连接机理的 SLS 技术分类[37]

从图 16.6 中可以看出,激光选区烧结工艺的成形材料为粉末,成形中主要通过 CO_2 激光器将全部或部分粉末熔化,使其烧结在一起。因此,在这一过程中,成形中所使用的微米级粉末在微观上发生了很大的变化:粉末颗粒在激光照射下,温度升高,粉末原子振动幅度加大、发生扩散,接触面上有更多的原子进入原子作用力的范围,颗粒间的连接强度增大,即连接面上原子间的引力增大,形成黏结面,并且随着黏结面的扩大,使得原来的颗粒界面形成熔化连接界面。单组元金属粉末进行激光熔化成形过程一般可分为三个阶段:第一个阶段,部分颗粒表面局部熔化,粉末颗粒表面微熔液相使颗粒之间具有相互的引力作用,使表面局部熔化的颗粒黏结相邻的颗粒,此时产生微熔黏结的特征;第二个阶段,金属粉末颗粒吸收能量也进一步地增加,表面部分熔化量相应增多,熔化的金属粉末达到一定数量以后形成金属熔池,随着激光束的移动,在以体积力和表面力为主的驱动下,熔池内的熔体呈现为相对流动,同时引起粉末飞溅;第三个阶段,熔体在熔池中对流不仅加快了金属熔体的传热,而且还将熔池周围的粉末粘接起来,进入熔池的粉末在流动力偶的作用下很快进入熔池内部。沿激光移动方向的截面内,熔池前沿的金属颗粒不断熔化,后沿的液相金属持续凝固,随着激光束向前运动,在光束路径内逐步形成连续的凝固线条,实现成形[8]。

此外,激光是一种原子系统在受激放大过程中产生的高强度的相干光,激光与金属粉末材料相互作用是利用激光的高能光束对材料进行选择性扫描,使材料吸收能量后温度迅速升高,实现金属粉末材料的激光加工。在利用激光对固体材料加工的过程中,激光是作为一个热源被利用的,激光与材料的相互作用是一个复杂的微观物理过程,它包含光辐射场与物质的原子及分子非连续的或量子化的能量交换作用。其统计结果体现为激光的反射、吸收、折射,材料的温度升高、熔化、汽化及至等离子体等宏观物理现象。在激光烧结粉末材料的过程中,激光与材料相互作用的区域非常小,而且作用的区域也在动态地变化。粉末材料吸收激光能量,开始升温、熔化、汽化,发生相互作用。激光能量按传递方式大致可分为三大部分：一部分能量被金属粉末材料表面反射，加热周围环境，属于损失的激光能量；一部分能量被激光作用区域内粉末吸收，用于金属粉末的熔化，属于粉末材料表面直接吸收的激光能量；其余一部分激光能量传递给下面的材料，逐步被吸收，使烧结层具有一定的厚度，属于粉末层传递的能量[8]。

16.3.2 激光选区烧结工艺过程

1. 材料及设备准备

SLS 成形工艺过程如图 16.15 所示。材料准备包括粉末的选择以及设备的准备工作。SLS 用金属粉末需要满足球形度高、平均粒径须小于 10 μm 的要求。正常情况下，粉末的颗粒越小，分布越均匀，粉末之间的间隙就小，松装密度就越高，越有利于成形过程的顺利进行，因而成形件质量较好，制件的致密度高。同时，采用复合粉末堆积的方式可以使小颗粒粉末能够分散在大颗粒粉末之间，提高粉末的堆积密度，进而提高制件的致密度。材料准备好后选择与材料成分相似的基板，且根据零件的最大截面尺寸选择合适尺寸的基板，将基板清理干净安装在清理干净的工作腔上表面并紧固。

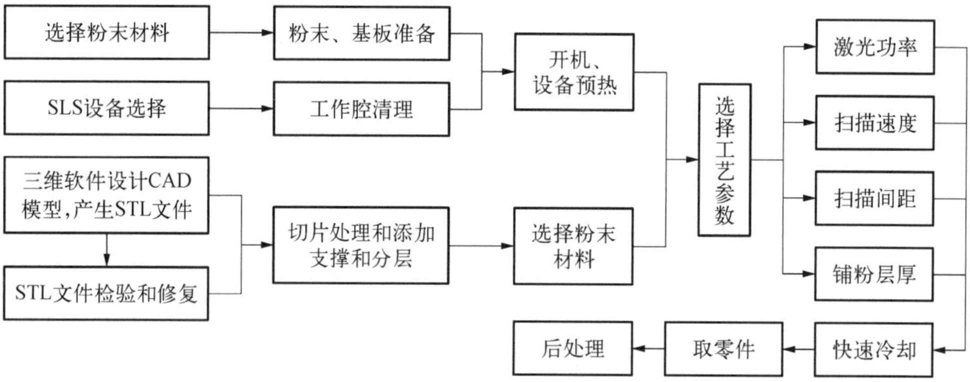

图 16.15 SLS 成形工艺过程[41]

2. 三维模型准备

使用三维建模软件设计成形件的三维 CAD 模型，将其转换得到 STL 文件格式，并进行 STL 模型检验和修复，之后将该模型导入三维模型切片软件进行切片处理，通过添加支撑和分层得到截面轮廓数据，把截面轮廓数据导入路径规划软件进行扫描路径处理，将得到的路径规划数据导入 SLM 设备中。

3. 加工参数的选择

在运行 SLS 设备前在其中充满惰性气体，并将设备预热。将数据导入 SLS 设备后，将设备工作腔门密封，抽真空后通入保护气氛，需要预热的金属粉末设置基底预热温度。之后选择激光功率、扫描速度、扫描间距及铺粉层厚等工艺参数，最后根据每层轮廓的扫描路径，控制激光束逐层烧结金属粉末，逐层堆叠三维金属零件实体。其中涉及下述工艺参数：

(1) 激光功率：指激光器的实际输出功率，输入值不超过激光器的额定功率，单位为 W；

(2) 扫描速度：指激光光斑沿扫描轨迹运动的速度，单位为 mm/s；

(3) 扫描间距：指激光扫描相邻两条熔覆道时光斑移动的距离，单位为 mm；

(4) 铺粉层厚：指每一次铺粉前工作缸下降的高度，单位为 mm。

4. 零件后处理

主要采用的后处理工艺方法为熔渗或浸渍法和热等静压法。熔渗和浸渍都是应用毛细管原理，熔渗是将低熔点金属或合金渗入到多孔烧结零件的空隙中，而浸渍采用的是液态非金属物质浸入。热等静压法是通过流体介质将高温高压同时作用在零件坯体表面上使零件固结消除内部空隙，来提高零件的密度和强度。热等静压后处理可使零件变得非常致密，但零件的收缩也比较大[40]。

16.3.3　激光选区烧结材料

SLS 技术的特征是材料的不完全熔化和粘接，因此成形材料广泛，包括高分子材料、覆膜砂材料、陶瓷基材料和金属基材料等。

1. 高分子材料

高分子材料与金属、陶瓷材料相比，具有成形温度低、所需激光功率小和成形精度高等优点，因此成为 SLS 工艺中应用最早、目前应用最多和最成功的材料。SLS 技术要求高分子材料能被制成合适粒径的固体粉末材料，在吸收激光后熔融(或软化、反应)而黏接，且不会发生剧烈降解。用于 SLS 工艺的高分子材料可分为非结晶性高分子，如聚苯乙烯(PS)；半结晶性高分子，如尼龙(PA)，对于非结晶性高分子，激光扫描使其温度升高到玻璃化温度，粉末颗粒发生软化而相互黏接成形；而对于结晶性高分子，激光使其温度升高到熔融温度，粉末颗粒完全熔化而成形。常用于 SLS 的高分子材料包括 PS、PA、聚丙烯(PP)、丙烯腈-苯乙烯-丁二烯共聚物(ABS)及其复合材料等。最近，德国 EOS 公司提供了一种 SLS 成形用耐高温(200 ~ 300℃)的高强度(约 90 MPa)塑料聚醚醚酮(PEEK)材料，有望成为医疗、航空航天和汽车等领域部分金属零件的理想替代材料。

热塑性高分子的工业化产品一般为粒料，粒状的高分子必须制成粉料，才能用于 SLS 工艺。高分子材料具有黏弹性，在常温下粉碎时，产生的粉碎热会增加其黏弹性，使粉碎困难，同时被粉碎的粒子还会重新黏合而使粉碎效率降低，甚至会出现熔融拉丝现象，因此，采用常规的粉碎方法不能制得符合 SLS 工艺要求的粉料。制备微米级高分子粉末的方法主要有两种，一是低温粉碎法，其利用高分子材料的低温脆性来制备粉末材料。常见的高分子材料如聚苯乙烯、聚碳酸酯、聚乙烯、聚丙烯、聚甲基丙烯酸酯类、尼龙、ABS 和聚酯等都可采用低温粉碎法制备粉末材料；二是溶剂沉淀法：溶剂沉淀法是将高分子溶解在适当的溶剂中，然后采用改变温度或加入第二种非溶剂(这种溶剂不能溶解高分子，但可以和前一种溶剂互溶)等方法使高分子以粉末状沉淀出来。这种方法特别适合于像尼龙一样具有低温柔韧性的高分子材料，这类材料较难低温粉碎，细粉收率很低。

2. 覆膜砂材料

在SLS工艺中,覆膜砂零件是通过间接法制造的。覆膜砂与铸造用热型砂类似,采用酚醛树脂等热固性树脂包覆锆砂、石英砂的方法制得,如3D Systems公司的SandForm Zr在激光烧结过程中,酚醛树脂受热产生软化、固化,使覆膜砂黏结成形。由于激光加热时间很短,酚醛树脂在短时间内不能完全固化,导致烧结件的强度较低,须对烧结件进行加热处理,处理后的烧结件可用作铸造用砂型或砂芯来制造金属铸件。

3. 陶瓷基粉末材料

在SLS工艺中,陶瓷零件同样是通过间接法制造的。在激光烧结过程中,利用熔化的黏结剂将陶瓷粉末黏结在一起,形成一定的形状,然后再通过适当的后处理工艺来获得足够的强度。黏结剂的加入量和加入方式对SLS成形过程有很大的影响。黏结剂加入量太小,不能将陶瓷基体颗粒黏结起来,易产生分层;黏结剂加入量过大,则使坯体中陶瓷的体积分数过小,在去除黏结剂的脱脂过程中容易产生开裂、收缩和变形等缺陷。黏结剂的加入方式主要有混合法和覆膜法两种。在相同的黏结剂含量和工艺条件下,覆膜氧化铝SLS制件的强度约是混合粉末坯体强度的两倍。这是因为覆膜氧化铝SLS制件内部的黏结剂和陶瓷颗粒的分布更加均匀,其坯体在后处理过程中的收缩变形性相对较小,所得陶瓷零部件的内部组织也更均匀。但陶瓷粉末的覆膜工艺比较复杂,需要特殊的设备,导致覆膜粉末的制备成本高。

4. 金属基粉末材料

SLS间接法成形金属粉末包括两类。一类是用高聚物粉末做黏结剂的复合粉末,金属粉末与高聚物粉末通过混合的方式均匀分散。激光的能量被粉末材料所吸收,吸收造成的温升导致高聚物黏结剂的软化甚至熔化成黏流态将金属粉末黏接在一起得到金属初始形坯。由于以这种金属/高分子黏结剂复合粉末成形的金属零件形坯中往往存在大量的空隙,形坯强度和致密度非常低,因而,形坯需要经过适当的后续处理工艺才能最终获得具有一定强度和致密度的金属零件。后处理的一般步骤为脱脂、高温烧结、熔渗金属或浸渍树脂等。另一类是用低熔点金属粉末做黏结剂的复合粉末,如EOS公司的DirectSteel和DirectMetal系列金属混合粉末材料,低熔点金属黏结剂,如Cu、Sn等,此类黏结剂在成形后继续留在零件形坯中。由于低熔点金属黏结剂本身具有较高的强度,形坯件的致密度和强度均较高,因而不需要通过脱脂、高温烧结等后处理步骤就可以得到性能较高的金属零件。随着激光选区熔化直接成形金属技术的发展,目前采用SLS间接制备金属零件的研究越来越少。

16.3.4 典型应用

SLS技术可以通过制备模具、型芯等方式间接制造金属零件,也可以直接制备所需零件,下面针对间接制造和直接制造两种方式分别介绍两种成型方式所成形零件的组织结构及力学性能。

1. SLS间接制造

采用高聚物黏结剂,通过选择性激光黏结方法成形零件形坯,并利用高温处理脱除形坯中的黏结剂,从而获得SLS成形制备的注塑成形模具,再使用模具注塑出相应的零件。同时采用在某一截面的扫描完成后,适当增加铺粉和扫描延时的策略,使扫描层的温度控制在预热温度左右(回归到原始状态),从而减少热量积累而避免黏粉现象。在本例中,成形模具所用的粉末为 Fe－8Cu－4Ni－0.5C,高聚合物为有机玻璃(polymethyl methacrylate, PMMA)粉。

由于激光扫描过程中能量的积累,经过一段时间后,造成热扩散区黏结剂温度超出其软化点而黏结。特别是对于冷却流道内的粉末,由于流道的横截面较小,加之流道内的粉末被周围辐射状的热流包围(图 16.16),热量会随时间而越积越多,并使流道内的粉末超温而黏结,此现象对清粉极为不利。如果流道是水平布置的[图 16.16(a)],由于堆积成形过程中流道轴向截面的散热面积较大,通过与空气的对流换热和自身的热辐射,热量较快散失于环境中,因而较大程度地降低了热量的积累;再者,由于流道的直径较小,堆积层较少就可以完成流道部分的成形,因此也通过减少积累时间的方法来降低热量输入,用以改善了流道内粉末区的清粉状况。如果流道所示水流的方向与加工层面相垂直[图 16.16(c)],就会造成最大程度的清粉困难,显然与上述水平布置的流道加工的两点原因相反,即流道的横截面积小,因而对流换热面积小,而且完成流道成形的堆积高度较大,热量的积累较多,因而流道内的粉末极容易黏结而难于清除。图 16.16(b)所示情况介于 16.16(a)和 16.16(c)所示情况之间。设计了以下策略来避免上述出现的粉末难以清除的问题:在某一截面的扫描完成后,适当增加铺粉和扫描延时,使扫描层的温度控制在预热温度左右(回归到原始状态),因此减少热量积累而避免黏粉现象。

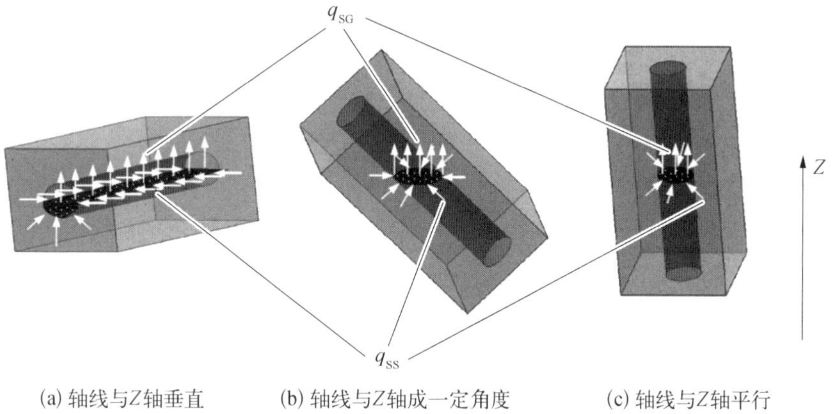

图 16.16　流道与 Z 方向关系示意图[42]

q_{SG}. 对流热流密度;q_{SS}. 导热热流密度

清粉采用真空吸尘的方式,将吸尘器的吸嘴对准流道口,并将流道口的周围封闭,使其不与外界大气环境相通,依靠吸尘器的真空系统在吸嘴乃至流道口内一定深度的地方产生负压,迫使流道内的气体在流动中搅动粉末并将其推送到吸尘器中。

激光将粉末成形为镶块形坯后,还需进行形坯的致密化的相关工艺。形坯的致密化包括脱脂、烧结和熔渗(浸渍)三个部分。脱脂方式采用保护气氛下的脱脂和大气下的氧化脱脂,氧化脱脂的最高温度可以设为 500℃,基本可以使 E－12 树脂完全脱除,而且可以较大程度地降低脱脂时间。氧化脱脂工艺与保护气氛下的脱脂工艺相类似,应特别注意减缓树脂分解剧烈温度段升温速率,并设置适当的保温时间。对于厚度较大的形坯,有

图 16.17　氧化脱脂后的叶轮形坯照片[42]

可能在其内部残留部分树脂分解挥发后炭化成分，对于铁基合金可以作为烧结合金成分为基体所吸收。图 16.17 为氧化脱脂后的叶轮形坯，可以看出，形坯形状保持较好。

经过脱脂处理，SLS 形坯已然达到预烧结，具有一定的烧结强度，因此可认为脱脂过程的最后阶段是二次烧结的开始。总体上讲，二次烧结主要通过高温（一般为合金熔点的 0.5~0.9 倍）环境加快形坯中金属原子的固态扩散，进而在颗粒间通过烧结颈建立冶金联系，最终使形坯通过烧结颈成为一体并致密化。

无论是高温或低温液体的渗透，其驱动力都是表面张力造成的毛细力和其他力（如液体自身重力或液体压强），使液体填充多孔材料形坯的孔隙。而渗透的热力学原因则是液体和多孔材料构成系统表面能的降低，从而使系统达到热力学稳定状态。熔渗后合金的孔隙率为 8%左右，表 16.1 为合金的部分机械性能，所有的合金延伸率不高，而弹性模量相似，总体上讲，上述三步处理后的模具满足使用要求。

表 16.1　热处理后合金的部分机械性能[42]

	$\sigma_{0.2}$/MPa	σ_b/MPa	弹性模量/GPa	延伸率/%	硬度/HB
Fe－8Cu－0.5C	433	489	98	≤3	221
Fe－8Cu－1C	405	451	90	≤3	203
Fe－8Cu－4Ni－0.5C	483	546	116	≤3	213
Fe－8Cu－4Ni－1C	452	510	105	≤3	209

最终，浸渍树脂的模具镶块进行必要的加工后，将其镶入模架，注射出了质量优异、形状复杂的塑料零件（图 16.18），图 16.18（c）中可以看出零件的内部结构较为复杂，且具有薄壁结构。表明 SLS 制造工艺完全可以在间接制造零件领域取得应用。

2. SLS 直接制造

下面 SLS 的直接制造方法以尼龙－12 涂层碳钢粉为例：本例中采用溶解-沉淀法制备尼龙－12 涂层碳钢粉，得到的沉淀物经过真空干燥和球磨，得到涂层粉末。制备的尼龙－12 包覆碳钢粉中尼龙－12 含量为 0.6 wt.%、0.8 wt.%和 1.0 wt.%，分别记为 CP0.6、CP0.8 和 CP1.0。此外，还制备了含有 0.8 wt.%尼龙－12（MP0.8）的机械混合尼龙－12/碳钢粉作为参考。成形后采用 H_2 气氛炉将 SLS 工艺形成的尼龙－12 黏结剂完全去除。然后将 F－51、DMP－30 和 MNA 在 80℃条件下以 100∶0.5∶90 的质量比充分混合，合成耐高温环氧树脂渗透无黏结制件。

(a) 型芯部分　　(b) 型腔部分

(c) 渗铜模具注射出的塑料零件(材料为PB)

图 16.18　SLS 制备的经历后处理后的模具镶块形坯的照片及用模具注塑后的零件[42]

图 16.19 为无黏结件和环氧渗透件三点弯曲试验的应力–应变曲线。无黏结件和环氧渗透件的弯曲强度、弯曲模量、拉伸强度和冲击强度见表 16.2。研究发现，环氧树脂浸润后，SLS 零件的力学性能得到了显著提高。与无黏结件相比，环氧渗透件的弯曲强度、弯曲模量、拉伸强度和冲击强度分别提高了约 402%、135%、653% 和 123%。图 16.20 是环氧浸润件弯曲断裂表面的形貌图。图中可以看到颗粒间的空隙几乎全部被环氧树脂填充。金属颗粒表面有树脂层，表明环氧树脂与金属颗粒具有良好的界面附着力。环氧树脂变成连续相，SLS 零件变得紧凑。因此，当外力作用于试样时，树脂将承担大部分的力。它减少了颗粒间接触点的力的破坏，使材料力学性能有了很大的改善。图 16.21 为精细结构的环氧渗透部分，叶片最薄厚度可达 1.0 mm。

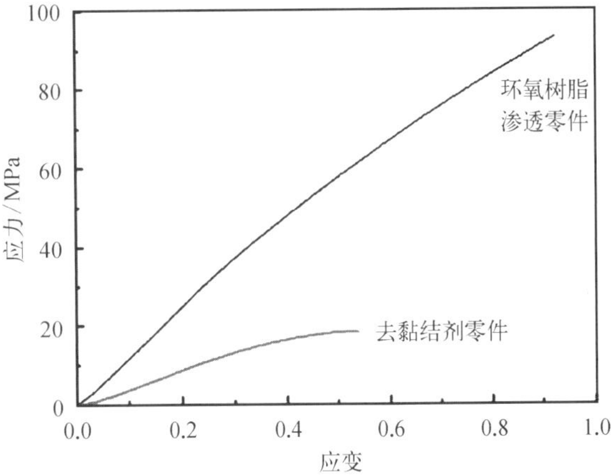

图 16.19　无黏结件和环氧渗透件三点弯曲试验的应力–应变曲线[43]

表 16.2　素坯、无黏结件、环氧渗透件的机械性能[43]

试　样	弯曲强度/MPa	弯曲模量/GPa	拉伸强度/MPa	冲击强度/(kJ/m^2)
素坯	1.87	0.79	—	—
无黏结件	18.6	6.26	9.34	5.56
环氧渗透件	93.4	14.7	70.3	12.4

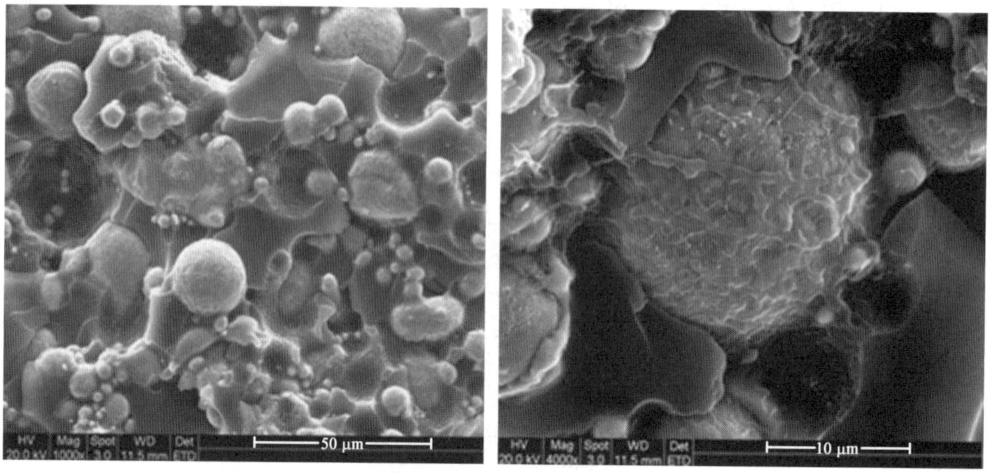

图 16.20　环氧渗透件弯曲断裂形貌 SEM 图[43]

图 16.21　具有精细结构的环氧渗透件[43]

16.4　激光选区熔化 3D 打印技术

16.4.1　激光选区熔化原理

激光选区熔化成形技术是一种新型数字化成形技术，利用金属粉末在激光束的热作用下逐层熔化，然后快速冷却凝固而成形得到零件，能够在最大程度上节约原材料、缩短加工周期，是目前应用很广泛的金属增材制造技术[44]。SLM 技术原理示意图如图 16.7 所示，该技术以金属粉末为原材料，基于“分层制造，逐层堆积”的基本制造原理和过程，根据零件的计算机辅助设计（computer aided design，CAD）模型或者计算机断层扫描（computed tomography，CT）数据等，设计支撑结构并切片规划路径，在制造零件过程中重复打印平台下降→刮板铺粉→激光扫描三个步骤，金属粉末在激光作用下瞬间熔化凝固，直到加工过程结束。最后，回收未熔化的金属粉末，将零件从基板上切落并除去支撑结构，使用喷砂等后处理技术打磨零件表面，得到计算机预设模型加工成的三维实体零件[45]。SLM 技术设计自由度高、激光光斑小、扫描速度快，特别适合成形薄壁、多孔、内流道等特殊结构的定制化构件，已经应用于航空航天、生物医学、军事装备等关键领域构件的制造，具有广阔的发展前景。

16.4.2　激光选区熔化工艺过程

SLM 的成形工艺过程如图 16.22 所示，包括了材料准备与设备选择、三维模型准备、加工参数的选择及零件后处理四个部分。

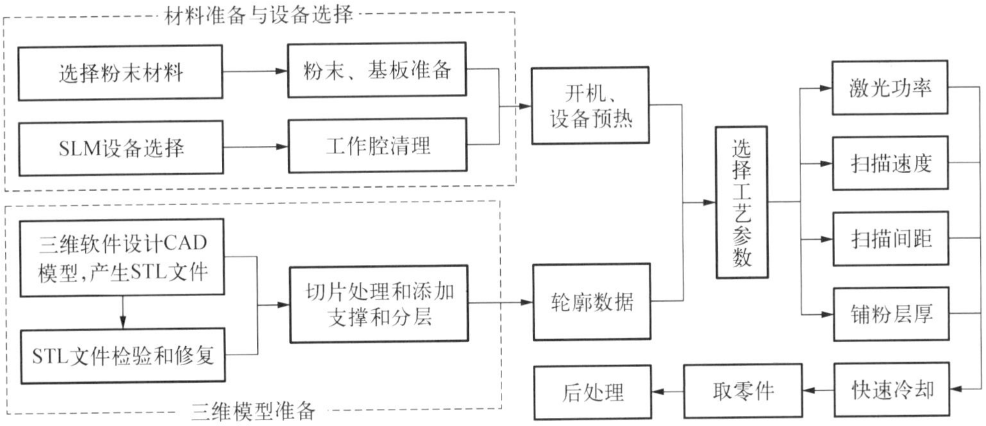

图 16.22　SLM 成形工艺过程[41]

1. 材料及设备的准备

材料准备包括金属粉末的选择以及设备的准备工作。SLM 用金属粉末需要满足球形度高、平均粒径在 20~50 μm 的要求。正常情况下，粉末的颗粒越小，分布越均匀，粉末之间的间隙就小，松装密度高，有利于成形过程的顺利进行，因而成形件质量较好，制件的致密度高；但是颗粒过小时，粉末会出现团聚现象，影响粉末的流动性，使得粉末容易在铺粉过程中粘连团聚，铺粉厚度不均，进而导致激光作用过程中，粉末熔化不均匀，影响成形件的质量。因此将粗粉和细粉按照优化比例混配形成一定的粒度梯度，就会使得小颗粒能够分散在大颗粒之间，提高粉末的松装密度，进而提高制件的致密度。材料准备好后选择与材料成分相似的基板，根据零件的最大截面尺寸选择合适尺寸，将基板清理干净安装在工作腔上表面并紧固。

2. 三维模型准备

使用三维建模软件设计成形件的 CAD 模型,将其转换为 STL 文件格式,并进行 STL 模型检验和修复,之后将该模型导入三维模型切片软件进行切片处理,通过添加支撑和分层得到截面轮廓数据,把截面轮廓数据导入路径规划软件进行扫描路径处理,将得到的路径规划数据导入 SLM 设备中。

3. 加工参数的选择

运行 SLM 设备前在其中充满惰性气体,并将设备预热。将数据导入 SLM 设备后,将设备工作腔门密封,抽真空后通入保护气氛,针对需要预热的金属粉末设置基底预热温度。之后选择激光功率、扫描速度、扫描间距及铺粉层厚等工艺参数,最后根据每层轮廓的扫描路径,控制激光束逐层熔化金属粉末,逐层堆叠成致密的三维金属零件实体。其中涉及下述工艺参数:

(1) 激光功率:指激光器的实际输出功率,输入值不超过激光器的额定功率,单位为 W;

(2) 扫描速度:指激光光斑沿扫描轨迹运动的速度,单位为 mm/s;

(3) 扫描间距:指激光扫描相邻两条熔覆道时光斑移动的距离,单位为 mm;

(4) 铺粉层厚:指每一次铺粉前工作缸下降的高度,单位为 mm。

4. 零件后处理

零件加工完毕后,首先要进行喷砂或高压气处理,以去除表面或内部残留的金属粉末。有支撑结构的零件还要进行机加工去除支撑结构,最后用乙醇清洗干净。

16.4.3 激光选区熔化材料

SLM 技术的特征是金属材料的完全熔化和凝固,因此主要应用于金属材料的成形,包括纯金属、合金和金属基复合材料。金属基复合材料是以金属或者合金作为基体材料,以纳米级别的颗粒、纤维等作为增强相的一种复合材料,由于其基体晶粒间分布着纳米增强相颗粒,因此金属基复合材料具有高硬度、高比强度和比刚度、耐高温、耐磨损、抗腐蚀等突出性能。SLM 成形用金属基复合材料主要有铁基复合材料、钛基复合材料、铝基复合材料、镍基复合材料以及其他金属基复合材料。

1. 铁基复合材料

钢铁在 21 世纪仍是占主导地位的结构材料,其发展越来越多元化,铁基复合材料就是其中一个重要的分支。目前研究中作为铁基复合材料的增强相主要有 SiC、Cr_3C_2、纳米羟基磷灰石(nano hydroxyapatite, nHA)等,这些增强相大多为微米/纳米级,如图 16.23 所示为铁基体与 Cr_3C_2 增强相的粉末形貌与粒径图。微米/纳米级 SiC 作为增强相制备的铁基复合材料的极限拉伸强度比相同工艺下的纯铁试样高出了近一倍;Cr_3C_2 作为增强相能够起到细化晶粒的效果,从而提高复合材料的硬度,并提高其耐磨性能;nHA 作为增强相除了具有上述优异性能外,还提高了复合材料的生物活性,有利于与人体骨骼组织产生化学和生物的结合。

2. 钛基复合材料

钛基复合材料具有高强度、强抗腐蚀性、轻质及生物相容性好等优点,主要应用在航

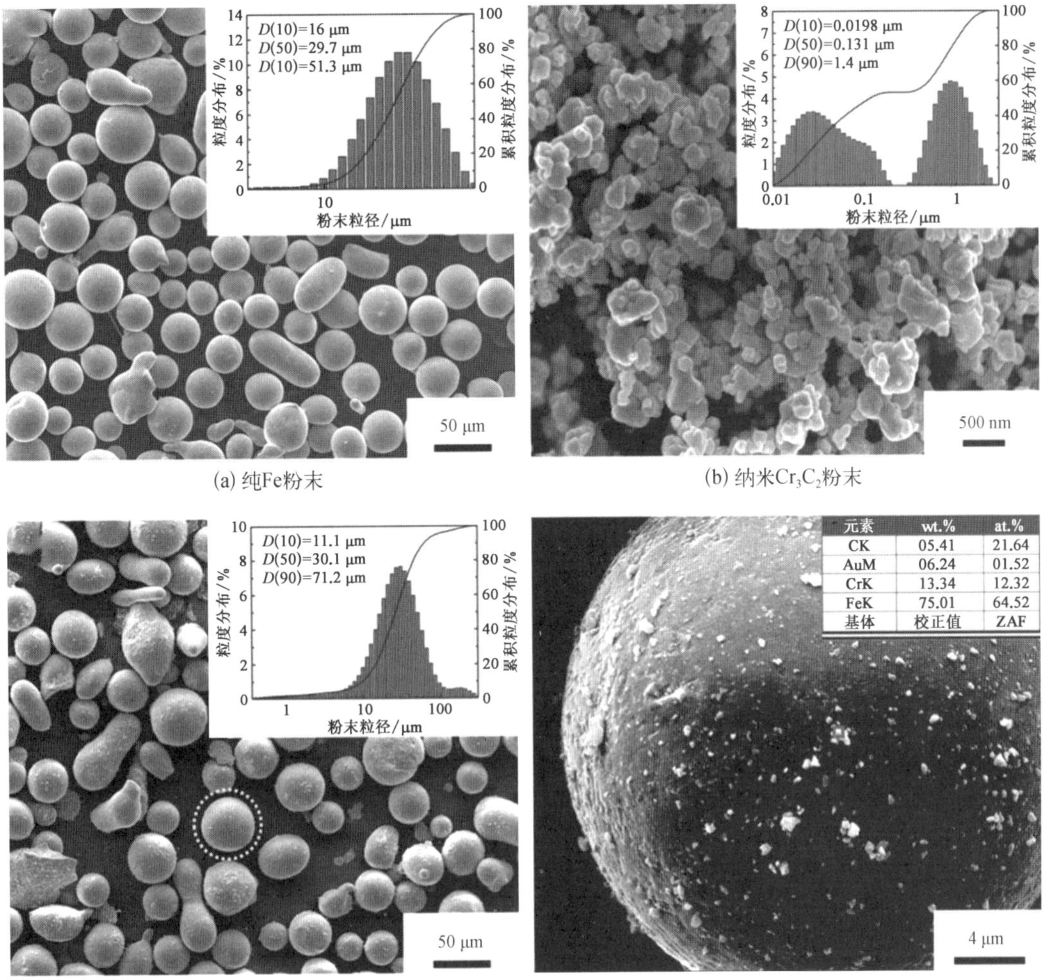

(a) 纯Fe粉末　(b) 纳米Cr_3C_2粉末

(c) Cr_3C_2/Fe复合粉末　(d) 图(c)中黄色区域内球状粉末表面颗粒的元素组成

图 16.23　Cr_3C_2/Fe 粉末形貌与粒径[46]

空航天、生物医学以及汽车领域。图 16.24 说明了 SLM 成形 TiC/Ti 复合材料的特征微观结构，当 TiC 含量相对较低(7.5 wt.%)时，显著细化的 TiC 增强相均匀地分散在基体中，为平均厚度 93 nm 的层状结构；随着 TiC 含量增加到 12.5 wt.%，TiC 增强相保持纳米级层状形状，平均厚度降低到 77 nm，得到进一步的细化。当 TiC 含量进一步增加至 17.5 wt.%时，TiC 增强相紧密聚集，在基体中呈高度密集分布；TiC 含量更高(22.5 wt.%)时，TiC 增强相呈网状分布，呈现完全不同的枝晶形态。在这两种情况下[图 16.24(c)、(d)]，TiC 增强相的纳米级特征没有得到维持，降低了硬度和磨损性能。

3. 铝基复合材料

铝基复合材料作为轻质材料的代表，具有高强度、低热膨胀系数及耐磨等突出优点。基体为 AlSi10Mg，增强相为 CNTs 的铝基复合材料中 C 元素均匀分布在铝基体中，有助于提高试样的硬度，且按传统方法制造会导致 C 与铝基体生成 Al_4C_3 脆性相，但是由于 SLM 工艺的快速冷却(10^4 ~ 10^5 K/s)，使得 Al_4C_3 脆性相在高温(1 400℃)分解后难以存在；陶

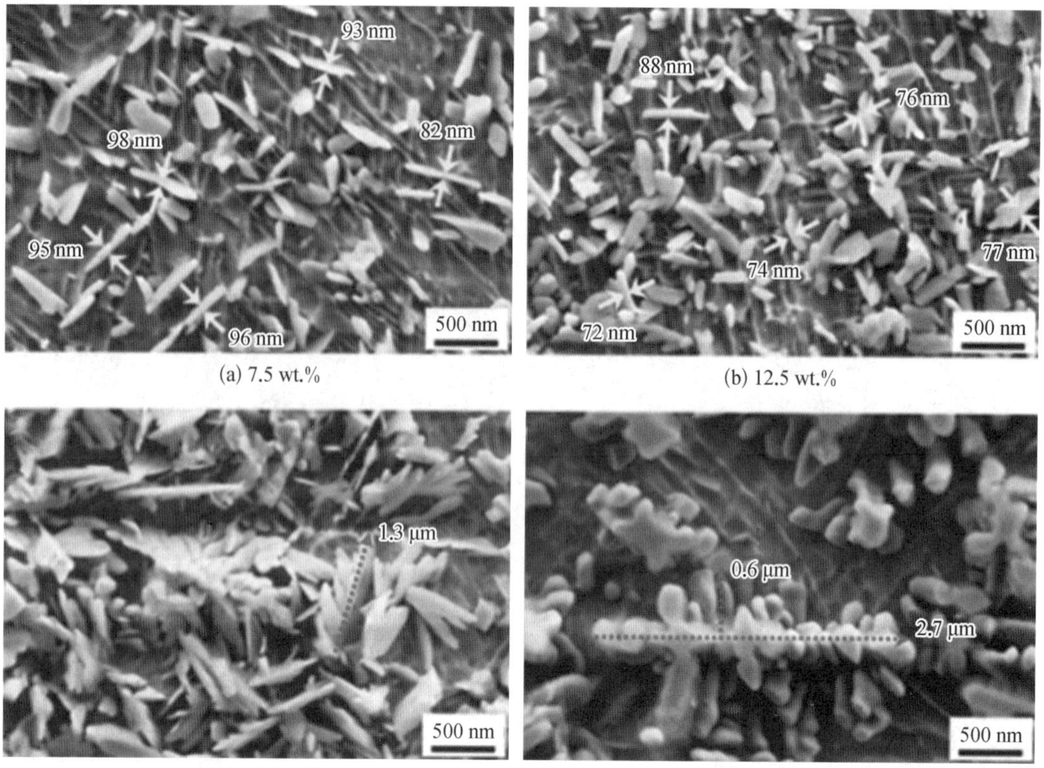

(a) 7.5 wt.%　(b) 12.5 wt.%

(c) 17.5 wt.%　(d) 22.5 wt.%

图 16.24　SLM 成形件中 TiC 颗粒在不同含量下的生长形貌[47]

瓷相 Fe_2O_3 作为增强相的铝基复合材料在高能量激光的作用下，Fe_2O_3 熔化分解，与基体发生原位反应，生成 Al－Fe 金属间化合物、Al_2O_3 等新相，不仅可以改善组织分布、细化晶粒，还能起到强化基体的作用。

4. 镍基复合材料

镍基复合材料具有良好的高温强度、抗热疲劳、抗氧化和抗热腐蚀性能，可以部分取代传统镍基高温合金，用于制造涡轮叶片、火箭发动机、核反应堆和化石燃料组件等。陶瓷相 TiB_2 作为 Inconel 625 的增强相，具有较高的激光吸收率，在高能量激光作用下会发生分解，与基体中 Mo 元素形成一层富 Ti、Mo 的界面层包覆在 TiB_2 周围，使基体与强化相间产生良好的结合，因而相对于纯 Inconel 625 制件，TiB_2/Inconel 625 复合材料的硬度、模量值都有了成倍提升。

16.4.4　典型应用

采用 SLM 技术制备的航空航天用复合材料包括铝基、钛基及镍基等，由于基体材料的不同，这些复合材料的成形参数、组织结构及力学性能也各有不同，下面将对 TiC/Inconel 718 进行介绍。

图 16.25 为不同激光线能量密度下材料摩擦系数（coefficient of friction，COF）和磨损率的变化。通常，摩擦系数曲线在前几分钟内波动剧烈，随着时间的延长趋于稳定［图

16.24(a)]。在低线能量密度下(225 J/m),COF 平均值高达 0.6,磨损率高至 9.85×10^{-4} mm^3/(N·m)[图 16.25(b)]。当线能量密度从 250 J/m 增加至 275 J/m 时,COF 分别减少了 21.6%和 31.6%,磨损率分别降低 36.1%和 45.5%。当能量密度增加至 300 J/m 时,摩擦系数和磨损率最低,为 0.36×10^{-4} mm^3/(N·m)和 3.83×10^{-4} mm^3/(N·m)。

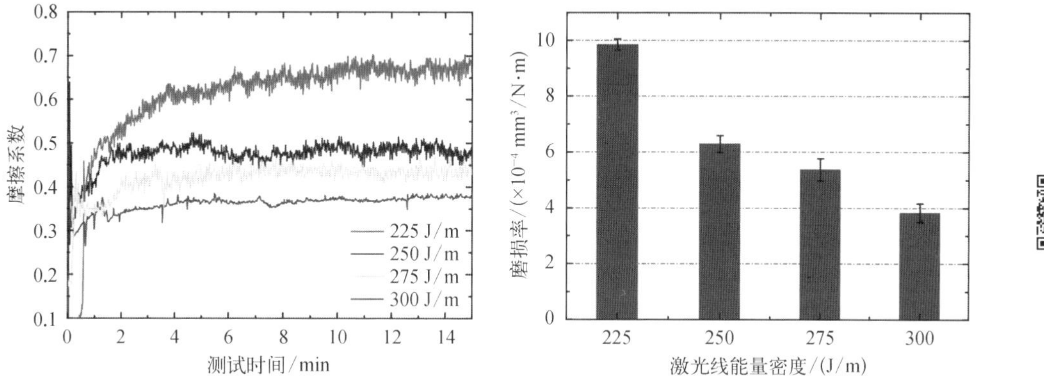

(a) 摩擦系数　　(b) 磨损率

图 16.25　不同线能量密度下 TiC/Inconel 718 纳米复合材料[48]

图 16.26 为摩擦试验后不同线能量密度下试样磨损区域的光镜图。这四种能量密度下试样磨损表面相应的宽度分别为 406.37 μm、294.82 μm、215.14 μm 和 151.39 μm。宽度的减小与摩擦系数和磨损率的趋势相似。

图 16.27 为不同线能量密度下的磨损表面形貌。图中可以看到,在线能量密度为 225 J/m 时,磨损表面为许多孔隙和分层的塑性变形,这是黏着磨损的一个典型特征[图 16.27(a)]。线能量密度增加至 250 J/m 时,在表面上可以观察到大量聚集的磨损碎片。表明试样表面是一个非常松散的磨损表面,同时磨损机制转变为严重的磨料磨损[图 16.27(b)]。随着线能量密度的进一步增大,磨损表面的形貌发生了较大的变化。图 16.27(c) 中可以看到一个相对光滑的表面,其中有轻微的划痕,其线能量密度为 275 J/m。当能量密度为 300 J/m 时,其表面没有明显的划痕,仅有一些平行的浅槽[图 16.27(d)],使得其具有较低的磨损率。结果表明,试样在 300 J/m 时具有优异的耐磨性。

(a) 225 J/m　　(b) 250 J/m

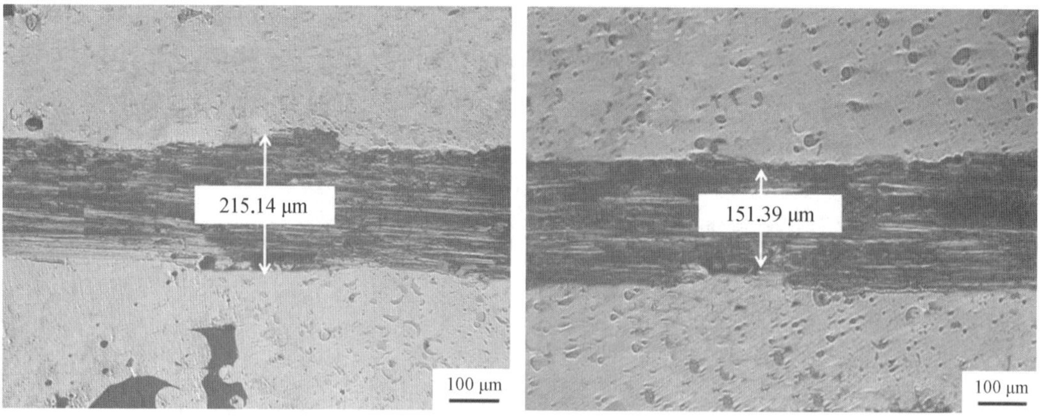

(c) 275 J/m (d) 300 J/m

图 16.26　不同线能量密度下 TiC/Inconel 718 纳米复合材料磨痕光镜图[48]

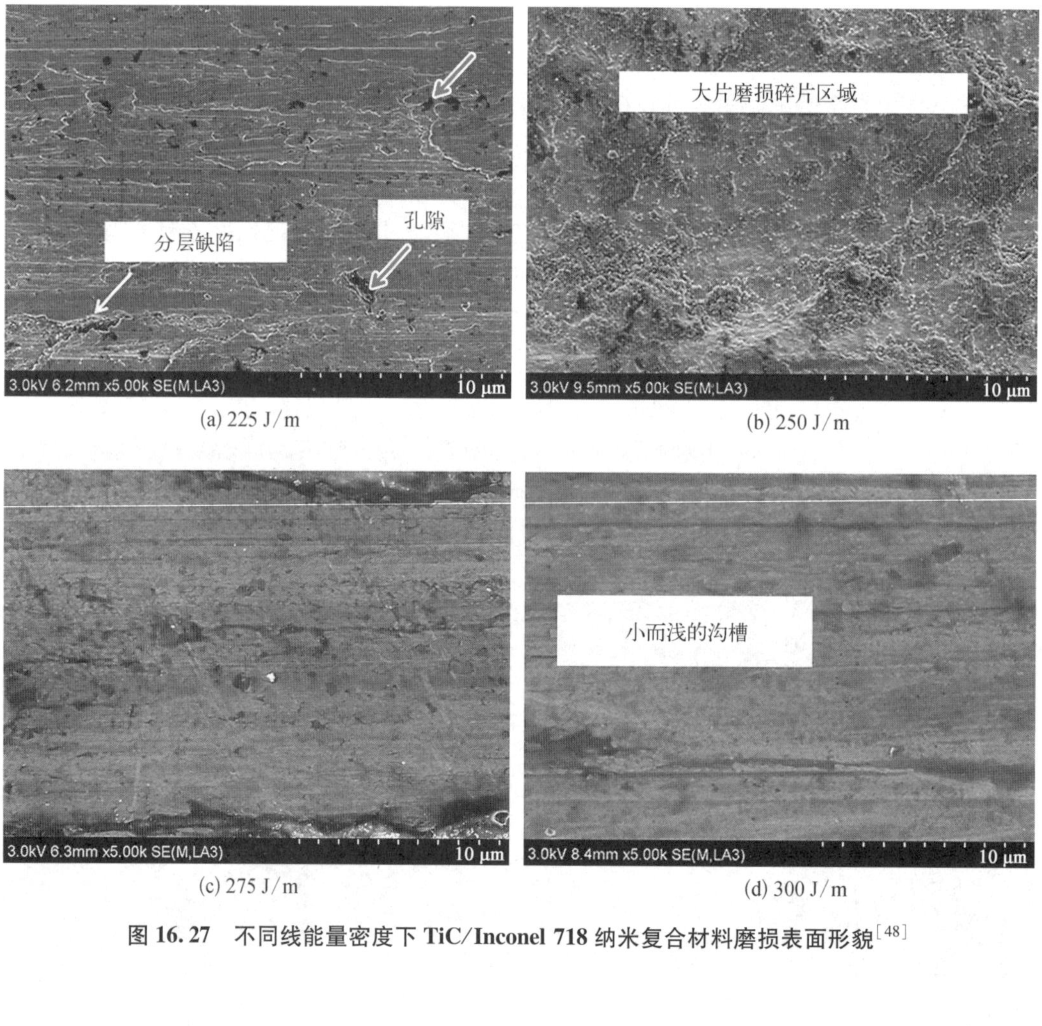

(a) 225 J/m (b) 250 J/m

(c) 275 J/m (d) 300 J/m

图 16.27　不同线能量密度下 TiC/Inconel 718 纳米复合材料磨损表面形貌[48]

图 16.28 为复杂形状和大尺寸的 TiC/Inconel 718 零件，其采用最优工艺参数（E = 300 J/m）制备。其几何设计和复杂形貌如 CAD 模型所示，零件直径为 220 mm，高度为 52 mm（图 16.28）。图 16.28（b）为成形过程中使用的支撑结构，其中只有一半的支撑用于悬浮薄壁叶片。一方面，这些支撑可以保证构件的成功制造。另一方面，可为凝固过程中的散热提供途径，减少热变形。SLM 成形的组件表现出相对高质量，中间的轴直径为 38 mm。SLM 成形的旋转叶片厚度 1 mm，高度 35 mm，旋转角度为 40°［图 16.28（d）］。由此可见，SLM 技术在加工组织和性能定制的高温镍基高温合金以及网形结构方面具有巨大的潜力。

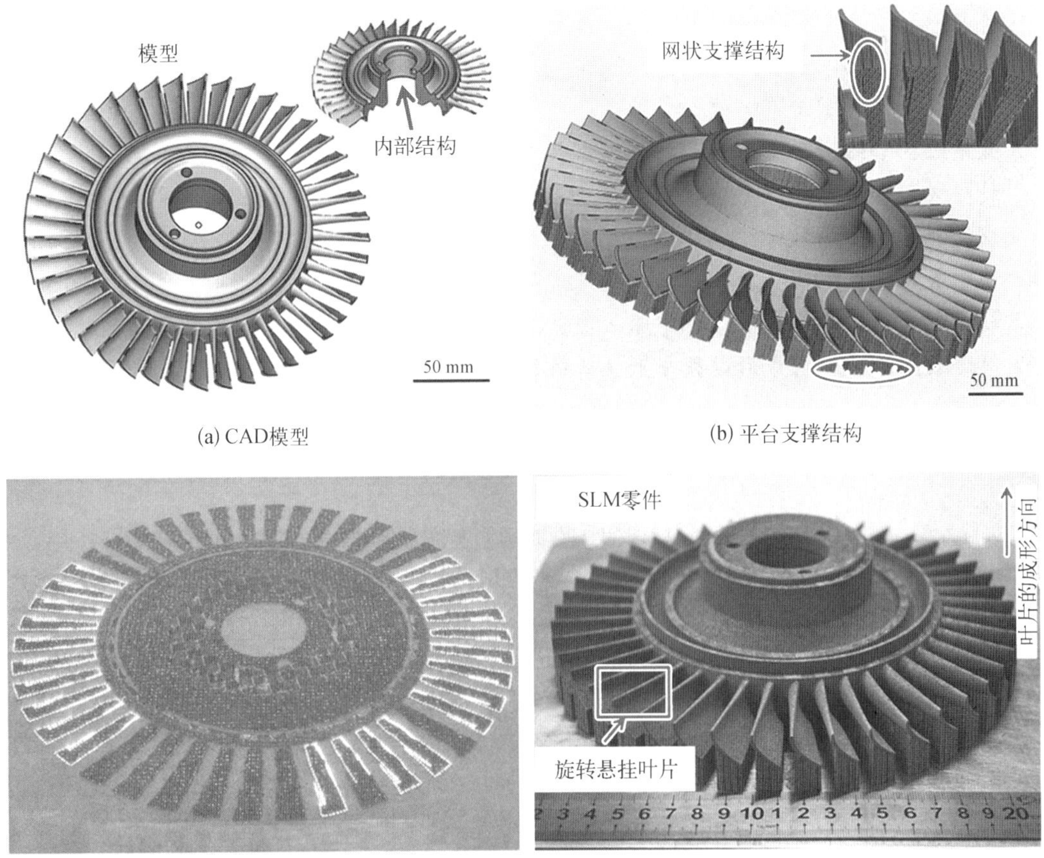

(a) CAD模型　(b) 平台支撑结构　(c) 成形过程　(d) 复杂形状镍基复合材料成形

图 16.28　复杂形状和大尺寸的 TiC/Inconel 718 零件[48]

16.5　总结与展望

传统的航空航天复合材料通常采用粉末冶金、热压、铸造等方法进行制备，随着航空航天复合材料的结构设计复杂化、性能要求多样化，传统制备方法已经难以满足现有航空航天复合材料制备的要求。本章则介绍了一种近年兴起的新型制备方法——3D/4D 打印制备航空航天复合材料。通过这一技术，以金属粉末为原材料，基于"分层制造，逐层堆积"的基本制造原理和过程，实现一次成形复杂零构件的要求。较高的设计自由度使得3D/4D打印技术在航空航天、生物医学、军事装备等关键领域构件的制造上具有广阔的发展前景。

本章则着重介绍了两种3D打印技术——激光选区烧结和激光选区熔化技术，针对这两种技术的原理、工艺过程、材料以及应用进行了介绍，通过本章可以着重学习3D打印原理及相关过程，同时，对其可以使用的材料及应用器件有一定认识。

习题与思考题

1. 3D打印为什么还被称为增材制造，它与等材制造和减材制造有什么区别？典型的等材制造和减材制造有哪些？
2. 激光选区烧结适合成形哪些材料的零件？
3. 针对激光选区熔化成形过程中金属粉末容易氧化的特点，能否提出一些解决办法来减少成形过程中的氧化？
4. 简述激光选区熔化技术的优点以及未来的发展趋势。
5. 简述激光选区熔化成形过程中球化现象的产生机理，以及如何有效控制球化现象。
6. 简述激光选区熔化成形过程中产生裂纹缺陷的原因以及如何消除。

参考文献

[1] 黄常翼，冯阳. 3D打印技术及应用现状[J]. 黄冈职业技术学院学报，2019，21(6)：126－129.
[2] 程俊廷，常天瑞. 金属增材制造技术研究与应用现状及趋势[J]. 中国设备工程，2018(20)：181－183.
[3] 范晖. 金属零件叠层模板电沉积成形的基础研究[D]. 南京：南京航空航天大学，2009.
[4] 胡美娟，吉玲康，马秋荣，等. 激光增材制造技术及现状研究[J]. 石油管材与仪器，2019，5(5)：1－6.
[5] 王硕，宋胜利. 增材制造技术及其应用现状分析[J]. 科学技术创新，2020(17)：170－171.
[6] 郭志飞，张虎. 增材制造技术的研究现状及其发展趋势[J]. 机床与液压，2015，43(5)：148－151.
[7] 龚志海. 熔丝沉积成型工艺支撑自动生成技术研究[D]. 武汉：华中科技大学，2006.
[8] 李梦群，庞学慧，吴伏家. 先进制造技术[M]. 北京：中国科学技术出版社，2005.
[9] 崔国起，张连洪，郝艳玲，等. LOM激光快速成型系统及其应用[J]. 航空制造技术，1999(5)：3－5.
[10] Scans E M, Haggerty J S, Cima M J, et. al. Three-dimensional Printing Technique[P]. EP90313220.7, 1996.
[11] 魏青松. 增材制造技术原理及应用[M]. 北京：科学出版社，2017.
[12] Deckard C R. Method and apparatus for producing parts by selective sintering[P]. EP0542729A3, 1993.
[13] 吴伟辉，杨永强. 选区激光熔化快速成形系统的关键技术[J]. 机械工程报，2007(8)：175－180.
[14] 陈光霞，曾晓雁，王泽敏，等. 选择性激光熔化快速成型工艺研究[J]. 机床与液压，2010，38(1)：

1 – 3+10.

[15] Tatsuaki F, Ryoji O, Kiichi H, et al. Study on deformation restraining of metal structure fabricated by selective laser melting[J]. Journal of Materials Processing Technology, 2017, 889: 364.

[16] 刘赫然. 电子束选区熔融装备高精度升降台及铺粉装置研究[D]. 长春: 吉林大学,2020.

[17] 尚晓峰,刘伟军,王天然,等. 激光工程化净成形技术的研究[J]. 工具技术,2004(1): 22 – 25.

[18] 王志坚,尚晓峰,徐丽. 激光工程化净成形同轴送粉的研究[J]. 沈阳航空工业学院学报,2004(1): 20 – 22+26.

[19] 余超,苗秋玉,石龙飞,等. 大倾斜角薄壁结构激光近净成形实验研究[J]. 中国机械工程,2020, 31(5): 595 – 602.

[20] Benjamin V, Frédéric V, François V. Metallic additive manufacturing: State-of-the-art review and prospects[J]. Mechanics and Industry, 2012, 13(2): 89 – 96.

[21] 邢希学,潘丽华,王勇,等. 电子束选区熔化增材制造技术研究现状分析[J]. 焊接,2016(7): 22 – 26+69.

[22] 窦鑫红,安君伟,许雅匆. 激光增材制造技术在轻合金复杂构件成形加工中的应用验证[J]. 新技术新工艺,2015(8): 89 – 91.

[23] 卢秉恒. 增材制造技术——现状与未来[J]. 中国机械工程,2020, 31(1): 19 – 23.

[24] Tibbits S. The emergence of 4D printing[OL]. (2013 – 3 – 24)[2020 – 9 – 23]. https://www.ted.com/talks/skylar_tibbits_the_emergence_of_4d_printing.

[25] 史玉升,伍宏志,闫春泽,等. 4D 打印——智能构件的增材制造技术[J]. 机械工程学报,2020, 56(15): 1 – 25.

[26] Shin D G, Kim T H, Kim D E. Review of 4D printing materials and their properties[J]. International Journal of Precision Engineering and Manufacturing-Green Technology, 2017, 4(3): 349 – 357.

[27] Zhou Y, Huang W M, Kang S F, et al. From 3D to 4D printing: Approaches and typical applications [J]. Journal of Mechanical Science and Technology, 2015, 29(10): 4281 – 4288.

[28] Mitchell A, Lafont U, HOŁYŃSKA M, et al. Additive manufacturing-A review of 4D printing and future applications[J]. Additive Manufacturing, 2018, 24: 606 – 626.

[29] 汤桂平,刘庆萍,宋波,等. 4D 打印液晶弹性体工艺及其性能研究[J]. 机械工程学报,2021, 57(7): 234 – 243.

[30] Liu G, Zhao Y, Wu G, et al. Origami and 4D printing of elastomer-derived ceramic structures[J]. Science Advances, 2018, 4(8): eaat0641.

[31] Stampfl J, Hatzenbichler M. Additive manufacturing technologies[M]. Berlin: CIRP Encyclopedia of Production Engineering, 2014.

[32] Mazzoli A. Selective laser sintering in biomedical engineering[J]. Medical and Biological Engineering and Computing, 2013, 51(3): 245 – 256.

[33] Xie F, He X, Cao S, et al. Structural and mechanical characteristics of porous 316L stainless steel fabricated by indirect selective laser sintering[J]. Journal of Materials Processing Technology, 2013, 213(6): 838 – 843.

[34] Guo Y, Zeng W, Jiang K. Preparation and selective laser sintering of wood-plastic composite powers and post processing[J]. Digest Journal of Nanomaterials and Biostructures, 2011 6(3): 1435 – 1444.

[35] 宫玉玺,王庆顺,朱丽娟,等. 选择性激光烧结成形设备及原材料的研究现状[J]. 铸造,2017, 66(3): 258 – 262.

[36] 果世驹. 粉末烧结理论[M]. 北京：冶金工业出版社. 1998.

[37] 马良. 选择性激光烧结热物理过程分析与仿真研究[D]. 武汉：华中科技大学,2007.

[38] Kruth J P, Van der Schueren B, Bonse J E, et al. Basic powder metallurgical aspects in selective metal powder sintering[J]. Cirp Annals, 1996, 45(1): 183 - 186.

[39] Kruth J P, Mercelis P, Van Vaerenbergh J, et al. Binding mechanisms in selective laser sintering and selective laser melting[J]. Rapid Prototyping Journal, 2005, 11(1): 26 - 36.

[40] 王伟,王璞璇,郭艳玲. 选择性激光烧结后处理工艺技术研究现状[J]. 森林工程,2014, 30(2): 101 - 104, 191.

[41] 樊自田,莫健华. 材料成形装备及自动化[M]. 北京：机械工业出版社,2006.

[42] 刘锦辉. 选择性激光烧结间接制造金属零件研究[D]. 武汉：华中科技大学,2006.

[43] Yan C Z, Shi Y S, Yang J S, et al. Preparation and selective laser sintering of nylon-12 coated metal powders and post processing[J]. Journal of Materials Processing Technology, 2009, 209(17): 5785 - 5792.

[44] 李伟. 激光选区熔化成形钛铝合金微观组织与性能演变规律研究[D]. 武汉：华中科技大学,2017.

[45] Suryawanshi J, Prashanth K G, Scudino S, et al. Simultaneous enhancements of strength and toughness in an Al-12Si alloy synthesized using selective laser melting[J]. Acta Materialia, 2016, 115: 285 - 294.

[46] 胡辉,周燕,文世峰,等. 激光选区熔化成形 TiB_2 增强 S136 模具钢[J]. 中国激光,2018, 45(12): 131 - 140.

[47] Gu D D, Meng G B, Li C, et al. Selective laser melting of TiC/Ti bulk nanocomposites: Influence of nanoscale reinforcement[J]. Scripta Materialia, 2012, 67(2): 185 - 188.

[48] Gu D D, Zhang H M, Dai D H, et al. Laser additive manufacturing of nano-TiC reinforced Ni-based nanocomposites with tailored microstructure and performance[J]. Composites Part B, 2019, 163: 585 - 597.

第 17 章
多尺度聚合物基复合材料

学习要点：

(1) 熟悉纳米填料的种类；

(2) 掌握多尺度复合材料的制备方法；

(3) 熟悉多尺度复合材料的界面特性；

(4) 掌握多尺度复合材料的力学增强特性；

(5) 掌握多尺度复合材料的电热输运特性；

(6) 了解多尺度复合材料在航空航天工程中的应用；

(7) 了解多尺度复合材料的发展趋势与未来挑战。

17.1 引　　言

航空航天工程是高性能先进材料研发与探索的重要应用领域之一，高性能、安全可靠、节约燃料消耗与低成本化正成为未来航空航天工程发展的核心要素。材料科学与工程学科的研究进展为发展结构与功能一体化的先进材料提供了新的机遇，未来有可能在航空航天工程等领域得以应用。先进复合材料是将多种材料进行有机整合，兼具有结构可设计性与多功能一体化为特征的新型材料。特别是纳米技术的快速发展极大地促进了先进复合材料的研发，各类纳米材料（如纳米颗粒、纳米纤维和纳米片等）已被广泛应用于复合材料中，可以实现减轻重量、力学增强并赋予多功能特性（如导电性、导热性、电磁屏蔽性能等）。这种集轻质高强和多功能特性于一体的先进复合材料将成为未来航空航天器制造的理想材料之一。

纳米复合材料目前已被应用于诸多领域，如医疗、汽车、电子、食品包装等行业，其通常是将纳米材料作为填料加入树脂基体中来改善材料的性能，但目前这类纳米复合材料尚不能很好满足航空航天结构材料的基本力学强度需求。尽管理论上讲，纳米材料（如碳纳米管和纳米碳纤维）相比于传统增强材料（如碳纤维等）具有更高的力学强度，但由于纳米材料在复合材料中的添加量有限且分散不连续，使得目前仍无法超越传统连续纤维增强复合材料的力学性能。若纳米材料掺量过高时，其难以均匀地分散在基体中，从而引起团聚并导致复合材料中出现大量的空隙与缺陷。因此，将纳米材料与传统纤维增强体结合制备混杂复合材料，可以兼顾连续纤维的高强度与纳米材料的多功能特性，显著提升复合材料的综合性能；此外，由于两种材料分别具有微、纳尺度特征，会产生不同程度的增强效果与协同效应，进而发展出新型的混杂复合材料，即多尺度复合材料[1-3]。

本章主要介绍纳米材料与传统纤维混杂制备多尺度复合材料，包括组成、成型工艺与性能等。

17.2 定义和概念

对材料进行结构优化与功能设计，可获得相比于传统复合材料更为优异的力学强度与功能特性，如高导电性、高导热性、电磁屏蔽、损伤传感性能等（图 17.1）。多尺度复合材料定义为由不同尺度（如宏观、介观、微观尺度）的增强材料与基体经复合而成、具有某种特定功能特性的混杂复合材料[1-3]。通常指由不同类型的增强体经树脂浸渍固化而成的混杂复合材料，其中增强体类型通常包括传统的增强材料（如玻璃纤维、碳纤维等，直径在 1~100 μm）与纳米填料（如碳纳米管、纳米碳纤维、纳米黏土、石墨烯等，直径或厚度通常小于 100 nm）。

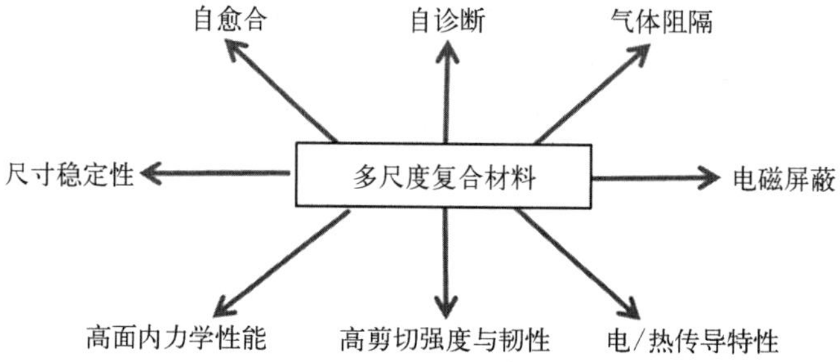

图 17.1　多尺度复合材料的性能

多尺度复合材料通常由两种制备途径获得（图 17.2），一种是将纳米填料预先分散在聚合物基体中，再将这种纳米颗粒填充的树脂体系浸渍传统纤维而制得复合材料；另一种是将纳米填料与传统纤维预先混杂复合，再浸渍树脂基体来制备。其中纳米材料（如碳纳

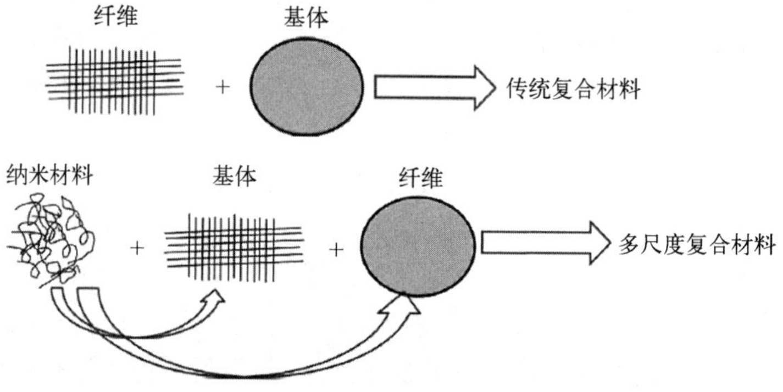

图 17.2　制备多尺度复合材料的途径

米管和纳米碳纤维)与纤维的混杂复合可以通过多种方法来实现,如在纤维表面直接生长纳米纤维,或者通过表面化学接枝、转印、喷涂、上浆、电泳沉积等工艺将纳米材料包覆在纤维表面。表 17.1 为各类多尺度复合材料制备技术的优点与劣势[3]。

表 17.1　制备多尺度复合材料的不同方法及优缺点[3]

方　法	优　点　和　缺　点
纳米填料直接分散在树脂中	适用于多种基体与纤维体系;关键技术在于如何有效防止纳米填料的团聚
纤维表面直接生长纳米材料	可有效地避免纳米填料在树脂中的团聚,但其仅适用于可采用化学气相沉积技术生长制备的纳米材料以及具有耐高温性能的纤维
转印	预先通过化学气相沉积法制备纳米材料,经收集后向纤维表面进行物理转移,可应用于耐热性较低的聚合物纤维,但需进行两步法制备过程
喷涂	操作简单,但在喷涂过程中纳米填料易于团聚
涂覆与上浆	操作过程简单,但易出现纳米填料的团聚
电泳沉积	仅适用于可进行表面功能化修饰的纳米材料和导电纤维
表面化学接枝	将纳米材料通过化学键合与纤维形成牢固结合,纤维表面与纳米材料需要在接枝改性前进行功能化预处理

17.3　纳米填料的种类

迄今为止,各类纳米填料已被广泛应用于制备多尺度复合材料。最常见的是具有高长径比(或径厚比)的纳米材料,如纳米纤维、纳米管、纳米片等,包括[1-13]纳米氧化铝、纳米碳化硅、纳米黏土、纳米纤维(通常为纳米碳纤维,carbon nanofiber, CNF)、碳纳米管(carbon nanotube, CNT)、石墨纳米片或石墨烯等,图 17.3 为部分纳米填料的显微电镜照片。这种高长径比(或径厚比)的纳米材料具有完整的微观结构与高度的结构取向性,有助于显著改善传统复合材料的综合性能。表 17.2 列举了各类纳米填料对复合材料性能提升的贡献[3]。

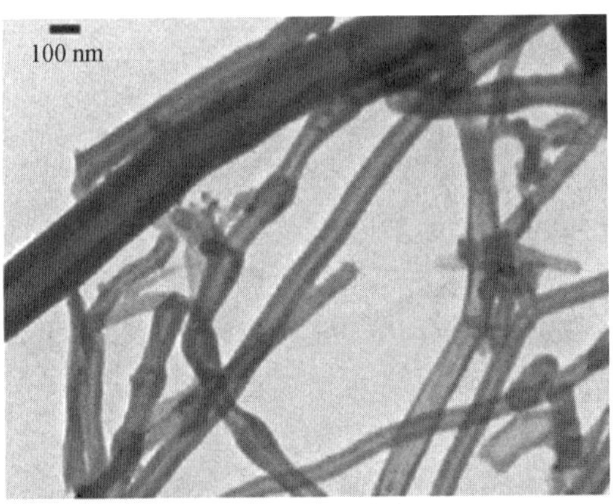

(a) 纳米碳纤维[10]

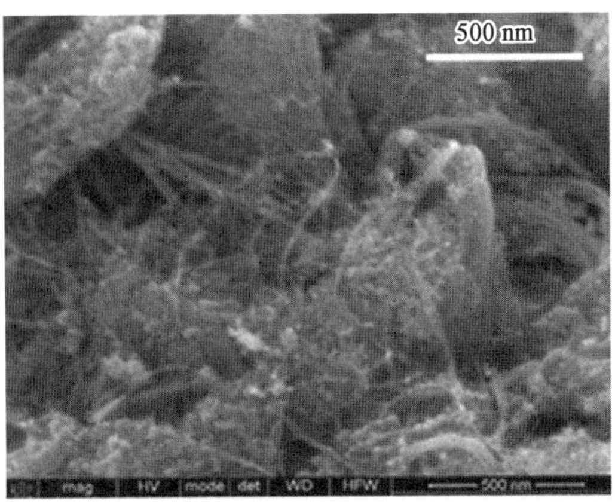

(b) 碳纳米管[11]

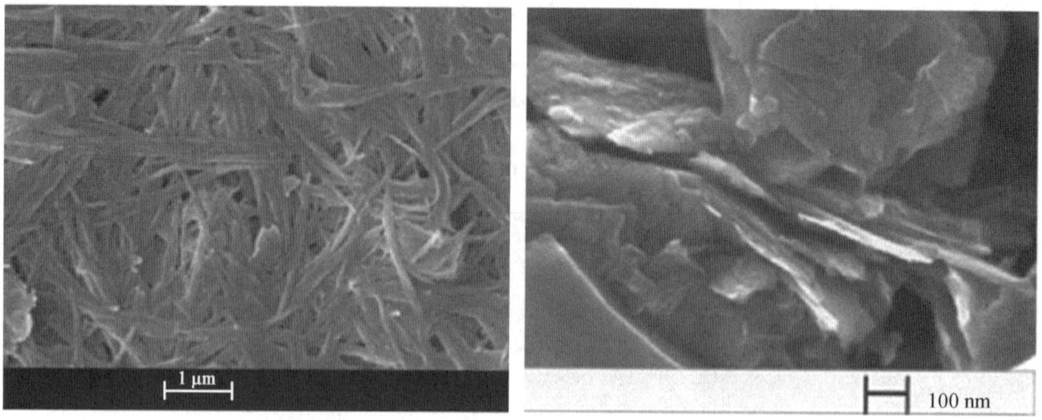

(c) 纳米黏土[12]　　(d) 石墨纳米片[13]

图 17.3　用于制备多尺度复合材料的纳米填料

表 17.2　各种纳米材料对于提升复合材料性能的贡献[3]

纳米材料类型	性　　能
纳米 Al_2O_3	提高力学强度
纳米 TiO_2	改善力学性能
纳米石墨	提高力学强度以及气体阻隔性能
纳米黏土	提高力学强度
纳米碳纤维	提高力学强度、导电性、导热性、电磁屏蔽性、传感性能等
碳纳米管	提高力学性能、导电性、导热性、电磁屏蔽性、传感性能等
石墨烯	提高力学强度、导电性、导热性、耐磨性、电磁屏蔽性能等

17.4　多尺度复合材料的制备

纳米填料与传统纤维复合制备多尺度复合材料通常分为两个步骤：

(1) 将纳米填料引入到树脂基体中或者纤维表面；

(2) 纤维浸渍树脂后固化成型。

17.4.1　树脂基体中添加纳米填料

相比于传统填料，纳米填料具有尺度小、比表面积大、易于自发团聚的特点，若将其直接添加于树脂中极易引起体系黏度的急剧增加，从而导致难以均匀分散。如何实现纳米填料在树脂中的均匀分散是纳米复合材料制备领域的关键问题。以纳米碳纤维和碳纳米管为例，由于纳米填料的尺度小、表面能高、相互易于形成诸如范德瓦尔斯力的强相互作用，使得其通常以相互缠结的絮状团聚体形式存在，若要实现均匀的分散势必需要破坏填料之间的相互缠结[14, 15]。目前大多采用机械处理法的方法(如超声处理、高速机械搅拌、压延、双螺杆挤出等)来获得纳米填料在聚合物基体中的均匀分散[16]。

超声处理是实现纳米填料在树脂基体中均匀分散的最常用技术之一[10, 17-19]。超声过程产生的冲击波可以破坏填料之间的相互缠结,实现其在基体中的均匀分散。超声处理主要分为水浴超声和探针超声两种。探针超声技术是将超声探针直接伸入纳米填料分散液中,产生局部的强超声波振动,从而实现纳米填料在溶液中的有效分散。图 17.4 为碳纳米管在水溶液中的超声分散机理图[20],缠结的碳纳米管在超声波作用下从管末端开始分离,有助于表面活性剂分子插入碳纳米管之间的空隙;表面活性剂分子通过空间位阻或静电排斥作用使得碳纳米管沿长度方向进一步发生分离,进而实现其在水溶液中的均匀分散。通常采用表面活性剂辅助超声处理技术可以获得较为理想的分散效果,图 17.5 显示了添加表面活性剂更易于实现纳米材料在树脂基体中的高效分散[10]。

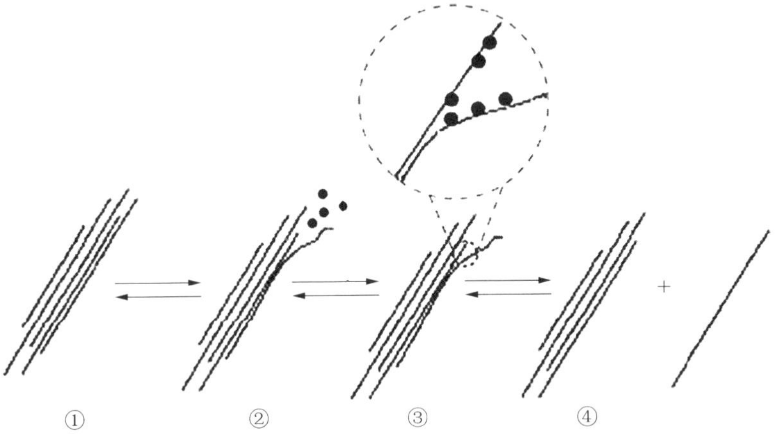

图 17.4　表面活性剂辅助超声分散 CNT 的作用机理[20]

纳米填料的表面官能团改性可以显著改善其在基体中的分散稳定性。氨基功能化和硅烷偶联剂处理是制备多尺度复合材料常用的两种填料表面处理方法[16, 21]。图 17.6 为碳纳米管的表面氨基化改性的示意图[21]。表面官能团修饰不仅可以提高纳米填料的分散稳定性,还可以调控填料与树脂基体间的界面相互作用以形成牢固的共价键结合[1],有效防止裂纹扩展过程中纳米填料的拔出,同时对裂纹产生较强的桥接作用,得以显著改善复合材料的力学性能。

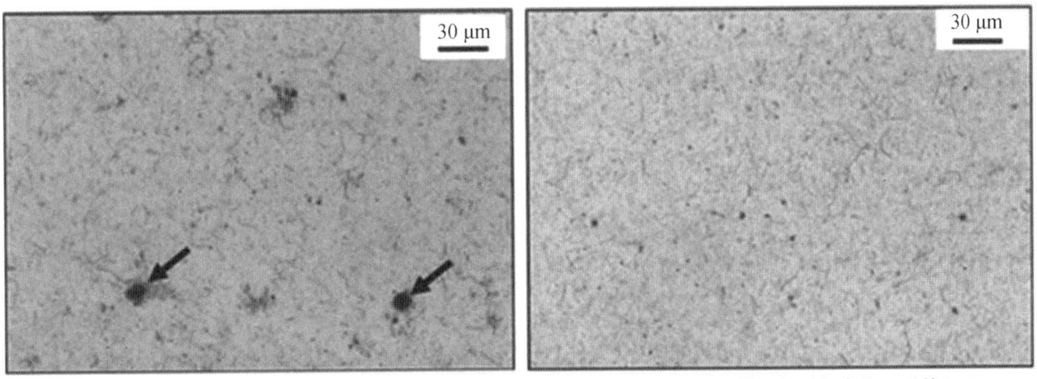

(a) 使用2 h超声处理后的CNF　　(b) 使用2 h表面活性剂辅助超声处理后的CNF

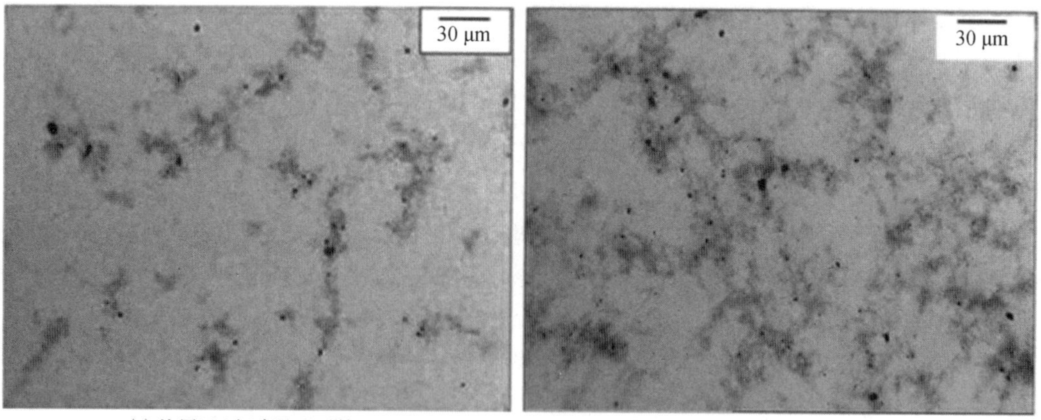

(c) 使用10 h超声处理后的CNT　　(d) 使用6 h超声处理和2 h搅拌后的CNT

图 17.5　使用超声处理分散纳米填料[10]

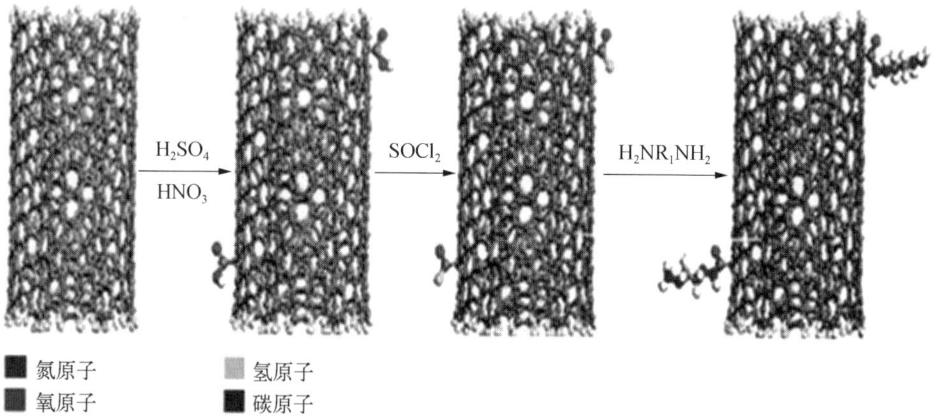

图 17.6　碳纳米管的表面氨基化功能修饰[21]

纳米填料的超声分散效果很大程度依赖于处理工艺条件。通常,延长超声处理时间和增加超声能量可有助于提高纳米填料的分散均匀程度,但也会导致纳米填料本征质量(如长径比、结构完整性等)的降低,同时引起加工时间与生产成本的增加。此外,树脂黏度和处理温度等也会显著影响纳米填料的分散效果,若树脂体系黏度较高,纳米填料难以在聚合物基体中实现均匀分散。因此,控制和优化工艺参数对实现纳米填料在基体中的高效分散、防止纳米填料团聚至关重要。近年来,将超声与球磨技术相结合可以获得 CNTs 在环氧树脂中的均匀分散(图 17.7)[21]。

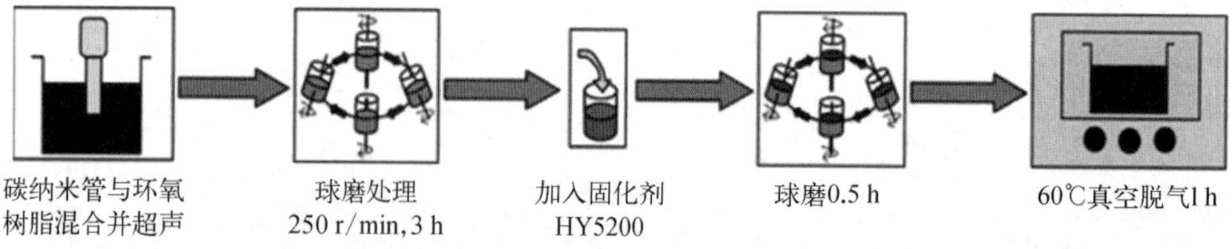

图 17.7　采用超声与球磨相结合的工艺用于分散碳纳米管[21]

机械搅拌是另一种常见的分散纳米填料的处理技术，被广泛应用于多尺度复合材料的制备过程中。机械搅拌的分散效果很大程度上取决于桨叶的大小、形状及搅拌速度。研究表明，高速搅拌（转速大于 4 000 r/min）能够有效地将 CNTs 和 CNFs 分散在热固性树脂基体中[10, 17]。此外，机械搅拌与超声处理相结合可以有效地减少超声处理时间并获得均匀的分散效果。对于热塑性树脂基体而言，压延工艺也适用于分散纳米填料并实现纳米复合材料的批量生产[16]。近年来，采用挤出成型工艺也可以实现纳米填料在热塑性基体中的均匀分散[3]，大多以双螺杆挤出工艺为主，分散效果受诸多成型工艺参数的影响，如螺杆类型、挤出压力、螺杆转速、挤出温度等。

17.4.2　纤维表面的纳米修饰

在纤维表面进行纳米修饰，即将纳米颗粒沉积锚固在纤维表面，可有效避免纳米填料在树脂中易于团聚的问题[22-32]。图 17.8 为制备多尺度复合材料过程中纤维表面进行纳米修饰的几种方法。一种是在纤维表面通过 CVD 工艺直接生长诸如 CNFs 和 CNTs 等［图 17.8(a)］[22]。以纤维或织物作为基底，经表面催化剂修饰后，通入碳氢化合物等气体为碳源，利用高温（约 1 000℃）时的气体分解，进而在纤维表面原位生长纳米碳材料。由于该种方法通常需要纤维织物具有极高的耐热性，为此进而发展了转印制备工艺，即预

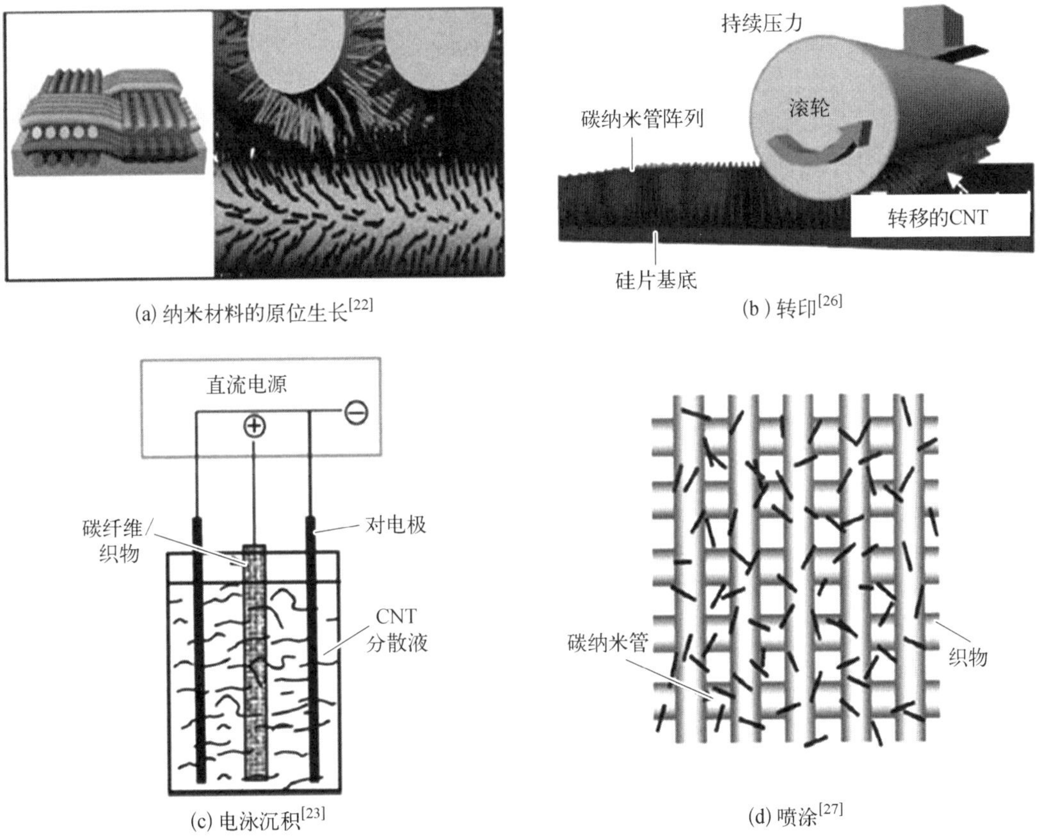

(a) 纳米材料的原位生长[22]　(b) 转印[26]　(c) 电泳沉积[23]　(d) 喷涂[27]

图 17.8　纤维表面的纳米修饰方法

先在耐热基底(如硅片)表面生长碳纳米管,然后通过转印工艺将碳纳米管从耐热基底转移到纤维织物或预浸料表面[26][图 17.8(b)]。

另一种纤维表面纳米修饰的方法是在纤维表面喷涂纳米颗粒溶液[27],再与树脂浸渍制得复合材料。喷涂工艺虽有利于使得纳米填料在纤维表面形成快速、均匀的高效涂覆,但纳米填料在压力作用下经喷嘴喷出时会形成部分的团聚。与喷涂类似,将纤维及织物浸渍于纳米分散液中,经反复浸渍-提拉-干燥也可获得纳米填料在纤维表面的涂覆[29]。此外,电泳技术也被用于在纤维表面沉积 CNTs 等[23][图 17.8(c)],带负电的功能化 CNTs 在静电力的驱动下自发吸附到碳纤维织物(正极)表面,形成如图 17.8(d) 的均匀沉积与铺展。

以上修饰技术是将纳米填料经物理方法沉积到纤维表面,但无法获得填料与纤维之间牢固的界面结合。化学接枝改性可以使得纳米填料经共价键牢固地黏附到纤维表面[24],但通常涉及繁琐的化学反应过程。化学接枝改性需要预先将纤维表面进行活化形成反应位点,进而与功能化的纳米填料发生化学反应,图 17.9 为多壁碳纳米管(multi-walled carbon nanotubes, MWCNT)化学接枝到碳纤维表面上的反应示意图[24]。值得指出的是,不同的纤维表面修饰方法会使得沉积在表面的纳米填料表现出不同的宏观聚集形态。如图 17.10 所示,纳米填料沉积在纤维或织物表面后,可形成杂乱无规或定向排列的取向结构[24-32],显著影响多尺度复合材料的界面性质及电热网络传输性能。

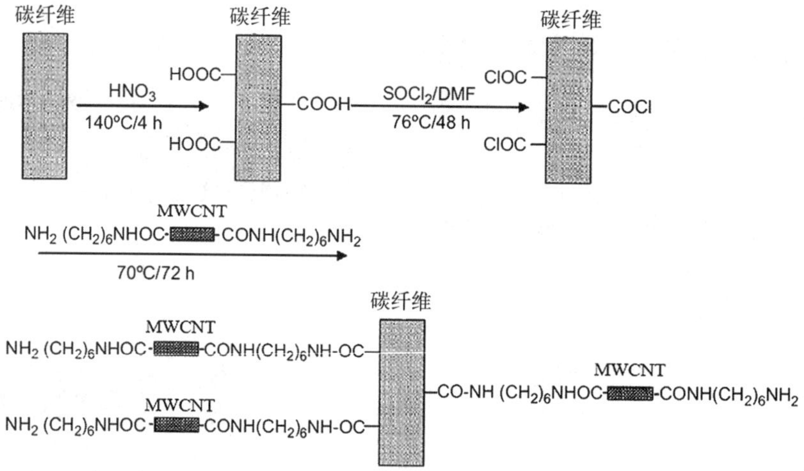

图 17.9 在碳纤维表面化学接枝 CNTs[24]

17.4.3 多尺度复合材料的制备成型

将纳米填料引入树脂基体中或者纤维表面后,需经与纤维或树脂浸渍后固化定型获得多尺度复合材料。纤维与树脂的浸渍成型很大程度上取决于树脂基体的类型。对于热固性树脂基体,最为常用的成型工艺是真空辅助树脂传递成型(vacuum assisted resin transfer molding, VARTM)[图 17.11(a)][33]。其具有诸多显著优势,如可实现高的纤维体积分数和低的空隙率,可制造复杂形状制品,具有较高的生产效率,可有效避免工人过

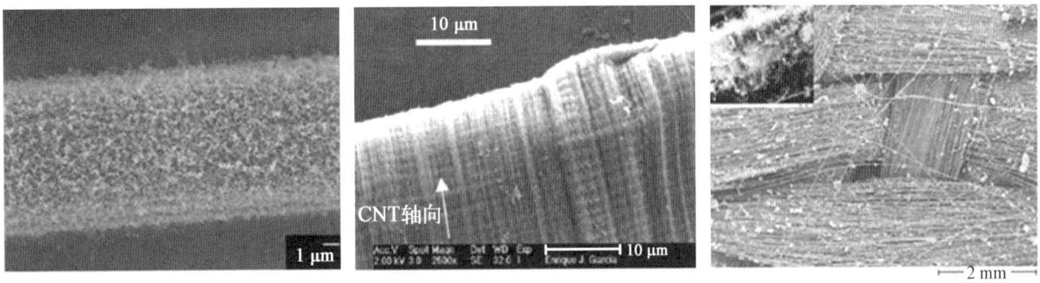

(a) 在单根纤维上生长的CNTs[30]　(b) 转印的CNT阵列[26]　(c) 在碳纤维布上生长的CNTs[31]

(d) 在碳纤维表面上生长的石墨纳米片[32]　(e) 电泳沉积在纤维表面的CNTs[23]　(f) 纤维表面化学接枝的CNTs[24]

图 17.10　沉积在纤维表面的纳米材料的形态

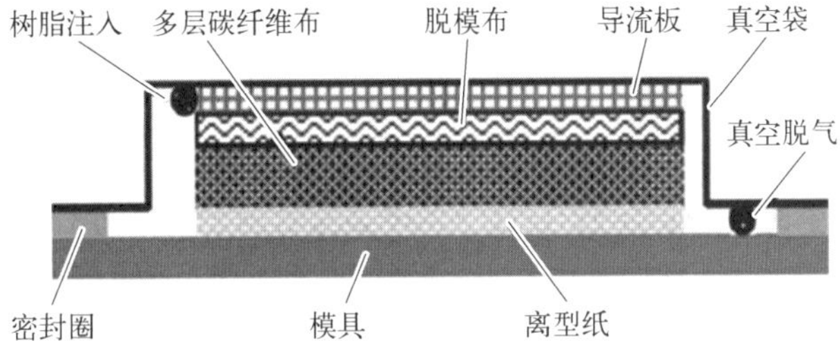

(a) VARTM[33]

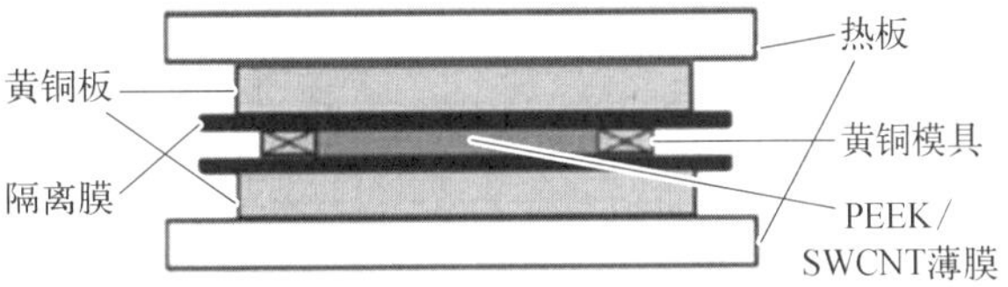

(b) 模压成型[3]

图 17.11　以及工艺制备多尺度复合材料成型工艺

多暴露于有害物质中,从而表现为具有高的安全性。值得指出的是,通常在基体中添加一定量纳米填料后,会导致树脂黏度的急剧增加,影响真空注入条件下树脂的流动,同时部分纤维的缠结也会加剧纳米填料的局部团聚。图 17.11(b)为模压成型工艺示意图[3],在高温高压作用下可有效改善树脂体系流动性差、纳米颗粒易于团聚等问题。对于热塑性树脂基体而言,多尺度复合材料亦可采用模压成型工艺制得,即预先采用热压或其他工艺制得纳米填料/聚合物复合薄膜,随后将其与纤维织物进行层叠堆积,经加热加压浸渍成型。此外,传统短切纤维增强热塑性复合材料的制备成型工艺也可用于制备多尺度热塑性复合材料[3]。

17.5 多尺度复合材料的力学特性

纳米材料具有优异的本征力学性能,其尺寸小、比表面积大、易于与基体形成良好的界面结合,使得纳米材料可以显著提升复合材料的力学性能。此外,纳米材料的加入还会引起树脂固化程度(热固性基体)或结晶度(热塑性基体)的变化,从而影响复合材料的力学性能。图17.12为增强材料比表面积对直径的依赖性[16],可以看到比表面积随直径减少而急剧增大;碳纳米管(特别是单壁碳纳米管)具有极小的直径以及高的比表面积,使得其被认为是最为理想的增强填料之一,被广泛应用于制备多尺度复合材料。

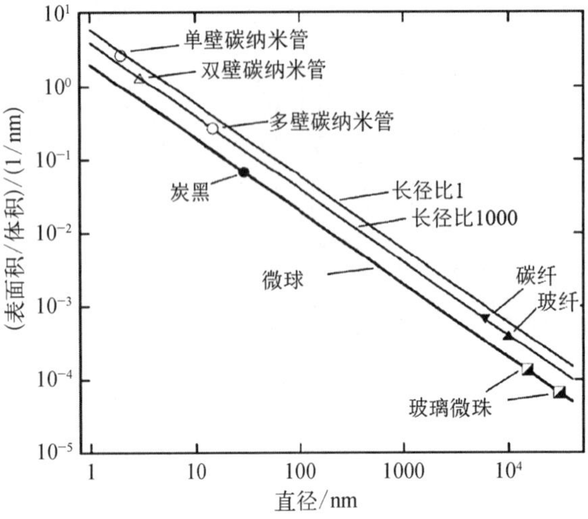

图 17.12 不同填料的比表面积与直径的关系[16]

纳米材料的加入可以显著改善基体材料的力学性能,这种强化效应可以通过纳米材料增强树脂的微观力学方程进行模拟[33]。公式(17.1)为采用哈尔平-蔡(Halpin - Tsai)方程来推算碳纳米管增强环氧树脂复合材料的拉伸模量:

$$E_{NC} = \left[\frac{3}{8} \frac{1 + 2\left(\frac{l_{NT}}{d_{NT}}\right)\eta_L V_{NT}}{1 - \eta_L V_{NT}} \frac{5}{8} \frac{1 + 2\eta_D V_{NT}}{1 - \eta_D V_{NT}} \right] E_{epoxy} \tag{17.1}$$

$$\eta_L = \frac{\left(\frac{E_{NT}}{E_{epoxy}}\right) - \left(\frac{d_{NT}}{4t}\right)}{\left(\frac{E_{NT}}{E_{epoxy}}\right) + \left(\frac{l_{NT}}{2t}\right)} \tag{17.2}$$

$$\eta_D = \frac{\left(\frac{E_{NT}}{E_{epoxy}}\right) - \left(\frac{d_{NT}}{4t}\right)}{\left(\frac{E_{NT}}{E_{epoxy}}\right) + \left(\frac{d_{NT}}{2t}\right)} \tag{17.3}$$

其中,E 为拉伸模量;l_{NT} 为碳纳米管的长度;d_{NT} 为碳纳米管的外径;V_{NT} 是碳纳米管的体积分数;t 为石墨片层厚度(0.34 nm)。

若假设材料为各向同性(填料均匀分布)时,则碳纳米管增强树脂复合材料的剪切模

量可由拉伸模量计算而得,计算公式如下:

$$G_{NC} = \frac{E_{NC}}{2(1+\nu)} \tag{17.4}$$

其中,G_{NC} 为碳纳米管增强树脂复合材料的剪切模量;ν 为泊松比。

通常多尺度复合材料由具有不同尺度的填料(如纳米粉体与微纤)组成,对多尺度复合材料力学性能的预测需要整合纳米材料增强树脂的微观力学方程以及传统纤维增强复合材料的微观力学方程(图 17.13)[33]。首先采用式(17.1)~式(17.3)计算纳米材料增强树脂的力学性能,然后依据多尺度复合材料的结构(如编织方式、铺层结构、取向程度等)选择适合的纤维增强复合材料力学模型,将两者结合可获得多尺度复合材料的力学性能。

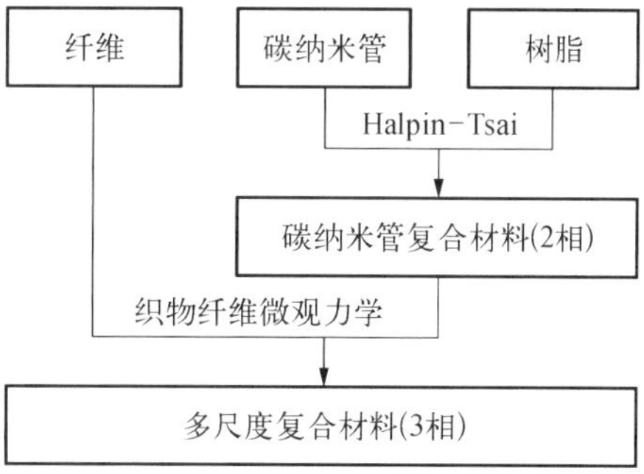

图 17.13　多尺度复合材料力学性能的计算模型[33]

通常多尺度复合材料中纳米填料的添加量较低(为防止掺量过高而导致团聚与缺陷),虽然理论上讲这种低的纳米填料添加量不足以显著提升复合材料的力学性能,但通过对比纳米碳纤维-环氧多尺度复合材料的实测弹性模量与理论弹性模量,可以发现具有显著的力学增强效应[10],表明纳米填料的加入不仅对复合材料具有直接的增强作用,同时还会使得组元间产生协同效应,使得多尺度复合材料的力学性能得到显著提升。从图 17.14 中可以看到[10],在多尺度复合材料中纤维与树脂之间的界面结合强度要远高于传统复合材料,归因于纳米填料对界面结合的增强效应,使得纤维表面热固性树脂的残余应力(界面压力)得以强化,如式(17.5)所示[4]:

$$P = \frac{(\alpha_m - \alpha_f)\ \nabla T E_m}{(1+\nu_m) + (1+\nu_f) E_m / E_f} \tag{17.5}$$

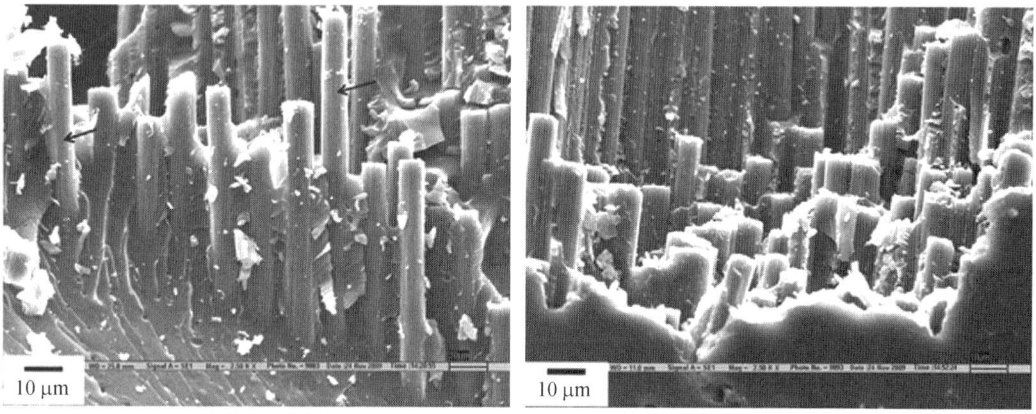

(a) 传统复合材料　　(b) 多尺度复合材料

图 17.14　纤维与树脂基体的界面结合[10]

其中，P 是残余应力或界面压力；α_m 是基体的热膨胀系数；α_f 是纤维填料的热膨胀系数；∇T 是基体玻璃化转变温度与室温的差值；ν_m 是基体的泊松比；ν_f 是纤维填料的泊松比；E_m 是基体的弹性模量；E_f 是纤维填料的弹性模量。通过该方程计算，多尺度复合材料的界面压力会显著高于传统复合材料，揭示了多尺度复合材料中填料与基体形成良好的界面结合，从而有助于多尺度复合材料力学性能的提升。表 17.3 列出了纳米填料对多尺度复合材料力学性能的增强作用[17–42]。

表 17.3　纳米填料对复合材料力学性能的影响

CNT 类型以及含量	纤维-基体类型	性能变化
氨基功能化 DWCNTs，0.1 wt.%~0.3 wt.%，树脂中分散[34]	玻璃纤维-环氧树脂	杨氏模量与拉伸强度无明显提升，层间剪切强度提升 20%
MWCNTs、小直径 MWCNTs 与氨基功能化 DWCNTs 混杂，0.5 wt.%，树脂中分散[35]	碳纤维-环氧树脂	强度与模量无明显提升，断裂韧性提高 80%
功能化与非功能化 MWCNTs 混杂，1 wt.%，树脂中分散[36]	玻璃纤维-环氧树脂	杨氏模量提升 20%，拉伸强度提升 14%，剪切强度提升 5%
硅烷偶联剂修饰 MWCNTs，1 wt.%，树脂中分散[37]	玄武岩纤维-环氧树脂	弯曲模量提升 54%，弯曲强度提升 34%
硅烷偶联剂修饰 MWCNTs 与酸化 MWCNTs，1 wt.%[37]	玄武岩纤维-环氧树脂	相比于酸化表面处理，采用硅烷偶联剂表面处理后制得的复合材料，弯曲模量提升 10%，弯曲强度提升 14%，断裂韧性提升 40%
氨基功能化 DWCNTs，0.025 wt.%~0.1 wt.%，树脂中分散[16]	碳纤维-环氧树脂	弯曲模量提升 35%，弯曲强度提升 5%，冲击吸收功提升 6%，层间 Ⅰ 型断裂韧性降低 23%
氨基功能化 MWCNTs，1 wt.%，树脂中分散[21]	碳纤维-环氧树脂	杨氏模量提升 51.46%，弯曲模量提升 38.04%，层间剪切强度提升 39.62%
SWCNTs，0.1 wt.%，喷涂在中间层的碳纤维表面[27]	碳纤维-乙烯基树脂	剪切强度提高 45%
CNTs，1 vol.%，CNT 垂直排列在预浸料表面，转印工艺[26]	碳纤维-环氧树脂	层间 Ⅰ 型断裂韧性提升 150%~250%，层间 Ⅱ 型断裂韧性提升 300%
MWCNTs，1 vol.%~2 vol.%，在碳纤维表面生长 MWCNTs[22]	氧化铝纤维-环氧树脂	稳态韧性提升 76%，面内抗拉刚度提升 19%，临界强度提升 9%，极限强度提升 5%
CNTs，1 vol.%~3 vol.%，在碳纤维表面生长 CNTs[28]	氧化铝纤维-环氧树脂	层间剪切强度提升 69%
MWCNTs，0.25 wt.%，在碳纤维表面电泳沉积 MWCNTs[23]	碳纤维-环氧树脂	层间剪切强度提升 27%
气相生长纳米碳纤维，0.5 wt.%[10]	碳纤维-环氧树脂	杨氏模量提升 37%，拉伸强度提升 18%，压缩模量提升 50%，压缩强度提升 18%
SWCNTs，0.1 wt.%[17]	碳纤维-环氧树脂	杨氏模量提升 95%，拉伸强度提升 31%，压缩模量提升 76%，压缩强度提升 41%
SWCNTs，1.0 wt.%，CNT 表面包覆聚醚醚砜[38]	玻璃纤维-聚醚醚酮	杨氏模量提升 16%，拉伸强度提升 7.6%，冲击强度提升 10%，弯曲模量提升 32.6%，弯曲强度提升 17.9%，层间剪切强度提升 64.4%

续　表

CNT 类型以及含量	纤维-基体类型	性能变化
MWCNTs，0.5 wt.%[39]	玄武岩纤维-尼龙 6	杨氏模量提升 12.2%，拉伸强度提升 9%，弯曲模量提升 35.4%，弯曲强度提升 41%
MWCNTs，在碳纤维表面生长 7 μm 厚 MWCNTs[40]	碳纤维-聚丙烯	杨氏模量提升 57%，拉伸强度提升 37.3%，冲击强度提升 34%，弯曲模量提升 51%，弯曲强度提升 35%
MWCNTs，15 wt.%[41]	碳纤维-聚酰亚胺	杨氏模量提升 33.5%，拉伸强度提升 125%，冲击强度提升 75%，弯曲模量提升 36%，弯曲强度提升 29.6%
MWCNTs，在玻璃纤维表面生长约 10 μm 厚的 MWCNTs[42]	玻璃纤维-聚甲基丙烯酸甲酯	界面剪切强度提升 150%

注：表中，SWCNT 为单壁碳纳米管；DWCNT 为双壁碳纳米管；MWCNT 为多壁碳纳米管。

传统层状复合材料在外加载荷作用下易于发生层间分离，是复合材料的主要失效破坏形式之一。为了改善层间失效，通常采取制备三维编织体的手段，即采用缝合技术在厚度方向上将织物连接成三维编织体结构，有助于增加复合材料层间剪切强度、避免分层失效。但缝合过程中会引起纤维的局部损伤、导致复合材料面内力学性能的降低，同时这种编织方式也会使得生产成本显著增加。相比而言，多尺度复合材料中的纳米填料可有效改善纤维与基体的界面结合，显著提高复合材料的层间剪切强度，同时可以保持复合材料较高的面内力学性能。图 17.15 为碳纳米管的加入对于复合材料层间剪切强度的提升作用[27]。通过纳米填料的加入制备多尺度复合材料，已成为有效防止复合材料分层失效同时保持力学性能的有效手段。

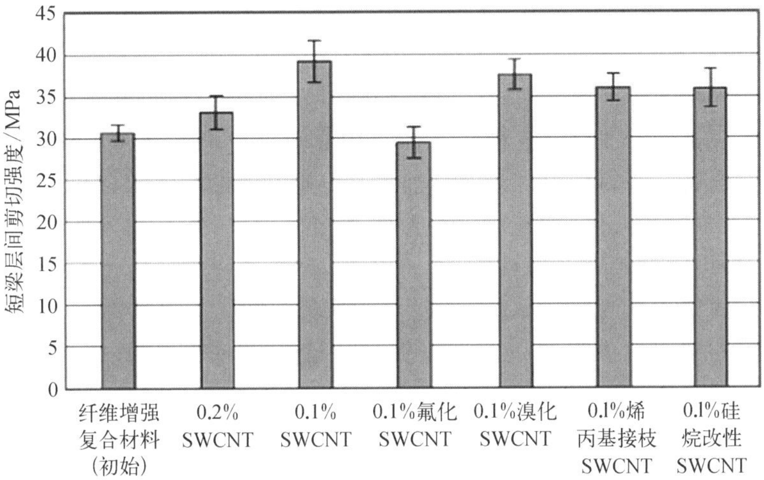

图 17.15　碳纳米管对于多尺度复合材料层间剪切强度的提升[27]

通过对多尺度复合材料进行结构设计可以实现层间剪切强度的显著提升，例如：在纤维层表面垂直生长碳纳米管，能够使得相邻纤维之间形成桥接作用、有效传递应力载荷[26]。此外，为了避免 CVD 生长 CNT 过程中高温条件对纤维造成的损伤，可以预先制备碳纳米管,再通过转印方法实现其在纤维表面的转移。纳米填料在提高复合材料层间剪切强度的同时,还可以显著改善材料的断裂韧性。通常,提升复合材料增韧的方法是在树脂基体中加入橡胶颗粒、热塑性塑料等填料,但不可避免地导致材料强度与模量的降低。而纳米填料不仅具有高的本征强度,而且其与树脂形成强的相互作用可以起到钉扎裂纹、诱导裂纹尖端变形、桥接微裂纹等多种增韧效果,可以实现在增加材料断裂韧性的同时仍保持较高的机械强度[16],目前,将纳米填料引入复合材料中已成为改善材料断裂韧性与延展性的有效途径(表 17.3)。图 17.16 为碳纳米管通过桥接裂纹机制以改善复合材料的断裂韧性[43]。

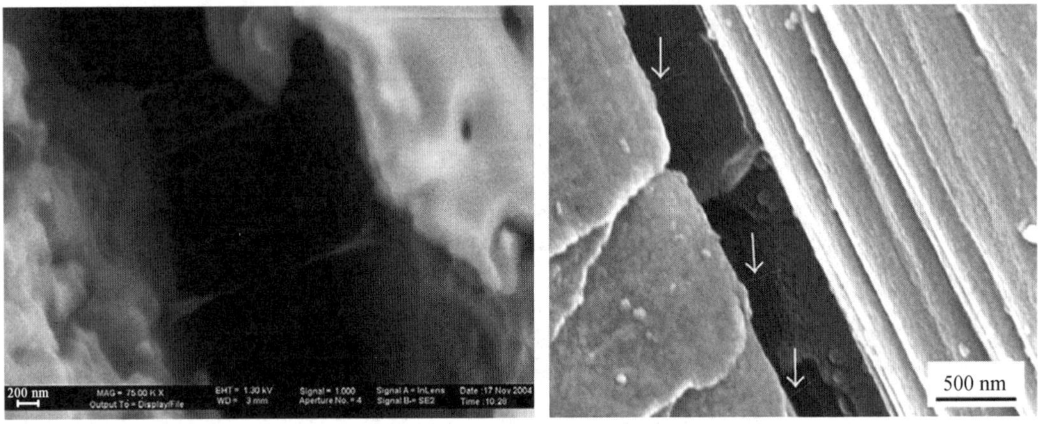

图 17.16　碳纳米管在多尺度复合材料中桥接裂纹的增韧作用[16, 43]

17.6　多尺度复合材料的物理特性

碳纳米管和纳米碳纤维等功能性填料已被广泛应用于制备多功能纳米复合材料。碳纳米管可在极低的添加量时在树脂基体中形成渗流导电网络,以显著提升复合材料导电性能。复合材料的热导率可以通过加入高导热纳米填料来得以显著提升。对于由非功能性纤维(如玻璃纤维或芳纶纤维)制得的复合材料,通过加入功能性纳米填料可以赋予复合材料良好的导电与导热性能。对于碳纤维复合材料,功能性纳米填料可以与碳纤维共同连接构筑成三维连通(3D)的电热输运网络(图 17.17),显著提升复合材料的导电与导热性能[44-47]。表 17.4 为碳纳米管对复合材料电热传输性能的提升作用。

与力学增强类似,多尺度复合材料的导热与导电性能受诸多因素影响。分散性是影响多尺度复合材料电热输运性能的主要因素,纳米填料在基体中的良好分散有助于形成三维电热输运网络。将碳纳米管沉积在纤维表面可以显著提升复合材料的导电性能,主要归因于碳纳米管在纤维表面形成定向富集区域,有助于实现高效的电热传输。在多尺度复合材料中,优化控制并实现纳米功能填料的取向结构,也可以获得面内或者面外方向高效电热输运性能。

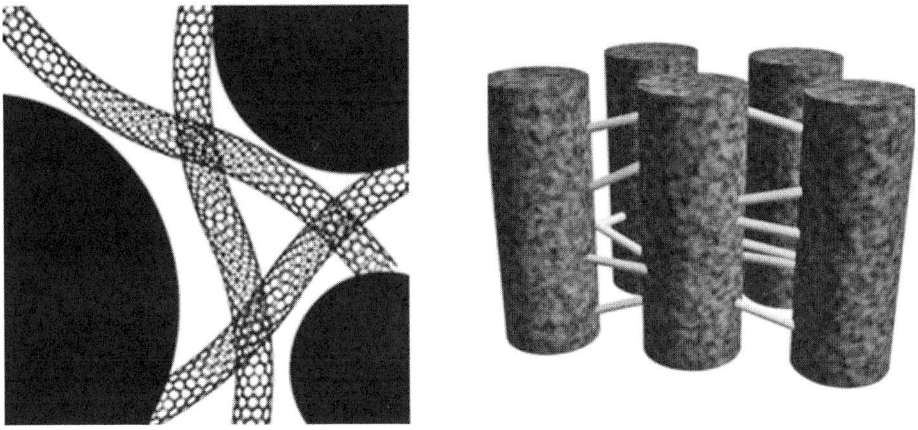

图 17.17　碳纤维和 CNTs 构成的三维连通网络[44, 45]

表 17.4　多尺度复合材料的热导率和电导率

CNT 的类型和含量	纤维-基体体系	对导通能力的提升效果
MWCNTs, 7 wt. %[44]	碳纤维-酚醛树脂	热导率从 250 W/(m·K)提升至 393 W/(m·K)
取向 CNTs, 1 wt. %~3 wt. %[26]	氧化铝纤维-环氧树脂	面内电阻约 $10^7 \sim 10^8$ Ω·mm 面外电阻约 10^9 Ω·mm 下降到 $10^1 \sim 10^2$ Ω·mm
SWCNTs 和 MWCNTs, 0.25 wt. %[23]	碳纤维-环氧树脂	SWCNTs 和 MWCNTs 分别使面外电导率增加了 2 倍和 30%
SWCNTs, 0.1 wt. %[17]	碳纤维-环氧树脂	电导率和热导率分别从 0.034 S/m 和 0.193 W/(m·K)增加到 0.202 S/m 和 0.343 W/(m·K)
VCNFs, 0.5 wt. %[10]	碳纤维-环氧树脂	电导率和热导率分别从 0.034 S/m 和 0.193 W/(m·K)增加到 0.68 S/m 和 0.205 W/(m·K)
PEEK 包裹的 SWCNTs, 1.0 wt. %[46]	玻璃纤维-PEEK	热导率提高 93%
MWCNTs, 1 wt. %[47]	玻璃纤维-尼龙 6	热导率提高 90%

尺寸稳定性是复合材料在航空航天工程领域应用的重要评价指标。由于温度变化会引起纤维及树脂的膨胀或收缩,易于导致复合材料界面处的裂纹萌生。理想的复合材料应具有零热膨胀系数的性质。由于部分纳米填料的热膨胀系数(coefficient of thermal expansion, CET)为负,可将其与热膨胀系数为正的树脂基体进行匹配复合,制得低热膨胀系数或零膨胀系数的复合材料。图 17.18 为多尺度复合材料热膨胀系数的变化[35]。由于小直径和双壁碳纳米管能够与树脂基体形成较强的相互作用,可以显著抑制聚合物的分子链运动与体积膨胀,从而复合材料表现出相比较低的热膨胀系数[35]。

多尺度复合材料还表现为具有优异的电磁屏蔽性能。将多壁碳纳米管分散在玻璃纤维/环氧复合材料中,可以有效地屏蔽微波范围内 90% 的电磁能量,其电磁屏蔽效能(shielding effectiveness, SE)还可以通过增加复合材料厚度与提高碳纳米管添加量来进一步提升(图 17.19)[48]。多尺度复合材料这种优异的电磁屏蔽效能主要归因于碳纳米管

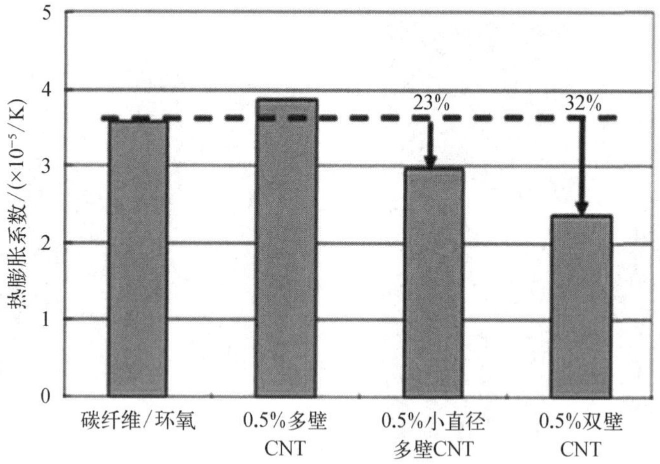

图 17.18　不同类型 CNTs 对复合材料热膨胀系数(CET)的影响[35]

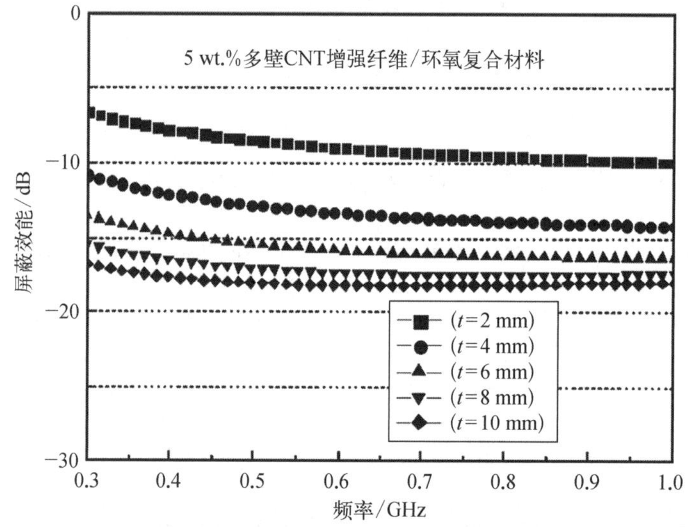

图 17.19　添加碳纳米管的多尺度复合材料的电磁屏蔽效能[48]

的加入对复合材料导电性能的显著增强作用。材料对电磁波屏蔽的作用机制主要有两类：① 当入射波与材料表面电荷受迫振荡同频时会发生电磁波的反射；② 电荷振荡致使电磁能量以热的形式损耗而引起电磁波的吸收。对于多尺度复合材料，电磁波吸收通常发生在材料内部，而电磁波反射主要发生在材料表面与界面处。纳米填料的加入可以在复合材料内部引入丰富界面，同时纳米填料在低添加量下可显著提高复合材料的电导率，使得多尺度复合材料表现为优异的电磁屏蔽效能，有望作为高效电磁屏蔽材料在航空航天领域中得以应用。

17.7　多尺度复合材料在航空航天工程中的应用

复合材料的安全性及损伤检测在航空航天工程应用中极其重要。由于复合材料结构复杂,即使经严格质检仍很难确保零缺陷,微小裂纹等损伤隐患在载荷作用下会随着时间增加而不断扩展,有可能会造成灾难性的失效与事故。确保安全性的有效方法是在当损伤尚处于微小尺度(如纳米或微米)时被及时地检测到,并采取相应措施约束其进一步扩展。目前各类传感器(如光纤、压电传感等)已被用于复合材料的应变与损伤探测[49],相关的自检测及自修复技术也得以快速发展;但迄今为止仍难以检测到纳米尺度的裂纹损伤。多尺度复合材料为纳米尺度的损伤探测与裂纹抑制提供了新的机遇。纳米填料(如碳纳米管等)可以在复合材料内部形成连通的导电网络,当复合材料受到外部载荷作用并产生微裂纹损伤时,碳纳米管网络结构会发生微纳尺度的形变,由此导致复合材料电导率发生相应的变化,可用于应变检测、损伤探测以及裂纹定位等。图 17.20 为多尺度复合材料在拉伸过程中电阻的显著变化[50]。此外,在多尺度复合材料中,碳纳米管与基体之间形成强的界面结合,也可抑制裂纹的萌生及扩展,使得复合材料的力学强度及安全性能得以有效保障。

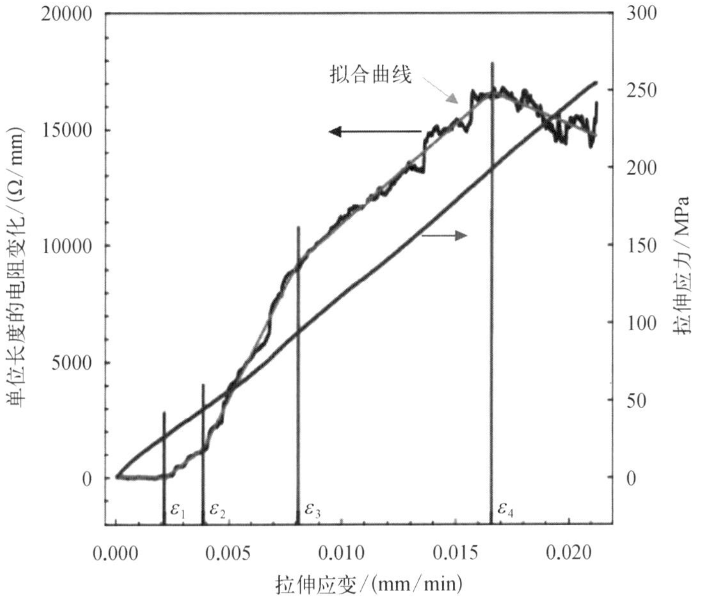

图 17.20　多尺度复合材料的电学性能在拉伸过程中的变化[50]

此外,多尺度复合材料还表现为优异的动态力学稳定性能。在周期动态载荷作用、宽温域条件下,多尺度复合材料相比于传统复合材料具有更高的动态力学稳定性以及良好的耐周期疲劳性能。由于纳米填料与聚合物分子链具有相近的尺度以及形成强的相互作用,多尺度复合材料表现为具有更高的储能模量(刚度)和更高的玻璃化转变温度(热稳定性)。此外,纳米填料的加入在复合材料内部引入丰富的界面,通过大量的界面滑移可导致更高的能量耗散,显著提升复合材料的减震阻尼性能。

多尺度复合材料几乎可以满足航空航天领域对材料的所有技术需求(如轻量化、高的比强度和比刚度、韧性好、热膨胀系数低、尺寸稳定性好、导电及导热性能好等),通过优化调控材料结构与制备工艺参数,可获得结构与功能一体化的多尺度复合材料。复合材料的主要特征之一在于其复杂的多组元结构。通过现有检测技术很难完全检测到复合材料内部的微小裂纹缺陷,有可能会导致后期的裂纹扩展与结构失效,美国航空公司的 587 号航班和空客 A300 曾遭遇过类似问题的困扰,基于碳纳米管的多尺度复合材料在此方面显示出独特的优势。一方面,碳纳米管的裂纹桥接作用会极大地阻碍与抑制微裂纹的扩展,从而避免灾难性失效和突发事故;另一方面,碳纳米管导电网络也可以通过电信号的变化动态监测微裂纹的形成与扩展,进而可及时地进行检修维护。此外,在多尺度复合材料中加入修复剂也可以实现对裂纹的自修复功能。因此,基于多尺度复合材料的多功能特性进而可开发出更为安全的材料系统,对于其在航空航天领域中的应用极为重要。

虽然对多尺度复合材料的研究已逐渐深入,研发投入也不断稳步增长,但目前该技术的商业应用仍处于起步阶段,已报道用于海上安全艇的轻型风力涡轮机的叶片和船体部分是由碳纳米管填充的碳纤维树脂复合材料制成[51]。在航空航天工业中,迄今为止尚未有相关的实际应用。多尺度复合材料主要面临制备工艺复杂、成本高等问题。纳米材料(如单壁碳纳米管)的高成本与批量化生产是关键的制约因素,而且纳米材料的生物安全性以及相关防护设施也很大程度上限制了多尺度复合材料的推广应用。此外,缺乏面向具体应用需求的多尺度复合材料的结构优化设计,以及相应的仿真建模技术来模拟预测多尺度复合材料的性能与使役行为。未来多尺度复合材料的研究与发展将围绕上述的制备技术、规模化生产、可靠性评价、商业化应用几个方面展开。

17.8 总结与展望

多尺度复合材料是最先进的复合材料之一,具有诸多的优异特性。多尺度复合材料的制备是通过在纤维表面或者树脂中引入纳米材料来实现的。一方面,可以通过纳米材料原位生长、转移印刷、喷涂、电泳沉积等方法将纳米填料引入到纤维表面;另一方面,可以通过超声、高速搅拌、压延、球磨等机械分散技术或表面功能化接枝改性技术将纳米材料均匀分散在树脂基体中。多尺度复合材料可以有效克服传统纤维增强复合材料易于分层和剪切强度低等问题,同时,多尺度复合材料具有更高的力学强度、断裂韧性和尺寸稳定性;此外,多尺度复合材料还具有高电导率、高热导率、高效电磁屏蔽性能等。值得指出的是,多尺度复合材料仍然处于研发阶段,尚未有成熟的商业化应用。纳米材料的制备复杂、成本高,以及仿真建模技术与安全可靠性评估的缺乏,是多尺度复合材料实现商业化应用所需克服的挑战。相比于传统复合材料,多尺度复合材料具有显著的力学增强以及多功能特性,未来必将成为航空航天工业领域中应用的重要材料之一。

习题与思考题

1. 什么是多尺度复合材料?其主要组成有哪些?
2. 相比于传统复合材料,多尺度复合材料具有哪些特点与性能优势?
3. 简述多尺度复合材料的制备方法与流程。
4. 简述多尺度复合材料未来发展趋势与面临的挑战。

参考文献

[1] Rana S, Alagirusamy R, Fangueiro R, et al. Effect of carbon nanofiber functionalization on the in-plane mechanical properties of carbon/epoxy multiscale composites[J]. Journal of Applied Polymer Science, 2012, 125(3): 1951-1958.

[2] Wang Y K, Xu Z W, Chen L, et al. Multi-scale hybrid composites-based carbon nanotubes[J]. Polymer Composites, 2011, 32(2): 159-167.

[3] Diez-Pascual A M, Naffakh M, Marco C, et al. Multiscale fiber-reinforced thermoplastic composites incorporating carbon nanotubes: A review[J]. Current Opinion in Solid State and Materials science, 2014, 18(2): 62-80.

[4] Hussain M, Nakahira A, Niihara K. Mechanical property improvement of carbon fiber reinforced epoxy composites by Al_2O_3 filler dispersion[J]. Materials Letters, 1996, 26(3): 185-191.

[5] Shahid N, Villate R G, Barron A R. Chemically functionalized alumina nanoparticle effect on carbon fiber/epoxy composites[J]. Composites Science and Technology, 2005, 65(14): 2250-2258.

[6] Siddiqui N A, Woo R S C, Kim J K, et al. Mode I interlaminar fracture behaviour and mechanical properties of CFRPs with nanoclay-filled epoxy matrix[J]. Composites Part A: Applied Science and Manufacturing, 2007, 38(7): 1810-1810.

[7] Chowdhury F H, Hosur M V, Jeelani S. Studies on the flexural and thermomechanical properties of woven carbon/nanoclay-epoxy laminates[J]. Materials Science and Engineering A: Structural Materials Properties Microstructure and Processing, 2006, 421(1-2): 298-306.

[8] Chisholm N, Mahfuz H, Rangari V K, et al. Fabrication and mechanical characterization of carbon/SiC-epoxy nanocomposites[J]. Composite Structures, 2005, 67(1): 115-124.

[9] Parveen S, Rana S, Fangueiro R. A review on nanomaterial dispersion, microstructure, and mechanical properties of carbon nanotube and nanofiber reinforced cementitious composites [J]. Journal of Nanomaterials, 2013, 2013: 1-19.

[10] Rana S, Alagirusamy R, Joshi M. Development of carbon nanofibre incorporated three phase carbon/epoxy composites with enhanced mechanical, electrical and thermal properties[J]. Composites Part A: Applied Science and Manufacturing, 2011, 42(5): 439-445.

[11] Parveen S, Rana S, Fangueiro R, et al. Microstructure and mechanical properties of carbon nanotube reinforced cementitious composites developed using a novel dispersion technique [J]. Cement and Concrete Research, 2015, 73: 215-227.

[12] Ho M W, Lam C K, Lau K T, et al. Mechanical properties of epoxy-based composites using nanoclays [J]. Composite Structures, 2006, 75(1-4): 415-421.

[13] Cho J M, Chen J, Daniel I. Mechanical enhancement of carbon fiber/epoxy composites by graphite nanoplatelet reinforcement[J]. Scripta Materialia, 2007, 56(8): 685-688.

[14] Rana S, Alagirusamy R, Joshi M. Mechanical behavior of carbon nanofibre-reinforced epoxy composites [J]. Journal of Applied Polymer Science, 2010, 118(4): 2276-2283.

[15] Rana S, Alagirusamy R, Joshi M. Effect of carbon nanofiber dispersion on the tensile properties of epoxy nanocomposites[J]. Journal of Composite Materials, 2011, 45(21): 2247-2256.

[16] Fiedler B, Gojny F H, Wichmann M H G, et al. Fundamental aspects of nano-reinforced composites [J]. Composites Science and Technology, 2006, 66(16): 3115-3125.

[17] Rana S, Alagirusamy R, Joshi M. Single-walled carbon nanotube incorporated novel three phase carbon/epoxy composite with enhanced properties[J]. Journal of Nanoscience and Nanotechnology, 2011, 11(8): 7033-7036.

[18] Rana S, Bhattacharyya A, Parveen S, et al. Processing and performance of carbon/epoxy multi-scale composites containing carbon nanofibres and single walled carbon nanotubes[J]. Journal of Polymer Research, 2013, 20(12): 314-1-11.

[19] Bhattacharyya A, Rana S, Parveen S, et al. Mechanical and thermal transmission properties of carbon nanofiber-dispersed carbon/phenolic multiscale composites[J]. Journal of Applied Polymer Science, 2013, 129(5): 2383-2392.

[20] Vaisman L, Wagner H D, Marom G. The role of surfactants in dispersion of carbon nanotubes[J]. Advances in Colloid and Interface Science, 2006, 128: 37-46.

[21] Sharma K, Shukla M. Three-phase carbon fiber amine functionalized carbon nanotubes epoxy composite: Processing, characterisation, and multiscale modeling[J]. Journal of Nanomaterials, 2014, 837492-1-10.

[22] Wicks S S, de Villoria R G, Wardle B L. Interlaminar and intralaminar reinforcement of composite laminates with aligned carbon nanotubes[J]. Composites Science and Technology, 2010, 70(1): 20-28.

[23] Bekyarova E, Thostenson E T, Yu A, et al. Multiscale carbon nanotube-carbon fiber reinforcement for advanced epoxy composites[J]. Langmuir, 2007, 23(7): 3970-3974.

[24] He X D, Zhang F H, Wang R G, et al. Preparation of a carbon nanotube/carbon fiber multi-scale reinforcement by grafting multi-walled carbon nanotubes onto the fibers[J]. Carbon, 2007, 45(13): 2559-2563.

[25] Veedu V P, Cao A Y, Li X S, et al. Multifunctional composites using reinforced laminae with carbon-nanotube forests[J]. Nature Materials, 2006, 5(6): 457-462.

[26] Garcia E J, Wardle B L, Hart A J. Joining prepreg composite interfaces with aligned carbon nanotubes[J]. Composites Part A: Applied Science and Manufacturing, 2008, 39(6): 1065-1070.

[27] Zhu J, Imam A, Crane R, et al. Processing a glass fiber reinforced vinyl ester composite with nanotube enhancement of interlaminar shear strength[J]. Composites Science and Technology, 2007, 67(7-8): 1509-1517.

[28] Garcia E J, Wardle B L, Hart A J. Fabrication and multifunctional properties of a hybrid laminate with aligned carbon nanotubes grown in situ[J]. Composites Science and Technology, 2008, 68(9): 2034-2041.

[29] Zhuang R C, Doan T T L, Liu J W, et al. Multi-functional multi-walled carbon nanotube-jute fibres and composites[J]. Carbon, 2011, 49(8): 2683-2692.

[30] Thostenson E T, Li W Z, Wang D Z, et al. Carbon nanotube/carbon fiber hybrid multiscale composites[J]. Journal of Applied Physics, 2002, 91(9): 6034-6037.

[31] Mathur R B, Chatterjee S, Singh B P. Growth of carbon nanotubes on carbon fibre substrates to produce hybrid/phenolic composites with improved mechanical properties[J]. Composites Science and Technology, 2008, 68(7-8): 1608-1615.

[32] Park J K, Do I H, Askeland P. Electrodeposition of exfoliated graphite nanoplatelets onto carbon fibers and properties of their epoxy composites[J]. Composites Science and Technology, 2008, 68(7-8): 1734-1741.

[33] Kim M, Park Y B, Okoli O I, et al. Processing, characterization, and modeling of carbon nanotube-reinforced multiscale composites[J]. Composites Science and Technology, 2009, 69(3-4): 335-342.

[34] Gojny F H, Wichmann M H G, Fiedler B, et al. Influence of nano-modification on the mechanical and

electrical properties of conventional fibre-reinforced composites[J]. Composites Part A: Applied Science and Manufacturing, 2005, 36(11): 1525-1535.
[35] Godara A, Mezzo L, Luizi F, et al. Influence of carbon nanotube reinforcement on the processing and the mechanical behaviour of carbon fiber/epoxy composites[J]. Carbon, 2009, 47(12): 2914-2923.
[36] Qiu J J, Zhang C, Wang B, et al. Carbon nanotube integrated multifunctional multiscale composites [J]. Nanotechnology, 2007, 18(27): 5708.
[37] Kim M T, Rhee K Y, Park S J, et al. Effects of silane-modified carbon nanotubes on flexural and fracture behaviors of carbon nanotube-modified epoxy/basalt composites [J]. Composites Part B: Engineering, 2012, 43(5): 2298-2302.
[38] Ashrafi B, Diez-Pascual A M, Johnson L, et al. Processing and properties of PEEK/glass fiber laminates: Effect of addition of single-walled carbon nanotubes[J]. Composites Part A: Applied Science and Manufacturing, 2012, 43(8): 1267-1279.
[39] Meszaros L, Gali I M, Czigany T, et al. Effect of nanotube content on mechanical properties of basalt fibre reinforced polyamide 6[J]. Plastics Rubber and Composites, 2011, 40(6-7): 289-293.
[40] Rahmanian S, Thean K S, Suraya A R, et al. Carbon and glass hierarchical fibers: Influence of carbon nanotubes on tensile, flexural and impact properties of short fiber reinforced composites[J]. Materials and Design, 2013, 43: 10-16.
[41] Zhang J G. The effect of carbon fibers and carbon nanotubes on the mechanical properties of polyimide composites[J]. Mechanics of Composite Materials, 2011, 47(4): 447-450.
[42] Qian H, Bismarck A, Greenhalgh E S, et al. Carbon nanotube grafted silica fibres: Characterising the interface at the single fibre level[J]. Composites Science and Technology, 2010, 70(2): 393-399.
[43] Inam F, Wong D W Y, Kuwata M, et al. Multiscale hybrid micro-nanocomposites based on carbon nanotubes and carbon fibers[J]. Journal of Nanomaterials, 2010: 453420-1-12.
[44] Kim Y A, Kamio S, Tajiri T, et al. Enhanced thermal conductivity of carbon fiber/phenolic resin composites by the introduction of carbon nanotubes[J]. Applied Physics Letters, 2007, 90(9): 093125-1-3.
[45] Zimmer M, Cheng Q F, Li S, et al. Comparative characterization of multiscale carbon fiber composite with long and short MWCNTs at higher weight fractions [J]. Journal of Nanomaterials, 2012: 532080-1-9.
[46] Diez-Pascual A M, Ashrafi B, Naffakh M, et al. Influence of carbon nanotubes on the thermal, electrical and mechanical properties of poly(ether ether ketone)/glass fiber laminates[J]. Carbon, 2011, 49(8): 2817-2833.
[47] Shen Z Q, Bateman S, Wu D Y, et al. The effects of carbon nanotubes on mechanical and thermal properties of woven glass fibre reinforced polyamide-6 nanocomposites [J]. Composites Science and Technology, 2009, 69(2): 239-244.
[48] Park K Y, Lee S E, Kim C G, et al. Application of MWNT-added glass fabric/epoxy composites to electromagnetic wave shielding enclosures[J]. Composite Structures, 2007, 81(3): 401-406.
[49] Rana S, Zdraveva E, Pereira C, et al. Development of hybrid braided composite rods for reinforcement and health monitoring of structures[J]. Scientific World Journal, 2014: 170187-1-9.
[50] Kim K J, Yu W R, Lee J S, et al. Damage characterization of 3D braided composites using carbon nanotube-based in situ sensing[J]. Composites Part A: Applied Science and Manufacturing, 2010, 41(10): 1531-1537.
[51] De Volder M F L, Tawfick S H, Baughman R H, et al. Carbon nanotubes: Present and future commercial applications[J]. Science, 2013, 339(6119): 535-539.

第18章 复合材料力学性能的测试和表征

学习要点：

(1) 复合材料力学性能表征与金属的差别；
(2) 复合材料需要分别定义许用值和设计值；
(3) 复合材料许用值的内涵和构成；
(4) 材料基准值和设计许用值的具体构成和数值要求；
(5) 复合材料鉴定与等同性评定程序；
(6) 许用值数据库的建立和应用；
(7) 复合材料与金属力学性能测试方法的差别；
(8) 共享数据库的概念；
(9) 冲击损伤性能的表征；
(10) 冲击损伤容限与冲击阻抗的表征方法。

18.1 引 言

18.1.1 复合材料力学性能表征体系的发展历程

复合材料特别是以碳纤维作为增强体的复合材料(通常称为先进复合材料)是20世纪60年代诞生的一种新材料，一经问世就显示了强大的生命力。目前先进复合材料在航空航天结构中获得了广泛的应用，并与铝合金、钛合金、合金钢一起成为航空航天的四大结构材料，近年来在其他工业领域也得到了推广应用。由于先进复合材料40多年来主要用于航空航天领域，因此本章内容主要来自该领域的应用经验和教训，但这些经验教训同样可供其他工业领域借鉴。

先进复合材料作为一种高比模量和高比强度，同时又是高成本的新型结构材料，通常用于主承力结构，是结构轻量化选材的首选，在未来飞机机体结构中的用量会超过铝材。为充分发挥其高性能的优势，保证安全和高可靠性，精准的力学性能表征、精准的结构设计和精准的制造工艺是其应用的基础。以金属为代表的传统材料的力学性能表征已经非常成熟,金属结构设计师可从相关的手册中选取所需的材料性能数据用于设计,而由于先进复合材料的特点,复合材料结构设计师无法直接从材料供应商和公用手册获取所需的材料性能数据,在设计初期必须规划庞大的试验矩阵和花费巨大的财力、物力和人力来获得所需的设计用性能数据,“积木式设计验证试验方法”[1] 正是复合材料结构诞生后出现的新概念,积木式的底座——材料规范的制定和材料性能的获取通常不是金属结构设计师的职责,但却是复合材料结构设计师在着手结构设计之初必须首先解决的工作重心。鉴于复合材料性能表征的复杂性和工作量,美国国防部和美国联邦航空管理局(Federal Aviation Administration, FAA)从 20 世纪 70 年代就已开始探索如何实现复合材料性能数据类似于金属性能数据的共享,特别是从 1995 年开始陆续推出了“先进通用航空运输实验”(Advanced General Aviation Technology Experiments, AGATE)和“国家先进材料性能中心”(National Center for Advanced Materials Performance, NCAMP)计划,该计划一直延续至今,图 18.1 所示为 AGATE 和 NCAMP 的发展历史。美国 FAA 主持编写的 CMH－17(原为美国国防部主持的 MIL－HDBK－17)《复合材料手册》[2-4],即是其成果的汇总,由于该手册在工业界的权威指导地位,已被业界誉为“复合材料界的圣经”。与此同时 AGATE 和 NCAMP 计划还建立了一系列标准体系,把这些研究成果以文件和规范的形式出现,指导工业界将性能表征工作标准化,其中的 FAA 技术报告 DOT/FAA/AR－03/19“聚合物基复合材料体系的材料鉴定与等同”[5] 是这些标准化文件的代表。民用飞机复合材料结构适航验证的权威文件咨询通报 AC20－107B《复合材料飞机结构》[6] 明确指出:“现有阐明复合材料鉴定与等同性和积木式方法的参考文献(如复合材料手册(CMH－17)第 1 卷[2] 和第 3 卷[4],FAA 技术报告 DOT/FAA/AR－03/19[5])给出了直至层压板级更详细的指南,涉及批次与试验数量,以及使用的统计分析。”说明了这些文献在复合材料结构适航认证过程中的权威地位。

需要说明的是,迄今为止航空航天领域主要使用热压罐工艺,其原材料主要是碳纤维

图 18.1　NCAMP 的发展史

复合材料预浸料,也包括玻璃纤维复合材料,因此本章力学性能表征基本上针对的是预浸料成形的碳纤维复合材料(含玻璃纤维复合材料),当前液体成形工艺在航空航天领域得到了越来越多的应用,本章的内容可推广用于液体成形工艺成形碳纤维复合材料(含玻璃纤维复合材料)的力学性能表征。随着碳纤维复合材料在其他工业领域的推广应用,例如风电叶片和轨交车辆等,为保证复合材料结构的安全性和高效应用,也可推广用于这些工业部门。

18.1.2 复合材料力学性能表征体系概述

复合材料结构研制过程需要采用如图 18.2 所示的"积木式设计验证试验方法",涉及材料许用值数据库的建立和采用这些数据进行设计并完成对结构完整性的证实两部分,复合材料力学性能表征体系简单地说,就是材料许用值数据库的建立及其在结构设计与验证试验中的应用,这些试验包括: ① 选材;② 材料鉴定;③ 验收;④ 等同性评定;⑤ 结构证实。除了选材和验收试验主要是单层和层压板级试样的试验外,其他试验还包括更高级别的试验,即典型结构件、元件、组合件、全尺寸结构件试验,这些更高级别的试验必须由设计师根据具体结构构型和受载形式确定,力学性能表征体系主要概述塔底部分即建立结构设计分析需求的可靠的性能数据库,和它们在除结构证实试验外的其他试验中的表征方法,不涉及这些更高级别的试验内容。本章具体内容包括: ① 复合材料许用值的内涵;② 选材试验;③ 材料鉴定试验和许用值数据库的建立;④ 等同性评定试验;⑤ 共享数据库;⑥ 力学性能测试技术及数据处理方法。

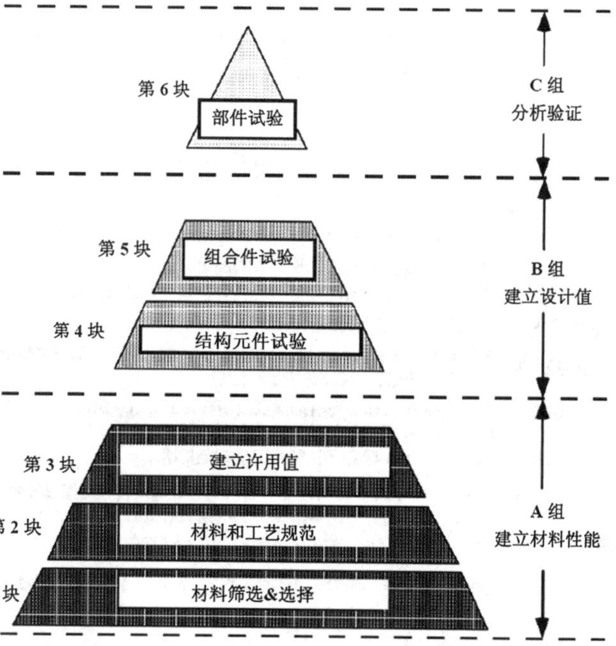

图 18.2 复合材料结构积木式设计验证试验

习惯上复合材料力学性能表征主要是单层级材料性能的表征技术,但许用值的内涵还包括带有结构特征的多向层压板性能,它与具体应用密切相关,有些属于共性的要求,有些则只与具体结构有关,共享数据库将不仅包括单层级性能,也将包括属于共性要求的带有结构特征的多向层压板性能。

复合材料力学性能表征体系详细内容可参见 CMH - 17 - 1G《复合材料手册》第一卷"结构材料表征指南"[2]、DOT/FAA/AR - 03/19"*Material Qualification and Equivalency for Polymer Matrix Composite Material Systems*"[5]、航空行业标准 HB7618 - 2013《聚合物基复合材料力学性能数据表达准则》[7]和 GJB67. 14 - 2008《军用飞机结构强度和刚度规范　第 14 分册　复合材料结构》[8]。

18. 1. 3　复合材料力学性能表征体系的特点

复合材料的材料规范与性能数据迟迟无法实现标准化和共享,是由于其结构组成、失效机理和使用特点等很多方面不同于传统材料,因此其力学性能表征体系与传统的概念有巨大差别,更加复杂,这些差别包括下列方面。

(1) 结构与材料同时形成:复合材料结构的材料是与结构同时形成,影响结构材料的性能因素不仅与材料组分有关,而且与成形工艺密切相关。与增强纤维有关的影响因素包括:材质(玻璃纤维或碳纤维等)、纤维丝束数、上浆剂及其含量、单向带或织物形式(如平纹、缎纹等织物构型)和纤维体积含量等;与树脂有关的影响因素包括:材质(环氧树脂、双马等)、固化制度(压力、温度和保压时间及其组合等)、成形工艺(热压罐、液体成形、真空袋压、拉挤等)、铺贴方式(手工铺贴、自动铺带、自动铺丝等)等。上述的每一种组合均认为是一种材料体系,每一种材料体系均需进行材料鉴定并获取一套完整的数据。即使采用同一种纤维与树脂复合得到的预浸料体系由不同厂家来生产得到结构件,其力学性能也需要进行再次鉴定(等同性评定)。

(2) 结构材料铺层构型的多样性:复合材料特别是先进复合材料结构通常是依照承载需求由各向异性的单层按不同铺层比例和顺序铺贴成的多向层压板构成,不同结构部位层压板的铺层构型不同,因此其力学性能表征也不同。

(3) 考虑使用环境对性能的影响:常用树脂基复合材料的玻璃化转变温度比较低,与工作温度可能比较接近,同时高分子材料在使用过程中易于吸收环境中的湿气,吸收的水分会进一步降低其玻璃化转变温度,湿热使用条件对其力学性能有时影响非常大,其力学性能表征必须考虑环境条件。

(4) 制造缺陷和使用损伤会降低其静力承载能力:金属材料的初始缺陷和使用损伤(主要是疲劳裂纹)多数不会立即降低其静态承载能力,静强度校核可以不考虑其初始缺陷/损伤引起的性能降低。复合材料结构由于其材料特性和成形特点,一定存在初始缺陷,使用中在任意时刻均有可能受到损伤,特别是低能量冲击,例如碳纤维复合材料层压板在受到低能量冲击时,产生的内部损伤有可能目视不可见,但会使得其压缩强度急剧下降,设计时必须考虑结构材料含有缺陷与损伤(图 18.3)。

(5) 通过鉴定后材料与工艺的微小变化需要进行等同性评定:复合材料结构性能的可重现性需同时取决于材料与工艺的可重现性,复合材料结构通过合格鉴定或适航审定后,经常会因各种原因出现材料/工艺的微小变化,有可能改变材料体系的性能,因此必须证明这些微小变化不会改变原数据的有效性,否则必须进行重新鉴定,因此提出

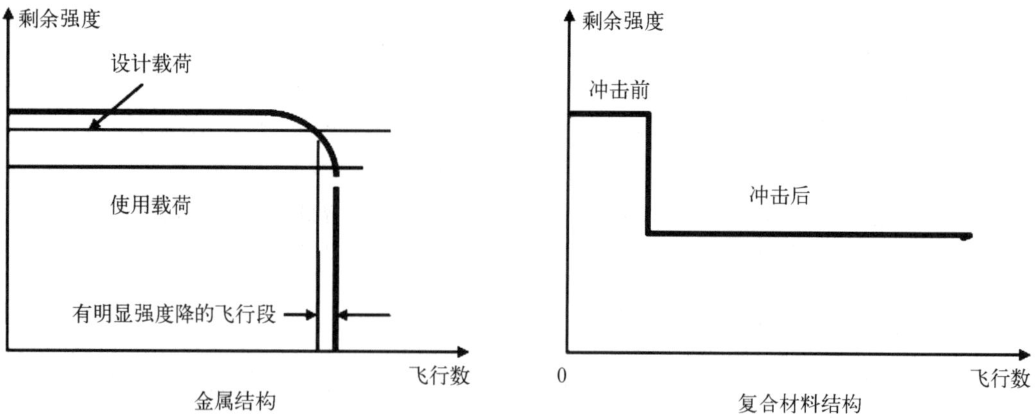

图 18.3　金属与复合材料结构承载能力随服役时间变化的特点

了等同性的评定要求，使重新进行合格鉴定或适航审定的范围可以只限定于材料等同性的认同。当然结构通过适航审定（或结构鉴定）后，可能会产生用第二种材料来替代的需要，为减少结构验证的分析与试验的工作量，也需要进行替代材料的等同性评定。

(6) 优异的疲劳性能：纤维复合材料有着优异的疲劳性能，其疲劳极限对拉-拉疲劳，一般不低于相应试样静强度的 80%，其压-压疲劳，一般不低于相应试样静强度的 60%，最严重的含孔试样的拉-压疲劳也不低于 50%，而且在飞机结构上应用 50 多年的历史上，至今未因疲劳出现过重大事故，因此与金属不同，除承受高周疲劳的结构件（如直升机旋翼桨叶）外。疲劳通常不是先进复合材料结构设计的关键，材料体系疲劳性能的表征通常不是最关心的参数。

18.2　复合材料许用值

18.2.1　许用值和设计值术语的演变

长期以来习惯于金属应用的材料研究和结构设计工程师的概念中，材料许用值、设计许用值和设计值通常都是有关材料性能的术语，既表示材料性能，一般也可直接用于强度校核，具有相同的含义，不会混淆，通常不需要分别定义材料性能与强度校核用的数据。国内自 20 世纪 80 年代初开始复合材料飞机结构的研制，蒙皮结构强度校核用材料性能一直采用国外某飞机公司《复合材料结构设计手册》中给出的极限应变与限制应变的数据，即极限应变*：拉伸为 9 000 με（B 基准），压缩为 7 200 με（B 基准）；限制应变：拉伸为 3 500 με，压缩为 2 700 με。其中极限应变是复合材料许用值即破坏应变，符合金属结构的传统设计理念；对飞机结构而言，一般情况下极限应变应是限制应变的 1.5 倍，该设

* 飞机结构不同部位的层压板由不同铺层比例的单向层构成，其强度性能均不同，在设计时，通常采用控制应变的方法来进行强度校核。

计手册中的数据明显不符合这一概念,这一疑问曾在很长一段时间里困惑着复合材料结构设计师。对复合材料结构的设计特点深入了解后,发现经常使用的术语——材料许用值或设计许用值在复合材料研发和结构设计领域的技术人员的心目中有不同的含义,经常引起混淆,必须将描述材料性能的许用值和结构强度校核用的数据设计值分别定义。因此在 1984 年颁布的美国民航咨询通报 AC20－107A《复合材料结构》[9] 中第一次专门分别给出许用值和设计值的定义,并特别强调设计值是基于许用值,修正后被选用于强度校核的专用术语,作为确定设计值基础的许用值是表征复合材料体系力学性能用的基本物理量。2009 年咨询通报 AC 20－107B 版[4] 中许用值与设计值的定义则更准确地反映了它们的物理本质。本章基于 AC 20－107B 中许用值和设计值的定义,并参照国外一些权威机构,如 ASTM D30 委员会和 CMH－17《复合材料手册》[2, 4] 所用的术语,确定了许用值的命名和内涵。

18.2.2　许用值和设计值的定义

2009 年颁布的 AC20－107B[6] 给出了这两个术语的定义。

许用值(allowables):在概率基础上(如分别具有 99%概率和 95%置信度,与 90%概率和 95%置信度的 A 或 B 基准值),由层压板或单层级的试验数据确定的材料值。导出这些值要求的数据量由所需的统计意义(或基准)决定。

设计值(design value):为保证整个结构的完整性具有高置信度,由试验数据确定并被选用的材料、结构元件和结构细节的性能。这些值通常基于为考虑实际结构状态而经过修正的许用值,并用于分析计算安全裕度。

18.2.3　许用值的内涵

1. 早期的许用值概念

复合材料结构是由单层材料按设计承载和工艺需求铺贴成形的多向层压板构成的,其力学性能均与其层压板构型有关,不可能全部通过试验确定。在复合材料应用早期的做法是,考虑到复合材料结构通常由不同比例和顺序的 0°、±45°和 90°铺层构成,因此一般是由试样确定单层的拉伸、压缩和剪切强度与模量,这些习惯上称为“材料许用值”,然后采用经典层压板理论和适用的层压板失效准则,如蔡-吴准则、蔡-希尔准则等估算并绘制出不同铺层比例多向层压板的拉伸、压缩和剪切强度与模量的“毯式曲线”(图 18.4),供设计使用。一般用经典层压板理论估算得到的弹性模量计算与试验结果符合较好,但极限强度的估算结果有时误差很大,因此工程上通常还要补充大量结构典型铺层试样的试验。此外结构设计师还要针对具体结构特点和应用,设计各种具有结构特点的多向层压板试样(如无孔与开孔试样等)试验,作为确定设计值的基础,这也是 20 世纪 80 年代初国内复合材料结构应用初期的做法,这种方法在国内一直应用至今。早期的复合材料力学性能表征只规定了单层性能值(习惯称为“材料许用值”)的确定方法,结构设计师在结构研制时,还必须针对具体结构特点规划大量所需的试验,包括针对特定结构部件的多向层压板试样(如无孔与开孔试样)试验,这些试样试验没有标准可循,致使获得的试验结果只能用于特定结构部件,不具通用性。

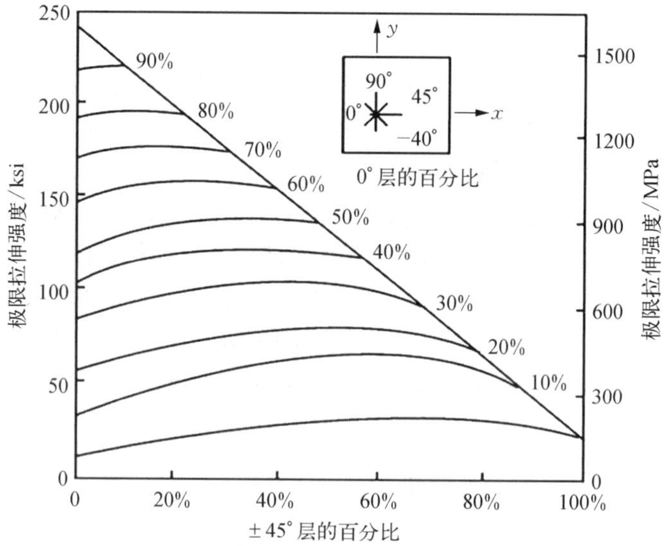

图 18.4　典型的复合材料力学性能毯式曲线[10]

1 ksi = 6. 895 MPa

2. 许用值的构成

基于早期复合材料结构应用的经验教训，美国 NASA 和 FAA 与工业界一直在探索复合材料力学性能数据标准化与共享的途径，这些成果集中体现在 CMH－17－1G《复合材料手册》第 1 卷《聚合物基复合材料——结构材料表征指南》和 NCAMP 发布的一系列标准文件，并提出了许用值的最新内涵，它们在复合材料体系力学性能表征时得到了广泛应用，这一新概念如图 18. 5 所示，复合材料许用值包含材料基准值（原称为"材料许用值"）和设计许用值两部分。

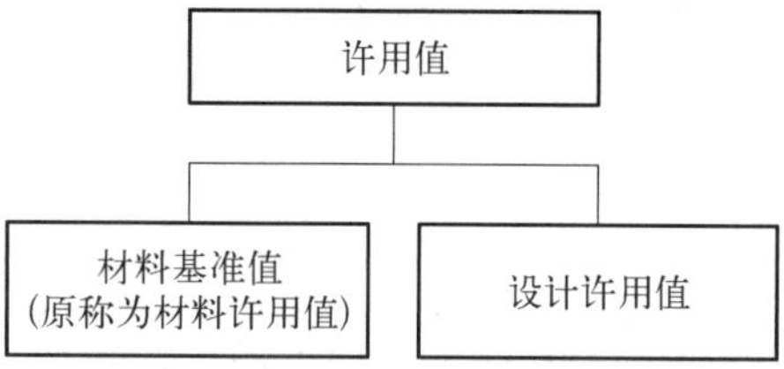

图 18. 5　许用值的内涵

3. 材料基准值

习惯用的"材料许用值"严格来说应称为材料基准值，其本质是作为结构铺层表征的过渡材料——单层的性能，对单向带预浸带材料，指 0°和 90°铺层的拉伸、压缩和剪切强度与模量，对织物预浸料则指经向和纬向的拉伸、压缩和剪切强度与模量，它们主要用于表征预浸料性能，也是材料规范中的性能指标，在进行细节分析（即不考虑缺陷或孔等影响）时可作为强度校核用的材料性能。

4. 设计许用值

复合材料结构是由具有结构铺层的多向层压板构成的，因此具有结构铺层的材料性能才是真正的复合材料性能，这是复合材料力学性能表征的主体。为与材料基准值区分，称之为"设计许用值"，它包含下列内容：

（1）复合材料结构均由多向层压板组成，由于经典层压板理论估算误差较大，早期均需采用真实结构典型铺层（包括铺层方位、顺序和层数等）试样进行试验获得，由于不同部位和结构件的典型铺层通常均不相同，这些试验数量大，所以得到的数据无法供其他结构和型号共享。历史上大量试验研究发现：① 试验结果与铺层比例有关，通常与铺层顺序无关；② 一定的厚度范围内（例如 4 mm 以内）与厚度无关；③ 一般结构铺层比例均在较窄的变化范围内，可选择几种典型铺层比例，其余可以通过插值来近似。按照这种方法可以选取几种典型结构铺层层压板试验获得无缺口试样拉伸、压缩和剪切强度与模量，适用于用该材料体系和制造厂家生产的所有制件，其试验数据可以共享，这部分试验结果本质也是材料许用值。

（2）复合材料结构中一定会存在初始缺陷（孔隙率和分层等），而这些初始缺陷会降低结构的承载能力，静强度校核必须认为结构存在缺陷。取自文献[10]的图 18.6 是复合材料适航教材中的经典数据。大量试验数据表明含孔试样引起的强度降可覆盖结构常见初始缺陷引起的强度降，因此文献[11]总结给出拉伸设计值主要基于开孔拉伸试样，压缩设计值主要基于开孔压缩和冲击后压缩试样试验结果（图 18.7）。由于典型结构铺层开孔（含充填孔）拉伸和开孔（含充填孔）压缩试样的试验结果表征了含常见初始缺陷材料的强度降，因此这些性能也归入了设计许用值的范围，当然这些数据也可用于估算机械连接接头的强度。

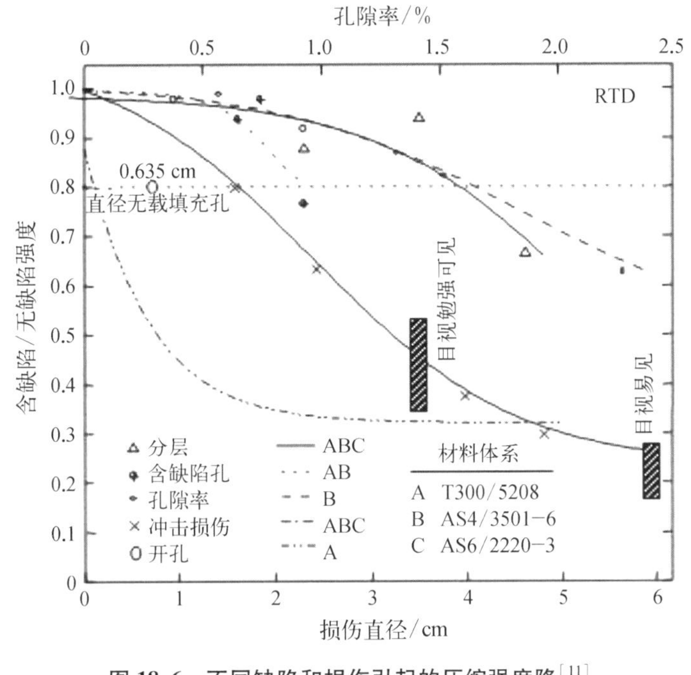

图 18.6　不同缺陷和损伤引起的压缩强度降[11]

（3）机械连接是复合材料结构不可缺少的组成部分，是结构最薄弱的部位，因此挤压强度通常也是评价材料性能的关键指标，典型结构铺层连接试样的挤压强度也是设计许用值的组成部分。当然与挤压强度类似的还有一些表征力学性能的物理量，如Ⅰ型层间临界应变能释放率、Ⅱ型层间临界应变能释放率等，这些也属于力学性能表征的物理量。至于每种材料体系需要确定哪些表征力学性能的物理量取决于对结构安全性的重要程度

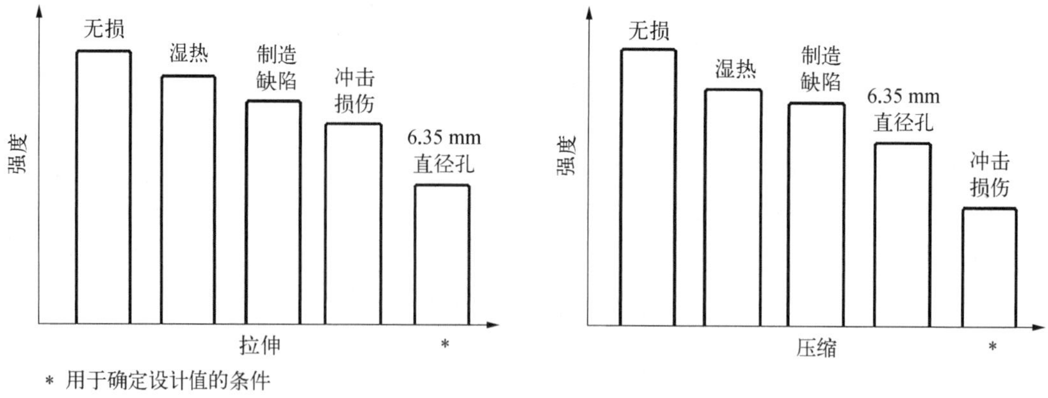

图 18.7　用于确定设计值的试验条件[12]

和型号研制的经费与时间等很多因素。

（4）疲劳裂纹是金属结构使用中必须考虑的主要缺陷/损伤形式，而冲击损伤是碳纤维复合材料结构使用过程中必须考虑的主要使用损伤形式，也是确定压缩设计值的主要依据，虽然其强度降与试样几何形状和支持条件有关，但典型结构铺层标准试样的试验结果可作为重要的参考，在某种程度上也被列入设计许用值的范畴。

（5）金属试样的疲劳性能是材料许用值的重要组成部分，除承受高周疲劳的结构件（如直升机旋翼桨叶）外，复合材料经常采用“静力覆盖疲劳”* 的设计方法，一般需要获得某些典型铺层试样的疲劳性能，如含冲击损伤试样压-压疲劳 $S-N$ 曲线及开孔试样的拉-压疲劳 $S-N$ 曲线作为设计许用值的组成部分。对承受高周疲劳的复合材料结构，可能需要更多的疲劳性能。

总之设计许用值的内涵非常丰富，对不同的结构，所需的设计许用值范畴不同，对非承力结构，少量的设计许用值就能满足需求，对主承力结构，可能需要更多各种类型的设计许用值，但作为共享数据库不可能包括具体结构设计所需所有的设计许用值项目，必须确定最低必不可少的设计许用值范畴。

5. 环境因素的考虑

20 世纪 70 年代碳纤维复合材料开始用于飞机结构，考察了飞机复合材料结构在真实环境下的使用情况。发现湿热环境和冲击损伤是复合材料结构应用必须考虑的关键因素，这两种环境因素的影响成了迄今为止复合材料力学性能表征的热点。

1）湿热影响

飞机结构通常采用树脂基（主要是环氧树脂、双马来酰亚胺、聚酰亚胺）复合材料，树脂基体是高分子材料，结构最高工作温度通常与它们的玻璃化转变温度，特别是湿态玻璃化转变温度比较接近（一般航空应用要求其差值不小于 30℃），因此在最高工作温

* 现阶段复合材料飞机结构的设计值确定必须考虑冲击损伤这样的初始缺陷和损伤无扩展设计概念，碳纤维复合材料的疲劳极限一般均不低于初始静强度的 60%，同时迄今为止复合材料飞机结构未出现过因疲劳引起的安全性事故，各飞机制造商均采用“静力覆盖疲劳”的设计方法，即只要满足静强度要求，不再进行疲劳强度校核，但仍需进行各级别结构件（包括全尺寸结构）的疲劳试验验证。

度下的某些湿态力学性能(如压缩、剪切、挤压强度和模量)有可能显著降低,同时在干冷状态下拉伸性能也可能会有所下降,因此上述的材料许用值都必须考虑环境因素的影响。

对具体工程结构所考虑环境条件通常包括最高和最低工作温度及结构在整个寿命期间的最大吸湿量,对飞机结构其最高工作温度取决于飞机类型和结构部位,最低工作温度一般为-55℃。

20 世纪 70~80 年代欧美工业界对飞机结构在使用过程中的吸湿行为进行了大量研究,早期的材料性能测试曾采用各种不同的吸湿状态,目前普遍接受的结论是：复合材料结构的吸湿是可逆的,但吸湿容易,排湿难,必须考虑结构寿命末期达到的最大吸湿量作为材料体系在使用中最严重的状态,但用作测试复合材料力学性能用的试样必须采用加速吸湿的方法,即在较高的相对湿度环境下加速吸湿,在尽可能短的时间内达到结构寿命终结时的最大吸湿量。文献[2]中明确给出:“基于以上的认识以及其他的历史考虑,CMH-17 的协调工作组已经同意,合理的飞机设计服役相对湿度上限值为 85%RH,同时,在对具体飞机应用没有确定其特定的设计服役吸湿量之前,可以使用这个数值。”目前在飞机结构设计时考虑的吸湿状态都采用 85%RH 条件下达到吸湿平衡的状态,为加快吸湿过程通常在 70℃ 下进行,这是目前航空领域通用的加速吸湿的条件。

所有的材料许用值测试至少需在 3 种环境条件下进行试验,包括低温干态(cold temperature dry, CTD)、室温干态(room temperature dry, RTD)和高温湿态(elevated temperature wet, ETW),其中,CT 表示低温,对飞机结构,通常试验温度为-55℃;RT 表示室温,对飞机结构,通常试验温度为 23℃;ET 表示高温,通常取决于飞机结构的最高工作温度,实际使用中需要考虑多种高温环境,会选用多个高温条件;D 通常表示“干态”的试样,即“制造状态”的试样,试验前一直存放在环境可控实验室的大气环境中;W 表示湿态,对飞机结构通常采用将试样放入 85%相对湿度环境下达到吸湿平衡。

2）冲击损伤

20 世纪 70 年代初波音公司研发了 100 多架份波音 707 飞机的扰流板,发现冲击损伤是复合材料的主要威胁,特别是 20 世纪 80 年代试图将复合材料用于机翼结构时,发现压缩设计值限制了复合材料的减重效果,使其实现的经济效益无法抵消增加的成本,而压缩设计值的提高取决于冲击损伤引起的强度降。此后几十年,从材料研发到结构设计、试验验证、制造过程控制直至使用维护,冲击损伤在整个飞机结构研发和使用过程中长期占据着极重要地位,因此在复合材料力学性能表征中复合材料抵抗冲击的能力表征是必不可少的内容,其中包括损伤阻抗和损伤容限性能的表征,损伤阻抗是指对一定的外来物冲击产生损伤大小的表征,损伤容限是指含一定尺寸的损伤时引起的强度降。

应当指出,冲击引起的损伤尺寸与复合材料板的厚度有关,对飞机结构复合材料主要用于蒙皮,大部分蒙皮厚度比较薄(例如<7 mm),因此冲击损伤是设计重点关注的损伤形式。对更厚的蒙皮,由于在使用寿命期间遇到的最大冲击能量不会产生会引起压缩强度急剧降低的损伤,可以不作为最关注的损伤形式。

18.3 许用值数据库的建立和在结构设计验证中的应用

18.3.1 选材试验

1. 基本原理

选材试验是为一个给定的具体应用对象,来评价一些备选的材料。其目的是在最恶劣的环境和载荷试验条件下对材料体系进行初步的评价,这些材料体系或是已在其他结构中得到过应用,有完整的性能数据,但现有数据不足以为新的用途进行全面评价,或是刚刚研发出来的材料,这两种情况都需要按照选材要求制定试验计划。

复合材料结构的选材过程实际上是一个考虑多种因素的综合系统工程,在《飞机结构强度与刚度规范——复合材料结构分册》[8] 3.1.1.1 节给出了原则性的要求:

a) 应使用性能已得到充分表征、有使用经验和有可靠且稳定供应渠道的材料。若选用未在结构中使用过的新材料,除对性能表征和供应商的要求外,应通过足够的试样、元件(包括典型结构件)以及带结构特征的组合件试验验证后才能选用;

b) 应考虑与制造工艺的一致性;

c) 应满足结构使用环境和力学性能要求,具体包括:

① 材料最高使用温度应高于结构最高使用温度;

② 具有良好的抗冲击性能(包括损伤阻抗和含缺陷/损伤后的剩余强度),开孔与充填孔的拉伸与压缩强度以及连接挤压强度;

③ 良好的耐介质(如燃油、液压油、清洁剂等)和耐老化等方面性能;

④ 高温复合材料体系要评定其热氧化稳定性和热循环的影响。

d) 应具有良好的工艺性(成形固化工艺性、机械加工性、可修补性等);

e) 应按照订货方可接受的成本要求进行选材;

f) 应满足结构特殊性能要求,例如:

① 电磁屏蔽、搭接电阻、电磁性能和透波率等;

② 阻燃、燃烧时烟雾毒性等内部结构材料特性;

③ 具有与相关材料很好的匹配性。

g) 环境保护要求的投资费用小。

2. 选材时对力学性能的考虑

在考虑工艺、最高工作温度、特殊性能等要求后,对设计师而言选材主要考虑其力学性能,过去的做法一般是仅对备选材料体系的材料基准值进行综合考虑,这种做法实际上是不完善的。设计师选材的基本原则应取决于该结构部件的结构完整性要求。飞机结构完整性的定义是:“影响飞机安全使用和成本费用的机体结构的强度、刚度、损伤容限、耐久性和功能的总称。”而飞机结构强度与刚度规范则是结构完整性要求的具体化。作者[13]曾归纳总结了飞机复合材料结构强度与刚度规范的若干特点,具体到与选材有关的部分如下。

(1) 复合材料结构强度规范的要点之一:以承认初始缺陷/损伤对结构静强度有影响为基础的设计值确定方法。

国内外的设计实践为：在开孔拉伸试样试验结果基础上确定拉伸设计值，在开孔压缩和冲击后压缩试样试验结果的基础上确定压缩设计值（图 18.7）。机械连接在复合材料结构中是不可避免的，而机械连接总是结构最危险的薄弱部位，因此挤压强度许用值也是关键的设计数据。在设计实践中结构铺层形式可以任意变化，但在评定复合材料体系的力学性能时可以采用准各向同性层压板（一般为$[45°/0°/-45°/90°]_{ns}$）的开孔拉伸和压缩性能及挤压性能来反映其结构性能。

（2）复合材料结构强度规范的特点之二：以需要特别考虑湿热环境影响为特点的静强度设计和验证。

由于复合材料的基体材料在使用中会吸收一定量的水分，使得复合材料结构在使用中可能遇到的高温联合作用下性能有所下降，因此在进行静强度设计与验证时必须考虑湿热引起的强度降。在设计阶段考虑的途径是采用考虑湿热环境影响的设计许用值，在验证阶段考虑的主要途径是对在室温大气环境下进行的结构静强度试验施加的极限载荷乘以环境补偿系数，该系数的确定应取决于结构薄弱环节（往往是机械连接部位）的湿热环境降低因子。因此在评定复合材料体系的力学性能时，还必须增加环境条件下的开孔压缩性能和挤压性能。

（3）复合材料结构强度规范的特点之三：以承认静力覆盖疲劳和考虑冲击损伤阻抗为特点的耐久性设计与验证。

复合材料通常有优良的抗疲劳和抗腐蚀性能，但其对外来物冲击比较敏感，耐久性设计，特别是薄蒙皮和薄面板的夹层结构耐久性设计主要考虑满足损伤阻抗的要求，即不会因经常会遇到的低能量冲击而带来过多的维护和修理问题（这是与金属结构最大的差别）。

当用于薄蒙皮和薄面板夹层结构时要考虑其损伤阻抗性能，可以采用集中力静压痕方法得到的典型层压板最大接触力来评定其损伤阻抗性能。

（4）复合材料结构强度规范的特点之四：以冲击损伤及损伤无扩展为基础的损伤容限设计方法。

考虑到设计规范中对初始缺陷的假设是目视勉强可见的冲击损伤（BVID），目视勉强可见的标志必定伴随有冲击部位的纤维断裂（对现有的碳纤维增强复合材料体系，对应的表面凹坑深度为 0.3～0.7 mm），而此时对应的损伤面积已达到最大值，其压缩剩余强度不再降低，即应以冲击压缩破坏门槛值作为其损伤容限压缩许用值，因此复合材料体系力学性能的评定应包括典型层压板的冲击后压缩破坏门槛值（CAIT）或含 1 mm 深凹坑冲击损伤时压缩强度。

注意：目前很多材料研发和研究机构都采用 6.67 J/mm 冲击能量产生的损伤作为冲击损伤的标准，实际上该能量只是使用中可能出现的大概率冲击能量，不一定是设计规范中要求的损伤尺寸 BVID*，特别是随着纤维和树脂性能的提高，该能量的冲击往往无法产生 BVID 的损伤。多年来大量经验教训证明采用该标准对材料体系进行选材有可能产生误导。

---

* 鉴于飞机外场实际可行的检测手段均采用目视巡检，迄今为止国内外所有飞机设计规范中损伤容限设计均采用 BVID 作为初始缺陷假设。

3. 建议的选材试验矩阵

基于上述结构完整性要求的考虑,选材时除材料基准值外还必须考虑满足结构使用环境和反映结构性能的下列材料力学性能:

(1) 室温和低温干态准各向同性层压板($[45°/0°/-45°/90°]_{ns}$)的开孔拉伸强度,以评定应力集中的影响;

(2) 室温干态和高温湿态下准各向同性层压板($[45°/0°/-45°/90°]_{ns}$)的挤压强度,以评定其机械连接的挤压能力;

(3) 室温干态准各向同性层压板($[45°/0°/-45°/90°]_{ns}$)的冲击后压缩强度,以评定其损伤容限能力;

(4) 室温干态准各向同性层压板($[45°/0°/-45°/90°]_{ns}$)的最大接触力,以评定其损伤阻抗。

选材时可从材料供应商或有关数据库获得这些数据,如果得不到相关数据,则需进行选材试验,建议的选材用试验矩阵见表 18.1。选材试验的目的是揭示新的候选材料体系的关键力学性能和/或不足之处,同时又使试验量为最小。合适的试验矩阵设计,可使新的候选材料体系与经合格鉴定的材料体系(即已在飞机结构中使用过的材料体系)进行对比。

表 18.1 建议的选材用试验矩阵

试验内容	试样数量			评价重点
	CTD	RTD	ETW	
单层				
0°拉伸	3	3	—	纤维性能
0°压缩	—	3	3	纤维/基体相互作用
±45°拉伸	—	3	3	纤维/基体相互作用
层压板($[45°/0°/-45°/90°]_{ns}$)				
开孔压缩	—	3	3	应力集中
开孔拉伸	3	3	—	应力集中
螺栓-挤压	—	3	3	挤压
冲击后压缩	—	3	—	损伤容限
静压痕	—	3	—	损伤阻抗

大量的设计实践表明,湿热状态下的开孔压缩强度是其中最关键的力学性能,它决定了结构的压缩设计值,同时也与全尺寸结构静强度验证试验中的环境影响因子取值有关。选材时通常还要进行液体敏感性试验,对高温材料体系还需进行热氧化稳定性和热循环试验,详细内容参见文献[2]2.3.1 节“筛选材料的试验矩阵”。

18.3.2 材料鉴定

1. 材料鉴定的目的

材料鉴定有两个层面的含义,从广义来说是指材料通过积木式设计验证试验,随同应用的航空结构通过型号鉴定或适航认证，进入合格供应商名录的过程。狭义来说，也是传统的理解是指供应商的材料通过单层级鉴定试验证明满足用户规范要求，允许进入应用航空结构的积木式设计验证使用的过程。本章主要阐述狭义的材料鉴定试验。

材料鉴定（material qualification）的定义[2]为："用一系列规定的试验评估按基准制造工艺生产的材料，来建立其特征值的过程。与此同时，要将评估的结果与原有的材料规范要求进行比较，或建立新材料规范的要求。"材料鉴定试验的目的是证明材料/工艺满足材料规范要求的能力，也是建立原始规范要求值的过程。严格的材料鉴定试验要考虑数据的统计性能，是一组为满足结构证实要求而实施的许用值试验，或与其直接相关的一组试验。目标是定量地评定关键材料性能的变异性，得出用于建立材料验收、等同性、质量控制和材料许用值的各种统计量。

简而言之，用于航空结构的复合材料体系首先必须经过材料鉴定，通过鉴定建立材料数据库（B-基准许用值），并建立满足用户材料规范的供应商材料规范（含基准工艺规范），同时建立经批准用于材料生产的过程控制文件（PCD）。形成的材料数据库用于下列用途：① 建立材料体系的许用值；② 建立材料规范的验收限制值；③ 建立等同性评定用的基准数据。

2. 复合材料体系鉴定的前提

航空用复合材料体系鉴定的前提条件是必须有用户参与，军机用材料鉴定主导机构是用户（通常是军用飞机结构制造商），民机用材料鉴定的主导机构是用户（通常是民用飞机制造商）和适航部门。提交鉴定前，材料供应商必须满足下列条件：

（1）企业的质量管理体系已通过认证；

（2）碳纤维已通过鉴定（可按经批准的材料规范验收）；

（3）材料体系已完成研发（包括不同季节环境的影响，并可提供至少 3 批稳定的性能数据），其性能指标已基本满足客户要求；

（4）原材料配方和工艺已固化[树脂和预浸料的生产工艺控制文件（process control document，PCD）已获批准]；

（5）形成了供应商材料与工艺规范（除力学性能指标为目标值，需根据鉴定试验结果最后确定）。

鉴定用的试样制造必须按经批准的程序验收原材料（包括碳纤维和树脂原材料），并按经批准的工艺控制文件生产树脂、预浸料、试板和试样加工，试验方案需经鉴定机构审定批准，并由有资质并经批准的试验室进行试验和进行统计数据处理，所有这些过程均需鉴定机构目视监控。

3. 材料鉴定试验的力学性能要求

文献[2]、[5]、[7]、[8]给出了聚合物基复合材料体系鉴定的详细建议。通常对供应商的材料鉴定试验一般仅限于单层级力学性能：

（1）0°（或经向）和 90°（或纬向）拉伸弹性模量和强度；

（2）0°（或经向）和 90°（或纬向）压缩弹性模量和强度；

（3）主泊松比；

（4）纵横（面内）剪切弹性模量和强度；

(5) 短梁强度。

上述性能中强度通常取 B -基准值,弹性模量和主泊松比取平均值。

所有这些性能至少需在 3 种环境条件下进行试验,包括低温干态(CTD)、室温干态(RTD)和高温湿态(ETW)。

过去的材料鉴定通常还包括弯曲强度和弯曲模量,用作材料验收指标,由于影响弯曲性能的因素太多,验收试验数据经常给材料验收带来错误的信息,目前国外的材料规范中均已取消这一指标。

有时用户的鉴定试验内容还要求包含某些设计许用值要求,具体的试验矩阵取决于用户和鉴定机构。

4. 满足统计要求的试样数量

一般认为复合材料性能的分散性高于金属,在建立材料许用值数据库时传统上一直采用多批次的鉴定方法以获得在统计上有意义的许用值,文献[3]1.5.1.1 节给出了 CMH - 17 数据库中的多种数据要求(表 18.2)。飞机复合材料结构设计用的许用值通常要求 B -基准值,即"一个力学性能的限定值,在 95%的置信度下,90%的性能数值群的值不低于其值",常用的取样要求是 B30 和 B18,具体采用何种取样要求取决于用户和鉴定机构,表 18.3 是文献[2]2.3.2.3 节推荐的材料鉴定用试验矩阵仅供参考。

表 18.2 CMH - 17 数据种类与最低取样要求[3]

名 称	符 号	说 明	最低要求	
			批 数	试样数
A75	A	A -基准-充分取样	10	75
A55	A	A -基准-减量取样	5	55
AP10	A̲	A -基准-汇总充分取样	10*	60*
AP5	a̲	A -基准-汇总减量取样	5*	40*
B30	B	B -基准-充分取样	5	30
B18	B	B -基准-减量取样	3	18
BP5	B̲	B -基准-汇总充分取样	5*	25*
BP3	b̲	B -基准-汇总减量取样	3*	15*
M	M	平均值	3	18
I	I	临时值	3	15
S	S	筛选值	1	5

* 每种环境条件下。

为减少试验工作量,近年来在民机适航鉴定时一些项目采用了回归分析方法,它允许共享不同环境参数(如温度和吸湿量)下获得的数据。对多批次的材料,可以用比其他情况下所需规模小的试验数据母体,计算出某种性能在每一种环境条件下的 B -基准值和 A -基准值。详见文献[2]2.3.2.4 节。

表 18.3　单层级力学性能试验矩阵[3]

力学性能	批次×固化循环数×试样数			试验总数
	CTD	RTD	ETW	
0°拉伸(经向)	5×2×3	5×2×3	5×2×3	90
90°拉伸(纬向)	5×2×3	5×2×3	5×2×3	90
0°压缩(经向)	5×2×3	5×2×3	5×2×3	90
90°压缩(纬向)	5×2×3	5×2×3	5×2×3	90
面内剪切	5×2×3	5×2×3	5×2×3	90
0°短梁强度*	—	5×2×3	—	30
				480

* 短梁强度只用于选材和验收试验的目的。

为尽可能减少试验工作量和缩短鉴定用时间,文献[4]5.12 节“确定复合材料鉴定时的变异源”和文献[13]中推荐了“嵌套式鉴定方法”,这种方法有待于进一步研究证实其统计有效性。

5. 数据统计处理

复合材料性能数据的变异性可能由一系列因素引起,诸如制造期间的操作差异、原材料的批间变异性、检验差异及材料的固有变异性。重要的是进行复合材料设计时认识这一变异性并在确定复合材料性能的许用值中考虑这一因素,保证结构使用安全。CMH-17-1G《复合材料手册》第一卷《结构材料性能表征》[2]第 8 章详细阐明了适航机构认可的基于统计的材料性能的计算方法,目前国内外所有的航空复合材料鉴定项目均采用这种统计计算方法来得到。

6. 确定材料基准值(原称材料许用值)的工程方法

文献[4]4.4.1 节中给出了飞机设计过程中确定材料基准值的工程处理方法为:

(1) 通常用经统计处理后的强度 B-基准值作为拉伸和压缩强度的许用值。

(2) 通常用经统计处理后的强度或 1.5 倍屈服强度 B-基准值中的较小值作为纵横(面内)剪切强度的材料基准值;当剪切强度不关键时,应取极限剪切强度(即最大剪切强度与 5%剪切应变对应的剪切应力中的较小值)B-基准值为材料基准值;当剪切强度是关键情况时,应取 1.5 倍屈服强度 B-基准值为材料基准值。

(3) 对弹性模量基准值,通常使用每个环境条件下所有试验数据的平均值,但由于目前高温与低温环境下弹性模量的试验数据可靠性比较低,且环境条件对纤维控制层压板的弹性模量影响比较小,工程上一般均采用室温干态条件下得到的弹性模量进行分析。结构分析时用的弹性模量一般采用拉伸与压缩弹性模量的平均值,稳定性分析时建议采用压缩弹性模量的 B-基准值。

(4) 在方案设计、初步设计(含详细初步设计)阶段,如果试验子样较小,数据分散性大,计算得到的基准值很低,可以采用取平均值的 85%(对拉伸)或 80%(对压缩)和 B 基准值中的较大值作为初步设计用的材料基准值,但不能用于结构鉴定或取证用途。

18.3.3 材料规范和验收试验

1. 材料规范的意义

材料规范用于规定材料的属性和鉴定用的表征试验，也是材料鉴定后得到的成果，在积木式试验中用的材料要按材料规范来采购。生产用材料也必须按材料规范验收，来保证收到的材料与鉴定和确认过程中所用的材料具有同样的质量和性能标准。规范中通常都必须规定验收试验的力学性能指标和试验要求，验收试验实际上是等同性评定试验的一种特殊情况。

2. 材料规范的类型

通常有3类材料规范，即供应商材料规范、用户材料规范和行业材料规范（如共享数据库材料规范）。

1）供应商的材料规范

供应商制订的材料规范通常只包含一种材料体系，用于制造初始鉴定批次预浸料和试板，一旦由许用值数据导出等同性验证值和验收值，就可以下列三种方式中的一种来使用这些值：

（a）作为商品形式的供应商规范，以同样方式来供应预浸料；

（b）作为用户规范的草案，用户用自己的规范来验证与原始许用值数据库的等同性，并希望拥有自己控制的文件，而不受供应商控制；

（c）作为递交数据的草案格式，以便今后将其包括在行业规范（例如共享数据库材料规范）中。

2）用户的材料规范

航宇工业的传统方法是每一用户准备各自的材料与工艺规范，可能会有不同供应商的多种材料体系满足用户材料规范。鉴定材料符合用户材料规范后，用户按自己的材料规范采购预浸料并制造零件。这一方法涉及对材料按用户现有材料规范（或草案）的鉴定。

很多情况下，即使源自不同供应商的材料性能有明显差别，也均按同一规范要求对不同的材料进行鉴定。这种方法得到的性能控制值会低于按该规范所鉴定的单个材料的性能，使得用这些材料制造的结构的控制值要低于其最佳水平。

3）行业的材料规范

这类规范如NCAMP的材料规范，这类材料规范源自行业的需求，按照行业认可的统一的标准和试验方法，由行业认可的机构进行监控，进行材料鉴定试验和数据处理，并按行业规定的要求编制统一格式的材料规范和许用值数据库。用户只需在该机构的监控下，按照规定的等同性评定程序进行试验，证明用户已充分掌握了对该材料体系的认识，就可按此规范采购预浸料并制造零件。并可使用该材料的许用值数据库进行设计。

文献[14]和[15]分别是NCAMP制订的用于编制单向带预浸料和织物预浸料材料规范的指导性文件，它们给出了有关的详细内容。

3. 验收试验及验收限制值

材料验收（material acceptance）的定义[2]是："对特定批次的材料，通过试验和/或检测确定其是否满足适用采购规范要求的过程。”实际上它是等同性评定试验的一种特定情况，用于检出预浸料批料中大的变异和不希望的高性能或低性能。这些试验理论上应代表关键的材料/工艺特征，使得试验结果出现的重大变化能指示材料的变化。文献[2]、[6]、[14]、[15]中详细给出了有关验收试验的要求和方法。这些来料检查的程序不允许材料体系或制造工艺有任何的改变，材料体系和制造工艺必须与原始鉴定时相同。

对于验收试验，通常只要一批次 5 个试样，可以不必关心在不同固化循环之间的或试板与试板之间的变异，其所用的试板可以在一个固化循环中获得，检测的频率应与所收到预浸料卷数有关，随着合格率的增加，检测的频率可以减少。然而，所保留的检测必须足以保证材料能满足或超过工程的要求。验收限制值的确定方法见等同性评定试验。

需要说明的一点是对强度和模量验收限制值的要求，国内习惯上对力学性能（强度和弹性模量）验收限制值的要求是给出最小平均值，实际应用存在很多问题，目前国内外航空领域普遍执行的材料规范验收限制值取值如表 18.4[16] 所示，它是 NCAMP 数据库中一种材料体系固化后预浸料力学性能的验收试验试样数量和验收限制值，其中对强度限制值的要求是既要提供最小平均值，还要提供最小个体值，保证不会由于分散性大导致出现超出安全许可的最小值。对弹性模量的限制值明确规定在某一个平均值范围内，不能过高也不能过低，如果规定最小平均值，会导致材料弹性模量过高或过低，致使制造的结构受载时内力分布会偏离设计预期。由许用值数据库导出验收限制值的方法见等同性评定试验部分。

表 18.4　固化后预浸料性能验证要求案例[16]

性　能	试验方法	试样数量	要　求	
0°拉伸强度和模量 铺层$[0°]_6$　RTD	ASTM D3039	5	强度	最小单个值≥1 462 MPa
				最小平均值≥1 800 MPa
			模量	平均值(127±10) GPa
90°/0°压缩强度 铺层$[90°/0°/90°]_s$　RTD	ASTM D6641	5	强度	最小单个值≥441 MPa
				最小平均值≥508 MPa
0°短梁强度 铺层$[0°]_{34}$　RTD	ASTM D2344	5	强度	最小单个值≥94 MPa
				最小平均值≥107 MPa

18.3.4　等同性评定试验与验收试验

1. 复合材料等同性评定的范畴

复合材料等同性评定是碳纤维复合材料应用中值得关注的显著特点，正因为如此，FAA 的咨询通报 AC20 – 107《复合材料飞机结构》在 2009 年的修订版[6] 中专门增加了附录 3“复合材料和/或工艺的变化”来给出专门的要求。文献[2]专门给出了下列两个定义，材料互换性(material interchangeability)：“确定替代材料或工艺是否被特定结构接受的过程”和材料等同性(material equivalency):“确定两种材料或工艺在它们的特性与性能方面是否足够相似,从而在使用时可以不必区分并无须进行附加的评估”,用以描述复合材料应用过程中经常遇到的两种材料表征问题:

(1) 替代材料等同性评定——有下列3种情况:① 共享数据库的新用户选用共享数据库中材料体系时必须证明其已熟知该材料体系,并能保证所制造的结构性能可实现该材料体系的性能;② 若新的用户希望采用其他用户已鉴定结构用预浸料,但需证明其制造的材料性能与原用户的水平相当,则原用户的材料规范、许用值数据库和结构件制造工艺规范仍然有效;③ 已全部或部分完成鉴定航空结构用预浸料的纤维或树脂出现重大变化(包括供应商变化后引起的纤维和/或树脂变化),但需要证明原用材料体系的材料规范、许用值数据库和结构件制造工艺规范仍然有效。

(2) 已获鉴定材料所作变化等同性评定——已全部或部分完成鉴定航空结构用预浸料的供应商,对原用材料体系提出了材料和/或工艺的微小变化要求,但需要证明原用材料体系的材料规范、许用值数据库和结构件制造工艺规范仍然有效。

以上两类问题等同性比较的前提条件是需要有原始鉴定材料的材料规范、许用值数据库和结构件制造工艺规范,它是已获鉴定或适航审定复合材料结构积木式设计验证的基础。

21世纪初航空结构用国产碳纤维工程化应用研究时就多次进行了替代材料等同性评定的工作。

验收试验本质上也是等同性评定试验的特殊情况,通过对关键性能的验收试验证实来料与鉴定过的材料是等同的。

2. 替代材料等同性评定程序

共享数据库新用户在采用库中材料体系制造结构前,必须完成对库中材料体系的认知评定,只要证明其使用库中材料体系制造的结构能实现该材料体系的性能,即可直接利用共享数据库的数据进行设计。

替代材料等同性的前提是替代材料已完成材料鉴定程序,已建立了材料许用值数据库、材料规范和材料生产的过程控制文件。

对替代材料进行鉴定的最终目的是能将它取代原来的材料体系,而不对制造或结构性能带来影响。为实现这一目标,需要定义在诸如成形、制造和使用等不同阶段控制性能的关键材料参数。

完整的替代材料等同性评定工作除单层和层压板级试验外,通常还要根据结构的关键程度按积木式验证程序进行元件、典型试验件以及组合件试验。替代材料的等同性评定,所要遵循的一般方法如下:

(1) 鉴别出材料性能关键参数,并指出它们为什么是关键的原因;

(2) 对每一个参数,确定适当的试验、测量方法或评定方法,这些都必须与原来材料所做的试验、测量方法或评定方法严格地对应(例如,同样的试验件形式和同样的状态);

(3) 对试验、测量方法或评定方法,确定是否通过(成功)的准则;

(4) 制订试验计划并获得必要的批准;

(5) 进行试验并给出试验报告;

(6) 通过或拒收。

鉴别出材料性能关键参数是等同性评定试验的基础,其前提是根据其纤维牌号、纤维丝束大小、树脂、预浸料厂商和生产线的变化情况确定其材料兼容性级别。有关替代材料等同性评定试验所需的单层级和层压板级试验矩阵的详情参见文献[2]2.3.4.1 节,取决于两种材料体系之间的兼容程度。文献中给出的试验矩阵适用于次承力部件,主承力部件可能需要更多的试验工作量。需要说明的是,替代材料的等同性评定程序并不打算确定基准值而是要表明与原来材料的一致性,作为准备与原有数据进行比较的第二个数据母体,其试验数量要少一些。

在鉴定计划一开始,就必须确定每个参数的成功准则。必须对指定的每个成功准则,提供其规定的理由。对给定测量值的容差,应是这个成功准则的一部分。注意替代材料的等同性评定是工程问题,不能简单地用公式计算出的容差判定,必须结合其对具体结构性能影响的可接受程度进行工程判断。

至于共享数据库的新用户,与原有材料体系的差别只是制造结构的人员、设备与地点,其兼容性级别比较低,可以主要评价材料基准值的等同性,只做少量设计许用值的等同性评定。

3. 已获鉴定材料所作变化的等同性评定程序

已获鉴定材料所作变化的等同性是确定变化前后两种材料或工艺其特性和性能是否足够相似,使得在使用时没有差别,也无须附加的评定。等同性局限于材料组分、制造工艺微小变化的评估,或是同一种材料采用的制造工艺的微小变化。满足同一材料规范最低要求,但统计上性能分布不同的两种材料不认为是等同的。通常在用户材料规范中均包含已获鉴定用于结构的材料体系所作变化的等同性评定的内容,详见文献[2]2.3.4.2 节和文献[14]、[17]。

对实际上等同的两种材料,其感兴趣的每种性能母体平均值和分布必须基本上是相同的,但实际上几乎无法实现,因此当必须确定等同性时,需要进行工程判断。

文献[14]、[15]中把鉴定后可能出现的材料/工艺变化按其变化程度从 0 级到 4 级共分 5 级,并分别给出了所需进行的单层与层压板级的试验矩阵。被归为 3 级和 4 级的变化属于较大的变化,一般还需进行更高级别的试验验证。

4. 材料等同性与验收试验的统计检验

文献[5]6.3 节详细给出了材料等同性和验收试验的统计检验方法。所选择的试验统计以所关注的材料性能为基础。对于某些性能不希望其有较高平均值,如预浸料的挥发分含量。这类性能的统计检验将拒绝高的平均值。其他的性能,例如模量,需要其平均值落在一个可接受的范围内,不希望过高或过低的平均值;对这些性能的统计检验,规定其拒绝高的平均值或低的平均值。另一方面,对强度性能的统计检验则将拒绝低的平均值或低的最小个体值。等同性判据的确定与等同性试验矩阵中每个试验条件下每个性能试验的数量有关。确定验收试验的性能验收限制值实际上是等同性评定的特殊情况,只是通常验收试验只需要一批次 5 个试样,并允许进行一次重新检验。等同性与验收试验的统计检验包括下列情况:

1）由于平均值和最小个体值降低而拒绝的情况

该统计检验的详细内容见文献[18]。用初始鉴定得到的数据库中各个试验情况（环境）的结果，来近似平均值 $\bar{x}$ 和标准差 s。性能平均值的通过/拒绝门槛值 $W_{平均}$ 由式（18.1）确定。由试验检验得到的平均值必须满足或超过 $W_{平均}$。

$$W_{平均} = \bar{x} - k_{n1}s \tag{18.1}$$

其中，k_{n1} 是与等同性评定采用的试样数有关的系数。

变化后材料体系等同性评定试验得到的性能最小个体值应不小于 $W_{最小个体}$，$W_{最小个体}$ 按公式（18.2）计算，公式中的平均值和标准差取自原用材料体系原始数据库。

$$W_{平均} = \bar{x} - k_{n2}s \tag{18.2}$$

其中，k_{n2} 是与等同性评定采用的试样数有关的系数。

2）由于平均值改变而拒绝

统计检验假定，原始数据或后来数据的标准差是相等的但其值未知。用集合的标准差 S_p 作为共同母体标准差的一个估计值。

$$S_p = \sqrt{\frac{(n_1 - 1)S_1^2 + (n_2 - 1)S_2^2}{n_1 + n_2 - 2}} \tag{18.3}$$

$$t_0 = \frac{\bar{x}_1 - \bar{x}_2}{S_p\sqrt{\frac{1}{n_1} + \frac{1}{n_2}}} \tag{18.4}$$

这个检验统计量是 t_0，而 n 是试样数。下标 1 和 2 分别表示后来的和原始的。因为这是个双侧的 t -检验，$t_{a,\,n} = t_{\alpha/2,\,n_1+n_2-2}$。对于双侧的检验，$a = \alpha/2$，而 $t_{a,\,n}$ 的值则可查表得出。通过的范围在 $-t_{\alpha/2,\,n_1+n_2-2}$ 与 $t_{\alpha/2,\,n_1+n_2-2}$ 之间。换言之，要通过这个准则，必须小于 $-t_{\alpha/2,\,n_1+n_2-2}$ 而大于 $t_{\alpha/2,\,n_1+n_2-2}$。

对于模量和泊松比，若在 t -检验时碰到了困难，则与基准材料平均值的变异达±5%~±7%的情况在实践上是可以接受的。

3）由于平均值高而拒绝

检验的统计量 t_0 由式（18.4）得出。这个检验用于检出不希望的高平均值问题，例如环氧基预浸料的挥发分含量高的情况。若满足了式（18.5），则称后来材料性能的平均值高于原始材料性能的平均值，是材料和/或工艺不好的一个征候。这是个单侧的 t -检验，所以 $t_{a,\,n} = t_{\alpha,\,n_1+n_2-2}$。注意，对单侧检验，$a = \alpha$。$t_{a,\,n}$ 的值可查表得到。

$$t_0 > t_{\alpha,\,n_1+n_2-2} \tag{18.5}$$

4）专门用于材料等同性的准则

为了确定材料的等同性，建议对 18.3.4 节使用此检验统计量的所有检验方法，设置错判概率 α 为 0.05。允许对每个性能进行一次重新检验，降低真实的概率为 0.002 5。对于强度性能的比较最少需要 8 个试样（通常是从每个工艺循环各取 4 个）。对于模量的比较最少需要 4 个试样(通常是从每个工艺循环各取两个)。在有一个或多个性能不满足该准则时,可以只选择试验不满足准则的这些性能。然而,若有半数以上的性能不满足标准,建议重复整个材料等同性试验矩阵,以能生成一个新的鉴定数据库。

5) 专门用于验收试验的准则

为了确定材料可以验收,建议对使用 18.3.4 节试验统计量的所有检验方法,设置错判概率为 0.01。因为对验收试验允许进行一次重新检验,真实的错判概率降为 0.000 1。只需要对不满足标准的那些性能作重复检验。注意,对于强度性能的比较,最少需要 3 个试样。但这里强烈建议使用 5 个或者更多的试样,以降低接受"坏"预浸批料的概率,而又不会增加拒绝"好"批料的概率。

18.4　共享数据库

18.4.1　共享数据库概况

美国 FAA 的民航咨询通报 AC 20 - 107B《复合材料结构》中明确指出:"在某些情况中,材料和工艺信息可以成为整个工业界可接受的共享数据库的一部分。已获鉴定共享数据库的新用户必须正确使用相关标准(或规范)来控制有关材料和工艺,并通过进行关键性能等同性取样试验,来验证该用户的认知水平。"因此共享数据库的概念已被适航当局认可,它是解决复合材料性能数据能类似金属材料一样可以共享的最佳途径[19]。

为了使复合材料力学性能实现类似于金属材料以公用数据库的方式表征,美国 FAA、NASA 和工业界联合先后制订了 AGATE 和 NCAMP 计划。迄今为止 NCAMP 建立的复合材料性能测试标准作业流程及其文件获得美国航空航天局(NASA)和欧洲航空安全局(EASA)认可,"共享数据库"中百余种复合材料基本性能数据已经并正在帮助美国乃至欧洲的通用飞机制造商在极短的时间内实现了复合材料选材,大大降低了通航飞机研发成本,缩短了研发周期。2020 年初由民航沈阳适航审定中心主导,立项开展了建立《通航用国产复合材料性能共享数据库》的研究,通过对复合材料性能数据表征标准化和共享的研究来建立通航用国产复合材料性能共享数据库,该项研究成果可为国内复合材料性能数据的共享奠定基础。

18.4.2　共享数据库的组织架构

美国共享数据库的组织架构如图 18.8 所示。管理控制组(Management Control Group, RGB)由美国空军、陆军、FAA、NASA 和海军组成,它的主要作用是监控 NCAMP 的工作程序,以保证产生的设计数据满足条例要求,和监控 NCAMP 的活动,从而保证满足工业界需求的能力与执行力。制造商咨询组(Manufacturer Advisory Board, MAB)由航宇公司,即原始设备制造商(original equipment manufacturer, OEM)、首选供应商和一级供应商组成,每个成员必须指定专人作为成员的公司代表。MAB 在保证 NCAMP 程序、方法、材料性能和规范满足航宇应用要求中起重要作用。供应商咨询组(Supplier Advisory Board, SAB)由航宇公司的材料供应商、二级与三级供应商组成,它的作用是将最新的材料与工艺技术提供给 NCAMP,以便包括在材料性能共享数据库中,SAB 参与 NCAMP 文件的审查过程,并在建立用于 NCAMP 材料的质量标准中起重要作用。性能评审组(Performance Review Team, PRT)由学科专家、NCAMP 授权的检测代表(NCAMP AIR)和工程代表(NCAMP AER)组成,其中大部分是顾问。目前参与 NCAMP 的公司和机构已超过了 60 个,几乎包含了欧美所有与航宇有关的知名公司和组织。

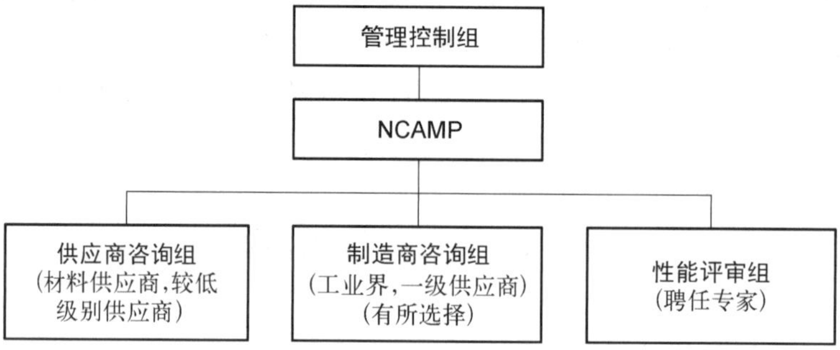

图 18.8 共享数据库的组织架构

18.4.3 采用 NCAMP 程序的收益

NCAMP 工业界共享材料性能数据库方法的目的是创建用于材料鉴定、材料性能数据获取和材料许用值建立的标准化方法,该方法消除了多余的鉴定和材料性能数据建立工作,还加快了"一个材料一个规范"的体系建设,它比目前对基本上相同的材料由每个航宇公司创建的多个材料规范体系更有效率。

NCANP 程序和共享数据库对 MAB 成员和其他部件制造商的好处是减少试验工作和更有效地利用资源,减少甚至不必进行选材试验。MAB 成员可以基于发布的数据较早地进入初步设计阶段,同时还可以加快进度。通过等同性程序利用"预鉴定"的材料性能数据、许用值和规范所需的成本大约只有进行新材料鉴定和建立许用值所需成本的 10%~15%。图 18.9 和图 18.10 展示了使用 NCAMP 程序和共享数据库给材料供应商、结构制造商和监管部门带来的收益。

对材料供应商的好处是,它们的材料会成为航宇公司首选,因为若使用进入 NCAMP 数据库的材料只需进行较少的工作。此外材料供应商还可以通过按标准性能(如纤维面积重量和树脂含量)生产标准产品得到收益。RGB 成员则可以采用规范的方法来监管材料鉴定和性能数据建立程序来保证与适用的条例和/或要求的符合性,否则必须针对不同的公司按不同的方法进行,后者需要更多的资源。国防部和 NASA 作为航宇飞行器的用户,也可通过 NCAMP 程序获得的成本降低与时间节约得到好处。

18.4.4 共享数据库的数据内容

在对 40 多年复合材料飞机结构研发过程中各阶段对材料许用值需求的基础上,NCAMP 已经确定了共享数据库中除材料基准值外,在众多的设计许用值中确定了需在共享数据库出现的基本项目,文献[20]给出了典型的 NCAMP 数据报告,代表了迄今为止对

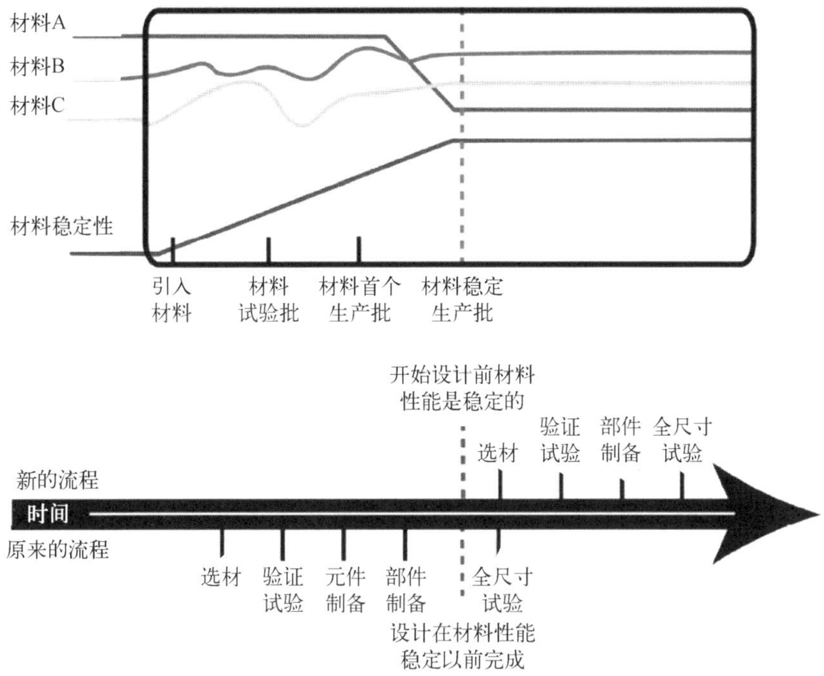

图 18.9　采用 NCAMP 程序和共享数据库与传统方法的收益比较

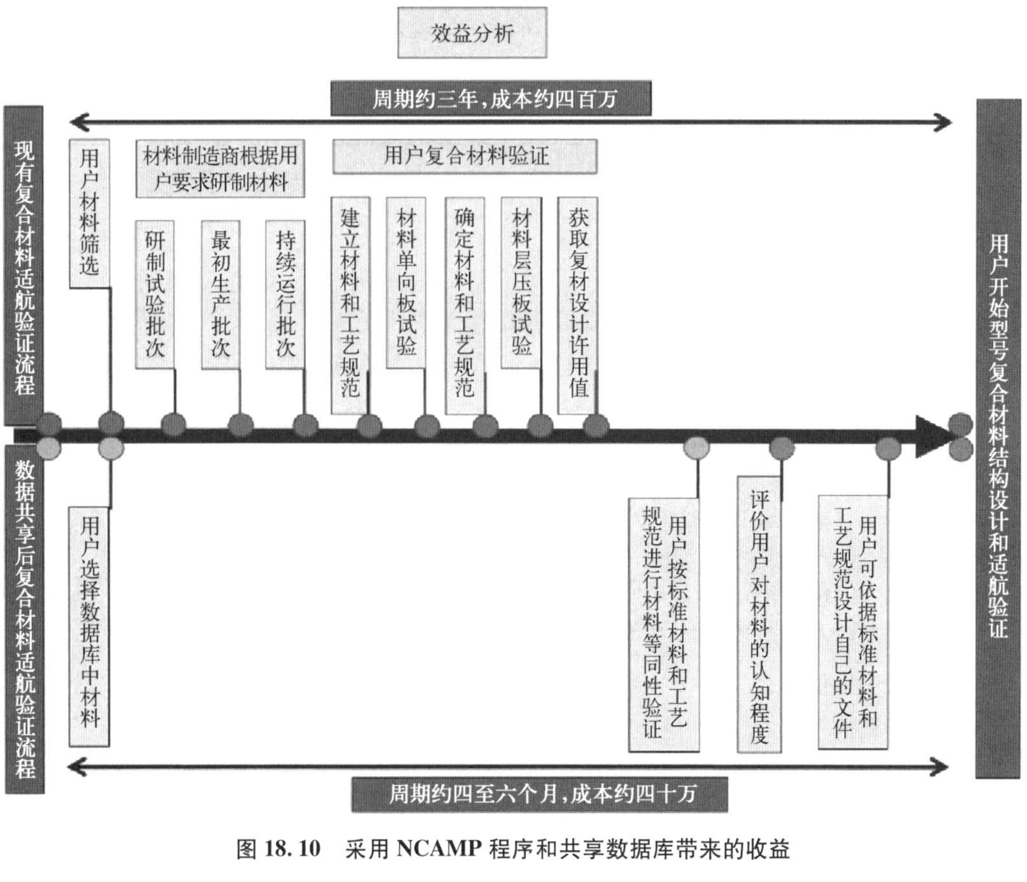

图 18.10　采用 NCAMP 程序和共享数据库带来的收益

共享数据库中需要的许用值数据库要求。

1. 材料基准值部分

共享数据库中对材料基准值部分的性能包括:

(1) 0°(或经向)和90°(或纬向)拉伸弹性模量和强度;

(2) 0°(或经向)和90°(或纬向)压缩弹性模量和强度;

(3) 主泊松比;

(4) 纵横(面内)剪切弹性模量和强度;

(5) 短梁强度。

上述性能中强度通常取B-基准值,弹性模量和主泊松比取平均值。试验矩阵中每种性能均需包括四种试验环境条件: CTD、RTD、ETD和ETW。

长期以来一直用单一铺层的单向试样力学试验得到单向板的拉伸与压缩强度,但随着高性能纤维性能的提高,这种试验方法的缺点越来越突出,目前提出了一种采用$[90/0]_{ns}$系列正交铺层的层压板,并通过层压板理论计算等效的单向铺层强度与刚度的替代方法。已经发现,正交铺层层压板对试样制备和试验实施中很棘手的次要偏差是非常宽容的,常常得到较高的平均强度和较低的数据分散性。很多人也认为,正交铺层层压板的材料响应对结构层压板更有代表性。有关这种方法的详细内容可参见文献[2]的2.4.2节。表18.5是文献[20]给出的试验矩阵,它是共享数据库有关材料基准值的试验矩阵。其中试验项目是采用这种替代方法所需的试验内容。

表18.5 文献[20]中材料基准值部分试验矩阵

铺 层	试验方法和方向	性 能	批次数×试板数×试样数 试验温度和吸湿状态			
			CTD	RTD	ETD	ETW
$[0°]_6$	ASTM D3039	强度、模量和泊松比	3×3×2	3×3×2	—	3×3×2
$[0°]_{14}$	ASTM D6641,0°压缩	模量	3×3×2	3×3×2	3×3×2	3×3×2
$[90°]_{11}$	ASTM D3039,0°拉伸	强度和模量	3×3×2	3×3×2	—	3×3×2
$[90°]_{14}$	ASTM D6641,90°压缩	强度和模量	3×3×2	3×3×2	—	3×3×2
$[0°/90°]_{2s}$	ASTM D3039,0°拉伸	强度和模量	3×3×2	3×3×2	—	3×3×2
$[90°/0°/90°]_s$	ASTM D6641,90°压缩	强度和模量	3×3×2	3×3×2	3×3×2	3×3×2
$[45°/-45°]_{2s}$	ASTM D3518,面内剪切	强度和模量	3×3×2	3×3×2	—	3×3×2
$[0°]_{34}$	ASTM D2344,短梁	强度	3×3×2	3×3×2	3×3×2	3×3×2

2. 设计许用值部分

1) 典型结构铺层

针对飞机复合材料结构用结构铺层构型的统计,确定的结构典型层压板定义见表18.6,基本上可以覆盖飞机结构用的结构构型范围,实际采用的层压板构型性能数据可以进行插值获取。

表 18.6　典型铺层层压板定义

铺层编号	典型铺层名称	铺层比例 [0°/±45°/90°]	建议的铺层顺序	说明
A	典型蒙皮铺层 I	(50%/40%/10%)	$[45°/0°/-45°/90°/0°/45°/0°/-45°/0°]_{ns}$	结构铺层比例上限
B	准各向同性铺层	(25%/50%/25%)	$[45°/0°/-45°/90°]_{ns}$	—
C	典型蒙皮铺层 Ⅲ	(10%/80%/10%)	$[45°/-45°/90°/45°/-45°/0°/45°/-45°]_{ns}$	结构铺层比例下限

2）无缺口典型铺层层压板设计许用值

无缺口典型铺层层压板力学性能如下（包括三种试验环境条件：CTD、RTD 和 ETW）：

（1）典型铺层层压板 x 轴拉伸弹性模量和强度；

（2）典型铺层层压板 y 轴拉伸弹性模量和强度；

（3）典型铺层层压板 x 轴压缩弹性模量和强度；

（4）典型铺层层压板 y 轴压缩弹性模量和强度；

（5）典型铺层层压板 $x-y$ 平面面内剪切弹性模量和强度；

（6）准各向同性铺层层压板主泊松比及短梁强度。

$x-y$ 坐标系为典型铺层层压板参考坐标系。以上性能数据中强度取 B－基准值，弹性模量和泊松比取平均值。

3）含缺口典型铺层层压板设计许用值（包括三种试验环境条件：CTD、RTD 和 ETW）

（1）含开孔典型铺层层压板拉伸强度；

（2）含开孔典型铺层层压板压缩强度；

（3）含充填孔典型铺层层压板拉伸强度；

（4）含充填孔典型铺层层压板压缩强度。

4）其他（包括三种试验环境条件：CTD、RTD 和 ETW）

（1）典型铺层层压板单钉双剪挤压强度和变形；

（2）0°单向板的层间拉伸强度；

（3）准各向同性铺层层压板冲击后压缩强度和破坏应变；

（4）准各向同性铺层层压板短梁强度。

上述性能中强度通常取 B－基准值，弹性模量和主泊松比取平均值。试验矩阵中每种性能通常需包括三种试验环境条件：CTD、RTD 和 ETW。表 18.7 是文献[20]给出的多向层压板试验矩阵，它是共享数据库有关设计许用值的试验矩阵。

表 18.7　文献[20]中设计许用值部分的试验矩阵

铺层编号	试验方法	测试项目	测试性能	批次数×试板数×试样数量		
				CTD	RTD	ETW
A	ASTM D3039	无缺口拉伸	强度、模量、破坏应变	3×2×3	3×2×3	3×2×3
B				3×2×3	3×2×3	3×2×3
C				3×2×3	3×2×3	3×2×3

续 表

铺层编号	试验方法	测试项目	测试性能	批次数×试板数×试样数量		
				CTD	RTD	ETW
A	ASTM D6641	无缺口压缩	强度、模量、破坏应变	—	3×2×3	3×2×3
B				—	3×2×3	3×2×3
C				—	3×2×3	3×2×3
A	ASTM D5766	开孔拉伸	强度	3×2×3	3×2×3	3×2×3
B				3×2×3	3×2×3	3×2×3
C				3×2×3	3×2×3	3×2×3
A	ASTM D6484	开孔压缩	强度	3×2×3	3×2×3	3×2×3
B				—	3×2×3	3×2×3
C				—	3×2×3	3×2×3
A	ASTM D6742	充填孔拉伸	强度	3×2×3	3×2×3	3×2×3
B				3×2×3	3×2×3	3×2×3
C				3×2×3	3×2×3	3×2×3
A	ASTM D6742	充填孔压缩	强度	—	3×2×3	3×2×3
B				—	3×2×3	3×2×3
C				—	3×2×3	3×2×3
A	ASTM D5961	单钉单剪挤压	强度、变形	—	3×2×3	3×2×3
B				—	3×2×3	3×2×3
C				—	3×2×3	3×2×3
$[0°]_{28}$	ASTM D6415	层间拉伸	强度	3×2×3	3×2×3	3×2×3
B	ASTM D7136 ASTM D7137	冲击后压缩	强度、破坏应变	—	3×2×3	3×2×3
B	ASTM D2344	短梁强度	强度	—	3×2×3	3×2×3

18.5 复合材料许用值的测试方法

18.5.1 复合材料性能测试标准发展概况

使用先进复合材料，特别是碳纤维复合材料的关键之一，是需对力学性能进行精细测试，才能充分发挥其高性能的优势。需要考虑的复合材料体系性能变异性包括预浸料材料组分的变异性和预浸料制造及预浸料成形固化成为层压结构过程中的工艺变异性，但在试样切割直至完成试验产生试验数据的全过程，也会成为性能数据变异性的来源，这一变异性不属于材料体系本身的变异性。在应用碳纤维复合材料的初期，由于对其性能特点及失效机理缺乏认识，试验标准的制订很不完善，试验过程引起的变异性有时甚至会超过材料与工艺过程引起的变异性，增加了试验数据的分散性，造成了材料与工艺变异性大的假象，致使设计用许用值数据偏低，设计过于保守。

复合材料在 20 世纪 70 年代初才开始用于飞机结构，复合材料力学性能测试方法最初只是参照相应的金属和增强塑料的标准，但复合材料是完全不同于金属的一种新型结构材料，随着复合材料的应用迅速发展，占结构总重的比例由百分之几到目前超过 50%，从非承力结构、次承力结构到构型与受力状态更加复杂的机翼机身这样的主承力结构，测试的要求越来越高，同时对复合材料特性与失效机理的认识不断深入，40 多年来这些测试方法一直在不断更新和增加，测试标准的修订和增订频率远高于金属的测试标准，例如截至 2018 年 3 月 ASTM D30 复合材料委员会共发布了 87 项标准，其中 2010 年以后就对 57 项进行了修订，并增订了 18 项。

经过四十多年在复合材料性能测试技术方面的研究和实践，迄今为止美国国家标准 ASTM D30 复合材料委员会颁布的试验方法是国际上对试验过程控制最严格的标准体系，可把试验过程的变异性尽可能降到最低，因此文献[2]中明确："由于完整性及其作为完全一致同意的标准的地位，只要适用，CMH－17 就强调使用 ASTM D－30 试验方法。"文献[2]2.2.4 节给出了选材和材料鉴定时推荐使用的试验方法。

进入 21 世纪以来，大飞机产业成为我们国家大力发展的新兴产业，由于民机适航的要求，规定复合材料力学性能测试方法必须使用 ASTM 标准或相应 ASTM 标准的等同标准，同时军机复合材料结构大量使用复合材料，对复合材料力学性能测试提出了越来越高的要求，复合材料性能的测试要求与国标制订的滞后显得格外突出，为解决需求与现实的矛盾，目前在国内航空领域，包括军机和民机复合材料结构研发均采用最新的 ASTM 标准。近年来国内复合材料性能测试标准的修订与增订已提上了议事日程，但标准的更新换代尚有待时日。需要指出的是，ASTM D30 的标准本身仍有很大的改进空间，特别是具体的试验步骤仍有很多细节有待细化。

18.5.2　复合材料性能测试方法的特点

18.1.2 节阐述了复合材料力学表征的特殊性，这些特殊性对其测试方法同样有很大影响，相比金属性能测试，复合材料性能测试方法中的这些细节需要特别注意：

（1）复合材料呈各向异性特性，试验中对试样对中度有严格要求；

（2）复合材料的失效模式远比金属复杂，载荷状态偏离预期会产生无效的失效模式，对特定的性能需要给出有效失效模式的定义；

（3）试样制备精度不符要求（特别是受压缩载荷的试样）会使试样载荷状态偏离预期，产生无效的失效模式，导致试验结果无效；

（4）需要特别关注载荷引入方式，否则会导致产生无效的失效模式；

（5）每个试样的组分含量允许有一定的公差，而组分含量对材料响应有强烈影响，在

数据处理时要消除试样组分含量变化带来的假象和变异性(即需对试验结果进行正则化处理);

(6) 需要对试样进行吸湿状态调节;

(7) 工作温度比较接近材料性能的玻璃化转变温度,对某些性能有显著影响,需要关注最高工作温度下的湿态性能。

18.5.3 试验数据正则化

1. 正则化意义

试验数据正则化是复合材料力学性能测试不同于金属的特殊要求。复合材料通常由增强纤维和树脂基体组成,有些力学性能,如0°单向板的拉伸和压缩强度与模量主要由增强纤维控制,因此与层压板中的纤维体积含量有关,所有的设计用的力学性能一定是针对某个确定的纤维体积含量(称为名义纤维体积含量)而言,确定的纤维体积含量通常对应于确定的固化后单层厚度,它是材料规范的关键技术指标之一,结构尺寸即是按这一固化后单层厚度设计得到的,所用的也是对应于规范给出的固化后单层厚度的性能数据。但实际结构(包括试样)的纤维体积含量允许有一定的公差,实际结构(包括试样)的厚度与名义值也允许有一定的偏离,若按试样实际厚度进行数据处理,会得到偏离固化后单层厚度的性能数据。因此将试样厚度在公差允许范围内的试验数据处理到设计用固化后名义单层厚度对应的力学性能的过程称为正则化。

通常都要对力学试验数据进行数据分析,其中包括确定多批次的统计量和以统计为基础的性能值(许用值)、比较不同来源的材料、进行材料选择、评价工艺参数以及质量保证的评估等。若所试验的试样具有不同的纤维体积含量,这些计算或直接比较可能是无效的。早期材料研发人员没有正则化的概念,未进行正则化处理的早期试验数据给后期的应用留下了很多值得铭记的教训。

2. 正则化方法

这里给出简单实用的工程处理方法。这种方法只用固化后单层厚度(CPT)来实施正则化,并不对纤维面积重量的差别进行修正,所用的公式见式(18.6):

$$\text{正则化值} = \text{试验值} \times \frac{CPT_{\text{测量值}}}{CPT_{\text{正则化}}} \tag{18.6}$$

式中,试验值为用测量的试样单层厚度计算获得的应力、应变或模量值;$CPT_{\text{测量值}}$为试验件测量的层压板单层厚度平均值;$CPT_{\text{正则化}}$为材料是正则化规定或选择的名义固化后单层厚度(通常由材料规范给出)。关于试验数据正则化的理论和方法更详细的阐述可见CMH-17-1G《复合材料手册》[2]的2.4.3节。

3. 正则化项目

通常是对由单向带、织物制造的层压板,将纤维控制的单层和层压板强度(无缺口和有缺口两种情况)与模量进行正则化。虽然已经观察到纤维体积会影响各种由基体控制的性能(例如面内剪切和层间剪切),但对这些影响还没有清晰的模型,因此不对这些性能进行正则化处理。试验数据正则化处理只适用于纤维控制的性能,具体如下。

正则化项目：
(1) 0°(经向)和多向层压板拉伸强度及模量(机织织物及单向带)；
(2) 纬向拉伸强度及模量(仅机织织物)；
(3) 0°(经向)和多向层压板压缩强度及模量(机织织物及单向带)；
(4) 纬向压缩强度及模量(仅机织织物)；
(5) 典型层压板开孔(含充填孔)拉伸强度；
(6) 典型层压板开孔(含充填孔)压缩强度；
(7) 典型层压板冲击后压缩强度；
(8) 典型层压板挤压强度。
非正则化项目：
(1) 90°拉伸强度及模量(仅单向带)；
(2) 90°压缩强度及模量(仅单向带)；
(3) 面内剪切强度与模量；
(4) 短梁强度；
(5) 泊松比。

18.5.4　异常数据的处理原则

工程判断或数据处理发现异常数据时，需首先查找物理原因。若没有找到物理原因，则应按下述原则处理：对高异常数据，应考虑该异常数据是否在材料的能力范围内。若其明显超出了材料的能力范围，应从该数据集中删除；若在材料的能力范围内，则可以保留；对低异常数据，通常应予保留。若发现其会大大降低基准值而应删除时，则需分析其可能原因，并需作附加的试验，以证实删除该异常值的正确性。

正常的试验数据变异性包括：
(1) 材料变异性(合格的原材料质量、组分工艺变异性、混合比等)；
(2) 工艺参数变异性(在制造工艺控制范围内)；
(3) 试样在试验以前环境历程变异性(控制范围内)；
(4) 试验机参数变异性(在容差范围内)。
根据物理迹象和判断处理异常数据的任务是：
(1) 属于正常的数据变异性，应予保留；
(2) 由于其他外部错误引起的异常数据，应抛弃。
引起应予抛弃异常数据的外部原因：
(1) 材料或组分不符合材料规范；
(2) 试板和试样制造参数超出规定的容差；
(3) 试样尺寸或取向超出规定的容差；
(4) 试样中检测出不允许的缺陷；
(5) 试样吸湿预处理有误；
(6) 试验机或夹具状态或安装不当，并经确认；
(7) 试样安装不当；

(8) 试验参数(速度、试验温度等)超出规定的范围;

(9) 试验过程中试样在夹头内打滑;

(10) 错误的试样失效模式(如加强片脱落、弯曲百分比超差、在工作段以外破坏、非预想的失效模式等)。

如果在进行统计处理的数据集内有若干异常值,异常数据的处理原则是:

(1) 建议只考虑删除高的异常值,通常如果一个高的异常值如此之高以致根据经验和其他来源的相似试验结果已经显然超出了已知的或预期的材料能力,则可以将其删除;

(2) 对于低的异常值,如果没有发现前述的外部原因则应保留,或应当试验附加的批次并再次判断。

18.5.5 关于剪切和弯曲试验

1. 面内剪切强度和模量

面内剪切强度和模量是结构设计需要的重要材料性能,但长期以来一直没有理想的试验方法,有关这些试验方法的详细讨论可参见 CMH－17－1G《复合材料手册》的 6.8.4 节,文中指出:“要定义一个严格正确试验方法的力学性能试验,已证明复合材料的剪切试验是难度最大的领域之一,特别是在面外方向。”有多种试验方法可以获得剪切性能,但均存在有缺憾和局限性,目前使用最多的是下列两种试验方法: ASTM D 3518“利用 ±45°层压板拉伸试验得到聚合物基复合材料面内剪切响应的试验方法”(相应的国标为 GB/T3355)和 ASTM D 5379“由 V 型缺口梁方法确定复合材料剪切性能的标准试验方法”。

关于复合材料剪切试验,1991 秋季和 1993 年春季的 ASTM D30 委员会会议上给出了下列结论:

(1) 尽管某些试验方法对于给定的工程目的可被最终用户认定为可以达到适用于特定材料体系所能接受的程度,但对于各种材料体系还不存在已知能得出理想纯剪切应力状态下直至破坏的标准(或非标准)试验方法;

(2) 若试验方法不能始终如一地得出纯剪切的合理近似或按非剪切失效模式引起破坏,则由该试验方法获得的强度不应被称为“剪切强度”;

(3) 鉴于从现有剪切试验所得出的极限强度值不足以确信能够提供关于材料体系比较适当的判据,故目前建议附加一个 0.2%的偏离强度(0.2%偏离量,除非另有规定)。

以此为基础,ASTM D30 委员会从 1994 年起在更新后的试验方法中增加了下列内容:

(1) 由于该试验往往不能测得真实的材料极限强度,要用“5%剪应变下的剪应力”来替代“极限剪切强度”;

(2) 增加了偏离剪切强度,进行材料比较时,偏离剪切强度比原有的“极限”剪切强度更有意义;

(3) 若试样在 5%剪切应变时还没有破断,则终结试验。

2. 关于短梁剪切强度

短梁剪切强度试验曾试图采用短、厚“梁” 减小弯曲应力而加大面外剪应力方法来建立材料的层间剪切强度基准值。然而,目前已有 V 型缺口梁方法可用,使得对于性能测定利用短梁剪切强度试验成为过时的方法。由于这种试验方法可以有三种失效模式：层间剪切、弯曲（拉伸或压缩）以及非弹性变形，都属于有效失效模式，因此统一命名为短梁强度。这种方法仅在失效模式相同的前提下用于材料验收试验和工艺的研发和控制。

3. 关于弯曲性能

弯曲强度和模量并不是结构设计所用的物理量，作为材料性能参数最初是由于其方法简便，在材料验收或工艺检验时替代拉伸强度和模量的性能指标引入的。CMH－17－1G《复合材料手册》的 6.8.5 节中明确指出："还没有推荐用于测定复合材料层压板弯曲性能的试验方法。即使存在经批准的弯曲试验方法，但对于结果的有效性仍存在着某些争议。"在航宇工业中，弯曲试验主要用于质量控制。ASTM D790《未增强和增强塑料及电绝缘材料的弯曲性能》最初是为塑料编制的，但后来它经修改后曾批准用于复合材料，一度被列入 D30 委员会的标准系列，但在 2015 年制订了 ASTM D7264《聚合物基复合材料弯曲性能标准试验方法》后从 D30 系列中剔除，不再用作连续纤维增强复合材料弯曲性能的测试方法。

由于弯曲强度和模量对试样厚度和测试过程极其敏感，特别是无法通过正则化排除试样厚度（即树脂含量）微小变化的影响，经常出现对来料验收的误判。鉴于弯曲性能不是设计用性能，且在材料验收时经常出现误判，国外的复合材料预浸料材料规范中均已不包含对弯曲强度和模量的验收要求，但国内囿于行业的惯性，一般仍保留该项测试要求，不过已认识到弯曲强度和模量不达标不意味着材料验收一定不合格。

值得注意的是，近年来许多制造方已将 0°弯曲强度与模量及短梁剪切强度这些试验改为要求取自生产部件指定区域试样的玻璃化转变温度、单层厚度、纤维体积含量、空隙含量和铺层数。

18.5.6 B－基准值计算过程简述

B－基准值的计算原理和有关数据表参见文献[2]、[5]。

18.6 有关冲击损伤的性能表征

18.6.1 结构压缩设计值和复合材料体系的抗冲击性能

1. CAI 的由来和演变

20 世纪 70 年代后期开始，各飞机公司都在探索将复合材料用于民机机翼结构的可能性，鉴于当时的技术水平，为了满足经济性的要求，必须要有较大的减重，并认为只有将压缩设计值由 4 000 $\mu\varepsilon$ 提高到 6 000 $\mu\varepsilon$ 后才是可行的。研究表明提高压缩设计值的最大障碍是冲击后压缩强度过低，并认为是由于树脂缺乏韧性所致，因此在其后 20 多年里根据飞机公司的这一认识，材料供应商一直致力于提高树脂的韧性，为了评定树脂的韧性，NASA 于 1982 年制订了若干试验标准[21, 22]，其中最重要的是冲击后压缩试验方法，规定了试样铺层、尺寸和试验方法，后来将对 6 mm 厚的试样，用 12.7 mm 直径冲击头进行 27 J 能量冲击后得到的压缩强度被习惯地称为 CAI（compresive strength after impact），标准中还规定当CAI大于200 MPa时的树脂可称为韧性树脂。由于这种方法使用的试样比较大，而且制造比较复杂，波音(Boeing)公司制订了另一种试验方法，使用较小的试样和较简单的试验方法，并使用了两种冲击能量，一种是等同于NASA方法的4.5 J/mm，另一种是考虑到27 J是常见的冲击能量，针对较薄的试样厚度(4 mm)，为6.7 J/mm，冲击头直径改为16 mm；随后将此方法推广为SACMA行业标准[23]，但仅保留6.7 J/mm一种能量，所得到的压缩强度习惯上也被称为CAI。当时复合材料结构损伤容限设计对冲击损伤的尺寸没有明确的要求，只是提出目视勉强可见冲击损伤(BVID)的模糊概念，但对第一代复合材料体系，这样的冲击能量均能产生BVID，用CAI来评定材料体系的损伤容限性能与结构的损伤容限性能是一致的。随着纤维和树脂性能的提高，用这样的方法不再能产生BVID，因此近年来空客公司和波音公司在评定材料时均采用了更大的冲击能量，特别是空客公司明确提出了用凹坑深度为1.0 mm和2.5 mm时的CAI来进行评定的方法。

2. BVID和压缩设计值

复合材料冲击损伤的特点是，在冲击表面无任何征兆的情况下，可能会出现大范围的内部分层，而且其压缩承载能力会急剧下降，甚至降至无损结构的40%或更低，而危及飞机结构的安全。有鉴于此，复合材料结构损伤容限要求的关键是对冲击损伤的考虑，但如何在设计中考虑冲击损伤并没有明确的定义。在1984年颁布的FAA咨询通报AC 20－107A中只是“应该证明，由制造和使用中能实际预计到(但不大于按所选检测方法确定的可检门槛值)的冲击损伤，不会使结构强度低于设计承载能力。”虽然在大量研究中已提出了BVID的概念，但在结构设计时尚未明确。在1990年颁布的美国空军规范AFGS－87221A《飞机结构通用规范》中首次出现了关于BVID的明确定义，为“由25.4 mm直径半球形端头的冲击物产生的冲击损伤，冲击能量为产生2.5 mm深凹坑所需能量，最大不超过136 J”。自此以后无论军机还是民机复合材料结构的损伤容限要求，其初始缺陷假设中，无一例外都规定在飞机投入使用后即可能带有目视勉强可见冲击损伤(BVID)，其标志均为凹坑深度。2009年9月8日颁布的AC 20－107B中在前面所引的内容后增加了下列文字：“当采用目视检测方法时，可靠检出门槛值时可能的冲击损伤已被称为目视勉强可见冲击损伤(BVID)”，并在结构验证-损伤容限段落中增加了5类损伤的定义，明确提出了目视勉强可见冲击损伤(BVID)和目视可见冲击损伤(VID)的概念，反映了在复合材料结构设计时对冲击损伤要求的进展。目前不同飞机公司有可能采用不同的尺寸假设，例如对空客公司经大量数据统计后确定的BVID值是用16 mm直径冲击头引入1.0 mm深凹坑(松弛后为0.3 mm)。而对军机，含BVID的结构承载能力必须能承受20倍寿命出现一次的载荷[通常为1.2倍设计限制载荷(design limit load, DLL)]；对民机则必须能承受设计极限载荷(design ultimate load, DUL)。在文献[24, 25]中曾详细阐述了结构压缩设计值和复合材料体系抗冲击性能的关系。为满足机翼结构的设计要求，其压缩设计值的选取必须满足含BVID的结构能承受剩余强度的要求，因此对材料抗冲击性能的表征应当是含BVID试样的压缩强度或破坏应变，这也是目前国外军民机复合材料机翼结构选材时的基本出发点。正因为此，虽然使用了第二代高性能纤维韧性树脂复合材料体系，但因在早期材料研制阶段没有BVID设计要求，也就没有提出含BVID

时 CAI 的研制目标，使得目前所有最先进的民机和军机复合材料机翼结构压缩设计值均无法突破 4 000 $\mu\varepsilon$。图 18.11[26] 所示为传统的 CAI 值（即按 6.7 J/mm 能量冲击得到的值 $CAI_{@6.7J/mm}$）和含 BVID 试样 CAI 值（即产生 BVID 后得到的值 $CAI_{@BVID}$）的差别。可能有两种情况，即 $CAI_{@6.7J/mm}$ 高，$CAI_{@BVID}$ 也高，但一般相差的幅度要小得多；另一种情况是 $CAI_{@6.7J/mm}$ 高，$CAI_{@BVID}$ 反而低，但控制压缩设计值的材料性能指标应当是 $CAI_{@BVID}$ 值。采用 $CAI_{@6.7J/mm}$ 来进行评价可能会得到错误的导向，从而需对结构选材进行重新评价，延误研发进度并增加研发阶段的工作量，这在实际工程应用中已有很多实例。随着材料性能的提高，目前国内的第二代复合材料体系，6.7 J/mm 的冲击能量一般均无法出现 BVID，仍用传统的 CAI 评价体系已与结构的损伤容限要求相悖。

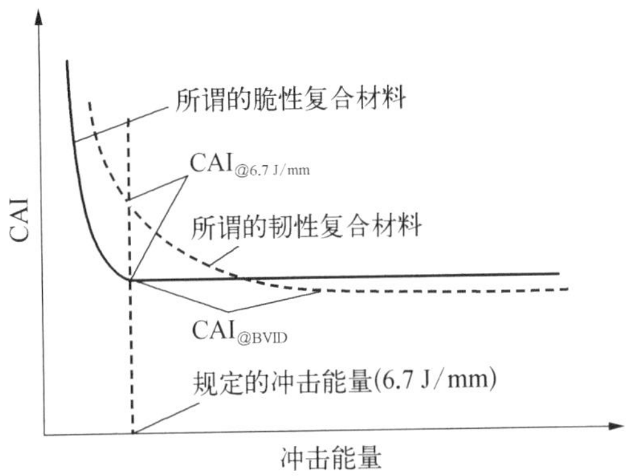

(a) $CAI_{@6.7J/mm}$高，但$CAI_{@BVID}$低的情况

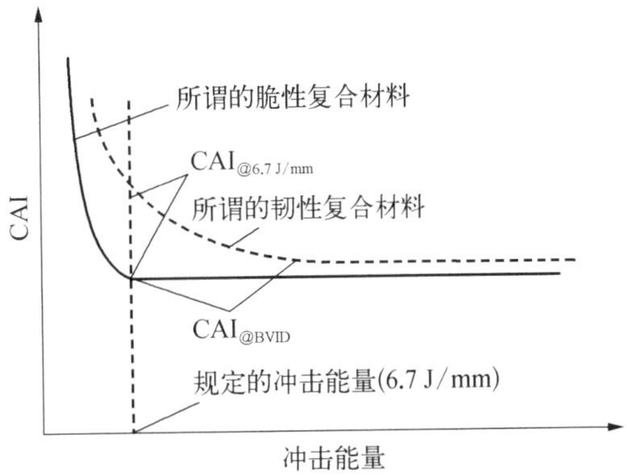

(b) $CAI_{@6.7J/mm}$高，$CAI_{@BVID}$也高的情况

图 18.11　$CAI_{@6.7J/mm}$ 与 $CAI_{@BVID}$ 的关系

18.6.2　复合材料层压板抗冲击行为及表征方法[26-28]

1. 冲击损伤阻抗性能

损伤阻抗的定义[29]为：① 在复合材料及其结构中，抵抗外来物冲击不产生损伤的能力；② 某一事件或一系列事件相关的力、冲击或其他参数与其所产生损伤尺寸及类型之间关系的度量，如一定能量的冲击所产生的损伤面积或凹坑深度。因此它既是结构抵抗冲击不出现损伤能力的描述，也可以是复合材料抵抗冲击不产生损伤能力的度量。复合材料层压板的冲击损伤阻抗性能对不同的冲击能量是不同的，因此其完整的描述应是不同冲击能量与损伤尺寸的关系。实际上，对损伤尺寸的度量通常有 3 种方法，即损伤面积、损伤宽度和冲击凹坑深度。图 18.12 为分别用损伤面积、损伤宽度和凹坑深度表示的航空用碳/环氧树脂复合材料层压板损伤阻抗性能的变化关系。从图 18.12(c) 中可以看出凹坑深度与冲击能量呈现有较好的一一对应关系，并在冲击能量约 3.5 J/mm（凹坑深度约 0.4 mm）时呈现出明显的拐点现象。从图中还可以看出，在达到拐点以后用 C 扫描方法测量得到的损伤面积与损伤宽度相比，其分散性要大得多。图中给出的只是一种复合材料体系的典型试验结果，大量试验数据表明所有复合材料体系所有铺层的层压板均呈现相同的特性。

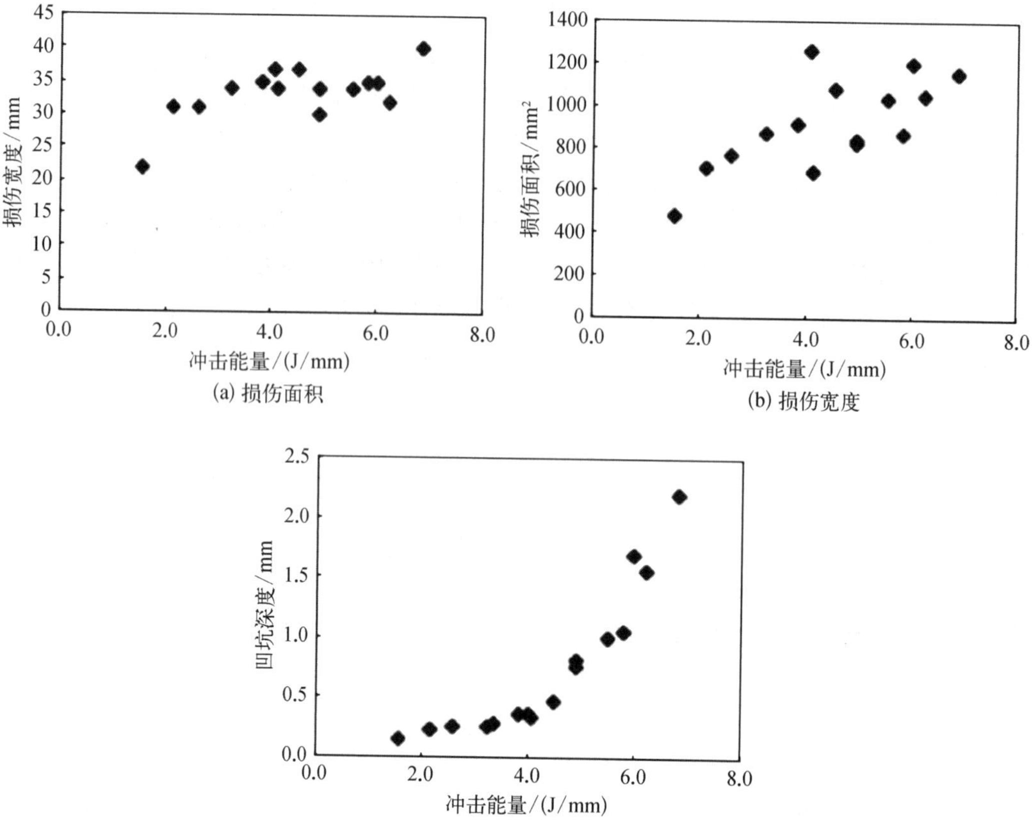

(a) 损伤面积　　(b) 损伤宽度

(c) 凹坑深度

图 18.12　碳/环氧树脂层压板的抗冲击行为

150 mm×100 mm, $[45°/0°/-45°/90°]_{4s}$, 冲头直径 16 mm

2. 对集中准静态压痕力的损伤阻抗性能

20 世纪 90 年代初一些研究人员开始研究用集中准静态压痕力(quasi-static indentation, QSI)来替代低速落锤冲击的可能性,研究证实了它们在目前所使用的低速冲击速度的范围内,两种方法产生的损伤和含损伤的压缩剩余强度是一致的。试验数据也表明,只要产生相同的凹坑深度,其损伤面积(包括损伤宽度)和含损伤的压缩剩余强度是一致的。图 18.13 和图 18.14 给出了用两种不同损伤引入方法得到的损伤阻抗行为,可以看出,用两种方法得到的典型复合材料损伤阻抗行为都有明显的拐点。图 18.15 所示为典型的集中准静态压痕接触力-压头位移曲线,图中给出的附图是用同样的试样在达到同样接触力时卸载后得到的超声 C 扫描图像。它们也反映了落锤冲击方法在不同冲击能量时的损伤状态和损伤扩展过程:当接触力小于曲线上的第一个拐点(冲击能量小于某一门槛值)时,层压板内部无损伤;当达到第一个拐点(相当于某一冲击能量门槛值)时,层压板内部出现一定范围的分层损伤,但表面只有很小的凹坑,目视基本上观察不到;接触力(冲击能量)继续增加,凹坑深度不断增加,但深度较小,目视仍基本不可见,而损伤面积和宽度则不断增加;当接触力达到最大值时,表面出现纤维断裂;继续加载,凹坑深度急剧增加,使压头位移迅速增加,而接触力则急剧下降,内部损伤面积和宽度基本上不再增加。当用落锤冲击方法研究其损伤阻抗性能时,也得到了相同的结论：即损伤阻抗行为出现拐点后,凹坑深度急剧增加,但内部损伤面积和宽度基本上不再增加。

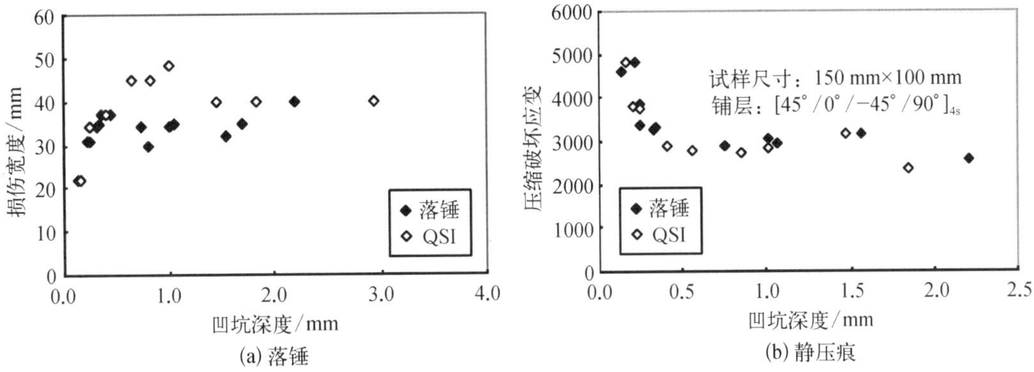

图 18.13　两种损伤引入方法得到的碳/环氧树脂层压板的抗冲击行为

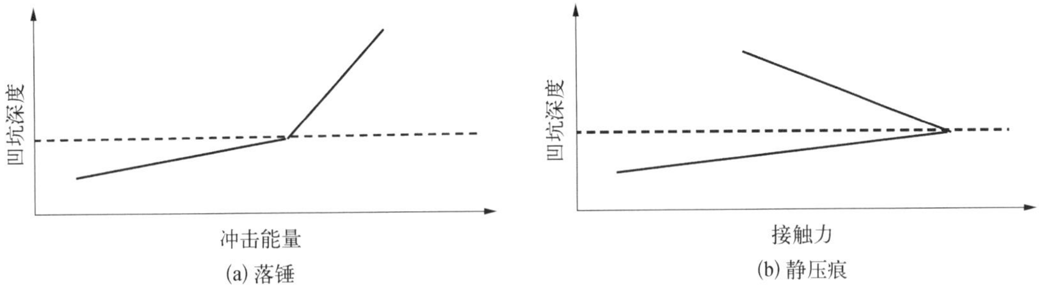

图 18.14　用不同损伤引入方法得到的损伤阻抗行为

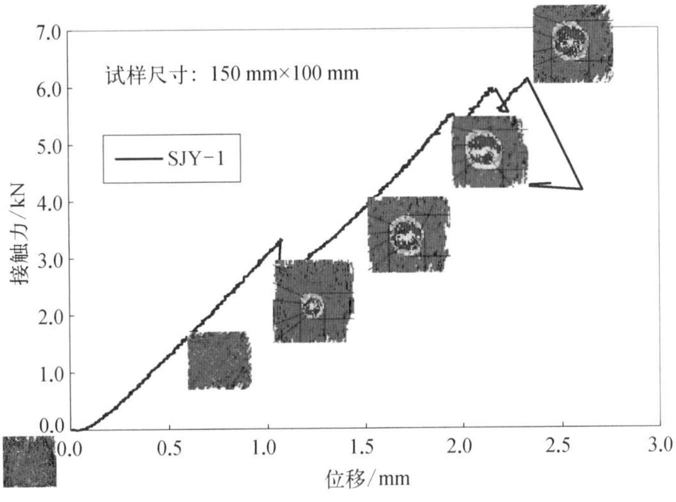

图 18.15　复合材料层压板典型的位移-接触力曲线及相应的内部损伤状态

3. 冲击损伤容限性能

损伤容限的定义[29]为：① 在规定的检查门槛值所要求的服役寿命期内,复合材料结构抵抗由于缺陷、裂纹或其他损伤引起破坏的能力;② 损伤尺寸和类型与性能参数(如强度或刚度)关系的度量。因此它既是含损伤结构抵抗破坏能力的描述,也可以是含损伤复合材料抵抗破坏能力的度量。复合材料层压板的冲击损伤容限与损伤参数(同时也与冲击能量)有关,可以用损伤参数(这里采用凹坑深度)与压缩破坏应变的关系来描述。大量的试验数据已经表明,虽然在开始阶段,随冲击能量(或凹坑深度)增加,压缩破坏应力(或应变)急剧下降,但当冲击能量(或凹坑深度)达到某一门槛值后压缩破坏应力(或应变)基本上不再降低,因此压缩破坏门槛曲线同样存在有拐点,这些复合材料体系的拐点都出现在大约 0.5 mm 处,出现拐点后其压缩破坏应变基本上保持不变,但当凹坑深度大于 1.0 mm 后其压缩强度基本不再降低。已通过大量试验数据证明了这一结论。

4. 抗冲击行为的拐点现象

进一步研究后发现冲击损伤阻抗和冲击损伤容限的曲线拐点均对应于相同的冲击能量(从而同样的凹坑深度),图 18.16 所示为 7 种复合材料体系以凹坑深度作为横坐标的冲击损伤阻抗和损伤容限曲线,大量的试验数据都证实了这一结论,因此可以充分利用复合材料层压板抗冲击行为的这一特点来得到表征它们的方法。

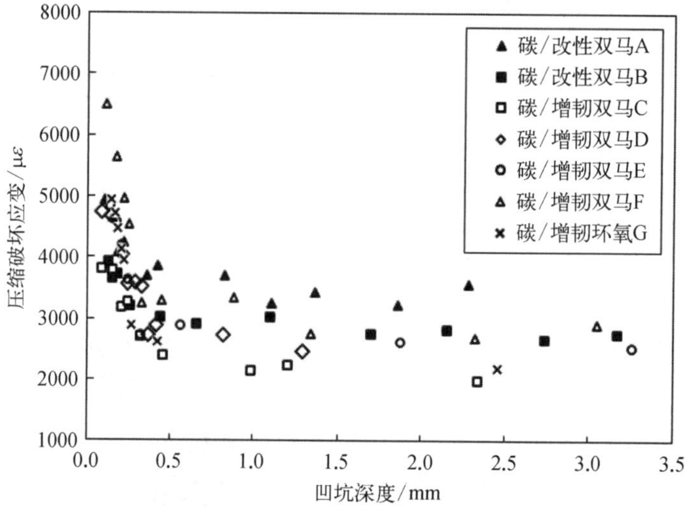

图 18.16 7 种复合材料体系的冲击后压缩破坏曲线

5. 拐点的物理意义

对揭层法得到的内部损伤形貌的观察可以发现下列现象:

(1) 在拐点以前冲击和静压痕引起的损伤基本上只有基体裂纹和分层两种机制,前表面通常都完好无损;而出现拐点以后,前表面冲击点部位开始出现纤维断裂,此时前表面也只有很少的基体裂纹和分层。拐点的标志是前表面冲击点部位产生纤维断裂。

(2) 超过拐点后,初步的观察发现,随凹坑深度增加,纤维断裂由前后表面层附近逐步向中面层扩展,直至所有各层。

(3) 只要凹坑深度相同,损伤引入方式(即落锤冲击或 QSI)对损伤分布和损伤机理的影响可以忽略。

拐点现象表明复合材料层压板对冲击事件(或接触力)的抵抗能力发生了突变。在拐点以前,复合材料由树脂和纤维共同对冲击事件进行抵抗,冲击的后果只是基体裂纹和层间分层。在出现拐点,也即表面层产生纤维断裂以后,复合材料层压板基本上失去了继续抵抗冲击的能力,其后新增的损伤主要是由前后表面层开始向中间层扩展的纤维断裂,内部分层面积只有少量的增加。由于引起复合材料层压板压缩强度降低的主要原因是内部分层,而在出现拐点之后内部分层面积变化不大,所以拐点以后压缩强度基本保持不变。

6. 复合材料层压板抗冲击行为

(1) 针对复合材料结构的损伤阻抗和损伤容限设计要求,复合材料抗冲击行为应包括损伤阻抗和损伤容限两个方面,并应采用抗冲击行为拐点附近的性能来表征。

(2) 考虑到复合材料结构损伤阻抗的要求主要是保证不会在经常遇到的能量冲击下出现表面目视可见凹坑,从而产生水分侵入内部结构的通道,因此可以用冲击能量-凹坑深度曲线出现拐点时的冲击能量来表征。研究已经表明,可以用简便易行的准静态压痕力(QSI)的方法来模拟落锤冲击方法,因此建议用 QSI 方法得到的最大压痕力来表征复合材料体系的损伤阻抗行为。

(3) 复合材料结构损伤容限设计要求是当结构存在目视勉强可见冲击损伤时仍能承受规定的使用载荷。一般来说,目视勉强可见冲击损伤通常意味着大于 1.0 mm(冲击后立即测量)的凹坑深度,研究表明此时对应于压缩破坏曲线的门槛值,因此建议用凹坑深度不小于 1.0 mm 时的压缩破坏应变(或强度)来表征复合材料体系的损伤容限,进一步研究后建议采用 QSI 方法引入损伤。

(4) 结构用的层压板铺层方式可以任意变化,作为对复合材料体系抗冲击行为的表征,建议采用有代表性的准各向同性铺层$[45°/0°/-45°/90°]_{ns}$。

(5) 复合材料抗冲击行为的表征方法与冲击头(或压头)直径有关。由于损伤阻抗性能不是设计用性能,而是用于进行比较,建议采用直径为 12.5 mm 的压头;虽然损伤容限性能也不能直接用于设计,但可以在初始设计阶段作为确定压缩设计值的依据,因此建议使用直径 16 mm 的冲击头。

(6) 为与国际接轨,试验方法应参照有关的 ASTM 标准进行。

18.7　总结与展望

在过去 50 多年里,碳纤维复合材料在航空航天领域已得到越来越多的应用,由于其独特的性能和破坏机理,其力学性能表征与传统的金属有巨大的差别。本章的写作基于 CMH－17－1G《复合材料手册》第一卷及 FAA 相关的适航文件,以及作者 40 多年在该领域的理论与实验研究,以及在国产飞机结构中应用的经验教训,有些内容囿于个人的认识局限性,有待业内同仁的验证和修正。

习　题

1. 简述复合材料与金属力学性能表征的差别。

2. 简述复合材料许用值与设计值的定义和内涵。
3. 简述复合材料许用值的构成和数值要求。
4. 简述复合材料力学性能试验数据正则化的意义和应用范围。

参考文献

[1] Whitehead R S, Deo R B, A building approach to design verification testing of primary composite structures[C]. Lake Tahoe: Proceedings of the 24th AIAA/ASME/AHS SDM Conference, 1983.

[2] 美 CMH - 17 协调委员会.复合材料手册 第一卷 结构材料表征指南[M].汪海,沈真,等译.上海:上海交通大学出版社,2014.

[3] 美 CMH - 17 协调委员会.复合材料手册 第二卷 材料性能[M].汪海,沈真,等译.上海:上海交通大学出版社,2016.

[4] 美 CMH - 17 协调委员会.复合材料手册 第三卷 材料应用、设计和分析[M].汪海,沈真,等译.上海:上海交通大学出版社,2015.

[5] Tomblin J S, Ng Y C, Raju K S. Material qualification and equivalency for polymer matrix composite material systems: Updated procedure: DOT/FAA/AR - 03/19 [S]. Washington D. C.: Office of Aviation Research, 2003.

[6] FAA. Composite aircraft stuctures: AC 20 - 107B[S]. Washington D. C.: FAA, 2009.

[7] 中国航空综合技术研究所.聚合物基复合材料力学性能数据表达准则: HB 7618 - 2013[S].北京:中国航空综合技术研究所,2013.

[8] 中国人民解放军总装备部.军用飞机结构强度规范 第14部分:复合材料结构:GJB 67.14 - 2008[S].北京:总装备部军标出版发行部,2008.

[9] FAA. Composite Aircraft Stuctures: FAA AC 20 - 107A[S]. Washington D. C.: FAA, 1984.

[10] Niu M C Y.实用飞机复合材料结构设计与制造[M].程小全,张纪奎,译.北京:航空工业出版社,2010.

[11] Demuts E, Whitehead R S, Deo R B. Assessment of damage tolerance in composites[J]. Composite Structures, 1985, 4: 45 - 58.

[12] Griffin C F. Damage tolerance of toughened resin graphite composites aircraft structure[R]. SAE Symposia Paper, STP24369S, 1987.

[13] 沈真,柴亚南,杨胜春,等.复合材料飞机结构强度规范要点概述[J].航空学报,2006, 27(5): 784 - 788.

[14] McCarvill W, Ward S, Bogucki G, et al. Guidelines and recommended criteria for the development of a material specification for carbon fiber/epoxy unidirectional prepregs (Update): DOT/FAA/AR-07/3 [S]. Washington D. C.: Office of Aviation Research, 2007.

[15] McCarvill W, Ward S, Bogucki G, et al. Guidelines and recommended criteria for the development of a material specification for carbon fiber/epoxy fabric prepregs: DOT/FAA/AR-06/10[S]. Washington D. C.: Office of Aviation Research, 2007.

[16] Ng Y, Tomblin J. 350℉ autoclave cure, low flow toughened epoxy prepregs, type 35, class 1, grade 190 (Hexcel 8552 AS4 unidirectional tape): NMS128/1, Revision A[S]. Wichita: National Center for Advanced Materials Performance, 2011.

[17] 沈真,朱珊,李国明,等.复合材料体系鉴定新方法——嵌套式方法[J].高科技纤维与应用,2014

(5): 9－13.

[18] Vangel M G. Lot acceptance and compliance testing using the sample mean and an extremum[J]. Technometrics, 2002, 44(3): 242－249.

[19] 沈真,史有好,李国明. 复合材料共享数据库[R]. 南昌: 航空先进树脂基复合材料应用回顾与展望论坛,2011.

[20] Clarkson E. Hexcel 8552 AS4 unidirectional prepreg at 190 gsm & 35% RC qualification material property data report[R]. CAM-RP-2010－002 Revision A, 2011.

[21] ACEE Composites Project Office. Standard tests for toughened resin composites, revised edition[S]. NASA-RP-1092, 1983.

[22] ACEE Composites Project Office. NASA/aircraft industry standard specification for graphite fiber/toughened thermoset resin composite materials[S]. NASA-RP-1142, 1985.

[23] SACMA. SACMA recommended test method for compression after impact of oriented fiber-reinforced composites: SRM 2R-94[S], 1994.

[24] 沈真. 复合材料飞机结构设计值及其确定原则[J]. 航空学报,1998,19(4): 385－392.

[25] 沈真,杨胜春,陈普会,等. 复合材料抗冲击性能和结构压缩设计值[J]. 航空学报,2007,28(3): 561－566.

[26] Chen P, Shen Z, Xiong J, et al. Failure mechanisms of laminated composites subjected to static indentation[J]. Journal of Composite Structures, 2006, 75(1－4): 486－495.

[27] 沈真,杨胜春,陈普会. 复合材料层压板抗冲击行为及表征方法的实验研究[J]. 复合材料学报,2008,25(5): 125－133.

[28] 沈真,张晓晶. 复合材料飞机结构强度设计与验证概论[M]. 上海: 上海交通大学出版社,2011.

[29] ASTM. Standard terminology for composite materials: ASTM D3878－16[S]. West Conshohocken: ASTM International, 2016.

第19章 复合材料的低温力学行为

学习要点：

(1) 了解低温工程中常用的工质及其沸点；
(2) 了解淬冷和慢冷处理对碳纤维微观结构的影响；
(3) 了解高分子材料的三种破坏模式；
(4) 了解改善环氧树脂低温性能的常用方法；
(5) 理解液氧相容性概念及热点理论；
(6) 了解复合材料低温力学行为与室温力学行为的区别；
(7) 理解纳米改性复合材料的低温性能改善机制；
(8) 了解超低温下复合材料裂纹萌生的关键影响因素。

19.1 引 言

低温燃料(液氢、液氧和液态燃油等)贮箱是运载火箭推进系统中质量和体积最大的构件,发展复合材料低温贮箱是降低火箭总质量及提高其运载能力的重要途径。此外,超导技术、国际热核实验堆等大型低温工程中也需要应用纤维增强树脂基复合材料。相关研究显示,碳纤维、玻璃纤维、硼纤维和芳纶纤维等增强树脂基复合材料均可用于低温环境。但在超低温环境下,大多数树脂基体将变脆(特别是以环氧树脂为代表的热固性树脂),通常需要对其进行改性研究。此外,超低温用结构复合材料的服役温度经常会在超低温和室温之间变化,温度变化易在材料中产生应力集中或残余应力,进而对复合材料的结构造成损伤,产生燃料泄漏甚至爆炸等安全问题。因此,在设计超低温环境用复合材料时,必须考虑超低温环境、急剧温度变化、高低温循环等因素对材料使用性和可靠性的影响。

低温环境通常可利用低温工质的热传递来获得,典型的低温工质有冰(273 K)、液氨(240 K)、干冰(195 K)、液氧(90 K)、液氮(77 K)、液氖(27 K)、液氢(20 K)、液氦(4.2 K)等。液氮可从液化空气中分离得到,还可从制氧时的副产品中大量提取,具有易获取、经济便宜等特点。此外,氮元素的化学活性低,作为低温工质安全可靠,是目前应用最为广泛的低温介质。将液氮处理成气相氮后,液气混合可得到较宽的温度区间,因此有关材料低温物性的研究,多介于室温至液氮温区(77 K)。液氦与液氮类似,化学性质十分稳定,其液化温度为4.2 K,是常用的超低温工质,但氦气难以液化,液氦的制备成本远高于液氮。有关液氦温区材料性能研究的成本及设备要求远高于液氮温区,因此相关研究报道较少。

将复合材料应用于低温工程,需要充分了解其低温环境下的性能与室温性能的差异。本章首先对低温测试技术做简单介绍,然后对复合材料用增强纤维和树脂基体在低温下的力学性能分别予以介绍,最后对复合材料在低温下的拉伸、弯曲、压缩、层间剪切、断裂韧性等力学性能做重点阐述。需要注意的是,文献中很多材料的低温性能研究仅涵盖室温至液氮温区,很多规律并不能简单延伸至液氢和液氦等更低的温度范围。

19.2　低温力学测试技术简介

受低温测试技术限制,人们对复合材料低温性能的了解远少于室温。目前有关材料低温性能的研究也多限于77 K,仅有少量文献涉及20 K和4.2 K时的情况。此外,不同文献所报道的复合材料低温力学性能经常存在较大差异。除复合材料本身性能有差异外,也可能由测试设备不同、测试标准不统一而引起。进行材料低温性能研究时,可将试样直接浸泡在液氮、液氦等低温工质中以实现目标温度,也可以通过在环境箱中蒸发低温工质或使用热交换的方法对环境温度进行精确控制。在低温力学测试中,很多情况下并未有专门的测试标准,通常需要根据材料种类、测试参数需求,在参考室温相关标准的前提下,结合试验条件完成低温测试试样几何尺寸的设计。如图19.1所示,根据测试试样的材料种类不同、几何尺寸不同,需要设计相配套的低温性能测试工装。

材料的低温力学性能测试系统,通常由万能材料试验机加装环境箱改装而成。加装低温环境箱及其配套的低温测试工装易导致试验机的有效行程减小。与常温的标准试样相比,低温试样的尺寸通常偏小,其形状也多有不同。因此,低温测试试样对边界条件比较敏感,存在自由边效应、夹持难等问题。此外,环境箱及液氮等低温工质的使用,使得低温测试时难以对试样进行直接观察。液氮的气化还会对光学系统造成干扰,普通的光学测量系统也难以发挥效用。因此,在低温力学性能测试时,经常利用声发射装置对复合材料的破坏程度进行监测[1]。但是,对于直接利用液氮浸泡进行低温测试的系统,液氮沸腾造成的背景噪声过大,声发射装置也难以应用。

在研究材料的低温力学性能时,需要对测试样品的温度均匀性进行控制,测试样品不同部位如果存在较大的温度差异,将严重影响测试所得数据的可靠性,一般可通过增加专门的控温系统,来改善测试环境的温度均匀性。另外,商业化的应变测量仪器通常不能满足超低温环境的应用要求,对低温应变的精确测量也带来了较大的挑战。此外,低温应变片与材料表面的粘贴状态也会影响到最终数据的精确度,在低温胶和应变传感器的选择、材料表面的处理、粘贴工序及固化制度等方面均需特别注意。

此外,测试环境及降温方式与材料的低温性能直接相关,测试条件应尽量与实际应用环境相符合。例如,低温贮箱充满燃料后,贮箱的内表面与外表面存在明显的温度梯度,

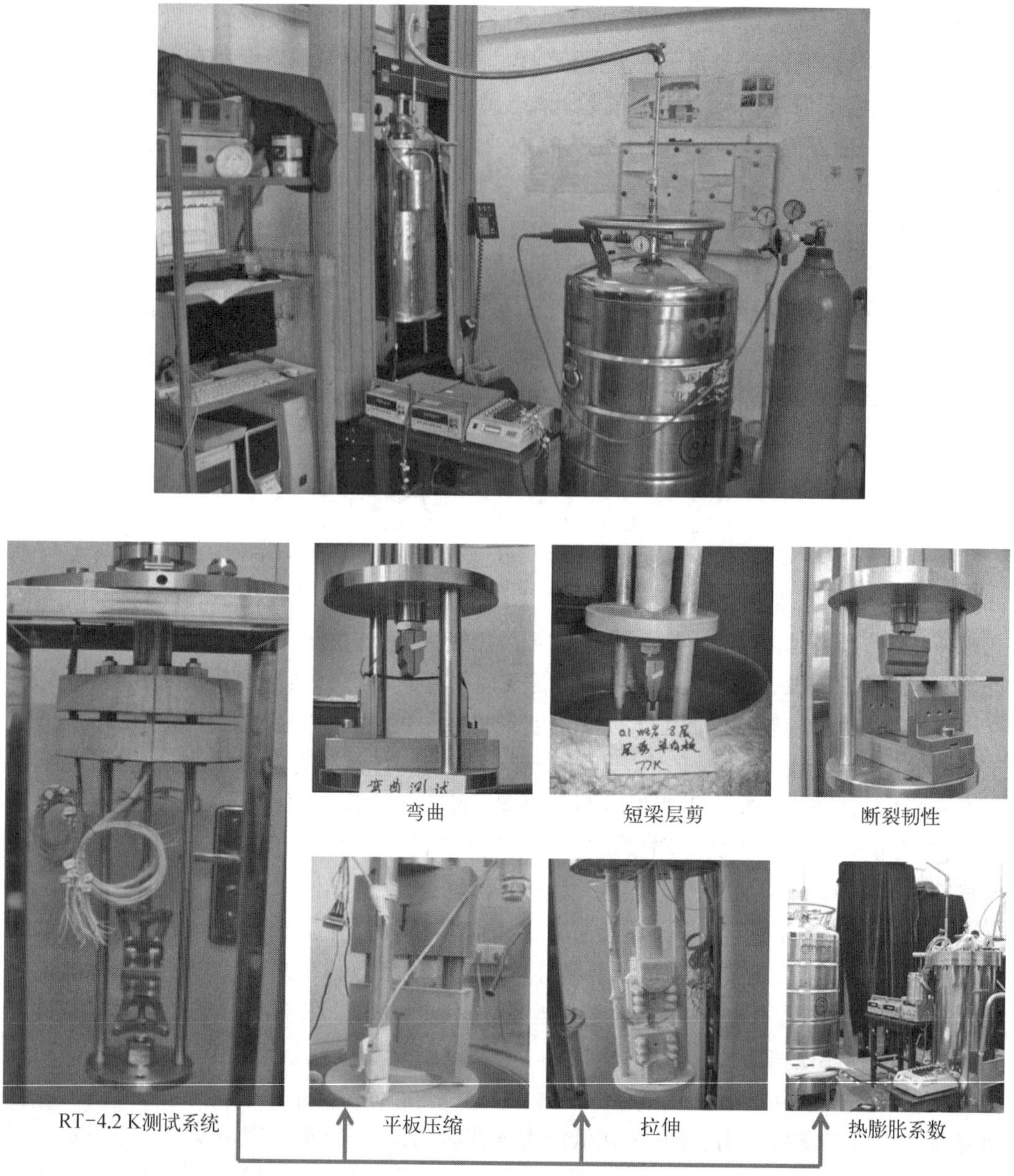

图 19.1　中国科学院理化所(原付绍云团队)研制的低温力学性能测试系统及工装

因此材料厚度方向也存在应力、应变梯度,这可能会导致材料破坏[1],但这种温度梯度效应在大部分的测试中并未予以考虑。

19.3　纤维在低温下的力学特性

19.3.1　纤维在低温下的拉伸性能

纤维的强度通常采用双参数韦布尔(Weibull)分布函数进行描述,其累积概率分布用式(19.1)表示[1]：

$$F(\sigma) = 1 - \exp\left[- L\left(\frac{\sigma}{\sigma_0}\right)^{\beta}\right] \tag{19.1}$$

其中，$F(\sigma)$ 为累积断裂概率，即纤维在其强度不超过 σ 时的断裂概率；L 是纤维长度；σ_0 和 β 分别为 Weibull 分布尺度参数和形状参数(Weibull 模数)。分布尺度参数 σ_0 主要反映纤维的强度，而形状参数 β 则反映强度分布的不均匀性，β 值越大，分散性越小，即材料可靠性越高。σ_0 和 β 可通过测试纤维的强度来确定。

复合材料的宏观力学性能与纤维的强度统计特性，特别是尺度参数有很强的依赖性。测定纤维在低温下的强度统计特性对于了解复合材料的低温力学行为、设计低温工程用复合材料具有重要意义。王贤锋等[2]发现纤维在低温下的强度分布仍然遵循 Weibull 分布，利用双参数 Weibull 分布曲线可以很好地描述碳纤维与玻璃纤维在 77 K 下的强度分布。如表 19.1 所示，纤维在低温下(77 K)的尺度参数和平均强度比室温下(296 K)要高，而形状参数和拉伸模量基本保持不变。77 K 下碳纤维的平均强度增加了约 11.6%，而玻璃纤维的平均强度增加了约 34%。

表 19.1　碳纤维和玻璃纤维不同温度下拉伸性能测试结果[2]

	碳纤维			玻璃纤维		
温度/K	296	296	77	296	296	77
标距/mm	20	40	20	20	40	20
测试纤维数量	67	100	124	131	74	126
尺度参数 σ_0/GPa	1.50	1.52	1.69	0.85	0.80	1.13
形状参数 β	6.13	5.93	6.17	8.35	7.54	8.13
平均强度/GPa	2.67	2.48	2.98	1.29	1.17	1.72
拉伸模量/GPa	235	235	237	72	71	74

此外，李锰等测试了芳纶纤维(Nomex 和 Kevlar)、聚对苯撑苯并二噁唑纤维(PBO)、聚四氟乙烯(Rastex 和 Profilen)6 种高性能有机纤维在室温(23℃)、-50℃、-100℃和-150℃下的拉伸性能[3]。如图 19.2 和表 19.2 所示，低温环境对纤维的拉伸性能有明显的影响。表 19.2 显示随着环境温度的降低，6 种有机纤维的断裂强度均表现出先增加后下降的趋势，且其低温强度均高于室温强度；有机纤维的杨氏模量随温度的下降先上升，而后逐渐趋于稳定；而纤维的断裂伸长率则随温度的降低持续减少。对于 Kevlar 和 PBO 这类高强、高模、低断裂伸长率的纤维，其断裂伸长率随温度下降而下降的程度较低，从室温到-150℃，断裂伸长率下降低于 33%。对于其他四种纤维，其室温强度和模量相对较低，但室温断裂伸长率较大，其断裂伸长率随温度下降的程度明显高于前两种纤维。

核聚变中靶丸的工作环境为超低温，需要将填充有燃料的靶丸降温至 20 K 左右，以在靶丸内表面产生冰层，进而提高燃料密度和收益。靶丸在爆聚时必须足够稳定，扰动范

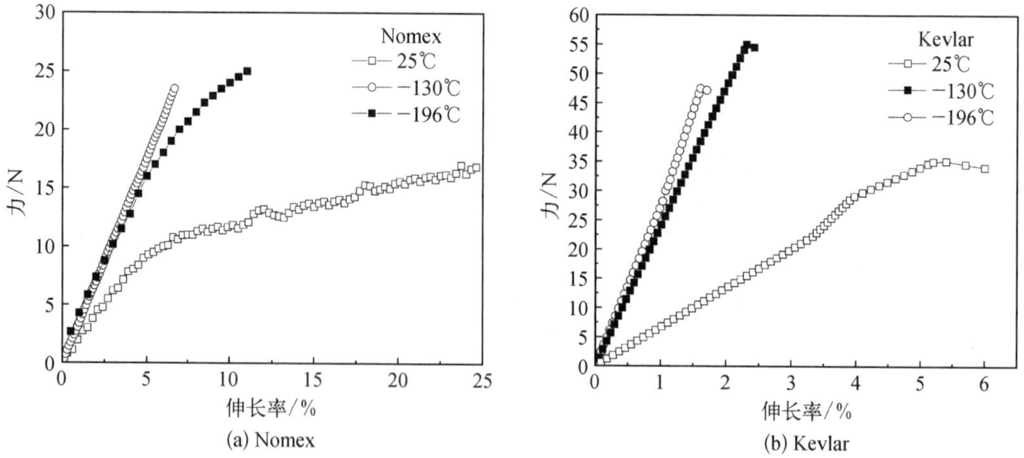

图 19.2　有机纤维不同温度下的拉伸曲线[3]

表 19.2　6 种有机纤维的常温及低温拉伸性能[3]*

材　料	性　　能	温　　度			
		23℃	-50℃	-100℃	-150℃
Nomex	断裂力/N	8.5	13.4	17.5	14.5
	断裂伸长率/%	24.7	19.9	16.8	11.3
Kevlar	断裂力/N	35.3	37.5	39.3	37.8
	断裂伸长率/%	2.6	2.6	2.0	1.8
PBO	断裂力/N	66.2	77.5	84.1	80.3
	断裂伸长率/%	3.2	3.4	3.5	3.2
Rastex	断裂力/N	13.8	30.0	28.9	25.3
	断裂伸长率/%	8.7	5.4	4.2	3.2
Profilen	断裂力/N	11.9	27.8	23.6	27.7
	断裂伸长率/%	7.3	3.8	3.2	2.6
Phenilon	断裂力/N	11.6	19.7	19.5	14.8
	断裂伸长率/%	23.7	22.5	14.2	6.5

注：Nomex 和 Kevlar 为芳纶纤维；PBO 为聚对苯撑苯并二噁唑纤维；Rastex 和 Profilen 为聚四氟乙烯纤维。表中数据为平均值，只考察拉伸性能变化趋势，拉伸力（breaking force）与拉伸强度变化趋势基本一致。

围需要小于 10 μm。确定固定靶丸用纤维在低温下的模量对靶丸的稳定性设计极其重要。美国罗契斯特大学激光能量实验室的 Rice 等研究了碳化硅纤维（SiC，Nicalon™）、PBO 纤维（Zylon® HM）、聚苯撑吡啶并二咪唑纤维（M5）和聚酰亚胺纤维（polyimide，PI）四种材料从 20~295 K 的杨氏模量变化情况[4]。从表 19.3 可以看出，4 种纤维的杨氏模量均随温度的降低而升高，但碳化硅纤维的模量变化明显弱于 3 种有机纤维。此外，有机纤维在 100~295 K 的温度区间，其杨氏模量增加速度明显快于 20~100 K 的温度区间。

表 19.3 4 种纤维在不同温度下的杨氏模量[4]

	杨氏模量/GPa						
	20 K	50 K	100 K	150 K	200 K	250 K	295 K
Nicalon™	217	217	216	216	214	212	210
Zylon® HM	346	331	323	314	303	297	270
M5	390	387	381	373	359	346	330
Polyimide	4.1	3.9	3.7	3.5	3.1	2.8	2.5

19.3.2 低温处理对纤维力学性能的影响

低温环境不但影响材料在低温下的性能，而且还会改变材料的结构，进而影响材料的室温性能。邱夷平等研究了低温处理对聚丙烯腈基碳纤维室温拉伸性能及表面结构的影响[5]。试验中先采用淬冷和慢冷两种方法分别将碳纤维降温至 77 K，然后再将样品升温到室温。淬冷处理中直接将样品浸泡到液氮中并保持 12 h，而慢冷则以每分钟 2℃的速率将样品降至液氮温度并保持 12 h。结果显示，经低温处理后，碳纤维的室温拉伸强度和断裂伸长率均呈现下降趋势，淬冷时尤为明显。

如图 19.3 所示，慢冷处理将导致碳纤维表面变粗糙。根据碳纤维的皮芯结构理论，其皮层结构的完整性要优于芯层。在较低的冷却速度下，碳纤维芯层受冷缓慢收缩，进而导致纤维内部微孔等缺陷向皮层转移；由于碳纤维皮层结构的完整性较好，难以如芯层进行大幅度收缩，进而引起皮层上的沟槽加深、加宽。对于淬冷过程，碳纤维在瞬间冷冲击作用下其结构来不及发生变化，因此其直径及表面粗糙度均未发生明显变化。

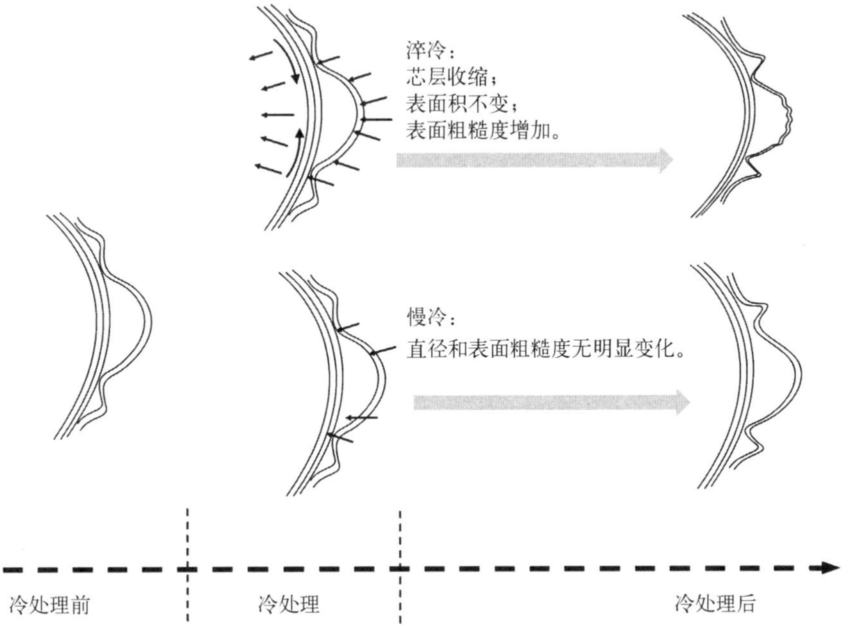

图 19.3 低温处理时碳纤维表面形貌变化的机理示意图[5]

邱夷平等[6]还研究了低温处理对 Kevlar 纤维力学性能及其表面性能的影响。结果显示，Kevlar 纤维经淬冷和慢冷处理后，其室温拉伸强度分别提高了 8.1%和 24.9%。低温处理能够沿纤维径向产生环向应力，进而导致沿轴向的大分子链排列更加紧密。由于淬冷处理相对慢冷处理所产生的环向应力更大，因此淬冷处理对拉伸性能的影响更加明显。此外，Kevlar 纤维经低温处理后，其耐磨性增加了 50%。

19.4　树脂基体的低温力学特性

高分子材料在不同温度范围下的性能，与其结构转变密切相关[7]。材料的结构转变可以分为一级转变和次级转变。高分子材料的玻璃化转变及结晶高分子的融化均属于一级转变，材料发生一级结构转变时，其在转变点前后的性能将发生显著变化。由于高分子材料的分子结构极其复杂，其分子链中通常存在多个运动自由度。除了明显的一级结构转变外，高分子材料还存在多种次级结构转变，如侧基、链节、支链的运动，高分子材料在低温下的力学性能与其次级结构转变密切相关。

对于大部分高分子材料，如果降温至其玻璃化转变温度以下，高分子链中与键旋转有关的运动大大受限，进而使高分子的塑性显著降低。低温下，无定形高分子的松弛特性（即塑性）与高分子链的结构和柔顺度密切相关，高分子可能的运动方式有主链的非协调扭转振荡、多链段协同引起的曲轴及扭结运动、端基或侧链的旋转运动。对于结晶高分子和定向排列高分子，其低温松弛行为则更为复杂，并与高分子样品的结晶程度有较大关系。

研究显示，高分子主链中如果含有氧、硫或杂环，通常具有较好的低温力学性能[8]。这类高分子在主链被冻结的情况下，仍能通过改变主链的键角，承受一定的变形，因此表现出较好的低温力学特性。近年来新开发的多种特种工程塑料均具有优异的低温力学特性，进一步验证了上述理论的合理性。

19.4.1　树脂基体的低温力学行为

多年来，人们通常认为无定形高分子在玻璃化转变温度以上具有类似于橡胶的良好韧性，在玻璃化转变温度以下则呈现出脆性。近年来，人们合成了多种在主链上含有大量苯基的高分子材料，这类材料大部分在常温下（远低于玻璃化转变温度）具有良好的韧性。为揭示这类材料的低温力学特性，Roe 和 Baer[9]研究了 5 种主链含有苯环的无定形高分子在 4.2～300 K 温区的拉伸行为，结果发现高分子材料的塑性随温度下降而明显降低。

如图 19.4 所示，大部分高分子材料在 77 K 以下彻底失去其塑性，其在超低温下的应力-应变曲线具有良好的线性关系。高分子材料的弹性模量通常随温度的下降而上升，断裂伸长率随温度的下降而下降，但其强度变化与材料种类有关，部分材料的强度随温度下降单调升高，部分材料的强度出现先升高再下降的趋势。

在对高分子材料的低温塑性进行讨论前，先对部分脆性材料的微观塑性理论进行回顾。Berry[10]曾利用劈裂技术，结合 Griffith 的裂纹理论[11]，确定了聚甲基丙烯酸甲酯

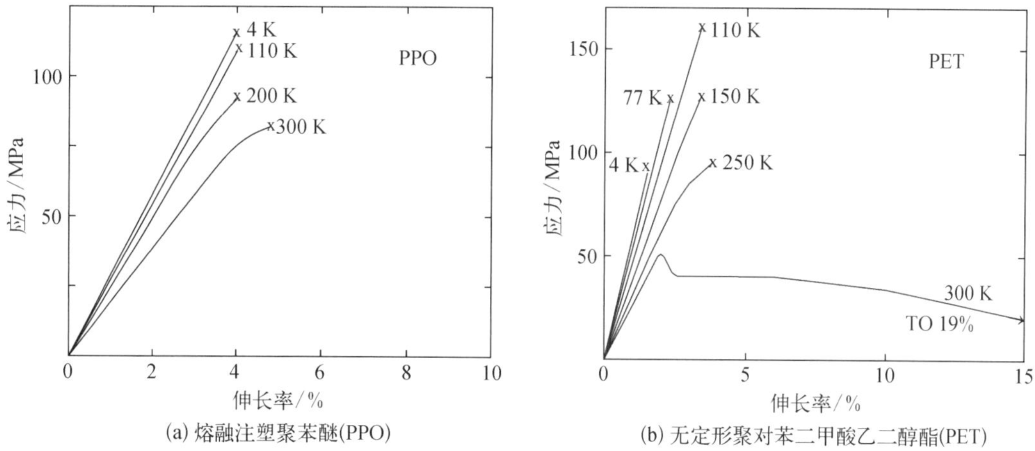

(a) 熔融注塑聚苯醚(PPO)　　(b) 无定形聚对苯二甲酸乙二醇酯(PET)

图 19.4　热塑性高分子材料在不同温度下的拉伸应力-应变曲线[9]

(PMMA)的表面断裂能。但试验所确定的 PMMA 表面断裂能,比基于化学键理论所计算的表面断裂能高 1 000 倍。试验中,从新破坏 PMMA 的断面上观察到了多彩的反射光,人们推测这些反射光由定向排列的高分子链与光发生干涉而产生。基于上述现象,Berry 认为表面断裂能过高的部分原因源于高分子的定向排列功。这种定向排列通常发生于微观尺度,并需要分子链具有良好的运动能力。由于 Griffith 在推导裂纹长度与脆性材料强度之间关系时,假定材料为理想弹性体,并未考虑可造成裂纹尖端变形或降低应力集中的黏弹性或塑性行为。Cessna 等[12]研究发现 PMMA 在 35℃时的脆性强度是裂纹长度和预制裂纹的温度两者的函数。研究发现,将预制裂纹的温度由-70℃上升到 55℃时,PMMA 的断裂强度也随之上升。这主要是由于在高温下预制裂纹,裂纹尖端具有大的变形,降低了应力集中程度,从而可得到较高的断裂应力。因此,人们认为材料的极限强度可能是其释放缺陷部位应力集中能力的函数。

1963 年,Boyer[13]注意到多种韧性高分子在玻璃态时的自由体积要比常态时大很多,他提出高分子的冲击强度与其自由体积成正比。1965 年,Mercier 等[14]也注意到延展性大的高分子具有较大的自由体积。Litt 等[15]定义了一种新的自由体积-即"超额体积"$f=(V_a-V_c)/V_a$, V_a 和 V_c 分别是高分子无定形相和晶体相的比体积。他们对大量无定形高分子分析后发现,如果 $f \geqslant 0.07$,则高分子在室温下呈现出韧性。由于高分子的韧性源于其分子链的运动能力,人们推测大的自由体积有助于韧性的增加。多位研究者还发现,在玻璃化转变温度以下呈现出较高韧性的高分子材料,在低温下多存在较强的次级结构转变。因此,人们认为高分子的韧性由其分子的运动能力决定。高分子的结构转变有助于韧性的获得,但这些结构转变必须是与主链运动相关的松弛行为。

高分子的韧性与其破坏模式率密切相关。根据破坏温度由低到高,大部分高分子材料存在三种不同的破坏模式。高分子材料的断裂应力(σ_F)通常存在一个最大值(所对应温度为 $T_{max-\sigma}$),即当温度极低时,高分子材料的断裂应力随温度的上升而增加,当达到 $T_{max-\sigma}$ 后,其断裂应力则随温度的上升开始下降。而高分子材料的韧性与断裂应力类似也存在一个最大值(所对应温度为 T_{max-E}),并且 T_{max-E} 远高于 $T_{max-\sigma}$。当材料的破坏温度低

于 $T_{\max-\sigma}$ 时，为Ⅰ型脆性断裂；破坏温度介于 $T_{\max-\sigma}$ 和 $T_{\max-E}$ 之间时，为Ⅱ型脆性断裂；而破坏温度高于 $T_{\max-E}$ 时，则为塑性屈服。图 19.5 是高分子材料在不同温度下的断裂应力与拉伸模量。从图中可以看出，除熔融浇注 PPO 外，其他高分子均存在一个最大的 σ_F。

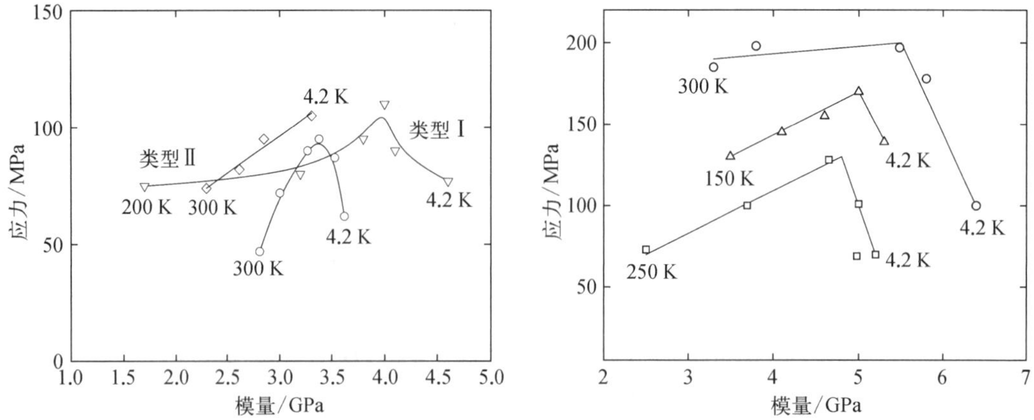

(a) ◇熔融浇注PPO、▽溶液浇注PPO和○CHDMT（聚对苯二甲酸1,4-环己烷二甲醇酯）

(b) ○KAPTON(聚酰亚胺)、△PCA（聚碳酸酯)、□PET

图 19.5　断裂应力与拉伸模量的关系图，从图中可看出材料从Ⅰ型到Ⅱ型脆性破坏的转变[9]

Ⅰ型脆性断裂发生的温度非常低，分子运动严重受限，应力集中难以释放，材料的断裂通常早于预期。在Ⅰ型破坏温区，尽管 σ_F 随温度的增加而增加，但模量随温度的增加而下降。由于高分子的运动能力随温度的上升而增加，这有助于应力集中的减轻，所以 σ_F 会随温度的增加而增加。此外，高分子材料的断裂伸长率也会随分子运动能力的增加而增加，这证实材料缺陷周围的应力集中确实随温度的升高而降低。一般认为高分子材料从Ⅰ型破坏到Ⅱ型破坏转变需要分子具有足够大的运动能力，从而使材料缺陷处的应力集中得到实质性的减轻，确保材料在达到其本征强度前不发生显著的裂纹扩展。

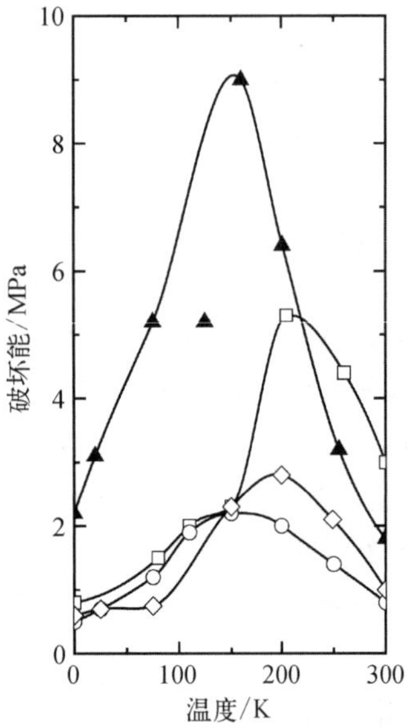

图 19.6　无定形高分子材料在不同温度下的破坏能[9]

▲PCA、□CHDMT、◇PET 和○溶液浇注 PPO

高分子材料的破坏模式从Ⅱ型脆性断裂到塑性屈服的转变与其次级结构转变相关，材料在转变处通常具有最大韧性。在Ⅱ型脆性断裂温区，材料的断裂伸长率随温度的上升而上升，进而造成韧性（应力应变曲线下的面积）的增加。如图 19.6 所示，大部分高分子的韧性先随温度的增加而增加，当其韧性达到最大值后，继续升高温度则导致韧性降低。当温度升高至 $T_{\max-E}$ 温度附近时，高分子链可获得足够高的运动能力，允许材料发生连续屈服，从而表现出塑性。在塑性温区，材料的屈服应变和模量均随温度的增加而降低，因此材料的韧性也随温度的增加而降低。

聚亚苯基硫醚（PPS）是一种常见的工程塑料，具有优异的低温特性，在低温工程领域的应用前景良好。Yamaoka

等[16]对 PPS 薄膜的低温拉伸性能进行了研究，图 19.7 为 PPS 薄膜在不同温度下的应力应变曲线。从 300 K 下的应力应变曲线可以看出，PPS 薄膜的应力在超出弹性极限后仍逐步增加，为典型硬且韧的高分子。当温度从 300 K 降至 4.2 K，PPS 继续保持这种特征，并不存在明显的由韧到脆转变。PPS 薄膜的拉伸强度与模量均随温度的降低而逐渐增加，断裂伸长率则随温度的降低而显著下降，但 PPS 的断裂伸长率在 4.2 K 时仍高达 7.9%，并表现出一定的塑性。研究显示，PPS 薄膜在 4.2～300 K 的温度区间内不存在明显的 tan δ 峰，这表明 PPS 分子在低温区不存在主链松弛。

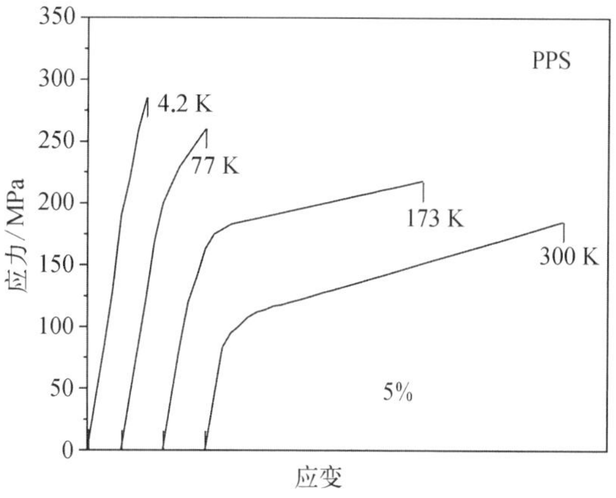

图 19.7　PPS 在不同温度下的应力应变曲线[16]

众所周知，高分子材料的力学行为受多种因素的影响。其中，分子量、交联密度、枝化、结晶、分子定向排布等化学结构对其力学性能的影响最为显著。除化学结构外，材料的力学行为也受宏观结构因素，例如样品形状、尺寸和组成（例如填料）的影响。此外，即使材料的化学组成和宏观结构因素保持一致，其力学行为仍会受到温度、应变速率、变形、热历史、气氛等因素的影响。Nishijima 和 Okada[17]研究了加载速率对环氧树脂低温压缩和弯曲行为的影响。在环氧树脂的低温（77 K）压缩试验中，其断裂应变和断裂应力均随加载速率的增加而降低，但弹性模量随加载速率的增加而增加。随应变速率的增加，环氧树脂逐渐由韧变脆。由于加载速率对高分子材料的低温力学行为影响明显，当其应用于低温燃料贮箱、超导磁铁等领域时，需对其低温冲击性能给予关注。

19.4.2　耐低温环氧树脂及其改性研究

在超低温环境下，尽管树脂基体的模量和强度可能会增加，但高分子链被冻结，分子运动能力变差，树脂脆性加剧，从而导致树脂基体的断裂伸长率随温度显著降低，复合材料在低温下的抗冲击性能严重下降。目前，通用树脂基体多针对常温或高温环境开发，通常难以满足超低温环境下的使用要求，需要对其进行增强、增韧等改性研究。

环氧树脂是先进复合材料制造中最重要的树脂基体之一。为了使环氧树脂能够更好地应用于各类低温工程，人们对环氧树脂基体进行了大量的改性研究，是低温复合材料的研究重点。改善环氧树脂低温性能的方法包括化学改性、物理改性或两者相结合[18, 19]。化学改性方法指改变环氧树脂固化物的分子结构，例如在树脂体系中引入柔性基团或者增加分子链长度，以改善环氧树脂固化物在低温环境下的韧性。物理改性方法主要包括添加柔性高分子和纳米填料两类。环氧树脂改性用柔性高分子主要包括有机硅低聚物、反应型液体橡胶、反应型聚氨酯、橡胶弹性体、热塑性树脂等。环氧树脂改性用纳米填料则包括二氧化硅、碳纳米管、层状硅酸盐、氧化石墨烯等。在环氧树脂中引入填料，通常可以改善材料的强度、模量、断裂韧性、热导率、热膨胀系数及耐磨性能，有时也可以提高树脂基体的断裂伸长率。

中科院理化所原付绍云团队在环氧树脂的低温改性方面做了大量的研究工作。例如，杨果等利用柔性胺类固化剂 D230 和 D400 对环氧树脂（CYD128）进行了改性研究，结果表明柔性胺类固化剂可显著提高环氧树脂在室温和 77 K 下的断裂伸长率和冲击强度[20]。杨娇萍等[21]研究发现超支化高分子 H30 可改善双酚 A 型环氧树脂的低温力学性能，当 H30 的添加量为 10%时，环氧树脂在 77 K 下的拉伸强度和冲击强度比纯环氧树脂分别提高 17.7%和 26.3%。赵阳等[22]制备了端羧基丁腈橡胶纳米粒子改性双酚 F 型环氧树脂，研究发现当橡胶粒子的添加量为 15 phr* 时，改性树脂 77 K 下的拉伸强度由 92.73 MPa 增加到 129.98 MPa。黄传军等[23]利用溶胶-凝胶法在环氧树脂中引入了 SiO_2 纳米粒子，并研究了改性环氧树脂在室温和 77 K 下的力学性能，结果表明在环氧树脂中添加 2%的 SiO_2 纳米粒子，可有效提高树脂在室温和超低温下的拉伸强度、断裂伸长率和冲击强度。沈小军等[24]研究了氧化石墨烯改性环氧树脂的低温力学性能，结果发现当氧化石墨烯的含量为 0.1 wt.%时，可有效改善树脂低温下的拉伸强度、杨氏模量和冲击强度。与纯环氧相比，氧化石墨烯/环氧复合材料在低温下的拉伸强度和冲击强度分别提高了 17.1%和 23.7%。此外，陈振坤等[25]详细研究了多壁碳纳米管（MWCNT）对环氧树脂室温及低温力学性能的影响，下面予以详细介绍。

图 19.8 为环氧及 MWCNT/环氧纳米复合材料在室温及 77 K 下的应力-应变曲线。从图中可以看出，随着 MWCNT 含量的增加，环氧树脂在室温及 77 K 下的失效应变先增加，当达到最大值后继续增加 MWCNT 的含量，其失效应变便开始逐渐下降。MWCNT/环氧纳米复合材料在室温下具有一定的塑性，当温度降至 77 K 时，其塑性明显下降，所有体系均表现出典型的脆性断裂行为。从表 19.4 可以看出，添加 MWCNT 对环氧树脂室温下的拉伸强度无显著影响，仅当 MWCNT 的含量为 2 wt.%时，复合材料的拉伸强度轻微下降。众所周知，复合材料的拉伸强度与填料和基体间的界面结合密切相关。如果环氧与 MWCNT 之间的结合力很弱，MWCNT 则能够从树脂基体中轻易拔出。如图 19.9(a)所示，在室温拉伸受载下拔出的 MWCNT 表面非常光滑，这证明室温下 MWCNT 与环氧之间

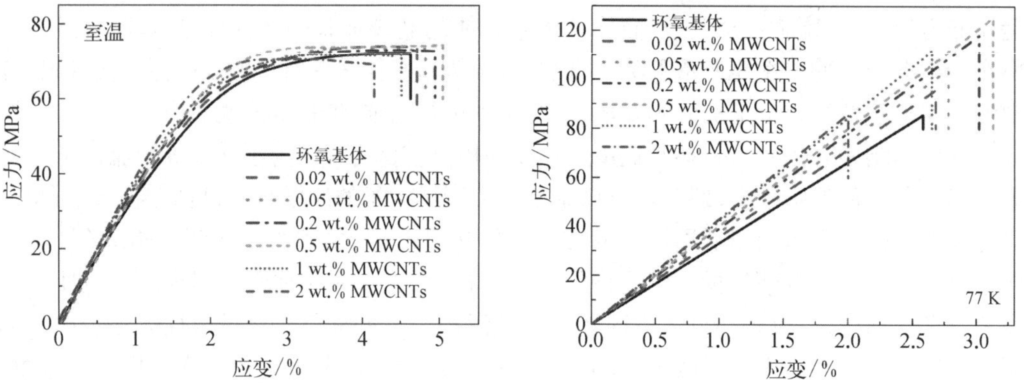

(a) 室温　　(b) 77 K

图 19.8　环氧及 MWCNT/环氧纳米复合材料的典型应力-应变曲线[25]

---

* phr (parts per hundred) 指每百份树脂中填料的份数。

的界面结合力非常弱,基体与增强体间难以实现有效的应力传递,进而降低了 MWCNT 的增强效果,所以复合材料的强度对 MWCNT 的含量不敏感。当 MWCNT 的含量达到 2 wt. %时,MWCNT 在树脂基体中发生了较严重的团聚现象,进而导致复合材料的强度下降。

与常温不同,适量添加 MWCNT 可显著提高环氧树脂在低温下的拉伸强度。当 MWCNT 的含量为 0. 5 wt. %时,复合材料 77 K 下的拉伸强度达到最大值,继续增加 MWCNT 的含量,复合材料的低温拉伸强度则逐渐降低。从表 19. 4 可以看出,环氧树脂及其碳纳米管复合材料在 77 K 下的拉伸强度均高于其常温拉伸强度。一方面,当温度从室温降至 77 K 时,环氧树脂分子的化学键发生收缩,分子间结合力变强;因此,环氧树脂在低温下发生破坏需要更大的载荷,即环氧树脂的低温强度大于室温强度。另一方面,由于 MWCNT 的热膨胀系数明显低于树脂基体,随温度下降,环氧树脂将发生显著的体积收缩,这大大增加了树脂基体对碳纳米管的夹持力,从而导致碳纳米管与环氧的界面结合力显著增强。如图 19. 9(b)所示,MWCNT 在低温拉伸下的拔出表面附着大量的树脂基体,这表明碳纳米管与环氧树脂基体在低温下具有良好的界面结合。有理论模拟显示,在 77 K 下从高分子基体中拔出碳纳米管所需要的轴向应力是室温下的 6 倍[26]。

表 19. 4　环氧及其纳米复合材料在室温及 77 K 下的拉伸强度[25]

MWCNT 含量 /wt. %	拉伸强度/MPa		杨氏模量/GPa		破坏应变/%	
	室　温	77 K	室　温	77 K	室　温	77 K
0	73. 39±1. 34	92. 73±1. 05	2. 67±0. 08	4. 58±0. 02	4. 62±0. 31	2. 50±0. 04
0. 02	73. 06±1. 77	94. 77±0. 45	2. 72±0. 05	4. 80±0. 05	4. 71±0. 12	2. 67±0. 03
0. 05	72. 20±1. 59	102. 45±2. 54	2. 77±0. 09	4. 92±0. 08	4. 82±0. 18	2. 82±0. 05
0. 2	73. 08±0. 58	116. 40±3. 37	2. 83±0. 08	5. 02±0. 06	4. 94±0. 13	3. 09±0. 07
0. 5	74. 40±1. 17	119. 35±2. 02	3. 09±0. 02	5. 26±0. 07	5. 04±0. 07	3. 20±0. 05
1	71. 58±1. 47	112. 75±1. 52	3. 11±0. 01	5. 49±0. 08	4. 51±0. 19	2. 64±0. 06
2	68. 83±2. 31	81. 40±3. 33	3. 13±0. 06	5. 53±0. 04	4. 15±0. 14	2. 20±0. 04

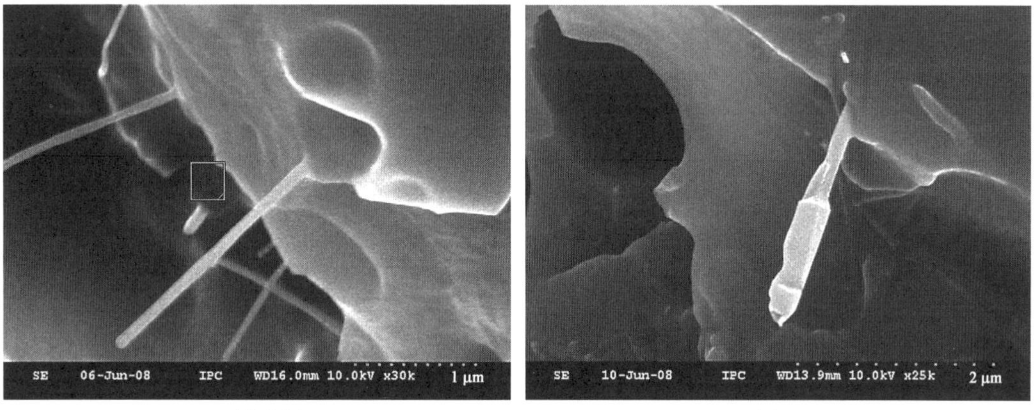

(a) 室温　　(b) 77 K

图 19. 9　碳纳米管/环氧复合材料的拉伸断口[25]

此外,无论在室温或 77 K 下,MWCNT/环氧纳米复合材料的杨氏模量均随 MWCNT 含量的增加而增加。与纯环氧相比,含有 2 wt. %碳纳米管的复合材料在室温及 77 K 下的杨氏模量分别提高了 17.2%和 20.7%。另外,环氧及其复合材料在 77 K 下的杨氏模量也均高于其在室温下的杨氏模量。低温下,材料中分子的运动能力下降,材料逐渐变硬,从而导致其模量提高。此外,从表 19.4 可以看出,在环氧树脂中适量引入碳纳米管也有助于其失效应变的提高,这也有助于复合材料冲击强度(冲击能量)的增加。当碳纳米管的含量为 0.5 wt. %时,复合材料在室温及 77 K 下的冲击强度分别提高了 76.7%和 51.4%。由于环氧树脂分子在低温下的运动能力下降,在冲击载荷作用下难以发生塑性变形,因此环氧树脂及其纳米复合材料的低温冲击强度均低于室温冲击强度。

需要注意的是,对于树脂基体改性,选择合适的填料含量,并给出合适的使用温度范围至关重要。对树脂室温性能改善最佳的填料含量,其在低温下的改性效果并不一定是最佳。因此,如果想研制具有最佳低温性能的复合材料,就难以实现其室温性能的最佳[1]。

19.4.3 液氧相容性

在 20 世纪 40~50 年代,液态氧推进剂在航空航天领域的应用逐渐增加,材料与液氧的相容性问题随即被提出。液氧具有强氧化性,与液氧相接触的材料在受到冲击、摩擦、静电等外界能量作用时,有可能产生火花、爆炸、燃烧等剧烈的化学反应,这些反应统称为液氧不相容现象,其本质是材料与液氧之间的氧化反应。据调查,由材料与液氧不相容导致的事故约占美国空军、NASA 等部门涉及氧气事故总数的 20%。因此,凡是在液氧环境中使用或者有可能与液氧接触的材料都必须保证与液氧相容。所谓液氧相容,指材料置于液氧环境下能够维持原本性质不发生改变的能力,即材料抵抗液氧氧化的能力,特别是材料受到外界作用力后不会发生剧烈化学反应的能力。

金属材料大多能与液氧相容,但在航空航天领域具有广泛应用的钛合金的液氧相容性较差。目前,航天中的液氧贮箱主要由铝合金加工而成。国内外学者普遍认为采用碳纤维复合材料代替金属制备燃料贮箱,是实现火箭结构减重的有效途径之一。相关研究表明,将复合材料应用于火箭贮箱可使其结构减重 20%~40%。碳纤维与液氧的相容性较好,但树脂基体的液氧相容性通常较差,必须对其进行液氧相容性改性,才能应用于液氧贮箱。

1957 年,美国空军联合 NASA 等部门制定了材料的液氧相容性测试方法,即液氧冲击敏感性试验。该试验能够反映,材料在一定能量点火源存在的情况下与液氧接触的安全性,广泛应用于航天领域。如图 19.10 所示,液氧冲击敏感性测试仪的主要结构包括试样杯、撞针、击柱等。进行试验时,将试样置于试样杯中,加入液氧直至试样被完全浸没,然后将固定质量的重锤从一定高度处落下,重锤砸中击柱,将冲击能量传递给浸泡于液氧中的试样,观察并记录试样的冲击敏感反应现象,以此来判断试样与液氧的相容性。液氧冲击敏感性测试中可观察到爆炸、燃烧、闪光、焦痕等液氧不相容现象。为了对液氧不相容现象进行量化对比,可采用公式(19.2)计算材料的液氧冲击敏感性指数:

$$\mathrm{IRS}=\frac{\sum(i\times C_i)}{N}\times 100\% \tag{19.2}$$

式中，i 为各类不相容现象的次数；C_i 为敏感性系数；N 为总撞击次数。此外，发生液氧不相容现象时，通常还伴随有烧焦气味、颜色变化等现象，也可对材料的液氧相容性进行辅助评价。根据美国测试标准 ASTM2512 − 17 *Standard Test Method for Compatibility of Materials with Liquid Oxygen, Impact Sensitivity Threshold and Pass-Fail Techniques*，液氧冲击敏感性试验中的冲击能量设定为 98 J，即 1 kg 重锤自 1 m 高度自由落下。如果所测试材料试样在 20 次冲击试验中不发生任何反应，或者在 60 次测试中只发生 1 次上述液氧不相容现象，即可认定该材料与液氧相容。

(a) 测试仪　(b) 基座　(c) 撞针　(d) 试样杯试验过程中的液氧不相容现象　(e) 爆炸后的试样残留　(f) 燃烧　(g) 焦点试样　(h) 焦点试样的放大图

图 19.10　液氧冲击敏感性测试装置[27]

尽管液氧冲击敏感性测试已成为评价材料液氧相容性的标准方法。但该方法为基于工程实践的经验性标准，无法直接反映材料液氧相容性与其本身结构及性能之间的关系，国内外也缺乏高分子材料液氧相容性机理的统一认识。一般认为，高分子液氧不相容性的实质是高分子与液氧之间的强烈氧化和分解反应，与高分子在氧气中的燃烧基本一致，但至今缺乏直接的证据。目前，材料的液氧不相容现象多用热点理论进行解释。该理论认为，液氧冲击实验中，落锤通过撞针将冲击能量传递给样品时，能量无法均匀地分布在试样整个表面，某些区域必然存在能量集中效应，进而导致局部温度过高形成热点，这些热点将产生高活性自由基，进而引发类似燃烧的链式放热反应，从而表现出各种液氧不相容现象。理论上，任何材料都能与液氧发生反应，相对于金属材料，聚合物材料的着火点较低，因此液氧相容性较差。

根据热点理论，材料液氧不相容的实质为燃烧，如果材料本身具有较好的阻燃性，则其在液氧冲击敏感性试验中发生不良现象的概率则会大大降低。因此，目前有关复合材料用树脂基体的液氧相容性改性研究，多从改善其阻燃性入手，并取得了较好的效果。例如，李家亮等[28]在双酚A和双酚F环氧树脂中引入磷、硅等阻燃基团，并利用胺类固化剂DDM和DDS固化树脂，获得了可满足液氧相容性要求的环氧树脂体系。钱键等[18]利用溴系阻燃剂EX-48和磷系阻燃剂DOPO对E51/DDS环氧树脂进行了改性研究，结果表明磷溴阻燃剂复合改性能够有效改善环氧树脂的液氧相容性。

需要注意的是，虽然对树脂基体进行阻燃改性能够有效改善其液氧相容性。但阻燃性能并非影响材料液氧相容性的唯一因素，相关研究显示材料的液氧相容性与其力学性能，特别是低温力学性能也密切相关。在液氧冲击敏感性试验过程中，冲击能量被试样、液氧、试样杯和撞针所吸收，试样所吸收能量占总能量比值与其在液氧环境下的力学性能密切相关。在冲击试验中，低温韧性较好的材料，在冲击作用下易发生塑性变形（被压扁）；低温韧性较差的材料，在冲击作用下易发生破碎，形成粉末。冲击过程中，试样所吸收的能量，将分别转化为动能、界面能、变形能及热能等，但具体的热能转化率难以确定。部分材料尽管具有较好的阻燃性能，但如果在冲击试验中的热能转化率较高，则仍可能表现出较差的液氧相容性；部分材料尽管阻燃性能较差，但如果在冲击试验中的热能转化率较低，则仍可能表现出较好的液氧相容性。

此外，材料的液氧相容性不但与试样的物理化学性质相关，而且与其微观结构有关。当重锤自由下落的高度固定时，热量转换率与撞针和样品间的接触面积相关，而接触面积与撞针和试样的粗糙度有关。试样表面的粗糙度增加，将加剧能量集中现象的发生，进而增加热点出现概率、提高热点温度，最终造成试样液氧相容性的下降。此外，试样经液氧浸泡或高温预氧化处理后，其表面粗糙度、裂纹数量、长度和深度均会随时间增加，发生液氧不相容反应的概率也随之增加。

19.5 复合材料的低温力学行为

19.5.1 拉伸性能

Wang等[29]研究了两种单向碳纤维/环氧复合材料（纤维含量为60 vol.%）在室温和77 K下的拉伸性能，图19.11为其在77 K下的载荷-位移曲线。从图中可以看出，在77 K温度下，两种复合材料沿0°和90°方向拉伸时的载荷-位移曲线均表现出良好的线性关系。对于T800碳纤维复合材料，当载荷达到25 kN时，试样开始发出脆裂声，随着载荷的增加，整个试样逐渐发生变形；当载荷达到约33 kN后，复合材料彻底破坏。此外，复合材料的低温拉伸强度和低温压缩强度均高于室温值。由于T800碳纤维的力学性能优于T700碳纤维，T800碳纤维复合材料的低温力学性能也优于T700碳纤维复合材料。

鉴于热塑性树脂具有优异的低温力学性能，Ahlborn[30]研究了两种单向碳纤维增强热塑性树脂复合材料（AS4/PEEK和HTA7/PC）的低温力学行为。如图19.12所示，两类复合材料沿纤维方向的拉伸强度均随温度的降低而增加。由于AS4/PEEK复合材料中的

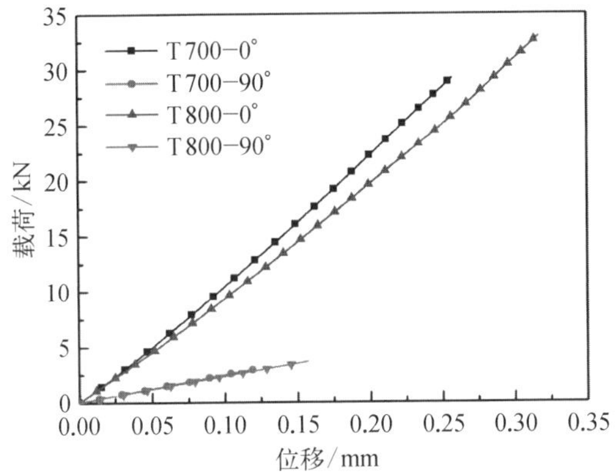

图 19.11 T700 碳纤维/环氧和 T800 碳纤维/环氧复合材料的典型拉伸载荷-位移曲线[29]

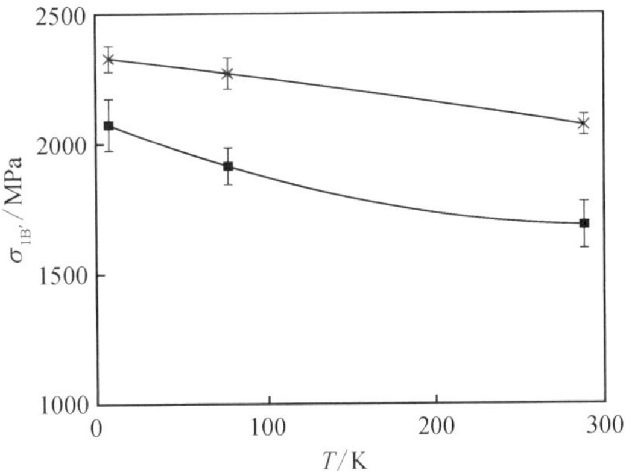

图 19.12 不同温度下复合材料沿纤维方向的拉伸断裂强度[31]

×AS4/PEEK[0]$_{18}$, 64 vol. %；■HTA7/PC[0]$_{8}$, 54 vol. %

纤维含量比 HTA7/PC 高 10%，AS4/PEEK 复合材料在所有温度下的拉伸强度均高于 HTA7/PC。试验中两种复合材料的最大失效应变均可达 1.6%，但复合材料的实际强度低于基于应变所计算出的理论预测值。这主要是因为，当应变达到 0.6%时，复合材料即开始发生初始破坏，此时破坏模式主要为样品边缘的剪切破坏。复合材料的破坏程度随应变的增加不断积累，导致其模量不断下降，材料最终的断裂强度仅能达到理论值的 90%左右。微观结构分析发现，复合材料的破坏始于碳纤维之间受剪切作用的树脂基体，特别是样品切割所造成的边缘部分。HTA7/PC 复合材料的断裂面非常整齐，并可观察到少量沿纤维方向的纤维-基体界面裂纹及较短的拔出纤维。而 AS4/PEEK 复合材料以剪切破坏为主，样品全部劈裂为长达 100 mm 的碳纤维束。

Horiuchi 和 Ooi[31]研究了碳纤维含量对复合材料低温力学性能的影响，结果显示复合材料的低温拉伸强度与碳纤维的含量成正比。此外，复合材料在 77 K 下的拉伸强度高于 4.2 K 下的拉伸强度，即复合材料在极低温下的力学性能随温度的下降而下降。这可能因为，复合材料在极低温下脆性增加，其对缺陷的敏感性显著变大，从而导致材料提前破坏。Walsh 等[32]研究了单向玻纤/环氧复合材料的低温力学性能，结果发现，复合材料 0°方向的拉伸模量和压缩模量对温度的依赖性很小。当温度从 295 K 降至 4 K，复合材料沿 0°方向的模量仅升高 10%，90°方向的模量提升达 100%，而沿+45°的剪切模量提升高达 200%。

Kim 等[33]研究了低周期冷热循环处理（最多 10 次循环）对 T700 碳纤维/环氧复合材料低温力学性能的影响。复合材料经历室温至-150℃冷热循环处理后，其在-150℃时的拉伸强度随循环次数增加略有上升，但刚度变化相对较小。图 19.13 为复合材料不同温度下的拉伸破坏样品照片。从图中可以看出，对于室温拉伸、-150℃拉伸及经历 6 次冷热循环处理后进行低温拉伸的样品，其破坏模式完全不同。室温拉伸破坏样品，属于典型的爆裂形式，断裂碳纤维呈现完全分散状态；-150℃下的拉伸破坏样品，可以观察到部分碳纤维随机分散断裂、部分碳纤维集中断裂；对于经历冷热循环处理后，在-150℃下进行拉

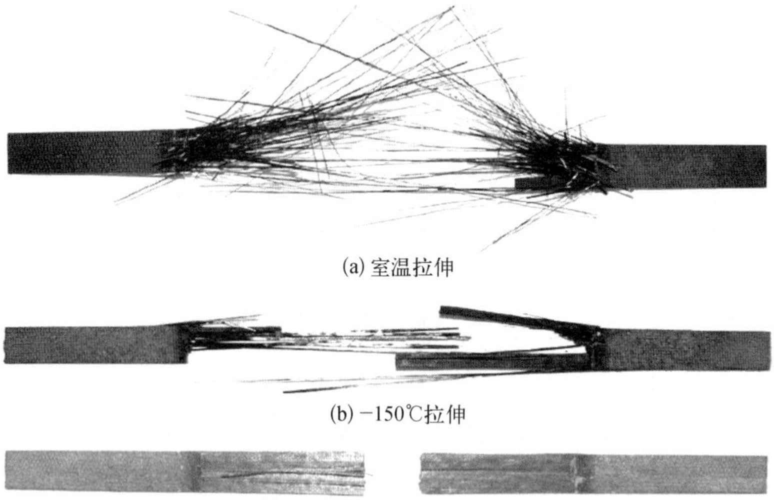

(a) 室温拉伸

(b) −150℃拉伸

(c) 室温至−150℃冷热循环处理6次后，−150℃拉伸

图 19.13　单向 T700 碳纤维/环氧复合材料在不同条件下的破坏试样[33]

伸破坏的样品，则以碳纤维的集中断裂为主。

为了揭示纤维与树脂基体的界面结合情况及其对复合材料力学性能的影响，Kim 等利用 SEM 对复合材料的断面进行了观察。如图 19.14 所示，常温破坏试样中纤维与树脂基体彻底分离，从纤维表面看不到任何树脂基体残留；对于低温破坏样品及经受冷热循环后的低温破坏样品，很容易观察到纤维与树脂基体间的界面。此外，低温直接拉断样品的断面中存在少量裂纹；而经过冷热循环处理后样品的断面则更加紧密完整。一般认为，尽管冷热循环处理能够在复合材料内部产生少量微裂纹，但在低周期冷热循环处理时，复合材料中沿纤维径向的残余压缩应力有利于界面结合情况的改善。因此，在经历低周期冷热循环处理后，树脂基体与增强纤维之间的载荷传递更加有效，进而造成复合材料界面剪切强度和拉伸强度的增加。

由于纤维编织布复合材料在超导磁体中具有重要应用，Tschegg 等[34]研究了玻璃纤维编织布/环氧复合材料(0°/90°)在室温、77 K 和 4.2 K 下的拉伸行为。如图 19.15 所示，在 4.2 K 和 77 K 的低温下，复合材料的应力-应变曲线可划分为三个特征区间。在初始 1/3 段，复合材料的应力-应变曲线表现出严格的线性关系。在线性段之后，可观察到类似于金属的屈服点，复合材料在此处发生屈服的原因显然与塑料的屈服行为不同。在低温下，环氧树脂脆化严重、弹性变形范围窄，当复合材料的拉伸应变超出其弹性应变范围后，树脂基体开始出现微裂纹，并造成复合材料应力-应变曲线中出现屈服点。

如果复合材料试样在低温下加载到屈服点之后立即卸载，并恢复到常温状态，可在试样中观察到沿载荷垂直方向的裂纹。另外，复合材料应力-应变曲线在第二阶段的斜率明显低于第一阶段，该阶段复合材料的弹性行为主要由玻璃纤维决定。在复合材料发生断裂前，其应力-应变曲线的斜率逐渐降低，该现象主要由玻璃纤维发生塑性变形而引起。需要特别指出的是，复合材料在 4.2 K 和 77 K 下的响应行为基本一致，但其在室温下的拉伸应力-应变曲线与低温不同，并未表现出低温时的屈服拐点。室温下复合材料屈服点

(a) 室温拉伸

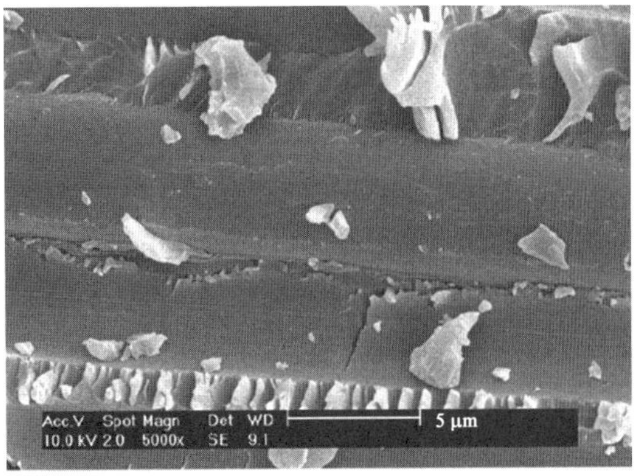

(b) −150℃拉伸

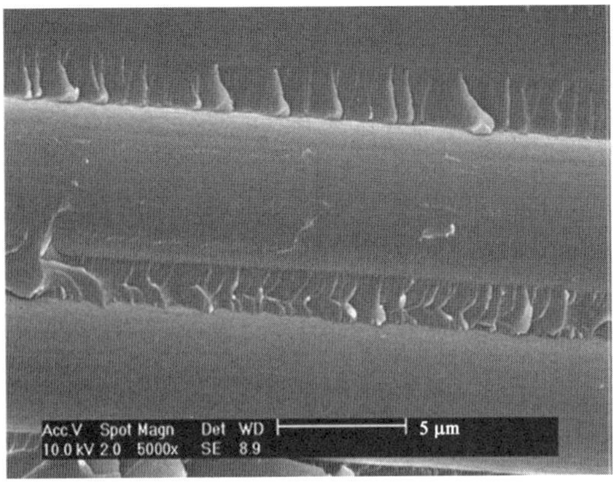

(c) 室温至−150℃冷热循环处理6次后，−150℃拉伸

图 19.14　单向 T700 碳纤维/环氧复合材料的拉伸断口[33]

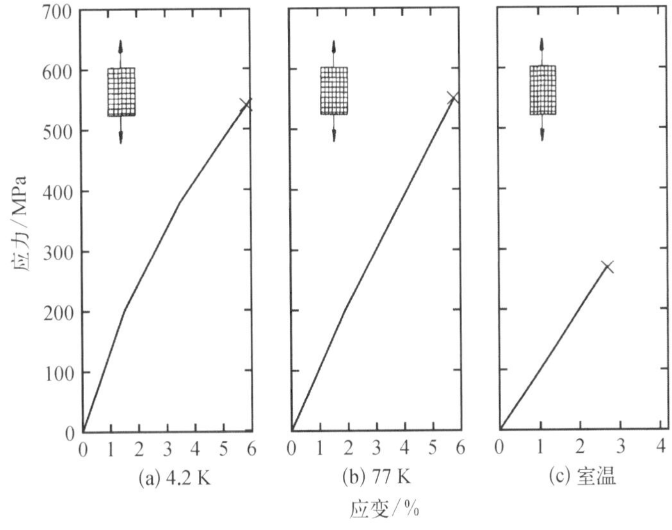

图 19.15　玻纤编织布/环氧复合材料的拉伸应力-应变曲线[34]

复合材料的纤维排布方向为 0°/90°

的消失，意味着室温下环氧的塑性大于玻璃纤维的塑性。与低温类似，复合材料常温下的应力-应变曲线在断裂前也表现出明显的斜率下降趋势。

Shindo 等[35]研究了玻纤平纹编织布/环氧复合材料在低温下的拉伸及破坏行为。在室温及 77 K 下，复合材料的典型应力-应变曲线及声发射曲线如图 19.16 所示。图 19.16 中右侧纵坐标为声发射事件的数量累积（N_{AE}）与复合材料破坏前声发射事件总和（N_{AE}^{f}）的比值。在室温下，当拉伸应力达到最大值后，复合材料试样立即发生破坏；尽管复合材料应力-应变曲线的末段表现出一定的非线性，但在曲线中并不存在明显拐点。此外，当复合材料的应力-应变曲线表现出非线性后，开始有声发射现象能够被监测到。在 77 K 下，复合材料的应力-应变曲线存在明显的拐点，并且在拐点处开始能够监测到声发射现象的发生，在拐点后，声发射现象随应变的增加迅速增加。从图中还可以看出，声发射行为曲线的切线斜率随应变的增加而逐渐增大。通常，与载荷相垂直的纤维束间的树脂基体开始发生破坏时，即可在复合材料拉伸应力-应变曲线中观察到明显的拐点。

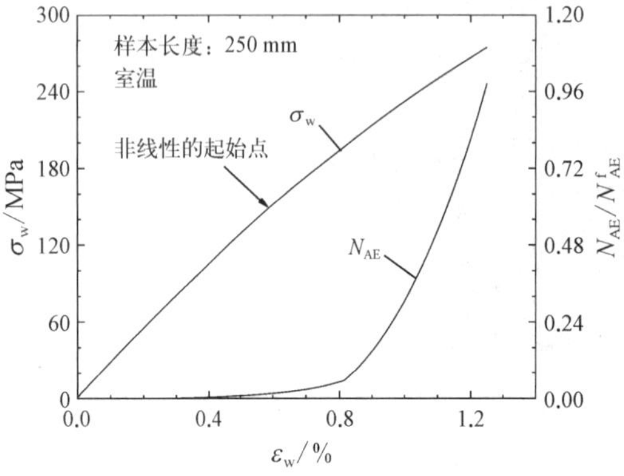

(a) 室温

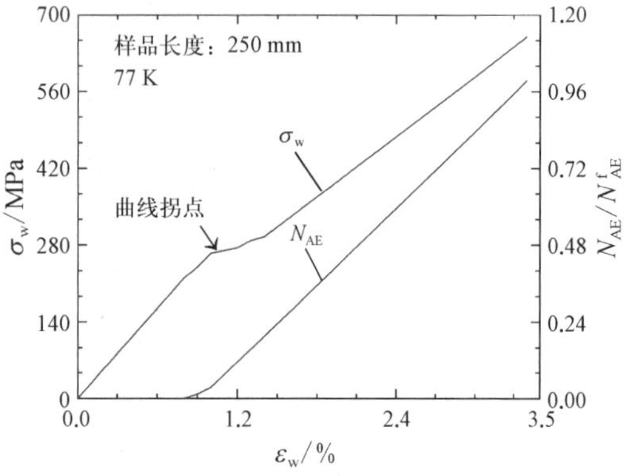

(b) 77 K

图 19.16 玻纤编织布/环氧复合材料的应力-应变曲线及声发射曲线[35]

总体来讲，复合材料在低温下的力学性能，例如拉伸强度、拉伸模量、弯曲强度、弯曲模量及压缩强度一般均高于室温情况。但需要指出的是，不同复合材料在 4.2 K 和 77 K 下的性能差异较大，部分复合材料的部分性能在 4 K 时表现最佳，部分性能在 77 K 时表现最佳，还有部分性能在两个温度基本保持一致[36]。对于单向复合材料，其沿纤维方向的力学性能主要由纤维本身决定，而横向性能则主要由树脂基体决定。

19.5.2 纳米改性对复合材料低温力学行为的影响

众所周知，纤维和基体间的界面特性对复合材料的力学性能具有重要影响。近年来，人们研究发现在环氧树脂中引入碳纳米管、石墨烯、氧化石墨烯等填料，能够有效改善纤维与树脂基体的界面性能，进而提高复合材料的层间力学性能。

对于纤维增强复合材料层合板，其层间性能较差，在低温下易脱层。沈小军等[37]研究了氧化石墨烯（GO）改性对玻纤/环氧复合材料层间剪切强度（ILSS）的影响。如图 19.17（a）所示，复合材料的 ILSS 随 GO 含量的增加而增加，当 GO 含量为 0.3 wt.%时，复合材料的 ILSS 达到最大值。进一步提高填料含量，GO 易发生团聚，从而导致复合材料的

ILSS 下降。相对于未改性复合材料，改性复合材料在 77 K 和室温下的 ILSS 分别提高了 32.1%和 32.7%。

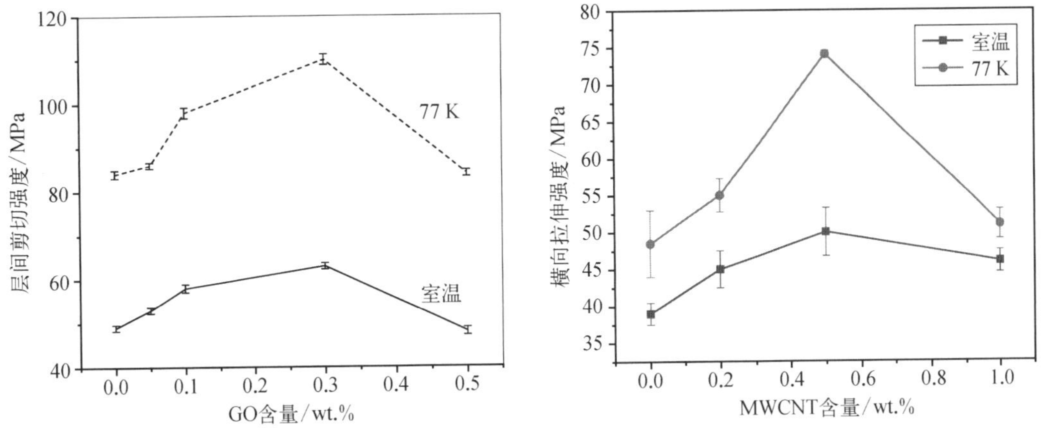

(a) GO改性玻纤/环氧复合材料室温及 77 K下的层间剪切性能[37]

(b) MWCNT改性碳纤维复合材料室温及 77 K下的横向拉伸强度[38]

图 19.17　氧化石墨烯(GO)改性对玻纤/环氧复合材料层间剪切强度(ILSS)的影响

冯青平等[38]研究了环氧树脂中添加多壁碳纳米管(MWCNT)对单向碳纤维/环氧复合材料常温及 77 K 下横向拉伸强度的影响。对于单向纤维增强复合材料，其横向强度主要取决于：① 树脂基体的强度；② 树脂与纤维间的界面强度。因此，复合材料的横向强度能够反映纳米填料对树脂基体力学性能及纤维与基体界面性能的综合影响。如图 19.17(b)所示，复合材料在室温及 77 K 下的横向拉伸强度均随 MWCNT 含量的增加而增加。当 MWCNT 的添加量达到 0.5 wt.%时，复合材料室温及 77 K 下的横向拉伸强度均达到最大值，室温横向拉伸强度提高 29.3%，77 K 下的横向拉伸强度提高 51.7%。继续增加碳纳米管的含量，碳纳米管易发生团聚，复合材料室温及 77 K 下的横向拉伸强度明显下降。

Sohan 等[39]研究了多层石墨烯(MLG)对玻纤布/环氧复合材料常温及低温弯曲性能的影响。复合材料的弯曲强度及弯曲模量均随温度的降低而增加。在低温下，复合材料的应力-应变曲线在破坏前一直保持良好的线性度。随温度增加，复合材料在大应变范围的线性度逐渐降低，线性响应范围逐渐较少。在树脂基体中添加 MLG 后，复合材料呈现出更高的温度相关性。添加 0.1 wt.%的 MLG，复合材料的室温弯曲强度和模量分别提高 18.8%和 16%；低温(-196℃)弯曲强度和模量分别提高 23.3%和 20.7%。

复合材料 77 K 下的横向拉伸强度、杨氏模量、弯曲强度、弯曲模量及 ILSS 均明显高于室温。这主要归结于两个原因：第一，当温度从室温降至 77 K，环氧分子链发生收缩、分子链间距减小，即分子链堆积更加紧密，进而导致分子链间作用力增加，从而使环氧树脂的低温强度提高；第二，由于纳米填料和碳纤维的热膨胀系数比环氧树脂要低很多，低温下环氧分子链收缩，环氧与纳米填料、碳纤维间的界面结合更加紧密，有效改善了填料与基体间的应力传递效率，进而使得复合材料的拉伸强度等力学性能的提高。如图 19.18 所示，对于相同组分的复合材料，77 K 下破坏试样与室温破坏试样相比，其纤维表面黏附有更多的树脂基体,代表复合材料在 77 K 下比室温时具有更好的界面结合强度。需要注意的是,如果树脂基体中纳米填料的含量过高,易在树脂基体中形成团聚,团聚部位在外载荷作用下易形成应力集中、产生微裂纹,进而造成复合材料性能的下降。

(a) 室温　　(b) 77 K

图 19.18　GO 改性玻纤/环氧复合材料的层间剪切断面[37]

19.5.3　冲击性能

低速冲击能够对复合材料造成基体开裂、脱层、纤维断裂以及纤维基体界面分离等损伤。Kara 等研究了碳纤维/环氧复合材料管及 MWCNT 改性的碳纤维/环氧复合材料管在低温下的低速冲击行为[40]。研究发现,复合材料与剪切应变相关的刚度,随温度下降而增加。在冲击时,复合材料管与落锤间的最大接触力与其刚度密切相关,可以推测复合材料的最大接触力也应随温度下降而增加。但试验显示,无论是碳纤维/环氧复合材料还是 MWCNT 改性后的复合材料,它们在冲击时的最大接触力均呈现随温度下降而降低的趋势。这主要是因为,复合材料在低温下变脆,进而造成冲击损伤加剧。

针对玻纤/环氧复合材料在近地轨道环境中的应用,Ma 等[41]研究了其在低温下的冲击行为。作者首先利用真空浸渍工艺制备了 18 个样品,其中 9 个样品在 353 K 下后固化处理 3 h。结果显示,对于自然固化和后固化样品,在同一温度下的冲击损伤面积基本一致;但是,环境温度对复合材料冲击损伤尺寸的影响显著,损伤面积随环境温度降低显著减小。此外,环境温度和固化条件均对复合材料的冲击损伤深度有明显影响,冲击损伤深度也随温度的下降而减小。与自然固化样品相比,经后固化处理样品的冲击损伤深度明显增加,这说明后固化样品比自然固化样品具有更好的吸能特性。此外,复合材料在冲击过程中的最大能量吸收和最终能量吸收均随温度下降而明显降低,即复合材料用于永久变形(产生损伤)的能量随温度下降而下降,所以复合材料在低温下的损伤面积及深度均发生下降。

复合材料的界面特性对其冲击性能具有重要影响,低温下纤维与树脂基体间的界面结合强度增加,是复合材料在低温下具有较低冲击能量吸收特性的可能原因之一。在低温下,尽管玻纤和环氧树脂都会发生热收缩,但环氧树脂的热膨胀系数是玻璃纤维的

15 倍[41]，因此玻纤/环氧复合材料的横向热收缩主要取决于环氧树脂。温度下降，环氧树脂的热收缩明显大于玻璃纤维，因此环氧树脂会在玻璃纤维表面产生较大的夹持力，从而使复合材料在低温下具有更好的界面特性。通常，纤维的拔出会耗散大量的冲击能量，但较强的界面结合会增加纤维滑动时的摩擦力，进而阻止纤维的拔出。低温下，界面结合强度增加，较少发生纤维拔出现象，复合材料在低温下的冲击能量吸收也较低。此外，高温时，复合材料冲击后表现出较大的损伤面积，也可能与温度上升所导致的界面强度下降相关。

低温下，复合材料的冲击损伤面积和深度均较低，但能量吸收也较低。由于材料的抗冲击能力和能量吸收水平相关，部分研究者认为具有高能量吸收的材料才具有优异的抗冲击能力，尽管复合材料在低温下的损伤尺寸较小，但不能够代表复合材料在低温下具有更好的抗冲击能力。显然，这与如何定义材料的抗冲击能力有关。

19.5.4　断裂韧性

环氧树脂作为最重要的一类热固性树脂，在低温工程中应用广泛。但环氧树脂性脆，在低温下抵抗裂纹扩展的能力差。由于环氧树脂的热膨胀系数远大于增强纤维，当温度下降后，复合材料中的热残余应力开始逐渐积累。当残余热应力足够大时，复合材料将发生脱层、形成孔洞、产生微裂纹等现象，以释放残余应力。因此，复合材料在经历冷热循环后，其性能将逐渐退化。

研究显示，部分环氧树脂在 4.2 K 下的断裂伸长率可达 2.2%[41]。由室温降至 4.2 K 时，环氧树脂的热收缩为 1%～1.2%。对于碳纤维/环氧复合材料，树脂基体在 4.2 K 下的最大应变为 0.7%～0.9%；对于玻璃纤维/环氧复合材料，树脂基体在 4.2 K 下的最大应变仅为 0.5%～0.8%。对于大部分树脂基体，其低温下的最大应变仅为室温下的 1/2 或 1/3，从而导致树脂基体在纤维断裂之前已经开始发生破坏，难以满足低温工程的应用需求。对于低温工程用环氧树脂，为了避免微裂纹的形成，其低温断裂伸长率越大越好、热膨胀系数越低越好。

复合材料的抗裂纹能力与 Ⅰ 型断裂韧性密切相关。Kalarikkal 等利用双悬臂梁试验对碳纤维/环氧复合材料在 77 K 下的 Ⅰ 型断裂韧性进行了测试[42]，并研究了预裂纹位置对复合材料 Ⅰ 型断裂韧性的影响，预制裂纹位于 0°铺层之间的复合材料称之 0D0，位于 90°铺层之间的复合材料称之为 90D90。从表 19.5 可以看出，90D90 复合材料在室温和 77 K 下的 Ⅰ 型断裂韧性均比 0D0 复合材料要高。微观结构观察显示，0D0 试样的裂纹一直沿裂纹初始萌生面扩展，但 90D90 试样的裂纹却跨越初始面进入临近铺层中，扩展路径曲折。90D90 复合材料所表现出的高断裂能，可能由裂纹跨层扩展而引起。此外，相对于室温试样，0D0 和 90D90 两种复合材料在 77 K 下的 Ⅰ 型断裂韧性分别下降了 27% 和 40%。需要指出的是，由于树脂的韧性通常随温度上升先增加后下降，即存在最大韧性温度，所以复合材料的断裂韧性也可能存在最大断裂韧性温度。

近年来，人们发现在复合材料层间引入氧化铝或氧化锌等纳米粒子也有助于层间断裂韧性的提高。例如，在 0D0 复合材料的铺层中引入 9% 的氧化铝纳米粒子后，其在室温和低温下的断裂韧性分别为 443 N/m 和 251 N/m。相对于未改性复合材料，改性复合材料在室温和低温下的断裂韧性分别提高 97%和 53%。此外,含 9%纳米粒子的 0D0 复合材料在低温下的断裂韧性为 251 N/m,比未改性复合材料在室温下的断裂韧性(225 N/m)还要高。需要注意的是,当纳米粒子含量达到 20%时,其断裂韧性明显低于纳米粒子含量为 9%的 0D0 复合材料,这主要是因为纳米粒子的团聚造成材料性能的下降而引起的。

表 19.5 碳纤维/环氧复合材料在室温和低温下的 I 型断裂韧性[42]

样 品	断裂韧性 G_{Ic}/(N/m)(lb/in)		低温 G_{Ic} 相对于室温的变化率/%
	室 温	低 温	
0D0	225(1.28)	164(0.94)	-27
90D90	395(2.25)	236(1.34)	-40
0D0 20%纳米粒子	216(1.23)	189(1.08)	-12
0D0 9%纳米粒子	443(2.53)	251(1.43)	-43

提高复合材料的抗裂纹能力,对其在低温工程中的应用至关重要。Kim 等[43]研究了多壁碳纳米管对碳纤维/环氧复合材料低温下抗裂纹能力的影响。材料的抗裂纹能力通常利用能量释放率来表示,即裂纹由某一端点向前扩展一个单位长度时,材料单位厚度所释放出来的能量。在室温和-150℃下,复合材料的能量释放率 G_{IR} 与裂纹长度间的关系如图 19.19 所示。在室温下,两类复合材料(CU125NS 型:双酚 A 型环氧树脂基体;B 型:经橡胶增韧的双酚 A 型环氧树脂基体)均表现出典型的阻力曲线(*R* 曲线),即 G_{IR} 随裂纹长度的增加而增加。但是在-150℃下,两类复合材料的 G_{IR} 保持稳定,与裂纹的长度不相关。从双悬臂梁试样的断裂面可以发现,相对室温破坏样品,低温断裂样品中由纤维和树脂的界面脱黏破坏而引起的裂纹扩展较少,从而导致低温下纤维桥接效应相应减少。对于环氧树脂体系,*R* 曲线与裂纹稳定扩展时过渡区的演化直接相关。在低温下,表面裂纹过渡区发生缩减,进而造成低温下裂纹的扩展比室温下快得多,因此 G_{IR} 与裂纹的长度关系不大。

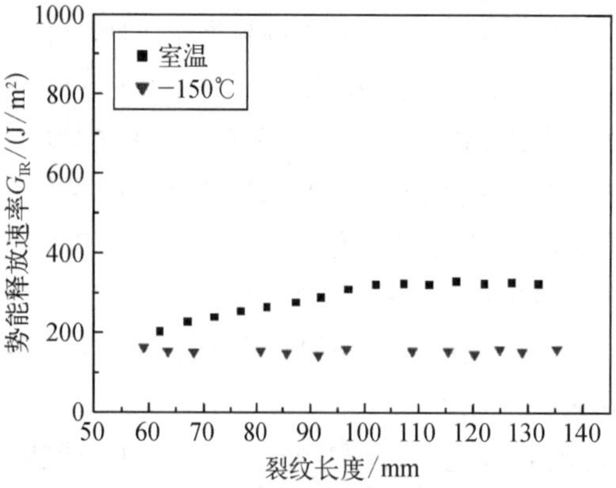

(a) CU125NS

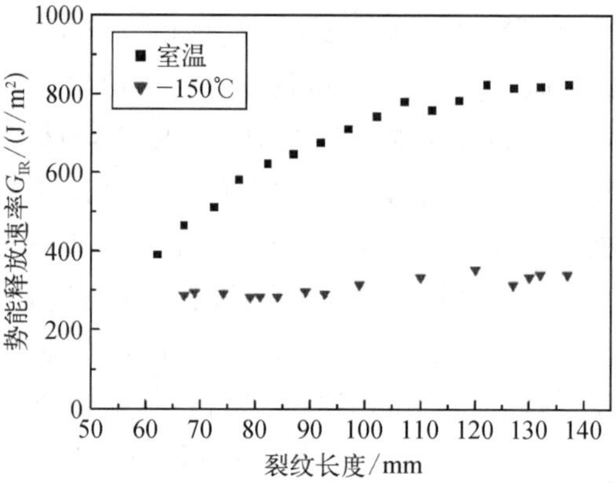

(b) B型

图 19.19 在室温及-150℃下复合材料 I 型层间断裂韧性的典型阻抗曲线[43]

此外,B 型复合材料在室温及低温下的断裂韧性均高于 CU125NS 型。对于 B 型复合材料,树脂基体中不但含有韧性较好的双酚 A 环氧,还含有增韧橡胶,所以复合材料的断裂韧性较高。对环氧树脂进行增韧后,复合材料的室温断裂韧性可提高 160%,由于树脂基体低温下脆化明显,所以复合材料在-150℃时的断裂韧性仅提高 97%。在室温下,利用橡胶对环氧增韧,可有效提高复合材料的抗裂纹扩展能力,但在低温下其效果大打折扣。另外,具有交叉铺层的复合材料,其在低温下裂纹扩展所需消耗的能量明显下降,即材料断裂韧性下降。结果还显示,在树脂基体中引入碳纳米管可显著提高复合材料在低温下的断裂韧性。

He 等[44]研究了热塑性树脂(PBT、PEI 和 PC)增韧环氧树脂对碳纤维/环氧复合材料抗裂纹能力的影响。为了揭示复合材料的抗裂纹能力,研究中先将碳纤维/环氧树脂复合材料层合板浸泡于液氮中,保持 10 分钟后取出静置,回温至室温。每个试样至少经历 5 次冷热循环处理,然后利用光学显微镜对样品中的微裂纹进行观察、统计。如图 19.20 所示,复合材料中的微裂纹通常始于层合板的外部边缘,并沿垂直纤维方向扩展,终于 0°/90°铺层的交接处。研究发现,热塑性树脂增韧剂的种类对裂纹的扩展行为无明显影响,但在环氧树脂中引入热塑性树脂有利于裂纹宽度的降低。

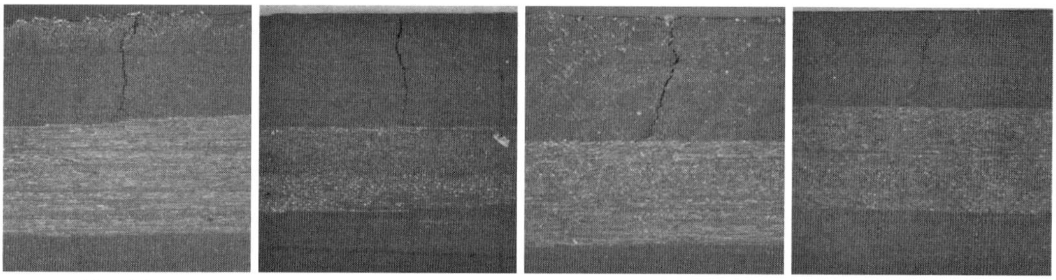

(a) 纯树脂　(b) PBT改性树脂　(c) PC改性树脂　(d) PEI改性树脂

图 19.20　碳纤维/环氧复合材料在低温循环后的光学显微镜照片[44]

研究还发现,利用热塑性树脂对环氧树脂进行增韧改性,可降低复合材料层合板中的裂纹密度,提高层合板的抗裂纹扩展能力。三类热塑性树脂相比,PBT 的抗裂纹能力最差,PC 对抗裂纹能力的改善最为明显,层合板中的裂纹密度降低达 37%。此外,添加热塑性树脂后,环氧树脂的热膨胀系数明显下降,能够有效降低碳纤维/环氧复合材料层合板中的热应力。由于添加 PEI 和 PC,对环氧树脂热膨胀系数的降低更加有效,因此对复合材料抗裂纹能力的提升也更为有效。

Timmerman 等[45]研究了冷热循环处理对碳纤维/环氧复合材料(对称叠层板)微裂纹扩展及分布的影响。结果发现纤维及树脂基体的种类对复合材料抵抗微裂纹的能力有重要影响。提高复合材料中纤维的拉伸模量将导致高的微裂纹密度,并容易形成大裂纹。提高树脂基体分子链的柔韧性也会导致复合材料中微裂纹密度的提高,并降低其玻璃化转变温度。此外,利用橡胶对树脂基体增韧,有助于避免复合材料中微裂纹的形成。

对于液氢、液氧等燃料贮箱,其在燃料灌注及出入大气层时要经历急剧的温度变化。外部结构载荷以及热应力的耦合作用将造成微裂纹的萌生及扩展,进而造成复合材料贮箱的脱层。对于低温燃料贮箱，要求其渗透率接近于零，以保证贮箱在经历冷热循环后不发生燃料泄漏。因此，复合材料的气密性是影响其能否应用于燃料贮箱的关键因素。如前所述，复合材料在经历冷热循环后，热应力的积累将导致微裂纹的出现。当裂纹在树脂基体中萌生后，逐渐发展为横向裂纹，当一个横向裂纹到达两层的边界时，裂纹在界面处发生偏转，进而引发复合材料发生脱层。复合材料中的微裂纹及脱层部位将为低温燃料提供逃逸通道。

Choi 和 Sankar[46]测量了低温贮箱用复合材料层合板的气体渗透性。气体渗透性测试根据 ASTM D14382 进行，测试温度为常温，气源为氦气。测试样品包含 4 种具有不同铺层厚度、不同铺层角度的碳纤维/环氧复合材料层合板，一种编织复合材料和铺层中间添加有纳米颗粒的碳纤维/环氧复合材料层合板，部分样品预先进行了冷热循环处理。结果发现，复合材料的渗透率在初始几个循环快速增加，但在几个冷热循环后逐渐稳定。相对来讲，薄板在冷热循环后的气体渗透率明显增加。编织复合材料样品的气体渗透率低于复合材料层合板，并且其在冷热循环后的气体渗透率增加较轻。均匀交叉铺层复合材料在冷热循环后表现出了较低的气体渗透率。微观结构观察显示，编织复合材料在冷热循环后尽管有微裂纹形成，但这些裂纹之间未贯通，因此对复合材料的气体渗透率未有显著影响。此外，在两层之间添加氧化铝纳米粒子后未观察到气体渗透率的下降。

19.6 总结与展望

一般来讲，温度降低有助于树脂基体及复合材料强度、模量的提升；但温度下降也会造成材料塑性的下降，具体表现为材料断裂伸长率的下降。需要注意的是，温度对材料断裂韧性和冲击强度的影响规律较为复杂，其在低温下既可能变弱也可能变强。

近年来人们对多种树脂基体（特别是改性环氧树脂）在低温下的力学特性进行了大量研究，但有关其纤维增强复合材料的相关研究仍相对较少，亟须进行重点研究。此外，目前有关复合材料低温特性的研究多集中于液氮温区，有关复合材料在液氢、液氦温区的性能研究还非常稀少；对于复合材料在液氮温区的相关研究结论能否适用于更低的温度区间，还有待进一步厘清。

习题与思考题

1. 低温工程中的普冷、深冷和超低温的温度范围分别为多少？
2. 请列举典型的低温工质，并说明其沸点。
3. 在超低温环境下，部分树脂基体的强度和模量均分别高于室温环境的强度与模量，但其抗冲击性能显著低于室温值，为什么？
4. 请简述改善环氧树脂低温性能常用方法。
5. 碳纳米管和石墨烯等纳米材料对环氧树脂低温性能的改性效果通常优于室温性能，请简述为什么。
6. 请简述什么是液氧相容性。

7. 常见的液氧不相容现象有哪些?
8. 部分复合材料的拉伸强度在经历了低周期冷热循环后略有增加,为什么?
9. 影响复合材料在低温下产生裂纹的关键因素有哪些? 并简述如何提高复合材料在低温下的抗裂纹能力。

参考文献

[1] Sapi Z, Butler R. Properties of cryogenic and low temperature composite materials — A review[J]. Cryogenics, 2020, 111: 103190.
[2] 王贤锋,赵建华,姜洪源. 玻纤和碳纤在低温下的强度统计特性[J]. 无机材料学报,2003(1): 45-49.
[3] 李猛,杨冬晖,尚坤. 低温环境对有机高性能纤维力学性能的影响研究[J]. 航天医学与医学工程, 2017, 30(2): 79-83.
[4] Rice B, Quinzi J, Lund L, et al. Measurement of Young's modulus and damping of fibers at cryogenic temperatures[J]. Cryogenics, 2014, 63: 43-48.
[5] Zhang Y, Xu F, Zhang C, et al. Tensile and interfacial properties of polyacrylonitrile-based carbon fiber after different cryogenic treated condition[J]. Composites Part B: Engineering, 2016, 99: 358-365.
[6] Xu F, Fan W, Zhang Y, et al. Modification of tensile, wear and interfacial properties of Kevlar fibers under cryogenic treatment[J]. Composites Part B: Engineering, 2017, 116: 398-405.
[7] Yano O, Yamaoka H. Cryogenic properties of polymers[J]. Progress of Polymer Science, 1995, 20(4): 585-613.
[8] Yamaoka H, Miyata K, Yano O. Cryogenic properties of engineering plastic films[J]. Cryogenics, 1995, 35(11): 787-189.
[9] Roe J M, Baer E. Correlation of tensile properties of tough amorphous polymers with internal friction [J]. International Journal of Polymeric Materials, 1972, 1(2): 133-146.
[10] Berry J P. Determination of fracture surface energies by the cleavage technique[J]. Journal of Applied Physics, 1963, 34: 62-68.
[11] Griffith A A. The phenomena of rupture and flow in solids[J]. Philosophical Transactions of the Royal Society of London, 1921, 221: 163-198.
[12] Cessna Jr. L C, Sternstein S S. The fracture strengths of glassy polymers[J]. Journal of Polymer Science Part B: Polymer Letters, 1965, 3: 825-829.
[13] Boyer R F. The relation of transition temperatures to chemical structure in high polymers[J]. Rubber Chemistry and Technology, 1963, 36: 1303-1421.
[14] Mercier J P, Aklonis J J, Litt M, et al. Viscoelastic behavior of the polycarbonate of bisphenol A [J]. Journal of Applied Polymer Science, 1965, 9: 447-459.
[15] Litt M, Koch P J, Tobolsky A V. Cold flow of glassy polymers. Ⅲ. Temperature dependence of yield elongation in BPA polycarbonate[J]. Journal of Macromolecular Science, 1967, 1: 587-594.
[16] Yamaoka H, Miyata K. Effect of cryogenic irradiation on the mechanical properties of organic insulator films[J]. Advances in Cryogenic Engineering Materials, 1986, 32: 161-167.
[17] Nishijima S, Okada T. Deformation rate dependence of mechanical-properties of epoxy-resin at cryogenic temperatures[J]. Cryogenics, 1980, 20(2): 86-90.

[18] 钱键. 复合材料液氧贮箱用环氧树脂的改性和性能研究[D]. 重庆: 重庆大学,2019.

[19] 谭迪. 液氧贮箱用环氧树脂常低温力学性能及液氧相容性研究[D]. 重庆: 重庆大学,2020.

[20] Yang G, Fu S Y, Yang J P. Preparation and mechanical properties of modified epoxy resins with flexible diamines[J]. Polymer, 2007, 48(1): 302-310.

[21] Yang J P, Chen Z K, Yang G, et al. Simultaneous improvements in the cryogenic tensile strength, ductility and impact strength of epoxy resins by a hyperbranched polymer[J]. Polymer, 2008, 49(13-14): 3168-3175.

[22] Zhao Y, Chen Z K, Liu Y, et al. Simultaneously enhanced cryogenic tensile strength and fracture toughness of epoxy resins by carboxylic nitrile-butadiene nano-rubber[J]. Composites Part A: Applied Science and Manufacturing, 2013, 55: 178-187.

[23] 黄传军,张以河,付绍云. SiO_2/环氧树脂基纳米复合材料的室温和低温力学性能[J]. 复合材料学报,2004, 4: 77-81.

[24] Shen X J, Liu Y, Xiao H M, et al. The reinforcing effect of graphene nanosheets on the cryogenic mechanical properties of epoxy resins[J]. Composites Science and Technology, 2012, 72(13): 1581-1587.

[25] Chen Z K, Yang J P, Ni Q Q, et al. Reinforcement of epoxy resins with multi-walled carbon nanotubes for enhancing cryogenic mechanical properties[J]. Polymer, 2009, 50(19): 4753-4759.

[26] Ma H L, Lau K T, Hui D, et al. Theoretical analysis on the pullout behavior of carbon nanotube at cryogenic environment with the consideration of thermal residual stress[J]. Composites Part B: Engineering, 2017, 128: 67-75.

[27] Zhou Z, Qian J, Zhang J, et al. Phosphorus and bromine modified epoxy resin with enhanced cryogenic mechanical properties and liquid oxygen compatibility simultaneously[J]. Polymer Testing, 2021: 107051.

[28] 李家亮. 环氧树脂液氧相容性与低温力学性能研究[D]. 大连: 大连理工大学,2017.

[29] Wang W, Huang R, Huang C, et al. Cryogenic performances of T700 and T800 carbon fibre-epoxy laminates[J]. IOP Conference Series: Materials Science and Engineering, 2015, 102: 012016.

[30] Ahlborn K. Cryogenic mechanical response of carbon-fiber reinforced-plastics with thermoplstic matrices to quasi-static loads[J]. Cryogenics, 1991, 31(4): 252-256.

[31] Horiuchi T, Ooi T. Cryogenic properties of composite materials[J]. Cryogenics, 1995, 35(11): 677-679.

[32] Walsh R P, Mccolskey J D, Reed R P. Low temperature properties of a unidirectionally reinforced epoxy fibreglass composite[J]. Cryogenics, 1995, 35(11): 723-725.

[33] Kim M G, Kang S G, Kim C G, et al. Tensile response of graphite/epoxy composites at low temperatures[J]. Composite Structures, 2007, 79(1): 84-89.

[34] Tschegg E, Humer K, Weber H W. Influence of test geometry on tensile strength of fibre reinforced plastics at cryogenic temperatures[J]. Cryogenics, 1991, 31(4): 312-318.

[35] Shindo Y, Takano S, Narita F, et al. Tensile and damage behavior of plain weave glass/epoxy composites at cryogenic temperatures[J]. Fusion Engineering and Design, 2006, 81(20-22): 2479-2483.

[36] Schuutz J B. Properties of composite materials for cryogenic applications[J]. Cryogenics, 1998, 38(1): 3-12.

[37] Shen X J, Meng L X, Yan Z Y, et al. Improved cryogenic interlaminar shear strength of glass fabric/

epoxy composites by graphene oxide[J]. Composites Part B: Engineering, 2015, 73: 126－131.

[38] Feng Q P, Deng Y H, Xiao H M, et al. Enhanced cryogenic interfacial normal bond property between carbon fibers and epoxy matrix by carbon nanotubes[J]. Composites Science and Technology, 2014, 104: 59－65.

[39] Ghosh S K, Rajesh P, Srikavya B, et al. Creep behaviour prediction of multi-layer graphene embedded glass fiber/epoxy composites using time-temperature superposition principle[J]. Composites Part A: Applied Science and Manufacturing, 2018, 107: 507－518.

[40] Kara M, Krc M, Tatar A C, et al. Impact behavior of carbon fiber/epoxy composite tubes reinforced with multi-walled carbon nanotubes at cryogenic environment[J]. Composites Part B: Engineering, 2018, 145: 145－154.

[41] Ma H L, Jia Z, Lau K T, et al. Impact properties of glass fiber/epoxy composites at cryogenic environment[J]. Composites Part B: Engineering, 2016, 92: 210－217.

[42] Kalarikkal S G, Sankar B V, Ifju P G. Effect of cryogenic temperature on the fracture toughness of graphite/epoxy composites[J]. Cryogenics, 2006, 128(2): 151－157.

[43] Kim M G, Hong J S, Kang S G, et al. Enhancement of the crack growth resistance of a carbon/epoxy composite by adding multi-walled carbon nanotubes at a cryogenic temperature[J]. Composites Part A: Applied Science and Manufacturing, 2008, 39(4): 647－654.

[44] He Y X, Li Q, Kuila T, et al. Micro-crack behavior of carbon fiber reinforced thermoplastic modified epoxy composites for cryogenic applications[J]. Composites Part B: Engineering, 2013, 44(1): 533－539.

[45] Timmerman J F, Tillman M S, Hayes B S, et al. Matrix and fiber influences on the cryogenic microcracking of carbon fiber/epoxy composites[J]. Cryogenics, 2002, 33(3): 323－329.

[46] Choi S, Sankar B V. Gas permeability of various graphite/epoxy composite laminates for cryogenic storage systems[J]. Composites Part B: Engineering, 2008, 39(5): 782－791.

第 20 章
复合材料高温力学行为

学习要点：

（1）掌握：① 树脂基复合材料高温力学行为的概念与内涵；② 树脂基复合材料高温力学评价方法；③ 树脂基复合材料高温力学性能规律；④ 树脂基复合材料高温力学破坏模式；

（2）熟悉：① 树脂基复合材料高温力学分析理论模型；② 树脂基复合材料高温力学计算公式；③ 上述理论模型与计算公式的适用范围；

（3）了解：树脂基复合材料高温力学行为认识的不足及未来研究发展方向。

20.1 引 言

随着飞机、飞船、火箭、导弹等航空航天飞行器向高速、长航时、大载荷、高机动性等方向不断发展，航空航天飞行器舱段、翼、舵、发动机等部件的耐温等级和减重要求不断提高，对轻质先进树脂基复合材料的高温承载性能提出了更高的要求。因此，学习先进树脂基复合材料高温力学行为，掌握树脂基复合材料高温力学测试评价方法、高温力学性能规律和破坏模式，熟悉树脂基复合材料高温力学性能分析的理论模型与计算公式，对开展航空航天耐高温树脂基复合材料研究、选材及产品设计制造具有较好的指导意义。

本章主要介绍先进树脂基复合材料的高温力学行为。

20.2 复合材料高温力学行为的概念及内涵

广义上讲，复合材料高温力学行为是指复合材料在高于室温的环境温度下表现出来的力学承载性能、形变、破坏等的力学行为[1, 2]。本章涉及的航空航天树脂基复合材料高温力学行为主要是介绍航空航天常用的连续纤维增强热固性树脂基复合材料在 150～500℃高温环境中的力学承载性能、形变、破坏等的力学行为。常用的增强纤维主要包括碳纤维、玻璃纤维、石英纤维、芳纶纤维等；常用的树脂基体主要包括耐高温环氧树脂、双马树脂、氰酸酯树脂、苯并噁嗪树脂、聚酰亚胺树脂、邻苯二甲腈树脂等。树脂基复合材料高温力学行为包括静态力学行为和动态力学行为。针对航空和航天不同的服役工况,树脂基复合材料高温力学行为可以分为长时高温力学行为和短时高温力学行为。常用的树脂基复合材料的耐温等级及性能特点见表 20.1。

表 20.1　常用的树脂基复合材料的耐温等级及性能特点

复合材料树脂基体	长时耐温等级	短时耐温等级	性能特点
耐高温环氧树脂	120~130℃	170~200℃	力学性能高
双马树脂	210~230℃	260~280℃	高温力学性能高
氰酸酯树脂	210~230℃	260~280℃	介电性能好、耐空间环境性能好
苯并噁嗪树脂	120~220℃	180~300℃	阻燃性能好、热膨胀系数低
聚酰亚胺树脂	300~350℃	350~450℃	高温力学性能高、介电性能好、阻燃性能好
邻苯二甲腈树脂	300~350℃	350~450℃	高温力学性能高、耐烧蚀性能好、阻燃性能好

树脂基复合材料的高温力学行为的分析要从组成树脂基复合材料的各成分出发。航空航天用先进树脂基复合材料常用的增强材料如碳纤维、玻璃纤维、石英纤维等的耐热等级一般大于 500℃;而其常用的树脂基体为有机聚合物,其耐温等级通常在 500℃ 以下。因此一般认为树脂基复合材料的耐热性主要由其树脂基体决定,树脂基复合材料的耐热性主要是其树脂基体的耐热性。但是应特别注意,对于碳纤维增强树脂基复合材料,由于碳纤维表面的上浆剂多为环氧型上浆剂,导致上浆剂的耐温性不足,将其直接应用于耐高温复合材料时,上浆剂对树脂基复合材料高温力学性能的影响也应当进行考察。

20.3　复合材料高温力学理论模型

高温力学性能测试耗时较长,且只能获取分散温度点下的力学性能。进行高温力学性能规律的理论分析,对改进测试方法、分析测试结果、获取连续温度下的力学性能都有重要意义。复合材料高温力学理论模型一般基于高温下物质相态转变、分子交联键断裂等高聚物分子与结构变化及函数拟合方法而建立。复合材料典型的高温力学理论模型介绍如下[2, 3]。

20.3.1　T_r-n 模型

1987 年 Sung 和 George[4] 提出了 T_r-n 模型,对于树脂及其复合材料的单向力学性能随温度变化规律可以近似地用下式表达:

$$P=P_0\left(\frac{T_t-T}{T_r-T_0}\right)^n$$

其中,P 是材料在某温度(T)下的性能(如强度、模量等);P_0 是室温性能;T_r 是参考温度

(性能变化可忽略的温度);n 是在 0 和 1 之间的常数。T_r 和 n 可用最小二乘法求得,且对于固定体系的复合材料是一个常数,因此若已知 T_r 和 n,便可知该复合材料力学性能随温度变化的情况。

20.3.2 ICAN 计算模型

1993 年美国国家航空航天局(National Aeronautics and Space Administration, NASA)在第二代综合复合分析(ICAN)计算代码中采用了如下的计算公式,借助复合材料湿态和干态下的玻璃化转变温度来预测复合材料高温下的力学强度和模量:

$$P(T) = P(T_{RT}) \cdot \left(\frac{T_{gw} - T}{T_{gd} - T_{RT}} \right)^{1/2}$$

其中,$P(T_{RT})$、$P(T)$ 为室温 T_{RT}、温度 T 时的力学性能;T_{gw}、T_{gd} 分别为当前湿度和干态下的玻璃化转化温度。

20.3.3 多元表达式模型

2003 年 Kulkarni 和 Gibson 提出了采用多元表达式来描述纤维增强树脂基复合材料力学性能与温度的变化关系的经验公式:

$$\frac{P(T)}{P_{initial}} = 1 - \left[a_1 \left(\frac{T - T_{initial}}{T_g - T} \right) + a_2 \left(\frac{T - T_{initial}}{T_g - T} \right)^2 + a_3 \left(\frac{T - T_{initial}}{T_g - T} \right)^3 \right]$$

其中,$P(T)$ 是温度为 T 时的材料性能(强度、弹性模量);$P_{initial}$ 是常温($T_{initial}$)时的材料性能;T_g 是玻璃转化温度;a_1、a_2、a_3 为试验数据回归分析得到的常数。

20.3.4 Machieux 和 Reifsnider 模型

2001 年,基于组成材料的微观结构分析和次级键黏结强度的威布尔分布假设,Machieux 和 Reifsnider 提出了复合材料拉伸强度和弹性模量随温度变化的理论模型:

$$P(T) = P_R + (P_U - P_R) \cdot \exp\left[-\left(\frac{T}{T_0} \right)^m \right]$$

其中,$P(T)$ 是温度为 T 时的材料性能(强度、弹性模量);P_U 是常温(不超过聚合物基体的玻璃转化温度)时的材料性能;P_R 是高温(但不超过聚合物基体的热分解温度)时的材料性能;T_0 是松弛温度;m 是一个反映威布尔分布特征的系数,T_0 和 m 可由试验数据通过回归分析获取。

20.3.5 误差函数和双曲线函数

2006 年 Gibson 等[5]在 Mahieux 和 Reifsnider 模型提出的升高温度对树脂基复合材料具有断裂和松弛效应的理论基础上,通过进一步的函数拟合,提出了表达树脂基复合材料高温力学性能的误差函数和双曲线函数:

误差函数：

$$P(T)=\frac{P_{\mathrm{U}}+P_{\mathrm{R}}}{2}-\frac{P_{\mathrm{U}}-P_{\mathrm{R}}}{2}\mathrm{erf}[k(T-T_{\mathrm{g}})]$$

双曲线函数：

$$P(T)=\frac{P_{\mathrm{U}}+P_{\mathrm{R}}}{2}-\frac{P_{\mathrm{U}}-P_{\mathrm{R}}}{2}\tanh[k(T-T_{\mathrm{g}})]$$

其中，$P(T)$是复合材料在温度 T 下的力学性能；P_{U} 是复合材料未松弛（低温）时相应的力学性能；P_{R} 是复合材料松弛（高温）时相应的力学性能；K 是描述分布宽度的常数；T_{g} 是玻璃化转变温度。

20.3.6　Sigmoid 函数模型

2003 年 Bisby 在 Dimitrienko 和 Katz 等研究的基础上提出了一个 sigmoid 函数来描述高温下树脂基复合材料强度、模量、界面连接强度的降低：

$$\frac{f}{f_0}=\left(\frac{1-a}{2}\right)\tanh[-b(T-c)]+\frac{1+a}{2}$$

其中，f_0、f 分别为室温和温度为 T(℃)时的力学性能；a 是描述力学性残余值的常数；b、c 根据试样数据通过最小二乘法计算得到。适用于强度、弹性模量、界面连接强度的预测，适用温度范围：常温~800℃。

20.3.7　分子交联键关联的老化模型

2011 年 Upadhyaya 等[6]采用热氧降解模型，基于树脂基复合材料高温老化过程中分子交联键数量的变化，提出了预测树脂基复合材料层间临界 von-Mises 应力的多尺度模型。该模型考虑了高分子在高温热氧老化条件下产生的交联链段断裂等微观尺度的损伤：

$$\sigma_{\mathrm{vm,\,cr}}(t)=S_{0x}(t)\sigma^{0}_{\mathrm{vm,\,cr}},\ S_{0x}(t)=\frac{N(t)}{N_0}$$

其中，$\sigma^{0}_{\mathrm{vm,\,cr}}$、$\sigma_{\mathrm{vm,\,cr}}(t)$为初始状态和时间为 t 时的层间临界 von-Mises 应力；N_0、$N(t)$ 分别为初始状态和 t 时刻的单位体积内分子交联键的摩尔数。

20.4　复合材料高温力学评价方法

复合材料高温力学性能主要包括高温拉伸性能、弯曲性能、压缩性能、层间剪切性能、动态力学性能（DMA 性能）等。测试加载方式涉及高温环境下的拉伸、弯曲、压缩等三种加载方式。复合材料高温力学测试目前尚无专用的标准，主要是参考常温测试标准，并参考测试试验保温条件相关标准（如 GB/T 9979-2005）要求开展。此外，GB/T 9979-2005《纤维增强塑料高低温力学性能》标准仅适用于单向纤维增强塑料在高低温（-150~200℃）下进行力学性能试验，对于超出上述温度范围的也可以参照使用，树脂和其他增强塑料的高低温力学性能试验也可参照使用。

相关国内力学测试标准主要有国家标准 GB、建材行业标准 JC、企业标准 Q/DQ，国外测试标准有美国材料与试验协会标准 ASTM、国际标准化组织标准 ISO 等。具体标准如表 20.2 所示。

表 20.2 高温力学性能测试参考标准[7-10]

性能测试	加载方式	常用测试标准
拉伸测试	拉伸加载	ASTM D3039、GB/T 3354－1999、QJ 971－2011、ISO 527
±45°纵横剪切测试		ASTM D3508、GB/T3355－1999、ISO 14129
弯曲测试	弯曲加载	ASTM D790、GB/T3356－1999、ISO 14125
层间剪切测试		ASTM D2344、JC/T 773－1996、Q/DQ 281－96、ISO 14130
压缩测试	压缩加载	ASTM D3410、GB/T 3856－1999、QJ 1403A－2004、ISO 14126

高温力学性能测试主要由加装高温加热装置的力学试验机来完成。高温力学性能测试需要在加载之前对试样进行加热。高温加热常通过在力学试验机底座与横梁间安装高温炉或者使用力学试验机自带的环境箱来实现。

20.4.1 高温拉伸性能测试

高温拉伸性能的测试方式主要有如图 20.1 所示的两种，一是将试样完全置于高温炉中，夹持部位置于高温炉内部；二是将试样贯穿高温炉，夹持部位置于高温炉外部。

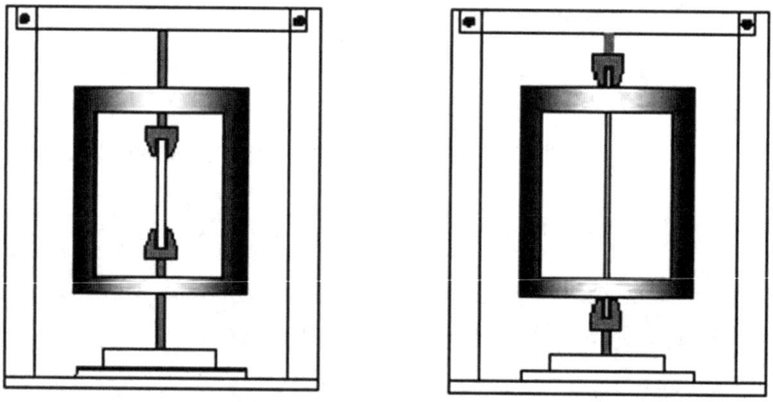

(a) 夹持部位在高温炉内部　　(b) 夹持部位在高温炉外部

图 20.1 高温拉伸测试方式示意图[2]

高温拉伸性能测试过程中试样的夹持方式也有两种：① 试样两端完全夹持固定，之后进行加热，加热完成后直接进行加载测试；② 试样两端不完全夹持固定，试样在自由状态受热，加热完成后再进行试样装夹和加载测试。与① 夹持方式相比，② 夹持方式避免了加热过程中由于两端夹持导致的热应力，减少了对测试结果的影响，但是需要在高温下完成试样的装夹，有一定复杂性和危险性。

对于高性能的树脂基复合材料高温拉伸测试，特别是单向纤维增强树脂复合材料的高温拉伸测试，由于试样拉伸强度很高，测试试验容易出现夹持失效现象。树脂基复合材料高温拉伸测试夹持失效情况如图 20.2 所示。对于织物复合材料和多向层合板，进行高温拉伸测试时，建议采用哑铃型试样。

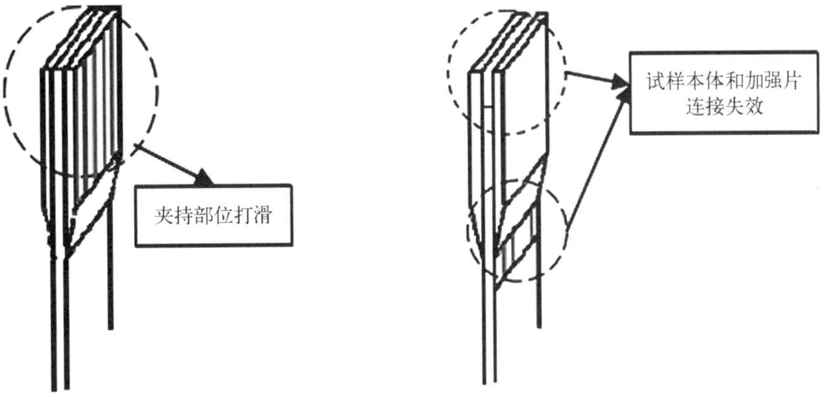

图 20.2　复合材料高温拉伸测试夹持失效示意图[2]

20.4.2　高温弯曲性能测试

高温弯曲性能测试将试样完全置于高温炉中，通过力学试验机采用三点弯曲或四点弯曲加载的方式实现，图 20.3 和表 20.3 所示。

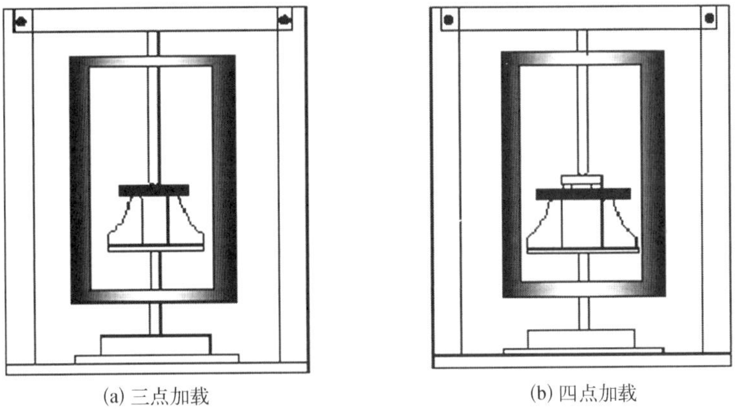

图 20.3　高温弯曲加载示意图[2]

表 20.3　弯曲加载方式对比[2]

加载方式	应力状态	特点	适用测试类型
三点弯曲加载	① 拉、压应力； ② 横向、层间剪切应力； ③ 局部挤压应力	① 操作简便、应用普遍； ② 加载点弯曲应力最大	① 弯曲性能测试； ② 层间剪切性能测试； ③ 压缩性能测试
四点弯曲加载	拉、压应力	① 操作复杂； ② 纯弯应力状态	① 弯曲性能测试； ② 压缩性能测试

20.4.3 高温层间剪切性能测试

高温层间剪切性能测试是将试样完全置于高温炉中，由力学试验机采用三点弯曲加载的方式，通过对测试试样跨距的调整来实现对高温层间剪切性能的测试。层间剪切性能测试和弯曲性能测试跨距的对比见表 20.3。

20.4.4 高温压缩性能测试

高温压缩性能测试，其高温环境的实现与拉伸性能、弯曲性能测试类似，而力学试验机加载方式有多种：① 剪切加载；② 端部加载；③ 混合加载；④ 夹层结构弯曲加载，如表 20.4 所示。

表 20.4 压缩加载方式[2]

加载方式	剪切加载	端部加载	混合加载	夹层结构弯曲加载
试验装置示意	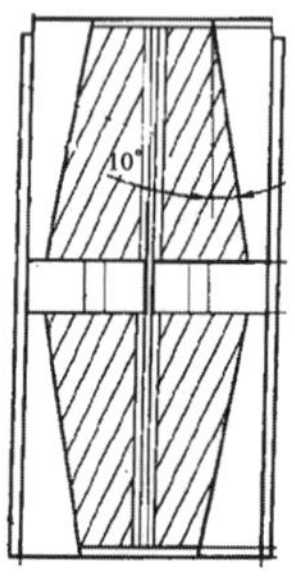	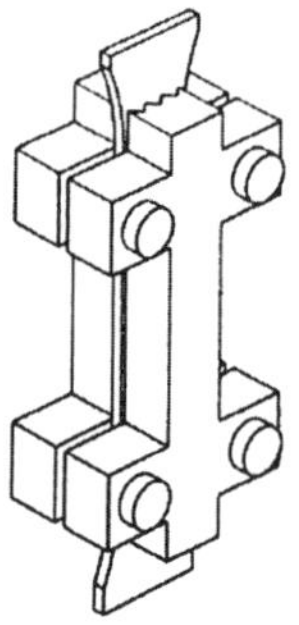	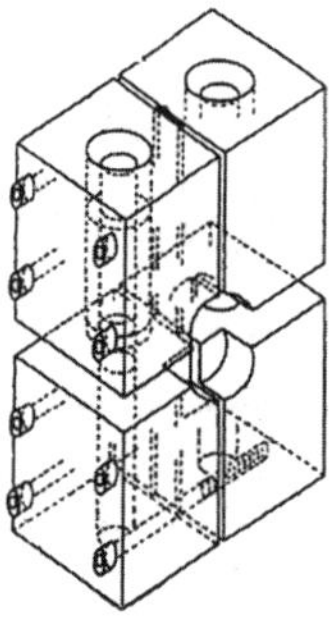	
主要技术特点	通过剪切作用将外载荷传递到试样	外压施加于端部	同时进行侧向剪切和端部加载	采用蜂窝夹层结构四点(或三点)弯曲来实现对面板复合材料的压缩试验
标准	ASTM D3410、GB/T 3856	ASTM D695	ASTM D6641	ASTM D5467

20.4.5 高温蠕变性能测试

所谓蠕变，就是指材料在恒温、恒载荷的长期作用下缓慢地产生塑性变形的现象。在高温条件下，蠕变对构件产生的影响十分显著。由于施加应力方式的不同，可分为高温压缩蠕变、高温拉伸蠕变、高温弯曲蠕变和高温扭转蠕变。一般常利用蠕变极限、持久强度等指标来描述材料的蠕变性能。

20.4.6 高温疲劳性能测试

先进树脂基复合材料在飞机结构、可重复使用飞行器结构等构件中应用时，其承受的载荷主要是周期性变化的，因此，开展动态载荷下复合材料力学性能研究很有必要。高温疲劳性能测试是评价复合材料高温动态力学性能的重要手段。

20.4.7　动态力学性能(DMA)测试

高温静态力学性能测试需要测试试样制备、测试、分析等大量的人力物力与时间消耗。而 DMA 分析法只需要一根很小的试样,就可以在较宽的频率或温度范围内连续进行测定,因而可以在较短时间内获得材料的动态力学性能频率和温度谱。DMA 分析可以研究高聚物的各种转变、结构的变化及与分子运动状态密切相关的变化,而分子运动的变化又能够灵敏地反映在动态力学性能上,因而 DMA 分析是研究高聚物及其复合材料结构-分子运动-性能的一种有效手段。对复合材料进行较高温度范围的 DMA 测试,就可以在较宽高温温度范围内对复合材料进行耐热性及高温动态力学性能分析。

20.4.8　断口形貌观察

断口形貌是指测试试样断裂时形成的新表面的形貌。断口形貌又有宏观形貌和微观形貌之分。宏观形貌可以用普通照相机拍照或用放大镜观察,微观形貌一般采用扫描电子显微镜(SEM)进行观察。通过宏观形貌观察可以判断复合材料测试试样的宏观破坏模式,如爆炸型破坏、剪切破坏、劈裂、分层等。通过微观形貌观察可以判断复合材料测试试样的微观破坏模式,如界面脱黏、氧化、分解等,如图 20.4 和图 20.5 所示。

图 20.4　复合材料单向板高温拉伸断裂形貌宏观照片

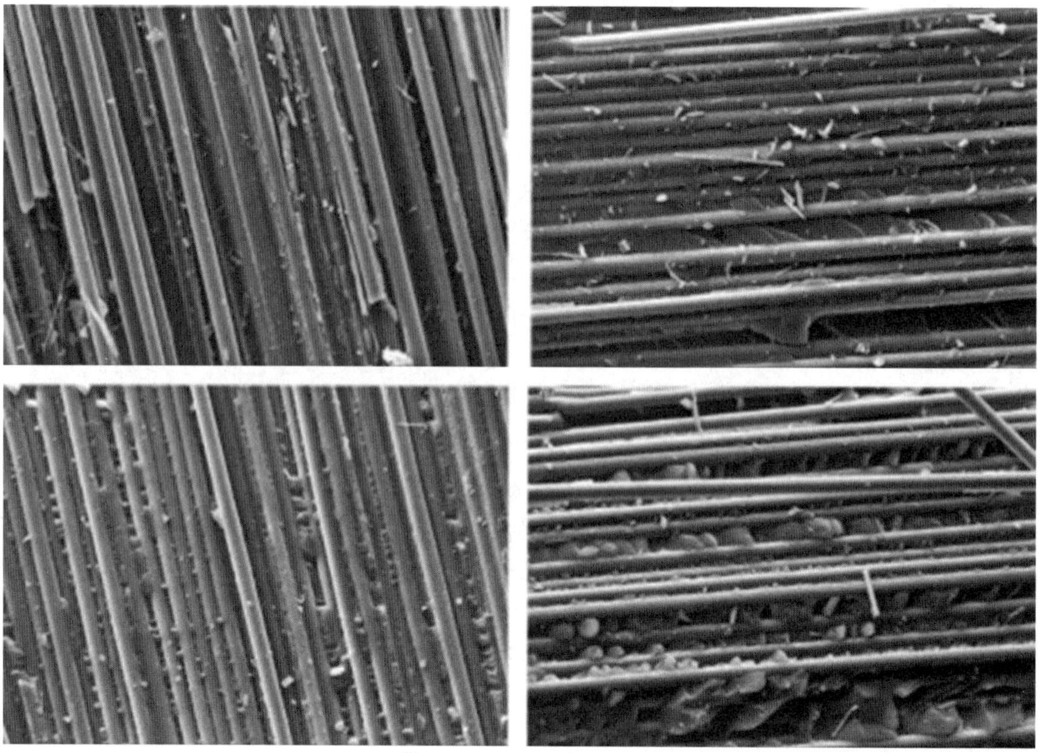

图 20.5　复合材料高温拉伸测试断口微观形貌 SEM 照片

20.5　复合材料典型高温力学性能

由于复合材料进行高温拉伸时容易出现加强片粘接失效，导致很难获得有效测试数据或者测试数据离散性很大。因此，较高温度下复合材料的力学性能表征多采用弯曲强度、弯曲模量、层间剪切强度等来表征。表 20.5～表 20.7 为 T300 级碳纤维增强复合材料单向板弯曲强度、弯曲模量、层间剪切强度的典型值[4-6,11-19]。

表 20.5　T300 级碳纤维增强复合材料单向板弯曲强度典型值[4-6,11-19]

测试温度	耐高温环氧树脂复合材料		双马树脂复合材料		聚酰亚胺复合材料		邻苯二甲腈复合材料	
	弯曲强度/MPa	保持率	弯曲强度/MPa	保持率	弯曲强度/MPa	保持率	弯曲强度/MPa	保持率
室温	1 770	100%	1 910	100%	1 620	100%	1 520	100%
200	1 020	58%	1 580	83%	—	—	—	—
300	—	—	1 120	59%	1 090	67%	1 010	66%
400	—	—	—	—	739	46%	676	44%
500	—	—	—	—	718	44%	532	35%

表 20.6 T300 级碳纤维增强复合材料单向板弯曲模量典型值[4-6,11-19]

测试温度/℃	耐高温环氧树脂复合材料		双马树脂复合材料		聚酰亚胺复合材料		邻苯二甲腈复合材料	
	弯曲模量/MPa	保持率	弯曲模量/MPa	保持率	弯曲模量/MPa	保持率	弯曲模量/MPa	保持率
室温	113	100%	122	100%	134	100%	117	100%
200	95.7	85%	122	100%	—	—	—	—
300	—	—	118	97%	92.9	69%	109	93%
400	—	—	—	—	107	80%	120	103%
500	—	—	—	—	121	90%	102	87%

表 20.7 T300 级碳纤维增强复合材料单向板层间剪切强度典型值[4-6,11-19]

测试温度/℃	耐高温环氧树脂复合材料		双马树脂复合材料		聚酰亚胺复合材料		邻苯二甲腈复合材料	
	层剪强度/MPa	保持率	层剪强度/MPa	保持率	层剪强度/MPa	保持率	层剪强度/MPa	保持率
室温	106	100%	123	100%	94.7	100%	83.4	100%
200	45.2	43%	85	69%	—	—	—	—
300	—	—	33.9	28%	37.1	39%	54.7	66%
400	—	—	—	—	30.2	32%	39.4	47%
500	—	—	—	—	32.8	35%	34.6	41%

图 20.6 和表 20.8 是 T300 级碳纤维缎纹织物增强树脂基复合材料力学性能的一些实测值[18, 19]。由这些数据分析可知，在一定高温下测试时，复合材料的一些力学性能可能出现比室温有所提高的现象。这可能是由于复合材料内应力在高温被松弛或树脂在高温下交联密度有所增加所致[18]。

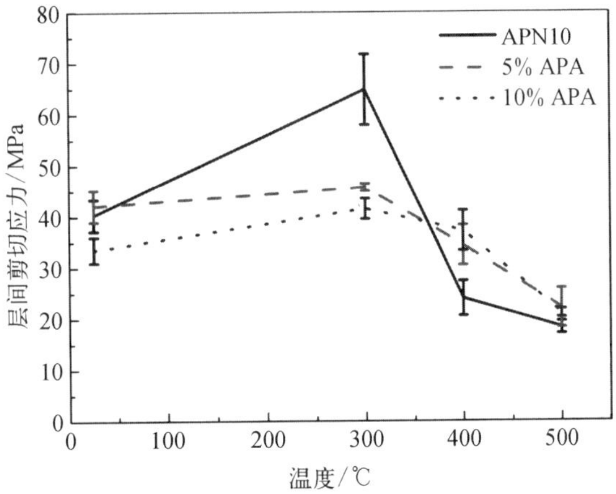

图 20.6 测试温度和 APA 含量对 MT300 五枚缎碳布/邻苯二甲腈复合材料层剪性能的影响[19]

表 20.8 不同温度下 MT300 五枚缎碳布/氰基改性苯并噁嗪复合材料力学性能[18]

	拉伸模量/GPa	拉伸强度/MPa	压缩强度/MPa	弯曲模量/GPa	弯曲强度/MPa	层间剪切强度/MPa
室温	56.7±2.6	478.2±19.5	397.6±61.7	54.6±3.2	545.8±88.7	29.7±1.3
250℃	59.8±4.1	503.2±62.5	357.2±52.8	58.0±4.1	506.8±57.3	35.1±2.8
250℃保持率	105.5%	105.2%	89.8%	106.2%	92.9%	118.2%
350℃	56.6±5.9	477.6±89.4	242.2±43.8	66.8±2.8	396.2±33.4	22.6±1.7
350℃保持率	99.8%	99.8%	60.9%	122.3%	72.6%	76.1%

20.6 复合材料典型高温力学破坏模式

尽管不同树脂种类、不同纤维种类和织物形式的复合材料高温力学破坏模式各异，但是基于复合材料高温力学测试的性能数据变化规律、应力-应变曲线变化规律、断口宏微观形貌等，可以按不同测试温度范围，将树脂复合材料高温力学破坏模式粗略划分为由脆性破坏、黏弹性塑性破坏、氧化热解三种状态为主的破坏模式，如表 20.9 所示。

表 20.9 树脂基复合材料高温力学破坏模式归类[13, 14]

测试温度范围		明显低于 T_g	T_g 附近	接近 T_d
主要破坏模式	拉伸	界面脱黏、纤维拔出、剪切破坏、分层	剪切破坏、分层	树脂氧化、树脂分解、纤维裸露氧化、分层
	弯曲	加载点断裂、下表面张力破坏	加载点挤压起皱	树脂氧化分解、纤维裸露氧化、下表层劈裂
	层剪	加载表层分层、加载点剪切破坏、层间裂纹	塑性变形、层间裂纹、下表层裂纹	塑性变形、树脂氧化分解、纤维裸露氧化、下表层裂纹、分层
破坏模式分类		脆性破坏	黏弹性塑性破坏	氧化热解

20.6.1 脆性破坏

当测试温度明显低于复合材料树脂基体的玻璃化转变温度时，树脂基体处于玻璃态，树脂基体高分子链段的运动被冻结，因此在此温度下复合材料的力学性能破坏模式以脆性破坏特征为主，其纵向应力-应变关系曲线基本呈线弹性特征[20]。在该测试温度范围，复合材料高温力学性能保持率高。

20.6.2 黏弹性塑性破坏

随着测试温度的升高，当测试温度接近复合材料树脂基体的玻璃化转变温度时，复合材料的树脂基体逐渐软化，复合材料树脂基体开始出现从玻璃态向高弹态转变的趋势，树脂基体高分子链段的运动解冻，其应力-应变关系曲线呈黏弹性特征。在该测试温度范围,树脂传递载荷的能力下降,复合材料界面承载能力降低,树脂基复合材料高温力学破坏呈现明显的黏弹效应为主的塑性破坏,主要表现为测试试样在此温度下出现塑性变形,此温度下的应力-应变曲线出现明显的非线性特征,如图 20.7 所示,复合材料此温度下的力学性能与室温相比明显降低。

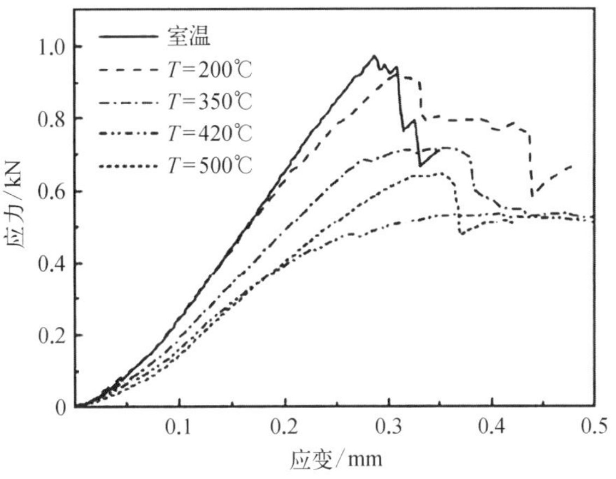

图 20.7　不同温度下聚酰亚胺复合材料单向板层间剪切测试应力-应变曲线[13]

20.6.3　氧化热解破坏

当温度进一步提高到复合材料树脂基体的热分解温度时,出现明显的氧化分解破坏特征。随着温度的升高,首先树脂发生氧化,当达到热分解温度时,树脂发生分解,导致纤维被裸露在外,并出现氧化现象。

20.7　总结与展望

(1) 高温力学理论模型的不足:目前,树脂基复合材料高温力学性能的理论模型主要针对单向纤维增强复合材料或正交层合板,对于多向层合板和织物层合板等的理论分析较少。现有的理论模型中对界面浸润粘接性、上浆剂等对树脂基复合材料高温力学性能影响的分析较少。然而,随着温度的升高,这些因素对树脂基复合材料高温力学性能的影响却在显著增加。

(2) 高温力学测试技术与标准的不足:高温环境炉的温度均匀性、高温变形测试准确性、拉伸测试加强片脱黏、高温力学测试过程一致性等问题常导致树脂基复合材料部分高温力学测试结果的离散较大,可重复性较差。随着树脂基复合材料耐温等级的不断提升,高温结构热载工况越加复杂,而当前树脂基复合材料高温力学测试专用标准缺乏,测试设备与方法不完善,导致对树脂基复合材料高温下的力学性能的评价与认识不足。

(3) 高温力学破坏模式认识的不足:与金属材料不同,树脂基复合材料高温力学测试断裂模式的一致性较差,常常存在多种模式并存的状态,断裂形式的可重复性较差,导致树脂基复合材料高温力学破坏模式分析的不确定性较大,制约了对树脂基复合材料高温力学破坏模式认识的深入。

(4) 未来发展展望:随着航空航天对耐高温树脂基复合材料应用需求的快速增长,对树脂基复合材料在高温环境下的力学行为认识的要求必将更加迫切。因此,考虑多种铺层结构、引入多种影响因素的树脂基复合材料高温力学理论模型的研究将对树脂基复合材料高温力学预测与应用具有重要的指导意义;通过开展高温力学测试方法设计、不断改进测试设备、数据采集方法等,提高树脂基复合材料高温力学测试的准确性、一致性与可重复性,加快形成树脂基复合材料高温力学测试专用标准,实现复合材料高温力学性能的准确系统评估,将为树脂基复合材料高温结构承载设计提供参考,促进树脂基复合材料在高温结构的应用;深入开展树脂基复合材料高温力学破坏模式分析,建立广泛认同的树脂基复合材料高温力学典型破坏模型,将显著提高树脂基复合材料高温承载失效预测能力,实现耐高温树脂基复合材料的推广应用。

习题与思考题

1. 树脂基复合材料高温力学评价方法有哪些?
2. 树脂基复合材料典型的高温力学破坏模式有哪些?
3. 树脂基复合材料的高温力学分析理论模型有哪些?(给出 5 个以上)
4. 树脂基复合材料高温力学行为认识的不足主要包括哪些方面?

参 考 文 献

[1] 仲伟虹,李芙蓉,张佐光,等. 先进复合材料耐热性定义与表征[J]. 纤维复合材料,1998,15(1): 15-29.

[2] 高艺航,王鲲鹏,石玉红,等. 纤维增强树脂基复合材料高温力学性能评估方法综述[J]. 强度与环境,2016,43(1): 9-20.

[3] 仲伟红,张佐光,李芙蓉,等. 先进复合材料耐热性评价(Ⅰ)-复合材料高温力学性能的理论预测[J]. 宇航材料工艺,1997(1): 57-61.

[4] Sung K H, Geoge S S. Nonlinear elastic properties of organic matrix composites at elevated temperatures [J]. Journal of Engineering Materials and Technology, 1988, 110(2): 124-127.

[5] Gibson A G, Wu Y S, Evans J T, et al. Laminate theory analysis of composites under load in fire [J]. Journal of Composite Materials, 2006, 40(7): 639-658.

[6] Upadhyaya P, Singh S, Roy S. A mechanism-based multi-scale model for predicting thermo-oxidative degradation in high temperature polymer matrix composite[J]. Composite Science and Technology, 2011, 71(10): 1309-1315.

[7] 仲伟红,李芙蓉,张佐光,等. 先进复合材料耐热性评价(Ⅱ)- DMA 法评价复合材料的耐热性[J]. 宇航材料工艺,1997(2): 45-48.

[8] 仲伟红,李芙蓉,张佐光,等. 先进复合材料耐热性评价(Ⅲ)-复合材料高温力学性能实验研究[J]. 宇航材料工艺,1997(3): 51-55.

[9] 张超,张京街,林文修. FRP 复合材料高温拉伸力学性能[J]. 重庆建筑,2018(3): 45-49.

[10] 李芙蓉. 先进复合材料耐热性评价[D]. 北京: 北京航空航天大学,1995.

[11] McManus H L, Chamis C C. Stress and damage in polymer matrix composite materials due to material degradation at high temperatures[C]. Hilton Head: 35th Structures, Structural Dynamics, and Materials Conference, 1994.

[12] Bisby L A. Fire behavior of fiber-reinforced polymer (FRP) reinforced of confined concrete [D]. Kingston: Queen's university, 2003.

[13] 高艺航,石玉红,王鲲鹏,等. 碳纤维增强聚酰亚胺树脂基复合材料 MT300/KH420 高温力学性能(Ⅰ)-拉伸和层间剪切性能[J]. 复合材料学报,2016,33(6): 1206-1213.

[14] 高艺航,石玉红,王鲲鹏,等. 聚酰亚胺树脂基 MT300/KH420 复合材料高温力学性能(Ⅱ)-弯曲性能[J]. 复合材料学报,2016,33(12):2699-2705.

[15] 陈祥宝,傅英,沈超,等. LP-15 聚酰亚胺复合材料力学性能研究[J]. 纤维复合材料,1997(4):25-27.

[16] 陈众迎,龙连春,路志峰,等. T300/AG80 复合材料高温拉伸性能实验研究[J]. 实验力学,2010,25(3):227-233.

[17] 李健芳,郭鸿俊,高杨,等. MT300/802 双马树脂基复合材料固化工艺及高温力学性能[J]. 宇航材料工艺,2019(4):34-40.

[18] Sun B-G, Yang K-X, Lei Q, et al. High residual mechanical properties at elevated temperatures of carbon fiber/acetylene-functional benzoxazine composite[J]. Composites Part A, 2018, 112: 11-17.

[19] Sun B-G, Shi H-Q, Yang K-X, et al. Effects of 3-aminophenylacetylene on mechanical properties at elevated temperatures of carbon fiber/phthalonitrile composites [J]. Composites Communications, 2020(18): 55-61.

[20] 宋健,温卫东. 考虑温度环境下树脂基复合材料力学性能及模型研究[J]. 航空动力学报,2016,31(1):30-39.

第 21 章
复合材料的热学和电学性能

学习要点：

(1) 掌握：复合材料热学和电学性能的定义和评价方法；

(2) 熟悉：复合材料导热和导电性能的特点和规律；

(3) 了解：复合材料热膨胀和介电性能的影响规律，提高阻燃和抗静电性能的方法。

引　　言

复合材料由于质轻、比强度高、可设计性强等优点，在航空航天领域得到了广泛的应用。然而，航空航天飞行器的服役环境非常恶劣，如飞船返回大气层时，剧烈的空气摩擦使其表面温度高达 2 000℃；在轨飞行时，飞行器向阳面与背阴面的温差高达 250℃ 以上；此外，太空中的高能带电粒子、电子元器件在运行中产生的静电以及火花等也会对飞行器的安全产生巨大隐患。为了适应在航空航天领域的应用，复合材料除了需满足力学性能要求外，还需要具有一定的热学和电学性能。本章主要介绍复合材料的热学（包括导热、热膨胀和阻燃性能）和电学性能（包括导电、介电和抗静电性能）的定义、评价方法、相关机理以及影响因素。

21.1　复合材料的导热性能

21.1.1　概述

按材料属性，传统导热材料可分为金属、无机非金属和碳材料三大类。其中，金属导热材料主要有金、银、铜、铁等；无机非金属导热材料主要包括金属氧化物（如 ZnO、MgO、Al_2O_3 等）、无机氮化物（如 BN、Si_3N_4 等）以及 SiC、TiC 等；碳材料主要有炭黑（carbon black, CB）、石墨烯（graphene）、碳纤维（carbon fiber, CF）、碳纳米管（carbon nanotube, CNT）等。然而，传统导热材料已难以满足航空航天的导热需求。例如，金属材料密度大、耐腐蚀和电绝缘性能较差；无机非金属材料存在加工困难、抗冲击性能差、成本高等缺点；碳材料存在成型和绝缘性能差等缺点。高分子材料导热性能较差，但具有价格低廉、质轻、易于加工等优点，因此将传统导热材料与高分子材料复合，制得的复合材料除了保留导热材料的高热导率外，还兼具高分子材料的质轻、耐腐蚀等特性。

21.1.2　复合材料导热性能的评价

导热指的是热量自发从高温区域向低温区域传递的过程，主要包括热对流、热辐射和热传导三种基本方式。其中，热对流是流体内部因温度不均匀，各部分发生宏观相对运动而进行热量传递；热辐射是物体因具有温度而以电磁辐射的形式进行热量传递；热传导是两个不同温度的物体或物体内部不同温度区域之间，通过微观粒子的运动和碰撞来进行热量传递。

对复合材料来说，热传导是最主要的热量传递方式，一般用热导率(k)来评价。热导率指的是材料单位面积和单位厚度以及温差为 1℃时在单位时间内通过的热量，单位为 W/(m · K)。按热流状态的不同，复合材料的热导率测试方法可分为稳态法和非稳态法。

稳态法是将待测试样置于一个不随时间变化的温度场中，待其达到热平衡后，再测量通过试样单位面积内的热流速率以及沿热流方向的温度梯度，再根据傅里叶定律计算得到热导率，即

$$k = \frac{Q \cdot L}{S \cdot \Delta T} \tag{21.1}$$

式中，Q 为热流速率，单位为 J/s；L 为试样厚度，单位为 m；S 为试样面积，单位为 m^2；ΔT 为温度梯度，单位为 K。常用的稳态法主要有保护热板法和热流计法。保护热板法是将试样置于冷热板之间，再由中心板向上下两侧的试样传导热量，最后通过公式(21.1)计算得到材料的热导率。它具有测量精度高的特点，广泛应用于表征绝热材料的隔热性能。热流计法是利用热流传感器测量通过样品的热流，进而得到导热系数的绝对值。

非稳态测试是使材料局部的温度发生突然或周期性变化，再测量其他部位的温度随时间的变化趋势，即得到材料的热扩散系数 α，单位为 m^2/s，再根据下式计算得到热导率。

$$k = \alpha \cdot c_p \cdot \rho \tag{21.2}$$

式中，c_p 为比热容，单位为 J/(kg · K)；ρ 为密度，单位为 kg/m^3。非稳态测试主要有热线法、热探针法、热带法、瞬态平面热源法等。相较于稳态法，非稳态测试一般耗时较短，受环境干扰性小，可同时测量多个物理参数，如热扩散系数、热容等，但其误差较大。这主要是因为测量过程很难完全满足所要求的边界条件，且引入的误差不像稳态法那样易于描述和计算。

21.1.3　复合材料的导热机理

固体材料热传导的载体主要有光子、声子和自由电子等。其中，金属主要通过自由电

子间的相互作用和碰撞进行热传导。而大多数无机非金属材料因电子被束缚,热传导主要通过声子运动进行。高分子材料由于其分子链的缠结和随机取向、分子量的多分散性以及结晶区与无定形区共存,导致声子平均自由程减小,故热导率普遍较低[如聚甲基丙烯酸甲酯和聚苯乙烯的热导率约为 0.2 W/(m·K)],远低于金属、陶瓷和碳材料等[1]。光子导热只在透明材料且高温环境下才表现出来。复合材料由多种不同属性的材料复合而成,其热传导机制非常复杂,目前主要有导热通路和导热逾渗等理论。

1. 导热通路理论

导热通路是解释复合材料导热行为最常用的理论。如图 21.1(a)所示,导热填料在基体中彼此不接触,形成“海-岛两相体系”结构,此时复合材料的热导率较低。随着含量提高,填料间的接触增加,开始形成导热通路;当含量继续增加时,填料开始形成贯穿整个高分子基体的导热链或导热网络,进而引起材料热导率的急剧增加。

2. 导热逾渗理论

导热逾渗理论是指当导热填料含量较低时,复合材料的热导率随填料含量的增加而缓慢增加,但当填料含量增加到某一临界值时,复合材料的热导率急剧升高。根据逾渗理论,复合材料的热导率为[2]

$$k \propto k_2(V_2 - V_c)^n \tag{21.3}$$

式中,k_2 为填料的热导率;V_c 为导热逾渗值;n 为导热指数。

目前,导热逾渗理论还存在诸多争议之处。如当填料热导率较低时,即使在一个宽的填料含量范围内,也没有出现明显的导热逾渗转折点。这是因为声子作为主要的导热载体无法像电子那样发生隧穿,且材料内部缺陷和界面等的存在增加了声子散射,从而使复合材料热导率增加不明显。但对一些高热导率填料(如 CNT、石墨烯和氧化石墨烯等)改性的复合材料,则可观察到明显的导热逾渗现象[图 21.1(b)][3]。

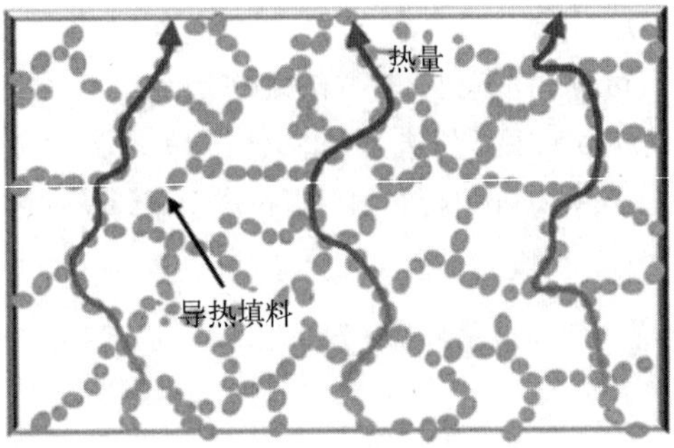

(a) 导热通路理论

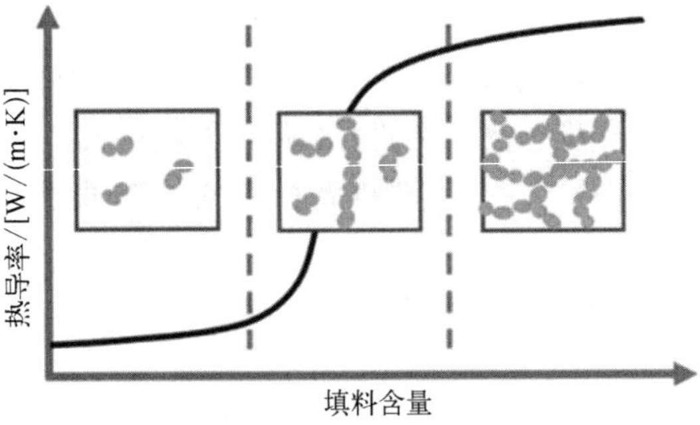

(b) 导热逾渗理论

图 21.1 导热通路理论和导热逾渗理论[3]

21.1.4 复合材料导热的影响因素

虽然高分子基体的热导率较填料低得多,但由于其含量较高,对复合材料的导热行为有重要影响。此外,导热填料的属性、界面、形状、尺寸、取向和含量等也影响复合材料的热导率。

1. 高分子基体

分子结构决定高分子的热导率。如带有共轭结构的聚吡咯和聚噻吩,其热导率高达5 W/(m·K)和3.8 W/(m·K),远高于其他非共轭高分子。分子链的取向也影响高分子基体的热导率。当高分子材料被拉伸时,分子链沿拉伸方向取向,导致该方向的热导率较高。此外,高分子基体的结晶度[4]、分子链间的相互作用[5]等也会影响复合材料的热导率。

2. 填料

如表21.1所示,金属(如铜、银、铝等)和碳材料(如石墨烯、CNT、石墨和CF等)的热导率很高,但其电导率也很高,可同时赋予复合材料较高的热导率和电导率。相较而言,陶瓷导热填料(如BN、SiC、TiC)可在改善复合材料热导率的同时,还可保持材料的电绝缘性能,因此广泛应用于电子封装、芯片封装、发光二极管等领域[6]。

表21.1 导热填料的热导率和电导率[7]

属 性	导热填料	热导率/[W/(m·K)]	电导率/(S/m)
金属	Ag	450	6.3×10^{7}
	Au	315	4.1×10^{7}
	Fe	84~90	6.4×10^{5}
	Cu	400	5.8×10^{7}
	Al	234	3.5×10^{7}
无机非金属	Al_2O_3	18	电绝缘
	BN	250~300	电绝缘
	SiC	80	电绝缘
	Si_3N_4	180	电绝缘
	AlN	200~320	电绝缘
碳材料	石墨烯	4 840~5 300	10^{6}
	石墨	100~400	6.5
	CB	6~174	0.2~0.5
	SWCNT	约3 000	10^{8}

3. 界面

填料-基体界面以及填料-填料界面对复合材料导热性能影响极大。良好的界面可降低界面缺陷,减少声子在界面的散射,从而赋予复合材料较高的热导率。如将经偶联剂(GX-540)处理的BN纳米片与邻苯二甲腈复合制得的复合材料,其热导率为4.69 W/(m·K);而用未表面处理的BN纳米片改性的复合材料,其热导率仅为2.58 W/(m·K)[8]。用聚硅氮烷改性的BN增强环氧树脂,其热导率为3.521 W/(m·K),是未改性BN增强环氧树脂的1.35倍[9]。

4. 填料的尺寸和形状

一般来说，相同含量下，大尺寸导热填料与基体的总接触面积较小，声子在界面的散射较少，表现出较好的导热增强效果。但当填料添加量较低时，相比大尺寸填料，小尺寸填料可形成更多的导热通路，热导率增强效果更明显。如当含量固定为 10 wt. %时，2 μm BN 对硅橡胶热导率的提升比 150 μm BN 更大；但当含量大于 10 wt. %时，150 μm BN 对硅橡胶的热导率增强更显著[10]。除了尺寸外，填料形状也会影响填料与基体的接触面积。由于填料形状的不规则，一般用纵横比来描述填料的形状。相较而言，高纵横比的填料更容易堆叠形成导热通路(图 21.2)。如石墨烯/环氧树脂复合材料的热导率随石墨烯纵横比的增加而增加。当纵横比为 200 时，复合材料的热导率在石墨烯含量为 5.4%时为 1.45 W/(m・K)；而当纵横比降低为 30 时，复合材料的热导率仅为 1.08 W/(m・K)[11]。值得注意的是，当填料粒径较大时，填料间空隙也较大，容易被高分子基体填充，成为热阻较大的区域。因此，同时添加小粒径填料，让其占据大粒径填料间的空隙，可进一步提高复合材料的热导率。如用大粒径 AlN 与小粒径 Al_2O_3 以及小粒径 AlN 与大粒径 Al_2O_3 分别改性环氧树脂，制得的复合材料的热导率均高于单独使用其中任何一种填料改性的环氧树脂[12]。而对于连续 CF 增强的复合材料，由于 CF 长径比非常大，使复合材料沿纤维轴向方向的热导率较高，其他方向较低，因此一般需要加入纵横比较小的填料来改善复合材料其他方向的热导率。如用表面包覆有 BN/铜颗粒的 CF 改性环氧树脂，制得的复合材料在垂直于纤维方向的热导率提高了 217%，达 2.16 W/(m・K)[13]。将 CB 添加至 CF/

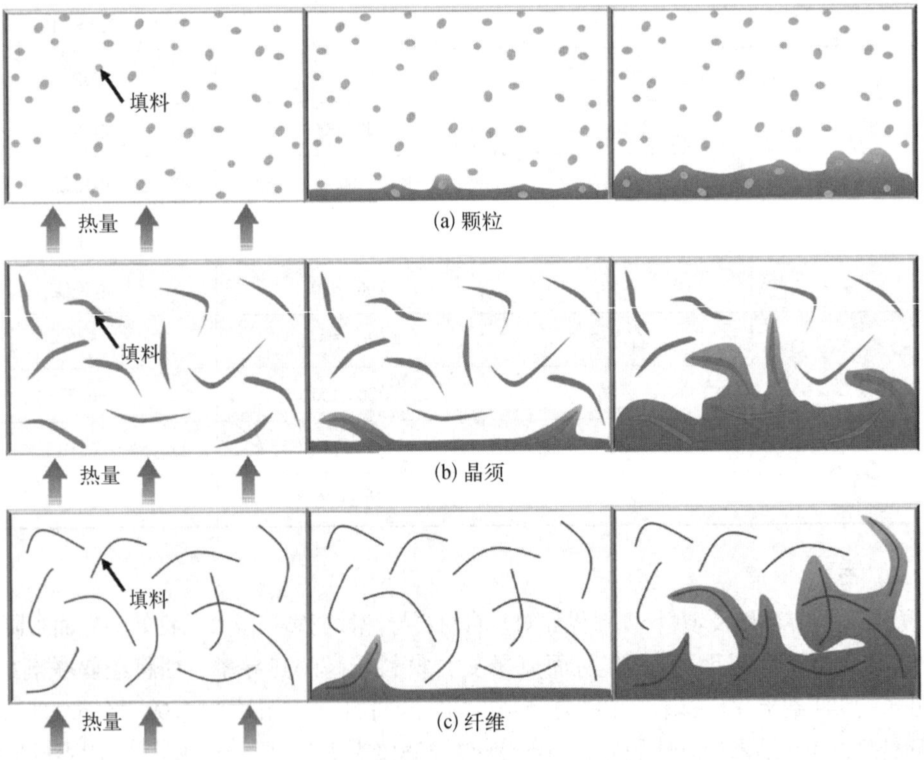

图 21.2　不同纵横比填料对复合材料导热行为的影响[3]

环氧树脂复合材料中,可将垂直于纤维方向的热导率提高 210%,至 3.3 W/(m·K)[14]。

5. 填料的分布

六方 BN(h-BN)、CNT 和石墨烯等填料具有导热各向异性。以 h-BN 为例,其纳米片面内的热导率高达 600 W/(m·K),面外(垂直于面内方向)热导率仅为 30 W/(m·K)。因此,通过调控基体中这类导热填料的定向排列,可赋予复合材料在某个方向较高的导热性能。如在磁场协助下,AlN/Fe_3O_4 在环氧树脂中发生定向排列,制得的复合材料的热导率为 1.75 W/(m·K),而 AlN/Fe_3O_4 无规取向的环氧树脂复合材料的热导率仅为 0.92 W/(m·K)[15]。采用真空抽滤制备的 BN/聚多巴胺复合薄膜具有显著的导热各向异性,其面内热导率高达 212.8 W/(m·K),而面外热导率仅为 1.0 W/(m·K)[16]。此外,构建分离结构或将高分子基体浸渍入由导热填料组成的三维导热网络中,可在填料含量较低时显著提高复合材料的热导率。如将表面包覆有石墨烯的多壁碳纳米管(MWCNT)/聚苯乙烯微球热压制备得到的含有分离结构的复合材料,其热导率比石墨烯随机分散的复合材料高 1.8 倍[图 21.3(a)][17]。将硅橡胶浸渍入表面沉积有还原氧化石墨烯(r-GO)的三聚氰胺泡沫,当 r-GO 含量为 4.82 wt.%时,制得的复合材料的热导率从 0.175 W/(m·K)提高至 2.19 W/(m·K)[图 21.3(b)][18]。

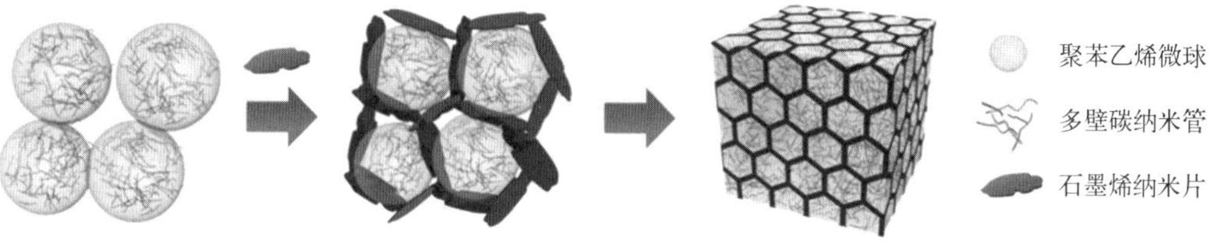

(a) 具有分离结构的石墨烯@MWCNT/聚苯乙烯复合材料[17]

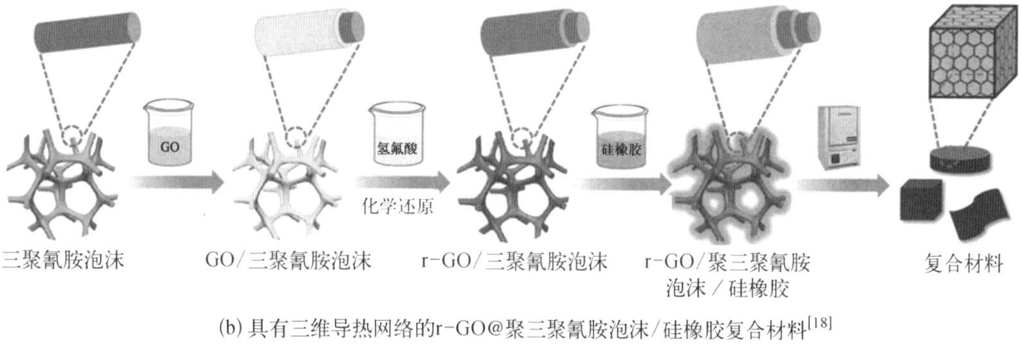

(b) 具有三维导热网络的r-GO@聚三聚氰胺泡沫/硅橡胶复合材料[18]

图 21.3　通过调控填料空间分布提高复合材料的热导率

21.2　复合材料的热膨胀

21.2.1　概述

热膨胀是指当外部压强不变时,材料的体积随温度升高而增大,随温度降低而减小的现象。反之,当材料的体积随温度升高而降低,随温度降低而增加,则称为热收缩。在实际使用中,材料的这种固有属性可能会降低结构的稳定性和可靠性,削弱甚至破坏材料的功能特性。如高超声速飞行器表面热防护系统的温差会引发不同材料的热变形不匹配,极易造成层间热应力失效;人造卫星运行中的昼夜温差会引发热应力不匹配,造成结构破坏;通信卫星天线支架过大的热变形会影响天线和地面的正常通信,因此需要对材料的热膨胀行为进行调控。高分子材料的体积随温度升高增加较大,在加工和使用过程中容易产生较大的残余应力,引起诸如热胀冷缩不匹配、涂层龟裂等问题。相较而言,金属、陶瓷以及碳材料的体积随温度变化较小。因此,通过将高分子材料和前述填料复合,可降低高分子材料的热膨胀。

21.2.2 复合材料热膨胀性能的评价

工程上一般用线热膨胀系数或体积热膨胀系数来衡量复合材料的热膨胀性能。其中线膨胀系数(α)是指试样在单位温度变化时的单位长度变化量,单位为 K^{-1}。即当温度从 T_1 升至 T_2 时,试样长度从 L_1 增加到 L_2,此时材料在该温度区间的平均线膨胀系数为

$$\alpha = \frac{L_2 - L_1}{L_1(T_2 - T_1)} = \frac{dL}{L_1 dT} \tag{21.4}$$

体积膨胀系数(γ)是指试样在单位温度变化时对应的单位体积变化量,单位为 K^{-1}。即当温度从 T_1 升至 T_2 时,试样体积从 V_1 变为 V_2,则材料在该温度区间的平均体积膨胀系数为

$$\gamma = \frac{V_2 - V_1}{V_1(T_2 - T_1)} = \frac{dV}{V_1 dT} = \alpha_x + \alpha_y + \alpha_z \tag{21.5}$$

式中,α_x、α_y 和 α_z 分别为复合材料 x、y 和 z 轴方向的线性热膨胀系数。对均相复合材料来说,x、y、z 方向的热膨胀系数相同,因此 $\gamma = 3\alpha$;而对单向连续纤维增强复合材料来说,由于垂直于纤维方向的热膨胀系数相同,$\gamma = \alpha_{\parallel} + 2\alpha_{\perp}$ [19]。

复合材料热膨胀系数的测量方法可分为接触法和非接触法两类。接触法主要使用电容式膨胀仪、线性位移转换器、杠杆式膨胀仪等仪器直接测出材料的热膨胀量。如电容膨胀仪通过电容的变化来计算复合材料的尺寸变化;但由于接触法使用的夹具和加载装置在高温下热膨胀增大,测量精度偏低,因此一般不适用于高温下热膨胀系数的测量。非接触法主要使用光杠杆式膨胀仪、光干涉法膨胀仪等仪器测量试样尺寸的变化。如光杆式膨胀法是将一束激光照射到试样上,使其因吸收光能而发生膨胀或收缩,进而产生形变,形变引起的弹性波作用在压电传感器上,产生压电信号,从而测得材料的热膨胀系数[20]。相较接触法,非接触法具有精度高、对周围扰动不敏感、易于横向比较等优点,但测量设备相对昂贵。

21.2.3 复合材料热膨胀机理

固体的热膨胀是由原子间的势能决定的。如图 21.4 所示,相邻两个原子在引力和斥力作用下,在平衡位置作非简谐振动。当温度升高时,原子的热振动幅度加大。由于势能

曲线的不对称性，平衡位置向左移动，引起原子间距增大，宏观上表现为热膨胀。对高分子而言，当温度低于玻璃化转变温度 T_g 时，高分子链段的运动被冻结，热膨胀系数较小。当温度高于 T_g 时，链段开始运动，热膨胀系数增大[21]。由共价键相结合的材料（如金刚石等）相互作用力极强，因此热膨胀系数很小。当加入填料后，由于填料的机械锚定作用，高分子链的运动和变形受限，进而降低其随温度升高的热膨胀。目前有很多种模型用来预测复合材料的热膨胀系数。

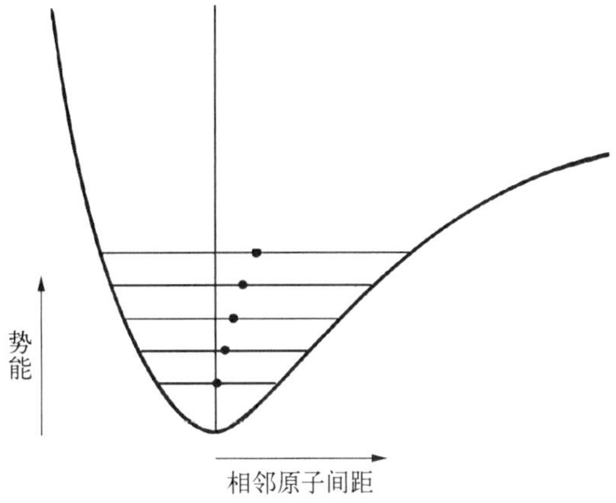

图 21.4 势能与原子间距的关系曲线[22]

混合法则最早用于预测复合材料热膨胀系数，其表达式如下所示：

$$\sigma_c = \sigma_f \phi + \sigma_m (1 - \phi) \tag{21.6}$$

式中，σ_c、σ_f 和 σ_m 分别为复合材料、填料和基体的热膨胀系数；ϕ 为填料的体积分数。该模型同样适用于连续纤维增强复合材料，但由于没有考虑组分间弹性相互作用的影响，因而该模型的预测值与实际测量值有较大偏差。

Turner 模型[19]假定起始温度下材料内部不存在内应力，温度变化时各组分仅承受等静压力且变形相协调，裂纹、空隙的数量和大小不发生变化。该模型认为颗粒增强复合材料的热膨胀系数还取决于各组分的体积分数以及杨氏模量，其表达式如下：

$$\sigma_c = \frac{(1 - \phi) K_m \alpha_m + \phi K_f \alpha_f}{(1 - \phi) K_m + \phi K_f} \tag{21.7}$$

式中，K_m 和 K_f 分别为基体和填料的杨氏模量。

Kerner 模型[23]考虑了复合材料内部晶界或相界间切变效应的影响，通过经典自洽法预测了复合材料的热膨胀系数。该模型适用于颗粒增强复合材料，认为基体的剪切模量对复合材料的热膨胀系数有影响，其表达式如下：

$$\sigma_c = \sigma_f \phi + (1 - \phi) \alpha_m + \frac{\phi (1 - \phi)(\alpha_f - \alpha_m)(K_f - K_m)}{(1 - \phi) K_m + K_f \phi + \dfrac{3 K_f K_m}{4 G_m}} \tag{21.8}$$

式中，G_m 为基体的剪切模量。

此外，付绍云等还对非连续纤维增强复合材料的热膨胀系数提出了理论模型，在模型里引入了纤维长度分布和纤维取向分布的影响[24]。

21.2.4 复合材料热膨胀的影响因素

影响复合材料热膨胀的因素主要有高分子基体的结晶度、交联度、微结构和分子量以及填料的形状、粒径、含量和分散情况等。

1. 高分子基体

高分子基体的热膨胀主要由受分子量、分子结构、交联密度和结晶度等因素的影响。分子量越大，链段堆砌越规整，交联度越大，分子结构越紧密，材料的热膨胀系数越小。如具有三嗪环结构的异氰酸酯树脂结构规整度较高，交联密度较大，因此其热膨胀系数比一般的热固性树脂低。通过提高异氰酸酯树脂的交联密度，可进一步降低树脂的热膨胀系数，但这会导致树脂冲击强度和弯曲强度等力学性能的降低[25]。一般来说，向分子链中引入刚性结构单元也能降低树脂的热膨胀系数。如具有吡啶和嘧啶刚性结构的聚酰亚胺树脂的热膨胀系数仅为 $2.44\times10^{-5}\ K^{-1}$ 和 $3.58\times10^{-5}\ K^{-1}$，远低于柔性链聚酰亚胺的 $4.93\times10^{-5}\ K^{-1}$[26]。由于兼具有序与交联的特性，引入液晶高分子也可适度降低树脂的热膨胀系数。如当液晶环氧含量为 5% 时，异氰酸酯树脂的热膨胀系数从 $6.4\times10^{-5}\ K^{-1}$ 降至 $5.6\times10^{-5}\ K^{-1}$[27]。高分子基体的微观结构也影响其热膨胀系数。如在苯乙烯-乙烯/丁烯-苯乙烯嵌段共聚物（SEBS）纳米层状结构的诱导下，尼龙 6/SEBS 合金中尼龙 6 晶体的 *b* 轴沿注塑方向取向，导致合金在该方向的热膨胀系数比其他方向低得多[28]。

2. 填料

填料的属性、添加量、形状以及分布都会影响复合材料的热膨胀系数。

1）填料属性

如表 21.2 所示，低膨胀材料体系可分为硅酸盐体系、磷酸盐体系、钨酸盐体系和殷瓦合金（invar alloy），负膨胀材料有碳材料（如碳纳米管、石墨烯）、氧化物材料类[主要包括 AM_2O_7 系列（A 代表 Zr、Al、Y 等元素；M 代表 W、Mo 等元素）、AM_2O_8 系列、AM_3O_{12} 系列等]、钙钛矿系列、反钙钛矿系列、氰化物系列等。负热膨胀材料与高分子复合，可制得零膨胀或低膨胀甚至负膨胀的复合材料，其在精密仪器、电子封装材料、生物医学等行业有巨大的实用价值。如将 35 vol.% 的负膨胀材料 $Mn_{3.25}Zn_{0.5}Sn_{0.25}N$ 加入聚酰胺酰亚胺，制得的复合材料在 315~327 K 范围内的热膨胀系数为 $-3\times10^{-6}\ K^{-1}$[29]。

表 21.2　不同填料的热膨胀系数和密度[29-31]

材　料	密度/(g/cm³)	热膨胀系数/($10^{-6}\ K^{-1}$)
ZrW_2O_8	5.08	−9
ZrV_2O_7	2.73	−7
殷瓦合金	8.1	0.01
Si	2.3	4.1
Al_2O_3	3.9	6.4~7.2
AlN	3.25	3.8~4.5
沥青基 CF	1.9~2.03	−1
聚丙烯氰基 CF	1.75~1.93	0.4~2.3
凯夫拉纤维	1.45	−6

2）填料含量

填料的含量直接影响复合材料的热膨胀系数。当石墨烯的含量为 1% 和 5% 时，环氧树脂复合材料的热膨胀系数约为 $1.97\times10^{-4}\ K^{-1}$ 和 $1.62\times10^{-4}K^{-1}$，与纯环氧树脂相比，分别减少了约 17.9%和 32.5%[32]。聚酰亚胺的热膨胀系数随纳米 SiO_2 含量的增加而显著下降。当 SiO_2 含量超过 0.2%时，复合材料的热膨胀系数下降最为迅速；但当 SiO_2 含量超过 0.4%后，复合材料的热膨胀系数基本保持不变[33]。

3）填料尺寸

由于填料表面限制了高分子分子链的运动和变形，因此填料的尺寸对复合材料的热膨胀系数也有影响。随着填料尺寸的减小，其比表面积增加，材料的热膨胀系数降低越显著。如分别用直径为 170 nm、74 nm 和 23 nm 的 SiO_2 改性环氧树脂，当 SiO_2 含量固定为 30%时，制得的复合材料在玻璃化转变温度以下的热膨胀系数分别为 $4.84\times10^{-5}\ K^{-1}$、$4.57\times10^{-5}\ K^{-1}$ 和 $3.63\times10^{-5}\ K^{-1}$，呈现随填料尺寸变小而减小的趋势[34]。

4）填料界面

复合材料的热膨胀系数还受填料和基体间的界面影响。如用氧化和表面包覆的 MWCNT 改性环氧树脂，制得的复合材料的热膨胀系数分别为 $1.05\times10^{-4}\ K^{-1}$ 和 $8.2\times10^{-5}\ K^{-1}$，而同时用氧化和表面包覆处理的 MWCNT 改性环氧树脂，其热膨胀系数降至 $7.1\times10^{-5}\ K^{-1}$[35]。对纤维增强复合材料来说，界面性能的好坏对纵向热膨胀系数的影响远大于横向，这和复合材料其他力学性能正好相反[36]。如随着玻纤质量分数的增加，聚丙烯的线性膨胀系数呈下降趋势，其中垂直流道方向的线膨胀系数下降幅度较小，而平行流道方向的线膨胀系数下降幅度较大[37]。

5）填料分布

填料在基体中的分布对复合材料的热膨胀行为有重要影响。如将环氧树脂浸渍入 CNT 薄膜中，当 CNT 含量超过 21 vol.%时，复合材料的热膨胀系数趋近 0 或为负值[38]。由于注塑成型使木纤维在高密度聚乙烯（HDPE）中沿注塑方向取向，因此制得的复合材料在该方向的热膨胀系数较其他方向低得多（图 21.5）[39]。

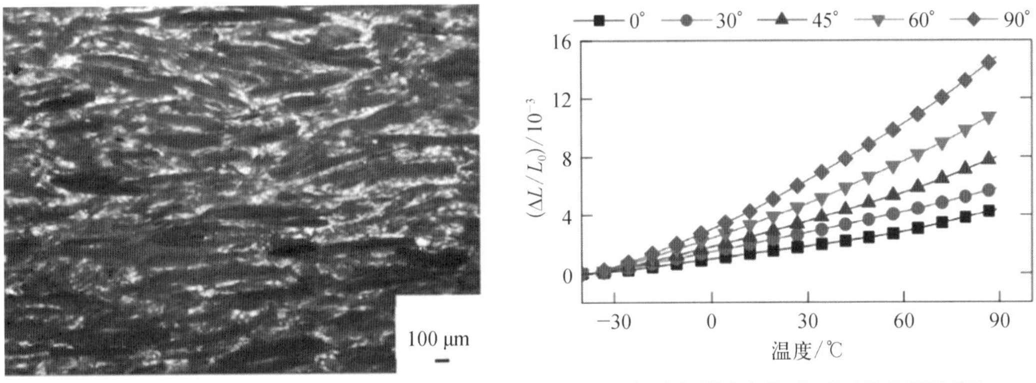

(a) 木纤维增强HDPE复合材料的SEM图　　(b) 与注塑方向呈不同角度的热膨胀系数

图 21.5　注塑成型使木纤维在高密度聚乙烯中沿注塑方向取向[39]

对于非连续纤维增强复合材料的热膨胀系数，还需要考虑纤维长度、纤维方向和超混杂（2 个及以上填料）的影响[40]。而对于[41]连续纤维增强复合材料，其热膨胀系数受纤维种类(表 21.2)、取向以及铺层等因素影响。如按[0°/90°/+ 45°/−45°/−45°/+ 45°/90°/0°]或[0°/+ 45°/−45°/90°/90°/−45°/+ 45°/0°]铺层的碳纤维复合材料,其热膨胀系数在面内方向近似于各向同性,而垂直于面内方向依然存在热膨胀系数较高的问题。因此,对于连续纤维增强复合材料,需添加低热膨胀填料来降低垂直于面内方向的热膨胀系数。如添加 20 wt. % ZrW_2O_8 至 CF 增强的氰酸树脂中,制得的复合材料在平行于纤维方向的热膨胀系数基本保持不变,而垂直于纤维方向的热膨胀系数从 8.1×10^{-5} K^{-1} 降至2×10^{-5} K^{-1}[42]。

21.3 复合材料的阻燃性能

21.3.1 概述

无论飞机、飞船还是空间站,内部电路非常密集,容易发生短路,产生电火花或过热现象。此外空气的存在,极易使火花、过热演变为火灾。而高分子材料主要由 C、H 和 O 等元素构成,极易燃烧,并且燃烧过程会产生大量的烟热和有毒有害气体。因此,若不改善高分子的阻燃性能,延缓或者阻止材料的燃烧,将对环境、人体健康、财产安全以及飞行安全构成巨大威胁。相较而言,无机材料、碳材料等具有较高的热稳定性,通过与高分子材料复合,可赋予高分子较高的阻燃性能,满足其在航空航天领域的使用要求。

21.3.2 高分子材料的燃烧过程

如图 21.6 所示,高分子材料在燃烧过程中主要经历以下几个阶段。

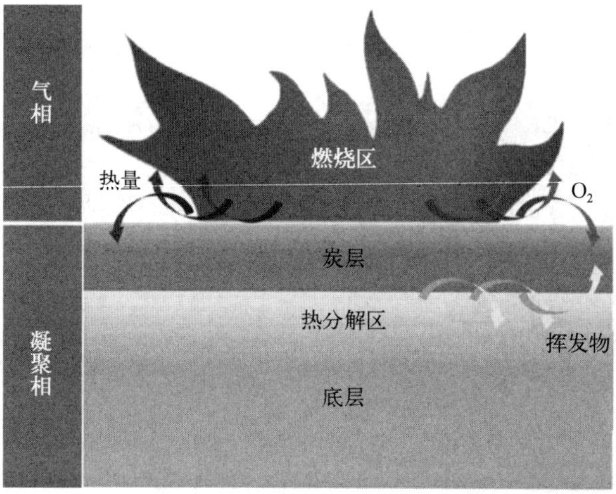

图 21.6 高分子材料在燃烧过程中的物理和化学变化[43]

第一阶段:在外界热源或明火作用下,高分子材料温度升高并发生相转变和化学变化。热稳定性较差的高分子链段率先发生化学键断裂;当温度继续升高至分解温度以上后,高分子主链开始断裂,分解产生不可燃性气体(如水气、二氧化碳等)、可燃气体(如低分子量的烃类、一氧化碳等)以及液固产物。

第二阶段：高分子分解产生的可燃气体与氧气混合，达到着火极限后会被点燃。只要持续提供维持燃烧所需的热量，燃烧就会继续，否则终止。如果气相或凝聚相反应释放的热量能维持高分子燃烧，即使移去火源，燃烧也能继续，形成自我维持的燃烧循环。

第三阶段：高分子被引燃后，火焰向材料内部扩展，进一步促进高分子的热解。此外，当周围存在可燃物且燃烧释放的热量足以引燃时，火焰就会扩散，形成更大面积的火势。当热量不足以支持燃烧，氧气不足或燃料耗尽时，火焰会自行熄灭。

21.3.3　复合材料阻燃性能的评价方法

复合材料阻燃性能的评价方法很多，主要有热重分析、极限氧指数、垂直燃烧法、水平燃烧法、锥形量热法等。

热重分析法是在一定气体氛围下(如氮气、氩气、氧气和空气等)，研究材料质量与温度关系的一种热分析方法。它常被用来测定材料的分解温度和速率、组分、含量等参数。为了研究材料在接近真实情况下的热降解行为，通常在氧气或空气氛围下进行热重分析。

极限氧指数(limiting oxygen index, LOI)是将氧气和氮气按一定比例混合，研究维持材料有焰燃烧 3 min 或者 6 cm 所需的最低氧气浓度(以氧气所占体积百分数的数值表示)。LOI 越高，材料的阻燃性能越优异。通常来说，LOI>27 的材料是自熄材料，LOI<21 的材料是易燃材料。

垂直燃烧测试(UL-94)是目前应用最广的一种材料可燃性能评级方法。它主要根据燃烧速度、燃烧时间、抗滴能力以及滴珠是否燃烧，来评价材料在被点燃后熄灭的能力。按照 UL-94 标准，材料的阻燃等级可分为 HB、V-2、V-1 和 V-0。其中 HB 是 UL94 标准中最低的阻燃等级。它要求材料厚度为 3~13 mm 时，其燃烧速度小于 40 mm/min；厚度小于 3 mm 时，燃烧速度小于 70 mm/min；或者材料在燃烧 100 mm 之前发生熄灭。V-2 是对样品进行两次 10 s 的燃烧测试后，火焰在 60 s 内熄灭，且可引燃下方 30 cm 处的药棉。V-1 是对样品进行两次 10 s 的燃烧测试后，火焰在 60 s 内熄灭，但不能引燃下方 30 cm 处的药棉。V-0 是对样品进行两次 10 s 的燃烧测试后，火焰在 30 s 内熄灭，且不能引燃下方 30 cm 处的药棉。

锥形量热法通过测定材料燃烧时的耗氧量来计算材料在外界辐射热作用下燃烧所放出的热量，由此获得热释放速率、生烟速率、质量损失率和残留质量等参数。它是在实验室模拟火灾现场一种较有效的方法。热释放速率(heat release rate, HRR)是指样品单位面积释放热量的速率，反映材料燃烧瞬间释放热量的大小，单位为 kW/m^2。最大释热速率或释热速率峰值(peak heat release rate, PHRR)反映材料燃烧的最大强度，是预测燃烧危险性最重要的参数。生烟速率(smoke production rate, SPR)也是评价火灾危害的一个重要参数，它指的是材料在单位时间内产生的烟气量，单位为 m^2/s。点燃时间(the time of ignition, TTI)是在一定入射热流强度下，材料表面从开始受热到出现持续燃烧所需的时间，是从燃烧前的角度评价材料火灾危险性的重要指标。火灾性能指数(fire performance index, FPI)是 TTI 与 PHRR 之比(TTI/PHRR)，单位为 $m^2 \cdot s/kW$。它主要用于评价材料潜在的轰燃危险性，FPI 越大，轰燃时间越长。质量损失率(mass loss rate, MLR)是材料在一定辐射强度下热分解的速度,它反映材料燃烧的难易程度。

21.3.4 复合材料阻燃的影响因素

提高材料的阻燃能力,需改变燃烧循环,降低或抑制物理或化学变化速率。目前,主要从改善高分子基体的阻燃性能和添加阻燃剂来提高阻燃性能。

1. 高分子基体

高分子主要由 C、H 和 O 组成,因此含氧量多少会影响其阻燃性能。按照极限氧指数的高低,常用树脂阻燃性能的优劣顺序为: 酚醛树脂>聚酰亚胺>双马树脂>环氧树脂>聚酯。酚醛树脂阻燃性能较高的原因在于: 其含氧量较低,容易生成炭层,延缓燃烧的进行;环氧树脂或聚酯则在燃烧过程会产生大量的可燃气体,因此易燃。此外,在高分子链中引入阻燃(如卤素、磷、氮等原子)、耐燃的基团(如苯环)也可达到阻燃的目的。如采用含硅固化剂固化的环氧树脂,LOI 为 31.0~34.0,阻燃级别达 V-0 级,同时兼具良好的韧性[44]。无卤的苯酚-芳烷基型环氧树脂也具有良好的阻燃性能和自熄能力,在电子封装领域有广泛的应用[45]。对纤维增强复合材料来说,纤维种类对复合材料阻燃性能影响较大,不可燃纤维(如 CF、玻璃纤维和玄武岩纤维等)可赋予复合材料较高的热稳定性。比如,加入 1 wt.%的短碳纤维,可将环氧树脂的 PHRR 和 THRR 分别降低 31.6%和 11.36%[46]。此外,纤维含量、长度、取向和热导率等决定热量从材料表面向内部扩散的速度,进而影响燃烧进程[47]。鉴于复合材料在结构件方面应用越来越广,有必要通过添加阻燃剂来提高其阻燃性能。

2. 阻燃剂

按阻燃机理的不同,阻燃剂可分为含卤阻燃剂、无机阻燃剂、磷系阻燃剂、膨胀阻燃剂和纳米阻燃剂等。

(1) 含卤阻燃剂是发展最早的一种阻燃剂,它能快速捕获自由基(如 HO·、H·、O·和 HOO·等),抑制自由基的连锁反应,且热分解释放的惰性产物稀释可燃物,从而降低材料的燃烧速率。然而,含卤阻燃剂在燃烧时会产生大量烟雾和腐蚀性气体,对环境和人体健康产生巨大危害,目前已被世界各国所禁用。

(2) 无机阻燃剂(如氢氧化铝、氢氧化镁、氧化锑等)主要通过吸收热量,抑制材料温度的上升,进而降低热降解速率。如添加 2%水合氧化铝就可将聚乙烯的 TTI 提高 15%,LOI 指数提高 7%[48]。但无机填料的添加量一般较高,会对复合材料的机械性能有负面影响。

(3) 磷系阻燃剂(如红磷、磷酸盐类、磷酸酯和膦酸酯等)的热分解产物有非常强的脱水能力,可促进高分子的炭化,形成炭膜,延缓燃烧进程。磷系阻燃剂具有毒性较低、用量少、阻燃效率高等优点,但也存在一些缺陷,如发烟多、热稳定性差等。

(4) 膨胀阻燃剂是以磷、氮、碳为核心元素的无卤环保阻燃剂。燃烧时阻燃剂的各个组分发生化学反应,生成不可燃的多孔炭层,起到隔热隔氧的阻燃作用。

(5) 纳米阻燃剂是近年来阻燃领域的研究热点。相对其他阻燃剂,纳米阻燃剂在添加量很少时就可显著降低高分子材料的燃烧性(特别是 HRR 和 PHRR),并提高力学性能[49]。纳米填料的阻燃机理在于: ① 在燃烧过程中,无机填料或其热分解产物,逐渐沉积在表面,形成物理隔绝层;② 无机纳米填料限制高分子链的运动和降解,延缓燃烧进程;③ 无机纳米填料可促进高分子的热交联,并催化其炭化转化为炭层[50-52]。纳米阻燃剂的阻燃效果受其添加量的影响。如当纳米 CB 含量为 1%时,聚丁二酸丁二醇酯(PBS)的 PHRR 降低幅度较小;当 CB 含量增加至 5%和 10%时,PBS 的 PHRR 分别降低 57%和 62%。这是因为 CB 有利于在燃料表面形成均匀、连续的炭层[53]。此外,纳米阻燃剂的阻燃效果受其尺寸以及在基体中的分布等因素影响。如表面硅烷偶联剂处理的小尺寸纳米黏土可显著提高乙烯-醋酸乙烯共聚物(PDMS)的 LOI 和 TTI[54]。如图 21.7 所示,BN 取向增强的 PDMS 的烟雾总释放量比纯 PDMS 以及 BN 随机取向增强的 PDMS 分别降低 44.3%和 44.7%;同样,用取向排列的 BN 增强环氧树脂,其 PHRR 和 CO 生成量分别减少 47%和 51%[55, 56]。

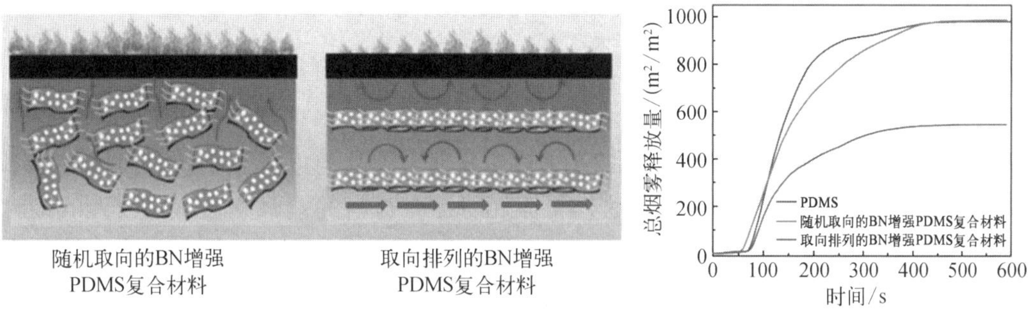

(a) 随机取向和取向排列的BN增强PDMS复合材料示意图

(b) PDMS、随机取向和取向排列的BN增强PDMS复合材料的烟雾总释放量

图 21.7　填料取向对复合材料阻燃性能的影响[55]

(6) 复合阻燃剂是利用双组分或多组分阻燃剂的协同作用,改善复合材料的阻燃性能。如聚磷酸铵(APP)和 CNT 的协同作用可赋予 CNT@ APP/PBS 复合材料优异的抗滴落、较高的炭生成量(65.7%)以及低 PHRR 和总释热量(THR)[57]。与单独用 6%磷酸三苯酯(APHP)和 6% 9, 10 -二氢- 9 -氧杂- 10 -磷杂菲- 10 -氧化物(DOPO)改性的环氧树脂相比,用磷阻燃剂 APHP(2%)和 DOPO(4%)协同改性的环氧树脂的 UL94 等级从无法评级和 V - 1 提升至 V - 0,PHRR 值从 603 kW/m^2 和 725 kW/m^2 降至 510 kW/m^2,THR 值从 69 MJ/m^2 和 70 MJ/m^2 降至 58 MJ/m^2。这是因为在燃烧过程,DOPO 首先发生热分解,生成的 PO · 自由基抑制燃烧速率;而 APHP 则在更高温度发生热降解,生成的含磷小碎片可进一步抑制燃烧的进行[58]。

21.4　复合材料的导电性能

21.4.1　概述

高分子材料因其优异的电绝缘性能被广泛应用于电绝缘领域。然而随着其应用领域的拓展,一些高技术领域也对高分子材料的导电性能提出了要求。按材料结构,导电高分子可分为结构导电高分子和导电高分子复合材料两大类。结构导电高分子又称为本征导

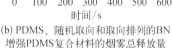

电高分子,如聚乙炔、聚对苯乙撑、聚苯胺、聚吡咯等,但因分子主链的刚性 $\pi-\pi$ 共轭结构,使其韧性差、加工困难。导电高分子复合材料是由高分子材料与导电填料(CB、CNT、石墨烯、金属纳米线和金属纳米颗粒等)复合而成。它不仅保持高分子材料的优良特性,还可通过填料赋予高分子材料导电性能,在航空航天、能源、光电器件、电磁屏蔽等高科技领域有广泛的应用。

21.4.2 复合材料导电性能的评价方法

电阻率(ρ),又称电阻系数,是物质本身固有的特性。它指的是长度为 1 cm 和横截面积为 1 cm^2 的物体的电阻,用来衡量材料导电性能的优劣,单位为 $\Omega \cdot m$。电导率 (ρ) 是用来描述材料中电荷流动难易程度的参数,单位为 S/m,是电导率的倒数。

对金属导体而言,可直接由伏安法测量得到电阻,然后再根据样品的形状计算出该材料的电阻率。即

$$\rho = SV/LI \tag{21.9}$$

式中,S 为试样横截面积;L 为试样长度;V 和 I 分别为施加的电压和电流。但该方法不适用于复合材料,原因在于电压表的金属探针与复合材料的接触处会形成较大的接触电阻,其值有时甚至远超材料本身的体积电阻。所以这种方法测得的电阻率一般较实际值大。

为了抵消或避免接触电阻,先后发展了单探针扩展法、两探针法、三探针法、四探针法和六探针法等适用于复合材料的电阻率测试方法。其中,四探针法是半导体行业广泛采用的标准方法,具有测试方便、精度高、对样品尺寸无严格要求等优点。根据四根探针的组合方式,四探针法又分为常规直线四探针法、双电法和范德堡法等。其中常规直线四探针是将四根等间距的探针置于同一直线上,同时施加相同的压力使探针与样品形成欧姆接触;然后用恒流电源给最外侧两探针通电流 I,再测内侧两探针间的电压 V,最后根据薄层原理和厚块原理修正后可得样品电阻率,即

$$\rho = CV/I \tag{21.10}$$

式中,C 为探针系数,其值由探针几何位置决定。当试样尺寸无限大、电阻率均匀时,$C = \dfrac{2\pi}{1/S_1 + 1/S_2 - 1/(S_1 + S_2) + 1/(S_2 + S_3)}$,式中 S_1、S_2 和 S_3 分别为探针 1 与 2、2 与 3、3 与 4 的间距。范德堡法和双电法是对常规直线四探针法的改良,以避免探针间距不等以及待测样品的几何尺寸不满足要求所引起的测量误差[59]。

21.4.3 复合材料的导电机理

复合材料的导电机理比较复杂,目前比较流行的理论主要有:宏观的逾渗理论(又称导电通道理论)、微观量子力学的隧道效应理论和场致发射效应理论。

1. 逾渗理论

Kirkpatrick[61]首次将逾渗理论引入导电复合材料体系中,其基本思想是:复合材料是

一个三维规则的、周期的点阵,导电填料随机占据这些点阵,当点阵的占有率达到某一临界值时,复合材料的电导率突增,实现了从绝缘体到导体的转变(图 21.8)。该转变所对应的临界导电填料含量称为导电逾渗值。导电逾渗理论从宏观角度解释电阻率和导电填料含量的关系,并不涉及导电的本质。虽然有模型分析了导电填料的含量、几何尺寸等对逾渗网络形成的影响,可在一定程度上解释在临界体积分数时导电网络的形成,却难以解释复合材料的逾渗值与所选用的导电填料及基体树脂的种类有关,并且这些模型都忽略了体系的热力学和动力学因素以及基体和填料间界面的差异。

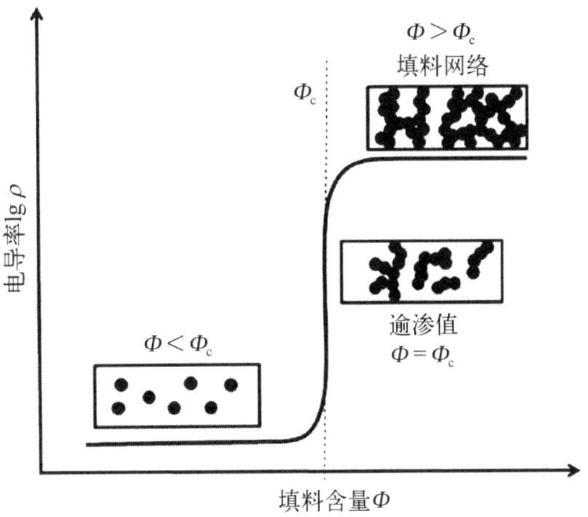

图 21.8　复合材料电导率与导电填料含量的关系[60]

2. 隧道效应理论

当导电填料的含量还不足以形成导电网络时,复合材料也具有一定的导电性,这无法用导电通路理论来解释,因此就发展了隧道效应理论。该理论认为:电子具有波粒二相性,即使其能量不足以翻越势垒顶部,它们仍能在势垒一侧消失而在另一侧出现,因此可在相互靠近但不接触的导电粒子间传递,进而使复合材料导电。隧道效应对复合材料导电率 σ 的贡献为

$$\sigma = \sigma_0 \exp(-2X_t d) \tag{21.11}$$

式中,σ_0 是导电填料的电导率,$X_t = [2mV(T)/h^2]^{1/2}$;m 是电子质量;d 是相邻粒子的间距;$V(T)$ 为温度为 T 时的势垒高度;h 为普朗克常数。

3. 场致发射效应理论

施加外加电场可增加导电填料上电子的跃迁能量,使其能跨越树脂造成的能量势垒,从而跃迁至更远的导电填料,这种现象称为场致发射效应。一般来说,树脂的介电系数越高,场致发射效应所需的外加电场越大。

在复合材料导电过程中,以上三种机制可能同时存在,且以一种或两种为主。如导电填料在导电逾渗值以上时,以导电通路为主;含量较低时,若电子可以穿越树脂绝缘层形成的势垒,跃迁至邻近填料可形成隧道电流;若在外加电场下才发生电子跃迁,则形成场致电流。

21.4.4　复合材料导电的影响因素

与热导率类似,复合材料的电导率主要受导电填料(如填料的结构、形状、尺寸、含量等)和高分子基体影响。

1. 填料

导电填料的属性、含量、形状、尺寸和分布与复合材料的导电性密切相关。

1）导电填料的属性

填料的电导率对复合材料的导电性能有重要影响。如银粉的导电性能比铝粉好很多，因此银粉作为填料时所制备的环氧树脂复合材料的导电性能要远远高于铝粉填充的复合材料[62]。碳纤维的导电性（1×10^{-6} Ω·m）虽不如其他碳系导电填料（石墨烯：1.0×10^{-8} Ω·m，MWCNT：5×10^{-8} Ω·m），但其在改善复合材料导电特性的同时，还可赋予材料优异的力学性能[63-65]。

2）导电填料的含量

当导电填料的体积分数较低时，填料在基体中相互接触较少，导电性较差。随着导电填料的体积分数增加，填料间相互接触的机会增多，导电性逐渐提高。当填料的体积分数达到逾渗阈值时，导电通路形成。一般情况下，当导电填料的体积分数超过逾渗阈值，复合材料的电导率随填料体积分数的增加而缓慢增加。

3）导电填料的分布

填料在基体中的排列也影响复合材料的电导率。高度取向的碳纳米管比随机取向的碳纳米管对环氧树脂电导率的提升更加显著[69]。此外，通过构建导电网络或分离结构，可在较低导电填料添加量的情况下大幅提高复合材料的电导率。如具有分离结构的 CNT 改性复合材料的导电逾渗值是随机排列 CNT 改性复合材料的四分之一［图 21.9(a)］[66]。

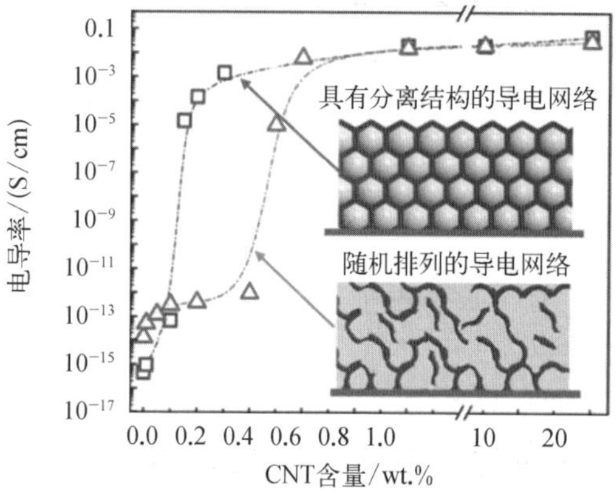

(a) 具有分离结构和随机取向的复合材料的电导率随CNT含量的变化趋势[66]

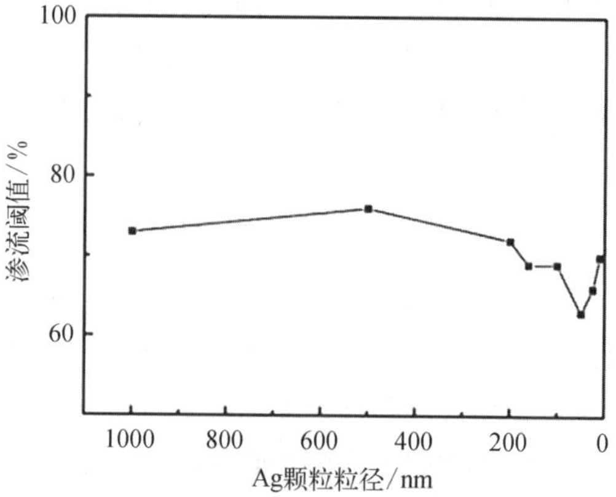

(b) 环氧树脂的渗流阈值随Ag颗粒粒径的变化趋势[67]

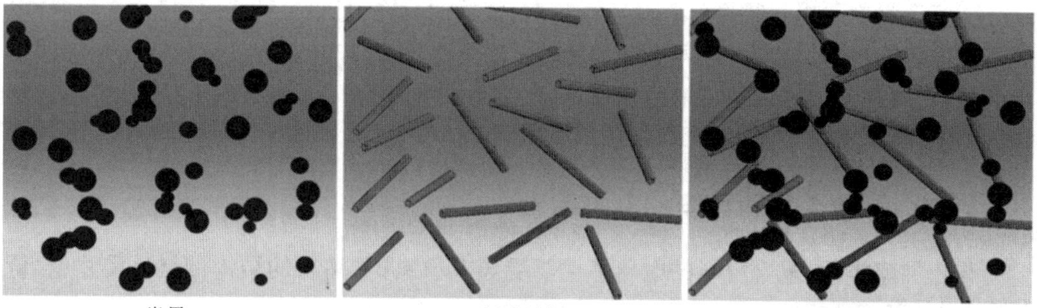

炭黑　　短碳纤维　　炭黑/短碳纤维

(c) 炭黑和短碳纤维复配组成的导电网络[68]

图 21.9　填料分布、尺寸和形状对复合材料电导率的影响

4）导电填料的形状和尺寸

导电填料的形状对复合材料的导电行为具有重要影响。一般来说，导电逾渗值遵循：颗粒填料>片状填料>棒状填料[70]。当填料的半径越小，长径比越大，达到导电逾渗值所需导电填料的体积分数越小。如具有低长径比 CNT 的环氧树脂复合材料的导电逾渗值是含有高长径比 CNT 复合材料的 2 倍，这是因为 CNT 轴向导电性比径向高[71]。对导电颗粒来说，尺寸越大，复合材料的导电性能越好，但当导电填料的尺寸达到纳米尺度时，导电逾渗值反而降低。如添加 70 wt.%微米 Ag 颗粒（5～8 μm）的环氧树脂的电阻率为 $7.21\times10^{-3}\ \Omega\cdot cm$，而用 70 wt.%纳米 Ag 颗粒（50～150 nm）改性的环氧树脂则不导电[72]；但当 Ag 颗粒的粒径降低至 50 nm 时，复合材料的导电逾渗值降至 63 wt.%［图 21.9（b）］[67]。多尺度填料的协同作用也可显著降低复合材料的逾渗值［图 21.9（c）］。如单独使用石墨烯纳米片改性环氧树脂时，其逾渗值为 0.84 wt.%；单独使用 CNT 时，逾渗值为 0.88 wt.%；而两者协同改性时，复合材料在 0.12 wt.%石墨烯纳米片和 0.5 wt.%CNT 时便出现导电逾渗现象[73]。

2. 高分子基体

高分子基体是导电填料所形成导电网络的支架，所以其分子量、结晶度、热稳定性等对复合材料的电学性能有重要影响。较高分子质量和模量的高分子材料在成型时能够抵抗更大的塑性形变，这对导电网络在基体中的稳定性至关重要。如分子量较大的超高分子量聚乙烯（6×10^6 g/mol）的电导率比分子量较小的超高分子量聚乙烯高两个数量级[74]；用模量较高的丙烯酸丁酯作为基体，炭黑的渗流值为 1.5 wt.%，而模量较低的甲基丙烯酸甲酯基体所对应的渗流值为 4.9 wt.%[75]。这是因为模量较高的丙烯酸丁酯能更有效地将炭黑推到基体的空隙中，形成分离结构，从而降低逾渗值。除此之外，高分子的结晶度、热稳定性、界面性能等也会影响复合材料的导电性能[76]。

21.5 复合材料的介电性能

21.5.1 概述

飞行器通过机载雷达向外发射电磁波，以实现目标搜索、测距、定位以及引导武器攻击等目的。这要求雷达罩材料具有较低的介电常数和介电损耗，以降低对电磁波的吸收。同时出于对飞行器隐身的需求，隐身材料须具有高的介电常数和介电损耗，以降低对雷达波的反射。此外，电容器、电活性材料、大功率储能器件和有机场效应晶体管等技术的快速发展也要求介电材料不仅具有优异的介电性能，还需具备良好的加工性能和力学性能。传统的介电材料（如金刚石、铁电陶瓷、钛酸钙、钛酸镁、钛酸钡等）已不能满足上述要求。向高分子材料中引入介电填料，可赋予高分子材料优异的介电性能，满足实际应用需求。

21.5.2 介质的极化

导电材料中的电荷在外电场作用下可发生移动，而介电材料中的电荷不能自由移动，但会发生正负电荷重心的分离，从而形成偶极矩，这种现象称为介质的极化。根据极化的微观机理不同，介质极化主要分为电子极化、离子极化、取向极化和界面极化等。

电子极化：无外加电场时，原子核和核外电子的中心重合，对外呈电中性；施加电场后，电子在电场作用下发生相对原子核的位移，正、负电荷中心分离，形成电偶极子，这称为电子极化[图 21.10(a)]。电子位移极化所需时间很短，约 $10^{-14}\sim10^{-5}$ s。

离子极化：构成离子晶体的正、负离子在电场力的作用下沿相反方向发生位移而形成[图 21.10(b)]。形成离子极化所需的时间约 $10^{-13}\sim10^{-12}$ s。

取向极化：对极性电介质材料而言，在未施加外电场时，其电偶极矩的取向是无序的，因此材料在宏观上总偶极矩为零；受电场作用后，电偶极矩会沿电场方向取向，产生定向极化，此时总偶极矩不为零[图 21.10(c)]。这种极化过程也称为偶极子转向极化，形成取向极化所需的时间约为 $10^{-10}\sim10^{-2}$ s。

界面极化：在电场中，电介质材料内的自由电荷载流子在缺陷位置或异质界面发生聚积而使整体材料内部的电荷分布不均，形成宏观电矩，也叫空间电荷极化[图 21.10(d)]。界面极化的速度最慢，所需时间较长。

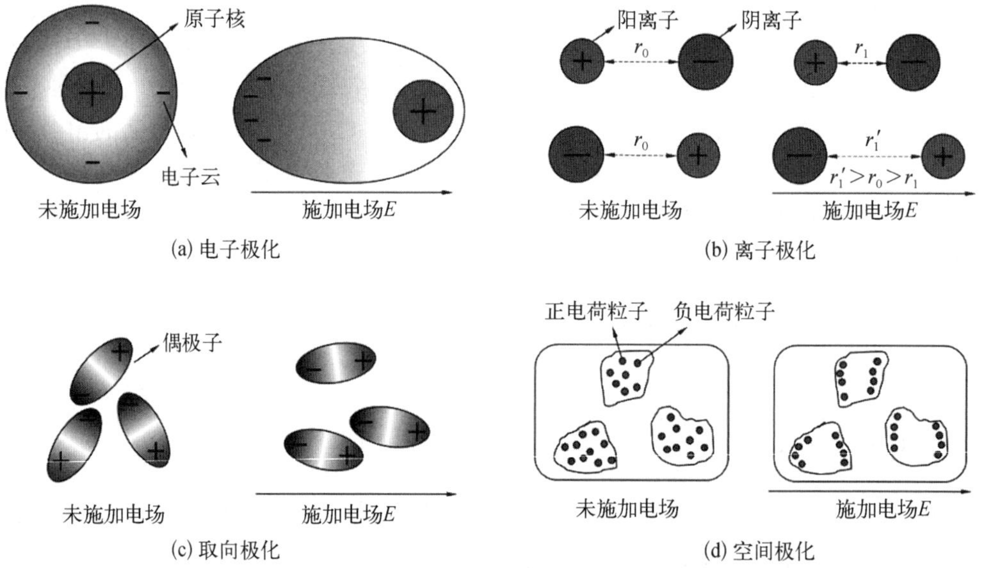

图 21.10　电介质材料的四种典型极化机制[77]

21.5.3　复合材料介电性能的评价方法

介电常数是电介质材料最重要的参数之一。在实际应用中，多以相对介电常数来表示。对于理想的平行板电容器，其电容 C_0(单位为 F)为

$$C_0 = \varepsilon_0 A/d \tag{21.12}$$

式中，A 和 d 分别为电容器的面积和厚度；ε_0 为真空介电常数(8.85×10^{-12} F/m)。在平行

板电容器中间加入电介质材料后,电容器的电容为

$$C = \varepsilon_r C_0 = \varepsilon_r \varepsilon_0 A/d \tag{21.13}$$

式中, $\varepsilon = \varepsilon_r \varepsilon_0$ 为电介质材料的电容率,也称为介电常数,单位为 F/m; ε_r 为无量纲常数,定义为材料的相对介电常数。

在实际运用中,电容器多用于交变电场,通常伴随着能量损耗。此时的相对介电常数为

$$\varepsilon = \varepsilon' - i\varepsilon'' \tag{21.14}$$

式中, ε' 和 ε'' 为复介电常数的实部和虚部。实部为介电材料的相对介电常数,虚部称为介电损耗。由于电子极化为弹性极化,离子极化损耗极小,所以材料的介电损耗主要由取向极化和界面极化引起;此外漏电的存在也会导致能量转化为热能而发生损耗。一般用损耗因数或损耗正切来表示介电损耗,即介电常数的虚部与实部之比:

$$\tan \delta = \varepsilon' / \varepsilon'' \tag{21.15}$$

21.5.4　复合材料的介电理论

复合材料的介电常数变化通常用逾渗理论来解释。即当导电填料的含量逐渐升高时,复合材料的介电常数 ε 可以用如下函数式表示:

$$\varepsilon \propto \varepsilon_m | f - f_c |^{-s} \tag{21.16}$$

式中, ε_m 是高分子基体的介电常数; f 为导电填料的体积分数; f_c 是导电填料的渗流阈值; S 是值约为 1 的临界指数。

21.5.5　复合材料介电性能的影响因素

复合材料的介电性能由内因和外因所决定,内因指高分子基体和填料。外因主要指温度、湿度和频率等。

1. 高分子基体

高分子的分子结构对复合材料介电性能有很大的影响。按分子结构,高分子电介质材料可分为极性和非极性两类。非极性高分子在外电场下只产生诱导偶极矩,介电常数一般偏低,介电损耗也较低且基本不受频率和温度的影响。极性高分子在外电场作用下发生电子极化、取向极化和极性基团或极性链段的松弛极化,因此介电常数和介电损耗一般较大,且容易受频率和温度的影响。高分子的结晶度也影响复合材料的介电性能。如随着聚乙烯结晶度的提高,铁粉改性的聚乙烯复合材料的松弛极化增强,介电损耗也增加[78]。

2. 填料

填料的种类、含量、形态和粒径以及在基体中的分散性等都会对复合材料的介电常数产生显著影响。常用的高介电系数填料有非电材料(包括铁电陶瓷,如钛酸钡、

钛酸铜钙、钛酸锶、钛酸铅等)、导电填料(如 CNT、石墨烯、Ag、Ni、聚苯胺等);低介电系数填料有低聚倍半硅氧烷、SiO_2、氧化石墨烯等。铁电填料改性的复合材料通常具有较高的介电常数和击穿强度以及较低的介电损耗,但在填充量较大时(40%以上)才能获得较高的介电常数。如当 $CaCu_3Ti_4O_{12}$ 体积分数为 50%时,$CaCu_3Ti_4O_{12}$ 改性的聚(偏氟乙烯-三氟氯乙烯)复合材料的介电常数在 100 Hz 时达 190,是纯共聚物的 20 倍[79]。对导电填料来说,当其含量低于渗流阈值时,复合材料的介电常数和介电损耗随着填料含量的增加而增大。这是因为接近渗流阈值时,导体颗粒间的距离较小,易发生诱导极化。而当填料含量超过渗流阈值后,因其在基体中开始形成导电网络,复合材料的介电损耗因漏电增加,从而失去使用价值。如当 CNT 含量为 1 vol. %~2.5 vol. %时,氢化丙烯腈-丁二烯橡胶的介电损耗随 CNT 含量的增加变化较小,但介电常数急剧增加。当 CNT 含量超过 2.5 vol. %时,复合材料的介电常数迅速提升,介电损耗也急剧增大[80]。

填料的形状对复合材料的介电性能也有影响。复合材料的介电常数一般遵从纤维状>晶须状>颗粒状。这是因为晶须和纤维状填料在高分子中产生的缺陷和空隙比粉末状填料多,极易产生更强的界面极化[81]。填料的粒径越小,其表面积越大,与高分子间的结合力越强,界面极化越强,介电常数也越高。如当填充体积为 0~20 wt. %,7 μm BN 对复合材料介电性能的增强效果低于 70 nm BN[82]。若填料在基体中分布不均匀,将容易产生空隙和缺陷,进而降低复合材料的介电常数,增大介电损耗。如用氨甲基膦酸表面改性纳米 $BaTiO_3$,可提高其在聚偏氟乙烯中的分散性,进而显著提高复合材料的介电常数[83]。此外,填料的取向也影响复合材料的介电性能。如通过机械拉伸使聚偏氟乙烯(PVDF)中的 MWCNT 沿拉伸方向取向,复合材料的介电常数在 10^2 Hz 时较随机取向的复合材料提高 30%[图 21.11(a)~(g)][84]。在 8.2 GHz 时,连续 CF/环氧树脂复合材料在电场平行于纤维时的介电常数和介电损耗分别为 3.5 和 110,而当电场垂直于纤维时,其介电常数和介电损耗分别为 10 和 11[41]。

3. 温度、频率和湿度

复合材料的介电性能对温度和频率有较大的依赖性。当频率一定时,温度增加使分子间作用力降低,有利于极化;但另一方面,温度升高导致分子链段热运动加剧,不利于取向极化而导致极化减弱。一般来说,随着温度升高,复合材料的介电常数和介电损耗均增加。如单壁碳纳米管(SWCNT)/聚甲基丙烯酸缩水甘油酯(PGMA)复合材料的介电常数和介电损耗在 10^2~10^7 Hz 频率范围内随温度增加而急剧增加[图 21.11(h)、(i)][85]。电子极化和离子极化均属弹性极化,极化过程没有能量耗散;而取向极化和界面极化均属于非弹性极化,极化过程伴随能量损耗。因此,大部分材料的介电性能对频率有较大的依赖性。当电场频率极低时,介电常数是常数;随着电场频率的升高,界面极化和取向极化的响应逐渐落后于外场变化,导致介电常数实部减小,介电损耗增加。此外,水的导电性使介电材料吸湿后,发生介电常数和介电损耗的同时增加。

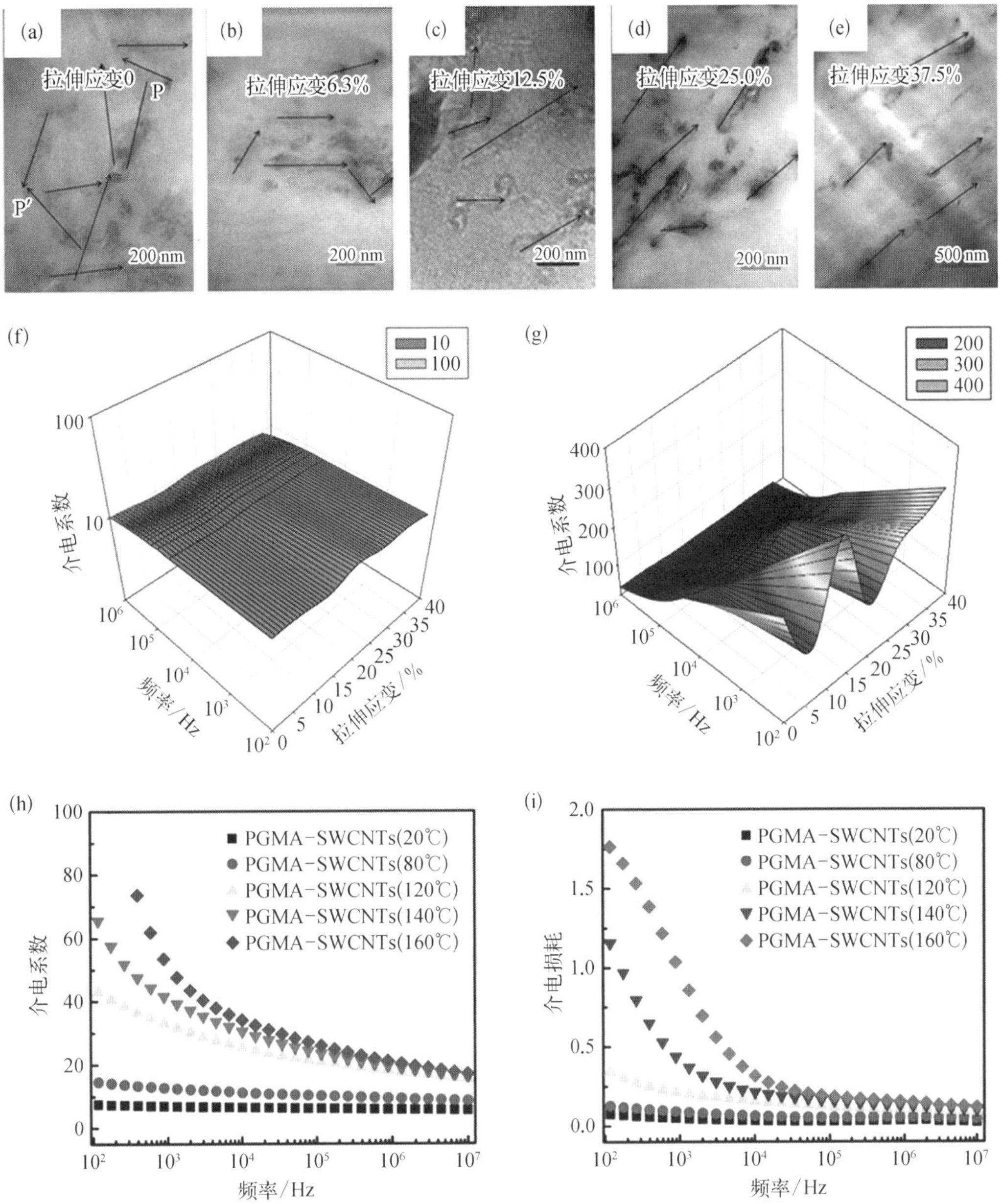

图 21.11　填料取向对介电性能的影响[84,85]

(a~e) 含有 2.0 wt.% MWCNT 的 PVDF 复合材料：拉伸应变 = 0(a)、6.3%(b)、12.5%(c)、25.0%(d)和 37.5%(e) 的 TEM 照片；(f, g) MWCNT 未取向(f)和取向(g)的 PDVF 复合材料在不同应变和不同频率下的介电常数；(h, i) PGMA - SWCNT 复合材料在不同温度下的介电系数(h)和介电损耗(i)

21.6 复合材料的抗静电特性

21.6.1 概述

静电对人们来说并不陌生，在干燥的秋冬季节，晚上睡觉脱衣服或者见面握手，会经常听到噼啪的声响或者感受到指尖刺痛。在航空航天领域，静电也随处可见。如飞机在复杂气象条件下高速飞行时，雷达罩与空气剧烈摩擦会使其表面产生静电，航天器中的各种电子元器件、精密仪表仪器、复杂集成电路等敏感器件会因电感、搬运、装配等而产生静电。若静电不能及时耗散，积累到一定程度后，便会发生瞬间释放，引起器件的损坏，造成不可估量的经济损失。高分子材料虽具有质轻、耐腐蚀、加工性能好等优点，但由于其电绝缘，抗静电性能很差，需对其进行抗静电处理，扩展其在航空航天领域的应用。

21.6.2 复合材料静电产生机理

1. 接触起电

由于功函数的不同，当两种材料的距离接近原子级别时(约 25 Å)，电荷会在相互接触的表面上发生转移，从而使材料表面带电[图 21.12(a)]。

2. 摩擦起电

摩擦起电本质上与接触起电相似，区别在于摩擦促进电荷的转移，加快静电产生速率[图 21.12(b)]。根据在摩擦过程中得到或失去电子的能力不同，将各种材料依次排成的

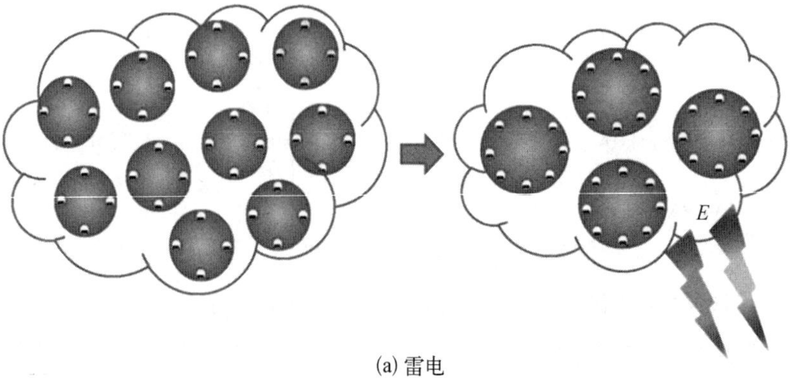

(a) 雷电

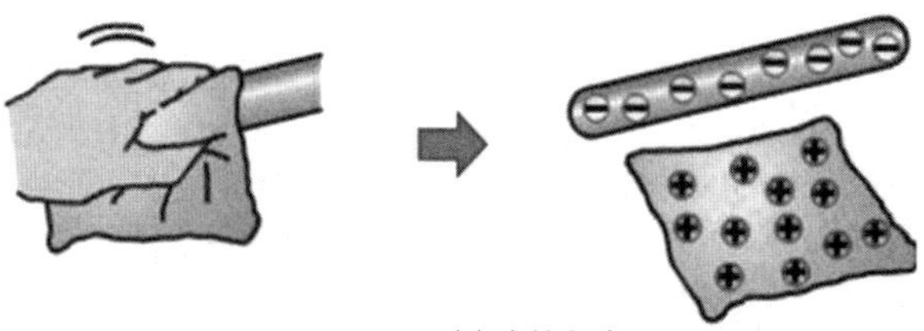

(b) 摩擦起电

图 21.12 雷电和摩擦起电示意图[86]

序列，如图 21.13 所示。根据这个序列，当摩擦起电电荷密度不同的两个物质摩擦时，摩擦起电电荷密度大的带正电，电荷密度低的带负电。

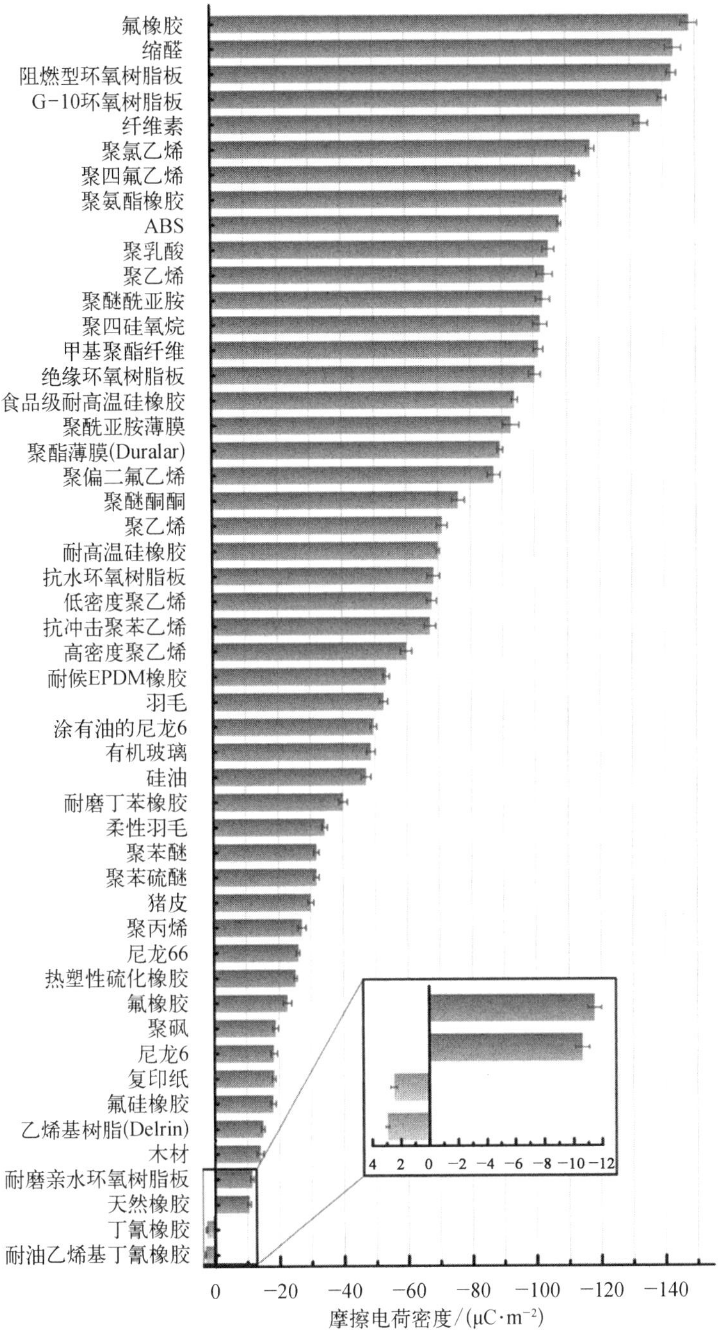

图 21.13　摩擦静电序列[87]

3. 静电感应

感应起电的实质是由于带电体的靠近，材料中的正负电荷重新分配，靠近带电体一端带异性电荷,远离带电体一端带同性电荷。导体中的电子能自由移动,所以能发生感应起电。而绝缘体中的电子不能自由移动,所以不能发生感应起电。

21.6.3 复合材料抗静电性能的评价方法

评估复合材料抗静电性能的参数主要有表面电阻率、体积电阻率、静电半衰期等。

表面电阻率是平行通过材料表面的电位梯度与表面单位宽度上的电流之比,是表示材料表面电荷移动或电流流动难易程度的物理量,单位为 Ω/cm^2。根据标准 ASTM D1711-15,表面电阻率低于 $10^6\ \Omega/cm^2$ 属于导电材料,表面电阻率为 $10^6 \sim 10^{12}\ \Omega/cm^2$ 属于静电耗散材料,表面电阻率大于 $10^{12}\ \Omega/cm^2$ 属于绝缘材料。

体积电阻率是材料单位立方体积的电阻,单位为 Ω/cm^3。体积电阻率越高,材料作为电绝缘部件的性能越高。

静电半衰期是一种更详细的定量评价方法,它是对材料施加高电压(1 000~12 000 V)使其带电,然后以电压衰减的半衰期来评价材料的抗静电性能。

21.6.4 复合材料抗静电的方法

静电往往积聚在材料表面,除了不导电纤维(如玻璃纤维),导电纤维(如 CF)因被基体紧密包覆,其制备的复合材料也需要提高抗静电性能。按照改性的部位不同,提高复合材料抗静电性能的方法可分为有表面修饰和添加导电填料。

1. *表面修饰*

表面修饰主要是通过化学或物理方法在复合材料表面形成导电层或者极化层,从而提高其静电耗散能力。按表面处理方法的不同,主要分为表面涂敷和化学改性。

(1) 表面涂敷主要将导电涂料或导电金属涂敷在复合材料表面,形成静电耗散层,起到耗散静电的目的。抗静电涂料按其组成和导电机理分为本征型和复合型。本征型抗静电涂料是由具有导电功能的共轭高分子(如聚乙炔、聚苯胺、聚吡咯、聚对苯撑、聚噻吩等)与树脂复合而得。复合型抗静电涂料是在绝缘通用高分子材料中添加抗静电剂或导电填料,通过分散、层积等方法制备的复合涂料。如将 ZnO 与氟碳树脂复合的涂料具有抗静电性能优异、颜色可调和机械性能优异[88]。此外,还可通过物理手段将复合材料表面融化,再进一步使表面高分子与导电填料复合。如通过辐射法可将连续排列的 CNT 嵌入融化的聚乙烯基材中,形成均匀的 CNT 涂层[89]。对于金属导电层,一般采用电镀、化学镀、物理气相沉积、化学气相沉积、热喷涂等方法将导电金属沉积在材料表面。

(2) 化学改性是采用物理方法在复合材料表面生成极性基团(如—OH、—COOH等),这些极性基团在水合作用下发生电离,形成导电层,进而获得良好的抗静电性能。如用低温等离子体表面处理聚酯,其静电半衰期从 1 287 s 降低至 1 057 s[90]。此外,用电子束、X 射线、激光对高分子材料进行处理,也可以获得良好的抗静电功能。

2. *添加导电填料*

表面修饰可能会因湿度的降低或表层的脱落导致材料表面电阻率上升几个数量级,从而降低材料的抗静电性能。相较而言,引入导电填料(如铜、银、石墨烯、CNT 等)后,复合材料的抗静电性能则不会受湿度和材料表面状态的影响。与导电性能类似,复合材料的抗静电性能也与导电填料的添加量、分布等相关。如当 CB 低于 15 wt. %时，环氧树脂的表面电阻率为 $1.1\times10^{4}\sim1.62\times10^{7}\ \Omega/\mathrm{cm}^{2}$，静电半衰期低于 10 s；但继续增加 CB 添加量后，CB 逐渐由静电耗散载体转变为导体，复合材料的静电半衰期急剧增加[91]。导电填料的分布也影响复合材料的表面电阻率。如向 HDPE 中添加不相容的无卤膨胀阻燃剂(intumescent flame retardant，IFR)相，可使 CB 选择性分散在 HDPE 中。当 IFR 含量从 15 份增加到 35 份时，复合材料的表面电阻率由 $8.40\times10^{5}\ \Omega/\mathrm{cm}^{2}$ 升至 $5.42\times10^{16}\ \Omega/\mathrm{cm}^{2}$，从而发生从抗静电到电绝缘的转变[92]。

习题与思考题

1. 简述复合材料的导热和导电机理。
2. 举例说明复合材料热膨胀和介电性能的特点。
3. 阐述复合材料阻燃性能和抗静电性能的评价方法。

参 考 文 献

[1] Burger N, Laachachi A, Ferriol M, et al. Review of thermal conductivity in composites: Mechanisms, parameters and theory[J]. Progress in Polymer Science, 2016, 61: 1 – 28.

[2] Mamunya E P, Davidenko V V, Lebedev E V. Percolation conductivity of polymer composites filled with dispersed conductive filler[J]. Polymer Composites, 1995, 16(4): 319 – 324.

[3] Guo Y, Ruan K, Shi X, et al. Factors affecting thermal conductivities of the polymers and polymer composites: A review[J]. Composites Science and Technology, 2020, 193: 108134.

[4] Haggenmueller R, Guthy C, Lukes J R, et al. Single wall carbon nanotube/polyethylene nanocomposites: Thermal and electrical conductivity[J]. Macromolecules, 2007, 40(7): 2417 – 2421.

[5] Kikugawa G, Desai T G, Keblinski P, et al. Effect of crosslink formation on heat conduction in amorphous polymers[J]. Journal of Applied Physics, 2013, 114(3): 034302.

[6] Chen H, Ginzburg V V, Yang J, et al. Thermal conductivity of polymer-based composites: Fundamentals and applications[J]. Progress in Polymer Science, 2016, 59: 41 – 85.

[7] Hong J H, Park D W, Shim S E. A review on thermal conductivity of polymer composites using carbon-based fillers: Carbon nanotubes and carbon fibers[J]. Carbon letters, 2010, 11(4): 347 – 356.

[8] Derradji M, Song X, Dayo A Q, et al. Highly filled boron nitride-phthalonitrile nanocomposites for exigent thermally conductive applications[J]. Applied Thermal Engineering, 2017, 115: 630 – 636.

[9] Kim K, Ju H, Kim J. Pyrolysis behavior of polysilazane and polysilazane-coated-boron nitride for high thermal conductive composite[J]. Composites Science and Technology, 2017, 141: 1 – 7.

[10] Ren L, Zeng X, Sun R, et al. Spray-assisted assembled spherical boron nitride as fillers for polymers with enhanced thermally conductivity[J]. Chemical Engineering Journal, 2019, 370: 166 – 175.

[11] Yu A, Ramesh P, Itkis M E, et al. Graphite nanoplatelet-epoxy composite thermal interface materials [J]. The Journal of Physical Chemistry C, 2007, 111(21): 7565 – 7569.

[12] Choi S, Kim J. Thermal conductivity of epoxy composites with a binary-particle system of aluminum oxide and aluminum nitride fillers[J]. Composites Part B: Engineering, 2013, 51: 140 – 147.

[13] Zheng X, Kim S, Park C W. Enhancement of thermal conductivity of carbon fiber-reinforced polymer composite with copper and boron nitride particles [J]. Composites Part A: Applied Science and Manufacturing, 2019, 121: 449 - 456.

[14] Han S, Lin J T, Yamada Y, et al. Enhancing the thermal conductivity and compressive modulus of carbon fiber polymer-matrix composites in the through-thickness direction by nanostructuring the interlaminar interface with carbon black[J]. Carbon, 2008, 46(7): 1060 - 1071.

[15] Kim K, Kim J. Magnetic aligned AlN/epoxy composite for thermal conductivity enhancement at low filler content[J]. Composites Part B: Engineering, 2016, 93: 67 - 74.

[16] Wu Y, Xue Y, Qin S, et al. BN nanosheet/polymer films with highly anisotropic thermal conductivity for thermal management applications [J]. ACS Applied Materials and Interfaces, 2017, 9 (49): 43163 - 43170.

[17] Wu K, Lei C, Huang R, et al. Design and preparation of a unique segregated double network with excellent thermal conductive property [J]. ACS Applied Materials and Interfaces, 2017, 9 (8): 7637 - 7647.

[18] Qin M, Xu Y, Cao R, et al. Efficiently controlling the 3D thermal conductivity of a polymer nanocomposite via a hyperelastic double-continuous network of graphene and sponge [J]. Advanced Functional Materials, 2018, 28(45): 1805053.

[19] Schapery R A. Thermal expansion coefficients of composite materials based on energy principles [J]. Journal of Composite Materials, 1968, 2(3): 380 - 404.

[20] 王培吉,范素华.纤维复合材料的热膨胀系数[J].复合材料学报,2002, 19(3): 124.

[21] 江磊,沈烈,郑强.聚合物的热膨胀[J].功能材料,2004, 35(2): 142 - 144.

[22] Dove M T, Fang H. Negative thermal expansion and associated anomalous physical properties: Review of the lattice dynamics theoretical foundation[J]. Reports on Progress in Physics, 2016, 79(6): 066503.

[23] Elomari S, Skibo M D, Sundarrajan A, et al. Thermal expansion behavior of particulate metal-matrix composites[J]. Composites Science and Technology, 1998, 58(3): 369 - 376.

[24] Fu S Y, Lauke B, Mai Y W. Thermal conductivity and expansion of short fibre reinforced polymer composites[M]//Fu S-Y, Lauke B, Mai Y-W. Science and Engineering of Short Fibre Reinforced Polymer Composites. Cambridge: Woodhead Publishing, 2009.

[25] 张毅.环氧填充取向碳纳米管束杂化微胶囊及其氰酸酯复合材料的研究[D].苏州:苏州大学,2016.

[26] 段秀红,姚海波,郭海泉.刚性聚酰亚胺的分子堆积和热膨胀性能研究[J].计算机与应用化学,2015, 32(8): 917 - 920.

[27] 张晓彦.高性能液晶环氧树脂改性热固性树脂的研究[D].苏州:苏州大学,2011.

[28] Wu G, Xu H, Zhou T. Morphology evolution, crystalline orientation, and thermal expansion of PA6/SEBS blends with nanolayer networks[J]. Polymer, 2010, 51(15): 3560 - 3567.

[29] Takenaka K, Ichigo M. Thermal expansion adjustable polymer matrix composites with giant negative thermal expansion filler[J]. Composites Science and Technology, 2014, 104: 47 - 51.

[30] Roy R, Agrawal D K, McKinstry H A. Very low thermal expansion coefficient materials [J]. Annual Review of Materials Science, 1989, 19(1): 59 - 81.

[31] Nie W Z, Li J, Xia Y C. Thermal expansion behaviour of coupling reagent treated carbon fibre reinforced polyamide composite[J]. Plastics, Rubber and Composites, 2010, 39(1): 21 - 24.

[32] 胡荣杰，甯尤军，肖藤，等. 石墨烯/环氧树脂纳米复合材料的制备与热膨胀特性分析[J]. 重庆大学学报，2018，41(6)：50－57.

[33] Komarov P V, Chiu Y-T, Chen S-M, et al. Investigation of thermal expansion of polyimide/SiO_2 nanocomposites by molecular dynamics simulations[J]. Macromolecular Theory and Simulations, 2010, 19(1): 64－73.

[34] Dittanet P, Pearson R A. Effect of silica nanoparticle size on toughening mechanisms of filled epoxy [J]. Polymer, 2012, 53(9): 1890－1905.

[35] 张丽，赫玉欣，杨松，等. 改性氧化碳纳米管对环氧树脂基复合材料热膨胀系数的影响[J]. 塑料科技，2017，45(7)：71－76.

[36] 谢维章，孙世清. 复合材料热膨胀性能研究[J]. 复合材料学报，1985(3)：66－74，120.

[37] 韩领，王雄刚，孟凡地，等. GF 增强 PP 复合材料的尺寸稳定性与力学性能[J]. 工程塑料应用，2017(5)：24－28+56.

[38] Shirasu K, Nakamura A, Yamamoto G, et al. Potential use of CNTs for production of zero thermal expansion coefficient composite materials: An experimental evaluation of axial thermal expansion coefficient of CNTs using a combination of thermal expansion and uniaxial tensile tests[J]. Composites Part A: Applied Science and Manufacturing, 2017, 95: 152－160.

[39] Hao X, Zhou H, Mu B, et al. Effects of fiber geometry and orientation distribution on the anisotropy of mechanical properties, creep behavior, and thermal expansion of natural fiber/HDPE composites [J]. Composites Part B: Engineering, 2020, 185: 107778.

[40] Fu S Y, Mai Y W. Thermal conductivity of misaligned short-fiber-reinforced polymer composites [J]. Journal of Applied Polymer Science, 2003, 88(6): 1497－1505.

[41] Liu X, Wang R, Wu Z, et al. Dielectric property of unidirectional triangle-shape carbon fiber reinforced polymeric composites[J]. Journal of Composite Materials, 2014, 48(9): 1143－1151.

[42] Badrinarayanan P, Rogalski M K, Kessler M R. carbon fiber-reinforced cyanate ester/nano－ZrW_2O_8 composites with tailored thermal expansion[J]. ACS Applied Materials and Interfaces, 2012, 4(2): 510－517.

[43] Xiao F, Fontaine G, Bourbigot S. Recent developments in fire retardancy of polybutylene succinate [J]. Polymer Degradation and Stability, 2021, 183: 109466.

[44] Hsiue G-H, Wei H-F, Shiao S-J, et al. Chemical modification of dicyclopentadiene-based epoxy resins to improve compatibility and thermal properties[J]. Polymer Degradation and Stability, 2001, 73(2): 309－321.

[45] Iji M, Kiuchi Y. Self-extinguishing epoxy molding compound with no flame-retarding additives for electronic components[J]. Journal of Materials Science: Materials in Electronics, 2001, 12(12): 715－723.

[46] Chai G Q, Wang Z, Zhang X. Study of the flame retardant properties of short carbon fiber-reinforced epoxy composites[J]. High Performance Polymers, 2018, 30(9): 1027－1035.

[47] Shi X-H, Li X-L, Li Y-M, et al. Flame-retardant strategy and mechanism of fiber reinforced polymeric composite: A review[J]. Composites Part B: Engineering, 2022, 233: 109663.

[48] Droval G, Aranberri I, Ballestero J, et al. Synthesis and characterization of thermoplastic composites filled with γ-boehmite for fire resistance[J]. Journal of Applied Polymer Science, 2011, 35(7): 491－504.

[49] Kashiwagi T, Du F, Douglas J F, et al. Nanoparticle networks reduce the flammability of polymer nanocomposites[J]. Nature Materials, 2005, 4(12): 928-933.

[50] Kiliaris P, Papaspyrides C D. Polymer/layered silicate (clay) nanocomposites: An overview of flame retardancy[J]. Progress in Polymer Science, 2010, 35(7): 902-958.

[51] Vaia R A, Price G, Ruth P N, et al. Polymer/layered silicate nanocomposites as high performance ablative materials[J]. Applied Clay Science, 1999, 15(1): 67-92.

[52] Kashiwagi T. Polymer combustion and flammability-Role of the condensed phase[R]. Symposium (International) on Combustion, 1994, 25(1): 1423-1437.

[53] Chen Q, Wen X, Chen H, et al. Study of the effect of nanosized carbon black on flammability and mechanical properties of poly(butylene succinate)[J]. Polymers for Advanced Technologies, 2015, 26(2): 128-135.

[54] Cárdenas M A, García-López D, Gobernado-Mitre I, et al. Mechanical and fire retardant properties of EVA/clay/ATH nanocomposites-Effect of particle size and surface treatment of ATH filler[J]. Polymer Degradation and Stability, 2008, 93(11): 2032-2037.

[55] Lu H, Shi H, Sun L, et al. Flame retardant and superhydrophobic composites via oriented arrangement of boron nitride nanosheets[J]. Journal of Materials Science, 2021, 56(36): 19955-19968.

[56] Shi H, Wang H, Lu H, et al. Magnetic field-induced orientation of modified boron nitride nanosheets in epoxy resin with improved flame and wear resistance[J]. Langmuir, 2021, 37(27): 8222-8231.

[57] Yue J, Liu C, Zhou C, et al. Enhancing flame retardancy and promoting initial combustion carbonization via incorporating electrostatically surface-functionalized carbon nanotube synergist into intumescent flame-retardant poly(butylene succinate)[J]. Polymer, 2020, 189: 122197.

[58] Wang J, Qian L, Huang Z, et al. Synergistic flame-retardant behavior and mechanisms of aluminum poly-hexamethylenephosphinate and phosphaphenanthrene in epoxy resin[J]. Polymer Degradation and Stability, 2016, 130: 173-181.

[59] 姚子祥,刘洪山.四探针法测量薄层电阻方法对比[J].信息记录材料,2020, 21(3): 245-246.

[60] Münstedt H, Starý Z. Is electrical percolation in carbon-filled polymers reflected by rheological properties? [J]. Polymer, 2016, 98: 51-60.

[61] Kirkpatrick S. Percolation and Conduction[J]. Reviews of Modern Physics, 1973, 45(4): 574-588.

[62] Fu Y-X, He Z-X, Mo D-C, et al. Thermal conductivity enhancement with different fillers for epoxy resin adhesives[J]. Applied Thermal Engineering, 2014, 66(1): 493-498.

[63] Zhang X, Fujiwara S, Fujii M. Measurements of thermal conductivity and electrical conductivity of a single carbon fiber[J]. International Journal of Thermophysics, 2000, 21(4): 965-980.

[64] Miao M. Electrical conductivity of pure carbon nanotube yarns[J]. Carbon, 2011, 49(12): 3755-3761.

[65] Fang X-Y, Yu X-X, Zheng H-M, et al. Temperature- and thickness-dependent electrical conductivity of few-layer graphene and graphene nanosheets[J]. Physics Letters A, 2015, 379(37): 2245-2251.

[66] Jurewicz I, Worajittiphon P, King A A K, et al. Locking carbon nanotubes in confined lattice geometries-A route to low percolation in conducting composites[J]. The Journal of Physical Chemistry B, 2011, 115(20): 6395-6400.

[67] Wu H P, Wu X J, Ge M Y, et al. Effect analysis of filler sizes on percolation threshold of isotropical conductive adhesives[J]. Composites Science and Technology, 2007, 67(6): 1116-1120.

[68] Ma P-C, Liu M-Y, Zhang H, et al. Enhanced electrical conductivity of nanocomposites containing hybrid fillers of carbon nanotubes and carbon black[J]. ACS Applied Materials and Interfaces, 2009, 1(5): 1090-1096.

[69] Choi E S, Brooks J S, Eaton D L, et al. Enhancement of thermal and electrical properties of carbon nanotube polymer composites by magnetic field processing[J]. Journal of Applied Physics, 2003, 94(9): 6034-6039.

[70] Kwon S, Cho H W, Gwon G, et al. Effects of shape and flexibility of conductive fillers in nanocomposites on percolating network formation and electrical conductivity[J]. Physical Review E, 2016, 93(3): 032501.

[71] Bryning M B, Islam M F, Kikkawa J M, et al. Very low conductivity threshold in bulk isotropic single-walled carbon nanotube-epoxy composites[J]. Advanced Materials, 2005, 17(9): 1186-1191.

[72] Lilei Y, Zonghe L, Johan L, et al. Effect of Ag particle size on electrical conductivity of isotropically conductive adhesives[J]. IEEE Transactions on Electronics Packaging Manufacturing, 1999, 22(4): 299-302.

[73] Yue L, Pircheraghi G, Monemian S A, et al. Epoxy composites with carbon nanotubes and graphene nanoplatelets-Dispersion and synergy effects[J]. Carbon, 2014, 78: 268-278.

[74] Zhang C, Ma C-A, Wang P, et al. Temperature dependence of electrical resistivity for carbon black filled ultra-high molecular weight polyethylene composites prepared by hot compaction[J]. Carbon, 2005, 43(12): 2544-2553.

[75] Kim Y S, Wright J B, Grunlan J C. Influence of polymer modulus on the percolation threshold of latex-based composites[J]. Polymer, 2008, 49(2): 570-578.

[76] Tkalya E E, Ghislandi M, de With G, et al. The use of surfactants for dispersing carbon nanotubes and graphene to make conductive nanocomposites[J]. Current Opinion in Colloid and Interface Science, 2012, 17(4): 225-232.

[77] 范国华.陶瓷基负介电材料的制备与电磁物性[D].济南:山东大学,2021.

[78] Li Y-J, Xu M, Feng J-Q, et al. Effect of the matrix crystallinity on the percolation threshold and dielectric behavior in percolative composites[J]. Journal of Applied Polymer Science, 2007, 106(5): 3359-3365.

[79] Shan X, Zhang L, Yang X, et al. Dielectric composites with a high and temperature-independent dielectric constant[J]. Journal of Advanced Ceramics, 2012, 1(4): 310-316.

[80] Liu S, Tian M, Zhang L, et al. Tailoring dielectric properties of polymer composites by controlling alignment of carbon nanotubes[J]. Journal of Materials Science, 2016, 51(5): 2616-2626.

[81] 汪雨荻,周和平,乔梁,等. AlN/聚乙烯复合材料的介电性能[J].金属学报,2001, 37(1): 109-112.

[82] Zhu B L, Ma J, Wu J, et al. Study on the properties of the epoxy-matrix composites filled with thermally conductive AlN and BN ceramic particles[J]. Journal of Applied Polymer Science, 2010, 118(5): 2754-2764.

[83] Kim P, Jones S C, Hotchkiss P J, et al. Phosphonic acid-modified barium titanate polymer nanocomposites with high permittivity and dielectric strength[J]. Advanced Materials, 2007, 19(7): 1001-1005.

[84] Yao S-H, Yuan J-K, Zhou T, et al. Stretch-modulated carbon nanotube alignment in ferroelectric

polymer composites: Characterization of the orientation state and its influence on the dielectric properties [J]. The Journal of Physical Chemistry C, 2011, 115(40): 20011 - 20017.

[85] Ren J, Yu D, Feng L, et al. Nanocable-structured polymer/carbon nanotube composite with low dielectric loss and high impedance[J]. Composites Part A: Applied Science and Manufacturing, 2017, 98: 66 - 75.

[86] Wang Z L, Wang A C. On the origin of contact-electrification [J]. Materials Today, 2019, 30: 34 - 51.

[87] Zou H, Zhang Y, Guo L, et al. Quantifying the triboelectric series[J]. Nature Communications, 2019, 10(1): 1427.

[88] 罗重霄,王燕,刘金库,等. 导电 ZAO 纳米晶的超声-模板法合成、表征及应用[J]. 物理化学学报, 2008, 24(6): 1007 - 1011.

[89] Rui X, Wang J, Yang Y, et al. Aligned carbon nanotube coating on polyethylene surface formed by microwave radiation[J]. Composites Science and Technology, 2011, 72(1): 85 - 90.

[90] Kan C W. Evaluating antistatic performance of plasma-treated polyester[J]. Fibers and Polymers, 2007, 8(6): 629 - 634.

[91] Aal N A, El-Tantawy F, Al-Hajry A, et al. New antistatic charge and electromagnetic shielding effectiveness from conductive epoxy resin/plasticized carbon black composites[J]. Polymer Composites, 2008, 29(2): 125 - 132.

[92] 尹朝露,葛欣国,李平立. 炭黑的选择性分布在阻燃抗静电复合材料中的应用[J]. 材料导报,2018, 32(z2): 290 - 292.

第 22 章
复合材料湿热老化行为

学习要点：

(1) 掌握复合材料湿热老化的定义及内涵；
(2) 了解水分子向复合材料内部的扩散方式以及吸湿模型；
(3) 了解不同纤维的吸湿特性及水分子对纤维力学性能的影响；
(4) 了解聚合物基体的吸湿机制及不同类型结合水对其刚度的影响；
(5) 了解界面结合性能对复合材料饱和吸湿率的影响；
(6) 理解湿热老化对力学性能的影响及机理；
(7) 掌握复合材料湿热老化后性能预测方法及寿命预测模型。

22.1 引　　言

随着纤维增强树脂基(fiber reinforced polymer, FRP)复合材料在交通运输和航空航天的运用比例逐渐增大，对于 FRP 材料的服役性能、耐久性也越来越受到大家的重视。在某些应用领域，环境因素如热、湿、紫外线和各种载荷，或它们的组合，可能会降低材料的性能。天气暴露和环境因素往往会严重影响材料的耐久性，而材料的环境耐久性是限制其应用的因素之一。尤其是 FRP 应用在交通、航空产业时，无法避免地会遭遇一些极端环境，所以面临的湿热环境以及高温老化的挑战非常严峻。导致树脂基复合材料失效的主要原因之一就是湿热老化[1]。在复合材料中，与纤维相比，树脂基体更容易受到高温和湿度的影响。

许多玻璃态高分子材料在加工和存放过程中，由于环境因素的影响，其力学性能会发生很大的变化(如脆性变大、冲击强度降低等)，但材料的化学成分和结构却未发生变化或变化很小，且对这些材料进行某些再处理后其力学性能能够恢复，这种现象称为物理老化。物理老化是可逆的，只涉及高聚物的链段、支链、键长与键角的变化，经过一定的热处理后可恢复。与之相对应的是化学老化，化学老化过程中，聚合物中的官能团和残存的活性基团与外界介质或者自身发生如水解、氧化、后固化等化学反应，导致高分子链的断裂等变化。化学老化是不可逆的，代表着材料的永久损伤。但是在非极端工作环境下，复合材料发生化学反应的量级较小，且会与物理老化耦合，共同作用于材料内部。因此很难界定物理老化与化学老化带来的影响。

FRP 在湿热老化后其性能会产生下降，主要原因是温度升高后，树脂自身产生了老化，同时树脂还会受到湿度以及应力等联合作用使得树脂产生降解、交联、断链等现象导致材料的整体性能下滑[2]。随着湿热老化的进行，游离态的水分子进入到树脂基体中，但是这种游离态的水并不会长期存在于基体中。随着时间的推移，水分子会和树脂的分子链发生反应形成结合水，许多物理和化学变化也会伴随着这个反应同时发生，具体表现为材料的质量下降，力学和热力学性能发生变化，化学基团产生变化等[3]，主要分为溶胀作用、塑化作用、裂纹作用、水解作用。溶胀作用是指树脂基体体积因水分子的进入而增大。塑化作用是指水分子进入到树脂基体中会占据分子链的自由体积，使得链段的间距增大，从而产生塑化。裂纹作用是指水分子进入纤维和树脂后因为两者扩散速率不同而导致两者的膨胀率不同，进而在材料内部产生内应力，使得缺陷进一步扩大。树脂基体在水中发生降解，形成小分子进入到介质中，使得基体产生细小的裂纹，加速基体的吸湿过程。因此复合材料的湿热老化机理较为复杂，目前没有理想的模型与计算方法，寿命的判断仍以经验和实验为主。

22.2　复合材料的吸湿特性

复合材料吸收水分后，虽然可能不会有明显的降解，但这通常会导致机械性能的降低。水可以通过三种主要机制进入纤维增强复合材料层合板。第一种也是主要的水分传输模式是其在树脂基体内扩散，特别是在纤维/树脂界面处扩散。水分还通过另外两种方式进入复合材料内部：纤维和基体之间的毛细传递，以及通过基体中的任何微裂缝的传递。对于大多数复合材料来说，这两个过程的发生速度被认为比扩散慢得多。有许多复杂程度不同的数学模型可以用来预测复合材料的整体吸湿行为。菲克定律是最简单的工具之一，被广泛接受为能够准确描述扩散过程，因此，在大多数工业应用中，可以描述复合材料层合板的整体吸湿过程。

复合材料在吸湿过程中会经历多个过程而改变其力学性能。这些可以分为可逆和不可逆的影响。可逆的影响包括基体的增塑和膨胀，而膨胀又可能导致不可逆效应，如纤维-基体界面破坏和内部应力积聚引起的微裂纹。复合材料也可能遭受不可逆的化学降解，称为水解。在此过程中，由于 H^+ 和 OH^- 离子的存在而导致聚合物链断裂，从而对树脂基体和复合层板的力学性能产生负面影响。酯类、酰胺类和酰亚胺类通常更容易受到这种影响。这些影响的严重程度很大程度上取决于树脂、纤维和上浆剂的选择，以及温度等环境因素。

22.2.1　菲克扩散

对于相对于长度和宽度而言厚度相对较小的复合材料平板，在厚度方向上扩散占主导地位，因此是一维的。如果还假设了稳态扩散，那么菲克定律的简单模型就可以用来描述水分在复合材料平板中的扩散，如式(22.1)所示[4]：

$$\frac{\partial C}{\partial t} = D\frac{\partial^2 C}{\partial z^2} \tag{22.1}$$

其中，C 为局部含水率；z 为厚度方向深度；D 为扩散系数。

该方程的解析解如式(22.2)所示[5]：

$$\frac{M_t}{M_\infty} = 1 - \left(\frac{8}{\pi^2}\right)^3 \sum_{i=0}^{\infty}\sum_{j=0}^{\infty}\sum_{k=0}^{\infty} \frac{\exp\left\{-\pi^2 t\left[D_1\left(\frac{2i+1}{L}\right)^2 + D_2\left(\frac{2j+1}{w}\right)^2 + D_3\left(\frac{2k+1}{h}\right)^2\right]\right\}}{[(2i+1)(2j+1)(2k+1)]^2} \tag{22.2}$$

其中，L、w 和 h 分别指长度、宽度和厚度；M_∞ 为饱和时的吸湿量；M_t 为定期吸湿量，可用如等式(22.3)表示：

$$M_t = \frac{W_t - W_0}{W_0} \tag{22.3}$$

其中，W_t 为时间 t 时的试样重量；W_0 为干试样重量。

式(22.2)中有三个独立的扩散系数值(D)，分别对应正交各向异性复合材料中的三个主方向，这些参数需要通过每个主方向上的单独吸湿试验来确定。对于厚度相对较小的复合材料平板，由于通过厚度的扩散占主导地位，假定单一的扩散系数就足够了，因此，式(22.2)可以简化为式(22.4)[6]：

$$\frac{M_t}{M_\infty} = 1 - \frac{8}{\pi^2}\sum_{k=0}^{\infty}\frac{\exp\left[-(2k+1)^2\pi^2\frac{Dt}{h^2}\right]}{(2k+1)^2} \tag{22.4}$$

假设背面有低含水率的半无限大板，则上述方程可以进一步简化以得到根据吸湿量的初始线性速率、饱和吸湿量和试件厚度计算的扩散率 D，如式(22.5)所示[7]：

$$D = \pi\left(\frac{h}{4M_\infty}\right)^2\left(\frac{M_2 - M_1}{\sqrt{t_2} - \sqrt{t_1}}\right)^2 \tag{22.5}$$

然后，将计算出的 D 值代入式(22.4)，根据菲克定律则可以计算出预测的定期吸湿量。因此，只需三个变量输入即可预测复合材料平板的定期吸湿量：厚度、吸湿量的初始线性速率和饱和吸湿量。这极大地简化了分析并能够对吸湿量曲线图进行快速的理论预测。

22.2.2 温度对扩散的影响

上一节的扩散分析是与温度无关的，在此可以通过假设扩散系数随温度变化遵循阿赫尼乌斯关系来预测温度对吸湿率的影响，关系如式(22.6)[8]：

$$D = D_0\exp\left(-\frac{E_D}{RT}\right) \tag{22.6}$$

式中，E_D 为水扩散活化能；R 为普适气体常数；T 为开尔文温度；D_0 为常数。利用这个方程，我们假设扩散系数与水的活度无关。

式(22.6)转化为式(22.7)，然后通过绘制 $\ln D$ 与 $1/T$ 的关系图可以求得 E_D 和 D_0。为此，至少需要同一平板在两个不同温度下的两个 D 值，而这种方法的精确度随着研究温度点的数量增加而提高。然后可以将这些值代入式(22.6)中来估算不同温度下的扩散系数，最后将其代入到式(22.4)中来估算不同温度下的定期吸湿量。

$$\ln D = -\frac{E_D}{RT} + \ln D_0 \tag{22.7}$$

应该注意的是，上述模型的应用会受到一定程度的限制，因为它们将基本分析模型映射到实验数据，而为了应用模型，必须有实验数据。然而，它们有可能显著减少所需的物理测试数据量，从而减少获取物理测试数据所需的时间和成本。虽然本文和其他来源提供的数据显示了吸湿和机械降解的一般趋势，可用于顶层材料选择，但仍需要进一步研究以提高预测模型的准确性。

22.2.3　吸湿动力学的影响因素

在给定湿热老化条件下，FRP 的吸湿历程和最终的吸湿饱和率在很大程度上取决于复合材料的组成部分，即纤维、聚合物基体以及界面的固有吸湿特性。

1. 纤维的影响

研发具有优异耐吸湿性的聚合物基复合材料，纤维的固有吸湿特性是设计所关注的重要参数之一。如图 22.1 为纤维增强聚合物基复合材料在湿老化过程中水分子的扩散路径示意图。若以吸湿性纤维为增强体，水分子可直接经纤维扩散，较短的路径使复合材料在相对较短的时间达到吸湿饱和，因此会缩减复合材料的服役寿命。当以非吸湿性纤

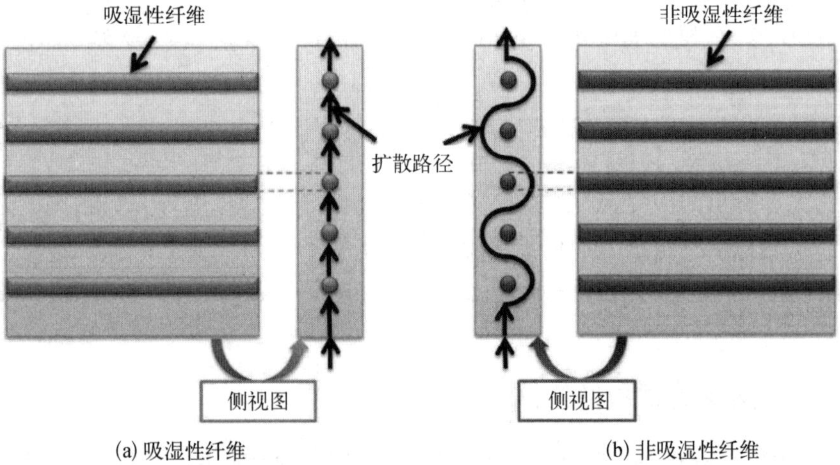

图 22.1　纤维增强聚合物基复合材料中水分子扩散路径示意图

维为增强体，水分子经基体扩散至纤维时会迫使其沿较长的路径向复合材料内部继续深入，这可以延缓吸湿历程，有益于复合材料的长期耐久性。

由于全球日益严峻的环境形势，天然纤维增强聚合物基复合材料近年来成为复合材料领域研究的热点。然而，就复合材料耐吸湿性而言，天然纤维不适合作为聚合物基复合材料的增强体。目前，可用于复合材料的天然纤维以植物纤维为主，包括木纤维、麻纤维、竹纤维、椰纤维、棉纤维及稻草、秸秆、蔗渣废料等。植物纤维的主要成分含有纤维素，半纤维素，木质素及果胶等，其中由葡萄糖构成的大分子多糖纤维素是植物纤维的基础物质，水可使纤维素发生有限溶胀，此外其他成分均为亲水性物质，因此植物纤维具有较高的吸水性。甚至，某些植物纤维的吸水性高于聚合物基体，为复合材料吸湿的主体。湿热老化过程中，以植物纤维为增强体不利于抑制水分子在复合材料内部的扩散。玻璃纤维是以石英砂、石灰石、白云石、石蜡等组分并配以纯碱、硼酸等，有时为简化工艺和获得预期的性能还适当掺入 TiO_2、ZrO_2、Al_2O_3 等氧化物来制备各种玻璃后，经熔融窑熔化拉丝而成。玻璃纤维的耐水性能与含碱量有极大关系，含量越低耐水性越优异。玻璃纤维作为最早用于制备聚合物基复合材料的低成本高性能增强纤维，经过不断发展已高度商业化且类型繁多性能各异。其中，E－玻璃纤维亦称无碱玻璃纤维，具有高强度、高模量、低密度、良好的耐水性及价格优势，目前是应用最广泛的耐水性玻璃纤维。此外，还包括 AR－玻璃纤维、S－玻璃纤维、M－玻璃纤维、ECR－玻璃纤维和特种玻璃纤维等。ECR－玻璃纤维是一种改进的无硼无碱玻纤，耐酸耐水性较好，其耐水性比无碱玻纤改善 7~8 倍，耐酸性比中碱玻纤也优越不少，是专为地下管道、贮罐等开发的新品种。因此，采用玻璃纤维作为增强体，选择合适的类型可设计研发出抗湿热性能优异的聚合物基复合材料。

有机高性能纤维芳纶，由于其超高强度、高模量、耐酸耐碱、重量轻、韧性好等优良性能，特别是突出的阻燃性能使芳纶纤维具有较高的商业化程度。但对比玻璃纤维与碳纤维等无机纤维表现出较强的吸湿能力，这与它本身的结构有关。图 22.2 给出了芳纶 1313、芳纶 1414 和芳砜纶在温度为 20℃，相对湿度为 65% 的恒温恒湿环境中的吸湿曲线[9]。由图可以看出，三种耐高温纤维在吸湿初期速率均较快，50 min 之后，芳纶 1313 和芳砜纶纤维的吸湿速率明显变缓，而芳纶 1414 纤维平缓逐渐上涨，在 175 min 后，吸湿速率才明显变缓，逐渐达到吸湿动态平衡状态。三种纤维最后达到吸湿动态平衡状态时的回潮率基本相等，最终饱和吸湿率高达 6% 左右。与植物纤维相同，若采用芳纶纤维为增强体不利于降低水分子在聚合物基复合材料中的扩散速度。

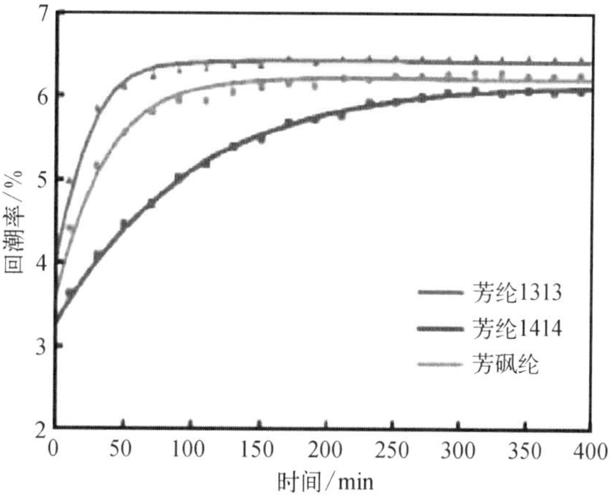

图 22.2　不同芳纶纤维吸湿曲线[9]

表 22.1 碳纤维复合材料在不同湿热老化条件下的拉伸强度[10]

老化对照组	湿热老化条件	最终质量变化率/%	拉伸强度/MPa	拉伸应变/%	拉伸模量/GPa
空白对照组	—	0	1 232.354 (3.49)	1.682 (4.36)	69.016 (2.20)
湿热老化组	80℃水中老化 1 344 h	3.621	1 035.395 (3.94)	1.696 (3.16)	61.418 (2.96)
湿热老化和烘干组	先在 80℃水中老化 1 344 h，后在 45℃真空环境中烘干 912 h	−0.055	1 179.957 (1.85)	1.783 (2.37)	65.155 (0.86)

注：括号内为离散系数。

碳纤维是由片状石墨微晶等沿纤维轴向方向堆砌而成的一种多晶纤维，含碳量在95%以上，具有极高的惰性。以碳纤维为增强体制备的聚合物基复合材料具有优异的湿热环境耐久性[10]。如表 22.1 所示碳纤维/环氧树脂层合复合材料在 80℃水中老化 1 344 h 后复合材料的拉伸强度与模量分别下降了 15.98%和 11.01%，真空环境中在 45℃条件下烘干 912 h 后复合材料的拉伸强度可恢复至未老化状态时的 95.75%。

2. 基体的影响

复合材料中基体的作用之一是可以保护增强体免受外部环境的直接影响，因此湿热老化过程中基体的吸湿特性对纤维增强聚合物基复合材料的吸湿行为以及依赖于吸湿量的力学性能起决定性作用。水分子在聚合物中的扩散能力主要与聚合物自身的化学结构、交联密度和结晶度有关，对于扩散机理还无统一定论，目前流行的有三种。自由体积理论认为水分子可通过聚合物内部的自由空间渗透。在非晶态或半晶态聚合物的固化过程中，高分子长链无法紧密堆叠，从而在聚合物内部会存在少量纳米孔、空洞和自由空间。研究发现在环氧聚合物中纳米孔的平均直径为 5~6.1 Å，内部的空洞和自由空间占总体积的 3%~7%。而水分子的直径仅为 3 Å，可以轻易穿过环氧聚合物表面的纳米孔进入内部[11]。因此，扩散速率和饱和吸湿率取决于聚合物中自由空间的分布与总体积。但该理论对于水分子在聚合物中扩散机理的解释过于机械，无法准确预测聚合物经湿热老化后的平衡吸湿率。另外，它无法建立水分子扩散速率与温度之间的函数关系以及解释吸湿后聚合物的增塑行为。

水分子在聚合物中的扩散行为可通过分散剂与分散质之间的物理化学相互作用分析。理论认为水分子的扩散过程存在三种模式：① 聚合物网络结构的水解；② 水分子被吸附渗透到聚合物自由体中；③ 聚合物对水分子的亲和作用使进入聚合物内部的水分子与极性基团键合形成氢键。而吸水速率或扩散率由聚合物的自由体积的分布决定，平衡含水量由聚合物中自由体积的大小和开放氢键的密度决定。

另一种理论是将扩散进入聚合物的水分子分类后研究扩散机理。依据水分子流动性以及与聚合物的特定相互作用，吸湿后聚合物内部的水分子可以被分为自由水和结合水两种。自由水是指在聚合物的空隙、缺陷等自由体积中的扩散运动，不与聚合物链键合的水。结合水是指与聚合物中的极性基团键合，形成氢键或范德瓦尔斯力的水，可分为Ⅰ型和Ⅱ型两类。Ⅰ型结合水进入聚合物网络,破坏氢键和范德瓦尔斯键等链间键合,导致聚合物膨胀。这实质上会降低聚合物的刚性,因为链的局部链段流动性增加以及聚合物的塑化。如图 22.3 所示,Ⅱ型结合水指水分子与许多相邻的聚合物链结合,形成多个氢键,构成一个相互连接的桥接结构,起到二级交联的作用,可提高聚合物的刚性。Ⅰ型结合水结合能和激活能较小,易从树脂中去除;Ⅱ型结合水受多个氢键链接,结合能和激活能较大,难以除去。两种类型结合水分子的形成受温度影响,低温有利于Ⅰ型水分子的形成,而Ⅱ型结合水分子则是在相对较高温度下经较长时间反应后形成。

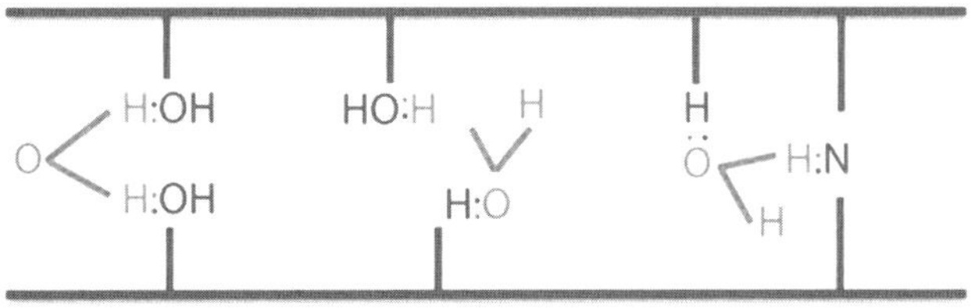

图 22.3　Ⅱ型结合水分子可能形成的氢键示意图

此外,固化剂及其浓度、固化周期和复合材料制备方法也会影响聚合物的耐湿性。具有较高交联密度的聚合物可以更好地抵抗水分子渗入。图 22.4 给出了不同环氧树脂的吸湿能力。

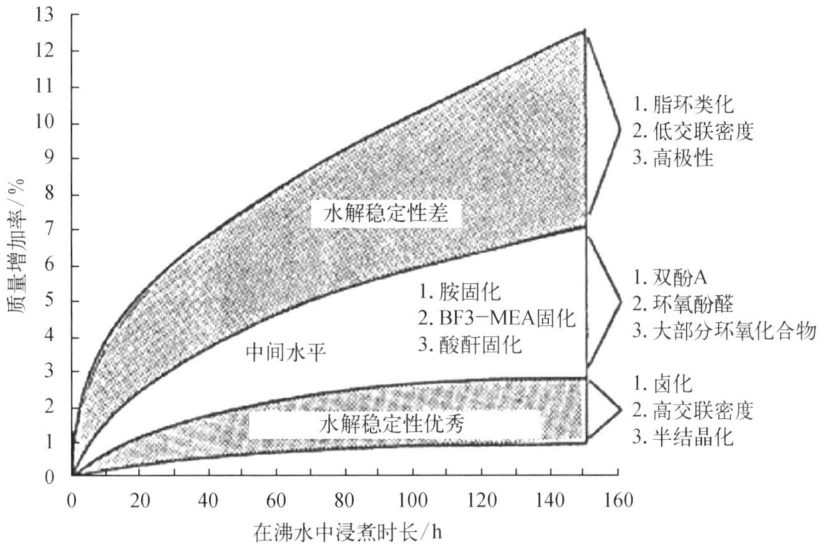

图 22.4　环氧树脂结构参数对水扩散行为的影响[12]

3. 界面的影响

纤维与基体间的界面对纤维增强聚合物基复合材料的水扩散行为也有很大影响。通过纤维的表面处理增加纤维与基体间的静电相互作用或化学结合力可提升界面的耐水性。偶联剂分子结构中存在两种官能团,可以与基体和纤维发生反应将二者黏合形成一个整体。因此,采用上浆工艺在纤维表面涂敷偶联剂是提高界面粘接力的有效手段。玻璃纤维常用的硅烷涂层即是一种保护层可防止纤维被摩擦损伤，还是偶联剂能够促进纤维与聚合物基体的黏附。硅烷偶联剂的根本原理是它能够同时与无机基材和有机聚合物发生化学反应将二者通过化学键连接。

表 22.2 给出了不同硅烷涂层玻璃纤维/环氧复合材料经 50℃ 双蒸水老化后的饱和吸湿率和扩散系数，其中涂层具体为 3-氨丙基二甲基乙氧基硅烷（APMES）、3-氨丙基甲基二乙氧基硅烷（APDES）和 3-氨丙基三乙氧基硅烷（APTES）。图 22.5 为三种涂层在玻璃纤维表面的交联结构示意图，APMES 仅附着在纤维表面，APDES 呈线性低聚状态，APTES 具有较高的交联程度。结果表明涂有 APTES 的玻璃纤维制成的复合材料显示出最低的平衡吸湿率[13]。这与涂层的交联结构有关，致密的交联具有较低的保湿自由体积，导致了较低的平衡水含量。

表 22.2　不同硅烷涂层玻璃纤维/环氧复合材料的饱和吸湿率与扩散系数(D)[13]

材　料	饱和吸湿率/%	扩散系数×10^8/(cm^2/s)
对照组	6.85	0.66
APMES	6.09	0.71
APDES	5.92	0.67
APTES	5.87	0.70

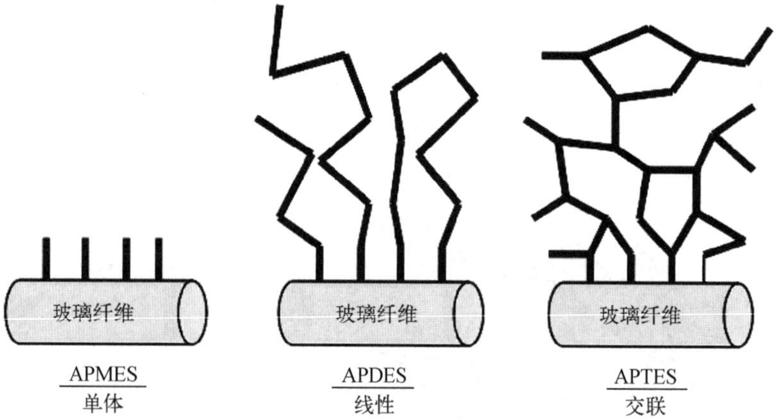

图 22.5　三种不同的硅烷涂层的交联结构

22.3　湿热老化对复合材料力学性能的影响及其机理

22.3.1　湿热老化对力学性能的影响

纤维增强聚合物基复合材料的强度和刚度性能会随着使用时间，特别是在湿热环境中的使用时间的增加而产生重大变化。吸水引起两种宏观效应，这两种效应导致层压材料性能的恶化,即机械性能的总体降低和结构重量的增加。水在玻璃钢层压板中的渗透是通过树脂的扩散和通过裂缝和空隙以及沿着不完美的纤维-树脂界面的毛细流动来实现的。吸水引起的机械性能退化归因于树脂中的塑化和随之而来的刚度损失、由树脂膨胀和渗透压引起的纤维-树脂界面上的剥离应力以及水对纤维-树脂结合的化学侵蚀。对暴露在使用条件下的层压板试样进行的实验研究表明,这些影响可能导致高达 20%的强度和刚度损失,其中大多数发生在浸泡的前几个月。

纤维增强聚合物基复合材料的湿热老化,实际上是复合材料经受吸湿、温度和应力联合作用而产生的退化过程。图 22.6 给出了碳纤维/环氧复合材料在 60℃/95% RH 和 70℃/95% RH 老化环境中层间剪切强度(ILSS)随吸湿率的变化曲线[14]。从图中可以看出,碳纤维/环氧复合材料在两种老化环境中随着吸湿量的增加 ILSS 值起始时轻微增加之后逐渐降低。复合材料的吸湿量相同时在较高调节温度下 ILSS 值退化程度更大。这与吸湿量和温度导致的复合材料内部的应力变化有关。吸湿初期复合材料开始膨胀,内部的膨胀应力逐渐释放了由于固化收缩引起的固化应力,层压板内部处于无应变状态ILSS 值增加。当温度较高时会产生更高的热应力,可促进裂纹在高交联密度界面处的萌发和扩展。纤维增强聚合物基复合材料长期暴露在湿热环境中,基体的组分会发生化学反应。很多因素影响变化速率,如相容材料的化学成分、老化温度、纤维体积含量和层合板的铺层顺序等。对于确定的材料体系,主要因素则是老化时间、温度等。

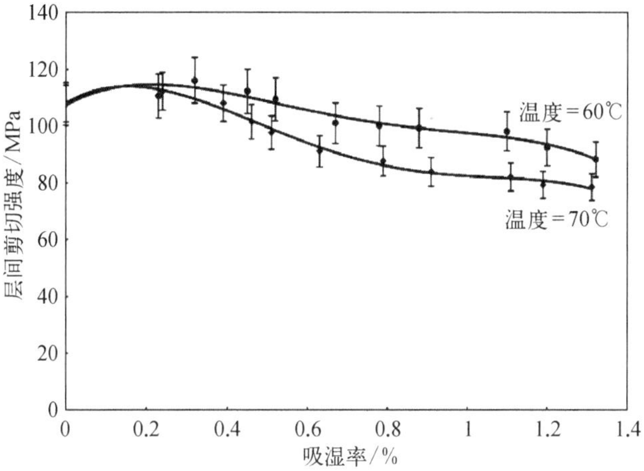

图 22.6　碳/环氧复合材料 ILSS 值随吸湿率的变化曲线[14]

22.3.2　湿热老化的机理

水分子扩散后对纤维增强聚合物基复合材料造成的物理损伤包括膨胀和塑化。塑化是聚合物链与水分子相互作用的结果,如图 22.7 所示,渗入的水分子将打破高分子链间原有的氢键并形成新的氢键,导致分子链间的相对滑移加剧,聚合物塑性增加。这种相互作用也是引起复合材料膨胀的原因,水分子造成化学键改变的同时增加了聚合物链之间的键长,最终宏观表现为基体膨胀。膨胀和塑化是可逆现象,也就是说聚合物在解湿后高分子链间原有的氢键将恢复,溶胀和塑化会消失。但在吸湿过程中,膨胀会在结构内部产生膨胀应力,而湿结构在热冲击下由于外层快速脱湿而产生更大的膨胀应力。这种内应力的反复作用并达到某一量级时会引起应力开裂,以至于形成龟裂,龟裂会影响复合材料结构的再吸湿及再干燥速率,最后可能形成宏观裂纹和微孔。这种发生在复合材料内部的微裂纹与微孔是不可逆的,它们不仅对纤维与基体有害也会损伤界面性能。此外,水解和聚合物链松弛也是不可逆现象。

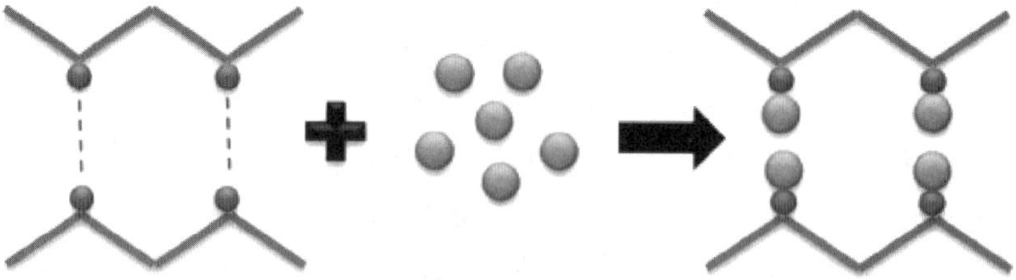

图 22.7　聚合物中水分诱导塑化示意图

界面是复合材料重要的微结构,作为增强纤维与聚合物基体连接的“纽带”,对复合材料的物理,化学及力学性能有着至关重要的影响。界面对湿热环境的敏感性,是纤维增强聚合物基复合材料耐水性的薄弱环节。图 22.8 给出了碳/亚麻纤维混杂复合材料湿热老化前后横截面的电镜图[15]。复合材料的混杂结构为碳纤维增强表层,亚麻纤维增强芯层的“三明治”型。亚麻层与碳纤维层之间的层间界面极易受到湿热侵蚀。从图 22.8(b)可以观察到,在湿热老化后碳纤维层与亚麻层之间的裂纹以及层间区域附近碳层内的基体开裂。碳纤维不吸湿,而亚麻纤维吸湿会发生体积膨胀,这将在碳纤维层和亚麻层之间的层间区域产生较大的残余应力,导致层间界面破坏。此外,如图 22.8(d)所示,在水中浸泡约 300 h 后,亚麻纤维与基体之间有更明显的间隙,表明老化会破坏亚麻与基体间的界面造成脱黏。暴露过程中耐水性相对较弱的增强纤维会被降解,从而对纤维增强聚合物复合材料造成损害。长期在湿热条件下服役的聚合物基复合材料,退化机制作用于纤维、基体与界面上,并引起可逆和不可逆的物理、化学及物理-化学变化,最终导致复合材料性能的变化。由于环境的不确定性,界面相在微观和宏观层面上表现出不均匀的退化,另外湿热应力和外部载荷的耦合,使理论分析十分困难。目前,一般的研究方法是针对不同使用环境的不同体系使用地面自然环境老化、实验室加速老化和随机老化的实验方法,然后对实验数据进行综合分析。

22.3.3　湿热老化后复合材料性能预测

新材料的商业化过程主要涉及两个步骤:

(1)在样本水平对材料进行性能参数的评价检测,对结构材料来讲应满足商业要求的力学性能参数,如强度、硬度、延伸率、疲劳性能等;

(2)对新材料构建的组件原型进一步研究分析,评定其在整个工作期间的安全可靠性。

海洋工程中使用的纤维增强聚合物基复合材料设计使用寿命较长,无法在实际时间

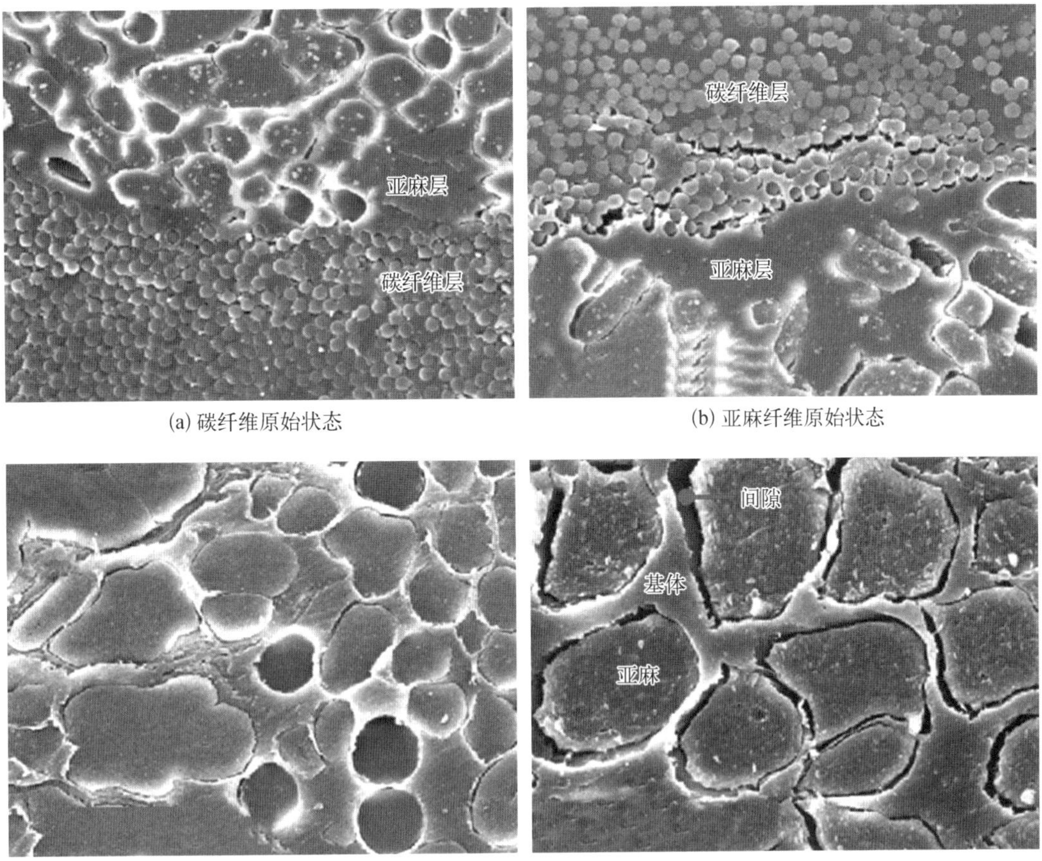

(a) 碳纤维原始状态　(b) 亚麻纤维原始状态　(c) 碳纤维水中浸泡300 h　(d) 亚麻纤维水中浸泡300 h

图 22.8　吸湿后碳/亚麻纤维混杂复合材料的横截面电镜图[15]

范围内进行测试,因为该材料很可能在推向市场过程中被淘汰。因此,建立可靠的模型来预测湿热环境影响下复合材料的机械性能变化及其使用寿命是非常必要的。基于不同理论,相关研究已建立了纤维增强聚合物基复合材料湿热老化后不同的性能预测模型。

I. M.古尼耶夫等建立了玻璃纤维增强材料的中值老化剩余强度半经验数学模型[16],认为聚合物基复合材料在老化过程中可逆与不可逆的性能变化对材料性能有着正面影响(增强过程),同时也存在负面影响(损伤过程),假设复合材料在湿热老化过程中材料性能的增强过程与损伤过程相互独立,则不可逆损伤造成的强度变化为[16]

$$S = S_0 + \eta(1 - e^{-\lambda t}) - \beta\ln(1 + \theta t) \tag{22.8}$$

式中,S 为材料老化时间 t 后的强度值;S_0 为初始强度;η 与 β 为材料参数,分别反映材料的固化程度与抵抗裂纹扩展的能力;λ 为材料和外部环境参数,反映强化速率特征;θ 为反映外部环境的侵蚀性参数。公式(22.8)模拟给出的材料剩余强度为均值,其拟合曲线是中值曲线,也就是说实验值各有一半大于和小于公式(22.8)求出的值,复合材料老化剩余强度的可靠性为50%。考虑实际工程应用中复合材料参数设计的可靠度和置信度,基于通常使用的A基值、B基值,具有高可靠度、高置信度的复合材料老化剩余强度公式为[17]

$$S_R = S_0 + \eta(1 - e^{-\lambda t}) - \beta\ln(1 + \theta t) - k_R(t)\sigma \tag{22.9}$$

式中，S_0、η、β、λ、θ 含义与式(22.8)相同；S_R 是置信度为 γ、可靠度为 R 的老化剩余强度；$k_R(t)$ 置信度为 γ、可靠度为 R 二维单侧容限系数[18]；σ 是老化剩余强度的标准差。采用回归分析方法，确定式(22.8)中 5 个待定参数。

令

$$x = 1 - e^{-\lambda t} \tag{22.10}$$

$$y = \ln(1 + \theta t) \tag{22.11}$$

将式(22.10)和式(22.11)代入式(22.8)，得

$$S = S_0 + \eta x - \beta y \tag{22.12}$$

设$(t_i,\ S_i)$，$i=1,\ 2,\ \cdots,\ n$ 为一组老化数据，则由式(22.10)与式(22.11)：

$$x_i = 1 - e^{-\lambda t_i} \tag{22.13}$$

$$y_i = \ln(1 + \theta t_i) \tag{22.14}$$

求得一组数据$(x_i,\ y_i,\ S_i)$，$i=1,\ 2,\ \cdots,\ n$。

令

$$Q = \sum_{i=1}^{n} (S_0 + \eta x_i - \beta y_i - S_i)^2 \tag{22.15}$$

分别求 Q 对 S_0，η，β，λ，θ 的偏导数，并令其为 0，可得

$$\frac{\partial Q}{\partial S_0} = nS_0 + \eta\sum x_i - \beta\sum y_i - \sum S_i = 0 \tag{22.16}$$

$$\frac{\partial Q}{\partial \eta} = 2\left(S_0\sum x_i + \eta\sum x_i^2 - \beta\sum y_i x_i - \sum S_i x_i\right) = 0 \tag{22.17}$$

$$\frac{\partial Q}{\partial \beta} =- 2\left(S_0\sum y_i + \eta\sum x_i y_i - \beta\sum y_i^2 - \sum S_i y_i\right) = 0 \tag{22.18}$$

$$\frac{\partial Q}{\partial \lambda} = 2\eta\left(S_0\sum t_i e^{-\lambda t_i} + \eta\sum x_i t_i e^{-\lambda t_i} - \beta\sum y_i t_i e^{-\lambda t_i} - \sum S_i t_i e^{-\lambda t_i}\right) = 0 \tag{22.19}$$

$$\frac{\partial Q}{\partial \theta} =- 2\beta\left(S_0\sum \frac{t_i}{1 + \theta t_i} + \eta\sum \frac{x_i t_i}{1 + \theta t_i} - \beta\sum \frac{y_i t_i}{1 + \theta t_i} - \sum \frac{S_i t_i}{1 + \theta t_i}\right) = 0 \tag{22.20}$$

联立式(22.16)、式(22.17)和式(22.18)可得

$$S_0 = \bar{S} - \eta\bar{x} + \beta\bar{y} \tag{22.21}$$

$$\eta = \frac{l_{xS}l_{yy} - l_{yS}l_{xy}}{D} \tag{22.22}$$

$$\beta = \frac{-(l_{yS}l_{xx} - l_{xS}l_{xy})}{D} \tag{22.23}$$

式中，

$$\bar{S} = \frac{1}{n}\sum_{i=1}^{n} S_i \tag{22.24}$$

$$\bar{x} = \frac{1}{n}\sum_{i=1}^{n} x_i \tag{22.25}$$

$$\bar{y} = \frac{1}{n}\sum_{i=1}^{n} y_i \tag{22.26}$$

$$l_{xx} = \sum_{i=1}^{n} x_i^2 - n\bar{x}^2 \tag{22.27}$$

$$l_{xy} = \sum_{i=1}^{n} x_i y_i - n\bar{x}\cdot\bar{y} \tag{22.28}$$

$$l_{yy} = \sum_{i=1}^{n} y_i^2 - n\bar{y}^2 \tag{22.29}$$

$$D = l_{xx}l_{yy} - l_{xy}^2 \tag{22.30}$$

$$l_{xS} = \sum_{i=1}^{n} S_i x_i - n\bar{S}\cdot\bar{x} \tag{22.31}$$

$$l_{yS} = \sum_{i=1}^{n} S_i y_i - n\bar{S}\cdot\bar{y} \tag{22.32}$$

将式(22.21)~式(22.23)，代入式(22.19)、式(22.20)，整理可得

$$\frac{\partial Q}{\partial \lambda} = 2\eta(\eta l_{xt_1} - \beta l_{yt_1} - l_{St_1}) = 0 \tag{22.33}$$

$$\frac{\partial Q}{\partial \lambda} = -2\beta(\eta l_{xt_2} - \beta l_{yt_2} - l_{St_2}) = 0 \tag{22.34}$$

式中，

$$l_{xt_1} = \sum_{i=1}^{n} (x_i - \bar{x}) t_i e^{-\lambda t_i} \tag{22.35}$$

$$l_{yt_1} = \sum_{i=1}^{n} (y_i - \bar{y}) t_i e^{-\lambda t_i} \tag{22.36}$$

$$l_{St_1} = \sum_{i=1}^{n} (S_i - \bar{S}) t_i e^{-\lambda t_i} \tag{22.37}$$

$$l_{xt_2} = \sum_{i=1}^{n} (x_i - \bar{x}) \frac{t_i}{1 + \theta t_i} \tag{22.38}$$

$$l_{yt_2} = \sum_{i=1}^{n} (y_i - \bar{y}) \frac{t_i}{1 + \theta t_i} \tag{22.39}$$

$$l_{St_2} = \sum_{i=1}^{n} (S_i - \overline{S}) \frac{t_i}{1 + \theta t_i} \tag{22.40}$$

采用多元二分法，在约束 $S_0 > 0$，$\eta > 0$，$\beta > 0$，$\lambda > 0$，$\theta > 0$ 的条件下求得使 Q 最下的参数 S_0、η、β、λ、θ 的值。

σ 的估计量为

$$\hat{\sigma} = \sqrt{\frac{Q_{\min}}{v}} \tag{22.41}$$

$k_R(t)$ 由下式计算：

$$k_R(t) = \frac{u_R + u_\gamma \sqrt{\dfrac{1}{n_e(t)}\left(1 - \dfrac{u_\gamma^2}{w}\right) + \dfrac{u_R^2}{w}}}{1 - \dfrac{u_\gamma^2}{w}} \cdot \sqrt{\frac{2v - 1}{2v - 2}} \tag{22.42}$$

$$w = 2\left(v + u_\gamma - 0.64 - \frac{1}{\sqrt{v + u_\gamma - 0.64}}\right) \tag{22.43}$$

$$\frac{1}{n_e(t)} = \frac{1}{n} + \frac{1}{D}\{l_{yy}[x(t) - \bar{x}]^2 - 2l_{xy}[x(t) - \bar{x}][y(t) - \bar{y}] + l_{xx}[y(t) - \bar{y}]^2\} \tag{22.44}$$

k_R 为二维单侧容限系数，式中 u_R 可由标准正态分布表查得，表 22.3 给出了部分常用的 u_R 值；u_γ 是置信度为 γ 的标准正态偏量，即 $\gamma = \Phi(u_\gamma)$，常用的有：当 $\gamma = 90\%$ 时，$u_\gamma = 1.282$；当 $\gamma = 95\%$ 时，$u_\gamma = 1.645$。设 $\overline{X}$ 和 S^2 分别为母体均值 u 和方差 σ^2 的无偏估计量，它们分别遵循正态分布和 χ^2 分布，n 被定义为子样本均值的自由度，v 为子样本方差 S^2 的自由度。

表 22.3　常用的 u_R 值[18]

R	50%	90%	95%	99%	99.9%	99.99%	99.999%	99.999%
u_R	0	1.282	1.645	2.326	3.09	3.719	4.265	4.753

张彦红等[19]定义复合材料在湿热老化环境中，随着老化时间的增加其力学性能指标（耐久性能指标）先是以抛物线的趋势衰减，至某一阶段后稳定衰减，即以直线趋势衰减。

基于材料的性能衰减趋势建立了抛物线-直线衰减模型。具体在抛物线阶段,可按式(22.45)表达:

$$\varphi = q\sqrt{t} + \varphi_0 \tag{22.45}$$

式中,t 为老化时间;φ 为耐久性能指标,是 t 的函数;q 为模型参数;φ_0 为初始耐久性能指标。

由式(22.45)可得

$$\frac{\varphi}{\varphi_0} = \frac{q}{\varphi_0}\sqrt{t} + 1 \tag{22.46}$$

由式(22.46)则有

$$\frac{\varphi}{\varphi_0} = p \cdot \sqrt{t} + 1 \tag{22.47}$$

其中,$p = \frac{q}{\varphi_0}$, $p \leqslant 0$。

采用无量纲化的处理,可使各种老化工况下的衰减模型具有可比性。令 $\varphi = \varphi/\varphi_0$,为当量指标;对老化时间 t 进行统一处理,以年为单位。则由式(22.47)可得

$$\phi = 1 + p \cdot \sqrt{t} \tag{22.48}$$

直线阶段衰减模型按下式表示:

$$\phi = \frac{p}{2\sqrt{t_m}}(t - t_m) + \phi_m,\ t_m \leqslant t \tag{22.49}$$

式中,如图 22.9,t_m 为抛物线与直线的交点,$t_m = (p/2\tan\alpha)^2$;α 为直线与水平线之间的夹角,顺时针为负值;ϕ_m 为 t_m 时刻的耐久性当量指标,为确定值,$\phi_m = 1 + p \cdot \sqrt{t_m}$。

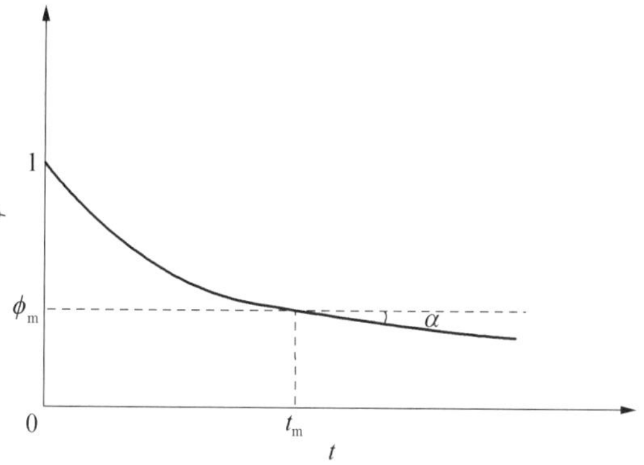

图 22.9　复合材料耐久性能指标抛物线-直线衰减模型曲线

综上复合材料在湿热老化过程中力学性能抛物线-直线衰减模型如下[19]:

$$\phi = \begin{cases} 1 + p \cdot \sqrt{t},\ 0 \leqslant t < t_m \\ \frac{p}{2\sqrt{t_m}}(t - t_m) + \phi_m,\ t_m \leqslant t \end{cases} \tag{22.50}$$

湿热环境中树脂基复合材料力学、热力学和化学性能的变化是一个缓慢累积过程,真实模拟这些环境作用,特别在常温条件下进行试验研究会产生巨大的时间与经济成本,因而通过升高温度使复合材料加速吸湿在较短时间内达到吸湿饱和进而研究复合材料力学

性能的变化是目前工程实践中常用的方法。大量试验结果表明,聚合物基复合材料的吸湿量和吸湿后的力学特性之间有一一对应的关系,而与导致该吸湿量的湿热历程无关,这是实验室加速吸湿和预估吸湿后力学性能的基本依据[20]。I. M. 古尼耶夫等和张彦红等的模型适用于单一温度下复合材料吸湿后力学性能的预测,但没有考虑温度变化产生的影响,因此这两种模型具有一定局限性。

时间-温度等效原理在复合材料性能预测研究方面得到了大量试验与理论验证,最简单的时温等效关系是指,只要改变时间标度,就可以使温度 T 和某一参考温度 T_0 下的应力松弛模量曲线重合,其实质在于材料黏弹性松弛时间的温度相关性,该理论在数学上可表示为

$$E\left(T_0,\ \frac{t}{\alpha_T}\right) = E(T,\ t) \tag{22.51}$$

式中,E 为应力松弛模量;α_T 为松弛模量-时间曲线的位移因子。式(22.51)表明,T 温度下 t 时刻的应力松弛模量可用 T_0 温度下 t/α_T 时刻的数值来表示,改变温度的效应等同于在时间标尺上乘上一个因子或在时间对数标尺上加上一个因子。

Williams 等[21]根据大量的实验结果,将沿时间的对数轴平移和温度变化联系起来,发现了温度移位因子表达式为

$$\lg \alpha_T = \frac{-C_1(T - T_0)}{C_2 + T - T_0} \tag{22.52}$$

式中,C_1、C_1 为材料常数。

刘旭等[22-24]试验验证了聚合物基复合材料力学性能的湿度相关性,并借鉴时间-温度理论推导思路,基于自由体积理论和线性溶胀假设推导了综合温度与湿度因素的时间-温度-湿度移位因子 α_{TM} 的表达式[23]:

$$\begin{aligned}\lg \alpha_{TM} &= \frac{-B}{2.303f_0}\left[\frac{e_T(T - T_0) + e_M(M - M_0)}{f_0 + e_T(T - T_0) + e_M(M - M_0)}\right]\\ &= -C_1\left[\frac{C_3(T - T_0) + C_2(M - M_0)}{C_2C_3 + C_3(T - T_0) + C_2(M - M_0)}\right]\end{aligned} \tag{22.53}$$

式中,e_T 为自由体积分数的热膨胀系数;e_M 为自由体积分数的湿度溶胀系数;M 为材料湿度含量;M_0 为参考湿度含量;f_0 为材料在参考湿度含量 M_0、参考温度 T_0 下的自由体积分数;B 和 C_3 为材料常数。由表达式可知若材料湿度含量无变化 $M-M_0=0$,则式(22.53)即为式(22.52)。若材料温度无变化,$T-T_0=0$,则可得纯湿度含量移位因子:

$$\lg \alpha_M = \frac{-C_1(M - M_0)}{C_3 + M - M_0} \tag{22.54}$$

若聚合物基复合材料饱和吸湿量(100%RH 下材料的平衡吸湿量)为 M_∞,则某一相对湿度下,复合材料的平衡吸湿量 M 近似等于相对湿度 RH 乘以材料的饱和吸湿量即

$$M = \mathrm{RH} \times M_{\infty} \tag{22.55}$$

处于试验条件下某种加速环境，温度 T_1、相对湿度 RH_1，复合材料吸湿平衡后，记平衡吸湿量为 M_1，则有

$$M_1 = \mathrm{RH}_1 \times M_{\infty} \tag{22.56}$$

同理，实际环境条件中，温度 T_0、相对湿度 RH_0 下的平衡稀释量 M_0 记为

$$M_0 = \mathrm{RH}_0 \times M_{\infty} \tag{22.57}$$

根据老化损伤等效原则，对于同一种复合材料、同一构件形式，若加速环境下的应力松弛模量 $E(t)$ 与实际环境下的 $E(t_0)$ 相等，则可建立两种环境下的老化损伤等量关系，即

$$E(T、M,\ t) = E(T_0、M_0,\ t_0) \tag{22.58}$$

根据时间-温度-湿度等效原理，欲实现此两种环境下的应力松弛模量-对数时间曲线的重合，仅需在对数时间轴上水平移动一个位移量。为简单起见可略去纵向的移动，若考虑纵向移动，只会增大模型的复杂性，而对结论无本质性的影响，图 22.10 为时间-温度-湿度水平位移示意图。

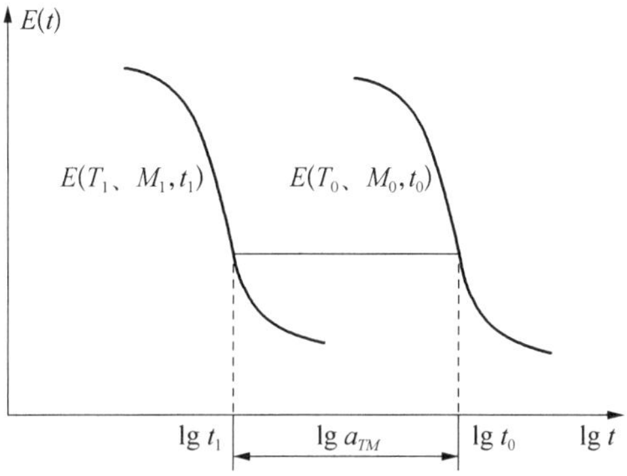

图 22.10　时间-温度-湿度位移示意图

由图可知：

$$\lg t_0 = \lg t_1 + \lg \alpha_{TM} \tag{22.59}$$

则有

$$t_1 = t_0 / \alpha_{TM} \tag{22.60}$$

式中，$\alpha = 1/\alpha_{TM}$ 为当量折算系数。该式表明：为了得到复合材料在温度 T_0、相对湿度 RH_0 下较长时间 t_0 时的黏弹性能，可通过加速试验的方式，将环境条件的老化性加重至温度 T_1、相对湿度 RH_1 并进行移位，在较短的时间 t_1 内完成。经过当量折算后，实验时间 t_0 可缩短 $1/\alpha_{TM}$ 倍，达到实际环境与实验室加速环境在老化损伤等效条件下实验过程当量加速的目的。

Chen 等[25]假设随着老化温度的增加复合材料的强度下降率呈自然指数增长关系，温度影响下材料强度衰减模型可表示为

$$D = A \cdot \mathrm{e}^{BT} \tag{22.61}$$

式中，D 为材料强度下降率，T 是老化温度，A 与 B 是和老化时间与温度相关的待定系数。为与温度模型中的自然指数相对应，与时间参数相关的老化模型可表达为

$$D = M \cdot \mathrm{e}^{-C/t} \tag{22.62}$$

式中，t 为老化时间，C 是与材料有关的常数，M 为待定系数。

同时考虑温度与时间的影响，经过简化后二者的耦合模型为[25]

$$D = N \cdot e^{BT-C/t} \tag{22.63}$$

式中，N 是材料参数，且 $0<N<1$，B 与 C 分别是与老化温度和老化时间有关的参数。

22.4 复合材料的湿热老化表征

22.4.1 加速老化测试及强度预测

FRP 是一种以纤维为增强材料，以聚合物为基体的复合材料，在许多工业领域中被用作结构材料。其中，碳纤维增强聚合物（CFRP）具有高强度、高刚性和轻质等优异性能，自20 世纪 80 年代以来一直被用作结构材料，用于飞机、船舶、汽车等必须在长时间运行中保持高可靠性的主要结构件。FRP 特别是 CFRP 耐久性评估方法的研究一直很活跃。特别是，应建立加速试验方法（ATM）来长期预测 CFRP 及其结构的使用寿命，如图 22.11 所示[26]。对于 ATM，使用加速测试进行数据收集。根据获得的数据，可以进行耐久性设计，也就是说，可以开发出高度可靠的 CFRP 结构。

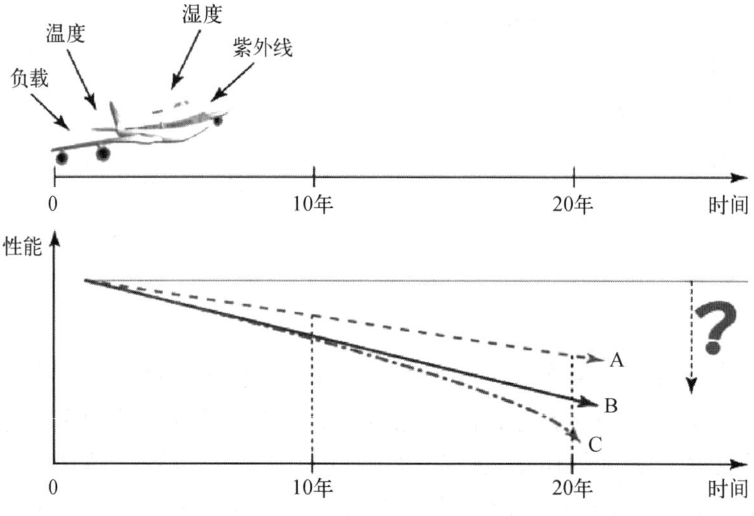

图 22.11 加速测试的必要性

图 22.12 显示了树脂基体在 CFRP 成型和服役过程中的作用[26]。树脂基体的力学行为在固化过程中从液态转变为固态，而碳纤维的力学行为在成型过程中保持完全稳定。CFRP 在服役过程中会在树脂基体和界面中产生物理老化、化学老化和黏弹性等影响CFRP 耐久性的行为。碳纤维在服役过程中非常稳定，如图 22.12 所示。最重要的特性是基体树脂的黏弹性，因为物理老化可以通过预老化处理来预防，化学老化也可以通过使用各种方法稳定分子结构来防止。然而，只要聚合物树脂作为基体存在，黏弹性就不能达到预期的程度。因此，CFRP 的耐久性及其结构主要与基体树脂的黏弹性有关。

用作 FRP 基体的热固性树脂表现出黏弹性行为，这是一种与时间和温度相关的非破坏

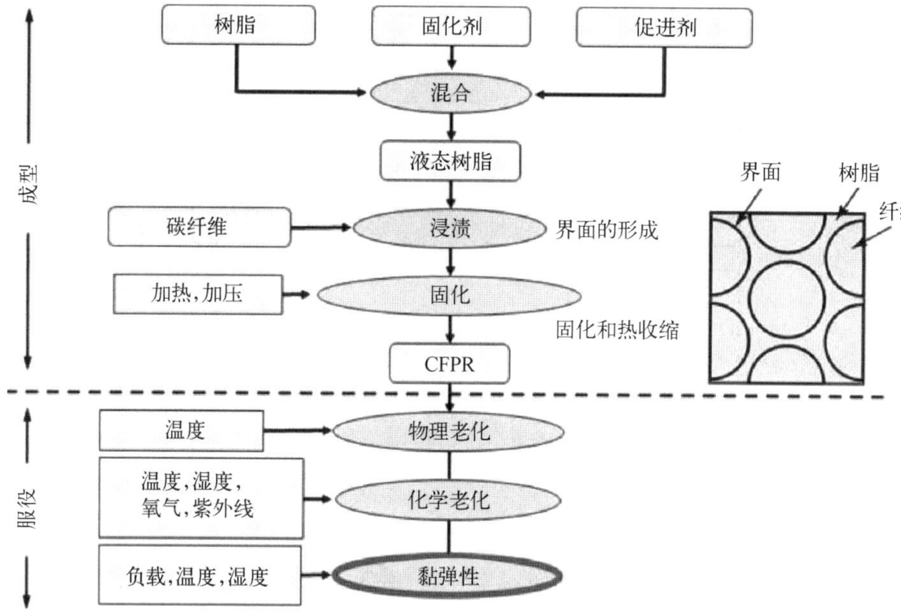

图 22.12　基体树脂在碳纤维复合材料中的作用

性机械行为。此外,时间-温度等效原理(time-temperature superposition principle, TTSP)适用于热固性树脂的黏弹性。在参考温度下,可以根据 TTSP 构建一个主曲线,表述树脂在较宽的缩短时间范围内的黏弹性。此外,可以从该主曲线中预测树脂的长期非破坏性机械行为。可以很容易地推断 FRP 也表现出黏弹性行为,这是由于基体树脂的黏弹性的影响,相同的 TTSP 对于基体树脂的黏弹性也保持不变。由此可以推断,FRP 的静态强度、蠕变强度和疲劳强度 TTSP 与基体树脂相同,可以构建这些强度的主曲线来预测它们的长期退化。

如图 22.13 所示[26],用于基体树脂变形的 TTSP 同样适用于 FRP 的强度。具体而言,以下等式(22.64)用于表示时间-温度移位因子[26]:

$$a_{T_0}(T_i) = \frac{t_i}{t_0} = \frac{t_{S_i}}{t_{S_0}} = \frac{t_{C_i}}{t_{C_0}} = \frac{t_{f_i}}{t_{f_0}} \quad (i = 1,\ 2) \tag{22.64}$$

因此,FRP 的长期强度可以根据它们在高温下测量的短期强度和基体树脂变形的时间-温度移位因子 $a_{T_0}(T)$ 来预测。

利用基体树脂变形的时间-温度移位因子构建 FRP 静态强度主曲线的过程如下:首先,静态试验在不同的温度 T 和应变率 R 下进行,如图 22.14(a)和(b)所示。不同温度下相对于失效时间 t_S 的静态强度 σ_S 由测量数据确定,如图 22.14(c) 左侧所示,其中失效时间 t_S 定义为从加载开始到失效载荷的时间段。参考温度 T_0 下静态强度 σ_S 相对于缩短的失效时间 t'_S 的主曲线可通过水平移动不同温度下的静态强度获得,如图 22.14(c) 右侧所示。FRP 的长期静态强度可从该主曲线预测。水平移动量是基体树脂变形的时间-温度移位因子。

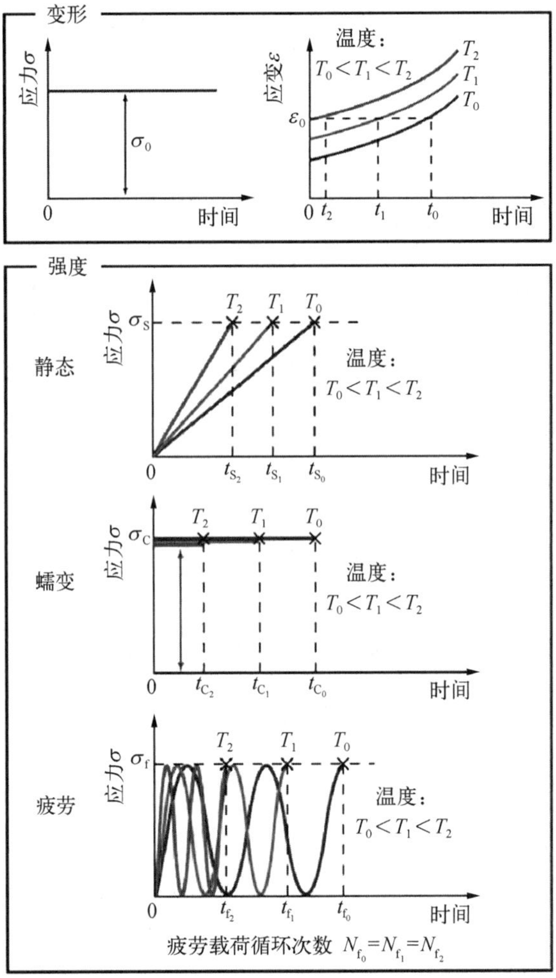

图 22.13 对 FRP 的静态、蠕变和疲劳强度的无损变形特性的 TTSP 的推广

利用基体树脂变形的时间-温度移位因子构建 FRP 蠕变强度主曲线的过程如下：首先，蠕变试验在不同的温度 T 和恒定应力 σ_C 下进行，如图 22.15(a)所示。在不同温度下针对失效时间 t_C 的蠕变强度 σ_C 是根据测量数据确定的，如图 22.15(b) 左侧所示。如图 22.15(b) 右侧所示，通过水平移动不同温度下的蠕变强度 σ_C，可以获得参考温度 T_0 下蠕变强度 σ_C 与缩短的失效时间 t'_C 之间的主曲线。从这条主曲线可以预测 FRP 的长期蠕变强度。水平移动量是基体树脂变形的时间-温度移位因子。

利用基体树脂变形的时间-温度移位因子构建 FRP 疲劳强度主曲线的过程如下：首先，疲劳试验是在恒定频率 f_0 下的不同温度 T 和不同最大应力 σ_f 下进行的，如图 22.16(a)所示。如图 22.16(b) 左侧所示，恒定频率 f_0 下不同温度下相对于失效时间 t_f 的疲劳强度 σ_f 是由测量数据确定的。该图中的静态强度的主曲线可视为失效循环次数 $N_f = 1/2$ 时的疲劳强度。如图 22.16(c) 右侧所示，通过水平移动不同温度下的疲劳强度 σ_f，可以获得在不同频率 f_i 及参考温度 T_0 下相对于缩短的失效时间 t'_f 的疲劳强度 σ_f。T_i

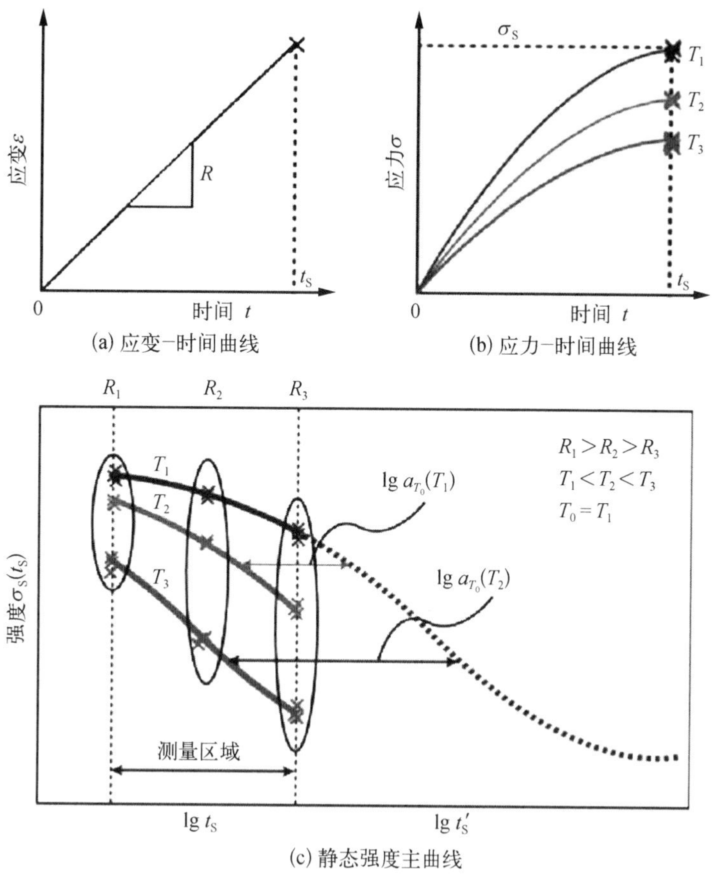

图 22.14　静态强度主曲线的构建[26]

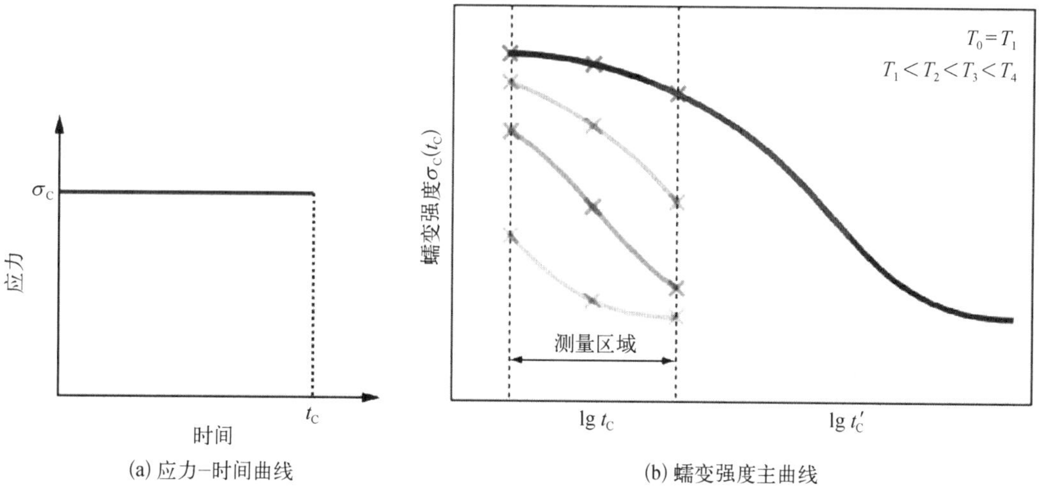

图 22.15　蠕变强度主曲线的构建[26]

对应的频率 f_i 如式(22.65)所示[26]：

$$\frac{f_0}{f_i}=a_{T_0}(T_i)\quad(i=1,\ 2)\tag{22.65}$$

在任意频率 f 的参考温度 T_0 下，相对于缩短的失效时间 t_f' 的长期疲劳强度 $\boldsymbol{\sigma}_f$ 可以从此图中预测出来。水平移动量是基体树脂变形的时间-温度移位因子。如图 22.16(d)和(e)所示，通过连接相同失效循环次数 N_{f_i} 下不同频率 f_i 的疲劳强度 $\boldsymbol{\sigma}_f$ 可以获得不同失效

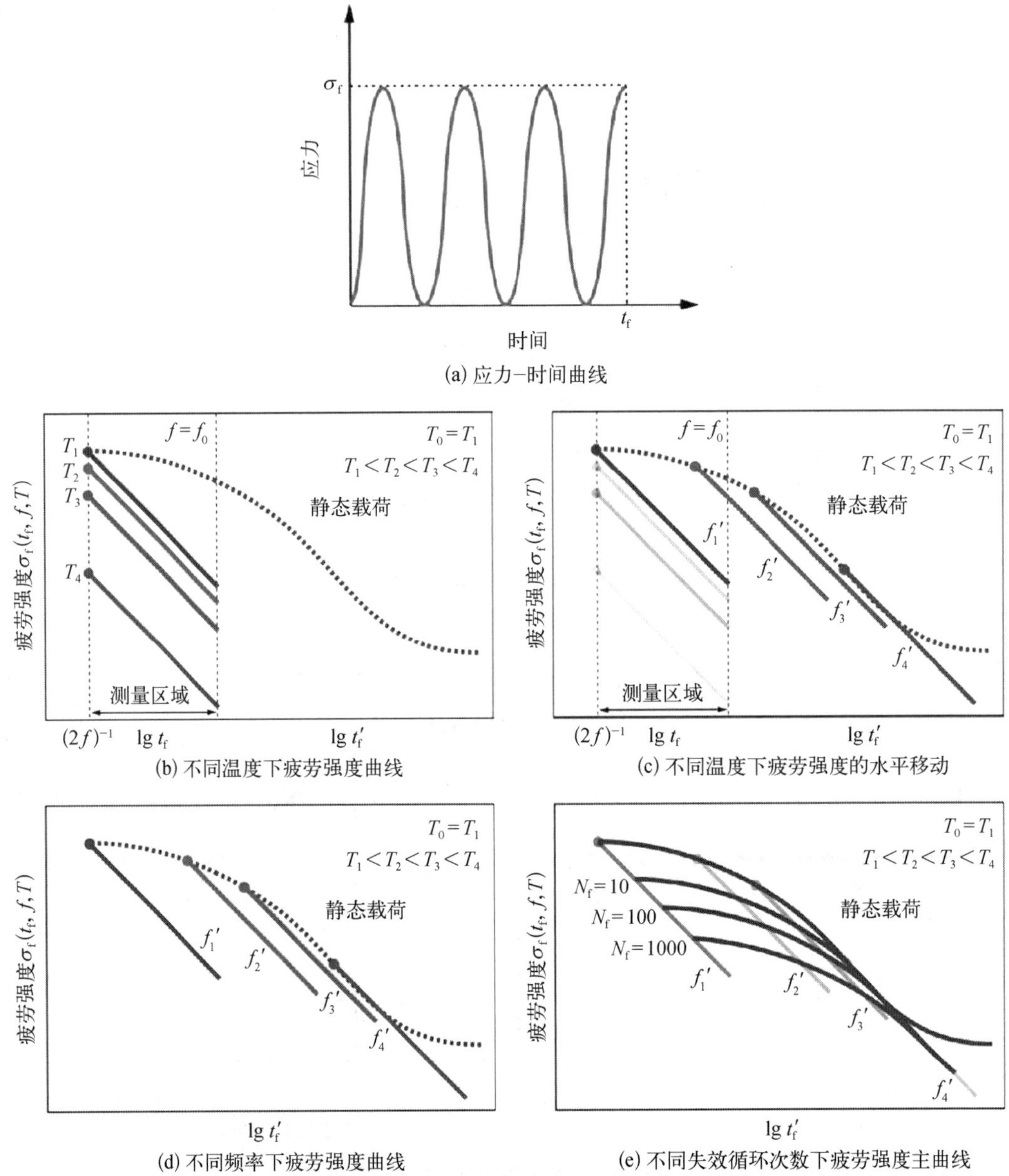

(a) 应力-时间曲线

(b) 不同温度下疲劳强度曲线

(c) 不同温度下疲劳强度的水平移动

(d) 不同频率下疲劳强度曲线

(e) 不同失效循环次数下疲劳强度主曲线

图 22.16　疲劳强度主曲线的构建[26]

循环次数 N_{f_i} 下的疲劳强度 σ_f 的主曲线，由图 22.16(e)可以预测任意失效循环次数 N_f 下在参考温度 T_0 下的长期疲劳强度 σ_f 与缩短的失效时间 t'_f 之间的关系。

22.4.2　湿热老化测试相关研究

Jiang 等[27]研究了 FRP 复合材料在含有蒸气环境老化条件以及在 20℃和 40℃水泡中的水扩散过程。发现老化 250 天过后，在热水中的 FRP 复合材料吸收的水分要远比在水蒸气条件下老化的 FRP 材料高得多，约为初始自重的 3%，通过最小二乘法拟合数据确定了不同条件的水分扩散系数，结果也表明了高温确实可以加快水分的扩散速度。Cabral - Fonseca 等[28]将环氧树脂浸泡在水中后探究湿热环境对其的影响，通过 DSC 和红外测试得到结果：70℃的水对环氧树脂有后固化的作用，而 25℃的水对树脂的后固化作用不明显。与此同时水分对其会有增塑作用，但将水分烘干后增塑作用将会消失。Sang 等[29]通过短碳纤维增强聚酰胺-6 复合材料在不同水温下浸泡来研究湿热老化对其水吸收和机械耐久性的影响。基于 Arrhenius 方法的预测模型用于估算拉伸强度从而与实验相吻合，通过重量试验用 Fickian 模型进行分析拟合，发现其拉伸强度具有良好的指数衰减。黄远等[30]采用有限元分析软件对 CFRP 材料吸湿后的水分分布进行模拟，与试验结果得到的曲线吻合，发现材料长时间的吸湿会使得材料内部存在残余应力，并且在界面处的值最大，这种残余应力可能是导致材料性能下降的主要原因。

Karbhari 和 Xian[31]研究发现树脂和复合材料的吸湿过程一般分为菲克(Fick)吸水定律和非 Fick 吸水定律两种，而非 Fick 吸水模型又可以分为两步(two-stage)吸水模型和朗缪尔(Langmuir)吸水模型。Fick 吸水定律主要指的是当树脂或者复合材料吸收水分的量达到一定值后，水分吸收达到了动态平衡，至此之后吸水量不再有增加。两步吸水模型则是将吸水的过程分为了两个阶段：第一阶段与 Fick 吸水定律类似，水吸收初期，水分子的扩散速率和浓度梯度有关，但是到了第二个阶段，树脂并不是不再吸收水分，而是吸收的水分含量大幅度下降，吸水速率下降，主要原因可能是树脂降解，界面遭到了破坏。两步吸水模型多用于环氧树脂的吸水过程，环氧树脂经过长时间的湿热环境，内部结构变得松散，基体降解，界面脱黏，空隙变多，水分子更容易进入其中，吸水量逐渐变多，呈现出第二阶段。

通常，FRP 材料处于湿热老化环境下，水分子会通过材料表面的孔洞进入材料内部，所以归根结底，复合材料的吸湿与树脂基体的吸湿息息相关。材料内部的微裂纹和界面的缺陷都会影响水分子在材料内部的扩散速率，从而影响到平衡吸湿率。树脂基体吸水后发生溶胀作用，基体裂纹变多，且纤维和树脂吸水后的膨胀率不一样，会在材料内部产生内应力使得界面发生脱黏导致复合材料的力学性能和热力学性能发生不同程度的变化。Dhakalh 等[32]通过试验来研究吸水率对于 FRP 材料机械性能的影响。对不同纤维体积分数的复合材料试样进行水浸试验，发现平衡吸湿率随着纤维体积分数的增加而增加，而吸湿率增加导致材料的力学性能下降，并且发现复合材料在室温下的吸水模式遵循 Fick 定律，而在高温下表现出非 Fick 吸湿行为。而 Bao 等[33]在文中提到了类平衡吸湿概念，在复合材料的吸湿的第一阶段材料很快达到了吸湿平衡，该阶段遵循 Fick 定律，而在持续的老化环境下，界面发生破坏由此开始了第二阶段的吸湿。第二阶段的吸湿由水分子的扩散和链段的松弛来控制，此阶段的斜率和松弛速率有着密切关系，温度越高，链段松弛速度越快，吸湿速率越大，但是当温度达到90℃时，斜率又大幅度下降。Ray等[34]通过将杂化复合材料放入40℃、60℃和80℃三个不同温度的水中，评估复合材料吸水率和吸湿动力学的影响，发现复合材料显示出Fick吸湿行为，但是在高温下有明显偏差。原因可能是界面产生了裂纹，但是研究发现高温对平衡吸湿率无影响而扩散系数随温度增加。重新干燥的老化样品的特性并没有完全恢复，表明吸水不是物理过程，老化后复材的结构发生永久性的变化。Papanicolaou等[35]发现环氧树脂体系的机械和黏弹性行为，它是吸收水量、温度和浸入时间的函数。通过将材料在60℃和80℃的恒温下浸入蒸馏水中不同时间来实现吸水，再对样本进行静态和动态弯曲测试，测量玻璃化转变温度（T_g）、弯曲模量和强度的变化。他认为T_g下降的原因是水分子进入树脂基体，使得聚合内部发生溶胀作用，内部网络结构松散，水分子进入体系内部从而导致T_g下降。在实验过程中，他还发现随着水分子的蒸发消失，T_g又逐渐升高，但吸湿过程中网络结构的变化是不可逆的。Nogueira等[36]研究了环氧树脂中水的吸附和扩散特性，进行了相关试验和测试来研究吸收的水对材料的机械性能的影响。他认为水分子的扩散行为是因为自由体积中水的吸附以及水分子与网络中极性基团之间的强相互作用，该行为遵循菲克第二定律。动态热机械分析（DMA）发现T_g对水的影响敏感，黏弹性行为与吸水过程和系统的微观结构有关，随着吸水过程的进行，材料的T_g下降，主要原因是水分子进入材料体系内部，产生氢键使T_g降低，后固化作用使树脂产生再交联，T_g提高。在众多国内外的研究当中可以发现，T_g在湿热老化过程中会不断波动，主要原因是因为在老化过程中，基体发生溶胀等作用使T_g降低，但是高温又会使得基体产生后固化现象升高T_g，所以两者同时发生导致了T_g的波动。

22.5 总结与展望

FRP具有吸收环境中水分的内在趋势。此外，大多数复合材料的湿热老化试验都是在恒定的温度或相对湿度下进行的。不过，针对温度和/或相对湿度存在周期性变化的情况，也进行了一些研究，这在各种应用中是非常实用的。此外，复合材料在吸湿后还可能会发生许多其他情况变化，如吸湿后的冻结，这也可能会影响FRP的性能。因此，需要开展进一步的研究以更精确地模拟实际情况，以便预测材料的长期行为。

习题与思考题

1. 复合材料吸湿后，水分对复合材料有哪几方面作用？
2. 水分子进入复合材料的机制是什么？
3. 吸湿动力学的影响因素有哪些？
4. 湿热老化对复合材料力学性能的影响及其机理是什么？
5. 为什么CFRP的耐久性及其结构与基体树脂的黏弹性息息相关？

参考文献

[1] Kumar B G, Singh R P, Nakamura T. Degradation of carbon fiber-reinforced epoxy composites by ultraviolet radiation and condensation [J]. Journal of Composite Materials, 2002, 36 (24): 2713 - 2733.

[2] Bao L R, Yee A F. Effect of temperature on moisture absorption in a bismaleimide resin and its carbon fiber composites[J]. Polymer, 2002, 43(14): 3987 - 3997.

[3] Marouani S, Curtil L, Hamelin P. Ageing of carbon/epoxy and carbon/vinylester composites used in the reinforcement and/or the repair of civil engineering structures[J]. Composites Part B: Engineering, 2012, 43(4): 2020 - 2030.

[4] Colin X, Verdu J. Humid ageing of organic matrix composites[M]. Davies P, Rajapakse Y D S. Durability of composites in a marine environment. Dordrecht: Springer, 2014.

[5] Chilali A, Assarar M, Zouari W, et al. Effect of geometric dimensions and fibre orientation on 3D moisture diffusion in flax fibre reinforced thermoplastic and thermosetting composites[J]. Composites Part A: Applied Science and Manufacturing, 2017, 95: 75 - 86.

[6] Naceri A. An analysis of moisture diffusion according to Fick's law and the tensile mechanical behavior of a glass-fabric-reinforced composite[J]. Mechanics of Composite Materials, 2009, 45(3): 331 - 336.

[7] Shen C H, Springer G S. Moisture absorption and desorption of composite materials[J]. Journal of Composite Material, 1976, 10: 2 - 20.

[8] Parks O, Harper P. Durability testing and evaluation of marine composites[M]. Pemberton R, Summerscales J, Graham-Jones J. Marine Composites. London: Woodhead Publishing, 2019.

[9] 何维,钱晓明,梁肖肖,等. 三种阻燃耐高温纤维的吸湿性能分析[J]. 棉纺织技术,2016, 44(6): 10 - 13.

[10] Zhong Y C, Chen M Y, Zhang X, et al. Hygrothermal durability of glass and carbon fiber reinforced composites — A comparative study[J]. Composite Structures, 2019, 211: 134 - 143.

[11] Soles C L, Yee A F. A discussion of the molecular mechanisms of moisture transport in epoxy resins [J]. Journal of Polymer Science Part B: Polymer Physics, 2000, 38(5): 792 - 802.

[12] Buehler F U, Seferis J C. Effect of reinforcement and solvent content on moisture absorption in epoxy composite materials [J]. Composites Part A: Applied Science and Manufacturing, 2000, 31: 741 - 748.

[13] Iglesias J G, González-Benito J, Aznar A J, et al. Effect of glass fiber surface treatments on mechanical strength of epoxy based composite materials[J]. Journal of Colloid and Interface Science, 2002, 250 (1): 251 - 260.

[14] Ray B C. Temperature effect during humid ageing on interfaces of glass and carbon fibers reinforced epoxy composites[J]. Journal of Colloid and Interface Science, 2006, 298(1): 111 - 117.

[15] Cheng M Y, Zhong Y C, Kureemun U, et al. Environmental durability of carbon/flax fiber hybrid composites[J]. Composite Structures, 2020, 234: 111719.

[16] 叶宏军,詹美珍. T300/4211 复合材料的使用寿命评估[J]. 材料工程,1995(10): 3 - 5.

[17] 肇研,梁朝虎. 聚合物基复合材料自然老化寿命预测方法[J]. 航空材料学报,2001(2): 55 - 58.

[18] 傅惠民. 二维单侧容限系数方法[J]. 航空学报,1993(3): 166 - 172.

[19] 张彦红,杨勇新,姚勇,等.玻璃纤维增强复合材料在湿热环境下的耐久性试验及性能衰减模型[J].工业建筑,2014,44(10):46-50.
[20] 益小苏,杜善义,张立同.复合材料手册[M].北京:化学工业出版社,2009.
[21] Williams M L, Landel R F, Ferry J D. The temperature dependance of relaxation mechanisms in amorphous polymers and other glass form liquids[J]. Journal of the American Chemical Society, 1995, 77(14): 3701-3707.
[22] 刘旭,陈跃良,张玎,等.温度-湿度-时间因素对聚合物基复合材料性能影响研究[J].装备环境工程,2011(4):20-24.
[23] 刘旭.碳纤维复合材料海洋环境谱及湿热老化加速关系研究[D].青岛:海军航空工程学院青岛分院,2011.
[24] 刘旭,陈跃良,霍武军,等.碳纤维复合材料湿热老化加速关系[J].南京航空航天大学学报,2014,46(3):382-388.
[25] Chen W, Yang Y G, Li B. Discussion of a coupled strength attenuation model for GFRP Composites in hydrothermal environments[J]. International Journal of Polymer Science, 2016, 6: 1-6.
[26] Miyano Y, Nakada M. Durability of fiber-reinforced polymers[M]. Weinheim: Wiley-VCH, 2017.
[27] Jiang X, Kolstein H, Bijlaard F, et al. Effects of hygrothermal aging on glass-fibre reinforced polymer laminates and adhesive of FRP composite bridge: Moisture diffusion characteristics[J]. Composites Part A: Applied Science and Manufacturing, 2014, 57: 49-58.
[28] Cabral-Fonseca S, Correia J R, Rodrigues M P, et al. Artificial accelerated ageing of GFRP pultruded profiles made of polyester and vinylester resins: Characterisation of physical-chemical and mechanical damage[J]. Strain, 2012, 48(2): 162-173.
[29] Sang L, Wang C, Wang Y, et al. Effects of hydrothermal aging on moisture absorption and property prediction of short carbon fiber reinforced polyamide 6 composites[J]. Composites Part B: Engineering, 2018, 153: 306-314.
[30] 黄远,万怡灶,何芳,等.碳纤维/环氧树脂单向复合材料的吸湿残余应力研究[J].航空材料学报,2009,29(4):57-62.
[31] Karbhari V M, Xian G. Hygrothermal effects on high V_F pultruded unidirectional carbon/epoxy composites: Moisture uptake[J]. Composites Part B: Engineering, 2009, 40(1): 41-49.
[32] Dhakal H N, Zhang Z Y, Richardson M O W. Effect of water absorption on the mechanical properties of hemp fibre reinforced unsaturated polyester composites[J]. Composites Science and Technology, 2007, 67(7): 1674-1683.
[33] Bao L R, Yee A F, Lee C Y C. Moisture absorption and hygrothermal aging in a bismaleimide resin[J]. Polymer, 2001, 42(17): 7327-7333.
[34] Ray K, Patra H, Swain A K. Glass/jute/sisal fiber reinforced hybrid polypropylene polymer composites: Fabrication and analysis of mechanical and water absorption properties [J]. Materials Today: Proceedings, 2020, 33(8): 5273-5278.
[35] Papanicolaou G C, Kosmidou T V, Vatalis A S, et al. Water absorption mechanism and some anomalous effects on the mechanical and viscoelastic behavior of an epoxy system[J]. Journal of Applied Polymer Science, 2010, 99(4): 1328-1339.
[36] Nogueira P, Ramírez C, Torres A, et al. Effect of water sorption on the structure and mechanical properties of an epoxy resin system[J]. Journal of Applied Polymer Science, 2001, 80(1): 71-80.

第 23 章
纤维增强复合材料断裂力学

学习要点：

(1) 熟悉线弹性断裂力学的基本概念及内涵；

(2) 掌握纤维增强复合材料断裂行为的特点；

(3) 掌握复合材料单层板中临界应力和临界裂纹尺寸的简单计算；

(4) 了解复合材料断裂行为的数值模拟方法；

(5) 了解复合材料层合板层间开裂行为的测试方法；

(6) 了解复合材料断裂力学分析中的新理论和新方法。

23.1 引　　言

随着纤维增强复合材料在高性能飞机和航天器结构中得到越来越多的应用，对其损伤和断裂问题的研究越来越得到重视。纤维增强复合材料在制造和使用过程中，可能产生各种局部缺陷和损伤。复合材料构件受力而发生变形的过程中，随着载荷增加，原有缺陷扩大或发生新的损伤，随着损伤区域和尺寸的增大，宏观裂纹扩展，最后材料断裂破坏。因此，分析和研究纤维增强复合材料的抗断裂性对于确保飞机和航天器结构的安全性至关重要。

纤维增强复合材料的力学行为基本上可以看成是线性弹性的，因此可以通过所谓的线弹性断裂力学来描述纤维增强复合材料的断裂行为。本章首先介绍断裂力学的基础知识，然后给出线弹性断裂力学在复合材料断裂中的具体应用，最后介绍复合材料断裂行为的数值模拟方法、测试方法以及复合材料断裂力学的一些新发展。

23.2 断裂力学基础

断裂力学是分析材料与结构中的断裂问题的一门科学，而断裂问题的提出源于工程实际中各种严重事故的发生，这些事故的发生是因为工程师在设计的过程中未能考虑材料和结构中存在的初始缺陷以及这些缺陷在服役过程中的演化而造成的材料与结构承载能力下降的缘故。传统的材料力学和连续介质力学分析均假设材料是均匀的、无缺陷的，不能考虑有缺陷(包括裂纹、气孔、夹杂等等)的情形。而本节简要介绍的断裂力学则是专门研究含裂纹材料的相关力学问题，讨论材料中的裂纹在外加载荷作用下的扩展行为，进而指导材料和结构的抗断裂设计，因此可以说断裂力学就是裂纹体力学。

23.2.1 裂纹形式

裂纹是断裂力学从实际材料中存在的各种缺陷(如气孔、夹杂、疏松、缩孔、白点、应力腐蚀引起的蚀坑、交变载荷下产生的疲劳源)中抽象出来的力学分析模型。断裂力学中定义的裂纹为“尖裂纹”，即裂纹尖端的曲率半径为零，是一种抽象化的裂纹模型。从裂纹在材料和结构构件中所处的位置来说，可以将断裂力学中处理的裂纹分为两类：一类是贯穿裂纹(平面问题)；一类是表面裂纹和深埋裂纹(空间问题)。无论哪一类裂纹，依据外加应力与裂纹面的取向关系，可以有三种变形方式，我们也可以根据这三种变形方式把断裂力学讨论的裂纹分为如下三类(图 23.1)。

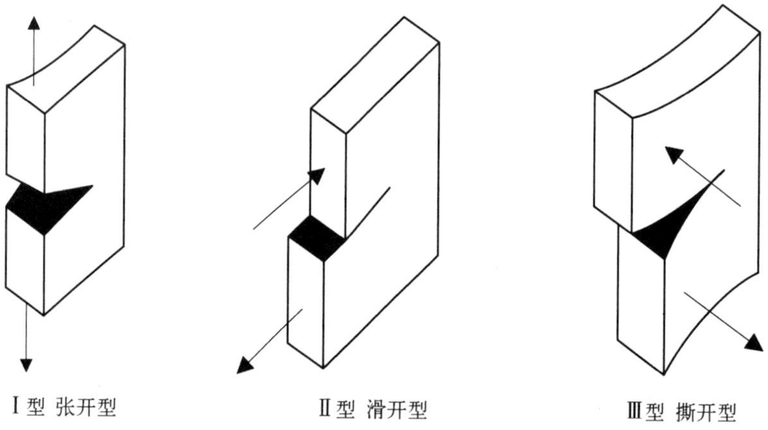

图 23.1 三种裂纹开裂形式示意图

1. 张开型裂纹

这种裂纹又称为Ⅰ型裂纹，其主要受垂直于裂纹面的拉应力作用(图 23.1)，裂纹的扩展方向与外加应力方向垂直，裂纹面在裂纹扩展过程中是张开的，因而称之为张开型裂纹。裂纹面的这种受力方式也是一种最危险的受力方式；同时，这种方式最容易实现，因此这种裂纹变形形式下的裂纹扩展过程是最易于实验观测的。

2. 滑开型裂纹

这种裂纹也称为Ⅱ型裂纹，其主要受平行于裂纹面的切应力作用(图 23.1)，裂纹的扩展方向与外加应力方向平行，裂纹面在裂纹扩展过程中是闭合的，发生相对滑动，因而称之为滑开型裂纹。然而，裂纹面的这种滑动变形方式不易实现，因此，滑开型裂纹的扩展过程不易进行实验观测。

3. 撕开型裂纹

这种裂纹也称为Ⅲ型裂纹，其主要受平行于裂纹面的切应力作用(图 23.1)，但其裂纹的扩展方向与外加应力方向垂直，裂纹面在裂纹扩展过程中发生相对撕裂，因而称之为撕开型裂纹。与滑开型裂纹相比，使裂纹面产生撕裂状扩展的外加载荷施加较为容易，因此，该类裂纹扩展过程也相对来说易于实验观测。

对于在一般载荷形式作用下的裂纹开裂，则可以根据外加载荷的具体形式用上述三种开裂形式的叠加来描述，这时的裂纹属性可称为复合型裂纹。需要指出的是：Ⅰ型裂纹是在正应力作用下裂纹张开而扩展，这是裂纹所处的一种最危险的受力状态；Ⅱ、Ⅲ型裂纹由于在裂纹扩展过程中实际裂纹面存在摩擦而降低了裂纹尖端的应力状态危险程度而较Ⅰ型裂纹难以扩展。

23.2.2　线弹性断裂力学

材料和结构中存在的裂纹在一定的应力作用下会发生扩展，裂纹的扩展有慢速扩展和失稳扩展（快速扩展）。在实际的工程结构中，裂纹的慢速扩展并不可怕，因为人们有足够的时间观察它的变化，及时进行安全性评判；然而，裂纹的失稳扩展则因为扩展速度快而导致构件的突然断裂，危险很大，需要引起足够的重视。为了防止裂纹的失稳扩展，需要深入了解裂纹扩展过程中不同阶段的力学特征，需要建立判断裂纹失稳扩展的条件。这种裂纹失稳扩展的条件正是断裂力学讨论的核心内容。

在讨论裂纹失稳扩展的条件时，裂纹尖端的应力、应变（或位移）场显得尤为重要，需要得到较为准确的应力、应变场（或位移场）解。当外加应力比较小、材料的绝大部分处于弹性变形范围内时，裂纹尖端附近的塑性变形区很小，可以用线弹性力学来分析裂纹尖端的应力、应变（或位移）场，进而建立裂纹失稳扩展的相应判据。这种断裂力学则称为线弹性断裂力学（linear elastic fracture mechanics），适用于高强低韧金属材料的平面应变断裂和脆性材料如玻璃、陶瓷、岩石、冰等材料的断裂问题分析。然而，对于韧性比较好、延性较大的金属材料，在一定外加应力作用下其裂纹尖端的塑性区已大于线弹性断裂力学能够处理的极限值，这种断裂问题则要用弹塑性力学方法来处理，这类断裂力学内容可称为弹塑性断裂力学（elastic-plastic fracture mechanics）。另外，除了上述两种情形以外，还有一类裂纹则是完全深埋在大范围的塑性区中，这种断裂问题称为全面屈服断裂，目前只能用工程方法近似处理。针对本书讨论的长纤维复合材料，已有的分析均是在线弹性范围内进行的，也就是说，主要涉及线弹性断裂力学方面的内容。因此，本小节仅对线弹性断裂力学的核心内容进行简要介绍，对于其他断裂力学相关内容，感兴趣的读者可以参阅关于断裂力学理论的书籍和相关文献。本小节主要介绍能量释放率 G、裂纹尖端应力场和应力场强度因子 K 的定义和计算等方面的基础知识。

1. 能量释放率 G

1）能量释放率 G 的定义

最早的断裂力学发展就是从 Griffith 提出的裂纹扩展能量释放率 G 开始的。裂纹扩展能量释放率 G 定义为裂纹扩展单位面积时弹性体释放的能量。这一概念是从一种虚设的裂纹扩展状态开始研究的，讨论的弹性体中并无真实的裂纹扩展，因此，这相当于虚功和虚位移的情形。令虚设裂纹面积（A）扩展 $\mathrm{d}A$ 时需要弹性体释放的能量（势能）为 $-\mathrm{d}\Pi$，而在这个过程中载荷所做的功为 $\mathrm{d}W$，弹性体的弹性应变能改变了 $\mathrm{d}U$，则有

$$-\mathrm{d}\Pi = \mathrm{d}W - \mathrm{d}U \tag{23.1}$$

进而可得裂纹扩展能量释放率 G 的定义式为

$$G = -\frac{\partial \Pi}{\partial A} = \frac{\partial W}{\partial A} - \frac{\partial U}{\partial A} \tag{23.2}$$

如果裂纹体厚度为 B,则有 $\mathrm{d}A = B\mathrm{d}a$,其中 a 为裂纹长度。进而,有

$$G = -\frac{\partial \Pi}{\partial A} = -\frac{1}{B}\frac{\partial \Pi}{\partial a} \tag{23.3}$$

在恒位移 Δ 情况下,即弹性体在裂纹扩展过程中外载荷作用点处没有位移变化时,有 $\mathrm{d}\Delta = 0$,可见,外载荷在裂纹扩展过程中做功为零,即 $\mathrm{d}W = 0$。由此可得

$$G = -\frac{1}{B}\left(\frac{\partial U}{\partial a}\right)_{\Delta} \tag{23.4}$$

这说明,在恒定位移条件下,弹性体释放的应变能用于推动裂纹的扩展,裂纹扩展能量释放率就等于弹性体的应变能释放率。

在恒载荷 P 情况下,即弹性体在裂纹扩展过程中外载荷保持不变,有 $\mathrm{d}P = 0$,此时外载荷在裂纹扩展过程中做功为 $\mathrm{d}W = 2\mathrm{d}U$。由此可得

$$G = \frac{1}{B}\left(\frac{\partial U}{\partial a}\right)_{P} \tag{23.5}$$

这说明,在恒定载荷条件下,裂纹扩展能量释放率就等于外力功减去弹性体的应变能增加后剩余的能量释放率。

2）裂纹扩展的 G 判据

由于裂纹扩展过程中新裂纹面的形成是需要消耗能量的,也就是说裂纹面具有一定的表面能,因此,可以将裂纹扩展单位面积所需要消耗的能量定义为裂纹扩展的阻力,其反映了材料抵抗断裂破坏的能力,称为材料的断裂韧度,记为 G_c,可由实验测定。

当裂纹扩展能量释放率 G 达到 G_c 时,裂纹将失去平衡而失稳扩展,因此,可以建立如下裂纹扩展的能量释放率判据,即 G 判据:

$$G = G_c \tag{23.6}$$

2. 应力强度因子 K

1）裂纹尖端应力场

Griffith 提出的裂纹扩展的 G 判据对裂纹尖端的尖锐度是有严格限制的,裂纹尖端的曲率半径必须要小于一个特定值,也就是说该判据主要适用于 Griffith 裂纹的扩展分析,常用于脆性材料。同时,G 判据从能量的角度来进行裂纹问题的分析,没有考虑裂纹尖端的应力和应变场分布细节,实际计算存在一定的困难。因此,后来人们又通过考虑裂纹尖端的应力场,提出了一个新的断裂判据,即应力强度因子 K 判据。

通过弹性理论的基本公式可以求得裂纹尖端一点(即以裂纹尖端为原点的极坐标系

中 r 和 θ 表示的点)处应力场为(具体推导过程可参见断裂力学的相关书籍):

$$\sigma_{ij} = K_m(r^{-\frac{1}{2}}) f_{ij}(\theta) \tag{23.7}$$

其中,$f_{ij}(\theta)$ 是极角 θ 的函数,称为角分布函数;K_m 则表征了裂纹尖端附近区域应力场的强弱程度,下标 m 可以取Ⅰ、Ⅱ和Ⅲ,对应于前面提到的三种开裂形式,可称其为应力强度因子或 K 因子。由式(23.7)可见,当坐标 r 趋近于零时,即在裂纹尖端处,应力值趋向于无穷大,应力场在裂纹尖端处具有奇异性,可称为是一个奇异性应力场。也就是说,应力强度因子 K 为一个表征奇异应力场强度的参数。

2) 裂纹扩展的 K 判据

对于一个中心具有穿透裂纹的无限大板来说,当其承受均匀拉伸(σ)、面内剪切(τ)和面外剪切(τ_1)时,对应的三个应力强度因子为

$$K_{\mathrm{I}} = \sigma\sqrt{\pi a} \tag{23.8}$$

$$K_{\mathrm{II}} = \tau\sqrt{\pi a} \tag{23.9}$$

$$K_{\mathrm{III}} = \tau_1\sqrt{\pi a} \tag{23.10}$$

以上三个式子是由含中心穿透裂纹的无穷大板得到的。断裂力学的研究表明,对于有限尺寸的构件,应力强度因子需要在上述三式中再乘上一个几何修正系数,其应力强度因子 K 的具体表达式可以查阅专门的应力强度因子手册,此处不再赘述。同时,由式(23.8)~式(23.10)可见,应力强度因子 K 的大小依赖于外加载荷的形式和大小,也取决于裂纹及裂纹体的形状和尺寸等几何因素。

由于应力强度因子 K 反映了裂纹尖端应力场的强弱程度,裂纹扩展与否与应力强度因子密切相关,因此,可以将应力强度因子 K 看成是裂纹扩展的驱动力,进而来建立裂纹扩展的 K 判据。也就是说,可以认为当含裂纹的弹性体在外加载荷作用下具有的应力强度因子 K 的值达到弹性体发生裂纹失稳扩展的临界值 K_c 时,裂纹会发生失稳扩展而使得弹性体发生断裂破坏。由此可得 K 判据为

$$K = K_c \tag{23.11}$$

对于Ⅰ型裂纹,在平面应变条件下,其裂纹扩展的应力强度因子判据,即 K 判据为

$$K_{\mathrm{I}} = K_{\mathrm{I}c} \tag{23.12}$$

其中,$K_{\mathrm{I}c}$ 为材料的平面应变断裂韧性,是一个材料参数,可以通过试验来进行测定(见断裂力学相关书籍),反映了材料抵抗裂纹扩展的能力。对于Ⅱ和Ⅲ型以及复合型裂纹,原则上可以仿照式(23.12)的形式来分别建立相应的 K 判据;但是,对应的 $K_{\mathrm{II}c}$ 和 $K_{\mathrm{III}c}$ 测试非常困难,目前都是在一些特定的复合型裂纹断裂判据基础上建立 $K_{\mathrm{II}c}$ 和 $K_{\mathrm{III}c}$ 与 $K_{\mathrm{I}c}$ 之间的特定关系,然后通过测量得到的 $K_{\mathrm{I}c}$ 间接得到 $K_{\mathrm{II}c}$ 和 $K_{\mathrm{III}c}$。

根据建立的 K 判据,即可对实际材料和构件中存在的裂纹在特定载荷作用下是否扩展,或者是在多大的载荷作用下会发生失稳扩展以及在特定载荷作用下多大的裂纹会失稳扩展等问题进行分析和讨论,进而开展材料与结构的抗断裂设计。

3. G 和 K 之间的关系

能量释放率 G 和应力强度因子 K 都是用来表征裂纹失稳扩展所需的驱动力大小，两者实际上针对的都是同一个问题，只是采用了两种不同的描述方式，因此，两者之间应该存在着某一种联系。针对Ⅰ型裂纹，我们可以推导得到如下关系（具体过程参见断裂力学相关书籍）：

$$G_{\mathrm{I}} = \frac{1}{E'} K_{\mathrm{I}}^2 \tag{23.13}$$

其中，E' 为表观弹性模量。对平面应力情况，有

$$E' = E \tag{23.14}$$

对平面应变情况，有

$$E' = E \frac{1}{1 - \nu^2} \tag{23.15}$$

其中，E 是材料的杨氏模量；ν 是泊松比。

对其他裂纹形式，也可以得到类似的关系式，具体可见断裂力学相关书籍，此处不再赘述。

23.2.3 断裂韧性的测量

如前所述，由于Ⅱ和Ⅲ裂纹形式下的断裂韧性 K_{IIc} 和 K_{IIIc} 测试非常困难，基本上是通过测量得到的 K_{Ic} 间接得到的，因此，本节只简单介绍一下断裂韧性 K_{Ic} 的测量方法。研究表明，只要满足小范围屈服和平面应变条件，材料的断裂韧度就不再与被测试试样或结构的几何形状有关，仅为材料常数，并且表征了材料所固有的平面应变裂纹扩展抗力。由于它代表了实际结构中最常见和最危险的裂纹尖端约束情况，所以平面应变断裂韧性 K_{Ic} 在安全设计中有重要地位。由此可见，在测量材料的断裂韧性时，试样形状和尺寸必须要满足裂纹尖端平面应变条件的要求。需要注意的是，测试试样的平面应力和平面应变状态是对裂纹尖端附近区域而言的。目前，在国家标准 GB/T 4161—2007 中给出了金属材料断裂韧性 K_{Ic} 的测试标准试样，包括：紧凑拉伸试样、C 形拉伸试样、圆形紧凑拉伸试样和三点弯曲试样。这些标准试样都带有疲劳预制裂纹。下面以紧凑拉伸试样（如图 23.2 所示，简称 CT 试样）为例，简要说明断裂韧性的测量过程，对详细过程感兴趣的读者可以参阅相关标准（GB/T 4161 - 2007）和教材。

由理论分析可知，紧凑拉伸试样的应力强度因子 K_{I} 的表达式为

$$K_{\mathrm{I}} = \frac{P}{BW^{\frac{1}{2}}} f\left(\frac{a}{W}\right) \tag{23.16}$$

其中，P 为外加载荷；B 为试样厚度；W 为试样有效宽度、a 为初始裂纹长度；$f\left(\frac{a}{W}\right)$ 为试样尺寸函数，可以查阅相关标准和手册得到，对紧凑拉伸试样为

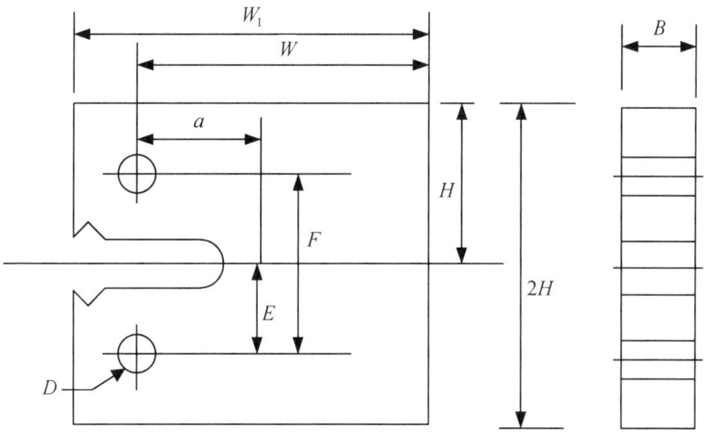

图 23.2　紧凑拉伸试样示意图

图中尺寸 $B=0.5W$, $H=0.6W$, $W_1=1.25W$, $F=2E=0.55W$, $D=0.25W$, $a=(0.45\sim0.55)W$

$$f\left(\frac{a}{W}\right)=\frac{(2+a/W)[0.886+4.64a/W-13.32(a/W)^2+14.72(a/W)^3-5.6(a/W)^4]}{(1-a/W)^{3/2}}$$

断裂韧性 K_{Ic} 测试的一般过程为：在试验机上得到裂纹开始失稳扩展的临界载荷值 P_q，代入式(23.16)得到条件断裂韧度 K_q，再通过 K_q 有效性的检验后得到材料的断裂韧性 K_{Ic}。

1. 确定 P_q 和 a

先讨论如何确定 P_q。记录试样加载过程的外加载荷 P 和裂纹嘴张开位移 V 的关系曲线，即 $P-V$ 曲线，如图 23.3 所示。由图可见，要分三种情况讨论。

GB/T 4161—2007 中规定：在测得的 $P-V$ 曲线中作一条过原点的射线，使其斜率比 $P-V$ 曲线初始直线段的斜率 P/V 减小 5%，此射线与 $P-V$ 曲线将有一个交点 P_s。针对这个交点：① 如果在交点左边的 $P-V$ 曲线上有极大点，则该点对应的 P 值就是 P_q 值，如图 23.3 中后两图所示情形；② 除了情况① 以外，交点对应的 P 值就是 P_q 值。

然后再测量裂纹长度。裂纹长度 a 的测定必须在试样的断口上进行，因此，需要将裂纹扩展到一定程度的试样拉断以后进行裂纹长度的测量，并且需要进行必要的处理来标记裂纹扩展后所处的位置(通常采用加热发蓝处理)。裂纹的前缘一般呈弧形，如图 23.4 所示，将断面沿厚度 B 分为四等份，用工具显微镜分别测量五处的裂纹长度，记为 a_1、a_2、a_3、a_4、a_5，则裂纹长度 a 的表达式为

$$a=\frac{1}{3}(a_2+a_3+a_4) \tag{23.17}$$

GB/T 4161—2007 对 a_1、a_2、a_3、a_4、a_5 的测量均匀度还有一些规定，感兴趣的读者可以查阅相关国标的规定，此处不再赘述。

2. K_q 有效性的检验

前面测得的载荷 P_q 称为条件临界载荷。这是因为这个值不一定有用，也就是说，将

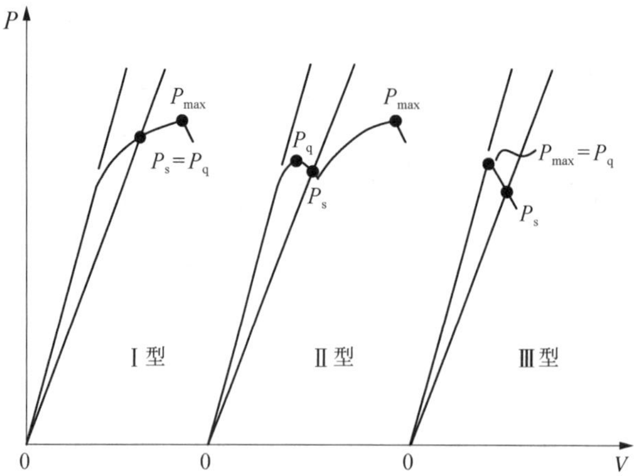

图 23.3　三种典型的 $P-V$ 曲线示意图

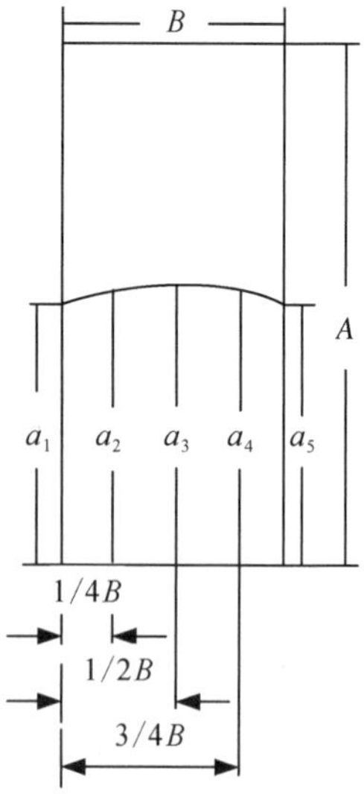

图 23.4　断面上的裂纹长度测量示意图

它代入应力强度因子表达式中求得的 K_q 不一定是材料断裂韧性的有效值。要使 K_q 就是 $K_{\mathrm{I}c}$,还必须要满足如下两个条件:

(1) 测得的 P_q 值和图 23.3 中所示的 P_{max} 值必须满足如下条件:

$$\frac{P_{max}}{P_q} \leqslant 1.1 \tag{23.18}$$

这个条件是保证线弹性条件和平面应变条件得以满足的措施之一,但 1.1 这个值是约定的。

(2) 尺寸要求:

$$B,\ a,\ (W-a) \geqslant 2.5\left(\frac{K_q}{\sigma_s}\right)^2 \tag{23.19}$$

其中,σ_s 为材料的屈服应力。这个条件也是经验性的,其基本要求是试样厚度应该比裂纹尖端的塑性区尺寸大一个数量级,才能保证裂纹尖端前缘有 90%处于平面应变状态,且材料处于小范围屈服,线弹性断裂力学仍然适用。

在满足这两个条件的前提下测得的 K_q 才能看成是 $K_{\mathrm{I}c}$。

23.3　纤维增强复合材料断裂力学分析

23.3.1　纤维增强复合材料的断裂行为

现在断裂力学准则已广泛应用于金属构件的设计和安全评估中。但复合材料与金属材料不同,复合材料由纤维和基体等不同组分材料不均匀组成,具有各向异性,其破坏过程非常复杂,从而给应用线弹性断裂力学带来困难。

纤维增强复合材料在制造过程中,可能产生各种局部缺陷和损伤。例如树脂中孔洞或局部树脂过多,纤维个别断头及有些区域纤维排列过密或不平直,局部纤维与基体界面脱胶等。复合材料作为构件受力而发生变形的过程中,随着载荷增加,原有缺陷扩大或发生新的损伤,例如基体中出现微小裂纹、纤维断裂、基体与纤维界面开裂等,损伤扩大,裂纹扩展。复合材料的损伤主要有四种类型: ① 基体开裂;② 界面脱黏;③ 层间开裂;④ 纤维断裂。有时这四类损伤不同组合而形成综合损伤,随着损伤区域和尺寸的增大,宏观裂纹扩展,最后材料断裂破坏。

复合材料破坏的特点主要有以下 3 点[1]。

(1) 两种破坏模式。复合材料由损伤至断裂有两种模式,一种是固有缺陷较小,随载荷增大引发更多的缺陷和扩大损伤区范围,导致整体破坏,称为整体损伤模式;另一种是当缺陷裂纹尺寸较大时,由于应力集中造成裂纹扩展,最终导致破坏,称为裂纹扩展模式。在复合材料破坏过程中,有可能以一种模式为准,也可能两种组合出现,但往往先出现总体损伤模式,当其中最大裂纹尺寸达到某临界值时,出现裂纹扩展模式的破坏。

(2) 不同纤维取向对缺陷的敏感性不同。复合材料中纤维是主要承载组分,不同的纤维取向对缺陷的敏感性不同。以图 23. 5 的连续纤维增强单层复合材料为例,其中图(a)纤维纵向为载荷作用方向,板边缺口(裂纹)尖端附近的应力集中引起纤维与基体界面脱黏,由此缺陷张开钝化,减轻应力集中,使得裂纹不容易扩展,即这种情况下对缺陷不敏感;图(b)纤维纵向垂直于载荷作用方向,在应力作用下不存在缺口钝化,裂纹很容易顺原方向扩展而使材料断裂破坏,即对缺陷很敏感。

(3) 层合板的多重开裂。复合材料层合板初始裂纹的出现和扩展都很复杂。以 0°/90°正交铺设层合板为例,在 0°方向载荷的作用下,先在 90°层内出现横向裂纹,随后裂纹数增大,接着出现 0°层内沿纤维方向开裂,最后纤维断裂、层合板层间开裂而破坏。

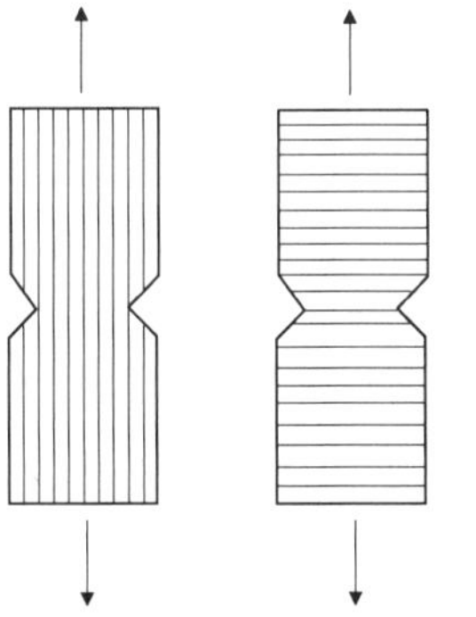

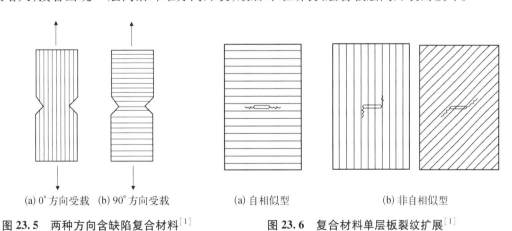

(a) 0° 方向受载　(b) 90° 方向受载

图 23.5　两种方向含缺陷复合材料[1]

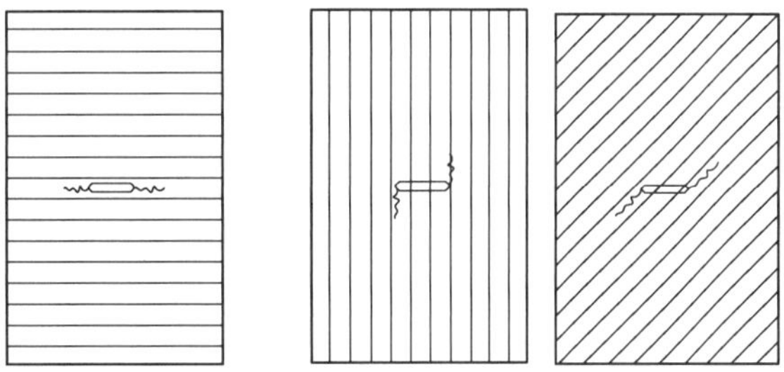

(a) 自相似型　　(b) 非自相似型

图 23.6　复合材料单层板裂纹扩展[1]

复合材料裂纹扩展的过程也与各向同性材料有所不同,有自相似和非自相似两种方式。图 23. 6 给出了不同单层复合材料裂纹扩展的情况。假如裂纹平行于纤维,它的扩展方向也平行于纤维，即自相似方式，如图 23.6(a)所示；但是假如裂纹与纤维有某个夹角，则裂纹扩展仍然平行于纤维而不平行于裂纹，即非自相似方式，如图 23.6(b)所示[1]。

目前复合材料断裂力学的研究一般沿两个方向进行：① 宏观地将复合材料作为均质各向异性连续介质，研究其内外部裂纹的行为；② 以半经验方法研究单向纤维复合材料板裂纹尖端附近的细观行为。由于宏观理论可方便地应用于工程分析，并且其结论可通过实验来验证，所以下面主要介绍复合材料裂纹分析的宏观方法。

23.3.2 纤维增强复合材料断裂力学分析

在上节中介绍了线弹性断裂力学的基本理论，复合材料有许多不同于各向同性材料的特点，从而给应用线弹性断裂力学带来一些困难。

1. 线弹性断裂力学在复合材料中的应用

尽管各向异性材料的应力分析更加困难，表达式也更加复杂，但对于某些特殊载荷条件和裂纹形状，其应力强度因子的表达式与各向同性材料是一样的。Lekhnitskii 采用应力函数的方法证明，如果在均匀正交各向异性板中含一穿透性裂纹，承受 I 型载荷时，则可求得裂纹尖端的尖端一点（即以裂纹尖端为原点的极坐标系中 r 和 θ 表示的点）处应力为[2]

$$\sigma_x = \frac{K_{\mathrm{I}}}{\sqrt{2\pi r}} F_1(\theta,\ s_1,\ s_2) \tag{23.20}$$

$$\sigma_y = \frac{K_{\mathrm{I}}}{\sqrt{2\pi r}} F_2(\theta,\ s_1,\ s_2) \tag{23.21}$$

$$\tau_{xy} = \frac{K_{\mathrm{I}}}{\sqrt{2\pi r}} F_3(\theta,\ s_1,\ s_2) \tag{23.22}$$

式中，$K_{\mathrm{I}} = \sigma\sqrt{\pi a}$ 是应力强度因子，与式(23.7)给出的各向同性材料的解不同，函数 $F_i(\theta,\ s_1,\ s_2)$ 不仅包含角度 θ，还包含 s_1、s_2 两个量，而 s_1、s_2 是应力函数中微分方程对应的特征方程的复数根，与正交各向异性板的弹性常数有关。当正交各向异性板承受Ⅱ型和Ⅲ型载荷时，也可导出相应的表达式。从上述的表达式可以看出：

（1）当坐标 r 趋近于零时，即在裂纹尖端处，应力值趋向于无穷大，应力场在裂纹尖端处具有奇异性，而应力场强度也由应力强度因子 K_{I} 决定，这与各向同性材料相同；

（2）应力场不仅与 θ 角有关，还与材料的弹性常数有关，这与各向同性材料不同。

根据上一节的线弹性断裂力学知识我们可知，裂纹扩展的应力强度因子判据，即 K 判据为 $K_{\mathrm{I}} = K_{\mathrm{Ic}}$，其中 K_{Ic} 是临界应力强度因子或者叫断裂韧性，是一个材料常数。学者们的一些实验研究表明，临界应力强度因子的概念仍然可用来描述带有穿透厚度裂纹的单向复合材料板和层合板的断裂行为。Wu[3] 在中央有沿纤维方向的裂纹的单向玻璃纤维增强环氧板承受拉伸、纯剪以及拉伸和剪切的联合作用下进行实验，结果表明 K_{Ic} 确实是我们所希望的材料常数。Jones[4] 通过实验和分析也表明，单向玻璃纤维/环氧树脂复合材料的断裂韧性与裂纹长度无关，取决于纤维方向的材料常数。Konish 等[5] 的研究表明,石墨/环氧树脂层合板的临界应力强度因子,可以通过用于金属材料的实验方法来确定。另外,已有的研究已经证明,对于各种随机取向短纤维复合材料,断裂韧性本质上也是材料常数。

根据 K 判据,如果材料的断裂韧性 K_{Ic} 已经测得,并且施加的应力 σ 已知,则可以确定临界裂纹尺寸 a_c。材料中的裂纹尺寸如果小于 a_c,可以认为该裂纹稳定,不会扩展;裂纹尺寸如果大于 a_c,则裂纹会不稳定并发生严重的扩展。另一方面,如果裂纹的尺寸 a 已知,则可以确定临界应力 σ_c。σ_c 会导致不稳定和严重的裂纹扩展,作用在构件上的载荷不应超过这一应力。下面给出两个简单的算例[2]。

例 23.1　一个玻璃纤维/环氧树脂复合材料单层板,在中心位置有一个长度为 $2a$ 的穿透厚度裂纹,受到单轴应力 σ 作用,纤维方向与裂纹成 α 角(单位为弧度),如图 23.7 所示。根据文献[6],Ⅰ型断裂韧性与角度的经验公式为 $K_{\mathrm{Ic}\alpha} = (0.739\alpha^2 + 0.19\alpha + 1)K_{\mathrm{Ic0}}$,其中 K_{Ic0} 为角度 $\alpha = 0$ 时的断裂韧性,由实验测得 $K_{\mathrm{Ic0}} = 1.47\ \mathrm{MPa \cdot m^{1/2}}$。如果施加的应力为 100 MPa,试确定以下两种情况下的临界裂纹尺寸:

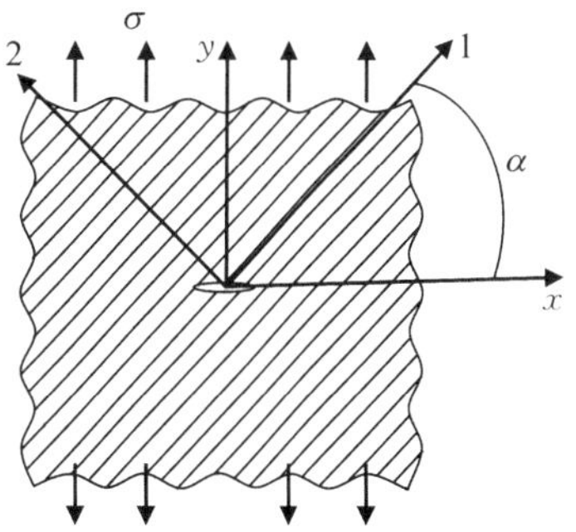

图 23.7　含中心裂纹的复合材料单向板

(1) 裂纹垂直于纤维;

(2) 裂纹平行于纤维。

解: (1)裂纹垂直于纤维时, $\alpha = 1.57$

$$K_{\mathrm{Ic}\alpha} = (0.739 \times 1.57^2 + 0.19 \times 1.57 + 1) \times 1.47 = 4.59\ \mathrm{MPa \cdot m^{1/2}}$$

由 $K_{\mathrm{I}} = \sigma\sqrt{\pi a}$ 可得,临界裂纹尺寸

$$a_c = \frac{K_{\mathrm{Ic}\alpha}^2}{\pi\sigma^2} = \frac{4.59^2}{3.14 \times 100^2} = 0.67\ \mathrm{mm}$$

(2) 裂纹平行于纤维时, $\alpha = 0$

$$K_{\mathrm{Ic}\alpha} = K_{\mathrm{Ic0}} = 1.47\ \mathrm{MPa \cdot m^{1/2}}$$

$$a_c = \frac{K_{\mathrm{Ic0}}^2}{\pi\sigma^2} = \frac{1.47^2}{3.14 \times 100^2} = 0.07\ \mathrm{mm}$$

可以看出,不论是断裂韧性还是临界裂纹尺寸,(1)的结果都大于(2),所以相较于垂直于纤维方向的裂纹,平行于纤维方向的裂纹更为危险。

例 23.2　已知准各向同性的石墨纤维/环氧树脂层合板,断裂韧性 $K_{\mathrm{Ic}} = 30\ \mathrm{MPa \cdot m^{1/2}}$,拉伸强度为 500 MPa。由这种材料制成的 $b = 25$ mm 宽的构件,带有一个长度 $a = 3$ mm 的边裂纹,如图 23.8 所示。如果该构件受到单轴应力 σ 作用,试确定引起裂纹扩展的临界应力的值,并比较这一临界应力与拉伸强度。

解: 查阅相关的手册或断裂力学教材,可知这种情况下的应力强度因子为

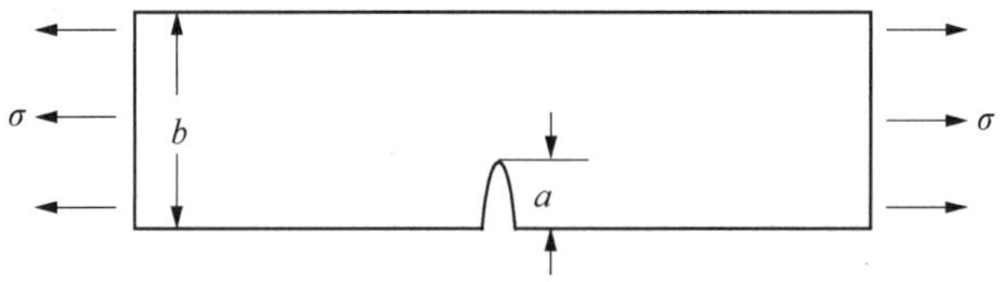

图 23.8　含单边裂纹的单轴受载板

$$K_{\mathrm{I}} = \sigma\sqrt{\pi a}f(\xi)$$

其中，$f(\xi) = 1.12 - 0.231\xi + 10.55\xi^2 - 21.72\xi^3 + 30.39\xi^4$，是经验公式，在 $a/b < 0.6$ 时，误差在 0.5%以内。式中 $\xi = a/b = 3/25 = 0.12$，代入计算得 $f(\xi) = 1.213$。则临界应力为

$$\sigma_{\mathrm{c}} = \frac{K_{\mathrm{Ic}}}{\sqrt{\pi a}f(\xi)} = \frac{30}{\sqrt{3.14 \times 0.003} \times 1.213} = 255\ \mathrm{MPa}$$

比较临界应力与拉伸强度，255/500 = 51%，我们看到，含裂纹的构件仅可承受大约一半的光滑构件所能承受的应力。

应力强度因子方法的主要缺点之一，是需要在裂纹尖端区域进行应力分析。由于数学计算上的困难，对于各向异性材料只能分析少数几种情况。上节线弹性断裂力学一节中介绍的能量释放率方法是一种很有效的替代方法，该方法同时适用于各向同性材料和各向异性材料。根据公式(23.13)可知，对于各向同性材料，平面应力状态下的 Ⅰ 型裂纹的能量释放率和应力强度因子之间的关系为 $K_{\mathrm{I}}^2 = G_{\mathrm{I}}E$，而 Philips[7] 研究表明，对于在弹性对称面上含裂纹的正交各向异性材料，能量释放率 G_{c} 和应力强度因子 K_{c} 之间也有类似的关系：

$$K_{\mathrm{c}}^2 = G_{\mathrm{c}}E^* \tag{23.23}$$

其中，

$$E^* = \left(\frac{S_{11}S_{22}}{2}\right)^{-1/2}\left[\left(\frac{S_{22}}{S_{11}}\right)^{1/2} + \frac{2S_{12} + S_{66}}{2S_{11}}\right]^{-1/2} \tag{23.24}$$

对玻璃纤维/环氧树脂复合材料单层板的实验验证了上述公式的合理性。Cruse[8] 的研究表明，对于在裂纹前端各铺层应变协调的正交各向异性复合材料的穿透厚度 Ⅰ 型断裂，临界应变能释放率 G_{Ic} 与其单层板属性可通过以下简单混合法则相关联：

$$G_{\mathrm{Ic}} = \frac{\sum_{i=1}^{n} G_{\mathrm{I}ci}t_i}{t} \tag{23.25}$$

式中，G_{Ic} 为层合板的临界应变能释放率；$G_{\mathrm{I}ci}$ 为第 i 层的临界应变能释放率；t 为层合板的厚度；t_i 为第 i 层的厚度。对于石墨纤维/环氧树脂层合板，这些方程的预测值和实验值符合得很好。应变能释放率方法已经证明对于复合材料层合板的分层裂纹和疲劳裂纹扩展的研究非常有效，这里不再详述。

2. 复合材料断裂准则的修正

尽管线弹性断裂力学的概念已经成功的用于分析复合材料中穿透厚度裂纹效应,如上节所述,但是,正如前文所指出的,复合材料的断裂机理比各向同性材料复杂得多,而且裂纹的扩展也并不是总是自相似的,因此,一些学者对复合材料构件的断裂准则进行了改进和修正。如 Waddoups 等[9] 在裂纹长度上加了一个能量集中区长度修正,给出了如下的应力强度因子表达式:

$$K_{\mathrm{I}} = \sigma\sqrt{\pi(a + l)} \tag{23.26}$$

式中,l 为假定复合材料在裂纹尖端附近存在的能量集中区的长度,它由实验确定。构件所能承受的临界应力可写为

$$\sigma_{\mathrm{c}} = \frac{K_{\mathrm{Ic}}}{\sqrt{\pi(a + l)}} \tag{23.27}$$

Whitney[10]、Nuismer 和 Labor[11] 考虑了缺陷尺寸对复合材料拉伸强度的影响,认为在一个有孔、缺口或裂纹的板中,都存在前端应力集中区,当此区前端某一距离 d_0 处的某些点的应力或者距离 d_1 内的平均应力达到无缺口层合板的断裂应力时,层合板发生破坏。这两个准则分别称为点应力准则和平均应力准则。点应力准则得到的表观断裂韧性的表达式为

$$K_{\mathrm{Q}} = \sigma_0\sqrt{\pi a(1 - \xi_1^2)} \tag{23.28}$$

式中,$\xi_1 = \dfrac{a}{a + d_0}$。平均应力准则得到的表观断裂韧性的表达式为

$$K_{\mathrm{Q}} = \sigma_0\sqrt{\pi d_1(1 - \xi_2^2)} \tag{23.29}$$

式中,$\xi_2 = \dfrac{a}{2a + d_1}$。从上两式可以看出,表观断裂韧性是裂纹长度 a 的函数,随 a 的增大而增大,趋于一常数。Sih 和 Chen[12] 使用应变能密度的概念来建立复合材料中裂纹的扩展判据并预测裂纹的扩展方向。他们认为裂纹前端某一单元应变能密度可以写成:

$$S = b_{11}K_{\mathrm{I}}^2 + 2b_{12}K_{\mathrm{I}}K_{\mathrm{II}} + b_{22}K_{\mathrm{II}}^2 \tag{23.30}$$

式中,b_{11}、b_{12}、b_{22} 是该单元与裂纹方向的夹角 θ 和材料弹性常数的函数。裂纹的不稳定扩展方向由 $\dfrac{\partial S}{\partial \theta} = 0$ 得到 $\theta = \theta_0$;当 $\theta = \theta_0$ 时,$S = S_{\mathrm{c}}$ 时裂纹会发生不稳定扩展,S_{c} 可以由实验测得,与断裂韧性 K_{c} 和材料的弹性常数相关。

上述断裂准则的有效性都得到了某些特定复合材料的实验验证,表达式也比较简单,具有很好的工程应用价值,但这些准则的应用范围还需要进一步研究。

23.3.3 复合材料结构断裂行为的数值模拟分析

断裂力学解析模型由于诸多理想化假设的限制,无法有效处理工程中实际遇到的复杂结构形状和复杂载荷条件。随着计算科学技术的发展和计算能力的不断提升,应用数

值方法来评价材料的断裂行为获得了广泛的应用。目前存在多种计算力学方法来数值求解断裂问题,如无网格法(meshfree methods)、有限元法(finite element method, FEM)和有限差分法(finite difference method, FDM)等。其中有限元法是一类在学术研究和工程应用上都获得广泛应用的计算方法,而其他的方法由于各种限制更多地应用在学术研究中。然而,由于裂纹尖端存在奇异性,对材料的断裂行为进行有限元模拟分析是比较困难的,必须采用一些特殊的技术来进行。下面对目前比较有效的裂纹分析的有限元技术进行简单介绍。

1. 虚拟裂纹闭合技术

虚拟裂纹闭合技术(virtual crack closure technique, VCCT)最早是由 Rybicki 和 Kanninen[13]在研究线状裂纹问题时,根据伊尔文(Irwin)的裂纹闭合积分理论提出的,并由此发展为很流行的计算应变能释放率和应力强度因子的有限元计算工具。

VCCT 准则采用线弹性断裂力学原理,适用于脆性裂纹沿预定表面扩展的问题。其假设裂纹扩展一定长度量时释放的应变能与闭合相同长度量裂纹所需的能量相同。如图 23.9 所示裂纹从 i 扩展到 j 所需能量等于裂纹在 j 处闭合所需能量。以 Ⅰ 型裂纹为例,其能量释放率可表示为

$$G_{\mathrm{I}} = \frac{1}{2}\left(\frac{v_{1,6}F_{v,2,5}}{bd}\right) \tag{23.31}$$

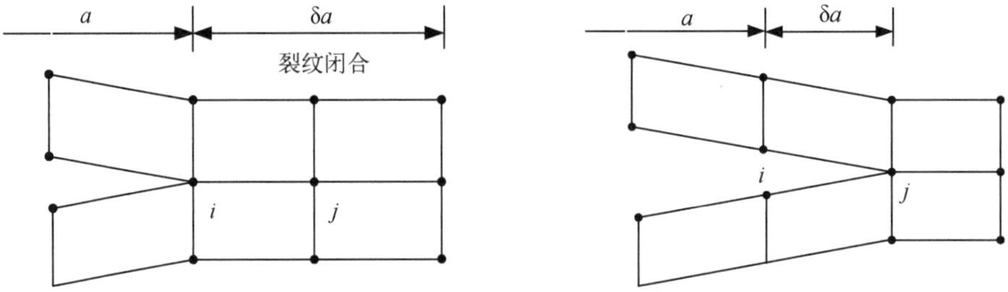

图 23.9 裂纹扩展示意图[14]

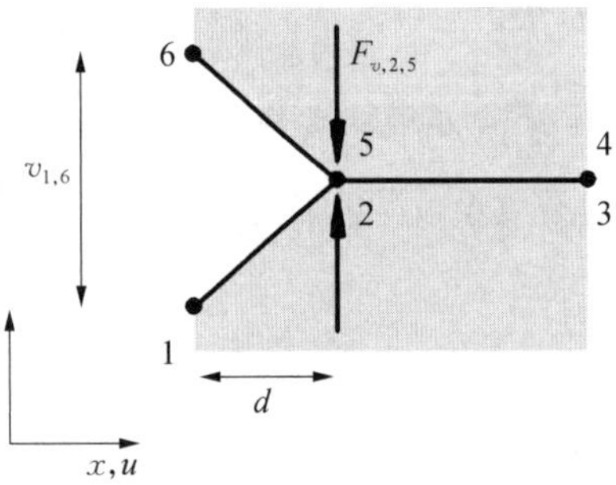

图 23.10 裂纹尖端有限元节点示意图[14]

其中,b 为裂纹宽度;d 为裂纹前缘单元长度;$F_{v,2,5}$ 为2,5 节点上的垂向力;$v_{1,6}$ 为1,6 节点间的垂向位移,如图 23.10 所示。而裂纹前缘断裂准则可由下式确定:

$$f = \frac{G_{\mathrm{I}}}{G_{\mathrm{Ic}}} \geqslant 1.0 \tag{23.32}$$

其中,G_{I} 为 Ⅰ 型裂纹能量释放率;G_{Ic} 为 Ⅰ 型裂纹临界能量释放率。当 f 大于等于 1 时裂纹前缘节点断开,裂纹扩展,并且假设裂纹张开/闭合过程是线弹性行为。对于Ⅱ、Ⅲ型裂纹,可按类似表达式定义推广。

虚拟裂纹闭合技术是基于线弹性断裂力学理论提出的,其原理简单,并综合考虑了节

点力和节点相对位移,不需要奇异单元,被广泛用来研究各种维度的裂纹相关问题。其主要特点有:

(1) 利用节点力与节点位移来计算应变能释放率,使求解能量释放率问题简化;

(2) 虚拟裂纹闭合法在应用过程中几乎不受有限元网格尺寸的影响,即使用比较粗糙的网格同样可以获得精度较高的结果,且不需要对网格进行特殊处理。

自从 Rybicki 和 Kanninen 提出该技术后,很多研究者对其进行了应用和改进。Rybicki 等[15]最先将 VCCT 技术应用到对硼纤维/环氧树脂层合板自由边分层问题的计算中,之后就有大量学者将 VCCT 技术用于复合材料结构分层裂纹的数值模拟中。最近 Krueger[16]在一篇综述文章中总结了 VCCT 技术的历史和应用,并对该技术在复合材料分层裂纹分析中的应用进行了比较详细的总结,可供读者作为参考。

2. *扩展有限元方法*

扩展有限元方法(extended finite element method, XFEM)是由美国西北大学 Belytschko 和 Black 于 1999 年提出的[17]。扩展有限元法是基于 Melenk 和 Babuška[18]提出的单位分解法进行的扩展。在利用该方法进行断裂分析时,裂纹面位置和有限单元网格是无关的,也就是说不需要考虑裂纹的位置直接划分网格。它依据于常规有限元法的位移模式,加入了局部增强函数(结点富集增强函数),通过特殊的增强函数以及额外的自由度来允许单元内部不连续性的存在。扩展有限元的位移场函数为

$$u = \sum_{i \in N} N_i u_i + \sum_{j \in D} N_j H(x) a_j + \sum_{k \in Y} N_k \sum_{\alpha = 1}^{4} \phi_l(x) b_k^{\alpha} \tag{23.33}$$

其中,N、D、Y 分别是普通节点区域、断裂的扩充区域和裂纹尖端的扩充区域。断裂的扩充区域如图 23.11 的圆形结点部分(即已开裂周围的网格);裂纹尖端的扩充区域如图 23.11 的矩形结点部分(即裂纹尖端周围的区域)。u_i、a_j、b_k^{α} 分别是常规单元节点、断裂的扩充区域节点和裂纹尖端的扩充区域节点的位移; $H(x)$ 为阶跃函数; $\phi_l(x)$ 为裂尖渐进位移函数。

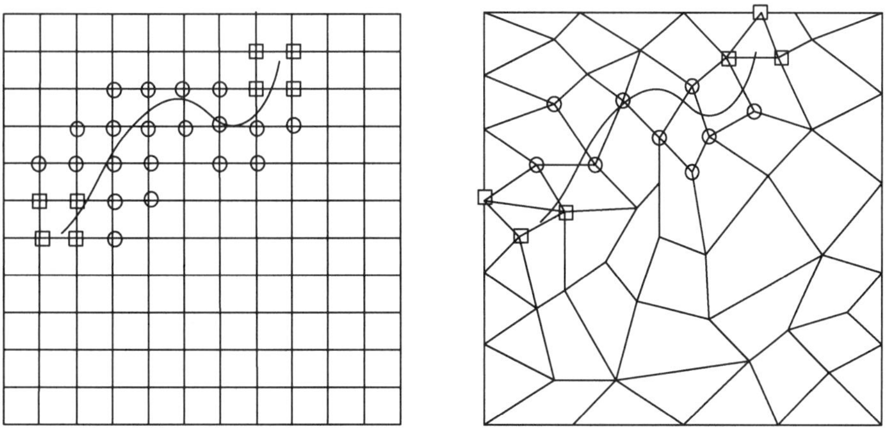

图 23.11　增强结点分布[19]

在使用传统的有限元法模拟不扩展裂纹问题时,需要网格匹配几何的不连续性。因此,在裂纹尖端附近需要进行网格细化以充分捕获裂尖奇异渐近场。然而模拟扩展的裂纹更加复杂,过程中网格必须连续更新以匹配裂纹变化时的不连续几何模型。扩展有限元法的网格剖分不需要考虑裂纹的位置,但计算时需根据计算网格和裂纹位置关系确定加强节点和加强类型(图 23.11)。水平集法是一种跟踪界面移动的数值技术,它将界面的变化表示成比界面高一维的水平集曲线。扩展有限元采用了水平集法,通过引入水平集函数来追踪裂纹位置,将单元分为不含裂纹贯穿单元、裂纹贯穿单元和裂尖单元,根据单元类型来确定加强节点和加强类型。扩展有限元中采用两个水平集函数描述裂纹(图 23.12):裂纹面水平集 φ,波前水平集 ψ。

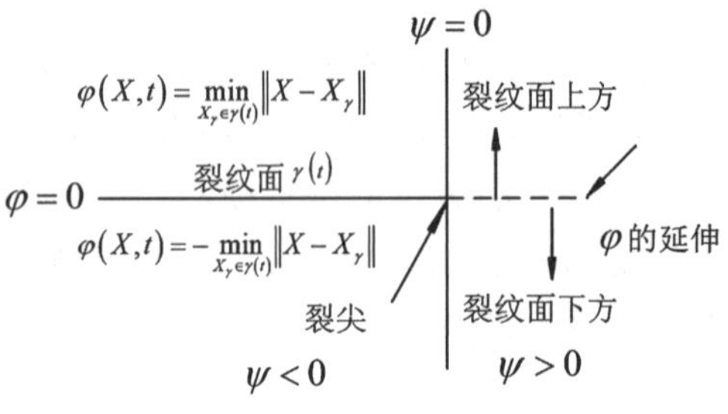

图 23.12 水平集法

$\varphi(X,\ t)$ 是一个符号距离函数,当 $\varphi=0$ 表示点处于裂纹面上,当点位于裂纹上方,$\varphi(X,\ t)$ 的符号取为正号,反之则为负号。裂纹面零水平集 $\varphi=0$ 和波前零水平集 $\psi=0$ 的交叉为裂尖。根据单元各节点的水平集函数的值可以判别单元类型:$\psi_{\max}<0$ 且 $\varphi_{\max}\varphi_{\min}\leqslant 0$ 为裂尖贯穿单元;$\psi_{\max}\psi_{\min}<0$ 且 $\varphi_{\max}\varphi_{\min}\leqslant 0$ 为裂尖单元;$\psi_{\min}>0$ 且 $\varphi_{\max}\varphi_{\min}>0$ 为不含裂尖单元。

使用扩展有限元法进行裂纹扩展模拟一般基于三种典型理论框架,线弹性断裂力学、黏聚区模型和弹塑性断裂力学。扩展有限元方法是目前为止解决断裂力学问题最有效的数值解法之一,在求解断裂问题时,与常规有限元法相比,有以下优点:

(1) 用水平集法描述裂纹或夹杂界面,可以适时跟踪裂纹生长;

(2) 在划分网格时,无须单元边界与裂纹面重合;

(3) 无须考虑结构内边界的存在,给划分网格和计算带来很大方便;

(4) 在模拟应力集中问题时,无须在裂尖附近区域布置高密度网格,因此,单元数和节点数大大减少,使得计算代价大大降低。

由于具有上述优点,扩展有限元在求解像裂纹夹杂等不连续问题时具有很大的优势,因此,自 1999 年问世以来,在断裂力学领域得到了广泛的应用。在复合材料断裂领域,扩展有限元方法也获得了很好的应用。Asadpoure 等[20]首次利用扩展有限元法模拟了正交各向异性复合材料中裂纹问题;Motamedi 和 Mahammadi[21, 22]把扩展有限元法应用于冲击载荷作用下各向异性复合材料中裂纹问题和时间无关的移动裂纹问题的模拟;Ashari 和 Motamadi[23]采用扩展有限元法分析了正交各向异性双材料介质中的脱层问题。目前,扩展有限元法在复合材料断裂行为数值模拟分析中的应用仍属于断裂力学和复合材料力学研究中比较前沿的问题。

23.3.4 复合材料层合板断裂行为的试验测试

航空航天结构中的纤维增强复合材料绝大部分都是以层合板的形式出现的。在层合板中,层间断裂(分层)是一种常见的破坏模式。由于层合板张开模式(Ⅰ型裂纹)的层间断裂韧性明显低于剪切模式(Ⅱ型裂纹)的层间断裂韧性,所以对张开型层间断裂过程的表征至关重要。试验也是研究复合材料层合板层间断裂的重要手段。张开型分层断裂行为的测试一般采用双悬臂梁(DCB)试样。图 23.13 给出了 DCB 试样的示意图,试样的具体尺寸可以根据相关的规范确定。在万能试验机上以缓慢的速度对试样施加位移载荷,记录施加的载荷 P、裂纹的张开位移 δ 以及分层长度 a,可以得到分层开裂过程中的载荷-位移曲线,还可以计算得到分层扩展过程中的断裂韧性。图 23.14 给出了试验过程的照片。

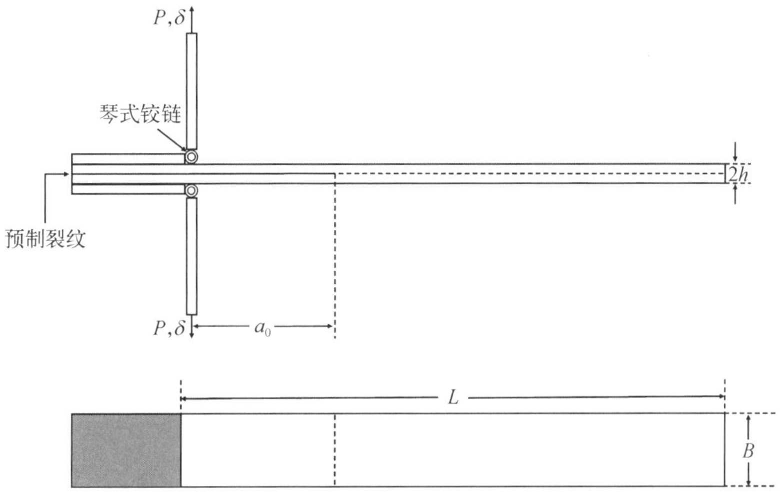

图 23.13　双悬臂梁(DCB)试样示意图

采用该试验方法,Zhao 等[25]设计了 6 种类型的双悬臂梁试样,分别进行了Ⅰ型裂纹准静态分层试验,其中 6 种双悬臂梁样品的堆叠层序和界面见表 23.1。图 23.15 给出了 6 种不同堆叠层序和界面的双悬臂梁试样的载荷-位移曲线。所有六个试样的载荷-位移曲线都表现出相似的趋势:载荷-位移响应基本上保持线性,直至分层开始,载荷突然下降。随后,载荷又以非线性特性上升到某一水平,然后以显著波动的方式逐渐下降,在此期间,分层扩展达到最终的稳态分层阶段。可以看到,复合材料层合板层间开裂的载荷-位移曲线的形状与传统材料类似,但是不同的叠层顺序下,裂纹失稳扩展的临界载荷有较大的差异,相应的,计算出来断裂韧性也不相同。也就是说,叠层顺序对复合材料层合板的层间断裂行为有较大的影响。

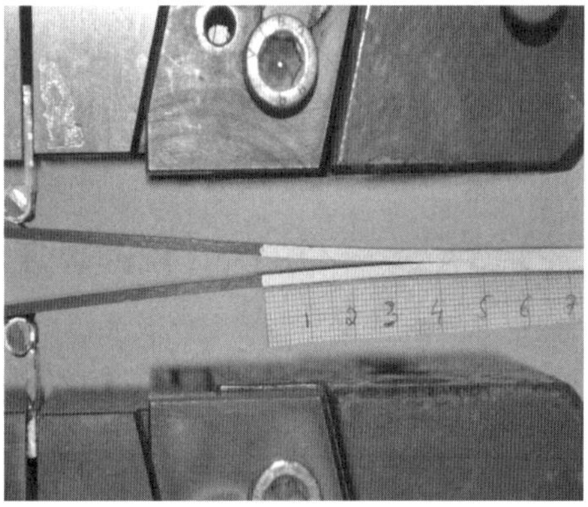

图 23.14　层间断裂试验照片[24]

表 23.1　双悬臂梁试样的堆叠层序和界面

试　样		堆　叠　层　序	界　面
DCB－1	DCB－1－1 DCB－1－2	$[0^\circ]_{12}//[0^\circ]_{12}$	$0^\circ/0^\circ$
DCB－2		$[+22.5^\circ/-22.5^\circ]_6//[+22.5^\circ/-22.5^\circ]_6$	$+22.5^\circ/-22.5^\circ$
DCB－3		$[-45^\circ/0^\circ/+45^\circ]_{2s}//[+45^\circ/0-45^\circ]_{2s}$	$+45^\circ/-45^\circ$
DCB－4		$[90^\circ/0^\circ{}_{10}/90^\circ]//[90^\circ/0^\circ{}_{10}/90^\circ]$	$90^\circ/90^\circ$
DCB－5		$[-45^\circ/0^\circ/45^\circ]_s[45^\circ/0^\circ/-45^\circ]_s//[0^\circ/45^\circ/-45^\circ]_s[0^\circ/-45^\circ/45^\circ]_s$	$0^\circ/45^\circ$
DCB－6		$[0^\circ/+45^\circ/-45^\circ/90^\circ]_3//[0^\circ/+45/-45^\circ/90^\circ]_3$	$0^\circ/90^\circ$

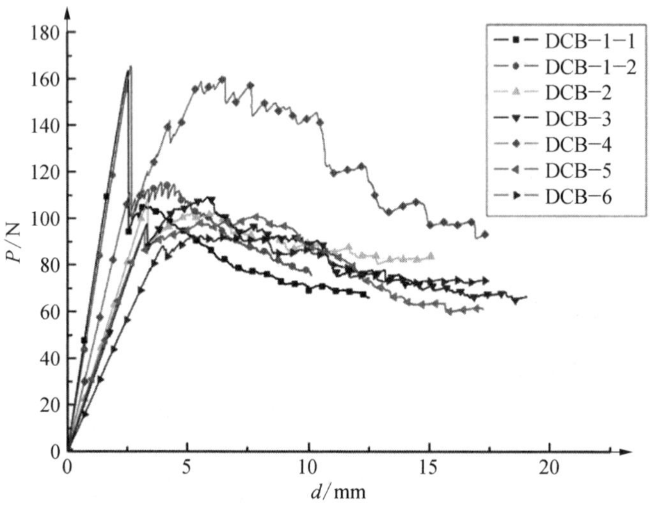

图 23.15　6 种不同堆叠顺序和界面的双悬臂梁试样的载荷-位移曲线[25]

23.4　纤维增强复合材料断裂力学新发展

23.4.1　复合材料断裂的细观力学分析

从上一节可知，复合材料的断裂行为受到细观组织结构的强烈影响，所以需要从细观的角度考虑断裂过程中材料的非均匀性。但目前对复合材料断裂的细观力学研究尚不成熟，本节只简单地介绍一下用半经验的方法得到的各种断裂模式下的能量吸收公式。

在复合材料断裂的过程中，基体与纤维界面处的裂纹尖端及其附近，有可能发生纤维断裂、基体变形开裂、纤维脱黏、纤维拔出等模式破坏，因此断裂时有多种能量吸收机制。以下给出了比较常见的三种。

1. 纤维拔出

Cottrell 和 Kelly 提出，由于纤维断口并不与裂纹面重合，要把埋入基体中的纤维拔出来,试样才会断开,在拔出纤维过程中要消耗能量。假定: ① 纤维断头是随机分布的; ② 在拔出过程中纤维与基体间的初始剪应力保持不变; ③ 忽略在这过程中基体产生的塑性流动。由此得到单位体积复合材料纤维拔出所需能量为

$$W_{\mathrm{B}} = \frac{V_{\mathrm{f}} X_{\mathrm{f}} l_{\mathrm{cr}}}{12} = \frac{V_{\mathrm{f}} X_{\mathrm{f}}^2 d}{24\tau_{\mathrm{s}}} \tag{23.34}$$

其中, V_{f} 为纤维的体积分数; X_{f} 为纤维强度; d 是纤维直径; τ_{s} 为界面的剪切强度; l_{cr} 是纤维的临界传力长度,根据剪滞理论有 $l_{\mathrm{cr}} = \dfrac{X_{\mathrm{f}} d}{2\tau_{\mathrm{s}}}$。

2. 脱黏

Outwater 和 Carnes 针对玻璃纤维增强树脂体系提出,由于玻璃纤维的断裂应变比基体的断裂应变大,在基体材料开裂之后玻璃纤维继续拉长,造成纤维与基体脱黏,这个过程一直进行到纤维断裂为止。则单位横截面积上脱黏的能量消耗为

$$W_{\mathrm{T}} = \frac{V_{\mathrm{f}} X_{\mathrm{f}}^2 l}{2E_{\mathrm{f}}} \tag{23.35}$$

式中, E_{f} 为纤维的弹性模量; l 是脱黏长度。

3. 应力重分布

Piggott 和 Riz-Randolph 提出了另外一个能量吸收机制,就是在纤维断裂后应力重新分布的机制。他们认为在纤维断裂之前,基体基本上不受力,在纤维突然断开之后纤维所承受的力转到基体上,基体应力重新分布,纤维损失的应变能就是断裂功,为

$$W_{\mathrm{T}} = \frac{V_{\mathrm{f}} X_{\mathrm{f}}^2 l_{\mathrm{cr}}}{3E_{\mathrm{f}}} = \frac{V_{\mathrm{f}} X_{\mathrm{f}}^3 d}{6E_{\mathrm{f}}\tau_{\mathrm{s}}} \tag{23.36}$$

式中, X_{f}、E_{f}、l_{cr}、τ_{s} 等含义同前。

以上断裂模式中的能量吸收的估计都基于简化模型,它们的适用的范围都比较有限,另外还有一些其他的断裂模式如“桥联”等的能量吸收,此处就不一一给出了,大家可以参考相关的文献。

23.4.2　动态裂纹问题及其分析

由于复合材料在航空航天运载工具上有广泛的应用,其经受冲击载荷的机会很高,因此其动态力学性能必然引起人们的关注。而动态裂纹问题作为动态力学性能的重要组成部分也成为学者关注的研究课题。

动态断裂力学通常被认为开始于物理学家 Mott 于 1948 年发表的奠基性论文,研究的对象是惯性效应不能忽略的断裂力学问题。动态断裂力学研究两类问题: 第一类是裂纹静止,而外力随时间迅速变化,例如冲击、波动和振动载荷等,通常研究裂纹扩展的起始,称为裂纹动态起始问题;第二类则研究恒定外力下的裂纹的快速传播问题,主要研究裂纹起始后的扩展及止裂[26]。本节所说的动态裂纹问题是指第一类问题。

目前已经证明动态载荷下的裂纹附近的应力和位移渐进场具有与静态完全一样的形

式，只需将式中的应力强度因子换成动态应力强度因子。对应静态应力强度因子，动态应力强度因子（Ⅰ型）由下式定义：

$$K_{\mathrm{I}}(t) = \lim_{r\to 0}\sqrt{2\pi r}\,\sigma_{yy}(r,\ 0,\ t) \tag{23.37}$$

在动态断裂力学中，一般使用应力强度因子率来区分静态和动态问题，应力强度因子率定义如下：

$$\dot{K}_{\mathrm{I}} = \left(\frac{\partial K_{\mathrm{I}}}{\partial t}\right)_{v=0} \quad 0 < t < t_f \tag{23.38}$$

其中，v 为裂纹传播速度；t_f 为裂纹起始时间。当 $\dot{K}_{\mathrm{I}} > 10^3\ \mathrm{MPa}\sqrt{\mathrm{m}}/\mathrm{s}$ 时，属动态断裂问题，特别当 $\dot{K}_{\mathrm{I}} > 10^5\ \mathrm{MPa}\sqrt{\mathrm{m}}/\mathrm{s}$ 时，则是高速或短脉冲载荷作用下的断裂问题。线弹性动态断裂分析的方法主要有解析法和数值方法两类。解析方法包括积分变换与积分方程方法、复变函数方法、泛函不变解法等，数值方法包括有限元法、有限差分法和边界元法，以及近年来发展的近场动力学方法等。在动态裂纹问题的研究中，关于非常重要的裂纹动态起始判据问题，赵亚浦[26]曾经给出了详细的综述。目前各向同性材料动态裂纹起始判据可以分为两种，一是直接使用静态裂纹起始判据，用动态断裂韧性替代静态断裂韧性，如动态应力强度因子判据、动态 J 积分判据等；另一类判据是动态断裂力学独有的判据，有最小作用量判据、极小作用时间判据等等。

对于复合材料在冲击载荷作用下的动态裂纹问题的研究始于 20 世纪 80 年代初。在之后的十几年间，一批国内外学者使用解析方法研究了正交各向异性板中不同类型裂纹的动态响应问题，讨论了应力强度因子随时间的变化以及影响因素。这些研究者研究的对象都是正交各向异性材料的无穷大裂纹板，裂纹位于材料的主方向上，这一类问题基本上都有了研究结果。但是，有限裂纹板的动态响应以及更复杂的各向异性板的裂纹问题，采用解析方法推导是异常困难的，采用数值方法是比较可行和相对容易的。对复合材料的动态裂纹问题的数值方法的研究起步于 20 世纪 90 年代，近些年来，随着数值方法本身的快速发展以及商用计算软件的成熟，数值方法的计算变得更快速，结果也更精确。然而，动态裂纹问题的数值模拟仍是对当前主流计算方法的挑战。

23.4.3 一些新方法的发展

近些年来，一些新的理论与方法在复合材料断裂分析中得到应用，包括近场动力学理论、相场理论等，下面进行简单介绍。

1. 近场动力学理论

2000 年，Silling[27] 提出了一个位移积分形式的力学理论框架，称为近场动力学理论（peridynamics, PD）。近场动力学理论将传统连续介质力学本构方程中的微分项用积分项代替，避免了由裂纹造成的导数求解奇异性。积分形式的空间积分可使不连续得到自然的描述，对损伤的统计表述可使裂纹的萌生、扩展过程自然发生，而不需要任何额外的准则。PD 理论应用于裂纹问题的模拟具有很多优势，例如不需要额外的失效判断标准，可以自发模拟裂纹的产生和扩展；同一计算体系框架下，能够同时处理多条裂纹的产生和扩展,并考虑它们之间的相互作用等。因此 PD 方法是研究裂纹产生和扩展的理想方法,利用 PD 方法研究复合材料的失效模式也成为一种合适的选择。

复合材料的不均匀性及其力学性能的各向异性,使得 PD 模型中的点对力函数无法全面地描述复合材料的各向异性行为,构建理想的数学模型较为困难。另外 PD 理论的实质是将模型离散为一系列点,计算在一个点近场范围内所有其他点对该点作用力的合力,这导致 PD 方法的计算量非常大。因此,近几年 PD 方法应用于复合材料失效的研究主要集中于理论模型和计算体系的不断发展完善,并取得一系列成果。目前,已发展出多种复合材料的 PD 模型,如基于纤维键和基体键的模型与基于法向键和剪切键的模型等;并开发出了新的算法和求解策略,如将 PD 模型与有限元模型耦合等,能够较好地模拟复合材料的多种失效模式,并提高计算效率。

总的来说,PD 方法作为一种新方法已成功应用于复合材料裂纹问题的研究,取得了一定的研究成果,但它也存在诸多问题,具有较大的优化空间。

2. 相场断裂方法

相场法(phase field method, PFM)是一类描述材料中相变过程的方法总称,在诸多领域获得了广泛的应用,将相场法应用于材料断裂的数值模拟始于 Francfort 和 Marigo[28] 开创性的工作。1998 年,为了克服 Griffith 理论的不足之处,Francfort 和 Marigo 基于能量最小化原理提出了 Griffith 理论的变分形式,将断裂问题的系统自由能表述为由弹性应变能和断裂表面能构成,裂纹的扩展受自由能最小化原理控制。但在裂纹边界待求的情况下(事先并不知道裂纹边界),表面能中的边界积分不易处理,于是 Bourdin 等[29] 于 2000 年结合相场理论,通过引入序参量,给出了断裂面的弥散表达式。Francfort 和 Marigo 提出的断裂变分理论及 Bourdin 给出的具体数值实现形式为相场断裂模型的发展奠定了坚实的理论基础,为断裂的模拟提供了新的解决途径。相场法不需要额外裂纹起裂准则,可以描述从无裂纹到裂纹起裂扩展的全过程,且可直接追踪裂纹扩展,具有独特优势。相场断裂方法已经成为研究断裂问题的重要方法之一。目前脆性断裂相场方法已较为成熟,能够模拟诸多脆性断裂中的经典问题,在此基础上正在朝着解决多场耦合情况下的断裂问题发展,且也取得了一定的研究成果。然而,到目前为止相场断裂方法主要用在均匀材料的断裂行为表征上,仅有少数研究是围绕非均匀材料和各向异性材料的断裂行为展开,关于这一领域的研究依然是开放的问题,值得更加深入地探讨。

23.5　总结与展望

纤维增强复合材料的断裂行为是非常复杂的。采用线弹性断裂力学理论可以较好地描述复合材料在某些特殊载荷条件下和某些裂纹形状的断裂行为,一些学者也对复合材料的断裂准则进行了改进和修正,但线弹性断裂力学在复合材料中的应用范围还需要进一步研究。同时,断裂力学解析模型由于诸多理想化假设的限制,无法有效处理工程中实际遇到的复杂结构形状和复杂载荷条件,因此,数值方法在材料断裂行为的分析中获得了广泛的应用。目前已经发展了一些有效的数值模拟方法,但这些方法在复合材料断裂行为模拟分析中的应用仍然存在诸多问题,需要进一步研究。总的来说,对复合材料断裂行为的理论分析和数值模拟都还有很多工作要做，对复合材料断裂行为的研究仍属于断裂力学和复合材料力学研究中比较前沿的问题。

习题与思考题

1. 随机取向短纤维复合材料板，带有长度为 $2a$ 的中心穿透厚度裂纹，经实验测得材料的断裂韧性 $K_{\mathrm{I c}} = 50\ \mathrm{MPa \cdot m^{1/2}}$，$K_{\mathrm{II c}} = 40\ \mathrm{MPa \cdot m^{1/2}}$。

   (1) 该板受到单向拉伸应力 σ 的作用，$\sigma = 200\ \mathrm{MPa}$，如图(a)所示，试确定临界裂纹尺寸 a_c；

   (2) 该板受到剪切应力 τ 的作用，$\tau = 250\ \mathrm{MPa}$，如图(b)所示，试确定临界裂纹尺寸 a_c。

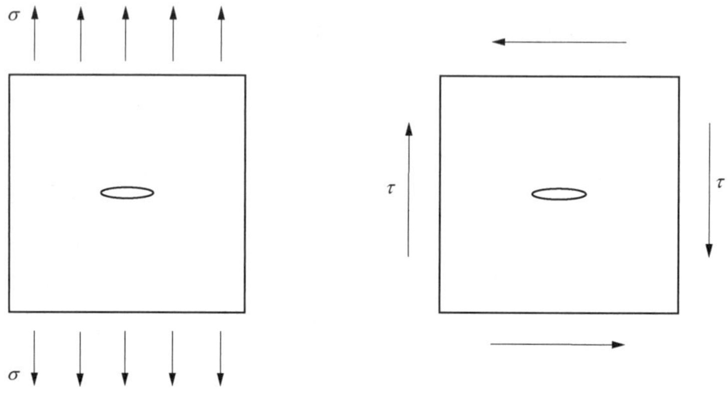

(a)　　　　　　(b)

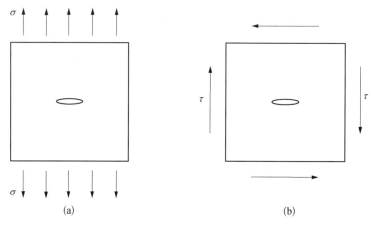

2. 已知准各向同性的石墨纤维/环氧树脂层合板，断裂韧性 $K_{\mathrm{I c}} = 30\ \mathrm{MPa \cdot m^{1/2}}$，拉伸强度为 500 MPa。由这种材料制成的 $b = 25$ mm 宽的构件，双侧带有两个长度 $a = 3$ mm 的边裂纹，如图所示。如果该构件受到单轴应力 σ 作用，试确定引起裂纹扩展的临界应力的值，并比较这一临界应力与拉伸强度。

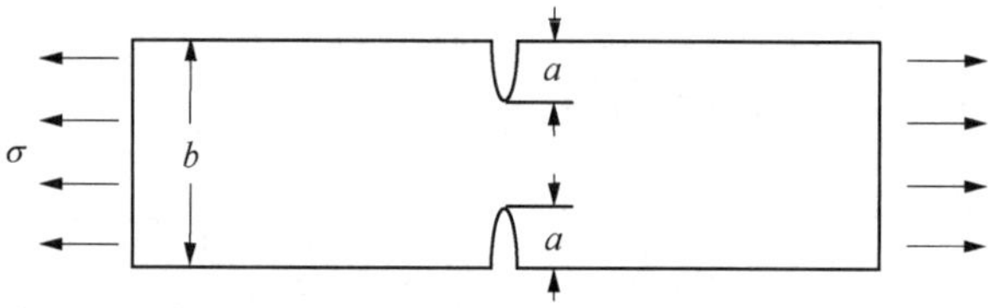

3. 有一由随机取向短纤维增强金属基复合材料制成的薄壁圆筒，内直径为 38 mm，外直径为 42 mm，圆筒上有一长度为 $2a$ 的轴向穿透厚度裂纹，受到扭矩的 T 的作用，如图所示。若 $2a = 10$ mm，材料的Ⅱ型裂纹断裂韧性为 $K_{\mathrm{II c}} = 40\ \mathrm{MPa \cdot m^{1/2}}$，试确定容许扭矩的大小。

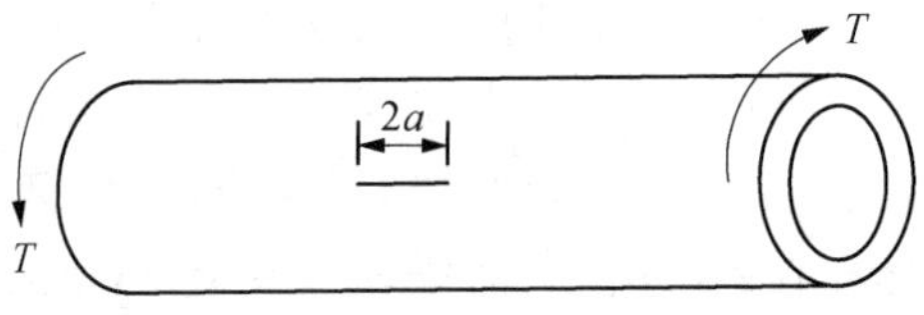

参考文献

[1] 沈观林,胡更开,刘彬.复合材料力学[M].北京:清华大学出版社,2013.

[2] 罗纳德·F. 吉布森.复合材料力学基础[M].张晓晶,等译.上海:上海交通大学出版社,2019.

[3] Wu E M. Fracture mechanics of anisotropic plates[M]. Westport Conn.: Technomic Publishing Corporation, 1968.

[4] Jones R M. Mechanics of composites materials[M]. New York: Hemisphere Publishing Corporation, 1975.

[5] Konish H J, Swedlow J L, Cruse T A. Experimental investigation of fracture in an advanced fiber composite[J]. Journal of Composites Materials, 1972, 6: 114-124.

[6] Parhizgar S, Zachary L W. Application of the principles of linear fracture mechanics to the composites materials[J]. International Journal of Fracture, 1982, 20: 3-15.

[7] Phillips D C. The fracture mechanics of carbon fiber laminates[J]. Journal of Composites Materials, 1974, 8: 130-141.

[8] Cruse T A. Tensile strength of notched composites[J]. Journal of Composites Materials, 1973, 7: 218-229.

[9] Wadddoups M E, Eisenmann J E, Kaminski B E. Macroscopic fracture mechanics of advanced composite materials[J]. Journal of Composites Materials, 1971, 5: 446-454.

[10] Whitney J M, Nuismer R J. Stress fracture criteria for laminated composites containing stress concentration[J]. Journal of Composite Materials, 1975, 8: 253-265.

[11] Nuismer R J, Labor J D. Applications of the average stress failure criterion, Part I: Tension[J]. Journal of Composite Materials, 1978, 12: 238-245.

[12] Sih G C, Chen E P. Fracture analysis of unidirectional composites[J]. Journal of Composites Materials, 1973, 7: 230-244.

[13] Rybicki E F, Kanninen M F. A finite element calculation of stress intensity factors by a modified crack closure integral[J]. Engineering Fracture Mechanics, 1977, 9(4): 931-938.

[14] ABAQUS help 6.13 Analysis 2 Crack propagation[CP].

[15] Rybicki E F, Schmueser D W, Fox J. An energy release rate approach for stable crack growth in the free-edge delamination problem[J]. Journal of Composites Materials, 1977, 11: 470-487.

[16] Krueger R. Virtual crack closure technique: History, approach, and applications[J]. Applied Mechanics Reviews, 2004, 57(2): 109-143.

[17] Belytschko T, Black T. Elastic crack growth in finite elements with minimal remeshing[J]. International Journal for Numerical Methods in Engineering, 1999, 45(5): 601-620.

[18] Melenk J M, Babuška I. The partition of unity finite element method: Basic theory and applications[J]. Computer Methods in Applied Mechanics and Engineering, 1996, 139(1-4): 289-314.

[19] Moes N, Dolbow J, Belytschko T. A finite element method for crack growth without remeshing[J]. International Journal for Numerical Methods in Engineering, 1999, 46(2): 131-150.

[20] Asadpoure A, Mohammadi S, Vafai A. Crack analysis in orthotropic media using the extended finite element method[J]. Thin-Walled Structures, 2006, 44(9): 1031-1038.

[21] Motamedi D, Mohammadi S. Dynamic crack propagation analysis of orthotropic media by the extended

finite element method[J]. International Journal of Fracture, 2010, 161(1): 21-39.

[22] Motamedi D, Mohammadi S. Fracture analysis of composites by time independent moving-crack orthotropic XFEM[J]. International Journal of Mechanical Sciences, 2012, 54(1): 20-37.

[23] Ashari S E, Motamadi S. Delamination analysis of composites by new orthotropic bimaterials extended finite element method[J]. International Journal for Numerical Methods in Engineering, 2011, 86(13): 1507-1543.

[24] Kaushik V, Ghosh A. Experimental and numerical characterization of mode I fracture in unidirectional CFRP laminated composite using XIGA-CZM approach[J]. Engineering Fracture Mechanics, 2019, 211: 221-243.

[25] Zhao L, Wang Y, Zhang J, et al. An interface-dependent model of plateau fracture toughness in multidirectional CFRP laminates under mode I loading[J]. Composites Part B, 2017, 131: 196-208.

[26] 赵亚溥.裂纹动态起始问题的研究进展[J].力学进展,1996, 26(3): 362-378.

[27] Silling S A. Reformulation of elasticity theory for discontinuities and long-range forces[J]. Journal of the Mechanics and Physics of Solids, 2000, 48(1): 175-209.

[28] Francfor G A, Marigo J J. Revisiting brittle fracture as an energy minimization problem[J]. Journal of the Mechanics and Physics of Solids, 1998, 46(8): 1319-1342.

[29] Bourdin B, Francfor G A, Marigo J J. Numerical experiments in revisited brittle fracture[J]. Journal of the Mechanics and Physics of Solids, 2000, 48(4): 797-826.

第 24 章 复合材料制造缺陷对力学性能的影响

学习要点：

(1) 掌握复合材料制造缺陷的概念及内涵；

(2) 学习复合材料缺陷对力学性能的影响规律；

(3) 认识含缺陷复合材料的宏细观力学分析模型；

(4) 理解复合材料制造缺陷对力学性能的影响。

24.1 引　　言

缺陷是先进复合材料不可避免的结构特征。事实上,受组分材料(增强纤维、树脂基体)物理化学性能和成型工艺的影响,纤维增强聚合物基复合材料出现缺陷的概率非常高,直接影响了复合材料的力学性能及强度破坏特征。

复合材料产生缺陷的原因主要有两大类,第一类是由于复合材料制造工艺的不稳定性、复杂性以及复合材料本身的非均质性和各向异性等特点,从而产生制造缺陷,例如气泡、孔隙、分层、夹杂、皱褶、微裂纹、翘曲、贫胶、富胶、树脂固化不良等;第二类是在复合材料结构服役过程中,由于疲劳累积、应力集中、外力撞击、腐蚀(包括物理、化学、应力腐蚀)等因素的影响,从而产生服役缺陷,例如脱黏、分层、基体开裂、纤维断裂、裂纹扩展、腐蚀坑、表面划伤、损伤(敲伤、撞伤、撕伤、切伤等)、凸起、下陷等。

近年来,随着复合材料应用范围的逐渐扩大,复合材料结构的几何形状越来越复杂,结构尺寸越来越大,结构形式越来越多,例如层合结构、夹层结构、整体化结构、编织结构及连接结构等,缺陷发生的概率显著增大,并且因缺陷引起复合材料结构的质量问题和损坏事件越来越普遍,安全事故频繁发生。

显然,缺陷的出现严重影响纤维增强复合材料力学性能及其结构的可靠性。同时,由于缺陷的种类繁多、特征复杂,确定含缺陷复合材料结构的力学性能预测模型、测试方法及评估方法,一直是学术界与工程界十分关注的科学技术问题。

24.2 复合材料缺陷分类及其特征

聚合物基复合材料制造工艺包括热压成型、液体成型、注射成型、树脂灌注等方法，另外，可以通过胶黏剂黏合、机械紧固、熔融黏合等方法进行连接。所有的复合材料部件在制造过程中都有一定程度的固有缺陷。即使在搬运和储存过程中，如果处理不当，也会对材料造成损伤等缺陷。这些复合材料缺陷可以分为基体缺陷、纤维缺陷、界面缺陷及结构缺陷等类型，它们产生的原因及特征各不相同，且都会直接影响复合材料结构的强度、刚度及其力学性能，而由缺陷引起的应力集中会导致复合材料结构的失效[1]。

24.2.1 基体缺陷

1. 孔隙

孔隙是指制备过程中复合材料内部形成的微小孔洞（通常为微米级），是复合材料最常见的缺陷类型。孔隙的多少用孔隙率来描述，可以用占材料总体积百分数的体孔隙率和占材料总面积百分数的面孔隙率来表示。

复合材料制造中出现的典型孔隙见图 24.1。孔隙的产生可能有许多原因，并可能发生在制造过程的不同环节。在液体成型加工过程中，孔隙可能与由预制体的非均匀性而产生的流动通道有关[2]。在树脂的混合过程中，由于空气的滞留、固化过程中气体的不充分通风、低压、结构中富脂区或加工或储存过程中滞留的水分，都会形成孔隙[3]。根据形成的原因，孔隙具有不同的尺寸。树脂体系会影响孔隙的形状和大小，而孔隙的大小会影响层合板的力学性能。层合板中随机分布的较小孔隙与分层孔隙（尺寸较大）对层合板力学性能的影响不同。在大多数情况下，需要对局部孔隙率进行表征，而不是对整体孔隙率水平进行表征。

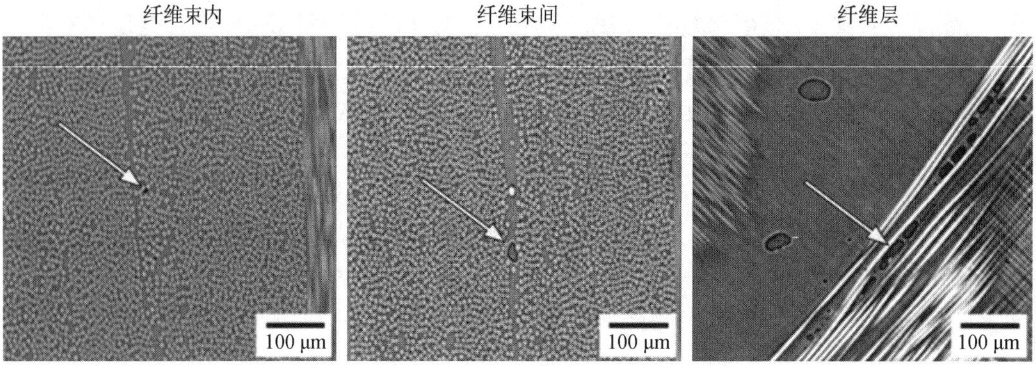

图 24.1 复合材料中的孔隙[2]

在夹层结构中，孔隙主要由以下原因产生：干燥循环不当导致零件上残留水分，干燥循环与固化之间的时间间隔过长导致试件上残留水分，溶剂类型，在蜂窝芯上由于未干燥完全而残留的溶剂等等。

2. 基体裂纹

基体裂纹是指在复合材料基体中形成的层内裂纹(一般分布在单层内),如图 24.2 所示。基体裂纹降低了层合板的结构完整性,且可能对树脂主导的力学性能(如抗压强度或垂直于纤维方向的拉伸性能)有显著影响。基体裂纹产生的根本原因是树脂、纤维和模具材料之间的热膨胀系数的不匹配,以及树脂固化收缩引起的残余应力大于固化树脂的强度。其他可能产生的原因有冲击损坏、切边或钻孔损伤、操作不当或过载等。

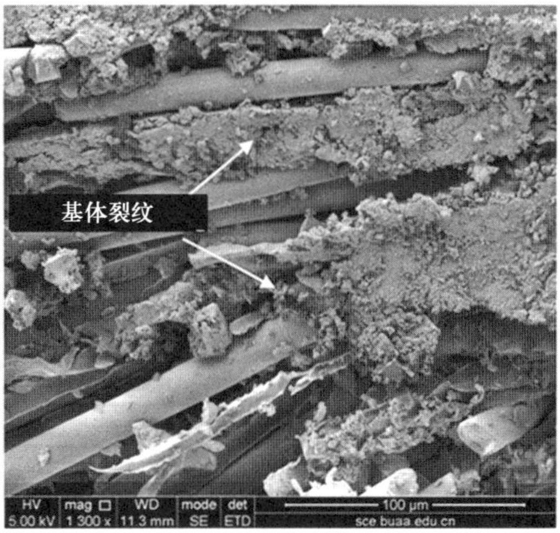

图 24.2　复合材料中的基体裂纹[4]

基体裂纹的特征是在高应力区域出现细裂纹网络的扩展。在热塑性材料中,基体裂纹可以增加材料韧性,但在热固性材料中通常不产生基体裂纹,这是由于环氧链的高交联性限制了分子的流动性,抑制了开裂的形成。然而,随着新型热固性材料的不断发展,有研究发现,在含有碳纳米管的热固性材料中可以产生裂纹,从而改善材料的韧性。

3. 起泡

起泡是指在复合材料表面形成的椭圆形特征,尺寸从亚毫米级到毫米级不等,如图 24.3 所示。当在复合材料表面附近出现分层,或在固化过程中空气逸出,或部件未固化完全时,就会出现起泡。聚合物基复合材料的水致起泡(水泡)是由水分渗入引起的:聚合物吸湿降低了玻璃化温度,并从聚合物中释放了更多的水,导致聚合物变得过饱和。随后水分会扩散进入分层,水泡通过渗透压吸收水分并进一步生长。随着更多的水被吸引到封闭区域,水泡内部的压力就会增加,导致水泡生长。碳纤维增强聚合物基复合材料在靠近金属(如铝或钢)时会形成特殊类型的水泡,它们会在纤维/基体界面区域成核,然后用水或气体填充孔隙并继续生长[5]。

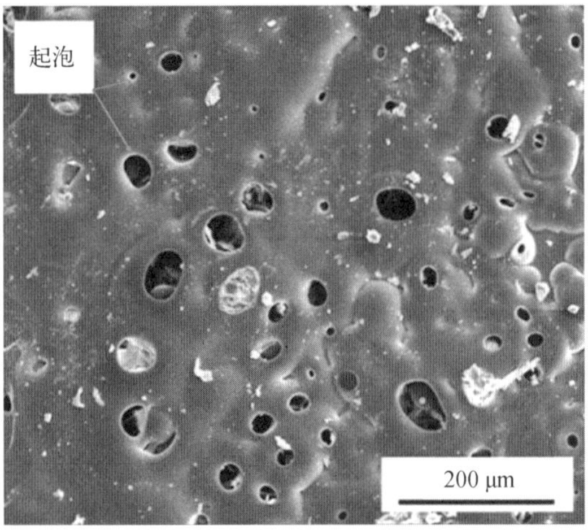

图 24.3　复合材料中的起泡[5]

24.2.2　纤维缺陷

1. 纤维褶皱

纤维褶皱是指在一个或多个层合板层中产生的折痕、脊等(图 24.4)。纤维褶皱可以

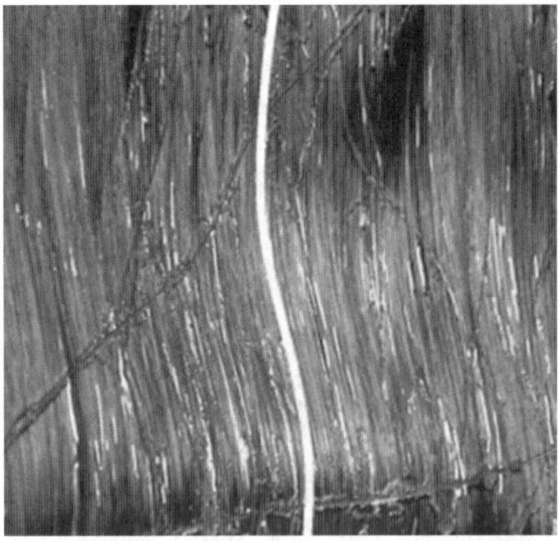

图 24.4　层合复合材料的内部纤维错位显微图像[6]

发生在纤维或铺层水平。在纤维水平上，褶皱的弯曲程度大，因此会对复合材料造成显著的损伤。在铺层水平上，由于面外方向的弯曲刚度低于面内方向，更容易出现面外褶皱。

纤维褶皱产生的根本原因可能是原材料缺陷或铺层错误。当树脂流到铺层中的缝隙时，纤维可能会起皱或变形，缝隙越大，过渡越尖锐，就越容易起皱；真空袋放置不当也会导致褶皱或在拐角处形成皱纹；在灌注过程中，如果树脂进料速度太快，树脂黏度不够低或纤维固定松散，则纤维可能会因树脂流动而变形。

根据纤维褶皱产生位置不同，可以将纤维褶皱分为面内褶皱和面外褶皱，下面具体介绍这两种褶皱类型。

1）面内褶皱

面内褶皱（图 24.5）产生的根本原因是纤维经受轴向载荷时，且基体无法提供一定程度的横向纤维支撑力时，纤维将发生弯曲，从而产生褶皱。在加工过程中面内褶皱产生的主要原因有：

（1）放置纤维时粗纱或预浸料束中的拉力发生变化；

（2）在纤维缠绕时，因纤维束张力不足而产生的结构松弛（图 24.5）；

（3）在手工铺层操作中，单向或织物材料的处理不当；

（4）树脂灌注或传递成型过程中的纤维冲刷；

（5）在冷却过程中零件与工具的接触；

（6）层合板中固化程度不同；

（7）刀具/零件热膨胀系数不匹配等。

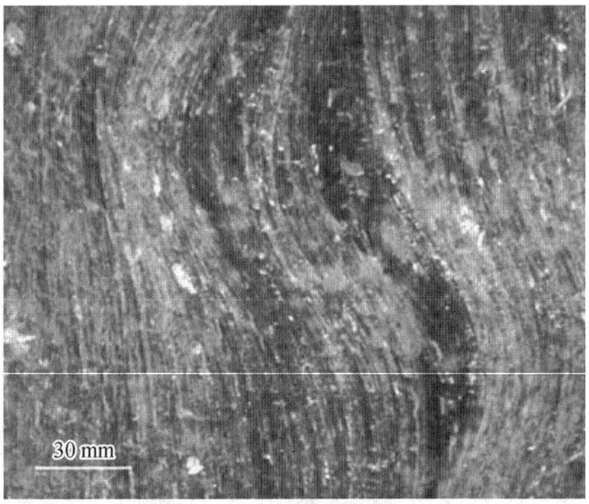

图 24.5　面内纤维褶皱[1]

2）面外褶皱

对于复杂的几何形状，如果复合层之间无法彼此滑动，则可能形成面外褶皱（图 24.6）。面外褶皱产生的原因与面内褶皱类似：材料悬垂问题和张力不足会导致面外褶皱；在某些结构（例如 U 型零件）中，由于复合材料和工具的热膨胀系数不匹配再加上固结过程中发生的层间滑移而产生剪切力，从而形成面外褶皱[7]；当使用多向铺层时，可能会出现平面外和平面内的不对准，从而形成褶皱。在成形复杂轮廓层合板时，在弯曲部分可能形成褶皱。

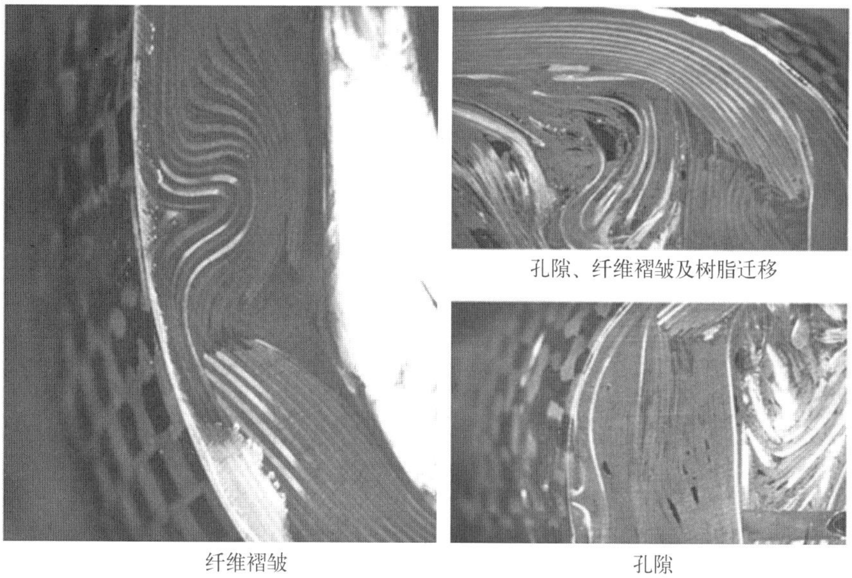

孔隙、纤维褶皱及树脂迁移
纤维褶皱
孔隙

图 24.6　碳纤维自行车架上的纤维褶皱[7]

2. 纤维断裂

纤维断裂通常是由冲击等外载荷造成的,也可能是由于局部载荷过大而产生的(图 24.7)。纤维断裂通常在冲击接触区域产生,并且受到冲击能量和物体尺寸的影响。此外,任何类型的打磨操作,如去除油漆或定期维护,都可能在复合材料结构中产生划痕,并对纤维造成损伤。如果划伤只发生在表面富脂区,且纤维完好无损,那么强度的降低不如因承载层纤维断裂而导致的强度下降显著。

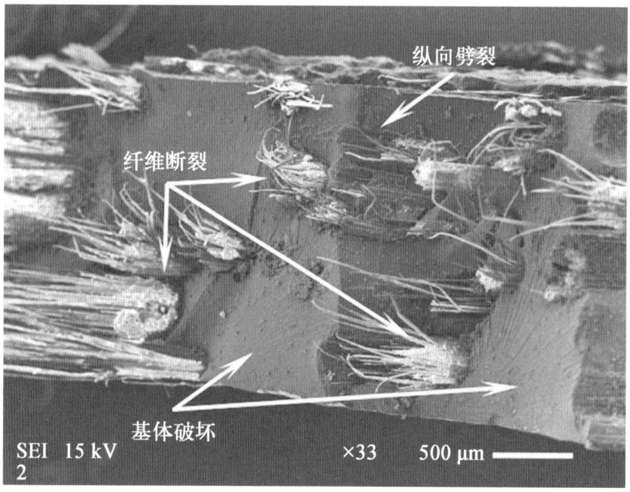

图 24.7　复合材料中的纤维断裂[8]

24.2.3 界面缺陷

1. 分层

分层是指层合板中两个相邻层的分离,如图 24.8 所示。它可能是由应力集中引起的,也可能与层合板设计或结构中自由边缘效应相关。分层会影响材料的压缩和剪切性能,也会对结构的静、动态特性及完整性产生明显的影响,甚至会导致结构最终失效。

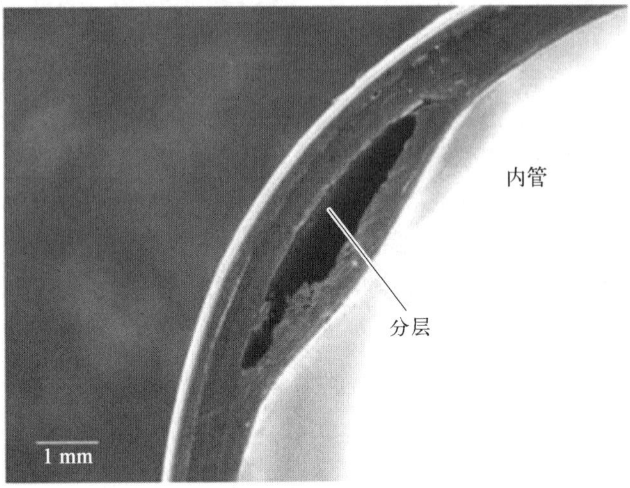

图 24.8 分层[1]

在制造过程中分层产生的根本原因通常是由于铺层或黏合过程中污染物或异物夹杂。这些污染物或异物可能是空气中的水分,也可能是游离的有机硅或其他气溶胶,或与物料接触产生的残留物(如剥离层、手套、皮肤上的乳液等)。如果不去除这些异物,它们将嵌入层合板中,从而成为分层可能发生的位置;不正确的固化周期会导致层合板内部残余应力较高,当残余应力超过层间强度,就会发生分层和剥离;在处理和储存期间复合材料受到冲击也会导致纤维断裂和分层;纤维和基体的热膨胀系数不同也可能导致分层。

在加载过程中也会发生分层,它们通常产生于层合板中的层之间以及夹层结构的蒙皮和夹芯之间的界面处。分层的严重程度取决于以下因素：层合板的宽度和长度尺寸;特定位置的层间分层数;位置-几何不连续性;层合板的厚度;应力集中区域等。加载过程中的分层行为取决于载荷的类型：当材料承受拉伸载荷时,分层对材料力学性能影响较小;而在剪切或压缩载荷下,分层附近的层可能会发生弯曲并引起载荷重新分配,从而导致材料刚度或强度降低,甚至可能导致结构破坏。

2. 贫富脂区

当树脂在注入纤维预制体中时,如果树脂未浸润整个纤维表面,从而使纤维表面存在无黏结区域,该现象称为贫脂;如果树脂注入的量远大于复合材料固化所需要的量,复合材料部分或整体会出现树脂溢出的情况,该现象称为富脂。制造过程中贫脂与富脂会形成贫富脂区。形成贫富脂区的根本原因通常是由于层合板与工具之间或层合板与垫板之间存在间隙,在湿法铺层或灌注过程中,压力梯度、树脂渗出和添加的树脂不足。

富脂区(图 24.9)可能会因树脂收缩而具有更大的残余应力或变形,还会增加不必要的重量。富脂区可能会出现在结构的任何部分(如层脱落、面外褶皱或成角度区域),从而降低纤维体积分数。另外,缺少增强纤维使得富脂区更容易产生裂纹。相反,贫脂区可能导致纤维分离。

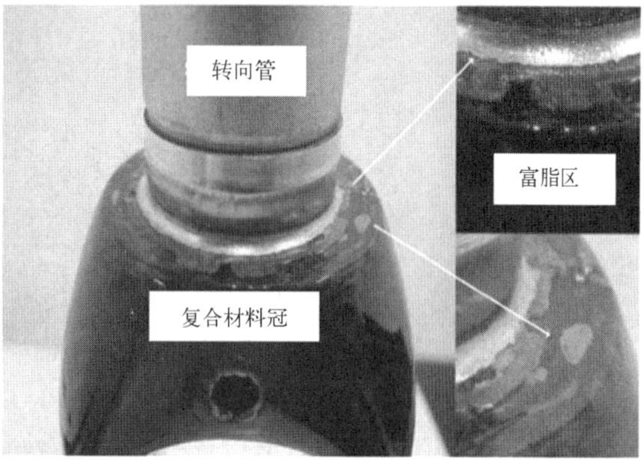

图 24.9　富脂区[1]

24.2.4　结构缺陷

1. 表层损伤

表层损伤是复合材料结构常见的缺陷,主要有划痕和凹痕等。如果划痕仅在一定程度上破坏了基体的外层而对增强纤维没有任何破坏,则并不会对复合材料造成影响。如果划痕导致增强纤维受损,则应将其视为裂纹,其产生的总体影响取决于与层合板厚度相关的损伤深度和长度。在对称层合板中,如果存在破坏承载层的深划痕或凿痕,其失效机制将发生剧烈变化,这种类型的损伤会影响复合材料结构的承载能力(图 24.10)。

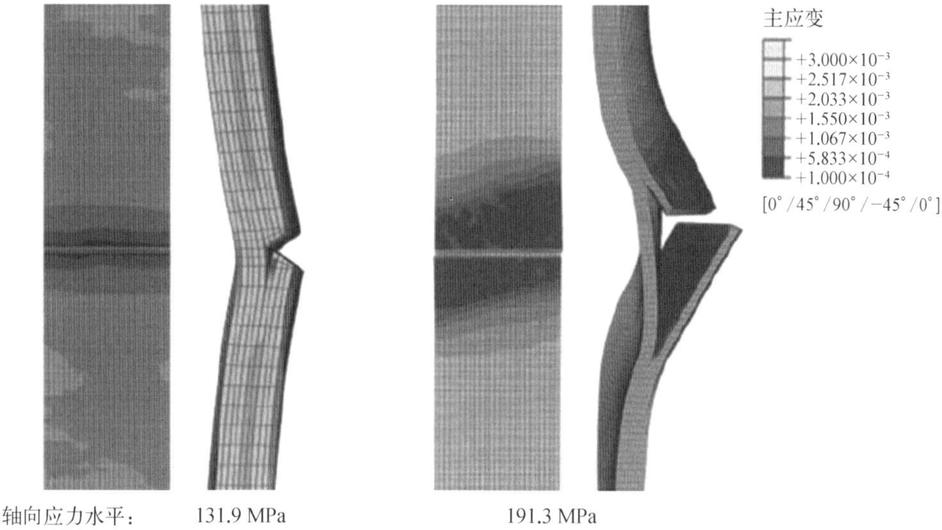

图 24.10　模拟划痕引起的分层[9]

2. 连接缺陷

连接结构中可能存在各种各样的缺陷,最常见的是脱黏和弱黏合,孔隙或微裂纹也可能存在于连接结构的粘接线上。图 24.11 为典型的粘接缺陷,黏结完整性差可能导致结构过早解体和结构失效。弱黏合的根本原因可能是表面制备不良、黏合表面吸湿性、残胶、黏合线厚度变化、固化过程中黏合剂和基体之间缺少接触,或者黏合材料质量低。

3. 残余应力及尺寸变化

复合材料结构的尺寸变化可能是由于热失配(即层与层之间或层合板与连接之间的

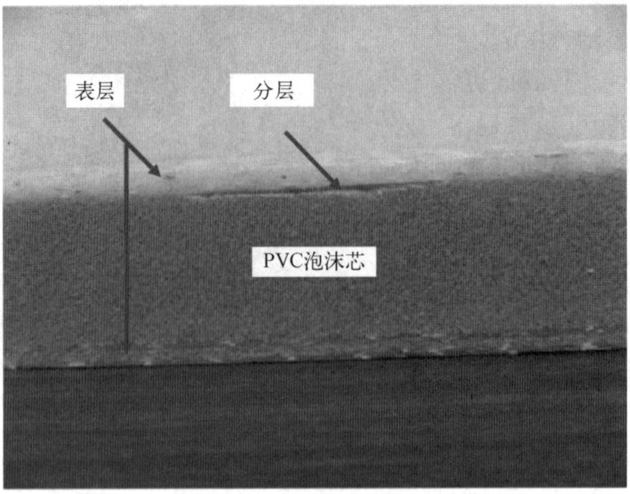

图 24.11　典型的粘接缺陷[1]

热膨胀系数不同)引起的残余应力导致的。残余应力通常会发生在纤维和基体之间的微观层面、层合板层面或结构层面。

纤维与基体之间的热膨胀系数不同以及固化动力学会导致纤维/基体水平上残余应力的产生,而树脂类型、铺层顺序以及纤维体积分数都会影响残余应力大小。纤维/基体水平上产生的残余应力可能会影响材料力学性能,但一般不会导致材料的尺寸发生较大变化。

对于层合板,各层之间热膨胀系数的不同会导致残余应力发生显著变化。当层合板中的层在加工后发生热膨胀或局部收缩时,不同层的约束会导致残余应力产生。残余应力和变形会受铺层顺序、温度以及单层厚度的影响。在高温固化后,不对称或交叉层合板可能会产生翘曲,当使用对称层合板时,材料的翘曲最小。

4. 冲击损伤

在低速冲击载荷作用下,复合材料层合板内部会出现分层、基体开裂等损伤,这些损伤会降低结构的剩余压缩强度,影响承载能力。纤维增强复合材料层合板是由单层板叠合而成的,其层间强度通常较低,因此容易发生开裂、分层等损伤。通常,复合材料的增强相一般选用高强度的纤维材料,这会导致结构整体表现为弹性,降低结构的塑性变形能力。按损伤形态的不同,将纤维增强复合材料层合板的冲击损伤分为三类: 子弹、鸟体等高能量的冲击会对结构造成穿透性破坏,贯穿区域面积较小,结构内部会出现分层损伤;中等能量的冲击作用会导致结构表面的纤维破坏与结构内部的损伤;工具跌落、石子撞击等低能量的冲击载荷作用下,复合材料结构表面一般没有目视可见的破坏,但结构内部会出现分层、基体开裂等损伤。这些损伤形态中,高、中等能量的冲击载荷对结构的损伤可由肉眼观察到,有经验的工程师可以通过损伤的形态、面积估计结构的破坏程度与剩余强度。低能量冲击损伤难以用常规检测手段探查,有时甚至会出现结构表面无损伤但内部损伤很严重的情况。对于这种结构内部的损伤,一般使用超声扫描等无损方法进行检测,但检测成本过高。

为了探讨复合材料在低速冲击载荷作用下的损伤特征与破坏机理，许多学者对各种复合材料进行了实验研究与数值模拟。实验结果显示，分层损伤只出现在纤维铺设方向发生改变的层间，损伤区域呈双叶形，长轴方向与下层的纤维铺设方向相同。层合板在冲击载荷作用下，首先在冲击表面出现纤维挤压破坏，然后在层合板内部发生纤维断裂、基体开裂与分层损伤，分层损伤由层间剪切导致，分层的出现并不伴随着基体开裂损伤。结构冲击背面的基体开裂是由剪切应力引起的，基体开裂损伤扩展后导致了层间损伤的产生。

24.2.5　夹层结构缺陷

夹层结构主要由表层、粘接层、芯层部分组成（图 24.12）。表层主要用于承受拉伸或压缩载荷，而芯材主要用于承受剪切载荷。夹层结构缺陷可以分为芯层缺陷和表层缺陷，下面对不同的缺陷类型具体介绍。

1. 芯层缺陷

1）过度膨胀

在夹层结构的制造过程中，如果在芯的内部和外部环境之间出现大的压差，就会产生膨胀容差。在高温下，如果有水分存在，膨胀容差会使芯内的蒸汽压力增加，最终导致表层/芯层分离。压差也可以由施加到结构上的载荷等条件的变化引起。

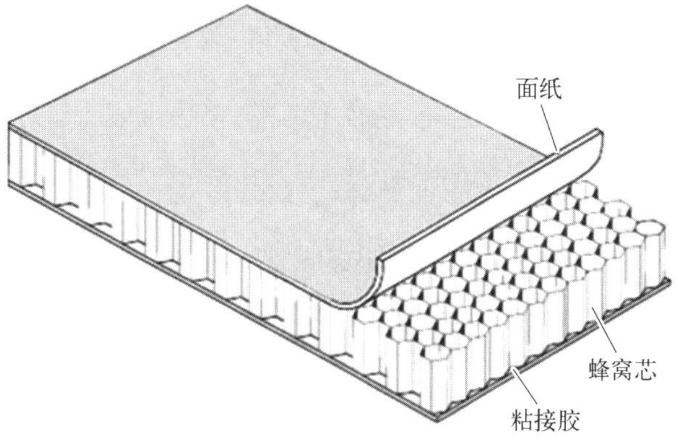

图 24.12　夹层结构（包括表层、粘接层、芯层部分）

2）芯层破碎或移动

对于蜂窝夹层复合材料而言，如果设计不当，芯材会在加工过程中发生挤压或移动（图 24.13），从而导致结构表层出现较大的空洞和裂纹。芯层破碎会受到芯材/面板刚度、真空压力、芯层内部压力大小、模具和预浸料摩擦阻力的影响。当结构受到冲击时，也会发生芯层破碎和脱黏。

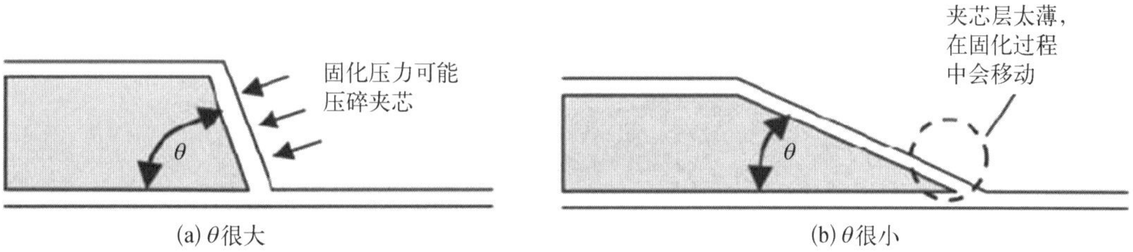

图 24.13　坡角对移动的影响[10]

3）芯层单元节点未对齐或未绑定

芯层接触部位未对齐或未绑定会影响芯材的剪切模量，导致芯材的剪切屈曲、卷曲，甚至降低夹层板的面板抗起皱能力（图 24.14）。在蜂窝结构制造过程中，蜂窝壁之间的分离发生在蜂窝板的内壁连接处。对于用于夹层结构的铝芯来说，由于碳纤维/环氧面板

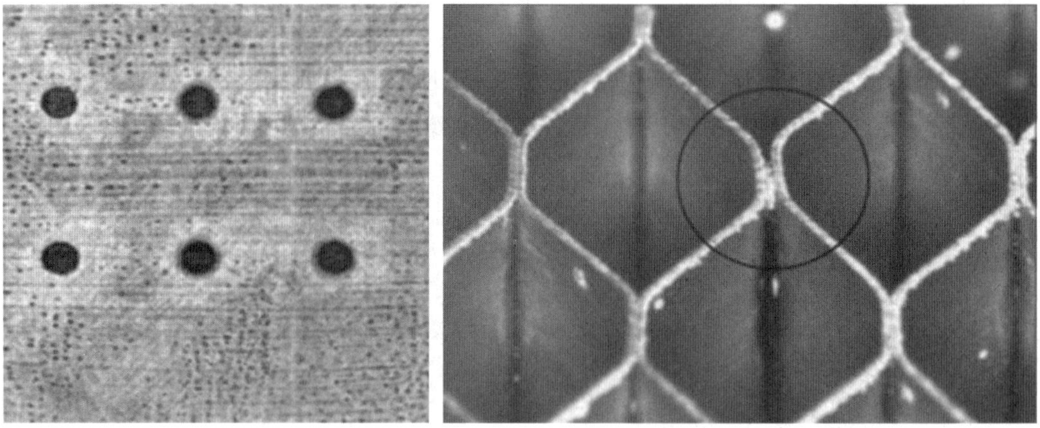

图 24.14 芯层单元节点未对齐或未绑定[11]

与铝芯之间的热膨胀系数不匹配,在热压罐冷却过程中可能会发生节点脱落[11]。

2. 表层缺陷

1）起皱

在夹层结构中,表层起皱是一种典型的失效模式,通常发生在轻薄芯夹层结构中。在预浸料和芯材的共固化过程中,可能会出现芯材的起皱现象。图 24.15 显示了预固化板和固化板之间的差异,说明了可能发生的起皱缺陷。起皱的数量取决于芯层单元格的大小,表层的化学和物理特性等。表层上的初始缺陷可能通过引发表层到芯材的平面失效(对称缺陷)或通过增加芯材剪应力(反对称缺陷)而导致芯材剪切失效,进而导致夹层结构的最终失效。

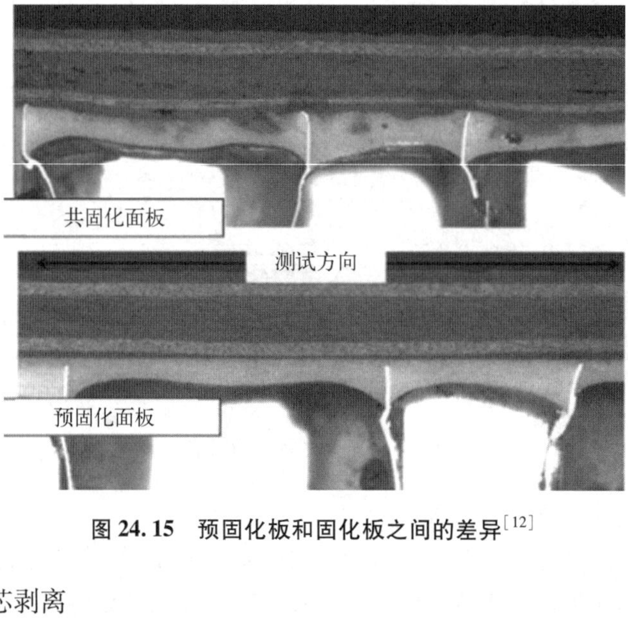

图 24.15 预固化板和固化板之间的差异[12]

2）表层/夹芯剥离

在生产或者使用过程中由于冲击会导致表层/夹芯剥离。表层/夹芯剥离会造成脱胶和刚度降低等，表层剥离也会使复合结构中产生不稳定性，如起皱。在制造过程中，芯中的水分会移动到粘接处，导致表层和夹芯之间出现孔隙；高温也会增加芯内的压力，从而导致板层分离。

24.3　缺陷对复合材料力学性能的影响

复合材料中的缺陷不可避免，缺陷对复合材料力学性能的影响规律一直是复合材料结构设计及可靠性评估的关键科学技术问题。不同的缺陷类型对复合材料力学性能的影响情况不同，如孔隙主要影响基体主导的力学性能，如层间剪切强度等，而分层则主要对材料的压缩性能影响较大。本节总结了复合材料中常见的孔隙、分层、残余应力和纤维褶皱对复合材料拉伸性能、压缩性能和剪切性能等不同力学性能的影响情况，并对缺陷对力学性能的作用机理进行了分析。

24.3.1　孔隙的影响

孔隙是目前研究最多的缺陷类型。孔隙的大小、类型及含量直接影响了复合材料的力学性能。

1. 拉伸性能

对于层合复合材料，纤维主导的弹性特性即纵向拉伸模量和泊松比随孔隙变化不大，但基体主导的模量，即横向拉伸模量和剪切模量随孔隙的增加而显著降低。Varna 等[13]研究了孔隙对横向拉伸模量的影响，其中孔隙上升 5%，横向拉伸模量约下降 15%。Gurdal 等[14]发现面外拉伸模量对孔隙非常敏感，孔隙含量每增加 1%，面外模量减少约 10%。对于拉伸强度来说，孔隙对纵向拉伸强度的影响很小：当孔隙含量从 0%增加到 10%，纵向拉伸强度降低约 10%，这可能是由于局部纤维变形以及基体与纤维之间的脱胶引起的。相反，孔隙对横向拉伸性能有较大影响。研究发现[13]，在碳/环氧树脂复合材料中，孔隙含量从 0%增加到 10%，材料的横向拉伸强度降低了约 30%。虽然孔隙降低了材料强度，但没有改变主要的失效机理。

对于编织复合材料，纵向模量随孔隙含量的增加而略微降低。对于 3D 编织碳/环氧复合材料，含孔隙材料的横向拉伸模量的降低程度大于纵向拉伸模量的降低程度；随着编织角的增加，孔隙对纵向拉伸模量的影响增加，且纤维孔隙的影响比基体孔隙的影响更显著。对于拉伸强度，当孔隙含量降低时，极限拉伸强度会增加，强度的影响取决于孔隙类型。

2. 剪切性能

层间剪切强度受基体和纤维/基体界面的特性支配，因此对孔隙的存在很敏感。Judd 和 Wright[15]在早期的工作中发现，每增加 1%的孔隙率，层间剪切强度就会线性减少 6%左右；当孔隙率增加 4%时，层间剪切强度减少率降低。Yoshida 等[16]发现层间剪切强度与孔隙含量之间存在非线性关系，如图 24.16 所示。

针对层合复合材料来说，对于低孔隙率（最高≤1.5%），随着孔隙的减小，剪切模量降低约为 10%。超过此孔隙含量，剪切模量急剧下降，当孔隙率为 5%时，剪切模量降低约 70%。Rubin 和 Jerina[17]发现剪切模量的下降与总层间孔隙长度与层厚度比之间存在线性关系,模量降低的速率取决于层合板的类型、层合板的厚度和堆叠顺序。

对于编织复合材料[18],基体中随机分布的孔隙率增加 1%,面内剪切模量减少约 4%,面外剪切模量减少约 10%,且横向剪切模量和横向泊松比的下降幅度大于横向弹性模量的下降幅度(图 24.17)。

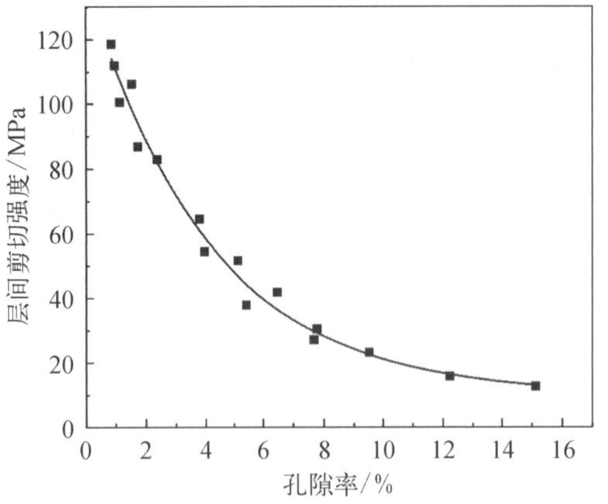

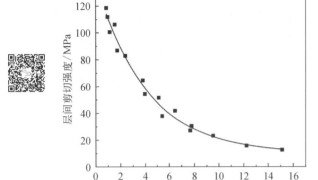

图 24.16　孔隙对铺层复合材料层间剪切强度的影响[16]

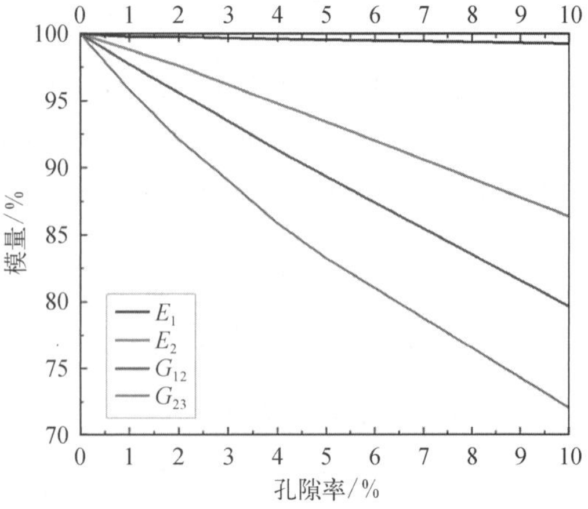

图 24.17　复合材料刚度下降与孔隙率的关系[18]

3. 压缩性能

孔隙对复合材料压缩模量的影响尚未得到广泛研究。Hernandez 等[19]发现孔隙对压缩模量的影响很小。对于高孔隙率,压缩模量随着孔隙率的增加而线性降低,这归因于孔隙附近纵向纤维束中的局部纤维扭结,以及由应力集中而产生的微裂纹。

目前,横向抗压强度对孔隙的依赖性研究较少。Bazhenov 等[20]发现单向玻璃纤维/环氧树脂复合材料的抗压强度与孔隙率之间存在平方根关系。孔隙会影响压缩失效,因为它们会引起附近纤维的排列变化以及基体局部剪切行为的变化(图 24.18),且孔隙的长度对压缩失效机理有重要影响。孔隙越短,沿着孔隙出现的应力集中越小。对于短/圆形孔隙的情况,其失效类型是纤维/基体剥离,而对于细长孔隙的情况,其失效是纤维屈曲,因为只有一侧基体支撑纤维。两种类型的失效都发生在等效应力高的区域。

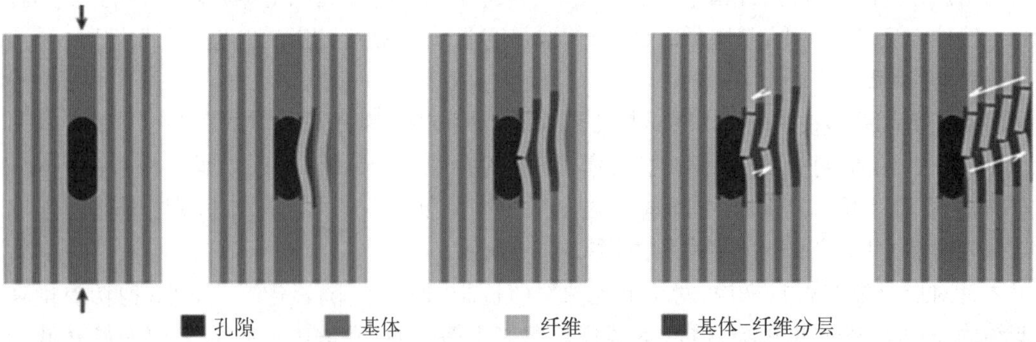

图 24.18　失效模式[20]

4. 弯曲性能

关于孔隙对铺层复合材料弯曲性能的影响研究还比较少，现有的研究结果表明孔隙会降低材料的弯曲刚度和弯曲强度，孔隙率每增加 1%会使弯曲强度降低大约 6%~10%。碳纤维/环氧树脂复合材料的弯曲失效演变过程为：

(1) 基体开裂(不是由孔隙引起的)；

(2) 层内和层间裂纹扩展，孔隙聚结；

(3) 形成贯穿厚度的裂纹。随着孔隙含量的增加，平均弯曲强度降低，而标准偏差增加。

5. 疲劳性能

疲劳载荷可以放大孔隙对复合材料强度的影响，特别是沿纤维方向加载。有研究发现，如果孔隙率对静强度的影响在几个百分点以内，疲劳寿命会急剧恶化，当孔隙率增加 2%时，循环失效周次降至 1/10。然而，这种影响主要发生在低周和中周疲劳。

6. 抗冲击性能

对含孔隙复合材料层合板低速冲击进行模拟分析发现：冲击力时程曲线有两个峰值，在达到第一峰值后，冲击力陡然下降，然后再缓慢上升达到第二个峰值。孔隙率越高，冲击力的峰值越低，达到第一个峰值后的陡降程度也越大，说明结构的损伤越严重。同时，发现随着孔隙率的增大，结构背面的分层损伤面积与基体开裂损伤面积呈增大趋势。当孔隙率较大时，基体开裂损伤区域的形状发生了改变。

24.3.2 分层缺陷的影响

分层缺陷对复合材料的力学性能有很大影响，分层会降低强度和刚度，从而限制了结构的寿命。通常认为层合板的拉伸性能不会受到分层的明显影响，但是压缩性能会受到很大影响。如果试件中存在分层缺陷，其抗压强度下降较多，最多可达 30%，并很快发生断裂。另一方面，裂纹扩展在很大程度上依赖于裂纹钝化、裂纹桥接等外部断裂机制，这些机制都受界面分层的影响。

1. 拉伸性能

在对准各向同性石墨/环氧树脂层合板的拉伸静态和循环加载行为研究中发现[21]，基体裂纹和分层形式的损伤发展并未影响层合板的剩余强度，但是降低了材料刚度。例如：在 393 MPa 下经历 500 次循环后，[0°/±45°/90°](Ⅰ型)和[0°/90°/±45°](Ⅱ型)层合板的刚度分别减少 7.2%、13.6%。层合板的分层会导致应力的重新分布，例如：未损坏[0°/90°/±45°]层合板在 0°层中的纵向应力为 2 632 MPa，但分层会使 0°层中的纵向应力增加到 3 131 MPa。应力的重新分布可能会影响疲劳寿命并造成结构的早期失效。

2. 压缩性能

分层对于影响复合材料压缩行为方面起着关键的作用，因为它可能导致局部屈曲，如果未阻止局部屈曲扩展或未重新分配载荷，则损伤可能会扩展，直到材料因整体不稳定而失效。Whitcomb 通过分析和实验研究了压缩载荷下层合板中的分层增长，如图 24.19 所示。对于一个表面部分分层的层合板，临界载荷随着分层长度的增加而减小，减少量取决于层间断裂韧性。对于较大的分层长度，层间断裂韧性的增加对临界载荷没有影响。

Konishi 和 Johnston[22] 发现分层时层合板的抗压强度降低。另外，Rhodes，Williams 等[23] 研究了冲击失效的复合材料板的压缩行为，剩余强度会随着冲击速度（或冲击损伤）的增加而显著降低。

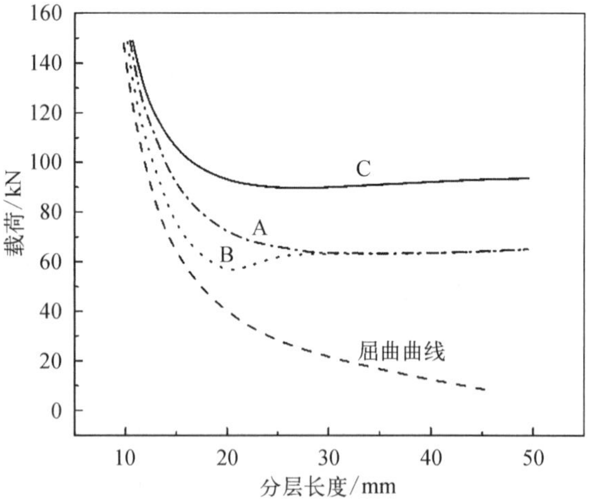

图 24.19　分层长度随载荷变化规律[24]

24.3.3　残余应力的影响

复合材料残余应力分布会影响结构对不同载荷形式的响应，包括静态和动态（疲劳）载荷。因此，残余应力会导致复合材料主要力学性能的变化。

1. 拉伸性能

微观力学分析表明，残余应力会使基体处于平行于纤维的拉伸状态，纤维处于压缩状态，纤维内的轴向残余压缩应力会导致纵向拉伸强度的增加。对于单向复合材料，纵向残余应力为负，而横向残余应力为正。因此横向拉伸载荷下残余应力对拉伸性能是有影响的。当层合板在一个方向上承受拉力时，测得的拉伸强度低于单向复合材料的拉伸强度。针对交叉层合板的研究表明，即使松弛后，残余应力仍然对拉伸载荷过程中的损伤演化有显著影响[25]。在厚截面层合板中，残余应力不影响复合材料的弹性模量[26]。

2. 压缩性能

在微观力学层面，纤维的压缩残余应力会导致纤维起伏或纤维基体剥离[27]，从而降低单层板的抗压强度。因此，残余应力会显著影响单层板的压缩性能，降低失效应变。对于具有不同拉伸和压缩弹性模量的材料，复合材料的刚度可能会受到残余热应力的影响。

3. 剪切性能

基于微观力学和有限元方法分析发现，界面剪切残余应力沿纤维长度方向约为零，但在纤维末端附近有相当大的剪切应力集中，从而降低了单向层合板的剪切强度。当复合材料受到外部载荷时，残余应力会增加纤维屈曲、基体开裂和纤维基体剥离的可能性。

24.3.4　纤维褶皱的影响

纤维褶皱是由于纤维与基体的热膨胀系数不匹配引起的局部屈曲。当纤维出现褶皱时，纤维与基体之间的相互作用发生变化，导致应力集中，进而降低复合材料的力学性能[28-32]。

1. 拉伸性能

纤维褶皱会降低材料的极限拉伸强度，但在大多数情况下，降低幅度相对较小。当施加拉力时，纤维趋于拉直，从而导致褶皱度在整个过程中发生变化[33]。研究发现当褶皱度增加到 0.08 时，泊松比会先减小，然后缓慢增大，最小泊松比约为原始值的 80%。

2. 压缩性能

纤维的抗压强度是受纤维褶皱度影响最大的性能。当两个横向方向都有褶皱时，极限抗压强度降低 10%～15%，极端情况下会导致理论强度下降 80%。而压缩刚度折减严重依赖于褶皱度。当褶皱度为 0.5 时,压缩刚度减少率达 60%,而当褶皱度减小到 0.025 时,刚度折减显著减小(<40%)。Martinez 等[34]量化了褶皱度和拉伸强度之间的关系(图 24.20),表明单向复合材料的抗压强度取决于纤维的最小曲率半径,纤维与基体的黏结强度是影响单向复合材料抗压强度的关键因素。Paluch[35]发现,复合材料的压缩强度是由基体材料的剪切模量决定的,纤维褶皱的存在会使复合材料内部产生较大的界面应力,从而导致复合材料的失效。此外,纤维褶皱度对纤维/基体界面的影响大于对单个纤维微屈曲性能的影响。

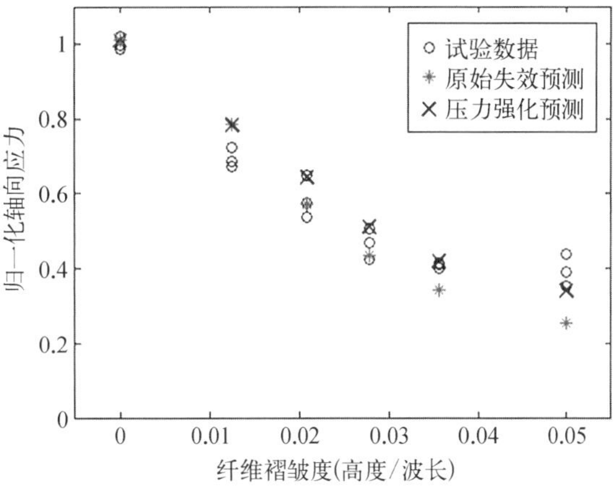

图 24.20　拉伸强度与纤维褶皱度关系[34]

纤维褶皱不仅改变了复合材料的失效强度,还改变了复合材料在纵向加载时的失效模式。纤维褶皱主要通过纤维扭结和微屈曲两种方式造成材料压缩失效,这两种方式都将在褶皱附近的基体中引起层间剪切应力,然后产生脱黏和裂纹扩展,直到最终失效。

3. 剪切性能

在实际应用中,纤维存在褶皱时的抗剪强度比完全直型纤维的理想抗剪强度大,这是因为当使用直纤维时,裂纹可以直接通过基体传播,一旦出现褶皱,纤维就会发生断裂。单向层合板在纵向受拉时,基体纵向剪切失效类似于压缩失效,这是由于存在纤维褶皱时,基体剪切应力和应变显著增加,从而在较低的外载荷下诱导复合材料发生剪切失稳。

24.3.5　冲击损伤的影响

为了研究复合材料层合板的低速冲击损伤与剩余强度问题,工程师与学者们一般采用数值仿真与实验相结合的方法研究复合材料在低速冲击载荷作用下的损伤形态规律,并分析冲击损伤与结构剩余强度的内在联系。

1. 压缩性能

当复合材料层合板受到一定能量的低速冲击后,结构内部会产生不同形式的损伤。为了表征复合材料受损后的承载能力,引入剩余压缩强度这一物理量。研究发现,在同样的冲击能量下,冲头质量的大小对层合板冲击后剩余强度的影响不大,且冲击能量越大,损伤面积越大,剩余强度越低。当冲击后的复合材料层合结构受到压缩载荷作用时,由于冲击损伤处会出现应力集中,应力集中因子对结构剩余承载能力有较大的影响。

2. 疲劳性能

对冲击后的复合材料进行疲劳实验发现,结构的剩余强度会随疲劳载荷周期数的增加而下降。Xiong 等[29]提出了椭圆弹性核模型,将层合板的冲击损伤等效为椭圆形的弹性核,通过损伤区域子层的屈曲计算,从而得到弹性核的力学性能,层合板的压缩强度与弹性核造成的应力集中相关。Awale 和 Thawre[32]重点介绍了外部损坏及其位置对复合材料疲劳寿命的影响，发现含一个裂纹的试样的疲劳寿命低于含两个裂纹的试样，疲劳寿命大约降至 1/10。

24.4　含缺陷复合材料力学理论

常规的复合材料力学研究方法分为两种：宏观力学与细观力学。宏观力学方法基于连续介质力学理论，其核心思想是将复合材料等效为各向异性的宏观均质材料，将增强纤维材料与基体材料看作一体，不考虑它们的相互影响。该方法形式较为简单，便于本构模型的建立，有较广泛的应用。

复合材料的细观力学研究方法起源于 Eshelby、Hill、Hashin、Shtrikman 等对非均匀介质有效性能的研究，主要分为分析法与有限元法。分析法从复合材料的细观结构出发，以纤维与基体各自的本构关系推导出复合材料整体的本构关系；有限元法则是以复合材料的代表性体积单元为基础，通过有限元计算得到单元的应力和应变，再经过均匀化方法得到复合材料宏观的本构关系。

24.4.1　含孔隙复合材料本构模型

现有关于复合材料孔隙的研究均是基于夹杂理论[31]。在分析时将夹杂理论拓展至孔隙研究，并将孔隙看作材料属性为 0 的一相。对于分布在基体中的孔隙，使用滑移增强理论进行分析，对于分布在界面的孔隙则使用 Mori－Tanaka 夹杂理论预测刚度的折减[28]。

孔隙可近似为椭球形，对于无限大各向同性基体中的椭球型夹杂，可设其三个主轴的半径分别为 a_1、a_2、a_3，其中所有的椭球夹杂内的点（x_1、x_2、x_3）应满足以下关系式：

$$\frac{x_1^2}{a_1^2}+\frac{x_2^2}{a_2^2}+\frac{x_3^2}{a_3^2}\leqslant 1 \tag{24.1}$$

各向同性树脂材料的刚度矩阵 C_{ijkl} 可以用剪切模量 G、泊松比 ν 及体积模量 K 表示为

$$C_{ijkl}=\frac{2G\nu}{1-2\nu}\delta_{ij}\delta_{kl}+G(\delta_{il}\delta_{jk}+\delta_{ik}\delta_{jl})=K\delta_{ij}\delta_{kl}+G\left(\delta_{il}\delta_{jk}+\delta_{ik}\delta_{jl}-\frac{2}{3}\delta_{ij}\delta_{kl}\right) \tag{24.2}$$

对于球型孔隙，张量 $\boldsymbol{P}$ 退化为各向同性张量，只有两个独立分量，可仿照弹性模量的形式写成：

$$P_{ijkl}=K_p\delta_{ij}\delta_{kl}+G_P\left(\delta_{il}\delta_{jk}+\delta_{ik}\delta_{jl}-\frac{2}{3}\delta_{ij}\delta_{kl}\right) \tag{24.3}$$

其中：

$$K_p=\frac{1}{3(4G_0+3K_0)},\ G_p=\frac{3(2G_0+K_0)}{10G_0(4G_0+3K_0)} \tag{24.4}$$

这里，树脂材料的模量和泊松比分别为 G_0、K_0、ν_0，孔隙的模量和泊松比均为 0。由于孔隙的体积含量小，可以忽略不同孔隙之间的相互作用，得到含孔隙树脂材料的刚度矩阵：

$$\bar{\boldsymbol{C}} = \boldsymbol{C}_0 + \sum_{r=1}^{N-1} c_r(\boldsymbol{C}_r - \boldsymbol{C}_0)[\boldsymbol{I} + \boldsymbol{P}_r(\boldsymbol{C}_r - \boldsymbol{C}_0)]^{-1} \tag{24.5}$$

其中，$\boldsymbol{C}_0 = (3K_0,\ 2G_0)$；$\boldsymbol{C}_1 = (3K_1,\ 2G_1)$ 表示孔隙的模量（$\boldsymbol{C}_1 = 0$）；c_r 代表包裹体的含量。由于树脂基体中只有一种夹杂，故 $N=2$，代入到式(24.5)中可得

$$\bar{\boldsymbol{C}} = \boldsymbol{C}_0 - c_1\boldsymbol{C}_0[\boldsymbol{I} - \boldsymbol{P}_1\boldsymbol{C}_0]^{-1} \quad [\boldsymbol{I} - \boldsymbol{P}_1\boldsymbol{C}_0]^{-1} = \left(\frac{1}{1 - 9K_pK_0},\ \frac{1}{1 - 4G_pG_0}\right) \tag{24.6}$$

将 K_p、G_p 代入得到等效杨氏模量和剪切模量：

$$\bar{K} = K_0 - \frac{K_0(4G_0 + 3K_0)}{4G_0}\mu \tag{24.7}$$

$$\bar{G} = G_0 - \frac{5G_0(4G_0 + 3K_0)}{8G_0 + 9K_0}\mu \tag{24.8}$$

式中，$\bar{K}$ 为含孔隙的树脂基体的杨氏模量；$\bar{G}$ 为含孔隙的树脂基体的剪切模量；μ 为树脂基体的孔隙率。

上述方程是通过稀疏法将多夹杂问题变为单夹杂问题来考虑，忽略了孔隙和孔隙之间的相互影响，故与实际情况有一定量的偏差，可以利用 Mori－Tanaka 方法对杨氏模量和剪切模量进行修正。对于两相材料构成的复合材料，并且夹杂为单向排列的情况下，令 $N=2$，则式(24.6)可修正为

$$\bar{\boldsymbol{C}} = \boldsymbol{C}_0 + c_1[(-\boldsymbol{C}_0)^{-1} + c_0\boldsymbol{P}_1]^{-1} \tag{24.9}$$

进一步等效杨氏模量和剪切模量可以表示为

$$\bar{K} = K_0 - \frac{K_0(4G_0 + 3K_0)}{4G_0 + 3\mu K_0}\mu \tag{24.10}$$

$$\bar{G} = G_0 - \frac{5G_0(4G_0 + 3K_0)}{8G_0 + 9K_0 + \mu(12G_0 + 6K_0)}\mu \tag{24.11}$$

24.4.2　复合材料失效准则

当复合材料发生损伤后，材料性能将会折减，这种性能折减的方式称为材料的损伤演化模型。现有的复合材料损伤演化模型一般使用的是突变式演化模型。这种模型认为，当单元发生某种形式的损伤后，相应的材料刚度立即降低至 0。为了更真实地模拟实际情况，引入了渐进损伤演化模型。在这种演化模型中，当材料发生某种形式的损伤后，随着应力的增大，材料相应的刚度会逐渐降低，最后变为 0，发生完全损伤。突变式损伤演化模型低估了材料损伤后的剩余强度，计算结果偏保守。而渐进损伤演化模型能真实地模拟损伤逐渐形成的过程，更符合实际情况。

在损伤模型中，损伤因子是描述损伤情况的一个重要参数。损伤因子为 0 时，表示没有发生损伤；损伤因子为 1 时，表示发生了完全损伤。在渐进损伤演化的模型中，损伤因

子有如下的表达式:

$$f(\sigma_1, \sigma_2, \sigma_3, \tau_{23}, \tau_{13}, \tau_{12}, F_1, F_2, \cdots)\begin{cases} < 1, & \text{未失效} \\ = 1, & \text{初始失效} \\ > 1, & \text{失效} \end{cases} \quad (24.12)$$

其中,σ_1, …, τ_{12} 为每层的应力;F_1, F_2, … 为强度参数。每层均建立如式(24.12)所表示的准则,当其中任何一层开始失效时即视为失效。

24.4.3 分层/脱黏扩展预测方法

如果复合材料结构中的分层是作为初始层间缺陷而存在的,或者是由于使用载荷(例如横向冲击)而引起的,那么通常会通过断裂力学方法评估对结构失效的影响[36]。这些方法通常将裂纹扩展的驱动力或分层裂纹前沿的应变能释放率与分层所在界面的材料的断裂韧性(即裂纹扩展的阻力)进行比较。层内损伤又可分为纤维拉伸断裂、纤维挤压破坏、基体拉伸开裂和基体压缩破坏四种形式。损伤模型包括损伤起始判据和损伤演化两部分,前者描述损伤产生的条件,后者控制损伤发展的方式。

1. 虚拟裂纹闭合法

分层/脱黏生长可以用虚拟裂纹闭合法(virtual crack closure technique, VCCT)建模,该方法主要基于格里菲斯(Griffith)裂纹扩展准则假设。根据 Griffith 裂纹扩展准则,如果裂纹扩展时释放的能量等于或大于产生新的裂纹表面所需的能量,裂纹将发生扩展。产生新的裂纹表面所需的能量就被称为“临界能量释放率”,可从实验中得出。VCCT 的中心假设是,裂纹扩展一段长度 Δa 时所释放的能量和裂纹闭合超过一段长度 Δa 时所需要的能量是相同的。只有当 Δa 小于总裂纹长度,且发生自相似裂纹扩展,即裂纹扩展过程中裂纹形状变化不明显时,该假设才成立。闭合裂纹的能量率由裂纹尖端的力和裂纹张开位移计算而得。如果计算的能量率等于或大于临界能量释放率,裂纹扩展。通过考虑力和位移在主方向上的分量,可以计算Ⅰ型、Ⅱ型和Ⅲ型的能量释放率。在实际结构中,分层和脱黏通常是包含三种失效现象的混合断裂模式。

2. 内聚力区模型(cohesive zone model, CZM)

在层与层之间的界面上使用内聚力区单元是一种模拟分层开始和发展的方法。这些单元采用基于强度分析来预测软化过程开始的失效准则,以及基于断裂力学的方法来预测分层的增长。不像 VCCT 只需要一个参数(能量释放率),CZM 需要两个参数:断裂韧性和内聚强度。目前有线性、指数、三角形、梯形等多种内聚定律来描述内聚力区内裂纹扩展的阻力。

3. 离散内聚力区模型(discrete cohesive zone model, DCZM)

CZM 的一个主要优点是它能够预测裂纹尖端的开始和扩展,而不需要预置裂纹。然而,内聚力单元具有网格敏感性,在黏聚规律软化部分存在收敛困难,且对纵横比敏感的缺点。为了克服 CZM 的不足,出现了离散内聚力区模型(DCZM)的点元方法。由 Shahwan 和 Waas[40]完成的 DCZM 的核心思想是将过程区视为一个独立的弹簧型基底,连接到要解聚的表面的相邻节点对上,在这种情况下,DCZM 的厚度是有限的。这种方法在黏结节点的建模中很有用。

4. 有限元法

有限元法分析复合材料结构的力学性能是一种特别通用和有效的方法。基于虚拟裂纹闭合技术(VCCT)和内聚力区模型(CZM)的方法正在逐步被应用到商业有限元程序中,从而可以详细地模拟分层的起始和黏结层生长的开始。目前用于复合材料力学分析的商业有限元程序有 ABAQUS、ANSYS、MSC Marc 和 MSC Nastran 等。然而,它在实际结构中的渐进分层/脱黏问题上的应用是有限的[38]。

24.5　含缺陷复合材料力学性能数值预测

含缺陷复合材料的力学行为十分复杂,实验难度大,因此数值模拟分析成为预测含缺陷复合材料力学性能及破坏行为的重要手段。复合材料变形和断裂伴随着损伤的积累和演化,包括层内基体开裂、层间分层和纤维破坏等多种耦合损伤。这就需要开发高保真的数值模拟方法、计算建模和仿真分析工具[39]。

迄今为止,复合材料变形与损伤演化的理论模型方法已经取得了重大进展。连续损伤建模(continuum damage model, CDM)方法是层合板渐进损伤建模的最常用和最广泛的方法。CDM 表示所有形式的损伤为局部体积刚度退化,通过建立局部本构材料模型来描述基体和纤维损伤,从而定向地降低受影响单元的刚度特性。而优化的模型也被发掘与使用,有大量研究学者利用基础代码进行计算,但是更多的学者将这些方法编译为 UMAT、UEL 等子程序,或是作为 ABAQUS、ANSYS 等商业软件的二次开发插件,来简化计算,且保证数值预测的准确性[37]。

24.5.1　含缺陷复合材料有限元模型分析

1. 含孔隙的复合材料随机统计模型分析

现阶段针对含孔隙复合材料的有限元建模一般基于随机介质。建立随机介质模型后,就可以利用 MATLAB 程序进行相关模拟。通过调整自相关长度,可以得到不同形貌的高斯自相关函数的随机介质图像,如图 24.21。

随机孔隙模型的建立就是在随机介质模型上利用极值搜索法构造的,结合孔隙介质和背景介质得到随机孔隙模型。随机模型可以利用 Python 进行开发,并生成所需的含孔隙层合板模型如图 24.22。

针对三维编织复合材料孔隙随机统计模型,在基于随机介质模型的基础上引入线性同余的随机方法。利用 COMSOL 高度自由度的二次开发系统,将随机孔隙的产生方法依托在 COMSOL 的 Application

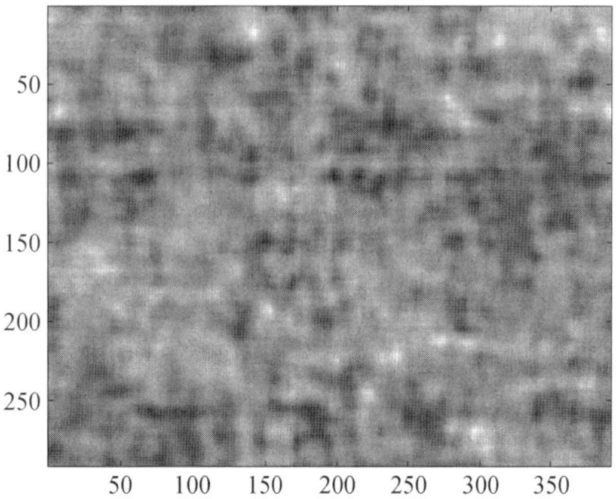

图 24.21　高斯自相关函数的随机介质图像[31]

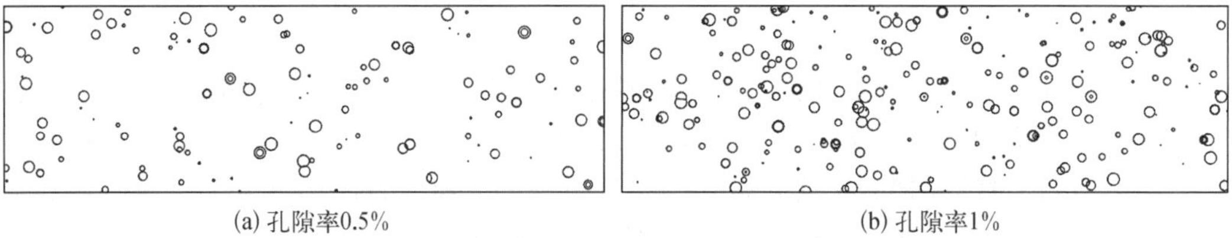

图 24.22 不同孔隙率下的随机孔隙层合板模型[31]

Method 的代码编辑上,利用线性同余方法产生随机位置,并且对模型内外孔隙进行判断,保留模型内的随机孔隙,完成随机统计模型的建立。实现流程如图 24.23 所示。

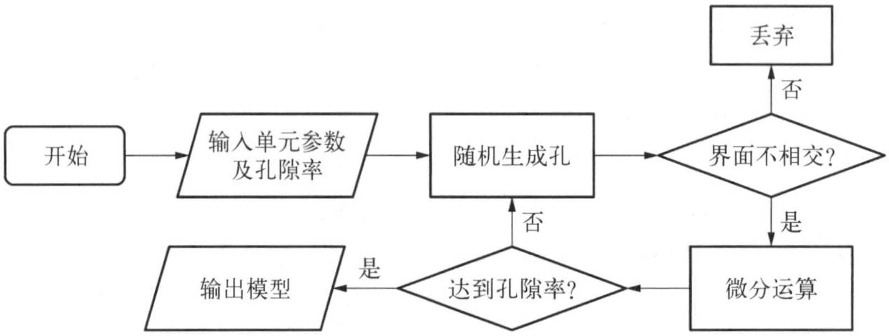

图 24.23 三维尺度的线性同余随机孔隙模型建立流程[31]

利用上述流程与方法,可以得到含缺陷的树脂基体几何模型,将树脂与已经建立完全的三维编织复合材料纤维走向几何模型进行几何合并,便可以得到含缺陷的三维编织复合材料几何模型(图 24.24)。

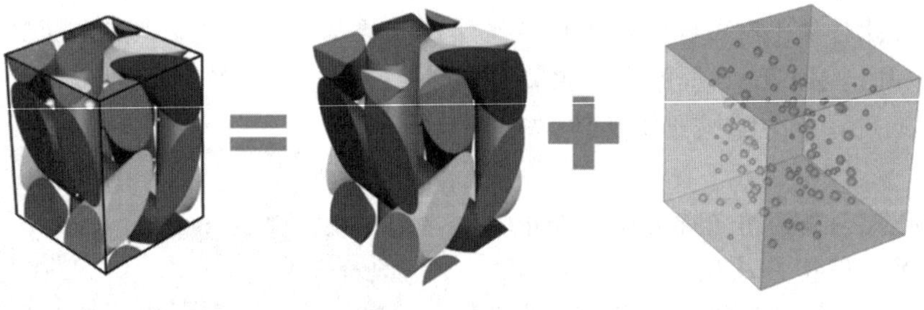

图 24.24 三维尺度的线性同余随机孔隙模型建立流程[31]

2. 含分层缺陷的复合材料模型建立

针对复合材料胶接层合板的分层损伤问题,有限元软件 ABAQUS 提供了两种方式来模拟复合材料的分层失效问题:内聚力(cohesive)单元技术和虚拟裂纹闭合技术(VCCT)。内聚力单元技术被用来模拟黏性连接是很常用的一种方式。这种方法不需要定义单元,黏性表面可以随着黏性接触面的产生随时绑定。内聚力单元通常用来模拟接触面厚度为 0 时的情况,当接触面的厚度越小时,模拟结果也会更加精确。使用内聚力模型模拟裂纹的产生和扩展，需要在预计产生裂纹的区域加入内聚力层。虚拟裂纹闭合技术基于线弹性断裂力学原理，可以准确分析复合材料层合板的分层问题，但是结果经常不收敛、模拟精度具有随机性而且建立模型时需要自主设置初始裂纹参数，复合材料又因为其各向异性的特点和结构的差异，初始裂纹参数会与实际情况有很大的差别。

上述两种方法都可以用来模拟复合材料的分层失效，第一种方法划分网格比较复杂；第二种方法赋材料属性简单，划分网格也方便，但是装配及"tie"很繁琐；因此在实际建模中应根据实际结构选取较简单的方法。

24.5.2　复合材料分层损伤产生与演化

内聚力单元发生失效主要有两种失效模型：① 基于牵引-分离（traction-separation）的描述；② 基于连续体的描述。因为基于 traction-separation 的描述在商业软件中应用更加广泛，所以这里主要讨论这种方法。

基于 traction-separation 的描述，内聚力层的失效模式主要为双线性本构，它主要包含达到分层极限前的线弹性段以及达到强度极限后的刚度线性降低软化阶段。而双线性本构曲线包裹的区域即为分层所需的能量释放率。因此在定义内聚力单元的力学性能时，实际就是要确定上述本构模型的具体形状：包括刚度、极限强度以及临界断裂能量释放率，或者最终失效时单元的位移。常用的定义方法是给定上述参数中的前三项，也就确定了内聚力的本构模型。

首先，完成对材料性质（property）的确定与设置，即设置上述所需的主要参数，其次对分层损伤的失效准则进行定义。损伤演化模型一般采用基于位移或基于能量的损伤演化规律，实现到达极限强度后的刚度降阶退化。复合材料分层损伤的产生与演化主要是基于能量的吸收与变化而产生的，而在有限元分析中，将能量释放率依托于位移或有限单元的应力应变，便可以得到复合材料分层损伤的分析结果，如图 24.25 所示。

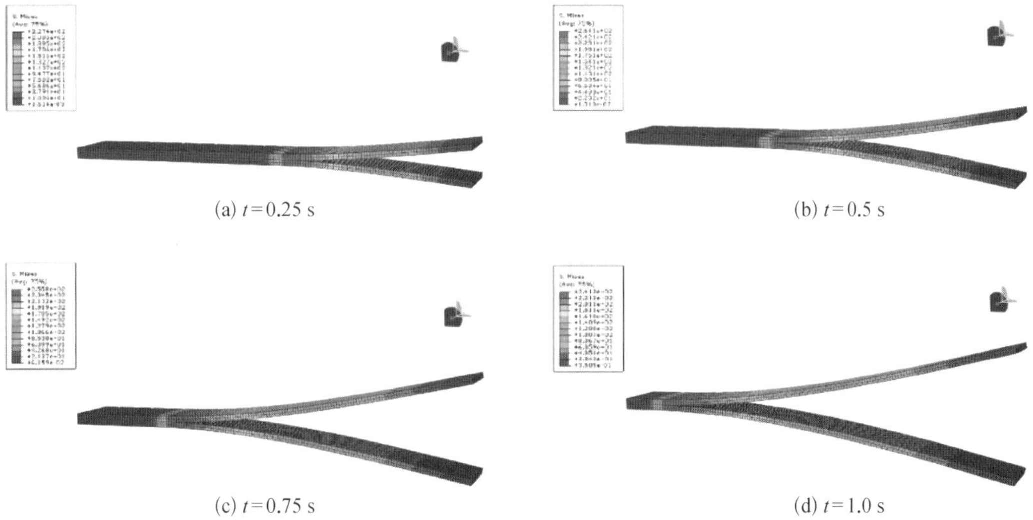

(a) $t=0.25$ s　(b) $t=0.5$ s　(c) $t=0.75$ s　(d) $t=1.0$ s

图 24.25　有分层损伤的复合材料有限元应力云图[30]

24.5.3 含孔隙编织复合材料损伤模拟与演化[31]

对于树脂基三维编织纤维复合材料,通常假设纤维为横观各向同性材料,基体为各向同性材料。纤维之间发生交叉,导致每个方向的材料取向不一致,很难通过计算判断其失效。三维编织复合材料的整体失效准则发展还比较落后,所以目前只能用不同的失效准则来分别分析纤维与基体。纤维束的失效将采用三维 Hashin 准则作为损伤判据,树脂基体采用最大应力准则作为材料失效判据。同时渐进损伤的方式完成网格的损伤至失效的过程。

利用损伤判据通过子程序引入模拟仿真过程,可以得到三维编织胞元的渐进损伤过程,如图 24.26~图 24.28。

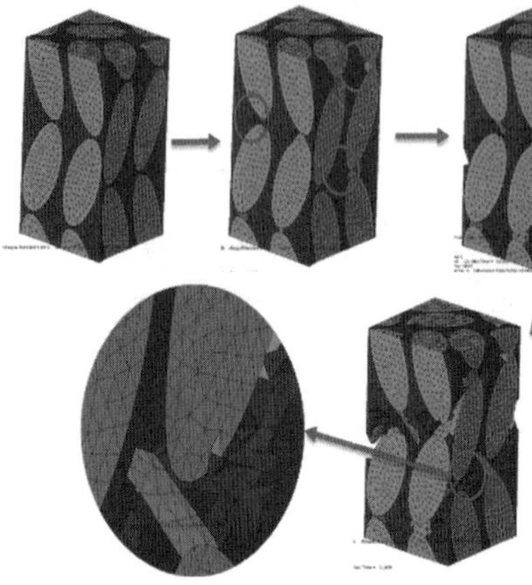

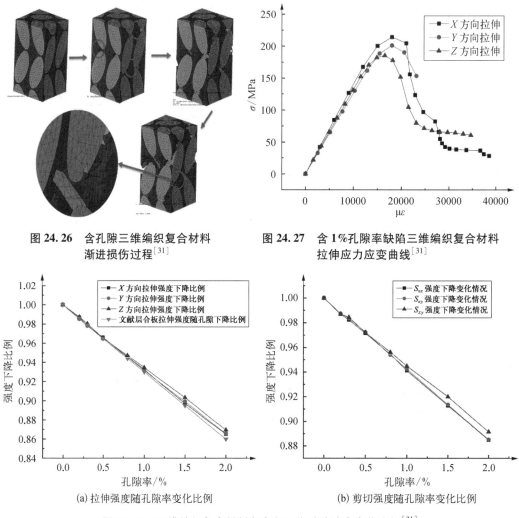

图 24.26　含孔隙三维编织复合材料渐进损伤过程[31]

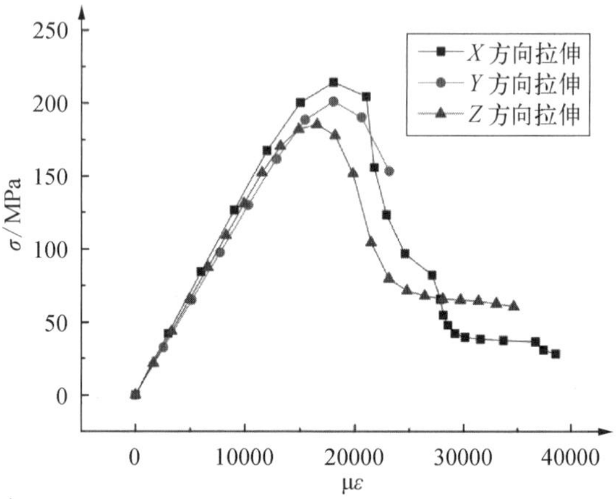

图 24.27　含 1%孔隙率缺陷三维编织复合材料拉伸应力应变曲线[31]

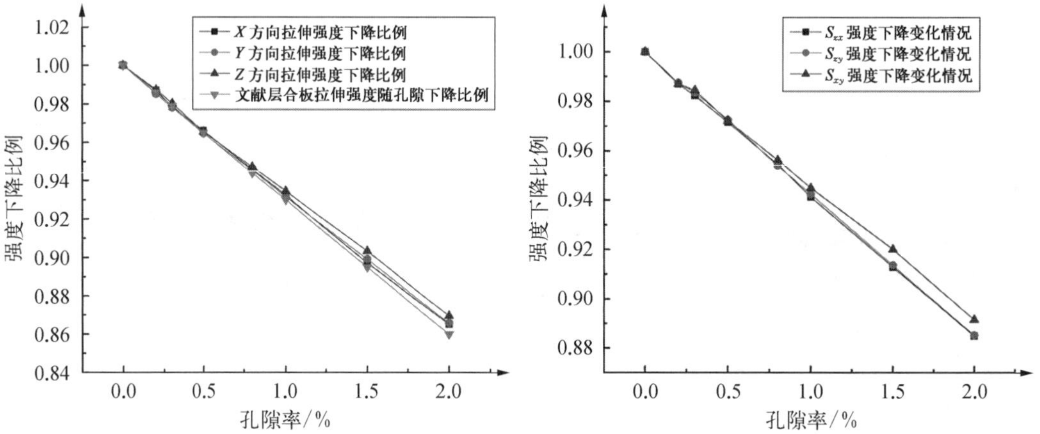

(a) 拉伸强度随孔隙率变化比例　　(b) 剪切强度随孔隙率变化比例

图 24.28　三维编织复合材料各方向强度随孔隙率变化比例[31]

24.5.4 含纤维褶皱的复合材料损伤模拟

由于纤维皱褶通常在树脂注射成型期间产生,因此纤维皱褶一般没有固定的形状。

不同波形的纤维褶皱对复合材料性能的影响几乎没有差异。根据许多学者研究,在纤维褶皱的特征参数中,对复合材料的机械性能影响最大的就是纤维褶皱的最大位错角。

尽管发生纤维皱褶,但是复合材料的基本损伤模式是不发生改变的。针对含有纤维皱褶的复合材料分析依然建立在 Hashin 准则的基础上,同时,也可以使用在含缺陷复合材料失效分析中使用的渐进损伤分析方法。褶皱波波形由如下正弦函数定义:

$$w(x) = A\sin\frac{2\pi x}{L} \tag{24.13}$$

其中,A 和 L 分别为褶皱波的幅值和波长。由此可以获得含均匀纤维褶皱的层合板有限元模型如图 24.29。

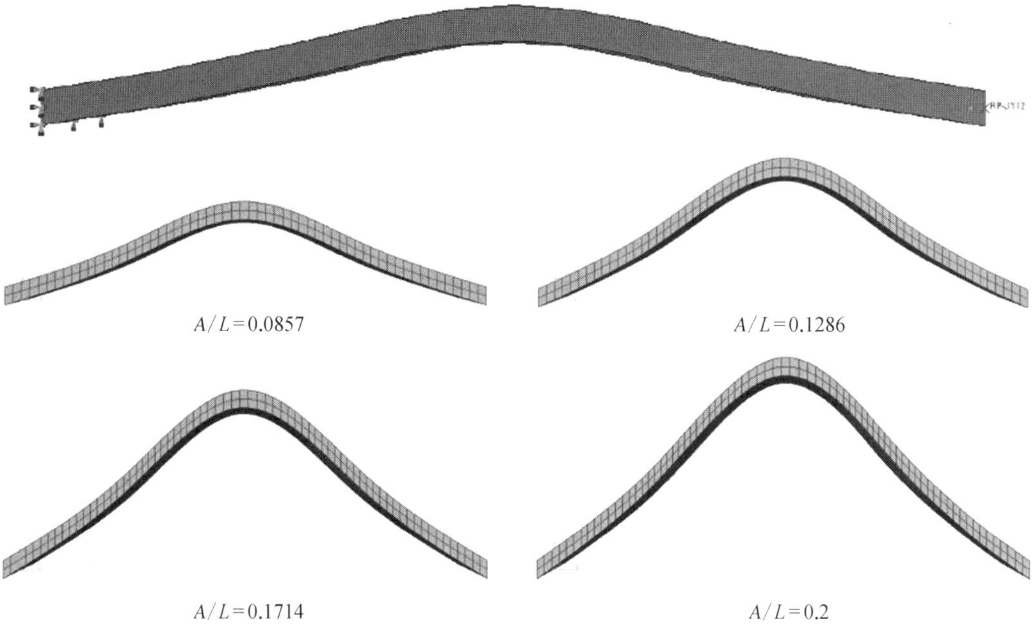

图 24.29　含均匀纤维褶皱的层合板有限元模型[31]

由切应力分析应力云图(图 24.30)可知,最大等效应力发生在褶皱波波谷处,由此可推知此处容易出现分层损伤(图 24.31)。

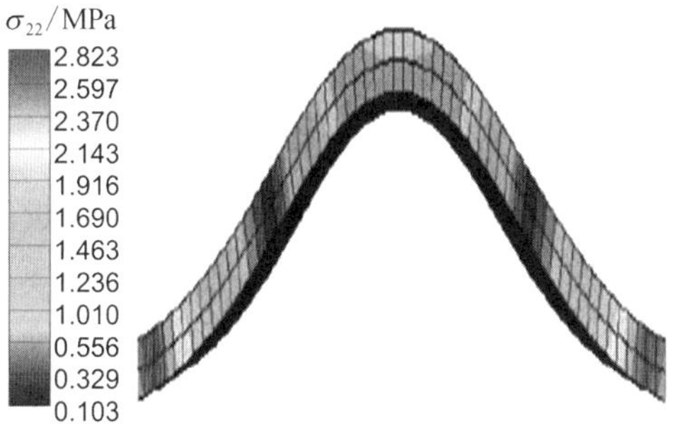

图 24.30　含纤维褶皱的复合材料切应力云图[31]

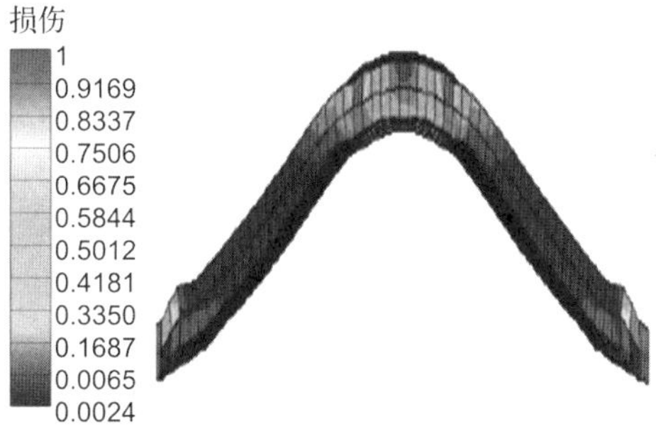

图 24.31　含纤维褶皱的复合材料失效云图[31]

24.5.5 三维编织复合材料孔隙生成模拟

环氧树脂基三维编织复合材料主要是由树脂传递模塑技术制造而成,其中孔隙的产生主要依据黏性流和毛细管流两种机制[41]。

三维四向编织复合材料的代表性体积单元如图 24.32 所示,其尺寸为 $1\times1\times1.36\ \mathrm{mm}^3$。黄色区域是丝束之间的流动通道。灰色区域是多孔介质区域,代表碳纤维丝束。这两个区域之间的接触在拓扑上是共享的,即不会阻止热量传递和流动。

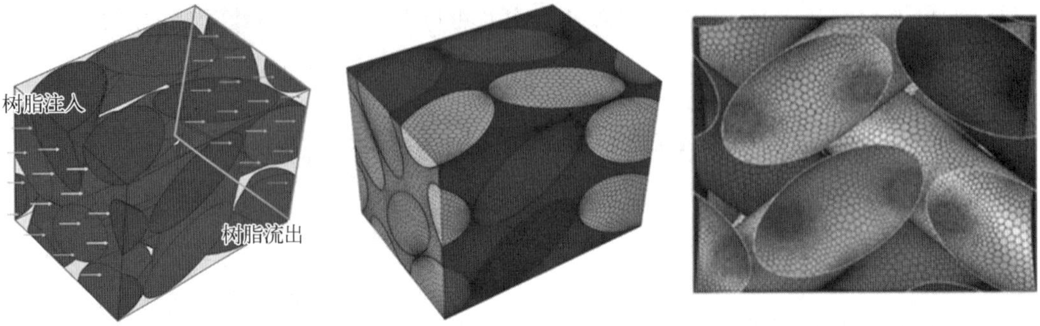

(a) 示意图　　(b) 网格　　(c) 界面上的网格

图 24.32　含缺陷三维编织复合材料数值模型[42]

将固化温度与各项流体参数通过子程序导入有限元计算中,通常,引入校正后的毛细管数 $Ca^*=\dfrac{\mu\cdot\bar{u}}{\gamma\cdot\cos\theta}$ 以便更直观地表征编织复合物中的树脂流动。由此获得三维编织复合材料在不同树脂注入时间后的孔隙率如图 24.33。

为了验证模拟结果,将有限元结果与通过微 CT 扫描获得的实验结果进行比较,如图 24.34 所示。该实验样品为碳纤维增强环氧树脂三维编织复合材料。显然,孔隙的位置是相对随机的。在数值结果中,孔隙位于丝束之间(区域 A),丝束内部(区域 B),模型的边界处(区域 C),沿着界面处(区域 D),分别对应于图 24.34(b) 中 A、B、C、D 区域。

24.5.6 三维编织复合材料固化残余应力模拟分析

树脂传递模塑法是制造编织复合材料的主要技术,涉及反应动力学、传热和黏弹性变形机理等基本过程。这些复杂的化学和物理特性不可避免地会导致固化变形和固化残余应力,直接影响三维编织复合材料的机械性能和强度特性。

树脂在固化过程中通常经历三个阶段:凝胶阶段、固化阶段和玻璃态阶段。在低环境温度下,凝胶阶段($\alpha<\alpha_{gel}$)的固化程度小,并且树脂处于流动状态,同时具有小的和恒定的弹性模量。随着温度的升高,树脂会发生剧烈的固化反应($\alpha\geqslant\alpha_{gel}$),并且离散的树脂分子发生交联,因此力学性能急剧提高,伴随着体积收缩约 1%~5%。聚合物网络的形成是一个连续的过程,不断地将树脂从最初的黏弹性液体转化为黏度增加的黏弹性固体。在树脂完全聚合并达到玻璃化转变温度($T<T_g$)之前,应力松弛对本构方程的影响仍然很大。最终,树脂进入玻璃态($\alpha\geqslant\alpha_{glass}$,当 $T=T_g$ 时 α_{glass} 定义为固化度),并认为树

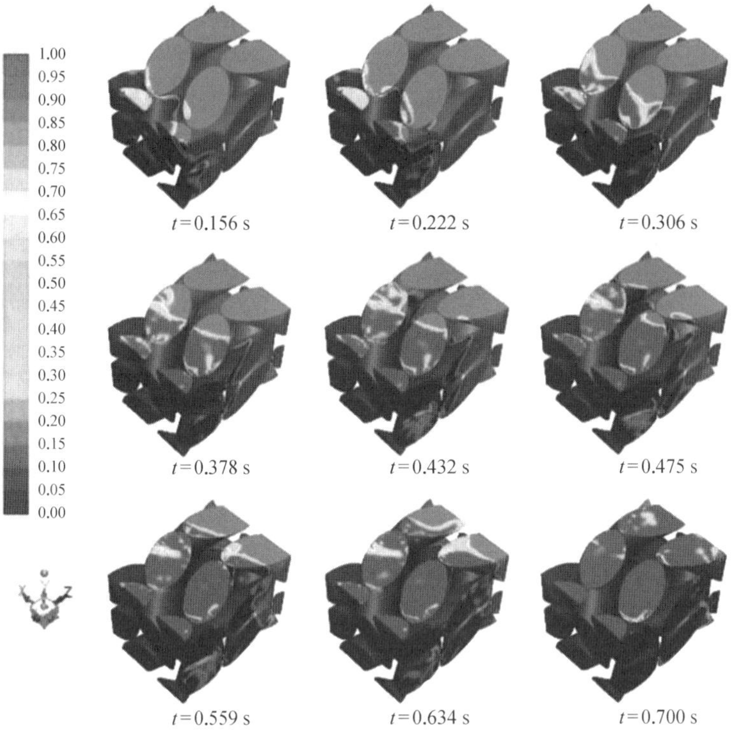

(a) 丝束中

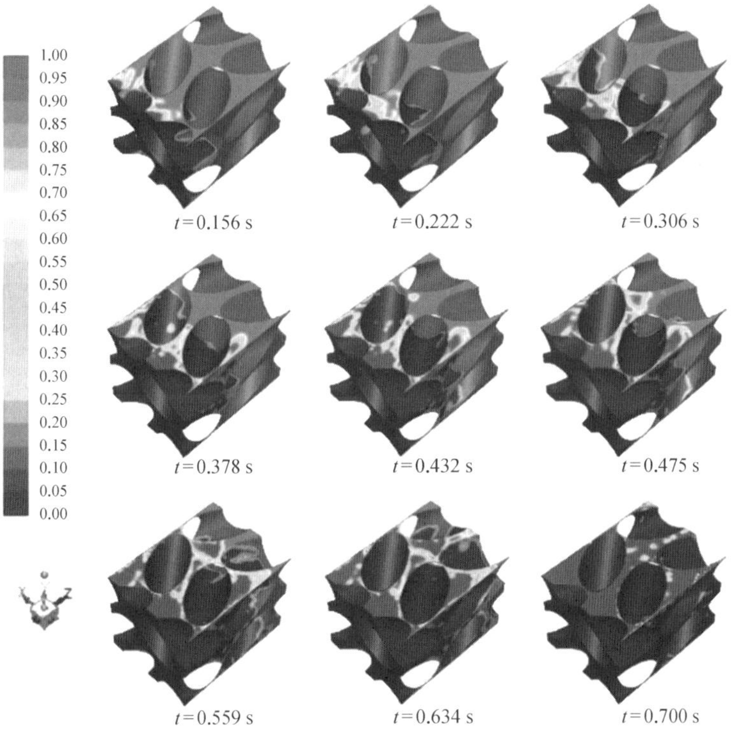

(b) 丝束之间

图 24.33　三维编织复合材料在不同树脂注入时间后的孔隙率[42]

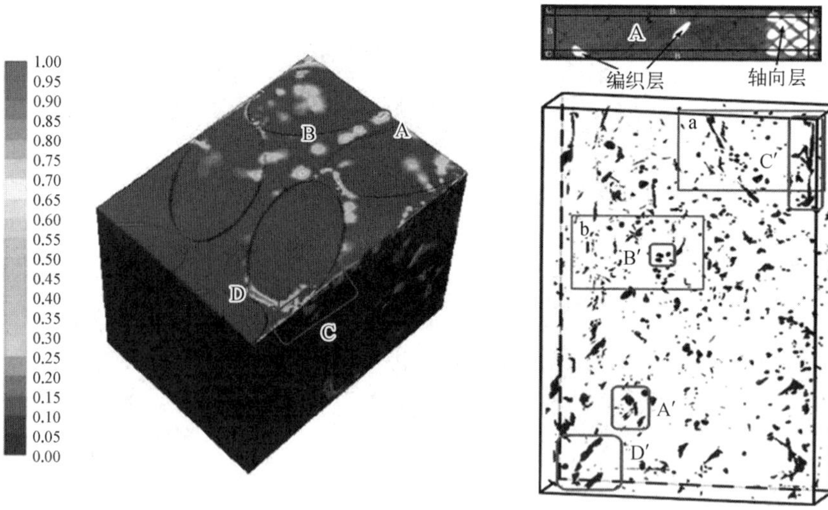

(a) 数值结果　　(b) 样本及其显微CT图像

图 24.34　三维编织复合材料生成孔隙仿真结果验证[42]

脂已经完全固化。此时,树脂的体积不再收缩,并且弹性模量也达到稳定的高值。

热固性树脂的本构方程可以表示为

$$\boldsymbol{\sigma}(t) = \boldsymbol{E}_{\infty} : \boldsymbol{\varepsilon} + \int_0^t p(\alpha) \sum_{q=1}^{N} \boldsymbol{E}^{(q)} \exp\left[- \frac{1}{\tau_q}\left(\int_0^t \frac{1}{a_T(T,\ \alpha)} \mathrm{d}\rho - \int_0^{\tau} \frac{1}{a_T(T,\ \alpha)} \mathrm{d}\rho \right) \right] : \frac{\mathrm{d}\boldsymbol{\varepsilon}}{\mathrm{d}\tau} \mathrm{d}\tau \tag{24.14}$$

根据固化反应的动力学方程、黏弹性力学模型和传热方程,可将三维编织代表性单元(representative volume element, RVE)定义在放热子程序(HETVAL)中,以模拟固化过程中的化学演化过程。结合用户定义的材料膨胀(UEXPAN),用户定义的材料机械行为(UMAT)和用户定义的参数(USDFLD)子程序,可以将模型引入材料模量变化和固化收缩率,从而能够计算出 RVE 的热通量(图 24.35)和残余应力(图 24.36)。

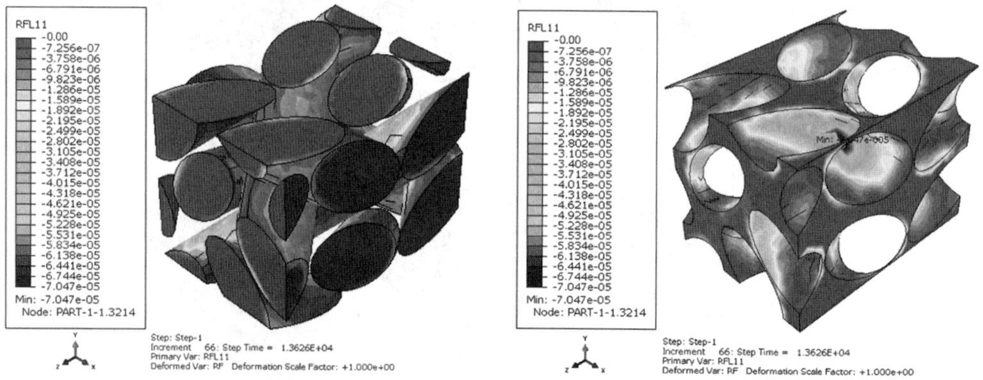

(a) 纤维热通量　　(b) 树脂热通量

图 24.35　三维编织复合材料固化过程中热通量分布[42]

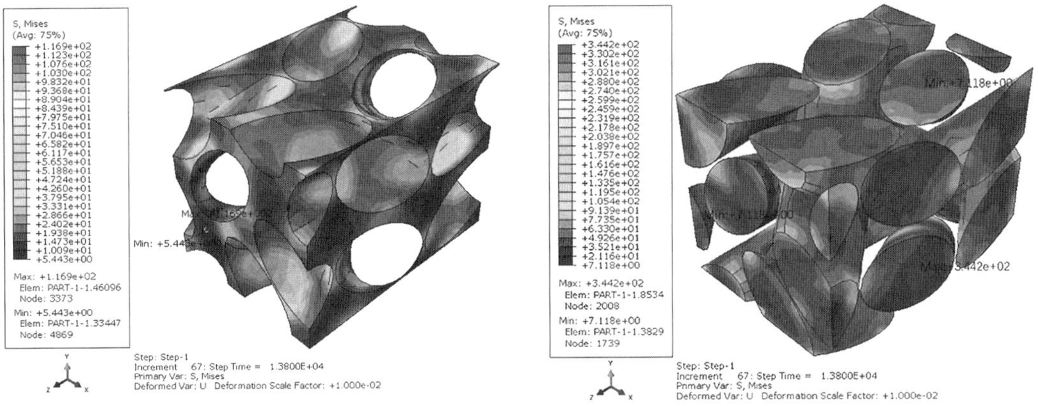

(a) 树脂固化残余应力　　(b) 纤维固化残余应力

图 24.36　三维编织复合材料中纤维与树脂的固化残余应力[42]

24.5.7　整体化复合材料 T 型结构共固化残余应力模拟分析[43]

以典型的 T 型飞机翼盒段为例，如图 24.37 所示，对整体化复合材料 T 型结构共固化残余应力模拟分析。所谓共固化就是指角材 1、角材 2 以及蒙皮预浸料按一定的铺层方式一起放入模具中，经升温固化后而得到的整体化结构件；胶结共固化指蒙皮为已经固化形成零部件后再将蒙皮和角材 1、角材 2 预浸料共同放入模具中经升温固化后而形成的整体化结构件；二次胶结指角材 1、角材 2 以及蒙皮均为已经固化好的零部件，然后在界面涂上胶黏剂后，放入模具中，经升温固化后而形成的整体化结构件。

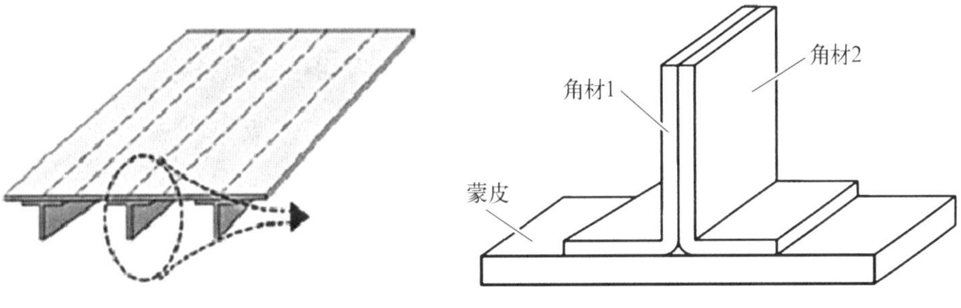

图 24.37　T 型结构件

这里角材 1 的铺层为[−45°/0°/45°/90°/−45°/0°]；角材 2 的铺层为[−45°/0°/45°/90°/−45°/0°]；蒙皮的铺层方式为$[45°/0°/-45°/90°/45°/0°/-45°/0°]_s$(薄)或$[45°/0°/-45°/90°/45°/0°/-45°/0°]_{2s}$(厚)；计算采用三维 8 节点单元。

共固化方式下结构件的翘曲变形及残余应力云图如图 24.38 所示。可以发现，由于凸缘的作用，破坏了蒙皮结构件铺层的对称性，使其发生了扭曲变形。蒙皮和腹板的翘曲变形及残余应力云图如图 24.39 所示。

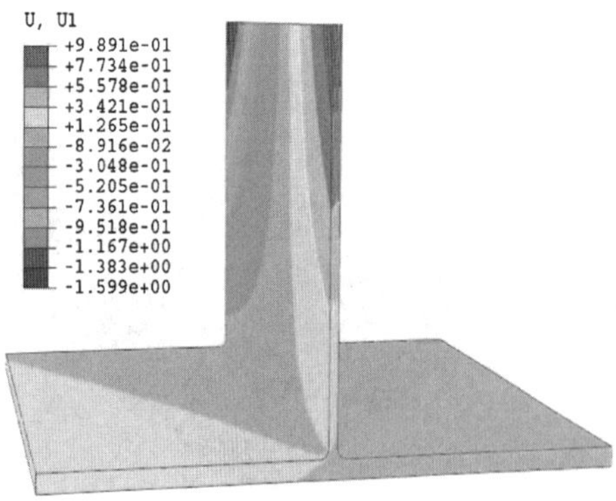

(a) 1方向的翘曲变形(单位：mm)

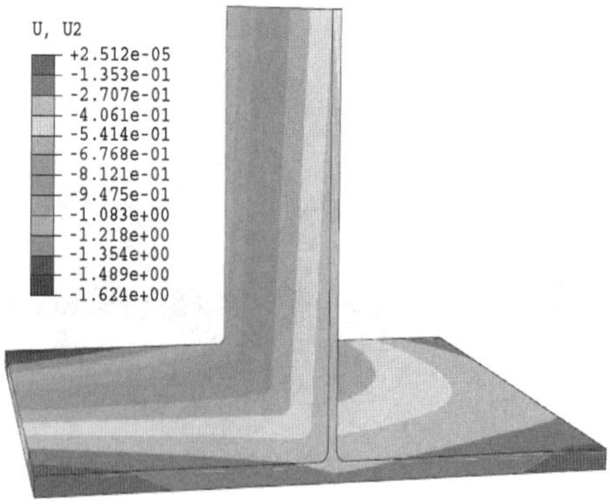

(b) 2方向的翘曲变形(单位：mm)

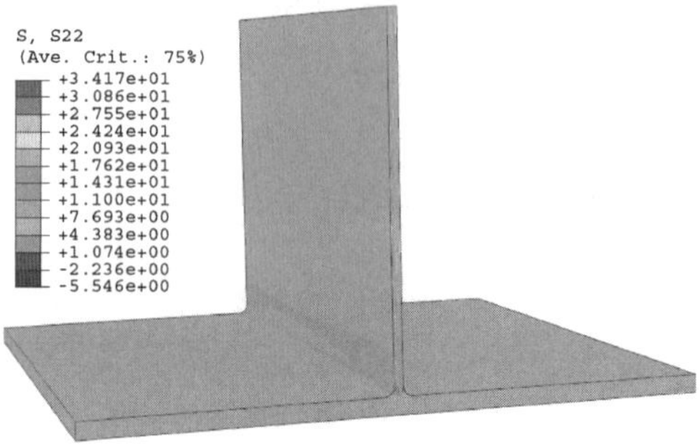

(c) 层间正应力σ_2(单位：MPa)

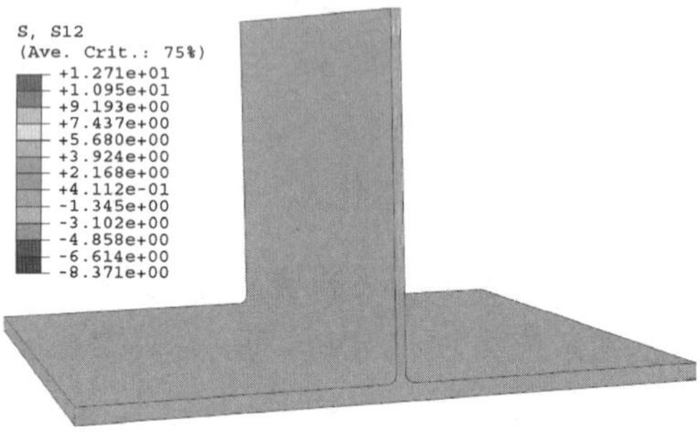

(d) 层间剪应力τ_{12}(单位：MPa)

图 24.38　CHILE 模型预测共固化结构件的翘曲变形、残余应力[43]

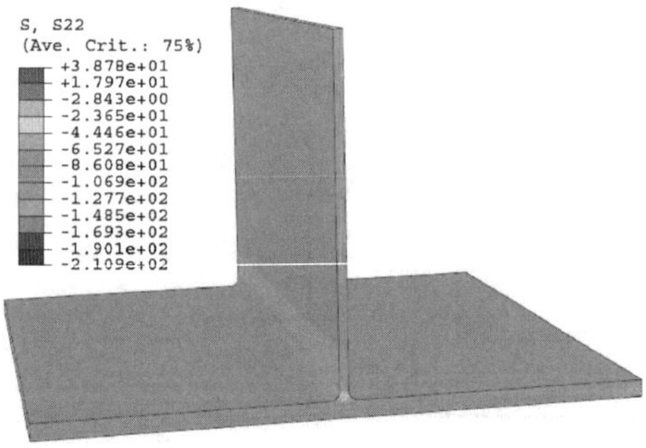

(a) 层间正应力云图(单位：MPa)

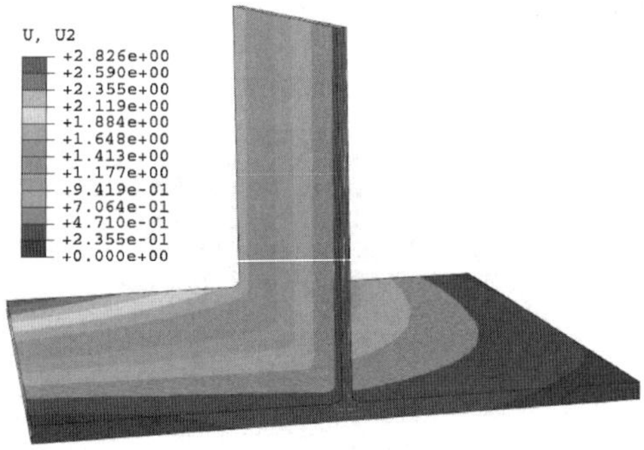

(b) 2方向位移云图(单位：mm)

图 24.39　黏弹性模型预测共固化结构的残余应力、翘曲变形[43]

24.6　总结与展望

纤维增强树脂复合材料中的缺陷难以甚至无法避免，并且缺陷带来很多潜在的问题，这使纤维增强复合材料的优异性能难以发挥，直接影响复合材料结构的强度、刚度及稳定性。本章从复合材料缺陷的类型、产生原因、特征以及不同缺陷对复合材料力学性能的影响等方面进行了系统综述分析,并对含缺陷的层状复合材料和编织复合材料的宏细观力学理论与计算预测方法进行了总结,对于更准确地描述复合材料的损伤行为,预测含缺陷复合材料力学性能与强度特征具有重要的指导意义。

同时,含缺陷复合材料性能与可靠性评估一直是复合材料结构设计的重要研究方向,无论是实验、理论与计算都是十分复杂而且困难的研究课题。需要重点关注以下研究问题:

(1) 复合材料缺陷形成的热力化学耦合机制;

(2) 复合材料缺陷的无损检测技术与精细化评估;

(3) 含缺陷复合材料的本构关系及强度准则;

(4) 含缺陷复合材料的力学性能预测与仿真模拟;

(5) 含缺陷复合材料的损伤、断裂与疲劳机制;

(6) 含缺陷复合材料的可靠性及其寿命评估。

习题与思考题

1. 请分别举例说明复合材料的缺陷种类和缺陷特征。
2. 在无限大均质树脂 $\boldsymbol{C}_0$ 中,存在一个椭圆形孔隙,树脂外部受到均匀应力 $\bar{\boldsymbol{\sigma}}$ 的作用,请问孔隙内的应变为多少? 如果孔隙为球形孔,远场应力为静水压力载荷 $\bar{\boldsymbol{\sigma}} = \bar{\sigma}\boldsymbol{\delta}(\sigma_{ij} = \bar{\boldsymbol{\sigma}}\delta_{ij})$,此时孔隙内的应变为多少?
3. 常见的复合材料缺陷检测技术有哪些?
4. 请对 24.5 节中提到的内聚力模型进行公式化解释。

参 考 文 献

[1] Elhajjar R, Grant P, Ashforth C. Composite structures: Effects of defects[M]. Hoboken: John Wiley & Sons, 2018.

[2] Hamidi Y K, Aktas K, Altan M C. Formation of microscopic voids in resin transfer molded composites [J]. Journal of Engineering Materials and Technology, 2004, 126(4): 420 - 426.

[3] Yang P R. El-Hajjar R. Porosity defect morphology effects in carbon fiber-epoxy composites[J]. Journal of Macromolecular Science: Part D — Reviews in Polymer Processing, 2012, 51(11): 1141 - 1148.

[4] Yang Z, Yuan H, Markert B. Representation of micro-structural evolution and thermo-mechanical damage in thermal shocked oxide/oxide ceramic matrix composites[J]. International Journal of Fatigue, 2019, 126: 122 - 129.

[5] Tucker W C, Brown R. Blister formation on graphite/polymer composites galvanically coupled with steel in seawater[J]. Journal of Composite Materials, 1989, 23(4): 389 - 395.

[6] Talreja R. Manufacturing defects in composites and their effects on performance[M]. Irving P E, Soutis C. Polymer Composites in the Aerospace Industry (Second Edition), 2020.

[7] Lightfoot J S, Wisnom M R, Potter K. A new mechanism for the formation of ply wrinkles due to shear between plies[J]. Composites Part A: Applied Science and Manufacturing, 2013, 49: 139 - 147.

[8] Yang P, Shams S S, Slay A, et al. Evaluation of temperature effects on low velocity impact damage in composite sandwich panels with polymeric foam cores [J]. Composite Structures, 2015, 129: 213 - 223.

[9] Shams S S, El-Hajjar R F. Effects of scratch damage on progressive failure of laminated carbon fiber/epoxy composites[J]. International Journal of Mechanical Sciences, 2013, 67: 70 - 77.

[10] Kassapoglou C. Design and analysis of composite structures: With applications to aerospace structures [M]. Hoboken: John Wiley & Sons, 2013.

[11] Hodge A. Dambaugh G. Analysis of thermally induced stresses on the core node bonds of a co-cured sandwich panel[J]. Journal of Composite Materials, 2013, 47(4): 467 - 474.

[12] Nettles A T. Some examples of the relations between processing and damage tolerance [R]. NASA Technical Report M12 - 2131, 2012.

[13] Varna J, Joffe R, Berglund L A, et al. Effect of voids on failure mechanisms in RTM laminates [J]. Composite Science and Technology, 1995, 53: 241 - 249.

[14] Gurdal Z, Tomasino A P, Biggers S B. Effects of processing induced defects on laminate response-Interlaminar tensile strength[J]. Sampe Journal, 1991, 27: 39 - 49.

[15] Judd N C W, Wright W W. Voids and their effects on mechanical-properties of composites-appraisal [J]. Sampe Journal, 1978, 14: 10 - 14.

[16] Yoshida H, Ogasa T, Hayashi R. Statistical approach to the relationship between ILSS and void content of CFRP[J]. Composite Science and Technology, 1986, 25: 3 - 18.

[17] Rubin A M, Jerina K L. The effect of porosity on elastic-constants of representative aircraft laminates [J]. Journal of Advanced Materials, 1994, 25: 21 - 30.

[18] Broucke B V D, Hegemann J, Das R, et al. Modelling of textile reinforced composites using finite element tools and investigation of the influence of porosity on mechanical properties[C]. St-Petersburg: Finite element modelling of textiles and textile composites, 2007.

[19] Hernandez S, Sket F, Gonzalez C, et al. Optimization of curing cycle in carbon fiber-reinforced laminates: Void distribution and mechanical properties[J]. Composite Science and Technology, 2013; 85: 73 - 82.

[20] Bazhenov S L, Kuperman A M, Zelenskii E S, et al. Compression failure of unidirectional glass-fibre-reinforced plastics[J]. Composite Science and Technology, 1992; 45: 201 - 208.

[21] Reifsnider K L, Henneke E G, Stinchcomb W W, et al. [C]. Proceedings of International Union of Theoretical and Applied Mechanics. Blacksburg. New York: Pergamon Press, 1983.

[22] Konishi D Y, Johnston W R. ASTM STP 674[S]. West Conshohocken: ASTM, 1979.

[23] Rhodes M D, Williams J G. Concepts for improving the damage tolerance of composite compression panels[R]. NASA - TM 85748, 1984.

[24] Whitcomb J D. : ASTM STP 836[S]. West Conshohocken: ASTM, 1984.

[25] Zhang Y, Xia Z. Ellyin F. Evolution and influence of residual stresses/strains of fiber reinforced laminates[J]. Composite Science and Technology, 2004, 64(10 - 11): 1613 - 1621.

[26] Khatri S C, Koczak M J. Thick-section AS4 - graphite/E-glass/PPS hybrid composites. Part I: Tensile behavior[J]. Composite Science and Technology, 1996, 56(2): 181 - 192.

[27] Papanicolaou G C, Michalopoulou M V, Anifantis N K. Thermal stresses in fibrous composites incorporating hybrid interphase regions [J]. Composites Science and Technology, 2002, 62:

1881－1894.
[28] 李波,赵美英,万小朋. 不规则孔隙对复合材料横向拉伸力学性能的影响[J]. 复合材料学报,2019. 188(2)：1－9.
[29] Xiong Y, Poon C, Straznicky P V, et al. A prediction method for the compressive strength of impact damaged composite laminates[J]. Composite Structures, 1995, 30(4)：357－367.
[30] Soroush M, Fard K M, Shahravi M. Finite element simulation of interlaminar and intralaminar damage in laminated composite plates subjected to impact[J]. Latin American Journal of Solids and Structures, 2018, 15(6)：e90.
[31] 高旭豪. 含孔隙三维编织复合材料多尺度力学设计[D]. 北京：清华大学,2021.
[32] Awale D D, Thawre M M. Effect of induced external damage on fatigue life of carbon fiber reinforced (CFC) composite[J]. Materials Today：Proceedings, 2020, 27：2127－2131.
[33] 孙志刚. 复合材料高精度宏-细观统一本构模型及其应用研究[D]. 南京：南京航空航天大学,2005.
[34] Martinez X, Oiler S. Numerical simulation of matrix reinforced composite materials subjected to compression loads[J]. Archives of Computational Methods in Engineering, 2009, 16(4)：357－397.
[35] Paluch B. Analysis of geometric imperfections affecting the fibers in unidirectional composites[J]. Journal of Composite Materials,1996,30(4)：454－485.
[36] 张彦. 纤维增强复合材料层合结构冲击损伤预测研究[D]. 上海：上海交通大学,2007.
[37] 傅志平,曹志远. 复合材料构件性能的细观元分析[J]. 复合材料学报,1998, 15(1)：108－111.
[38] Krueger R, Goetze D. Influence of finite element software on energy release rates computed using the virtualcrack closure technique[R]. NASA/CR－2006－214523, 2006.
[39] Krueger R. Fracture mechanics for composite-state of the art and challenges[R]. Denmark：Copenhagen/Roskilde：NAFEMS Nordic seminar prediction and modelling of failure using FEA, 2006.
[40] Shahwan K W, Waas A M. Non-self-similar decohesion along a finite interface of unilaterally constrained delaminations[J]. Proceedings Mathematical Physical and Engineering Sciences, 1997, 453(1958)：515－550.
[41] Bouvet C. Mechanics of aeronautical composite materials[M]. Hoboken：John Wiley & Sons, 2017.
[42] 付宇彤. 纤维增强树脂基复合材料宏细观工艺力学研究[D]. 北京：清华大学,2021.
[43] 李君. 整体化复合材料结构制造工艺力学研究[D]. 北京：清华大学,2005.

第 25 章 航空航天工程用纺织复合材料

学习要点:

(1) 掌握纺织复合材料分类及其特点;

(2) 了解经编复合材料的实验与数值分析方法;

(3) 了解三维编织复合材料的实验与数值分析方法;

(4) 了解纺织复合材料优化设计方法;

(5) 掌握经编复合材料基本力学性能试验方法;

(6) 掌握三维编织复合材料结构件力学性能试验方法。

25.1 引　　言

经编复合材料通过经编线圈将纱线绑缚在一起,以提高结构的稳定性和抗冲击性。因此,被广泛应用于航空航天领域,比如空客 A380 的后压力舱壁、A4000M 的舱门,等等。由于经编线圈的存在,经编复合材料细观结构和传统层合板存在一定的差异,从而导致力学性能的差异。目前,已有相关研究对经编复合材料的细观结构进行了描述和建模,并基于细观结构,提出了力学性能分析方法。然而,多数研究都以数值模拟为主,试验研究相对较少,特别是针对弯曲性能和层间剪切性能的研究还不够。因此,对经编织物复合材料的基本力学性能开展全面的试验研究是十分必要的。

本章测试了单向经编复合材料的基本力学性能,包括拉伸性能、压缩性能、弯曲性能和层间剪切性能。通过试验得到了试验件的载荷-位移曲线,并计算了相应的刚度和强度值。

25.2 绪　　论

25.2.1 纺织复合材料研究背景

1. 纺织复合材料概述

复合材料可设计性强,易于整体成形,因此被广泛应用于航空航天等领域[1]。目前,复合材料在飞行器结构中的用量已是判断飞行器先进性的重要指标之一[2]。空中客车A380 质量为 25%的部件均由复合材料制造，"梦想客机"B787 复合材料的质量占比已达50%。先进的军用飞机如 F－22、F－35 等复合材料质量占比也达到了 25%以上。

按制造工艺分，连续纤维增强复合材料分为层合复合材料和纺织复合材料。传统的层合复合材料为层状结构，由纤维束根据所需的角度和铺层顺序进行铺层或缠绕而成。层合复合材料中，各层的纤维保持在各个平面内，互相没有交叠。层合复合材料制造成本高、层间性能较弱、冲击后易受损伤、机械加工易导致材料强度大大减小，这些弱点限制了它的使用[3]。纺织复合材料工艺将纺织工艺和复合工艺相结合，首先将纤维束通过一定的方法织成预成型件，然后将预成型件进行浸胶固化而形成纺织复合材料。由于制造成型工艺的变革，纺织复合材料克服了层合复合材料厚度方向的力学性能差、层间剪切强度低、易发生分层损伤的弱点，已得到了越来越多的应用[4]。纺织复合材料具有如下特点：

（1）刚度强度大，特别由于厚度方向得到了增强，该方向表现出良好的力学性能，具有不易分层，抗冲击，损伤容限高的特点；

（2）优良的可设计性，可将预成型件直接设计成结构件的形状，减小了机械加工导致的纤维断裂、基体开裂等缺陷，提高了结构的承载能力，降低了生产成本；

（3）可以在预成型件中放置传感器，如压电传感器，方便地实现成型工艺质量检测，有效地保证产品质量。

2. 纺织复合材料应用

根据预成型工艺的不同，纺织复合材料分为多类，其中，经编复合材料和三维编织复合材料分别是典型的二维纺织复合材料和三维纺织复合材料。目前，关于经编复合材料基本力学性能的研究仍以拉伸性能和压缩性能为主，针对弯曲性能和层间剪切性能的研究还不够充分；三维编织复合材料虽然非常适用于制造复杂结构件，但是关于三维编织复合材料结构件的研究仍相对较少；另外，对于复合材料结构的优化设计，仍然以传统的层合复合材料为主。本章以经编复合材料和三维编织复合材料为例，从基本力学性能测试到结构件静力试验，从细观力学建模到宏观结构模拟，从有限元分析到力学性能优化，对纺织复合材料力学性能的分析及优化开展深入的分析。

1988 年，NASA 开始了先进复合材料（Advanced Composites Technology, ACT）研究计划，以取得对低成本和高损伤容限先进复合材料的关键制造技术的突破，为商用运输机上大规模使用先进复合材料提供技术基础。1995 年，NASA 对缝纫机翼盒段进行了力学性能测试，并取得了成功[5]。现在，纺织复合材料已经被广泛应用于飞机连接件、机翼前缘、发动机叶片、火箭发动机壳体和喉衬、导弹头锥等结构中[6]。例如，波音 747 玻璃纤维增强纺织复合材料使用面积达到了 929 m^2[7]。美国第五代战斗机 F－22"猛禽"采用了高性能的透波纺织复合材料作为雷达罩材料[8]。B－2"幽灵"轰炸机采用纺织复合材料制造蒙皮，不仅满足了力学性能，同时达到了优良的吸透波效果[9]。近年来，我国对于纺织复合材料在飞行器中的应用也取得了丰硕的成果。2006 年，"嫦娥一号"卫星成功发射，其中，纺织复合材料的应用就起到了重要的作用[8]。

纺织复合材料在汽车、船舶、医疗、建筑、体育、电力等行业也有着广泛的应用[7, 10-13]。纺织复合材料常常用作快艇、帆船等的壳体和甲板材料，其对节省燃料、提高船速起到了重要的作用[14]。采用纺织复合材制造的赛车车身具有较高的刚度,有利于保证车身在比赛时保持流线型,减小空气阻力[7]。风力发电机的叶片即采用纺织复合材料进行制造,纺织复合材料叶片臂长较长,可以提高风力发电的效率[15]。挪威 Devold 公司为汽车厂商奔驰生产了纺织复合材料车顶,有效地减轻了汽车的重量[16]。此外,碳纤维纺织复合材料在体育用品中的消耗量几乎占全球碳纤维的总消耗的 40%[13]。

纺织复合材料在各行各业,特别是航空航天领域,有着极为广泛的应用,因此,对其制造工艺、细观结构、力学性能等进行深入研究,对纺织复合材料结构进行优化设计,具有十分重要的意义。

3. 纺织复合材料分类

纺织结构复合材料的生产工艺主要包括两个关键步骤:预成型工艺和复合工艺。预成型工艺是将纤维束织成产品的形状,得到预成型件。复合工艺则将预成型件浸胶固化,形成复合材料,常用的复合工艺有树脂传递模塑工艺(RTM)和树脂膜溶渗工艺(RFI)。

根据预成型工艺的不同,纺织复合材料分为四类:缝纫、机织、针织和编织复合材料,如图 25.1 所示。

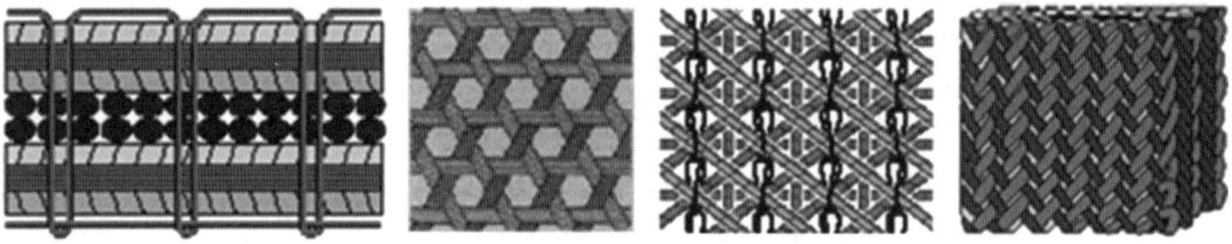

图 25.1 纺织复合材料分类[5]

1) 缝纫复合材料

缝纫工艺应用于复合材料厚度方向的加强明显提高了复合材料的损伤容限[17]。近年来,由于 RTM 和 RFI 工艺的采用,允许缝纫干预成型件而不缝纫预浸料,不仅提高了生产效率,还可缝纫较厚的材料,大大减少了面内纤维的损伤。

缝纫工艺分为锁式缝纫和链式缝纫两类,如图 25.2 所示。锁式缝纫通过缝线锁住底线,难以拆散。链式缝纫则通过一根缝线环环相套锁死,若任意一环破坏,整行缝线极有可能被拆散。因此,若预成型件需要进一步加工,应使用锁式缝纫[18]。

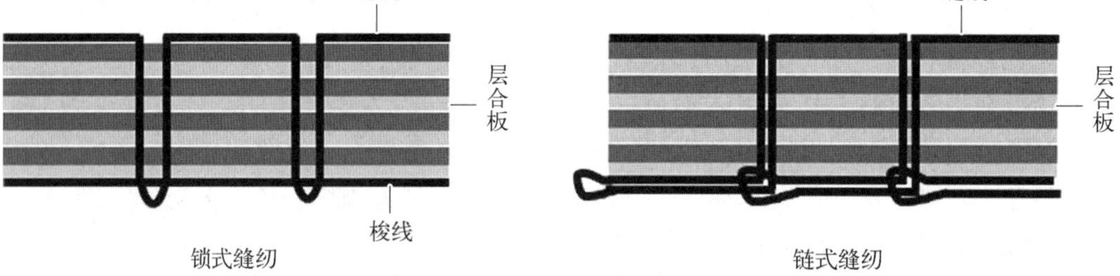

图 25.2 缝纫工艺分类

2）机织复合材料

机织工艺提供了一种制造大面积复合材料的低成本方法[19]。机织又可以称为"梭织"，通过经纱与纬纱相互交叠，得到机织物。机织按交织的模式分类，有平纹织物、斜纹织物和缎纹织物[20]，如图 25.3 所示。平纹织物通过经纱与纬纱一上一下的交织而成，为最简单的机织模式。然而，由于纱线频繁地上下交换位置，这种波浪形减小了复合材料的刚度和强度。斜纹织物则是经纱与纬纱以二上一下或二上二下的交织形成，减少了纱线换位的次数，增加了复合材料的刚度和强度。缎纹织物的经纱和纬纱最少需要隔三根纱线才会交叠一次，往往是非对称的，因此通常存在弯拉耦合和拉剪耦合。由于热应变的存在，固化时弯拉耦合将有可能造成翘曲。

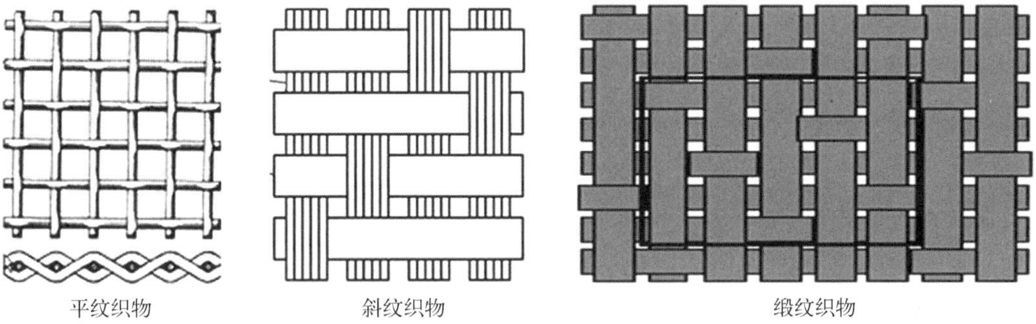

图 25.3　机织工艺分类[5]

多数机织织物的经线和纬线是相互正交的，这样导致了织物的面内抗剪能力较低。为此，研究人员制造了各纱线间夹角为 60°的三轴机织物，单层三轴机织物的面内弹性性能将接近各向同性，结构更加稳定[20]。

为了增强织物厚度方向的力学性能，研究人员还开发了三维机织制造技术[21, 22]。三维机织工艺中，多层的经纬纱通过接结经绑定，形成稳定的三维结构，如图 25.4 所示。

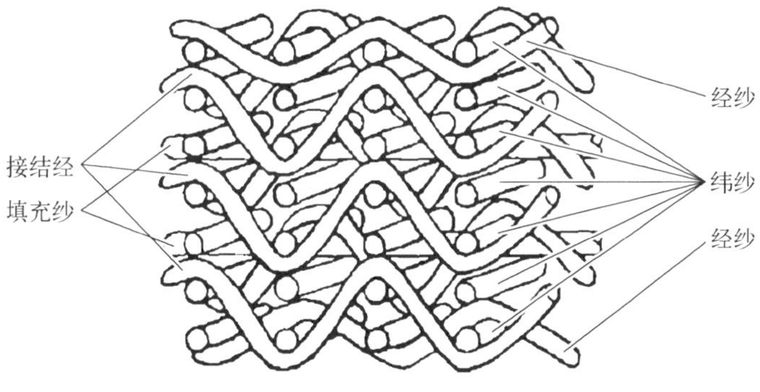

图 25.4　三维机织预成型件[21]

3）针织复合材料

针织复合材料利用针织物作为复合材料的增强，通过针织线圈绑缚住各方向的纤维束，使其结构更加稳定[23]。针织线圈是由织针把针织纱线不断串套形成的。在针织线圈中引入经向或纬向的增强纱线（称为衬纱），即为针织预成型件。衬纱以直线的形式存在于预成型件中,没有屈曲或者褶皱,经向衬纱也叫衬经,纬向衬纱也叫衬纬[24]。

根据针织纱线的走向和线圈的结构,针织物主要分为纬编织物和经编织物,如图25.5所示。纬编是由织针将多根针织纱线在织物的横向不断地织成线圈,线圈之间在纵向相互串套形成的。经编则是多根纱线同时沿着织物纵向织成线圈,通过和相邻的纵向线圈相互嵌套形成稳定的结构。纬编和经编相比,结构稳定性较差,容易变形。由于经编可以多根纱线同时织造,其生产效率远高于纬编,经编结构适用于大批量的生产[25]。

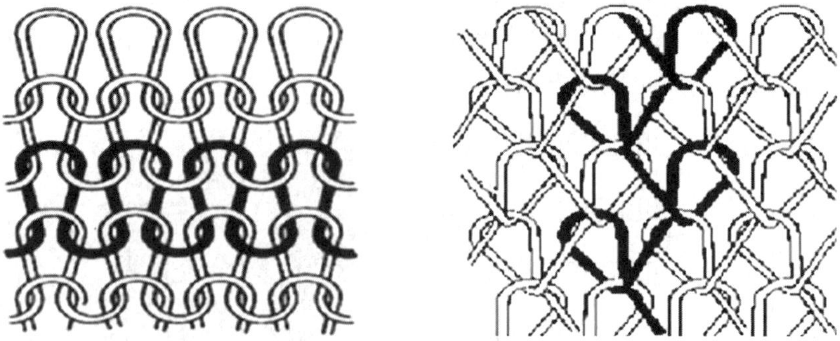

图 25.5 针织线圈类型[25]

在经编线圈中衬入纱线形成经编织物。经编织物分为单轴向经编织物、双轴向经编织物以及多轴向经编织物[26]。单轴向经编织物即在经编线圈中引入单向的纱线,引入纱线的方向可为横向或者纵向。双轴向经编织物则在经编线圈中分别引入两个方向的纱线,引入方向通常为±45°或0°、90°两种,两个方向的纱线相互垂直且无交织,由经编线圈将其固定在一起。多轴向经编织物则在经编线圈中引入多个方向的纱线,如三轴向经编织物、四轴向经编织物等[27]。各类经编织物图25.6如所示。

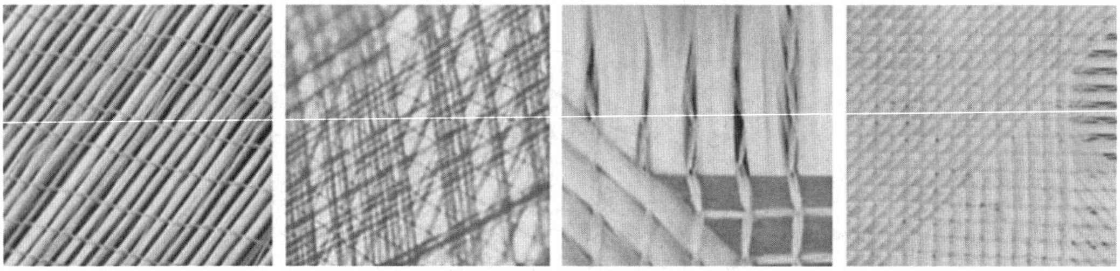

图 25.6 各类经编织物[28]

4)编织复合材料

编织工艺分为二维编织工艺和三维编织工艺[29]。二维编织物的纱线之间互相交叠,织物结构稳定,整体性良好,具有较高的损伤容限和抗冲击性能,因此,也常常作为复合材料的预成型件,如图25.7所示[30]。

三维编织工艺可以将预成型件直接编织成真实结构的形状,如图25.8所示,材料件即为结构件,不需要后续加工。编织时,首先确定纱线数量和其在机器底盘中的位置,并将纱线(称为编织纱)一端挂在机器底盘的携纱器上。开始编织后,机器底盘上的携纱器按照一定的方式运动,使得编织纱相互缠绕交织,形成一个结构稳定的预成型件。预成型件的编织纱的取向主要沿着四个不同的方向,因此,制成的预成型件也称为三维四向编织预成型件。为了增加编织方向的力学性能,可以加入沿着编织方向的纱线(称为轴纱)。编织时,轴纱保持不动,携纱器携带编织纱的一端运动,使其互相交错,并将轴纱紧密包裹,形成预成型件。此时,预成型件的纱线沿着五个不同的方向,称为三维五向编织预成型件。为了提高垂直于编织方向的力学性能,在三维五向编织工艺的基础上,加入垂直于编织方向的纱线(称为经纱),则织成的预成型件中将包含编织纱、轴纱、经纱共六个方向的纱线,制成的预成型称为三维六向编织预成型件。同样,再加入纬纱,则形成三维七向编织预成型件。

图 25.7　二维编织预成型件[5]

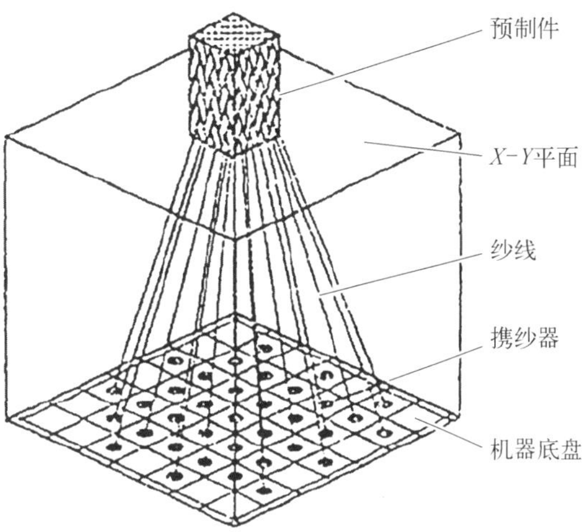

图 25.8　三维编织工艺[31]

经编复合材料和三维编织复合材料分别是典型的二维纺织复合材料和三维纺织复合材料。本章以经编复合材料和三维编织复合材料作为研究对象,对其细观结构、力学性能、损伤演化和优化设计等进行深入的研究与分析。

25.2.2　经编复合材料研究现状

1. 经编复合材料试验研究

和传统的层合复合材料相比,经编复合材料中的纤维束受到经编线圈的绑缚,其细观结构不可避免地和传统层合复合材料存在一定的差异,从而导致力学性能的差异。因此,对经编复合材料的力学性能开展相应的试验研究具有十分重要的意义。

苏丹等[32]采用 HD026H 电子织物强力仪分别测试了四轴向经编复合材料在 0°、90°和±45°方向的力学性能,得到了其在拉伸载荷下的载荷-位移曲线,并探究了纱线层面密度、层数等对经编复合材料的影响。研究发现纱线层面密度越高,拉伸强度越大;在层面密度一定的情况下,铺层层数越多,拉伸强度越小。蒋毓等[33]分别测试了经编预成型件、树脂基体和经编复合材料的拉伸性能,发现复合材料的拉伸强度远远高于预成型件和树脂基体，验证了复合材料的优异性。然而，复合材料的力学性能离散性较大，孔隙和裂纹会对其性能产生巨大的影响。马亚运等[34]测试了双轴向经编复合材料在0°和90°方向的拉伸性能，发现两个方向的拉伸破坏形貌类似，纤维发生了严重的抽拔、断裂和脱黏。陆倩倩[35]研究了生产工艺对经编复合材料拉伸性能的影响，结果表明，经编线密度对材料的强度几乎没有影响，尽管经编线密度增加会增大经编针穿过铺层时对纤维产生损伤的概率。此外，还发现增强纱线密度是影响拉伸强度的重要因素，增强纱线密度增大，拉伸强度也随之增大。王震宇等[36]测试了经编复合材料的开孔拉伸性能，结果显示拉伸破坏主要出现在开孔附近，且破坏时纤维断裂、层内开裂以及分层断裂等同时存在。刘波等[37]对单向经编复合材料的纵向和横向拉伸性能分别进行了测试，发现纵向拉伸载荷下，单向经编复合材料的破坏是由纤维主导的，断口不规则，而横向拉伸载荷下，其破坏主要由基体主导，断口较规则。Kong 等[38]研究了双轴和三轴向经编复合材料预成型件在偏轴拉伸载荷作用下的变形抗力及机理。结果发现，多轴向经编复合材料预成型件的偏轴变形抗力低于传统的单层织物，这是由于经编织物的纤维束具有独特的旋转、滑移和压实变形机理。赵兆等[39]采用玻璃纤维作为经编线，碳纤维作为增强材料，制备了双轴向经编复合材料，并分别测试了织物和复合材料的拉伸性能。研究发现，经编线不能提高织物的拉伸性能，然而可以改善树脂与纤维的粘接，使得层与层之间贴合得更加紧密，从而提高复合材料的拉伸强度。Edgren 等[40]对双轴向经编复合材料的拉伸性能进行了测试，并监测了裂纹对力学性能的影响，发现裂纹开口长度是导致力学性能退化的主要因素。Li 等[41]对单轴向经编复合材料的拉伸性能进行了试验，发现复合材料的损伤首先发生在经编线导致的富树脂区附近。

对于经编复合材料的其他力学性能，如压缩性能、弯曲性能和层间剪切性能，相关研究还远远不够。刘波等[42]对 T700 单向经编复合材料进行了纵向和横向压缩试验。试验发现，纵向压缩载荷下，纤维首先发生了破坏，断口形状较为不规则，而横向压缩载荷下，基体首先发生破坏，断口相对整齐。方芳等[43]对经编复合材料分别进行了厚度方向、面内径向和面内纬向的准静态压缩测试，得到了三个方向的压缩刚度和强度，并发现三个方向的失效均为剪切失效，且面外压缩性能优于面内压缩性能。屈泉[44]测试了多种不同材料组分的经编复合材料的弯曲强度。结果发现，纤维类型相同的情况下，乙烯基酯基体经编复合材料的弯曲性能优于环氧树脂基体和聚酯基体；基体相同时，芳纶纤维经编复合材料的弯曲性能要差于玻璃纤维和碳纤维。李丹曦等[45]对四轴向经编复合材料沿四个方向的弯曲性能进行了试验，试验表明0°方向的弯曲性能优于其他方向，其次是±45°方向，而90°方向的弯曲性能最差。Cecen 等[46]对经编复合材料开展了短梁剪切试验，获得了单轴向经编复合材料和双轴向经编复合材料的在不同加载方向的层间剪切强度，并指出单轴向经编复合材料的层间剪切强度对加载方向更加敏感。

已有的大多数试验仍集中在拉伸性能的测试。对经编复合材料开展全面的试验研究，对其拉伸性能、压缩性能、弯曲性能和层间剪切性能进行全面的测试，具有非常重要的意义。

2. 经编复合材料数值模拟研究

数值模拟方法能方便地对复合材料的失效机理、应力分布和承载能力等进行分析，因此,在试验研究的基础上,学者们提出了多种经编复合材料的数值模型,对其力学性能进行了深入的分析与讨论。

经编复合材料的力学性能和其细观结构有着密切的关系,其铺层方式、经编线圈的排布、针织密度等都会对其力学性能产生影响。因此,大量研究对其内部结构进行了描述和分析。Lomov 等[47]对经编复合材料预成型件的生产工艺进行了详细的介绍,并基于试验观察,对织物内部结构做出了五点假设:

(1) 经编线圈在空间上为周期性排布;

(2) 经编线从织物的一个面穿过到另一个面时,垂直于织物平面并且保持直线;

(3) 织物背面的线圈与机器方向保持一致;

(4) 经编线横截面为圆形;

(5) 表面过渡区的经编线在垂直方向被挤压为扁平。

基于这五点假设,Lomov 等建立了经编线的几何结构模型,并开发了 WiseTex 软件,从而方便地实现经编织物的结构建模。Lomov 的经编织物模型也被后来的研究人员大量地借鉴,成为经编织物的经典模型。Goktepe[48]利用非均匀有理 B 样条曲面,建立了经编线圈的轴线,从而实现了圆柱形均匀实体经编线的三维建模。Du 等[49]在试验观察的基础上,确定了多轴向经编织物的代表性体积单元的几何外形,并确定了理想的经编线和穿针区的截面形状。同时,用经编织物的几何参数与工艺参数表征了纤维体积分数和纤维取向,并建立了相应的几何模型。Robitaille 等[50]定义了一系列的方程,通过方程对经编复合材料进行几何表征,从而方便地对预成型件的基本力学性能进行预报。

基于经编复合材料的内部结构,研究人员对其力学性能也进行了大量的数值模拟研究。Drapier 等[51]采用二维有限元单胞模型研究了轴向载荷作用下双轴向经编复合材料的抗压强度,深入探究了材料的失效机理,并为优化经编织物的内部结构提供了指导。研究表明,0°方向的纤维束屈曲导致了模型的整体剪切失稳,而 90°方向的纤维束主要起到了对 0°纤维束提供支撑、防止 0°纤维束屈曲的作用。Tessitore 等[52]采用有限元方法对经编复合材料的结构进行了表征,再通过刚度体积平均法,对经编复合材料的基本力学性能进行了预报。在此基础上,采用参数化的方法研究了纤维束的波纹度对拉伸刚度的影响以及经编线对面内力学性能的影响。Wan 等[53]从弹塑性材料模型出发,考虑了多轴向经编复合材料各组分的应变率效应,建立了基于理想几何特征的复合材料三维细观结构模型,并利用该模型研究了经编纱线体积分数对其动态平面压缩性能的影响。结果表明,纤维束断裂在很大程度上是由基体的微裂纹引起的,经编纱线对复合材料力学性能的影响非常有限。特别是在经编纱线体积分数较低时,如低于 1.5%时,经编复合材料可以看作层合板。Riccio 等[54]提出了一种用于模拟经编复合材料分层损伤的有限元方法。该有限元方法应用了刚度平均法、改进的虚拟裂缝闭合技术和罚函数方法,并在 B2000 有限元程序中得到了实现。结果表明,与试验数据相比,该方法得到的结构变形和载荷-位移曲线均较为准确,验证了该方法的有效性。Yavari 等[55]利用有限元分析软件 ABAQUS 建立了经编复合材料的三维有限元模型,并在不同边界条件下,采用解析法和代表性体积单元法确定了经编复合材料弹性常数的平均值。此外,还推导了一阶和二阶随机有限元公式,计算了弹性常数随孔隙长度和宽度的变化。Joffe 等[56]采用平面应力有限元法和线性弹性方程分析了经编复合材料在压缩载荷作用下的破坏过程。研究中用正弦函数描述了纤维束的缺陷,并假定纤维束在压力和剪力的作用下发生了塑性屈曲,基体按 von Mises 准则屈服,从而确定了失效起始应变。Mikhaluk 等[57]介绍了用 RTM 工艺生产的碳/环氧经编复合材料的损伤情况。通过有限元方法建立了描述经编复合材料损伤的模型,并通过多尺度均匀化方法获得了经编复合材料的有效弹性性能,详细分析了经编复合材料的三维应力状态和损伤情况。Zhao 等[58]采用基于应力的有限元模型,对双轴向经编复合材料层合板的渐进损伤进行了研究。研究以经编复合材料的截面代表性体积单元为基础,建立了有限元模型,并采用最大应力破坏准则进行损伤起始分析。研究表明,损伤最初发生在横向纤维束或富树脂区,当载荷达到临界点时,损伤最终扩展至纵向纤维束中,并很快导致层合板失效。Tserpes 等[59]提出了一种针对经编复合材料 π 接头的多尺度分析方法。该方法采用有限元法对代表性体积单元进行了表征,并对结构件进行了建模。通过代表性体积单元推导出了经编复合材料的力学性能,再将力学性能赋给 π 接头。只要定义合适的代表性体积单元,该方法即可推广到任何类型的纺织复合材料。Ferreira 等[60]提出了一种利用细观单胞模型表征经编复合材料的纤维束波纹度的新方法。为了采用直线型的有限元网格,建模时忽略了纤维束的几何曲率,并根据纤维的实际方向,定义每个单元的材料方向,从而表征纤维的波纹度。通过单胞模型,预测了经编复合材料的刚度特性,并得到了沿着纤维束方向的应力-应变曲线。Gonzalez 等[61]研究了用经典层合板理论计算经编复合材料刚度的适用性。研究建立了单层经编复合材料的代表性体积单元的三维有限元模型,并结合经典层合板理论确定了经编复合材料的刚度。数值结果表明,一旦考虑了织物内部结构对单层性能的影响,经典层合板理论将在经编复合材料的刚度预测中获得较好的应用。

目前关于经编复合材料的数值模拟研究主要还是针对其拉伸性能和压缩性能,针对其弯曲性能和层间剪切性能的数值模拟研究还非常少见。开展相关研究对于全面了解经编复合材料的力学性能是非常有必要的。

25.2.3 三维编织复合材料研究现状

1. 三维编织复合材料试验研究

近年来,三维编织复合材料因为其良好的力学性能受到了广泛的关注[62, 63]。与传统复合材料相比,三维编织复合材料没有层的概念,完全消除了分层缺陷,提高了结构的承载能力[64]。因此,三维编织复合材料非常适用于制造复杂的结构。

为了深入了解三维编织复合材料的力学性能,越来越多的学者对其展开了相应的试验研究。卢子兴等[65]分别对三维四向编织复合材料和三维五向编织复合材料的拉伸性能开展了试验,并对试验件进行了扫描电镜分析,研究了三维编织复合材料的破坏机理。结果表明,当编织角比较小时,材料的破坏由纤维束主导,纤维束的拉伸破坏导致了材料的破坏,材料的本构关系近似线性;当编织角较大时,材料的破坏由基体主导,材料呈现非线性的本构关系。唐国翌等[66]对三维四向编织复合材料进行了拉伸性能测试,通过扫描电镜分析了其破坏机理,研究了纤维束、基体和粘接界面在拉伸载荷下的损伤形成与扩展。试验发现，三维四向编织复合材料的损伤往往起源于纤维表面的薄弱处，且纤维呈现脆性破坏的特征。王波等[67]分别对三维四向 C/SiC 编织复合材料和三维四向 T300/QY9512 编织复合材料进行了拉伸和压缩性能测试，得到了两种材料的失效过程和拉压刚度强度。试验得出，C/SiC 编织复合材料在拉压载荷下损伤逐渐扩展，其应力-应变关系为非线性的；T300/QY9512 编织复合材料为脆性破坏，其损伤起始至完全破坏过程非常迅速，其应力-应变呈线性关系。郑锡涛等[68]分别选用碳纤维和玻璃纤维作为增强相，对不同编织参数的三维编织复合材料的拉伸性能和弯曲性能进行了测试。结果表明，拉伸刚度和强度、弯曲刚度和强度均随着纤维体积含量的增大不断增大，随着编织角的增大而不断减小。李嘉禄等[69]采用二步法制备了三维五向编织复合材料，并对其进行了轴向拉伸、轴向压缩和三点弯曲试验。研究发现，三维五向编织复合材料的拉压性能主要由轴纱决定，轴纱的比例、强度等增大均可导致材料的拉压模量和强度增大。当编织纱粗细和轴纱保持一致时，可以使材料具有最大的弯曲模量和弯曲强度。贾光耀等[70]分别制备了三维五向和三维六向编织复合材料，通过对比它们的抗弯强度和抗压强度，发现三维六向编织复合材料具有更好的横向性能。魏铭森等[71]研究了三维五向编织复合材料的轴纱比例对其力学性能的影响，并指出当编织纱和轴纱比例为 1∶1、1∶3 和 3∶1 时，材料的拉伸模量、压缩模量和弯曲模量将分别达到最大值。短标距薄板试件法测量复合材料压缩性能可以避免试件屈曲和端部破坏，陈利等[72]采用该方法分别测量了三维五向和三维六向编织复合材料的纵向压缩性能，分析了编织参数对压缩性能的影响。结果表明，两种材料在压缩载荷下均呈现线性的应力-应变关系，且编织角越大，材料的压缩模量、压缩强度和泊松比均越小。

以上研究均针对试验件展开，而三维编织复合材料可以直接成型为结构件，十分适用于制造复杂结构，其作为结构件的力学性能也受到了学者们的关注。Wu 等[73]研究了三维四向和三维五向编织复合材料圆管在纵向准静态压缩和纵向冲击压缩作用下的力学响应，得到了压缩应力-应变曲线和损伤形貌。研究指出，应力-应变曲线、比吸能、变形和损伤形貌对应变速率和编织结构均较为敏感，且三维五向编织复合材料管比三维四向编织复合材料管具有更高的抗压强度和比吸能。Pei 等[74]基于三维编织制造技术织造了三维编织工字梁的预成型件，并采用 RTM 工艺制备了三维编织复合材料梁。研究通过 A 型超声扫描、孔隙率计算和显微镜观察，对三维编织工字梁的质量进行了分析，为设计和制造复杂的高性能三维编织复合材料结构件提供了借鉴。Zheng 等[75]对三维四向编织复合材料凸耳的载荷响应及破坏模式进行了分析和试验研究，获得了凸耳的刚度、强度和失效模式。研究对两种尺寸的试验件进行了测试，发现小尺寸试验件呈拉伸破坏，而大尺寸试验件的破坏主要是由纤维和基体的剪切和压缩破坏引起的。郝露[76]分别采用两种不同的工艺方法，即局部轴纱增粗法和整体多步法，制造了三维五向编织 T 型梁的预成型件，并用 RTM 工艺制备了三维编织复合材料梁。通过对梁进行了三点弯试验，发现采用局部轴纱增粗法得到的 T 型梁弯曲模量和强度均较大，整体多步法得到的 T 型梁裂纹较多，破坏时损伤较为严重。

尽管三维编织复合材料非常合适制造复杂结构件，但由于工艺难度较大，试验成本较高，因此针对三维编织复合材料结构件的试验研究仍然非常欠缺。

2. 三维编织复合材料数值模拟研究

三维编织复合材料的数值模拟研究主要分为两大类：

（1）从细观尺度上，分析三维编织复合材料的内部结构，建立代表性体积单元，从而得到其基本力学性能；

（2）从宏观尺度上，设计三维编织复合材料结构件，分析其承载能力。

目前，已有学者对三维编织复合材料的细观结构进行了建模与分析。Wang 等[77]论证了三维编织复合材料的制造、细观结构和性能之间的关系，提出了一种基于编织过程的预成型件纱线骨架结构描述方法，并从最终的纱线结构出发，通过建模分析得到了三维编织复合材料的局部和全局性能。Ya 等[78]通过微型计算机断层扫描技术，从细观尺度上对三维全五向编织复合材料的内部结构和孔隙度进行了无损分析。研究在碳纤维试样中加入了玻璃纤维作为示踪剂，以增强截面图像的对比度，基于此建立了预成型件模型，分析了示踪剂的截面和路径，对孔隙度进行了重构和表征。Quan 等[79]采用热熔解积层法制备了三维编织预成型件，并用 X 射线 μ - CT 技术对其进行了检测。然后，将制备的预成型件注入硅基，对预成型件和复合材料进行压缩试验，揭示了其在压缩载荷作用下的损伤演化规律。Yang 等[80]提出了“纤维倾斜模型”，并基于该模型对三维编织复合材料的刚度进行了预报。模型将材料的单胞看作单向倾斜层的组合，基于经典的层合板理论，推导了有效的平面内弹性特性，并将理论预测与试验数据进行了比较，验证了模型的有效性。Wu 等[81]对三维编织复合材料的细观结构进行了详细的分析，并提出了一种三单胞模型。从该模型出发，研究了三维编织复合材料的正交各向异性、双模量特性和弹塑性行为。Kalidindi 等[82]分别采用等应变模型，等应变和等应力模型的加权平均值和有限元模型预测了三维编织复合材料的弹性性能，发现等应变和等应力模型的加权平均值与相应的有限元模型预测结果吻合较好。此外，还发现加权系数的取值对编织角、纱线体积分数和载荷类型不敏感，但与纱线的横向性能有较大关系。Chen 等[83]通过多相有限元法对三维编织复合材料的刚度进行了预报。该方法基于变分原理和材料细观模型，采用应力体积平均法，计算了材料的有效弹性性能，获得了材料的应力-应变曲线。通过将数值结果与试验结果进行比较，验证了方法的适用性。Li 等[84]在三维五向编织预成型工艺的基础上，分析了纤维方向、纤维体积分数、纱线填充因子等编织参数之间的关系，并建立了三种单胞模型，即内部单胞、表面单胞和角单胞模型。利用这三种单胞模型，开发了三维五向编织复合材料的细观力学预测程序，计算了其力学性能。Shokrieh 等[85]提出了一种计算三维四向编织复合材料弹性性能的方法。该方法以内部单胞、内表面单胞、外表面单胞和角单胞共四种单胞为代表性体积单元，采用体积平均法计算了编织复合材料的刚度。Yu 等[86]将双尺度法应用于四步法三维编织复合材料刚度和强度的预测，通过研究编织参数对拉伸、弯曲和扭转强度的影响，给出了强度随编织参数的变化曲线。Sun 等[87]研究了三维编织复合材料的面内剪切特性，基于代表性体积单元，利用有限元方法预测了三维编织复合材料在面内剪切载荷作用下的力学响应和基本剪切特性。Dong 等[88]考虑了树脂基体中的孔隙和纤维束中的裂纹两种缺陷，建立了纤维束和编织复合材料的双尺度有限元模型，利用 ANSYS 对三维编织复合材料的弹性性能和应力状态进行了预报。研究讨论了两种缺陷对三维编织复合材料弹性性能的影响，发现纤维束中的裂纹对三维编织复合材料弹性性能的影响要大于基体中孔隙的影响。Zhang 等[89]采用有限元方法模拟了三维编织复合材料在准静态轴向拉伸作用下的损伤行为,提出了一种基于 Murakami 损伤理论的各向异性材料损伤模型,用于预测纱线和基体的渐进损伤过程,并采用损伤摩擦耦合界面本构模型对界面脱黏行为进行了预测。通过计算得到了应力-应变曲线,并讨论了材料参数对预测结果的影响。Fang 等[90]建立了三维四向编织复合材料的单胞模型,模型除了考虑编织纱线和基体的损伤模式外,还利用黏聚区模型考虑了界面的损伤,从而研究了界面性能对材料应力-应变曲线的影响以及不同破坏模式在单轴拉伸载荷下的相互作用。研究进一步地分析了大编织角编织复合材料的界面损伤演化规律,发现界面损伤虽然降低了弹性模量,但对其极限强度的影响不明显,而且界面损伤是造成材料应力-应变关系非线性的关键因素之一。

宏观尺度上,采用数值模拟方法对三维编织复合材料结构件进行研究可以大大提高效率,降低成本,还可以方便地获得结构件的应力状态,分析其损伤机理。Guo 等[91]提出了一种三维五向编织复合材料接头结构的设计分析方法,利用 ANSYS 对接头的承载能力进行了有限元分析,并计算了不同编织角下,接头受到拉伸载荷时的应力、应变和变形。结果表明,随着编织角的增大,接头的等效应力单调减小,而正应力、最大主应力和总变形先减小后增大。通过有限元分析发现,在纤维体积分数为 60%时,在 320 N 的拉伸载荷作用下,编织角取 30°至 35°为最优加工参数。Zhou 等[92]采用多尺度有限元法对三维编织复合材料 T 形结构件的拉拔行为进行了计算。研究首先采用 Hashin 准则和最大应力准则预测了三维四向编织复合材料单胞的刚度和强度,然后在细观分析的基础上,用 Tsai - Hill 准则对三维编织复合材料 T 形结构件的强度和损伤特征进行了分析。Wu 等[93]建立了三维编织复合材料 K 型接头的有限元模型,并采用全局灵敏度分析法分析了载荷参数、几何参数和工艺参数等对接头承载能力的影响。结果表明,接头承载能力对主支管的直径、直径厚度比和编织角较为敏感。孙颖等[94]设计了碳纤维/环氧树脂三维编织复合材料圆管相贯接头,并用 Patran/Nastran 分析了接头的应力应变和承载能力。研究发现,大编织角三维六向编织复合材料接近于各向同性材料,将其作为接头材料可以使接头的力学性能最优化。

然而,目前关于三维编织复合材料结构件的数值模拟研究仍然非常有限,而且大多数研究都缺乏试验数据的支撑。对三维编织复合材料的结构件开展系统性的试验和数值模拟研究,可以弥补相关研究的空白,有效地促进研究人员对三维编织复合材料力学性能与整体成型性能的认识。

25.2.4 纺织复合材料优化设计研究现状

Topal 等[95]介绍了在双向拉伸载荷和弯矩作用下,简支对称层合板的最佳纤维取向和最大承载能力的确定方法。研究将纤维方向作为设计变量,分别采用改进的可行方向法和黄金分割作为优化算法,得到了最佳的纤维取向,并将两种算法的结果进行了比较。Khandan 等[96]采用模拟退火算法对复合材料层合板的纤维取向进行优化,使其在不同荷载作用下的厚度最小。研究对优化罚函数进行了修正,通过引入一个额外项考虑了横向剪切效应。研究发现,模拟退火算法不依赖于初始点,可以从局部最优点逃逸,是一种可靠的优化算法。Ertas 等[97]采用直接搜索模拟退火算法,以复合材料层合板的纤维取向作为优化变量,通过最小化最大应力,极大地提高复合材料结构的承载能力。Blasques 等[98]通过优化纤维取向和层合板厚度,使得复合材料梁有最大刚度和最小重量。研究设计了一种优化策略,克服了局部极小值的问题,并给出了箱形梁、实心矩形梁和椭圆形梁在不同载荷下的优化结果。Cardoso 等[99]将复合材料薄壁梁的结构重量作为目标函数,对应力、位移、临界载荷和固有频率作为约束条件,对梁的铺层方向和厚度进行了优化设计。Kravanja 等[100]将复合材料焊接工字梁与复合材料桁架的经济性进行了比较,以确定两种结构在不同跨度和载荷下的优势。研究以制造成本为目标函数,采用非线性规划方法进行优化,得到了两种结构的最优解,并给出了提供决策的等高线图,供研究人员更高效地对不同的复合材料结构进行决策。Karakaya 等[101]分别采用遗传算法和模式搜索法对受双轴向平面压缩载荷作用的四边简支复合材料板的铺层顺序进行了优化,使得层合板的临界屈曲载荷最大化。结果表明,遗传算法可以比较有效地得到全局最优解。Hwang 等[102]提出了一种针对复合材料层合板进行铺层优化的遗传算法。该算法采用著名的轮盘赌选择准则、单点交叉算子和均匀变异算子来生成下一代种群。为了提高算法的收敛性,引入了调整交叉和变异概率的自适应机制,通过精英策略保证最优解的质量。该算法包括一个新的运算符,称为精英比较算子,通过比较两个解决方案的设计变量的差异,以找到更优解。结果表明,精英比较算子显著加快了算法的收敛速度,可以作为复合材料层合板优化的优异策略。Lopez 等[103]分析了层合复合材料优化设计,采用不同的破坏准则时,最优结构的差异。研究的设计变量为铺层方向、层数和铺层材料,采用遗传算法求解优化问题,分别测试了最大应力准则、Tsai－Wu 准则和 Puck 准则。结果表明,考虑不同的失效准则时,结构的最优解存在较大差异,且在不同的载荷作用下,任一失效准则均不具有最大或最小的保守性。Dai 等[104]基于等值线法、密度梯度加权灵敏度过滤法和实体各向同性材料罚函数法,提出了一种考虑设计载荷作用的复合材料层合板拓扑结构的求解方法。研究给出了复合材料拓扑优化设计的实例,比较了等值线方法和距离正则化水平集演化方法的计算效率,讨论了固体材料的分布规律以及最优结构的最小柔度与复合材料铺层角的关系。Bakar 等[105]基于周期性边界条件和进化算法,提出了以机织模式为变量的机织复合材料的几何特性和弹性性能的预测方法,研究了机织复合材料单胞模型的弹性性能的优化问题。遗传算法可以有效地避免优化结果局部收敛,而最速下降法则可对局部进行高效搜索,Tian 等[106]将两者结合,在遗传算法的框架下集成了最速下降法,提出了一种三维编织复合材料接头的优化设计算法,优化后结构的强度得到了显著的提高[107-109]。

目前大多数关于复合材料优化设计的研究都针对传统的层合复合材料,针对纺织复合材料的优化设计仍然非常少见。

25.3 经编复合材料基本力学性能试验研究

25.3.1 拉伸试验研究

1. 拉伸试验件及试验方法

复合材料的拉伸性能是研究人员最关注的力学性能之一,也是复合材料最基本的设计参数。复合材料的拉伸试验方法已经非常成熟。本研究根据 GB/T 3354－1999《定向纤维增强塑料拉伸性能试验方法》[110] 和 ASTM D3039/D3039M－00《聚合物基复合材料拉伸性能标准试验方法》[111] 等试验标准开展拉伸试验。

图 25.9 为拉伸试验件的照片，共对 5 个试验件进行了测试。试验件的尺寸为 230×12.5×2 mm^3。试验件的铺层顺序为$[0°]_{16}$，每层厚度为 0.125 mm。纤维和基体材料分别为 T700 碳纤维和 6808 环氧树脂，试验件的纤维体积含量为 60%。经编线为聚酯纤维，细度为 30 旦，面密度为 3 g/m^2。试验件两端粘贴了铝制加强片，以方便试验机夹持。加强片的长度为 50 mm，标距长度为 130 mm。试验前，试验件需要在温度为 25℃，湿度为 50% 的环境下调节 24 h。

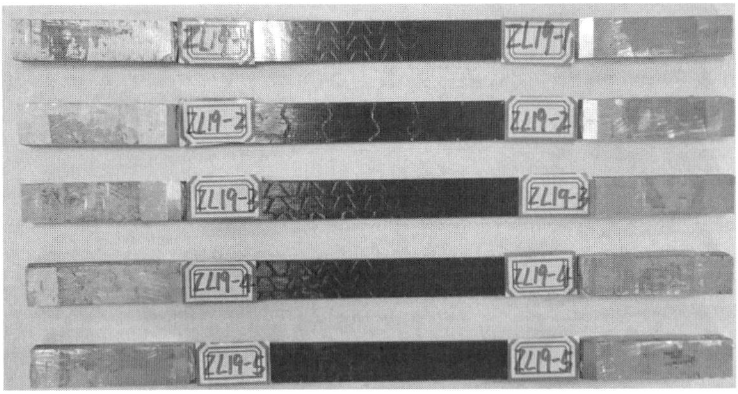

图 25.9　经编复合材料拉伸试验件

拉伸试验在 WDW－3050 微控电子万能试验机上进行，如图 25.10 所示。试验机的夹头夹紧试验件两端，以 2 mm/min 的速率拉伸试验件。试验温度为 17℃，湿度为 28%。试验过程中，夹头的位移和载荷可由数据采集系统记录下来，从而获得载荷-位移曲线。

图 25.10　WDW－3050 微控电子万能试验机

2. 拉伸试验结果与分析

试验件的弹性模量 E_x 和拉伸强度 X_t 可由下式计算：

$$\begin{cases} E_x = \dfrac{\Delta P}{w \cdot h \cdot \Delta\varepsilon} \\ X_t = \dfrac{P_{max}}{w \cdot h} \end{cases} \tag{25.1}$$

式中，ΔP 为载荷的增量；$\Delta\varepsilon$ 为载荷的增量 ΔP 对应的应变增量，由应变片测得；w 和 h 分别为试验件的宽度和厚度；P_{max} 为破坏载荷。

表 25.1 为拉伸试验结果。试验件平均破坏位移为 7.82 mm，离散系数为 4.07%；平均破坏载荷为 50.92 kN，离散系数为 5.56%；弹性模量为 128.49 GPa，离散系数为 2.88%；拉伸强度为 2 036.98 MPa，离散系数为 5.56%。可以看出，离散系数的值较小，试验的分散性较低，试验结果可靠。

表 25.1　经编复合材料拉伸试验结果

试件编号	破坏位移/mm	破坏载荷/kN	弹性模量/GPa	拉伸强度/MPa
1	7.44	48.61	128.60	1 944.60
2	7.94	52.96	131.75	2 118.37
3	8.36	54.71	128.88	2 188.60
4	7.71	51.41	131.62	2 056.42
5	7.63	46.92	121.58	1 876.93
平均值	7.82	50.92	128.49	2 036.98
离散系数	4.07%	5.56%	2.88%	5.56%

图 25.11 为试验测得载荷-位移曲线。加载过程中，曲线总体上分为两个阶段。第一阶段，即施加拉伸载荷后，曲线线性上升，斜率保持恒定。当载荷增大到一定程度时，部分曲线的斜率下降，这是由于试验件内部的材料损伤不断累积，导致了材料的刚度降低。还有部分曲线的载荷值出现轻微下跌后又继续增大，这是由于试验件内部的材料发生了破坏，比如纤维或者经编线发生了断裂，但试验件仍然具有较强的承载能力导致的。但在第一阶段，曲线总体是保持线性增长的。第二阶段，载荷到达最大值后，试验件失去承载能力，曲线迅速下降，载荷降为0。可以看出，单向经编复合材料受到拉伸载荷时，表现出脆性破坏的特征。这

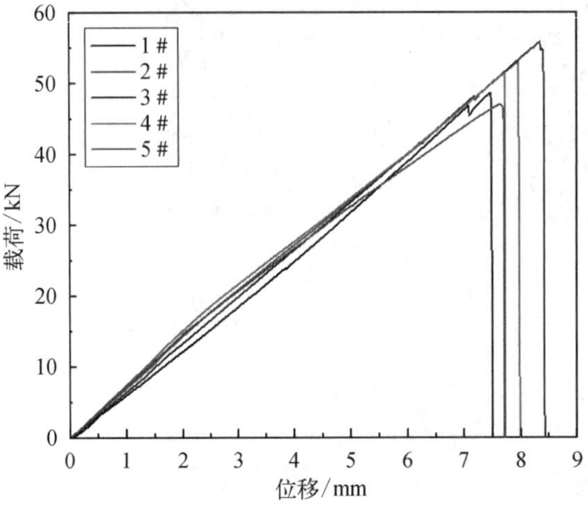

图 25.11　经编复合材料拉伸载荷-位移曲线

是因为拉伸失效主要是由于纤维断裂引起的，纤维的脆性决定了复合材料脆性破坏的特征。

图 25.12 为拉伸试验件破坏后的照片。破坏形貌分为两种：一种是纵向拉断，另一种是“爆炸式”破坏。对于纵向拉断的试验件，纤维和基体均沿着纵向被完全拉断，断口位置少量纤维被拔出。试验件的断口位置位于端部，这是由于试验件端部被夹具夹持，若夹持端夹紧力过大，可能出现应力集中的现象，从而导致试验件在端部发生破坏。这是拉伸试验中比较常见的现象，一般对试验结果影响不大[112]。减小夹紧力可以避免端部破坏，但可能导致夹头和试验件之间产生相对运动。对于“爆炸式”破坏的试验件，破坏形式为基体开裂、纤维崩开。在受载过程中试验件首先发生基体开裂，两侧崩出少量纤维。随着载荷的增大，崩出的纤维越来越多。当到达破坏载荷时，纤维忽然断裂，整个试验件“爆炸式”地散开，彻底失效。

纵向拉断

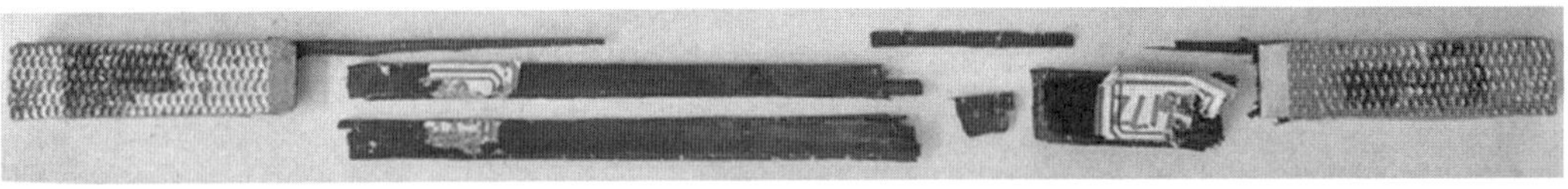

爆炸式破坏

图 25.12　经编复合材料拉伸试验件破坏形貌

25.3.2　压缩试验研究

1. 压缩试验件及试验方法

同拉伸性能一样，复合材料的压缩性能也是基本的设计参数。然而，与拉伸性能相比，对复合材料压缩性能的研究还远远不够充分，压缩破坏机理还存在争议[113]。目前，对压缩性能的测试也存在多种方法，按照加载方式的不同，主要分为端部加载法、剪切加载法和混合加载法[114]。端部加载法直接对试验件的端部加载，侧面往往需要使用支撑装置，以防止试验件发生失稳破坏。剪切加载法通过夹具夹持试验件的两端，夹具与试验件之间的剪力传递到标距段形成压缩载荷。混合加载法则同时使用端部加载和剪切加载两种方式。不同的加载方式均有相应的试验标准，目前国内普遍采用的剪切加载法[115]。

剪切加载法试验设备简单、操作相对容易，因此，本章采用剪切加载法测试经编复合材料的压缩性能。试验根据 GB/T 3856－2005《单向纤维增强塑料平板压缩强度试验方法》[116]和 ASTM D3410/D3410M－03《剪切加载无支持工作段的聚合物基复合材料压缩性能标准试验方法》[117]等试验标准进行。

图 25.13 为压缩试验件的照片，共对 5 个试验件进行了测试。试验件的尺寸为 $156\times 6\times 2\ mm^3$。压缩试验件的铺层、纤维和基体材料、纤维体积含量、经编线材料和密度均和拉伸试验件相同。试验件两端粘贴了铝制加强片，以方便试验机夹持。加强片的长度为

70 mm,标距长度为 16 mm。试验前,试验件需要在温度为 25℃,湿度为 50%的环境下调节 24 h。

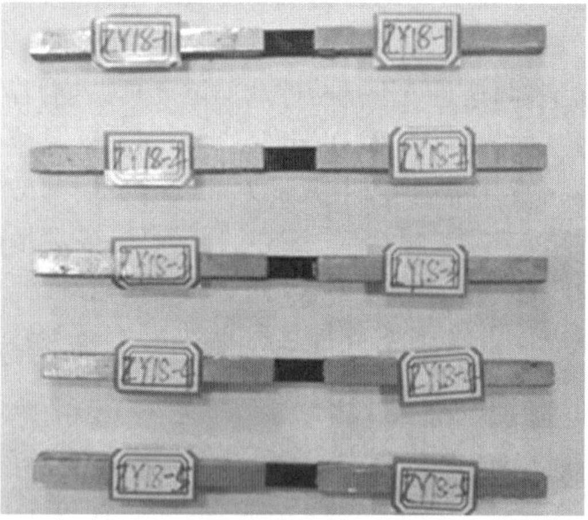

图 25.13　经编复合材料压缩试验件

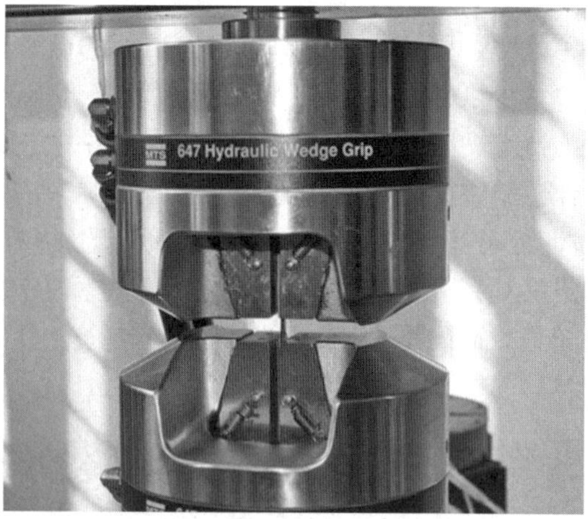

图 25.14　MTS - 880 试验机

压缩试验在 MTS - 880 试验机上进行,如图 25.14 所示。试验机夹头夹紧试验件两端,以 1 mm/min 的速率压缩试验件。试验温度为 18℃,湿度为 28%。

2. 压缩试验结果与分析

试验件的压缩强度 X_c 可由下式计算:

$$X_c = \frac{P_{max}}{w \cdot h} \tag{25.2}$$

式中,P_{max} 是破坏载荷;w 和 h 分别为试验件的宽度和厚度。

表 25.2 为压缩试验结果。试验件平均破坏位移为 0.788 mm,离散系数为 15.18%;平均破坏载荷为 10.44 kN,离散系数为 6.91%;压缩强度为 870.58 MPa,离散系数为 6.91%。可以发现,压缩试验数据的分散性要比拉伸试验大得多。这是由于压缩响应的影响因素比拉伸响应复杂得多。拉伸失效主要是由于纤维的拉断导致的。而试验件的压缩失效由纤维微屈曲变形、纤维膝切失效、基体的塑性变形和屈服等多种作用共同导致。试验件的内部缺陷、试验过程中的微小误差、基体和纤维的材料性能等都会对压缩试验的结果产生显著影响。考虑到压缩试验影响因素较多,往往具有较大的分散性,仍然认为本次试验的结果是可靠的。

表 25.2　经编复合材料压缩试验结果

试件编号	破坏位移/mm	破坏载荷/kN	压缩强度/MPa
1	0.665	10.23	852.51
2	0.997	11.46	955.02
3	0.698	10.23	853.30

续　表

试 件 编 号	破坏位移/mm	破坏载荷/kN	压缩强度/MPa
4	0.839	9.34	778.49
5	0.742	10.96	913.56
平均值	0.788	10.44	870.58
离散系数	15.18%	6.91%	6.91%

图 25.15 为试验测得载荷-位移曲线。可以看出,压缩载荷-位移曲线的线性弱于拉伸曲线,载荷增大到一定程度后,曲线表现出明显的非线性特性。总体而言,曲线分为三个阶段。加载的初始时刻,载荷位移基本呈现线性关系,曲线斜率保持不变。第二阶段,当位移达到约 0.25 mm 时,由于材料内部损伤不断累积,对试验件的刚度造成了一定的影响,曲线的斜率开始下降。第三阶段,载荷达到试验件承载能力的极限,试验件迅速发生破坏,曲线下降,载荷变为 0。相比于拉伸过程,试验件的压缩力学响应表现出韧性破坏的特征,压缩载荷-位移曲线的斜率逐渐下降,直至完全失效。这是由于试验件的压缩失效是由基体的屈曲、纤维的膝切等多方面的因素导致的,材料的内部损伤一步一步累积直至完全失效。而拉伸失效主要由纤维控制,纤维断裂则试验件失效,过程较为迅速。

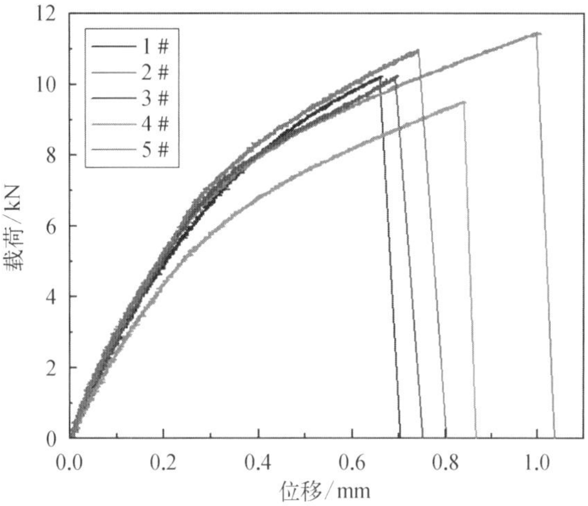

图 25.15　经编复合材料压缩载荷-位移曲线

图 25.16 为压缩试验件破坏后的照片,试验件中部或者端部发生断裂。从试验件的侧面视图可以看出,断口大致沿着 45°方向,因此 45°方向的剪应力是导致材料破坏的主要原因。

对比拉伸试验和压缩试验结果,可以发现单向经编复合材料轴向压缩强度(约 870.58 MPa)仅为拉伸强度(约 2 036.98 MPa)的一半不到,压缩响应、压缩失效机理等也和拉伸有巨大差异。在进行结构设计时,应尽可能地使经编复合材料承受拉伸载荷,充分利用其拉伸强度高的特性。

25.3.3　弯曲试验研究

1. 弯曲试验件及试验方法

弯曲性能,包括弯曲模量和弯曲强度,并非设计参数。然而,由于弯曲试验较为简单,常常被用来进行质量检验。测量弯曲性能的方法有三点弯曲试验和四点弯曲试验,其中三点弯曲试验最为常见[118]。进行弯曲试验时,试验件往往存在剪应力。

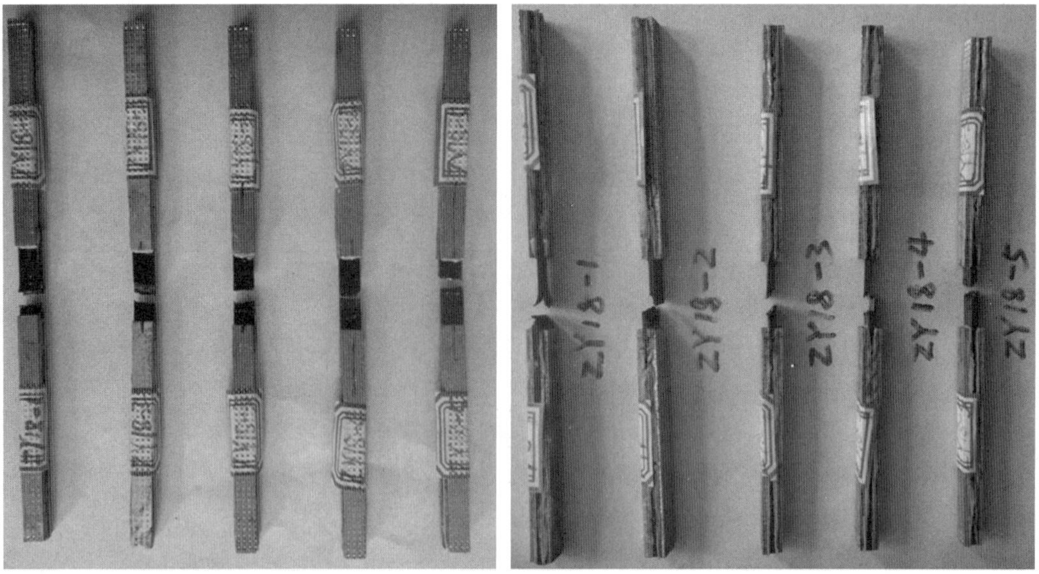

上表面　　　　侧面

图 25.16　经编复合材料压缩试验件破坏形貌

选择合适的试验件厚度和跨厚比，减小剪应力的影响，对试验结果的准确性有重要的影响[119]。

本章采用三点弯试验测量单向经编复合材料的弯曲性能。试验根据 GB/T 3356－1999《单向纤维增强塑料弯曲性能试验方法》[120]和 ASTM D790－03《未增强和增强塑料及电绝缘材料弯曲性能的标准试验方法》[121]等试验标准开展。图 25.17 为弯曲试验件照片，试验件的尺寸为 80×12×2 mm^3，共对 5 个试验件进行了测试。弯曲试验件的铺层、纤维和基体材料、纤维体积含量、经编线材料和密度均和拉伸试验件相同。试验前，试验件需要在温度为 25℃，湿度为 50%的环境下调节 24 h。

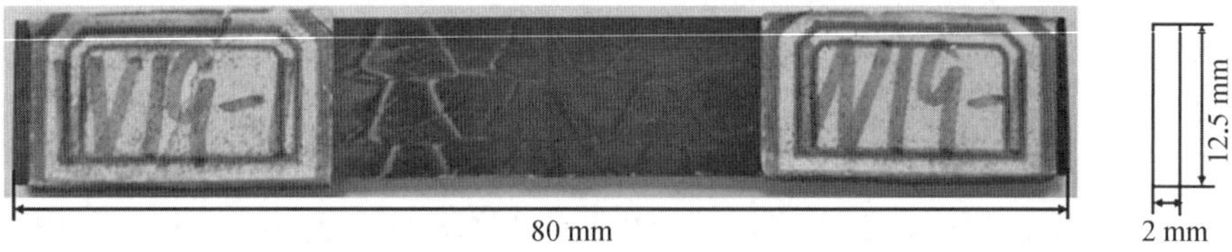

图 25.17　经编复合材料弯曲试验件

弯曲试验在 INSTRON－5565 万能材料试验机上进行，如图 25.18 所示。试验温度为 19℃，湿度为 38%。压头半径为 5 mm，支座的半径为 2 mm，跨距为 64 mm，跨厚比为 32。压头匀速下压试验件，加载速率为 1 mm/min。试验过程中，压头的位移和载荷可由数据采集系统记录下来，从而获得载荷-位移曲线。

2. 弯曲试验结果与分析

试验件的弯曲模量 E_f 和弯曲强度 σ_f 可由下式计算得到：

图 25.18　INSTRON－5565 万能材料试验机

$$\begin{cases} E_{\mathrm{f}} = \dfrac{\Delta P \cdot l^3}{4w \cdot h^3 \cdot \Delta f} \\ \sigma_{\mathrm{f}} = \dfrac{3P_{\max} \cdot l}{2w \cdot h^2} \end{cases} \tag{25.3}$$

式中，w、h 和 l 分别为试验件的宽度、厚度和跨距；ΔP 和 Δf 分别为载荷和位移的增量；$P_{\max}$ 为破坏载荷。

表 25.3 为弯曲试验的结果。试验件平均破坏位移为 5.09 mm，平均破坏载荷为 792.11 N，平均弯曲模量为 105.25 GPa，平均弯曲强度为 1 520.86 MPa。离散系数为较小，表明试验的分散性较低，试验数据是可靠的。

表 25.3　经编复合材料弯曲试验结果

试件编号	破坏位移/mm	破坏载荷/N	弯曲模量/GPa	弯曲强度/MPa
1	4.86	778.84	107.48	1 495.37
2	5.23	819.16	105.96	1 572.78
3	4.77	759.33	107.83	1 457.91
4	5.56	832.18	102.07	1 597.79
5	5.03	771.06	102.92	1 480.43
平均值	5.09	792.11	105.25	1 520.86
离散系数	5.55%	3.58%	2.23%	3.58%

图 25.19 为试验测得载荷-位移曲线。在试验件失去承载能力之前，载荷-位移曲线基本保持线性。当达到破坏载荷时，曲线忽然下降，表明单向经编复合材料承受弯曲载荷时，具有脆性破坏的特点。

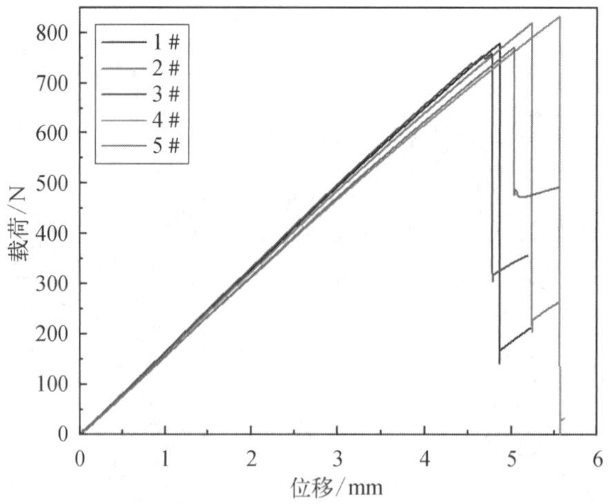

图 25.19　经编复合材料弯曲载荷-位移曲线

图 25.20 为弯曲试验件破坏后的照片。可以看出,破坏主要发生在试件中央,即受载部位。上表面的损伤尤为严重,纤维由于受到压力而断裂脱胶,基体也被压溃。下表面的损伤则相对轻微,基体因为受拉而开裂,纤维也发生了弯折。从侧面可以看出,中性面发生了分层损伤。结合图 25.20,可以推断出经编复合材料的弯曲破坏主要是由于纤维的压断导致的,因此表现出脆性破坏的特征。

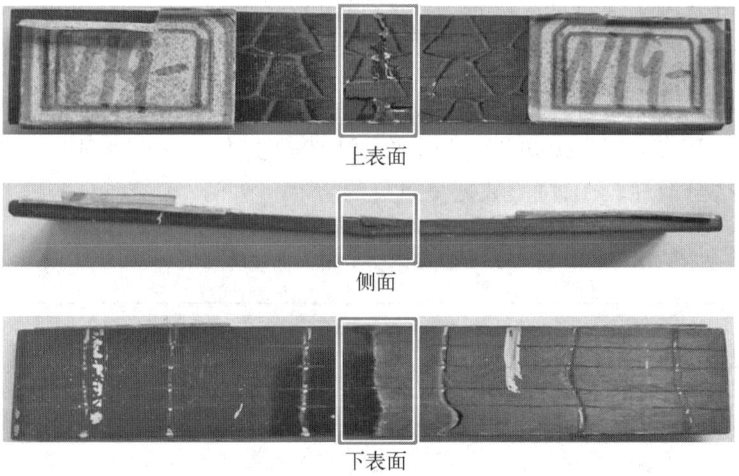

图 25.20　经编复合材料弯曲试验件破坏形貌

25.3.4　层间剪切试验研究

1. *层间剪切试验件及试验方法*

由于复合材料的层间性能往往较为薄弱,分层损伤是最常见的损伤形式之一。因此,复合材料的层间剪切性能也得到许多的学者关注[122-125]。测量层间剪切性能的试验方法多种多样,比如双槽试验件拉伸剪切方法[126]和压缩剪切方法[127]、四点弯曲法[128]、三点弯短梁剪切法[129]、V 型槽短梁法[130]等。不少学者也对基本试验方法进行了改进,以获得更加准确的层间剪切强度。比如,赵昆等[131]对三点弯短梁剪切法进行了改进,在压头与试验件之间加入了橡胶垫和铝制垫片作为过渡层,有效地减小了压头导致的应力集中现象,避免了试验件上表面的压溃,保证了破坏模式为层间剪切破坏。

短梁剪切法具有试验件工艺简单、试验设备通用性高、试验数据稳定等优点,是最常见的层间剪切强度测试方法。因此,本章采用三点弯短梁剪切法测量单向经编复合材料的层间剪切强度。试验根据 JC/T 773－1982(1996)《单向纤维增强塑料层间剪切强度试验方法》[132]和 ASTM D2344/D2344M－00《聚合物基复合材料及其层压板短梁剪切强度标准试验方法》[133]等试验标准开展。图 25.21 为试验件的照片,试验件的尺寸为 20×6×2 mm^3,共对 8 个试验件进行了测试。层间剪切试验件的铺层、纤维和基体材料、纤维体积含量、经编线材料和密度均和拉伸试验件相同。试验前,试验件需要在温度为 25℃,湿度为 50%的环境下调节 24 h。

图 25.21　经编复合材料层间剪切试验件

层间剪切试验在 INSTRON－5565 万能材料试验机上进行。试验温度为 19℃,湿度为 38%。压头半径为 5 mm,支座的半径为 2 mm,跨距为 10 mm,跨厚比为 5。压头匀速下压试验件,加载速率为 1 mm/min。

2. *层间剪切试验结果与分析*

层间剪切强度 S_{zx} 可由下式计算:

$$S_{zx} = \frac{3P_{max}}{4w \cdot h} \tag{25.4}$$

式中,P_{max} 是破坏载荷;w 和 h 分别为试验件的宽度和厚度。表 25.4 为层间剪切试验的结果。试验件平均破坏位移为 0.336 mm,平均破坏载荷为 1 210.95 N,平均剪切强度为 75.68 MPa。离散系数均小于 5%,表明试验的分散性较低,试验数据是可靠的。

表 25.4　经编复合材料层间剪切试验结果

试件编号	破坏位移/mm	破坏载荷/N	层间剪切强度/MPa
1	0.350	1 231.68	76.98
2	0.363	1 248.48	78.03
3	0.334	1 191.85	74.49

续 表

试件编号	破坏位移/mm	破坏载荷/N	层间剪切强度/MPa
4	0.313	1 186.15	74.13
5	0.337	1 259.41	78.71
6	0.338	1 203.21	75.20
7	0.328	1 201.86	75.11
8	0.325	1 164.99	72.81
平均值	0.336	1 210.95	75.68
离散系数	4.27%	2.51%	2.51%

图 25.22 为试验测得载荷-位移曲线。可以看出,曲线从试验开始就表现出了轻微的非线性。随着载荷的增大,非线性行为越来越明显。许多研究也表明,纤维增强复合材料表现出强烈的剪切非线性行为[134-136],这对复合材料的面外性能具有重要的影响。当载荷达到 1 200 N 左右时,曲线逐渐下降,试验件失去承载能力。可以看出,单向经编复合材料发生层间剪切损伤时,具有韧性破坏的特点。试验件发生层间剪切破坏后,不会瞬间完全失去承载能力,其载荷-位移曲线呈缓慢下降的趋势,这样可以有效避免经编复合材料作为结构件的材料时,发生分层损伤而导致灾难性破坏。

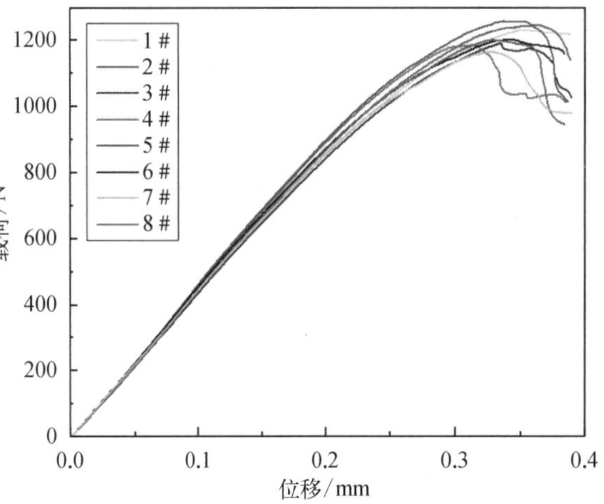

图 25.22　经编复合材料层间剪切载荷-位移曲线

对比弯曲试验和层间剪切试验,可看出试验方法是完全相同的,但由于试验件尺寸的差异,其力学响应、破坏特性和失效机理完全不同。因此,严格按照试验标准,选择合理的试验件尺寸,对得到合理的试验结果至关重要。此外,可以发现,层间剪切强度(75.68 MPa)比拉伸强度(2 036.98 MPa)、压缩强度(870.58 MPa)和弯曲强度(1 520.86 MPa)小得多。和传统层合复合材料一样,层间性能仍然是单向经编复合材料最薄弱的性能,分层损伤仍然是单向经编复合材料应用到实际结构时需要重点考虑的问题。

25.3.5　经编复合材料与层合复合材料力学性能对比

本节将试验测得的单向经编复合材料力学性能进行汇总,并将其力学性能与传统的单向层合复合材料进行全面的对比,研究了经编线的引入对复合材料力学性能的影响。其中,层合复合材料的性能主要从其他参考文献中获得。层合复合材料的纤维和基体类型,纤维体积含量,铺层顺序等均和经编复合材料保持一致,两者的差别仅为有无经编线。比较结果如表 25.5 所示。可以看出,经编复合材料的基本力学性能和层合复合材料差别很小。事实上,经编线为聚酯纤维,其刚度强度均较小,且在复合材料中含量非常低,因此对单向经编复合材料的力学性能影响很小。引入经编线的主要目的是进行复合材料加工时,通过经编线的绑缚作用,使得增强纤维受到扰动时,其取向不被轻易改变,保证了材料内部结构的稳定性,提高了加工质量。

表 25.5　经编复合材料和层合复合材料力学性能对比

材料类型	E_x/GPa	X_t/MPa	X_c/MPa	E_f/GPa	σ_f/MPa	S_{zx}/MPa
经编复合材料	128.49	2 036.98	870.58	105.25	1 520.86	75.68
层合复合材料	128[137]	2 093[137]	870[137]	115[138]	1 498[138]	81[139]

25.3.6　小结

根据相应的试验标准,制定了单向经编复合材料在拉、压、弯、剪载荷下的试验方案,对其基本力学性能进行了全面的测试。通过试验,得到了经编复合材料在不同载荷下的力学响应,绘制了相应的载荷-位移曲线,并基于材料的破坏形貌,分析了其失效机理。最后,将经编复合材料的力学性能与传统的层合复合材料进行了对比,讨论了经编线的引入对复合材料力学性能的影响以及经编线的作用。

试验表明,单向经编复合材料的弹性模量约为 128.49 GPa,拉伸强度约为 2 036.98 MPa。拉伸试验结果的离散系数较小,分散性低,试验结果较为可靠。拉伸试验中,随着载荷的增加,载荷-位移曲线基本为线性增长,直至发生破坏。材料表现出脆性破坏的特征。这是因为材料的拉伸失效主要是由于纤维断裂引起的,纤维的脆性决定了复合材料的脆性。拉伸试验件的破坏形貌分为两种:一种是纵向拉断,一种是"爆炸式"破坏。对于纵向拉断的试验件,纤维和基体沿着纵向被完全拉断,断口位置少量纤维被拔出。对于"爆炸式"破坏的试验件,基体发生开裂,纤维从基体中崩出并被拉断,试验件"爆炸式"地散开。

单向经编复合材料的压缩强度约为 870.58 MPa。压缩试验数据的分散性要比拉伸试验大得多,这是由于压缩响应的影响因素比拉伸响应复杂。试验件的压缩失效由纤维微屈曲变形、纤维失效、基体的塑性变形和屈服等多种作用共同导致,材料的内部缺陷、试验过程中的微小误差、基体和纤维的性能等都会对压缩试验的结果产生显著影响。压缩载荷-位移曲线的线性弱于拉伸载荷-位移曲线,随着载荷的增大,压缩载荷-位移曲线的斜率不断减小,直至完全失效,因此,试验件在压缩载荷下表现出韧性破坏的特征。试验件压缩失效后中部或者端部发生断裂,断口大致沿着 45°方向,因此 45°方向的剪应力是导致材料压缩破坏的主要原因。单向经编复合材料轴向压缩强度远远小于拉伸强度,因此,在进行结构设计时,应尽可能地使材料承受拉伸载荷,充分利用其拉伸强度高的特性。

单向经编复合材料的弯曲模量约为 105.25 GPa,弯曲强度约为 1 520.86 MPa。弯曲试验离散系数较小,分散性较低,试验结果可靠性高。在破坏载荷之前,弯曲载荷-位移曲线基本保持线性,材料表现出脆性破坏的特点。这是因为单向经编复合材料的弯曲破坏主要由纤维的断裂导致。试验件发生破坏时，上表面的基体被压溃，纤维脱胶断裂。下表面的基体受拉开裂，纤维也发生了弯折。

单向经编复合材料的层间剪切强度约为75.68 MPa。层间剪切试验的分散性较低，试验结果较为可靠。层间剪切载荷-位移曲线从试验开始就表现出了非线性，随着载荷的增大，非线性越加明显。因此，经编复合材料具有剪切非线性的特点，这对研究其层间剪切性能是非常重要的。试验件发生层间剪切损伤时，曲线逐渐下降，表现出韧性破坏的特征。经编复合材料的层间剪切强度比拉伸强度、压缩强度和弯曲强度都小得多。因此，和传统的层合复合材料一样，层间性能仍然是经编复合材料最薄弱的性能，分层损伤仍然是经编复合材料进行实际应用时需要重点考虑的问题。

通过对比单向经编复合材料和单向层合复合材料的基本力学性能，可以发现两者的性能差别较小。经编线的主要作用是在进行复合材料加工时，对增强纤维进行绑缚，使得纤维的取向不被轻易扰动，保证材料内部结构的稳定性，提高加工质量。

25.4 三维编织复合材料结构件力学性能试验研究

25.4.1 引言

近年来，三维编织复合材料越来越多地应用于航空航天领域，也受到了越来越多研究人员的关注[62-64]。然而，目前大多数研究都集中在三维编织复合材料的细观结构建模[77, 81, 140]，以及对其基本力学性能的分析[86-89, 141]，对三维编织复合材料结构件的研究还远远不够充分。而且，由于结构件的试验研究较为复杂，试验成本较高，对结构件的研究大多停留在有限元分析[91, 92, 142]，相应的结果缺乏试验验证。因此，开展三维编织复合材料结构件的试验研究，对其力学性能进行测试分析，可以有效地弥补相关研究的不足，具有十分重要的意义。

接头的使用可以大大方便机械设备的装配与拆卸，因此，其在工程领域中有着极为广泛的应用[143-146]。然而，接头外形一般都比较不规则，应力状态比较复杂，应力集中比较严重。因此，对接头材料的强度往往有很高的要求[147]。三维编织复合材料不仅具有比刚度和比强度高的优点，同时，不存分层缺陷，具有整体成型的特点。因此，三维编织复合材料非常适合作为接头材料[93]。

本章对复杂构型三维编织桁架接头的力学性能进行了测试。首先，详细介绍了接头在工程中的应用、外形尺寸、材料以及成型工艺。其次，设计了接头的静力试验方案，包括试验工装、加载方式，等等。最后，基于静力试验的结果，绘制了接头的载荷-位移曲线和应变变化过程，并对接头的失效机理进行了全面的分析与讨论。

25.4.2 某航天器支架结构

桁架结构传力路线明确，载荷分配合理，结构形式简单，易于拆装，可以有效提高飞行器的承载能力，减轻结构重量，因此，在卫星、空间站等航天器中的应用广泛。图25.23为某航天器的支架结构，该支架结构为一空间桁架。桁架呈四个交错的四面体构型，包括 4 个上接头、4 个下接头、4 个交叉接头和 20 根圆杆。桁架的基本尺寸如图 25.24 所示。上接头、下接头和交叉接头通过三维编织复合材料工艺制造而成，其材料为 T700 碳纤维/TDE86 环氧树脂。圆杆则通过缠绕复合材料工艺制成，其材料为 M55J 碳纤维/TDE86 环氧树脂。制造时，上接头的顶端和下接头的法兰盘预留了螺栓孔，以实现桁架与其他结构的装配。空间桁架结构的零部件组成及相关的材料工艺汇总如表 25.6 所示。

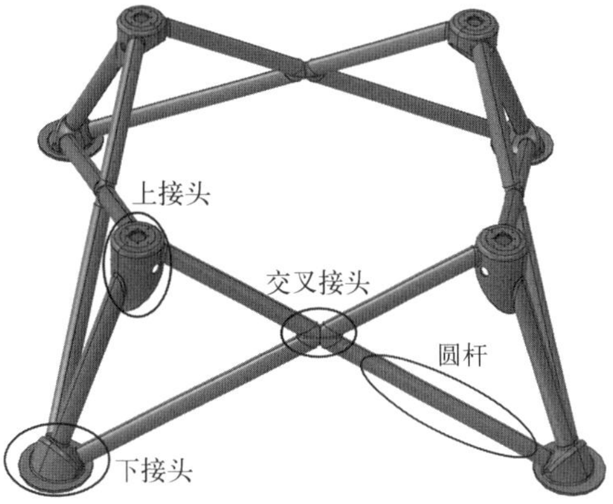

图 25.23　空间桁架构型

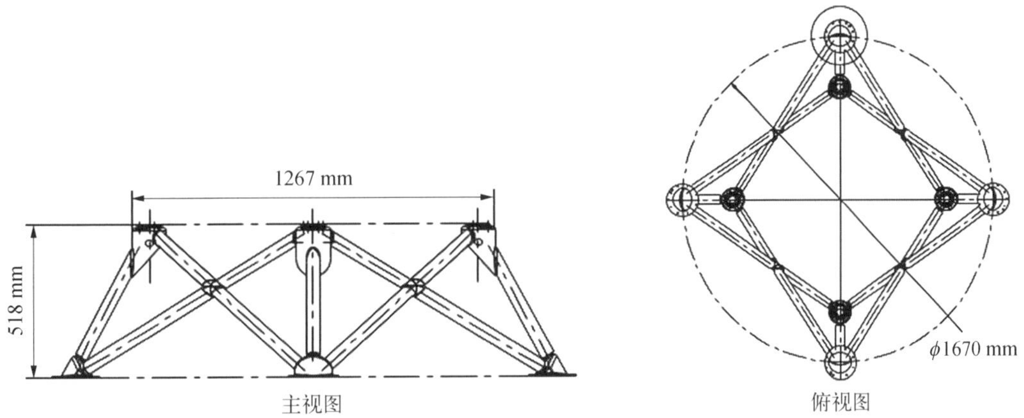

图 25.24　空间桁架尺寸

表 25.6　空间桁架结构组成

零部件	个　数	材　　料	工　艺
上接头	4	T700 碳纤维/TDE86 环氧树脂	三维编织
交叉接头	4	T700 碳纤维/TDE86 环氧树脂	三维编织
下接头	4	T700 碳纤维/TDE86 环氧树脂	三维编织
圆杆件	20	M55J 碳纤维/TDE86 环氧树脂	缠绕

桁架结构中，接头外形变化剧烈，设计和加工难度较大，应力状态复杂，力学性能要求高，是桁架结构的关键。工程实际中发现，下接头为该桁架的易失效部件，因此，单独对下接头（下文中简称“接头”）进行静力试验，测试其力学性能，对其损伤形貌和失效机理进行全面的分析。

25.4.3　三维编织复合材料接头构型及工艺

图 25.25 展示了三维编织复合材料接头的几何外形。接头分为支管和底座两部分，

支管占总体积比的约 22%,底座占总体积比的约 78%。支管包括一个中央支管和两个侧支管,不同的支管可连接不同的圆杆。接头可以通过底座上的螺栓孔进行固定。支管为三维五向编织复合材料,底座为三维六向编织复合材料。接头的纤维和基体材料分别为 T700 碳纤维和 TDE86 环氧树脂基体,纤维体积含量为 58%,编织角为 35°。

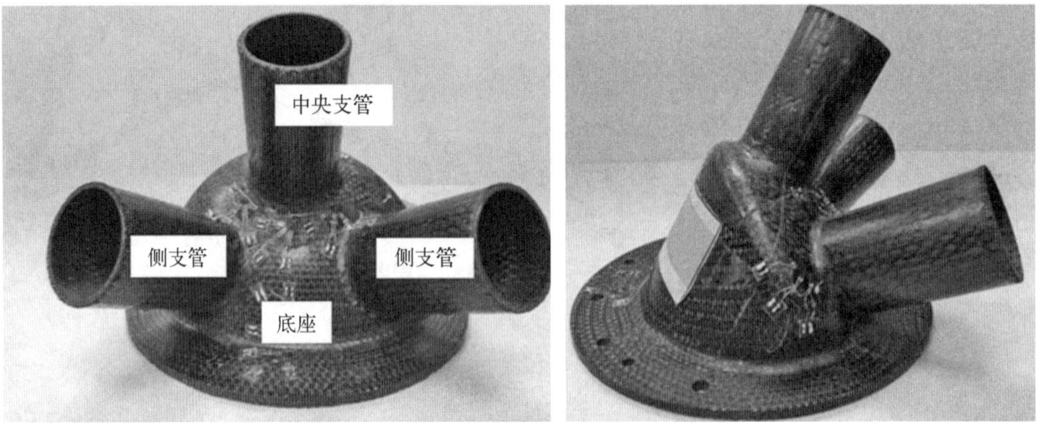

图 25.25　三维编织复合材料接头几何外形

图 25.26 为三维编织复合材料接头的基本尺寸。其中,三个支管的外径均为 40 mm,且不同支管的轴线相交于一点。该点与三个支管口端部的距离均为 140 mm。底座壁厚为 6 mm,支管壁厚为 2 mm。

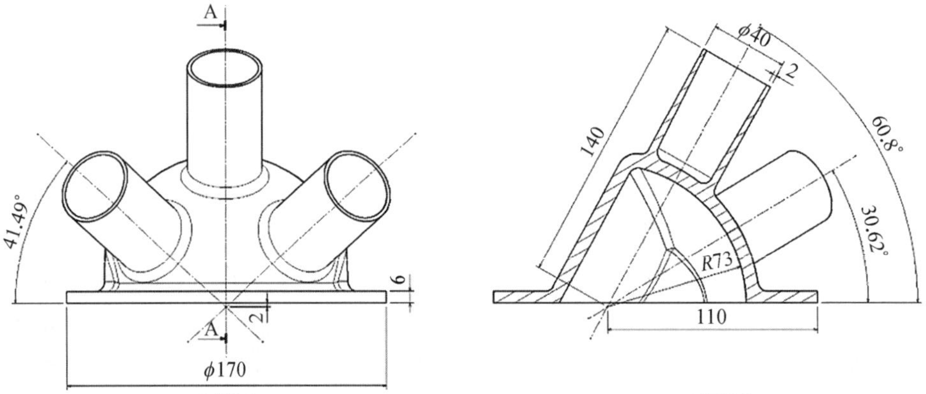

主视图　　剖面图

图 25.26　三维编织复合材料接头尺寸(单位: mm)

接头由天津工业大学复合材料研究所制造成型,其工艺过程如图 25.27 所示。

25.4.4　三维编织复合材料接头静力试验方案

接头静力试验在 WDW－100A 电子万能试验机上进行。工程实际中,接头的三个支管均承受压缩载荷,但试验机只能沿着竖直方向加载。为了模拟接头在桁架结构中真实的受载情况,需要为该试验设计相应的工装,如图 25.28 所示。接头通过螺栓固定在楔形

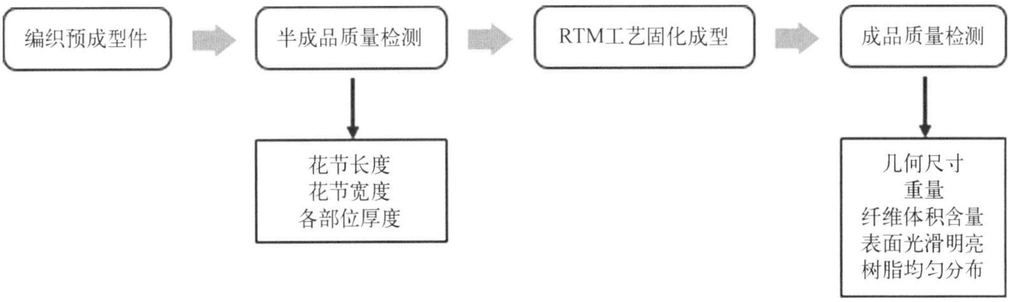

图 25.27　三维编织复合材料接头工艺过程

的基座上，楔形基座的倾角为 39.2°。载荷则通过夹具施加到接头上。夹具为三根杆和一个顶板，三根杆相当于图 25.23 中桁架结构的复合材料缠绕圆杆，三根杆的一端插入接头的各支管，另一端和顶板焊接。顶板用于承受来自试验机的载荷，并将载荷传递给各根杆。对基座的倾角和夹具各杆的长度进行了合理的设计，使得加载时顶板保持水平。基座和夹具材料均为高碳钢，可视为刚体。需要说明的是，采用钢管代替复合材料圆管，接头受到的轴向载荷基本不变，而受到的弯矩和剪力会有所差异，但由于轴向载荷为接头受到的主要载荷，所以认为使用钢管代替复合材料圆管是合理的。如果静力试验中，接头出现较明显的弯曲破坏，则需要对试验方案进行调整，确保接头受载的合理性。

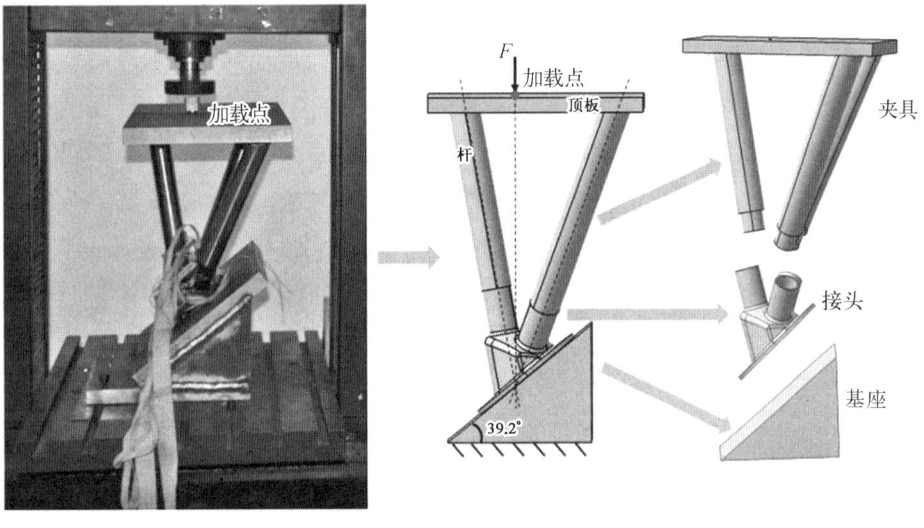

图 25.28　三维编织复合材料接头静力试验装置

研究对两个相同的试验件进行了测试，以保证试验结果的可靠性。试验机以 100 N/s 的速率向下加载，使得接头承受压缩载荷。载荷作用线和接头各支管轴线相交于一点。试验时，以 1.5 kN 为一级，逐级进行加载。为了消除试验件、夹具和试验设备之间的空隙，试验时，需要进行预加载。首先将载荷从零逐级加载至 30 kN，然后再逐级卸载为零。

加载点的载荷和位移由数据采集系统记录下来，从而获得载荷-位移曲线。接头的表面贴了十片应变花，载荷每增加一级记录一次各点的应变值。

25.4.5 三维编织复合材料接头静力试验结果与讨论

接头在加载过程中表现出了良好的力学性能,其载荷-位移曲线如图 25.29 所示。可以看出,两条曲线相合较好,两个试验件的失效载荷和失效位移都比较接近,证明了试验的可重复性和有效性。加载的初始阶段,曲线基本为线性上升。当加载至 10.5 kN,接头开始发出轻微响声,这可能是试件的初始损伤所致。由于损伤的积累,当载荷增大到约 45 kN 的时候,曲线的斜率开始下降,接头发出连续的响声。载荷为 60 kN 左右时,接头中央支管的管口被严重压溃,接头失去承载能力。

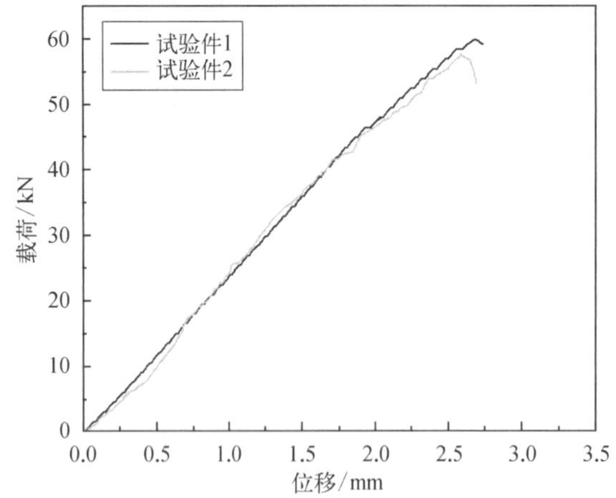

图 25.29 三维编织复合材料接头静力试验载荷-位移曲线

图 25.30 展示了接头失去承载能力后的损伤形貌。可以看出,两个试验件的损伤形貌非常相似。在加载过程中,中央支管的管口首先出现了裂纹。随着载荷增大,裂纹逐渐扩展,直至整个支管口被完全压溃。中央支管管口的纤维束被压断,基体也被完全破坏,失去了黏合能力,因此,管口可以观察到很多弯折的纤维。此外,侧支管的管口也观察到了不少裂纹。接头的其他部位没有发生损伤。综上所述,接头的失效主要是中央支管的管口被压溃导致的。

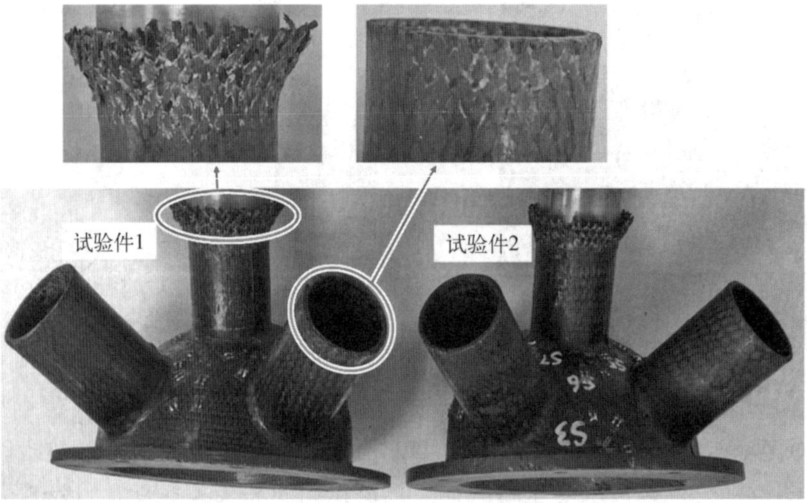

图 25.30 三维编织复合材料接头破坏形貌

图 25.31 为接头表面三片不同的应变花记录的应变变化过程(以试验件 1 为例)。应变花的贴片位置如图 25.32 所示。应变花 1 位于主支管与底座相贯处,应变花 2 位于侧

支管与底座相贯处,应变花 3 位于底座背面。这三个位置接头外形变化均较为剧烈。从图 25.32 可以看出,载荷为 45 kN 时,由于接头刚度开始折减,各个位置的应变值都出现了轻微的突变。但由于这三个位置没有发生损伤,总体而言,各应变值都随着载荷的增大而不断增大。

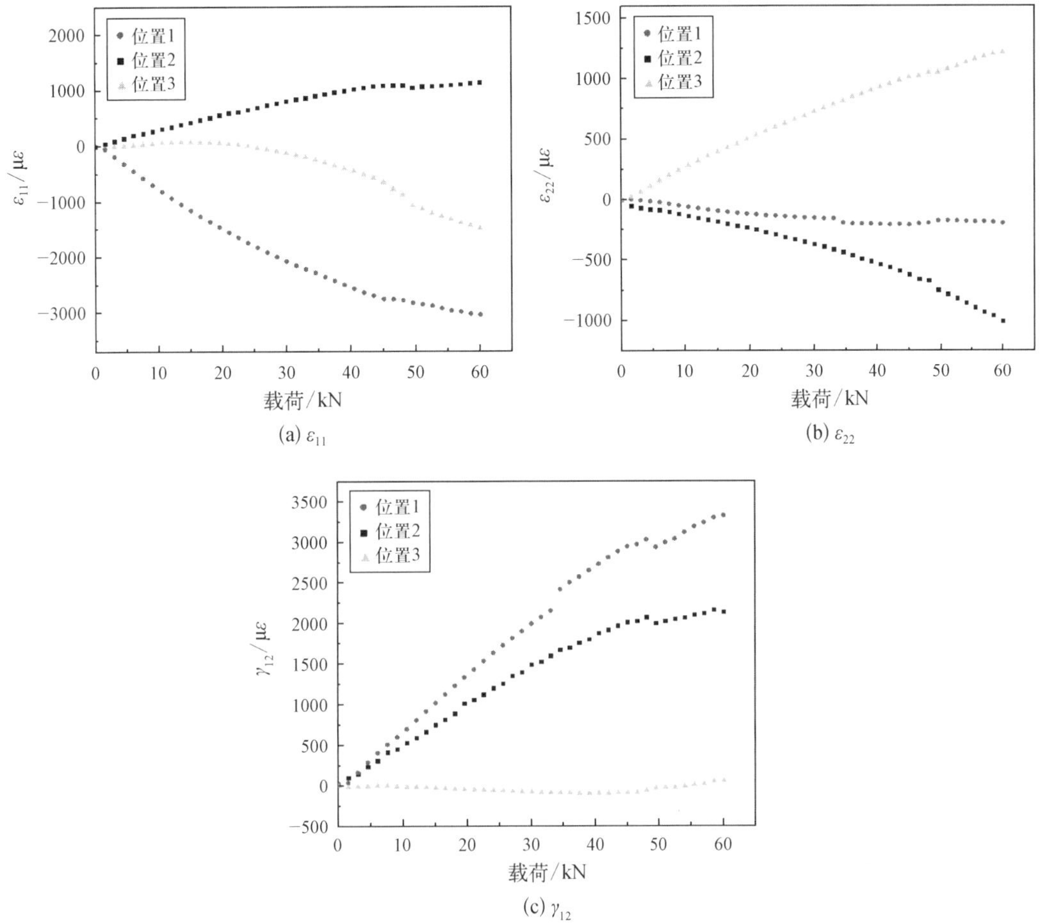

图 25.31　三维编织复合材料接头静力试验应变变化过程

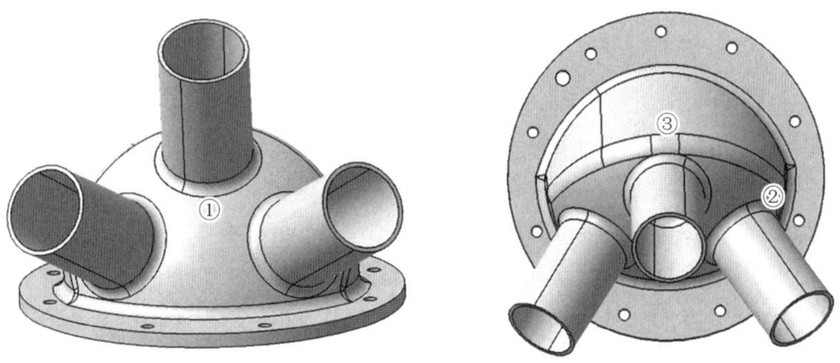

图 25.32　应变花贴片位置

25.4.6 小结

本节详细介绍了三维编织复合材料桁架接头在工程实际中的应用以及成型工艺，并设计了相应的静力试验方案，对接头的力学性能进行测试分析。通过试验，得到了接头的力学响应过程，绘制了载荷-位移曲线和不同位置的应变变化趋势，并对接头的损伤形貌和失效机理进行了全面的讨论。

接头在加载过程中表现出了良好的力学性能，其失效载荷可达 60 kN 左右，证明了三维编织复合材料对于制造复杂结构件的适用性。接头失去承载能力时，中央支管的管口发生了严重破坏，侧支管的管口也观察到了不少裂纹，其他部位则没有发生损伤。中央支管的管口被压溃是导致接头失效的主要原因。试验共对两个试验件进行了测试，不同试验件的载荷-位移曲线和失效形貌都较为相似，表明了试验的可重复性和有效性。

习题与思考题

1. 纺织复合材料的损伤可出现在哪些组分材料?
2. 截面纤维呈矩形分布的浸润纱线其纱线内最大纤维体积含量是多少?
3. 假设纺织复合材料单胞结构中各个浸润纱线具有相同的纱线内纤维体积含量为 80%，单胞模型内浸润纱线体积含量为 60%，纯基体体积含量为 40%，计算该单胞的纤维体积含量。
4. 纺织复合材料相比于层板复合材料有哪些性能优势?
5. 请画图表明两步法、四步法与旋转法编织的编织过程，并分析三维多向编织复合材料与三维四向编织复合材料的力学性能差别。
6. 基于单胞模型的纺织复合材料细观分析中，单胞边界处需要满足什么条件? 请给出数学表达式。
7. 分别写出纱线纵向拉伸模量(并联)和横向拉伸模量(串联)的混合定律计算公式。
8. 与单向预浸料比，纤维预成型体有什么优缺点?
9. 试画图说明三维编织中的主编织角和横向编织角。

参 考 文 献

[1] 王耀先. 复合材料结构设计[M]. 北京：化学工业出版社，2001.

[2] 张佐光，李敏，陈绍杰. 飞机结构用先进复合材料的应用与发展[C]. 北京：复合材料——基础、创新、高效：第十四届全国复合材料学术会议论文集(上)，2006.

[3] 吴敬欣. 纬编双轴向热塑性复合材料性能研究[D]. 青岛：青岛大学，2007.

[4] 沈怀荣. 纺织结构复合材料的设计与应用[J]. 指挥技术学院学报，1999，10(1)：1－7.

[5] Dow M B, Dexter H B. Development of stitched, braided and woven composite structures in the ACT program and at Langley Research Center (1985 to 1997) — Summary and bibliography[R]. Hampton: Langley Research Center, 1997.

[6] 董孚允,王春敏,董娟. 三维纺织复合材料的发展和应用[J]. 纤维复合材料,2001, 18(3): 37 - 40.
[7] 王静. 纺织复合材料[J]. 山东纺织科技,2003, 44(2): 54 - 56.
[8] 李少敏,楼丽琴,林雅,等. 现代纺织复合材料应用与未来发展[J]. 轻纺工业与技术,2012, 41(5): 45 - 47.
[9] 裘镜蓉. 编织复合材料在宇航上的应用[J]. 宇航材料工艺,1991(4): 36 - 41.
[10] 胡红. 产业用纬编针织物的应用与发展[J]. 针织工业,2005(1): 65 - 66.
[11] 刘爱平,赵书林. 纺织复合材料的应用和发展[J]. 天津纺织科技,2008(3): 1 - 4.
[12] 钟翔屿. 纺织复合材料在航空航天工业上的应用[J]. 纺织导报,2003(6): 142 - 146.
[13] 马丕波,朱运甲,高雅,等. 针织结构复合材料的应用与发展[J]. 玻璃纤维,2014(1): 5 - 10.
[14] 宋允,孙晋良. 多轴向经编复合材料的工业应用[J]. 产业用纺织品,1998, 16(10): 38 - 41.
[15] 李炜,罗永康. 经编复合材料的应用与实践[C]. 青岛: 2011 年全国针织染整新技术研讨会论文集,2011.
[16] 罗永康. 经编复合材料及其应用[J]. 航天工艺,1999(2): 31 - 36.
[17] 陈静,王海雷. 复合材料缝合技术的研究及应用进展[J]. 新材料产业,2018(6): 38 - 41.
[18] 赵龙,谢向利. 复合材料缝纫技术研究[C]. 合肥: 复合材料的现状与发展——第十一届全国复合材料学术会议论文集,2000.
[19] 陈利,孙颖,马明. 高性能纤维预成形体的研究进展[J]. 中国材料进展,2012, 31(10): 21 - 29.
[20] 邓妍. 机织复合材料力学性能预测的多尺度关联方法[D]. 上海: 上海交通大学,2014.
[21] 张莉,马崇启,程庆基. 新型三维纺织复合材料预制件织造方法的探讨[J]. 产业用纺织品,2006, 24(12): 5 - 9.
[22] 丁辛,易洪雷. 三维机织几何结构的数值表征[J]. 东华大学学报(自然科学版),2003, 29(3): 15 - 19.
[23] 焦亚男,李嘉禄,董孚允. 针织复合材料的研究进展[J]. 纺织学报,2004, 25(4): 125 - 128.
[24] 梁玉华. 玻璃纤维纬编针织复合材料工艺与性能研究[D]. 天津: 天津工业大学,2002.
[25] Leong K H, Ramakrishna S, Huang Z M, et al. The potential of knitting for engineering composites—A review[J]. Composites Part A, 2000, 31(3): 197 - 220.
[26] 谈亚飞. 经编复合材料的市场现状与发展趋势[J]. 针织工业,2010(2): 17 - 20.
[27] 董韵,李炜. 经编多轴向织物[J]. 玻璃钢/复合材料,2006(1): 56 - 57.
[28] Ustunel U. Modern multiaxials improve performance[J]. Reinforced Plastics, 2006, 50(4): 34 - 38.
[29] 毕蕊,姜亚明,刘良森,等. 二维编织包芯纱成纱工艺及质量探讨[J]. 纺织导报,2006(2): 56 - 58.
[30] 尚自杰,吴晓青,诸利明. 二维编织在复合材料中的应用研究[J]. 天津纺织科技,2016(2): 6 - 10.
[31] 丁丹烨. 三维编织复合材料编织几何和力学性能的细观分析[D]. 南京: 南京航空航天大学,2008.
[32] 苏丹,缪旭红. 多轴向经编增强材料拉伸性能的研究[J]. 纺织学报,2011, 32(10): 61 - 65.
[33] 蒋毓,陈南梁. 经编多轴向复合材料拉伸性能的研究[J]. 上海纺织科技,2002, 30(2): 35 - 36.
[34] 马亚运,陶楠楠,高晓平. 双轴向经编和三维正交机织增强复合材料拉伸性能实验研究[J]. 玻璃钢/复合材料,2016(11): 15 - 19.
[35] 陆倩倩. 多轴向经编织物的力学性能与复合材料加工性能研究[D]. 上海: 东华大学,2012.
[36] 王震宇,刘玲,宫占峰,等. NCF/环氧层板开孔拉伸渐进损伤分析[J]. 复合材料学报,2013, 30(S1): 147 - 152.
[37] 刘波,燕瑛,齐忠新,等. T700 经编织物单向板拉伸性能预报及实验验证[C]. 北京: 第 17 届全国复合材料学术会议论文集,2012.

[38] Kong H, Mouritz A P, Paton R. Tensile extension properties and deformation mechanisms of multiaxial non-crimp fabrics[J]. Composite Structures, 2004, 66(1): 249 - 259.

[39] 赵兆,陈南梁,刘黎明,等. 玻纤捆绑纱双轴向经编碳纤维增强复合材料拉伸性能的研究[J]. 玻璃钢/复合材料,2012(5): 42 - 46.

[40] Edgren F, Mattsson D, Asp L E, et al. Formation of damage and its effects on non-crimp fabric reinforced composites loaded in tension[J]. Composites Science and Technology, 2004, 64(5): 675 - 692.

[41] Li J, Yan Y, Tian Z, et al. Multiscale modeling and tensile behavior analysis of uniaxial reinforced warp-knitted composites[J]. Polymer Composites, 2018, 40(6): 2510 - 2522.

[42] 刘波,燕瑛. 复合材料单向板压缩强度预报及实验验证[C]. 北京: 第十届中日复合材料学术会议论文集,2012.

[43] 方芳. 双轴向经编针织复合材料压缩性质应变率效应和失效机理[D]. 上海: 东华大学,2015.

[44] 屈泉. 高性能纤维多轴向经编针织复合材料力学性能的研究[D]. 上海: 东华大学,2004.

[45] 李丹曦,高晓平. 四轴向经编复合材料力学性能实验研究[J]. 现代纺织技术,2016, 24(5): 20 - 24.

[46] Cecen V, Sarikanat M, Seki Y, et al. Polyester composites reinforced with noncrimp stitched carbon fabrics Mechanical characterization of composites and investigation on the interaction between polyester and carbon fiber[J]. Journal of Applied Polymer Science, 2006, 102(5): 4554 - 4564.

[47] Lomov S V, Belov E B, Bischoff T, et al. Carbon composites based on multiaxial multiply stitched preforms. Part 1. Geometry of the preform[J]. Composites Part A, 2002, 33(9): 1171 - 1183.

[48] Goktepe O. Use of non-uniform rational B-splines for three-dimensional computer simulation of warp knitted structures[J]. Turkish Journal of Engineering and Environmental Sciences, 2001, 25(4): 369 - 378.

[49] Du G, Ko F. Analysis of multiaxial warp-knit preforms for composite reinforcement[J]. Composites Science and Technology, 1996, 56(3): 253 - 260.

[50] Robitaille F, Clayton B R, Long A C, et al. Geometric modelling of industrial preforms: Warp-knitted textiles[J]. Proceedings of the Institution of Mechanical Engineers, Part L- Journal of Materials: Design and Applications, 2000, 214(L2): 71 - 90.

[51] Drapier S, Wisnom M R. Finite-element investigation of the compressive strength of non-crimp-fabric-based composites[J]. Composites Science and Technology, 1999, 59(8): 1287 - 1297.

[52] Tessitore N, Riccio A. A novel FEM model for biaxial non-crimp fabric composite materials under tension[J]. Computers and Structures, 2006, 84(19 - 20): 1200 - 1207.

[53] Wan Y, Zhang F, Gu B, et al. Predicting dynamic in-plane compressive properties of multi-axial multi-layer warp-knitted composites with a meso-model[J]. Composites Part B, 2015, 77: 278 - 290.

[54] Riccio A, Zarrelli M, Tessitore N. A numerical model for delamination growth simulation in non-crimp fabric composites[J]. Composites Science and Technology, 2007, 67(15 - 16): 3345 - 3359.

[55] Yavari V, Kadivar M H. Application of stochastic finite element method in estimation of elastic constants for NCF composites[J]. Mechanics Research Communications, 2012, 40: 69 - 76.

[56] Joffe R, Mattsson D, Modniks J, et al. Compressive failure analysis of non-crimp fabric composites with large out-of-plane misalignment of fiber bundles[J]. Composites Part A, 2005, 36(8): 1030 - 1046.

[57] Mikhaluk D S, Truong T C, Borovkov A I, et al. Experimental observations and finite element modelling

of damage initiation and evolution in carbon/epoxy non-crimp fabric composites[J]. Engineering Fracture Mechanics, 2008, 75(9): 2751-2766.

[58] Zhao L G, Warrior N A, Long A C. Finite element modelling of damage progression in non-crimp fabric reinforced composites[J]. Composites Science and Technology, 2006, 66(1): 36-50.

[59] Tserpes K I, Labeas G N. Mesomechanical analysis of non-crimp fabric composite structural parts [J]. Composite Structures, 2009, 87(4): 358-369.

[60] Ferreira L M, Graciani E, París F. Modelling the waviness of the fibres in non-crimp fabric composites using 3D finite element models with straight tows[J]. Composite Structures, 2014, 107: 79-87.

[61] González A, Graciani E, París F. Prediction of in-plane stiffness properties of non-crimp fabric laminates by means of 3D finite element analysis[J]. Composites Science and Technology, 2008, 68(1): 121-131.

[62] Sun B, Liu R, Gu B. Numerical simulation of three-point bending fatigue of four-step 3-D braided rectangular composite under different stress levels from unit-cell approach[J]. Computational Materials Science, 2012, 65, 239-246.

[63] Chen X, Li Z. Analysis of the dynamic response of 3D-braided rectangular plates on an elastic foundation [J]. Mechanics of Composite Materials, 2008, 44, 607-622.

[64] Wu X, Li J, Shenoi R A. Measurement of braided preform permeability[J]. Composites Science and Technology, 2006, 66(15), 3064-3069.

[65] 卢子兴,冯志海,寇长河,等. 编织复合材料拉伸力学性能的研究[J]. 复合材料学报,1999, 16(3): 130-135.

[66] 唐国翌,闫允杰,陈锡花,等. 多向编织碳纤维复合材料的断裂及微观形貌[J]. 清华大学学报(自然科学版),1999, 39(10): 4-7.

[67] 王波,矫桂琼,陶亮,等. 三维编织复合材料拉压破坏的实验研究[C]. 天津: 复合材料: 生命、环境与高技术——第十二届全国复合材料学术会议论文集,2002.

[68] 郑锡涛,郭稳学,盛国柱,等. 三维编织复合材料力学性能试验研究[C]. 天津: 第十二届全国复合材料学术会议,2002.

[69] 李嘉禄,孙颖,李学明,等. 二步法方型三维编织复合材料力学性能及影响因素[J]. 复合材料学报, 2004, 21(1): 90-94.

[70] 贾光耀,陈虹,郭志猛,等. 三维编织结构复合材料力学性能的实验研究[C]. 2004: 2004 年中国材料研讨会论文摘要集,2004.

[71] 魏铭森,季涛. 双结构三维编织复合材料弹性模量的试验研究[J]. 南通大学学报(自然科学版), 2005, 4(1): 36-38.

[72] 陈利,刘景艳,马振杰,等. 三维多向编织复合材料压缩性能的试验研究[J]. 固体火箭技术,2006, 29(1): 63-66.

[73] Wu X, Gu B, Sun B. Comparisons of axial compression behaviors between four-directional and five-directional braided composite tubes under high strain rate loading[J]. Journal of Composite Materials, 2016, 50(28): 3905-3924.

[74] Pei X Y, Li J L. Research on fabricating technology of three dimensional integrated braided composite I beam[J]. Frontier in Functional Manufacturing Technologies, 2010, 136: 59-63.

[75] Zheng X, Sun Q, Guo Y, et al. Strength predication for load-bearing lugs of three-dimensional braided composites[J]. Key Engineering Materials, 2007, 353-358: 1948-1951.

[76] 郝露. 三维编织复合材料T型梁细观结构及弯曲性能研究[D]. 天津：天津工业大学，2015.

[77] Wang Y, Wang A S D. Microstructure/property relationships in three-dimensionally braided fiber composites[J]. Composites Science and Technology, 1995, 53(2): 213－222.

[78] Ya J, Liu Z, Wang Y. Micro-CT characterization on the meso-structure of three-dimensional full five-directional braided composite[J]. Applied Composite Materials, 2017, 24(3): 593－610.

[79] Quan Z, Larimore Z, Qin X, et al. Microstructural characterization of additively manufactured multi-directional preforms and composites via X-ray micro-computed tomography[J]. Composites Science and Technology, 2016, 131: 48－60.

[80] Yang J M, Ma C L, Chou T W. Fiber inclination model of three-dimensional textile structural composites [J]. Journal of Composites, 1986, 20(5): 472－484.

[81] Wu D L. Three-cell model and 5D braided structural composites [J]. Composites Science and Technology, 1996, 56(3): 225－233.

[82] Kalidindi S, Franco E. Numerical evaluation of isostrain and weighted-average models for elastic moduli of three-dimensional composites[J]. Composites Science and Technology, 1997, 57(3): 293－305.

[83] Chen L, Tao X M, Choy C L. Mechanical analysis of 3－D braided composites by the finite multiphase element method[J]. Composites Science and Technology, 1999, 59(16): 2383－2391.

[84] Li D, Lu Z, Chen L, et al. Microstructure and mechanical properties of three-dimensional five-directional braided composites [J]. International Journal of Solids and Structures, 2009, 46 (18 － 19): 3422－3432.

[85] Shokrieh M M, Mazloomi M S. A new analytical model for calculation of stiffness of three-dimensional four-directional braided composites[J]. Composite Structures, 2012, 94(3): 1005－1015.

[86] Yu X G, Cui J Z. The prediction on mechanical properties of 4－step braided composites via two-scale method[J]. Composites Science and Technology, 2007, 67(3－4): 471－480.

[87] Sun J, Zhou G, Zhou C, et al. In-plane shear investigation of 3D surface-core braided composites [J]. Composites Science and Technology, 2016, 135: 54－66.

[88] Dong J, Huo N. A two-scale method for predicting the mechanical properties of 3D braided composites with internal defects[J]. Composite Structures, 2016, 152: 1－10.

[89] Zhang C, Mao C, Zhou Y. Meso-scale damage simulation of 3D braided composites under quasi-static axial tension[J]. Applied Composite Materials, 2017, 24(5): 1179－1199.

[90] Fang G, Liang J, Wang B, et al. Effect of interface properties on mechanical behavior of 3D four-directional braided composites with large braid angle subjected to uniaxial tension[J]. Applied Composite Materials, 2011, 18(5): 449－465.

[91] Guo Q, Zhang G, Li J. Process parameters design of a three-dimensional and five-directional braided composite joint based on finite element analysis[J]. Materials and Design, 2013, 46: 291－300.

[92] Zhou L D, Zhuang Z. Strength analysis of three-dimensional braided T-shaped composite structures [J]. Composite Structures, 2013, 104: 162－168.

[93] Wu Y, Nan B, Chen L. Mechanical performance and parameter sensitivity analysis of 3D braided composites joints[J]. The Scientific World Journal, 2014: 1－9.

[94] 孙颖，陈利，李嘉禄. 炭/环氧三维多向编织复合材料圆管相贯接头承载有限元分析[J]. 固体火箭技术，2008, 31(3): 266－269.

[95] Topal U, Uzman U. Strength optimization of laminated composite plates [J]. Journal of Composite

Materials, 2008, 42(17): 1731 - 1746.

[96] Khandan R, Noroozi S, Sewell P, et al. Optimum design of fibre orientation in composite laminate plates for out-plane stresses[J]. Advances in Materials Science and Engineering, 2012: 1 - 11.

[97] Ertas A H, Sonmez F O. Design optimization of composite structures for maximum strength using direct simulated annealing[J]. Proceedings of the Institution of Mechanical Engineers Part C - Journal of Mechanical Engineering Science, 2014, 225(C1): 28 - 39.

[98] Blasques J P, Stolpe M. Maximum stiffness and minimum weight optimization of laminated composite beams using continuous fiber angles[J]. Structural and Multidisciplinary Optimization, 2011, 43(4): 573 - 588.

[99] Cardoso J B, Sousa L G, Castro J A, et al. Optimal design of laminated composite beam structures [J]. Structural and Multidisciplinary Optimization, 2002, 24(3): 205 - 211.

[100] Kravanja S, Silih S. Optimization based comparison between composite I beams and composite trusses [J]. Journal of Constructional Steel Research, 2003, 59(5): 609 - 625.

[101] Karakaya S, Soykasap O. Buckling optimization of laminated composite plates using genetic algorithm and generalized pattern search algorithm[J]. Structural and Multidisciplinary Optimization, 2009, 39(5): 477 - 486.

[102] Hwang S, Hsu Y, Chen Y. A genetic algorithm for the optimization of fiber angles in composite laminates[J]. Journal of Mechanical Science and Technology, 2014, 28(8): 3163 - 3169.

[103] Lopez R H, Luersen M A, Cursi E S. Optimization of laminated composites considering different failure criteria[J]. Composites Part B, 2009, 40(8): 731 - 740.

[104] Dai Y, Feng M, Zhao M. Topology optimization of laminated composite structures with design-dependent loads[J]. Composite Structures, 2017, 167: 251 - 261.

[105] Bakar I A A, Kramer O, Bordas S, et al. Optimization of elastic properties and weaving patterns of woven composites[J]. Composite Structures, 2013, 100: 575 - 591.

[106] Tian Z, Yan Y, Hong Y, et al. Improved genetic algorithm for optimization design of a three-dimensional braided composite joint[J]. Composite Structures, 2018, 206: 668 - 680.

[107] Kaufmann J R. Industrial applications of multiaxial warp knit composites[C]. Hampton: The Fifth Conference on Advanced Engineering Fibers and Textile Structures for Composites, 1991.

[108] Lomov S V. Non-crimp fabric composites-manufacturing, properties and applications[M]. Cambridge: Woodhead Publishing Limited, 2011.

[109] Drapier S, Wisnom M R. A Finite-element investigation of the interlaminar shear behaviour of non-crimp-fabric-based composites[J]. Composites Science and Technology, 1999, 59(16): 2351 - 2362.

[110] 国家质量技术监督局. 定向纤维增强塑料拉伸性能试验方法: GB/T 3354 - 1999[S]. 北京: 中国标准出版社, 1999.

[111] ASTM. Standard test method for thensile properties of polymer matrix composite materials: ASTM D3039/D3039M - 00[S]. West Conshohocken: American Society for Testing and Materials, 2000.

[112] 谭勇洋, 燕瑛, 李欣, 等. 针刺 C/C 复合材料拉伸强度及渐进失效数值预测[J]. 航空学报, 2016, 37(12): 3734 - 3741.

[113] 赵世强. 单向复合材料压缩实验研究及失效机理分析[D]. 哈尔滨: 哈尔滨工业大学, 2013.

[114] 薛继佳, 马少华. 聚合物基复合材料压缩试验方法研究[J]. 价值工程, 2018, 37(24): 130 - 132.

[115] 魏宏艳, 杨胜春, 沈真, 等. 复合材料压缩试验方法的对比分析与研究[C]. 北京: 第十五届全国复

合材料学术会议论文集(下册),2008.

[116] 中华人民共和国国家质量监督检验检疫总局,中国国家标准化管理委员会.单向纤维增强塑料平板压缩强度试验方法:GB/T 3856-2005[S].北京:中国标准出版社,2005.

[117] ASTM. Standard test method for compressive properties of polymer matrix composite materials with unsupported gage section by shear loading: ASTM D3410/D3410M-03[S]. West Conshohocken: American Society for Testing and Materials, 2003.

[118] 杨国腾,王巍.复合材料弯曲性能测试的研究[C].北京:2012年航空试验测试技术学术交流会论文集,2012.

[119] 张汝光.复合材料层合板的弯曲性能和试验[J].玻璃钢,2009(3):1-5.

[120] 国家质量技术监督局.单向纤维增强塑料弯曲性能试验方法:GB/T 3356-1999[S].北京:中国标准出版社,1999.

[121] ASTM. Standard test methods for flexural properties of unreinforced and reinforced plastics and electrical insulating materials: ASTM D790-03[S]. West Conshohocken: American Society for Testing and Materials, 2003.

[122] 陶云宝,林国荣.单向纤维增强塑料层间剪切强度试验方法的研究[J].玻璃钢,1982(6):5-7.

[123] 刘韡,矫桂琼.Z向增强平纹编织C/SiC复合材料层间剪切强度[J].材料科学与工程学报,2009,27(5):664-667.

[124] 舒小平.复合材料层板层间剪切滑移模型[J].淮海工学院学报,2001, 10(2):10-14.

[125] 王晓纯,薛明德,徐秉业,等.复合材料横向剪切弹性模量的识别与层间剪切强度的实验研究[J].工程力学,1998, 15(4):50-56.

[126] 张双寅.复合材料层间剪切强度[J].工程力学,1985, 2(4):35-43.

[127] 曹晓雨,张程煜,殷小玮,等.C/C-SiC复合材料的制备及其层间剪切强度分析[J].热加工工艺,2012, 41(12):87-90.

[128] 潘晋波,崔万继,王富强,等.针刺C/C复合材料层间剪切强度的研究[C].北京:第17届全国复合材料学术会议论文集,2012.

[129] 于艳华,杨国腾.复合材料层间剪切强度测试的研究[C].北京:2012年航空试验测试技术学术交流会论文集,2012.

[130] 梁春生.复合材料织物层合板层间剪切性能研究[J].科技创新与应用,2017(15):41-42.

[131] 赵昆,余秀华,侯晓,等.一种测试C/C扩张段层间剪切强度的改进三点短梁剪切法[J].宇航材料工艺,2013, 43(5):59-64.

[132] 国家标准局.单向纤维增强塑料层间剪切强度试验方法:JC-T 773-1982(96)[S].北京:中国标准出版社,1996.

[133] ASTM. Standard test method for short-beam strength of polymer matrix composite materials and their laminates: ASTM D2344/D2344M-00[S]. West Conshohocken: American Society for Testing and Materials, 2000.

[134] McCarthy C T, O'Higgins R M, Frizzell R M. A cubic spline implementation of non-linear shear behaviour in three-dimensional progressive damage models for composite laminates[J]. Composite Structures, 2010, 92(1): 173-181.

[135] Makeev A, Ignatius C, He Y. A test method for assessment of shear properties of thick composites [J]. Journal of Composite Materials, 2009, 43(25): 3091-3105.

[136] Makeev A, He Y, Carpentier P, et al. A method for measurement of multiple constitutive properties for

composite materials[J]. Composites Part A, 2012, 43(12): 2199－2210.

[137] 李祚军,张娟,王佩艳,等. T700/3234 碳纤维层合板的拉伸疲劳特性分析[J]. 机械设计与制造, 2013(10): 4－6.

[138] 王再玉,喻国生,严旭,等. T700 碳纤维增强树脂复合材料性能试验研究[J]. 洪都科技,2007(2): 42－46.

[139] 张国腾,陈蔚岗,吴东辉. 不同温度下 T700/环氧复合材料层间剪切强度(ILSS)统计分析[J]. 纤维复合材料,2009, 26(4): 6－8.

[140] Ko F K, Pastore C M. Structure and properties of an integrated 3－D fabric for structural composites [C]. Philadelphia: Recent Advances in Composites in the United States and Japan, 1985.

[141] Lu Z, Wang C, Xia B, et al. Effect of interfacial properties on the uniaxial tensile behavior of three-dimensional braided composites[J]. Computational Materials Science, 2013, 79: 547－557.

[142] Zhai J, Zeng T, Xu G, et al. A multi-scale finite element method for failure analysis of three-dimensional braided composite structures[J]. Composites Part B, 2016, 110: 476－486.

[143] Olmedo A, Santiuste C, Barbero E. An analytical model for predicting the stiffness and strength of pinned-joint composite laminates[J]. Composites Science and Technology, 2014, 90: 67－73.

[144] Trask R S, Hallett S R, Helenon F M M, et al. Influence of process induced defects on the failure of composite T-joint specimens[J]. Composites Part A, 2012, 43(4): 748－757.

[145] Camanho P P, Matthews F L. A progressive damage model for mechanically fastened joints in composite laminates[J]. Journal of Composite Materials, 1999, 33(24): 2248－2280.

[146] Camanho P P, Lambert M. A design methodology for mechanically fastened joints in laminated composite materials[J]. Composites Science and Technology, 2006, 66(15): 3004－3020.

[147] Chen Y, Wan J, Hu K, et al. Stress concentration factors of circular chord and square braces K-joints under axial loading[J]. Thin-Walled Structures, 2017, 113: 287－298.

第 26 章 航空复合材料部件设计和试验

学习要点：

(1) 理解航空复合材料部件设计一般理念；
(2) 掌握航空复合材料部件设计的基本要求和选材原则；
(3) 理解复合材料层压结构和夹层结构的设计要求；
(4) 了解飞机典型结构件的设计与防护要求；
(5) 了解航空复合材料结构设计的发展趋势。

26.1 引　言

先进复合材料自 20 世纪 60 年代问世后，就显示了强大的生命力。随着复合材料技术的不断发展，其在航空结构中得到广泛应用，成为飞机机体结构上与合金钢、铝合金、钛合金并驾齐驱的四大主结构材料之一[1-3]。

减轻结构重量对现代飞行器具有特殊重要的意义。先进复合材料因具有比强度和比刚度高、结构性能可设计等优异特性，将其用于飞机结构上，可比常规金属结构减重 20%~30%，并可明显改善飞机气动弹性特性，提高飞行性能，提升燃油使用效率，这是其他材料无法或难以达到的。同时复合材料易于整体成形、优异的抗疲劳和耐腐蚀特性有可能使得复合材料结构的全寿命成本大大低于传统的金属结构。先进复合材料的广泛应用还可进一步推进隐身和智能结构设计技术的发展，因此，先进复合材料在飞机上应用的部位和用量的多少现已成为衡量飞机结构先进性的重要指标之一。

因此，学习航空复合材料部件设计的基本理念，掌握航空复合材料典型部件设计的基本方法，熟悉复合材料在航空产品上的应用，及两种典型结构的基本分析方法，了解聚合物基复合材料部件设计的发展趋势，对开展航空复合材料部件设计具有较好的指导意义。

本章主要介绍航空复合材料部件设计。

26.2　先进复合材料在飞机结构上的应用

复合材料在飞机结构中的应用经历了三个阶段:

(1) 第一阶段应用于受载不大的简单零部件,如口盖、整流蒙皮、操纵面、阻力板等;

(2) 第二阶段应用于承力较大的部件,如活动舵面(升降舵、方向舵、襟翼、副翼)、垂直安定面、全动平尾、前机身段、压力框、起落架舱门等;

(3) 第三阶段应用于主承力部件和复杂受力部位,如机翼、中/后机身段、中央翼盒等。

在欧美,20 世纪 60 年代开始复合材料的发展阶段,20 世纪 70 年代初期进入应用阶段。20 世纪 80 年代以后服役的战斗机,其机翼、尾翼等部件基本上都采用了先进复合材料,用量已达到机体结构重量的 20%~30%。美国 20 世纪 80 年代研制的隐身飞机 B-2 的主结构均采用复合材料,其用量已达到 60%左右[3]。美国的垂直起落、倾转旋翼后可高速巡航的 V-22"鱼鹰",几乎是一架全复合材料飞机,见图 26.1。迄今为止,世界上已有许多小型的全复合材料飞机问世,其中著名的"星舟一号"客货两用机已通过适航鉴定;举世闻名的"旅游者"曾创下不加油、不着陆,连续 9 天环球飞行的世界纪录,为先进复合材料卓有成效的应用带来了成功与骄傲。

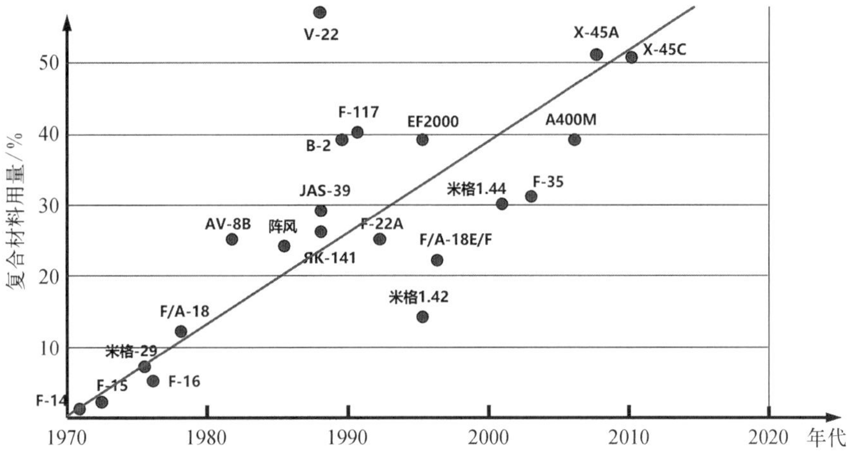

图 26.1　复合材料在国外军机上的应用

长期以来,由于对经济性和安全性的考虑,复合材料在民用飞机中的应用落后于军用飞机。出于商业竞争的考虑,进入 21 世纪后复合材料在民机结构的应用大幅度增加,A380 的复合材料用量达到 25%,波音 787 急剧增加到 50%,A350 达到 52%。见图 26.2。

直升机上复合材料的用量也日趋增加,目前已达结构重量的 60%~80%,如美国的武装直升机 RAH-66,其复合材料用量达结构重量的 50%以上。

我国从 20 世纪 60 年代末开始复合材料及其在飞机结构上的应用研究,20 世纪 70 年代中期研制成功了第一个复合材料飞机结构件——某战斗机进气道壁板。1985 年带复合材料垂尾的歼击机首飞;1990 年带复合材料前机身的战斗机升上蓝天。1995 年成功研

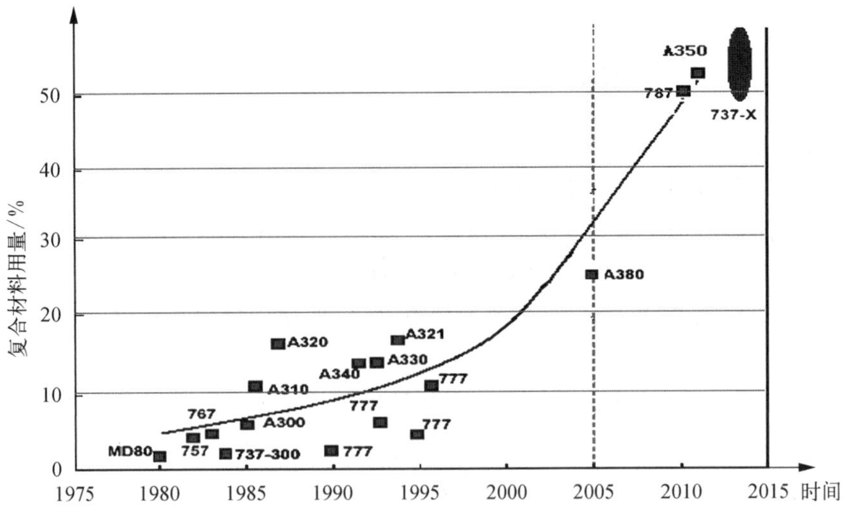

图 26.2　复合材料在国外民机上的应用

制带整体油箱的歼击机复合材料机翼，这标志着复合材料在我国飞机结构中的应用上了一个新的台阶。2000 年 Y7 飞机的复合材料垂尾通过了适航审定并进行了试飞，这标志着复合材料在民用飞机上的应用也进入了一个新的时代。与此同时，直升机复合材料的应用已由仿制阶段迈入了自行设计阶段。碳纤维/聚酰亚胺外涵道机匣研制成功和应用则开启了复合材料在发动机冷端部件上的应用[2]。近年来复合材料在国内军用和民用飞机结构中的应用得到了大幅度的提升，应用的比例和结构部件也越来越多。

21 世纪初，在国家“863”项目支持下，国产高性能碳纤维研制成功并小批量生产。经中航工业集团对材料性能的评审及“积木式”试验验证，成功应用于某歼击机。2010 年底，装有国产碳纤维复合材料部件[机翼、垂尾(含方向舵)、全动平尾和进气道调节板]的歼击机通过了飞行考核，并批量应用。自此，我国复合材料的应用又迈上了新台阶，实现了国产高性能碳纤维复合材料的自主保障。

26.3　飞机复合材料结构设计一般要求

26.3.1　结构设计要求

1. 结构静强度设计要求

飞机机体结构应有足够的静强度，以承受所有受载情况的载荷而不降低机体的结构特性。在限制载荷(使用载荷)作用下，结构不发生有害变形；在极限载荷(设计载荷)情况下，结构不发生总体破坏。

复合材料结构设计应特别考虑重复载荷和湿热环境对强度和刚度的影响，强度分析与评估应采用经过验证的分析程序与失效准则。

限制载荷是飞机在允许的地面和飞行使用中可能产生的最大和最严重的载荷组合。极限载荷由限制载荷乘以合适的不确定系数(安全系数)得出。复合材料结构设计与金属结构相同,不确定系数从现行强度规范或专为型号制定的强度设计准则中选取。一般固定翼飞机的不确定系数取值 1.5,如遇有特殊要求或在特殊环境下工作的结构时,应适当增加不确定系数[4-6]。无人机的不确定系数取 1.25~1.5。

2. 结构刚度设计要求

飞机机体结构刚度应满足:在限制载荷作用下,结构不产生永久变形,不产生妨碍飞机正常操纵以及影响飞机气动特性的有害变形,变形不应严重改变外载荷和内力分布。

结构刚度设计应充分利用复合材料铺层的可设计性,通过合理选取铺层角、铺层比和铺层顺序,以最小的质量达到满意的刚度,改善飞机气动弹性,提高飞机性能。对有刚度要求的一般部位,弹性常数的数值基准通常要求选取对应温度区间的典型值[7-11],但实际上迄今为止都采用室温干态条件下的弹性常数。

3. 结构稳定性设计要求

飞机上的薄壁层压板和蜂窝夹层等板壳类结构,如机尾翼的壁板蒙皮、翼梁与翼肋腹板、机身壁板、普通隔框等,在承受压缩、剪切应力时,最易发生失稳(屈曲)现象[2]。为保证结构的使用安全,复合材料薄壁结构应关注结构稳定性。蒙皮与机身壁板主要考虑压剪失稳情况,翼梁与翼肋腹板、普通隔框主要考虑剪切失稳情况。

对不同类型的飞机,不同部件,不同部位,应采用不同的稳定性要求:

(1) 大于 3 mm 厚度的层压板,在极限载荷下不允许失稳;

(2) 1 mm $\leqslant t \leqslant$ 3 mm 的层压板,在限制载荷下不允许失稳,极限载荷下允许失稳;

(3) 小于 1 mm 的薄板,允许在限制载荷下失稳。

国内外对复合材料结构的后屈曲特性进行了大量的理论和试验研究,结果表明,复合材料结构与金属结构一样,在屈曲后仍具有承载能力即后屈曲承载能力,利用后屈曲能力可以进一步获得减重效率。在应用复合材料结构后屈曲承载能力时,根据复合材料应用部位的重要程度,可以有条件地放宽上述稳定性要求,并进行充分的试验验证。

4. 结构耐久性/损伤容限设计要求

在使用(服役)期内,机体结构应具有抵抗疲劳开裂、腐蚀、高温高湿退化、分层和磨损及外来物损伤影响的能力[7],不会因频繁的维护、修理和更换零件而造成高昂的成本代价。

在设计使用寿命和设计使用方法下,机体结构应具有足够的损伤容限能力,即在材料、制造及工艺缺陷以及正常使用和维护中引起损伤的情况下,直到损伤在定期检查发现之前,含损伤结构应具有足够的剩余强度和刚度,以保证机体结构的安全[12]。

耐久性/损伤容限是通过结构细节设计来实现的。在结构细节设计中,应合理选择耐久性的材料、控制结构的应力水平和应力集中、采用合适的防腐蚀和热防护措施;制造中应选择恰当的成形工艺及加工工艺,尽可能消除残余应力。

耐久性/损伤容限设计应对易遭受冲击的部位,采取提高层压板抗冲击损伤能力的措施,如选择损伤阻抗较高的材料体系,增加±45°铺层比例,并将其铺设在外表面,表面层采用玻璃纤维织物。复合材料薄板和薄面板夹层结构应特别考虑满足低能量冲击的阻抗要求,避免带来过多的维修问题[9,10]。

5. 结构动力学设计要求

对振动严重的结构必须按照频率控制设计原则、响应控制原则以及声疲劳寿命要求进行动力学设计[2,3]。

复合材料结构的动特性(振动频率、振型及模态阻尼等)、动响应和声疲劳特性与层压板的铺层方向、铺层比例和铺层顺序等铺层参数密切相关,通过合理选择结构形式、结构布局与铺层参数等动力学设计,确保复合材料结构在正常使用条件下,避开干扰频率的共振区、钟乳区,将最大动响应控制在限制值内,并符合声疲劳寿命要求,以免在使用期内结构发生由振动、噪声引起的结构性能退化乃至失效等事件发生[2,3]。

6. 结构维修性设计要求

飞机服役期间,通常需要按维护大纲对复合材料结构进行定期维护,以保证其持续适航性。此外,可能会因超载、环境恶化、外来物冲击与雷击等意外事件,导致复合材料结构的损伤,需要通过检测确定损伤类型与位置,视其损伤状态,依据修理规范,确定适当的修理细则和程序并经批准后实施修理或更换。

维修性设计的目的在于通过选材、成形工艺、构型设计等技术途径,提高复合材料结构的抗损伤(特别是分层、低速冲击和冰雹损伤)能力,减轻结构损伤,减少维修,降低维修费用;保证维修实施的可达性(通路)和结构的可修理[2,3]。

复合材料结构方案设计时应制定复合材料结构维修大纲;打样设计时应考虑结构的维修性能和可能采用的修理方法(含临时性快速修理);根据结构可能产生的损伤,分段或分区确定维修等级;结构设计时应布置维护口盖,梁、肋腹板上设计适当尺寸的工艺孔,可通过手电筒与镜子对内部结构进行目视检查;设计修理方案时应考虑修理用材料与结构母体材料的相容性及固化工艺(包括外场条件下的固化)等[2,3]。

7. 结构工艺性设计要求

1) 工艺性设计要点

复合材料结构工艺性包括构件的制造工艺性和组合件、部件的装配工艺性两方面[9]。制造工艺性主要考虑铺层铺叠的可操作性、固化后的外观与内部质量,装配工艺性重点考虑配合精度、连接和组装方法[3]。在结构设计时应考虑工艺分离面的划分和成形工艺方法。

有许多不同的成形工艺可以用来制造复合材料零件,制件应优先选用成熟的或有使用经验的、制造成本低的成形工艺,所选工艺应能保证结构性能满足设计指标要求、配合精度满足装配要求[2,3]。

目前,航空领域复合材料构件最常用的制造技术是预浸料热压罐固化成形工艺。近年来,在原 RTM 成形工艺基础上,衍生出 VARI、RFI、HP-RTM、SCRIMP 等新型液体成形技术(liquid composite molding, LCM),并在大型承力结构件的制造方面取得了突破性进展。VARI 技术已成功应用于庞巴迪 C 系列飞机和俄罗斯 MS-21 飞机的机翼。液体成形技术是由低黏度树脂注入干态纤维预成形体,固化而成,具有结构整体化程度高、制造成本低、不受制件尺寸限制、设备投资小等优点,将成为航空复合材料结构低成本制造技术的发展方向。

结构构型与结构细节对工艺性有决定性影响。铺层设计时应根据结构外形与构型的复杂程度选用织物或单向预浸料,并考虑铺层不均衡或不对称引起的翘曲对装配的影响。

为减少装配工作量,在设备与工艺许可条件下,尽量设计成整体件,尽可能采用液体成形工艺。

2）尺寸公差

尺寸公差主要指厚度公差。受原材料、铺层、成形工艺、模具、构件尺寸和复杂程度以及操作人员的素质和技术水平等多种因素影响,复合材料厚度公差的分散性较大[3]。

对有装配或配合关系的部位,采用对合模成形的构件,厚度公差≤±4%厚度;对无装配或配合关系的部位,采用单面模成形的构件,厚度公差≤±8%厚度。

对于设计有严格要求而成形工艺难以保证其厚度公差的构件,可在需控制公差部位增加牺牲层(通常用玻纤织物铺层),与构件共固化,通过对牺牲层的加工达到精度要求[3]。

26.3.2　材料许用值与设计许用值的确定[6]

在复合材料结构设计中,需要使用材料许用值和设计许用值。材料许用值是对复合材料体系性能的表征,是设计选材的依据,也是确定设计许用值的基础。设计许用值是结构设计分析和强度校核的重要依据[11]。

1. 材料许用值

材料许用值是在一定的载荷类型与环境条件(需考虑湿热环境)下,主要由层压板试样的试验数据,按规定要求经统计分析后确定的具有一定置信度和可靠度的材料性能表征值[3]。材料许用值有 A 基准值(在 95%的置信度下,99%的性能数值群的值达到此值)、B 基准值(在 95%的置信度下,90%的性能数值群的值达到此值)和典型值(至少 5 个试样有效试验结果的算术平均值)三种,采用何种基准值,应根据具体型号的结构设计准则而确定。复合材料强度一般采用 B 基准值,用于含孔、分层、冲击损伤等结构细节特征的强度分析;模量取典型值,直接用于结构设计[9]。材料许用值在很多情况下采用应变值来表示。

材料许用值试验所用的试样应能代表实际结构所用材料,包括材料来源、成形工艺(包括后处理工艺)、纤维含量、固化后单层厚度等。

2. 设计许用值

设计部门根据所设计具体结构的结构完整性要求(通常包括静强度、刚度、耐久性和损伤容限等),在已有材料许用值、代表结构典型特征的层压板与夹层结构试样、元件(包括典型结构件)试验结果基础上,结合设计与使用经验的积累,规定设计许用值[2, 8]。

(1) 蒙皮结构的拉伸设计许用值根据典型铺层含孔试样的试验结果确定;蒙皮结构的压缩设计许用值根据典型铺层含冲击损伤和含充填孔试样的试验结果确定[8, 9, 11]。

(2) 薄蒙皮或薄面板蜂窝夹层结构在确定其设计许用值时,还应考虑屈曲的影响,如果其设计许用值主要取决于屈曲影响,还应增加考虑冲击损伤影响的附加系数(其值小于 1)[2, 9, 11]。

(3) 机械连接挤压设计许用值根据典型结构铺层单钉连接试样的挤压强度试验数据确定,同时应考虑连接的重要程度、结构特点、载荷类型、重复载荷和使用环境等因素的影响[8, 9, 11]。

确定重要连接接头和细节部位的设计许用值时,应考虑相应典型结构件的试验结果,或过去已有使用经验并证明是可靠的设计实践。设计许用值的确定必须考虑最严重的环境条件组合,但若设计许用值的确定考虑了目视勉强可检冲击损伤时,军机可以不必同时考虑湿热环境的影响,但民用大飞机必须考虑[11]。元件级设计许用值试验应采用规定的试验标准(国内航空行业推荐采用美国材料实验协会的 ASTM 标准)。

3. 许用应变

由复合材料力学可知,单层板的力学性能是各向异性的。纵向强度和模量比横向强度和模量大 1~2 个数量级,但纵、横向的破坏应变却在同一个数量级上,而且相差较小。层压板应变沿厚度方向是线性分布的,但是,各单层的偏轴刚度是不同的,导致应力沿厚度方向不规则分布(图 26.3)。厚度相同,铺层方向不同的层压板破坏应力可以相差很大,而破坏应变相差并不大,因此,层压结构选择应变作为设计许用值[3]。

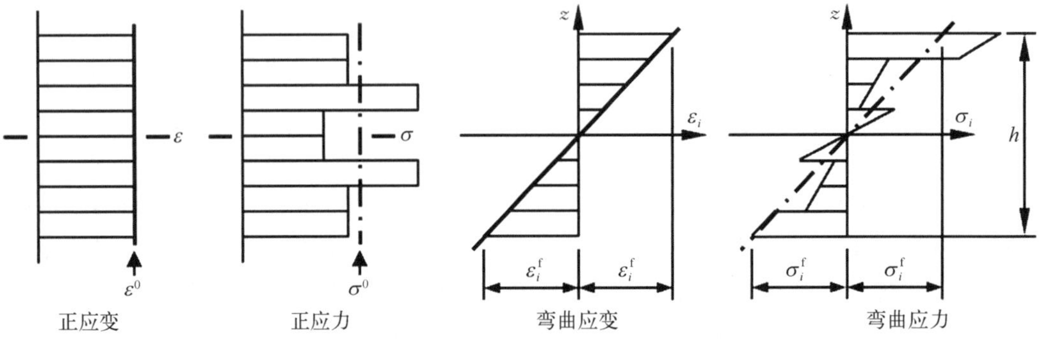

图 26.3　层压板沿厚度方向的应变与应力分布示意图

26.3.3　结构设计选材

设计选材是结构设计的基础,关系到结构效率、结构完整性和结构成本,十分重要。

复合材料是在结构固化成形的同时形成的,复合材料的性能依赖于成形工艺,材料选择与工艺选择互相关联,并且都对最终复合材料零件的质量和性能有显著影响。选材应按具体使用部位,综合考虑强度、刚度、工作温度/湿度、工艺性、成本、成熟度等因素,权衡折中,择优选用。

1. 选材基本原则

复合材料结构设计应根据部件具体使用部位,充分考虑性能、工艺性、成本、使用经验及材料来源等因素,综合权衡,择优选取材料。

(1) 应满足结构完整性(强度、刚度、损伤容限和耐久性等)及使用性能要求。

(2) 应满足结构使用环境要求(如温度和湿度的影响)[9, 11]。

(3) 应满足结构特殊性能要求(如电磁屏蔽、吸透波等电磁性能以及舱内结构材料的阻燃、燃烧时的烟雾毒性及热释率等指标要求)[9, 11]。

(4) 所选材料应具有良好的工艺性(黏性适中、铺敷性好、加压带宽、固化温度低、室温使用寿命与贮存期长、可修理性良好等），且与不同材料的相容性良好。

（5）在满足结构完整性要求情况下尽可能选用成本低、成熟度高的国产材料，材料性能经过鉴定认证并具有可靠稳定的供应渠道[9, 11]。

2. 材料选择

可供设计选用的复合材料有很广的范围。不同的增强纤维、树脂、胶黏剂、夹层芯材可以组成适合多种成形工艺的材料体系，此外，复合材料提供的性能也比金属材料的范围更宽。这使设计可以进行广泛的选择，但也意味着，设计必须对这一巨大的材料阵列有充分的了解，以做出正确的选择。航空结构通常使用经过鉴定的有成熟使用经验的材料，以降低应用风险[4]。

1）增强纤维

增强纤维是复合材料主要组分材料之一，是复合材料的承载主体，选定了纤维品种及其体积含量，就可以预估出复合材料沿纤维方向（纵向）的基本力学性能。

飞机机体结构中常用的纤维有玻璃纤维、芳纶纤维和碳纤维。玻璃纤维有 E－玻璃纤维和 S－玻璃纤维两种类型。E－玻璃纤维是目前比较常用的，S－玻璃纤维提供的强度和模量更高，但成本也较高，一般以织物形式提供。芳纶纤维因其对环境的敏感性（湿度和紫外线引起的退化），自 20 世纪 90 年代中期以来，在所设计的复合材料结构中已很少使用。

碳纤维具有优异的拉伸强度和高模量、抗疲劳和耐腐蚀性能，广泛应用于航空结构。典型碳纤维的直径为 5～10 μm，以丝束形式提供，每束丝所含纤维数量不等。一般情况下，碳纤维的强度和成本随丝束的减小而提高。对飞机结构而言，常用的丝束有 3 k（每束 3 000 根）、6 k（每束 6 000 根）和 12 k（每束 12 000 根）。自 20 世纪 90 年代后期起的一个趋势是从 3 k 丝束改变到选用更大的丝束，以降低最终材料成本。

结构设计时应根据结构的性能要求合理选用纤维。有高强度要求的承载结构应选用高强碳纤维（如 T300 级）；有高刚度要求的结构应选用高强中模碳纤维（如 T800 级）或高模碳纤维（如 M50 级、M60 级等）；有高抗冲击性能和断裂韧性要求的结构，应选用高断裂伸长率的碳纤维，也可选用玻璃纤维及织物，也可将其与碳纤维混杂；有良好透波性要求的结构，应选用玻璃纤维织物[9, 11]。

2）树脂基体

树脂基体是复合材料的另一组分材料，其作用是支撑、保护纤维并传递载荷。在复合材料构件成形过程中，基体参与化学反应。因此，基体的固化工艺决定构件成形工艺和制造成本。树脂基体性能直接关系到复合材料的使用温度，以及横向力学性能、耐湿热性能和韧性等。

树脂基体应满足结构使用温度范围；满足基体力学和理化性能要求；具有良好的耐介质和自然老化性能；满足工艺性要求（如：挥发分含量、黏性、预浸料适用期、固化温度等）；树脂基体的断裂应变应与纤维的断裂应变相匹配，具有较高而稳定的界面结合性能；还应考虑环境对材料性能的影响[9, 11]。

树脂分热固性树脂和热塑性树脂两类。热固性树脂通过一个不可逆的固化反应形成刚性固体。热塑性树脂在熔融温度以上加热、成形，然后在熔融温度以下冷却，形成有效零件，这个过程是可逆的。热固性树脂广泛应用于飞机机体结构，而热塑性树脂已在汽车结构中得到应用，但尚未在飞机结构中普遍应用。

飞机结构常用的热固性树脂有环氧树脂、双马来酰亚胺树脂（BMI）、聚酰亚胺树脂（PI）和氰酸酯树脂等。常用的环氧树脂有低温固化（约125℃）和高温固化（约175℃）两类。低温固化的环氧树脂成本较低（包括树脂和固化过程），通常用于次重要结构，最高工作温度70~80℃。高温固化的环氧树脂用于有较高力学性能或损伤容限需求处，最高工作温度125~150℃。有耐更高温度要求的飞机结构，可选用双马来酰亚胺树脂，最高工作温度约230℃，聚酰亚胺树脂已应用到约315℃。这些树脂的固化温度大大高于环氧树脂，成本也较环氧树脂高。氰酸酯树脂主要用于飞机隐身结构。

3）预浸料

飞机结构最常用的未固化复合材料中最常见的形式是预浸料，这是由供应商用未固化树脂基体在预定条件下预先浸渍的连续纤维或织物。预浸料有单向预浸料/预浸带、织物预浸料和预浸丝束。单向预浸料和织物预浸料用于手工铺贴，预浸带用于自动铺带（ATL）和自动纤维铺放（AFP），预浸丝束用于纤维缠绕。单向预浸料比织物预浸料的结构性能高，织物预浸料的铺敷性好。

预浸料的浸渍工艺可以控制材料中的树脂含量，而且以这种形式使用的树脂通常提供高质量、高强度的层压板。早期的预浸料有意让树脂超量，超量的树脂在固化期间被去除或"溢出"。自20世纪90年代中期，为了更好地控制树脂含量并具有更好的化学组成，大多数预浸料制备成"无吸胶"体系[4]。

任何复合材料的力学性能随纤维含量的增加而增加，这取决于有足够的基体来传递载荷并支持纤维。层压结构的性能有三项重要的物理属性：纤维体积含量（V_f）、树脂重量含量（W_m，有时用RC表示）和空隙含量（V_v）。航空级复合材料典型的纤维体积含量范围从50%到60%，通常织物在此范围下限而单向带在上限。空隙作为应力集中，可以显著降低力学性能，对大多数航空级层压结构，容许的最大空隙含量一般≤2%[4]。

预浸料应满足结构使用温度范围，耐环境性能好（特别是耐湿热）；满足理化性能要求和固化后的力学性能要求；工艺性良好，黏性适中、铺敷性好、较长的室温适用期（即出冷冻室后累计使用时间），因为在室温条件下固化反应会进行得更快。通常飞机用预浸料的典型适用期是10天到40天[4]。

4）夹层芯材

复合材料夹层结构由薄面板粘接在夹芯两侧形成。夹芯材料有蜂窝、开孔/闭孔泡沫和波纹板芯材等。应用较多的是蜂窝芯材，蜂窝芯材在比其他芯材重量更低的情况下，能提供优越的力学性能。

设计应按结构不同使用要求和不同成形工艺选择芯材，所选芯材的压缩强度与模量应满足设计要求，不至于在夹层结构固化加压时被压塌。

a. 蜂窝芯材

蜂窝芯材有铝蜂窝、芳纶纸蜂窝、玻璃纤维蜂窝等。从材料相容性考虑，碳纤维复合材料面板应选用芳纶纸蜂窝，尽量避免选用铝蜂窝，因为铝蜂窝与碳纤维复合材料面板存在电偶腐蚀问题。雷达罩与天线罩因有电磁波透波要求，应选用玻璃纤维蜂窝。

改变蜂窝芯材的形状、芯格尺寸和壁厚，可以产生一系列芯材密度和性能变化的范围。数据应根据夹层结构使用部位与形状，选择相应的芯材。如平面和单曲度形状的构件，可以选用正六边形蜂窝，双曲度构件应选用过拉伸蜂窝或柔性蜂窝，见图 26.4。

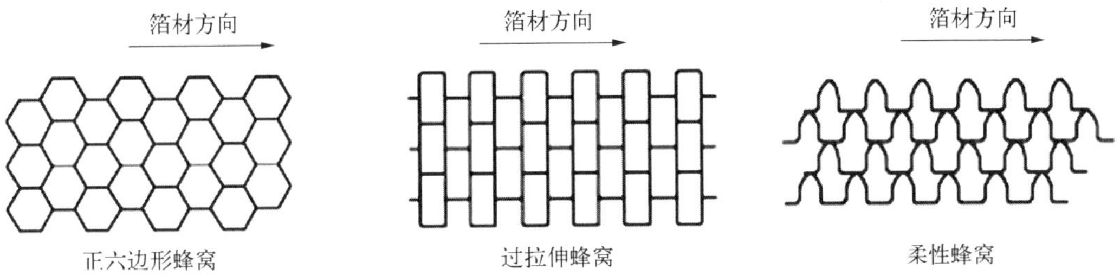

图 26.4　常用的蜂窝芯材形状[3]

从成形工艺性考虑，采用预浸料固化成形的夹层结构应选用蜂窝芯材，采用 RTM、VARI 等液体成形工艺的夹层结构应选用泡沫芯材。

b. 泡沫芯材

泡沫芯材有聚苯乙烯泡沫、聚氨酯泡沫、聚氯乙烯（PVC）泡沫和聚甲基丙烯酰亚胺（PMI）泡沫等。PVC 泡沫和 PMI 泡沫是飞机夹层结构中应用最广泛的芯材。PVC 泡沫具有卓越的刚性及强度-重量比，韧性强。适用于绝大多数树脂和成形工艺，但耐热性能限制在 100℃以下。

聚甲基丙烯酰亚胺（PMI）泡沫是一种闭孔硬质结构泡沫，具有卓越的结构稳定性和高力学性能，可热成形与机械加工，且与热固性树脂、热塑性树脂、胶黏剂等具有很好的兼容性，耐化学腐蚀和耐温性能优异，广泛应用于航空领域，但价格昂贵。

5）胶黏剂

夹层结构的成形需要应用多种胶黏剂，其功用各不相同，如：板-芯结构胶用于面板与芯材的粘接、板-板结构胶用于面板与梁、肋骨架的粘接、发泡胶（粉状/膜状）用于芯材的拼接以及芯材与骨架的粘接、密封胶用于夹层结构胶接缝的密封，防止水与湿气的侵入。

胶黏剂通常以膜状（胶膜）和糊状状态提供。

胶膜以尚未固化的薄片状态提供，可以带有载体（通常是一张非常薄的织物），也可以无载体。载体可以大大有助于胶膜在铺贴期间的操作处理，保证在固化压力下的最小胶层厚度，提供电位不协调材料（如碳纤维复合材料和铝合金）的隔离。胶膜和预浸料一样必须冷冻储存，在贮存期和使用期方面有着相同的问题[4]。

糊状胶黏剂通常以单组分或双组分化合物供应，双组分需在使用前混合。糊状胶黏剂比胶膜的成本低，但胶层厚度需要采取某些方法进行控制。大多数糊状胶黏剂在室温下固化，也有一些要求在较高温度下固化，但都可以通过加热来加快固化速度。一般来说，胶膜提供的连接强度比糊状胶高，但是，糊状胶黏剂最近的一些进展已在开始挑战胶膜[4]。

胶黏剂应与被胶接件的相容性好、粘接强度高、耐久性好、韧性优良、抗剥离性能高；具有良好的工艺性；耐环境(湿热)性能和老化性能优良。

26.4 复合材料基本结构类型

航空领域复合材料结构中常用的基本结构类型为层压结构与夹层结构。

26.4.1 层压结构设计

1. 概述

层压结构是指由多个铺层按一定的铺层顺序铺叠在一起，经适当固化成形工艺构成的并具有独立功能的结构，如蒙皮(层压板)、加筋壁板、梁、肋等。

层压板是应用最广泛的结构，构型简单，可设计性强。它可以是平板，也可以是曲板(包括单曲度的机尾翼蒙皮、双曲度的机身蒙皮和复杂空间曲面的整流罩等)。层压板主要关注面内强度或刚度，对于飞机结构中还需要关注面外强度和刚度的部位，则可以采用加筋板构型(加筋条与层压板的组合)。

2. 层压结构件设计一般要求

结构设计应力求简化，几何形状尽量简单，以降低工装模具和铺贴成形的难度；充分利用复合材料成形特点，应用共固化、共胶接、二次胶接、液体成形等工艺方法实现结构的整体性，减少零件和紧固件数量，降低生产成本。

充分发挥复合材料可设计性强特点进行铺层设计；注重细节设计，尽量避免出现偏心承载，剖面变化平缓，避免结构刚度突变，零组件配合处应考虑工艺补偿措施，合理分配零件公差；尽可能采用标准化设计，提高结构要素、紧固件、型材的标准化程度[2]。

尽量采用已成功应用于飞机并被实践证明是正确的结构形式与设计细节、材料与工艺方法、连接方法、防护措施等，或经大量试验验证有良好可靠性的设计特征。新材料、新工艺和新结构的应用必须建立在充分试验验证的基础上[2]。

3. 层压结构铺层设计

纤维 0°方向：应尽可能与层内主应力方向一致，以充分利用纤维沿轴向所具有的高强度和高刚度特性。

铺层方向角：按强度和刚度要求确定，理论上可以设计任意方向角，但为简化设计、分析与工艺，通常采用 0°、±45°、90°四个方向角。

铺层顺序：兼顾强度、刚度、稳定性和损伤阻抗、损伤容限等各性能要求的折中结果，通常将±45°铺层放在最外层。

铺层比例：从结构稳定性、减少泊松比和热应力考虑，由 0°、±45°、90°铺层构成的层压结构，任一方向角的铺层比例不低于 6%～10%，最多不大于 60%。

对称均衡：除特殊需求外，应采用对称均衡铺层，以避免固化过程中因拉伸、弯曲、扭转等耦合效应引起制件的翘曲变形和树脂裂纹。

对称是指相同方向角的铺层，相对层压板中面呈镜面对称布置，即使因厚度变化铺层丢层时也应保持对称，不可能完全对称时，不对称铺层应尽可能布置在中面附近。

均衡是指 45°和 −45°的铺层数量相等并对称布置(但未必相邻),在厚度变化区铺层丢层时,45°和 −45°最多可相差 2 层。

由于碳纤维热膨胀性能在纵、横向存在较大差异,铺层不均衡对称的层压板,在固化后的冷却阶段,会因不同方向热收缩率的不同而产生翘曲。这种变形可以大到影响零件的装配。对称可以消除面外的弯曲效应(拉伸−弯曲耦合),均衡可以确保层压板没有面内的拉伸−剪切耦合响应。

外表面采用织物或±45°铺层,以改善损伤容限特性,对仍不能满足抗冲击要求的部位,可在表面铺设 1~2 层玻璃纤维织物[3]。

对有稳定性要求的部位,将±45°铺层远离层压板中面铺设,可以提高层压板屈曲临界载荷。

4. *层压结构设计要素*

1）开口

由于设计减重要求及设备安装施工、检查维护、管道电缆通过等要求,必须在层压结构上开口。复合材料结构的开口必然要切断纤维,削弱层压结构的强度和刚度,而且孔边应力集中和边缘效应会引发孔边局部提前破坏。开口部位一般需进行补强设计。

单向受载情况下,优先选择长圆形孔,其次圆孔,尽量避免菱形孔,见图 26. 5 所示;纯剪和多向载荷情况下,圆形孔最佳;开口尽可能避免切断长桁、筋条和腹板立柱等。

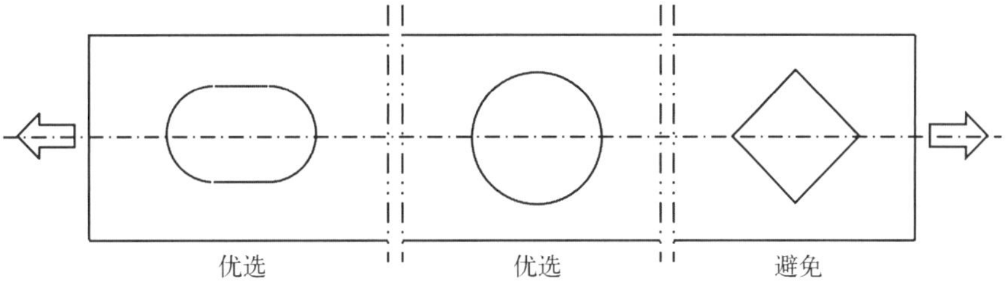

图 26. 5　开口孔形状选择

对孔径/板宽比小于 0. 2 的开口,可不予加强;孔径/板宽比为约 0. 5 的开口,未切断长桁、筋条或腹板立柱,应采取补强措施;孔径/板宽比大于 0. 5 的开口,一般要切断长桁、加筋条或腹板立柱,应采取口框补强方式,并对开口参与区的壁板蒙皮进行补强,增加开口区±45°铺层比例。见图 26. 6 所示。

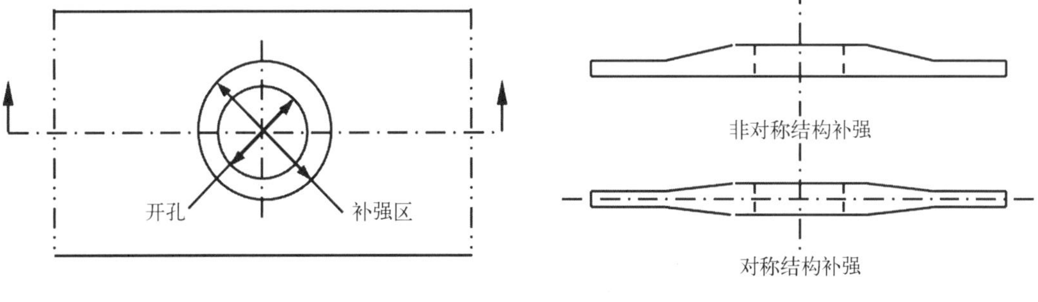

图 26. 6　开孔补片补强示意图[3]

开口补强措施有补片补强、口框补强等，视具体结构要求而定。

2）圆角半径

层压结构的圆角半径应适当，半径过小极易在拐角区域产生纤维拉断、架桥与树脂堆积等制造缺陷，此外，根据目前应用的无损检测技术，无法检测过小圆角（$R<5$ mm）处的分层、空隙等缺陷。圆角半径值与材料、零件厚度、成形模具、成形工艺等有关。圆角半径取值见图 26.7 所示。

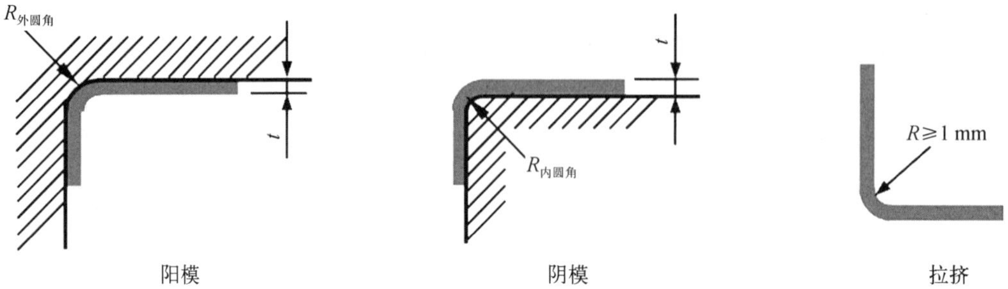

图 26.7　层压板圆角半径

热压罐阳模成形：

$t<2.5$ mm，零件内圆角半径取 $2t$ 与 2.0 mm 中的最大值；
$t \geqslant 2.5$ mm，零件内圆角半径取 t 与 5.0 mm 中的最大值。

热压罐阴模成形：

零件外圆角半径 $\geqslant 2t+1.5$ mm。

树脂传递模塑（RTM）成形：圆角半径取决于铺贴时获得预成形件的方法，建议零件最小圆角半径≥零件厚度和 3.0 mm 中的最大值。

拉挤成形：零件内圆角半径≥1 mm。

3）下陷

零件搭接连接与口盖连接处，通常需要有下陷，以保证表面平滑。由于下陷过渡区两侧载荷偏心，导致过渡区易产生分层。因此，过渡区长度需适中，平缓过渡。通常沿主载荷方向过渡区长度 C 为 10～20 h；其他方向为 5～10 h，f 取 2.5 mm。见图 26.8。

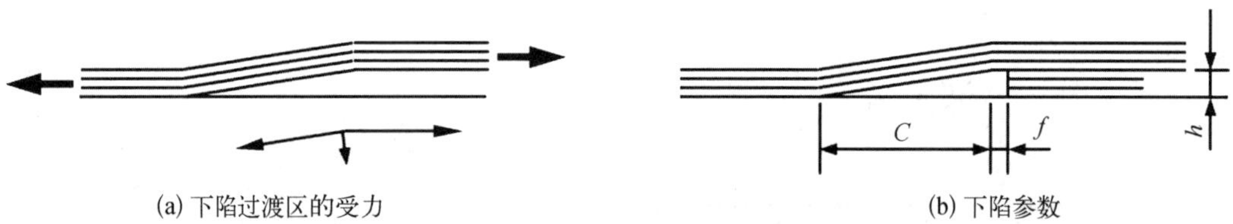

图 26.8　下陷过渡区[2]

26.4.2　夹层结构设计

1. 概述

复合材料夹层结构由上下复合材料薄面板、夹芯与胶黏剂组成。夹芯材料有铝蜂窝、芳纶纸蜂窝、泡沫等。

夹层结构的承载类似工字梁，面板主要承受弯曲载荷（拉、压正应力），夹芯承受剪切载荷，并提供支持防止面板因轴压引起的屈曲。夹层结构在承受弯曲载荷情况下，具有极高的结构效率，见图 26.9 所示。

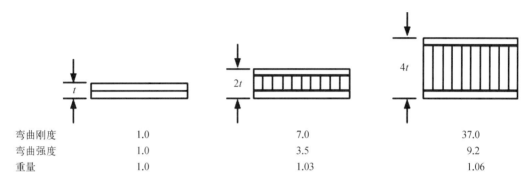

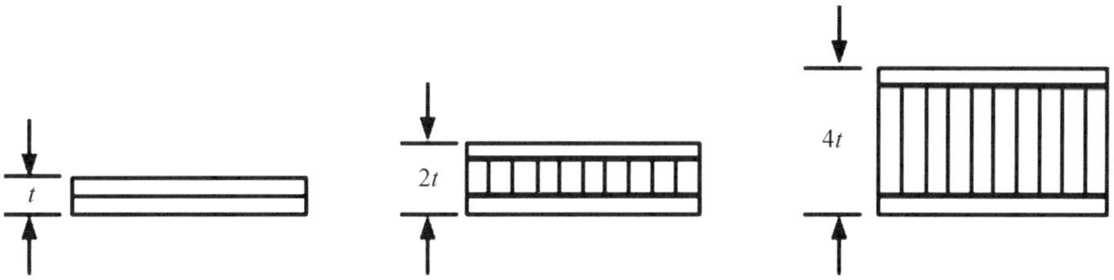

弯曲刚度	1.0	7.0	37.0
弯曲强度	1.0	3.5	9.2
重量	1.0	1.03	1.06

图 26.9　夹层结构的效率

铝面板，厚度 2 mm，铝蜂窝芯材，5052－1/4－37

2. 设计一般要求

面板厚度应足以承受由极限载荷引起的拉伸、压缩和面内剪切载荷[9, 11]。

夹芯应有足够的高度，保证夹层板的总体弯曲刚度，不发生总体失稳和挠度过大。夹芯应具有足够的平压强度和模量，保证结构在固化应力或极限外载荷作用下不压塌[5]。

面板和夹芯应有足够的粘接强度，在限制载荷下不发生面板与夹芯间的拉脱或面板皱折。

合理选择蜂窝芯材格子参数，以防止薄面板在极限载荷下产生格内失稳。

蜂窝芯材的纵向应与结构受力最大的方向一致。

承受载荷的夹层结构应选用结构胶膜，不仅要有足够的胶接强度（剪切和剥离强度），还应考虑耐环境性能和老化性能。

夹层结构设计应考虑胶层厚度，面板与夹芯间胶层厚度为 0 mm，面板与面板、面板与隔板间为 0.1~0.2 mm，如图 26.10 所示。

3. 特殊要求

采用 RTM、VARI 等液体成形工艺的夹层结构应选用泡沫芯材；采用预浸料固化成形的夹层结构应选用蜂窝芯材；复合材料面板的夹层结构应优先选择芳纶纸蜂窝芯材。

对用于行走表面的夹层结构，芯材密度应不小于 98 kg/m^3；对于非行走表面的夹层结构，芯材密度应不小于 50 kg/m^3。

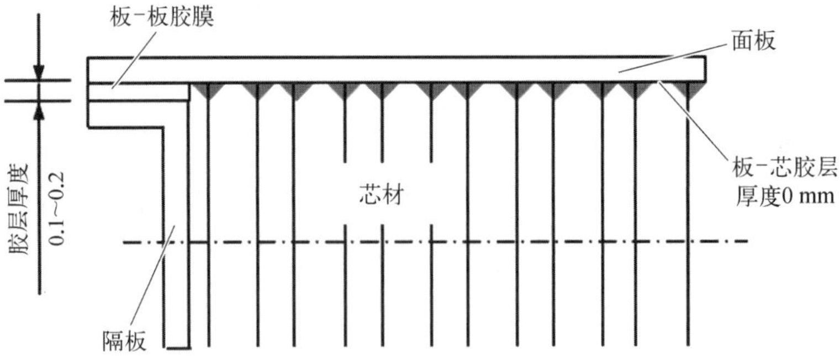

图 26.10　夹层结构胶层厚度示意图

夹层结构应采用合适的封边等密封措施,防止水汽侵入夹层结构内部,引起胶接强度的下降。面板最小厚度应大于 0.5 mm,或不少于 3 层铺层(织物)。

用于客舱内装饰件的夹层结构,应考虑结构的阻燃、烟毒性和烟雾等要求。

4. *夹层结构细节设计*

1) 边缘封闭与接头设计

夹层结构与其他结构的连接接头、边缘闭合是夹层结构特有的结构细节,设计需谨慎处理。为避免夹层结构在胶接固化时发生接头、边缘处的压塌,应对接头、边缘处进行加强。接头与边缘闭合形式与加强方式见图 26.11 所示。

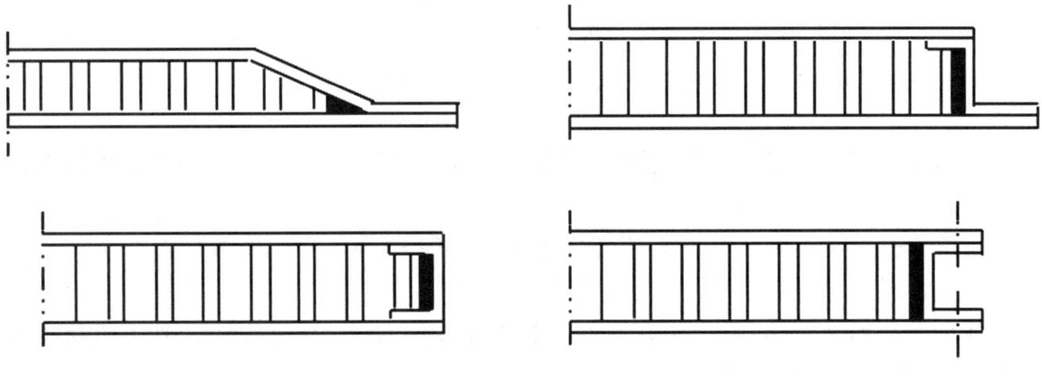

图 26.11　夹层结构边缘闭合形式

2) 防渗漏密封设计

根据使用经验,蜂窝夹层结构是相对封闭的结构,一旦有水分侵入内部,就难以蒸发和排出。水分将导致胶接性能退化,而水分在低温状态下的结冰体积膨胀将会使芯格脱胶分离,因此,对蜂窝夹层结构而言,防渗漏密封设计是至关重要的。

蜂窝夹层结构的防渗漏密封设计时,对所有水分可能进入的通道都应用密封胶密封(图 26.12);为防止因冲击分层引起的渗漏,应适当加厚面板。

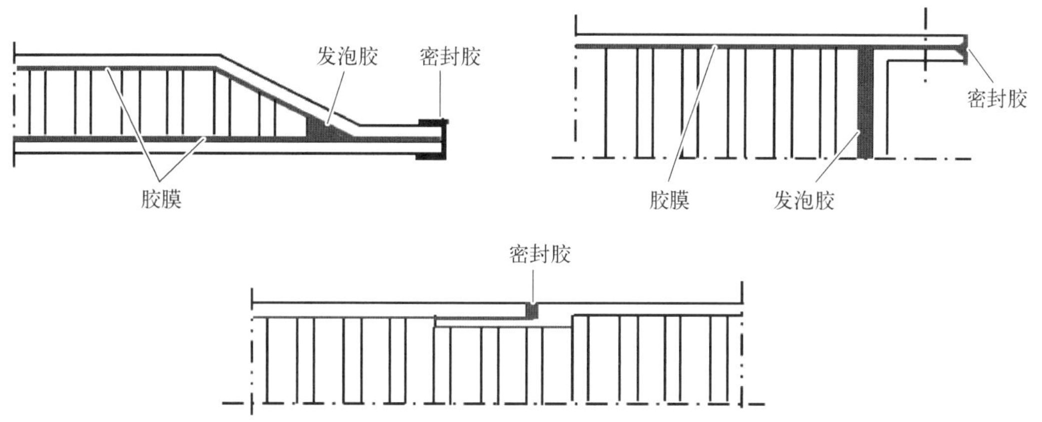

图 26.12　防渗漏密封设计示意图

3）芯材拼接

对于大尺寸芯材或复杂型面，可以通过不同密度、不同芯格尺寸的小块芯材进行拼接得到，这通常采用膜状发泡胶来实现。如图 26.13 所示。

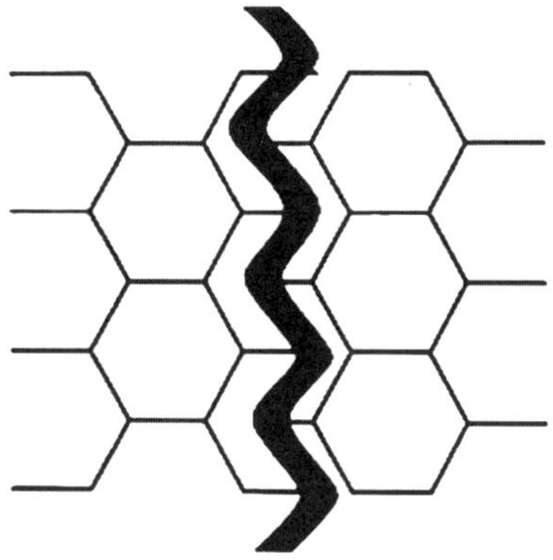

图 26.13　芯材拼接示意图

5. 夹层结构连接设计

夹层结构的连接设计不同于层压结构的连接设计，必须考虑夹层结构薄面板、厚夹芯及不易承受或传递集中载荷等特点，根据载荷大小和方向，选用合适的连接形式和匹配的紧固件。

在连接部位采取局部加强，以提高连接区面板的承载能力和抗挤压、拉脱性能。局部增强可以采取适当增加铺层、提高±45°铺层比例、蜂窝夹芯镶嵌加强件（实芯板、隔板、衬套等）（图 26.14），或对蜂窝夹芯局部充填（填料可以是糊状胶黏剂，含有磨碎的玻璃、芳纶纤维、玻璃微球等）（图 26.15）等方法。

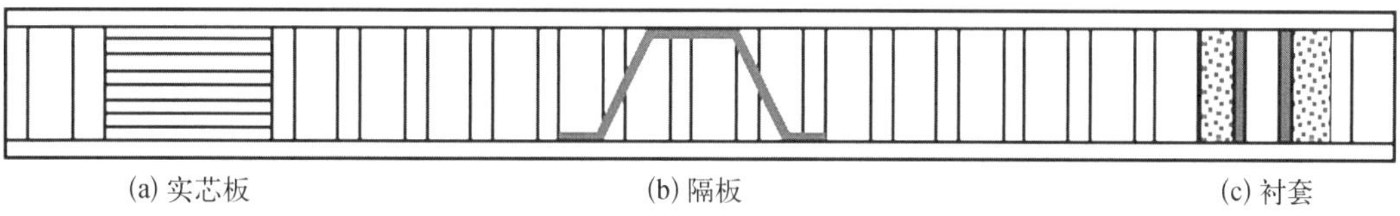

图 26.14　蜂窝夹层结构镶嵌加强形式

26.4.3　整体化复合材料结构

设计整体化结构取代由若干个零件组装成的装配件，可以大大减少零件与紧固件的数量，减少装配工作量，是减轻结构重量、降低生产成本的有效技术途径。复合材料可以采用共固化、共胶接（胶接共固化）、二次胶接工艺制造出比较复杂的整体件，如加筋壁

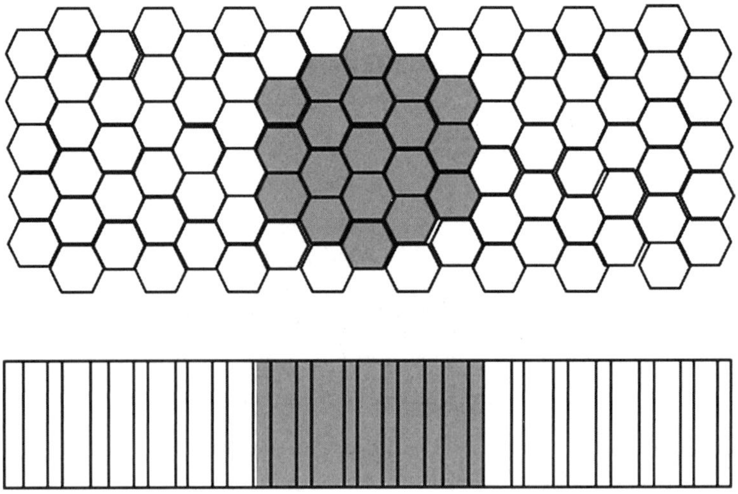

图 26.15　蜂窝芯材局部充填加强形式

板、整体盒段等。

整体化结构设计应充分利用复合材料固化成形工艺特点和不断创新的工艺方法，提高复合材料结构的整体化程度。计算机辅助设计和制造先进分析模拟技术、自动铺带和自动纤维铺放设备，为整体化设计提供了技术支持。

虽然整体化结构提供了一些非常有吸引力的高减重效率结构，但整体化设计的实施还必须考虑以下风险：复杂组合模具制造周期及成本的增长，复杂模具的组合定位、限位与脱模，铺叠大型复杂构件的设备和人力需求的增长，铺叠所需时间过长带来预浸料适用期过期，大型整体化结构件制造缺陷的处理(接受/拒绝)等。此外，还需考虑使用中可能受损结构的可修复性，因为更换这样的大型结构，对用户是不可接受的选择。这些重要的问题，都需要在设计大型整体结构时进行权衡折中，做到适度整体化[4]。

26.5　典型结构件设计

飞机典型结构件可分为蒙皮壁板类(机尾翼壁板、机身壁板)；翼梁(墙)类纵向构件；翼肋、机身隔框类横向构件；操纵舵面、翼面后缘与翼尖；机翼整体油箱等。

26.5.1　机尾翼、机身壁板设计

机尾翼、机身壁板一般为承力构件，主要承受气动载荷，并参与总体受力，承受弯矩引起的拉压正应力和扭矩引起的面内剪应力。

对于固定翼飞机，机尾翼、机身壁板构型大多采用变厚度层压板或加筋板，对于旋翼机、无人机和某些特种飞机，也可以采用夹层板构型。

机尾翼壁板外形为单曲度，机身壁板外形一般为双曲度。见图 26.16 所示。

1. 变厚度层压板

根据机尾翼壁板承载特点，纤维 0°方向应与壁板主应力方向一致，以最大限度地利用

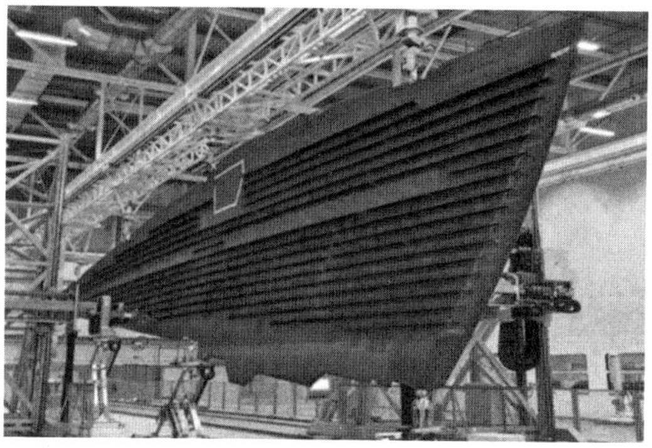

机翼壁板

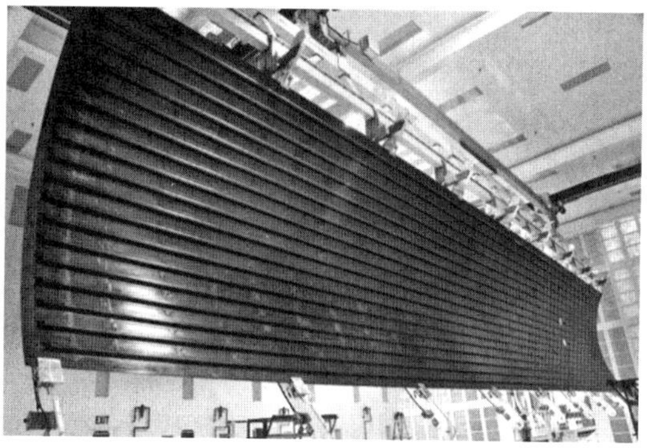

机身壁板

图 26.16　机翼/机身壁板

纤维沿轴向所具有的高强度和高刚度特性。

机尾翼壁板铺层比例：0°为 40%~50%；±45°为 40%~50%；90°为 10%~20%。

机尾翼壁板蒙皮厚度依内力分布而变化，厚度变化部位即刚度变化部位，为避免刚度突变引起的应力集中，厚度变化部位应通过铺层的递减或递增实现平缓过渡。

变厚度区应平缓过渡，避免厚度突变（刚度突变），因为厚度突变会引起应力集中，容易出现分层，造成结构提前破坏[3]。

通常采用斜坡式连续过渡，每次对称递减 2 层铺层（同一铺层角），铺层错开长度大于 2.5 mm，主承力方向厚度变化斜度比不大于 1∶20，表面层铺层应连续光滑（图 26.17）。采用台阶式厚度变化过渡时，建议台阶宽度与台阶高度之比大于 10（图 26.18）[3]。

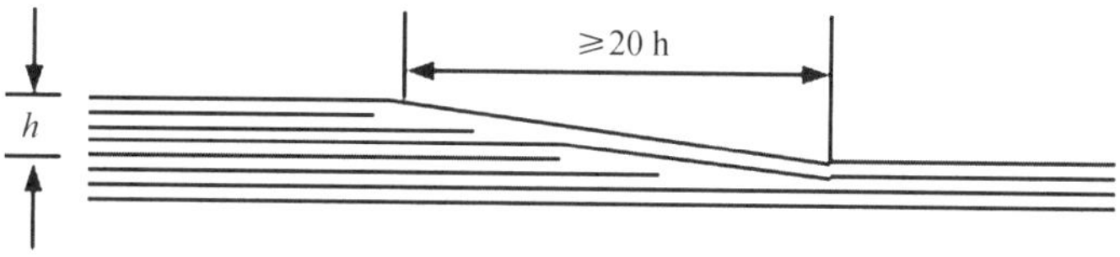

图 26.17　斜坡式厚度变化过渡示意图

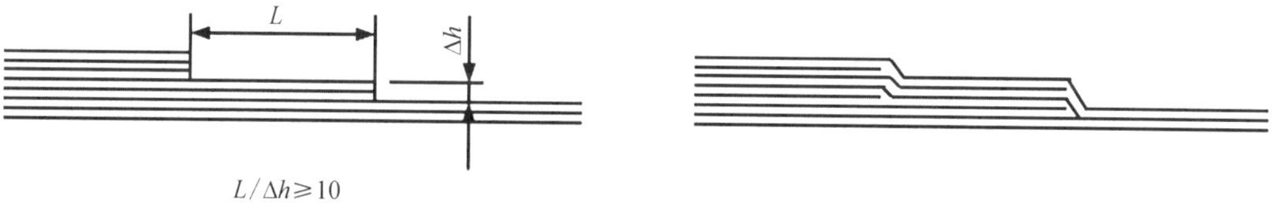

图 26.18　台阶式厚度变化示意图[2, 3]

2. 加筋板

加筋板是由层压板蒙皮与加强筋条（长桁）构成的组合件，机尾翼结构展向应力/应变水平高，大多设计成纵向加筋板。机身结构载荷复杂，蒙皮壁板应力/应变水平偏低，通常设计成纵横加筋板。见图 26.19。

壁板作为承力结构件，除承受气动载荷外，还参与总体受力。承受弯矩引起的正应力和扭矩引起的剪应力。

纵向加筋板　　　　纵横加筋板

图 26.19　加筋板典型构型

1）加筋板设计考虑的因素

复合材料加筋板设计主要考虑的因素之一是轴压稳定性。多年来，对复合材料结构稳定性研究表明，加筋板屈曲（失稳）后仍具有较大承载能力，大量结构试验验证也证实这点。充分利用这种能力，就可以设计出重量较轻的结构。该技术已在某些飞机上应用。根据不同机型、不同部件与部位，采用不同的屈曲要求[3]。板厚 3 mm 以上的加筋板在极限载荷作用下不允许屈曲；板厚 3 mm 及以下的加筋板在限制载荷作用下不允许屈曲，在极限载荷下允许屈曲但不能发生破坏；厚度 1 mm 以下的薄板允许在限制载荷下进入屈曲[2]。但对于关键重要部位的应用需慎重，应以充分的试验为基础。

加强筋的间距、翼肋或隔框间距应根据机尾翼的总体稳定性要求确定。

蒙皮与加强筋承载比例应合理分配，中等厚度加筋板（板厚 3～6 mm），板应承受约 50%的轴向载荷；板厚度大于 6 mm 的加筋板，板应承受约 70%的轴向载荷。

加强筋构型应根据加筋壁板的受载特点选定，并满足弯曲刚度要求。

2）加强筋构型的选择

加强筋构型有开剖面的 L 形、Z 形、T 形、J 形、C 形和工字形，闭剖面的帽形等，见图 26.20 所示。开剖面加强筋的工艺性优于闭剖面加强筋，但是，闭剖面加强筋的扭转刚度和弯曲稳定性大大优于开剖面加强筋。

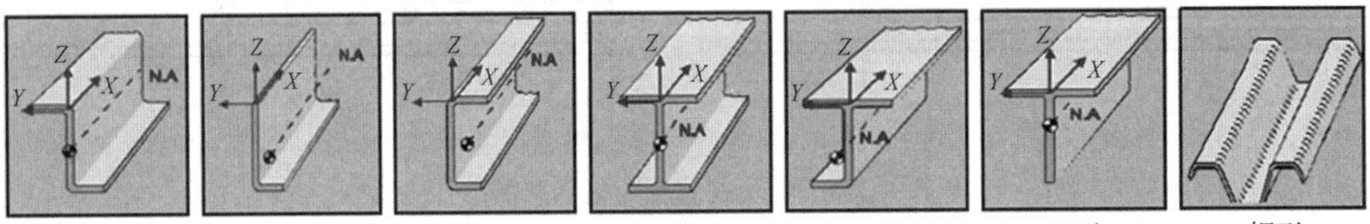

Z形　L形　C形　工字形　J形　T形　帽形

图 26.20　加强筋剖面几何形状

3）加筋板细节设计

加强筋缘条的铺层设计应适当提高 0°铺层比例，一般不低于 40%，±45°铺层比例不低于 40%。

加筋板的蒙皮与加强筋缘条的泊松比应匹配，以降低固化残余应力、减小翘曲变形。

建议将板和筋缘条泊松比的差异保持在±0.1 范围内。泊松比值可以通过调整 90°铺层比例来实现。

加强筋端头处因刚度突变,应力集中,易发生筋条与蒙皮界面的剥离,并沿筋条长度方向扩展,引起破坏。解决措施有：在筋条端头处增加紧固件(不少于两件);加长筋条端头腹板高度变化过渡区;增加筋条端头下方蒙皮厚度,见图 26.21 所示。

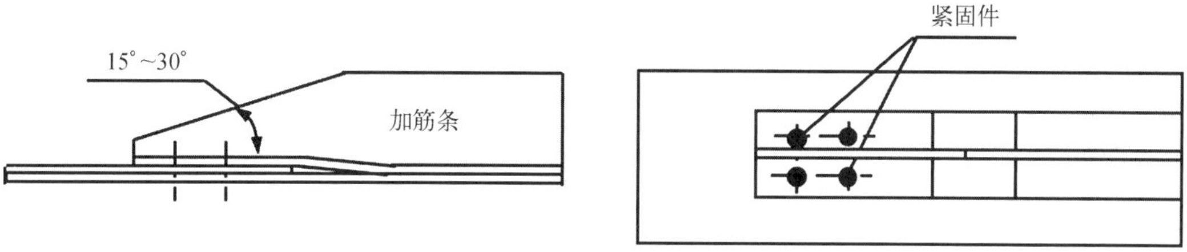

图 26.21　加筋条端头设计

T 形、工字形、帽形、J 形筋条铺叠时,两 C 形铺层背对背贴合顶角处形成内空腔,如图 26.22 所示。内空腔区应充填,以避免固化过程中形成富树脂区,充填通常采用与加筋条同批次的材料。

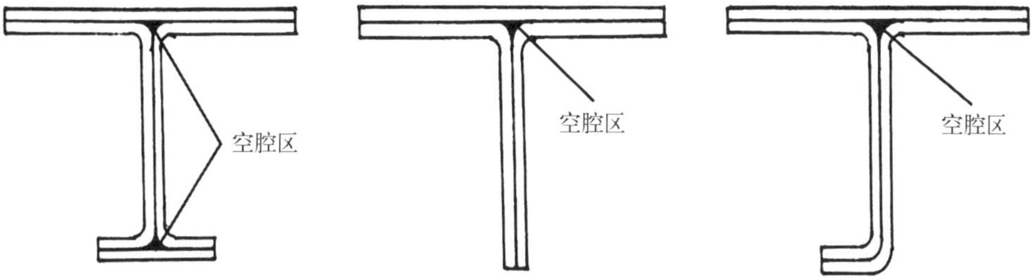

图 26.22　加筋条剖面示意图

优先选用结构对称的筋条(T 形、工字形、帽形、J 形),避免使用 L 形筋条,防止筋条转角处因应力集中而产生剥离(图 26.23)。

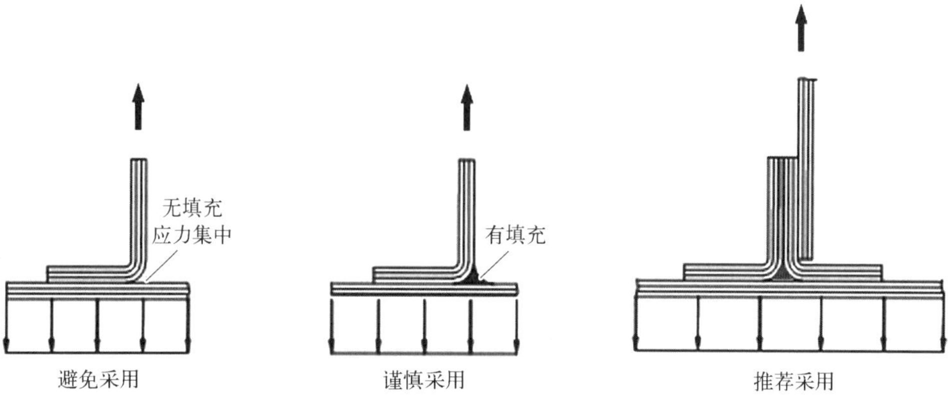

图 26.23　加筋条形状选择[2,3]

3. 夹层板

按第 26.4.2 节设计。

26.5.2 翼梁(纵墙)设计

1. 基本构型

翼梁(纵墙)是机尾翼部件的主承力构件,梁与墙的区别在于墙的缘条明显弱于梁的缘条。翼梁承受全部或大部分弯矩和剪力,纵墙承受小部分弯矩和剪力。复合材料机尾翼大多采用多墙结构,机翼的弯矩和剪力由多个纵墙来承受。

与金属结构梁构型不同,复合材料结构梁通常设计成金属(一般为钛合金)接头与复合材料纵梁通过胶铆连接而成的组合件。以下所述复合材料梁不包括金属接头。

复合材料纵梁的剖面形状有工字形、盒形(口字形)、C 形;按梁腹板可划分为层压腹板梁、夹层腹板梁、波纹腹板梁。见图 26.24 所示。

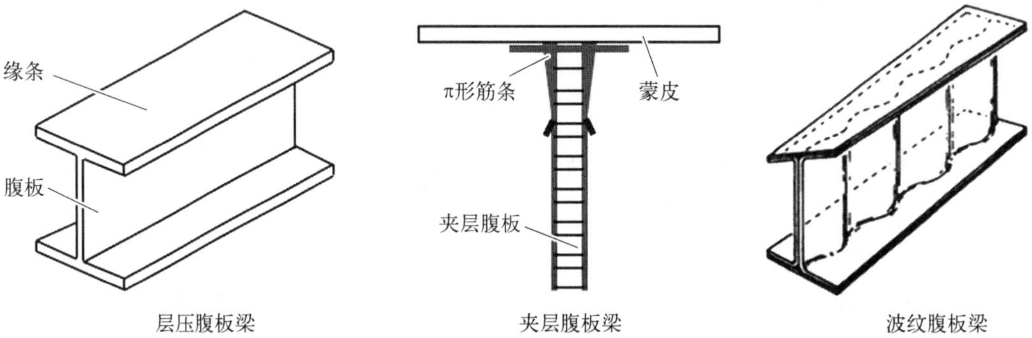

图 26.24 复合材料翼梁典型构型

2. 层压板梁

层压梁是复合材料梁结构中最常见的受力构件,如翼面结构中的大梁,机身结构中的纵向梁等,他们通常由只受剪切载荷的腹板及受轴向拉、压载荷的缘条构成。

复合材料层压梁可以分为装配梁和整体梁两类。装配梁的梁缘条为 T 形剖面,腹板是平板零件,分别制造,连接组合而成。整体梁的梁缘条与腹板连续为一个零件。

梁缘条剖面尺寸由部件的刚度(变形)要求、梁与壁板的弯矩分配比例、应变水平控制、稳定性准则以及与周边结构的连接条件等确定,一般在设计阶段,由设计员综合考虑上述诸因素及材料和工艺等要求,经多次迭代优化后确定。

梁缘条主要承受正应力,因此,0°铺层比例一般不低于 50%,±45°铺层比例不低于 40%。梁腹板承受剪应力,以±45°铺层为主。

C 形梁一般用于受载不大的纵墙类构件,如翼面的前、后墙。C 形梁的缘条与腹板为一体,结构简单,成形方便,与壁板连接便利。为传递轴力和连接需要,缘条可以增加一些 0°及±45°铺层。

层压板梁通常采用热压罐成形,也有采用 RTM、VARI 等成形工艺。缘条三角空隙区应填充。

3. 夹层腹板梁

对于翼型相对厚度大(或绝对高度大)的翼面,缘条采用层压板,腹板可采用夹层结构。梁缘条的铺层设计同层压板梁缘条。夹层结构腹板的铺层应根据腹板的剪力和压塌力确定 90°与 0°铺层数,根据腹板剪流确定±45°铺层数。腹板单侧面板铺层可以不对称,但对整个夹层结构而言应是对称铺层;腹板铺层应与梁缘条铺层相协调[9, 11]。

4. 波纹腹板梁

波纹腹板梁可以视为层压板装配梁。采用波纹板作梁腹板,在保持腹板厚度相同的情况下,不仅能提高腹板的屈曲应力,而且可以取消腹板上的支柱、角材等加强件,减少零件数量[2]。复合材料波纹腹板梁因结构重量轻、刚度大、稳定性好,易制造,已得到推广应用。波纹板的波形有矩形、半圆形、正弦和三角形,如 AV－8B 机翼的翼梁腹板采用了正弦波腹板。

26.5.3　翼肋、机身隔框设计

翼肋是翼面结构的横向构件,分为普通肋和加强肋。

普通肋是翼面的维形件,用来形成机尾翼剖面所需的形状,它与长桁和蒙皮相连,以自身平面内的刚度给长桁和蒙皮提供垂直方向的支持。

加强肋除起普通肋的功用外,还承受其平面内的集中载荷和由于结构不连续(如大开口)引起的附加剪流。

隔框是机身结构的横向构件,有普通框和加强框之分。普通框作为机身横向维形件,功用与普通肋相同,但构件曲率大。目前复合材料隔框仅限于普通框。

对于普通肋与普通框,按其对蒙皮壁板的支持刚度要求设计,对蒙皮壁板提供足够的支持刚度;对于加强肋,除应满足对蒙皮壁板的支持刚度要求外,还应认真考虑集中力的扩散问题,加强肋剖面一般采用工字形,以保证承弯要求。

翼肋和隔框的铺层设计及细节设计与梁相同。

复合材料翼肋有层压腹板肋、夹层腹板肋、桁架肋等,见图 26.25~图 26.27 所示。

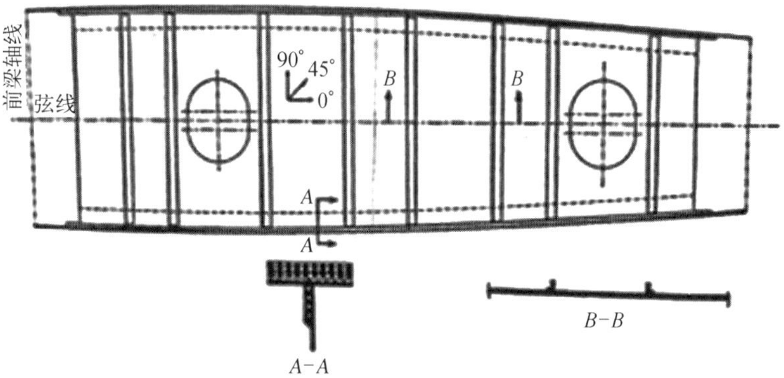

图 26.25　层压腹板肋结构示意图[3]

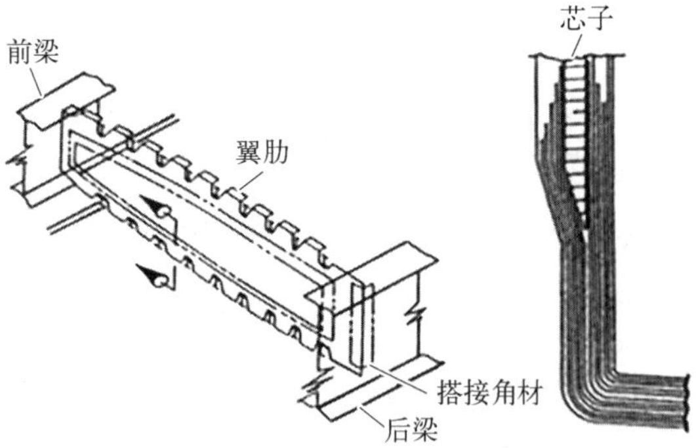

图 26.26　夹层腹板肋结构示意图[3]

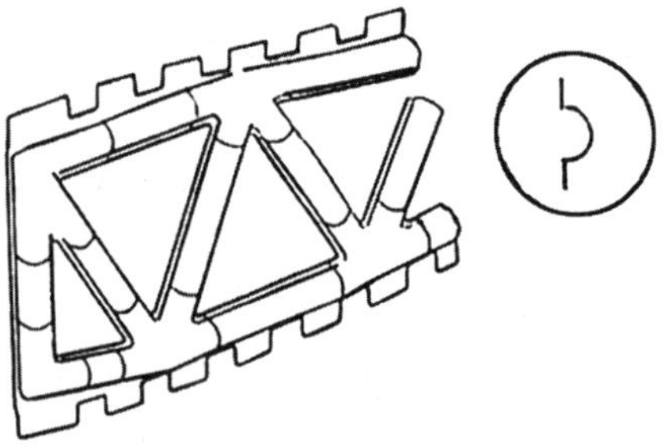

图 26.27　桁架肋结构示意图[3]

26.5.4　舵面、翼面后缘设计

舵面包括襟翼、副翼、方向舵和升降舵(全动平尾)以及全动鸭翼(前翼)等主操纵面,主要承受操纵引起的气动载荷。见图 26.28。

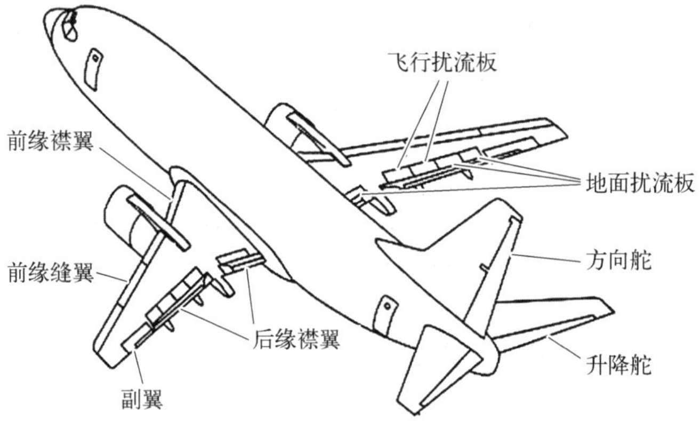

图 26.28　飞机舵面

舵面一般位于机尾翼后部,平面尺寸较小,翼型厚度薄,载荷不大,通常都设计成单梁式结构。梁作为主要承力构件布置在转轴附近,尽可能使结构重心接近转轴,有利于梁载荷以较短的传力路线通过悬挂接头传给安定面。梁与上、下及前缘蒙皮形成承扭闭室。梁后的舵面结构称翼面后缘,剖面呈楔形,其承扭能力一般不予考虑,只计算前缘蒙皮形成的闭室,但悬挂接头处的前缘蒙皮需开口,开口处需补强[2, 3]。梁的设计同翼梁。

翼面后缘通常采用蜂窝(或泡沫)夹层结构整体成形,以减轻结构重量和提高结构效率。操纵面的设计应具有足够的刚度,保证在飞行范围内不发生气动弹性不稳定(颤振和发散)。应保证操纵面运动时不与其支撑结构(或邻近构件)发生干涉,此外,操纵面还应具有良好的防腐蚀、防雨水和防尘等适应环境的防护措施,并需考虑电搭接要求。

图 26.29 所示为典型的复合材料结构方向舵。

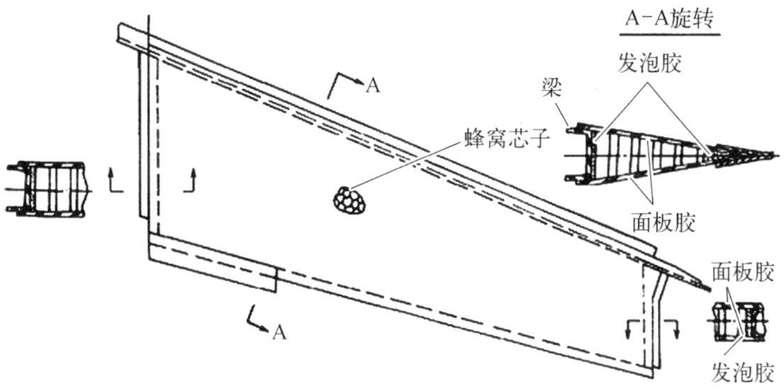

图 26.29　复合材料结构方向舵[1]

26.5.5　整体油箱设计

1. 油箱结构

机翼整体油箱是机翼结构中参与机翼总体受力的相对独立的密封多闭室结构,集结构承载功能与油箱功能于一体,同时满足结构设计要求与油箱设计要求的机翼盒段[3]。整体油箱应用复合材料能更有效地减小结构重量。

复合材料整体油箱作为主传力结构,它必须满足总体强度、刚度和耐久性损伤容限要求。作为整体油箱结构,它还应满足密封、抗雷击、抗静电要求[2],耐燃油和油箱的抑爆、阻燃及使用维护等要求。

整体油箱结构通常由 2 根以上的翼梁作为纵向承力构件,横向构件多个翼肋,上、下壁板组成。为便于装配、密封施工和检查维修,需设置可卸口盖。

与层压板梁的设计相同,梁缘条剖面尺寸由部件的刚度(变形)要求、梁与壁板的弯矩分配比例、应变水平控制、稳定性准则以及与周边结构的连接条件等确定;翼肋按其对蒙皮壁板的支持刚度要求设计;整体油箱上、下壁板是机翼壁板的一部分,应按机翼刚度要求和气动弹性要求进行铺层剪裁设计。由于整体油箱大多设置在机翼根部,而机翼根部是按强度设计的,因此,整体油箱壁板的 0°铺层比例占 60%左右,±45°层为 30%左右,90°层 10%左右。

由于复合材料与金属材料在导电性和热膨胀系数方面存在显著差异,因此,复合材料整体油箱设计应重点关注整体油箱的密封、雷电防护和静电防护。

2. 油箱密封

整体油箱应在飞行过程中各种载荷状态下和由内部充压引起的重复载荷作用下,在规定的期限内不应发生燃油渗漏而影响使用。

整体油箱部位的层压板,其孔隙率应不大于 1%,以防渗漏油;尽可能采用共固化整体成形构件,减少紧固件数量与密封缝的总长度;保证密封处的刚度,减小密封缝在外载荷作用下的相对变形[3];密封区紧固件直径应不小于连接处夹层总厚度,紧固件应承剪,避免受拉。油箱密封效果应通过试验验证。

3. 油箱防雷电

雷电过程中产生的高电压、大电流、大库伦(持续大电流)对复合材料油箱的威胁极大。如果雷电防护达不到要求，一旦遭到雷击，就可能引起燃烧或爆炸，危及飞机安全。

油箱防雷电设计在总体布局时就应考虑，将油箱布置在雷击概率低的 2 区或 3 区范围内，对机翼整体油箱而言，应布置在机翼根部附近，处于 2 区（扫掠冲击区），减少雷电直接击中的可能性。

油箱外部表面采用导电层防护系统，为转移雷击接触点和传输雷击电流提供足够的导电通路。如火焰喷涂铝、等离子喷涂金属、粘接铝箔和金属网（铝网或铜网）、镀镍碳纤维、导电树脂和导电涂层。

油箱加油口盖和维护口盖应与周边的金属结构良好搭接。

油箱内部的紧固件尾部应用密封胶或专用防护帽覆盖，避免雷击电流通过时产生放电火花点燃燃油蒸汽；内部的金属件应通过搭接线与机体金属结构保证良好搭接。在内部使用填充物（泡沫）避免出现火花。

4. 油箱防静电

复合材料导电性较金属材料低，对静电沉积敏感，尤其是复合材料整体油箱。飞机加油和使用过程中，油箱内的燃油始终处于振动状态，特别是机动飞行时，燃油与油箱内部结构产生剧烈摩擦、撞击等现象，从而产生大量静电，复合材料静电泄漏较慢，导致静电积累。当静电累积到一定程度，就可能在油箱内部尖角处引发放电火花，点燃燃油蒸汽与空气的混合气体，造成油箱燃烧和爆炸事故[3]。

油箱防静电设计从减少静电产生和加快静电消散及中和两方面来考虑。

通过采取燃油内渗入抗静电剂；改善油箱内壁表面质量，降低粗糙度；内部结构避免尖角和毛刺，减少可能引发放电的部位等措施减少静电的产生。

在油箱内表面采用火焰喷涂铝、喷涂抗静电涂料和挂金属网的方法可以加快静电的消散。目前应用广泛的是喷涂抗静电涂料。

26.6 结构防护

26.6.1 雨蚀及其防护

雨滴对复合材料结构腐蚀的程度取决于复合材料结构的表面状况及雨滴的作用方向。对前缘区域，一般应采用防雨蚀涂层处理或采用其他措施。对于翼面结构，如攻角小于 15°时，可不予防护，因为雨滴的运行方向与构件表面几乎平行，雨蚀作用极小[1,9]。

26.6.2 电偶腐蚀及其防护

凡是碳纤维复合材料零件与金属零件接触的部位，都必须考虑电偶腐蚀问题，因为碳纤维的导电性较好并具有较高的电位。碳纤维复合材料与大部分常用金属材料的电位差在 0.5~1.0 V，对一些轻金属则高达 1.0~2.0 V。当其与金属连接时，几乎都起阴极作用，加速金属的腐蚀。玻璃纤维和芳纶纤维增强复合材料是绝缘体，不存在这个问题。

电偶腐蚀的发生需要具备三个条件：电位差、电解质和导电连接。因此，防护也应从此入手。

合理设计结构：注意结构密封，防止水汽侵入，对可能积水的部位设置排水孔，避免积水形成电解质。

选择相容材料：机械连接时，紧固件应选用与复合材料电位差小且耐腐蚀的材料，通常的选择是钛合金、不锈钢和钛铌合金。

防护：金属零件采用阳极化、化学氧化、钝化或磷化等表面处理；复合材料与金属零件之间铺放一层隔离层（通常用玻纤织物）；若复合材料与金属胶接时，则应选用带载体的胶膜。

26.6.3　雷电及其防护

雷电是飞机所遭遇到的最严重的电磁危害，雷电对机体、燃油与液压系统、电气与电子系统等造成的损害，导致人员伤害或影响飞行，甚至危及飞机安全。复合材料结构的导电性能较金属材料差，因此，复合材料结构的雷电防护显得尤为重要和突出。结构设计必须对复合材料结构和系统采取防护措施[10]。

防雷击应根据机体结构上不同雷击影响区（分区见图 26.30）的具体情况，选择合适的方法进行防护设计[9]。

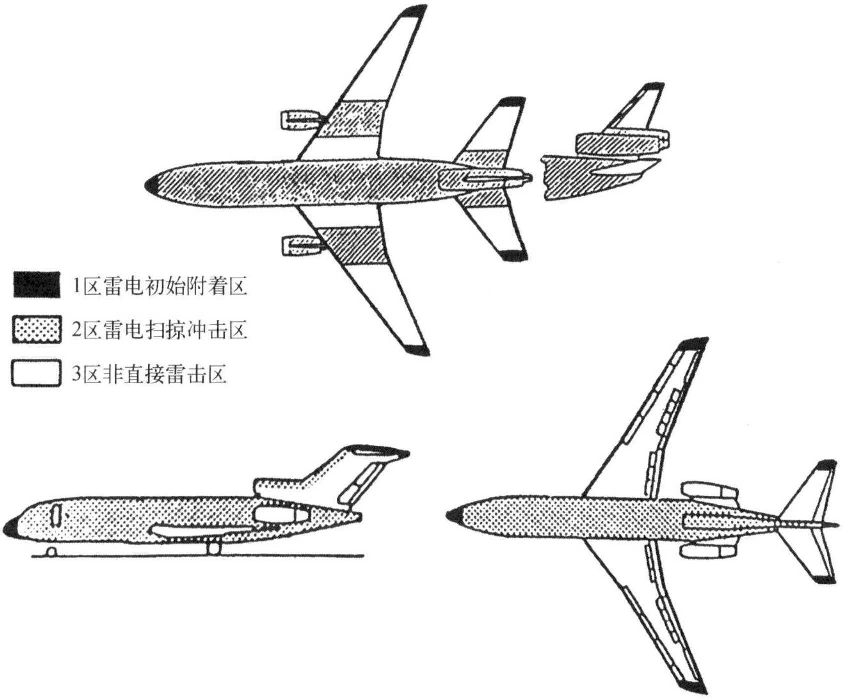

图 26.30　飞机雷电附着区[3]

1 区，雷电直接冲击区，如机头、发动机短舱前部、尾锥、机尾翼端部及翼尖等。

1A 区，雷电悬停在上面的可能性较小的初始附着区域，如前缘。

1B 区，雷电悬停在上面的可能性较大的初始附着区域，如后缘。

2 区，雷电扫掠冲击区，如机身、发动机短舱后部、机尾翼表面、副翼后缘、方向舵与升降舵后缘等。

2A 区，雷电悬停在上面的可能性较小的扫掠冲击区域，如机翼中部。

2B 区，雷电悬停在上面的可能性较大的扫掠冲击区域，如机翼后缘。

3 区，包括除 1 区和 2 区以外的其他表面区域。

机头雷达罩位于雷电附着概率高的 1 区，应在其表面布置分流条/分流片及涂导电涂层。

1、2 区的复合材料制件外表面应采用导电层防护系统，如火焰喷涂铝、等离子喷涂金属、粘接铝箔和金属网（铝网或铜网）、镀镍碳纤维、导电树脂和导电涂层。其中火焰喷涂铝和金属网（铝网或铜网与复合材料共固化）是国内常用的方法。

常用雷击防护方法见表 26.1。

表 26.1 常用雷击防护方法[2, 3]

防护方法	应用区域	优点	缺点
表面火焰喷涂铝	1、2、3 区	不受形状限制，便于修理	厚度不易控制，表面粗糙，重量较重
铜或铝网	2 区	不受形状限制，重量轻	复杂形状表面难以安装，宽度受限制
分流条	1 区、雷达罩	易安装，电磁波能透射	涂漆会影响其效率
导电涂层	2 区	应用方便，修理简单	无法传导较高电流

26.6.4 静电及其防护

飞机复合材料结构的防静电要求与金属结构基本相同[9, 11]。对芳纶和玻璃纤维复合材料，必须采用防静电涂层系统。

碳纤维复合材料结构应合理配置静电放电器，并与最近的金属零件电搭接，金属搭接表面应去除镀层；每个操纵面上至少应有一个电搭接[9, 11]。

复合材料整体油箱防静电措施详见 26.5.5 节。输油系统应注意接地，并采用电搭接。

一般情况下，复合材料结构的防雷电系统也起防静电作用。

26.7 总结与展望

近年来，随着航空复合材料技术的不断提高和新材料、新工艺和新设备的发展，以及飞机对结构轻量化、低成本和可靠性的需求，促进了航空复合材料结构朝着整体化、大型化和低成本设计与制造的发展趋势。

复合材料整体化结构设计以适度整体化的设计思路，充分利用 RTM、VARI 和 OoA（非热压罐）等低成本成形工艺方法，通过计算机辅助设计和仿真以及先进制造设备的运用，提升构件的结构整体承载性能，降低复杂组合模具制造周期及成本的增长，同时大幅减少零件加工与装配的工作量，进而降低制造成本。

超大尺寸复合材料构件设计重点关注尺寸效应对复合材料构件结构强度和刚度的影

响，解决超大尺寸复合材料构件可制造性问题，有效控制超大尺寸复合材料构件的工艺变形。

从安全性、经济性和维修性要求出发，构建满足可靠性要求的航空复合材料部件设计方法与准则，在规定的工作条件下与规定的寿命期内，使产品失效的可能性减至最低。

习题与思考题

1. 复合材料结构设计一般需要考虑哪些要求？
2. 复合材料结构设计的选材原则是什么？
3. 复合材料机翼整体油箱如何进行雷电防护设计？
4. 复合材料夹层结构设计的一般要求有哪些？

参考文献

[1]《飞机设计手册》总编委会. 飞机设计手册 第 10 册：结构设计[M]. 北京：航空工业出版社，2000.

[2] 中国航空研究院. 复合材料结构设计手册[M]. 北京：航空工业出版社，2001.

[3] 杨乃宾，章怡宁. 复合材料飞机结构设计[M]. 北京：航空工业出版社，2002.

[4] CMH－17 协调委员会. 复合材料手册(CMH－17G)第 3 卷[M]. 汪海，沈真，等译. 上海：上海交通大学出版社，2015.

[5] CMH－17 协调委员会. 复合材料手册(CMH－17G)第 6 卷[M]. 汪海，沈真，等译. 上海：上海交通大学出版社，2016.

[6] 中国人民解放军总装备部. 军用飞机结构强度规范 第 1 部分：总则：GJB 67.1A－2008[S]. 北京：总装备部军标出版发行部，2008.

[7] 中国人民解放军总装备部. 军用飞机结构强度规范 第 6 部分：重复载荷、耐久性和损伤容限：GJB 67.6A－2008[S]. 北京：总装备部军标出版发行部，2008.

[8] 中国人民解放军总装备部. 军用飞机结构强度规范 第 14 部分：复合材料结构：GJB 67.14－2008[S]. 北京：总装备部军标出版发行部，2008.

[9] 中国人民解放军总装备部. 飞机复合材料结构设计通用要求：GJB 8598－2015[S]. 北京：总装备部军标出版发行部，2016.

[10] 中华人民共和国航空工业部. 飞机雷电防护要求及试验方法：HB 6129－87[S]. 北京：中国航空综合技术研究所，1987.

[11] 中华人民共和国工业和信息化部. 民用飞机复合材料结构设计通用要求：HB 8438－2014[S]. 北京：中国航空综合技术研究所，2014.

[12] 中华人民共和国工业和信息化部. 民用飞机损伤容限要求：HB 8455－2014[S]. 北京：中国航空综合技术研究所，2014.

第 27 章 复合材料连接设计与失效分析

学习要点:

(1) 理解复合材料的基本连接方式及其区别;
(2) 理解复合材料连接接头的强度影响因素;
(3) 理解胶接连接的一般设计原则;
(4) 了解胶接连接的胶黏剂选择和表面处理工艺;
(5) 理解机械连接的一般设计原则;
(6) 了解机械连接的紧固件选择和结构参数选定;
(7) 理解复合材料连接接头的受载和失效形式;
(8) 了解复合材料连接接头的失效案例分析。

27.1 引 言

不同结构之间的连接通常是结构系统的薄弱环节。采用一体化设计与制造工艺,可以减少结构连接的数量,提高结构效率,这是当今航空航天器结构设计的发展趋势之一。随着复合材料用量的增加,以及新的制造工艺如树脂传递模塑(resin transfer molding, RTM)、树脂膜熔渗(resin film infusion, RFI)、3D 打印等整体成型工艺的发展,更加快了结构一体化的进程。然而,完全避免结构连接,全部采用一体化成型在技术上是难以实现的,并且为满足设计、选材、制造、运输、安装、维护、成本等各方面的实际需求,航空航天器依然有大量的结构连接和设计分离面。据统计[1],空客 A380、波音 747 – 800 等大型民用飞机上仍有约 600 万个零部件,并且一半以上为螺栓、铆钉等用于连接的紧固件。

复合材料的结构连接通常是由一种复合材料与一种金属材料,或一种复合材料与另一种复合材料连接而成。与金属材料相比,复合材料具有比强度高和比模量高的优点,但也存在基材脆性、各向异性、层间强度低、需铺层设计等薄弱问题,故在结构设计时必须考虑更多的影响因素。因此,有必要充分理解复合材料使用的结构连接设计,从而为确保整个航空航天器的结构完整性和可靠性打下基础,避免异常失效带来灾难性事故的发生。

本章将首先对复合材料最常用的两种结构连接方式——胶接连接和机械连接进行简

要介绍，包括连接的基本方式、基本形式以及影响连接强度的因素。随后从材料选取、尺寸参数、制作工艺等方面概述两种连接方式应遵循的设计原则。在此基础上，对两种连接方式在不同受载条件下的典型破坏和失效形式进行阐释；并通过文献调研，对几起因复合材料结构连接损伤而引起的航空航天器部件的失效案例进行剖析，厘清失效模式、失效形式、失效缺陷、失效机理与失效起因间的相互关系，以及相应的解决对策。失效案例研究有助于将科学理论与工程实际相结合，为航空航天器中具有相似结构的复合材料结构连接的失效预防提供技术支撑。

27.2　复合材料的连接方式

复合材料结构连接最主要的方式是胶接连接与机械连接，此外也包括多用于金属基复合材料的焊接，用于层间增强的共固化缝合连接与共固化 z-pin（微细杆）连接，以及采用至少两种连接方式的混合连接等。限于篇幅，本章将仅对胶接连接与机械连接进行介绍。

胶接连接是指用胶黏剂将两个或多个部件粘接成一体的连接方式，多用于受载不大、厚度较薄的复合材料结构件；机械连接是指用螺栓、螺钉、铆钉、销钉等紧固件将两个或多个部件连接成一体的连接方式，多用于受载较大、厚度较厚的复合材料结构件。两种连接方式各自的特点及其比较见表 27.1。

表 27.1　胶接连接与机械连接的比较[2]

	胶接连接	机械连接
优点	（1）重量较轻； （2）刚性连接； （3）连接部位应力集中较低； （4）出色的疲劳抗性； （5）无微动磨损问题； （6）具有光滑的表面； （7）高损伤容限； （8）密封性好，无腐蚀问题	（1）能传递大载荷，抗剥离能力强； （2）便于质量检查，连接可靠安全； （3）在制造与维护中易于装配、拆卸和更换； （4）工艺简单，被连接件对清洁与表面处理的要求不高； （5）无胶接连接固化时产生的残余应力； （6）受环境影响较小； （7）连接结构没有厚度限制
缺点	（1）仅适用于薄壁构件； （2）缺乏高效的缺陷检测手段； （3）易受环境影响而发生老化； （4）对剥离应力和全厚度应力较敏感； （5）在金属基材表面使用时易产生残余应力； （6）无法拆卸； （7）需要价格昂贵的操作工具与设备； （8）需要高效的质量控制； （9）胶黏剂生产与使用时可能引发的环境问题	（1）连接部位因开孔导致应力集中，且增强纤维被切断后导致承载能力降低； （2）为弥补开孔引起的承载能力降低，需对被连接件局部加厚，导致整个结构重量增加； （3）异种金属连接时易产生电偶腐蚀； （4）不同基材的复合材料结构连接间需加垫圈； （5）金属及其复合材料易发生疲劳、微动磨损； （6）因连接结构重量增加和使用了紧固件等，导致成本偏高

从设计角度而言，无论是胶接连接还是机械连接，好的连接结构应具有理想的连接效率。连接效率的定义是连接接头的强度与等尺寸被连接件的强度之比。然而与各向同性的金属材料不同，复合材料因具有铺层设计，机械连接开孔部位的应力集中无法重新分

配，故接头性能的优劣只有通过破坏载荷进行衡量。因此，复合材料结构连接接头的连接效率 η 可由载荷效率 E_L 与重量效率 E_W 的乘积求得，见式(27.1)。其中，载荷效率的定义是连接接头的破坏载荷 L_j 与被连接件的破坏载荷 L_c 的比值，见式(27.2)；重量效率的定义是同尺寸被连接件的重量 W_c 与连接接头的重量 W_j 的比值，见式(27.3)。通常情况下，E_L 与 E_W 成反比，即随着 E_W 逐渐减小(相当于连接接头的重量逐渐增大)，E_L 逐渐增大(相当于连接接头的强度逐渐增大)，但由此会导致整个连接接头的重量增加且成本上升。因此在设计时，复合材料结构连接接头最佳的连接效率 η 应尽可能接近 1，也即 E_L 与 E_W 均约等于1，由此可确保因接头连接导致的复合材料强度损失和重量增加均忽略不计。

$$\eta = E_L E_W \tag{27.1}$$

$$E_L = \frac{L_j}{L_c} \tag{27.2}$$

$$E_W = \frac{W_c}{W_j} \tag{27.3}$$

27.2.1 胶接连接

1. 胶接连接的基本方式

胶接连接的基本方式有三种。第一种是共固化，是指将两个或多个部件与胶黏剂在同一个工艺中经一次固化整体成型；第二种是共胶接，是指将部分已固化的部件与部分未固化的部件同胶黏剂一起共固化；第三种是二次胶接，是指将两个或多个已固化的部件通过胶黏剂连接在一起。三种方式里，共固化的工艺最复杂，但制得的结构连接的性能最佳；二次胶接的工艺最简单，但由于已固化的部件在胶黏剂固化过程中会受到热应力和拉应力，故对结构连接的性能会产生一定影响。

2. 胶接连接的基本形式

胶接连接的基本形式分为两类[2]。一类是面内连接，指被连接件以平面形式搭接，复合材料受面内拉应力，胶层受剪应力，示意图见图 27.1(a)；另一类是面外连接，指被连接件以正交形式搭接，复合材料受面外拉应力，胶层受拉脱应力，示意图见图 27.1(b)。鉴于面内连接的结构简单、应用广泛，故本节将主要对这种形式进行介绍。

单面搭接是最简单的胶接连接形式，多用于薄壁结构件(厚度 $t<1.8$ mm)，工作时主要承受拉伸载荷，但可能因载荷偏心引起附加弯矩从而对胶层造成剥离效应；双面搭接、双面搭接板对接适用于中等厚度的部件(搭接长度与厚度的比值 $L/t=50\sim100$)，并且可有效避免载荷偏心问题；当部件的厚度进一步增大时(厚度 $t>6.35$ mm)，载荷偏心引起的偏心力矩也相应增大，故宜采用阶梯形搭接(也常称作台阶形搭接)或斜面搭接(也常称作嵌接，源自英文 scarf joint)，但加工难度较大。

3. 胶接强度的影响因素

上文已述，复合材料胶接接头理想的载荷效率 E_L 应尽可能接近 1，若数值太小将无

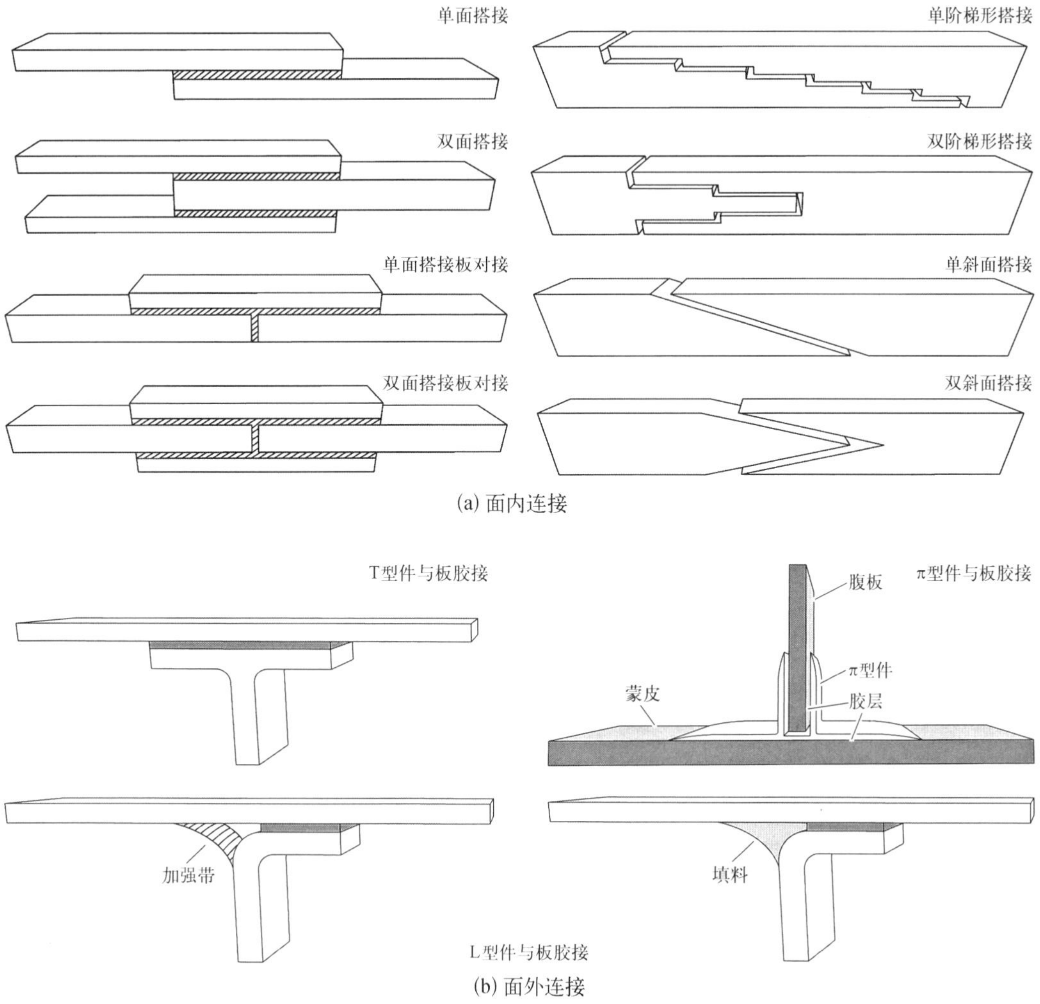

图 27.1　胶接连接的基本形式

法为接头提供足够的强度,数值太大又将使接头的重量和制造成本增加,并在载荷作用下使破坏发生在被胶接件上而非接头位置。因此需充分掌握胶接强度的影响因素,以为调整和优化载荷效率提供支撑。

1）胶接形式

不同胶接形式的载荷传递机理不尽相同。但可确定的是,双面搭接的强度高于单面搭接,并且胶接强度随搭接长度和被胶接件厚度而逐渐增大。但这一增长关系并非线性的,超过一定临界值后增速会逐渐减缓甚至消失。图 27.2 给出了胶接接头强度与胶接形式、被胶接件厚度间的关系[3]。可见随着厚度增加,可依次采用单面搭接、双面搭接板对接、斜削双面搭接板对接、阶梯形搭接以及斜面搭接等搭接形式来提高胶接接头的强度。

2）被胶接件的性质

被胶接的两种复合材料的强度、刚度、热膨胀系数等应尽可能接近。若强度差异过大,受拉伸载荷时,接头上强度较低侧的被胶接件容易发生破坏。若刚度差异过大,受拉

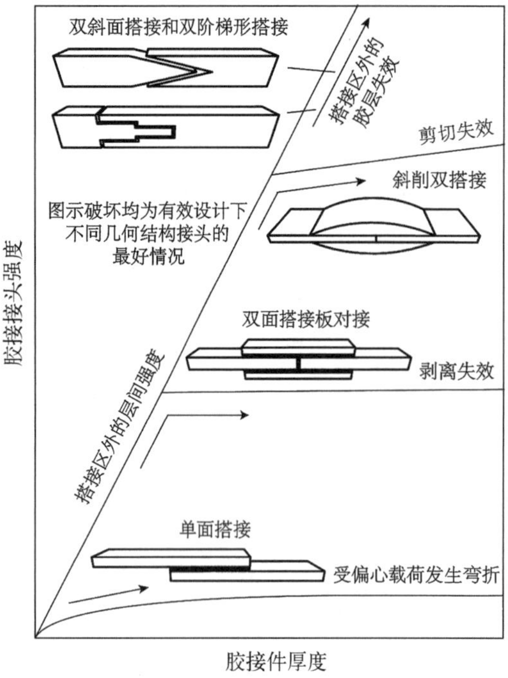

图 27.2　被胶接件厚度与胶接接头强度的关系

伸载荷时，接头上刚度较高侧的被胶接件与胶层间的载荷传递均匀，刚度较低侧的被胶接件与胶层间的载荷传递不均匀，使得搭接面上沿长度方向的中部位置受载较小，容易从端部发生破坏。若热膨胀系数差异过大，即热失配问题，会在温度变化时使接头上热膨胀系数较大侧的被胶接件发生初始弯曲，从而在受到拉伸载荷时引起偏心，对胶层产生剥离应力。热失配经常发生在异种材料的胶接接头上，如聚合物基复合材料与金属材料的胶接，并且它对单面搭接接头的影响尤为严重。以上三类情况都会使胶接接头的强度降低，因此在胶接前就需进行合理的选材设计。

3）胶黏剂的性质与厚度

自身强度较低的韧性胶黏剂比自身强度高的脆性胶黏剂更有利于提高胶接接头的强度，这是由于采用韧性胶黏剂可使搭接区载荷分配均匀，从而能抵抗更高的剥离应力和劈裂应力。除此之外，胶层厚度对胶接接头的强度也有显著影响。理论上讲，胶接强度与胶层厚度的平方根成正比，见式(27.4)。因为胶层厚度太小显然无法提供足够的胶接强度，故胶层厚度应具备所需的最低值；但当胶层厚度增加到某临界值后，继续增加厚度反而会因胶层中缺陷增多而降低胶接强度。因此根据经验，合理的胶层厚度应在 0.10~0.25 mm。

4）胶接缺陷

胶接连接的主要缺陷类型有脱胶、裂缝、空隙、胶层厚度不均、固化不完全和表面制备缺陷等，其中尤以脱胶、裂缝、表面制备缺陷最为常见[2]。缺陷将成为整个胶接接头受载时的应力集中位置，进而随着载荷增加引发各种破坏和失效形式。胶接缺陷对胶接强度的影响随缺陷尺寸增大而增加，即当缺陷尺寸远小于胶接长度时，这一影响并不明显；但随着缺陷尺寸增大，应力集中效应将显著增加。

5）环境条件

最常见的环境影响因素是湿度和温度。湿度的影响主要是通过毛细管效应使湿气被胶层吸收，从而对胶层造成物理溶胀或化学水解等退化效应。温度影响的主要体现是，当在高温环境下工作时，会加快胶层在氧气、湿气等环境中的老化程度；当在低温环境下工作时，一旦温度低于胶黏剂的玻璃化转变温度，胶黏剂将由韧变脆。这两种温度的影响都会显著降低胶接接头的强度。此外，考虑到航空航天器的特殊服役环境，有时还需考虑离子辐照对胶层的影响，如辐照交联、辐照降解等效应。因此，在设计阶段需根据胶接连接结构的服役环境选取合适的胶黏剂，或在潮湿环境中使用密封胶等手段将胶层密封以避免接触环境湿气。

综上,影响胶接接头强度的因素众多,从应力分析角度求得精确的解析解是不可能的,故通常只能定性或半定量地对这些因素的具体影响进行讨论。如以双面搭接的胶接接头为例,它的胶接强度可由式(27.4)求得[3]:

$$P = 4\sqrt{h\tau_{\mathrm{P}}\left(\frac{\gamma_{\mathrm{e}}}{2} + \gamma_{\mathrm{P}}\right)Et} \tag{27.4}$$

式中,P 为胶接接头单位宽度能承载的最大剪切力;h 为胶层厚度;E 为被胶接件的弹性模量;t 为被胶接件的厚度;γ_{e}、γ_{P}、τ_{P} 分别为胶黏剂的弹性应变、屈服应变和屈服应力,它们间的关系 $\tau_{\mathrm{P}}\left(\frac{\gamma_{\mathrm{e}}}{2} + \gamma_{\mathrm{P}}\right)$ 代表了胶层的剪切应变能,决定了胶层自身的强度,亦是影响胶接接头强度的因素之一。

27.2.2　机械连接

1. 机械连接的基本方式

机械连接主要通过螺栓、销钉、铆钉、盲紧固件、环槽铆钉等紧固件连接而成,其中最常用的是螺栓和铆钉。螺栓(bolt)由圆柱形带螺纹的螺杆(screw),和具有六角形、圆形、方形等多种形状的螺母(nut)组成,螺栓连接(螺接)广泛用于承载较大和对可靠性要求较高的复合材料结构连接。铆钉(rivet)则为一端带帽的圆柱体,根据用途不同有平头、圆头、沉头等多种形状,铆钉连接(铆接)一般用于承载较小的复合材料薄板。无论采用哪种机械连接方式,紧固件是必不可少的,且通常为金属材料,故应特别注意与被连接件间的电位差以避免引起电偶腐蚀。

2. 机械连接的基本形式

按是否使用搭接板,机械连接分为搭接和对接两类。搭接是指被连接的复合材料间不使用搭接板而直接用紧固件搭接相连,具体包括单面搭接、双面搭接、斜削单面搭接、斜削双面搭接等,见图 27.3(a);对接是指被连接的复合材料分别与搭接板用紧固件相连,并以搭接板为桥梁进行连接,具体包括单面搭接板对接、双面搭接板对接、斜削单面搭接板对接、斜削双面搭接板对接等,见图 27.3(b)。

从设计角度而言,应尽可能采用双面搭接和双面对接这两种形式(即双剪切受载形式),以避免偏心载荷引起的附加弯应力。若因结构设计不得不使用单面搭接和单面对接形式(即单剪切受载形式),建议采用多排紧固件,且紧固件间的排距应尽可能增大,以使偏心载荷引起的附加弯应力降到最低。然而对于强度高、塑性差的碳纤维增强复合材料,采用多排紧固件连接时应严格控制紧固件的数量(通常不超过两排),以缓解载荷分配不均的问题,并且开孔应尽可能平行排列而不能交错排列。

3. 机械连接强度的影响因素

与胶接连接相比,机械连接因开孔切断了增强纤维,导致整个连接接头的结构较为复杂,故影响其强度的因素有很多,简单归纳后主要包括以下五个方面[2]。

1) 材料参数

(1) 纤维类型:增强纤维的强度越高复合材料的强度也越高,如碳纤维增强复合材

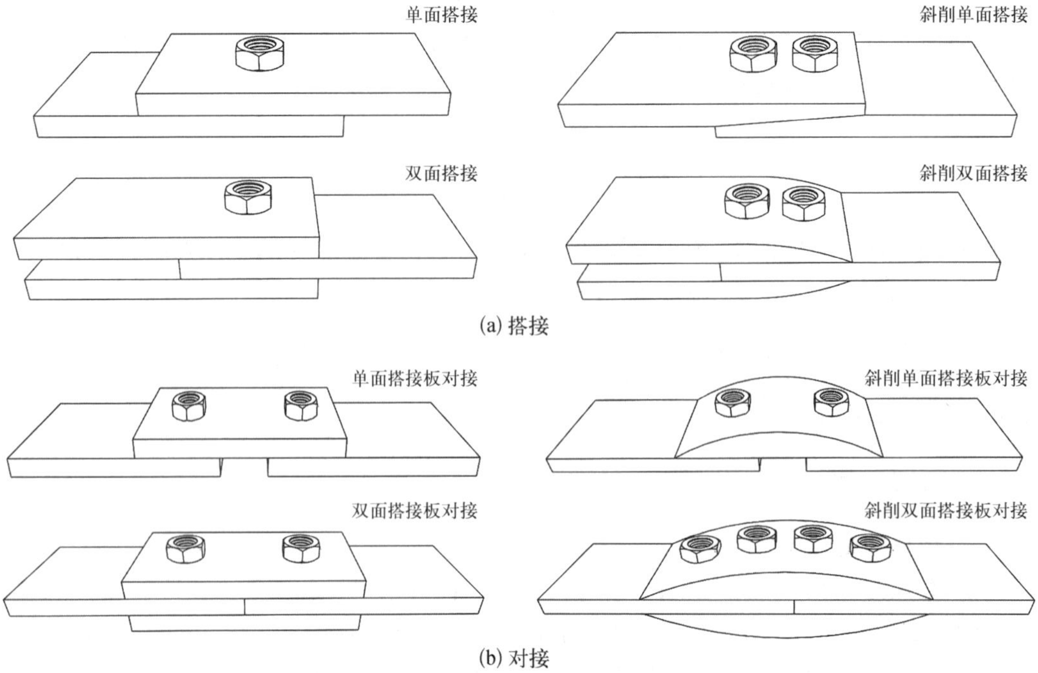

图 27.3　机械连接的基本形式

料的强度通常高于玻璃纤维增强复合材料,由此制得的机械连接接头的强度也越高,但韧性却较差。

(2) 取向及形式：航空航天器上使用的复合材料层合板通常由 0°、±45°、90°四种铺向角的单向铺层组成,其中±45°铺层对层合板的挤压强度起主要作用。

(3) 铺层比例：复合材料层合板的挤压强度随 0°铺层比例的增加而降低,随±45°铺层比例的增加而升高,但当该铺层比例超过一定临界值后反而会使层合板挤压强度降低。比较合理的各类铺层比例分别为±45°铺层≥40%,0°铺层≥25%,90°铺层=10%~25%。

(4) 铺层顺序：对于铺层层数和铺层比例相同的复合材料层合板,层间应力受到铺层顺序影响,并由此决定了层合板的挤压强度。通常情况下,将 90°铺层置于层合板外表面时挤压强度最低;小端距时,±45°铺层分散铺设比成对铺设更能提高层合板的挤压强度,但大端距时两者相差不大。

2) 几何形状和参数

(1) 连接形式：应尽可能采用双面搭接和双面对接形式,避免单面搭接和单面对接形式。这是因为后者属于单剪切连接,容易产生偏心载荷引起的附加弯应力,降低连接接头的挤压强度。该影响随层合板厚度的增加而增大,但对薄板的影响则较小,这是由于板厚增加使得挤压应力沿厚度方向的分布更加不均匀。

(2) 几何尺寸：指复合材料层合板的几何尺寸,主要包括：

(a) 宽径比(w/d)：宽径比指复合材料层合板的宽度与开孔直径的比值,它主要影响机械连接接头的拉伸破坏强度。在端距比足够的前提下(≥3),随着宽径比增加,机械连接接头的挤压强度逐渐增大,破坏模式由拉伸破坏逐渐向挤压破坏转变。这对提高接头的强度是有利的,但当连接强度达到一定临界值后,继续增大宽径比并不会使连接强度进一步增加。通常由拉伸破坏模式转变为挤压破坏模式所需的最小宽径比为 5,即层合板的宽度需至少为开孔直径的 5 倍。

(b) 端距比(e/d):端距比指复合材料层合板的端距与开孔直径的比值,它主要影响机械连接接头的剪切破坏强度。在宽径比足够的前提下(≥5),随着端距比增加,机械连接接头的挤压强度逐渐增大,破坏模式由剪切破坏逐渐向挤压破坏转变。这对提高接头的强度同样有利,但也存在连接强度的上限问题,即当连接强度超过一定临界值后,继续增大端距比并不会使强度继续增加。通常由剪切破坏模式转变为挤压破坏模式所需的最小端距比为 3,即层合板上第一排开孔的位置应至少离开端部 3 倍孔径的距离。

(c) 孔径-厚度比(d/t):复合材料层合板的厚度与开孔直径是联动的,故通常以孔径-厚度比作为层合板几何尺寸的一项重要参数。理想情况下,当层合板的孔径-厚度比为 1,即孔径与厚度相等时,机械连接接头的强度最大;若孔径-厚度比大于 1,则随着它进一步增加,接头的连接强度会逐渐减小;若孔径-厚度比小于 1,则接头的破坏模式由层合板挤压破坏转变为紧固件剪切破坏,由此也将使接头强度降低。但鉴于较大的孔径可便于使用较大直径的紧固件,从而有利于提高接头强度,故实际情况下推荐的孔径-厚度比为 1.2~2.0[4],通常为 1.5。

(3) 开孔排列方式:通常采用多排开孔,且紧固件间的排距应合适,以免偏心载荷引起的附加弯应力。同时,建议开孔应平行排列而不能交错排列,以尽可能降低开孔引起的应力集中。

3) 紧固件参数

(1) 紧固件类型:主要分为螺栓和铆钉两类。前者多用于承载要求较高、需可拆卸和更换的结构件,后者则多用于承载较小、不需要拆卸和更换的复合材料薄板。此外,相同规格的沉头紧固件与凸头紧固件相比,会降低层合板的挤压强度,但随着板厚增加这一影响会逐渐减小。

(2) 紧固件尺寸:主要考虑的是紧固件直径。若直径过大,不仅会增加整个连接接头的重量和成本,而且过载时复合材料层合板自身将发生挤压破坏;若直径过小,过载时连接接头会因紧固件剪切破坏而发生断裂,失去了紧固件的连接功能。通常情况下,建议紧固件直径与层合板厚度相当,即 $d/t = 1$。对于纤维强度较小的玻璃纤维增强复合材料,该值可适当减小,即紧固件直径可略小于层合板厚度;对于纤维强度较大的碳纤维增强复合材料,该值可适当增大,即紧固件直径可略大于层合板厚度。

(3) 垫圈尺寸:垫圈用于垫在螺栓螺母或铆钉头与复合材料层合板之间以保护层合板表面不受损,以及分散紧固件对层合板的压应力。一般而言,垫圈直径应不小于紧固件直径,但垫圈直径过大又会降低紧固件对层合板的侧向约束应力,从而对挤压强度造成影响。

(4) 拧紧力矩:对螺栓施加拧紧力矩可增加层合板的挤压强度,由此提高连接接头的承载能力,且拧紧力矩越大,挤压强度增加得也越大。但当拧紧力矩达到某一临界值后,挤压强度的增幅将忽略不计,且拧紧力矩过大反而会损伤层合板。另需注意的是,对于长期使用的螺栓紧固件,其夹紧力会随时间延长而逐渐松弛,从而造成层合板的挤压强度降低,也即接头的承载能力降低。故在设计复合材料机械连接结构时,拧紧力矩通常作为提高接头挤压强度的冗余措施。

4）载荷条件

（1）载荷方向：复合材料机械连接接头在使用时通常受多个方向的载荷,因此载荷方向也会对挤压强度产生一定影响。通常推荐最大载荷方向与0°铺层平行,因为随着两者间的夹角增大,复合材料层合板的挤压强度会逐渐降低,并在90°时降到最低。

（2）载荷类型：动载荷比静载荷对复合材料机械连接接头强度的影响更大,静载荷时安全系数通常不超过3,动载荷时安全系数一般要高达10。

5）环境因素

包括湿度、温度、化学介质、紫外辐照、离子辐照等,它们都会破坏复合材料层合板自身的微观结构,从而影响整个机械连接接头的宏观性能。

27.3 连接的设计原则

27.3.1 胶接连接

1. 胶接连接的一般设计原则

为确保胶接连接结构所需的强度要求,避免发生过早失效和异常失效,在设计阶段需充分考虑影响胶接接头强度的各种因素,并确定合理的设计原则。胶接连接设计的总体要求是避免胶接面成为整个接头最薄弱的环节,因此合理的胶接连接设计的一般原则通常包括选材与选型、受载与环境、胶黏剂与工艺、检验与维修等方面。

1）选材与选型

（1）被胶接的复合材料间的强度、刚度、热膨胀系数等材料性能参数应尽可能接近,若无法实现,也不应差异过大。

（2）被胶接的复合材料上,直接与胶黏剂粘接的第一铺层的纤维方向应与胶接接头受到的主载荷方向尽可能平行,避免发生层间剥离破坏。

（3）若被胶接的复合材料厚度较薄,宜采用单面搭接;若被胶接的复合材料为中等厚度,宜采用双面搭接;若被胶接的复合材料厚度较厚,宜采用斜面搭接或阶梯形搭接以消除偏心载荷的影响。

（4）应尽可能确保胶接接头的强度与被胶接的复合材料接近,不致使其成为整个结构连接最薄弱的环节。

2）受载与环境

（1）应尽可能使胶接接头工作时受面内拉伸载荷以确保胶层受剪应力,并尽可能降低甚至消除其他方向的载荷,尤其要避免胶层受到剥离应力。

（2）设计工作载荷应不超过胶接接头的屈服强度,以免产生塑性变形。

（3）应充分考虑胶接接头的使用环境,如湿度、温度、化学介质等,以尽可能降低对材料性能退化的影响程度。

3）胶黏剂与工艺

（1）应尽可能选择韧性胶黏剂而非脆性胶黏剂，尤其是受到疲劳载荷的工作条件。

（2）胶接前应对被胶接的复合材料表面进行充分清洗和处理以提高粘接强度。

（3）建议在胶接接头的胶层外再涂覆一层密封剂作为保护层，以减缓环境中湿气、氧气、化学介质等的影响。

（4）制作工艺应尽可能简单，制作成本应尽可能降低。

4）检验与维修

（1）对胶接接头进行设计和制作时，应充分考虑后续开展目视检查和无损检测的可操作性与便利性。

（2）为确保胶接接头的可靠性，应开展静态强度试验与耐久性试验等验证性试验。

（3）当胶接接头的胶层位置产生脱胶等缺陷时，应确保具有可维修性，且维修后不会对接头的强度造成影响。

2. 胶接连接的胶黏剂选择

鉴于航空航天器的极端服役条件，用于胶接连接的胶黏剂应同时满足基本功能要求和特殊性能需求，它们主要包括：

（1）较好的综合力学性能；

（2）与被胶接的复合材料的热膨胀系数应尽可能接近，且相容性好，粘接强度高，不易被剥离；

（3）工艺性好，便于操作；

（4）固化温度应尽可能低；

（5）胶接接头的耐久性应高于结构的预期寿命；

（6）受环境影响应尽可能小，包括湿度、高温、低温、热冲击、盐雾、有机溶剂、紫外辐照、离子辐照等。

根据功能、成分、使用温度、固化温度、应力-应变特性等不同因素，用于胶接连接的胶黏剂有多种分类方法，其中最常用的为以下三种：

（1）按使用温度分。小于等于 80℃ 的为通用型，80～150℃ 的为中温型，大于等于 150℃ 的为高温型；

（2）按应力-应变特性分。在剪应力作用下，应变小于 0.1%的为脆性胶黏剂，应变大于 0.5%的为韧性胶黏剂，见图 27.4，其中，应力-应变曲线下的阴影面积代表了胶层的剪切应变能，它直接决定了胶层自身的强度，由图可知，脆性胶黏剂的静强度高于韧性胶黏剂，适合于高温环境下工作；韧性胶黏剂的剪切

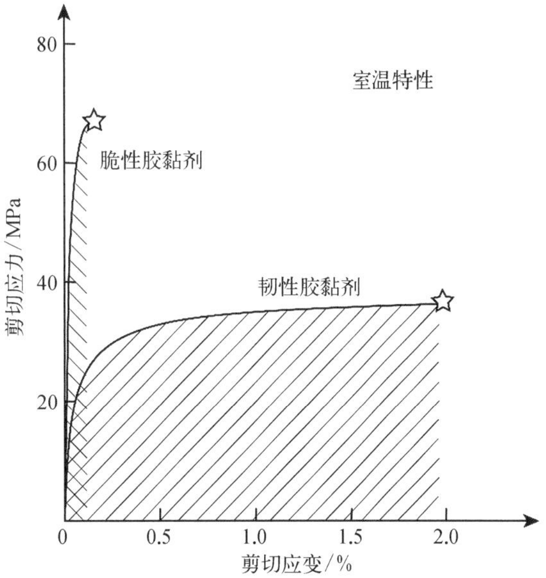

图 27.4　脆性胶黏剂与韧性胶黏剂的比较

应变能更大，疲劳寿命更长，适合于中温与常温环境下长期工作；

(3) 按成分分。如最常用的环氧树脂，其他还包括聚酯树脂、酚醛树脂、有机硅树脂、聚酰亚胺等，它们的具体性能特点见表 27.2[5]，设计时可根据不同的服役条件对这些胶黏剂进行选择。

表 27.2 胶接连接常用胶黏剂的比较

胶黏剂	优点	缺点	建议使用温度/℃
环氧树脂	工艺性能好，固化时收缩率小，化学稳定性好，机械强度高	硬度一般，热强度低，耐磨性差	-40~180
酚醛树脂	热强度高，耐酸性好，价格低，电气性能好，能耐瞬时高温	需高温高压固化，价格昂贵，有腐蚀性，收缩率大	-40~175
有机硅树脂	耐热，耐寒，耐辐射，绝缘性好	粘接强度低	-60~300
聚酰亚胺	耐热，耐水，耐火，耐腐蚀，耐长时高温	需高温固化，价格昂贵，有腐蚀性，多孔性	-40~250
双马来酰亚胺树脂	耐热，耐辐射，透波性高，电绝缘性好，阻燃性好，良好的力学性能和尺寸稳定性	需高温高压固化，价格昂贵	-50~200
氰酸酯树脂	耐热性好，吸水率极低，电性能优异，透波率极高，透明度好	需高温高压固化，价格昂贵	-30~230
聚苯丙咪唑	耐热性好，能耐瞬时高温，耐酸碱介质，耐火焰和有自熄灭性，良好的机械性能和电绝缘性	固化温度高，制备工艺复杂，价格昂贵，粘接强度低	300~370
聚氨酯	耐低温，耐疲劳，抗冲击性能好	耐热性差，耐酸碱性差，易水解，有毒性	-200~80
丙烯酸树脂	适用范围广，可快速固化，对被胶接件无清洁度和表面处理要求	耐热性差，有毒性和气味，不适合大面积粘接	-40~120

事实上对胶接连接而言，胶黏剂强度并非越高越好。如图 27.4 所示，尽管脆性胶黏剂具有更高的静态强度，但胶接接头的强度本质上是由剪切应变能决定的，即应力-应变曲线下方包络的阴影面积，因而韧性胶黏剂对提高胶接接头强度的作用明显大于脆性胶黏剂。从机理上讲，尽管韧性胶黏剂自身强度不高，但受到拉伸载荷时能沿整条搭接区均匀分配应力，而不是像脆性胶黏剂那样仅在搭接区两端存在高的应力集中，中间位置的载荷却较低。因此，韧性胶黏剂具有更高的抵抗剥离应力和劈裂应力的能力。

3. 胶接件的表面处理

胶接连接的本质是胶黏剂与被胶接的复合材料间的界面行为，因此在胶接前需对被胶接的复合材料表面进行彻底清洁和专门处理，以起到清除表面污染物和增加表面粗糙度的作用，从而能通过增大胶接面积和表面化学改性等手段达到提高分子键合强度的目的。表面处理方法分为钝性和活性两类。钝性方法是指用机械打磨和溶剂清洗等手段去除被胶接件表面的污染物和表面层，但不改变化学性质；活性方法是指用阳极极化、化学蚀刻、激光蚀刻等手段改变被胶接件表面的化学性质以提高胶接强度。两类方法所采用的具体手段如下。

（1）机械打磨。具体可细分为砂纸打磨和喷砂处理等。指用研磨材料除去被胶接件表面的污染物、氧化产物、锈蚀痕迹等容易影响粘接效果的有害层，并形成粗糙的表面。打磨后应立即清洁表面，不允许留下打磨材料。

（2）溶剂清洗。指用水、有机溶剂、化学清洗剂等，清洗掉被胶接件表面的污染物，包括盐类、润滑脂、油脂、蜡等。

（3）阳极极化。指用阳极极化处理进一步去除被胶接件表面的污染物，并形成稳定、致密的活化或钝化层。

（4）化学蚀刻。指将被胶接件浸入活性的酸性或碱性溶液中，蚀刻掉部分表面以增加表面的活性。

（5）激光蚀刻。指用激光蚀刻掉被胶接件的部分表面以增加表面活性。

（6）涂底胶。指在被胶接件表面涂覆一层底胶层，如硅烷偶联剂、铬酸盐保护层等，目的是对表面起到保护、增加润湿性、改性等作用以提高粘接效果。

27.3.2　机械连接

1. 机械连接的一般设计原则

在设计机械连接结构时，需充分考虑影响接头强度的因素，目的是尽可能使接头的主要破坏形式为挤压破坏，避免复合材料层合板自身发生拉伸破坏和/或剪切破坏。因此，合理的机械连接设计的一般原则，通常包括连接形式的选择、紧固件的选择、层合板的设计、设计参数的确定等方面。

1）连接形式的选择

（1）单面搭接和单面对接适用于厚度较薄的复合材料层合板，因为即使产生偏心载荷，引起的附加弯应力也较小。

（2）若复合材料层合板厚度较大，应使用双面搭接和双面对接，以减缓一旦产生偏心载荷所引起的附加弯应力。

（3）变厚度的斜削单面搭接板对接和斜削双面搭接板对接适用于多排紧固件结构，因为可减缓边缘位置上紧固件所承受的载荷。

2）紧固件的选择

（1）承载较大、需拆卸和更换的机械连接接头应采用螺栓，承载较小、不需要拆卸和更换的机械连接接头应采用铆钉。

（2）紧固件与复合材料层合板的腐蚀电位应尽可能接近，以免产生电偶腐蚀。

（3）厚度较薄的复合材料层合板应使用凸头紧固件，厚度较大的复合材料层合板则对紧固件头型无特殊要求。

3）层合板的设计

（1）通常使用玻璃纤维增强层合板，若强度要求较高，则建议使用碳纤维与硼纤维增强层合板，但韧性较差。

（2）应设置合理的铺层角度、含量和顺序，主要使用 0°、±45°、90°四种铺向角的单向铺层。其中±45°铺层含量应尽可能高且分散铺设，90°铺层则应避免置于层合板最外层。推荐的铺层比例为±45°铺层≥40%，0°铺层≥25%，90°铺层=10%~25%。

4）设计参数的确定

（1）紧固件直径与层合板厚度。对于玻璃纤维增强复合材料层合板，建议紧固件直径与层合板厚度的比值不超过 1，即 $d/t \leqslant 1$，且层合板厚度应至少达到 2.3 mm；对于硼纤维和碳纤维增强复合材料层合板，d/t 值可增大到 3。

（2）端距、边距和间距。应设置足够大的宽径比（w/d）和端距比（e/d），合理的开孔尺寸和位置与紧固件直径 d、层合板厚度 t 密切相关。表 27.3 给出了玻璃纤维增强复合材料机械连接接头推荐的端距、边距、行距和列距值。

表 27.3　玻璃纤维增强复合材料层合板机械连接接头理想的开孔尺寸和位置

板厚 t/mm	端　距	边　距	行　距	列　距
<3	$3d$	$2d$	$4d$~$5d$	>$4d$
3~5	$2.5d$	$1.5d$		
>5	$2d$	$1.25d$		

（3）拧紧力矩。应设置足够的拧紧力矩以提高机械连接接头的挤压强度，但也不宜过大，以免破坏复合材料层合板表面。表 27.4 给出了不同直径螺栓的推荐拧紧力矩值[2]。

表 27.4　不同直径与形式的螺栓推荐拧紧力矩（N·m）

螺纹直径	螺栓头形式		
	沉头拉伸型 六方头型	所有各型	沉头剪切型
	厚型螺母	薄型螺母	所有各型螺母
M5	3~5	2.3~3.2	2.3~2.9
M6	5~8	2.9~4.9	3.1~3.9
M8	10~15	6.4~10.8	10.2~11.3
M10	18~25	12.3~19.1	10.8~11.9
M12	25~30	—	—

（4）安全系数。安全系数的设定应兼顾安全性和经济性。通常，玻璃纤维增强复合材料机械连接接头的安全系数为 2~3，若使用硼纤维、碳纤维等高强纤维为增强体时可降至 1.5~2，动载荷条件下则建议提高至 10 以上。

2. 机械连接的紧固件选择

1）紧固件的类型

紧固件有多种分类方法，按头型可分为凸头和沉头，按受载类型可分为受拉、受剪、受拉-剪复合，按孔径大小可分为标准级、加大一级、加大二级等。不过最常用的还是按用途和材料进行分类。

（1）按用途分类。根据螺接和铆接的用途不同，紧固件主要分为螺栓和铆钉两大类。螺栓主要用于承载较大、可靠性要求较高的复合材料结构件，并且因便于拆卸和更换，也叫作可拆卸紧固件；铆钉主要用于承载较小、厚度较小的复合材料层合板，并且因多用于难以拆卸的永久性连接，也叫作不可拆卸紧固件。

（2）按材料分类。综合考虑强度、耐腐蚀性、耐磨损性等各方面的性能要求，用于航空航天器不同部位和结构的紧固件需选用不同材料，常见的有合金钢、不锈钢、铝合金、钛合金等。若受限于成本而无法采用材料等级较高的紧固件，则可根据实际服役环境，在紧固件与被连接件间使用垫圈以缓解腐蚀与磨损的问题。

2）紧固件的选材

上文已述，紧固件可选用多种材质，但其中兼具比强度高、耐腐蚀性好等特点的钛合金是最佳选择。除了性能优势外，选用钛合金还有另外两方面考虑。一是目前航空航天器中钛合金的使用比例日益提高，因此对钛合金紧固件的需求也逐渐增加，以避免因选用异种材质的紧固件而引起的电偶腐蚀问题；二是尽管钛合金自身成本较高，但为航空航天器减重带来的经济效益远高于成本，故也推动了它的应用。用于螺栓的钛合金多为 Ti－6Al－4V，相当于我国牌号 TC4，它为 $\alpha+\beta$ 两相合金，制造工艺成熟、性能稳定，拉伸强度超过 1 000 MPa，密度仅约 4.5 g/cm^3。鉴于铆接主要用于承载较小的复合材料薄板的结构连接，故铆钉通常不需要具有螺栓那么高的强度，但塑性和韧性应较好，因此多选用纯钛和钛铌合金制造。

除钛合金外，只要性能满足要求也可选用其他材质的紧固件，如奥氏体不锈钢、镍基合金等。

3）紧固件的标识

紧固件标识可参照 GB/T 1237《紧固件标记方法》（等同于 ISO 8991）执行，其完整的标记示意图见图 27.5[6]。例如，“螺栓 GB/T 5782－2000－M12×80－10.9－A－O”表示紧固件类别为螺栓，参照的标准编号为 GB/T 5782－2000《六角头螺栓》，螺纹规格为 $d=$

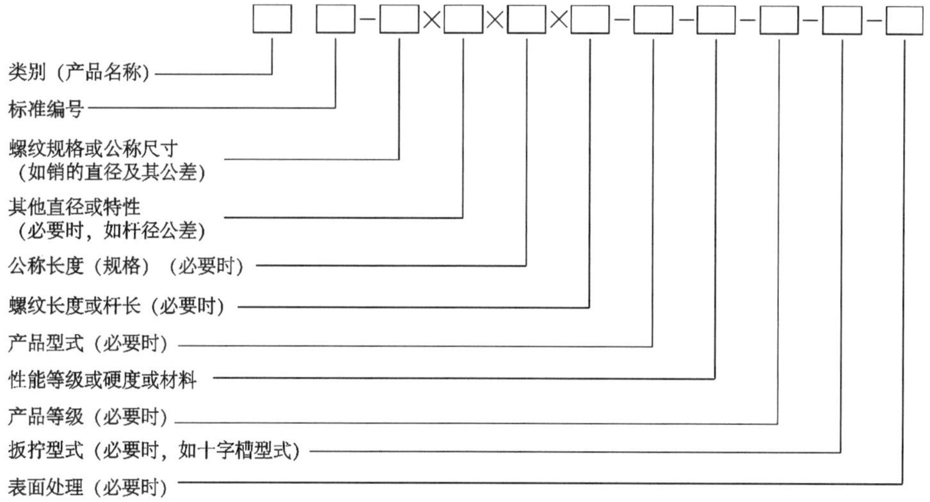

图 27.5　紧固件产品的完整标记

M12(公称直径 12 mm),公称长度 l=80 mm,性能等级为 10.9 级,产品等级为 A 级,表面处理为进行过表面氧化。有时也可用简化的标记对紧固件进行标识,即将完整标记中如标准年代号、连接符“-”、其他直径或特性、产品型式、性能等级或硬度或材料、产品等级、扳拧型式、表面处理等非关键信息省略,如上文那个完整标记可简化为“螺栓 GB/T 5782 M12×80”。

3. 机械连接设计参数的确定

1) 紧固件的直径

就复合材料机械连接接头的破坏形式而言,主要是紧固件的剪切破坏以及复合材料层合板从开孔位置起始的挤压破坏。因此紧固件直径的选择,应确保其自身的剪切破坏与复合材料层合板的挤压破坏同时发生。若紧固件直径过大,不仅会增加整个连接接头的重量和成本,而且过载时复合材料层合板将发生挤压破坏;若紧固件直径过小,则过载时连接接头会因紧固件剪切破坏而发生断裂,由此失去了紧固件的连接功能。

在单剪切受载情况下,紧固件的直径和复合材料层合板的厚度存在式(27.5)的关系[2]:

$$\frac{d}{t} = \frac{4 \cdot \sigma_{br}}{\pi \cdot \tau_b} \tag{27.5}$$

式中,d 为紧固件直径;t 为层合板厚度;σ_{br} 为层合板的许用挤压强度;τ_b 为紧固件的许用剪切强度。为确保机械连接接头的可靠性,实际情况下紧固件的直径通常会大于理论计算值,而厚度较薄的复合材料层合板也会在开孔位置局部加厚、加强,或使用垫圈并增大垫圈直径等手段以提高接头强度。

2) 开孔位置

在复合材料层合板上开孔必然会切断增强纤维,从而影响整个机械连接接头的强度,故应合理地布置开孔位置以尽可能降低对强度的影响。开孔位置可以用四个参数进行度量。一是端距,指被连接的复合材料上位于端部第一排的开孔中心线至端部的距离;二是边距,指被连接的复合材料上位于边缘第一列的开孔中心线至边缘的距离;行距和列距则分别指每行与每列开孔的中心线间的距离,两者统称为间距。以上四个参数的具体示意图见图 27.6。

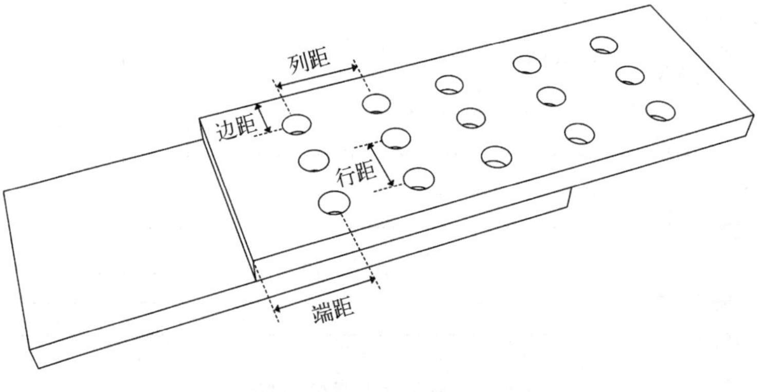

图 27.6　机械连接的紧固件开孔位置示意图

若端距和边距过小,被连接的复合材料层合板易被剪切破坏和拉断,由此不能充分发挥层合板的挤压强度。碳纤维增强复合材料层合板通常比玻璃纤维增强复合材料层合板的强度大,故其开孔间的距离也较后者更大,如端距取大于等于 $4d \sim 6d$,最小边距取 $2d \sim 3d$,孔间距最小取 $4d$[7]。

3) 螺栓拧紧力矩

对螺栓施加拧紧力矩可约束被连接的复合材料的侧向位移,从而提高其挤压强度。螺栓扭矩与侧向约束间的关系可通过式(27.6)计算得到[8]:

$$\sigma_z = \frac{4T}{k\pi d(D_w^2 - d^2)} \tag{27.6}$$

式中,σ_z 为侧向约束应力;T 为施加的力矩;k 为力矩系数,通常取 0.2;d 为紧固件直径;D_w 为垫圈外径。但在复合材料层合板厚度确定的情况下,当拧紧力矩达到某一临界值后,挤压强度也将趋于定值。

4) 许用应力

复合材料机械连接接头的许用应力,主要取决于层合板的挤压强度(上文已述,应与紧固件的剪切强度相当)。挤压强度也叫挤压损伤应力,是挤压损伤载荷与挤压面积的比值,见式(27.7)[9]。

$$\sigma_d = \frac{P_d}{d \cdot t} \tag{27.7}$$

式中,σ_d 为挤压强度;P_d 为挤压损伤载荷,通常采用开孔直径变形量达到 4%时对应的力值;d 为开孔直径;t 为层合板厚度。由式(27.7)可见,在挤压损伤载荷不变的情况下,挤压强度随开孔直径与层合板厚度的增加而逐渐减小。但上文已述,开孔直径也取决于层合板厚度,即两者是联动的,故通常以 d/t 值作为尺寸评价指标。一般情况下,挤压强度随 d/t 值增加而减小。对于玻璃纤维增强复合材料,通常取 $d/t = 1$ 时的挤压强度。

考虑在实际情况下,复合材料机械连接接头不仅受层合板的挤压影响,还可能受到剪切、拉伸等载荷作用,故实际的许用应力通常低于理论挤压强度,并主要由设计准则、设计要求等确定。理论挤压强度与实际许用应力的比值称为安全系数,见式(27.8)。

$$[\sigma] = \frac{\sigma_d}{n} \tag{27.8}$$

式中,$[\sigma]$为许用应力,n 为安全系数。

27.4　连接的失效形式与案例分析

复合材料的连接部位通常是结构中最薄弱的环节。根据定义,被连接件(即复合材料)和连接介质(即胶黏剂或紧固件)中任一部分产生任意形式的破坏,就认为整个结构连接发生了失效。连接接头的受载情况显然比未连接的复合材料复杂,如胶接接头胶层处的残余应力,机械连接接头开孔处的应力集中等,故其失效概率也更高,并且该问题对由不同基材组成的异种接头尤为严重。例如聚合物基复合材料与金属材料的连接接头，前者为各向异性材料，受载情况不仅受几何形状影响，还与铺层方式有关；而后者为各向同性材料，受载情况只与几何形状有关。因此，须充分掌握复合材料结构连接接头的主要破坏形式和失效机理，以为设计合理性与结构可靠性提供支撑。

27.4.1 胶接连接

1. 胶接连接的受载形式

如图 27.7 所示，胶接连接主要受五种基本的载荷形式，包括：

(1) 由面外拉伸载荷对粘接层产生的拉应力，见图 27.7(a)；

(2) 由面外压缩载荷对粘接层产生的压应力，见图 27.7(b)；

(3) 由面内拉伸载荷对粘接层产生的剪应力，见图 27.7(c)；

(4) 由作用在刚性、厚胶接件上的面外拉伸载荷产生的劈裂应力，见图 27.7(d)；

(5) 由作用在薄胶接件上的面外拉伸载荷产生的剥离应力，见图 27.7(e)。

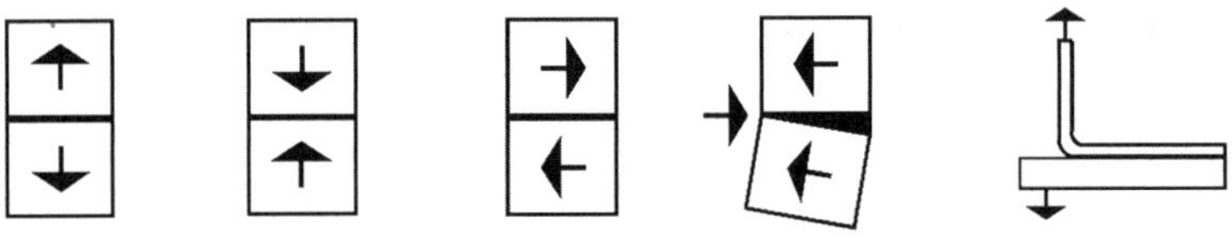

图 27.7 胶接连接的几种基本受载形式

理想状况是让胶接接头在工作时受面外压应力或面内剪应力，此时整个接头的强度最大；同时应尽可能减小甚至消除面外拉应力、劈裂应力和剥离应力，尤其是剥离应力，因为它们会显著降低胶层的粘接强度，从而对接头强度造成影响。但实际情况下，复合材料结构连接可能会同时受到上述几种载荷作用里的几种，因此应使其最主要的受载形式为面外压应力或面内剪应力，并尽量避免产生剥离应力。

2. 胶接连接的失效形式

复合材料胶接连接的失效形式有两种分类方法。

一种是按破坏机理，分为黏附破坏和内聚破坏。黏附破坏是指胶黏剂和被胶接件两者间的界面发生破坏，也叫界面破坏；内聚破坏是指胶黏剂或被胶接件自身发生的破坏。

另一种是按破坏位置，分为被胶接件（基材）破坏、胶层破坏和界面破坏。

被胶接件破坏属于内聚破坏机理，通常发生在拉应力或剥离应力超过被胶接件强度的情况，故亦分别叫作基材拉伸破坏和基材剥离破坏，见图 27.8(a)和(b)。对于金属材料，拉伸破坏发生的条件是受到的拉应力超过材料的屈服强度；对于复合材料层合板，剥离破坏主要发生在被胶接件上与胶层邻近的前几个铺层，表明胶层的强度大于被胶接件的强度。

胶层破坏也属于内聚破坏机理，通常发生在拉应力或剥离应力超过胶层强度的情况，故亦分别叫作胶层剪切破坏和胶层剥离破坏，见图 27.8(c)和(d)。其中，剪切破坏能充分发挥胶层的强度，是最理想的情况，而剥离破坏则应尽量避免。胶层破坏通常起始于应力集中处，如粘接区的端部，表明被胶接件的强度大于胶层的强度。

界面破坏属于黏附破坏机理，通常发生在拉应力或剥离应力超过胶层与被胶接件间的界面结合强度的情况，故亦分别叫作界面剪切破坏和界面剥离破坏，见图 27.8(e) 和 (f)。这两种破坏形式的产生通常是由于被胶接件表面处理不合格，或是胶黏剂选择不当而与被胶接件不相容，抑或是引入了环境中的水汽或污染物等因素引起的。

总体而言，只要设计、选材、制作、安装等工艺得当，复合材料胶接接头界面破坏发生的可能性较小，主要的破坏形式还是被胶接件破坏与胶层破坏，即均属于内聚破坏机理。另需注意的是，胶接连接的破坏形式还与结构的几何形状与尺寸、被胶接件的性质、载荷性质、环境因素等密切相关，因此在开展可靠性评估时需进行全面和系统的考虑。

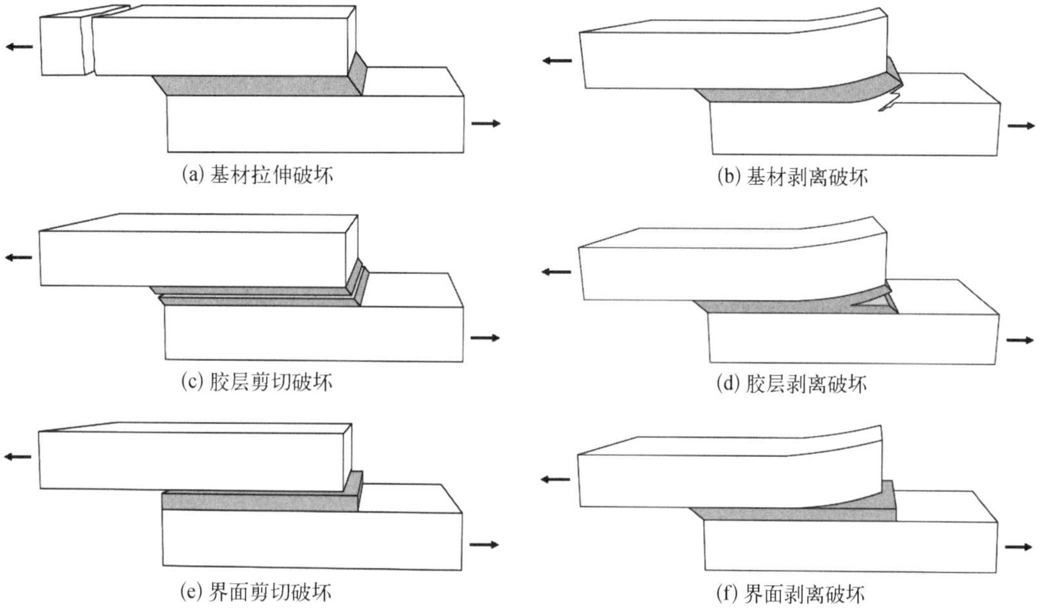

图 27.8　胶接连接的主要失效形式

27.4.2　机械连接

1. 机械连接的受载形式

复合材料机械连接的受载形式主要为拉伸和剪切两种。拉伸是指被连接的复合材料层合板受到与 0°铺层平行的面内拉伸载荷，剪切是指层合板受到与 0°铺层垂直的面内剪切载荷。两种情况下，紧固件自身受到的均为剪切载荷，这是可以接受的。然而由于复合材料层合板的层间强度较低，且紧固件容易被拉脱，应避免机械连接接头受到面外拉伸载荷，这将显著降低接头的强度。上述几种机械连接的受载形式示意图见图 27.9。

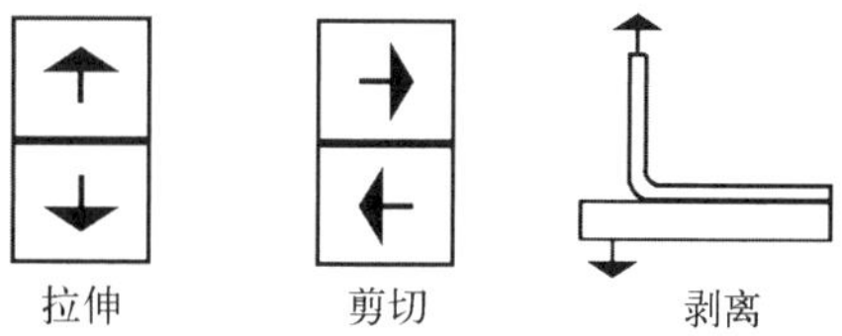

图 27.9　机械连接的几种基本受载形式

2. 机械连接的失效形式

复合材料机械连接接头由金属紧固件和复合

材料层合板组成，故其失效形式也分为紧固件破坏与层合板破坏两类[2]。

紧固件通常由金属材料制成，破坏形式分为剪切、拉伸、挤压三种。其中剪切破坏和拉伸破坏的受载面均为紧固件截面，故其破坏载荷可分别由简化公式(27.9)和式(27.10)求得：

$$P_S = \frac{\pi d^2}{4}\tau_b \tag{27.9}$$

$$P_T = \frac{\pi d^2}{4}\sigma_b \tag{27.10}$$

式中，P_S、P_T 分别为紧固件的剪切破坏载荷和拉伸破坏载荷；d 为紧固件直径；τ_b、σ_b 分别为紧固件的剪切破坏应力和拉伸破坏应力。

挤压破坏的受载面为紧固件侧面，故其破坏载荷可由简化公式(27.11)求得：

$$P_B = dt\sigma_B \tag{27.11}$$

式中，P_B 为紧固件的挤压破坏载荷；t 为层合板厚度；σ_B 为紧固件挤压方向的等效应力。

复合材料层合板的破坏形式则要比金属紧固件复杂得多。尽管在受载形式上也分为剪切、拉伸、挤压三种，但破坏形式共有净拉伸破坏、剪切破坏、挤压破坏、劈裂破坏、紧固件拉脱、紧固件破坏六种[1]，示意图见表27.5。

净拉伸破坏通常发生在层合板宽径比(w/d)较小，或开孔列数较多的情况，拉伸破坏载荷可由式(27.12)计算求得：

$$P_T = (w - nd)t\sigma_b \tag{27.12}$$

式中，w 为层合板宽度；n 为开孔列数；σ_b 为拉伸破坏应力。

剪切破坏通常发生在层合板端距比(e/d)较小的情况，剪切破坏载荷可由式(27.13)计算求得：

$$P_S = 2et\tau_b \tag{27.13}$$

式中，e 为层合板端距；τ_b 为剪切破坏应力。

挤压破坏通常发生在铺层合理、宽径比(w/d)和端距比(e/d)均较大的情况，这也是复合材料层合板最理想的破坏形式，挤压破坏载荷可由式(27.14)计算求得：

$$P_B = ndt\sigma_B \tag{27.14}$$

式中，n 为开孔列数；σ_B 为层合板挤压方向的等效应力。

劈裂破坏通常发生在层合板上0°铺层含量较多的情况。紧固件拉脱和紧固件破坏这两种破坏形式则通常发生在孔径-板厚比(d/t)较小的情况，即层合板厚度大于紧固件直径。

表27.5中还列出了以上六种破坏形式的产生条件和预防措施[2]。除这些单一破坏形式外，有时几种破坏形式还会同时发生，因此在实际使用时需引起格外重视。

表 27.5　复合材料机械连接典型破坏形式的产生原因和预防措施

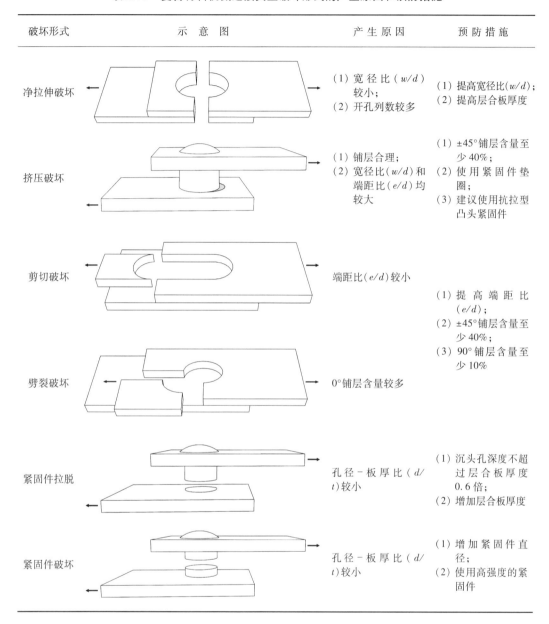

破坏形式	示意图	产生原因	预防措施
净拉伸破坏	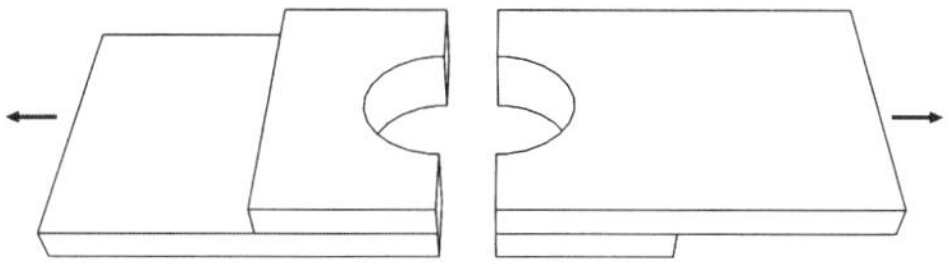	(1) 宽径比(w/d)较小； (2) 开孔列数较多	(1) 提高宽径比(w/d)； (2) 提高层合板厚度
挤压破坏	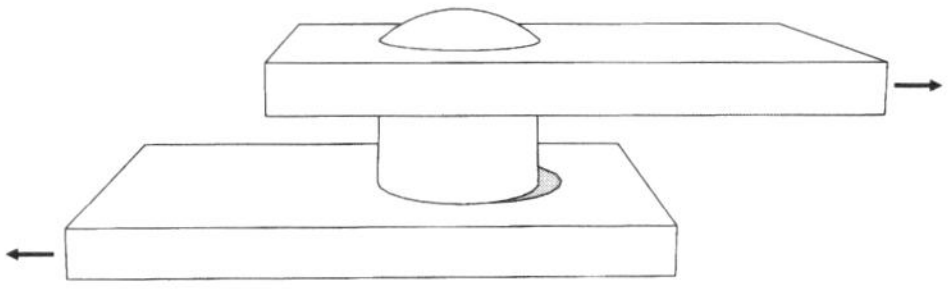	(1) 铺层合理； (2) 宽径比(w/d)和端距比(e/d)均较大	(1) ±45°铺层含量至少 40%； (2) 使用紧固件垫圈； (3) 建议使用抗拉型凸头紧固件
剪切破坏	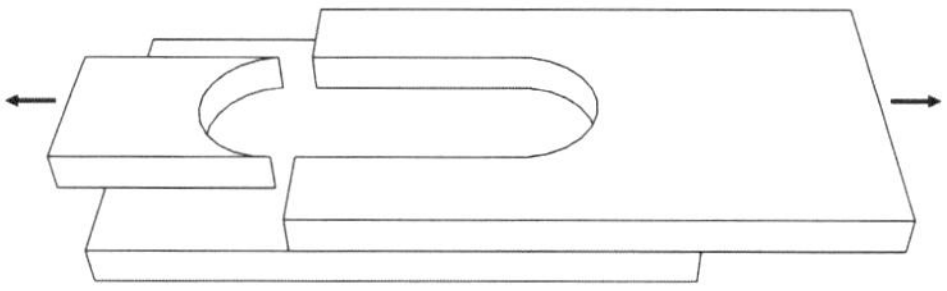	端距比(e/d)较小	(1) 提高端距比(e/d)； (2) ±45°铺层含量至少 40%； (3) 90°铺层含量至少 10%
劈裂破坏	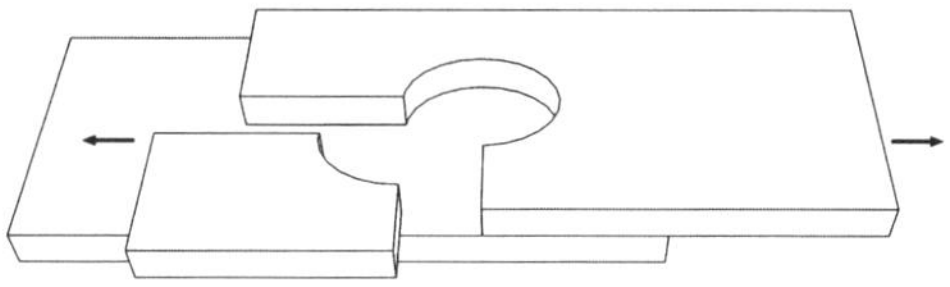	0°铺层含量较多	
紧固件拉脱	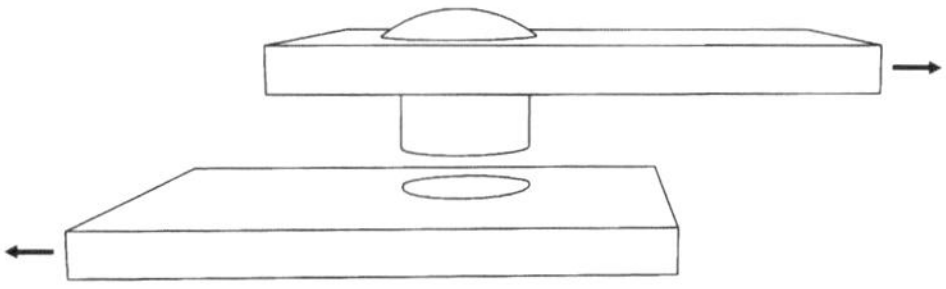	孔径-板厚比(d/t)较小	(1) 沉头孔深度不超过层合板厚度 0.6 倍； (2) 增加层合板厚度
紧固件破坏	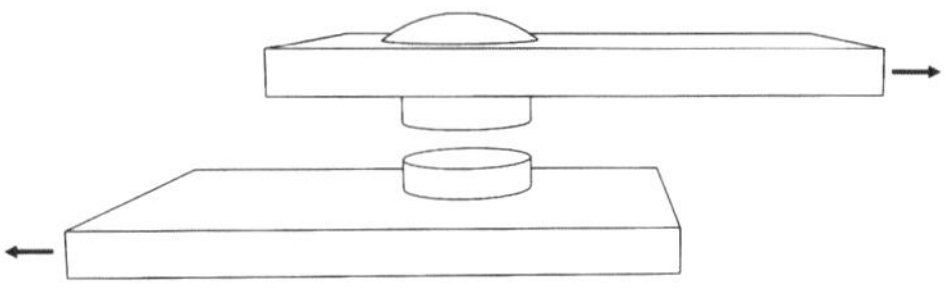	孔径-板厚比(d/t)较小	(1) 增加紧固件直径； (2) 使用高强度的紧固件

27.4.3　失效案例分析

与石化、化工、电力等其他大型工业相比，应用于航空航天器的复合材料结构连接在实际使用中发生的失效案例相对较少。这主要是由于航空航天器的服役工况较为确定，在设计阶段便充分考虑了与安全相关的各种影响因素，由此设置了针对性的预防对策并留有较高的安全裕量。因此，公开报道的绝大部分所谓复合材料结构连接的失效案例分析，实际上开展的均为针对某种特定连接接头的事前分析，以预测相关的失效行为和研究相应的失效机理。尤其随着近几十年来计算机技术的飞速发展，基于有限元理论的数值模拟成为研究复合材料结构连接可靠性的主要手段,相关的书籍、文献和报告俯拾皆是,不再赘述。

基于上文对主要失效形式的概述,本节将从材料表征的角度,对文献里几起拟应用于航空航天器的复合材料结构连接的失效案例进行简单介绍。

1. 胶接连接

胶接连接的失效分析主要采用理论分析法和有限元法[10]。如针对胶接接头独有的胶层结构,采用有限元法对胶层与复合材料层合板间界面的失效机理进行研究[11-13];或是考虑胶层的结构尺寸[14, 15]、预存缺陷[16, 17]等对裂纹扩展行为的影响;抑或是应用和改进现有的有限元模型对胶接连接的结构设计[18-20]、载荷分布[21, 22]、失效行为[23-25]等进行预测和分析。从材料表征的角度来看,有对被胶接件表面处理工艺的优化[26],以及对模拟试验的方法改进[27]等,但总体而言数量相对较少。

Greenhalgh[28]针对某滑翔机尾部抗剪腹板产生的开裂问题进行了失效分析。该抗剪腹板采用三明治夹芯结构,由 6 mm 厚的聚氯乙烯泡沫芯体与 1 mm 厚的玻璃纤维增强环氧树脂面板组成。检查发现,腹板上的圆弧过渡区产生了开裂现象,见图 27. 10(a);拆解后,可见左舷表面的两侧圆弧过渡区均存在裂纹,见图 27. 10(b);右舷表面的一侧圆弧过渡区则出现了起皱现象,见图 27. 10(c)。随后采用 X 射线成像仪与扫描电镜对开裂位置进行了深入观察分析,确定了该失效起源于腹板左舷。具体是由于在腹板左舷的加工过程中,部分小分子挥发物进入了复合材料面板的环氧树脂基材中,使得面板与泡沫芯体间的粘接不充分而发生脱胶。随后在服役时的载荷作用下,左舷表面产生了裂纹,而相同规格和尺寸的右舷表面仅出现了起皱现象。

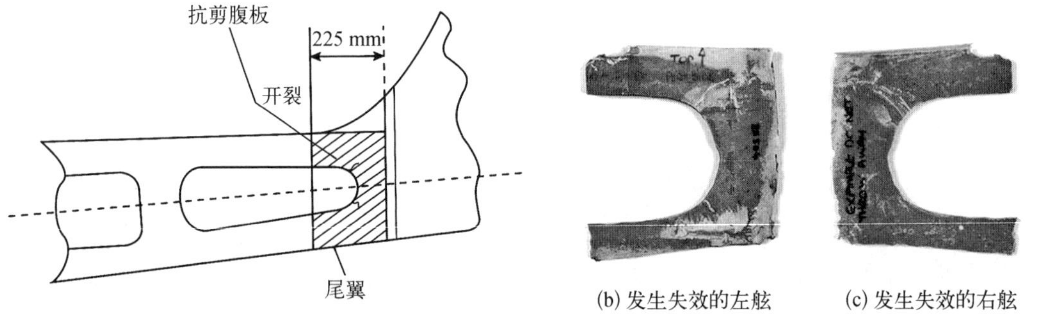

(a) 结构示意图　(b) 发生失效的左舷外观形貌　(c) 发生失效的右舷外观形貌

图 27. 10　某滑翔机失效的尾部抗剪腹板

Teixeira de Freitas 等[29]针对飞机机身壁板和翼板上常见的 T 型加强筋-蒙皮胶接连接结构,通过拉拔试验研究了环境温度和疲劳载荷对粘接强度的影响,并讨论了相应的失效机理。试验选用的 T 型加强筋为碳纤维增强环氧树脂,蒙皮为玻璃纤维增强铝合金层合板,胶黏剂为环氧树脂,见图 27. 11 的示意图。结果表明,在静态拉拔载荷与动态疲劳载荷的作用下,裂纹均起始于应力最大的 T 型加强筋中心转角区域;随后仅需较低的载荷,裂纹即可沿加强筋根部垂直和水平两个方向同时扩展,最终引起分层失效。整个过程中,各阶段试样的外观形貌见图 27. 12。同时,在两种载荷作用下均未发现胶层脱胶现象，说明胶黏剂的选取是合适的。温度则会对分层后的加强筋上环氧树脂基材的断口形貌产生影响，高温下为片状，低温下为锯齿状。最后得出结论，对于具有类似结构的胶接接头，最薄弱的位置为 T 型加强筋的中心转角区域，而非加强筋与蒙皮间的胶层。

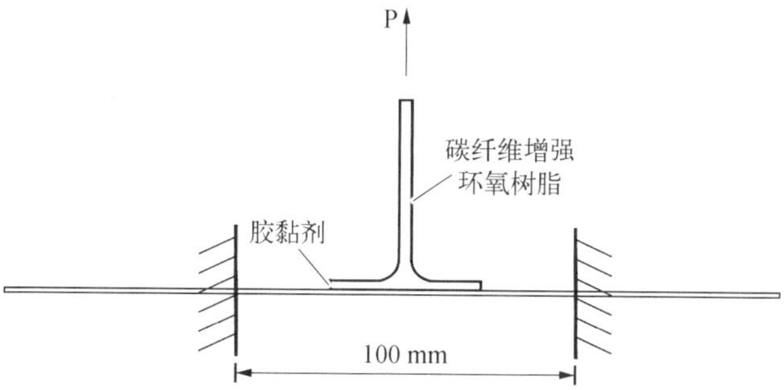

图 27.11　某飞机机身上 T 型加强筋-蒙皮胶接连接结构示意图

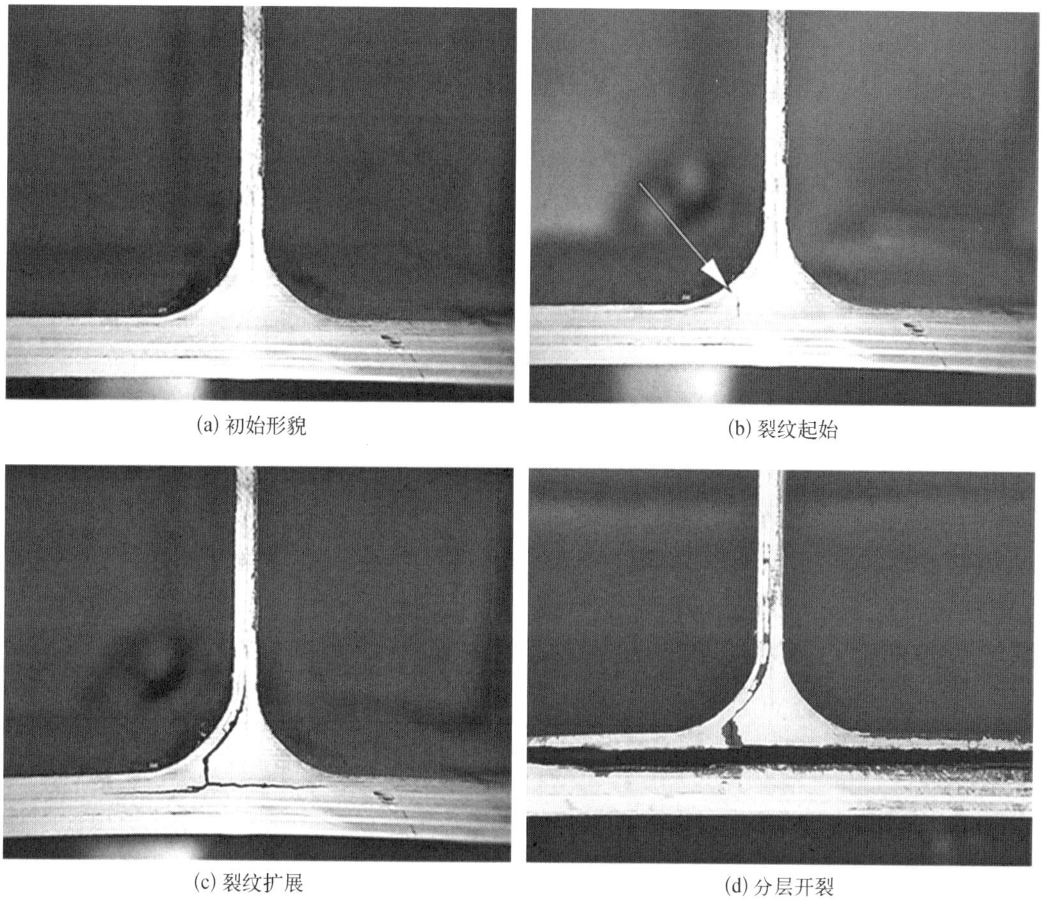

图 27.12　T 型加强筋-蒙皮胶接结构在疲劳载荷作用下的外观形貌变化

Mueller 等[30]在对军用战术飞机进行日常超声检测时，发现下机翼蒙皮上的胶接接头存在缺陷。该接头由碳纤维编织布增强环氧树脂复合材料与钛合金拼接板采用双阶梯形搭接形式胶接而成，钛合金拼接板上先涂覆环氧底漆，再使用环氧胶黏剂与复合材料进行胶接，见图 27.13。胶黏剂与复合材料共固化前，发现在钛合金拼接板与环氧胶黏剂底漆间存在脱胶缺陷。随后对缺陷位置进行切割取样，并用扫描电镜、能谱分析仪、X 射线波谱仪，以及傅里叶变换红外光谱仪、X 射线荧光分析仪、二次离子质谱仪等对试样进行深入分析，以确定失效原因和研究失效机理。根据制作工艺，钛合金拼接板在涂覆底漆前，应使用含氟酸对表面进行酸洗，再使用去离子水冲洗多次后烘干。然而分析发现，由于冲洗不彻底，在钛合金表面残留有过量的氟元素，导致底漆无法充分涂覆并贴合于钛合金表面，从而引发了底漆局部脱胶。随后以此为应力集中点，在循环载荷的作用下，最终造成外模线侧复合材料的内部碳纤维与环氧树脂基材间产生疲劳开裂，以及接头内模线侧的环氧树脂胶黏剂与复合材料间发生脱胶。

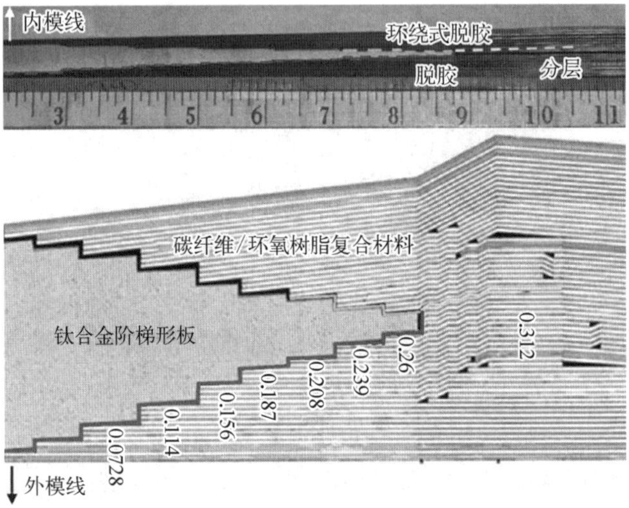

图 27.13 碳纤维编织布增强环氧树脂复合材料与钛合金拼接板双阶梯形搭接结构的外观形貌及结构示意图

Kumar 等[31]针对航空航天器中复合材料结构件的修复需求，研究了不同坡口角度对单斜面搭接接头的拉伸强度及失效形式的影响。试验选用的为单向铺层碳纤维增强环氧树脂复合材料，预制成坡口角度为 0~5°的单斜面结构，再用 AF－163－2 环氧胶膜两两粘接成胶接接头。结果表明，在单轴拉伸载荷作用下，胶接接头的拉伸强度受坡口角度的影响较大。在小坡口角度情况下(<2°)，接头具有较高的拉伸强度，失效形式为纤维断裂和拔出；在大坡口角度情况下(>2°)，接头的拉伸强度较小，失效形式为胶层剪切破坏。两种失效形式的斜面外观形貌见图 27.14。基于上述试验结果，作者随后采用有限元模拟的方法进行了验证。

2. 机械连接

与胶接连接不同，复合材料机械连接接头的设计参数较多，且损伤过程具有逐渐累积的特点，故采用数值模拟的手段对其开展强度有限元分析[32-34]、逐渐损伤分析[35-37]、损伤容限分析[38-40]等是最方便和高效的失效分析方法。相关的书籍和文献也较多，不

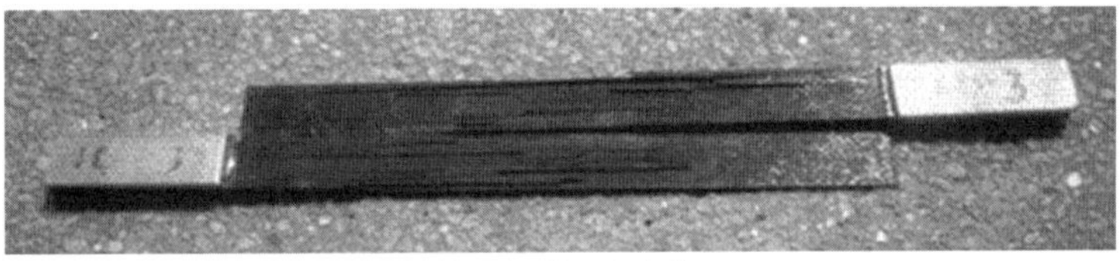

(a) 纤维断裂和拔出

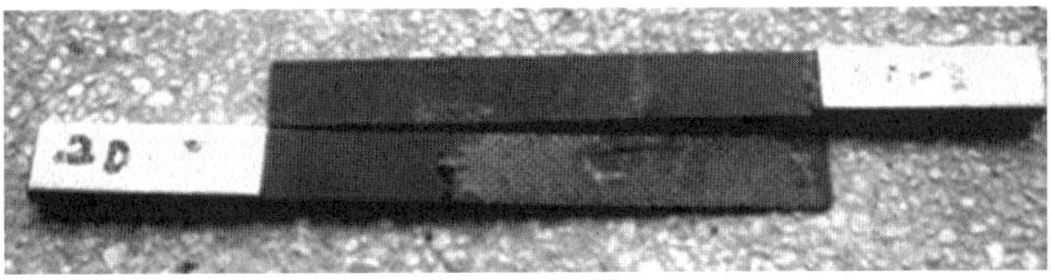

(b) 胶层剪切破坏

图 27.14　不同坡口角度的单斜面搭接接头拉伸断口形貌

再重复。基于上文对复合材料机械连接接头主要失效形式的概述，本章将从材料试验角度，对国内外几起拟应用于航空航天器的复合材料机械连接接头的实际失效案例进行介绍。

Xiao 和 Ishikawa[41] 针对碳纤维增强聚酰亚胺（IM－7/PIXA）和碳纤维增强环氧树脂（IM600/Q133）两种韧性迥异的复合材料，比较研究了它们各自的螺栓连接接头的挤压破坏行为。作者首先按 $[45°/0°/-45°/90°]_{2s}$ 的铺层顺序将两种复合材料均制成 16 层准各向同性层合板；随后用自行开发的非接触式电子光学引伸计，对两种层合板上的螺孔在静态拉伸试验中的变形量进行精确测量以确定挤压强度；再采用 X 射线成像仪、扫描电镜等对失效机理进行分析，观察到了纤维微屈曲、树脂基材开裂、分层、面外剪切开裂等微观特征形貌；最终提出复合材料层合板的挤压破坏是一种压缩损伤的累积过程，包含损伤起始、损伤生长、局部开裂和最终断裂四个阶段。其中 0°铺层形成的扭结带（kink band）和分层是引发损伤的主要原因，沿厚度方向的穿透型剪切裂纹和大尺度分层则导致了层合板最终断裂，且层合板韧性越差越容易发生树脂基材的开裂和分层。

Sen 等[42] 以某玻璃纤维增强环氧树脂复合材料层合板为例，通过静态拉伸试验，研究了端距比、宽径比、预紧力矩、铺层顺序等对螺栓连接接头的挤压强度和失效形式的影响。基于控制变量法，作者以增量为 1 设定层合板的端距比为 1～5、宽径比为 2～5；设定预紧力矩为 0 N · m、3 N · m、6 N · m，铺层顺序为 $[0°/0°/45°/-45°]_s$、$[0°/0°/45°/45°]_s$、$[0°/0°/30°/30°]_s$，由此共得到 180 组具有不同设计参数的单孔螺接接头试样。结果显示，总体上当端距比和宽径比较小时（≤2），失效形式为劈裂破坏、净拉伸破坏和剪切破坏，但随着预紧力矩增加，失效形式将转变为挤压破坏或混合破坏；增加端距比、宽径比和预紧力矩有助于提高挤压强度；挤压强度最大的铺层顺序为 $[0°/0°/45°/45°]_s$，最小的为 $[0°/0°/45°/-45°]_s$。

Tong[43] 针对碳纤维编织布增强环氧树脂复合材料，研究了螺栓与垫圈间非均匀径向间隙对连接接头挤压强度的影响。试验选用的螺栓直径 6. 25 mm，螺孔直径 6. 35 mm，垫圈内径 7 mm。考虑两种极端情况，一种是垫圈中心朝拉伸载荷方向发生偏移，使得螺栓与垫圈间的层合板上产生最大 0.65 mm 宽的非约束间隙，故也叫正偏移；另一种是垫圈中心朝拉伸载荷相反的方向发生偏移，使得拉伸载荷方向的螺栓与垫圈间不存在非约束间隙，故也叫负偏移。正常设计情况，以及两种极端情况的位置示意图见图 27.15。结果表明，正偏移情况在微屈曲、分层等机理作用下，初始挤压破坏载荷低于负偏移，即更容易引发层合板破坏，但两者的最终失效载荷相差不大。不过在两种情况下，增加拧紧力矩均可提高材料的挤压强度。

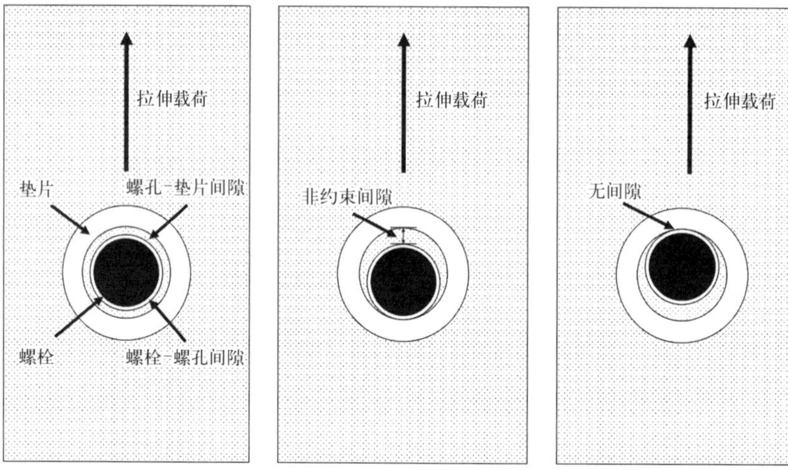

(a) 正常设计情况　(b) 正偏移情况　(c) 负偏移情况

图 27.15　螺栓、螺孔、垫圈位置示意图

除上述长纤维增强复合材料，Yilmaz 等[44]对短纤维增强与颗粒增强树脂基复合材料在含钉孔情况下的拉伸强度也进行了研究，并考虑了腐蚀介质的影响。试验选用 40%短切玻璃纤维增强聚苯硫醚（F 型）和 40%短切玻璃纤维+25%碳酸钙颗粒增强聚苯硫醚（F/P 型）两种复合材料，以及 10%硝酸溶液与饱和氯化钠溶液两种腐蚀介质。此外，作者也考虑了钉孔宽径比（2~6）和端距比（1~6）的影响。根据试验结果，两种材料里 F/P 型的刚度略高于 F 型，但拉伸强度不如 F 型；在两种腐蚀介质中浸泡 90 天，材料的刚度下降但拉伸强度反而上升；此外还发现，在确定宽径比的条件下，短纤维增强复合材料的挤压强度可随端距比直线增加。

有别于纯树脂基复合材料，İçten 和 Sayman[45]研究了含钉孔的三明治结构铝-玻璃纤维编织布增强环氧树脂复合材料在拉伸载荷作用下的挤压强度和失效形式，材料结构示意图见图 27.16。试验考虑了钉孔宽径比（2~6）、端距比（1~5）以及编织布上玻璃纤维铺层角度（0°、30°、45°）的影响。结果表明，挤压强度随宽径比和端距比的增加而提高的结论，对该三明治结构复合材料同样适用；其中，失效形式从净拉伸破坏向挤压破坏转变的宽径比至少应达到 3，从剪切破坏向挤压破坏转变的端距比至少应达到 2，一旦超过这两个临界值，纤维铺层角度对剪切强度的影响将很小。

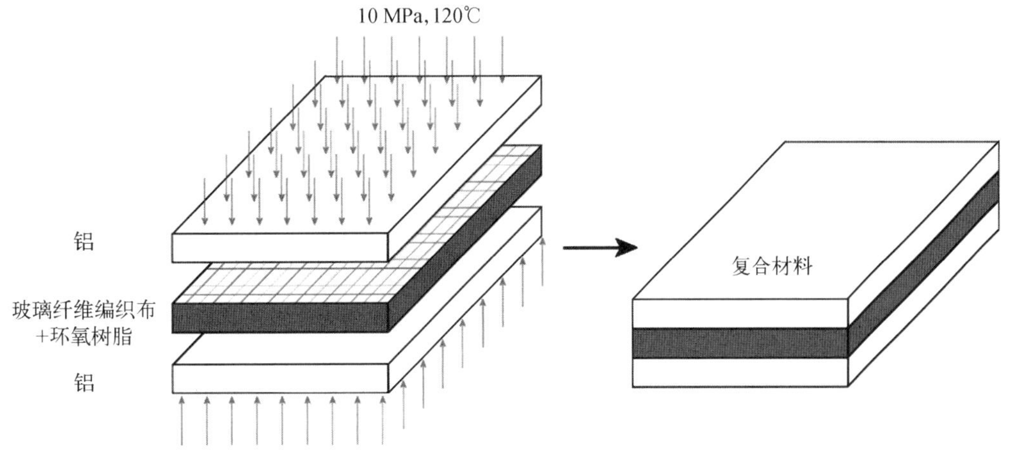

图 27.16　铝-玻璃纤维编织布增强环氧树脂复合材料三明治结构示意图

27.5　总结与展望

本章对复合材料的胶接连接和机械连接两种结构连接方式进行了概述，包括连接的基本方式和形式，接头强度的影响因素，以及应遵循的设计原则。为了对失效分析提供支撑，又介绍了两种连接方式在机械载荷作用下的典型破坏和失效形式，并深度剖析了航空航天领域中几起复合材料结构连接件的失效分析案例。通过以上阐述，有助于理解复合材料的结构设计与失效分析间的相互关系，从而通过建立有效的预防措施确保航空航天器的整体安全性。

习题与思考题

1. 请简述复合材料结构连接最主要的两种方式及其定义。
2. 请分别简述胶接连接和机械连接接头强度的影响因素。
3. 请简述胶接连接和机械连接在设计时分别需考虑哪些方面。
4. 用于胶接连接的胶黏剂需满足哪些性能要求？
5. 机械连接的开孔位置包括哪些参数？
6. 胶接连接接头存在哪几种受载形式？其中最危险的是哪一种？
7. 机械连接接头的复合材料层合板存在哪几种破坏形式？其中最理想的是哪一种？
8. 请通过文献调研，介绍一起航空航天领域里复合材料结构连接的失效分析案例。

参考文献

[1] Mccarthy C, Mccarthy M. 11 — Design and failure analysis of composite bolted joints for aerospace composites[M]//Irving P, Soutis C. Polymer composites in the aerospace industry. Cambridge:

Woodhead Publishing, 2015.
[2] 谢鸣九. 复合材料连接技术[M]. 上海：上海交通大学出版社,2016.
[3] Baker A, Kelly D. 9 — Joining of composite structures[M]//Baker A, Dutton S, Kelly D. Composite materials for aircraft structures, Second Edition. Reston: American Institute of Aeronautics and Astronautics, 2004.
[4] ASTM. Standard test method for bearing response of polymer matrix composite laminates: ASTM D5961[S]. West Conshohocken: American Society of Testing Materials, 2013.
[5] Banea M, Da Silva L. Adhesively bonded joints in composite materials: An overview[J]. Proceedings of the Institution of Mechanical Engineers Part L – Journal of Materials-Design and Applications, 2009, 223(L1): 1 – 18.
[6] 国家质量技术监督局. 紧固件标记方法：GB/T 1237[S]. 北京：中国标准出版社,2000.
[7] 邓忠民. 飞行器复合材料结构设计基础[M]. 北京：北京航空航天大学出版社,2015.
[8] Collings T. The strength of bolted joints in multi-directional CFRP laminates[J]. Composites, 1977, 8(1): 43 – 55.
[9] 中华人民共和国国家质量监督检验检疫总局,中华人民共和国标准化管理委员会. 纤维增强塑料层合板螺栓连接挤压强度试验方法：GB/T 7559 – 2005[S]. 北京：中国标准出版社,2005.
[10] Budhe S, Banea M, De Barros S, et al. An updated review of adhesively bonded joints in composite materials[J]. International Journal of Adhesion and Adhesives, 2017, 72: 30 – 42.
[11] Xu W, Wei Y. Strength and interface failure mechanism of adhesive joints[J]. International Journal of Adhesion and Adhesives, 2012, 34: 80 – 92.
[12] Nimje S, Panigrahi S. Interfacial failure analysis of functionally graded adhesively bonded double supported tee joint of laminated FRP composite plates [J]. International Journal of Adhesion and Adhesives, 2015, 58: 70 – 79.
[13] Takacs L, Szabo F. Experimental and numerical failure analysis of adhesive joint of glass fiber reinforced polymer composite[J]. Periodica Polytechnica-Mechanical Engineering, 2020, 64(1): 88 – 95.
[14] Tang J, Sridhar I, Srikanth N. Static and fatigue failure analysis of adhesively bonded thick composite single lap joints[J]. Composites Science and Technology, 2013, 86: 18 – 25.
[15] Mehrabadi F. Experimental and numerical failure analysis of adhesive composite joints[J]. International Journal of Aerospace Engineering, 2012: 925340.
[16] Bogdanovich A, Yushanov S. Progressive failure analysis of adhesive bonded joints with laminated composite adherends[J]. Journal of Reinforced Plastics and Composites, 1999, 18(18): 1689 – 1707.
[17] Sengab A, Talreja R. A numerical study of failure of an adhesive joint influenced by a void in the adhesive[J]. Composite Structures, 2016, 156: 165 – 170.
[18] Odi R, Friend C. An improved 2D model for bonded composite joints [J]. International Journal of Adhesion and Adhesives, 2004, 24(5): 389 – 405.
[19] Da Costa Mattos H S, Monteiro A, Palazzetti R. Failure analysis of adhesively bonded joints in composite materials[J]. Materials and Design, 2012, 33: 242 – 247.
[20] Campilho R, De Moura M, Domingues J. Stress and failure analyses of scarf repaired CFRP laminates using a cohesive damage model [J]. Journal of Adhesion Science & Technology, 2007, 21 (9): 855 – 870.
[21] Lavalette N, Bergsma O, Zarouchas D, et al. Comparative study of adhesive joint designs for composite

trusses based on numerical models[J]. Applied Adhesion Science, 2017, 5: 20.
[22] Mustapha F, Sim N, Shahrjerdi A. Finite element analysis (FEA) modeling on adhesive joint for composite fuselage model[J]. International Journal of Physical Sciences, 2011, 6(22): 5153 - 5165.
[23] Panigrahi S, Pradhan B. Three dimensional failure analysis and damage propagation behavior of adhesively bonded single lap joints in laminated FRP composites[J]. Journal of Reinforced Plastics and Composites, 2007, 26(2): 183 - 201.
[24] Ye J, Yan Y, Hong Y, et al. An integrated constitutive model for tensile failure analysis and overlap design of adhesive-bonded composite joints[J]. Composite Structures, 2019, 223: 110986.
[25] Liu P, Peng X, Guo Z, et al. Viscoelastic bilinear cohesive model and parameter identification for failure analysis of adhesive composite joints[J]. Composite Structures, 2019, 224: 111016.
[26] Arenas J, Alía C, Narbón J J, et al. Considerations for the industrial application of structural adhesive joints in the aluminium-composite material bonding[J]. Composites Part B: Engineering, 2013, 44(1): 417 - 423.
[27] Cognard J, Davies P, Gineste B, et al. Development of an improved adhesive test method for composite assembly design[J]. Composites Science and Technology, 2005, 65(3): 359 - 368.
[28] Greenhalgh E. 9 — Case studies: Failures due to material and manufacturing defects[M]//Greenhalgh E S. Failure analysis and fractography of polymer composites. Cambridge: Woodhead Publishing, 2009.
[29] Teixeira De Freitas S, Sinke J. Failure analysis of adhesively-bonded metal-skin-to-composite-stiffener: Effect of temperature and cyclic loading[J]. Composite Structures, 2017, 166: 27 - 37.
[30] Mueller E, Starnes S, Strickland N, et al. The detection, inspection, and failure analysis of a composite wing skin defect on a tactical aircraft[J]. Composite Structures, 2016, 145: 186 - 193.
[31] Kumar S, Sridhar I, Sivashanker S, et al. Tensile failure of adhesively bonded CFRP composite scarf joints[J]. Materials Science and Engineering: B, 2006, 132(1): 113 - 120.
[32] Hollmann K. Failure analysis of bolted composite joints exhibiting in-plane failure modes[J]. Journal of Composite Materials, 1996, 30(3): 358 - 383.
[33] Lin H, Tsai C. Failure analysis of bolted connections of composites with drilled and moulded-in hole [J]. Composite Structures, 1995, 30(2): 159 - 168.
[34] Dano M, Gendron G, Picard A. Stress and failure analysis of mechanically fastened joints in composite laminates[J]. Composite Structures, 2000, 50(3): 287 - 296.
[35] Tay T, Liu G, Tan V, et al. Progressive failure analysis of composites[J]. Journal of Composite Materials, 2008, 42(18): 1921 - 1966.
[36] Chen W, Lee S. Numerical and experimental failure analysis of composite laminates with bolted joints under bending loads[J]. Journal of Composite Materials, 1995, 29(1): 15 - 36.
[37] Chang F, Chang K. Post-failure analysis of bolted composite joints in tension or shear-out mode failure [J]. Journal of Composite Materials, 1987, 21(9): 809 - 833.
[38] Giannopoulos I, Grafton K, Guo S, et al. Damage tolerance of CFRP airframe bolted joints in bearing, following bolt pull-through failure[J]. Composites Part B: Engineering, 2020, 185: 107766.
[39] Shan S, Karuppanan S, Megat-Yusoff P, et al. Impact resistance and damage tolerance of fiber reinforced composites: A review[J]. Composite Structures, 2019, 217: 100 - 121.
[40] Stelzer S, Ucsnik S, Pinter G. Strength and damage tolerance of composite-composite joints with steel and titanium through the thickness reinforcements [J]. Composites Part A: Applied Science and

Manufacturing, 2016, 88: 39 - 47.

[41] Xiao Y, Ishikawa T. Bearing strength and failure behavior of bolted composite joints (Part I: Experimental investigation)[J]. Composites Science and Technology, 2005, 65(7): 1022 - 1031.

[42] Sen F, Pakdil M, Sayman O, et al. Experimental failure analysis of mechanically fastened joints with clearance in composite laminates under preload [J]. Materials and Design, 2008, 29(6): 1159 - 1169.

[43] Tong L. Bearing failure of composite bolted joints with non-uniform bolt-to-washer clearance [J]. Composites Part A: Applied Science and Manufacturing, 2000, 31(6): 609 - 615.

[44] Yilmaz T, Sinmaz Elik T. Geometric parameters and chemical corrosion effects on bearing strength of polyphenylenesulphide (PPS) composites[J]. Materials and Design, 2007, 28(5): 1695 - 1698.

[45] İten B, Sayman O. Failure analysis of pin-loaded aluminum-glass-epoxy sandwich composite plates [J]. Composites Science and Technology, 2003, 63(5): 727 - 737.

第 28 章 航空航天复合材料无损检测

学习要点：

（1）了解复合材料缺陷检测的主要手段；

（2）了解敲击法的检测原理和优缺点；

（3）了解红外热成像无损检测技术的检测原理、主要方法及其应用现状；

（4）了解射线无损检测技术的检测原理、主要方法及其应用现状；

（5）了解超声波检测的检测原理、主要方法及其应用现状。

28.1 引　　言

随着航空航天制造技术的不断发展，复合材料以其高的比强度、比刚度及良好的抗疲劳性和耐腐蚀性获得广泛的应用。但是，影响复合材料结构完整性的因素甚多，比如在制造过程中许多工业参数的微小差异都会导致其产生缺陷，使得产品质量呈现明显的离散性；在使用过程中往往会因为应力或环境因素而产生损伤，甚至破坏。复合材料损伤的产生、扩展与金属结构的损伤扩展规律有比较大的差异，往往在损伤扩展到一定的尺度以后，会迅速扩展而导致结构失效。因此复合材料的缺陷检测非常重要，是确保结构和设备安全的必要手段。

复合材料缺陷主要包括层板分层、脱黏、裂纹、孔隙、夹杂、纤维弯曲、基体开裂、芯材变形等缺陷。此外，在使用过程中也可能产生表面划伤、表面裂纹、芯材压坏、纤维断裂和突出、冲击损伤等。这些缺陷和损伤产生的原因多种多样，比如分层损伤可能是由于存储时间过长，不同组分材料热膨胀系数不匹配，或由于冲击事件而产生；孔隙则由于挥发物产生，或者制造时真空度不高而产生；夹杂可能是由于预浸料本身缺陷而产生；纤维弯曲可能是由于预浸料本身缺陷，或者在成型过程中挤压或拉扯而造成。复合材料中的缺陷可能表现为一种类型，也可能多种并存，比如冲击损伤可能同时存在分层、基体开裂和纤维断裂等各种缺陷。缺陷的产生和存在将降低复合材料的物理性能和力学性能，甚至造成不可预见的严重后果。有些缺陷存在于表面，肉眼可见。有些出现于材料内部，必须要借助无损检测方法才能识别。

目前,用于复合材料缺陷检测的主要手段有:目视检查、敲击法、红外热成像无损检测技术、射线无损检测技术、超声检测技术等。下面详细地介绍各种复合材料常用的无损检测技术。

28.2 目视检查

目视检查是发现复合材料表面缺陷最简单有效的方法,材料表面的划痕、剥落、开裂、龟裂、近表面的分层、严重的脱黏等缺陷可以很好地被检查出来。通过配合使用高强度手电、纤维镜和内窥镜等可以先行判定损伤发生的区域。然而它的缺点是显而易见的,无法彻底检查内部损伤的类型、程度、尺寸等。

28.3 敲击法[1]

敲击法是用硬币、小锤等轻质硬物敲击材料表面,声学反馈可以显现材料内部是否存在损伤。很早以前铁路工人用小锤敲击铁轨、机车车体来检测机车结构是否存在损伤,该方法考虑的是敲击在整体结构上的一个点所产生的整体响应,通过观察固有频率和阻尼的变化而导致的"回声"的变化,来判断结构是否异常。但该方法只能确定结构有无损伤,却不能确定损伤存在的位置,这就给工程结构维修带来很多麻烦。当一个结构被敲击时,在振动主结构模态所对应的固有频率上产生的声音是比较主要的,这些模态取决于被检测结构的特性。因此,如果一个相同的敲击作用在一有损伤结构和一无损伤结构上,得到总体响应不同,据此可判断结构有无损伤。但如果一个相同的敲击作用在同一结构的有损伤区和无损伤区上,产生的总体响应是相近的,只有改变敲击力才能引起敲击在结构有损伤区和无损伤区产生的、总体响应的变化。这就是铁路工人敲击机车和铁轨只能检测结构有无损伤,却不能确定损伤位置的原因。因此,要确定结构损伤的位置,必须考虑敲击在结构有损伤区和无损伤区的局部响应的变化。对于复合材料结构,如果存在脱层、脱黏等缺陷时,就会导致该部位的局部刚度的降低,从而导致该部位结构固有特性的改变。当使用小锤敲击检测时,敲击特性取决于结构的局部组抗和所使用的小锤。因此,可以通过逐点敲击来检测复合材料结构的损伤位置。

28.3.1 基本原理

对于含有脱黏或脱层的复合材料结构,使用一弹簧来模拟一个脱黏或脱层,如图 28.1 所示,可用上面弹簧的刚度 K_d 表示损伤区上层板的刚度。实际上,当结构没有损伤存在时,弹簧的刚度 K_d 是无限大的,当损伤出现并扩大,或损伤区向结构表面移动时,弹簧的刚度 K_d 则减小,假设结构无损伤区的接触刚度为 K_c,则损伤区的有效接触刚度为:

$$K_{eff} = \frac{K_c K_d}{K_c + K_d} \tag{28.1}$$

从公式(28.1)可知,当弹簧刚度 K_d 增加时,损伤区的有效接触刚度 K_{eff} 也随之增加,且更接近于无损伤区的刚度 K_c,这种情况下损伤就更加难检测。对于图 28.2 所示的损伤区,如果将其等效为一个圆形损伤区,其等效直径 d 为

$$d = \sqrt{Y_Z Y_R} \tag{28.2}$$

假设该损伤区为一个封闭损伤区,刚度为 K_d,则

$$K_d = \frac{PEh^3}{d^2} \tag{28.3}$$

其中,E 是损伤区上表层的弹性模量;h 为损伤区在结构中的深度;P 是一个常数,它的大小取决于损伤区周围的有效边界条件和损伤区上一层材料的泊松比。当 K_d 达到某一 K'_d 时,K_{eff} 与 K_c 极为接近,则称 K'_d 为极限刚度,对于给定一定深度的损伤:

$$d_{min} = \sqrt{\frac{PE}{K'_d}} \cdot h^{3/2} \tag{28.4}$$

这样可检测的最小损伤面积就确定了。从式(28.3)可见,对于给定损伤区深度 h 时,若损伤区有效直径增加,则损伤区上层刚度 K_d 和损伤区有效接触刚度 K_{eff} 都减小,因此根据结构接触刚度的不同,就可以检测结果中不同大小的损伤。由于结构有损伤区和无损伤区的接触刚度的不同,将导致敲击在该部位的撞击力和撞击持续时间的变化,因此只需确定结构不同部位的撞击力、撞击持续时间,通过比较就可以确定结构的损伤区。

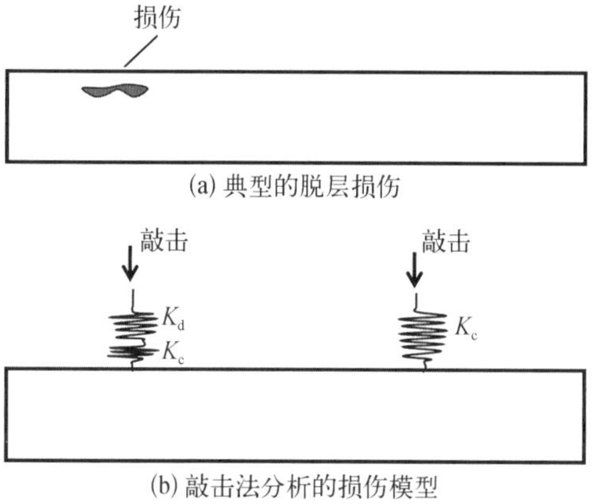

图 28.1　脱层损伤的损伤模型

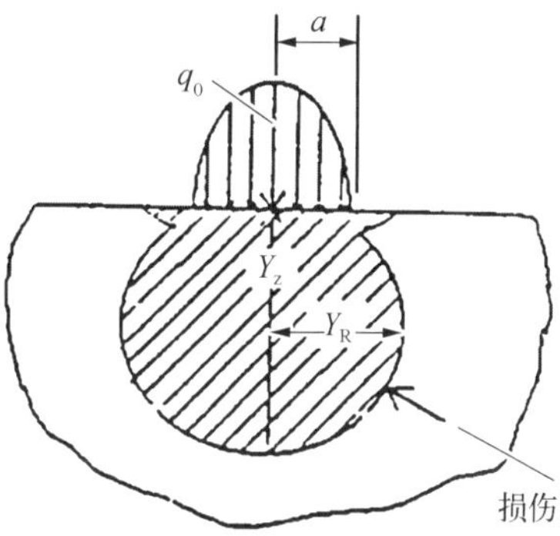

图 28.2　撞击产生的损伤区域示意图

图 28.3 为敲击在 CFRP 复合材料层板无损伤区和脱黏区的时域曲线,从中可以看出,敲击在结构的无损伤区的撞击持续时间比有损伤区的撞击持续时间短,峰值力比有损伤区的峰值力高,并且在峰值附近,敲击在无损伤区的峰值力更尖锐。利用快速傅里叶变换(fast Fourier transform, FFT)可以将时域曲线变换到频域,如图 28.4 所示,从中可以看出,随着频率的增加,敲击在有损伤区的力幅值随频率的增加衰减较快,而敲击在无损伤区的衰减则较慢,敲击在有损伤区的一阶固有频率比敲击在无损伤区的一阶固有频率更低,这表明敲击在有损伤区不能产生像敲击在结构无损伤区那么高的结构模态。

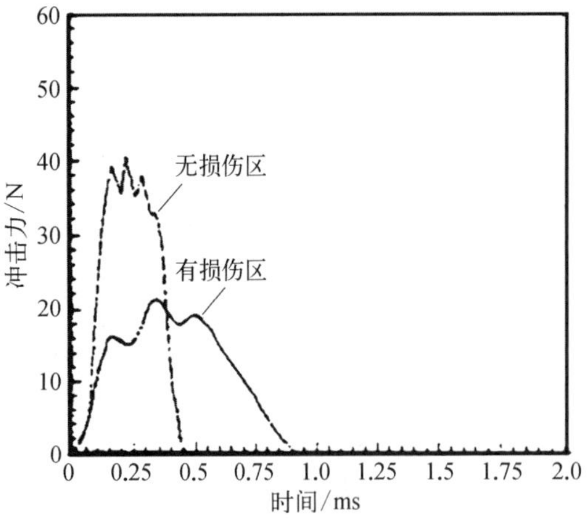

图 28.3　敲击在 CFRP 试件无损伤区和有损伤区的时域曲线

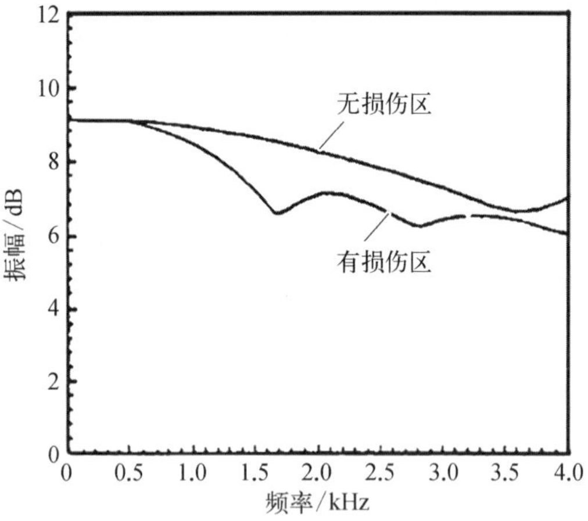

图 28.4　敲击在 CFRP 试件无损伤区和有损伤区的频域曲线

28.3.2　敲击法的优缺点[2]

敲击法的优点在于被测结构和敲击锤之间不再需要耦合剂而其他超声方法都需要耦合剂，如水、油等，这就使敲击法更适用于野外现场检测。此外，测试只需要被测结构敲击力的时域曲线，这通过敲击锤中的传感器就可完成，不需将传感器固定在结构上。由于该方法不需要监测结构振动后扩散的声音，因此该方法对背景噪声不敏感，可用于较差环境条件下。敲击法可有效地检测 2 mm 厚复合材料层板的脱黏、脱层等损伤，并且该方法尤其适用于蒙皮结构，蜂窝结构的损伤检测。人工敲击法虽然成本低、速度快，但依赖于操作者主观经验，人为因素大。为了提高检测效率，消除人为因素发展出了自动敲击法。其原理是通过采集分析敲击后的振动信号，与无损伤区域的频谱特征进行比较来识别损伤。自动敲击法设备简单，成本低，使用简便、快速精确，不受周围环境影响，但它无法检测微小损伤，如裂纹。

28.4　红外热成像无损检测技术

红外热成像检测技术是在红外辐射理论、红外热成像技术及红外热波理论的基础上发展而来的高效、可靠的检测方式。红外热像检测使用红外光作为辐射源，其原理是在红外照射下，工件表面由于缺陷或内部结构不连续，其向深层传递的热量会存在差别，进而引起表面温度场发生变化[3]。这种检测手段借助红外热像仪，搜集物体表面温度信息，记录并形成图像，在时间序列上形成三维数据，最终通过形成的热像图序列来实现检测工件表面及内部缺陷或分析内部结构。具体检测方法分为以下两种：① 有源红外检测法又称主动红外检测法，其特征是利用外部能源，向被检测工件注入热量，再借助检测设备进行检测的方法；② 无源红外检测法又称被动红外检测法，其特征是无外加热源，利用工件本身热辐射的一种测量方法。而有源红外检测法还可细分为：脉冲红外热成像技术、锁相红外热成像技术和超声红外热成像技术等,它们施加的能源分别为:脉冲式热源、周期性热源和低频超声脉冲波[4]。主动红外热成像无损检测技术具有较好的稳定性,适合于复合材料黏结结构的层间脱黏缺陷和蒙皮下蜂窝结构中的损伤的检测。被动红外热成像无损检测技术则是通过检测被检对象本身的红外辐射,然后分析热图像得到所需信息,目前主要应用于医学诊断、地质勘探和军事侦察等领域[5]。

28.4.1 红外热波检测原理[5]

根据热传导原理,当物体的温度与周围环境的温度存在差异时,热会在物体内不传播直到温度趋于平衡,即热在物体内部发生流动现象。当物体的内部结构存在缺陷时,便会影响到热流的扩散和传递,其对热传导的影响会在物体表面温度的差别上体现出来,造成观测到的温度分布产生异常现象。红外热波检测采用主动加热方式来激发待检试件内部的热流传导来达到检测目的。

1. *材料内部缺陷对热波传播的影响*

材料性质及结构都会影响热波的传输,局部的异样会影响热的传播过程,并在表面的温度场中反映出来。在图 28.5 中,表示了在存在缺陷和无缺陷两种不同情况下材料两个

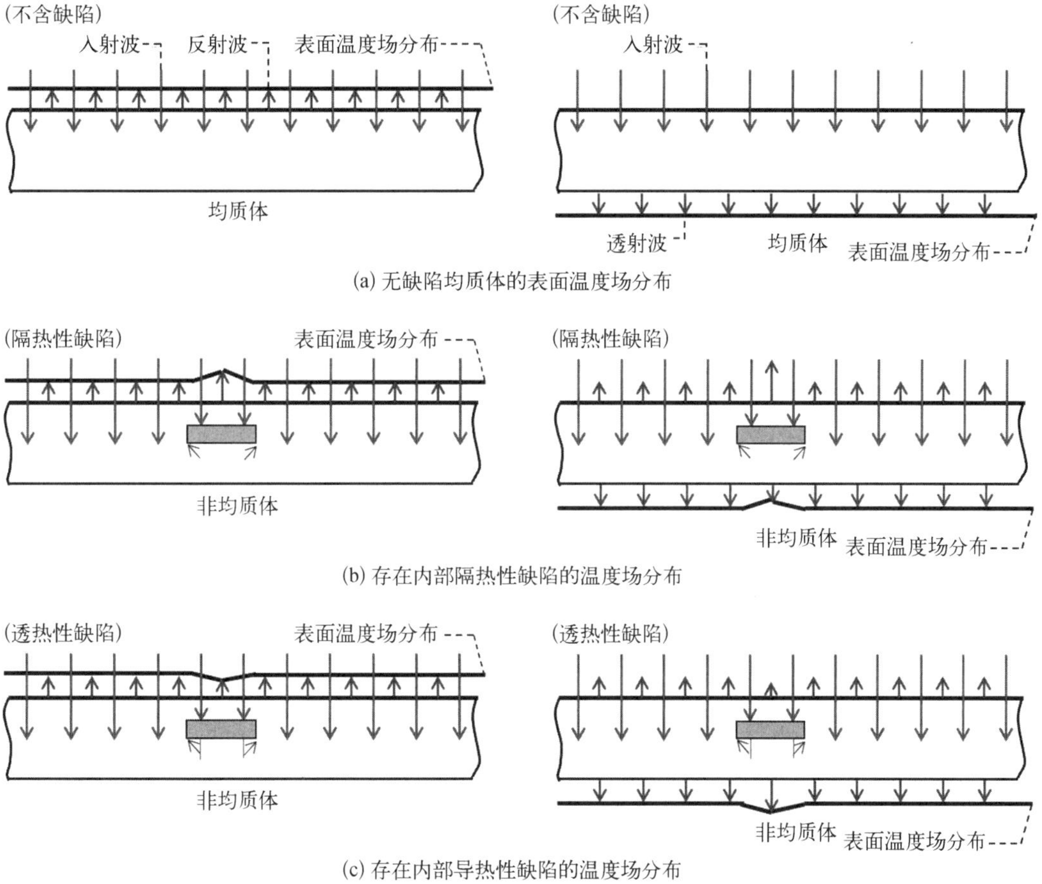

图 28.5 不同情况下的表面温度场分布

表面上的温度场分布趋势。图 28.5 中(a)为无缺陷均质体的表面温度场分布,可以看到在入射波的那一面会有部分热波反射到材料上表面,而入射波继续传播至材料下表面,在上、下表面上形成均匀的温度场分布;图 28.5(b)为存在内部隔热性缺陷的温度场分布,由于缺陷处的热传导率小于材料其他区域,可以看到热波在材料中传播时受到了内部缺陷的阻碍,导致上表面缺陷位置的反射波增加和下表面缺陷处的热波减少,造成了上表面的温度分布出现异常现象,用“热区”和“冷区”表示;图 28.5(c)为存在内部导热性缺陷的温度场分布,此时缺陷处的热导率大于材料其他区域。

2. 红外热波检测的数学模型

当被检试件表面的边界、物理性质、加热条件、表面的传热系数、环境因素、缺陷属性都能确定时,便能够利用数学模型从理论上对被检对象表面的温度差异进行计算分析。为了简化计算,通常采用一维热传导模型作为理论基础,表示为

$$\rho C_p \frac{\partial T(z,\ t)}{\partial t} - \nabla[k\nabla T(z,\ t)] = Q \tag{28.5}$$

式中,ρ 为该种材料的密度,C_p 为比热容,k 为热导率;z 为与表面的距离;$T(z,\ t)$ 为 t 时刻深度为 z 处的温度。求解式(28.5)所示的方程,便可得出温度与深度和时间的关系式,如下式所示:

$$T(z,\ t) = \frac{Q}{\sqrt{\pi \rho C_p k t}} \exp\left(-\frac{z^2}{4\alpha t}\right) \tag{28.6}$$

式中,α 为热扩散系数。在实际检测中,只能获取到试件表面的温度,即为 $z = 0$ 时试件表面温度可以表示为

$$T_{\mathrm{n}}(0,\ t) = \frac{Q}{\sqrt{\pi \rho C_p k t}} \tag{28.7}$$

假如试件内存在一个深度为 d 的缺陷,热波传导到该处时受到阻碍并发生反射现象,则该缺陷对应的试件表面位置上的温度可以表示为

$$T_{\mathrm{d}}(0,\ t) = \frac{Q}{\sqrt{\pi \rho C_p k t}} \left[1 + 2\exp\left(-\frac{d^2}{\alpha t}\right)\right] \tag{28.8}$$

根据公式(28.7)和式(28.8)可求得缺陷区域与非缺陷区域的温度差,表示为

$$\nabla T = T_{\mathrm{d}}(0,\ t) - T_{\mathrm{n}}(0,\ t) = \frac{2Q}{\sqrt{\pi \rho C_p k t}} \exp\left(-\frac{d^2}{\alpha t}\right) \tag{28.9}$$

通过分析试件表面温度场的分布变化便可判断试件内部是否存在缺陷,同时还可以提取其他一些特征值对缺陷进行检测评估或对材料属性进行测量。

28.4.2 主动红外热成像检测方法[5, 6]

通常的主动式红外热成像无损检测主要分为热激励、红外热像仪和数据处理三个部

分。首先是热激励,即为了使异性结构与周围区域产生温度差,以特定激励方式将能量输入到被检对象中,使得产生高于红外热像仪的温度分辨率的温度差;其次是红外热像仪,即用于观测表面热分布和热图采集的装置,被检对象表面热量分布的精度受红外热像仪的空间分辨率和视场的影响;最后是数据处理,在检测过程中难免收到环境噪音及其他不可预估的因素影响,使得红外热像仪采集到图像数据不能直接用于分析,因此需要通过降噪滤波等数据处理手段增强缺陷的显示效果。根据激励方式的不同,主动红外热成像检测方法分为:

1. 脉冲激励热成像

脉冲激励热成像技术是目前研究最多和最成熟的方法之一。利用短时高能量脉冲(闪光灯可以是单个或者阵列)向被检结构注入热量,热流在内部传导过程中,损伤改变了材料的热阻,影响了热扩散速率,使得温度场分布不连续,损伤处的表面温度明显不同,从而揭示损伤的存在。采用红外热成像仪对热波信号进行采集,根据热传导理论就可以反求损伤的定量化信息,常应用于材料纵向特性的测量,比如复合材料脱层缺陷的检测。

2. 锁相激励热成像

锁相激励热成像检测方法采用周期性调制的激励方式在被检结构内部产生正弦波形热波(随时间变化的温度场),通过红外热成像仪采集其表面的温度信息,分析温度响应的幅值和相位,从而实现对损伤特征的判定与识别。该方法可以通过调节激励频率,改变检测的深度,频率越高检测深度越浅,采用扫频方式可在一定程度上得到层析成像。

3. 激光激励成像

激光激励热成像技术采用激光器发射出激光束,垂直入射到被检结构表面产生热量,损伤会对热流的流动起到阻碍作用,致使叶片表面温度分布不均匀,运用红外热成像仪采集序列热图并分析表面温度的分布规律,可对损伤进行定性分析。

4. 超声激励热成像

超声激励热成像技术又称为振动红外热成像,该方法是利用超声能量作为热激励源,将 20~40 kHz 的超声波耦合进试件。如果试件中有裂纹、分层等缺陷,高频振动的超声能量将会引起缺陷界面的摩擦生热,热像仪捕捉试件表面温场的变化,从而实现缺陷的探测[4]。该方法利用缺陷部位自身生热,受背景噪声影响小,得到的热图像对比度高,对垂直于试件表面的裂纹尤其敏感,具有对裂纹检测速度快(小于 1 s)、信噪比好和灵敏度高等优点,此外对更深的内部分层或裂纹的检测方面优于脉冲激励热成像检测等方法。

5. 涡流感应热成像

涡流感应热成像是一种采用通高频交流电的线圈激励被检测导体材料,使其产生电涡流进行加热的热成像复合型检测技术。材料表面或亚表面的结构异常都会使得电涡流在各处的分布密度发生变化,导致红外热像仪观测到的材料表面热分布是不符合规律的。利用观测得到的热分布与能够反映内部结构的电涡流的关系以实现缺陷检测的目的。该方法具有无污染、检测效率高(一般检测时间 200 ms)、检测效果更好、可以实现更深的裂纹缺陷检测的优点。

通过大量的实验研究证明,红外热成像检测技术对层压板结构、夹层结构、C/SiC 陶瓷基复合材料结构等几类常用航空复合材料均具有良好的检测能力[7]。陈曦等[8]利用红外热波技术分别对二维(2D) C/SiC 复合材料的有 SiC 涂层盲孔试样和无 SiC 涂层的弯曲强度试件的氧化缺陷进行无损探伤。检测结果表明：通过该技术,2D C/SiC 复合材料的氧化损伤可以被直观地反映出来。2D C/SiC 复合材料氧化后的弯曲强度与热扩散系数的减小相比,呈抛物线降低,其密度与热扩散系数的减小相比呈对数降低。由此可知,热扩散系数可以用来衡量陶瓷基复合材料的氧化损伤程度,而红外热波成像技术可以有效地对陶瓷基复合材料氧化损伤进行无损探伤。马泽孟[9]利用现行的 3 种无损检测方法,分别对雷达罩(夹芯复合材料)进行进水检测,与其他检测手段相比,红外热成像技术的最大优势是在外场应用。由于飞机在高空飞行,环境温度低,导致水分结冰,返回地面后,雷达罩板件中蜂窝内进水。进水后的雷达罩,进水部分与原有的飞机结构有着不同的比热容,因而也有着不一样的升温与降温速度,从而在进水部分,能够产生与周围飞机蜂窝结构的温差,从而可以得知确定水分的所在。美国波音公司已经在飞机维护手册中,将红外热成像技术列为检测复合材料蜂窝结构进水的主要方法。黄松岭等[10]使用红外热像方法检测了铝蜂窝铝蒙皮复合材料,对铝蜂窝铝蒙皮复合材料成型时较易出现的胶接缺陷进行了分析。结果表明,红外热像方法能有效地检测出复合材料胶接缺陷,对于铝蜂窝铝蒙皮结构复合材料蒙皮的各种脱黏缺陷,检测速度都高于每分钟两屏。余轶等[11]使用红外检测对含有预制缺陷的夹层结构进行了检测验证,对红外热波检测技术适用范围、检测效果、精度等因素进行了分析。对于近界面缺陷,红外热图像能较好地分辨出缺陷的大小,缺陷的深度位置也可以根据热图像上颜色的深浅来大致判断,但是对于深度缺陷,红外热波法无法检测出来。武翠琴等[12]在研究固体火箭发动机的玻璃纤维壳体/绝热层试件时,以脱黏缺陷为研究主题,使用红外热像仪实时监控试件的表面温度,并及时记录制件各部位的温度变化,利用制件的表面温度差异来判定制件内部缺陷的位置与尺寸等相关数据,接着通过对热成像图增强处理和分割从而定量识别缺陷。对实验结果进行分析后,再与超声 C 扫描结果进行对比分析：红外热成像在对制件进行无损检测时,能快速直观地识别出直径 10 mm 以上、深度 5 mm 以内的脱黏缺陷,但是超声 C 扫描检测更适用于对特定缺陷进行准确而又定量的检测。刘颖韬等[13]分析了闪光灯脉冲热像法影响检测的主要几种参数,对该几种参数对检测结果产生的影响进行了分析,从而得出了最佳检测应满足的参数类型,并且针对各种常见的复合材料结构件进行了检测分析研究。对于碳纤维层压板,当缺陷掩埋位置较深时,热象法的检测优势得不到发挥,得出的缺陷边缘不如超声 C 扫描结果清晰。在进行深度检测时,与超声相比更有限。所以闪光灯激励热像法适用于检测厚度相对较薄的层压板结构件。赵延广等[14]以锁相红外热成像理论为基础,对对象为复合材料网格加筋结构的若干类典型结构缺陷进行无损检测,采用法国 Cedip 公司的锁相红外热成像对检测结果进行计算分析。结论表明,相位图与幅值图相比,含有更多缺陷信息。加载频率不同,会出现不同的检测结果,选择适当的加载频率是能够成功检测的关键;在红外热波都能穿透制件的情况下,增大输出电压偏移量是非常有利于检测的。该方法也可用于对复合材料未知缺陷的检测和分析。

28.4.3 红外热成像无损检测技术的应用现状[3]

红外热成像无损检测技术目前已广泛用于机械、航空航天等高温、高热流环境中实际使用的复合材料的检测工作。例如,在航空航天方面,国家研究院在材料与构件的红外检测方面开展了大量的研究与工程应用工作,如夹层结构件的脱黏缺陷检测、吸波涂层的厚度测量、热障涂层的缺陷检测、在役飞机的各类检测等,对于各类飞机,红外热像已经成功实现了对蜂窝积水检测、复合材料的层析探伤、机身锈蚀的定量测量、铝蒙皮疲劳裂纹的检测等。然而,红外热成像检测手段也存在一些不足之处,其检测灵敏度较传统手段相比并没有优势,且由于红外光波长较长,其穿透力不足,因此红外热像法的探测深度也不足。这些缺陷都局限了红外热像无损检测手段的应用,目前其主要用处是用于某些特殊需求的环境下,比如航空航天材料中不允许使用耦合剂,或是形状复杂,内部界面较多,在其他检测方法无法使用的前提下,红外热像法才成为最优解。因此,红外热像检测技术在未来主要针对灵敏度低以及穿透深度等方面加以改善,才能用于更多领域。

28.5　射线无损检测技术

射线检测技术为五大常规无损检测技术之一,包括 X 射线、γ 射线和 β 射线等,其中 X 射线检测技术应用相对广泛。X 射线检测技术对于复合材料中的常见缺陷,裂纹、孔隙、分层等具有显著的检测效果,结果直观可靠,不受内部缺陷分布的影响。随着计算机技术的发展,X 射线方法有了新的发展方向——CT 技术。CT 即三维 X 射线扫描,是以非破坏性 X 射线透视技术,将待测物体做 360° 自转,通过单一轴面的射线穿透被测物体,根据被测物体各部分对射线的吸收与透射率不同,收集每个角度的穿透图像,之后利用电脑运算重构出待测物体的实体图像。因此 CT 技术能展现物体的三维结构和内部结构,相比 X 射线的二维方案,有了质的飞跃。目前工业 CT 被广泛应用在汽车、材料、铁路、航天、航空、军工、国防等产业领域,为航天运载火箭及飞船与太空飞行器的成功发射、航空发动机的研制等提供了重要的技术支持手段。

28.5.1　X 射线无损检测原理

当辐射入射在物体表面上的时候,物质原子和入射光子便会产生相互作用,这时射线强度会因吸收、散射等原因而不断被弱化。强度降低程度完全与材料衰减系统和穿透厚度有较大的关系。基本原理如公式(28.10)所示:

$$I = BI_0 e^{-\mu x} \tag{28.10}$$

式中,I 为透射强度;I_0 为入射强度;B 为积累因子;μ 为线衰减系数;x 为穿透物体的厚度。如被穿透物存在局部缺陷,而其与构成缺陷类的材料相比衰减系统是存在差别的,局部区域与相邻区域间所形成的透过射线强度会各有不同,存在较大的差异性,通过这些差异性可以判定所检测的物体是不是存在缺陷。射线穿透过被测对象以后,由此生成一幅射线强度分布潜像。在被检对象背面安放一个检测仪,可获得此潜像的投影,通过相应的技术处理以后,便能够将潜像转变成人肉眼能够看到的一幅二维平面图。

28.5.2 X 射线 CT 检测技术[15]

X 射线 CT 检测技术也称为计算机断层扫描成像技术，俗称工业 CT。由 Randon. J 在 1917 年发现，最开始应用在医疗领域，1980 年以后开始应用于无损检测，并逐渐成为主要的无损检测手段，广泛应用在材料、航空航天、汽车、医疗、国防等众多领域。基本原理为：X 射线源在锥角范围内发出的 X 射线穿过被检测物体，被检测物体在机械系统上进行 360°旋转，同时探测器会接收到被扫描物体不同角度的投影数据，最后把所有的投影数据传回计算机，利用三维图像重建算法对投影数据进行重建，得到被检测物体的三维重建数据，为分析检测物体内部的三维结构信息提供了可靠依据，如图 28.6 所示。该技术具有高空间分辨率和高对比度分辨率，可获得直观的三维图像，且图像清晰，便于存储和分析，且几乎不受试件几何结构的限制，适用于裂纹、孔隙、分层等多种缺陷的检测。另外，高分辨率工业 CT 配置微纳米焦点射线管，空间分辨率可至微米级，甚至亚微米级，可以实现复合材料试件的微观检测和分析，该技术不仅可检测夹杂、分层、裂纹、变形等结构缺陷，还可以进行孔隙率和孔隙分布状态，以及内部纤维方向，纤维含量和有限元分析等。

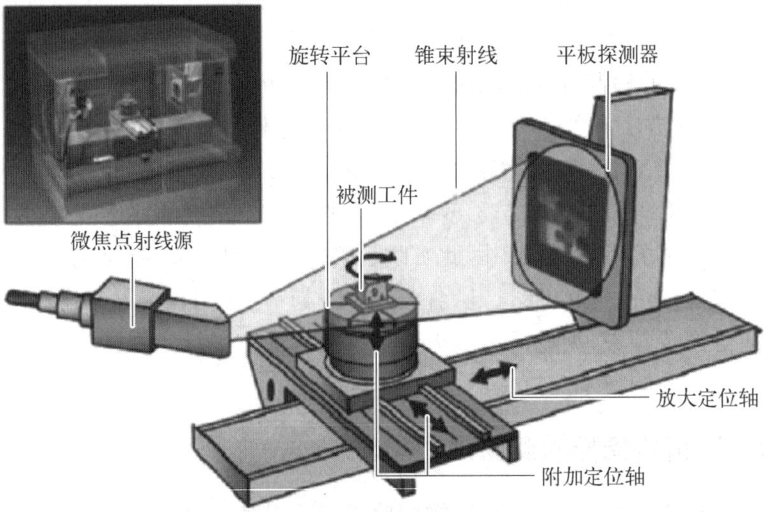

图 28.6 工业 CT 系统结构示意图[16]

图 28.7 为纤维增强复合材料的高分辨 CT 检测，基于三维 CT 数据，可以从 X 轴、Y 轴和 Z 轴以及任意方向进行 CT 截面成像，对试件内部的微结构进行观察和分析，三维立体图像显示整体结构的数据信息。我们可以通过 CT 内部计算出纤维方向，通过颜色直观地体现出来，不同的颜色表示不同的纤维方向，以及方向性占比统计。

对于航空复合材料制作的涡轮叶片，也可以通过工业 CT 查看其内部的孔隙，孔隙率分析可以根据孔洞的体积大小对工件的孔洞缺陷进行筛选，并通过不同的颜色进行标注，不同的颜色对应的体积大小不同，通过渲染可以直观地发现孔洞在工件内部的分布情况，如图 28.8 所示。孔隙率分析可以通过设置孔洞尺寸的大小，根据需求过滤掉不影响工件质量的孔洞，只保留影响工件质量的孔洞进行分析。

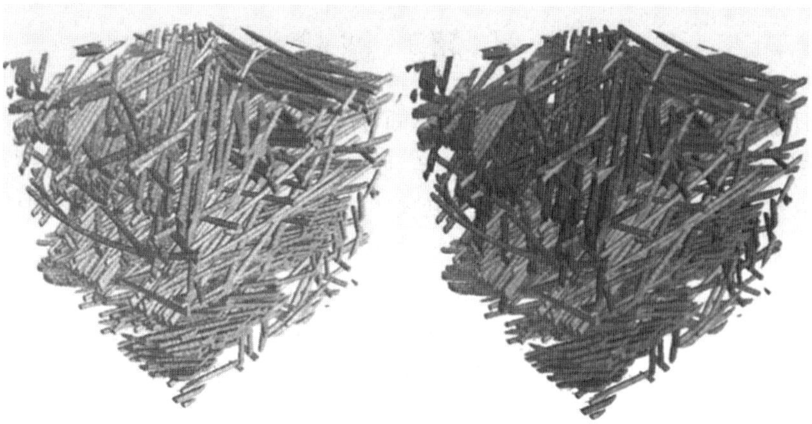

图 28.7　纤维增强复合材料的三维成像

图 28.8　航空涡轮叶片 3D 图(左)和内部孔隙分布(右)

28.5.3　X 射线 CT 检测技术的应用现状[15]

X 射线 CT 检测技术作为无损检测的重要手段之一,对复合材料中的常规缺陷具有显著优势,它可以清晰、准确、直观地分辨复合材料内部结构(纤维/纤维束,基体,孔隙),展示复合材料内部的细微缺陷。采用微纳米焦点 X 射线源,可实现微米级甚至亚微米级的分辨率,适用于复合材料的微观结构,能对复合材料内部的多孔隙特征进行高分辨率结构分析和取向分析。结合可视化软件可对复合材料的高分辨率 CT 数据进行任意截面密度和内部结构尺寸的测量,还可以提取微气孔体积数据进行统计分析计算孔隙率,是一种有效的评估手段。但 CT 检测设备庞大复杂,不适合外场使用,且操作人员须经过相关专业培训,检测成本较高,受检测环境影响较大,效率较低,具有一定的局限性。

28.6 超声波检测

超声波检测是利用超声波在固体中的不同种类介质中反射、折射、透射等表现均不同这一特性,对复合材料进行无损检测的技术。通常在耦合剂的作用下,将某一特定频率的超声波传入被检物体,波会在缺陷或界面处便产生反射、透射和高次谐波等现象,再通过信号捕捉器来捕捉反射回的回波和透射穿过物体的穿透波,通过分析信号的变化特征,进而判断其内部的掺杂、分层、孔洞、晶界等缺陷,且对缺陷的定性定量准确。目前使用的超声检测技术包括:超声脉冲回波检测、超声相控阵检测、超声导波检测、非线性超声检测等,其各有各的应用范围。超声检测方法作为一种重要的检测手段具有方便有效的显著优势,在复合材料检测中具有极高的应用价值。

28.6.1 超声脉冲回波检测[17]

目前工业检测领域使用最广泛的检测方法是超声脉冲回波法,由于超声脉冲回波法采用单一超声换能器在样品同一侧发射和接收信号,所以超声脉冲回波检测仪具有操作简单,使用便捷的优点。同时,超声脉冲回波法是依据回波的幅值和时间来判断构件内缺陷是否有含有缺陷,并可以预测缺陷的深度,因而超声脉冲回波法的使用范围较为广泛。超声脉冲回波法的检测原理如图 28.9 所示。图 28.10 为超声回波信号曲线,横轴表示回波信号的时间,纵轴表示回波信号的幅值。从图中可以看到,超声换能器发射声波经过中间耦合介质入射到样品表面,超声信号的部分能量被反射回来,形成表面波 BW,另一部分能量进入样品内部,到达底面并反射形成底面波 DW,若样品内部有缺陷,则超声波遇到缺陷会发生反射形成缺陷回波 AW1。由此,可以通过分析超声的回波信息进行缺陷大小和位置的计算。假设声波在样品内部的传播速度为 c_L, 缺陷波 AW1 与表面波 BW 间的传播时间为 Δt, 则缺陷在样品内部的深度 h 可以由公式(28.11)表示:

$$h = c_L \times \Delta t/2 \tag{28.11}$$

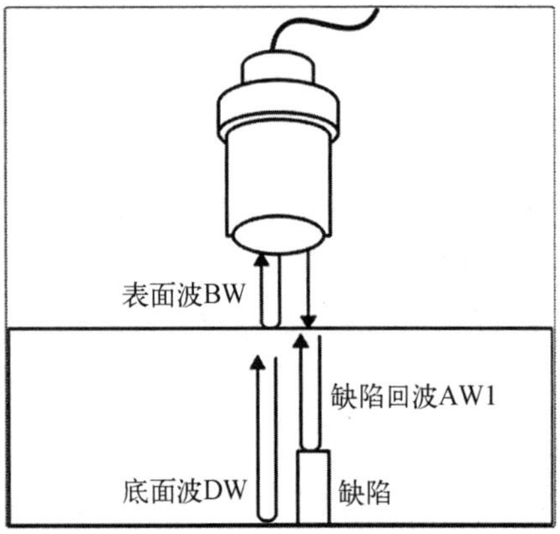

图 28.9 垂直入射脉冲回波法检测原理图

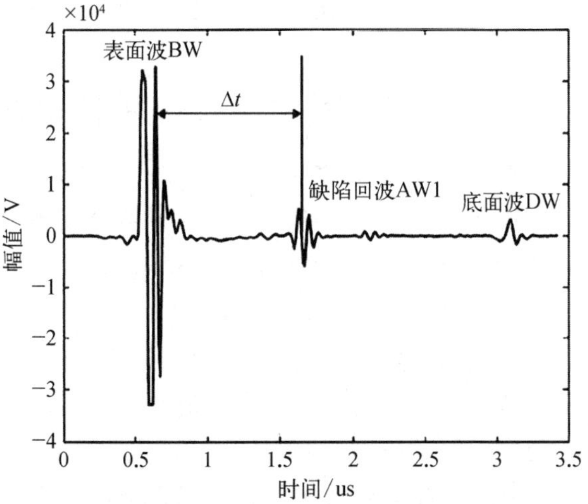

图 28.10 缺陷回波示意图

使用超声脉冲回波法可以获取样品在某一点的回波信息,即超声 A 波信号,但是要实现对缺陷的整体表征,还需要对每点的 A 波信号进一步处理形成超声 B 扫或 C 扫图像。超声 B 扫图像是指按照扫查方向,将每个超声 A 波信号在不同时间返回的电压幅值组合进行成像的,图中不同颜色代表不同回波幅值大小。从超声 B 扫图像中可直观观察到样品在某一扫查方向上的垂直剖面信息。图 28. 11 为内部具有五个不同缺陷的金属构件,从其超声 B 扫图像中可以大致分析五个缺陷的深度位置信息。此外,缺陷 2、3 在构件内的深度相同但颜色不同,这也间接表示了缺陷的尺寸信息。因此,从超声 B 扫图像中可以直接检测出缺陷的深度信息,并可大致判断缺陷的尺寸信息。

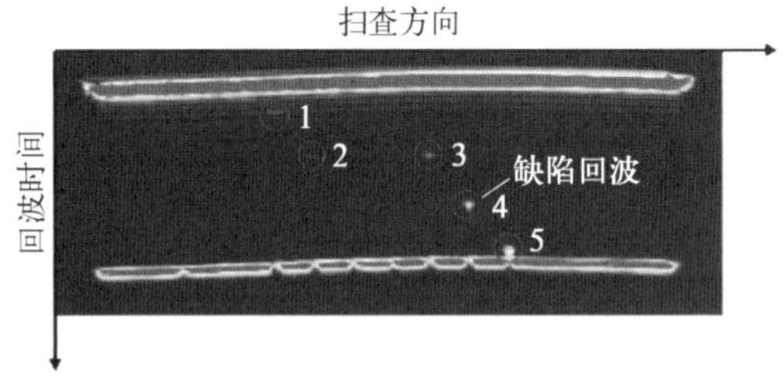

图 28. 11　超声 B 扫图像

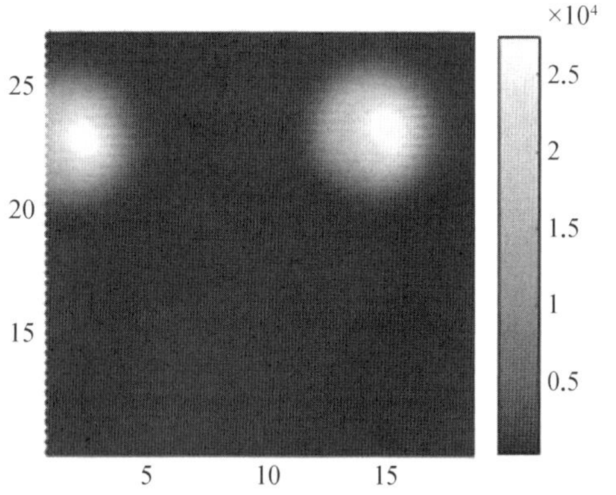

图 28. 12　超声 C 扫图像

超声 A 波数据可以获得样品某一位置上的回波信息,超声 B 扫描技术可以获得样品在某一扫查方向的 A 波数据,而超声 C 扫描技术通过设置扫查路径可以获得整个扫查面的 A 波数据。超声 C 扫描成像是一种俯视图成像方式,利用时间序列信号在一个位置的振幅,通过二维平面扫描形成图像。超声 C 扫图像由检测区域位置(x, y)的强度 I 组成,强度 I 通常对应于信号在某一深度处回波的幅值,即 $I(x, y)$。获得超声 C 扫图像需要对样品进行扫取超声 A 波数据(振幅与时间的关系图),信号的幅值与检测的位置信息共同组成超声 C 扫图像。图 28. 12 为典型的超声 C 扫描图,通过脉冲回波技术对样品进行扫查,当前位置的回波强度为每个超声 A 波信号的底面最大回波幅值,$x-y$ 坐标反映扫描区域的位置信息,不同颜色代表缺陷回波的幅值大小。目前超声 C 扫描检测技术是将超声检测与微机控制和微机进行数据采集、存贮、处理、图像显示集合在一起的技术。由于超声 C 扫描技术的分析简单,可对损伤和缺陷在几何上有效定位,在工业上得到了广泛的应用。然而,由于扫描时一般采用逐点逐行扫描,故成像效率较低,且由于传感器横向分辨率的限制,很难从 C 扫描图像中获得准确的缺陷尺寸。

28. 6. 2　超声相控阵检测[18, 19]

超声相控阵检测技术已有近二十多年的发展历史,初期主要应用于医疗领域,随着电子技术和计算机技术的快速发展,超声相控阵技术逐渐应用于工业无损检测。超声相控阵检测技术主要是在利用扫描成像的基础上实现,其换能器基于惠更斯原理设计的,由多个相互独立的压电晶片组成阵列，每个晶片称为一个单元，按一定的规则和时序用电子系统控制激发各个单元，使阵列中各单元发射的超声波叠加形成一个新的波阵面。同样，在反射波的接收过程中，按一定规则和时序控制接收单元的接收并进行信号合成，再将合成结果以适当形式显示。相控阵换能器最显著的特点是可以灵活、便捷而有效地控制声束形状和声压分布。其声束角度、焦柱位置、焦点尺寸及位置在一定范围内连续、动态可调，而且探头内可快速平移声束，如图 28. 13 所示。

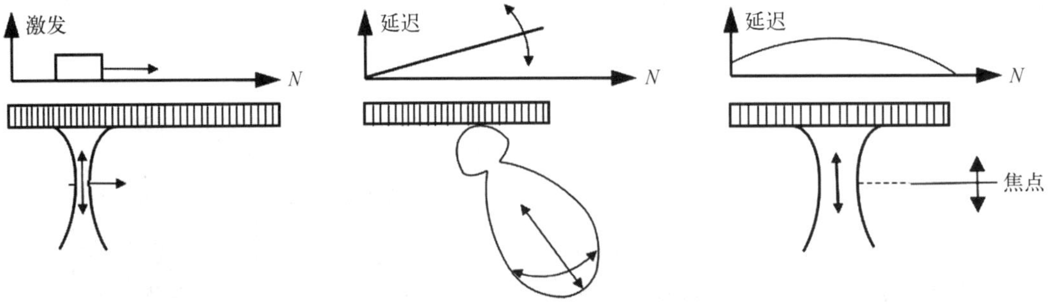

图 28. 13　相控阵换能器的声束控制（N 为单元序号）

对于碳纤维复合材料的超声检测，超声在碳纤维复合材料中的传播速度远小于在金属中的传播速度，因此碳纤维复合材料对超声的声阻抗会增加，引起声能的大量损失，这是用超声检测碳纤维复合材料存在的一个主要问题。另外，据统计，飞机复合材料结构件中常见损伤主要集中于壁板或孔的边缘部位，特别是铆钉连接处更是检查维护的重点部位。但这些部位的空间尺寸狭小，不利于超声探头的放置和缺陷检测。如果采用常规单阵元超声探头检测，其探头声束截面小，检测范围窄。而且探头发射的超声束只能检测某一个位置，容易引起漏检，或者需要不断改变探头的位置或声束的入射角度来保证超声束能垂直入射到检测区域。与常规超声检测技术相比，相控阵技术的优势为：① 优化控制焦柱长度、焦点尺寸和声束方向，在分辨力、信噪比、缺陷检出率等方面具有明显优势；② 不移动探头或尽量少移动探头可扫查厚大工件和形状复杂工件的各个区域，成为解决可达性差和空间限制问题的有效手段；③ 通常不需要复杂的扫查装置，不需更换探头就可实现整个体积或所关心区域的多角度多方向扫查。超声相控阵换能器按其晶片形式主要分三类，即线阵、面阵和环形阵列。线阵最为成熟，已有含 256 个单元的线阵（$N\times1$），可满足多数情况下的应用要求。面阵又叫二维阵列（$N\times M$），可对声束实现三维控制，对超声成像及提高图像质量大有益处，目前已有含 128×128 阵列的超声成像系统应用于金属和复合材料的检测与性能评价，该系统具有实时 C 扫描成像功能，以标准视频图像在液晶显示器上显示，然而同线阵相比，面阵的复杂性剧增，其经济适用性影响该类探头在工业检测领域的应用；环形阵列在中心轴线上的聚焦能力优异、旁瓣低、电子系统简单、应用广泛，但不能进行声束偏转控制。

例如，对于碳纤维复合材料层合板的检测，使用超声相控阵技术中的线性电子扫查，即将探头中的晶片等间距地设定多个激发组，每组激发的晶片数量相同，同时通过施加延迟,使得各组晶片依次激发,由于各组激发间距极短,可以看成是同时激发,这就相当于同时激发多个常规探头,使得检测效率大大提高。图 28.14 中的碳纤维复合材料层合板,内部胶膜层含有大小不一的孔洞。超声相控阵检测结果如图 28.15 所示,与层合板解剖图对比可以看出,上胶膜层处的孔洞被很好地检测出来了。

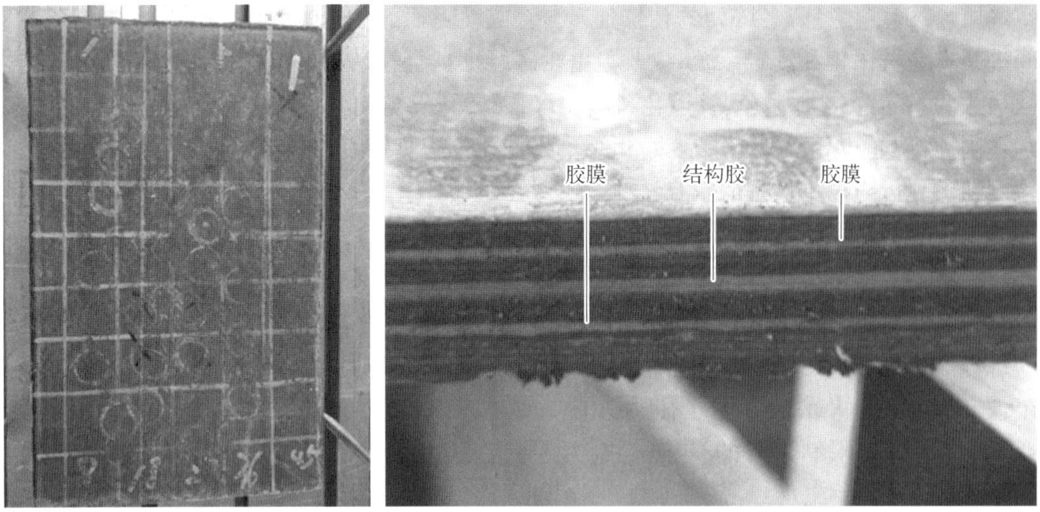

图 28.14　碳纤维复合材料层合板

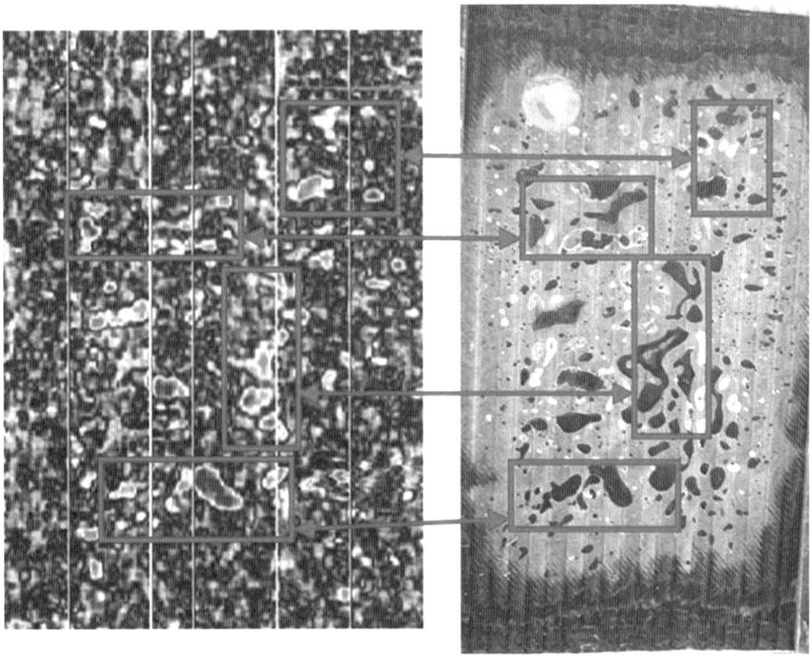

图 28.15　碳纤维层合板解剖图与超声相控阵检测结果对比

虽然在上述例子中相控阵检测技术获得很好的结果，但在检测复杂复合材料结构件上还存在以下关键问题：① 需要研究飞机复合材料的组织特征及其对声速的影响，以及由于声速非均匀性引起的相位畸变产生的原因和规律。在此基础上，提出相控阵列，尤其是相控线阵在 CFRP 材料内相位校正的方法和策略，以提高声束合成信号的幅度、信噪比、空间分辨力及对比度分辨力；② 需要研究相控阵系统在检测复合材料时参数设置的基本原则，确定相控阵各阵元的相位延迟与合成波阵面的曲率等特性参数之间的关系，以便进一步综合优化和配置系统，以改善由于碳纤维复合材料的各向异性引起的声能衰减、信噪比低等问题；③ 为实现智能化检测需求，需要开发自动化的检测系统，建立智能化识别算法，实现超声相控阵检测参量设置、激励控制、探测控制、扫描成像控制、数据管理和检测结果分析与评定过程的全自动化[20]。

28.6.3 超声导波检测[21, 22]

导波是相对于体波提出的概念。体波是指在无限均匀介质中传播的波。体波分为纵波和横波，在无限均匀介质中，它们不发生波形耦合，以各自的速度传播。当超声波在板状、管状或是棒状等有限制的介质边界内传播时，必须考虑介质边界条件的影响，这些具有限制边界的结构被称为波导，在波导结构中传播的超声波统称为超声导波。

当超声波在薄板结构中传播时，由于存在边界面的影响，波在两表面之间会形成反射和折射，进而产生复杂的干涉和波形转换，最后形成一种沿着平行板面方向前进的驻波，在这种板结构中传播的超声导波被称为板波。根据质点的振动情况，板波可分为水平剪切波（SH 波）和 Lamb 波。SH 波引起的质点振动（位移和速度）都位于平行于层面的平面中［图 28.16(a)］，因此可以认为 SH 波是沿平行于层面方向偏振的体剪切波上下反射叠加的结果［图 28.16(b)］。在不同的激励频率下板内会出现不同模态的 SH 波，根据质点的位移场表达式可分为对称模式和反对称模式，图 28.17 为铝板中的 SH 模态的相速度频散曲线，其中零阶模式（SH0 波）是非频散波。相比垂直偏振横波（shear vertical wave,

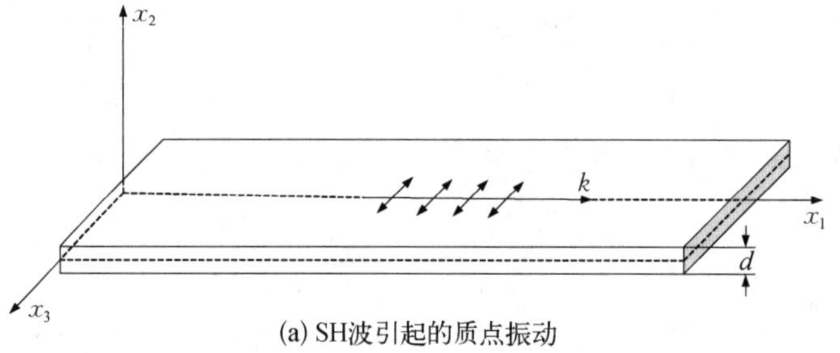

(a) SH波引起的质点振动

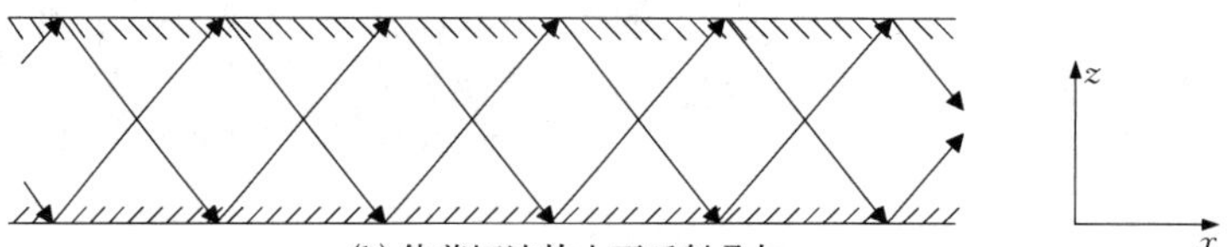

(b) 体剪切波的上下反射叠加

图 28.16　水平剪切波的传播，其中传播方向为 x_1，质点位移方向为 x_3

SV 波)和纵波(longitudinal wave, L 波),当 SH 波从平行于偏振方向的表面反射时,SH 波不会转为其他类型的波,且杂乱回波较少。其次,SH 波比体波散射少,衰减小,在相同的频率下比体波传播得更远。因此在超声无损检测领域 SH 波具有极大的应用潜力。但是,产生纯 SH 波比较难,以前实验时多使用电磁超声换能器(electromagnetic acoustic transducer, EMAT)来激励和接收 SH 波,但是电磁超声换能器只能适用于导电材料,极大地限制了 SH 波的实际应用。最近北京大学李法新课题组采用面内剪切(d24)型压电陶瓷换能器在平板中激励出单模态的零阶水平剪切波(SH0 波),同时还可以有选择性地接收 SH0 波,该工作在基于 SH 波的损伤检测应用方面实现了突破性的进展[23]。但是,目前研发出的面内剪切(d24)型压电陶瓷换能器只能在较低频范围内激发纯的 SH0 波和选择性接收 SH0 波。

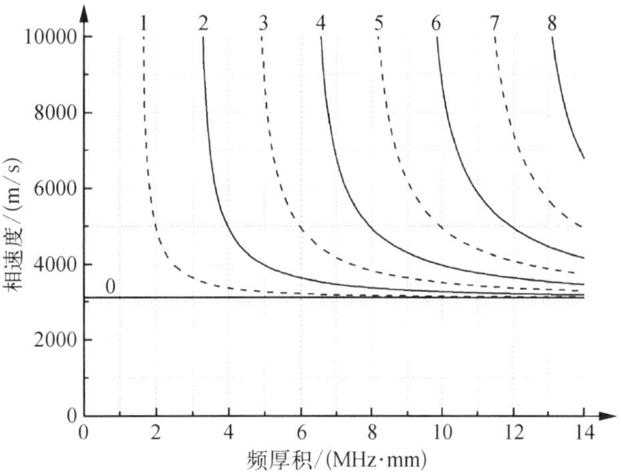

图 28.17 铝板中的 SH 模态的相速度频散曲线,其中实线代表对称模态,虚线代表反对称模态

与 SH 波引起的平行于层面的质点运动不同,Lamb 波引起的质点振动在垂直于层面的平面内作椭圆轨迹运动。英国科学家 Lamb 在平板自由边界条件下求解波动方程时得到的一种特殊波动解,后人把这种波动命名为兰姆波以纪念它的发现者。兰姆波是一种在厚度与激励声波波长为相同数量级的声导波(如金属薄板)中由纵波和横波耦合而成的特殊形式的应力波,它在不同厚度及不同激发频率下会产生不同的传播模式。根据质点振动位移的分布形态不同,兰姆波被分为对称型兰姆波(S 模式)和反对称型兰姆波(A 模式),如图 28.18 所示。同时对于不同模式的兰姆波,还有不同的阶次,通常用 S_0、S_1、S_2…表示不同的对称型兰姆波,用 A_0、A_1、A_2…表示不同的反对称型兰姆波。此外,兰姆波的另外一个基本特征是频散性,即传播速度随着频率的变化而变化,且其群速度与相速度不一致。群速度与相速度是导波理论中两个最基本的概念,所谓群速度是指脉冲波的包络上具有某种特性(如幅值最大)的点的传播速度,是波群的能量传播速度。而相速度是波上相位固定的一点传播方向的传播速度。图 28.19 是兰姆波在铝板中传播的频散曲线,可以发现,和 SH 波不同,兰姆波的零阶模式也是频散的。与 SH 波相比,兰姆波用常规压电换能器很容易被激励和接收。Giurgiutiu[24, 25]研究了在单个压电晶片驱动器激励下的板中兰姆波模式及其特征。Sonti 等[26]分析了在条形、

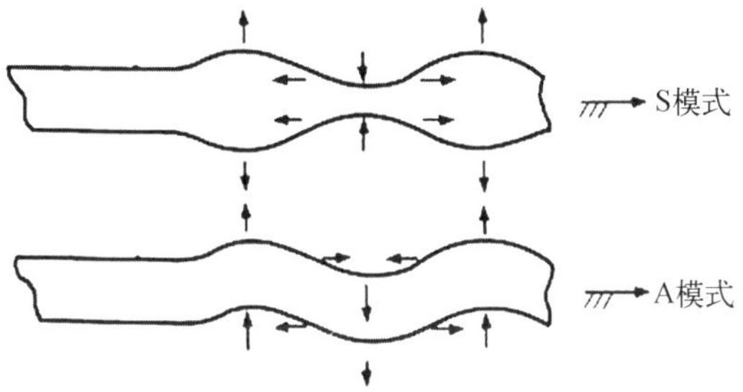

图 28.18 对称型 Lamb 波(S 模式)和反对称型 Lamb 波(A 模式)

圆形、椭圆形、三角形等不同形状的压电晶片激励下板结构中产生的兰姆波模式。虽然波动形式上 SH 波比兰姆波要简单，但大量的研究迄今仍选择利用兰姆波对板壳结构进行损伤检测和评估。

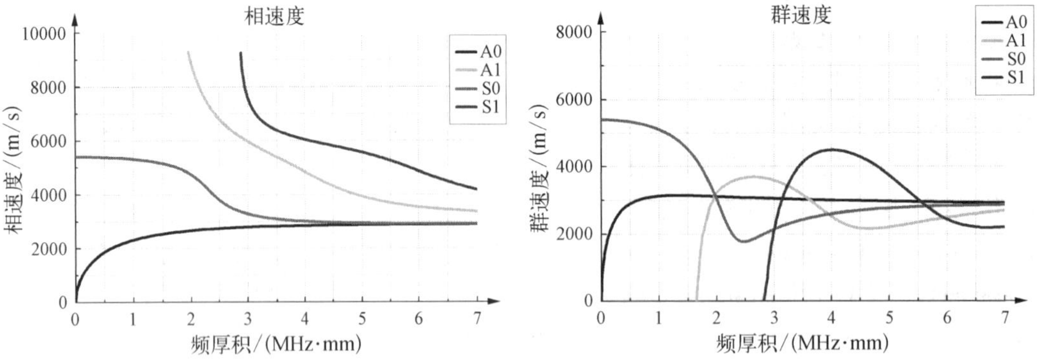

(a) 相速度　　(b) 群速度

图 28.19　兰姆波在铝板中传播的频散曲线

作为薄板结构中传播的一种典型声导波模式，Lamb 波可以实现对弹性薄板的快速大范围损伤检测，但 Lamb 波复杂的传播特性极大地限制了其实际应用。直到 20 世纪 60 年代初，美国工程师 D. C. Worltony 首次提出铝和锆的频散曲线的模式特征可应用于材料的无损检测之后，人们才逐步开始研究基于兰姆波的结构损伤识别方法。自 20 世纪以来，随着计算机和数值仿真技术的飞速发展和测试手段的不断改进，基于线性超声理论的兰姆波损伤识别方法已获得长足的进步。早期损伤检测中通常采用几何的声源定位方法，包括三角测量法、四点圆弧法等，通过提取飞行时间组成非线性方程，求解后得到目标声源位置。为了能够直观地定位损伤及反映损伤严重程度，超声导波损伤诊断成像技术成为了研究热点。根据不同成像原理及计算过程，有多种超声导波损伤诊断成像技术，如基于概率的损伤图像重建方法，层析成像法，相控阵法等。基于概率的损伤图像重建方法一般在检测区域周边布置多个传感器，传感器既可以用于激发或接受导波信号。引入信号损伤指数来表征损伤引起的信号变化程度，通常对基准信号和当前状态之间的信号差异进行量化得到。引入空间概率分布函数作为路径加权函数，用来表征损伤对传感路径的影响程度，传感路径与损伤的相对距离 R 越近，该传感路径受影响越大，则该路径在成像融合时的权值越大，反之当传感路径与损伤的相对距离 R 越远，该路径的权值越小。综合信号损伤指数和路径加权函数二者的影响获取多条传感器路径的损伤概率信息，从而实现检测区域的损伤分布评估。Liu 等[27]采用基于概率的损伤图像重建方法对加筋复合材料板进行检测(图 28.20)，损伤被精确定位出来了。基于概率的损伤图像重建方法在成像过程中无需导波在结构中传播的先验知识，同时避免了对真实结构中复杂时间历程的解释，计算效率高并且适合自动处理，能够有效识别复合材料等各种复杂结构上的损伤。

层析成像法类似于医学 CT，同样通过布置传感器网络，采用射线假设并将导波的飞行时间或能量衰减作为投影数据，再与传播路径和结构的声速参数或能量吸收参数分布组成模型方程，求解后可对结构损伤情况进行评估[28]。与可能性评估法相比，层析成像

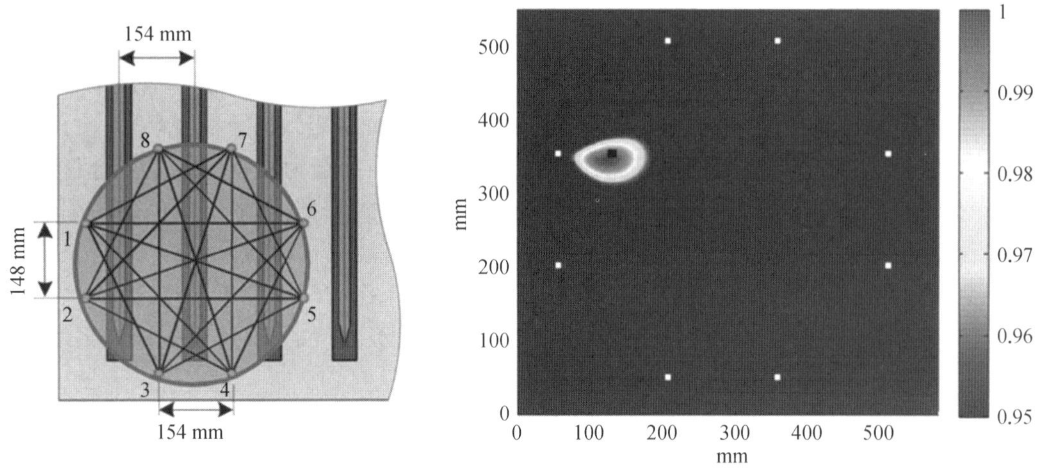

图 28.20　加筋复合材料板的损伤检测(基于概率的损伤图像重建方法)

法需要对整个检测区域进行扫描,因而所需的传感器数目较多。但复合材料结构的早期缺陷尺寸通常较小,缺陷在投影方向的尺寸并不大于低频导波的波长,采用射线假设将会出现较大误差。Wang 等[29, 30]利用 Mindlin 板理论发展了板结构中导波的散射模型,为基于波动方程反演的衍射层析成像方法打下了理论基础,Chan 等[31, 32]进一步通过数值模拟和试验证实了衍射层析成像方法能够有效评估复材板结构的分层损伤。相控阵法也是基于布置一个传感器网络,通过精确控制每个传感器的激励和接收时间以及相位延迟,实现对结构的全面扫描,从而获取结构中损伤的类型、位置以及形状等信息。Yan 等[33]使用相控阵分别在 $[0°/90°]_{2s}$ 和 $[0°/45°/90°/-45°]_{2s}$ 两种铺层形式的碳纤维环氧复合材料板上实现了损伤诊断成像。

此外,复合材料损伤机理复杂,影响因素多,而神经网络以其良好的非线性映射能力、实时计算能力和很强的容错性,也被引入到超声导波损伤检测技术中。这一类方法利用先前大量数据对人工神经网络算法或遗传算法进行训练,再用训练好的算法来检测结构,实现复合材料结构的损伤评估甚至损伤图像重构[34, 35]。

虽然超声导波检测技术在近年来取得了长足的进步,但要在真实飞行器结构上得到广泛应用,仍然面临不少挑战,比如: ① 真实结构形式复杂,还需从理论方法、数值模拟、试验研究等方面求解导波传播问题,为高质量成像奠定基础;② 现阶段单一的导波诊断成像方法往往难以兼顾计算效率和成像精度,需融合多种成像方法,在效率和精度二者之间寻找平衡点,开发能够快速完成检测且提供高质量图像的混合诊断策略。

28.7　总结与展望

先进的复合材料以其高强度,高弹性模量,可提高飞行器结构的效率,降低飞行器结构重量系数,在航空航天领域的应用越来越多,因此其结构的可靠性和安全性是尤其要考虑的问题,无损检测技术这是解决这一问题的重要手段[36]在红外热成像检测技术方面,针对特定的复合材料或者特殊的检测环境，研制出易于实现、易于控制的加载技术，在此基础上提出可以实现快速检测以及输出可视化结果的复合材料缺陷检测方法。在X射线检测技术方面，虽然X射线检测技术已实现工业应用，但是多数检测方法在应用中都存在不足，比如排放废物废液，损害自然环境等，因此，后续研究应当致力于研发环境友好型X射线检测技术。在超声检测技术方面，超声检测技术是当前最为常见的航空复合材料无损检测技术，面向日益更新的复合材料、材料结构以及制造工艺，需要不断创新缺陷识别机理、检测技术以及缺陷判据，这是超声检测技术后续发展的重要风险；航空复合材料结构正朝向复杂化、大型化的分析发展，传统超声检测技术在应用中效果不佳，而应当着力研发具有多维特征的快速可视化检测技术，建立起工业级的智能化、可视化检测系统，这也是超声检测未来发展所面临的重要技术难题。

习题与思考题

1. 为什么需要这么多种不同的无损检测技术？
2. 简述各种无损检测技术的特点。

参考文献

[1] 冷劲松，杜善义，王殿富，等. 复合材料结构敲击法无损检测的灵敏度研究[J]. 复合材料学报，1995(4)：99－105.

[2] 孙延军. 航空器复合材料无损检测技术及评价[J]. 科技创新导报，2020，17(3)：2－3.

[3] 贾宝栋. 无损检测技术在复合材料缺陷检测中的应用分析[J]. 冶金与材料，2021，41(1)：80－81.

[4] 陈名华，杨小林，涂明武，等. 飞机复合材料红外热成像检测技术的研究[J]. 机电产品开发与创新，2014，27(2)：87－88+86.

[5] 梁涛. 复合材料脱粘缺陷红外热成像无损检测定量分析研究[D]. 成都：电子科技大学，2017.

[6] 王健，张永，高靖，等. 基于红外热成像技术的风力机叶片检测综述[J]. 内蒙古农业大学学报(自然科学版)，2021，42(3)：115－120.

[7] 张剑，齐暑华. 红外热成像技术在复合材料无损检测中的应用现状[J]. 工程塑料应用，2015，43(11)：122－126.

[8] 陈曦，张立同，梅辉，等. 2D C/SiC 复合材料氧化损伤的红外热波成像检测[J]. 复合材料学报，2011，28(5)：112－118.

[9] 马泽孟. 飞机蜂窝夹层结构天线罩进水检测与去湿[J]. 江苏航空，2009(S1)：93－95.

[10] 黄松岭，李路明. 复合材料胶接缺陷的红外热像检测[J]. 宇航材料工艺，2002(6)：43－46.

[11] 余轶，刘伟庆，万里，等. 红外热波法检测夹层结构内部缺陷的研究[J]. 复合材料科学与工程，2013(8)：55－59.

[12] 武翠琴，洪新华，王卫平，等. 复合材料脱粘缺陷的红外热像无损检测[J]. 强激光与粒子束，2011，23(12)：3271－3274.

[13] 刘颖韬，郭广平，杨党纲，等. 脉冲热像法在航空复合材料构件无损检测中的应用[J]. 航空材料学报，2012，32(1)：72－77.

[14] 赵延广，郭杏林，任明法. 基于锁相红外热成像理论的复合材料网格加筋结构的无损检测[J]. 复合

材料学报,2011, 28(1): 199 - 205.

[15] 臧少刚,熊永顺. 航空复合材料中的工业 CT 应用[C]. 呼和浩特: 第二十一届全国复合材料学术会议,2020.

[16] 吴彦举,郝兵,吕益良,等. 锥束 CT 在复合材料缺陷检测中的应用[J]. 中国新技术新产品,2020(6): 17 - 19.

[17] 刘文芳. 基于机器学习的金属构件超声缺陷检测方法的研究[D]. 太原: 中北大学,2021.

[18] 詹湘琳,韩红斌,周德新. 民用飞机复合材料结构件超声相控阵无损检测技术进展[J]. 航空制造技术,2014(15): 124 - 127.

[19] 李怀富,李业书,吕贵平,等. 超声相控阵技术在复合材料检测上的应用[J]. 玻璃钢/复合材料,2010(2): 86 - 88.

[20] 张侃,杨力,王学权,等. 超声相控阵技术的发展及其在核工程无损检测中的应用[J]. 无损检测,2017, 39(5): 42 - 48.

[21] 刘瑶璐,胡宁,邓明晰,等. 板壳结构中的非线性兰姆波[J]. 力学进展,2017, 47: 503 - 533.

[22] 郑跃滨,武湛君,雷振坤,等. 基于超声导波的航空航天结构损伤诊断成像技术研究进展[J]. 航空制造技术,2020, 63(18): 24 - 43.

[23] Miao H, Huan Q, Li F. Excitation and reception of pure shear horizontal waves by using face-shear d(24) mode piezoelectric wafers[J]. Smart Materials and Structures, 2016, 25(11): 1.

[24] Giurgiutiu V. Lamb wave generation with piezoelectric wafer active sensors for structural health monitoring[C]//Baz A M. Smart structures and materials 2003: Smart structures and integrated systems. Bellingham: International Society for Optics and Photonics.

[25] Giurgiutiu V. Tuned lamb wave excitation and detection with piezoelectric wafer active sensors for structural health monitoring[J]. Journal of Intelligent Material Systems and Structures, 2005, 16(4): 291 - 305.

[26] Sonti V, Kim S, Jones J. Equivalent forces and wavenumber spectra of shaped piezoelectric actuators[J]. Journal of Sound and Vibration, 1995, 187(1): 111 - 131.

[27] Liu K, Ma S, Wu Z, et al. A novel probability-based diagnostic imaging with weight compensation for damage localization using guided waves[J]. Structural Health Monitoring, 2016, 15(2): 162 - 173.

[28] Jansen D, Hutchins D, Mottram J. Lamb wave tomography of advanced composite laminates containing damage[J]. Ultrasonics, 1994, 32(2): 83 - 89.

[29] Rose L R F, Wang C H. Mindlin plate theory for damage detection: Source solutions[J]. Journal of the Acoustical Society of America, 2004, 116(1): 154 - 171.

[30] Wang C H, Chang F K. Scattering of plate waves by a cylindrical inhomogeneity[J]. Journal of Sound and Vibration, 2005, 282(1 - 2): 429 - 451.

[31] Rose L R F, Chan E, Wang C H. A comparison and extensions of algorithms for quantitative imaging of laminar damage in plates. I. Point spread functions and near field imaging[J]. Wave Motion, 2015, 58: 222 - 243.

[32] Chan E, Rose L R F, Wang C H. A comparison and extensions of algorithms for quantitative imaging of laminar damage in plates. ii. non-monopole scattering and noise tolerance[J]. Wave Motion, 2016, 66: 220 - 237.

[33] Yan F, Rose J L. Guided wave phased array beam steering in composite plates[C]. San Diego: Health Monitoring of Structural and Biological Systems 2007, 2007.

[34] Su Z, Ye L. Lamb wave propagation-based damage identification for quasi-isotropic CF/EP composite laminates using artificial neural algorithm: Part Ⅱ — Implementation and validation[J]. Journal of Intelligent Material Systems and Structures, 2005, 16(2): 113 - 125.

[35] Vishnuvardhan J, Krishnamurthy C V, Balasubramaniam K. Genetic algorithm based reconstruction of the elastic moduli of orthotropic plates using an ultrasonic guided wave single-transmitter-multiple-receiver SHM array[J]. Smart Materials and Structures, 2007, 16(5): 1639 - 1650.

[36] 唐国栋. 航空复合材料无损检测技术发展分析[J]. 中国设备工程,2020(19): 12 - 13.

第 29 章 航空航天复合材料结构健康监测

学习要点：

(1) 掌握结构健康监测的定义和内涵；

(2) 理解结构健康监测在复合材料上应用的效益、基本原理和目标；

(3) 了解复合材料结构全生命周期监测的基本参量；

(4) 掌握用于复合材料结构健康监测的传感器的选择原则和基本特点；

(5) 了解复合材料结构健康监测的基本方法；

(6) 了解结构健康监测技术在复合材料结构上的典型应用场景；

(7) 了解航空航天飞行器复合材料结构健康监测技术的发展趋势。

29.1 引　　言

先进复合材料由于具有比强度和比刚度高、可设计性强和易于整体成型等优点，是航空航天飞行器轻质高效结构设计的最理想材料，被广泛应用于航空航天领域[1]。复合材料结构用量和占比已经成为航空航天飞行器先进性的重要标志。复合材料结构自身特殊性（如各向异性），再加上航空航天应用领域的特殊性（如载荷复杂性和环境极端化），使得复合材料结构完整性和耐久性分析与评价变得异常困难[2]。如何及时准确地发现航空航天复合材料结构中的缺陷、损伤及其扩展，对避免造成突发性破坏与结构失效具有重要意义。使用永久集成在复合材料结构表面或嵌入结构内的分布式传感器网络为基础的结构健康监测（structural health monitoring, SHM）是确定复合材料结构完整性的革命性创新技术[1-5]。国内外学者在结构健康监测的基础理论、关键技术以及工程应用等方面开展了大量研究，并逐步将结构健康监测技术应用于先进飞行器结构的设计考核验证、飞行安全评价和预测性维修维护[6-8]。

开展对航空航天复合材料结构全生命周期健康监测的学习，了解结构健康监测技术发展现状、挑战和趋势，熟悉结构健康监测在航空航天领域应用的典型场景和效益，掌握复合材料结构健康监测技术的基本概念、基本方法和常用传感技术，将对航空航天复合材料结构的成型制造、服役安全和视情维护具有积极的重要意义。

本章主要介绍结构健康监测技术在航空航天复合材料结构从制造到服役全生命周期应用的概念内涵、基本方法和常用技术，并结合典型案例以加深理解。

29.2 航空航天复合材料结构健康监测的概念和内涵

航空航天飞行器复合材料结构不仅要承受复杂、长时间的疲劳载荷、意外冲击载荷等作用，而且还要承受温度、湿度等严苛的外部环境因素的考验；这些因素不论是单独还是同时作用，均可导致复合材料结构的性能变化或破坏。由于复合材料结构的缺陷与损伤模式具有不易被观察与检测的特点，现有的无损检测（non-destructive testing, NDT）技术在飞行器复合材料结构损伤检测中可以发挥一定的作用，但这些技术无法对复合材料结构中的损伤进行实时监测，现场检测局限性较大，无法检测隐藏部位的损伤，且人为因素影响较大。对于大尺寸复合材料结构，如波音 787、空客 A350 的复合材料机翼壁板长达十几米甚至几十米，采用传统无损检测技术不仅检测成本可能相当高昂，而且检测速度和效率都将难以满足制造商、客户及维护部门的要求。如何对飞行器复合材料结构的潜在、实际损伤及其扩展进行实时监测，并快速评价其对飞行器结构可靠性的影响，是一个极富挑战性的课题。

结构健康监测是采用先进传感材料和微纳制造工艺，结合复合材料制造工艺，将分布式传感网络嵌入集成到复合材料结构内部或粘贴在结构外部以实时感知外部环境变化和探测结构状态参量变化的多学科交叉的革命性创新技术。通过在复合材料结构上内置的传感器网络，获得结构状态、操作以及服役环境等信息，实时掌握结构的健康状况，并在此基础上对可能发生的损伤和故障进行预判，以便能及时采取措施，建立基于结构实际健康状况与性能的视情维护策略。结构健康监测技术可给航空航天飞行器带来的益处简要概括于图 29.1 中，对于改进复合材料结构制造工艺、结构轻质化和智能化设计、提升服役安全性和实现视情维护具有重要的意义。

结构健康监测技术在复合材料结构的制造、服役及维护的全生命周期中都可以发挥重要的作用，如图 29.2 所示[3]。目前可用于复合材料结构健康监测的传感器包括光纤传感器、压电传感器（piezoelectric transducer, PZT）、电磁传感器、无线传感系统、微机电系统（micro-electro-mechanical system, MEMS）、纳米传感器等[9-11]。对于飞行器复合材料结构的状态监测，光纤传感器有较大的优势，可用于监测温度、应变、气动压力等多种参数[10]。而压电传感器由于重量轻、体积小，既可主动激励信号又可被动接收信号，在复合材料结构损伤监测中得到了广泛应用[12]。目前在复合材料结构上集成了压电传感器，以超声导波（在板中传播又称为兰姆波/Lamb 波）作为损伤信息传递媒介的在线结构健康监测技术得到国内外研究人员的高度重视，开展了大量工作，已开始应用于先进复合材料结构的制造、服役及维护的全生命周期健康监测[4, 5, 13, 14]。

本章针对飞行器复合材料结构在制造、服役及维护的全生命周期内对结构健康监测的需求，介绍飞行器结构健康监测的常用传感技术、不同监测技术应用于飞行器复合材料结构面临的主要挑战及其解决方案，最后阐述飞行器复合材料结构健康监测技术的发展趋势和方向。

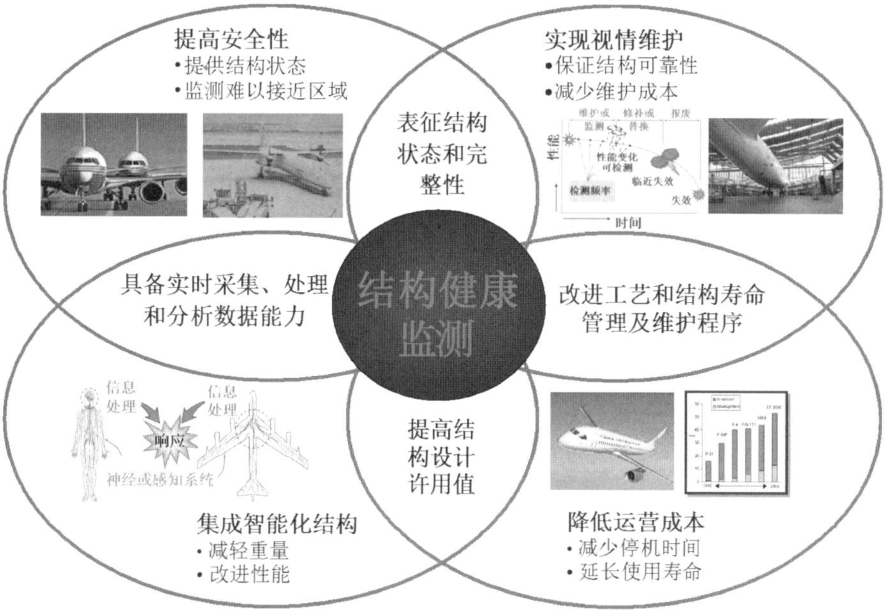

图 29.1　结构健康监测技术的作用与益处[4]

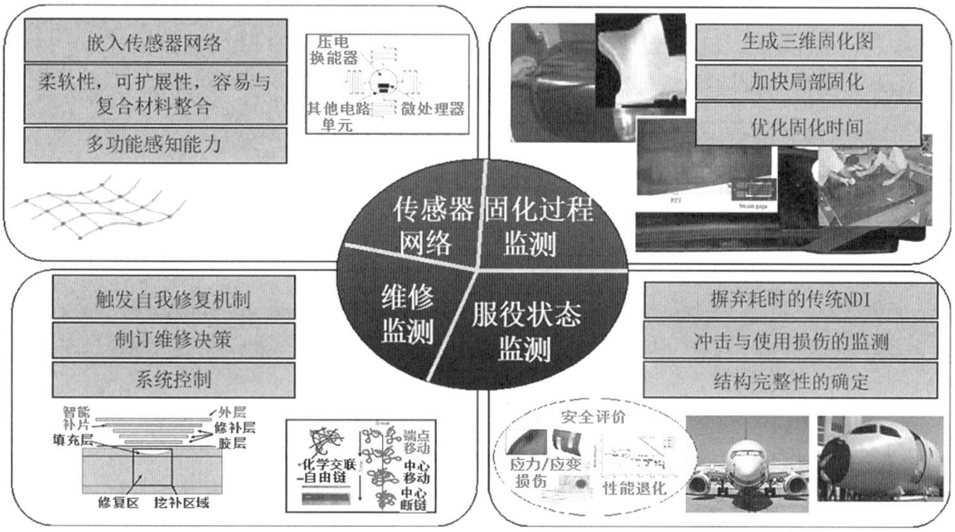

图 29.2　飞行器复合材料结构全生命周期健康监测的愿景与概念[3]

29.3　飞行器复合材料结构健康监测常用的传感技术

29.3.1　传感器选择原则

传感器是结构健康监测系统获取结构状态响应数据和损伤信息的端口，传感器的性能好坏与先进与否直接影响了结构诊断结果的可靠性和监测系统的先进性。由于结构健康监测要求传感器网络永久地安装于结构表面或集成于结构中，一般要求质量轻、体积小、功耗小。对于结构健康监测技术在航空航天器上应用，理想的传感器要求具有以下特点：

（1）具有良好的传感性能，主要体现在具有较高的灵敏度、较好的一致性、较宽的频率响应范围、良好的线性度、较小的迟滞性；

（2）具有体积小，重量轻的特点，与被监测结构易于耦合和集成；

（3）具有功耗低的特点或有能量回收功能，可以实现长时间监测；

（4）具有智能传感功能，如自组织、自校验、自标定等功能，以及能对监测数据进行部分数据处理；

（5）可以对传感器进行组网，形成传感器网络；

（6）能在各种恶劣环境，如高低温、高压、高真空、振动、冲击、辐照、电磁场等条件下可靠工作。

传感器要真正应用飞行器结构健康监测，尤其是要集成于飞行器复合材料结构，要进行一系列的工程适用性验证，包括传感器封装和安装工艺、传感器耐久性、传感器网络优化、环境补偿与校准、嵌入内部对复合材料结构性能影响等。如果传感器应用于空天往返飞行器或深空探测器，其工程适用性验证还要考虑极端环境下（超低温、超高温）的功能稳定性和寿命耐久性的验证。

结构健康监测技术已可采用多种传感器对监测对象进行测量，其中常用的传感器主要有压电传感器、加速度计、光纤传感器、电阻应变片、形状记忆合金、碳纤维元件等，但目前还没有一种完全具备理想传感器所有特点的传感器。全球领先的结构健康监测技术研发中心美国桑迪亚国家实验室重点对 5 种传感器进行了认证，具体包括真空比较传感器、压电传感器、光纤传感器、碳纳米管和声发射器。我国飞机强度研究所对光纤光栅传感器、压电传感器、声发射传感器、智能涂层、含金属芯导波纤维传感器、真空比较裂纹传感器和非本征型 F－P 干涉传感器用于监测复合材料结构的工程适用性进行了实验研究。国内外飞行器结构健康监测所采用的传感器，可按照载荷监测类和损伤监测类进行划分，具体如表 29.1 所示。

表 29.1　飞行器结构健康监测常用的传感器及特点分析[2, 4, 5, 11, 16]

类　型	传感器名称	可监测物理量	优　点	缺　点
应变或其他状态监测传感器	应变片	应变变化、外部撞击	简单，准确度高	线缆多
	光纤光栅传感器	应变、温度、振动	多点测量，灵敏度高，采样率高	交叉敏感，测点有限
	基于瑞利散射的分布式光纤传感器	应变、温度、振动	易于集成、高空间分辨率、无须刻栅	交叉敏感、相对测量、采样率低
	速度/加速度传感器	振型和模态参数、过载	原理简单，全局监测	定性表征，无法局部定量识别

续　表

类　型	传感器名称	可监测物理量	优　点	缺　点
应变或其他状态监测传感器	电容传感器	位移、压力	原理简单、温度敏感性较小	测量范围较窄
	光纤温度传感器	温度		对应变变化不敏感
损伤监测传感器	压电陶瓷传感器	裂纹、腐蚀、脱黏、分层	长距离监测，全局与局部相结合	温度敏感、承受拉应变能力差
	真空比较传感器	表面裂纹	测量位置准确，精度高	点传感
	压电纤维传感器	撞击	柔性，适应复杂曲面	不能作为激励器
	声发射传感器	撞击、裂纹萌生与扩展	灵敏度较高	易受环境噪声影响
	涡流传感器	脱黏、分层	测量精度高	表面或亚表面损伤
	智能涂层	表面裂纹	测量准确	局部监测

29.3.2　多功能传感器网络

传统意义上，大规模具有独立信号引线的分立式传感和驱动器件被人为地安装到飞行器结构上，不仅安装过程效率高、耗时长，且难以满足实际飞行器应用的严苛限制需求，如附加重量轻、可靠性高、集成度高和功耗低等。装备的大型化也相应地要求传感器网络化，从系统集成和信号处理角度而言，要求传感器网络系统具有更好的集成度和嵌入式的信号处理能力，提高与外部系统的数据传输和处理能力。总体而言，基于多功能材料的智能传感器、喷墨化电子打印、3D 打印、基于微纳制造技术的 MEMS 传感器受到极大关注，使得微小型化、智能化、多功能化和网络化的多功能传感器与复合材料结构有机集成成为可能，使得自感知飞行器、智能飞行器、智能蒙皮、可变翼飞行器、智能复合材料螺栓等概念逐渐变为现实。

集成在被监测复合材料结构上的传感器网络是结构健康监测的重要组成部分，如何在结构上有机集成传感器网络是结构健康监测首先要解决的问题。斯坦福大学提出的传感器网络智能层（stanford multi-actuator-receiver transduction layer, SMART Layer）为在结构上安装传感器网络提供了方便、有效的手段[15]。分布式传感器网络被嵌入在很薄的柔性载体上。根据不同的要求，智能层可以有不同的结构形式。除常用的压电传感器外，智能层同时也可集成其他类型传感器，如应变、温度与湿度传感器等，典型智能层结构如图 29.3 所示。

如图 29.4 所示，传感器网络智能层既能安装在现有结构的表面上，又能在制造过程中将智能层嵌入在复合材料结构内部。

图 29.5 所示是智能层粘贴在民机 A350 机身复合材料壁板结构内表面的实物图。智能层可以在复合材料结构的成型过程中（比如缠绕成型、RTM 成型）嵌入复合材料结构内部[12]，如图 29.6 所示。

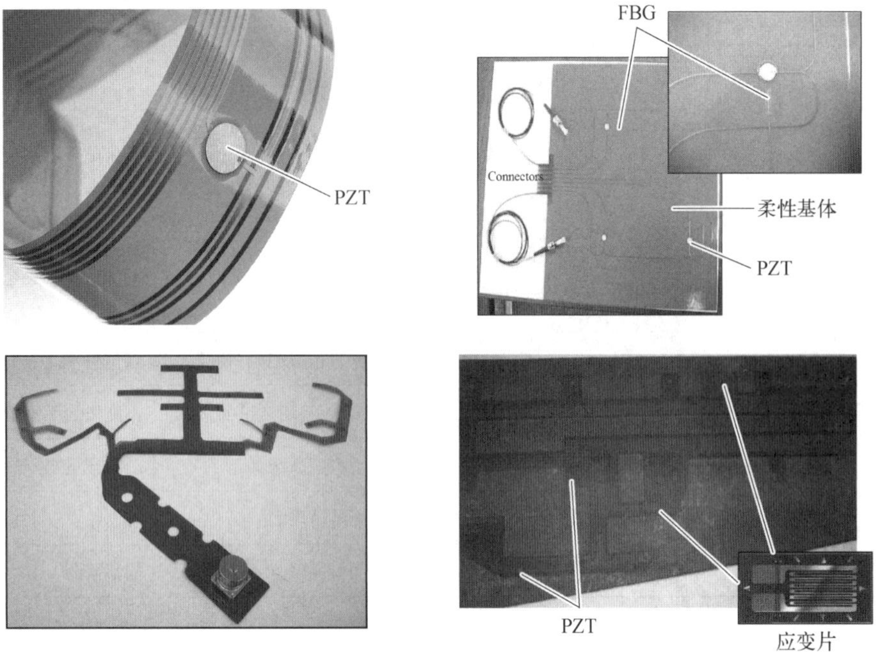

图 29.3　典型智能层示意图[4]

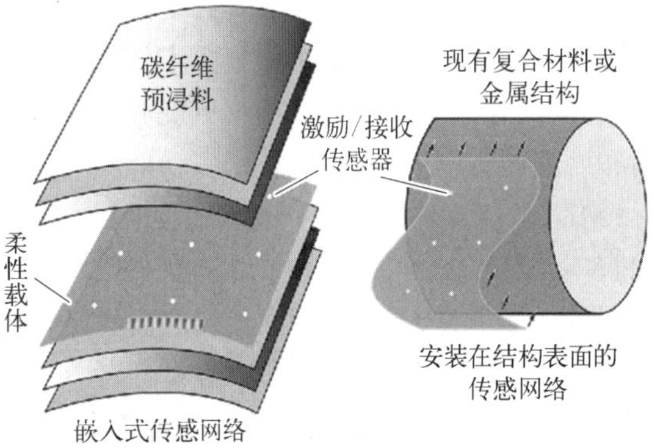

图 29.4　传感器网络智能层的安装[4]

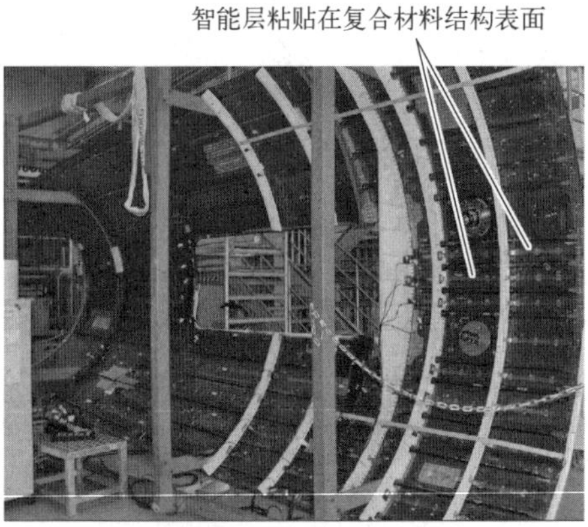

图 29.5　智能层粘贴安装于现有复合材料结构表面[4]

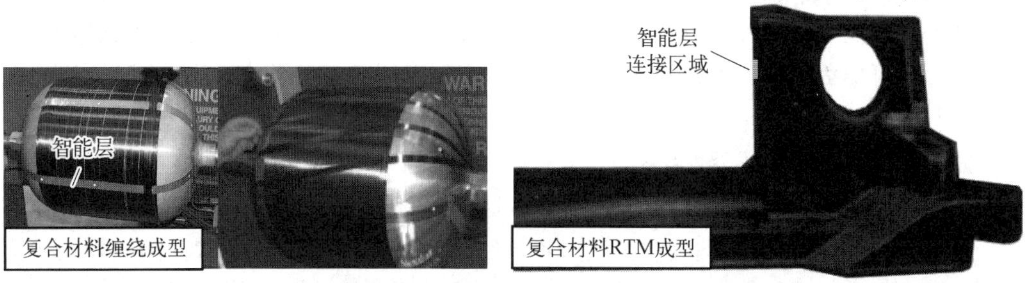

图 29.6　智能层在复合材料结构成型过程中被嵌入结构内部[4]

由于飞行器复合材料结构尺寸通常较大、状态性能参数多，需要大型多功能传感器网络来感知结构状态、监测结构损伤[16]。为此，斯坦福大学、厦门大学开发了一种基于聚合物的可扩展柔性传感“神经”网络，可承载多种类型的高密度传感器阵列[3, 17]。如图 29.7 所示，借鉴纳米和微电子集成电路设计工艺，将聚酰亚胺聚合物薄膜加工成可伸展的微线网络，去除微线以外的多余基底材料；通过在各个方向上的拉伸，可将网络从微观大小扩展到宏观尺度；如在功能节点上放入多种类型的传感器、激励源、电子元件或其他功能材料，利用微线连接功能节点，即形成传感器网络。如图 29.7 所示，类似于上述的智能层集成了 PZT、微处理器、MEMS 和电阻温度传感器（resistance temperature detector, RTD），可扩展多功能传感器网络可以粘贴在复合材料结构表面或者埋入复合材料结构中对其全寿命周期的状态进行实时监测。

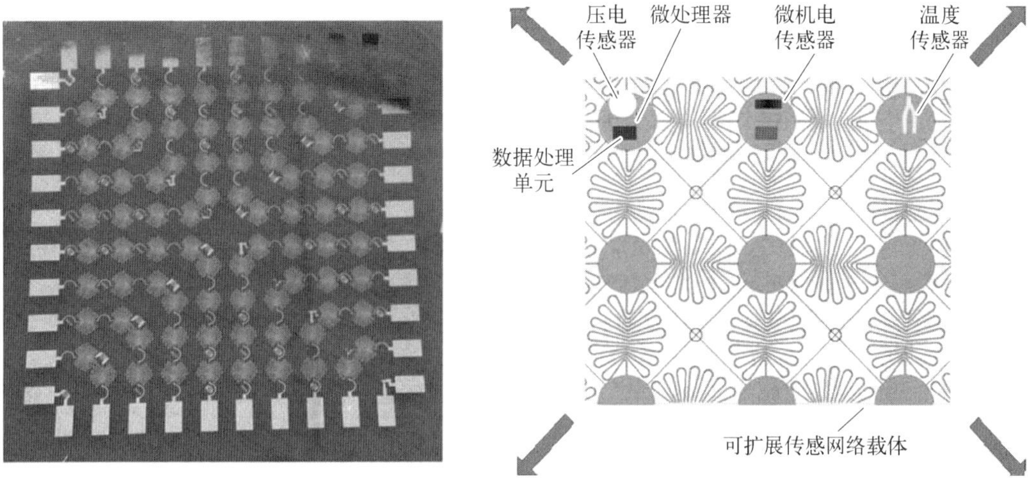

图 29.7　集成温度、应变和压电传感器的可扩展多功能传感器网络[17]

利用上述所提出的与复合材料结构集成一体的多功能传感器网络，构成一种具有多模式感测功能的传感系统新概念，实现复合材料结构-功能一体化，使得未来的复合材料结构可被设计并制作成具有智能传感功能、环境适应性等多功能性，如表 29.2 所示。

表 29.2　复合材料结构健康监测传感技术比较

关键特征 \ 技术	传统 NDE	光纤光栅传感	基于应变片 SHM	SMART Layer	MEMS 传感	混合传感器网络	多场耦合多功能传感
局部损伤可检测性	√	√	√	√	√	√	√
材料性能退化可检测性		√	√	√	√	√	√
全局信息与完整监测性				√		√	√
大结构可应用性				√			√
复合材料内部可嵌入性				√		√	√
传感系统可持续感知性					√	√	√
基于结构状态感知的主动式自修复触发性	×	×	×	×	×	×	√

续　表

关键特征 \ 技术	传统 NDE	光纤光栅传感	基于应变片 SHM	SMART Layer	MEMS 传感	混合传感器网络	多场耦合多功能传感
自诊断、自修复与多功能材料可扩展集成性	×	×	×	×	×	×	√

注:"√"表示技术能实现的关键特征,"×"表示不能。

29.4　复合材料固化过程监测

复合材料结构的质量及力学性能与其固化工艺和制造过程密切相关。为了稳定复合材料结构产品质量,降低生产成本,各国学者开展了大量基于先进传感技术的复合材料固化过程监控研究工作。树脂基复合材料结构的制造与成型工艺方法多种多样,各有所长。由于具有成本低、效率高的潜力、适用于制造复杂的大尺寸三维结构,复合材料液体成型工艺(liquid composites molding, LCM)正在成为关注的焦点[18]。本节主要介绍复合材料LCM 固化过程在线监测方法,这些方法同样适用于复合材料结构的其他成型过程监测。

复合材料 LCM 固化过程主要监测固化度、温度、残余应力和流动前沿四个物理量[11]。目前复合材料 LCM 固化过程的监测方法有很多,按其监测原理可分为电学、热学、光纤、超声四类,但每一种方法都只能监测部分参数,具有一定的局限性,在使用时需要根据具体条件进行选择评估。

29.4.1　电学方法

电学方法用于复合材料 LCM 固化监测主要有阻抗法(electronic resistance, ER)、介电法(dielectric, DI)和时域反射计(time domain reflectometer, TDR)等方法[19-21]。阻抗法可用于监测树脂流动前沿[19],能捕捉到快速注入时树脂流动过程;此外,将传感器嵌入预浸渍材料中,通过监测电阻的变化能够得到固化过程中内部应变[20]。介电法的基本原理是周围环境介电性质的变化引起电信号变化,介电法可监测复合材料 LCM 固化过程中树脂流动前沿位置,并可得到固化度、凝胶点、玻璃点等参数[21]。电时域反射计(TDR)监测复合材料固化的原理是利用固化过程中阻抗的不连续造成 TDR 反射信号的变化,同样可用于监测树脂流动前沿和固化度[22]。电学方法是各种监测方法中最简易直接的办法,但是电学方法相比较其他方法,有着致命缺点,如易受电磁场影响,几乎难以用于碳纤维增强复合材料中;虽然研制出了带电磁屏蔽的传感器,但在碳纤维增强复合材料实验中所表现出的精度还有待提高[23]。

29.4.2　热学方法

复合材料 LCM 固化过程中的温度监测通常采用热电偶(thermoelectric couple, TC)。除监测温度外,使用热电偶还可以监测一些固化特性,比如固化度和树脂流动[24]。除了热电偶外,红外热成像(infrared thermography, IT)法也可应用于监测复合材料 LCM 固化过程中的树脂流动前沿与固化度[25]。但红外成像法具有较大的局限性,只能用于开模或透明模具的工艺中,且易受环境因素干扰,得到结果也仅仅是表面信息。总之,热学方法多为辅助,需要和其他方法配合使用才能更加精确有效。

29.4.3　光纤传感器监测方法

光纤传感器具有结构紧凑、精度高和监测参数多等优点。光纤传感的原理是通过分析经光纤传感器调制后的光信号特征(如光的强度、波长、频率、相位、偏振态等)的变化来获取被测参数。根据信号调制方式,光纤传感器分为强度调制、相位调制、波长调制和分布式等类型。强度调制型传感器主要用来监测固化度和树脂流动[26];相位调制传感器主要用来监测复合材料固化时内部温度和残余应力大小[27];波长调制型传感器主要有布拉格光栅(fiber Bragg grating, FBG)和长周期光栅传感器,可对复合材料主要固化工艺参数进行实时监测,包括原位监测复合材料 LCM 固化过程中的树脂流动前沿、固化度、应变和温度等[28]。光纤传感方法和其他监测方法比,材料性能与增强纤维比较接近,嵌入复合材料内部时对成品性能影响小,灵敏度高,无电磁干扰。

29.4.4　超声方法

在复合材料 LCM 固化过程中,当基体材料发生相变时,会导致材料弹性模量变化,因此弹性模量是反映固化状态的重要参数。超声固化监测是利用超声波速和材料密度与模量的相互关系,通过实时测量超声波的速度和衰减等来获取复合材料的固化信息[29]。按照超声传感器放置位置不同,将超声监测分为接触式和非接触式,两种方法均可使用脉冲回波和收发传输两种模式[30-39]。两者都可用来监测复合材料固化时的动态机械性能和固化度。

因为传播距离相对较长,且对传播路径上的不连续情况(包括材料厚度内的任何区域)敏感,利用基于压电传感器的超声导波监测复合材料 LCM 固化过程具有很大的优势[13, 14]。厦门大学提出的压电传感器"神经"网络可以在复合材料 LCM 固化过程中有效监测树脂流动前沿和固化反应进程[13]。传感器"神经"网络可以嵌入到复合材料中,也可以安装在模具表面。在复合材料固化后,"神经"网络与复合材料结构永久集成一体,可用于监测结构在整个生命周期内的健康状况。

压电传感器"神经"网络监测复合材料 LCM 固化过程中树脂三维流动前沿的原理如图 29.8 所示[40],其中 S 代表布置于模具表面的 PZT 的符号,下标 l、m, h 符号分别表示布置 PZT 的表面编号,下标数字编号表示该表面的传感器编号。树脂三维流动前沿的监测过程可以描述为: ① 在注入树脂前,采用一发一收模式从各传感路径采集 Lamb 波信号作为参考信号;② 在树脂注入过程中,按一定的时间间隔采集各传感路径的 Lamb 波信号,当树脂流动前沿经过某特定传感路径时,Lamb 波的能量会泄漏到树脂中,导致 Lamb 波信号衰减,提取 Lamb 波的变化特征; ③ 当树脂到达腔体厚度改变点时,流动将由二维向三维发展,相对应截面上传感路径的 Lamb 波信号会继续发生改变。然后将 Lamb 波的振幅等变化特征与理论计算或标定实验得到的曲线进行对比,即可得到此时树脂流动前沿在对应路径中的位置,进而得到当前树脂的流动前沿。在树脂填充完成后的固化过程中,Lamb 波信号可用于监测树脂的固化行为。

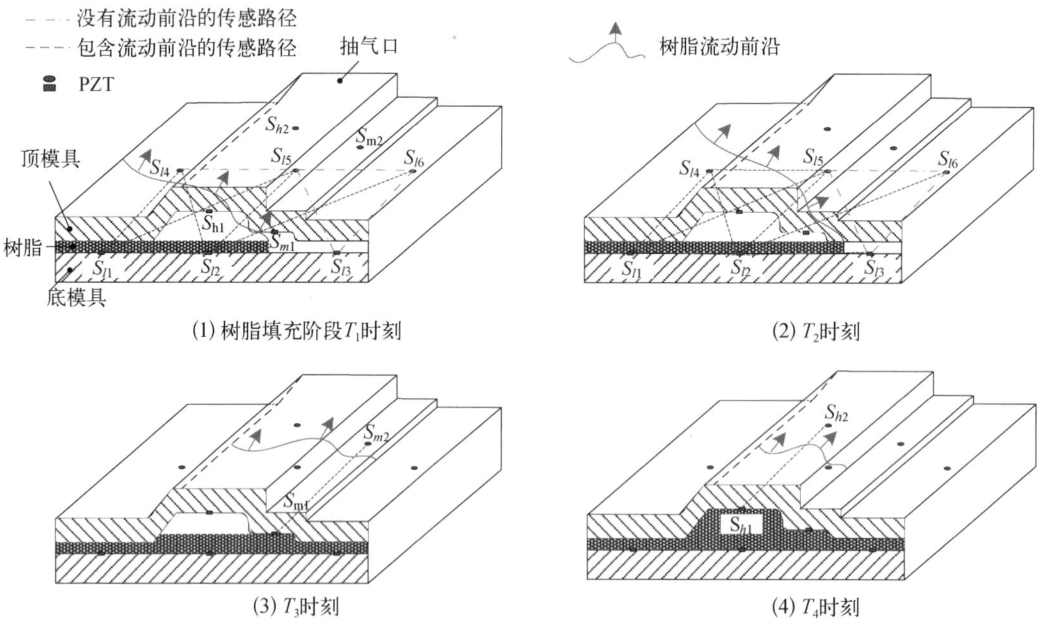

图 29.8 复合材料 LCM 三维树脂流动前沿超声导波监测原理[40]

图 29.9 所示是复合材料 LCM 固化树脂三维流动前沿监测的实验结果，其中 P1 到 P6 为压电传感器号，4 条曲线反映了 4 条路径上的信号变化情况。当传感路径连续被树脂覆盖时，泄漏到液体树脂中的 Lamb 波能量越来越多。覆盖路径越长，能量衰减越大，信号幅值越小。当传感路径被完全覆盖时，信号振幅趋于稳定。波的衰减主要是由于声波辐射通过固液交界面将机械能带离模具，以及由于复合材料的传导性能而导致的电能耗散。由此可见，Lamb 信号直达波的振幅变化可以表征树脂的流动前沿，同时通过对信号幅值变化的绝对值进行积分和归一化可以得到固化反应进展曲线，进而实现对树脂固化过程的实时监测。

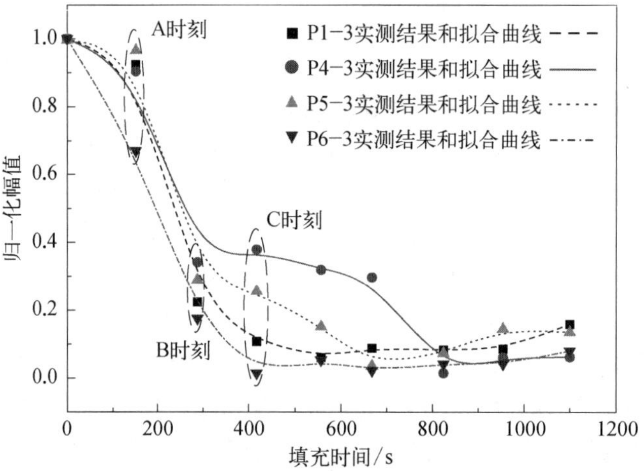

(a) Lamb波振幅衰减曲线

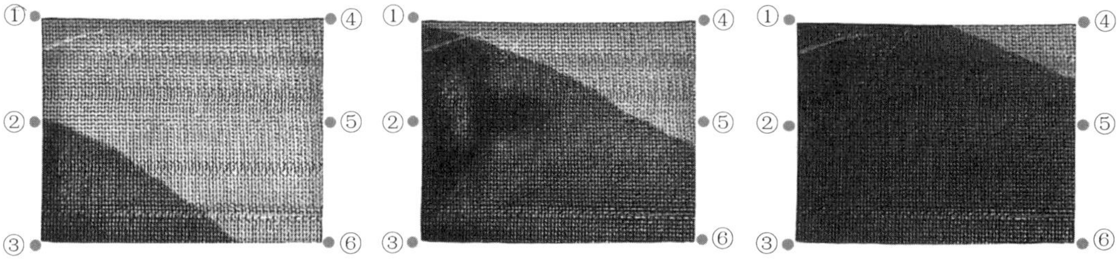

(b) A时刻　　(c) B时刻　　(d) C时刻

图 29.9　不同时刻的 Lamb 波振幅衰减曲线和树脂流动状态图

复合材料固化成型过程监测是自动化生产的基础，也是决定复合材料结构性能的关键，复合材料制造业非常重视各种结构健康技术在复合材料成型制造上应用。多种传感技术的集成融合应用可以实现复合材料固化工艺参数的全方位监测，克服单一传感技术的不足。同时随着材料科学、制造工艺、微纳电子以及信息科学等技术迅猛发展，集传感、驱动、通信和计算于一体的多功能传感系统是今后发展的重点方向，这将为复合材料固化成型过程的实时监测和主动控制优化有机结合提供契机，为复合材料智能制造提供技术支撑。

29.5　复合材料结构服役状态健康监测

利用与飞行器复合材料结构集成一体的多功能传感器网络，在复合材料结构服役过程中全面监测其运行状态，如应变、温度、气动压力以及结构损伤等，实现复合材料结构的“自感知”“自思考”“自适应”，如图 29.10 所示，是飞行器复合材料结构的发展趋势[16]。利用此概念设计和制造的未来飞行器复合材料结构可以克服现有损伤容限设计假设较大损伤存在于复合材料结构中的局限性，使飞行器结构能运行在它的物理极限内，充分发挥复合材料结构的优异性能。

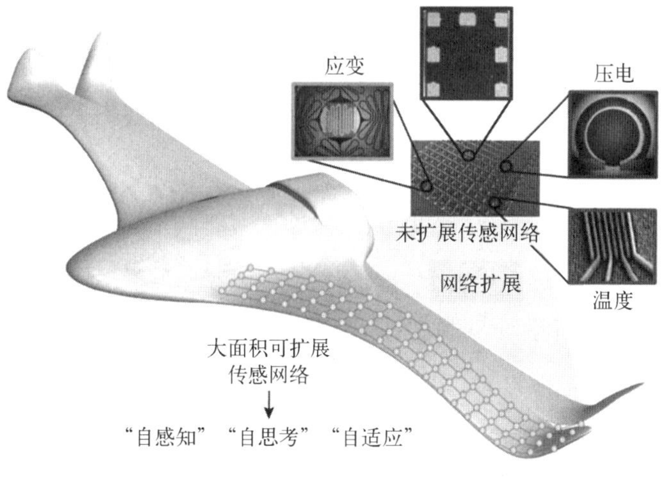

图 29.10　与复合材料结构集成一体的多功能传感网络[16]

飞行器结构健康监测系统的功能可以概括为三个部分：一是监测飞行载荷和环境参数，例如速度、气动压力等；二是感知结构状态参数，例如应变/应力、温度；三是监测结构损伤，包括脱黏、分层、裂纹等。目前飞行器复合材料结构服役状态健康监测的研究热点主要包括结构状态（结构形状、应变场、应力场、温度场、外界撞击等）感知和结构损伤监测。本节首先简要介绍复合材料结构状态监测的研究进展，然后重点综述复合材料结构损伤监测研究进展、应用前景与发展趋势。

29.5.1 飞行器表面气动压力测量

飞行器的气动外形对飞行性能、气动噪声、动力响应等起着决定性的作用，好的气动外形不仅能够显著地提高飞行器的气动性能和飞行效率，而且对飞行器的结构设计、机械系统设计以及机载系统设计也有着重要影响。飞行器表面气动压力分布是飞行器气动外形设计的主要依据，准确、完整的气动压力分布可以用于确定飞行器表面最小压力点的位置、激波位置、气流是否分离等，这对设计出性能优异的气动外形具有重要意义。飞行器结构表面气动压力的测量方法主要有：测压孔法[30]、压敏漆法[31]、使用基于电信号的压力传感器或基于光信号的压力传感器等方法[32]。但这些方法要么系统复杂、不易安装，受温度影响较大；要么只适用于风洞内实验。质量轻、体积小、灵敏度高、可适应复杂的非平整的表面且不影响其气动特性的微型化柔性传感器是气动压力测量技术的发展趋势。通过将这类新型传感器与飞行器复合材料结构集成在一起，不但可以实现结构在风洞实验中气动压力的测量，并且有望实现飞行器复合材料全寿命周期内气动压力的实时监测。

厦门大学分别从化学和物理两个方面探索了基于双电层电容器和界面极化效应的柔性电容传感器传感机理及传感性能，围绕传感材料制备与分析、理论模型、传感器制备工艺与结构设计和传感器的气动压力传感特性等方面进行较为深入研究[33-35]，提出了基于离子薄膜介电层的柔性电容传感器设计方法，通过引入双电层电容器来提高传感器的灵敏度[33]；发展了基于界面极化效应的柔性电容传感器设计方法，有效地提高了传感器的灵敏度和耐久性[34]；同时提出了一种简单高效的表面微结构制备工艺，用于制备基于表面微结构介电层的高灵敏柔性电容传感器[35]。图 29.11 所示是基于 PVDF/IL 离子薄膜的柔性电容传感器传感原理图，其中，E 为电场强度；F_e 为带电离子受到的电场力；F_w 为离子间库仑力；F_f 为离子与纤维之间存在的摩擦力。该传感器对气动压力的变化较为敏感，能准确地测量出结构表面的气动压力大小和位置，为未来飞行器结构表面气动压力测量提供了更多的选择。

29.5.2 复合材料结构状态监测

通过对结构周期性或者连续监测，获取结构在服役过程中的应变、温度等信息，同时获取载荷与环境条件，再利用通过基础试验获得的材料性能退化数据等来计算分析结构的健康状况。

1. 光纤传感器应变监测

为监测飞行器结构状态，研究人员开发了基于光纤传感器的结构在线状态感知技术，美国航空航天局（NASA）从 20 世纪 90 年代中期开始引入光纤光栅传感技术，并于

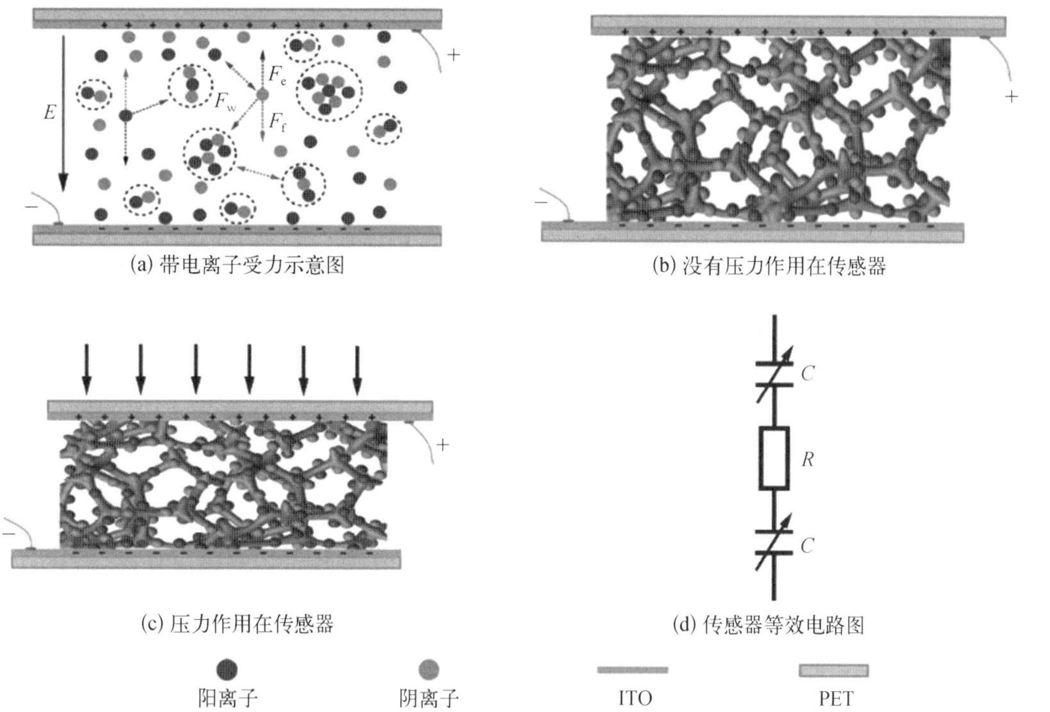

(a) 带电离子受力示意图　(b) 没有压力作用在传感器

(c) 压力作用在传感器　(d) 传感器等效电路图

图 29.11　基于 PVDF/IL 离子薄膜的柔性电容传感器传感原理图[33]

1998 年采用光纤光栅传感器感知可重复使用运载器(Reusable Launch Vehicle, RLV) X-33 低温贮箱的状态(包括温度和应变场)。在 21 世纪初,美国 NASA 开始研究机翼形状测量方法,研究人员在一根复合材料制成的空心管上布置了多条弱反射光纤光栅传感器,并计算弯扭组合状态下的挠度。从 2014 年开始,NASA 阿姆斯特朗飞行研究中心逐步开展机翼蒙皮变形测量方面的研究,将之前的理论与技术积累进一步发展到工程应用领域,将局部的变形测量值进一步扩展到整个翼面,并重构整个翼面的变形状态[36]。NASA 在多次往返航天飞行器项目中,利用 FBG 传感器监测 DC-XA Flight 2 的结构状态[37]。到目前为止,FBG 在飞行器结构状态监测方面已有较高的技术成熟度和广泛的应用。

与光栅光纤传感器相比,分布式光纤传感器具有测点多、分辨率高等特点,在应变场重构等技术领域具有更大的优势。基于光纤传感器的飞行器结构状态感知技术的局限性在于传感器对环境影响比较敏感,在实际应用中往往受到干扰较大,需要针对飞行器结构的应用环境进行光信号补偿或环境因素解耦。

2. 撞击监测

飞行器复合材料结构安全的最大隐患就是外界物体撞击造成的目不可视的内部结构损伤,撞击监测是复合材料结构状态监测的一个重要方向。目前国内外最常用的撞击监测方法是基于压电传感器接收撞击所产生应力波的分析和识别,该方法需要首先对信号进行分析,提取信号的波速、幅值、到达时间等特征用于撞击载荷重构与定位。

撞击监测算法通常分为三大类:基于应力波到达时间的方法、基于模型的方法和基于神经网络的方法。基于应力波到达时间的撞击监测方法通过计算波达时间、波速和撞击点与传感器的距离,运用三者的数学关系对撞击进行定位[38]。由于复合材料存在各向异性,应力波在复合材料结构中的传播会出现严重的弥散现象,难以计算精确的波达时间,导致较大撞击位置识别误差;此外,基于波到达时间的计算方法往往只能计算撞击的位置,而无法重构撞击载荷历程。载荷重构需要依靠基于模型的技术和基于神经网络的技术。基于模型的方法通过为监测系统建立复杂的数学模型来描述应力波在结构中传播的动态特性[39],由于复杂的系统特性和未知的边界条件,大多数在简单结构上进行的模型研究难以应用于实际工程中的复杂结构,即使可以模拟撞击响应,也很难根据输出传感器信号重建撞击载荷历程。基于神经网络法的方法通过训练相互关联的并行元素计算确定的输入与其相关联的特定输出[40],基于神经网络的撞击识别方法需要大量的输入元素进行训练,导致该方法在实际应用中的适用性较差。

近年来新发展的系统辨识技术是一种在实际工程应用中行之有效的撞击监测算法[41],该方法既不需要建立复杂的物理模型,也不需要进行大量先验训练,只需要进行少量实验获取输入与输出信号,通过分析输入与输出信号之间的关系建立可以描述系统动态响应的传递函数,利用传递函数求逆的方法获得输入的撞击载荷历程,系统辨识技术应用于撞击监测的主要过程如图 29.12 所示。值得一提的是,在传统系统辨识技术中将整个系统视为线性系统,而实际应用中的结构性质并不完全一致,在标定及插值过程中若使用线性方法将大大降低载荷重构的精度,厦门大学通过使用成本函数进行加权计算和非线性传递函数插值方法,无论是撞击定位还是载荷重构均得到了高精度的计算结果,并对复杂复合材料结构有较强的适用性。除此之外,一些新的撞击监测方法与技术还在不断涌现[42]。

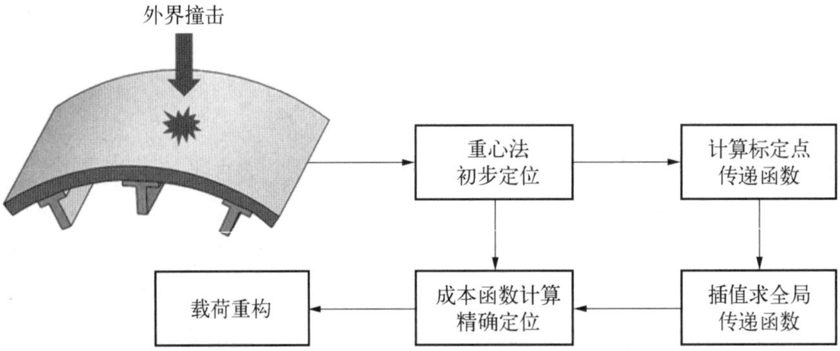

图 29.12　撞击监测系统辨识技术流程示意图[41]

29.5.3　复合材料结构损伤监测

飞行器复合材料结构在服役过程中的损伤监测大致可以分为两类：一类是损伤位置未知的大面积范围内结构随机损伤(如外界撞击等造成的分层或脱黏)监测,另一类是关键部位局部损伤监测。

1. *大面积结构损伤监测*

因超声导波在结构中传播距离长且对复合材料结构脱黏、分层、裂纹等损伤敏感,超声导波损伤监测技术是目前大面积复合材料结构损伤监测的最有效技术手段[3,5]。超声导波结构健康监测技术通常利用压电元件作为驱动器和传感器，以超声导波作为损伤信息传递媒介在线实时监测发生在复合材料结构上可能发生的损伤及其扩展情况，其基本原理如图 29.13 所示。

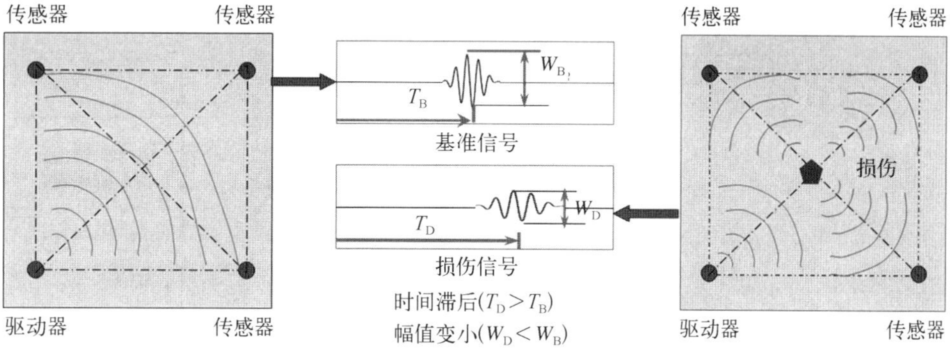

图 29.13　超声导波结构健康监测基本原理

损伤诊断算法是超声导波结构健康监测的核心，多种损伤监测算法被提出和发展，包括相控阵技术[43]、延迟叠加成像方法[44]、层析成像技术[45]、椭圆加权分布损伤成像[46]、时间反转[47]等方法。然而由于飞行器复合材料结构的材料特性和构造的复杂性，比如材料各向异性、带曲率结构和加筋结构等，导波在这些结构中的传播非常复杂，精确的波速在实际结构中很难获得，精准的传感器布设难以保证，再加上环境噪声影响，大多数方法应用于实际飞行时具有较大的挑战性。椭圆加权分布成像技术由于提取的是和基准信号对比的散射信号，可以消除传感器布设误差、环境噪声等对测量结果的影响，且不受频散特征及复杂结构的影响，越来越受到广泛的重视。

基于多激励-传感路径的椭圆加权分布损伤成像方法主要基于如下两个原理：

（1）激励-传感路径上结构的变化越严重，该路径的信号变化越严重；

（2）损伤或缺陷离激励-传感路径越近，该路径信号变化越严重。

该方法本质上属于一种基于概率统计的损伤成像算法，通过加权分布函数把传感器阵列中每条传感路径所校对的损伤因子值(damage index, DI)，映射到缺陷在传感阵列所包围的检测区域内的每个离散坐标点上出现的概率值。该方法包含如下两个计算步骤：

（1）计算传感器阵列中每条传感路径上的损伤因子；

（2）根据损伤因子构建损伤图像。

图 29.14 所示是使用椭圆加权分布损伤成像法监测复合材料火箭燃料罐撞击损伤的实验结果，压电传感器智能层在复合材料火箭燃料罐的制造过程中嵌入复合材料结构内部[12]。

波音、空客与中国商飞等大型民机制造商对复合材料结构健康监测技术表现出浓厚的兴趣，并开展了大量的研究工作。图 29.15 所示是中国商飞建立的集成化飞机复合材料结构健康监测技术演示验证系统。

2. 关键部位局部损伤监测

在飞行器复合材料结构的一些关键部位，如螺栓连接结构等，不但承受循环载荷，结

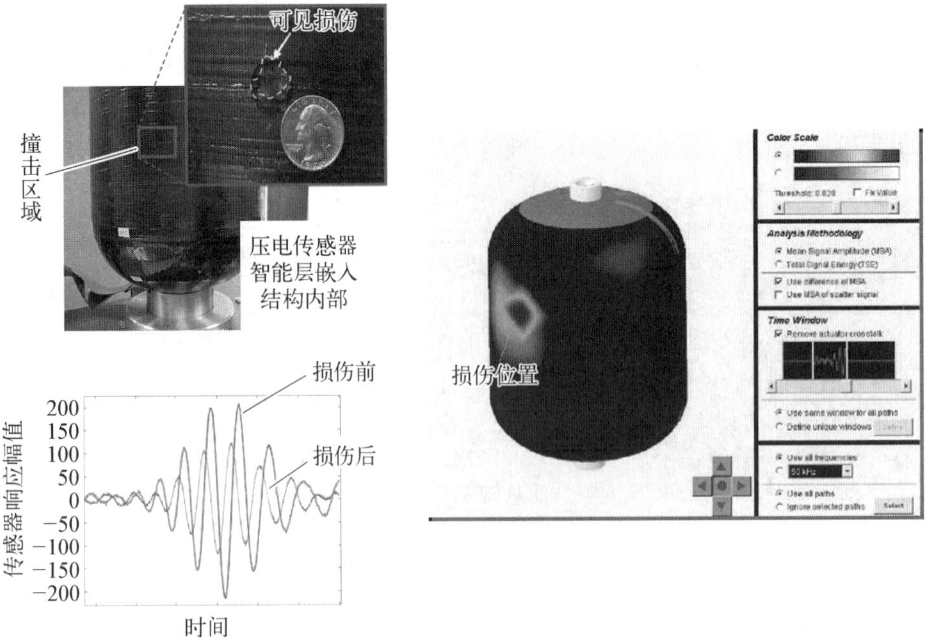

图 29.14　复合材料火箭燃料罐撞击损伤监测结果[4]

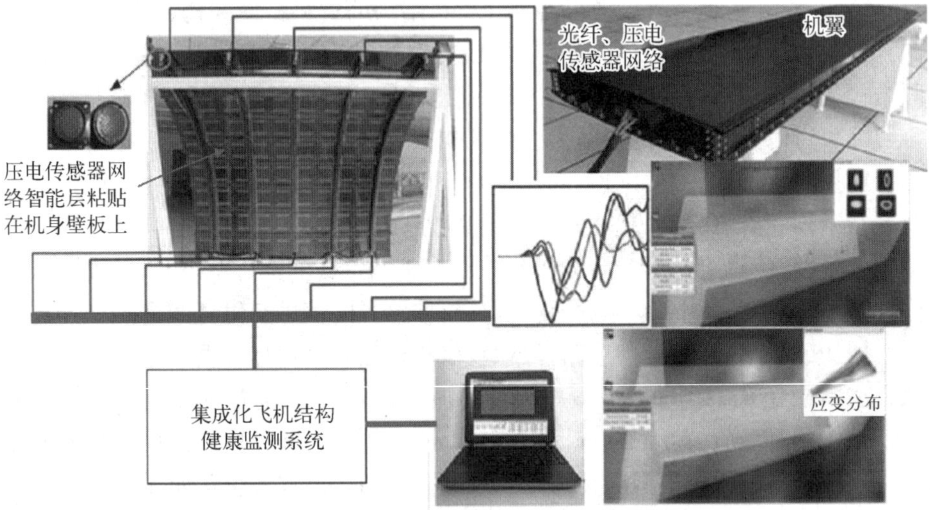

图 29.15　集成化民机复合材料结构健康监测技术演示验证

构本身还具有复杂的非线性耦合因素，损伤发生概率相对较高，必须针对这些结构开发局部损伤诊断技术。国内外学者提出了多种基于新型传感器技术的关键部位微小损伤监测方法，包括基于比较真空监测（comparative vacuum monitoring, CVM）传感器、智能涂层监测（intelligent coating monitoring, ICM）传感器、柔性涡流传感器、压电传感器以及声发射传感器等监测方法。

1）CVM 方法

CVM 通过测量粘贴在结构表面传感器密封气腔的压差变化，以表征结构表面微裂纹密度。美国 FAA、波音、空客及美澳军方等组成的研究小组对 CVM 的适用性进行了测试,试验证明其耐久性达到使用标准,波音、空客等航空业巨头都表现出对该技术的兴趣[48]。

2）ICM 方法

ICM 传感器本质上是一种电阻性功能梯度材料,当其涂层的几何形状及厚度确定后,其阻值随涂层衬底裂纹变化而变化。当被监测结构产生裂纹时,涂布在结构表面的 ICM 传感器涂层衬底也会产生裂纹。因此,通过 ICM 传感器电阻值的测量可以实现对结构上的裂纹监测。ICM 技术已在航空工业相关研究所和空军装备研究院等单位进行了试验和考核[49]。

3）柔性涡流传感薄膜方法

厦门大学卿新林教授团队提出了基于内置涡流传感网络的复合材料螺栓连接结构在线监测技术[50, 51],设计了一种由一个激励线圈和多个接收线圈组成的涡流阵列传感薄膜与螺栓连接结构相结合,用于监测复合材料螺栓连接结构的完整性,如图 29. 16 所示。实验与数值模拟表明该涡流阵列传感薄膜能有效监测复合材料螺栓连接结构沿孔边轴向与径向损伤以及挤压损伤[51]。

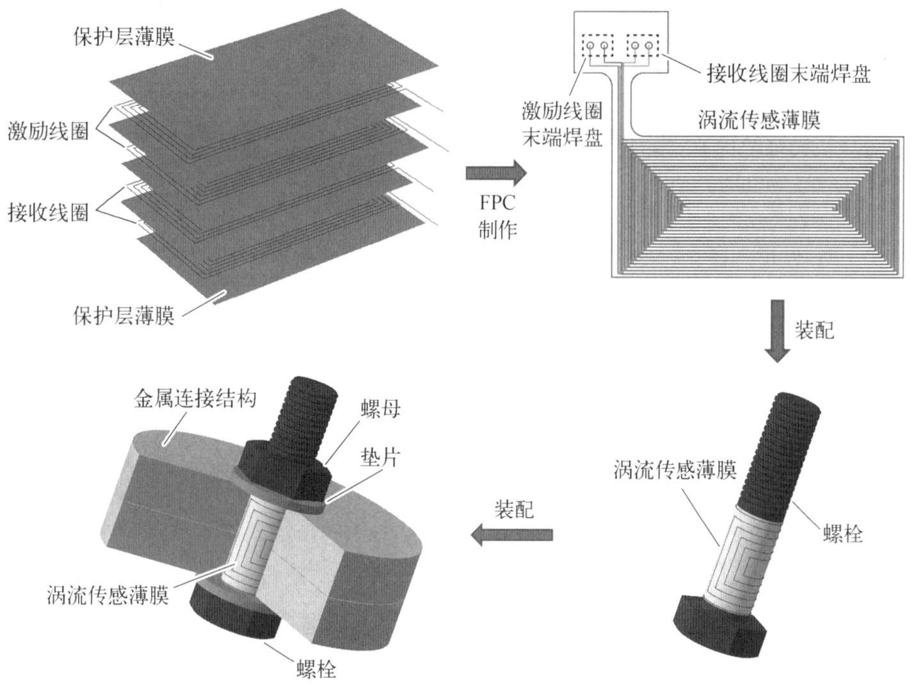

图 29. 16　柔性涡流阵列传感薄膜及其与螺栓连接结构集成示意图[51]

4）机电阻抗法

基于压电传感器的局部损伤监测方法包括机电阻抗法与超声导波监测两种形式。复合材料结构中的局部微小损伤的产生和发展会影响损伤区域附近的机电阻抗,因此通过监测粘贴在结构上的压电传感器的阻抗变化可以表征结构微小损伤状态。国内外学者在应用机电阻抗法监测局部损伤方面开展了很多工作[52, 53],但这些机电阻抗监测方法主要采取直接采集阻抗信号并计算其对应损伤指标的处理方式。

厦门大学卿新林教授团队围绕基于压电传感器和机电阻抗理论模型的结构健康监测方法进行了较为深入的研究，提出了一种基于机电阻抗模型的损伤特征信号(direct coupling mechanical impedance, DCMI)的提取方法，该方法能够更有效地表征结构损伤与信号特征之间的关系[54]。同时，为了能够直观地显示损伤定位结果，在经典概率加权损伤成像(probability-weighted damage imaging, PDI)算法的基础之上，提出了一种改进概率加权损伤成像(modified probability-weighted damage imaging, MPDI)算法以及集成 EMI－DCMI－MPDI 的损伤成像方法。实验结果表明这些方法能够明显改进损伤监测结果[55]，如图 29.17 所示。

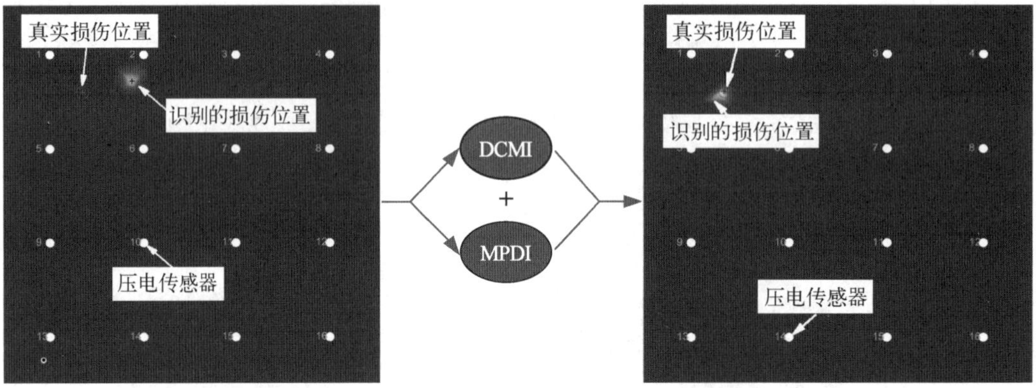

真实损伤与识别损伤的绝对位置偏差为32.27 mm　　真实损伤与识别损伤的绝对位置偏差为1.0 mm

图 29.17　基于 EMI－DCMI－MPDI 方法的蜂窝夹层复合材料脱黏成像[55]

5）基于压电传感器的超声导波法

基于压电传感器的超声导波法是关键部位局部损伤监测的一种最常用方法，其监测原理与大面积范围内结构损伤的超声导波监测方法相同。相比于基于 CVM 传感器、ICM 传感器、柔性涡流传感器的监测方法，压电传感器超声导波监测方法具有两个主要优点：一是压电传感器可以远离损伤区域，它可监测 Lamb 波传播路径上的损伤；二是该损伤监测方法可监测结构内部和表面的多种形式的损伤，包括裂纹、分层、脱层、孔洞等。

损伤的定量化是关键部位局部损伤超声导波监测的重点和难点，目前对于复杂结构局部损伤扩展的定量化监测通常需要采用半经验化方法来实现。图 29.18 是使用基于智能层的超声导波结构健康监测技术对复合材料修补片下疲劳裂纹扩展监测的一个例子，该试验是作为美国空军 F－16 复合材料粘贴补片修复监测技术评估项目的一部分，在美国赖特-帕特森空军基地完成的。基于智能层的主动结构健康监测系统用来监测损伤在疲劳载荷下的扩展，通过一个半经验化方法来量化损伤的大小，对损伤扩展进行实时定量监测。在这个半经验化的方法中，通过给出损伤指数曲线的几个初始数据点(裂纹长度)，来确定损伤指数与实际裂纹长度的关系[4]。

6）非线性超声导波早期损伤检测

考虑到在冲击载荷下，复合材料冲击损伤初期阶段会产生基体开裂、纤维断裂，后期会演化为分层及断裂失效。据美国航空航天局 NASA/TM－2001－210844 报告，冲击损伤

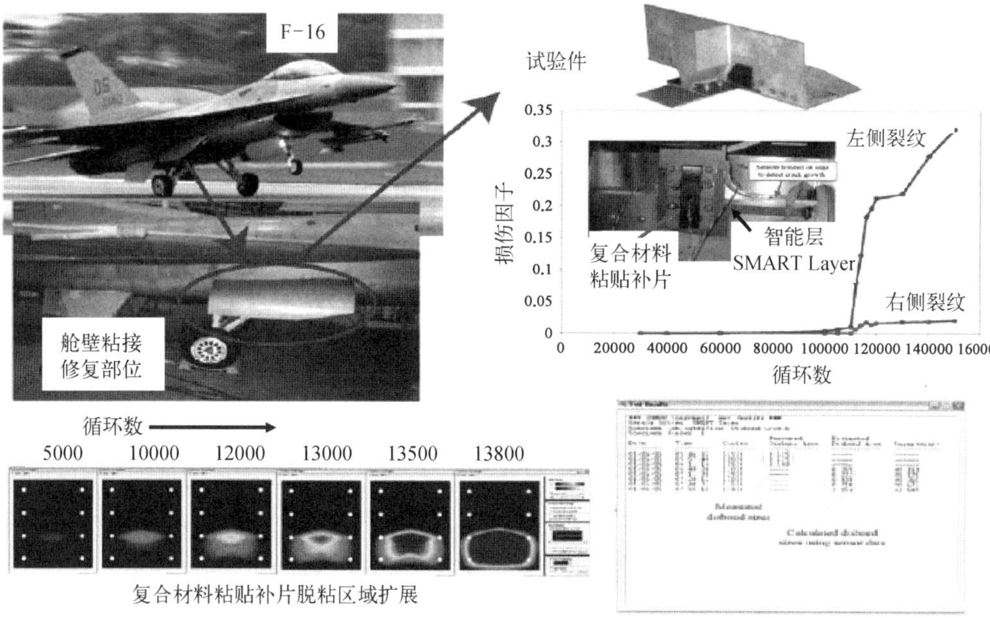

图 29.18　复合材料粘贴补片下裂纹扩展监测[4]

对复合材料结构的完整性和使用寿命构成威胁,但是很难被检测发现。在这一背景下,厦门大学开展了基于非线性超声导波二次谐波方法[56]和非线性超声导波混频检测技术[57]的复合材料低速冲击损伤检测和监测研究,对低速冲击损伤导致的复合材料内部微缺陷实现了有效的检测和评价。此外,还开展了利用线性和非线性超声 Lamb 波的复合材料热疲劳和水侵入作用下的材料性能退化评价研究[58]。结构健康监测技术同样可应用于复合材料结构的维护修理中,国内外学者在这方面也开展了一些研究[59]。

29.6　飞行器复合材料结构健康监测技术展望

经过多年的发展,飞行器复合材料结构健康监测技术在基础理论、关键技术以及工程应用等多方面都取得了重要进展。少数用于感知结构状态的监测方法开始应用于飞行器型号;一些监测方法已经通过飞行器结构地面验证、正处在飞行验证阶段;大多数结构健康监测技术,特别是能给飞行器维护带来巨大经济效益的结构损伤监测方法,还处于实验室验证阶段。结构健康监测技术在飞行器上应用的主要挑战在于不仅要求监测系统具有足够高的可靠性和损伤检测概率,而且要求对服役环境具有高耐受性,特别是在民用航空领域,监测系统还需满足适航要求。

基于压电传感器的超声导波监测方法在复合材料结构损伤监测方面具有很大潜力,受到广泛关注。但要实现在飞行器型号上的广泛应用,需要重点解决两个主要问题:损伤定量化的有效性、环境补偿技术的鲁棒性。尽管国内外学者在这些领域已开展了大量工作,但离实际型号应用需求还有一些差距。毫无疑问,在今后相当长的一段时间内飞行器复合材料结构健康监测技术将是航空航天领域的一个重要发展方向,其发展趋势可以概括为：

（1）提高一些应用潜力大的结构健康监测方法的技术成熟度，从实验室及模拟飞行条件下的验证，到在现实世界中的飞行应用；

（2）从相对简单的应变、应力、温度等结构状态参数测量到结构损伤的直接监测；

（3）从只检测事件是否发生和定位，到监测定量化；

（4）从几个传感器对单个或少数几个参数的局部监测到大型传感器网络对全局多参数监测；

（5）从复合材料结构制造、服役、维修等各环节中各自应用，到使用同一传感网络对复合材料结构进行全寿命周期健康监测；

（6）将结构健康监测与预测模型相结合，对复合材料结构剩余寿命进行预测。

从集成制造角度而言，传感器与集成电路融合发展将成为传感器制造重要趋势，通过设计工具、模型表达、可测性设置以及工艺整合等途径向集成电路靠拢，可利用 MEMS 和集成电路定制仿真平台的集成融合，并与数字化测试方式，实现数模的机理转化。传感器/激励器与复合材料结构集成安装的发展趋势如图 29.19 所示。

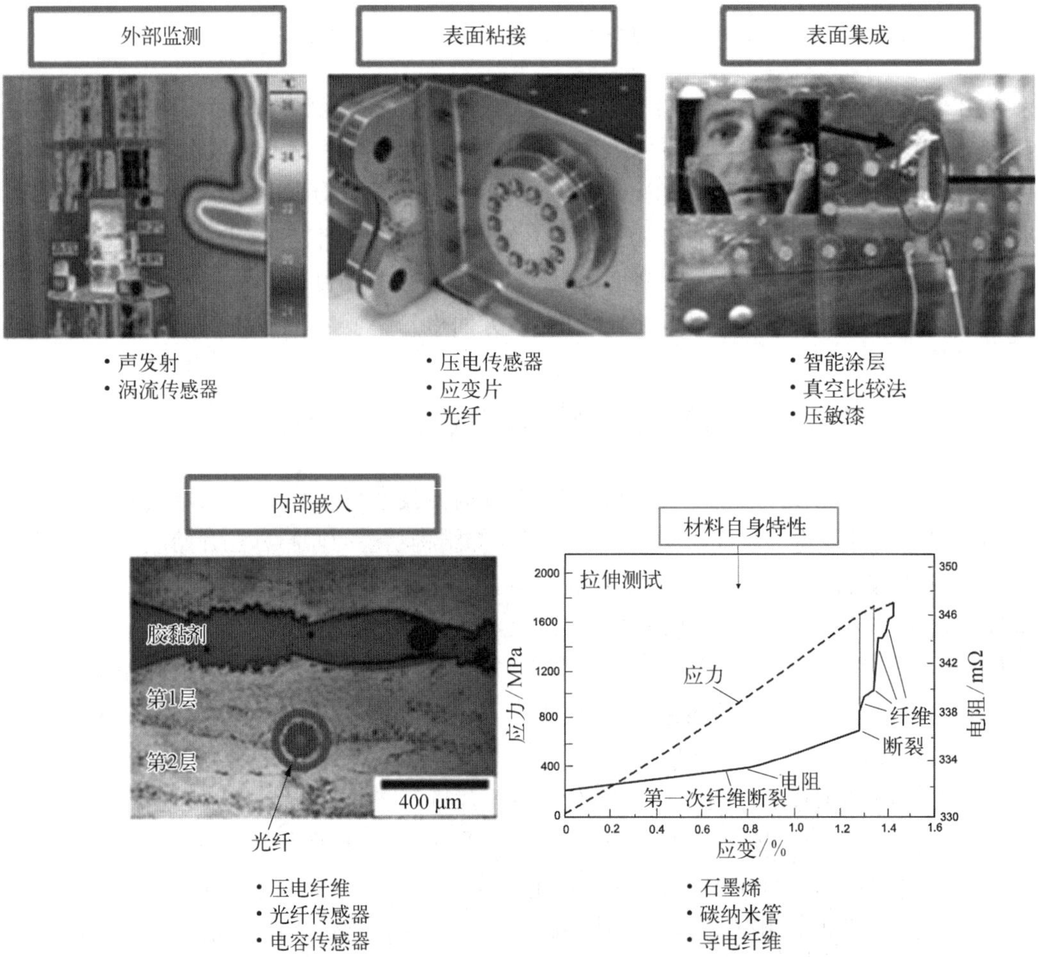

图 29.19　传感器与结构集成安装发展趋势图

29.7　总结与展望

随着先进复合材料在飞行器结构中的大量应用,亟须发展先进的传感技术实时监测复合材料结构状态。飞行器复合材料结构健康监测技术是确定复合材料结构完整性的革命性创新技术,对于提高飞行安全性、实现飞行器结构视情维护、降低运营维护成本具有重要意义,航空航天工业对其表现出浓厚的兴趣。

本章综述了飞行器复合材料结构健康监测技术的研究与应用进展,主要包括多功能传感网络(智能层、可扩展"神经"网络)、复合材料固化过程监测(树脂流动前沿监测、固化度监测等)、复合材料结构服役状态监测(飞行器表面气动压力测量、复合材料结构状态监测、复合材料结构损伤监测)。重点阐述了厦门大学在多功能传感网络技术、复合材料 LCM 固化过程超声导波监测、柔性传感器的设计与制备、关键部位局部损伤监测等方面的研究成果。最后展望了飞行器复合材料结构健康监测技术的发展趋势。

习题与思考题

1. 归纳结构健康监测的定义和内涵,结构健康监测与无损检测有何异同点?
2. 结构健康监测技术在复合材料中应用的作用和益处有哪些?
3. 结构健康监测常用传感器有哪些特点?
4. 复合材料制造过程常见损伤有哪些? 常用的监测方法有哪些?
5. 压电传感器在复合材料结构健康上应用具有哪些优势?
6. 复合材料结构健康监测可分为几个层次?
7. 结构健康监测在复合材料上应用的最终愿景和效益是什么?

参考文献

[1] 杜善义. 复合材料与战略性新兴产业[J]. 科技导报,2013, 31(7): 3.

[2] 王奕首,卿新林. 复合材料连接结构健康监测技术研究进展[J]. 复合材料学报,2016, 33(1): 1-16.

[3] Qing X, Li W, Wang Y, et al. Piezoelectric transducer-based structural health monitoring for aircraft applications[J]. Sensors, 2019, 19(3): 545.

[4] 卿新林,王奕首,赵琳. 结构健康监测技术及其在航空航天领域中的应用[J]. 实验力学,2012(5): 517-526.

[5] 武湛君,渠晓溪,高东岳,等. 航空航天复合材料结构健康监测技术研究进展[J]. 航空制造技术, 2016, 510(15): 92-102.

[6] Wongi S N, Jongdae B. A review of the piezoelectric electromechanical impedance based structural health monitoring technique for engineering structures[J]. Sensors, 2018, 18(5): 1307.

[7] Gao D, Wu Z, Yang L, et al. Structural health monitoring for long-term aircraft storage tanks under cryogenic temperature[J]. Aerospace Science and Technology, 2019, 92: 881-891.

[8] Qiu L, Yuan S F, Boller C. An adaptive guided wave-Gaussian mixture model for damage monitoring under time-varying conditions: Validation in a full-scale aircraft fatigue test[J]. Structural Health Monitoring, 2017, 16(5): 501-517.

[9] Grave J H L, Haheim M L, Echtermeyer A T. Measuring changing strain fields in composites with distributed fiber-optic sensing using the optical backscatter reflectometer[J]. Composites Part B: Engineering, 2015, 74: 138-146.

[10] Tserpes K I, Karachalios V, Giannopoulos I, et al. Strain and damage monitoring in CFRP fuselage panels using fiber Bragg grating sensors. Part I: Design, manufacturing and impact testing[J]. Composite Structures, 2014, 107: 726-736.

[11] 王奕首,李煜坤,吴迪,等. 复合材料液体成型固化监测技术研究进展[J]. 航空制造技术,2017(19): 50-59.

[12] Qing X L, Beard S J, Kumar A, et al. Advances in the development of built-in diagnostic system for filament wound composite structures[J]. Composites Science and Technology, 2006, 66(11-12): 1694-1702.

[13] Qing X L, Liu X, Zhu J J, et al. In-situ monitoring of liquid composite molding process using piezoelectric sensor network[J]. Structural Health Monitoring, 2020, 20(5): 2840-2852.

[14] Liu X, Li Y K, Zhu J J, et al. Monitoring of resin flow front and degree of cure in vacuum-assisted resin infusion process using multifunctional piezoelectric sensor network[J]. Polymer Composites, 2020, 42(1): 113-125.

[15] Qing X P, Beard S J, Amrita K, et al. Stanford multiactuator-receiver transduction (SMART) layer technology and its applications[M]. New York: John Wiley & Sons, 2009.

[16] 卿新林,王奕首,高丽敏,等. 多功能复合材料结构状态感知系统[J]. 实验力学,2011, 26(5): 611-616.

[17] 范忠,王奕首,邱雪琼,等. 可扩展多功能复合材料结构状态传感网络的设计与制作技术[J]. 实验力学,2018, 33(1): 85-92.

[18] Laurenzi S, Casini A, Pocci D. Design and fabrication of a helicopter unitized structure using resin transfer moulding[J]. Composites Part A-Applied Science and Manufacturing, 2014, 67: 221-232.

[19] Danisman M, Tuncol G, Kaynar A, et al. Monitoring of resin flow in the resin transfer molding (RTM) process using point-voltage sensors[J]. Composites Science and Technology, 2007, 67(3/4): 367-379.

[20] Luo S, Liu T. Graphite nanoplatelet enabled embeddable fiber sensor for in situ curing monitoring and structural health monitoring of polymeric composites[J]. ACS Applied Materials and Interfaces, 2014, 6(12): 9314-9320.

[21] Tifkitsis K I, Skordos A A. A novel dielectric sensor for process monitoring of carbon fibre composites manufacture[J]. Composites Part A-Applied Science and Manufacturing, 2019, 123: 180-189.

[22] Pandey G, Deffor H, Thostenson E T, et al. Smart tooling with integrated time domain reflectometry sensing line for non-invasive flow and cure monitoring during composites manufacturing[J]. Composites Part A-Applied Science and Manufacturing, 2013, 47: 102-108.

[23] Buchmann C, Filsinger J, Ladstatter E. Investigation of electrical time domain reflectometry for infusion and cure monitoring in combination with electrically conductive fibers and tooling materials[J]. Composites Part B: Engineering 2016, 94: 389-398.

[24] Tuncol G, Danisman M, Kaynar A, et al. Constraints on monitoring resin flow in the resin transfer

molding (RTM) process by using thermocouple sensors[J]. Composites Part A-Applied Science and Manufacturing, 2007, 38(5): 1363 - 1386.

[25] Konstantopoulos S, Tonejc M, Maier A, et al. Exploiting temperature measurements for cure monitoring of FRP composites-Applications with thermocouples and infrared thermography[J]. Journal of Reinforced Plastics and Composites, 2015, 34(12): 1015 - 1026.

[26] Wang P, Molimard J, Drapier S, et al. Monitoring the resin infusion manufacturing process under industrial environment using distributed sensors[J]. Journal of Composite Materials, 2012, 46(6): 691 - 706.

[27] Archer E, Broderick J, Mcilhagger A T. Internal strain measurement and cure monitoring of 3D angle interlock woven carbon fibre composites[J]. Composites Part B: Engineering, 2014, 56: 424 - 430.

[28] Tsail J T, Dustind J S, Mansson J A. Cure strain monitoring in composite laminates with distributed optical sensor[J]. Composites Part A-Applied Science and Manufacturing, 2019, 125: 105503.

[29] Rodriguez A, Svilainis L, Dumbrava V, et al. Automatic simultaneous measurement of phase velocity and thickness in composite plates using iterative deconvolution[J]. NDT & E International, 2014, 66: 117 - 127.

[30] 吴宁宁,康宏琳,罗金玲.高速飞行器翼舵缝隙激波风洞精细测热试验研究[J].空气动力学学报, 2019, 37(1): 139 - 145.

[31] Zare-Behtash H, Lo K H, Yang L, et al. Pressure sensitive paint measurements at high Mach numbers [J]. Flow Measurement and Instrumentation, 2016, 52: 10 - 16.

[32] Pan C F, Dong L, Zhu G, et al. High-resolution electroluminescent imaging of pressure distribution using a piezoelectric nanowire LED array[J]. Nature Photonics, 2013, 7(9): 752 - 758.

[33] Yang X F, Wang Y S, Sun H, et al. A flexible ionic liquid-polyurethane sponge capacitive pressure sensor[J]. Sensors and Actuators A-Physical, 2019, 285: 67 - 72.

[34] Yang X F, Wang Y S, Qing X L. A flexible capacitive sensor based on the electrospun PVDF nanofiber membrane with carbon nanotubes[J]. Sensors and Actuators A-Physical, 2019, 299: 111579.

[35] 李雪萍,杨晓锋,卿新林.一种柔性电容传感器的压力传感特性及其机理研究[J].传感技术学报, 2019, 32(8): 1189 - 1193.

[36] Pak C G. Wing shape sensing from measured strain[J]. AIAA Journal, 2016, 54(3): 1068 - 1077.

[37] Wu Z, Qing X P, Chang F K. Damage detection for composite laminate plates with a distributed hybrid PZT/FBG sensor network[J]. Journal of Intelligent Material Systems and Structures, 2009, 20(20): 1069 - 1077.

[38] Marino M E, Andrea B, Pietro G, et al. A novel differential time-of-arrival estimation technique for impact localization on carbon fiber laminate sheets[J]. Sensors, 2017, 17(10): 2270 - 2282.

[39] Seydel R, Chang F K. Impact identification of stiffened composite panels: I. System development [J]. Smart Materials and Structures, 2001, 10(2): 354 - 369.

[40] Leclerc J R, Worden K, Staszewski W J, et al. Impact detection in an aircraft composite panel-A neural-network approach[J]. Journal of Sound and Vibration, 2007, 299(3): 672 - 682.

[41] Park J, Ha S, Chang F K. Monitoring impact events using a system-identification method[J]. AIAA Journal, 2012, 47(9): 2011 - 2021.

[42] Zhu K, Qing X P, Liu B. A two-step impact localization method for composite structures with a parameterized laminate model[J]. Composite Structures, 2018, 192, 500 - 506.

[43] Ambrozinski L, Stepinski S T, Uhl T. Efficient tool for designing 2D phased arrays in lamb waves imaging of isotropic structures[J]. Journal of Intelligent Material Systems and Structures, 2015, 26(17): 2283-2294.

[44] Qiu L, Liu M, Qing X, et al. A quantitative multidamage monitoring method for large-scale complex composite[J]. Structural Health Monitoring, 2013, 12(3): 183-196.

[45] Chan E, Rose L R F, Wang C H. An extended diffraction tomography method for quantifying structural damage using numerical Green's functions[J]. Ultrasonics, 2015, 59: 1-13.

[46] Wu Z, Liu K, Wang Y, et al. Validation and evaluation of damage identification using probability-based diagnostic imaging on a stiffened composite panel[J]. Journal of Intelligent Material Systems and Structures, 2015, 26(16): 2181-2195.

[47] Cai J, Shi L, Yuan S, et al. High spatial resolution imaging for structural health monitoring based on virtual time reversal[J]. Smart Materials and Structures, 2011, 20(5): 55018-55028.

[48] Roach D. Real time crack detection using mountable comparative vacuum monitoring sensors[J]. Smart Materials and Structures, 2009, 5(4): 317-328.

[49] 孙洋,王彪,王巧云,等.涂层式裂纹监测系统中基体裂纹穿越行为研究[J].力学学报,2015,47(5): 772-778.

[50] Sun H, Wang T, Liu Q, et al. A two-dimensional eddy current array-based sensing film for estimating failure modes and tracking damage growth of bolted joints[J]. Structural Health Monitoring, 2021, 20(3): 877-893.

[51] Sun H, Wang T, Liu Q, et al. A novel eddy current array sensing film for quantitatively monitoring hole-edge crack growth of bolted joints[J]. Smart Materials and Structures, 2018, 28(1): 015018.

[52] DE Castro B A, Baptista F G, Ciampa F. Comparative analysis of signal processing techniques for impedance-based SHM applications in noisy environments[J]. Mechanical Systems and Signal Processing, 2019, 126: 326-340.

[53] Budoya D E, Baptista F G. A comparative study of impedance measurement techniques for structural health monitoring applications[J]. IEEE Transactions on Instrumentation and Measurement, 2018: 912-924.

[54] Zhu J J, Wang Y S, Qing X L. Modified electromechanical impedance-based disbond monitoring for honeycomb sandwich composite structure[J]. Composite Structures, 2019, 217: 175-185.

[55] Zhu J J, Qing X L, Liu X, et al. Electromechanical impedance-based damage localization with novel signatures extraction methodology and modified probability-weighted algorithm[J]. Mechanical Systems and Signal Processing, 2021, 146: 1-20.

[56] Li W B, Jiang C, Qing X L, et al. Assessment of low-velocity impact damage in composites by measure of second harmonic guided waves with phase-reversal approach[J]. Science Progress, 2020, 103(1): 003685041988107.

[57] Li W B, Xu Y R, Hu N, et al. Impact damage detection in composites using a guided wave mixing technique[J]. Measurement Science and Technology, 2020, 31(1): 014001.

[58] Li W, Cho Y, Achenbach J D. Detection of thermal fatigue in composites by second harmonic Lamb waves[J]. Smart Materials and Structures, 2012, 21(8): 85-93.

[59] Katnam K B, Silva L F M D, Young T M. Bonded repair of composite aircraft structures: A review of scientific challenges and opportunities[J]. Progress in Aerospace Sciences, 2013, 61: 26-42.

第 30 章 自愈合聚合物复合材料

学习要点：

(1) 掌握自愈合聚合物复合材料的基本概念；
(2) 了解自愈合聚合物及其复合材料的分类和特点；
(3) 熟悉自愈合效果的评价方法；
(4) 了解外植式自愈合聚合物及其复合材料的原理和制备方法；
(5) 了解本征型自愈合聚合物及其复合材料的原理和制备方法；
(6) 了解影响自愈合性能的关键因素；
(7) 了解自愈合聚合物复合材料的不足和发展前景。

30.1 引　　言

先进聚合物复合材料具有高比强度和比刚度的特点，已成为现代航空航天、汽车和轨道交通等领域不可缺少的材料之一。如复合材料在先进战斗机上的用量已经达到结构重量的 30%~40%，在高度轻量化直升机上的用量已达到结构重量的 70%~80%。同时，民航客机波音 787 中采用了全复合材料主机身和机翼结构，以中模高强碳纤维增强韧性环氧树脂为主的复合材料使用量已经超过 50 wt.%。一般认为，客机的重量每减轻 450 g，使用期内可节省 1 000 美元。

然而，聚合物材料在加工、储存、使用、维修过程中，不可避免地会产生局部损伤和微裂纹，如冲击损伤、疲劳损伤、塑性损伤、蠕变损伤、动态损伤等，这些微小的损伤如不能及时愈合，则将成为安全隐患，有可能进一步发展成宏观裂纹，导致复合材料力学性能下降甚至材料构件失效。尤其是纤维增强热固性树脂基复合材料，在过载情况下，应力重新分配的能力差，即便是较小的冲击载荷，也会造成肉眼不易观察的内部分层损伤，从而降低结构刚度和强度，在这过程中压缩强度的降低更加明显[1-3]。

由于聚合物复合材料的早期微损伤不易及时被发现，即使检测发现后也常因微损伤处于材料内部而无法进行修复，因此人们转为向自然学习，自然界中许多生物体都能在遭受局部损伤后进行自主诊断和愈合[4, 5]，例如动物的骨骼和皮肤愈合就是生物体具有自愈合功能的典型例子。一旦聚合物复合材料拥有类似的自愈合能力,前述问题就可迎刃而解。

基于上述认识,美国军方在20世纪80年代中期首先提出具有自诊断、自愈合功能的智能复合材料的概念[6],试图模仿生物体损伤愈合的基本原理,利用物质补充和能量补充,使得复合材料内部或者外部损伤界面能够通过物理和(或)化学作用重新联结,实现自动愈合,从而达到消除隐患的目的,延长使用寿命。显然,从材料设计的角度,由早先被动的“损伤预防”向主动的“损伤管理”转变,有利于消除隐患,增加材料的稳定性和安全性,对于航空航天等领域的应用重要性不言而喻。

美国伊利诺伊大学的Dry等在20世纪90年代提出了一种自愈合体系[7-9],即在空心玻璃纤维中注入缩醛高分子溶液作为黏结剂,埋入混凝土或聚合物中,当材料在使用过程中发生损伤,空心玻璃纤维中的黏结剂流出愈合损伤,恢复甚至提高材料性能。2001年,美国伊利诺伊大学的White等[10]采用了另一种方法,即利用脲醛树脂作为囊壁包裹双环戊二烯(DCPD)单体制成微胶囊,再将这些微胶囊埋植于环氧树脂中;当材料产生裂纹时,微胶囊破裂,其中的修复剂单体DCPD在毛细管虹吸作用下迅速渗入裂纹,接触到预埋的催化剂苯基亚甲基双(三环己基磷)二氯化钌(第一代Grubbs催化剂)而发生开环易位聚合反应(ROMP),生成高度交联的聚合物网络,达到粘接修复微裂纹的目的(图30.1)。在此之后,越来越多的研究人员投身于这个领域的研究,逐渐发展成为今天的外植式自愈合和本征型自愈合两大技术体系[11]。

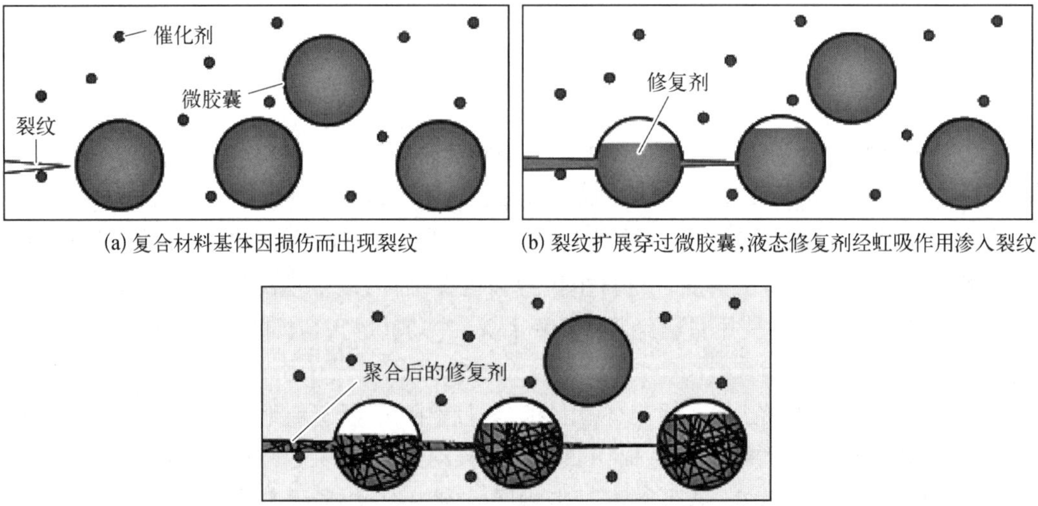

(a) 复合材料基体因损伤而出现裂纹

(b) 裂纹扩展穿过微胶囊,液态修复剂经虹吸作用渗入裂纹

(c) 液态修复剂接触到催化剂,进而发生交联反应、黏合裂纹面

图30.1　含微胶囊修复剂自愈合聚合物复合材料的工作原理示意图[10]

值得注意的是,自愈合聚合物复合材料目前只能实现聚合物基体的自愈合,纤维增强体的自愈合技术尚有待研发,因此本章将首先介绍自愈合聚合物的有关知识,接着介绍自愈合聚合物在纤维增强聚合物复合材料中的应用。

30.2　自愈合效果的评价

自愈合聚合物复合材料愈合能力的大小可由修复剂扩散至裂纹深处及黏结面积的大小、修复剂对裂纹的黏结强度、修复后复合材料的整体力学性能等进行评价，目前尚未有国际通行的测试标准。在多数情况下，复合材料的损伤愈合效率 η 定义为愈合后的复合材料性能（比如强度或韧性）与破坏前原始复合材料性能之比，即

$$\eta = \frac{\text{愈合试样的性能} - \text{损伤试样的性能}}{\text{原始试样的性能} - \text{损伤试样的性能}} \tag{30.1}$$

$$\eta = \frac{\text{愈合试样的性能}}{\text{原始试样的性能}} \tag{30.2}$$

式（30.2）比较常用，它是式（30.1）的简化版，即设定损伤试样的性能为零。

根据力学性能测试方法的不同，复合材料自愈合效率的测定主要采用以下几种表征方法。

断裂韧性：测定愈合前后复合材料断裂韧性的变化，是评估该复合材料自愈合能力的常用手段，适用于锥形双悬臂梁试件（tapered double cantilever beam，TDCB）、宽锥形双悬臂梁试件（wide tapered double cantilever beam，WTDCB）、双悬臂梁试件（double cantilever beam，DCB）和单边缺口梁试件（single-edge notched beam，SENB）等。由于各种试样具有不同的几何尺寸，因此计算自愈合效率的公式略有不同（表 30.1）。

表 30.1　不同测试方法对应的自愈合效率计算式

试　样	自愈合效率
锥形双悬臂梁试件	$\eta = \frac{P_C^{\text{Healed}}}{P_C^{\text{Virgin}}}$
宽锥形双悬臂梁试件	$\eta = \sqrt{\frac{G_{IC}^{\text{Healed}}}{G_{IC}^{\text{Virgin}}}} = \frac{K_{IC}^{\text{Healed}}}{K_{IC}^{\text{Virgin}}} = \frac{P_{IC}^{\text{Healed}}}{P_{IC}^{\text{Virgin}}}$
双悬臂梁试件	$\eta = \frac{G_{IC}^{\text{Healed}}}{G_{IC}^{\text{Virgin}}}$
单边缺口梁试件	$\eta = \frac{K_{IC}^{\text{Healed}}}{K_{IC}^{\text{Virgin}}}$

注：表中，P_C 为临界载荷；G_{IC} 为临界应变能释放速率；K_{IC} 为临界应力强度因子；Healed 代表修复后的试样；Virgin 代表原始试样。

冲击性能：通过摆锤式冲击试验机分别测定试样愈合前后的冲击能量，由式（30.3）计算其自愈合效率：

$$\eta = \frac{E^{\text{Healed}}}{E^{\text{Virgin}}} \tag{30.3}$$

式中，E^{Virgin} 为初始冲击强度；E^{Healed} 为修复后的冲击强度。

冲击后压缩(CAI)强度：冲击后压缩强度是评估复合材料损伤容限的重要指标，因此将其用于衡量复合材料自愈合性能具有实用价值，见式(30.4)。

$$\eta = \frac{\sigma^{healed} - \sigma^{impacted}}{\sigma^{virgin} - \sigma^{impacted}} \tag{30.4}$$

式中，σ^{healed} 为冲击后的试样经自愈合的压缩强度；$\sigma^{impacted}$ 为冲击后试样的压缩强度；σ^{virgin} 为未受冲击原始试样的压缩强度。

拉伸性能：这也是一个常用的表征方法，即通过计算复合材料在愈合前后拉伸强度的比值来衡量裂纹自愈合效率，其计算公式为

$$\eta = \frac{\sigma^{healed}}{\sigma^{virgin}} \tag{30.5}$$

式中，σ^{healed} 为愈合后试样拉伸强度；σ^{virgin} 为原始试样的拉伸强度。

疲劳试验：对于动态测试条件下的自愈合效率测定，上述基于准静态力学的评价方法不再适用，因而需采用疲劳寿命进行计算：

$$\eta = \frac{N_{healed} - N_{control}}{N_{control}} \tag{30.6}$$

式中，N_{healed} 为愈合后试样的总疲劳破坏周期数；$N_{control}$ 为对照试样的总疲劳破坏周期数。

30.3 自愈合聚合物

30.3.1 外植式自愈合聚合物

聚合物的外植式自愈合的基本原理是，将包含有修复剂的空心微管道、微胶囊等微米或亚微米尺寸的微容器预先埋植于聚合物内部，当裂纹形成并扩展时，破坏其周边的微容器，诱导其中的修复剂(可聚合单体或催化剂等)流出、覆盖损伤表面并进行聚合反应，愈合损伤，最终部分或完全地恢复材料的机械性能和材料的完整性。与本征型自愈合相比，外植式自愈合过程不需要改变聚合物基体本身化学结构，因此适用性较广，获得实际应用的可能性较高。

1. 空心微管道模式

根据实际使用的空心微管道的特征，这种自愈合模式可分为二维空心微管和三维微脉管。就二维空心微管而言，可以采用三种组成形式(图 30.2)：

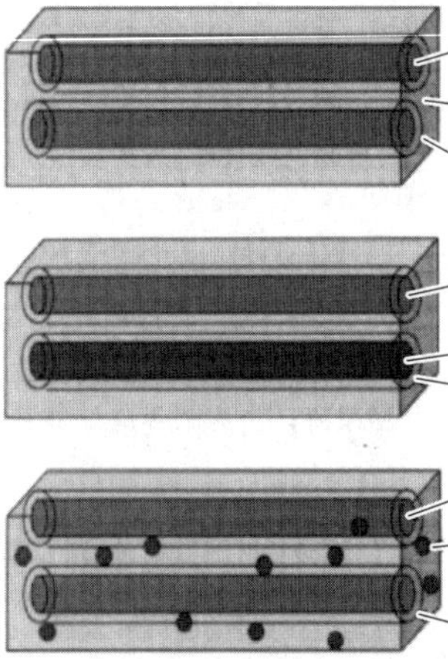

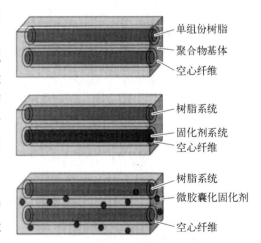

图 30.2 含二维空心微管自愈合聚合物复合材料的结构示意图[12]

(1) 单组分单管道体系,即空心微管内只装填单组分修复剂树脂;

(2) 双组分双管道体系,即空心微管内分别装填修复剂树脂及其固化剂;

(3) 双组分单管道与微胶囊体系,即空心微管内仅装填修复剂树脂,邻近的微胶囊内则储存相应的固化剂。

由二维空心微管赋予聚合物材料自愈合能力,与以下一些因素有关:

(1) 导致材料内部损伤的因素,如动力载荷;

(2) 修复剂释放的驱动力,如空心微管的破裂;

(3) 空心微管的种类和尺寸;

(4) 封入空心微管内的化学试剂(包括单体或预聚物)的种类;

(5) 修复剂的加工处理及固化方法等。

进一步分析影响这类材料自动愈合效率的因素,包括:

(1) 空心微管与聚合物基体性能的匹配情况,空心微管过韧或过脆都不利于自愈合功能的实现;

(2) 愈合后的聚合物强度与原始强度的比值是评价愈合效果的重要参数,直接取决于修复剂自身的黏结强度及其固化物的强度;

(3) 空心微管的数量,太少不足以形成完全愈合,太多又会降低材料的宏观力学性能;

(4) 当空心微管的直径较小时,微管本身存在毛细虹吸作用,妨碍微管内修复剂的流出,因此在材料中要实现愈合剂的流动仅靠自身的渗透是一个缓慢甚至很难进行的过程,必须认真考虑管内的压力和修复剂的流动性。

在研究愈合纤维的管内压力与管内流体溢出量以及愈合范围关系的过程中,发现当管内压力达到 0.2 MPa 时,95%以上的开裂处都能得到愈合。目前报道的空心微管多为空心玻璃纤维,这种特殊的玻璃纤维的制备、修复剂的选择填装和端口密封技术是自愈合聚合物基复合材料发展需要面对的关键问题。

基于空心塑料纤维的自增压自愈合体系为克服这些困难提供了解决方案[13],即利用聚丙烯空心纤维作为装载修复剂的容器,并将发泡剂引入修复剂中,再将空心纤维埋植于聚合物基体中,制备了玻璃纤维增强环氧树脂基自修复复合材料(图 30.3)。空心塑料纤维比空心玻璃纤维容易制备,属于批量商品化产品,灌注修复剂方便,有利于液芯自愈合复合材料向实用化方向发展。在概念验证实验中,聚丙烯空心纤维分别装载液体环氧修复剂及其固化剂,并且预先在环氧修复剂和固化剂里混入一定量发泡剂,接着将灌注修复剂的聚丙烯空心纤维制作成预浸带,埋植进平织纤维布增强环氧基复合材料,复合材料成型后在发泡剂的发泡温度进行热处理,发泡剂受热分解在塑料空心纤维内产生较高的内压。当复合材料发生层间破坏时,引发埋植其内的聚丙烯空心纤维破裂,在内压的驱动下,大量修复剂和固化剂快速地从空心纤维内流出并在材料破坏区域扩散,完成对复合材料损伤的修复。空心塑料纤维间距,发泡剂和催化剂的用量等条件的变化都是影响材料自愈合效率的重要因素。在各方面条件控制为最佳时,复合材料的自愈合效率可达到 93.4%。

三维微脉管自愈合体系不同于二维空心微管自愈合体系,前者管道呈三维分布,且相互连通,犹如人体皮下组织里的毛细血管。这是最为接近生物体的一种聚合物基自愈合

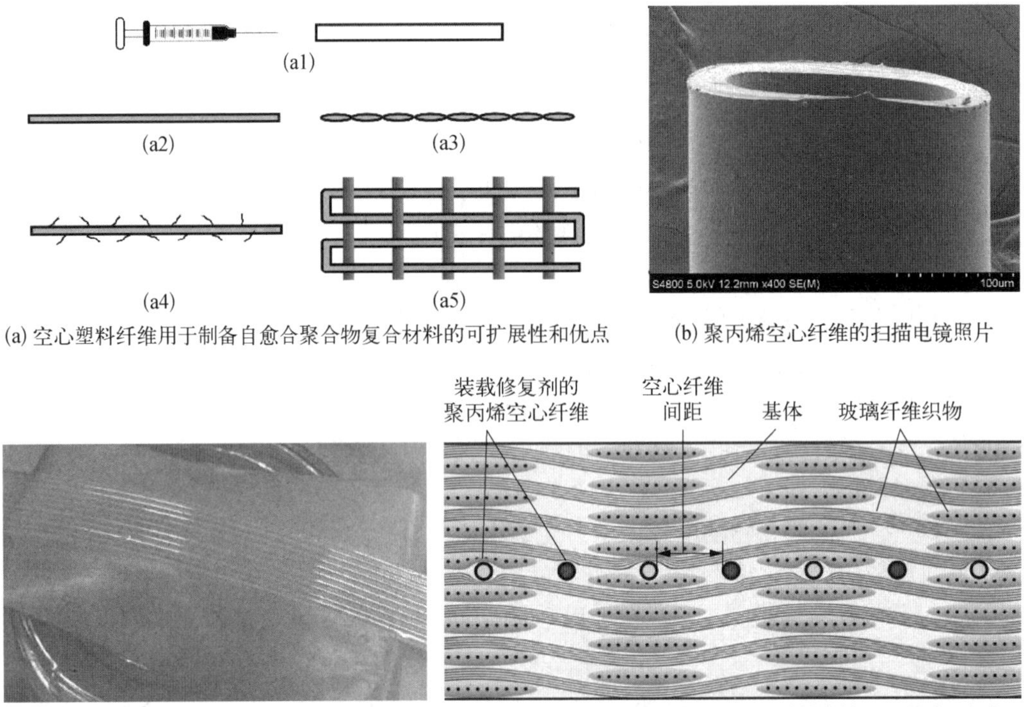

(a) 空心塑料纤维用于制备自愈合聚合物复合材料的可扩展性和优点　(b) 聚丙烯空心纤维的扫描电镜照片

(c) 装载修复剂聚丙烯空心纤维预浸料　(d) 复合材料层板中液芯聚丙烯纤维的排布情况，装载环氧修复剂和固化剂的聚丙烯纤维横截面用不同的颜色标识以示区分

图 30.3　基于空心塑料纤维的自增压自愈合体系[13]

(a1) 直径较粗易于装载修复剂;(a2) 可通过牵伸使直径变细;(a3) 可通过超声焊接等方法制成具有隔离结构的管状容器;(a4) 可进行表面改性改善与基体的粘接;(a5) 可与纤维增强体混编

体系,希望借助此特殊结构,修复剂能够快速传递到裂纹表面并使复合材料在同一损伤处具有可多次自愈合的能力。

这类三维微脉管的构建过程非常复杂,比较典型的制备方法是[14, 15]:

(1) 使用特殊直写装置,打印有机墨水(凡士林和石蜡混合物)制备三维支架;

(2) 用环氧树脂渗透墨水支架,固化后作为涂料衬底;

(3) 在衬底表面覆盖一层含有 Grubbs 催化剂的环氧树脂;

(4) 真空加热除去有机墨水形成管道结构,用注射器将修复剂二聚环戊二烯充入管道中。

当涂层表面产生裂纹后,管道中的修复剂流出、固化,从而修复裂纹。利用类似的技术,可在环氧树脂基体中构建两组三维微脉管,一组微脉管中灌装环氧树脂,另一组微脉管中灌装固化剂,从而实现对复合材料表面同一创口的多次修复。[16, 17] 另外,还可在玻璃纤维增强环氧复合材料中构建两组相互穿插又彼此隔离的三维微脉管,分别注入环氧树脂修复剂及其固化剂。[18]

这种自愈合系统外接供料泵后,可以连续供应修复剂,解决复合材料的多次愈合问题,但依然面临几个挑战:

（1）每次愈合后需要重新装填修复剂，以保证所有微脉管尤其是分布在远端的微脉管充满修复剂；

（2）多次愈合效果受制于催化剂的浓度、消耗和失活；

（3）微脉管直径约 0.2 mm，很可能对材料的力学性能构成较大破坏；

（4）采用二聚环戊二烯修复剂时，烯烃聚合后与基体不存在化学键合，界面黏结力弱，愈合后强度较低。

2. 微胶囊模式

这种自愈合模式的原理是将修复剂和（或）引发剂包裹于微胶囊内，然后将这些微胶囊作为储存修复剂（或）引发剂的载体复合到聚合物之中；当聚合物材料中产生裂纹时，裂纹穿过胶囊，胶囊迅速随聚合物同时开裂，释放出反应物质（修复剂），并在裂纹断面润湿、铺展，修复剂和引发剂接触后迅速聚合，从而阻止裂纹增长、修复裂纹（图 30.1）。由于制备微胶囊的方法很多，少量微胶囊的加入对聚合物基体的力学性能影响不大，因此应用前景广阔。

图 30.4 展现了利用微囊化修复剂赋予聚合物材料自愈能力的一般过程，为了在某指定聚合物材料内实现自愈合，需要首先根据目标聚合物材料的化学和物理特性选择合适的修复化学和修复剂，然后，综合考虑芯材的性能、聚合物基体的加工性能和裂纹响应能力，寻找合适的微胶囊制备方法和壁材。

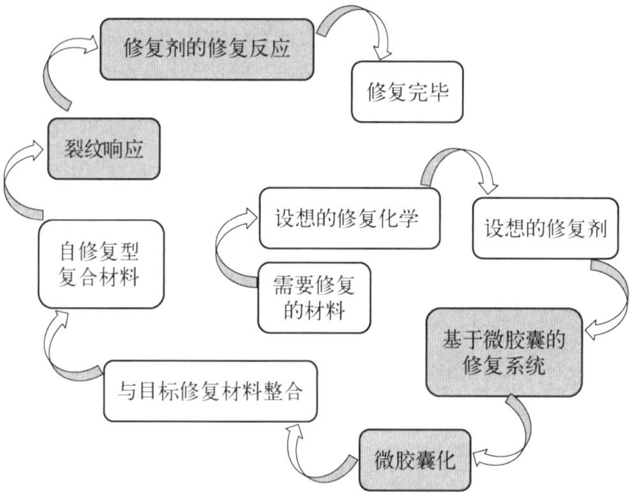

图 30.4　利用微囊化修复剂赋予聚合物材料自愈能力的示意图

总体而言，目前微胶囊化修复剂有五种实际应用形式（图 30.5）。其中单胶囊体系仅含一种修复剂[图 30.5(a)]，可以是反应性化学物，或悬浮液，或溶剂，或低熔点金属。芯材被释放后，可以与聚合物中官能团发生反应，或因周围潮湿环境和光线引发聚合，或与断裂表面发生链纠缠，或在裂纹两侧构筑导电桥接。至于微胶囊/催化剂体系[图 30.5(b)]，则是由装载单体的微胶囊和分散（或溶解）在聚合物基体中的催化剂组成。当裂纹在聚合物中扩展而使得微胶囊破裂后，释放出来的单体小分子迅速在相邻催化剂的作用下进行聚合，愈合裂纹。

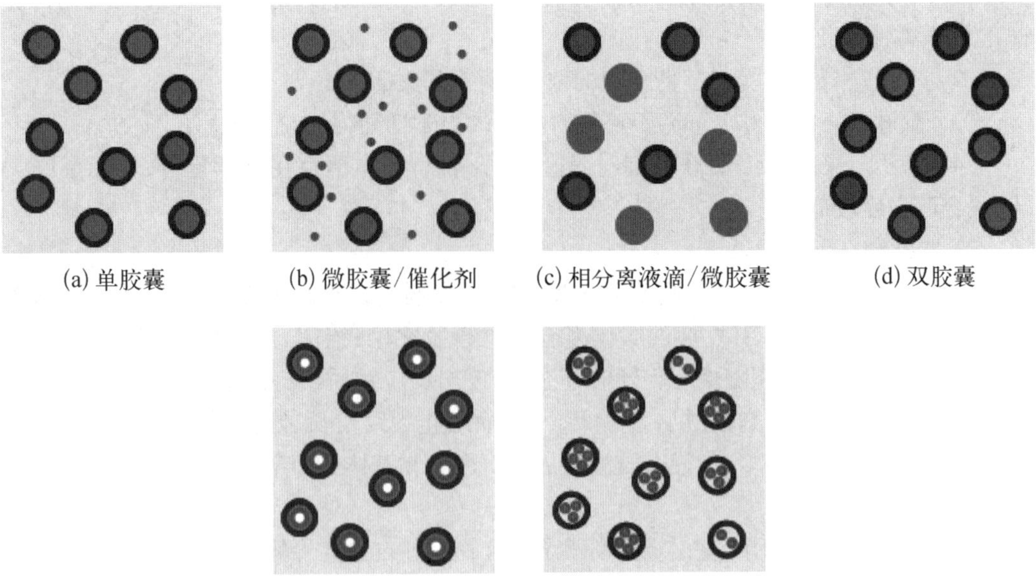

(a) 单胶囊　(b) 微胶囊/催化剂　(c) 相分离液滴/微胶囊　(d) 双胶囊

(e) 一体化微胶囊

图 30.5　微胶囊自愈合系统

在相分离液滴/微胶囊系统中[图 30.5(c)]，至少一种修复剂成分通过相分离分散在聚合物基体内，其余成分则被微胶囊封装起来，这两种液态修复剂释放后相互反应，使得裂纹重新黏合。双胶囊系统[图 30.5(d)]常用于需要单独存储的两种或两种以上反应性液态修复剂，并且相应的自愈合聚合物复合材料须经受条件苛刻的加工过程，如加热、剪切混合等。一体化微胶囊系统[图 30.5(e)]能够做到完全自给，与单胶囊系统不同的是，一体化微胶囊中的修复剂(单体)及其催化剂(引发剂)通常以多层微胶囊的形式分别处于胶囊的芯部和壳壁、互相隔离，或者分别封装在更小的胶囊中后被一个大些的胶囊包裹起来。当胶囊破裂时，修复剂能够在流出时立即与催化剂接触，引发聚合，不需要添加额外的化学物质。

常用的微胶囊制备方法包括原位聚合、界面聚合、皮克林乳液模板、微乳液聚合、溶剂蒸发/溶剂萃取、溶胶-凝胶反应等，在实际工作中具体采用何种技术，与选择的芯材、囊壁材料等密切相关(图 30.4)。

为了提高自愈合聚合物复合材料的愈合能力，微胶囊的芯材、壁材、尺寸大小等因素均需进行综合考虑。

自愈合微胶囊芯材(即修复剂)对复合材料的修复效果具有决定性的作用，良好的芯材应满足以下要求：

(1) 使用寿命，在微胶囊破裂之前，修复剂应具有长期的化学稳定性，在储存或较高温等苛刻条件下不会发生自聚反应；

(2) 流动性，自愈合聚合物复合材料针对的是微裂纹，所以要求芯材黏度小，具有良好的流动性，释放出来之后能够迅速渗入微裂缝纹，同时在释放前不易从胶囊内向外渗透和挥发；

(3) 反应性,释放出来的修复剂应能在较温和的条件下(如环境温度)迅速发生聚合反应,黏合裂纹面。当然要注意避免过快的反应速度,否则修复剂会在微裂纹未被完全填充前便已聚合完成;

(4) 芯材聚合反应后与聚合物基体之间存在化学作用或较强的物理作用,可以达到良好的粘接修复效果;

(5) 收缩性,修复剂聚合时体积收缩率应该尽量小。

在目前报道的研究工作中,使用最多的液态修复剂是双环戊二烯,其次是环氧树脂,由于环氧树脂黏度较大,流动性差,使用时往往要加入一定的稀释剂(如1-丁基缩水甘油醚)。另外。甲基丙烯酸缩水甘油酯[19]、异氰酸酯[20]、有机硅树脂[21]、苯乙烯单体和聚苯乙烯混合物[22]等也可作为修复剂,这些修复剂可在催化剂或热等作用下发生聚合反应,所选择的修复剂种类及其用量必须根据具体聚合物基体及胶囊壁材进行选择。

自愈合微胶囊壁在自愈合聚合物复合材料中的作用是将芯材和外部环境隔离开来,防止前者与外部物质发生反应,它需要同时满足以下几个方面要求:

(1) 囊壁应具有适当的强度,既能够避免在微胶囊的添加或复合材料的成型加工过程中造成破裂,又能够保证微胶囊在遇到外力作用时能够快速破裂释放芯材;

(2) 囊壁自身的化学性质必须稳定,能在聚合物中长期存在,且不影响基体的物理力学性能;

(3) 囊壁应有良好的封闭性,保证芯材不渗透、不扩散;

(4) 胶囊与基体材料间黏结良好,保证裂纹形成过程中微胶囊随聚合物基体同时开裂。

目前应用于自愈合体系的微胶囊壁材主要是氨基树脂,包括脲醛树脂、三聚氰胺甲醛树脂和蜜胺甲醛树脂,其中采用脲醛树脂最多,因为这种聚合物可形成致密坚固的微胶囊壁,制得的微胶囊具有很好的韧性、抗渗透性和耐磨性。另外也有囊壁材料用环氧丙烯酸酯树脂,采用的聚合方法为紫外辐照固化成膜[23]。

在微胶囊自愈合聚合物复合材料中,微胶囊一方面作为修复剂的载体,影响复合材料自愈合性能;另一方面,它的加入又会影响复合材料的力学性能。这两方面都与微胶囊粒径和含量密切相关。例如,将不同粒径的DCPD微胶囊和蜡包覆的Grubbs催化剂粒子预埋入环氧树脂中之后[24],胶囊与裂纹尺寸对材料自修复性能的影响关系表明,在既定的微胶囊重量分数下,释放到裂纹中的修复剂量正比于微胶囊粒径,同时,只有当修复剂足以覆盖整个裂纹面时,自愈合效率才能达到最佳。此外,在环氧树脂中加入直径180 μm和1.5 μm的DCPD微胶囊和等量的Grubbs催化剂,然后测定复合材料的断裂韧度和拉伸强度,当微胶囊(平均粒径1.5 μm)填充量为聚合物基体体积的0.5%~2.0%时,复合材料的弹性模量只有轻微的改变;在拉伸强度方面,随微胶囊体积分数的增加,两种尺寸微胶囊填充的复合材料拉伸强度均下降;在断裂韧性方面,微胶囊的加入使材料的断裂韧性增加,尤其是尺寸小的微胶囊使材料的断裂韧性增加更为明显,分析增韧机理主要是微胶囊的加入吸收了裂纹扩展所需要的一部分能量。

30.3.2　本征型自愈合聚合物

通过在一定条件(如热、pH、光和催化剂等)刺激作用下,非共价键和可逆共价键发生可逆“断裂”与“结合”,从而在聚合物大分子间或大分子内进行热力学平衡反应,实现大分子的动态交换与重组,最终在裂纹断面建立新的键合,从而部分或完全地恢复聚合物材料的机械性能和结构的完整性[25,26]。这种自愈合不需要外加修复剂的辅助,因而被称为本征型自愈合。目前越来越多的非共价键(氢键、π-π 堆叠、离子作用、金属-配体配位键、主客体作用等)和可逆共价键(Diels-Alder 键、亚胺键、双硫键、香豆素、酯键、硼酸酯键等)被证明适合用于制备本征型自愈合聚合物,它们相应地可分为基于非共价键的本征型自愈合体系和基于可逆共价键的本征型自愈合体系。

本征型自愈合聚合物原则上能多次愈合同一部位的损伤,而微胶囊自愈合体系不易做到这一点。值得注意的是,依赖于可逆反应的本征型自愈合体系,要求聚合物分子具有一定的运动性,才能保证可逆反应的顺利进行,而这时往往会导致聚合物失去承载能力。另外,可逆键的键能一般低于非可逆键,如果可逆键的含量太多,将降低聚合物的力学性能。以上两方面的问题,对于本征型自愈合体系需要给予特别关注。

1. 基于非共价键的本征型自愈合

氢键是由氢原子与电负性很强的 N、O 以及 F 原子等之间形成的一种分子间或分子内的相互作用力,在室温下,氢键能可逆不断地断裂和形成。因此,在聚合物材料中引入氢键能实现对材料损伤进行多次自动修复。

例如,以一元和二元脂肪酸、二乙撑三胺和脲为原料,采用两步法可合成得到一种含有酰胺乙基官能团的超分子弹性体[27],该弹性体通过酰胺乙基之间的氢键作用形成分子链内和链间交联结构,其力学性能与橡胶相似,断裂伸长率可达 500%,但具有普通橡胶所没有的自修复能力,即材料在遭受破坏后将断面相互对接,在室温下保持 15 min 后,材料能承受 200%的弹性变形而不发生断裂,自愈合效率达 40%。愈合时间越长,效果越好,当愈合时间超过 180 min,自愈合效率可达 100%,并且这种弹性体材料可以进行多次自愈合。由于该弹性体的自愈合机理在于断面间大量氢键的重组,因此升高温度可以缩短氢键作用达到平衡的时间,减少自愈合时间。此外,断面分离的时间对该体系有较大的影响,即当两个断面保持分离不接触一段时间,同一断面内相近断开的氢键会逐渐重新形成,其后即使断面接合,形成跨越断面的氢键作用概率大大降低,愈合效率不高。

为了调节氢键作用强度,可将位阻基团异丙苯基引入 2-脲-4[H]嘧啶酮(Upy)分子上合成得到 2-甲基-4-脲嘧啶(SB-Upy)[28],当该单体作为动态可逆键引入到聚苯乙烯-丙烯酸丁酯中,可获得具有自愈合性能的三嵌段共聚物(PS-b-PBA-b-PS)。另外,以聚苯乙烯为主链,聚酰胺为侧链的刷型超分子热塑性弹性体具有微观相分离结构,聚苯乙烯硬相微区可以在一定程度上提高聚合物材料的力学性能,而聚酰胺软相微区由于玻璃化转变温度较低并且含有大量的氢键,当材料破坏后,氢键与分相结构协同作用,断面间分子链段的渗透缠绕促使氢键重组,从而愈合裂纹[29, 30]。

还有一种常用的非共价键是 π-π 堆叠作用,这方面典型的例子是利用富 π 电子与贫 π 电子分子之间的 π-π 堆积超分子作用力制备得到一种具有自修复功能的聚合物材料[31]。只要将富 π 电子预聚物和缺 π 电子预聚物按电子受体与电子给体物质摩尔比混合,浇注后即可得到红褐色薄膜,该薄膜的玻璃化转变温度高于两种原料预聚物,说明两个组分之间存在一种特殊的相互作用力,限制了预聚物链段的运动。这种聚合物材料的自愈合需要加热到115℃,修复速率十分依赖温度。相应自愈合的修复机理为:通过加热使得聚合物网络结构的分子链段重新组合,从而使裂纹消失。在此基础上,向富π电子预聚物和缺π电子预聚物组成的超分子材料中加入纳米纤维素晶体[32],即可得到具有自愈合功能的纳米聚合物复合材料。

作为第一代和第二代的主体化合物,环糊精和冠醚被广泛应用于刺激响应性聚合物的制备。利用主客体超分子相互作用,用接有环糊精的聚丙烯酸为主体,接有二茂铁的聚丙烯酸为客体,通过环糊精与二茂铁之间的主客相互作用,可制备具有氧化还原响应的自愈合超分子聚合物凝胶[33]。当向材料的断面涂覆氧化剂后,二茂铁氧化,其与环糊精主客相互作用变差,从而导致材料断面对接后不能黏结;但向断面涂覆还原剂后,二茂铁的还原状态具有强的疏水性,其与环糊精相互作用力强,从而使两断面对接后能够很好地黏结,达到自愈合目的。类似地,利用仲铵盐功能化的苯乙烯与苯乙烯进行可逆加成-断裂链转移聚合得到共聚物[34],将末端含有两个苯并-21-冠-7-醚(B21C7)基团的小分子作为交联剂,通过主客体相互作用,可获得多重响应性(热、pH和化学物质)的自愈合型超分子凝胶。

此外,运用铜催化叠氮-炔点击反应,可合成得到一种双羟基功能化的三齿金属配体2,6-双(1,2,3-三氮唑-4-基)吡啶(BTP)[35],将其引入线型聚氨酯主链后,通过加入过渡金属Zn(Ⅱ)或镧系金属铕离子Eu(Ⅲ)与之进行配位,得到金属配位键交联的超分子凝胶。该凝胶具有多重刺激响应性和自愈合功能。将Eu(Ⅲ)离子在1,1,2,2,-四氯乙烷中进行溶胀交联的超分子凝胶切成数段后在室温下对接6 h,愈合后的试样可以承受一定程度的压缩、弯曲和拉伸,并可以重复多次愈合。该聚合物还可以涂覆在铜表面形成强韧的聚合物涂层,划痕可以通过滴加少量的溶剂甲苯以提高分子链段的运动性,最终达到自愈合的目的。另外,当将BTP与具有机械响应性的螺吡喃基团同时引入到线型聚氨酯的主链,加入Zn(Ⅱ)进行配位交联,可以得到具有自愈合和机械响应双重功能的金属配位键交联聚合物。该聚合物具有明显的相分离现象,机械损伤可以通过材料宏观颜色的变化进行跟踪观察。Zn(Ⅱ)离子配位键交联的聚合物在滴加溶剂甲苯或氯仿后可以完全愈合裂纹,而Eu(Ⅲ)离子配位键交联的聚合物则无法修复。

离子键聚合物指的是大分子中含有离子键的一类热塑性高分子,一般含有少量的离子键侧基,可通过离子键相互交联,而温度较高时,离子键解离,聚合物可以熔融和流动。美国杜邦公司生产的乙烯-甲基丙烯酸共聚物(商品牌号:Surlyn)正是这类离聚物,其在高速子弹穿孔下时能够进行快速自愈合[36, 37],相关机理主要包括两个部分,即破坏损伤区域附近聚合物在高能作用下的熔融回弹闭合裂纹,以及离子对聚合物分子链段扩散的辅助修复。

2. 基于可逆共价键的本征型自愈合

可逆共价键结合了非共价键的可逆性和不可逆共价键的稳定性,与超分子化学的持续平衡不同,可逆共价键的触发可逆性意味着在无刺激情况下能够保持结构的稳定性,而相对较高的键能又可赋予聚合物更优异的机械性能。含可逆共价键的聚合物可以通过可逆共价键的交叉反应进行组分重组,并逐步调整大分子结构,最终达到最稳定的热力学状态。据此原理,当在聚合物中引入可逆共价键时,该聚合物同样可以发生可逆键的断裂和重组,在反应物和键合产物之间建立一个可逆平衡,从而往往在固态下就可实现聚合物分子拓扑结构的重组,并且在外界刺激撤销后,又可以像不可逆共价聚合物一样保持分子结构的稳定。在这种情况下,传统热塑性和热固性聚合物之间的严格界限在很大程度上不复存在。

从热力学和动力学的角度分析,具有工程利用价值的可逆共价交联聚合物材料所含可逆共价键应满足以下两个要求:

(1) 可逆反应平衡倾向于结合方向,从而有利于形成较高分子量和稳定性的聚合物,避免聚合物自发解聚;

(2) 正反应和逆反应速率常数相对较快,有助于在合理的时间尺度内完成可逆反应。有些可逆键往往需要外加催化剂或者提高温度等,才能满足这个要求。

可逆共价化学反应可分为两类:普通可逆共价反应(如可逆加成、可逆缩合、可逆氧化还原等)和动态可逆共价反应(如可逆交换、C－ON 键可逆均裂/重组等)。这两种可逆共价反应的主要区别在于,前者的正反应和逆反应起始反应物类型不同,在大多数情况下,正反应和逆反应是在不同的触发条件(温度、pH、氧化还原试剂等)下进行的,而且解离反应会导致交联网络的解聚。例如,狄尔斯-阿尔德反应(Diels－Alder, DA)反应涉及富电子二烯(呋喃等)和缺电子的亲双烯体(马来酰亚胺等)之间的[4+2]环加成反应,在60℃左右时可以形成环已烯加成物,而升温至 110℃以上时,逆 DA 反应占优势。与此不同,动态可逆共价反应的正反应和逆反应在同一刺激条件下同步进行,而且没有发生可逆共价键的完全解离,宏观上不会导致聚合物的解聚。例如,相同的动态可逆共价键(如酯键)之间进行交换反应时,因为正逆反应的起始反应物和产物是相同的,正逆反应的速率常数相同,热力学条件的变化只能同等程度地改变正逆反应的动力学速率,而不影响产物分布的情况。此外,对于特殊的 C—ON 键可逆均裂/重组反应,虽然温度的变化会导致 C—ON 键的均裂-解离平衡移动(吸热反应),但由于均裂产生的稳定氮氧自由基强烈倾向于捕获瞬态碳自由基,该动态平衡总是倾向于结合,均裂平衡常数大约为 3.14×10^{-14} ~ 7.45×10^{-8},而均裂速率常数(10^{-5} ~ 10^{-3} s^{-1})与其他类型动态可逆反应相当,无明显的差别.

基于 DA 环加成反应的本征型自愈合体系是目前研究报道最多的,其基本原理为通过共轭二烯烃与烯/炔进行[4+2]环加成形成环已烯类化合物,从而形成具有热可逆反应性质的交联聚合物。当聚合物中产生微裂纹时,可以通过升温使体系内的 DA 键进行逆 DA 反应(retro－DA)解交联,然后重新降温进行 DA 反应交联,从而愈合微裂纹。该类自愈合聚合物材料的优点在于可以进行重复多次修复裂纹,但是缺点也显而易见,逆 DA 反应一般温度较高,超过聚合物玻璃化转变温度时会导致材料失去承重能力。最早报道的利用可逆 DA 键实现聚合物本征型自愈合例子[38],是将含有四个呋喃基团的单体和含有三个马来酰亚胺基团的单体通过 DA 反应制备含 DA 键的交联聚合物。该聚合物材料室温下的机械性能与环氧树脂、不饱和聚酯等普通的商业树脂相当。对单边缺口拉伸破坏试样进行 120℃的热处理后,核磁共振谱测试表明 30%的 DA 键发生断裂,然后同一试样降温进行自愈合,断裂韧性可以恢复 57%。

对于糠基缩水甘油胺,采用 N, N′-(4, 4′-二苯基甲烷)双马来酰亚胺和酸酐进行固化[39, 40]，可得到同时含有可逆 DA 键与不可逆共价键双重交联的环氧树脂，环氧交联网络使得该材料在逆 DA 反应温度下仍能保持一定形状和力学性能，不至于失去承载能力。该环氧树脂交联物在 110℃以上可以发生逆 DA 反应，并通过降温进行 DA 反应愈合裂纹。采用双劈裂钻孔压缩测量结果表明破坏试样在 125℃进行逆 DA 反应 20 min，然后降温至 80℃进行 DA 反应 72 h，平均愈合效率为 65.9%。当以糠基缩水甘油醚代替糠基缩水甘油胺后，制得的环氧树脂中 DA 交联键的密度较高，平均愈合效率可达 96.0%。

此外，2, 2, 6, 6 -四甲基- 1 -哌啶氮氧自由基（TEMPO）作为氮氧自由基的典型代表，是常见的自由基捕捉剂，它能迅速与增长链自由基或初级自由基发生偶合终止形成休眠种；同时，活性休眠种在高温下可重新分裂产生增长链自由基和 TEMPO 稳定自由基，达到分裂-结合的动态平衡，该平衡倾向于形成活性休眠种，利用这一特性，可以进行可控自由基聚合。将这种反应体系应用于聚合物材料的自愈合时[41]，先以 4 - OH - TEMPO 为原料，经过多个反应步骤合成得到含可逆 C—ON 键并且带双键端基的小分子交联剂，再将该交联剂以不同比例混合到苯乙烯单体中，利用自由基聚合制备热可逆交联聚苯乙烯，最后通过体系内小分子交联剂的 C—ON 键的热可逆反应来愈合材料的裂纹。苯乙烯与交联剂摩尔比为 7.5/1 的试样在 130℃下加热 2.5 h，自愈合效率为 75.9%，并可以实现多次自愈合。

酯交换反应也常用于可逆共价键自愈合聚合物材料体系，如将醋酸锌在 180℃下溶于脂肪族二元羧酸/三羧酸混合物进行配位，再与双酚 A 环氧树脂在 130℃下固化 6 h 得到具有不溶解、可再加工特性的交联聚合物[42]。同时，当双酚 A 环氧树脂与醋酸锌加热混合后，加入戊二酸酐在 140℃下固化 2 h 得到硬质交联聚合物，同样具有类似的性质。同时，当将酯交换催化剂醋酸锌加入羧酸固化的双酚 A 环氧树脂和酸酐固化的双酚 A 环氧树脂中，可得到可进行酯交换的热固性交联聚合物[43]。低温下酯交换反应较慢，该交联聚合物的性质与普通的环氧树脂类似；随着温度的升高，酯交换速度增加，搭接剪切试样的自愈合效果也逐渐增加。

此外，双硫键的动态交换反应同样被证明能有效实现聚合物的自愈合。含双硫键环氧树脂的自愈合行为研究结果表明[44]，通过硫醇固化剂对含双硫键的缩水甘油醚进行固化，可制得一种环氧树脂弹性体，含 20%双硫键的拉伸断裂试样在 60℃下修复 1 h 可以基本恢复原始试样的拉伸强度。当双硫键与脂肪族碳连接时，需要升高温度才能发生可逆交换反应，而双硫键与芳香族碳连接时，常温下即可发生可逆交换反应，原因是芳香基团的电子云密度较高，可促进双硫键的可逆反应。另外，由于脂肪族双硫键能够在太阳光中的紫外线激发下进行交换反应，从而可以构建具有太阳光下自愈合能力的聚氨酯薄膜[45]。

30.4　自愈合聚合物复合材料

如前所述，自愈合聚合物包括外植式自愈合聚合物和本征型自愈合聚合物两大类型，与纤维增强材料复合之后，相应得到的复合材料也可根据聚合物基体种类分为外植式自愈合聚合物复合材料和本征型自愈合聚合物复合材料（图 30.6）。由于纤维增强复合材料中的纤维材料已经占据了较高体积分数(50 vol. %~70 vol. %),因此进一步整合自愈合功能必须与增强纤维争夺有限的体积空间,这给自愈合聚合物复合材料的制备带来了巨大的挑战[46]。

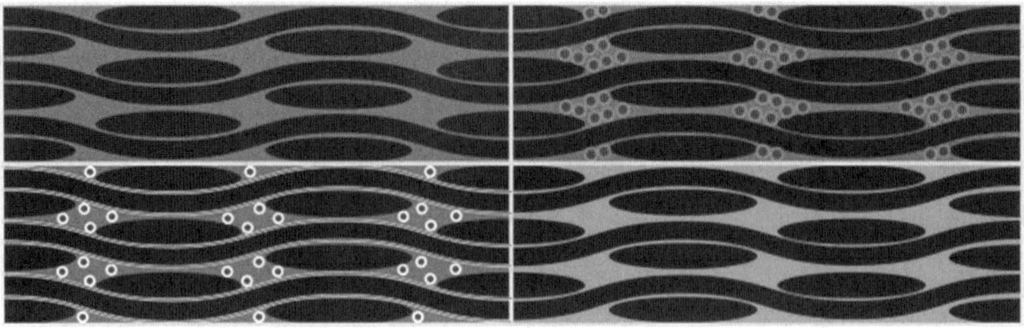

图 30.6　自愈合聚合物复合材料的结构示意图[46]

30.4.1　外植式自愈合聚合物复合材料

在实际工作中,这类复合材料损伤的自愈合是通过在复合材料层板中加入具有自愈合性质的功能材料或结构来实现的。损伤形成时,预先嵌入的装载修复剂微容器(空心微管或微胶囊)随之破裂,使其中的液态修复剂渗入裂纹表面,然后聚合为固体,恢复复合材料微结构的完整性,愈合损伤。

1. 空心微管道模式

在复合材料内部引入中空纤维时,一般将含修复剂的中空纤维在纤维增强材料中呈隔离式分布。复合材料损伤时,中空纤维的破裂导致储存在其中的修复剂释放。第一个中空玻璃纤维/玻璃纤维增强环氧树脂复合材料的制作过程如下[12],连续中空玻璃纤维(外径为 15 μm、内径为 5 μm)用环氧树脂浸渍制成预浸带,预浸带按 0°/90°方向与玻璃纤维预浸带叠层起来,待复合材料固化后,将丙酮稀释的环氧树脂预聚物及其固化剂分别灌装入中空玻璃纤维。溶剂稀释至关重要,可将修复剂的黏度降低到足够的程度,从而有效地从中空纤维内释放出来并渗透到整个基体;同时溶剂诱导的基体树脂溶胀,有助于提高聚合物分子链的运动能力。冲击后压缩测试结果表明自愈合效率仅为 5%,估计是因为冲击能量(80 J)较高致使部分玻璃纤维破坏,而这部分损伤是目前自愈合技术无法恢复的。

有关中空玻璃纤维管径、间距等因素对复合材料强度及其自愈合效率影响的详细研究发现[47, 48],较大的中空玻璃纤维管径或较小的间距可以为复合材料提供更多的修复剂,从而赋予其更高的自愈合效率,但同时也会对复合材料强度造成一定负面影响。这是因为较粗的中空玻璃纤维可能会在其周围富集较多环氧树脂固化物,而无纤维增强的环氧树脂固化物成为复合材料中的薄弱之处;较小的中空玻璃纤维间距可能会形成一些中空纤维交叉,从而形成更多材料缺陷。

此外,还有一种特殊的中空玻璃纤维/环氧树脂复合材料,其中所有的增强纤维均为空心,但尺寸大小接近于传统的实心玻璃纤维(外径=10~12 μm,空心率≈50%)。复合材料层板分别经由手糊和真空辅助树脂传递模塑两种工艺成型,聚酯修复剂及其促进剂在复合材料固化后才装载进空心玻璃纤维。通过比较复合材料弯曲刚度在损伤前后的变化,可知手糊成型的复合材料的自愈合效率高些,达到35%。

采用空心微管制备自愈合复合材料最重要的挑战在于加工成型工艺的复杂性以及修复剂的选择与优化,包括空心微管的空间排布、体积分数、空心率和界面相互作用、修复剂的流动性、计量比、反应活性和聚合引发方式等。

在利用三维微脉管自愈合模式方面,三明治结构的自愈合复合材料[49–53]较为典型。这种"三明治"的上下两层是玻璃纤维增强的层压复合材料,中间夹心层是聚甲基丙烯酰亚胺闭孔泡沫,泡沫材料中分布着横/纵相连的三维微脉管,它们的管径均为1.5 mm。研究表明在三维微脉管及与其联通的泡沫孔洞中灌装修复剂后,复合材料具有一定的自修复能力。然而,三维微脉管也同时降低了复合材料的力学性能,这可能是因为微管径较大所致。这种复合材料经历落锤冲击破坏后,其弯曲强度几乎可以得到完全修复。从荧光剂的扩散看,修复剂已几乎完全充满整个破坏区域。

同时,利用真空辅助树脂传递模塑技术可制备含有三维微脉管的玻璃纤维织物增强环氧树脂层板,其中的关键在于预先将浸渍了草酸锡的聚乳酸纤维(300 μm)与玻璃纤维织物混编。在较高的温度下(200~240℃),草酸锡催化聚乳酸降解,从而在复合材料中获得一组相对独立的三维微脉管。在进行双悬臂梁Ⅰ型断裂韧性测试时,三维微脉管中分别载入环氧树脂预聚物及其固化剂,当材料损伤导致微脉管破裂,撤去外力使复合材料试样在30℃愈合48 h,结果表明愈合后的复合材料韧性有所提高,这种测试可以循环进行数次。

2. 微胶囊模式

相比于空心微管道模式,利用微胶囊化修复剂制备自愈合复合材料的过程较为简单,通常只需将修复剂微胶囊混入聚合物基体即可,其他的制备过程与一般的纤维增强聚合物复合材料制备工艺相同。典型的体系包括环氧树脂预聚物(修复剂)/聚脲-甲醛微胶囊与潜伏固化剂 $CuBr_2(2-MeIm)_4$ 填充的环氧树脂[54]及玻璃纤维增强的环氧树脂基自愈合型复合材料[55],咪唑金属盐络合物是一种潜伏固化剂,它们在液态环氧树脂中能很好地溶解及分散,在常温下能保持长期的稳定性,对环氧树脂的固化反应没有促进作用,但是加热到一定温度后,络合物解离成咪唑化合物和金属盐,咪唑化合物会对环氧树脂起固化作用。根据这一特性,环氧树脂复合材料基体选择常温固化剂四乙烯五胺进行固化反应,而自愈合修复剂的固化温度设在130℃。研究发现微胶囊和潜伏固化剂的引入对环氧树脂的断裂韧性并无显著的影响。当环氧微胶囊和潜伏固化剂的含量分别为10 wt.%和2 wt.%时,纯环氧树脂在经过破坏-愈合后的断裂韧性可恢复到原来的111%,而对于玻璃纤维增强环氧基复合材料,采用双悬臂梁试验作为评估自愈合效率的手段,自愈合效率约为70%。填充环氧树脂/聚脲-甲醛微胶囊与潜伏固化剂的玻璃纤维织物增强环氧树脂复合材料的稳定性和自愈合功能持久性研究表明[56],由于部分环氧树脂预聚物修复剂从聚脲-甲醛胶囊中渗出,因而复合材料的自愈合能力在储存的早期随时间延长逐渐下降,两个月后趋于稳定。随时间的延长,原先渗出的环氧树脂渐渐与基体中残余固化剂反应,修补了囊壁的薄弱缺陷部分,所以材料自愈合能力不再降低。

自愈合型单向碳纤维增强环氧树脂复合材料中的自愈合体系,可由含环氧树脂预聚物微胶囊与催化剂三氟甲基磺酸钪[$Sc(OTf)_3$]颗粒组成,双悬臂梁试样测试表明在环氧树脂微胶囊和催化剂修复含量分别为 11 wt. %和 10 wt. %时,自愈合效率可达最高值 44%。然而,该微胶囊自愈合体系的引入,使得复合材料临界应变能释放率 G_{IC} 下降近 89%。降低催化剂粒子的用量虽然可以减少复合材料性能的下降程度,但同时降低了自愈合效率。至于环氧树脂微胶囊,其含量在 5.5 wt. % ~ 26 wt. %之间变化时,复合材料自愈合效率基本保持不变,说明释放的环氧树脂已足以铺展覆盖整个裂纹表面。

30.4.2 本征型自愈合聚合物复合材料

本征型自愈合聚合物复合材料由本征型自愈合聚合物与纤维增强材料复合而成,前者决定了材料的成型性能和自愈合性能。由于可逆键具有较低的键能,导致本征型自愈合聚合物的力学性能和热稳定性等并不一定都能符合纤维增强复合材料的需要[57],因此目前这方面的研究工作偏少。

一些代表性工作如利用含二硫键的固化剂与环氧树脂反应,将可逆的二硫键引进环氧树脂从而赋予后者自愈合能力,然后再与玻璃纤维织物复合[58]。冲击损伤后的复合材料经 85℃处理 16 h,激发聚合物基体中二硫键的交换反应,能够完全恢复其层间断裂韧性。

另外,利用与文献[38]相似的含 DA 键交联聚合物[59],可通过真空辅助树脂传递模塑工艺制得连续碳纤维增强复合材料。该复合材料除了具有与普通碳纤维/环氧树脂复合材料相近的力学性能之外,还拥有良好的本征自愈合能力。采用短梁剪切方法表征自愈合性能,破坏的试样经第一次和第二次激发 DA 反应进行损伤愈合后(愈合条件: 在 135℃, 90℃和 70℃各处理 2 h),剪切强度的愈合效率分别为 85%和 73%。事实上,基于 DA 键的交联聚合物适用于碳纤维复合材料的制备,利用复合材料自身通电后的焦耳热,三点弯曲破坏后的试样自愈合效率可达 90%[60]。

利用双功能和四功能环氧树脂合成的一种超分子聚合物[61],因分子间较强的氢键作用有利于室温自愈合,当这种聚合物与 50 vol. %的玻璃纤维复合时,传统的真空辅助树脂灌注成型工艺完全适用,具有良好的高温加工性。材料损伤之后,经过室温愈合 24 h,弯曲强度和弯曲模量分别恢复 65%和 72%。

将离聚物乙烯-甲基丙烯酸共聚物颗粒与环氧树脂混合后,能够赋予后者一定的自愈合能力,特别由于前者的热膨胀系数是后者的 7 倍,加热到 150℃进行损伤愈合时,该离聚物会产生大量的气泡,从而形成压力梯度,有助于离聚物流动和填充裂纹。Ⅰ型双悬臂梁试验表明,经 150℃处理 30 min 后,手糊成型的碳纤维增强该离聚物颗粒填充环氧树脂复合材料自愈合效率高达 156%[62]。

30.5 总结与展望

自愈合聚合物复合材料作为一种新颖的智能结构功能材料,通过实现微裂纹的自愈合,为预防产品构件潜在的危害和延长使用寿命提供了一种新方法,在一些重要工程和尖端技术领域孕育着巨大的发展前景和应用价值。通过深入、系统研究自愈合体系的结构与性能的关系，进一步设计利用各种新型外加修复剂和大分子可逆反应等，结合微裂纹自愈合过程的动力学探究，将有望研制出在使用环境下可长期储存，对裂纹能进行快速高效自行愈合的材料，无论在理论研究还是实际应用都具有十分重要的意义。

习题与思考题

1. 请解释如下现象的原因：当材料中的裂纹穿过微胶囊时，胶囊中的修复剂可以迅速释放和渗入裂纹，而裂纹穿过空心微管时，微管内的修复剂渗透是一个缓慢甚至很难进行的过程。
2. 请说明普通可逆共价反应（如 Diels - Alder 反应）与动态可逆共价反应（如酯交换反应）的本质区别。
3. 为什么外植式方法中微胶囊自愈合体系无法重复修复同一位置的损伤，而本征型自愈合体系可以解决这个问题？
4. 一块导电聚合物复合材料薄膜的导电性能自愈合效率（η_c）定义为复合材料愈合后的方阻和受损时的方阻差值（ΔR_{healed}）与复合材料原始方阻和受损时的方阻差值（ΔR_{virgin}）的比值。已知导电薄膜原始方阻为 12.3 Ω/sq，基体表面产生裂纹后，方阻增大至 2 040 Ω/sq，自愈合至裂纹接近完全闭合的时候方阻为 42.5 Ω/sq，求自愈合效率。
5. 请分析分别采用外植式和本征型自愈合聚合物制备纤维增强自愈合聚合物复合材料的优缺点。

参考文献

[1] 邹祖讳. 复合材料的结构与性能[M]. 吴人洁，等译. 北京：科学出版社，1999.

[2] Talrega R. Damage mechanics of composite materials[M]. New York: Elsevier, 1994.

[3] Williams J G. Fracture mechanics of polymers[M]. New York: Halsted Press, 1984.

[4] Singer A J, Clark R A. Cutaneous wound healing[J]. The New England Journal of Medicine, 1999, 341: 738 - 746.

[5] Fratzl P, Weinkamer R. Nature's hierarchical materials[J]. Progress in Materials Science, 2007, 52: 1263 - 1334.

[6] Newnham R E, Ruschau G R. Electromechanical properties of smart materials[J]. Journal of Intelligent Materials Systems and Structures, 1993, 4: 289 - 294.

[7] Dry C, McMillan W. Three-part methyl methacrylate adhesive system as an internal delivery system for smart responsive concrete[J]. Smart Materials and Structures, 1996, 5: 297 - 300.

[8] Dry C M. Passive tuneable fibers and matrices[J]. International Journal of Modern Physics B, 1992, 6: 2763 - 2771.

[9] Dry C M. Procedures developed for self-repair of polymer matrix composite materials[J]. Composite Structures, 1996, 35: 263 - 269.

[10] White S R, Sottos N R, Geubelle P H, et al. Autonomic healing of polymer composites[J]. Nature, 2001, 409: 794 - 797.

[11] Zhang M Q, Rong M Z. Self-healing polymers and polymer composites[M]. Hoboken: Wiley, 2011.

[12] Bleay S M, Loader C B, Hawyes V J, et al. A smart repair system for polymer matrix composites [J]. Composites Part A: Applied Science and Manufacturing, 2001, 3: 1767 - 1776.

[13] Zhu Y, Ye X J, Rong M Z, et al. Self-healing glass fiber/epoxy composites with polypropylene tubes containing self-pressurized epoxy and mercaptan healing agents[J]. Composites Science and Technology, 2016, 135: 146 - 152.

[14] Therriault D, Shepherd R F, White S R, et al. Fugitive inks for direct-write assembly of three-dimensional microvascular networks[J]. Advanced Materials, 2005, 17: 394 - 399.

[15] Toohey K S, Sottos N R, Lewis J A, et al. Self-healing materials with microvascular networks[J]. Nature Materials, 2007, 6: 581 - 585.

[16] Toohey K S, Hansen C J, Lewis J A, et al. Delivery of two-part self-healing chemistry via microvascular networks[J]. Advanced Functional Materials, 2009, 19: 1399 - 1405.

[17] Esser-Kahn A P, Thakre P R, Dong H, et al. Three-dimensional microvascular fiber-reinforced composites[J]. Advanced Materials, 2011, 23: 3654 - 3658.

[18] Hamilton A R, Sottos N R, White S R. Self-healing of internal damage in synthetic vascular materials [J]. Advanced Materials, 2010, 22: 5159 - 5163.

[19] Wang H P, Yuan Y C, Rong M Z, et al. Self-healing of thermoplastics via living polymerization [J]. Macromolecules, 2010, 43: 595 - 598.

[20] Yang J L, Keller M W, Moore J S, et al. Microencapsulation of isocyanates for self-healing polymers [J]. Macromolecules, 2008, 41: 9650 - 9655.

[21] Keller M W, White S R, Sottos N R. A self-healing poly(dimethyl siloxane) elastomer[J]. Advanced Functional Materials, 2007, 17: 2399 - 2404.

[22] Brown E N, White S R, Sottos N R. Microcapsule induced toughening in a self-healing polymer composite[J]. Journal of Materials Science, 2004, 39: 1703 - 1720.

[23] Xiao D S, Rong M Z, Zhang M Q. A novel method for preparing epoxy-containing microcapsules via UV irradiation-induced interfacial copolymerization in emulsions[J]. Polymer, 2007, 48: 4765 - 4776.

[24] Rule J D, Sottos N R, White S R. Effect of microcapsule size on the performance of self-healing polymers [J]. Polymer, 2007, 48: 3520 - 3529.

[25] Blaiszik B J, Sottos N R, White S R. Nanocapsules for self-healing materials[J]. Composites Science and Technology, 2008, 68: 978 - 986.

[26] Jackson A C, Blaiszik B J, McIlroy D, et al. New capsule chemistries for nanoscale self-healing [J]. Polymer Preprints, 2008, 49: 967 - 968.

[27] Cordier P, Tournilhac F, Soulie-Ziakovic C, et al. Self-healing and thermoreversible rubber from supramolecular assembly[J]. Nature, 2008, 451: 977 - 980.

[28] Hentschel J, Kushner A M, Ziller J, et al. Self-healing supramolecular block copolymers [J]. Angewandte Chemie International Edition, 2012, 51: 10561 - 10565.

[29] Chen Y, Kushner A M, Williams G A, et al. Multiphase design of autonomic self-healing thermoplastic elastomers[J]. Nature Chemistry, 2012, 4: 467 - 472.

[30] Chen Y, Guan Z. Self-assembly of core-shell nanoparticles for self-healing materials [J]. Polymer

Chemistry, 2013, 4: 4885-4889.

[31] Burattini S, Greenland B W, Hayes W, et al. A supramolecular polymer based on tweezer-type π-π stacking interactions: molecular design for healability and enhanced toughness [J]. Chemistry of Materials, 2011, 23: 6-8.

[32] Fox J, Wie J J, Greenland B W, et al. High-strength, healable, supramolecular polymer nanocomposites [J]. Journal of the American Chemical Society, 2012, 134: 5362-5368.

[33] Nakahata M, Takashima Y, Yamaguchi H, et al. Redox-responsive self-healing materials formed from host-guest polymers[J]. Nature Communications, 2011, 2(1): 511.

[34] Chen L, Tian Y K, Ding Y, et al. Multistimuli responsive supramolecular cross-linked networks on the basis of the benzo-21-crown-7/secondary ammonium salt recognition motif[J]. Macromolecules, 2012, 45: 8412-8419.

[35] Yuan J, Fang X, Zhang L, et al. Multi-responsive self-healing metallo-supramolecular gels based on "click" ligand'[J]. Journal of Materials Chemistry, 2012, 22: 11515-11522.

[36] Kalista S J, Ward T C. Thermal characteristics of the self-healing response in poly (ethylene-co-methacrylic acid) copolymers[J]. Journal of the Royal Society Interface, 2007, 4: 405-411.

[37] Kalista S J, Ward T C, Oyetunji Z. Self-healing of poly (ethylene-co-methacrylic acid) copolymers following projectile puncture [J]. Mechanics of Advanced Materials and Structures, 2007, 14: 391-397.

[38] Chen X, Dam M A, Ono K, et al. A thermally re-mendable cross-linked polymeric material [J]. Science, 2002, 295: 1698-1702.

[39] Tian Q, Yuan Y C, Rong M Z, et al. A thermally remendable epoxy resin[J]. Journal of Materials Chemistry, 2009, 19: 1289-1296.

[40] Tian Q, Rong M Z, Zhang M Q, et al. Optimization of thermal remendability of epoxy via blending [J]. Polymer, 2010, 51: 1779-1785.

[41] Yuan C, Rong M Z, Zhang M Q, et al. Self-healing of polymers via synchronous covalent bond fission/radical recombination[J]. Chemistry of Materials, 2011, 23: 5076-5081.

[42] Montarnal D, Capelot M, Tournilhac F, et al. Silica-like malleable materials from permanent organic networks[J]. Science, 2011, 334: 965-968.

[43] Capelot M, Montarnal D, Tournilhac F, et al. Metal-catalyzed transesterification for healing and assembling of thermosets[J]. Journal of the American Chemical Society, 2012, 134: 7664-7667.

[44] Canadell J, Goossens H, Klumperman B. Self-healing materials based on disulfide links [J]. Macromolecules, 2011, 44: 2536-2541.

[45] Xu W M, Rong M Z, Zhang M Q. Sunlight driven self-healing, reshaping and recycling of a robust, transparent and yellowing-resistant polymer [J]. Journal of Materials Chemistry A, 2016, 4: 10683-10690.

[46] Cohades A, Branfoot C, Rae S, et al. Progress in self-healing fiber-reinforced polymer composites [J]. Advanced Materials Interfaces, 2018, 5: 1800177.

[47] Williams G, Bond I P, Trask R S. Compression after impact assessment of self-healing CFRP [J]. Composites Part A: Applied Science and Manufacturing, 2008, 40: 1399-1406.

[48] Williams G, Trask R S, Bond I P. A self-healing carbon fibre reinforced polymer for aerospace applications[J]. Composites Part A: Applied Science and Manufacturing, 2007, 38: 1525-1532.

[49] Kling S, Czigány T. Damage detection and self-repair in hollow glass fiber fabric-reinforced epoxy composites via fiber filling[J]. Composites Science and Technology, 2014, 99: 82-88.

[50] Williams H R, Trask R S, Bond I P. Self-healing composite sandwich structures[J]. Smart Materials and Structures, 2007, 16: 1198-1207.

[51] Williams H R, Trask R S, Bond I P. Self-healing sandwich panels: Restoration of compressive strength after impact[J]. Composites Science and Technology, 2008, 68: 3171-3177.

[52] Williams H R, Trask R S, Knights A C, et al. Biomimetic reliability strategies for self-healing vascular networks in engineering materials[J]. Journal of the Royal Society Interface, 2008, 5: 735-747.

[53] Patrick J F, Hart K R, Krull B P, et al. Continuous self-healing life cycle in vascularized structural composites[J]. Advanced Materials, 2014, 26: 4302-4308.

[54] Yin T, Rong M Z, Zhang M Q, et al. Self-healing epoxy composites — Preparation and effect of the healant consisting of microencapsulated epoxy and latent curing agent[J]. Composites Science and Technology, 2007, 67: 201-212.

[55] Yin T, Zhou L, Rong M Z, et al. Self-healing woven glass fabric/epoxy composites with the healant consisting of micro-encapsulated epoxy and latent curing agent[J]. Smart Materials and Structures, 2008, 17: 015019.

[56] Yin T, Rong M Z, Zhang M Q, et al. Durability of self-healing woven glass fabric/epoxy composites [J]. Smart Materials and Structures, 2009, 18: 074001.

[57] Bolimowski P A, Wass D F, Bond I P. Assessment of microcapsule-catalyst particles healing system in high performance fibre reinforced polymer composite[J]. Smart Materials and Structures, 2006, 25: 084009.

[58] Post W, Cohades A, Michaud V, et al. Healing of a glass fibre reinforced composite with a disulphide containing organic-inorganic epoxy matrix[J]. Composites Science and Technology, 2017, 152: 85-93.

[59] Heo Y, Sodano H A. Thermally responsive self-healing composites with continuous carbon fiber reinforcement[J]. Composites Science and Technology, 2015, 118: 244-250.

[60] Liu Y-L, Chuo T-W. Self-healing polymers based on thermally reversible Diels-Alder chemistry[J]. Polymer Chemistry, 2013, 4: 2194-2205.

[61] Sordo F, Michaud V. Processing and damage recovery of intrinsic self-healing glass fiber reinforced composites[J]. Smart Materials and Structures, 2016, 25: 084012.

[62] Pingkarawat K, Bhat T, Craze D A, et al. Healing of carbon fibre-epoxy composites using thermoplastic additives[J]. Polymer Chemistry, 2013, 4: 5007-5015.

第 31 章 复合材料的修复

学习要点：

(1) 掌握：① 复合材料胶接挖补修理、胶接贴补修理和机械连接修理的修理方式；② 复合材料胶接修理和机械连接修理的优缺点及适用条件；③ 胶黏剂模拟的内聚力模型的概念；

(2) 熟悉：① 复合材料胶接修理的最佳修理参数选择；② 复合材料机械连接修理的设计要点；③ 胶接接头静力受载分析方法和数值方法的几种方法及特点；④ 机械连接的几种破坏模式；⑤ 机械连接的分析方法；

(3) 了解：复合材料胶接修理结构和机械连接修理结构的力学评估的不足及未来研究发展方向。

31.1 引　　言

由于复合材料具有优异的性能，世界上先进的飞机逐渐呈现复合材料化的趋势。飞机复合材料结构在制造和使用过程中，会不可避免地出现损伤，需要通过替换或者修理恢复结构的使用功能。现代飞机设计和制造成本昂贵，而飞机结构的损伤大多具有局部性和多发性的特点，整体更换结构件成本较高，对于损伤不严重的结构进行修理是最为经济和有效的方法。

复合材料结构修理方法主要有胶接修理与机械连接修理两大类，必须根据具体的损伤特点（损伤程度、损伤部位、可修理性、修理技术的可行性、有效性及经济性等）进行选择。为恢复修理后复合材料结构的功能，并确保修理后结构的强度、刚度和抗疲劳强度，需对拟采用的修理方案进行评估，最基本的是采用分析或数值计算方法对修理结构的静强度进行分析，给出修理后结构的刚度和强度恢复情况，并确定损伤结构的最佳修理策略和修理参数[1]。

本章主要对工程常用的复合材料胶接挖补修理、胶接贴补修理和机械连接修理的修理过程、特点、修理参数选择进行介绍，对修理结构静力受载的分析和数值方法进行总结，并对未来修理结构的力学发展进行展望。

31.2 复合材料胶接修理

31.2.1 胶接挖补修理

挖补修理是指将结构上的缺陷或损伤部位挖除,然后再补以新的材料的一种胶接修理方法。根据损伤去除方法的不同又可以划分为斜削法和阶梯法,两种方法如图 31.1 所示,两者效果相当,但工艺不同。挖补法是较先进的修理方法,适用范围广、效果好,但操作复杂,设备要求高。

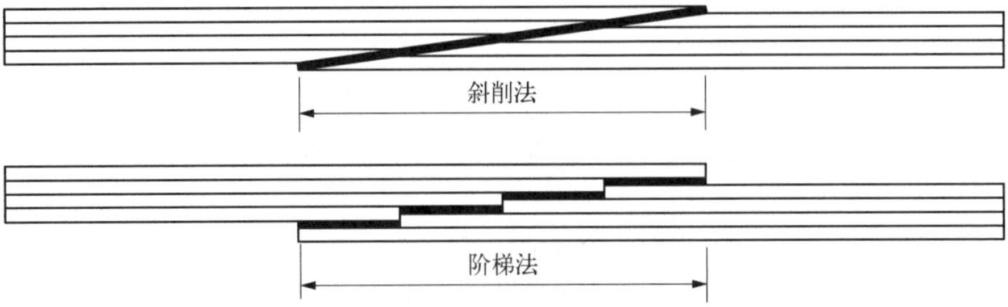

图 31.1 挖补修理示意图

挖补修理适用于修理损伤面积较大、情况较严重的损伤,由于一般采用预浸料作为修理材料,因此对于修理曲率较大或有气动外形要求的表面具有一定的优越性,而且可以以最小的增重量,最大限度地恢复结构的强度。

针对损伤类型的不同,挖补修理可以分为非穿透性损伤和穿透性损伤两种修理过程。非穿透性损伤挖补修理过程如图 31.2 中所示:

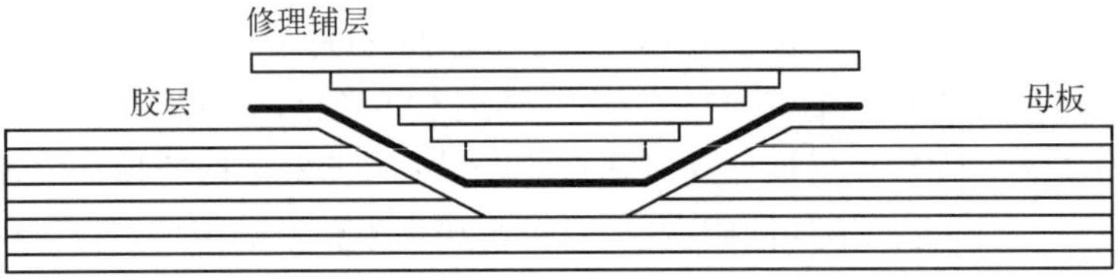

图 31.2 非穿透性损伤挖补修理示意图

穿透性损伤挖补修理有双面修理和单面修理两种,双面修理适用于厚板穿透损伤的修理,可以使修理尺寸保持最小,其修理过程如图 31.3 中所示。在某些情况下,如外场或部件的特殊结构,修理区的背面不可达,只能进行单面修理,其修理过程如图 31.4 中所示。单面修理需要解决两个问题:未固化补片的支撑保形和真空密封。解决的方法是,先在背侧用室温固化胶黏剂粘贴上复合材料支撑板,将穿孔背面封闭,形成一个与非穿透损伤相似的修理面。

挖补修理方法同样适用于蜂窝夹层结构的修理。在使用斜削修理时,通常所选用的挖补斜度是 1∶30 或更高。斜削修理的好处是与原结构相比,修理区域的厚度几乎没有

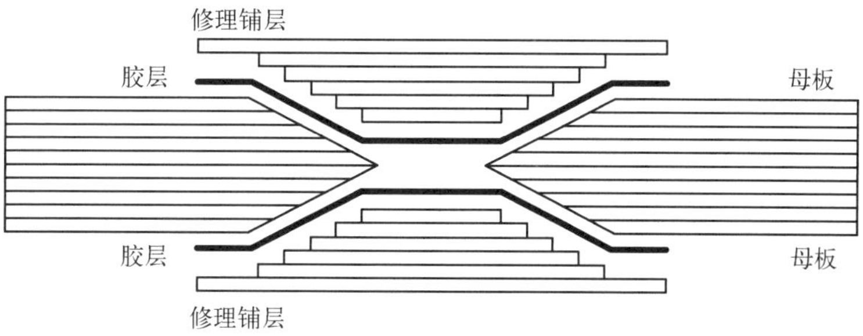

图 31.3　穿透性损伤双面挖补修理示意图

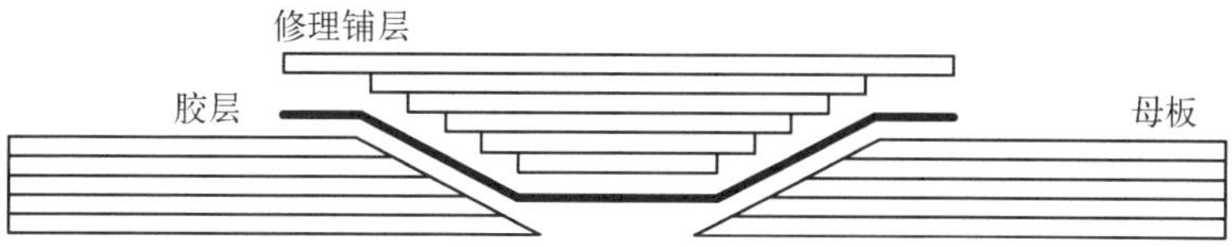

图 31.4　穿透性损伤单面挖补修理示意图

增加,并且可以得到更加强而直接的传力路径。此外,在打磨后暴露出来的新表面上进行胶接可以得到较好的效果。斜削修理的不足之处在于打磨修理斜面的过程费时费力,同时需要特殊的打磨工具和高技术的工人相互配合才能实现。

31.2.2　胶接贴补修理

贴补修理是指在损伤结构的外部,通过胶接或胶接共固化来固定一个外部补片以恢复结构的强度、刚度及使用性能的一种修理方法。贴补修理方式如图 31.5 中所示,在结构损伤区域粘贴胶膜和补片已完成贴补修理。补片可以是预先固化好的复合材料层压板,也可以是钛合金、铝合金、不锈钢等材料制作的金属板。

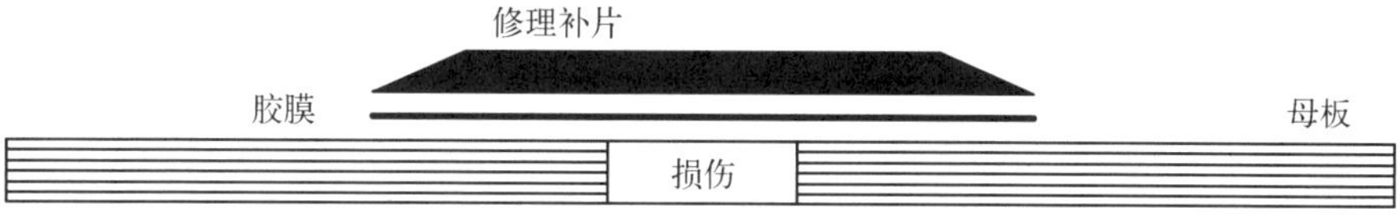

图 31.5　贴补修理示意图

胶接贴补修理的优点是补片制作容易,复合材料补片内部质量相对高,施工简单,缺点是对曲率较大的结构难以实施,所以胶接贴补修理主要针对气动外形要求不高的结构进行。

修理过程中通常对补片边缘进行倒角处理,主要原因是此类修补形式类似于单面搭接接头,补片边缘楔形角度的设计主要是为了减小在胶接连接过程中造成连接破坏的剥离应力和剪应力的集中。

对复合材料蜂窝夹层结构的蒙皮面板损伤也可使用贴补方法进行修理。修理时,蒙皮面板厚度可达 16 层,损伤直径达 100 mm,如图 31.6 中所示。由于贴补修理方法简单易行,近年来碳-环氧复合材料已经广泛用于外场条件下飞机蜂窝夹层结构的蒙皮面板损伤修理。修理后的结构强度可以恢复到原结构材料极限许用值的50%~100%。

31.2.3 胶接修理参数选择

1. 构型参数

1)补片参数

对复合材料层合板修理,挖补法一般用于16层以上的厚板,这种方法的重要特点是需要去除损伤区域的同时也去除了大量未损伤的材料,以形成适当的挖补斜度或每层的阶差,因此挖补修理最主要的参数就是斜接式挖补的角度和阶梯式挖补的每层阶差。根据大量试验表明挖补角度最好为6°,阶梯式挖补每层的阶差不小于13 mm,当去除层数不超过6层时,可以采用单面挖补,当去除层数超过6层时在通路允许的情况下,可以采用双面挖补。

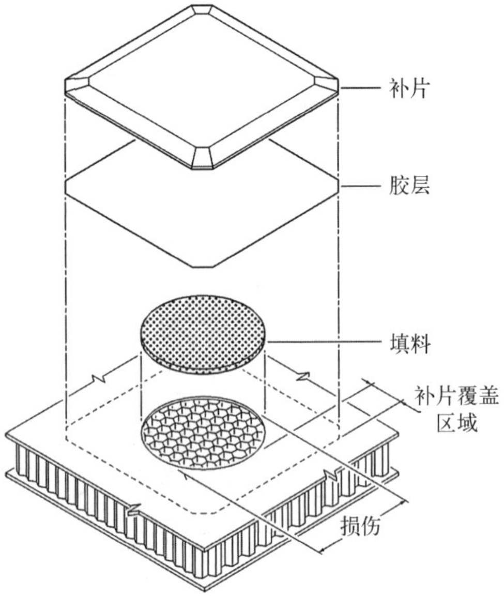

图 31.6 复合材料蜂窝夹层结构的胶接贴补修理示意图

贴补法适用于16层以下的薄板,贴补法补片的主要参数有补片的形状和补片的大小。当修补中心带裂纹的层板时,补片的最佳形状为圆矩形,其次为纵向椭圆(长轴与裂纹垂直)、圆形、横向椭圆,矩形最差[2]。修补中心孔的损伤板,一般采用圆形补片。外表面进行修补时,补片的四周要制成有一定锥度的楔形,以减少结构修理对表面空气动力的不利影响,研究表明锥度比设计为30∶1至15∶1时,有利于降低边缘结构刚度突变在胶层中产生的层间应力和剥离应力。对于确定的损伤大小,补片的尺寸存在一个最优值,因为补片的载荷传递区域是一定的。搭接最佳长度为12~15 mm,考虑到安全系数和胶接缺陷等因素,应选择20~30 mm的搭接长度[3]。补片的厚度也存在一个最优值,为保证较好的修理效果,并减轻结构增重的不利影响,补片最佳厚度一般取母板厚度的1/2~2/3[4]。

2)胶层厚度

对于挖补修理和贴补修理,胶层的厚度需选取得当。胶层太薄,易发生脆性破坏,胶层太厚,内部缺陷数量迅速增加,剪切强度降低。胶层厚度为0.15~0.25 mm时,修理效果及效率最佳[5]。

2. 材料参数

胶黏剂在复合材料结构修理中占有重要地位,它是实现补片止裂作用的中间媒介,应根据修补结构的实际承力水平和使用环境选择有良好的耐介质、耐湿热老化性能以及抗疲劳性能好、剪切剥离强度较高的胶黏剂。常用的胶黏剂有双组分胶黏剂和膜状胶黏剂两种。在双组分胶黏剂中,室温固化的,使用温度低、耐久性差,主要适用于结构的临时性修理;中温固化和高温固化的,力学性能比较好;发泡胶黏剂主要用于蜂窝块的拼接、填充蜂窝孔格和带有间隙的两个制件的胶接。外场修理受施工条件限制,应选择双组分的低压中温固化胶黏剂为宜。有研究表明，胶黏剂的破坏应变增大会使结构最终破坏强度增大。

3. 工艺参数

1）胶接件表面处理

表面处理对于结构修理非常重要。表面处理的质量将很大程度上影响修补的质量。常见的表面处理方法为先机械打磨或机械吹砂后，再用丙酮等有机溶剂清洗。较为先进的表面处理技术有等离子处理和激光处理。

2）胶接固化工艺

修理胶接固化过程是通过保障温度、压强和真空度等条件，引发胶黏剂与树脂基体的快速聚合反应的过程。这些固化参数对于胶接质量尤为重要，比如固化温度过低，胶层交联密度过低，固化反应不完全，固化温度过高，则易引起胶液流失或使胶层催化，导致胶接强度下降。

传统的固化方式以热固化为主，虽然技术成熟、质量可靠，但存在修理时间长、成本高的缺点。现在也有研究人员提出微波固化、电子束固化、紫外光固化等新的固化工艺[6]。

31.3.4 胶接修理典型方案

复合材料结构修理的一般流程如图 31.7 中所示：

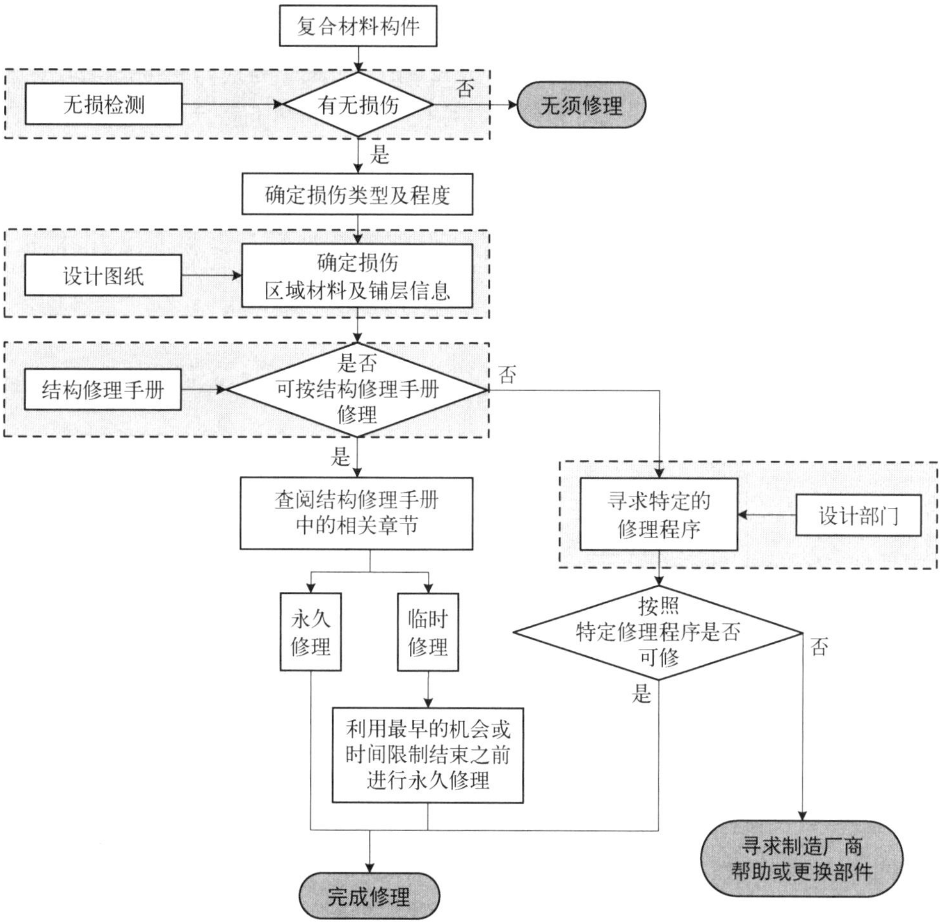

图 31.7　复合材料结构修理流程图

胶接修理典型修理方案来自波音 777 的结构修理手册,修理的损伤为加筋板的蒙皮损伤。采用挖补修理的胶接修理方案,方案示意图如图 31.8 所示,在进行损伤区域切除时不可损伤筋条部分。

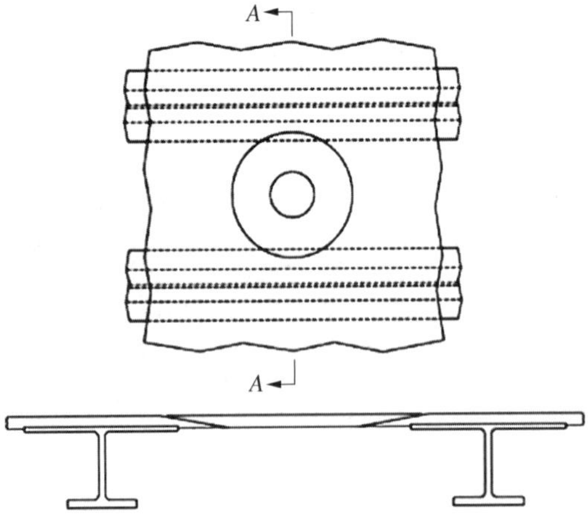

图 31.8　蒙皮损伤典型胶接修理方案

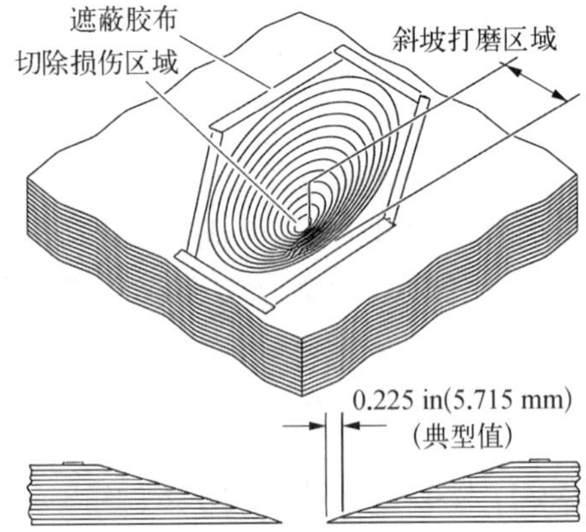

图 31.9　损伤切除示意图

此处的挖补修理方案针对穿透损伤,需要首先切除蒙皮上的损伤区域,对切除损伤后的结构进行斜坡打磨,复合材料单层阶差为 5.72 mm,图 31.9 为损伤区域切除示意图。

修理铺层顺序显示在图 31.10 中,修理补片位于损伤区域下侧,母板与修理铺层之间为 BMS 5－154 胶膜,材料为 BMS 8－276 的修理铺层共分为三组,两组铺层之间由 BMS－154 胶膜分隔,第三组铺层之上有两层相同材料的附加修理层,搭接长度为 6.35 mm,必要时需要在 BMS 8－276 附加修理层上覆盖一层玻璃纤维复合材料铺层,搭接长度为 6.35 mm。

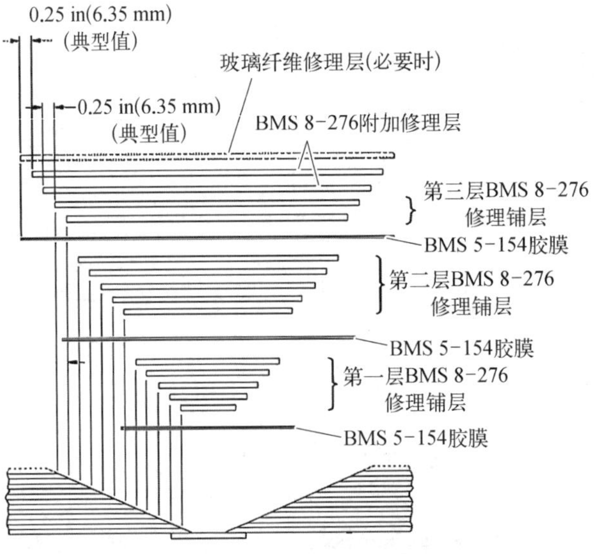

图 31.10　修理铺层示意图

31.3　复合材料机械修理

31.3.1　机械连接修理

机械连接修理是指在损伤结构的外部或内部用螺栓或铆钉固定一个加强补片，使损伤结构遭到破坏的载荷传递路线得以重新恢复的一种修补方法。机械连接方法修理施工快速、操作简便、性能可靠，适于野外修理或对连接结构表面处理要求不高的临时性修理，其最大的缺点是修后结构增重量大，紧固件孔周边容易产生新的应力集中。复合材料结构机械连接修理方式如图 31.11 中所示。机械连接除能传递大载荷和可靠性较高外，还具有连接的抗剥离性能好，受环境影响较小，没有胶接固化时产生的残余应力，允许修理结构的拆卸再装配等优点。但是由于复合材料具有各向异性和脆性的特点，往往复合材料的连接部位的应力集中比金属结构连接部位的应力集中严重，多钉连接时各钉的承载能力极不均匀，因此连接部位通常是复合材料静强度和疲劳强度的薄弱环节，在进行结构设计或修理设计时要特别注意复合材料连接接头设计。

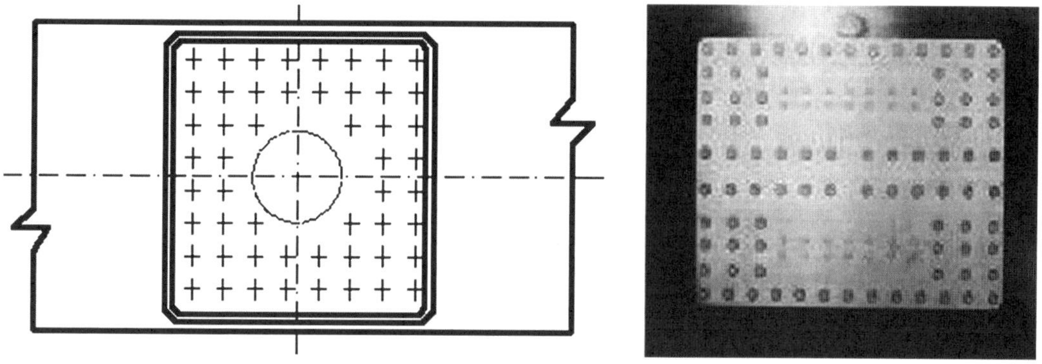

图 31.11　复合材料机械连接修理示意图

31.3.2　机械连接修理设计要点

复合材料的机械连接设计有两个总的设计目标，第一就是要保证连接区有足够的结构完整性，第二就是要减少制造和装配的复杂性。采用机械连接时，要遵循一些原则。首先连接区的厚度变化要平缓；其次连接区局部要加厚，降低开孔对结构的削弱；另外，紧固件的材料与复合材料要相容，以防止电化腐蚀，不宜采用在连接过程中会产生冲击力及依靠钉杆变形的紧固件。

对于双剪形式的结构连接，即使是同样的材料和铺层，位于中间的连接件的挤压强度是大于两侧搭接板的挤压强度的，所以两侧搭接板的总厚度要稍大于中间连接件的厚度，否则破坏总发生在搭接板处。

分析和试验证明，采用均匀厚度构件和斜削搭接板的机械连接形式最好。这样可以优化螺栓的载荷分布，降低第一排螺栓传递的载荷。斜削参数的选择主要是参考搭接板的厚度和紧固件的直径。在斜削部位应采用斜削的垫圈，在局部位置铣出平台来安装螺栓和螺母不合适。

提高结构之间及紧固件与结构之间的紧密程度以减少摩擦腐蚀，如精加工提高表面质量和孔的质量，另外如结构之间涂抹密封剂或漆料，紧固件的湿装配，在一定程度上提高结构的紧密性，提高结构的韧性，减少结构之间在运动时的摩擦。

机械连接修理设计要素的一些要求如下。

(1) 合理选择补片材料、厚度和形状。

补片材料的最小厚度规定为，若使用沉头紧固件，不允许出现尖锐边缘；最大厚度的规定为，若有表面气动性要求，机械连接修理不能超过补片的最大厚度要求。

(2) 合理选择紧固件类型、螺杆直径、端头形状和材料。

在修理背面不可达的情况进行单面修理时，紧固件必须采用盲孔紧固件，而且盲孔中的螺栓要设计成可以被拔出的形式；必须考虑紧固件间隙的影响。

(3) 合理安排紧固件的几何布局。

安排螺栓孔时要尽可能地利用现有的螺栓孔，减少螺栓孔的引入以免过多地损伤复合材料纤维造成应力集中现象；对于主承力结构，必须通过结构分析来准确地确定紧固件的位置，以达到恢复设计强度的目的；对于补片上的螺栓，螺栓间距不小于 4 倍螺栓直径，与层合板任意边缘的距离不小于 3 个螺栓直径，若补片为金属补片，边距应该保持 2 倍螺栓直径；损伤区域必须至少被两排螺栓包围，以防止双轴或偏轴载荷和偶然的螺栓孔过大；为提高机械连接强度，连接参数一般应按表 31.1 选取。

表 31.1　连接参数选取建议

列距/孔径 (S/D)	排距/孔径 (S/D)	边距/孔径 (S_w/D)	端距/孔径 (S_w/D)	孔径/板厚 (D/t)	沉头孔时的板厚 t
≥5	≥4	≥2.5	≥3	$1 \leqslant D/t \leqslant 2$	$t \geqslant 0.6D$

31.3.3　机械连接修理典型方案

机械连接修理的典型修理方案来自波音 777 的结构修理手册[7]。

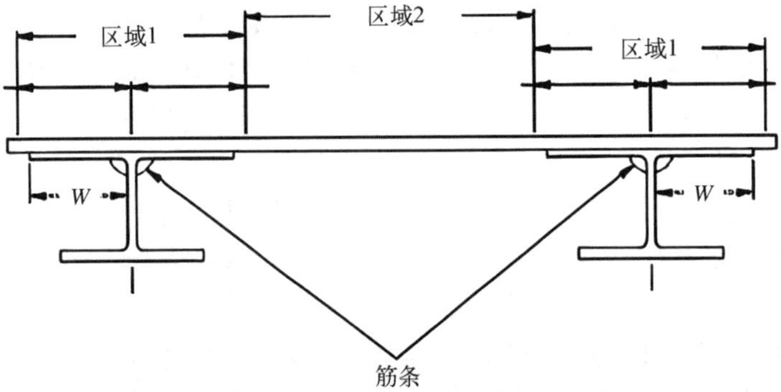

图 31.12　蒙皮损伤区域示意图

图 31.12 将复合材料加筋板的损伤区域分为 2 个,区域 1 对应于筋条下方蒙皮损伤,区域 2 对应于筋条之间蒙皮损伤,此处对应的修理方案用来修理发生在区域 2 的损伤,此处的修理区域的螺栓至少离其他修理区域 304.8 mm。根据国外民机的结构修理手册,此种修理属于 A 类修理,是一种永久性修理,除维修计划文件规定的检查外无须对修理区域进行额外检查。

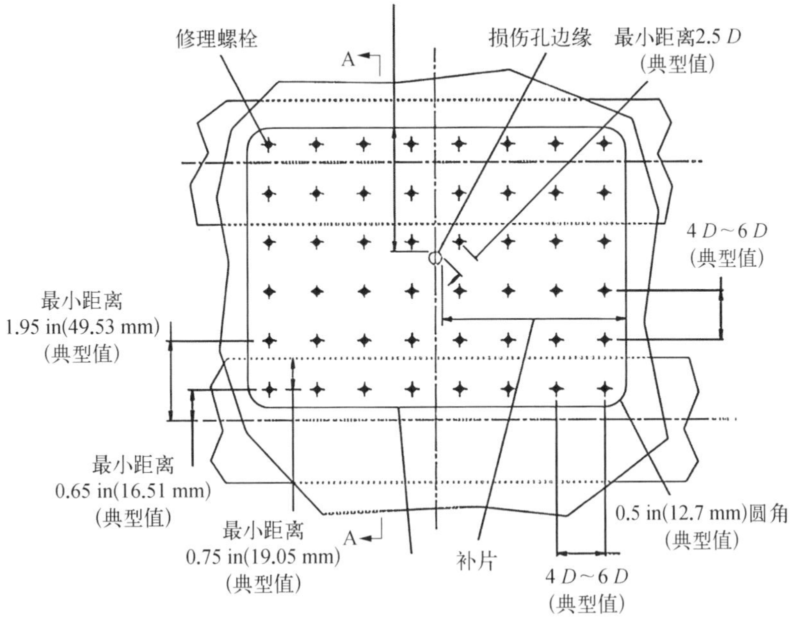

图 31.13　筋条间蒙皮损伤典型机械连接修理方案

金属修理补片采用 Ti－6AL－4V 钛合金,根据飞机损伤的具体部件选择厚度为 1.60 mm、2.03 mm、2.54 mm、3.18 mm 的补片,具体修理方案如图 31.13 所示,总结如下:

(1) 损伤区域周围至少有三列螺栓;

(2) 损伤区域边缘离最近的螺栓孔圆心最小距离为 2.5 倍螺栓直径;

(3) 螺栓排列必须平行于加筋板对称中轴线;

(4) 螺栓列距与排距均在 4 倍至 6 倍螺栓直径之间;

(5) 补片形状为长方形,一般有半径为 12.7 mm 的圆角;

(6) 最外一列螺栓孔圆心与修理侧的筋条边缘至少相距 19.05 mm;

(7) 最外一列螺栓孔圆心距相邻的筋条中轴线最小距离为 16.51 mm;

(8) 除去筋条上的修理螺栓,最外一列螺栓孔圆心与相邻的筋条边缘至少相距 19.05 mm。

31.4　胶接修理结构力学性能评估

31.4.1　胶黏剂性能测试实验方法

胶黏剂拉伸刚度、拉伸屈服应力和拉伸失效应力可以按照 ASTM D638－14 塑料拉伸性能的标准试验方法进行测试获得。胶黏剂剪切模量、剪切屈服应力和剪切失效应力可以按照 GB 7124－86 胶黏剂拉伸剪切强度测定方法进行测试获得。胶黏剂的Ⅰ型和Ⅱ型应变能释放率可用于断裂力学、损伤力学、内聚力模型和扩展有限元计算接头强度。Ⅰ型应变能释放率可通过双悬臂梁试验(double-cantilever beam, DCB)进行测试，如图 31.14 所示，其试验标准为 ASTM D5528 单向纤维增强聚合物基复合材料Ⅰ型层间断裂韧性的标准试验方法。Ⅱ型应变能释放率可通过端部开口弯曲试验(end-notched flexure, ENF)进行测试，如图 31.15 所示，其试验标准为 ASTM D7905 单向纤维增强聚合物基复合材料Ⅱ型层间断裂韧性的标准试验方法。

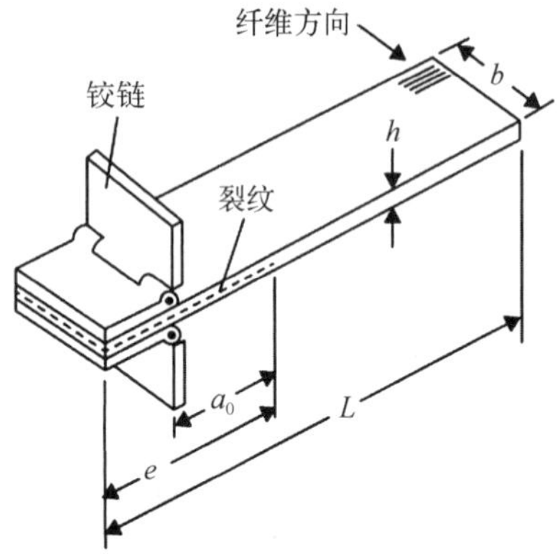

图 31.14　双悬臂梁试验

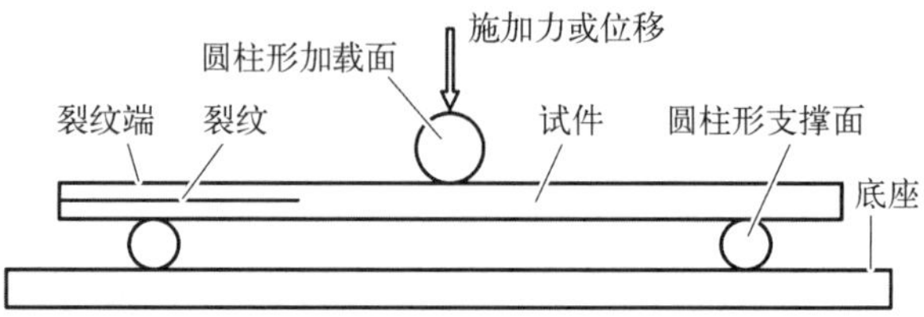

图 31.15　端部开口弯曲试验

31.4.2　胶接接头静力受载分析方法

考虑弯曲效应和大变形后得到的 G－R 解[8]被认为是现代胶接理论的起点。对接头的应力分析足够正确，且可以得到剥离应力对接头力学性能的影响，但不能控制边界与搭接区端部胶层的连续性[9]。Hart-Smith 等进一步分析了胶接接头的应力分析，很好地预测了塑性胶层的力学行为，但模型中没有考虑横向剪切变形的影响和边界效应。Zhao 提出了一种确定接头端部弯矩的新方法，假设载荷作用下搭接区域不变形，并得到了试验的支持[10]。这个方法计算结果精确，适用性广且适用于非平衡接头，比较容易延伸到讨论胶黏剂的非线性问题。

31.4.3　胶接接头静力受载数值方法

当胶接接头结构更为复杂时，分析方法很难对接头应力和强度进行预测。随着有限元技术的广泛应用，数值方法在胶接接头静力受载的应力分析和强度预测中得到广泛应用，包括连续介质力学方法、断裂力学方法、损伤力学方法、内聚力模型。

连续介质力学方法通过材料的应力或者应变参数十分简单地判断接头失效，但这个方法没有引入能量概念，所以不能准确预测塑性胶黏剂的行为，而且在被粘接物/胶黏剂界面的应力/应变奇异区域有很严重的网格依赖性。Ayatollahi 和 Akhavan-Safar 提出了一种基于经向应变和临界距离的临界经向应变准则，采用了没有应力/应变奇异的胶层中面的经向应变,克服了上述问题[11]。

断裂力学方法引入了能量概念和准则,可以模拟脆性和塑性胶黏剂的裂纹扩展问题,但需要引入初始裂纹,所以对于无损结构难以分析。

损伤力学方法通常引入一个损伤变量,在受力状态达到设定的应力/应变失效准则时,材料的刚度开始逐渐折减,如图 31.16 所示。这个方法可以解释如胶黏剂的弹塑性失效、被粘接物的失效等失效机理,也可以使裂纹在随机路径扩展并达到较好的强度预测结果。但是需要复杂的材料参数校准,而且损伤变量的物理意义难以定义。

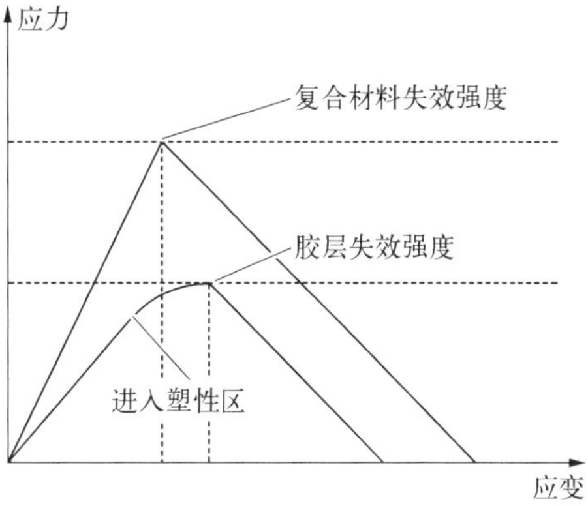

图 31.16　材料渐进损伤过程

内聚力模型基于连续介质力学的损伤起始和断裂力学的损伤扩展,在学术研究中应用较多。内聚力单元的本构模型是通过作用在界面单元上下表面的应力与张开位移之间的关系来定义的,本构模型可以有多种形式,主要体现在材料的软化行为上,如图 31.17 所示为三维界面单元的示意图,图 31.18 为双线性本构。内聚力模型模拟结果网格依赖性低,有丰富的牵引力-位移准则,可满足脆性和塑性胶黏剂分析。但内聚力模型的材料参数依赖于几何参数,如胶层厚度等,且失效路径需为已知。

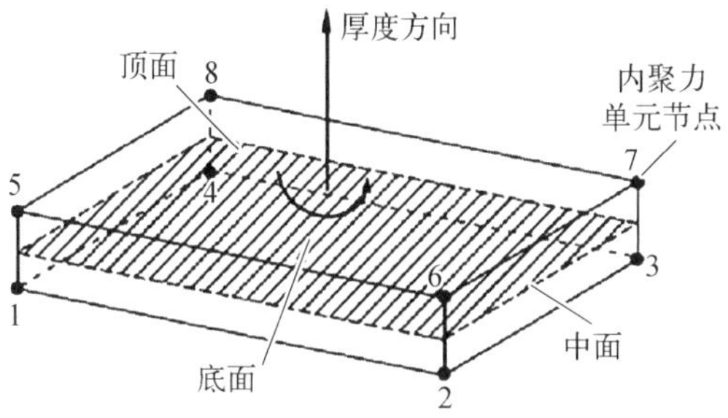

图 31.17　三维八节点界面单元示意图

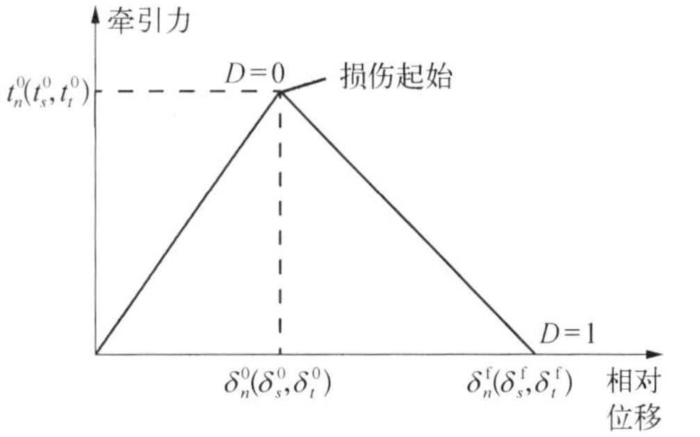

图 31.18　界面单元双线性本构模型

31.4.4　胶接修理结构静力受载数值方法

本节以具体实例,详细说明复合材料胶接修理结构静强度的数值模拟预测方法。

1. 试验设计

设计试验矩阵如下表 31.2 所示。

试验件为胶接挖补修理层合板拉伸试件。试验件母板和补片一致,由 T800 级碳纤维预浸料制备,单层名义厚度 0.188 mm。母板尺寸为 300 mm×200 mm×1.5 mm,铺层顺序为 $[45°/-45°/0°/90°]_s$,中央有 ϕ25 mm 的圆形损伤孔,两端为 200 mm×60 mm×1.5 mm 的

表 31.2　T800 挖补修理参数对比试验矩阵

试件编号	修理类型	损伤尺寸	损伤深度	挖补斜度	件　数
WP-1	单面挖补	ϕ25 mm	4 层	1∶30	3
WP-2	单面挖补	ϕ25 mm	4 层	1∶20	3
WP-3	单面挖补	ϕ25 mm	4 层	1∶40	3
WP-4	单面挖补	ϕ25 mm	8 层	1∶30	3
WP-5	双面挖补	ϕ25 mm	8 层	1∶30	3

玻璃纤维加强片。补片铺层顺序与对应位置的母板铺层顺序一致，补片和母板采用 J-116B 胶黏剂进行粘接。试验件示意图如图 31.19 所示。

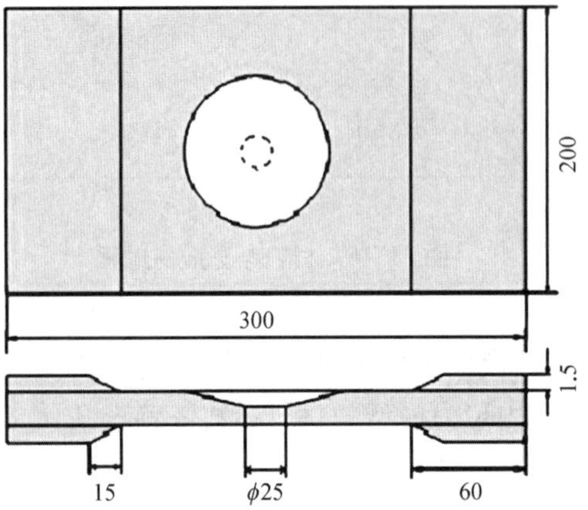

图 31.19　胶接挖补修理试件示意图(单位：mm)

2. 有限元分析

1）尺寸及网格

基于 ABAQUS 有限元软件建立 T800 级预浸料复合材料层合板胶接挖补修理三维有限元分析模型，如下图 31.20 所示。复合材料母板和补片按实际尺寸进行建模，均采用实体单元模拟，为了适应几何尺寸的不一致，采用了 C3D8 和 C3D6 两种单元，胶层使用黏聚力单元 COH3D8 建模。

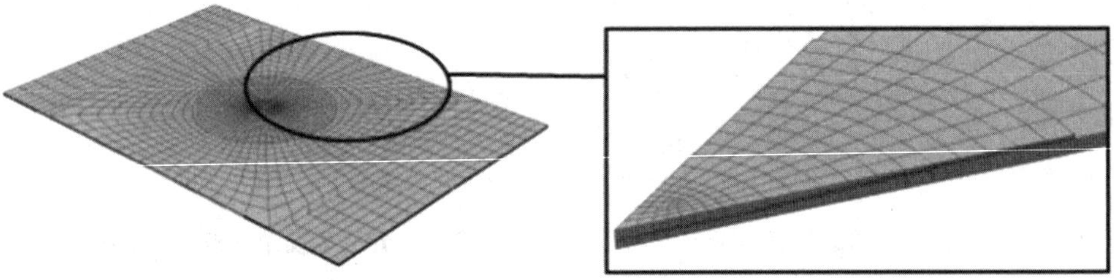

图 31.20　T800 胶接挖补修理层合板有限元模型及局部细节图

2）边界条件

根据试验件的加载边界条件来确定有限元模型的边界条件，具体实现方法是：完全约束层合板一端的 6 个方向自由度，模拟实际中的固支情况；约束另一端的 U2、U3、UR1、UR2、UR3 这 5 个自由度，并在该侧端面上施加轴向位移载荷 U1，以实现轴向拉伸加载。

3）复合材料失效模拟

对于有限元模型中的复合材料单向带铺层，使用三维 Hashin 损伤判据。

（1）纤维失效：

$$F_{T1}^2=\begin{cases}\left(\dfrac{\sigma_{11}}{X_T}\right)^2+\left(\dfrac{\tau_{12}}{S_{12}}\right)^2+\left(\dfrac{\tau_{13}}{S_{13}}\right)^2=1 & (\sigma_{11}>0)\\ \left(\dfrac{\sigma_{11}}{X_C}\right)^2=1 & (\sigma_{11}<0)\end{cases}\tag{31.1}$$

（2）基体失效：

$$F_{T2}^2=\begin{cases}\left(\dfrac{\sigma_{22}+\sigma_{33}}{Y_T}\right)^2+\dfrac{(\tau_{23}^2-\sigma_{22}\sigma_{33})}{(S_{23})^2} & \\ +\left(\dfrac{\tau_{12}}{S_{12}}\right)^2+\left(\dfrac{\tau_{13}}{S_{13}}\right)^2=1 & (\sigma_{22}+\sigma_{33}>0)\\ \left(\dfrac{\sigma_{22}+\sigma_{33}}{Y_C}\right)\left[\left(\dfrac{Y_C}{2S_{23}}\right)^2-1\right]+\dfrac{(\sigma_{22}+\sigma_{33})^2}{4(S_{23})^2} & \\ +\dfrac{\tau_{23}^2-\sigma_{22}\sigma_{33}}{(S_{23})^2}+\left(\dfrac{\tau_{12}}{S_{12}}\right)^2+\left(\dfrac{\tau_{13}}{S_{13}}\right)^2=1 & (\sigma_{22}+\sigma_{33}<0)\end{cases}\tag{31.2}$$

（3）分层失效：

$$F_{T3}^2=\begin{cases}\left(\dfrac{\sigma_{33}}{Z_T}\right)^2+\left(\dfrac{\tau_{13}}{S_{13}}\right)^2+\left(\dfrac{\tau_{23}}{S_{23}}\right)^2=1 & (\sigma_{33}>0)\\ \left(\dfrac{\sigma_{33}}{Z_C}\right)^2+\left(\dfrac{\tau_{13}}{S_{13}}\right)^2+\left(\dfrac{\tau_{23}}{S_{23}}\right)^2=1 & (\sigma_{33}<0)\end{cases}\tag{31.3}$$

式(31.1)、式(31.2)和式(31.3)中，σ_{ii} 表示层内各个方向上的正应力；τ_{ij} 表示层内各个方向上的剪切应力；X_T、X_C 分别表示纤维方向上的拉伸与压缩强度；Y_T、Y_C 分别表示垂直于纤维方向上的拉伸与压缩强度；Z_T、Z_C 分别表示厚度方向上的拉伸与压缩强度；S_{12}、S_{23}、S_{13} 分别表示层内各方向上的剪切强度；F_{T1}、F_{T2}、F_{T3} 分别表示单向带失效准则表达式的值，当该值大于 1 时，认为单向带在对应方向上出现损伤。

根据式(31.4)，如果在某个方向上材料发生损伤，就按照该方向定义的公式对相应的材料性能参数进行折减，如果材料的损伤是在 2 个方向产生，就分别在这 2 个方向都折减它的力学性能。

$$\begin{aligned}&1\text{ 方向失效：}E'_{11}=\lambda_{SRC}^{T}E_{11},\ G'_{12}=\lambda_{SRC}^{T}G_{12},\ G'_{13}=\lambda_{SRC}^{T}G_{13},\ \nu'_{12}=\lambda_{SRC}^{T}\nu_{12},\ \nu'_{13}=\lambda_{SRC}^{T}\nu_{13}\\&2\text{ 方向失效：}E'_{22}=\lambda_{SRC}^{T}E_{22},\ G'_{12}=\lambda_{SRC}^{T}G_{12},\ G'_{23}=\lambda_{SRC}^{T}G_{23},\ \nu'_{12}=\lambda_{SRC}^{T}\nu_{12},\ \nu'_{23}=\lambda_{SRC}^{T}\nu_{23}\\&3\text{ 方向失效：}E'_{33}=\lambda_{SRC}^{T}E_{33},\ G'_{13}=\lambda_{SRC}^{T}G_{13},\ G'_{23}=\lambda_{SRC}^{T}G_{23},\ \nu'_{13}=\lambda_{SRC}^{T}\nu_{13},\ \nu'_{23}=\lambda_{SRC}^{T}\nu_{23}\end{aligned}\tag{31.4}$$

式中，E'_{11}、E'_{22}、E'_{33}、G'_{12}、G'_{23}、G'_{13}、ν'_{12}、ν'_{23}、ν'_{13} 分别表示经过折减后的材料性能参数；λ_{SRC}^{T} 表示复合材料单层的折减系数，在本章中根据计算情况，取 $\lambda_{SRC}^{T}=0.01$。

4）胶层损伤准则

胶层用内聚力单元建立，其损伤准则是基于线弹性-线性软化（也称作双线性）牵引力-相对位移本构关系建立的连续损伤机制。

在线弹性范围内,内聚力单元的牵引力-相对位移本构关系为

$$\begin{Bmatrix} t_n \\ t_s \\ t_t \end{Bmatrix} = \begin{bmatrix} K_{nn} & & \\ & K_{ss} & \\ & & K_{tt} \end{bmatrix} \begin{Bmatrix} \delta_n \\ \delta_s \\ \delta_t \end{Bmatrix} \tag{31.5}$$

式中, $t_i(i = n, s, t)$ 为内聚力单元在法向和两个切向上的应力; $\delta_i(i = n, s, t)$ 为对应于这三个方向上的应变位移; $K_{ii}(i = n, s, t)$ 为对应于这三个方向上的刚度。

内聚力单元的损伤起始准则采用二次应力准则:

$$\left\{\frac{\langle t_n \rangle}{t_n^o}\right\}^2 + \left\{\frac{t_s}{t_s^o}\right\}^2 + \left\{\frac{t_t}{t_t^o}\right\}^2 = 1 \tag{31.6}$$

式中, $t_i^o(i = n, s, t)$ 为内聚力单元在法向和两个切向上对应的强度值,其中:

$$\langle t_n \rangle = \begin{cases} t_n, & t_n \geqslant 0 \\ 0, & t_n < 0 \end{cases} \tag{31.7}$$

对于内聚力单元的损伤扩展,采用基于能量释放率的幂准则(power law):

$$\left\{\frac{G_n}{G_n^C}\right\}^\alpha + \left\{\frac{G_s}{G_s^C}\right\}^\alpha + \left\{\frac{G_t}{G_t^C}\right\}^\alpha = 1 \tag{31.8}$$

式中, $G_i^C(i = n, s, t)$ 为对应方向上的临界能量释放率; α 为材料参数,本章中取值为 2。

在本章建立的模型中,认为内聚力单元在两个切向上具有相同的性能,包括其强度和临界能量释放率的值。

5）材料属性

材料属性如表 31.3 和表 31.4 所示。

表 31.3　T800 预浸料材料性能参数

材料参数	E_{11}/GPa	E_{22}/GPa	E_{33}/GPa	ν_{12}	ν_{23}	ν_{13}
数值	156.50	8.25	8.25	0.32	0.47	0.32
材料参数	G_{12}/GPa	G_{23}/GPa	G_{13}/GPa	X_T/MPa	X_C/MPa	Y_T/MPa
数值	4.37	2.81	4.37	2 986	1 508	50
材料参数	Y_C/MPa	Z_T/MPa	Z_C/MPa	S_{12}/MPa	S_{23}/MPa	S_{13}/MPa
数值	220	50	220	66	80	66

表 31.4　J116B 胶黏剂材料性能参数

材料参数	E/GPa	G/GPa	ν	$t_n^0 = t_s^0 = t_t^0$ /MPa	$G_n^C = G_s^C = G_t^C$ /(N·mm^{-1})
数值	1	0.385	0.3	24.5	7.5

3. 试验及有限元分析结果对比

将有限元计算的破坏强度值与试验结果进行对比,如表 31.5 所示。可见有限元计算结果准确性较高,计算值与试验值误差基本控制在 15%以内。

表 31.5　有限元计算与试验破坏强度对比

编　号	主要修理参数	试验值/MPa	计算值/MPa	误　差
WP－1	损伤 4 层,单面挖补,斜度 1∶30	594.96	575.65	−3.24%
WP－2	损伤 4 层,单面挖补,斜度 1∶20	538.03	555.20	3.19%
WP－3	损伤 4 层,单面挖补,斜度 1∶40	666.86	594.90	−10.79%
WP－4	损伤 8 层,单面挖补,斜度 1∶30	489.97	499.05	1.85%
WP－5	损伤 8 层,双面挖补,斜度 1∶30	532.92	531.77	−0.21%

31.5　机械连接修理结构力学性能评估

31.5.1　机械连接载荷和破坏模式

复合材料机械连接一般有受拉伸和受剪切两种载荷方式,所谓受拉伸和受剪切是指对被连接板而言,紧固件在两种情况下都是承受剪切载荷的。由于复合材料板拉脱强度较低的原因,一般应避免复合材料机械连接主要承受面外拉伸载荷,也就是避免紧固件承受拉伸载荷。

复合材料机械连接的破坏模式有单一型和组合型两类。单一型破坏模式有层压板的拉伸破坏、剪切破坏、挤压破坏、撕裂破坏、劈裂破坏、拉脱破坏等多种形式。主要单一型破坏模式见图 31.21。组合型破坏为两种以上单一型破坏模式同时发生的情况,例如拉伸-剪切(或劈裂)、挤压-拉伸、挤压剪切和挤压-拉伸-剪切等。

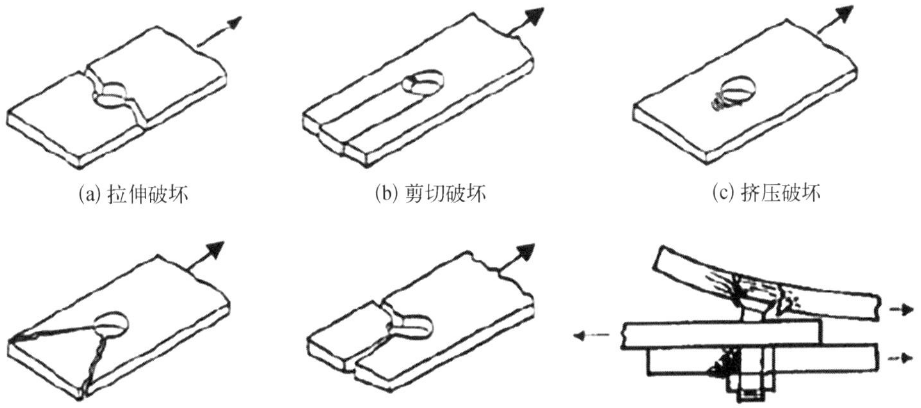

(a) 拉伸破坏　(b) 剪切破坏　(c) 挤压破坏　(d) 撕裂破坏　(e) 劈裂破坏　(f) 拉脱破坏

图 31.21　机械连接单一型破坏示意图

机械连接的破坏模式主要与其纤维铺叠方式和几何参数有关，有如下几种情况：

(1) 如果被连接的层压板0°层含量过多则发生劈裂破坏，增大端距无济于事；

(2) 如果 e/D 过小则发生剪切破坏；

(3) 如果 W/D 过小则发生拉伸破坏；

(4) 当铺层合理，W/D 和 e/D 足够大时发生挤压破坏，挤压破坏是局部性质的，通常不会引起复合材料结构的灾难性破坏，是设计希望的一种破坏形式，劈裂和剪切破坏是一种低强度破坏模式，应防止发生；

(5) 当板厚度与钉直径之比较大时，则可能发生紧固件的弯曲失效和剪切破坏。

从既要保证连接的安全性又要提高连接效率出发，对于单排钉连接，应尽可能使机械连接设计产生与挤压型破坏有关的组合破坏模式。对于多排钉连接，除了挤压载荷外还有旁路载荷的影响，一般为拉伸型破坏；如果板的几何尺寸较为富裕，且钉材料韧性好和钉径偏小，可能不会被拉断，但钉弯曲严重。

31.5.2 机械连接分析方法

复合材料结构机械连接的静力分析包括以下三方面内容：

(1) 从总体结构分析确定机械连接所受的外力，在进行连接分析时一般均已给出；

(2) 由机械连接所受的外力确定各钉孔处的挤压载荷和旁路载荷；

(3) 进行细节分析，得到钉孔区域的应力，利用材料的失效准则或半经验破坏包线评定机械连接的强度。

下文介绍多排钉连接钉载分配的经典刚度计算方法和理论分析方法，单钉连接的理论分析方法和经验方法。这些方法可用于连接的初步设计，为了证实理论分析的正确性和确保结构的完整性，对于重要的机械连接，除了分析外，还应进行试验验证。

1. 机械连接钉载分配分析

目前确定复合材料机械连接载荷分配的方法主要由两种：经典的刚度方法和有限元法。前者比较简单，适用于钉排列比较规则的机械连接，后者适用于复杂形状的机械连接。另外，求解多钉非规则分布的复合材料层压板机械连接问题还有各向异性体平面弹性理论中的复势方法。

处理复合材料机械连接时，应牢记两个与金属不同的特点：① 复合材料层压板的刚度和强度与载荷的方向有关；② 碳纤维热固性树脂基复合材料层压板一直到破坏都呈现近似的线弹性行为，几乎不具有载荷重新分配的能力。

单排钉连接是最简单的多钉连接形式，主要有载荷垂直于钉排、载荷平行于钉排及轴向和剪切复合载荷，单排钉连接的载荷全部由钉承受，不存在旁路载荷。多排钉连接的分析方法基于弹性超静定力法，可以考虑被连接板不同的拉伸刚度、不同的钉尺寸和钉间距、忽略了被连接板的弯曲刚度。确定多排多列钉连接钉载分配的关键是有效宽度，如果确定出有效宽度就可用基于弹性超静定力法来求解钉载分配。复杂机械连接中超静定内力的分配取决于被连接板和钉的刚度，每个钉对连接区柔度的贡献与钉的刚度、被连接板刚度和载荷偏心度有关。

2. 机械连接的理论分析方法

单钉连接的理论分析方法主要由解析法和有限元素法,其内容包括应力分析和强度估算两方面。影响复合材料机械连接强度的因素很多,理论分析方法不可能考虑所有这些因素。另一方面,关于复合材料的失效准则仍在研究之中,至今还没有一种准则被公认是普遍适用的。因此,估算的连接强度往往与试验结果有一定偏差。

1) 应力计算方法

这里介绍的计算方法只限于讨论平面应力情况,假设应变沿厚度方向为常数,钉无限刚硬,也不考虑层间应力。应力计算方法主要有有限元素法和解析法。有限元素法是基于线弹性假设、单元位移用节点位移表示等,由平衡方程和边界条件,应用虚功原理,通过一系列计算得到有限元计算的基本方程。解析法是用复变应力函数方法计算含钉载孔均质正交各向异性半无限大板受压缩载荷时的应力,然后把结果推广到实际结构中经常遇到的其他受载情况。

2) 破坏载荷估算

a) 失效准则

计算机械连接破坏载荷时需要先确定材料的失效准则,可供选用的一般有最大应力、最大应变、蔡-希尔、蔡-胡和霍夫曼等准则。对于机械连接比较常用的是 Yamada - Sun 失效准则,其表达式为

$$\sqrt{\left(\frac{\sigma_{1i}}{X}\right)^2+\left(\frac{\tau_i}{S_c}\right)^2}=L \tag{31.9}$$

式中, σ_{1i} 和 τ_i 分别为层压板中第 i 层沿纤维方向的正压力和面内剪切应力; X 为单向板纵向拉伸(或压缩)强度; S_c 为 $[0/90]_s$ 板的剪切强度,如果只给出了单向板的剪切强度 S, 则可令 $S_c = 2.5S$。

所以采用 Yamada - Sun 失效准则主要是因为它简单并抓住了主要矛盾,但由于它不考虑单向板横向(基体)破坏对总体强度的影响,使某些受横向失效控制的估算结果与试验结果有较大差别,也无法反映这些板的失效情况。在这种情况下,应该附加上最大应力准则或其他合适的准则补充判据。

b) 特征线假设

估算机械连接破坏载荷同开孔情况一样,如果利用孔边应力按照某种失效准则确定强度,其值将过于保守。因此将开孔特征尺寸假设推广,提出了特征线假设:用离开孔边一定距离以某种函数表达的曲线上的应力代入失效准则确定机械强度。

一般令特征曲线 r_c 有如下两种形式:

(1) 半圆形:

$$r_c = r_0 + R_r \tag{31.10}$$

式中, r_0 为孔半径; R_r 为特征尺寸。

(2) 余弦曲线形:

$$r_c = r_0 + R_r + (R_c - R_t)\cos\theta \quad \left(-\frac{\pi}{2} \leqslant \theta \leqslant \frac{\pi}{2}\right) \tag{31.11}$$

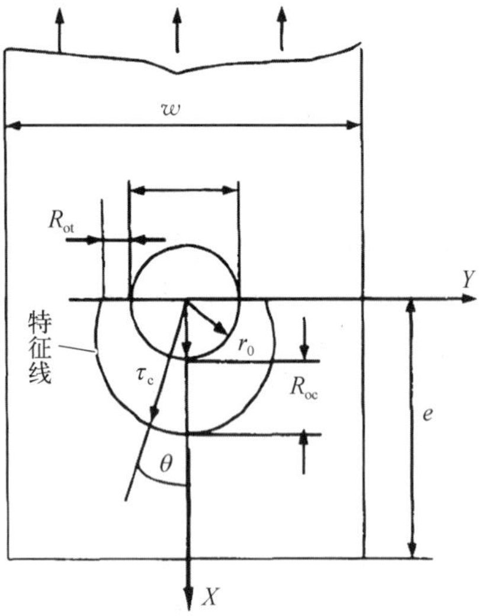

图 31.22 按余弦变化的特征线

式中，R_t 为拉伸特征尺寸；R_c 为压缩特征尺寸，均由试验确定，见图 31.22。

目前式(31.11)用得更为广泛些。只要任何单向层中特征线上任何一点的应力满足所选失效准则表达式等于 1 的条件，就认为发生总体失效，相应载荷即为失效载荷。应当注意到，特征线假设必须与某个合适的失效准则一起用才有意义。即使采用同样的特征线函数，对于不同的失效准则和不同的应力计算方法，相应的特征尺寸值是不同的。

3. 机械连接的经验方法

机械连接的经验方法由美国原道格拉斯飞机公司结构部首席科学家 Hart－Smith 所建立[9]，在飞机工程界应用广泛。该方法可以回避难以考虑的不少因素，方法简单，且便于工程应用。这种方法的分析基础是与所研究的复合材料有同样几何形状的各向同性材料的弹性应力集中系数，再根据复合材料试件的试验结果对上述应力集中系数确定一个减缓因子 C，以便于考虑复合材料特有的各向异性、不均匀性、非线性和损伤等材料特性。本方法的缺点是适用的层压板范围有限，并需要较多的试验数据作为支撑。

各向同性材料弹性应力集中系数只是几何形状的函数，与弹性常数无关，与试件破坏载荷也无关。复合材料是各向异性材料，其弹性应力集中系数不仅是几何形状的函数，而且也是弹性常数的函数，也就是说与层压板的材料和铺设方式有关。理论弹性应力集中系数由应力集中部位的最大应力除以参考截面的平均应力，而应力集中减缩系数是由光滑层压板的拉伸强度除以开头或接头试件在破坏时的拉伸强度。

31.5.3 机械连接修理结构静力受载数值方法

本节以具体实例，详细说明复合材料机械连接修理结构静强度的数值模拟预测方法。

1. 试验设计

设计试验矩阵如表 31.6 所示。

表 31.6 X850 机械连接修理参数对比试验矩阵

试件编号	修理类型	损伤尺寸(穿透)/mm	补片厚度/mm	补片铺层	连接钉排数	件数
X1	单面修理	$\phi30$	1.528	$[45°/0°/-45°/90°]_s$	6	3
X2	双面修理	$\phi30$	1.146	$[45°/-45°/0°]_s$	6	3
X3	单面修理	$\phi30$	2.292	$[45°/-45°/0°]_{2s}$	6	3
X4	单面修理	$\phi30$	1.528	$[45°/0°/-45°/90°]_s$	8	3

试验件为机械连接修理层合板拉伸试件。试验件母板和补片一致，由 X850 级碳纤维预浸料制备，单层名义厚度 0.191 mm。母板尺寸为 420 mm×120 mm×3.056 mm，铺层顺序为[45°/0°/-45°/90°]$_{2s}$，中央有 ϕ30 mm 的穿透孔损伤，两端为 60 mm×120 mm×2 mm 的玻璃纤维加强片。补片铺层顺序和厚度见表 31.6，紧固件采用直径为 4 mm 的 HST10 高锁螺栓。试验件具体尺寸如图 31.23 所示。

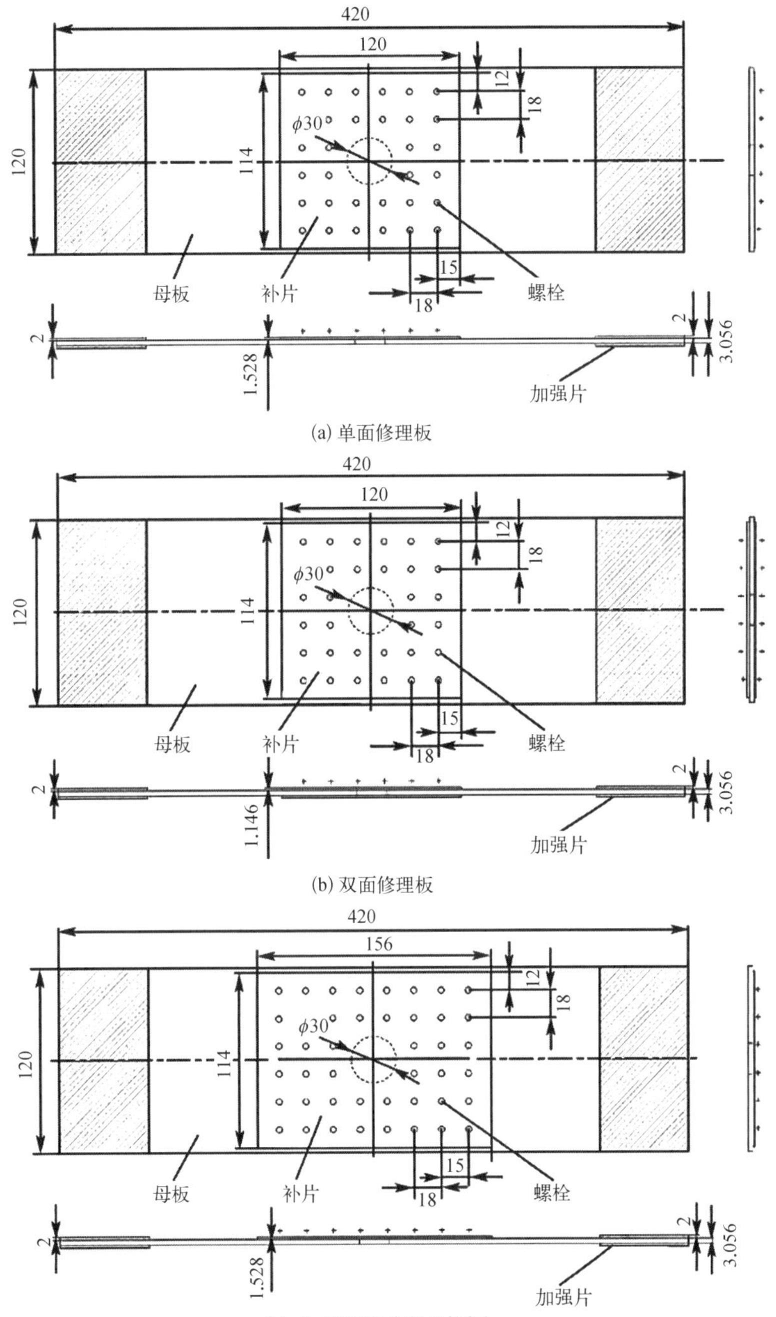

图 31.23　机械连接修理试件示意图(单位：mm)

2. 有限元分析

1）尺寸及网格

基于 ABAQUS 有限元软件建立 X850 预浸料复合材料层合板机械连接修理三维有限元分析模型，如图 31.24 所示。复合材料母板和补片按实际尺寸进行建模，均采用连续壳 SC8R 进行模拟，螺栓和螺母作为整体采用实体单元 C3D8R 进行模拟。

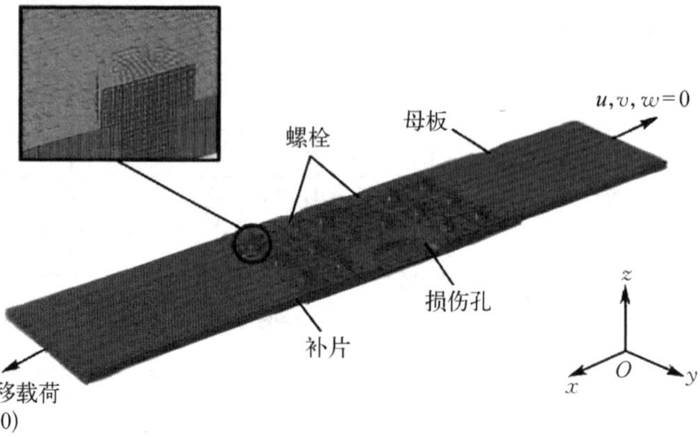

图 31.24　T800 胶接挖补修理层合板有限元模型及局部细节图

2）边界条件

根据试验件的加载边界条件来确定有限元模型的边界条件，具体实现方法是：完全约束层合板一端的 6 个方向自由度，模拟实际中的固支情况；约束另一端的 U2、U3、UR1、UR2、UR3 这 5 个自由度，并在该侧端面上施加轴向位移载荷 U1，以实现轴向拉伸加载。

3）复合材料失效模拟

考虑到试验过程中，连接螺栓未出现损伤情况，有限元模型中仅考虑复合材料损伤。对于有限元模型中的复合材料单向带铺层，使用 ABAQUS 软件自带的二维 Hashin 准则判断其破坏。

（1）纤维拉伸失效：

$$\left(\frac{\sigma_{11}}{X^{\mathrm{T}}}\right)^2 \geqslant 1 \tag{31.12}$$

（2）纤维压缩失效：

$$\left(\frac{\sigma_{11}}{X^{\mathrm{C}}}\right)^2 \geqslant 1 \tag{31.13}$$

（3）基体拉伸失效：

$$\left(\frac{\sigma_{22}}{Y^{\mathrm{T}}}\right)^2 + \left(\frac{\tau_{12}}{S^{\mathrm{L}}}\right)^2 \geqslant 1 \tag{31.14}$$

（4）基体压缩失效：

$$\left(\frac{\sigma_{22}}{2S^{T}}\right)^{2}+\left[\left(\frac{Y^{C}}{2S^{T}}\right)^{2}-1\right]\frac{\sigma_{22}}{Y^{C}}+\left(\frac{\tau_{12}}{S^{L}}\right)^{2}\geqslant 1 \tag{31.15}$$

式(31.12)~式(31.15)中，S^{L}、S^{T} 分别为横向剪切强度和纵向剪切强度；X^{T}、Y^{T}、X^{C}、Y^{C} 为单向带 1、2 方向拉伸和压缩强度。

4）材料属性

材料属性如表 31.7 所示。

表 31.7　X850 预浸料材料性能参数

材料参数	E_{11}/GPa	E_{22}/GPa	E_{33}/GPa	ν_{12}	ν_{23}	ν_{13}
数值	168.50	10.30	10.30	0.33	0.30	0.33
材料参数	G_{12}/GPa	G_{23}/GPa	G_{13}/GPa	X_{T}/MPa	X_{C}/MPa	Y_{T}/MPa
数值	6.21	3.00	6.21	2 785.60	1 071.30	74.80
材料参数	Y_{C}/MPa	Z_{T}/MPa	Z_{C}/MPa	S_{12}/MPa	S_{23}/MPa	S_{13}/MPa
数值	332.90	74.80	332.90	120.9	120.9	120.9

3. 试验及有限元分析结果对比

将有限元计算的破坏强度值与试验结果进行对比，如表 31.8 所示。可见有限元计算结果准确性较高，计算值与试验值误差基本控制在 5%以内。

表 31.8　有限元计算与试验破坏强度对比

编　号	主要修理参数	试验值/MPa	计算值/MPa	误　差
X1	单面修理，补片厚度 1.528，6 排钉	608.64	606.18	0.40%
X2	双面修理，补片厚度 1.146，6 排钉	632.64	610.55	3.82%
X3	单面修理，补片厚度 2.292，6 排钉	615.46	602.09	2.17%
X4	单面修理，补片厚度 1.528，8 排钉	636.45	621.73	2.31%

31.6　总结与展望

复合材料结构的损伤容限设计是建立在承认结构在服役期间带有初始缺陷，并且在使用中会出现损伤萌生和损伤扩展，但是这些缺陷或者损伤在规定的未修使用期内的扩展速度控制在一定范围内，在此期间，结构的承载能力应保证飞机的安全性和可靠性。随着复合材料结构修理技术的日渐成熟，以及大型修理方案的设计需求，FAA 在多个咨询通告中提出了修理结构的损伤容限评估。AC 25.571－1D 以及 AC 25.1529－1 中强调，修理结构的损伤容限评估的目的是，在损伤被检测出来之前，确保修理结构遭受严重疲劳、腐蚀、老化、冲击损伤、脱黏缺陷、分层以及意外损坏等情况，仍旧能够承受设计载荷并且没有损伤及过度变形。

现在对于胶接修理结构的力学性能研究，多为基于理想的不含缺陷的胶接结构的静力受载研究与分析。但近年来的一些研究也表明冲击损伤和制造缺陷对胶接结构的承载能力有较大的影响，含缺陷和损伤的复合材料胶接修理结构的力学分析也是一个重要的研究方向。最为常见的缺陷有胶层和被黏物的脱黏，损伤为冲击损伤。

飞机结构采用损伤容限设计，原则上解决了安全性问题，此时结构的维修性与经济性问题变得突出，需要考虑对结构进行耐久性设计。耐久性设计需使飞机结构在承受设计使用载荷/环境谱时，其经济寿命大于设计使用寿命。因此耐久性设计的核心问题是确定经济寿命。对于飞机复合材料胶接修理和机械连接修理结构，其经济寿命取决于其抵抗疲劳或者环境腐蚀的性能。对于胶接修理结构：一方面，对于疲劳载荷的作用下的复合材料胶接修理结构的响应，相关研究大部分集中于复合材料胶接接头的疲劳性能上，对于复合材料胶接修理结构的疲劳性能研究还非常少，对胶接修理结构的疲劳损伤机理、疲劳寿命预报还缺乏相关的研究；另一方面，由于胶黏剂高分子聚合物的材料特性，在长期湿热、辐射和酸碱等环境下，其力学性能会发生不同程度的退化，而对胶接结构在复杂环境下的多物理耦合退化行为研究较少。对于机械连接修理结构：一方面，机械连接的紧固件破坏了结构的完整性，造成应力集中，在周期循环载荷作用下，易在机械连接周围发生疲劳失效。而目前对于机械连接修理结构的疲劳性能分析和疲劳寿命预测的研究仍然不足。另一方面，早期试验研究表明，吸湿导致复合材料层合板螺栓连接的疲劳性能下降，湿热环境与疲劳循环综合作用将严重加大孔伸长变形和加速疲劳破坏，而目前关于湿热环境对复合材料机械连接修理结构的影响及湿热条件下的疲劳分析方法研究较少。

习题与思考题

1. 简单说明复合材料胶接挖补修理、胶接贴补修理和机械连接修理的优缺点。
2. 简单说明复合材料胶接挖补修理和胶接贴补修理构型修理参数的选择。
3. 查阅资料，说明复合材料胶接挖补修理的工艺过程。
4. 简单说明复合材料机械连接修理设计要点。
5. 参考 31.4.4 小节中的试验对象和建模方法建立有限元分析模型，对比试验和计算结果，选取典型模型进行渐进损伤分析，增加修理参数分析修理参数的影响。

参 考 文 献

[1] 陈邵杰. 复合材料结构修理指南[M]. 北京：航空工业出版社，2001.

[2] 焦良，李艳. 胶补飞机蒙皮补片形状优化研究[J]. 粘接，2006, 27(4)：42－44.

[3] Soutis C, Duan D M, Goutas P. Compressive behaviour of CFRP laminates repaired with adhesively bonded external pathes[J]. Composite structures, 1999, 45(4)：289－301.

[4] 孟凡颢，陈超杰，董善艳，等. 复合材料损伤结构胶接补强修补分析及设计[J]. 飞机设计，2002, 3(1)：18－21.

[5] Cheng X Q, Yasir B, Hu R W, et al. Study of tensile failure mechanisms in scarf repaired CFRP laminates[J]. International Journal of Adhesion and Adhesives, 2013, 41: 177 - 185.
[6] 王凤文,贺旺,许光群. 飞机复合材料修理中固化技术的探讨[J]. 航空维修与工程,2012(5): 78 - 80.
[7] Boeing. Boeing 777 - 200 Structural Repair Manual: D634W201[S]. Renton: Boeing, 2007.
[8] Goland M, Reissiner E. The stresses in cemented joints[J]. Journal of Applied Mechanics of ASME, 1944, 11(1): A17 - A31.
[9] Hart-Smith L J. Adhesive bonded double lap joints[R]. NASA - CR - 112235, 1973.
[10] Zhao X, Adams R D, da-Silva L F M. A new method for the determination of bending moments in single lap joints[J]. International journal of adhesion and adhesives, 2010(30): 63 - 71.
[11] Ayatollahi M R, Akhavan-Safar A. Failure load prediction of single lap adhesive joints based on a new linear elastic criterion[J]. Theoretical and Applied Fracture Mechanics, 2015, 80: 210 - 217.